8TH EDITION

The World Atlas of WINE

世界葡萄酒地图

第八版

Hugh Johnson & Jancis Robinson

[英] 休・约翰逊 [英] 杰西斯・罗宾逊 — 著

王文佳 吕杨 朱简 李德美 林力博 — 译

中信出版集团 | 北京

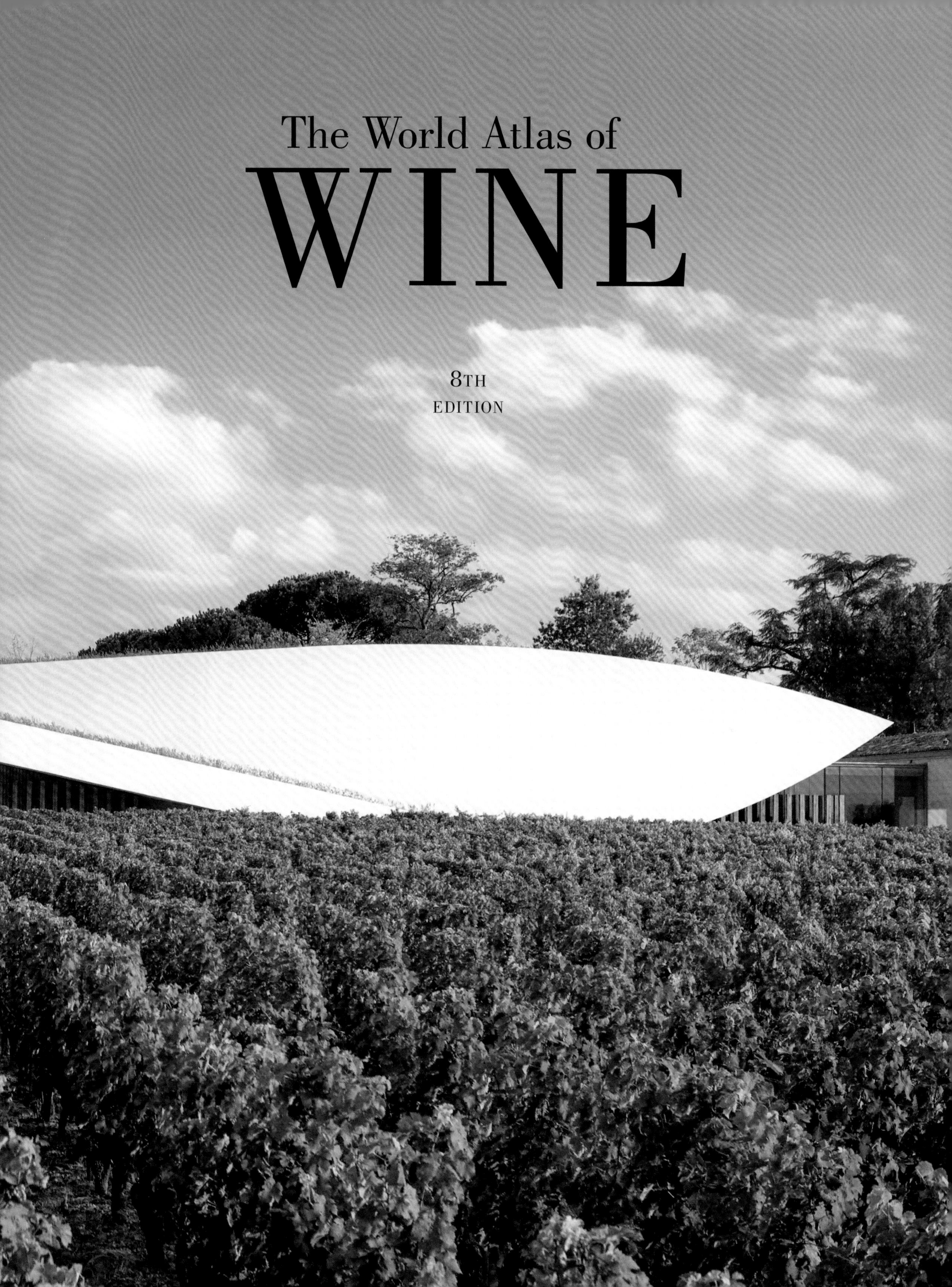

The World Atlas of WINE

8TH EDITION

图书在版编目（CIP）数据

世界葡萄酒地图：第八版 /（英）休·约翰逊，（英）杰西斯·罗宾逊著；王文佳等译 . -- 北京：中信出版社，2021.11（2024.10 重印）
书名原文：The World Atlas of Wine
ISBN 978-7-5217-3497-3

Ⅰ . ①世… Ⅱ . ①休… ②杰… ③王… Ⅲ . ①葡萄酒—介绍—世界 Ⅳ . ① TS262.6

中国版本图书馆 CIP 数据核字 (2021) 第 177188 号

This edition was first published in Great Britain in 2019 by Mitchell Beazley, an imprint of Octopus Publishing Group Ltd. Carmelite House, 50 Victoria Embankment, London EC4Y0DZ, UK

世界葡萄酒地图：第八版

著　　者：[英] 休・约翰逊　[英] 杰西斯・罗宾逊
译　　者：王文佳　吕杨　朱简　李德美　林力博
出版发行：中信出版集团股份有限公司
（北京市朝阳区东三环北路27号嘉铭中心　邮编　100020）
承 印 者：北京华联印刷有限公司

开　　本：787mm×1092mm　1/8
印　　张：52
字　　数：1300千字
版　　次：2021年11月第1版
印　　次：2024年10月第6次印刷
京权图字：01-2014-3069
审 图 号：GS（2021）3635号
书　　号：ISBN 978-7-5217-3497-3
定　　价：528.00元

目录
Contents

前言 …… 6

导言 …… 8

葡萄酒简史 10
什么是葡萄酒 12
葡萄树 13
葡萄品种 14
气温与日照 18
水 20
气候变化 22
风土 24
葡萄树的地下世界 25
病虫害 27
创建葡萄园 28
葡萄园的年周期 30
如何酿造葡萄酒 32
为何使用橡木桶 36
葡萄酒的封瓶 37
葡萄酒与时间 38
法定产区 40
酒标 41
葡萄酒的品鉴与讨论 42
享用葡萄酒 44
葡萄酒价格 46
葡萄酒世界 48

法国 France …… 51

法国 52
勃艮第 54
金丘 56
博讷丘南部 59
博讷丘中部 60
博讷丘北部 62
夜丘南部 64
夜丘北部 66
夏隆内丘 68
马孔内 69
普依-富塞 70
博若莱 72
博若莱优质村庄 74
夏布利 77
夏布利中心地带 78
香槟 80
香槟区中心地带 82
波尔多 84
波尔多：品质与价格 86
梅多克北部 88
圣埃斯泰夫 90
波亚克 92
圣于连 94
梅多克中部 96
玛歌和梅多克南部 98
格拉夫与两海之间 100
佩萨克-雷奥良 102
苏玳和巴萨克 104
波尔多右岸地区 106
波美侯 108
圣埃美隆 110
法国西南部产区的葡萄酒 113
卢瓦尔河谷 116
安茹 118
索米尔 119
希农和布尔格伊 120
武夫赖和蒙路易 121
桑塞尔和普伊 122
阿尔萨斯 124
阿尔萨斯的核心地带 126
罗讷河北部 128
罗蒂丘与孔德里约 130
埃米塔日 132
罗讷河南部 134
罗讷河南部的中心地带 136
教皇新堡 138
朗格多克西部 140
朗格多克东部 142
鲁西永 144
普罗旺斯 146
邦多勒 148
科西嘉岛 149
汝拉、萨瓦和比热 150

意大利 Italy …… 153

意大利 154
意大利西北部 156
皮埃蒙特 158
巴巴莱斯科 160
巴罗洛 162
意大利东北部 164
特伦蒂诺和上阿迪杰 166
维罗纳 168
弗留利 170
意大利中部 172
马雷马 174
古典基安蒂 176
蒙塔尔奇诺 179

蒙特普尔恰诺 180
翁布里亚 181
意大利南部 182
西西里 184
撒丁岛 186

西班牙 Spain ······187

西班牙 188
西班牙西北部地区 192
下海湾 193
杜罗河岸 194
托罗和卢埃达 196
纳瓦拉 197
里奥哈 198
加泰罗尼亚 200
普瑞特 202
安达卢西亚：雪利酒之乡 203

葡萄牙 Portugal ······206

葡萄牙 207
绿酒法定产区 209
杜罗河谷 210
波特酒的酒商与酒窖 214
里斯本和塞图巴尔半岛 215
贝拉达和杜奥 216
阿连特茹 218
马德拉 220

德国 Germany ······222

德国 223
阿尔 226
摩泽尔 227
萨尔 228
摩泽尔中部：皮斯波特 230
摩泽尔中部：贝卡斯特 232
纳厄 234
莱茵高 236
莱茵黑森 238
法尔兹 241
巴登和符腾堡 244
弗兰肯 246

欧洲及亚洲其他产区
The Rest of Europe and Asia ······248

英格兰和威尔士 249
瑞士 250
瓦莱州、沃州和日内瓦州 252
奥地利 254
瓦豪 256
克雷姆斯谷与坎普谷 258
布尔根兰 260
匈牙利 262
托卡伊 264
捷克和斯洛伐克 266
巴尔干半岛西部 267
斯洛文尼亚 268
克罗地亚 270
罗马尼亚 272
保加利亚 274
黑海和高加索 276
格鲁吉亚 278
希腊 280
伯罗奔尼撒 283
塞浦路斯 284
土耳其 285
黎巴嫩 286
以色列 287

北美洲 North America ······288

北美洲 289
加拿大 291
不列颠哥伦比亚省 292
安大略省 293
太平洋西北地区 294
威拉米特谷 296
华盛顿州 298
加利福尼亚州 302
门多西诺与莱克县 304
索诺马北部和索诺马海岸 305
索诺马南部和卡内罗斯 308
纳帕谷 310
圣海伦娜 313
拉瑟福德和奥克维尔 314
鹿跃区 315
湾区以南 316
谢拉山麓、洛代与三角洲 318
中部海岸 319
弗吉尼亚州 323
纽约州 324
西南各州 326
墨西哥 327

南美洲
South America ······329

南美洲 330
巴西 331
乌拉圭 332
智利 333
阿根廷 338

大洋洲 Oceania ······343

澳大利亚 344
西澳大利亚州 347
玛格丽特河 349
南澳大利亚州：巴罗萨谷 350
伊顿谷 352
克莱尔谷 353
迈拉仑维尔及周边地区 354
阿德莱德山 356
库纳瓦拉 357
维多利亚州 358
莫宁顿半岛 361
雅拉谷 362
新南威尔士州 364
塔斯马尼亚 366
新西兰 367
霍克湾 369
怀拉拉帕 370
坎特伯雷 371
马尔堡 372
中奥塔戈 375

南非 South Africa ······377

南非 378
开普敦 380
黑地 381
斯泰伦博斯地区 382
开普南海岸 384

亚洲 Asia ······385

日本 386
中国 388

索引······391

地名索引······400

致谢······416

前言

这本《世界葡萄酒地图》的初版把握了机遇，第一次以地图的形式展示了世界各地的葡萄园。这一时机出现于 20 世纪 60 年代，在那个令人兴奋的时代，人们突然对葡萄酒产生了兴趣。到了 1971 年，这种兴趣犹如进入了青春期的骚动，一时之间，人们对葡萄酒知识求之若渴，这是前所未见的。

1966年，我出版了我的第一部作品——《葡萄酒》，此书出人意料地热销。一位荷兰的地图绘制师有意开拓新的业务领域，于是我的机会来了。他想出版一本葡萄酒地图册，配以制作精美的地形图，问我是否愿意考虑与他合作。不用说，我一口就答应了。我意识到，将以前在书中罗列出来的信息（产区、村庄、葡萄园等），变成生动的图片，将村庄、田地、树林、山谷、丘陵一一形象地呈现，可以让读者饶有趣味地欣赏、学习和记忆。国际葡萄酒办公室（Office International du Vin）曾认为把这个想法变成现实困难重重。初出茅庐的出版公司米切尔·比兹利（Mitchell Beazley）则认为将区区葡萄园载于图册易如反掌，它那时刚刚出版了《宇宙图鉴》（*Atlas of the Universe*），大获成功。于是我们一起构思出一个方案：这本书将集适当比例的地图、解释性文字、照片和图表于一身。在最初的几版里，我们还选择了一些有代表性的酒标。我以前编辑过杂志，于是便采用类似于杂志的式样设计该书。它的内容选题、处理手法、版式设计一时流行起来，令出版界为之惊讶。两年之内，本书被翻译成6种语言并销售了50万册。在48年中，本书不断修订，已出版至第7版，被翻译成16种语言，销售了470万册。

为什么一部百科全书式的著作需要那么多次的修订？在一些领域，变化是平缓的，但葡萄酒世界在过去半个世纪中经历了巨变。作为一种乐趣、一种研究对象、一种科学、一种消遣，特别是作为一种产业，葡萄酒已经进入了新的发展轨道。科学的进步（这是必需的）、更多的可支配收入、更充裕的闲暇时间、更强的好奇心，以及更远大的志向——生产出某种出类拔萃的产品从而名扬天下。所有这些都跟葡萄酒世界的巨变有关。其结果就是，经过50多年的发展，如今有大量值得品尝、品质出众并独具特色的葡萄酒可供我们选择。

这些葡萄酒需要我们来研究：除了品尝、描述，如果可能的话，还要加以解释。为什么使用同一葡萄品种，在不同的地方所酿出来的酒会风味各异？哪些葡萄品种属于哪个产区？当新的明星突然出现的时候，比如20世纪70年代在澳大利亚和美国加利福尼亚州、80年代在新西兰、90年代在南美洲、21世纪初在南非出产了优质的葡萄酒，就有必要告诉人们，那里到底发生了什么。

变化不仅发生在新的产区，老的产区也在改变。意大利重新发现了它的原生葡萄品种，并用它们酿出了非常出色的葡萄酒；法国那些曾经被忽视的产区面目一新；西班牙一改往日的麻木，迸发出不同凡响的新理念，显得生机勃勃；希腊也不再默默无闻，散发出迷人的气息。所有的国家都在变化。

葡萄酒评论家真是生逢其时，葡萄酒大赛屡见报端；超市里葡萄酒品类众多；在某些情况下，葡萄酒的价格会是梦幻般的数字；互联网传播着来自葡萄酒世界的消息，而扑面而来的信息迫切需要某种组织和整理的方式。

幸运的是，地图绘制师们与时俱进。只要把所有信息传达清楚，他们便能用地图的方式呈现出来，而葡萄酒新世界的新图片也不难得到。我这个老专家，也就是最初的作者，从本书第5版起就逐步把接力棒交给了一位最有资格的新人——杰西斯。她是我数十年的朋友，她在葡萄酒行业的权威性、品酒水平、判断能力，以及对细微之处异于常人的把握，皆享誉国际。由她来主持该书的修订工作，我们何其幸运。

休·约翰逊

导言

这本经典的葡萄酒参考书的最新版本，一定是迄今为止最实用和全面的。我两年的艰辛，加上在这段时间里主编吉尔·皮茨（Gill Pitts）和她的团队的付出，以及葡萄酒世界最勤勉的女性、葡萄酒大师茱莉娅·哈丁（Julia Harding MW）的奉献，更不用说这本地图册的开创者休·约翰逊（Hugh Johnson）的鼎力相助（在出版这本书第五版的时候，他把再版修订的责任交到了我的手上），我们所有的努力，都能证明这一点。最具讽刺意味的是，更新如此详尽的地图集需要投入大量精力，工作量异常浩繁，以致参与修订这本书的人几乎没有时间出门进行实地考察。

庆幸的是，我们的工作地点在伦敦，这里是世界品酒之都，因此我们有大量无与伦比的机会，通过酒杯中的葡萄酒，去了解葡萄酒世界里新近的异常活跃的变化。在此书的第八版里，我会告诉读者，在这个专业的领域里不断发生的变化是如此之大，这是我44年葡萄酒写作生涯中从未见到过的。这种变化包含了文化、自然现象，尤其是人类的各种努力，把这一切以地图的方式精确呈现，确实令人兴奋不已。

在20世纪80年代和90年代，酿酒师前所未有地被视为社会名流。在这一时期，大多数对葡萄酒感兴趣的人，不管是生产商还是消费者，似乎都醉心于同一类型的葡萄酒，即那些使法国葡萄酒扬名世界的著名佳酿。于是，不管产区坐落于何方，不管那里的夏天多么酷热，从西雅图到阿德莱德，也包括在诸如西班牙和意大利这样有着自己优良酿酒传统的国家，生产商们追求的是酿出如勃艮第那样在桶中熟成（barrel-aged）的霞多丽（Chardonnay），或是酿出如波尔多一级酒庄那样的赤霞珠（Cabernet Sauvignon）。

在20世纪行将结束的时候，这种单一的目标又被一种情况所助推——消费者都在听从为数不多的几位酒评家的建议（这些酒评家主要来自美国），在强劲有力和回味悠长两种风格之间，他们更喜欢前者。有太多的酒商放弃了他们自己先前的选酒标准，而仅仅是追随别人的打分，这样做的结果是缩小了选择的目标，经营业绩也大打折扣。酿酒师们则在其雇主的要求下，尽力酿出能在影响力巨大的酒评家那里获得高分的酒，不管他们自己是否喜欢。在不断增长的国际精品葡萄酒市场中，人人都向往那些大同小异的高分酒。这种情况对价格所产生的影响也可想而知。在市场上，高端与低端的葡萄酒的价格差距在扩大；而与此同时，它们之间的质量差距则缩小了。由于通信条件的改善以及机票价格的下降，那些受过科学训练的酿酒师得以周游列国，传授他们所掌握的独特的酿酒理念和技术。得益于这些飞行酿酒师的帮助，如今已很难见到酿得差劲、有技术缺陷的葡萄酒。

随着21世纪的到来，情况发生了变化，这种变化整体上是健康的。重口味葡萄酒经久不衰的魅力越来越受到质疑。社交媒体也为葡萄酒爱好者提供了无数条交流渠道，他们过去不得不依赖于一本杂志或定期通信的一两个分数来品味葡萄酒的日子一去不复返了，有了可进行对话和表达各种意见的空间。

与此同时，生产商和消费者对品种极为有限的选择而感到不安。诸如“ABC”（Anything But Chardonnay，除了霞多丽，什么都行）这样的运动如火如荼，人们还以同样的热情寻找过去原生态的西红柿和苹果品种，呼唤生物的多样性。“地食运动”（locavore movement，一种提倡消费本地食材的主张）强调了本土原生影响力的重要性。几乎是一夜之间，许多本地的葡萄品种大为吃香。在以往，这些品种有的无声无息，有的只是在混酿中充当配角，如今它们在酒瓶的正标上大放异彩。受到气温上升和采摘提前的困扰，许多较新产区的酒农正在寻求更能适应气候变暖的葡萄品种。与此同时，在成熟产区，人们在努力复活古老的葡萄品种，

▽
酿酒的方式不再单一。路德维格·罗尔（Ludwig Knoll）在使用太阳能的弗兰肯酒庄（Franken winery）里，可以选择使用池子、木桶、瓦罐以及这些“水泥蛋”来搅拌酒渣。

有的品种古老得连名字都叫不出来了。全球气候变暖，已经让各地的酒农致力于寻找较为凉爽的地方开垦葡萄园。因此葡萄酒的版图正在扩大，尤其是在向地球两极延伸。

另一个轰轰烈烈、席卷全球的趋势，是人们对所居住星球的持续性关注，这是可以理解的。土地贫瘠化、野生动植物减少，对农业化学用品过分依赖的无穷后患已十分明显。越来越多的人认为，有机耕作是一条出路。早在20世纪90年代，一些严肃、认真的知名酿酒葡萄种植者就已开始探寻神秘的生物动力种植法（尽管很难解释生物动力是如何产生作用的。关于生物动力种植法，详见第29页）。

与此同时，人们越来越不喜欢在酿酒过程中加入过多人为的操控。有人认为，如果说桶味厚重、高酒精度、深色、过分成熟的葡萄酒现在已不再时兴，那么毫无疑问，不添加任何化学成分的轻盈、新鲜、爽口、清澈的葡萄酒，可能就是最佳选择了。于是又出现了一批新的葡萄酒：有的是所谓纯粹的“自然”酒，稳定程度和酿酒的技术能力不等；有的则出自有能力按常规方式酿出很不错的葡萄酒的酒庄，但这些酒庄偏又想尝试些新玩意儿。比如，用浅色的葡萄长时间浸渍，酿出橙色或琥珀色的葡萄酒；又比如，尝试在金合欢（acacia）木桶、栗子木桶或本地橡木桶里进行发酵和（或）熟成；或许还会用上黏土、水泥、陶瓷等材质的形状各异的容器。正如今天已有很多种方式来评判葡萄酒一样，种植葡萄和酿造葡萄酒，也再不会只有一种方式了。

所有这一切，加上葡萄酒的生产国和地区大大多于以往（由于气候变化，在靠近赤道的地方种植葡萄的技术越来越先进，葡萄酒变得时尚等），葡萄酒爱好者的选择空前多，本书的篇幅也大大地增加了。以往，人人都想品尝一瓶一级庄的佳酿，而今天的葡萄酒爱好者则很有可能会列出一份清单，单子上的葡萄酒涉及上百个葡萄品种，或是来自50个国家。葡萄酒生产商从未像现在这样迫切地想要展示他们在世界上的地理位置。如今，这些地理位置已经变得越来越精确了，还有什么样的葡萄酒指南能够超越这本《世界葡萄酒地图》呢？

鸣谢

我们清楚地知道，没有人可以提供关于这个星球的葡萄酒的一切知识。即使休·约翰逊和我加起来有将近一个世纪的经验了，我们也不会吹嘘自己可以做得到。我们请教了许多当地的专家（见第416页），把他们的知识汇集起来使我们受益良多。我们所做的，是展示他们介绍的情况，并把这些信息置于全球背景当中。当然，所有表述的观点如有不周，皆是无心之失，责任全在我们，与他们无关。

特别需要提及的贡献者包括：Octopus出版集团的米切尔·毕兹雷公司，对其声誉和非同寻常的实力，我们多有仰仗；主编吉尔·皮茨令人难忘，她经验丰富，我参与了这本书过去四版的写作，都是与她合作，向她致以祝福；感谢皮茨前后两位助理凯瑟琳·拉文德（Katherine Lavender）以及凯瑟琳·艾伦（Kathryn Allen）；设计团队天才云集，有艺术总监雅西亚·威廉姆斯（Yasia Williams），团队成员阿比·里德（Abi Read）和丽兹·巴兰坦（Lizzie Ballantyne）；还有丹尼斯·贝特斯（Denise Bates），他是我漫长写作生涯中所遇到的最善于沟通和解决问题的出版人，与他合作我感到十分愉快。

在导言开头，我就提到过葡萄酒大师茱莉娅·哈丁，任何言辞都不足以表达我对她的谢意。我实在是非常幸运！她热爱地图，并建立了一个世界范围的关系网，关于葡萄种植和葡萄酒酿造的情况，她无所不知。如果没有地图，这本书还能叫作《世界葡萄酒地图》吗？完成这一复杂工程不可或缺的人物还有制图编辑林恩·尼尔（Lynn Neal），以及Cosmographics制图公司的阿兰·格里姆韦德（Alan Grimwade）和马克·埃尔德里奇（Mark Eldridge）。

像以往一样，尼克（Nick）和我其他的家人，对我的工作十分理解和支持。最后，我要感谢休·约翰逊，他的成就后人不可企及，我感谢他当初邀请我参与这本书的写作。这是一段多么激动人心、如同冒险般的经历。我希望你会赞同这一说法。

杰西斯·罗宾逊

关于这本地图册的说明

所有的地图，都是为消费者而非葡萄酒行业官员而设计、安排的。比如说，某个法定产区的名称，不管是AOP/AOC、DOP/DOC、DO、AVA、GI，还是南非的ward（葡萄园级产区），虽然存在，但如果其对葡萄酒消费者来说没有什么实际意义，我们就忽略之。而如果某个产区的名字已在葡萄酒圈广为使用，即使它还没有正式被权威机构认定，我们也倾向于将其收纳进来。

我们依据葡萄酒的质量或其产品在当地的重要性，把一些酒庄标示了出来，我们认为世界上的葡萄酒爱好者会对它们感兴趣。然而，在世界上的一些地方，要把一个酿酒企业的确切位置标示出来，却是很困难的。许多酿酒企业在业务运作中，是在其酒窖、展示销售部或品鉴室开门迎客，但这样的地方与真正酿酒的地方不在同一处（有时候，酿酒的地方还是一个代酿厂或一个代客压榨葡萄的企业），这种情况在美国加州和澳大利亚比较常见，别的地方也有。在这种情况下，我们会标示前者，因为这是该酿酒企业向葡萄酒爱好者展示自己的地方。在如勃艮第的金丘（Côte d'Or）这样细节非常多的地图上，葡萄酒生产者的位置没有被标示，因为在这些地方，重要的是葡萄园而不是酒庄。再说，这些酒庄都挤在村子后面的同一条街道上。

至于各个国家的不同产区的排序，我们大致上遵循从西往东和从北向南的原则，但如所有规则一样，总有例外。

这本书里的地图比例不一，地图详略的程度取决于相关地区的复杂性。每张地图都有比例尺，等高线的间距也因图而异，在每张图的图例上都有说明。

地图上所有有关葡萄酒产地、酒名、酒庄和产区的名称，我们都将采用大写英文字母（例如，产区默尔索：MEURSAULT）标示，而所有其他地理信息将按正常习惯标示（例如，默尔索村：Meursault）。

每个有地图的页面，都有一个坐标方格，字母在书页边侧，数字在书页底部。读者若要查找酒庄、酿酒厂等，可以在第400—415页查找其名称，就可以看到它的坐标。

葡萄酒简史

当人类文明晨曦初露，葡萄酒便出现了，它来自东方。我们所掌握的最早的证据，是在高加索地区（格鲁吉亚人会说是在格鲁吉亚）发现的陶器碎片上的化学残迹，这些陶器碎片出现于公元前7000年左右。或许是中国人最早到达那里，这一点我们不得而知。埃及的法老们拥有不俗的葡萄园（是迦南人把种植的葡萄藤带到了尼罗河三角洲），甚至酿出过葡萄酒，但他们通常还是更喜欢"迦南美地"（The Land of Canaan）的葡萄酒，也就是黎巴嫩的葡萄酒。

我们所认识的葡萄酒，根据仍可追寻的线索，源于腓尼基人和希腊人。他们都在地中海地区殖民（腓尼基人是在公元前1000年左右，希腊人则是在4个世纪之后）。在爱琴海沿岸，以及意大利、法国和西班牙所在的地区，葡萄酒建立了它真正的家园。

古希腊和古罗马

虽然在古希腊的诗歌里不乏对葡萄酒的赞颂和描写，但在上流社会里，葡萄酒似乎很少被直接饮用，而总是要加入香草、香料和蜂蜜以增加风味，并兑水稀释。当然了，爱琴海各岛［包括希俄斯岛和萨摩斯岛（Chios and Samos）］的葡萄酒因风格独特而备受赞誉。那时的葡萄酒对今人是否还有吸引力，我们无从得知，但希腊语中"symposium"一词，本意不一定是如今的谈道论学，而是豪饮畅谈。

古希腊人大规模种植酿酒葡萄，先是在今意大利南部——托斯卡纳的伊特拉斯坎（Etruscan），接着往北，古罗马人紧随其后。一些伟大的作家，特别是维吉尔（Virgil）曾写下过一些可指导葡萄酒农的金句："开阔的山丘，是葡萄藤之最爱。"古罗马的酿酒葡萄种植规模很大，并使用了成千上万的奴隶。酿酒葡萄的种植遍及罗马帝国，远至匈牙利。因此罗马最终要用不计其数的船只，满载盛满葡萄酒的双耳陶罐（每罐约36升），从它在西班牙、北非（或者说整个地中海沿岸）的殖民地运入葡萄酒。

古罗马的葡萄酒有多好？有一些酒的可保存性显然非常不俗，这表明酿得不错。那时候，葡萄汁常常要加热浓缩，葡萄酒会直接放在壁炉上面储存，让它暴露在烟熏之中，这或许会带来像马德拉酒（Madeira）那样的效果。古罗马葡萄酒的伟大年份被人们谈论，甚至在超过似乎只是可能的储存期后仍能饮用。知名的欧皮曼葡萄酒（Opimian），酿于执政官Opimius开始执政的公元前121年，储存在一个双耳陶罐里，在125年之后才被喝掉。发明木桶的是高卢人，木桶在重量和可移动性方面优势明显，从而取代了双耳陶罐。两千年前，许多意大利人饮用葡萄酒，可能很像今天有些不太讲究的后人一样：轻酿即饮，酒款酿制得相当粗糙，随年份不同，口感或艰涩或过于强烈。

古希腊人把葡萄酒带到其在北方的殖民地——高卢南部的马西利亚（Massilia，如今的马赛）。古罗马人在那里种植葡萄。古罗马人于公元5世纪撤出如今法国所在的地区，在此之前，他们已为现代欧洲几乎所有最著名的葡萄园打下了基础。古希腊人在普罗旺斯种植葡萄已有几个世纪，古罗马人来了之后，从那里开始一路向北，先是在罗讷河谷（Rhône Valley），再是进入朗格多克（Languedoc），很快又到达加亚克（Gaillac）的北边，至于他们是何时来到波尔多的，我们没有确凿的证据。诗人奥索尼乌斯（Ausonius）生活在公元4世纪。在他笔下，波尔多的葡萄园已颇具规模。奥索尼乌斯还在古罗马北部的首府特里尔（Trier）生活过，留下了一些赞美摩泽尔（Mosel）葡萄酒的诗句。

所有早期的开拓都是沿着河谷进行的，最初为了防范伏兵的袭击，古罗马人在河道两旁砍掉树木，种植葡萄；而且，船只是装载葡萄酒的最佳运输工具。波尔多、勃艮第和特里尔，或许最初都是葡萄酒商业中心，葡萄酒从南部的意大利或希腊运到那里进行交易；这些地方自己种植葡萄，还是后来的事。

公元1世纪之前，卢瓦尔河和莱茵河地区都种植了葡萄；公元2世纪之前，勃艮第也种上了；公元4世纪之前，在巴黎（这并不是个好主意）、香槟和摩泽尔也出现了葡萄园。勃艮第的金丘成为葡萄园，是最难以解释的，因为那里缺乏船运的便利。但它位于通往北方的特里尔城的要道上，该段道路又绕着富庶的欧坦省（Autun）的边缘蜿蜒而去。那时的居民想必是看到了商业机会，然后又发现他们拥有一片黄金坡地。我们现在所知的法国葡萄酒业，其基础就是在那个时候打下的。

中世纪

走出罗马帝国消亡后的黑暗年代，我们逐渐见到了中世纪的亮光，那时的画作中，有一个人们十分熟悉的场景：采摘和踩压葡萄，酒窖里放着橡木桶，人们喝得微醺。直到20世纪，酿造葡萄酒的方法基本上一成不变。在黑暗的年代，教会掌握着文明的所有技艺，事实上，它披着新的外衣延续了罗马帝国的管治。查里曼（Emperor Charlemagne）重建了一个帝国的体制，煞费苦心地用立法来保障葡萄酒的品质。

修道院不断扩张，开垦山坡上的土地，围着葡萄园砌起了高墙；而年迈的酒农和即将出征的十字军战士，又把他们的土地遗赠给了修道院。教会成了最大的葡萄园拥有者。各个大教堂和小教堂，特别是众多修道院，拥有或开创了欧洲大部分的顶级葡萄园；而且，后来美洲最早的一批葡萄园也是由教会开创和拥有的。

本笃会的僧人走出意大利卡西诺山（Monte Cassino）的各个圣母院和勃艮第的克吕尼（Cluny）修道院，建立了最优质的葡萄园，直至他们沉浸在葡萄酒中难以自拔的奢逸生活方式声名狼藉。

改变出现在1098年，莫莱斯门（Molesme）修道院的圣罗伯特（St. Robert）从本笃会出走，另立山头成立了主张禁欲主义的熙笃会（Cistercians）。熙笃会取名于他们新近修建的熙笃（Cîteaux）修道院，那里离金丘不远，步行可至。熙笃会的发展非常成功，在勃艮第创立了用石墙围起来的伏旧园（Clos de Vougeot），在莱茵高（Rheingau）的艾伯巴赫修道院（Kloster Eberbach）旁创立了石山园（Steinberg），此外，他们还在欧洲各处建起了许多宏伟的修道院。

有一个重要的葡萄酒产区，它不受教会支配，这就是波尔多。波尔多的发展是纯商业的，只关注市场。从1152年到1453年，领地广至法国西部大部分地区的阿基坦（Aquitaine），因为与英格

▽
在公元79年维苏威火山（Vesuvius）爆发之前，现代那不勒斯周边的海岸是罗马最主要的葡萄种植地和最受欢迎的度假胜地。赫库兰尼姆古城（Herculaneum）遗址上的这幅壁画幸免于难。

△
这里以前是熙笃会的艾伯巴赫修道院，建于1136年。各地熙笃会经营着葡萄园、矿山和畜牧业，俨然是世界上第一家大型跨国公司。

兰王室联姻而成了英国领土；每一年，来自英国沿海各地的大型船队都从这里运走一桶桶英国人当时最爱的淡红新酒。而在1363年，伦敦的葡萄酒商业公司更是被授予了英国皇家特许状（相当于在这一兴旺的行业取得垄断地位）。

然而，正是在教会和修道院的稳固架构之下，与葡萄酒有关的工具、用语和技术才得以系统而长久地确立，也因此而逐渐形成了葡萄酒的多种风格，甚至出现了一些如今我们相当熟悉的葡萄品种。在中世纪的世界中，很少有别的什么东西会像葡萄酒那样被严格地规范。在中世纪，葡萄酒和羊毛是北欧的两大奢侈品，从事服装和葡萄酒贸易，可以大发其财。

现代葡萄酒的演化

可以说直至17世纪初，葡萄酒都是唯一一种安全、卫生、可储存的饮品。那时候，水通常是不能安全饮用的，至少在城市里如此；而没有加啤酒花的麦芽酒很快就会坏掉；既没有烈酒，也没有我们现代生活中最基本的任何含咖啡因的饮品。

到了17世纪，这一切都发生了改变。葡萄酒遇到了严峻的挑战：先是来自中美洲的巧克力，再是来自阿拉伯的咖啡，然后是来自中国的茶；与此同时，荷兰人发展了蒸馏酒的技艺，并将其商业化，法国西部大片土地变成了他们用以蒸馏廉价白葡萄酒的地方；啤酒花也让麦芽酒变成更稳定的啤酒；各个城市开始用水管引入干净水（自古罗马时期以来这一直是缺失的）。如果不能找到新的出路，葡萄酒产业将面临崩溃。

今日被视为经典的大部分葡萄酒，都是在17世纪后半叶才发展起来的，这绝非巧合。如果不是玻璃酒瓶的及时发明，这些发展都不可能成功。从古罗马时期开始，葡萄酒一直被盛放在橡木桶里，酒瓶（或应该说是酒罐）通常都是用陶土或皮革制成的，只是用以把酒桶里的葡萄酒盛至饭桌上。17世纪初，玻璃制造技术有了提高，人们可以把玻璃瓶做得更结实，并降低了吹制成本。大概就是在这个时候，有人将玻璃瓶、软木塞及开瓶器组成了“套装”。

人们还逐渐明白，将葡萄酒放在用软木塞密封的玻璃瓶内，比放在橡木桶里保存得更长久（橡木桶一经打开，葡萄酒会很快变质）。而葡萄酒装在玻璃瓶里，酒质还能进一步改善，会发展出一种“佳酿陈香”（bouquet）。耐久存的葡萄酒（vin de garde）就此产生，有陈年能力的葡萄酒有机会把价钱卖高两三倍。

第一家注重品质的波尔多酒庄是侯伯王（Haut-Brion），这可以追溯到17世纪中叶。在18世纪初，勃艮第葡萄酒也有了质的改变。产自沃尔奈（Volnay）和萨维尼（Savigny）的淡雅风格的葡萄酒曾非常流行，但这种发酵时间较短的葡萄酒（vins de primeur），此时开始让位于另一种风格的葡萄酒（vins de garde），后者发酵时间更长、颜色更深、更耐久存，也更有市场，特别是产自夜丘区（Côte de Nuits）的葡萄酒更受欢迎。然而，至少是在勃艮第，黑皮诺（Pinot Noir）作为最重要的葡萄品种的地位，在那之前已被确立，并由几代执政的瓦卢瓦公爵（Valois dukes）用法令加以强化。香槟也仿效勃艮第，黑皮诺成了该产区主要的品种。德国最好的葡萄园都在重新种植雷司令（Riesling）。在梅多克（Médoc），赤霞珠正在取代马尔白克（Malbec）。

因玻璃瓶问世而受惠最多的葡萄酒，是浓烈的波特酒（Port）。英国人从17世纪末就开始喝这种酒，当时与其说是选择，不如说是被迫，因为那时英国人所偏好的法国酒，由于英国和法国连年交战而被征收极高的税金。甜酒很受推崇，甚至香槟也是甜的。马拉加（Málaga）和马尔萨拉（Marsala）酒都正处于全盛期。托卡伊（Tokay或Tokaji）、康斯坦提亚（Constantia）都是最受追捧的葡萄酒。在美洲，马德拉酒也被视为珍酿。

葡萄酒贸易蓬勃发展。在很多葡萄酒生产国中，孱弱的经济很大程度上要靠葡萄酒来支撑，比如在意大利，1880年有超过80%的人口或多或少依靠葡萄酒业谋得生计。当时，意大利的托斯卡纳和皮埃蒙特（Piemonte）以及西班牙的里奥哈（Rioja）都在酿造它们第一批现代的外销葡萄酒。加利福尼亚正处在其第一个葡萄酒热潮当中。这个时候，根瘤蚜虫病凶猛地袭击了这个世界（见第27页），差不多所有的葡萄藤都因受灾而被拔掉，这仿佛就是葡萄酒世界的末日。

现在回过头来看，合理种植、引入嫁接，以及强制选择最理想的葡萄品种，这一切共同创造了一个伟大的崭新开端。

· 读者如要了解详尽的葡萄酒历史，建议直接阅读休·约翰逊写的《葡萄酒的故事》(*The Story of Wine*)。

什么是葡萄酒

葡萄酒是充满魔力的液体。它能提升精神、激发智慧、舒坦身体，以及活化灵魂。然而通俗来讲，葡萄酒仅仅是发酵的葡萄汁而已。

其他水果的汁液也可以通过发酵制成酒精性饮料，苹果能用来酿苹果酒（cider），梨能用来制梨酒（perry），还有大黄茎、黑莓等。几乎所有含可发酵糖的水果都可被用来酿酒，但只有用葡萄这样含有理想的糖浓度和酸度的水果，才能酿制成可长久贮藏并且口味复杂的饮料。不同于其他大多数水果，葡萄汁不用额外加糖便可以被酿成酒精度在12%—14%的液体。葡萄汁还有极高的酸度，尤其富含能够抗有害细菌的酒石酸，使葡萄酒健康且稳定。葡萄汁还很容易被葡萄园、酒庄里和附着在果皮上的天然酵母发酵成酒精饮料。

酿制葡萄酒的关键在于发酵。酵母能有效地消耗糖，并将糖转化为酒精，使葡萄汁的甜度降低且烈性提升，同时释放出二氧化碳气体。如果葡萄汁中所有的糖分被转化为酒精，这样酿成的葡萄酒被称为“干型”（dry）葡萄酒；然而有时，酵母无法将过熟的葡萄中的高糖分全部转化成酒精，于是得到了含有残糖的甜葡萄酒。酿造甜葡萄酒还有很多种方式，如加入未发酵的葡萄汁；或者将冰冻的葡萄压榨去冰，获得糖分高度浓缩的汁液来酿成冰酒（见第293页）；还有使用被灰霉菌（Botrytis cinerea）感染的葡萄酿成的被誉为“贵腐”（noble rot）的甜酒（见第104页）。

葡萄酒的颜色

葡萄果肉为葡萄酒提供了糖和主要的酸，无论葡萄皮是何种颜色，葡萄果肉的颜色几乎都偏灰。刚发酵完的葡萄酒较为浑浊，呈现淡黄色，悬浮的浑浊物最终沉淀下来，清澈、浅色的白葡萄酒便诞生了（更多相关内容请参考第32—33页）。

酿造红葡萄酒时，红葡萄的深色果皮是必要的色素来源。在酿造红葡萄酒的整个过程中，果汁与果皮始终同时在发酵容器中，而没有像酿造白葡萄酒那样，在发酵前就将它们分离。酵母在无氧的条件下进行发酵（所以白葡萄酒在闭合的罐中或木桶中酿造），发酵中产生的二氧化碳气体能保护葡萄汁不与会产生破坏性的氧气接触，并且将果皮推送至发酵的液体表面上层。

葡萄皮还包含了具有抗氧化性的单宁。单宁是能在浓茶和核桃皮里尝到的苦味物质，单宁赋予了葡萄酒“口感”和“结构感”，也是红葡萄酒中的主要抗氧化物质。很多时候，尤其是在酿造陈年潜力强的葡萄酒时，单宁的组成和成熟度是那些追求卓越的酿酒师最重视和最需要考量的。单宁也是品尝新酿红葡萄酒时不易入口的原因，所以刚发酵完的红葡萄酒可能会继续与果皮一起浸渍数天甚至数周，从而柔化单宁。某些与果皮接触一段时间的白葡萄酒也会含有单宁，但单宁含量少于大多数红葡萄酒。橙酒则介于白葡萄酒与红葡萄酒之间，酿造时果汁与果皮的接触时间较长，这类酒易于搭配各种食物。

大多数桃红葡萄酒使用深色果皮的红葡萄酿造，与白葡萄酒的酿造方法类似，不同之处在于压榨并发酵之前，会让果汁与果皮短暂接触，稍稍为果汁着上粉色。

酿造起泡酒时，需要在密闭的容器中进行二次发酵，于是发酵产生的二氧化碳气体无法逃逸。密闭容器可以是经典的香槟酿造法所采用的酒瓶，或者是更经济的大罐［常用于被称作查玛法（Charmat）或罐中发酵法（cuve close）的酿造法］，无法释放的二氧化碳在容器中被溶于酒液，开瓶时便产生让人愉悦的气泡。波特酒、马德拉酒和一些烈性的雪利酒（Sherry）被归为“加强酒”（fortified），这些葡萄酒中加入了高酒精浓度的葡萄烈酒，提高了酒精度。

黑皮诺葡萄接近熟透期的剖面图

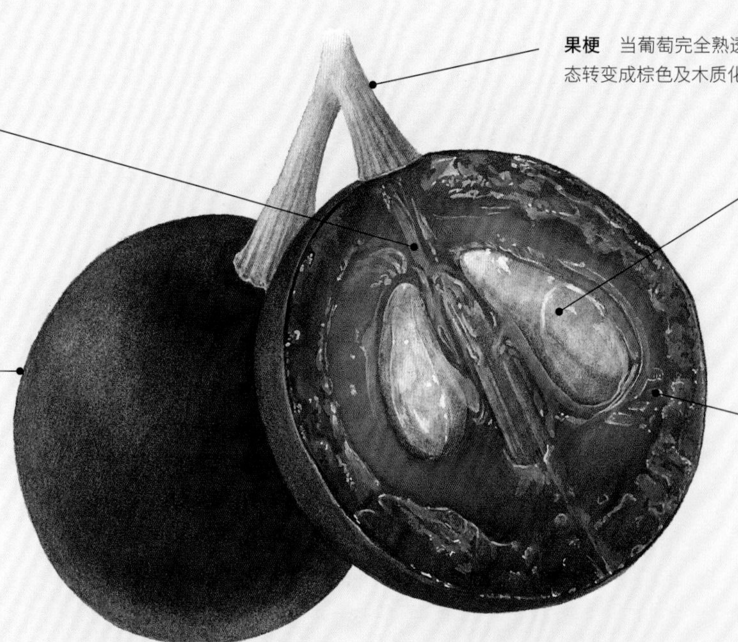

果刷 葡萄在酒厂中被去梗后，还会残留在果梗上的部分。如果是机器采收的话，则会与葡萄串脱离。

果梗 当葡萄完全熟透后，葡萄梗会从原本绿色和娇嫩的状态转变成棕色及木质化的状态。

葡萄籽 不同的葡萄品种，葡萄籽的数量、大小和形状都不一样。如果被意外压破，所有的葡萄籽都会释放苦味的单宁，所以人们一般会很轻柔地处理刚采收的葡萄。

葡萄皮 这是酿造红酒时最重要的原料，含有浓缩的单宁、色素和为葡萄酒带来香味的成分，果皮表面还带有一些酵母。

果肉 这是对葡萄酒的容量贡献最多的原料，含有果糖、酸、一些香味成分和许多水分。所有酿酒葡萄的果肉几乎都是偏灰色的。

葡萄树

一个不可否认的事实是，虽然葡萄酒是一种美妙多变、激发我们灵感的饮品，但它只是葡萄汁的发酵产品而已。葡萄是世界上最重要的经济作物之一，新鲜的葡萄或者葡萄干制品都可以食用，然而，全球一半的葡萄产量都产生了更大的价值，那就是被酿成葡萄酒。

要酿成葡萄酒，糖分充足的葡萄是必不可少的，这些糖分会被转化为酒精。这听起来很简单，但是要酿出优质葡萄酒，需要酸、单宁和神秘莫测的风味物质达到完美的平衡。我们饮用的每一滴葡萄酒都由自然而生，葡萄从土壤中吸收水分和微量的养分，在光合作用下，通过大气中二氧化碳的协助，最终合成可发酵的糖和其他碳水化合物。

在最初的两三年，年轻的葡萄树因为忙于建立根系和发展强健的木质主干，只能结出极少量的葡萄串。但从第三年开始，只要修剪适当，葡萄树就会收获颇丰，产生经济效益。

和大多经济作物相比，葡萄树能耐受更干燥的气候和更贫瘠的土壤，所以它们能够在条件恶劣或者偏僻的环境下生长。在夏季，葡萄园通常是一片棕色大地上最绿的风景。葡萄树是攀缘植物，如果放任其自然生长，一旦根系建立，它就会迅速伸展枝叶，结果很少，而将大部分的能量用在新枝的生长上，伸展出蜿蜒细长的木质藤蔓，用来寻找其他树木并用卷须攀附而上。一株葡萄树最多可蔓延并覆盖约4000平方米大小的地域，藤蔓接触土壤后还可发展出新的根系。

如今人们进行葡萄树的商业种植，当然不允许葡萄树将宝贵的能量浪费在藤蔓上，不会任其长出繁茂的枝叶。通过人为控制，葡萄树被“劝服”将能量集中于成熟果实，从而保证大多数商业葡萄园的产量，同时以质量为本，将葡萄树种植于本书涵盖的有趣的产区中。要实现上述目标，需要在冬季葡萄树的汁液水平降低和藤蔓干化易断的时候进行修剪，按照精细计算的芽眼数量，在正确的位置进行修剪并缩短植株，使得来年春天葡萄树长出易于管理且多产的新枝。葡萄树能够长成独立的小灌木状，也可以整齐地排列在金属爬架上。

葡萄树的生产年限

随着葡萄树的生长，主根会伸往更深层的土壤（某些情况下能有30米之深）来寻求水分和养分。一般来说，葡萄树的树龄越低，酿成的葡萄酒就越清淡，也容易缺乏细节变化。不过葡萄树在种植后的一两年内就能生产一些可口的葡萄果实，此时产量通常不多，所以葡萄树可以集中全力让寥寥数串葡萄有浓郁的滋味。种植3—6年后，葡萄树趋于稳定，也占据了土壤上方的空间，逐渐增产的葡萄风味越来越丰富，所酿成的葡萄酒也越来越浓缩。如此发展可能要归功于更加复杂的葡萄树根系，以及健康的土壤里由共生的微生物构成的复杂地下系统（见第25—26页），它们很好地调控水和养分的供给。

一株葡萄树的寿命根据在哪里种植、如何生长及品种（见第14—17页）而长短不一；但是许多葡萄树在25—30岁就被拔除，因为此时它的产量开始下滑，不能满足经济效益。一些病虫害（见第27页）或者其他问题在早些时候也能损害葡萄树。有时为了嫁接上更流行的葡萄品种，一株葡萄树的上端会被砍去，然后在树干上插入新枝。缘于老葡萄树的酒有时价格较贵，酒标上可能标出术语："老藤"——vieilles vignes（法语）、alte Reben（德语）、vecchie vigne（意大利语）、viñas viejas（西班牙语）、vinyas vellas（加泰罗尼亚语）或者 vinhas velhas（葡萄牙语）。"老藤"并非规范术语。对于波尔多的一级酒庄来说，12岁以下的葡萄树生产的葡萄可能风味不够复杂，于是不用这些葡萄来酿造正牌酒，然而同龄的葡萄树在一些更商业化的葡萄园中已然被视为老藤。

葡萄树的天性之一是攀缘，如该图所示，在玻利维亚辛帝县（Cinti）阿曼多·冈萨雷斯（Armando Gonzalez）管理的Rogue葡萄园，这些葡萄树估计已有100—200岁。

西班牙中部极为干旱的拉曼查（La Mancha）产区，注意这些灌木状葡萄树之间相隔有多远，如此小的种植密度帮助每一棵葡萄藤蔓最大限度地获取地下水。

在潮湿的波尔多，葡萄树的种植密度很大，工整精细地缠绕于金属爬架上，从而获得产量和质量之间的平衡。

葡萄品种

我们用"品种"（variety）一词来指代植物学家所说的栽培种（cultivar），每一个品种是根据其特征而被选取和栽培的。如今在数千个葡萄品种里，约有50个品种在全世界范围内被广泛种植。葡萄品种的名字曾一度与品种所在的经典产区同名，并成了世界流行的术语。

本书的第一版着重于描述风土条件是如何决定葡萄酒风格的。如今葡萄品种具有同等的重要性，我们也试着揭秘某些品种在其起源地表现优异的原因，以及它们在远离家乡的产区又能展现怎样的品质。

对每一个葡萄酒初学者来说，熟悉接下来几页所介绍的最优异和适应力极强的葡萄品种是最好的入门方法之一。在每个品种名下都简要描述了一些最明显的特征，这些特征或多或少会出现在标有同样品种标签的葡萄酒里。但是，如果你想更深入地了解葡萄酒，则需要对地理存有一些好奇心，接下来的地图能够帮你解答很多疑问。例如，同样是西拉（Syrah）葡萄酿造出来的葡萄酒，为什么埃米塔日（Hermitage）与生长在其上游约48千米处且山坡朝向不同的罗蒂丘（Côte-Rôtie）红酒以及澳大利亚南部产区别名为西拉子（Shiraz）的葡萄酒相比，喝起来有如此截然不同的感受？

葡萄品种

这几页描述的葡萄品种是葡萄属（*Vitis*）之下欧洲酿酒葡萄（vinifera）种类中最有名的一些，葡萄属还包括了美洲和亚洲葡萄种类，还有花园观赏性植物中的葡萄品种（比如美国弗吉尼亚州的攀缘植物爬山虎）。

在美国有些地区以美洲种葡萄来酿酒，这些葡萄的益处是可以有效对抗常见的真菌病害（如第27页所列出的）。有些葡萄种类如拉布鲁斯卡（labrusca）却带着特别强烈的"狐狸味"[可试试康科德（Concord）葡萄做成的果冻]——一种不太讨喜的味道。美洲种葡萄与亚洲种葡萄在培育适应特殊环境的新品种方面非常有用，通过与欧洲种葡萄的种间杂交已经培育出数以百计的杂交种，它们（被称为PIWI品种）尤其能抵抗真菌病，或者在生长季短的地区仍能达到足够的成熟度，抑或能抵御寒冬。某些蒙古的葡萄种被用于培育抗寒的品种。从理论上来说，气候温暖的葡萄园不需要杂交种，而特别寒冷的地区则需要。欧洲葡萄种内的杂交也有一定作用，比如种内杂交品种米勒-图高（Müller-Thurgau）就是针对无法让雷司令品种成熟的葡萄园所专门培育的，尽管只有极少数人承认它是个完美的替代品种。

当然，葡萄树不会标记自身是何品种，有一套专门的"葡萄品种学"，即通过仔细观察果实、叶片形状、颜色等方面的差异来辨识各个品种。该学科揭露出许多品种之间的巧妙联系，不过这都比不上近年来的DNA分析的惊人发现。如此精确的基因科学揭示了品丽珠（Cabernet Franc）和长相思（Sauvignon Blanc）是赤霞珠的亲本，而霞多丽、阿里高特（Aligoté）、博若莱的佳美（Gamay）、慕斯卡德[Muscadet，亦称作勃艮第香瓜（Melon de Bourgogne）]、欧塞瓦（Auxerrois），以及其他十几个品种都是黑皮诺和古老神秘的品种白高维斯（Gouais Blanc）的后代。黑皮诺似乎还是西拉的伟大先祖，梅洛和马尔白克有很近的血缘关系。

若想查寻葡萄品种的详细信息，请参考杰西斯·罗宾逊、茱莉娅·哈丁和何塞·弗拉穆兹（José Vouillamoz）所著的《酿酒葡萄：1368个葡萄品种的完整指南，包括其起源与风味》（*Wine Grapes – A Complete Guide to 1368 Vine Varieties, Including Their Origins and Flavours*）。

最重要的葡萄品种

以下是世界上最重要的葡萄品种简介，按照种植的葡萄园总面积排序。最有名的品种的叶片也被展示出来，但是要在葡萄园里识别出各个品种可没想象中那么容易。

赤霞珠

CABERNET SAUVIGNON

世界上种植最广泛的酿酒葡萄

黑醋栗·雪松·高单宁

这是强劲红酒的同义词，久存后会转化成细腻、杰出的酒款。正因如此，赤霞珠成为最广泛种植的红葡萄品种，但也因为相对较晚熟，只适合种在比较温暖的地方，即使是在其原产地梅多克和格拉夫（Graves），在某些年份也可能无法全然成熟。但是，它一旦真正熟透，无论颜色、味道还是单宁都会相当惊艳，全都汇集在厚皮的深蓝色小浆果内。经过小心酿造以及橡木桶的培养熟成，可以酿出全球最耐存放也最令人激赏的红葡萄酒。在波尔多，为了应对开花时的恶劣天气和晚熟的特性，赤霞珠通常都会跟开花较早的梅洛和品丽珠混酿。而如果是种植在像智利、澳大利亚部分区域和其第二故乡北加利福尼亚州那么热的地方，不需要混合其他品种就能酿成非常可口的红酒。

梅洛

MERLOT

世界上种植第二广泛的酿酒红葡萄

丰满·柔和·李子味

梅洛多汁、颜色稍浅，是传统上常与赤霞珠搭配混酿的葡萄品种。特别是在波尔多，梅洛比赤霞珠更易成熟，而且种植也不困难，所以成为当地最普遍种植的品种。在寒冷一点儿的年份，梅洛会比赤霞珠更容易成熟，在比较温暖的年份酒精度则会较高。梅洛果实较大且皮较薄，单宁往往偏少、口感更丰富，所酿之酒可以更早开瓶享用。单一的梅洛品种也可以酿酒，尤其在美国，人们认为这种酒比赤霞珠易饮（但尊贵程度低一些）。梅洛在意大利东北部比较容易成熟。梅洛的品质在波美侯（Pomerol）达到极致，可酿成性感迷人、带着丝般质地的美酒。梅洛在智利特别常见，在那里，人们长期以来一直把它和佳美娜（Carmenère）相混淆。

丹魄

TEMPRANILLO

西班牙最有名且种植最广泛的葡萄品种

烟叶·香料·皮革

丹魄有多种别名。在杜罗河岸（Ribera del Duero），它又被称为Tinto Fino或Tinto del País，为那里的红酒提供了深厚、浓郁而劲道的口感。在里奥哈，它则与歌海娜混合酿制出独具魅力的红酒。在加泰罗尼亚，它被称为Ull de Llebre，在瓦尔德佩涅斯（Valdepeñas），它被叫作Cencibel，而在纳瓦拉（Navarra），它通常与波尔多品种混合酿酒。在葡萄牙，它被称为罗丽红（Tinta Roriz），一直都用于酿造波特酒，近年酿成的干红开始逐渐受到关注。在阿连特茹（Alentejo）产区，它则被称为阿拉哥斯（Aragonês）。丹魄品种发芽相当早，易受春霜威胁，又因皮薄而容易感染霉菌。现在丹魄的国际评价已比以往高，可用于酿造优质葡萄酒。

黑歌海娜

GRENACHE NOIR/GARNACHA TINTA

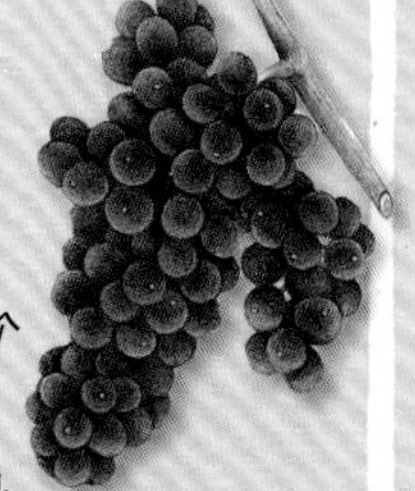

教皇新堡的主要品种，在全世界再度流行

颜色淡·甜·多酒精·需要完全成熟才能彰显个性·适合酿成粉红酒

黑歌海娜在环地中海地区被广泛种植，是罗讷河南部种植最广的葡萄品种，在当地通常和慕合怀特（Mourvèdre）、西拉及神索（Cinsault）等品种一起混酿。在鲁西永（Roussillon），黑歌海娜也被大量种植，它和酒精度同样很高的白歌海娜、灰歌海娜是酿造当地“天然甜味葡萄酒”（Vins Doux Naturels，见第144页）的主要品种。在西班牙，黑歌海娜被称为“Garnacha”（歌海娜），是全西班牙种植最广、用来酿造红葡萄酒的葡萄品种，比如在博尔哈（Campo de Borja）和格雷多斯山脉种植的那些灌木状老藤歌海娜可以酿造性价比很高的葡萄酒。黑歌海娜在意大利撒丁岛被称为卡诺娜（Cannonau），而在美国加利福尼亚州和澳大利亚则被称为歌海娜，该品种越来越受到重视。

霞多丽

CHARDONNAY

全世界最有名的白葡萄品种

风格广泛·变化多端·没有过多的橡木桶味就会很讨喜

勃艮第的白葡萄酒品种比黑皮诺更加多变。霞多丽很容易种植和成熟，除非环境极端恶劣（因为霞多丽发芽很早，遇到春霜时风险较大），否则到处都能栽种。不同于雷司令，霞多丽没有浓厚且特别的风味，所以适合在橡木桶中发酵与培养，这也许正是它能够成为全世界最知名和种植量第二大的白葡萄品种的原因。霞多丽总是能呈现酿酒师所期望的风味特色：活泼、有朝气及带气泡，抑或新鲜无橡木桶味，或者饱满带黄油味，甚至可酿成甜酒。它也能酿成像夏布利（Chablis）那样矿物味十足、口感清爽的酒，甚至还能用于酿造香槟和其他起泡酒。

长相思

SAUVIGNON BLANC

新西兰的标志性葡萄品种

青草·绿色水果·极清爽强酸·很少带橡木味

长相思品种香气扑鼻、极为清爽，跟这几页提到的多数品种不同，适合在酒龄浅的时候品尝。长相思源于法国的卢瓦尔河谷。在当地，其风味可因年份不同而产生差异，在差的年份可能过酸。种植于太温暖地区的长相思，可能会因长势过强而丧失特有的香气和酸度，在美国加利福尼亚州与澳大利亚，许多用长相思酿制的酒款都显得太浓腻。长相思植株比较强健，枝叶容易生长过盛，因此必须通过严格的树冠管理来防止枝叶过盛。长相思在新西兰表现特别好，尤其在马尔堡（Marlborough），智利和南非的酿酒师们也学习并效仿新西兰人的成功之处。在波尔多，长相思通常与赛美蓉混酿成干型及甜型的白葡萄酒。

西拉／西拉子

SYRAH/SHIRAZ

澳大利亚最流行的葡萄品种

黑胡椒·黑巧克力·重单宁

源于罗讷河谷地的北边，西拉葡萄以生产色深、能长久储存的埃米塔日以及罗蒂丘红酒而闻名［传统上，罗蒂丘中还会添加一点儿维欧尼（Viognier）品种以增添风味］。现在西拉葡萄已经遍布于法国南部各地，在当地常和其他品种一起混酿。澳大利亚的西拉葡萄被称为“西拉子”，是澳大利亚种植面积最广的红葡萄品种。这里的西拉红酒喝起来有些不同，在像巴罗萨（Barossa）这么炎热的地方，常被酿成强劲、肥厚、浓郁、充满质感的葡萄酒，但是在维多利亚州较凉爽的地区却被酿成带着黑胡椒香气的红酒。现在，全球各地的葡萄种植者十分喜爱西拉，都会尝试种植西拉。西拉葡萄酒无论新酿还是陈年，总会有相当有劲的余味。西拉越来越流行，在智利、南非、新西兰、美国以及阿根廷都被大规模种植。

黑皮诺

PINOT NOIR

勃艮第伟大的红葡萄品种

樱桃·覆盆子·紫罗兰·野味·淡至中等深度的红宝石色

这个最难捉摸的葡萄品种比较早熟，种在太热的地区会因成熟太快，而无法发展出薄皮中所蕴含的许多细致迷人的风味。全世界最完美的黑皮诺产地就是勃艮第的金丘区。如果种植及酿造得当，黑皮诺就能够传递出非常复杂多变的风土特色。一瓶优质的勃艮第红酒充满魅力，让全球各地的种植者争相模仿，但到目前为止，只有德国、新西兰、美国的俄勒冈州、加利福尼亚州以及澳大利亚最凉爽的一些产区能够酿出非常不错的黑皮诺酒。在酿造无泡酒时，黑皮诺很少会和其他品种混合；酿造香槟时，黑皮诺与霞多丽及近亲莫尼耶皮诺（Pinot Meunier）是最常见的混酿组合。

桑娇维塞

SANGIOVESE

意大利种植最广的葡萄品种，风格多样

强烈 · 活泼 · 颜色较浅 · 风味多变（从梅子到乡土味都有）

桑娇维塞是意大利中部种植最广、极具潜力的品种，尤其在古典基安蒂（Chianti Classico）、蒙塔尔奇诺［Montalcino，当地称桑娇维塞为布鲁奈罗（Brunello）品种］以及蒙特普尔恰诺［Montepulciano，当地称其为普鲁诺阳提（Prugnolo Gentile）品种］三个产区最著名。它在马雷马（Maremma）地区也有种植并被称作Morellino。桑娇维塞最平常的那些品系往往因产量过大，而被酿成相当清淡、干瘦的红酒，在艾米利亚-罗马涅（Emilia-Romagna）区有不少以平凡的品系酿出的红酒。传统的基安蒂（Chianti）曾一度添加白葡萄特来比亚诺（Trebbiano）等品种来稀释风味，于是20世纪晚期桑娇维塞被人嘲讽，以凸显赤霞珠和梅洛的优秀。当时一些布鲁奈罗的生产者还被怀疑在酒里混入法国品种。而现在，100%的桑娇维塞葡萄酒不仅受到官方认可，并且广受赞誉。

雷司令

RIESLING

世界上最具表现力、陈年潜力强的白葡萄品种

芬芳 · 细致 · 高酸 · 容易配餐 · 很少带橡木桶味

雷司令之于白葡萄酒就好比赤霞珠之于红酒——可在不同产地酿成风格截然不同的葡萄酒，而且可以陈放数年。它的名字不易读准（英文读作“Reessling”）。在20世纪后期，雷司令的品质常遭低估，价格也往往偏低，如今其流行度开始复苏。雷司令葡萄酒非常芬芳，依据不同产区、甜度与酒龄，会展现矿石味、花香、青柠味以及蜂蜜香气。雷司令在其原产地德国可以酿出非常伟大的贵腐甜酒，但拜全球气候变暖所赐，现在德国也可酿出非常好的干型雷司令酒，而走这两者中间路线的半干或半甜型也表现优异。雷司令一直都是德国、法国阿尔萨斯（Alsace）和奥地利最高贵的葡萄品种，在澳大利亚、美国纽约州和密歇根州也备受推崇。

慕合怀特

MOURVEDRE

邦多勒产区的葡萄品种，酿出的酒易带还原味

肉感 · 黑莓 · 多酒精 · 多单宁

慕合怀特并不出名，但它是炎热产区混酿酒中非常重要的葡萄品种，也是普罗旺斯顶级葡萄酒产区邦多勒（Bandol）最重要的葡萄品种，需要精心酿造。在整个法国南部以及澳大利亚南部产区，慕合怀特被用来为歌海娜和西拉的混酿添加厚实口感。在西班牙中东部，它被称为莫纳斯特雷尔（Monastrell），用来生产厚重的葡萄酒。在澳大利亚以及美国加利福尼亚州，它因为被称为Mataro而受到忽视，直到改名为慕合怀特后，才开始因为法文名字的魅力而有了新生命。

灰皮诺

PINOT GRIS/PINOT GRIGIO

以灰皮诺酿造的酒，是意大利继普洛赛克起泡酒后极为成功的出口酒

丰厚 · 酒色金黄 · 烟熏味 · 香气奔放或平淡

这个流行品种的发源地是迷人的阿尔萨斯，与雷司令、琼瑶浆以及麝香一起被视为最高贵的葡萄品种，常被酿成当地最浓厚却又相当柔和的白葡萄酒。这个拥有粉红色果皮的品种是黑皮诺的变种，也是霞多丽的近亲，在意大利被称为Pinot Grigio，可以酿成相当独特或极为平凡的干白葡萄酒。其他地方的种植者，则在Gris或Grigio两个名称之间犹豫不定，不管选择哪个名称都不能让人准确预判酒的风格。在美国俄勒冈州、新西兰和澳大利亚，灰皮诺也颇具特色。

品丽珠

CABERNET FRANC

赤霞珠的亲本和混酿搭档

植物叶子香气 · 新鲜 · 很少浓重

品丽珠是赤霞珠的柔和版本，因为较早熟，在卢瓦尔河产区被广泛种植，也可种在气候较冷而土壤较潮湿的圣埃美隆（常常和梅洛混酿）。梅多克、格拉夫产区也种植了品丽珠，若赤霞珠没有成熟，可作为备用品种。比梅洛更耐寒冷冬季的品丽珠，可以在新西兰、美国长岛和华盛顿州酿出相当可口的红酒。生长于意大利东北部的品丽珠尝起来可能带着颇可口的青草味，而生长于卢瓦尔河希农（Chinon）产区的品丽珠则可展现极致的丝滑口感。

马尔白克

MALBEC

阿根廷采纳的红葡萄品种并酿制出最有名的葡萄酒

在阿根廷有香料味又浓郁 · 在卡奥尔则多野味气息

马尔白克挺神秘。长年以来，在包括波尔多在内的法国西南部地区，它是与其他葡萄混酿的品种，只有在卡奥尔（Cahors）产区，马尔白克才占主导地位。在卡奥尔当地它被称为Côt或欧塞瓦，一般被酿成粗犷、带一点儿野味、可以少许陈年的红酒。法国移民将马尔白克带到阿根廷，在门多萨（Mendoza）产区，它仿佛来到了新天堂一般，成为全阿根廷最受欢迎的红葡萄品种，可酿出丝般质地、浓缩、活泼、高酒精度且相当浓厚的红酒。如今卡奥尔的酿酒者把门多萨的马尔白克作为新标杆。

产量不总是等同于质量

这些按照总种植面积降序列出的品种，属于全世界种植最为广泛的前20个葡萄品种，但这并不意味着它们总是最重要的。例如，在西班牙无人工灌溉的干旱地区，葡萄树的间隔很远（见第13页中间的图示），因为当地的这种特殊条件，阿依仑（Airén）和博巴尔（Bobal）分别排在第3位和第12位。

阿依仑（Airén），拉曼查产区的主要品种，酿造的葡萄酒大部分风味寡淡，常被蒸馏成白兰地烈酒。

托斯卡纳特莱比亚诺（Trebbiano Toscano），广泛种植于意大利中部，但大多被用来酿造十分乏味的白葡萄酒。在法国西南部，该品种被称作白玉霓（Ugni Blanc），用于蒸馏酿造烈酒。

佳丽酿（Carignan），在发源地西班牙被称作Cariñena和Mazuelo，曾经一度在朗格多克地区广泛种植，也是普瑞特（Priorat）产区的重要品种。老藤佳丽酿能生产浓缩、有趣的葡萄酒，但是若产量过大，酒的口感会太尖酸。

博巴尔（Bobal），在西班牙东部被用来酿造口感紧实的红葡萄酒。

格拉塞维纳（Graševina），有很多别名，如威尔士雷司令（Welschriesling）、意大利雷司令（Italian Riesling），以及在它家乡克罗地亚的各种带Rizling词缀的名称。品质通常被低估，能够酿造干型和甜型的优质酒。

白羽（Rkatsiteli），是一个非常实用的高酸白葡萄品种，在东欧被广泛种植，甚至在更东方的俄罗斯和中国也有种植。

马卡贝奥（Macabeo），也被称作Maccabeu和Viura，在里奥哈和鲁西永产区被用来酿造有陈年潜力的干白葡萄酒。

更多有趣的品种

这些葡萄品种与上述相比种植规模小了很多，但是能够酿制风格独特的优质酒。

白诗南

CHENIN BLANC

可酿成非常多类型的葡萄酒。
蜂蜜 · 湿麦秆 · 苹果

白诗南是法国卢瓦尔河中段的葡萄品种，种植于下游慕斯卡德产区的勃艮第香瓜品种和上游的长相思之间。该品种能酿造在各种甜度下都保持结构紧致、能长久陈年、风味独特的葡萄酒。感染贵腐霉的卢瓦尔河白诗南，可以酿出如武夫赖（Vouvray）酒一样相当出彩且能长久陈年的甜白葡萄酒，也能酿成微带蜂蜜味、干型、无气泡、时而有橡木味的酒，还能在索米尔（Saumur）和武夫赖等产区酿出一些相当有风格的起泡酒。白诗南在其他产区常遭误解。在美国加利福尼亚州和南非，白诗南的种植相当普遍，常被酿成非常普通的干白葡萄酒，传统上被称为Steen。南非开普地区的白诗南，特别是老藤的白诗南所酿之酒，居于世界上最伟大的白葡萄酒之列。

金芬黛

ZINFANDEL

熟透的浆果香 · 多酒精 · 口感甜润

金芬黛曾经在长达一个世纪的时间里都被当成美国加州本土的葡萄品种，后来人们才发现它与18世纪就种在意大利南部的普里米蒂沃（Primitivo）是同一品种。现在，DNA分析进一步证明了它的原产地在亚得里亚海（Adriatic）一带。虽然金芬黛的葡萄串会有成熟度不同的情形，但是其中有许多葡萄粒有着其他品种无法媲美的超高糖度，让简称为“Zin”的金芬黛可以酿成酒精度高达17%的葡萄酒。特别是在加州的索诺马（Sonoma）地区，有一些老藤的金芬黛能够酿出优质的红酒，但常见的如加州中央山谷的金芬黛，往往被用来酿造浓缩度不高的葡萄酒，其中有许多通过添加麝香及雷司令来增加香气，酿成淡粉色“白金芬黛”（White Zinfandel）。

白麝香

MUSCAT BLANC/MOSCATO BLANCO

葡萄香气 · 相对简单 · 通常带甜味

这是最精细的麝香葡萄品系，葡萄粒非常小（法文称其为petits grains），形状为圆形，品质相对普通的麝香葡萄品系亚历山大麝香（Muscat of Alexandria，在澳大利亚被称为Gordo Blanco或Lexia，在当地只作为食用葡萄）则呈椭圆形。在意大利，白麝香被称为Moscato Bianco，用于酿造意大利阿斯蒂（Asti）起泡酒及其他细致清爽的微泡酒。在法国南部、科西嘉岛和希腊，白麝香也可被酿成相当好的甜酒。澳大利亚以深色的麝香葡萄品系Brown Muscat酿造甜度、酒精度颇高，且相当浓稠的加强酒；而西班牙的Moscatel葡萄通常是指亚历山大麝香品系，至于在托卡伊产区的黄麝香葡萄品系（Sárga Muskotály）能酿造上乘的单一品种酒或混酿酒。

赛美蓉

SEMILLON

无花果 · 柑橘 · 羊毛脂 ·
酒体饱满 · 丰富

我们之所以在这里列出赛美蓉，是因为它可以酿成品质极优异的甜酒，特别是产自苏玳（Sauternes）和巴萨克（Barsac）这两个产区的赛美蓉，经常以4 ∶ 1的比例混合长相思以及一点儿密斯卡岱（Muscadelle）品种来酿酒。赛美蓉（在法国以外地区拼写为Semillon，但在阿根廷拼写为Semijon）的皮特别薄，因此非常容易感染霉菌，如果遇到适宜的天气条件便会感染奇迹般的贵腐（见第104页），从而浓缩葡萄的甜度。在波尔多，特别是在佩萨克-雷奥良（Pessac-Léognan）产区，赛美蓉被用于酿造带橡木味的优质干白葡萄酒。澳大利亚的猎人谷（Hunter Valley）则用非常早采收的赛美蓉葡萄酿出陈年潜力强、风味复杂但酒体轻盈的干白葡萄酒。南非也种植着一些老藤赛美蓉葡萄树。

气温与日照

除了葡萄树本身，多变的天气状况也是影响葡萄酒品质的重要因素。葡萄的生长很大程度依赖四季的变化和长期气候条件，这两方面也决定了哪种葡萄适合种植以及它的表现如何，而日复一日的天气变化能够决定一个年份的好与坏。

葡萄树能否结出好的果实、酿出好酒，会受到非常多的气候因素影响，其中包括气温、日照、降水、湿度还有风。葡萄树在一些特定的中纬度产区表现极佳（见第48—49页地图），尤其在凉爽的气候中，气温是影响葡萄成熟度的关键因素。

厚重的葡萄酒日渐不受青睐，在凉爽气候种植区酿造的葡萄酒当下很流行。与炎热气候相比，凉爽气候使葡萄酒的酒精度更低、酸度更高，香气内敛但更为集中。假如葡萄树生长在高温地区，那么葡萄将会快速成熟，生长季很短，这样一来尽管葡萄中的糖分（之后被转化为酒精）足够高，但葡萄并不能慢慢发展出多种风味。纵观全世界，由于气候变化（见第22—23页），葡萄酒生产者们一直在寻找气温更低的区域，比如那些海拔更高或者靠近凉爽海域的产区。

高海拔可弥补纬度的劣势。海拔每上升100米，平均气温便下降0.6℃，这就是为何安第斯山脉和墨西哥中部的葡萄园即使靠近赤道，也能生机勃勃。

年度周期

在一年中不同的季节，葡萄树处于不同的状态。在冬季，葡萄树处于休眠状态，若遇极端低温，可能会受到严重伤害。然而冬季时气温也要足够低才能保证葡萄树进行冬眠并储存养分，同时杀灭有害微生物。当气温降到-15℃时，处于冬眠期的葡萄藤易受损伤，最终被冻死的可能性很高，这将会造成严重的经济损失。葡萄树可能因低温而受损伤，更容易遭受越来越常见的各类树干疾病的侵袭。

当温度降低至约-25℃时，有些品种的葡萄树可能会受到致命伤害，所以需要一定的冬季防寒措施。例如在俄罗斯和中国部分地区，每年都需要针对葡萄树施行艰苦的秋季埋土、春季出土工作。这是极为劳民伤财的措施，而且很容易损伤葡萄树的不同部位，比如伤害枝干，甚至在春季出土时不小心抹去即将萌发的嫩芽。

在不容易出现极端低温的产区，种植者会用混合冷热空气的风机来避免致命的冻害。在加拿大最冷的葡萄酒产区，种植者为保护葡萄树，尝试以可循环使用的厚土工布来覆盖植株。

在欧洲北部，一旦春天到来，葡萄树便开始发芽，真正的危险也随之而来。尤其是在新芽开始抽出、新叶脆弱幼嫩的晚春时分，霜冻可能对其造成严重的威胁。种植者会为保护萌芽不受冻害而采用各种方法，包括在葡萄园里点火炉、在葡萄树上喷水进而结成保护性冰层，以及启动防霜害风机，甚至租用直升机来搅动空气，从而防止最冷、最有破坏性的空气沉积于地面。夏布利的种植者尝试用纺织布料来保护葡萄树，但这种成本极高的方法只能用于最有财力的葡萄园区。2017年4月末，在法国多个地区发生的晚春霜冻极大程度减少了当年的葡萄收成。秋季的霜冻虽然不经常发生，却同样危险，能够让葡萄树叶干化从而迅速抑制葡萄的成熟。

根据天气和葡萄品种的不同，葡萄树的生长季从开始发芽到采收为止，一般会持续150—190天。该期间光照十分关键，因为植株要进行光合作用。与此同时，在葡萄树生长期，若没有充足的温度和降水或灌溉（见第20页）带来的湿度，葡萄也不能很好地成熟；然而另一方面，在夏季热浪来临时，光合作用与葡萄成熟可能都会停止。葡萄树叶的气孔可在35℃以上的温度下闭合，或者葡萄树会受到极度缺水的压力。美国加州的种植者惧怕极端高温的情况，这会迫使他们延迟采收。

气温指标

各个产区葡萄生长季的平均气温在凉爽（13℃）至炎热（21℃）的区间内，气温在很大程度上决定了哪些葡萄品种能更稳定和更好地成熟。相比更早成熟的品种来说，一些品种需要更长的生长季。成熟期最后一个月的平均温度如果能够保持在15℃—21℃，理论上所产葡萄能保证酿出品质上佳的餐酒。而在气候更为炎热的产区，如西班牙的安达卢西亚（Andalucía）、马德拉、南非的小卡罗（Klein Karoo）、澳大利亚维多利亚州东北部地区，一般更适合生产加强型葡萄酒。

产区之间的巨大差异也能体现在冬季和夏季的温差上。在美国纽约州的芬格湖群（Finger Lakes）产区、华盛顿州的东部，加

◁
在中国北部的宁夏，冬天极为严寒，所以要进行艰苦的“葡萄树秋季埋土、春天出土”工作。

△
在加拿大，像魁北克省木尼艾酒庄（Domaine St-Jacques）伊万·奎里昂（Yvan Quirion）这样的种植者，在冬季会尝试用厚厚的土工布来覆盖栽培棚架，从而保护葡萄树。低矮的树形能让葡萄树从地面吸取热量。

拿大的安大略（Ontario）地区，还有德国偏北部的产区，很强的大陆性气候造就了寒冷的冬天和可能炎热的夏天。一到秋天，这些产区气温下降得非常快，有可能让葡萄无法成熟。

而在海洋性气候区，由于海洋的调节作用，四季的温差会小得多。如果是更为温暖的海洋性气候，冬季可能不够冷，使得葡萄树无法进入冬眠，并且没有足够低的气温来消灭病虫害，让有机种植困难重重。在较凉爽的海洋性气候地区，比如波尔多和纽约州的长岛，花期的气温捉摸不定或者过低，这会影响到坐果，进而造成葡萄果实大小不一。每日的温度变化同样重要，对于葡萄酒生产者来说，白天温暖而夜晚凉爽是最理想的。多亏了寒凉的太平洋，美国加州和智利的葡萄酒产区的气温总是在夜间降低不少，夜晚比那些受大西洋影响的产区（如波尔多）要凉爽得多。

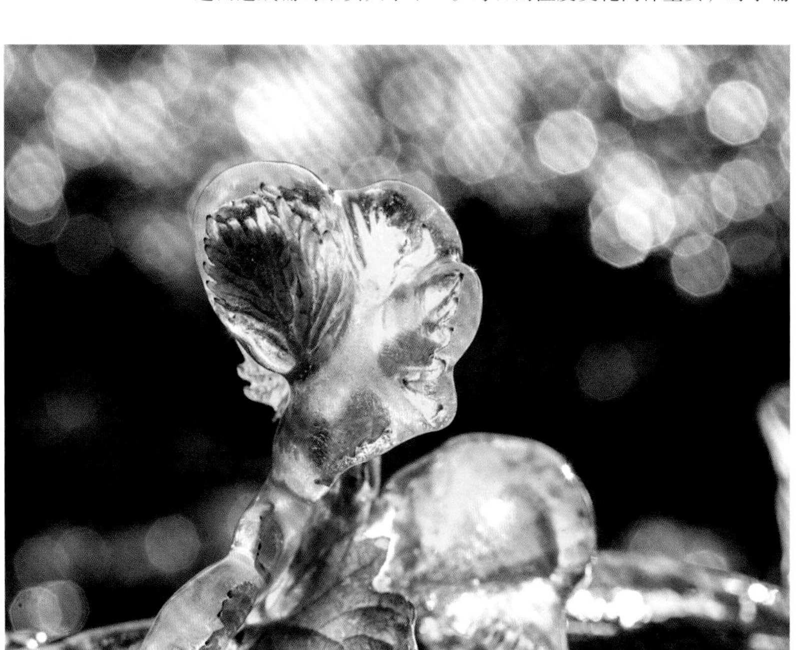

△
春季霜冻是夏布利产区的首要灾害，许多种植者通过喷水来结成保护性冰层，从而保护幼嫩的葡萄树芽。

日照程度

日照并不是均衡的，光照的程度是一个变量。阳光、树叶和葡萄之间的相互作用将在本书第28—29页讨论，第22—23页描述了气候变化对葡萄酒的影响。海拔对葡萄树受到何种程度的日照也有影响。葡萄园的海拔越高，接受的紫外线越强，像新西兰那样靠近臭氧层空洞的地区，能接受更多紫外线。这样的条件造就了果皮很厚的葡萄，它能被酿成浓厚、色深、单宁高而成熟的葡萄酒。

水

除了阳光和热量以外，葡萄树也需要水分。在温和的气候中，葡萄树要进行足够的光合作用才能让果实成熟，这需要至少500毫米的年平均降水量。在较热的气候中，根据不同的葡萄品种，可能需要750毫米以上的年平均降水量，因为高温会加快土壤水分蒸发以及叶子散发水分的速度。某些葡萄品种［比如西班牙拉曼查产区的阿依伦（Airén）］特别抗旱，能生长在近乎干旱的条件下，栽培时葡萄树被修整为灌木形并且种植间距很大，从而最大限度地利用稀有的地下水分。

在降水量远远低于葡萄树所需的地区，若条件允许，可以用灌溉水来补足降水量的不足。水的质量和总量，依然是许多葡萄酒产区要考虑的重要问题，特别是美国加州和南非部分长期遭受干旱的地区。曾经一度视灌溉为稀松平常的种植户转变了态度，他们尽可能节约水资源、实行旱地耕作。多年来，澳大利亚内陆的大片产区依赖墨累河（Murray River）及其支流的水源来生产大批量的廉价酒，如今，生产者必须重新调整用水方式，以应对其被限制的水域使用权。在炎热地区还常常发生另一个问题——水中盐碱度过高降低了灌溉的效率，进而损害了葡萄树。

葡萄园地下世界的结构和性质，包括根系，对于调节葡萄树的水分方面（见第24—26页）有着非常重要的作用，无论水分来自降水还是人工灌溉。当大气环境炎热而干燥时，水分蒸发的速率会提高。

如果葡萄树摄取的水分较少，其所结果实往往颗粒较小、果皮较厚，虽然产量可能降低，但这样的果实可以提升葡萄酒的品质，赋予酒非常浓的味道及更深的颜色。然而，严重的干旱会让葡萄的成熟过程完全停止，因为葡萄树会为了求生存而放弃结果繁殖，用这样的葡萄酿成的葡萄酒会失去平衡感。相比其他气候条件，灌溉水源很大程度上决定了葡萄园扩张的规模，这对南半球和加州的产区尤为重要。

理论上，只要排水充分，种植葡萄对于年降水量没有上限要求，即便是淹水的葡萄园也能很快复原，在冬季尤其如此。例如在西班牙北边加利西亚（Galicia）的部分产区和葡萄牙北部的米尼奥（Minho）产区，年平均降水量超过1500毫米；巴西的重要产区高乔山谷（Serra Gaúcha）每年的降水量达到1800毫米，并且降水集中在生长季。但过多的雨水容易让葡萄树感染真菌病毒（见第27页），并且促使过多的枝叶生长，使树冠过于浓密，遮挡光照，最终会导致葡萄果实不能成熟。

强降水、冰雹和湿度

生长季中不合时宜的雨水或强降水，会对葡萄果实的大小和品质产生很大影响。在夏初开花时分，如果天气不稳定或者过于凉爽，可能会影响坐果率和果实的均匀程度。夏季连绵多日的雨水还会让真菌病多发。如果在采摘前遭遇强降水，尤其是降水前较为干燥的话，果实便会迅速膨胀，甚至破裂（使之易受外界侵害），糖分、酸度和香气可能很快会被稀释掉，最终导致一个葡萄种植的“差年份”。（见第34—35页关于酿酒师们如何应对不良条件的详细信息。）

在欧洲，冰雹似乎越来越常见，在一些阿根廷的葡萄酒产区更是常年发生。冰雹能毁坏收成，破坏葡萄树枝条，损伤主干的木质部分，还能破坏整个葡萄园的果实。幸运的是，冰雹通常只发生在局部区域，但是极难预测和规避。在门多萨产区，人们常用结网覆盖葡萄树的方式来防冰雹（覆盖的网还能防止葡萄被晒伤）。在勃艮第，人们尝试用化学品催化那些孕育冰雹的云，将冰雹转化成雨水，甚至用炮轰的方式冲散云层。一旦遭受冰雹，葡萄树便很难恢复过来，要想恢复至少得等到下个生长季。

另一个与水有关的因素在葡萄种植中变得越来越重要，那就是空气中的湿度。有些种植户提出葡萄园的湿度随着全球变暖而同步提高，一片葡萄园中大气的湿度越高，水分蒸发量就越少，所以葡萄树能够更有效地利用水分。但是真菌性病害最易在潮湿环境中爆发，所以高湿度有利有弊。

▽
在秘鲁帕拉卡斯湾附近的沙漠中，贝尔纳多·罗卡（Bernardo Roca）的米拉格罗（El Milagro）葡萄园能完好存在，多亏了地下暗河与人们全年的辛勤储水与节水工作。注意那些给每株葡萄树进行滴灌的黑色灌溉管道。

风的影响

风也扮演着重要的角色。在葡萄树的成长初期，强风会刮坏嫩枝，影响其生长，或严重影响到它的花期。持续的强风压力可能中止光合作用，推迟葡萄的成熟时间。比如该问题可能在加州蒙特雷（Monterey）的萨利纳斯（Salinas）河谷发生。在罗讷河谷地南部遮蔽较少的区域，葡萄种植户必须设置防风林，降低干燥寒冷的北风所带来的危害。在阿根廷会产生干热的焚风，这也让当地的生产者提心吊胆。

其他形式的风可能是有益的。许多葡萄园依靠每天下午的凉爽海风来降低葡萄园的湿度，从而降低真菌性病害的风险。

◁
2013年8月2日夜晚，在法国格莱兹雅克（Grézillac）附近发生风暴前后的对比图，风暴摧毁了波尔多两海之间（Entre-Deux-Mers）产区约10 000公顷的葡萄树。

关键因素列表

本书中许多地图都会辅以各个产区主要生态情况的介绍，并以列表的方式呈现地理位置、主要葡萄品种、栽培难度以及最重要的气候数据。

本书基于美国葡萄酒气候学家格雷戈里·琼斯博士（Dr. Gregory Jones）友情提供的数据而获取了关于气候的信息。这些数据采集自近30年来（大部分是1981年至2010年）的各个地区。

平均气候数据来自气象站，数据在地图上以红色倒三角进行标注，大部分最具代表性的产区都有所标注。然而，一些产区位于城镇旁，而非葡萄园中，因此城镇的发展和不同的海拔可能会让这些地方的温度有些许变化，气温相比葡萄园更高。

纬度/海拔　一般来说，处于低纬度，或越靠近赤道的话，气候越温暖。但海拔高度的影响会抵消纬度的影响，并严重影响到昼夜温差变化：葡萄园的海拔越高，白天（最高温）与夜晚（最低温）的温差就越大。

年平均降水量　平均总降水量表明了可用水分的多少，土壤类型和结构也对可用水源有很大的影响。

采收期降水量　葡萄成熟期的最后一个月和收获时的平均降水量（虽然根据不同的品种和年份而有所变化）。降水量越高，果实被稀释、破裂或感染霉菌的风险越大。

主要种植威胁　这些是主要概况，包含了哪些天气状况可能会造成危害，比如春季霜冻、秋季雨水，同时还有其他本地的病虫害和葡萄疾病。

里奥哈：
洛格罗尼奥（LOGRONO）城镇 ▼

纬度/海拔
42.45° N / 353米

葡萄生长期的平均气温
18.2℃

年平均降水量
405毫米

采收期降水量
10月：37毫米

主要种植威胁
春季霜冻、真菌病害、干旱

主要葡萄品种
红：丹魄、歌海娜；
白：马卡贝奥、马尔维萨（Malvasia）

主要葡萄品种　这是一份在产区当地常见葡萄品种的列表（并不包含所有品种），按照其重要程度排序。

葡萄生长期的平均气温　北半球的葡萄成长季是4月1日至10月31日，而南半球是10月1日至次年4月30日。这段时期的平均温度是评估气候的最简单的标准，全球均如此。

这些七个月内成长季的温度数据，被格雷戈里·琼斯博士划为四类：凉爽（13℃—15℃）、温和（15℃—17℃）、温暖（17℃—19℃）和炎热（19℃—21℃）。在全世界范围内，这四类温度都与葡萄生长及成熟有着密切关联，某个特定的葡萄品种是否能够在某片特定的地区成熟就取决于气温高低。对于葡萄种植来说，生长季的平均气温最好不要低于13℃，也不要高于21℃，不过鲜食葡萄的生长温度可以达到24℃，甚至更高。

气候变化

在全球范围内，植物的生长周期能够可靠地反映气候是否在变暖或变冷。世界各地葡萄树的发芽、开花和结果时间似乎变得越来越早。葡萄酒的品质和特征与一般的气候条件和天气变化紧密关联。当气候条件变化时，葡萄酒也在改变。所以，对于葡萄的种植者和葡萄酒的酿造者来说，气候变化是一个热点话题。

用于商业生产的葡萄树主要种植于北半球和南半球的两条气候带（见第48—49页）。产区之间当然会有差异，但总体来说，相比二三十年前，南北半球许多产区的平均采收时间提前了2—4周。比如在澳大利亚的莫宁顿半岛（Mornington Peninsula），人们在20世纪80年代初开始种植葡萄，那时一般要到5月下旬方可采收晚熟的赤霞珠葡萄。20世纪90年代，高酒精度的葡萄酒盛行，于是酒农们改种早熟的霞多丽和黑皮诺葡萄，最初这些葡萄在4月或3月底采收，但如今可能2月份就要采收。在法国西南部，一级酒庄侯伯王酒庄靠近城市中心，这样的酒庄通常最先采收葡萄。2003年，该酒庄在8月13日就开始采收品质非凡的白葡萄品种。按照传统，波尔多的采收季在9月下旬或10月上旬才开始。如今，波尔多的采收季常常始于8月份。

赢家和输家

葡萄酒产区的平均气温一直稳步上升，上升程度大到葡萄种植区渐渐向极地靠近。20世纪70年代，人们无法想象酿酒葡萄能在卢森堡北部成熟，并达到产生经济效益的产量。如今，比利时、荷兰、丹麦和瑞典有着兴盛的葡萄酒产业。来自挪威南部某单一葡萄园的雷司令葡萄有着理想的成熟度，甚至在有着鲜明大陆性气候的波兰，葡萄种植业也在复兴。不可否认的是，某些葡萄园栽培着早熟和抗病性高的种内杂交品种以及其他葡萄种类，这些品种也可以酿成适饮的葡萄酒，种植者无须使用不良的农用化学品，也不必选用抗病性极强但带有“狐狸味”的美国本地葡萄的杂交种。正因如此，欧盟允许人们用这些欧洲杂交种合法地酿造优质葡萄酒。典型的例子有酿白葡萄酒的索莱莉（Solaris）品种，以及酿红葡萄酒的隆朵（Rondo）或马雷夏尔（Maréchal）品种。这些品种也在法国的一些实验性葡萄园里种植。

气候变化的主要受益者是英国、加拿大和德国的葡萄种植者，与10年前或20年前相比，他们现在多半能收获成熟的葡萄。一些香槟的生产商们正在投资英国的葡萄园，如今在那里比在香槟产区更容易得到高酸度、酿造细腻的起泡酒。

在不久前，欧洲经典葡萄酒产区的种植者最注重的是管理葡萄的成熟度，而如今，大多数种植者更渴望的是有着天然高酸度的葡萄，以酿成清爽和平衡的葡萄酒。一般来说，欧洲以外更炎热的产区允许在酿造葡萄酒的过程中加酸，但是在2003年，欧洲夏季出现连续高温天气，这迫使法国葡萄酒管理部门首次允许气候凉爽产区的酿酒者在葡萄浆中加酸，连勃艮第都包括在内。

夏天不仅仅更热（虽然一定也有不寻常的寒凉年份，比如2013年欧洲大部分地区十分凉爽），而且普遍更干燥。美国加州、澳大利亚、智利和南非的部分地区持续受到干旱影响，导致野火频发，有些大火对葡萄园和一些酒庄的负面影响明显可见。如今

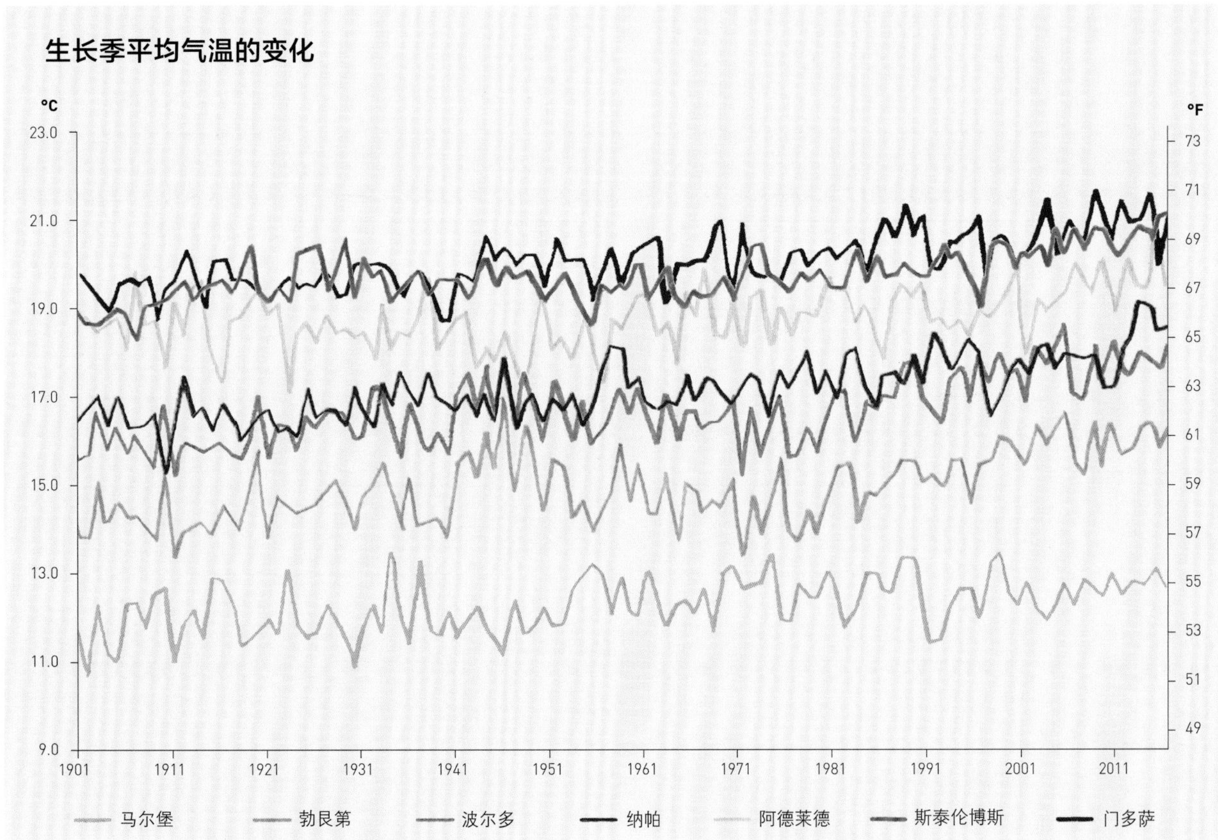

即使像勃艮第这样在不同年份气温差异很大的地区，生长季平均气温上升的趋势也是不容忽视的。马尔堡确实比其他主要葡萄酒产区凉爽得多，想必这里的阳光质量对葡萄成熟有着很大帮助。同样值得注意的是，波尔多和纳帕的平均气温十分相近；而阿根廷和南非最重要的葡萄酒产区门多萨和斯泰伦博斯（Stellenbosch）则要热得多，并且和其他类似的葡萄酒产区一样，越来越炎热。

*数据来源：东英格利亚大学气候研究单位，哈里斯（Harris）等著（2014）。

△
2017年10月，持续干旱导致了加州的大火。野火吞噬了众多葡萄园、酒庄和酒庄劳工的家。幸运的是，大火发生前大部分的葡萄已经采收。

重要的研究课题之一便是大火的浓烟对葡萄和葡萄酒的污染。如果葡萄在颜色转变［该阶段被称为转色期（veraison），见第31页］后暴露在烟熏环境中，可能会使酿成的葡萄酒带有不好的烟熏味。

策略改变

夏季升温，或更剧烈的阳光会增加葡萄晒伤的风险。20世纪末，种植者力求让葡萄最大程度地暴露于阳光下，从而达到高度成熟的状态，当时的葡萄树管理着重于剪掉过多的叶子，削减树冠。但是如今的一些产区，即使处在北欧，也会有阳光过于剧烈的问题，于是要用更多树叶层遮挡葡萄，像长相思这样的品种更需如此。在西西里岛和加州部分地区那样十分炎热、阳光充沛的产区，一些种植者尝试用遮光布这样的轻纺织品遮盖葡萄树，防止葡萄被晒伤。

同理，为了延长生长季，一些葡萄园有意选址于背光的山坡，而非面朝太阳的阳面。在建立好的葡萄酒产区中，葡萄树还会种植于海拔更高和有凉风影响的区域，从而延缓葡萄的成熟并延长生长季。越来越常见的是，葡萄中糖度的成熟快过其他单宁类物质的成熟，于是酒农们延迟采收，直到有时葡萄变得过熟。如今在普遍灌溉的产区中，流行的做法是通过巧妙地控制灌溉水来尽量延迟葡萄中糖度的成熟。在一些曾经普及过灌溉的区域，如今水资源的短缺导致了旱地耕作的新风潮。

在欧洲以外，葡萄园的所有者有时对气候变化的回应是考虑种植或者嫁接适应更炎热气候的品种。比如在澳大利亚，已经有种植者从种赤霞珠改为种更多地中海的葡萄品种，后者需水量更少并更适应炎热的环境。但是在经典的欧洲产区，这暂时不被允许，因为那些地区被限定种植特定的传统葡萄品种。

教皇新堡（Châteaneuf-du-Pape）开始采收的日期

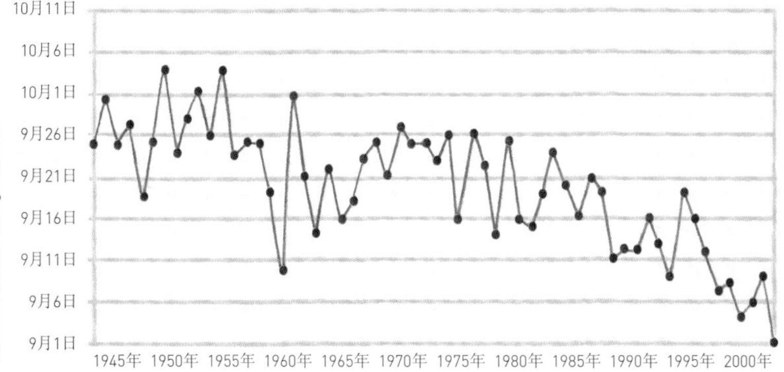

与过去相比，罗讷河南部教皇新堡的采收日期提前了好几周，该产区只是一个具体的例子而已。对很多酒农而言，暑假已是很遥远的事。

*数据来源：B. Ganichot，法国Rhodanien Orange研究所

风土

"terroir"这个法文单词并没有准确的译名。或许这就是为什么许多英国人一直误以为这是法国独有的：以神秘主义的方式来判断法国土壤与地貌的优势，并认为是这不可知的特性让法国葡萄酒拥有如此特别的品质。然而每个人或至少每个地方都有自己的独特性，我们的花园都有风土，或许还不止一个。风土就是指所有自然的生长环境。风土唯一的神秘之处在于它以何种方式在你的酒杯中体现出来。

"terroir"指的是土壤，其引申的含义和通常的用法包括土壤本身与葡萄树和根系之间的交互影响，表土及底下的岩层、土壤的物理结构和化学成分，土壤中的微生物和其相关的地形、气候（见第18—23页），当然还有天气状况。许多人认为风土还包括酒农的决策，以及传统葡萄种植或酿造方式的影响，这些在欧洲产区中经常被写进法律。

天然环境包括土壤的排水性、是否会反射阳光或吸热、海拔高度、山坡的倾斜度和向阳角度，以及是否靠近可降温或提供防护的森林，或附近是否有可调节温度的湖泊、河流或海洋等方面。即便山坡上和山脚下的土壤一样，但假如山脚下有霜冻危险，那么风土条件就会和山坡上有所不同。一般而言，高度越高，平均气温就越低，特别是夜间温度更低［这也解释了为何葡萄可以种在像阿根廷萨尔塔（Salta）产区这样接近赤道之处］。不过，北加州一些山坡上的葡萄园因为位于雾线之上，气候反倒比谷底温暖。

同样的道理，一个朝东的山坡能接收到早晨的阳光，即使它与一个西向山坡拥有一模一样的土壤条件，但是因为后者接收阳光的温度较晚且傍晚时还有夕照，所以这两个山坡还是有着不同的风土，所酿制出来的葡萄酒也会有些不同。以德国境内的摩泽尔（Mosel）产区为例，某个山坡的精确坐向决定了葡萄园是会生产绝佳的葡萄酒，还是完全无法栽种葡萄。

在气候多变（见第22—23页）的今天，上述风土条件的方方面面都显得格外重要。在气温不断攀升的地球上，我们开始探究哪个区域是或者将成为最佳的葡萄种植区。如今，我们非常清楚地意识到即使在单一葡萄园中，特别是在那些可能有数英亩葡萄园的产区，产区界线可能是一条道路或者一排树，土壤类型或深度并不多样，却会有众多不同的风土条件。在较新的葡萄酒产区中，如果能负担起成本，科研与技术将提供能精确管理一片葡萄园不同区块的详细信息与工具。葡萄树的精准栽培通过只有现代高科技才可能实现的一定精度的风土条件观测，让每一片葡萄树的潜在品质发挥到极致。

葡萄园的分区

"土壤绘图"（zoning）已经成为一门十分精确的科学，它综合了地质学（底部基岩）、地形学（土地是如何通过地质变化而形成的），以及土壤学（土壤的研究）的知识，具体参见下页内容。葡萄酒农现在可以拿到分辨率极高的土壤绘图，帮助他们决定要选购哪块土地、如何进行整地，同时还能精确决定在哪个地方栽种哪个品种，从而生产理想的葡萄酒。但最终结果是不明确的。在已有的，特别是规模较大的葡萄园中，不同地块的产量和成熟度都有可能出现很大差异，这时可以采用航拍遥测影像这样更精密的方法来监测与映射葡萄树的长势。土壤绘图的方法各不相同，但是越来越高的地理和葡萄栽培精确程度给予了栽培者们很大的优势，比如在最好的时机分批采收一片葡萄园的各个地块，或者根据区块差异控制喷药的多少。但这种做法的成本是昂贵的，只有在葡萄酒的潜在品质与价格都高得足以弥补额外支出的情况下人们才会采用这些科技。大范围的监测界定也是划分新的葡萄酒区的一个重要方法。

◁
繁茂与贫瘠。加拿大不列颠哥伦比亚省（British Columbia）的半沙漠产区奥肯那根谷（Okanagen Valley）中的蓝山（Blue Mountain）葡萄园因人工灌溉而大有改善，对比加那利群岛（Canary Islands）中的兰萨罗特岛（Lanzarote），那里的La Geria葡萄园实行无灌溉的旱地耕作，葡萄树在火山灰构成的土壤上被修整得很低矮。

葡萄树的地下世界

造成风土条件差异，也是影响风土最重要的因素是可供给的水和养分。考虑到葡萄成熟所需的温度，这两种风土要素都可能被酒农调整。酒农也许需要经常施肥、灌溉、排水，或者补充有机质。葡萄树供应的养分也受到土壤中微生物的影响，许多微生物与葡萄树和种在葡萄树之间的植株（被称作覆盖作物）的根系有着共生关系。

土壤

不同葡萄园的土壤年龄、成分、质地、结构、深度和排水性千差万别，葡萄树能够在其他大部分作物生存艰难的土壤上旺盛生长。上述各个特性影响着土壤的肥沃度、持水能力和温度，进而影响葡萄酒最终的质量和产量。

对于酿好酒来说，很关键的一点是氮元素不能过多。如果一株葡萄树栽培于肥沃的、水源充沛的土地上，例如，即使种植在加州纳帕谷中一些最差的土地上，葡萄树也会本能地迅速生长，变得枝繁叶茂。过多的叶子会遮蔽果实，使果实不成熟，进而使酿出的葡萄酒尝起来有生青味。

然而，葡萄树如果种在非常贫瘠的土壤里且几乎没有任何水源，加上盛夏热浪的影响，光合作用可能完全停止。这些问题会出现在西班牙中部和意大利南部的许多传统葡萄园中。如此缺水的葡萄树会"停止工作"，并为了生存而耗尽或者吸取本应用于使葡萄成熟的能量。这时，葡萄中的糖分还能提高的唯一原因，就是葡萄中的水分逐渐蒸发。于是，理想的香气不能形成，单宁不会成熟，最后可能会酿出极度失衡的葡萄酒：酒精度高却有青涩不成熟的单宁，香气弱且酒色不稳定。

土壤的肥力和根系可用的水分也受到土壤质地和结构的影响。黏土的排水性不如沙石或沙土，但是其精细的质地通常能让葡萄树获得更多养分。石质或沙石土壤在如波尔多这样较为潮湿的产区特别重要，因为它们有良好的排水性，并能吸收更多热量，提升葡萄树所在土地的温度，比如教皇新堡的部分区域有大的石块，或者新西兰的吉布利特砾石区（Gimblett Gravels）产区有着深厚的沙石土。

无论葡萄园面积是大还是小，分析土壤是很有效的做法，也能探测和解释葡萄园中土壤的多样性和功效，分析结果能协助酒农更好地管理葡萄树。

随着持续的风化作用或引力和水土流失的影响，土壤也会随着时间而改变。这便解释了为何斜坡的中段对葡萄种植来说是最佳的：顶部的土壤通常更薄、更贫瘠、流失更多，于是葡萄树在那里会生长艰难；而斜坡底部或谷底更深、更肥沃的土壤会使葡萄树的长势过旺。勃艮第的金丘是能反映这些现象的经典例子。

地质概况

和葡萄园其他因素相比，土壤下的世界在很多情况下只是由风化形成的，却引发了更多神秘、浪漫和浮夸营销的话题。某些情况下，隐藏的岩层（偶尔会露出地表）似乎与土地上孕育的葡萄酒有着间接的联系。例如为何源于花岗岩土的葡萄酒的味道或口感与来自板岩或石灰岩土的葡萄酒可能有相似之处？在法国，人们热衷于将酒的品质归功于石灰岩（法语为calcaire），即使有时自相矛盾。能否把关键因素归于养分、可汲取的水分以及土壤温度呢？或者，是否有一个未知的机制，在土壤岩层和杯中之酒的口味之间架起了一座桥梁？

根据其起源，地质学家将土壤的基岩归纳为三大类：原生岩（例如花岗岩）、沉积岩（例如石灰岩）和变质岩（例如板岩）。对于葡萄园来说，基岩的坚硬程度和对水土流失的敏感度更为重要，因为这些

土壤分析

在 20 世纪 60—70 年代，波尔多大学的热拉尔·塞甘（Gérard Seguin）教授深挖沟渠，深度研究梅多克产区的土壤。他提出，对葡萄来说最好的土壤不是肥沃度最高的，而是要具备排水良好、深厚等条件。在玛歌村（Margaux），葡萄树根系可以深入地底 7 米去寻找稳定的水分供给。随后的研究表明，在无水灌溉的葡萄园里，水的可利用性似乎比土壤的深度更重要。肥沃土壤的持水能力可能更高。在波美侯产区厚重的黏土中，以柏图斯（Petrus）酒庄为例，葡萄树根大约只深入地下 1.3 米，而在圣埃美隆产区的石灰岩土壤中［以欧颂酒庄（Château Ausone）为例］，树根深度则介于坡地的 2 米到台地的 0.4 米之间（见第 112 页地图）。然而，在厚重的黏土地面上，土壤中必须要有足够的有机质才能改善土壤结构从而具备良好的排水性。相关研究表明，土壤的排水性及水的可利用性会比精确的化学成分更重要，这是酿出顶级葡萄酒的完美土壤之关键。

现在，用来观察土壤剖面的土坑越来越多。一些葡萄园顾问专注于研究土壤类型、深度和可供给的水分，就灌溉的时间和最低水平提出建议或操作方法，以避免完全灌溉。还有一些人将土挖得更深，不仅观测土壤类型和岩石的断裂方式（后者对葡萄树的扎根很重要），还研究土壤的持水能力，从而了解岩石对单宁的影响：花岗岩通常会使得葡萄酒的单宁更干，一些火山岩则可能与更苦的单宁有关。但如果说它们造成了这些问题，就有些言过其实了。

智利土壤和风土专家佩德罗·帕拉（Pedro Parra，见下图）在世界各地做顾问，他会先界定原生岩［例如勃艮第是石灰岩，西班牙的普瑞特产区是页岩，智利的考克内斯（Cauquenes）是花岗岩］，之后再考虑地貌（例如坚硬和较软的岩层经过地壳变化形成了高原和山坡），最终再观察实际土壤情况，包括质地和孔隙度。根据帕拉的分析，较为年轻的土壤，比如罗讷河的克罗兹-埃米塔日（Crozes-Hermitage）和智利的迈坡谷（Maipo Valley），尽管当地是碎石沉积的地貌，酿出的酒又呈现出"地理风土"的复杂度，但实际上这些地方不受其地质条件的影响。尽管这些都与葡萄酒农有关，但具体的分析还需下更大的功夫，进行更深入的挖掘，只有将整片葡萄园的多样性与葡萄树的生长情况和土壤分析相结合，才能得出更准确的结论。真正令人惊奇的其实是伟大的风土条件是如何在我们拥有这些技术之前被发觉的。

▽
巴罗萨谷的北部产区中那些生动多样的土壤构成让智利的风土专家佩德罗·帕拉甚是惊喜，在里奥哈产区里奥哈圣比森特-松谢拉（San Vicente de la Sonsierra）葡萄园的土坑中也发现了相同的土壤构成。全世界的葡萄酒产区都有这种便于土壤研究的土坑。

◁
葡萄树能在如此地形条件中茁壮生长是令人难以置信的：著名的红板岩和石英碎片构成了西班牙东北部普瑞特产区的特色土壤。如此贫瘠的土壤却能养育出强健的葡萄树。

方面会影响葡萄园的地形，影响葡萄树根系汲取水分和养分的能力，并加重或减轻如阳光、霜冻或大风（见第18—21页）的影响。

例如，钾和镁这样的养分元素对于葡萄树生长至关重要，有时被称作"矿物质"，由基岩中同样叫作矿物质的物质衍化而来。这就让人们很容易理解为何"矿物感"一词那么容易被误解和误用。但是科学证明了土壤中的矿物质和葡萄酒中被描述成"燧石"或者"火山岩"的味道没有直接联系。近年来的研究表明，酒中的矿物感可能由发酵产生的含硫物质或者酸度而来，但这并不能阻止人们偏好在品酒笔录中使用"矿物感"一词。

充满生命的土壤

勤勉的酒农们总是关注着土壤健康，他们深知健康的植株只有在拥有足够有机质和兴盛的微生物群的土壤中才能茁壮生长。蚯蚓是土壤健康的重要指标之一，它可以通过翻土使土壤更透气，还可以将有机质变为腐殖质。有机质过于丰富的土壤可能会氮元素过剩，导致葡萄树产量过高，果实不够成熟。另一方面，当葡萄树的氮元素供给不足时，酵母可能因缺乏营养而很难施展发酵葡萄汁的魔法。沙土中的水流失过快，因此通常缺少有机质。

21世纪第二个10年中，科学研究已经表明，有机种植或种植覆盖作物可以提升土壤中微生物的活力。这是葡萄园自然环境中的一部分，亦是被我们称为风土条件的一部分。一株葡萄树能够拥有两个关键的健康要素——适量的水分和充足的养分供给，靠的是土壤中所有的生命活动。这一点不但针对葡萄树本身，还反映在葡萄酒的品质里。

管理风土条件

那么，哪种风土条件可以自然地生产出伟大的葡萄酒呢？有关土壤、水以及葡萄树养分供给之间主要交互影响的研究已经进行了约50年，而在最近15年中，复杂精密的先进技术让葡萄农可以更清楚地了解非常局部的风土条件影响。

在勃艮第，时间印证了可以生产出最细腻葡萄酒的葡萄园往往位于知名的金丘区中段。泥灰岩、淤泥土与石灰岩经过千年的土壤侵蚀（见第57页）所形成的土壤含有适量的水分，可酿出高品质的葡萄酒。但不得不说，长期保持如此优越的风土条件并非全部拜自然所赐，还需特级园的所有者投入大量资金设置排水管道或沟渠、使用高品质肥料，以及大力提升栽培技术来维持葡萄园的完美状态。当然，如此巨大的投入，对于那些小型葡萄园来说，往往力不从心。所以，完美的风土条件也要靠人力和资金来实现。17世纪时，罗曼尼-康帝（Romanée-Conti）的主人甚至从远方的索恩河谷搬运大量的肥沃土壤到自己的葡萄园。

一些采取有机和生物动力种植法的酒农认为风土一词的意义应该拓展，它应该包含一片土地上所有的花卉和动物，无论是肉眼可见的还是显微镜下呈现的（比如酵母）。风土不可避免地会因化学肥料的使用，或引进其他生态环境的土壤添加物而改变。你也可以说数世纪的单一作物耕作，以及像犁地及种植覆盖作物等这些有益的农事，同样会改变原本的葡萄园。但有趣之处在于，即使是彼此相连的葡萄园，采用完全一样的方式培育，最后各区块所酿造出来的葡萄酒还是多少会有些不同。

剩下的谜团便是风土条件如何转化成杯中之酒的品质、风味和口感。

病虫害

1753年，瑞典的分类学家卡尔·林奈（Carl Linnaeus）将欧洲种葡萄归于葡萄属（*Vitis*），欧洲种葡萄的学名是*vinifera*，或被称作"酿酒葡萄"。自那以后，它遭遇了数不尽的天敌，其中最致命的病虫害很晚才出现（主要来自美洲大陆），欧洲种葡萄来不及演化出自然的抵抗力。

在19世纪，粉孢菌［又称白粉病（oidium）］及后来的霜霉病［又称露菌病（peronospera）］第一次攻击了欧洲的葡萄树以及种植在新产区的欧洲种葡萄。后来虽然人们发明出了对抗这两种真菌类疾病的有效疗法，但仍然需要经常喷药防治。另一个让喷药车在葡萄生长季经常出入葡萄园的原因是霉菌，特别是有害的霉菌（有利的霉菌可以让葡萄酿出像第104页所介绍的那些非常独特的甜白葡萄酒）。这种造成果腐病的灰霉菌，会让葡萄出现严重的霉味，而灰霉菌现在也逐渐产生了对化学抑霉药物的抗性。

在找到治疗上述两种真菌类疾病的方法后不久，一个更危险的灾害开始慢慢浮现：根瘤蚜虫会在成长至虫虱阶段时寄居在葡萄树根部，啃咬吸食直到葡萄树死亡为止。根瘤蚜虫病几乎摧毁了欧洲所有的葡萄园，直到人们发现，美洲（根瘤蚜虫病是从美洲传入欧洲的）原生种的葡萄对根瘤蚜虫病完全免疫。根瘤蚜虫病导致欧洲每一株葡萄树都必须改种，将全部欧洲种葡萄嫁接到美洲种上，因为美洲种葡萄的根部能抵抗根瘤蚜造成的伤害。

全球某些较新的葡萄酒产区还没有遭遇过这种蚜虫，可以直接种植未嫁接的欧洲种葡萄。但在新西兰和美国俄勒冈州，栽种未嫁接的欧洲种葡萄树只能作为短期策略，包括曾在20世纪80年代付出惨痛代价的北加州葡萄酒农，都必须非常小心地选择砧木，只有那些确保能够对抗根瘤蚜虫病的葡萄树种才能使用。许多葡萄酒产区，比如南澳大利亚州，会采取严格的检验检疫措施，以避免根瘤蚜虫的侵袭。而与南澳大利亚州相邻的维多利亚州却饱受根瘤蚜虫病的影响。

根瘤蚜虫病的传播

1863年	在英格兰南部被发现。
1866年	出现在法国罗讷河谷南部及朗格多克。
1869年	传到波尔多。
1871年	在葡萄牙和土耳其出现。
1872年	出现在奥地利。
1874年	散布至瑞士。
1875年	在意大利被发现，而且在1875年末或1876年初远播至澳大利亚的维多利亚州。
1878年	入侵西班牙。法国开始将葡萄嫁接在能够抗病害的美洲种葡萄砧木上。
1881年	德国葡萄园确认感染根瘤蚜虫病。
1885年	入侵阿尔及利亚。
1897年	入侵克罗地亚的达尔马提亚（Dalmatia）地区。
1898年	传到希腊。
20世纪80年代	美国加州北部出现感染根瘤蚜虫病的葡萄树。
20世纪90年代	出现在美国俄勒冈州及新西兰。
2006年	出现在澳大利亚维多利亚州的雅拉谷（Yarra Valley）。

蚕食葡萄树

葡萄树的各个部分都可以成为各类害虫的晚餐。红蜘蛛、红翅纹卷蛾（cochylis）和葡萄花翅小卷蛾（eudemis）的幼虫，以及很多种类的甲虫、毛虫和螨类，都将葡萄树当成食物。葡萄树的敌人还包括亚洲瓢虫，它们会释出一种液体，即使残留在葡萄上的含量非常少，都会对其酿成的葡萄酒造成污染，此外有害的斑翅果蝇（drosophila suzukii）也会带来消极影响。

这些害虫大部分都可喷药防治。同时，采用有机和生物动力种植法种植葡萄的葡萄酒农也在试验更加天然的防治法，例如天敌法、外激素混淆法以及使用各种天然制剂，只不过有些方式表面上看来并不奏效。

葡萄皮尔斯病（Pierce's Disease）是有着透明翅膀的尖嘴叶蝉传播的，该害虫具备长距离飞行的能力，轻易就能将疾病传遍美洲的葡萄园。葡萄树被传染这种细菌病后五年内便会丧失生命力，初始症状表现为叶子上出现干枯点，最终树叶枯萎。没有任何葡萄品种对皮尔斯病免疫。另一种由叶蝉传播的致命病害是葡萄树黄化病，在法语中被称作flavescence dorée，是最常见的一种。但目前对全世界葡萄园最大的威胁可能是葡萄藤树干疾病，包括埃斯卡病（esca）和葡萄顶枯病（eutypa dieback），这些疾病会降低葡萄产量、缩短葡萄树的寿命，目前还没有治疗方法。

葡萄藤树干疾病可能是如今需要盈利的葡萄园最大的威胁。叶片的异常纹理是得了埃斯卡病的症状，埃斯卡病和葡萄顶枯病同为最流行的树干疾病之一。

该葡萄树感染了致命的皮尔斯病。该病在美国得克萨斯州和加州南部流行，目前也在加州北部靠近溪流的葡萄园中出现。

卷叶病及其叶片变红的症状。该现象可能因为鲜红的颜色而受到摄影师的青睐，但病害本身会严重影响葡萄的产量和成熟。

创建葡萄园

一旦葡萄酒农考量了天气、气候和当地环境对葡萄树的可能影响，选择了最适合一片土地的葡萄品种之后，他们又该如何精确选择在哪片土地栽种哪个品种？欧洲传统的葡萄酒产区几乎没有刻意选择葡萄园的地点，因为继承、法定产区法规和种植权往往决定了葡萄园的所在位置，但现在葡萄园选址已经逐渐成为一门重要而精确的科学。

要实施新建一座葡萄园的投资计划，首先必须要知道那块地每年能够稳定出产多少能产生经济效益的健康葡萄。依据直觉行动是一个办法，但是对地形、气候以及土壤数据（见第25页）进行深入研究分析才是可靠的。关于气温、降水量和日照时数的初步测量数据可以帮助评估，但是需要小心诠释。极高的夏季平均气温也许看起来不错，但是根据地理位置和品种的不同，葡萄树的光合作用在气温升高到某一温度（介于30℃和35℃之间）后就会停止，所以如果炎热的天数太多，葡萄的成熟会非常缓慢，甚至终止。统计气候的各项数据时，风在很多时候都被排除在外，但它却可能造成叶子和果实上的小气孔封闭而使得光合作用中止。

在比较寒冷的地区，是否有足够热量让葡萄稳定成熟呢？如果夏秋两季的气温对葡萄种植来说相对较低（例如英格兰），或者秋天通常来得比较早且伴随早来的雨季（例如美国俄勒冈州），或是温度骤降（如加拿大不列颠哥伦比亚省），那么就必须种植相对比较容易早熟的葡萄品种。霞多丽和黑皮诺这两个品种在俄勒冈州的威拉米特谷（Willamette Valley）成熟是没问题的，但是在离赤道很远的葡萄园却可能成熟太晚。雷司令葡萄在德国西部摩泽尔位置最理想的葡萄园可以成熟，但是对英格兰的葡萄园来说，却已经超出成熟的临界点（全球变暖有可能改变这个情况）。根据土壤和气候条件，葡萄树所嫁接的砧木也要精挑细选，保证砧木适应当地的情况。

夏季的平均降水量及下雨的时机，通常被视为真菌类疾病（见第27页）发生概率的风向标。每个月的总降水量、大概的水分蒸发量和土壤分析可以帮助人们估算所需的灌溉量（见第20页）。允许灌溉的地方，必须找到适合的水源。精确地控制时机和灌溉速率，是有效提升葡萄酒品质和产量的方式。缺乏水源似乎是美国加州、阿根廷，特别是澳大利亚葡萄园扩张的最大阻碍，这些地区大部分地方因为过度砍伐森林，有着水源不足、水资源过于昂贵或者土壤过度盐化等问题。

▽
年轻而雄心勃勃的Garzón酒庄，位于乌拉圭，占地236公顷。这张精准的示意图含有1200个园区，每个区块都有着不同的土壤类型、朝向、湿度、接收的光照、与林木的距离等。这众多属性构成的精确信息矩阵被用于决定哪个品种应种植于哪个位置。

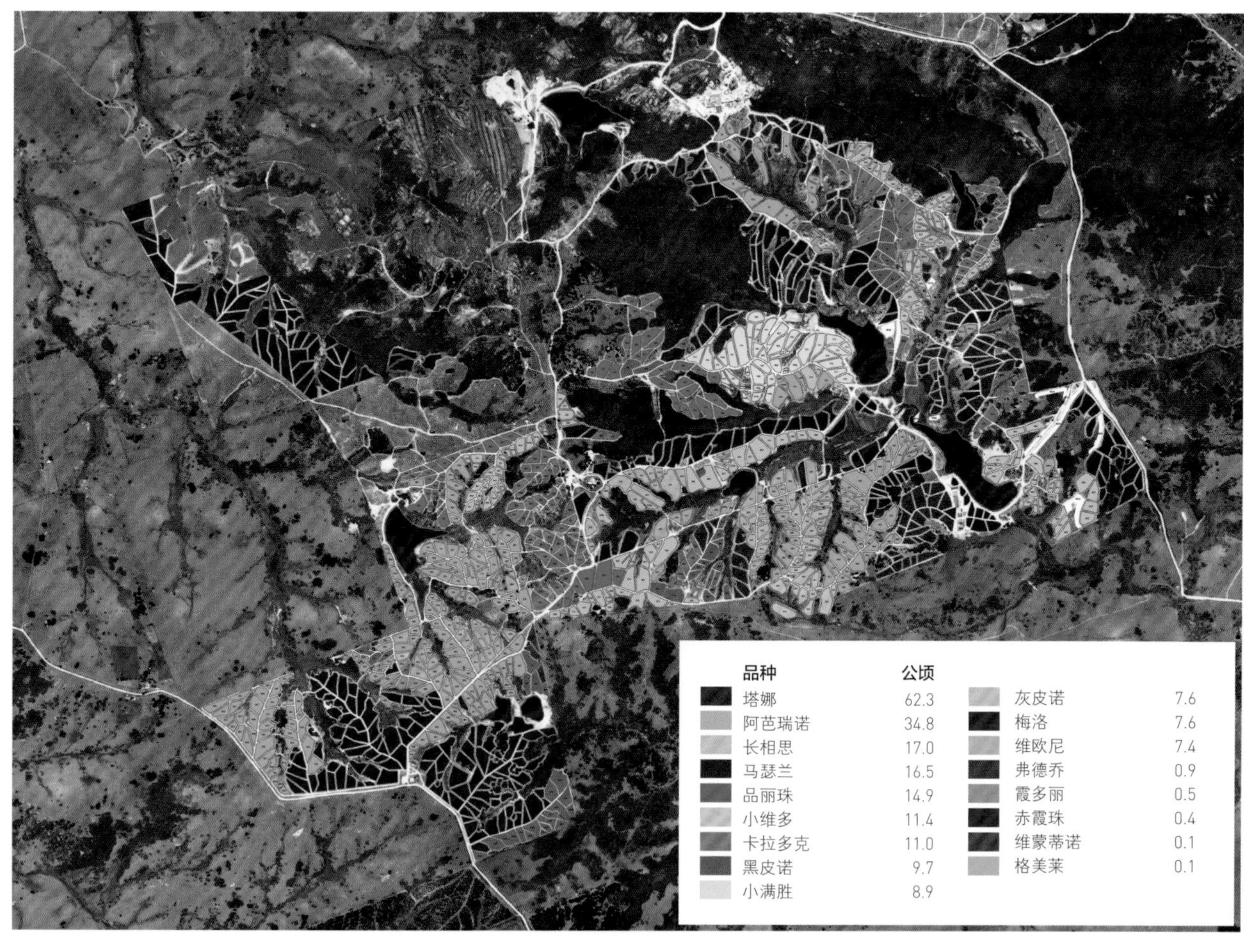

水源也可能有其他用途。在葡萄种植最冷的极限之处，例如在加拿大的安大略省及美国东北部各州，无霜害的天数决定了葡萄生长季的长度，也决定了哪些葡萄品种可以在这样的环境下成熟。在夏布利及智利凉爽的卡萨布兰卡谷（Casablanca Valley），葡萄园需要用到喷水系统，以便在葡萄树表面结一层薄冰来保护葡萄树免于霜害。但问题是，卡萨布兰卡是一个相当缺水的地方，因此霜害就成为无法预见的灾害。

如第24—26页所讨论的，土壤或是葡萄园的方方面面都需要经过详细甚至细微的分析（见左下方的图片）。在20年前，加州的葡萄植株研究员们还单单讨论气候，但是随着经验的积累，如今全世界的酒农都深入探究着土壤类型并通过挖土坑来研究土壤剖面。土壤的肥沃度与其持水能力是影响该地产酒品质以及葡萄树整枝方式的关键因素。太多的氮（化肥和有机肥料中常见的成分）会导致葡萄树长得过于茂盛，并将全部能量用于生长树叶而不是让葡萄成熟，以致大量的树叶与葡萄藤遮蔽了葡萄串。这个现象在土壤非常肥沃的地区十分常见，特别是在土壤相对年轻的地区，像新西兰及纳帕谷的谷底等。葡萄树的长势也和品种及砧木有关。土壤的酸碱度必须适中，还需含有适当程度的有机质（其他动植物残骸和粪便等腐烂后形成的物质）以及磷、钾、氮等元素。磷（很少有缺磷的情形）是光合作用中不可或缺的元素。太多的钾则会造成葡萄酒的pH值过高（碱性过高），酸度不足。

△
波美侯（Pomerol）产区的Château Mazeyres酒庄谨遵生物动力种植法的原则，将填装着粪肥的牛角埋于土中过冬，待到来年春天再将这种名叫500号制剂的含有机肥的牛角挖出，与雨水混合撒在土壤上。

规划葡萄园

当葡萄种植户选择了一片土地栽种或重种葡萄树时，就必须对葡萄园仔细规划。每排葡萄树的排列方向（为均衡全天的日照而呈南北走向，或为遮蔽正午的烈日而呈东西走向），要采用哪种引枝法、撑柱的高度（接下来还要考虑绑扎用的金属线）以及剪枝时每株葡萄树要留下多少芽眼，诸如此类的问题必须考虑得面面俱到。葡萄串与地面的理想距离是多少？位于坡地的土地是否需要改造成梯田？梯田的开垦和维持花费比较多，但是一旦每排与每列葡萄树的栽种方向配合梯田的走向，便能方便地让机械设备和葡萄农在园中移动。在降雨量大的产区，也要考虑水土流失的可能性。

之后便是最重要的决定之一：根据当地的生长状态和酒农所预期的葡萄产量（见第87页更多关于波尔多产区产量的讨论），各行葡萄树之间的行距与行内株间距各是多少？通常在炎热而干燥的地区，因为缺乏水分，葡萄树的密度必须非常低，并要采用传统灌木形整枝法修整葡萄树，每公顷不到1000株葡萄树，产量自然也不高。

以往，新世界的葡萄园主要位于温暖或炎热地区，通常都是肥沃的处女地，这会导致葡萄树养分供给过盛的问题。栽培者让每列葡萄树之间保持一定宽度好让机械农具方便进出，又因为种种原因，每株葡萄树的栽种间距往往会设定一定的距离，种植密度刚好略超过每公顷1000株。如此一来，不仅节约了植株、撑柱、金属线和劳动力，也让耕作及机械化采收更加容易。但是，在很多情况下，这会导致葡萄树长势过旺，蔓生的枝叶遮盖住葡萄果实，以及部分需要进行光合作用的叶子。这不仅使葡萄无法适度成熟，也会让酿出的葡萄酒辜负当地的干热环境，带有高酸味与不成熟的单宁，而且来年要长出新芽的藤蔓也没有成熟木质化。藤蔓上的芽眼需要照射阳光，日后才能顺利结果。过于密集的遮覆将会开启一个恶性循环，使每年的葡萄产量越来越低，树叶越长越密。无节制的灌溉虽然可以提高葡萄产量来达成经济效益，但是每株葡萄树可能会面临葡萄串因为过多而无法完全成熟的问题。

这样的问题现在已经得到大幅改善，这与传统的波尔多和勃艮第的葡萄园形成了鲜明对比。在法国波尔多和勃艮第的传统葡萄园中，每公顷的平均产量通常都要低得多，每株葡萄树的平均产量也很低。在这些地方，葡萄树的种植密度高达每公顷10 000株，每列与每行间距均为1米（因为间距太窄，必须使用高脚牵引机横跨在葡萄树上面）。每株葡萄树都被刻意控制大小，严格限制芽眼的数量。尽管种植和人工的花销提高很多，但葡萄的成熟度得到优化。这样做的结果当然是获得更优质、味道更浓郁的葡萄酒。

在过去几十年间，通过精准栽培技术和新式的整形引枝法，葡萄树的树冠管理已有相当进步，这让葡萄树的枝叶得以展开，长势最强的葡萄树冠得到控制。

有机和生物动力种植法

过去数百年来，通过实践（有时这种实践是无意识的），人们发展出针对当地条件的、近乎理想的种植方案，造就了世界上最珍贵的葡萄园和最受推崇的葡萄酒。每一个酒农对耕作的理念都是至关重要的。越来越多的葡萄种植者采用有机或生物动力种植法来种植葡萄。这两种方法都禁止使用可能会有残留的化学农药和人工肥料，但都允许有节制地使用以硫酸铜为主体的喷剂（波尔多液）来防治霜霉病，然而这经常让铜元素残留于土壤中。

采用生物动力种植法的葡萄农使用堆肥和有机顺势疗法。他们将特殊的肥料与野生植物混合，并将其加入土壤中，以此来促进土壤和植株的健康。他们依照月历来规划在葡萄园与酒窖中的工作，这种方式极具争议性，但结果却相当惊人。目前人们还没有找到这背后的科学依据，即使是采用生物动力种植法的葡萄农也觉得神秘莫测。

种植葡萄跟种植其他作物一样，完全要视自然条件及各地实际情况而定。生产葡萄酒的所有要素中，葡萄园的条件被视为最重要的一个，是形成葡萄酒风格与味道的决定性因素之一。

葡萄园的年周期

△
位于纳帕谷圣海伦娜（St. Helena）的科里森（Corison）酒庄在葡萄园中安置鸟巢箱，从而增加如西部蓝鸟等鸟类的数量，让它们消灭害虫，而非依赖化学杀虫剂。

葡萄树的年周期和一年中种植者的工作始于采收季结束的时候，此时葡萄树的叶子开始变黄或者变红（摄影师热爱此景象），并且汁液水平降低。秋季里最重要的工作在酒窖中（见第32—35页），葡萄正在转变为葡萄酒，人们将刚发酵完的酒转移至所选的容器中进行贮存和培养。

在葡萄园中，一旦树液水平下降，藤蔓完全干化（北半球大约在11月末，南半球大约在5月底），修剪的工作便开始了。修剪的时机需要巧妙计算。在容易受春季霜害的产区，若葡萄树品种发芽较早，那么可能需要推迟修剪，从而延迟其发芽时间。较暖产区的生产者们若追求葡萄完全成熟但不想过度拖延葡萄在树上的时间，他们可能会有意比相邻葡萄园更早地修剪葡萄树。可以确定的是，修剪工作应该于葡萄树冬眠之时进行，此时树体正在积蓄下一个生长季的储备能量，木质干化并容易剪切。修剪时要穿好羊毛衫，冬季的葡萄园会很冷。

修剪的目的是限制芽眼的数量，从而控制一株葡萄树的结果量。人们会剪掉上一个生长季的大部分产物，然后通常用葡萄园中的便携炉将其烧掉（剪掉的残枝还可以作为烤牛排的绝佳材料）。此刻，葡萄树的形状和大小被确立。葡萄树修剪的形式绝大程度上取决于葡萄树在生长季中究竟如何（甚至是否）在金属丝架上整枝。在某些产区，人们将葡萄树埋入土中以抵御冬季的极端严寒（见第18页），或者在冬天较冷但非严寒的地方，用土堆护住葡萄树的某些部分。如果计划重新种植，那么需要在葡萄树冬眠时挖出老藤，深耕土地，并向土壤施用石灰或堆肥等。

冬末和初春时分，葡萄园和酒窖里万籁俱寂，这正是出去看看另一半球采收季的理想时间（南北半球相反的季节引发了20世纪末“飞行酿酒师”的风潮：技术高强的年轻酿酒师们，尤其是来自澳大利亚的酿酒师，在整个欧洲范围内的酒庄里打扫酒庄并酿酒。如今，生产者在南北半球穿梭，“飞行酿酒”的理念在双向进行）。回到家后，人们会用机械设备进行当季的第一次犁地，或者偶尔（其实越来越频繁地）用马拉犁来翻地。马不会像拖拉机那样容易将土壤压实，而且也更上镜（见第92页）。此刻正是为即将到来的葡萄园生长季准备器械装备的时候。

汁液水平提高

根据下一页的图片显示，早春时分的葡萄树开始发芽，嫩芽突破了保护芽眼一整个冬天的褐色叶鞘，而这并未让葡萄种植户们放松警惕，因为春季霜冻的危险并没有完全过去。这段时间令人坐立不安。在晴夜，他们需要开启风机或燃烧器，从而使沉积于地表的冷空气与上空的暖空气循环起来，或者通过加热葡萄园的空气，使冷热空气循环流动起来。

当春天来临时，葡萄园从一片黑木桩变成绿枝和绿叶的海洋。当葡萄树冠开始生长时，就要对其长势进行控制，从而保证树形和大小利于葡萄的成熟。人们需要对长势过旺的葡萄树进行修剪，并将整株葡萄树绑缚在金属丝架上，或使其攀附到金属丝搭成的框架里。该操作在开花后、葡萄树冠长速最快时尤为重要。在夏初，需要让葡萄串小心地暴露于阳光下，周围要保留适量树叶，使其进行理想的光合作用。

生长季中重要的决策包括采用哪种防治真菌病或害虫（若有的话）的方案，以及是任由枝条在夏季蔓延生长，还是适当地对其进行修剪。葡萄种植者还必须决定是否在葡萄成熟前或成熟中进行“绿色采收”，进而减少果串数量，因为葡萄串过多果实不容易成熟。

20世纪晚期，农业化学制品风靡一时，酒农们会反复给葡萄树喷洒化学农药以保证其健康，但这产生了严重的副作用：化学农药会毒害土壤，而且购买化学农药也是一笔不菲的支出。进入21世纪，越来越多的酒农崇尚有机的方式甚至是生物动力种植法，只使用硫，以及传统的石灰与硫酸铜混合的波尔多液，并倾向于依靠更天然的方法去控制病虫害，如使用害虫的天敌、捕虫的鸟类和外激素。但是，在特别潮湿的季节，只有勇气十足的酒农

▽
这些雷司令葡萄全部是在2018年10月18日这一天采摘于克莱门斯布希（Clemens Busch）的马林堡（Marienburg）葡萄园。这些葡萄清楚地展示了葡萄成熟的各个阶段，最熟透的阶段为干化的葡萄干。

才敢不用任何化学农药。现在，越来越多的葡萄园流行在每排葡萄树之间种植覆盖作物而非裸土。覆盖作物能够吸引益虫，在地形较陡的葡萄园中保持水土，促进土壤中空气流通从而帮助微生物生长，在干燥产区可以减少土壤的水分蒸发，在较潮湿的、树冠容易过于浓密的产区则与葡萄树竞争水分，经常被翻到土里用于提升土壤结构和有机质。

在更炎热的气候下，稍许树荫能够保护葡萄不被晒伤。在某些产区，安置防冰雹网是明智的预防措施。

在过去，盛夏时分是葡萄酒农可以放假的日子，但总体来说，采收期（亦是酒农一年中最关键的时期）越来越提前，每天到葡萄园巡视（还包括随时关注天气预报，因为不建议在下雨时采收葡萄）是必要的，以监控葡萄树的健康状况和葡萄的成熟度，从而决定何时采收。成熟的葡萄会吸引鸟类和其他动物，防鸟网（见第360页）虽然昂贵，却非常必要。在意大利中部的部分区域，葡萄园必须设置围栏以防止野猪入侵，澳大利亚的袋鼠和南非的狒狒也是当地葡萄园需要预防的。

采收

经历了有害动物、霜冻和冰雹等考验，总算保证了足够的葡萄收成，终于能迎接一年的收尾时刻——采收。因为雇用采收人员的成本越来越高，而采收机器越来越精密，如今即使在一些最有名的葡萄园里，大部分的葡萄也是由机械采摘，这对因白天温度过高而最好在夜晚采收（见第353页）的地区是有益的。一年之中，葡萄园最重要的任务之一可能就是保证采收机器能正常、高效地进行葡萄采收作业。

采收的准备工作，除了要保证有足够的罐子或者木桶用于发酵当年的葡萄，还包括将所有设备清洗干净，比如用水冲洗用来放置当天采收果实的塑料箱。

一旦葡萄被采收并安全地运至酒庄的接收站，酿制葡萄酒的工作重心便转移至酒窖内。

葡萄树的生长季

早春
发芽

最早开始于欧洲北部的3月及南半球的9月，当温度升高到10℃时，冬季剪枝后所留下的树芽开始发育，从葡萄藤的瘤节间还能看到绿色新芽冒出。

10天后
展叶

长出新芽后10天内，树叶开始从树芽中伸展开来，初生的卷须也出现了，这时的新芽非常脆弱，经不起霜害。在北半球比较寒冷的地区，霜害的风险要迟至5月中旬才能解除；而在南半球则要等到11月中旬。延后剪枝可以让葡萄树较晚发芽，从而避开春霜。

晚春/初夏
开花

发芽后6—13周，葡萄树进入关键的开花期，开始出现小小的狭圆锥花序，呈淡黄绿色，看起来就像小粒的葡萄。等合生花瓣脱落后就会露出花柱，进而通过受粉而受精，形成果实，此过程即为“坐果”。

10—14天后
花季的影响

葡萄产量的多寡由授粉的成功率来决定。在开花季10—14天之内，如果碰到坏天气，会落花落果，果柄上会长满过多的细小浆果，最后将出现落果或果粒大小不均的不良情况，英文中形容该现象为“大母鸡和小鸡”（hen and chicken），比喻同一果串上的葡萄大小差距很大。

夏季
转色期

假如能顺利避过春霜及降雨，葡萄树就会在北半球6月（南半球12月）长出绿色、坚硬的葡萄幼果。这些葡萄在夏季开始长大，然后在北半球8月（南半球2月）开始进入转色期，果粒变软，颜色也会开始变红或变黄。进入成熟期之后，葡萄内的糖分会快速增加，酸度降低。

夏末/早秋
完全成熟

如何衡量成熟度以及判断构成完美熟度的要素有哪些，是人们近年来研究的焦点。如果是黑皮葡萄品种，其表皮必须有一致的深黑颜色，而果梗必须开始木质化，葡萄籽也不能带有绿色。

如何酿造葡萄酒

如果说在葡萄园中大自然是最后的决定者，那么在酒窖里则由人来扮演这样的角色。葡萄酒的酿造包括了一系列环节，而葡萄及其状况、酿酒师的想法或所酿葡萄酒的风格则是决定这些环节的主导因素。本页下方和第34—35页的流程图介绍了两种不同的葡萄酒的酿造步骤：一种是相对便宜、无橡木桶发酵的白葡萄酒；另一种则是采用传统酿法、经橡木桶发酵熟成的高品质红葡萄酒。

采摘葡萄

酿酒师的第一个也可能是最重要的决定，就是何时采摘葡萄。一般在采摘日期的前几个星期，酿酒师就必须监控葡萄的糖分、酸度、健康状况、外观和风味。

决定采摘日期时还要参考气象预报，特别是预报下雨之时。有些葡萄品种对采摘日期的要求比其他品种严格。以梅洛为例，如果葡萄串在葡萄树上挂太久，极有可能降低品质，酿成的葡萄酒会丧失部分的活泼生气；而赤霞珠可以在树上多挂几天进一步成熟。如果葡萄已经感染真菌病（见第27页），下雨会使情况恶化，所以最好的决定就是尽量在葡萄达到理想熟度之前就采摘。白葡萄酒比红葡萄酒更能容忍掺杂一些腐烂的葡萄，红酒如果遇到这种情况，会很快失去颜色，而且酿好的酒也会带有霉味。

决定好日期后，接着就要决定当天的采摘时间，这要由酿酒师和负责采摘的工人一起决定。在气候炎热的地区，如果酿酒师精益求精的话，通常会在晚上采摘葡萄（使用大型探照灯，用机器采摘比较容易，见第353页），或者一大早采收，从而让送到酒厂的葡萄温度尽量低。采摘下来的葡萄在运往酒庄的途中会被放在较浅的、可叠放的箱子里，这样可以避免葡萄在运送途中破裂。无论雇用采摘工人的成本多么昂贵、工人多么难找，全世界最优质的葡萄酒还是会坚持人工采摘。因为人工采摘不但可以从葡萄树上剪下整串葡萄（机器采摘是把果实从树上摇晃下来），而且还能判断要采摘哪些葡萄串。但如今，那些速度渐增、越来越能够进行轻柔采摘的机器成为热浪或者降雨来临前的极佳之选，有些采收机还能自动挑选更好的葡萄。

当葡萄被运到酒厂之后，可能会进行降温处理，在气候炎热地区的某些酒厂中甚至有冷藏室，葡萄会被先放进冷藏室，直到酿酒槽空出来可以进行酿制为止。如今无论参观处在哪个气候区的品质卓越的酒庄，其都会向你展示“筛选法”，即去除破损的葡萄或葡萄以外的东西（英文简称MOG），挑出用于酿酒的完美葡萄。过去这项工作总是靠眼光锐利的工人在挑选台上进行，但高科技带来了无限可能：有将葡萄放在液体中漂浮然后根据密度挑选的技术，还有光学分拣机——通过电脑控制的光学识别系统识别出除梗后的残渣和未成熟的、干化的或不健康的葡萄，再通过空气弹射装置将其剔除。用机器破皮并释出葡萄汁，能够榨取葡萄果肉中70%—80%的汁水，目前这已经取代了过去用脚踩踏的方式（不过某些高品质的波特酒和非常精工细作的小型酒庄依然坚持用脚踩榨汁的方式）。

多少氧气？

因为葡萄梗有涩味，可能破坏清淡芬芳的白葡萄酒，所以大部分白葡萄在榨汁之前都会先去梗。然而酿酒师在酿造一些酒体醇厚的白葡萄酒、顶级起泡酒和甜白葡萄酒时，可能会选择将整串葡萄连梗放进压榨机中，并只取能够自动排出的自流汁（free-run），以避免榨出果皮中可能带来苦涩味的酚类物质。果梗还可以发挥导管的作用，帮助葡萄汁流出。

对白葡萄酒的酿酒师来说，他们必须决定是否要采取措施尽

大批量白葡萄酒酿造法

这一组图展示了平价白葡萄酒的酿造法，酿制地点是在温暖产区某家设备齐全的酒厂。

❶ 用机器采摘葡萄，采摘下来的葡萄由卡车运回酒厂。将葡萄倒入送料斗，通常一些MOG（即非葡萄果实的东西，例如葡萄叶）也会混杂在其中。

❷ 送料斗中的螺旋推进器将葡萄送往去梗机。通过送料斗中螺旋滚轮的旋转和挤压，葡萄粒得以从葡萄梗上脱落，然后被送入一个旋转的圆形滚筒，滚筒壁布满孔洞，孔洞的大小足以让葡萄粒通过，从而剔除葡萄梗和树叶等杂质。

❸ 破碎后的葡萄由泵抽送，流经控温器进行降温。这道工序可以减缓果实的氧化过程，有助于防止香气流失或葡萄过早开始发酵。通常还会在这个时候添加二氧化硫，以避免上述问题。

❹ 果肉被抽送进气压式压榨机，机器内部的橡胶气囊会慢慢膨胀，将果肉压向有孔洞的不锈钢桶状边壁进行压榨，同时保证葡萄籽完整，以免榨出带有苦味的油脂。榨出的葡萄汁则被收集到下层的集酒槽中，然后被抽送到外部包覆着冷却套管的不锈钢沉淀酒槽中。

量保证葡萄酒不被氧化，以便保留葡萄的每一分新鲜果味，比如要避免氧化且在一开始就添加二氧化硫以抑制野生的酵母菌，还要完全去梗、酿酒全程保持超低温，或者有意采用氧化技术，让葡萄暴露在氧气中，以此获得更为复杂的次生风味；在某些情况下，还能提前除去被氧化的酚类物质，避免酿造完成后出现可怕的“提前氧化现象”。

采用雷司令、长相思和其他芳香型葡萄品种酿酒时通常都会尽力避免葡萄氧化，而多数时候采用高端的霞多丽酿酒，包括酿造勃艮第白葡萄酒时，都是以氧化方式酿造的。氧化式的酿法可能包括一小段时间的浸皮（skin contact）：听上去好像很带劲儿，然而该操作只是在压榨葡萄前，让皮和汁液在特别的酿酒槽中多接触几个小时，在浸皮期间，更多风味将从葡萄皮渗入葡萄浆（葡萄汁和酒的浆状混合液）中。如果酿造白葡萄酒时皮和汁接触太久，就会产生很多涩味，这也是为何酿造白葡萄酒时葡萄要先榨汁再发酵。酿造红葡萄酒时则不同，葡萄汁需要从葡萄皮中萃取单宁和色素。但是越来越多的酿酒师试验着在整个发酵过程中（甚至发酵前后）用白葡萄进行浸皮，结果酿成了色深的白葡萄酒。这种酒被称作橙酒或琥珀色葡萄酒，这类橙酒有着干涩的口感和独特的风格，与某些美食十分相配。

轻柔压榨

用于酿制白葡萄酒的压榨机设计精巧，能够极尽轻柔地压榨葡萄汁，而不至于压破葡萄籽或压出葡萄皮中的涩味。气压式压榨机是最轻柔也是最常见的。酿酒师将压榨出来的葡萄汁进行分类，最早榨出的葡萄汁最细致，也没有什么涩味。

在榨汁阶段，隔绝空气能保障白葡萄酒的品质。在榨汁后需要进行澄清：葡萄汁中会悬浮一些葡萄碎屑和一些其他的杂质，去除这些杂质的常用方法是让悬浮物沉淀到酒槽底部，然后再将澄清的葡萄汁抽到发酵酿酒槽中，或者对于一般品质的酒，可用不断发泡的悬浮罐使杂质悬浮于液面上。要注意的是，此时发酵还没有开始，因此为了避免在澄清过程中发酵，保持低温便非常重要了，酿酒师还经常添加少量的二氧化硫到葡萄酒液中以达到同样的目的。

氧化程度较高的白葡萄酒更像红葡萄酒。酿造红葡萄酒的葡萄通常要去梗并破皮，不过越来越多的酿酒师将带果梗的整串葡萄进行发酵，这样的做法是勃艮第的传统。但若葡萄梗不够成熟，酿出的葡萄酒会非常难喝。一些酿酒师为了萃取更多颜色和基本的果味，会让葡萄浆和果皮混合在一起一个星期之久。在此期间，为了延缓发酵，酿酒师会采取低温“冷浸渍”红葡萄的方法，同时加入适量二氧化硫。

发酵的奇迹

随后，酿酒师要决定如何发酵，发酵的过程会使甜葡萄汁转化为不太甜而香气更复杂的葡萄酒。葡萄的糖分与酵母菌（自然存在于空气中、果皮上或人工添加）接触，就会变成酒精、热量和二氧化碳。葡萄越成熟，糖分含量就越高，酿成的葡萄酒的酒精度也越高。当发酵开始之后，发酵酒槽的温度会自然增加，所以在较暖和的产区，酿酒槽需要被冷却控温。发酵温度过高会去除宝贵的风味物质。特别是在酿酒季节，发酵产生的二氧化碳会让酿酒窖成为一个让人头晕目眩的危险场所。酒窖中的味道是一种混合着二氧化碳、葡萄和酒精气味的醉人气体，特别是在酿造传统红酒时所采用的开口式酒窖中，这种气味更为明显。大部分白葡萄酒是在密封的酿酒槽中进行发酵，以便保护葡萄汁不会氧化以及避免颜色褐化。用敞口容器发酵时，其中的红葡萄浆被发酵产生的二氧化碳气体和果皮中的酚类物质保护着，不会过度氧化。

对于酵母菌和其习性，人们仍然存在一些争论：选用天然酵母菌，还是选用实验室里特别选育及培养好的所谓人工酵母菌？在新兴的葡萄酒产区，酿酒师也许没办法选择，因为葡萄酒酵母菌需要时间繁殖足够的菌数，在早些年的环境中存在的菌种，有可能对葡萄酒有害而不是有利。除了为数不多但在逐渐增加的特殊例子，大部分新世界的葡萄酒都是在葡萄浆中添加经过特别选育的人工酵母菌（一旦某个酿酒槽开始发酵，该槽中正在发酵的葡萄浆能够帮助启动另一个酿酒槽的发酵）。

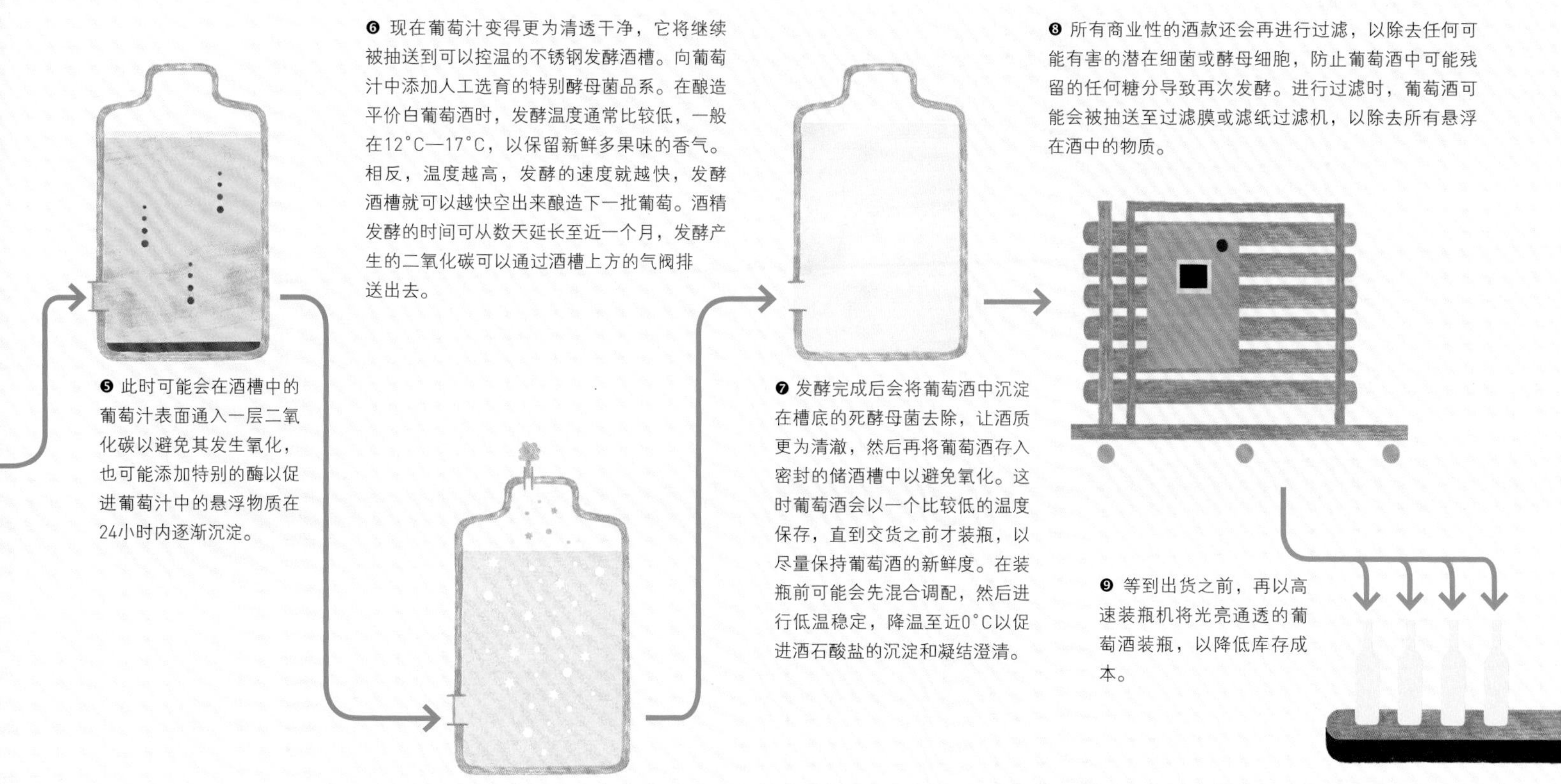

❺ 此时可能会在酒槽中的葡萄汁表面通入一层二氧化碳以避免其发生氧化，也可能添加特别的酶以促进葡萄汁中的悬浮物质在24小时内逐渐沉淀。

❻ 现在葡萄汁变得更为清透干净，它将继续被抽送到可以控温的不锈钢发酵酒槽。向葡萄汁中添加人工选育的特别酵母菌品系。在酿造平价白葡萄酒时，发酵温度通常比较低，一般在12°C—17°C，以保留新鲜多果味的香气。相反，温度越高，发酵的速度就越快，发酵酒槽就可以越快空出来酿造下一批葡萄。酒精发酵的时间可从数天延长至近一个月，发酵产生的二氧化碳可以通过酒槽上方的气阀排送出去。

❼ 发酵完成后会将葡萄酒中沉淀在槽底的死酵母菌去除，让酒质更为清澈，然后再将葡萄酒存入密封的储酒槽中以避免氧化。这时葡萄酒会以一个比较低的温度保存，直到交货之前才装瓶，以尽量保持葡萄酒的新鲜度。在装瓶前可能会先混合调配，然后进行低温稳定，降温至近0°C以促进酒石酸盐的沉淀和凝结澄清。

❽ 所有商业性的酒款还会再进行过滤，以除去任何可能有害的潜在细菌或酵母细胞，防止葡萄酒中可能残留的任何糖分导致再次发酵。进行过滤时，葡萄酒可能会被抽送至过滤膜或滤纸过滤机，以除去所有悬浮在酒中的物质。

❾ 等到出货之前，再以高速装瓶机将光亮通透的葡萄酒装瓶，以降低库存成本。

人工培育的酵母菌具有可预知的功效。耐力较强的酵母菌可以用来发酵糖度很高的葡萄浆，至于那些有利酒渣黏结的酵母菌也许适合酿造起泡酒。人工培育酵母菌的选择也会对葡萄酒的香气产生重要影响，例如加强特定的香气。遵循传统的人偏好于完全让自然环境中的酵母菌发挥作用，因为他们认为虽然天然酵母菌不稳定且表现难以预测，却可以让葡萄酒的香气变得更有趣。有人认为酵母菌也是风土条件的一部分，这种想法并不为过，确实有些酒庄自己分离并培养出最好的菌种用于未来的发酵，并十分维护对那些酵母菌的所有权。

帮助发酵

酿酒师的梦魇就是发酵突然中止，万一在葡萄汁的糖分全部转化成酒精之前发酵中止，留下的会是一整槽脆弱的危险液体，它会很容易成为氧化和有害微生物的牺牲品。顺利完成发酵的葡萄酒，其酒精浓度足以抵御不利因素的侵袭。

一款红酒的精确发酵温度，对酒的类型和风格影响很大。发酵的温度越高（不能高到把香气全部挥发掉的程度），越可以萃取出更多的香气和颜色。因此长时间的低温发酵通常会酿造出清淡多果味的葡萄酒；而如果发酵时间太短但温度足够高，也可能酿成具有清淡香气和口感的葡萄酒。开始发酵后，环境温度会跟着升高，酿造浓厚型红葡萄酒时温度大多在22℃—30℃，而酿造芳香型白葡萄酒时温度会低一点，有时会低至12℃。

为了从葡萄皮中萃取出单宁、香气和颜色，在发酵期间，必须要让葡萄皮和葡萄汁尽量混合在一起。通常采取的做法有两种：一种是将葡萄汁从酿酒槽底部抽出，淋到表层的葡萄皮上；另一种是直接用脚或机械将浮在表层的葡萄皮踩压进葡萄汁里。关于这道工序以及任何有关发酵后浸皮以萃取并柔化单宁的方法，都已经形成一门精准的科学，这是如今许多酒龄浅的红酒更可口的关键所在。

而有关发酵容器的选用更是轮回了多次。不锈钢材质便于清洁且更容易控制，但现在也有一些酿酒师偏向于使用木质、水泥甚至陶罐发酵容器。不同发酵容器的大小和形状差异很大，从巨型的罐子到土罐或蛋形容器都有。轻柔地处理葡萄、葡萄浆和葡萄酒通常被认为是最终获得高品质酒的一个关键因素。资金不足时，可将酒庄建在山坡上，酒庄设计和设备就能让人们利用重力来运作，而不必使用泵。

微调

无论是酿造红葡萄酒还是白葡萄酒，在发酵阶段酿酒师需决定是加酸还是去酸，是否加糖，有时还要决定是否要增加葡萄浆的浓度。自法国拿破仑时期的农业部长让-安东尼·夏普塔尔（Jean-Antoine Chaptal）首次提出“加糖程序”后的200年间，有别于法国以南产区的同行，法国酿酒师一直通过在发酵酿酒槽中加糖来提升葡萄酒最终的酒精浓度（不是为了增加甜度）。AOC的法律通常会限制提高酒精浓度（不超过2%）。在实践中，得益于夏季变暖，以及更科学的树冠管理（见第29页）和腐烂防治策略，葡萄农现在可以采摘到越来越成熟的葡萄，所以如今需要添加的糖量也越来越少了，尽管有时加糖的目的仅仅是为了让发酵时间变长。

酿酒师也可以决定是否从红酒的发酵酿酒槽中去除部分葡萄汁，以提高含香气与颜色的葡萄皮和葡萄汁的比例。这种在法国被称为“放血”（saignée）的传统做法，有时被更机械化的方式如反渗透法取代。

在较温暖的产区，富含糖分的葡萄总是让欧洲北部的人们羡慕

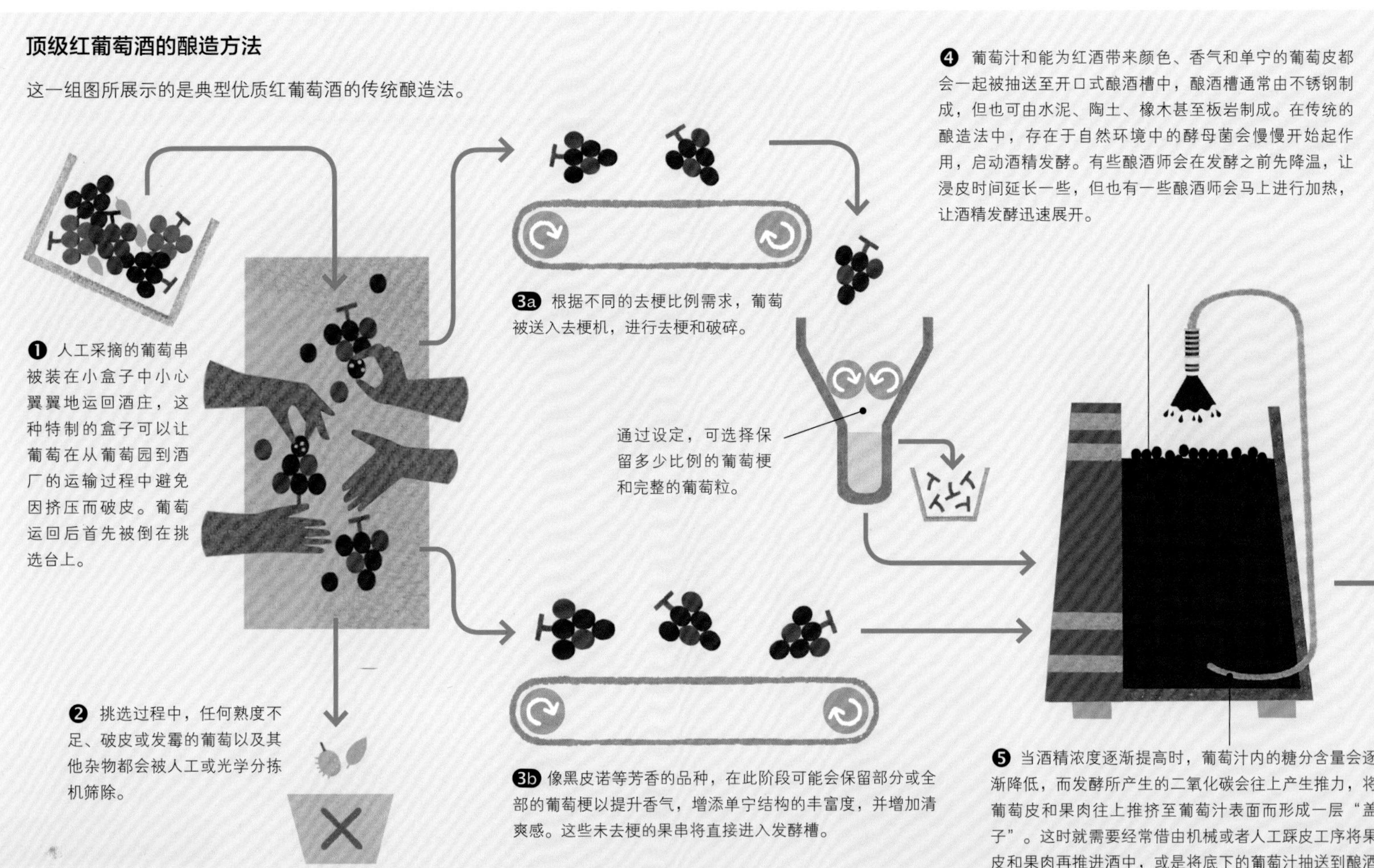

顶级红葡萄酒的酿造方法
这一组图所展示的是典型优质红葡萄酒的传统酿造法。
❶ 人工采摘的葡萄串被装在小盒子中小心翼翼地运回酒庄，这种特制的盒子可以让葡萄在从葡萄园到酒厂的运输过程中避免因挤压而破皮。葡萄运回后首先被倒在挑选台上。
❷ 挑选过程中，任何熟度不足、破皮或发霉的葡萄以及其他杂物都会被人工或光学分拣机筛除。
3a 根据不同的去梗比例需求，葡萄被送入去梗机，进行去梗和破碎。
通过设定，可选择保留多少比例的葡萄梗和完整的葡萄粒。
3b 像黑皮诺等芳香的品种，在此阶段可能会保留部分或全部的葡萄梗以提升香气，增添单宁结构的丰富度，并增加清爽感。这些未去梗的果串将直接进入发酵槽。
❹ 葡萄汁和能为红酒带来颜色、香气和单宁的葡萄皮都会一起被抽送至开口式酿酒槽中，酿酒槽通常由不锈钢制成，但也可由水泥、陶土、橡木甚至板岩制成。在传统的酿造法中，存在于自然环境中的酵母菌会慢慢开始起作用，启动酒精发酵。有些酿酒师会在发酵之前先降温，让浸皮时间延长一些，但也有一些酿酒师会马上进行加热，让酒精发酵迅速展开。
❺ 当酒精浓度逐渐提高时，葡萄汁内的糖分含量会逐渐降低，而发酵所产生的二氧化碳会往上产生推力，将葡萄皮和果肉往上推挤至葡萄汁表面而形成一层“盖子”。这时就需要经常借由机械或者人工踩皮工序将果皮和果肉再推进酒中，或是将底下的葡萄汁抽送到酿酒槽顶端，浇淋在葡萄皮上以免干掉。

不已，但是酿酒师习惯在葡萄汁中添加（或调整）酸，因为温暖地区葡萄的酸度往往很低，非常不可口。随着气候变暖，酸化葡萄汁在欧洲越来越流行，葡萄中所含的天然酒石酸是酸化葡萄汁的首选用酸。此外，酿酒师还可以采用另一个方法来影响酸度。在酒精发酵之后常常发生苹果酸-乳酸转化，在这个过程中，葡萄中粗糙的苹果酸会转化成比较柔和的乳酸并生成二氧化碳。了解并掌控苹果酸-乳酸发酵，有时使葡萄酒或者酒窖升温，或添加人工乳酸菌，是20世纪中叶通过降低酒的酸度及增添一些额外香气酿造可饮用的浅龄红酒的关键因素。

但是这些额外的香气并不一定适合芳香型、处于保护性环境下酿造的白葡萄酒。刻意抑制苹果酸-乳酸发酵（控制温度、添加二氧化硫或者从酒中过滤出必要的乳酸菌）会让酿出的酒口感更为清爽。实际上，多数优质的霞多丽白葡萄酒会进行苹果酸-乳酸转化来增添香气和口感，同时在温暖的气候区要通过添加酸度来维持平衡。

对红酒来说，苹果酸-乳酸转化确实有其优点。近年来的流行做法是在小型橡木桶中进行乳酸发酵，而不是在以往惯用的大酿酒槽中。这样的改变更费人工，所以只有在酿造高品质的葡萄酒时才会使用这种方式。它能让酒喝起来更顺滑、更迷人，而这些特质在某些品酒家眼中更是品质的象征。因此，越来越多的酿酒师希望能酿出浅龄时就表现很好的酒款，他们会在葡萄酒还没有完成发酵之前，就把红酒从发酵槽中取出放入橡木桶，让红酒在桶中先后完成酒精发酵及苹果酸-乳酸转化。

葡萄酒酒精度较高是一个颇具争议的问题，尤其在温暖的产区，比如美国加利福尼亚州和澳大利亚部分产区，这要归因于气候变化，也归因于人们为获得更多香气和单宁而较晚采摘葡萄。与葡萄汁浓缩一样，以反渗透、真空蒸发或低温蒸馏为基础的多种机械化方法可能被用于降低酿好的葡萄酒的酒精浓度。然而一些生产者还是倾向于在葡萄园中寻找其他方法，让葡萄达到更平衡的状态再来酿酒。

有些顶级红酒是在橡木桶中完成酒精发酵的，而对于白葡萄酒来说，想要酿造得酒体饱满并抬高身价，那就不可避免也要在橡木桶中进行酒精发酵。

过滤和装瓶

无论葡萄酒在发酵后如何熟成，最后都要进行装瓶。在进行装瓶这个通常来说不太温和的环节之前，酿酒师必须确保此时的酒质是稳定的，不能含有任何潜在的危险细菌，而且万一遇到极端温度也不会出现任何不妥的情况。假如一款葡萄酒的酒质比消费者预期的要混浊，就必须进行澄清工序。如果是平价的白葡萄酒，通常可以将其放入酒槽中降到很低的温度，让所有溶在酒中的酒石酸盐在装瓶之前沉淀，而不会在日后以结晶状出现在瓶中（这种全然无害的结晶，会引起消费者的担心）。

大部分葡萄酒都会经过一定程度的过滤，去除酒中的杂质微粒，包括可能污染葡萄酒的微生物和可能造成二次发酵的酵母细胞。尽管有一种日趋流行的自然酒（natural wines）追求最低限度的添加甚至零添加，但是目前大部分酒中还是会添加少量的亚硫酸盐使酒不易变质。所以必须在酒标上标注“含有亚硫酸盐”（即使这种添加是完全无害的）。

过滤在葡萄酒圈中备受重视，过度过滤可能会使酒中的香气流失并降低陈年潜力，但是如果过滤不足，可能让葡萄酒成为有害微生物和再发酵的牺牲品，特别是当瓶装葡萄酒受热时。花时间进行自然沉淀是最天然的葡萄酒澄清方法。

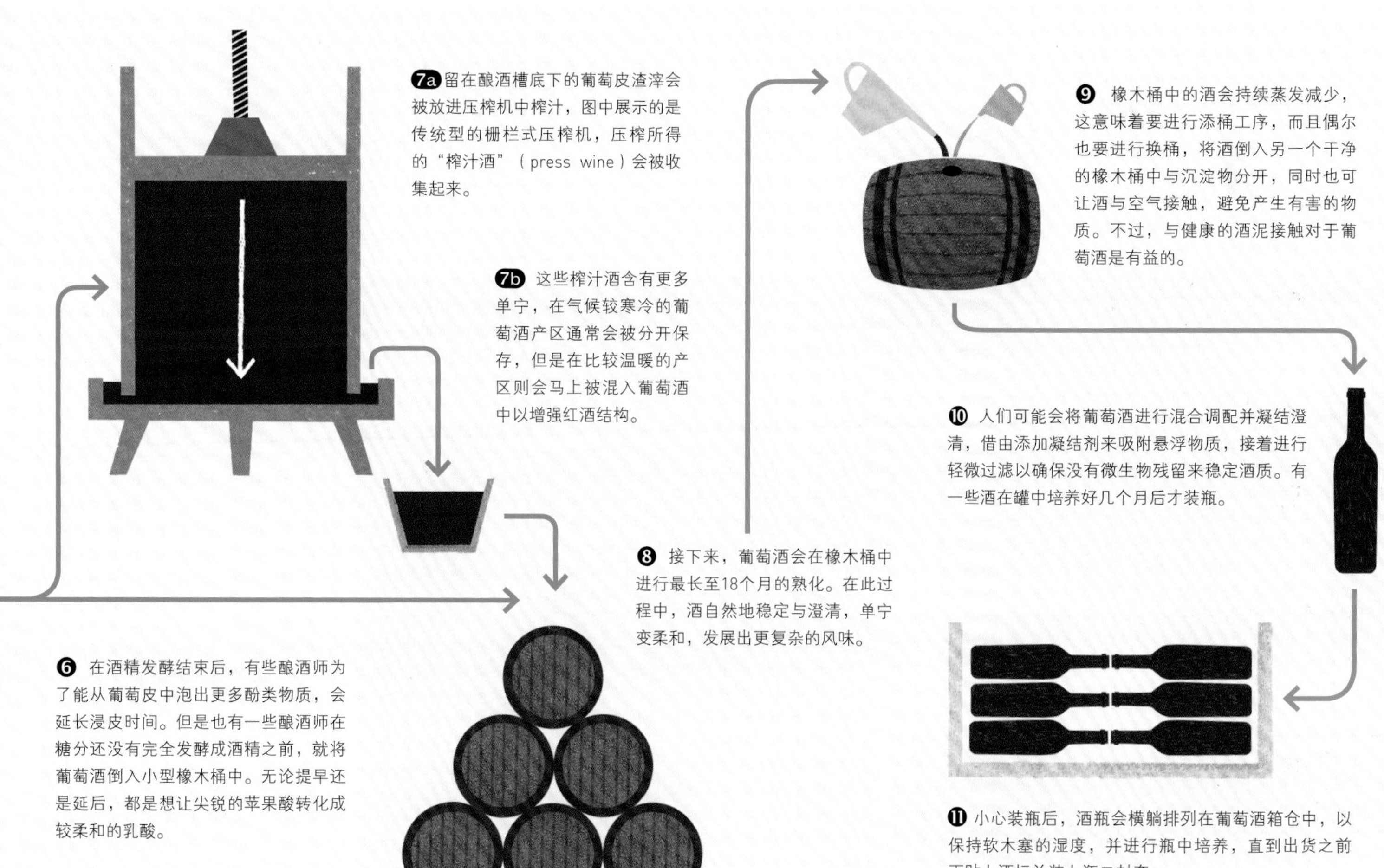

7a 留在酿酒槽底下的葡萄皮渣滓会被放进压榨机中榨汁，图中展示的是传统型的栅栏式压榨机，压榨所得的“榨汁酒”（press wine）会被收集起来。
7b 这些榨汁酒含有更多单宁，在气候较寒冷的葡萄酒产区通常会被分开保存，但是在比较温暖的产区则会马上被混入葡萄酒中以增强红酒结构。
6 在酒精发酵结束后，有些酿酒师为了能从葡萄皮中泡出更多酚类物质，会延长浸皮时间。但是也有一些酿酒师在糖分还没有完全发酵成酒精之前，就将葡萄酒倒入小型橡木桶中。无论提早还是延后，都是想让尖锐的苹果酸转化成较柔和的乳酸。
8 接下来，葡萄酒会在橡木桶中进行最长至18个月的熟化。在此过程中，酒自然地稳定与澄清，单宁变柔和，发展出更复杂的风味。
9 橡木桶中的酒会持续蒸发减少，这意味着要进行添桶工序，而且偶尔也要进行换桶，将酒倒入另一个干净的橡木桶中与沉淀物分开，同时也可让酒与空气接触，避免产生有害的物质。不过，与健康的酒泥接触对于葡萄酒是有益的。
10 人们可能会将葡萄酒进行混合调配并凝结澄清，借由添加凝结剂来吸附悬浮物质，接着进行轻微过滤以确保没有微生物残留来稳定酒质。有一些酒在罐中培养好几个月后才装瓶。
11 小心装瓶后，酒瓶会横躺排列在葡萄酒箱仓中，以保持软木塞的湿度，并进行瓶中培养，直到出货之前再贴上酒标并装上瓶口封套。

为何使用橡木桶

自从高卢人发明橡木桶以来，葡萄酒和橡木桶就被联系在一起。橡树在法国随处可见，其资源丰富，具有易塑性和耐用性，并且如果将葡萄酒贮存在橡木桶中，通常会让酒尝起来更美味。越来越多的人尝试使用金合欢木、栗木和其他木材，以及陶土、水泥和多种样式的陶质双耳酒罐，但几百年来，橡木桶还是最受青睐的。近来，橡木桶被推崇的特质是其香气与葡萄酒有天然的亲和力。橡木桶能够向葡萄酒中释放可稳定葡萄酒单宁的橡木单宁，还可以柔化高品质葡萄酒的口感，橡木桶的这些物理特质是其他材质的容器不可比拟的。除此之外，在橡木桶中长期熟成还可使葡萄酒轻缓地澄清。

白葡萄酒在橡木桶中发酵能让酒的质感更柔和、香气更深邃。有些酿酒师通过搅拌桶中的酒泥让葡萄酒拥有如奶油般的丝滑质感。一方面，若过度搅拌可能让葡萄酒的奶味过重；另一方面，若不搅动酒泥，则可能会增强葡萄酒中某些酿酒师追求的“划火柴”的味道或者燧石般的矿物感。有些白葡萄酒可能只在橡木桶中培养3个月左右，以获得一丝丝的橡木气息。

注重品质的红葡萄酒通常熟成时间更长——18个月甚至更长。葡萄酒在橡木桶中培养的时间长，并不代表其橡木味更浓。为了将新酒和比较大的死酵母颗粒（法文称作gross less）分开，酿酒师在葡萄酒发酵结束不久便会对其进行一次换桶，换到另外一个干净的橡木桶中，之后还会进行多次换桶。如今许多酿酒师偏好不搅动酒泥，让酒泥与酒静静接触，但前提是酒泥的质量必须是完美的，要不然会产生一些含硫物质，让酒十分难闻。换桶过程会让葡萄酒跟空气接触，使其单宁变得比较柔和。

葡萄酒在桶中会因为蒸发而不断减少，酒面与桶之间就会出现空隙（法文称作ullage），这个空隙会让葡萄酒接触有潜在危害的氧气。为了避免葡萄酒过度氧化或被微生物污染，酿酒师要定期将葡萄酒加满。在桶中熟成的阶段，酿酒师必须经常品尝每个橡木桶中的葡萄酒，除了要决定是否以及何时换桶，还要判断葡萄酒何时可以装瓶。换桶、添酒以及净桶是酒窖实习生的例行体力活，跑来跑去的他们被戏称为“酒窖耗子”（cellar rats）。

有一种橡木桶熟化的替代方法（有时也会作为它的辅助方法），就是将事先定量的微量氧气送进酒槽或橡木桶的葡萄酒中。这种微氧化技术是在模仿橡木桶让葡萄酒与空气接触的方式。而还有更便宜、更简单的方法，用橡木片、橡木条，甚至橡木粉来复制受橡木桶影响所产生的香气，这样，酿酒师就不用支付昂贵的金钱购买橡木桶了。此外，这些橡木碎片也有可能改善葡萄酒的结构与口感，使酒的颜色更稳定。

橡木的产地在哪儿

橡木桶的大小和新旧程度是影响酒中香气的重要因素。桶越旧或越大（目前流行大桶），葡萄酒被赋予的橡木香气就越轻（用于顶级酒熟成的全新橡木桶在反复使用之后可能被用于熟成较低端的葡萄酒）。其他影响因素包括葡萄酒在橡木桶中的时长、橡木桶的“烘烤度”（该词指桶板为了弯出弧度而在火上烘烤时的烘烤程度：重度烘烤的木桶会给葡萄酒带来较少的木头单宁，却带有更多的香料和烘烤味）、橡木风干程度及时间（将橡木码放于户外以去其粗糙或者为节省时间在窑中烘干），以及橡木的产地。

美国橡木可能具有相当迷人的甜味和香草香气；波罗的海的橡木在19世纪末时因其缓慢的生长速度和紧密的纹理而大受欢迎；而当下，具有细腻香料味的东欧橡木又重新吸引了人们的注意，然而总体来说，法国橡木依然要比其他地方的橡木更受青睐，主要原因在于法国橡木林几百年来的优良管理。最好的橡树生长周期，已经从180年左右下降至远低于180年，很少有品酒者注意到这点。

橡树林区有着各自的影响橡树生长模式和质量的风土条件。来自法国利穆赞（Limousin）林区的橡木纹理比较宽，多单宁涩味，通常比较适合用来熟成白兰地而不是葡萄酒。占地10 000公顷的托台（Tronçais）林区位于阿列省（Allier），是法国政府的国有单一大型林区。此地土壤贫瘠，橡树生长缓慢，所以橡木纹理比较紧密，所带来的芳香恰到好处，非常适合熟成葡萄酒。孚日山脉（Vosges）林区的橡木也很类似，颜色较淡，很受一些酿酒师偏爱。而其他一些酿酒师则只要求是产自法国中部（le Centre）林区的橡木即可。每片林区可能有其各自不同的生长环境。酿酒师通常有许多家中意的制桶厂，而不会只着眼于一家。全世界葡萄酒生产中用到的橡木桶上有可能印有Chassin、Demptos、François Frères、Radoux、Seguin-Moreau和Taransaud这些制桶厂的名字。

大多数葡萄酒与橡木最后的重要接触便是在瓶中酒与软木塞的接触。

◁
在于默尔索村地下，阿诺恩特酒庄（Arnaud Ente）拥有的酒窖清楚展示了勃艮第生产者现在如何爱用各种不同大小的橡木桶，他们往往不限于使用传统的228升的橡木桶（法文称作pièce），而引进更大的桶。

葡萄酒的封瓶

氧气会破坏葡萄酒，所以必须阻止氧气和葡萄酒接触，从这一点上来说，玻璃酒瓶远远优于木桶。17世纪，当酒瓶第一次被广泛使用时，唯一简便的封瓶方法是插入橡树皮塞子，即软木塞。这也许是一门古老的技术，但人们一直在找寻更好的封瓶材料。

软木塞呈圆柱状，是用生长多年的软木橡树上极厚的树皮冲压出来的。葡萄牙阿连特茹地区种植的软木橡树最密集，所以葡萄牙人是最主要的软木塞生产者。20世纪末，软木塞的质量严重下滑，可能是因为树皮的需求量剧增，所以树木遭到过度砍伐。软木塞对葡萄酒的污染时常发生。瓶装葡萄酒的软木塞接触氯和霉菌后，就会产生不同程度的霉味，这种霉味与化学物质三氯苯甲醚（TCA）有关。该物质浓度较高时，显然是软木塞供应商的过错；但浓度低时，TCA和相关物质会使葡萄酒丢失一部分果味和香气，这很容易被归咎于葡萄酒本身和酿酒者。

如今瓶装酒的数量越来越庞大，对软木塞的需求也越来越大，因此对软木塞替代品的探寻迫在眉睫。澳大利亚和新西兰的生产者们用螺旋盖替代了软木塞，因为这种封盖可以保证葡萄酒没有TCA带来的缺陷（同时也不需使用螺旋开瓶器）。第一代螺旋盖的密闭性过强，而如今，葡萄酒生产者们可以通过调节螺旋盖顶部内衬选择不同的透氧率。这些研究一直在进行中。

很多（或许大多数的）葡萄酒消费者仍然喜欢软木塞，他们喜欢用开瓶器开启酒瓶的仪式感，并且固执地认为软木塞在葡萄酒陈年中发挥了独特的作用。另外，对于一瓶价格昂贵的酒来说，螺旋盖还是让人感觉低廉。

人工合成的瓶塞通常由塑胶（有时也由植物原料）合成，是一种不错的软木塞替代品，质量也在逐渐提高，新世界产区的葡萄酒生产者尤其爱用。这类瓶塞的类型以及等级非常多，其特殊之处在于既可让饮酒者享受深受许多人喜爱的拔出软木塞的开瓶仪式，又不会有任何软木塞污染的危险。不过这些瓶塞拔出后很难再塞回去，通常对于需经长期瓶中培养的葡萄酒来说，这种瓶塞并不适用。

玻璃塞（vinolok）也是一种替代品。另一种是diam瓶塞：diam瓶塞是人工合成塞，经过特殊处理制成，用食品级的微球体将磨碎的软木塞黏合在一起。diam瓶塞自然是可靠的，香槟的生产者可以证明。上述各类竞争激发了供应商对于升级研发和质量控制的投入。如今，软木塞出现缺陷的概率大幅降低，甚至有些供应商能提供几乎可以免于TCA污染的天然软木塞，当然它们价格不菲。

各个质量等级的葡萄酒生产者都在悄悄测试螺旋盖，但是处于金字塔顶端的酒庄明白螺旋盖会影响其形象。螺旋盖与奢侈感相隔甚远，无论辛勤的设计师花多大精力来拉近两者距离。甚至有些坚持用螺旋盖的澳大利亚人都犹豫了，因为他们要向钟爱软木塞的中国市场出口很多酒。

△
软木塞的生产依然是很传统的。图中一头骡子驮着从软木橡树上剥下的树皮，这些软木林区位于西班牙南部安达卢西亚地区的“软木橡树林”自然公园（Parque Natural de los Alcornocales）。不过葡萄牙才是全世界软木树皮和葡萄酒软木塞的最主要产地。

瓶塞的类型

香槟塞

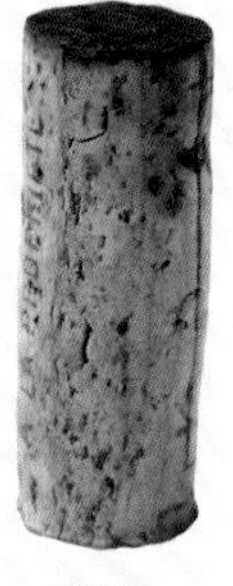

标准塞

复合塞

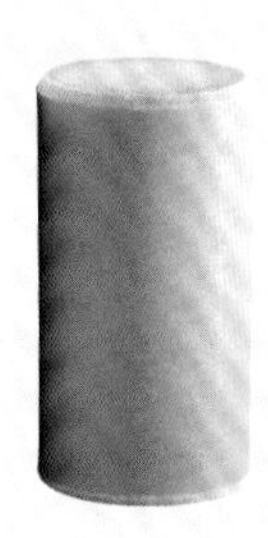

人工合成塞

螺旋盖

玻璃塞

葡萄酒与时间

有些人对葡萄酒有些误解，以为所有的葡萄酒不仅不会变质，而且酒质会与时俱进。的确，部分葡萄酒最神奇的特性之一，就是它们会随着时间推移变得更好，储存时间可以长达数十年，极少数的酒款甚至可陈放几个世纪。然而，大部分现今酿造的葡萄酒，通常在装瓶后一年或更短的时间内即可饮用，甚至有些酒款最好刚装瓶就饮用。

大部分便宜的葡萄酒，特别是白葡萄酒、粉红葡萄酒在酒龄浅且果香消散之前状态最佳。同样需要在酒龄浅时饮用的酒包括一些酒体轻盈、单宁低的红葡萄酒，还有那些以佳美（例如博若莱酒）、神索、多姿桃（Dolcetto）、蓝布鲁斯科（Lambrusco）、丹菲特（Dornfelder）、茨威格（Zweigelt）等葡萄品种酿制的酒，以及一些较易饮的黑皮诺酒。只有极少数的粉红葡萄酒可以陈年，大多数还是应该趁新鲜和果味十足时饮用。孔德里约（Condrieu）和另外一些杰出的维欧尼葡萄品种酿造的酒更是证明了大多数酒不宜陈年。意外的是，优质香槟及其他高品质的起泡酒可长期贮存。这些酒适宜现在饮用，但存放一两年后能让风味更有深度。

葡萄酒陈年是个难解的局。大多数品质卓越的白葡萄酒及所有顶级红葡萄酒在达到适饮期之前就已售出，然而这些酒需要陈年后才能彰显其品质。当它们酒龄尚浅时，酒中复杂的酸度、甜度、矿物质、色素、单宁及所有其他风味元素还需进一步融合。优质好酒中的这些元素含量当然比一般的酒来得高，品质卓越的酒款更是胜过优质葡萄酒。但是葡萄品种原有的果香、发酵产生的香气及橡木味都必须花时间进行交互作用，以形成和谐的整体，才能在更加熟成后产生陈酒酒香（bouquet）。时间，以及轻微的氧化过程，逐渐令酒熟成。从瓶塞到酒的液面那部分狭小空间里已经有足够的氧气来协助长达数年的陈年过程。

一瓶酒龄浅的优质红酒从装瓶之际，就包含了单宁、色素及风味化合物（这三类物质在一起统称为“酚类物质”），也包含了由这些物质相互作用所衍生的更复杂的复合物。在瓶中，单宁会持续与色素及酸性物质交互作用而形成大分子化合物，最后会变成沉淀物质。这表示，当葡萄酒熟成时会失去酒色及涩度，但会增加风味的复杂度和沉淀物。事实上，只要将酒瓶对着光源检视葡萄酒的颜色，就可以猜测葡萄酒的熟成状况：颜色越浅，意味着陈年越久。

葡萄酒如何陈年

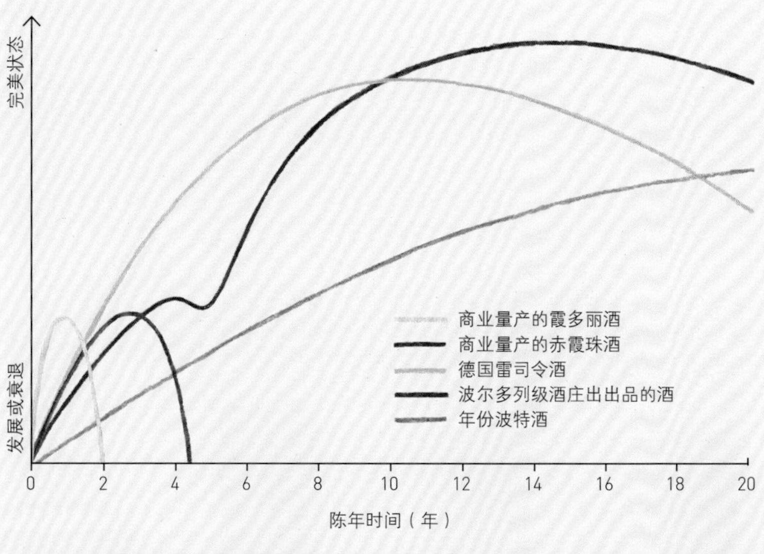

该坐标图用相近的指标来比较几种酒的质量等级和陈年能力。像波尔多列级酒庄出品的高端红葡萄酒一般在熟成5年左右会进入一个不易亲近的阶段，此时新酿时的新鲜果味逐渐消失，但口感干涩的酚类物质还未沉淀下来。

白葡萄酒的熟成

同样的陈年过程也发生在白葡萄酒中，不过其酚类物质少很多，我们目前对其的了解比较有限，然而，缓慢的氧化还是会将酚类物质转变为金色甚至是棕色物质。此时葡萄品种原有和发酵产生的果香、酒香以及清脆的酸度，会变得愈加醇厚，发展出蜂蜜、坚果或者细腻的咸鲜味。如果说红葡萄酒中的主要抗氧化物质是单宁，那么在白葡萄酒里似乎就是酸度。白葡萄酒若有足够的酸度（也有足够的其他物质去均衡它），其陈年时间就可以跟红葡萄酒一样长，或是那些贵腐甜酒，比如顶级的苏玳、德国雷司令、托卡伊以及卢瓦尔河谷的白诗南甜酒（这些酒的酸度都很高），都能更长久地陈年。

“何时才是最佳的饮用时机”是常被问到的问题，但难以回答。有时最佳的答案是“今晚就喝”。让人尴尬的是，即使是酿酒师也只能做出预估，人们常常在葡萄酒的品质开始走下坡路时，才知道酒真正的陈年潜力。过适饮期后，酒失去果香及风味，酸度及单宁开始过度突出。也许此时的酒尝起来还比较奇妙，但是平衡感已然丧失。对于好酒唯一可准确预测的特质就是：它难以预料。

对那些常常买进整箱葡萄酒且监控熟成过程的人来说，在他们一瓶一瓶饮过之后，常常会发现某款酒在酒龄尚浅时就丰盛好喝，但是随后会进入一段沉闷、毫无生气的时期（这时，酒中的许多复杂成分正在形成），接着又会进入另一个更加辉煌的阶段。罗讷河的白葡萄酒特别容易存在这样类似青少年叛逆期的阶段，请耐心等待，别失去信心。

常言道（事实也是如此），没有所谓的“好酒款”，只有“一瓶一瓶”的好酒。同款酒每一瓶之间都可能存在差异，即使是同一箱也不例外，这种“个瓶差异”是另一种常见现象。同一箱酒里，有可能装入不同批次的酒（目前许多酒瓶上会印上批号），存放在不同的环境中，甚至来自不同的橡木桶，或者人们有时会半开玩笑地形容那些午休前后装瓶产生的瓶差。之所以会产生差异，往往是因为每一瓶酒的透氧量不尽相同，或者是受不同程度的污染，最常见的是受TCA污染（见第37页）。完好、未受污染的酒塞是一瓶陈年完好的葡萄酒的标志；而如果一瓶侧卧的红酒在侧卧这面发现受污痕迹的话可能意味着这瓶酒有问题。然而“个瓶差异”常常找不出合理的解释，由此可见，葡萄酒真是一个活生生、脾气古怪的个体。

不同年份的同一款酒，其陈年潜力也不同。厚皮的红葡萄，再加上干旱的年份，其酒款的陈年潜力当然比酿酒葡萄产自潮湿年份且葡萄皮与果肉比例更低的酒款要好。来自凉爽年份的葡萄酿成的白葡萄酒，也需要较长时间才能让酸度柔化到可让人接受的地步（其实，葡萄酒的酸度和pH值这样的指标是几乎不变的；是那些陈年带来的复杂物质平衡了酸度，让人感到似乎酸度变得柔和）。

下面要讨论的另一项与储存环境无关的因素是酒瓶的大小。不管酒瓶大小如何，软木塞和瓶颈液面之间的空间都是一样的，这意味着半瓶装的葡萄酒与氧气的接触面积要比一般瓶装大一倍，而大瓶装的葡萄酒与氧气的接触面积就更小了。因此，半瓶装的葡萄酒会比大瓶装的葡萄酒熟成更快，而这也是葡萄酒收藏家愿意付出较高代价购买更大瓶装的原因。大容量酒瓶的缺点是，如果软木塞出现问题，可能会有更多的酒被污染。

能长久陈年的一定是极品佳酿，但一般来说，要推测哪些葡萄酒比较值得陈年（或者可以理解为“放下静置”）是有可能的。以一些明显适合窖藏的葡萄酒为例，非常粗略地按照最值得长久储存的先后排序，我们可以列出：年份波特酒、埃米塔日、波尔多列级红酒、百拉达（Bairrada）、马迪朗（Madiran）、巴罗洛（Barolo）、巴巴莱斯科（Barbaresco）、艾格尼科（Aglianico）、蒙塔尔奇诺布鲁奈罗（Brunello di Montalcino）、罗蒂丘（Côte- Rôtie）、高品质的勃艮第红酒、杜奥（Dão）、教皇新堡、珍藏级古典基安蒂（Chianti Classico Riserva）、格鲁吉亚的萨别拉维（Saperavi）、杜罗河岸、澳大利亚赤霞珠以及西拉红酒、加州赤霞珠红酒、里奥哈（虽然里奥哈如今风格多样，很难一概而论）、阿根廷马尔白克红酒、金芬黛红酒、新世界的梅洛红酒，还有新世界黑皮诺红酒——但这得仰仗酿酒师的能力和雄心。

到目前为止，最受欢迎且最耐久储的葡萄酒是波尔多的列级酒庄葡萄酒。一代人以前，像这类葡萄酒就是酿来储存的，基本上都假设买酒人会陈放至少7—8年，通常是15年以上。不过现在的葡萄酒消费者可没有这样大的耐心。按照现代人的口味，人们追求的是较为软熟的单宁（讨人欢心的饱满口感），以及风味更成熟的酒款，这表示葡萄酒在酿成后的5年左右便可饮用，有时甚至更早。

美国加州几乎每年都可酿出成熟、浓厚、柔和风格的葡萄酒，但在波尔多，还是要看老天帮不帮忙：以2005、2010和2016年份的波尔多酒为例，如此优质的葡萄酒需要人们耐心陈年。勃艮第红酒的问题较少一些，因为单宁通常不会过于艰涩，饮用者不需要花长时间陈年。但是该地区的某些特级园所孕育的红酒，在浅龄时即可见其醇厚，若是在装瓶后不到10年就喝掉，实在可惜且浪费金钱，存放20年会好很多。所有的勃艮第白葡萄酒，除了顶级的白葡萄酒外，熟成速度都很快，而许多过早氧化的案例表明勃艮第白葡萄酒的陈年能力不一定如人们想象的那么强。因此如果其存放时间超过5年，最好还是检查并品尝一下。而人们渐渐发现酸度更高的夏布利白葡萄酒要比金丘的更能陈年。但总体来说，霞多丽本身并非一个陈年能力很强的品种。

不出意外的话，最能借由陈年增进酒质的白葡萄酒，依照潜力大小顺序，依次为托卡伊、苏玳、卢瓦尔河谷的白诗南、德国雷司令、夏布利、澳大利亚猎人谷赛美蓉、朱朗松（Jurançon）甜白葡萄酒、产自金丘区的勃艮第白葡萄酒，还有就是波尔多干白。和大部分加强型葡萄酒一样，桶中熟化的波特诸如茶色（tawny）波特酒、雪利酒、马德拉酒以及许多起泡酒都是在装瓶后即可饮用。年份波特酒则不同，其陈年潜力能够超过其他任何加强型葡萄酒。

葡萄酒的保存

如果一瓶优质葡萄酒值得您多付出一些代价购买（通常情况下是这样），那它也同样值得你将它完好保存并在适当的情况下饮用（见对页）。保存不当也可能会让琼浆玉液变成难以入口的饮料。葡萄酒只需静置在一个幽暗、阴凉且（理想状态下）略湿的环境中。强烈的光照会伤害葡萄酒，长时间暴露在光线中对起泡酒的伤害尤烈，所以别买酒铺里靠窗搁置的香槟。较高的温度会加快葡萄酒中的反应，所以储存温度越高，瓶中熟成越快，口感越不细腻。

葡萄酒的储存，对所有人来说或多或少都是个问题。现代的住宅很少能带有地下酒窖——完美保存一系列藏酒的空间。有一个解决办法，尤其是在炎热天气中，那就是购置一个专业的温控酒柜，当然从投资和空间占用及能耗方面来看这很不划算。你也可以花钱请人帮你完美地保存葡萄酒，显而易见，这种方法的缺点是你需要持续支付存酒费用，而且缺少机动性，好处是存酒的重大责任可以交给专业仓储人员。许多专售高级葡萄酒的酒商都会提供此项服务。最好的酒商不仅会帮您完美保存葡萄酒，也会向您提出各款酒的适饮期建议。而最坏的情况是，有些劣质酒商会窃走客户的藏酒。大部分酒商都乐于充当中介人，适时帮客户寻找销售对象。任何一家专业的葡萄酒仓储业者，都应该保证可以向客户提供库存追踪及取回系统，并能掌握理想的温湿度来控制储存环境，还要提供保险这一特别重要的考量因素。

葡萄酒对于温度的要求，还不至于到吹毛求疵的地步。7℃—18℃的储存温度即可，但若是能储存在10℃—13℃则更理想。更重要的是，温度浮动要越小越好（置于室外棚屋或旁边放置未隔热的锅炉或热水器都不可行），没有任何葡萄酒可以忍受忽冷忽热。温度过高，不仅会加速葡萄酒的熟成，也会让软木塞快速膨胀和收缩，无法保持完美的密封性，让过多氧气进入瓶中。若出现任何渗酒现象，就应该尽早将酒喝掉。倘若实在找不到阴凉的储酒环境，那么略为温暖但稳定的环境也是可以的。不过一定要避免温度过高，例如超过30℃。这也是为何人们今日运输高级葡萄酒时，只使用有温控设备的海运货柜，或是只在一年当中较冷的天气运送。

传统上，人们总是会让酒瓶横躺以避免软木塞干缩而让空气有机可乘，但使用螺旋盖的酒瓶应该竖立或以其他形式放置，避免螺旋盖因撞击受损而影响密封。根据高端酒市场的情况，以开盘价买酒龄短的期酒可能是明智的，然后储放这些酒至完美陈年之时，但请牢记一点，并非所有好酒的价格都会随着陈年而水涨船高，这常让人唏嘘不已。

过去的酒窖和古老的橱柜一样隐秘或不起眼。如今的酒窖是向外展示社会地位的好方式，只要保持恒温就行。

△
约瑟夫·詹姆斯·弗雷斯特（Joseph James Forrester）是酿酒商、艺术家和追求更纯粹的波特酒的倡导者，他是在1843年为波特酒之乡的杜罗河上游区（Upper Douro）绘制地图的先驱者。他以小时为单位列出了从Quinta de Forrester（他在Peso da Régua拥有的庄园）出发至该地图上各个主要地点所需的时间。

法定产区

一支葡萄酒一旦有了名气，就会诱使他人借用其名字，这促使人们建立受到严格管控的法定产区。18世纪中叶，庞巴尔侯爵（Marquis de Pombal）严谨地划出杜罗河谷的界限，以保护波特酒的名声。在那之前约20年，即1737年，匈牙利东北部的托卡伊产区成为世界上第一个被划界的葡萄酒产区，原因是当时托卡伊酒十分名贵，有不少仿冒品出现。在托斯卡纳的基安蒂核心区，即古典基安蒂产区，虽然其边界在历史上多有变化，但是早在1444年那里就制定了地方法律规范当地葡萄的采摘时间。

直到20世纪，葡萄根瘤蚜虫病肆虐，假冒伪劣的葡萄酒开始在市场上泛滥，其流行度和质量低下的种间杂交葡萄品种一样，于是法国官方不得不开始正式限定葡萄酒产区（在香槟区还发生过针对边界问题的暴乱）。在拥有如此悠久的精品酒传统的国家，为保品质，下一步举措必然是以法律规定哪些葡萄品种应该种植于哪些特定地区，如何种植，甚至如何酿酒。首个例子是1923年罗伊男爵（Baron le Roy）实施法规以保护当时受严重诋毁的教皇新堡产区。

法国拟定的法定原产地制度（Appellations d'Origine Contrôlées，简称AOC）在当地如鱼得水。到了2008年，当欧盟建立全欧洲的受保护的原产地名称（Protected Designations of Origin，简称PDO）系统时，法国精细管控的350个AOC术语被统一改为Appellations d'Origine Protegées（简称AOP）。相应地，在一些其他欧洲国家中，最有名的分级包括意大利的DOC、西班牙的DO、葡萄牙的DOC和德国的Qualitätswein，这些会在本书每个国家的开头介绍中详细说明。大多数欧洲国家，包括法国，在上述法定分级之下的级别，被称为"受保护的地域标识"（Protected Geographical Indications，简称PGI），它比PDO的规定要更宽松一些，但是仍然限于特定的地理区域。

欧洲以外的葡萄酒法规受到地理分界的限制。美国有"美国葡萄种植区域"（American Viticultural Areas，简称AVA）制度，澳大利亚有"地理标志"（Geographical Indications，简称GI）制度。有些地区成立了一两个还未成法规的方案，比如新西兰的"马尔堡法定产区酒"（Appellation Marlborough Wine）。但通常来说，欧洲以外的葡萄酒生产者能够自由地决定想要种植的葡萄品种，根据自己的意愿用各种栽培和酿造方式，只要他们在限定的产区耕耘即可。

如今，一小部分（但越来越多的）欧洲葡萄酒生产者受够了法定产区法规的严格约束，于是选择在法定产区以外的地区生产，只用简单的国家名称进行标识，比如法国酒（Vin de France）、意大利酒（Vino d'Italia）或者西班牙酒（Vino de España）。超级托斯卡纳（Super Tuscans，指一些满怀热情、强调独创性的酿酒师，在葡萄品种、混合比例、酿制方法等方面对传统做法进行大胆革新，酿造出了独特而优质的葡萄酒。——编者注）就持这一理念，他们说"我们不需要你们的DOC"，并且很长一段时间内DOC对他们无丝毫影响。然而若没有任何形式的法规，消费者何去何从？这点值得商榷。

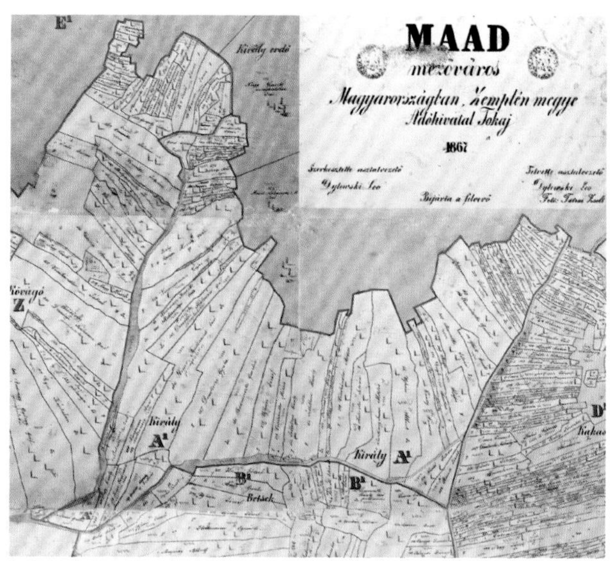

△
匈牙利的托卡伊葡萄园区是世界上第一个有法定分级的产区（早在18世纪初）。这张1867年Mád酒庄的地图彰显了当时划分园区的精细程度。

酒标

所有葡萄酒应该（或者可能）有一个统一的酒标模板吗？应该有吗？消费者可能会说应该，生产者会坚决说不应该。生产者的酒标是一个能直接和顾客沟通的窗口。葡萄酒的身份、信息，生产者的自豪感、自我表达、法律义务等全都在酒标上体现。所以这个问题没有简单的答案。

但是"可能"有吗？这值得探究。有些信息自然是必要的，而且很多信息都是有用的。你可能发现许多信息（很少情况下是全部信息）零散地分布在前标和背标上。德国人习惯将这些信息有效地整合起来（这里的有效未必指与消费者沟通的层面：德国那非常系统的酒标可能看起来不那么吸引人）。他们将酒的信息按此顺序列出：

葡萄酒原产地（广义上：地区或者村庄）
葡萄酒更精确的来源地（葡萄园）
葡萄品种
风格（干型、更甜型等）
年份
生产商（类型多样，有时名字本身就是酒标艺术的一部分）

"Niedermenniger村Euchariusberg葡萄园雷司令逐粒精选酒"这样的酒标当然不容易吸引人的目光，一切多音节词都难以成为好的卖点。但是"奥克维尔玛莎葡萄园赤霞珠"（Oakville Martha's Vineyard Cabernet Sauvignon）切合卖点，实际上该酒的收益也非常好。"玻玛村Epenots园黑皮诺"（Pommard Epenots Pinot Noir）只缺生产者的名字，酒标就能变得完整而清晰，而且你永远不容易在这个酒标上发现葡萄品种名，法国的法规禁止大多数的AOC葡萄酒标出品种名，这样的信息偷藏在酒标的细节信息中。

如果基本信息总是明示出来，并按同样的顺序写明，那么整个葡萄酒世界都会工整很多。但是往往这些信息都不会出现，酒标上只有法定需要标出的产区、以cl为单位的净含量和酒精度等信息。

设计酒标时有一个基本的问题：你想强调酒的身份还是想卖得好？当然要两者兼得，但它们两个有时并不是一回事。有些葡萄酒已经备受尊崇和瞩目，人们哄抢它们甚至连假冒品也不放过，然而有些葡萄酒才刚刚踏入市场。前者需要的是尊重，后者需要的是关注。一款波尔多一级庄酒会因为炒作或过度解读而被贬低，不知名的南美混酿酒需要被详细介绍其身份才能卖得出去。

精确度赋予了酒的地位。酒标上加上葡萄园的名字意味着那片特定的园区有独一无二之处（而且能标更高的价格）。确立最有利于葡萄成熟的葡萄园区块是勃艮第几个世纪以来一直在做的事情，新的葡萄酒产区只渴望跟上勃艮第的步伐。通常比较好的方法是标上具体的地理信息（比如Gravelly Meadow、Chalk Hill这样具体的葡萄园名称）。

传统上能指代质量好的词语，比如"珍藏"（Reserve）、"名导之选"（Directors' Bin）、"老藤"（Vieilles Vignes）等已经失去其含金量，尽管意大利的"珍藏"（Riserva）和西班牙的"珍藏"（Reserva）一词仍然具有法定意义。"人工采收"（Hand-picked）是一个近年来较亮眼的词语，暗示如此得来的酒要比用机器采收的酒更珍贵；"限量款"（Limited Edition）是另一个受人们喜爱的酒标术语。

解析一个酒标

葡萄酒必须至少有一个酒名，可以是生产商的名字、酒庄名或者是专门取的品牌名，酒名还可能附加各种细节：一个葡萄品种，和/或一个葡萄园的名称，和/或特别的瓶装，以及像"老藤"这样的认证。
葡萄采收的年份。并非来自单一年份的葡萄酒会被标为"无年份"。
2019
Les Deux Ecrivains
法定产区，或者像IGP这样的质量等级标志，或者只标出"葡萄酒"。
Appellation Londres Contrôlee
Mis en bouteille dans nos bureaux
葡萄酒装瓶地点。
所有酒标必须标出生产商的名字和地址，或是装瓶者的信息，有些不太显眼的地址可能被故意以首字母缩写和邮编代替。
JOHNSON & ROBINSON
www.worldatlasofwine.com
强制的健康警告，通常标在背标上，是许多生产者主要的正统标识，所有法律强制明示的信息都会被放置在背标上，设计师主要策划前标的设计。
Contains Sulphites
13% Vol
PRODUIT DE L'ANGLETERRE
75cl
所有酒标必须标出酒精度。每个国家对于酒精度的精确程度要求不一样，有些地方容许1.5%的偏差，所以这款酒真正的酒精度有可能是14.5%。
酒瓶中葡萄酒的净含量。75cl（即750毫升）是标准容量。
许多酒标标注原产国。

葡萄酒的品鉴与讨论

有太多的葡萄酒，即使是好酒或品质卓越的葡萄酒，都只是被人仰头一饮而尽而未被细品。尽管酿酒师可以把葡萄酒做得仿若仙酿、价值万金，但他所做的一切不能没有知音，不能缺少懂得品酒的人。如果说味觉全都在口腔里的话（我们的即时反应是这样的），那任何人只要吞下一口葡萄酒，就可以感受到它的全部味道了。但是，舌头上数千个味蕾所能感觉到的只是基本的味道：酸、甜、咸、苦，以及鲜味。接收更多的独特味道的神经，比如感受葡萄酒那样复杂风味的神经，集中在我们鼻腔的顶部。

我们所谓的味觉中最敏感的部分实际上是我们的嗅觉。真正的鉴别器官是位于鼻腔上方的嗅球。当葡萄酒的挥发性物质被吸入时（通过鼻腔，在较小的程度上通过口腔的后部），它们被千百个接收器所感受，每个接收器都对某类香气特别敏感。我们人类似乎可以辨别一万种以上不同的气味，这很令人惊讶。

人们常说嗅觉远比其他感觉更快，更能强烈地唤起记忆。嗅球的纤维直接通向储存记忆的颞叶，大脑最原始的功能之一就是把气味和记忆联系起来。嗅觉是我们最原始的感觉，它拥有快速进入我们的记忆库的特权。在进行盲品的时候，品酒师会努力地识别一款神秘的葡萄酒，经验丰富的品酒师所借助的，常常是闻了一下酒后他的记忆对其气味的即时反应。如果不能直接将该款酒与过去品过的酒款联系起来，那他们就要动用自己的分析能力了。可供对比、参考的范围的大小，正是经验丰富的品酒师与初学者的巨大差异所在。单一的感觉没有多大意义，即使这种感觉令人相当愉悦。品酒的真正乐趣在于交叉参考，翻找记忆，比较产自同一或邻近葡萄园的酒品的相似之处和细微差别。当然，品酒不仅仅是关注气味，还要关注色泽、结构、力道、质地、酒体、余韵长短，以及其风味的复杂度，一个真正会品酒的人，对所有这一切都会加以考虑。

品尝葡萄酒有多种形式，简单的如三五好友围桌欢饮，复杂的如为“葡萄酒大师”（Master of Wine）的资格评估和认定而设的专业盲品考试，其难度人所共知。在餐厅里，你点了酒，侍者先往杯子里倒入一点点，请你试品，这时你就成了一位“品酒师”。在这个场景里，首要的目的是让客人检查酒温是否恰当，其次则是看看这瓶酒是否有明显的瑕疵。有些酒很有可能受到一定程度的TCA感染（见第37页）。你

如何品尝和欣赏葡萄酒

观色

在杯里倒入一些品尝样本，不要超过杯子容量的1/4。首先观察酒色是否澄清（对静态酒来说，酒液混浊或起泡说明酒有瑕疵），然后观察酒色的深浅（对红葡萄酒来说，颜色越深，酒龄越浅，或是酿制此酒所用葡萄的皮越厚。这些都是盲品时进行推断的有价值的线索）。酒龄越老，红葡萄酒的颜色越浅，白葡萄酒的颜色越深。接着将酒杯置于白色背景的上方，将杯子微倾以便观察，看看酒液的中心及边缘的色泽。所有的葡萄酒，颜色都会随年份增长慢慢转成棕色，而红葡萄酒的边缘部分是最早可以看到砖红色的地方。新酿的红葡萄酒的边缘蓝紫色比砖红色多，酒龄较长的红葡萄酒的边缘颜色会完全消失。酒色越有光泽且层次越细腻，酒质就越好。

闻香

集中注意力，对着杯中的酒深吸一口气，摇晃一下杯子，再闻一次。酒香越浓郁，嗅闻的印象越深。一款细腻且成熟的葡萄酒，可能要通过摇晃才能释放出更多香气。如果是在盲品，这时你必定是在忙于寻觅大量的直觉线索，也就是该酒与你的品饮记忆库的某种联系。如果你品尝是为了对一款酒做出评价，请注意其香气是否纯净（现在的葡萄酒几乎都不会有什么问题）、是否集中且强烈，以及这香气让你联想到什么。如果你能找到一个词来描述某种香气，那就比较容易记住这种香气了。当你品酒或饮酒时（这两种行为可能会有很大不同），请留意酒香是如何变化的。随着酒在杯中的时间的延长，好酒的香气会变得越来越有趣，廉价的商业酒则不会这样。

入口

在这个阶段，你需要喝下一口酒，让舌头及口腔内的所有味蕾去感受酒体。如果说鼻腔最能感受一款酒的细腻风味，那么口腔则最能评价这种风味的构成：舌尖通常对甜味敏感，舌的前端两侧对酸度敏感，舌的后端则对苦味敏感，口腔内部两侧对较粗涩的单宁敏感，而过高的酒精度会让喉咙有烧灼感。一旦你将这口酒吞下或吐出（专业人士工作时常常这样做），此酒上述所有元素是否均衡（酒龄浅的红葡萄酒通常单宁偏高），余韵长短如何（这是判断酒质高低的要点之一），你已心中有数。这时你便能对此款酒做出整体评断，甚至认定。

不能在尝过之后，单纯因为不喜欢这款酒而将其退回。

葡萄酒与文字

比鉴赏葡萄酒更困难的是如何与他人沟通品尝的感受。味道不像声音或颜色，有一套通用的说法，除了一些基本的字眼如强劲、酸涩、粗犷、甜美以及苦感之外，每一个用于描述味道的词，都借用了其他的感觉系统。以文字来定义的不同感觉，可以帮助人们清晰地辨认各种味道。要成为一位葡萄酒行家，掌握大量的描述性词语是必需的。

从谈论葡萄酒到描写葡萄酒，只是一步而已，但没有多少饮酒的人迈出这一步。不过，对你喝过或品过的葡萄酒，有条理地做做笔记，是很有好处的：第一，提笔在纸上写点儿什么，可让你专心，而专心正是品酒最基本的要求；第二，可让你对酒液在唇舌间流转之际的感觉进行分析及记录；第三，可起备忘作用，若有人问起你觉得某款酒尝起来如何，便可翻找笔记，给出明确回答。第四，可让你在一段时间之后，对酒款进行扩展比较，比如与一年之后品尝同一款酒的比较，或者是在不同场合下品尝到的不同但有一定关系的酒款之间的比较。

简而言之，写品酒笔记就像是写日记，明明很有好处，但就是难以做到。以下一些指引可能会有帮助：专业的品酒表格通常会分成三个部分，提醒品尝者记录葡萄酒的酒色外观、香气展现及口感，有些甚至还会留有空间，让使用者记下对一款酒的整体印象。当然，不同的品酒者有各自的品酒语言和速记方式，没有必要做出硬性规定。最重要的是，你必须记下该款酒的全名、年份，记下品酒日期也相当重要，以备将来参考。此外，你也可以写下品尝地点及共同品尝的朋友，将来再次翻阅时，这就是一条能帮助回忆的好线索。在智能手机上做品酒笔记，可以大大减少拼写错误，也可以把这些笔记输入数据库以便日后查找。

打分

用分数来判断葡萄酒的好坏合适吗？在某些专业场合里，比如比赛或评鉴会，打分在所难免，无论是用符号还是用数字来表示这些分数，其对某些国家的葡萄酒零售业已经产生了巨大影响。百分制受到全球新一代葡萄酒买家的欢迎，这种计分方式提供的是一套国际的评判表，无论国籍语种，人人都能看懂。

但是，百分制里89分或93分这样的数字，给人以一种精确感，而这种精确感是完全不成立的。英国的专业评分是20分制，这更贴合实际；但也有人认为，这样一来，好的葡萄酒都总是集中在两个分数之间，比如在14分和19分之间，于是有的品酒师使用了0.5分以做更细的区分。无论是100分制还是20分制，数字所表达的都是一种对质量的绝对和客观的评判，但是在现实当中，品酒基本上就是一个主观过程。一组评委所打分数的平均分很有可能让人生疑，因为它往往会把真正有个性的酒款排除在外，总有一些人不欣赏过于独特的酒款。即使只是一个人打的分数，也可能会有误导，因为我们所有人对葡萄酒的风味和风格都有着个人的喜恶；我们生来就有着一些个人的偏好，然后在喝葡萄酒的过程中逐步形成口味，而这种口味又在不断变化。在葡萄酒的品评与欣赏上，并无绝对的对与错。只有你自己，才能挑出适合你个人口味的最佳葡萄酒。

如今，比起仅有区区几位葡萄酒专家的年代，个人的意见更受重视，也更易获得，这尤其要感谢像ViVino那样的应用程序以及像CellarTracker那样的在线数据库，前者可以给葡萄酒打分并对其进行辨识，后者存储了来源广泛的品酒笔记。

△
伦敦葡萄酒俱乐部（67 Pall Mall）为葡萄酒爱好者举办的一场香槟品鉴会。请留意这里的品酒笔记书写纸，以及必备的清水和吐酒桶。

老年份和新年份

左边的红葡萄酒是一款有着四年酒龄的澳大利亚西拉酒，酒色依然很深，酒液边缘透着紫红。右边是另外一款新世界酒——加州的赤霞珠，酒色很深，酒龄八年。比较一下会发现右边葡萄酒的酒色没有那么深、那么蓝，而酒液边缘颜色变浅并透着橘色，这便是瓶中陈年的结果。

左边的白葡萄酒是一款有着两年酒龄的加州霞多丽酒，但任何一瓶酒龄浅的白葡萄酒几乎都会是这样的颜色。如果所用葡萄是雷司令的话颜色会绿一些，如果是慕斯卡德的话会更透明。右边的白葡萄酒有15年酒龄，产自勃艮第特级名庄。你可以发现白葡萄酒陈年之后颜色会变得更深，呈棕色，而非变得更浅淡。

享用葡萄酒

你能想象你独自一人时会打开一瓶拉菲吗？打消这种念头吧，葡萄酒是用来分享的。说到底，葡萄酒就是一种社交游戏。它关乎人际关系、待人接物、争强好胜、亲情友谊、礼仪习惯，在推杯换盏之间轻尝浅酌，社会万象、生活百态尽显无遗。分享的过程越用心，就越有乐趣。

要挑些什么酒，要喝多少瓶，如何确保酒品的最佳饮用状态，安排这一切都不难，但需要提前考虑并加以落实，这还包括上酒的次序：先饮用酒龄浅的酒款，后续比较老成的酒款便更能凸显各自的优点；白葡萄酒通常在红葡萄酒之前饮用；清淡的酒先于厚重的酒；不甜的酒先于较甜的酒。以上这些原则若是弄反了，对下一款酒便是灾难性的影响。

要往杯里倒多少酒，这是一个比较难拿捏的问题。一瓶750毫升的葡萄酒，通常可倒6—8杯（这是指大酒杯但只倒1/3满，而不是小酒杯整杯倒满）。若是简单的午餐，一人一杯应该就已足够，但若是较为冗长的晚餐，一人5—6杯可能也不嫌多。身为东道主有条黄金法则，那就是倒酒要大方，但不要强人所难，还要记得为客人斟水。

如果你组织的是一个狂热的葡萄酒爱好者的聚会，那么他们每喝一口酒都要讨论一下；如果不是这样一个聚会，就不要强迫客人这么做了。若是宴请的人数太多，而使得每上一道菜就要使用一瓶以上的某款酒，这时就可以考虑同上两款略为不同的酒，或者不同年份的一款酒，或者是使用同一个葡萄品种酿造但来自不同产区的酒（为了避免混淆，最好使用不同的或贴上标记的杯子）。一旦酒款及数量确定了，便可事先将含有沉淀物的葡萄酒直立，让沉淀物有足够的时间聚积在瓶底——这可能需要一到两天。更重要的是，要有足够的时间让所有酒款都达到其适饮的温度。

没有什么比温度更能让饮用的葡萄酒产生那么大的差异。温度过低的赤霞珠或温度过高的雷司令都是一种可怕的浪费，因为这样的酒尝起来难以达到其应有的水准。这其中有许多原因，我们来一一讨论。

我们所有重要的嗅觉（味觉的重要构成）只对气味的蒸发敏感。红葡萄酒的挥发性或气味会比白葡萄酒弱。红葡萄酒要在室温（通常在18℃左右）下饮用，目的就是要让温度达到某一个点后，酒的芳香元素得以蒸发，红葡萄酒的结构及酒体越是扎实，温度越是要高些。以香气取胜的清淡红葡萄酒，像博若莱或来自寒凉产区的黑皮诺酒，饮用温度则可接近白葡萄酒——即使温度较低，其香气也很明显。而一些较为厚重的红葡萄酒，像布鲁奈罗或是西拉，就可能需要提高室温，或以手握杯来温杯，甚至需要用嘴里的温度来释放其香气的复杂成分。

温度越低，单宁就越明显；因此一款单宁厚重的酒龄浅的红酒，如果饮用温度高一些，尝起来则会柔软丰厚一些，风味显得较为熟成一些。以酒龄浅的赤霞珠或波尔多红酒来说，较高的温度可以创造出成熟的假象，从而使酒的风味明显增加，艰涩的口感减少。然而，黑皮诺或勃艮第红酒的单宁通常较低，香气能更为自然地散发，所以传统上饮用勃艮第红酒，几乎是从酒窖里拿出来就喝，温度当然要比饮用波尔多红酒时低了。

低温还可以均衡浓稠的高甜度葡萄酒。酸度就像单宁，温度越低越能明显突出。因此，如果有必要强调酸度，那么不管是酒款的含糖量较高，还是陈年时间过长，或是产自气候炎热地区，把温度稍调低些饮用，均能让这些葡萄酒显得清新爽口。比起饮用静态的白葡萄酒，饮用起泡酒的温度通常要低一些，以保持气泡不断升腾。

一款葡萄酒饮用时温度过高，就会活力尽失，而且在饮用的过程中很难把杯中酒的温度降下来；相反，一款酒开始饮用时温度过低，它总会自然升温到接近室温的程度，而且用手捂着杯子也很容易让酒升温。白葡萄酒比红葡萄酒更容易掌握饮用温度，因为白葡

醒酒

切开锡箔，如果想看清楚整个瓶颈的状况，可将锡箔整个拿掉。轻轻拔出瓶塞，酒瓶尽量不要晃动，以免酒中的沉淀物泛起。你可以使用任何干净的容器作为醒酒器，但玻璃容器可让你对美酒有一种视觉的兴奋。年份老的酒最好使用顶端空间不太大的醒酒器，而年份轻的则适宜使用能让酒最大限度接触空气的醒酒器。

瓶口处擦拭干净后，一手持酒瓶，另一手持醒酒器。平衡地倒出酒液，理想状态是将瓶颈对准光源，例如灯泡或蜡烛。如果你存放酒的时候酒标朝上，那沉淀物此时就不会泛起。

继续倒酒，直到看到沉淀物（若有的话）快滑到瓶颈下端处。若是酒渣开始接近瓶颈，就要赶快停止倒酒。假如沉淀物很多，可先将酒瓶摆正立好，再将醒酒器的口塞上或盖住，过会儿再重新倒酒（尽管有些葡萄酒的沉淀物是牢牢地黏附在瓶壁上的）。最后把带酒渣的剩酒倒入一个酒杯中静置，这样做的话，事后清洗时会少些麻烦。

萄酒可放在冰箱里降温。最好的降温方式，就是将整瓶酒放进盛有冰块及水的冰桶里（只放冰块不够，因为冰块与酒瓶的接触面积不够），也可以放入特殊的冰酒套里。永远不要把酒瓶（酒杯更是如此）直接暴露在阳光下。

红葡萄酒要达到理想的饮用温度比较困难。刚从阴凉的酒窖中拿出来的酒通常在10℃左右，在一个正常的房间里，将其温度升高5℃—6℃需要很长时间。那么将其摆在厨房应该够理想吧？但厨房的温度往往超过20℃，尤其是在煮东西的时候，这样的温度会使红葡萄酒的口感失衡，使酒精挥发产生浓重的气味，酒中原有的特色也会被掩盖，一些风味甚至荡然无存。

如果想较快地提高红葡萄酒的温度，有个切实可行的方法：将酒倒进醒酒瓶里，然后将醒酒瓶立在约21℃的水中，先将醒酒瓶加热（在合理温度范围内）也无妨。此外，微波炉也可以派上用场，但切勿因没有耐心而过度加热，最好先拿一瓶水做试验。在餐厅时，若红葡萄酒的饮用温度过高，那就要赶紧要求拿一个冰桶来用。行家的经验自有道理，由来已久，值得你去遵循。

开瓶

开瓶通常不像你想象的那样容易（正因如此，螺旋盖才会越来越有市场）。首先要拆除瓶口的锡箔，通常做法是只沿靠近瓶口的边缘细致地切齐锡箔，以让酒瓶的外观保持原样。不过这只是习惯性的做法，也可以使用专门的锡箔切割器。一个好的开瓶器应该是一种中空的螺旋锥，它能与软木塞结合得很紧密。不建议使用实心轴的开瓶器，这类开瓶器可能会把软木塞的中间拉空。还有一种不错的选择就是使用一种带两片金属薄片的开瓶器，薄片可分别塞进软木塞的两侧，把软木塞完整地拔出来。这种开瓶器被戏称为"酒窖主管之友"（butler's friend）——一位老练的坏主管可以使用这种工具开瓶，把瓶中的好酒喝掉，然后在瓶里灌满劣质一点的酒，再塞上原来的软木塞，整个过程软木塞完好无损，戏称由此而来。还有一种开瓶器，集锥钻和钳夹两种技术于一体，专门用于拔出老酒脆弱的瓶塞，设计倒也奇巧——"侍者之友"（waiter's friend）是一种标准的开瓶器，一把小刀加上两级杠杆，已于1882年获得专利，到现在都还很实用。

起泡酒的开瓶需要一些特殊技巧。待开瓶的起泡酒要经过冰镇，且要保证即将开瓶之前没有被摇晃过。要提醒你的是，香槟瓶内的压力与卡车轮胎内的压力并无二致，开瓶时万一不小心，飞出的软木塞可能会造成相当大的危险。当你拿掉瓶上的锡箔及铁网后，要一手压住软木塞，一手慢慢地向外旋转瓶身，最好有个倾斜角度，以扩大气泡外冒的液体平面。瓶塞拔出时，应是"滋"的一声轻叹，而非"砰"的一声爆响。

开启极度老旧的瓶塞会很困难，在开瓶器施压下，尤其是在使用一些设计现代、力道较强的开瓶器时，软木塞很容易散碎。有两片尖扁刀片的"酒窖主管之友"开瓶器可以解决这个问题。要打开老年份的波特酒则非常棘手，如果酒塞损坏了，就只能让部分碎木渣掉进瓶子里，然后再用咖啡滤纸或细布过滤酒液，这倒也无伤大雅。用烧红的火钳，把波特酒的瓶颈剪断，这听上去很夸张，但效果很好。

人们对换瓶醒酒谈论颇多，但知之甚少，主要原因是对特定的某瓶酒的影响难以预料。有一种错误观点认为，只有带有许多沉淀物的老酒才需要换瓶醒酒，这纯粹只是把换瓶醒酒视为一种预防措施，为的是获得一杯较澄澈的葡萄酒。经验显示，通常酒龄浅的葡萄酒更需要换瓶醒酒。酒龄浅的葡萄酒酒瓶里的氧气还没有什么机会发挥作用；而在醒酒器里，氧气迅速发挥作用，并有效地让酒给人一种更为成熟的感觉，只需一两个小时，醒酒器里的葡萄酒便被唤醒绽放。有些酒龄浅、风格强劲的葡萄酒——这让人马上想到意大利的巴罗洛，醒酒时间甚至要长达24个小时。一条最佳的准则是：比起酒龄较长、酒体较轻的葡萄酒，酒龄浅、多单宁、高酒精度的葡萄酒更需要并经得起较长时间的醒酒。酒体丰满的白葡萄酒（像勃艮第或罗讷河谷的）也需要换瓶醒酒，而且白葡萄酒放在醒酒瓶中看起来也比红葡萄酒更诱人。

有一些反对使用醒酒器的人，认为醒酒过程存在让葡萄酒丧失某些果味及口感的风险。他们认为最好直接将酒倒进酒杯，尝一尝并评估一下酒的状态，如有必要，摇晃酒杯让酒在杯中与空气接触就行了。这个问题的确存在争议，只有自己实践过后才能下结论。仅仅是提早拔掉瓶塞，除了可让你检查一下酒瓶有没有问题，不会有什么醒酒效果。

好的酒杯当然也很重要。Riedel是一个酒杯品牌，它认为每一种风格的葡萄酒或葡萄品种，都需要有其专属的杯形，所以它的产品以杯形众多而著名。这种所谓的"需要"，说得有些夸张。一个晶莹、壁薄、容量够大的球形杯，就足可应付所有的日常餐酒了。

此外，务必要将酒杯洗得透亮光洁，绝对不能带有洗洁剂或纸箱的一丝气味。如今很多杯子都可以使用洗碗机来清洁。擦拭杯子时最好使用干净的亚麻布，并让其留有些热度。酒杯带有碗橱或厚纸箱的味道，是因为被倒放在柜架或箱子里。应该将酒杯置于一个干净、干燥且空气流通的橱柜里。每次使用前先闻闻，看是否有异味，这也是相当好的嗅闻练习。

开瓶器及其他配件

锡箔切割器是"侍者之友"开瓶器上的小刀片的精致替代品。香槟之星有四个爪，与铁丝网套形成的凹槽相吻合，可以帮助拧开坚实的香槟瓶塞。

葡萄酒价格

精品葡萄酒从来没有像现在这么昂贵，假酒的生意也从来没有像现在这么有利可图。那些著名品牌的定价是经过深思熟虑的，它们稳稳地跻身于奢侈品行列。在20世纪80年代初，你还能以略高于300英镑的价格，买到一箱（12瓶）1982年份的波尔多一级庄的佳酿。哪怕是备受赞誉的2000年份一级庄佳酿，上市时每箱也不到450英镑。但进入21世纪以后，这个地球上多了许多这样的人，他们对葡萄酒很感兴趣，或者说至少在银行利率低下的情况下对投资葡萄酒很感兴趣。他们令精品葡萄酒严重供不应求，价格受此影响可想而知。如今一级庄的葡萄酒，在初上市时的价格已高达几千英镑一箱，而这些酒要到20年后才适饮（见第87页，有一些数字反映了这些葡萄酒的生产成本）。

传统上，有若干因素让投资者钟情于波尔多的精品葡萄酒。一是其庞大的规模，波尔多酒知名度高、产量巨大，而且一般都买得到。二是其相对简单的命名系统，酒名易于辨认。或许还有一个重要因素是其酒品可长久存放。投资者不希望手头的商品必须赶在失去价值前仓促脱手，他们希望手头的商品有较长的交易窗口。一款顶级的波尔多葡萄酒，其潜在的可预料的销售期长达20年甚至更久，而且拍卖行、精品酒商及贸易商提供了一个现成的二级市场。自20世纪70年代中叶起，波尔多葡萄酒的生产者和一级经销商（négociants）越来越多地以期酒（en primeur）的方式销售其最新年份的酒：采收结束几个月后的春天，邀请全世界的媒体人士和酒商前来品尝还在桶中的样酒，然后公布这些样酒的上市价格；而制订价格的依据越来越多，其中酒评人打出的分数多有争议。酒庄和一级经销商面临着在这一销售体系中如何分配可观利润的问题，关系难免紧张。但结果是，酒庄庄主们在很大程度上决定了酒品上市的价格和数量，而那些一级经销商对此只能接受，因为他们担心会失去未来年份的配额。

对于像2009年和2010年这样的年份，受到亚洲新市场的推动，葡萄酒需求火爆。下图记录了自2003年伦敦国际葡萄酒交易所（Liv-ex）建立以来，各类精品葡萄酒指数在这个交易平台上的走势。如图所示，过热的波尔多市场于2011年急速降温，主要原因是来自中国的新买家，不满于未能获得被承诺的即时回报，纷纷退出市场。直到2016年底，2009年份的波尔多酒的市场价格才与其上市价格相称，此前其价格太虚高了。

与2007年那次下滑类似，下滑之后市场最终出现了反弹，但近年来，越来越多的潜在葡萄酒投资者将注意力转向其他产区，波尔多期酒的销售总体上更加低迷。波尔多一级经销商已经开始大举

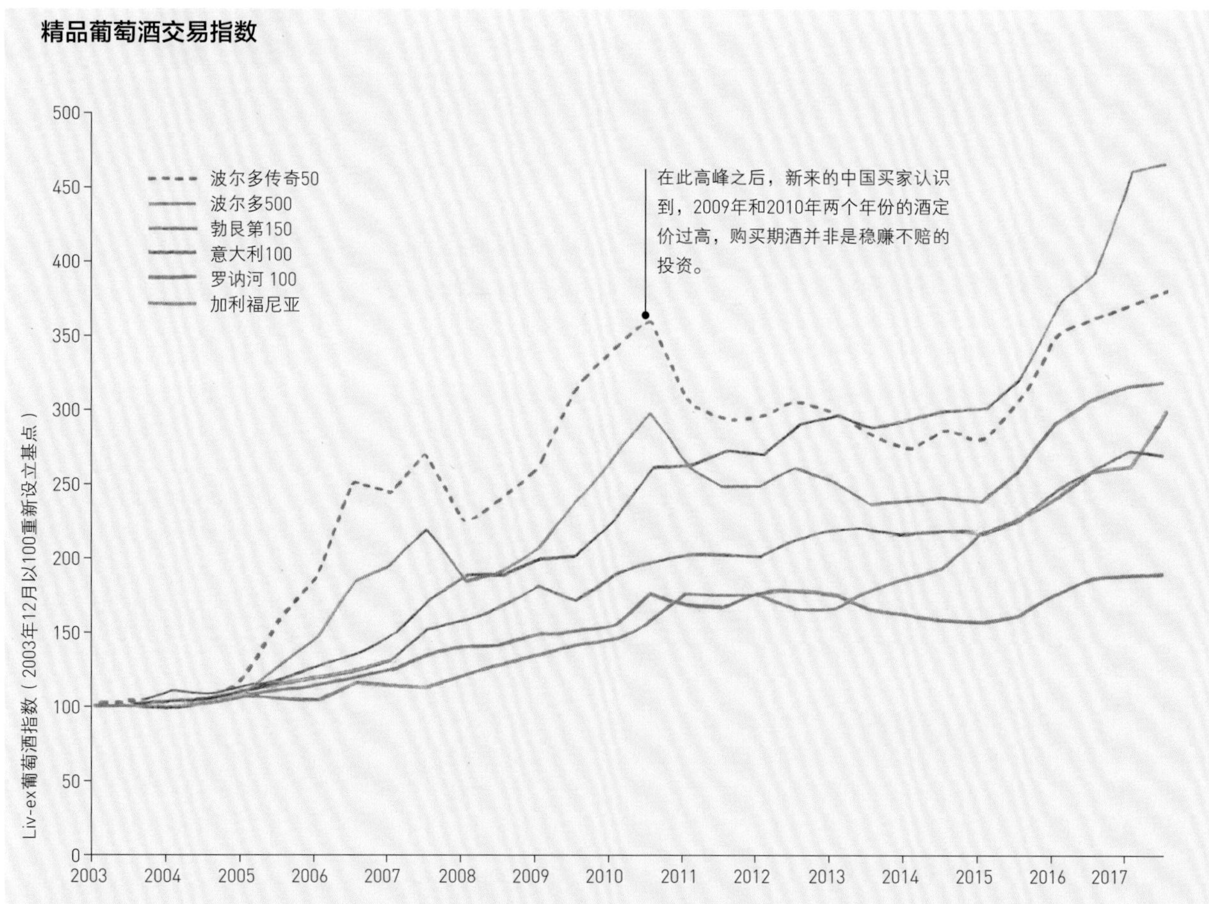

在Liv-ex交易平台上，“波尔多传奇50”囊括了波尔多最著名的葡萄酒，它的价格指数比“波尔多500”涨得更快，后者包括了500家列级的或是与列级水平相当的酒庄的葡萄酒，是波尔多葡萄酒交易的主体。但是，“波尔多传奇50”的价格指数近来竟被“勃艮第150”超过了。2011年那令人瞠目的峰值只适用于波尔多，因为那时候，中国的精品葡萄酒投资者初来乍到，他们的注意力主要集中在波尔多的红葡萄酒上。勃艮第酒的价格是2015年才开始飙升的。罗讷河谷的酒价格相对公道，而加利福尼亚的则不然。

推销世界上其他产区的佳酿，以此来对冲风险。

勃艮第一直被视为最佳的波尔多替代品。比起波尔多的葡萄酒，勃艮第的葡萄酒产量低得多，这一直以来助长其价格飙升。图片显示，勃艮第顶级的150款可用于投资的葡萄酒（Burgundy 150）的升势，在2011年超越了所谓的“波尔多500”（Bordeaux 500）；而两年之后，超越了更高端的“波尔多传奇50”（Bordeaux Legends 50）。来自罗曼尼-康帝酒庄（Domaine de la Romanée-Conti）的罗曼尼-康帝是珍稀极品葡萄酒，2016年份的罗曼尼-康帝的上市价格高达3250英镑一瓶（税前）。

意大利的精品葡萄酒也在大幅升值，主要是因为巴罗洛和巴巴莱斯科的独特品质为更多人所欣赏，托斯卡纳美酒也吸引力大增。美国加州最受推崇的葡萄酒早在2003年就定出了不菲的价格，而且美国经济表现不俗，对这些酒的需求并无放缓迹象。

日常饮用的葡萄酒

在市场另一端，日常饮用的葡萄酒如今可能比以往任何时候都更有价值。酿酒师的技艺远非昔日可比，有技术缺陷的葡萄酒已极少见。若存在缺陷，更多的是橡木桶质量、储存或运输等环节造成的问题，而非酿酒师的过错。在这个供应过剩的低端市场，商业分销的竞争如此激烈，以致利润微薄。一般的葡萄酒或许不会令人兴奋，但它们大多定价合理。

有价值意识的葡萄酒饮用者的诀窍，就是在超市酒和名庄酒之间找到最划算、最有趣的葡萄酒（许多名庄酒在投资者的手中转来转去，从来没有被喝掉，这些酒躺在条件优异的温控仓库里，须臾不用离开）。保持开放心态，对酒的内在品质有鉴别能力而非光看名气，这很有好处。

决定葡萄酒价格的因素有许多，包括劳动力、葡萄园和酒窖的设备、酒瓶、酒塞、酒标、年份、稀缺性、成熟度、市场定位、税收、补贴、汇率、酒庄的追求，有时候用水和农药也会产生影响，不过农药对价格的影响在减小。在欧洲，除了香槟区和灌装商，大多数葡萄酒生产商都拥有或租赁自己的葡萄园。在欧洲以外，购买葡萄酿酒的做法更普遍，这对定价必定有影响。

不管葡萄来自何方，葡萄园的土地价格在决定和反映葡萄酒价格方面都发挥着巨大作用。右上方的列表，是我们竭尽所能从全世界各葡萄酒产区收集到的可比较的葡萄园地价。它清楚地显示，名声远比土地类型重要。亿万富翁们已不再满足于拥有世界上最著名的葡萄酒，他们还希望拥有属于自己的酒庄。我们的数字还是保守的，每平方米的葡萄园地价每个月都会创出新纪录。

葡萄园地价

这些最新的价格，采集自世界各地的葡萄酒产区，价格单位已换算成美元/英亩（原单位多是欧元/公顷）。把同一国家的产区分在一组，按价格从高到低排序。请留意，最著名的欧洲葡萄酒产区，其价格高于任何欧洲以外的产区，但像博若莱这样的产区，价格似乎还很便宜。从西班牙赫雷斯（Jerez）产区葡萄园的价格可以看出，在地价和时尚之间，似乎存在着很强的相关性。

这表明，著名的波尔多酒庄比顶级勃艮第葡萄园的价格更高，2018年波美侯产区的柏图斯酒庄出售其20%股权的价格，无疑创下了一个新的世界纪录。但勃艮第几宗不事张扬的买卖，成交价也毫不逊色，金丘产区几个特级园里几片小小的地块，世代为几个家族所拥有，基本上都被卖给了外来者。

纳帕谷的魅力和纳帕谷葡萄的价格，让那里的地价暴涨。尽管威拉米特谷是俄勒冈州最负盛名的葡萄酒产区，其地价仍相对便宜。气候凉爽的圣巴巴拉（Santa Barbara）的价格看上去很不错。

斯泰伦博斯的地价相对较高，这大概反映了当它作为度假屋和冬季度假胜地时，北欧对该地区的需求旺盛。

葡萄酒产区 美元/英亩
法国
波亚克 $940 000
金丘 $870 000
香槟 $580 000
桑塞尔 $75 000
博若莱 $5500
意大利
巴罗洛 $822 000
上阿迪杰 $352 000
蒙塔尔奇诺 $235 000
古典基安蒂 $96 000
西班牙
里奥哈 $15 000
赫雷斯 $12 000
葡萄牙
杜罗 $32 000
德国
莱茵黑森 $26 000
美国
纳帕谷 $263 000
索诺马海岸 $45 000
圣巴巴拉 $12 000
威拉米特谷 $9000
南非
斯泰伦博斯 $27 000
澳大利亚
巴罗萨谷 $33 000
新西兰
马尔堡 $59 000

工作4小时，能换多少酒?

这张图显示，在本书每一次出版的那一年里，一个英国工人工作4个小时的平均工资，可买得起多少瓶波尔多一级庄的葡萄酒。在20世纪90年代中期，工作4个小时所得的工资便可买一瓶波尔多最好的葡萄酒，且尚有余款。到了2017年，根据我们掌握的最新数据，要买一整瓶波尔多一级庄酒得工作20个小时以上，或支付周平均工资的一半。

1994年，即本书第四版出版的那一年，满满一瓶外加一杯波尔多一级庄葡萄酒，是对工作半天的奖赏。

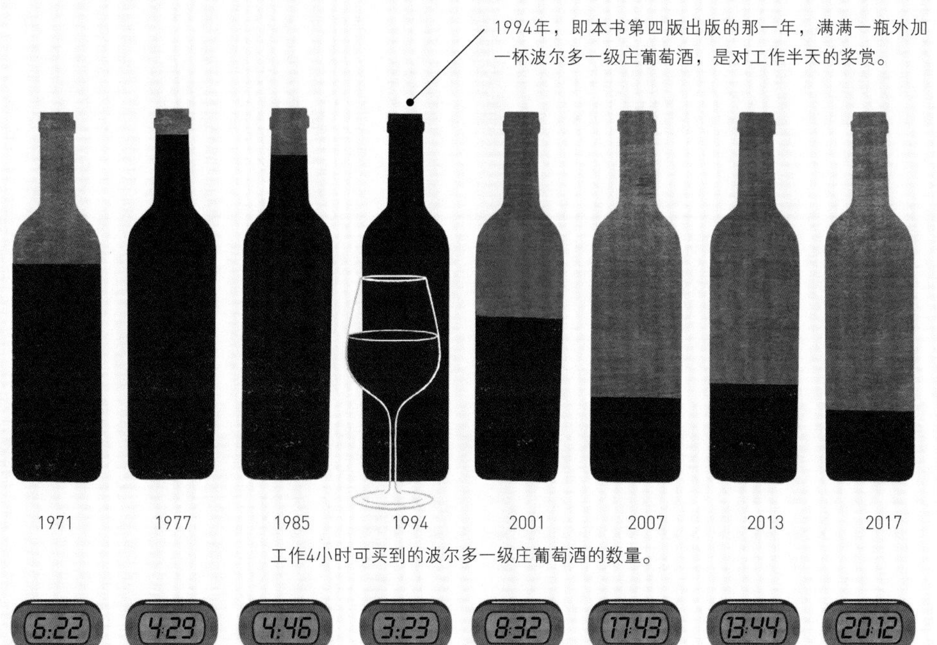

工作4小时可买到的波尔多一级庄葡萄酒的数量。

买一瓶波尔多一级庄葡萄酒所需要的工作时长。

葡萄酒世界

全世界的葡萄酒产区，在地图上再也不只是分别横亘在南北半球温带上整齐的两部分。在你读到这本书的时候，气候的改变、人类的开拓精神、热带葡萄栽植技术的发展，正扩大着葡萄酒产区的范围。葡萄酒世界已经向北极方向进军；如果有更多的可用土地，它还会进一步向南极方向扩展。如今在巴西、埃塞俄比亚、印度、缅甸、泰国、越南、印度尼西亚等国家，就有许多葡萄园距离赤道不远。

中国已经超越法国，成为世界上第二大葡萄种植国，但只用了11%的葡萄酿造葡萄酒。在下面的列表中，所有标注星号的国家，其种植的葡萄更多用于鲜食或制成葡萄干，而不是用于酿酒。另一侧列表中的葡萄酒产量数据，更准确地反映了当今葡萄酒生产国的相对地位。在大多数专注于葡萄酒生产的国家中，葡萄园的总面积一直在缓慢减少，但奥地利和匈牙利是显著的例外。克里米亚归入了俄罗斯，这是俄罗斯和乌克兰的种植总面积发生变化的原因。

意大利和法国每年都在葡萄酒产量上争当老大。西班牙由于缺水，种植的葡萄树稀少，这是其葡萄酒产量大大低于法国和意大利的原因。

2010年后，世界葡萄酒的消费总量在起初几年是减少的，主要是因为法国和意大利的消费量减少了许多。但是，一定程度上因为美国年青一代和中国人对葡萄酒产生了热情，全球的葡萄酒消费量重新获得增长。

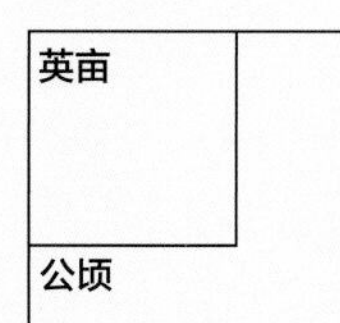

1公顷相当于2.47英亩（15亩）。

百升

百升是最普遍的葡萄酒产量计量单位。

世界各产区葡萄种植数量
（单位：1000公顷）

排名	国家	2013年	2017年	百分比差
1	西班牙	973	967	-0.6%
2	中国*	757	870	14.9%
3	法国	793	786	-0.8%
4	意大利	705	699	-0.9%
5	土耳其*	504	448	-11.1%
6	美国	453	441	-2.8%
7	伊朗*	219	223	1.9%
8	阿根廷	224	222	-1.0%
9	智利	206	215	4.3%
10	葡萄牙	229	194	-15.4%
11	罗马尼亚	192	191	-0.2%
12	澳大利亚	157	145	-7.5%
13	乌兹别克斯坦*	120	142	18.7%
14	摩尔多瓦	137	140	2.1%
15	印度	127	131	3.4%
16	南非	133	125	-5.9%
17	希腊	110	106	-3.7%
18	德国	102	103	0.2%
19	俄罗斯	62	88	42.1%
20	巴西	90	86	-4.4%
21	埃及*	74	83	12.2%
22	阿尔及利亚*	79	75	-5.2%
23	匈牙利	56	69	22.7%
24	保加利亚	64	65	1.2%
25	格鲁吉亚	48	48	1.0%
26	奥地利	44	48	9.2%
27	摩洛哥*	46	46	-0.9%
28	乌克兰	75	44	-42.1%
29	新西兰	38	40	3.4%
30	塔吉克斯坦*	41	34	-15.7%
31	墨西哥	29	34	14.8%
32	秘鲁	23	32	36.9%
全球总计		6910	6940	0.4%

数据来源：国际葡萄与葡萄酒组织（OIV）、联合国粮食及农业组织（FAO）

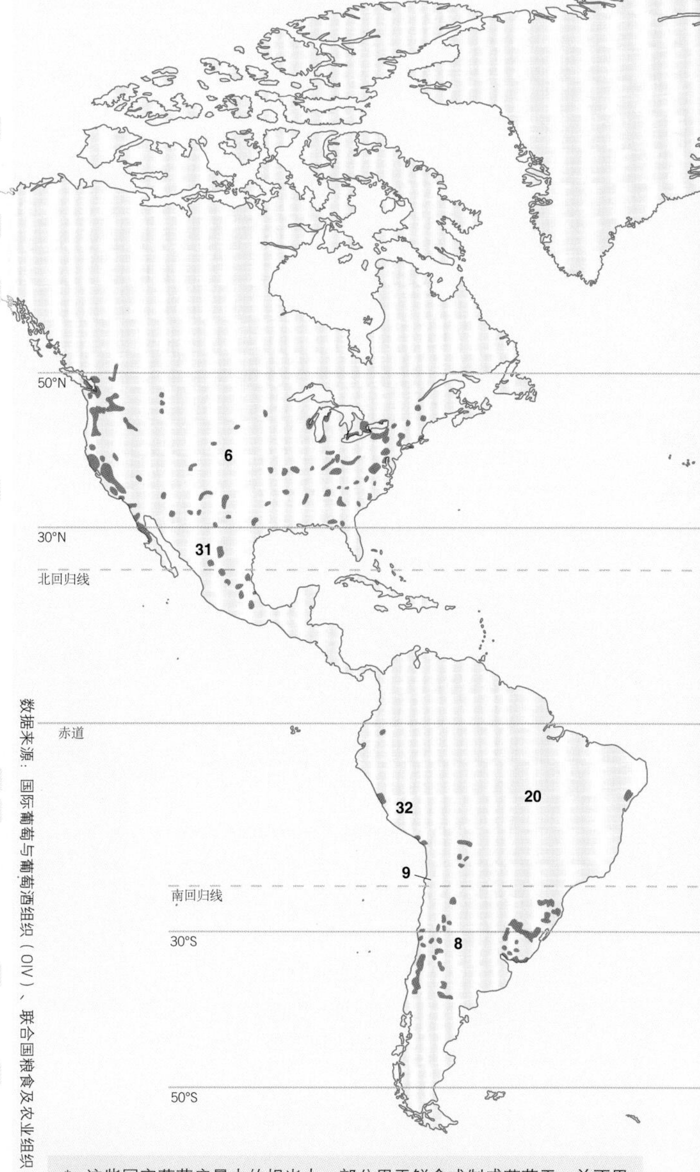

* 这些国家葡萄产量中的相当大一部分用于鲜食或制成葡萄干，并不用于酿酒。

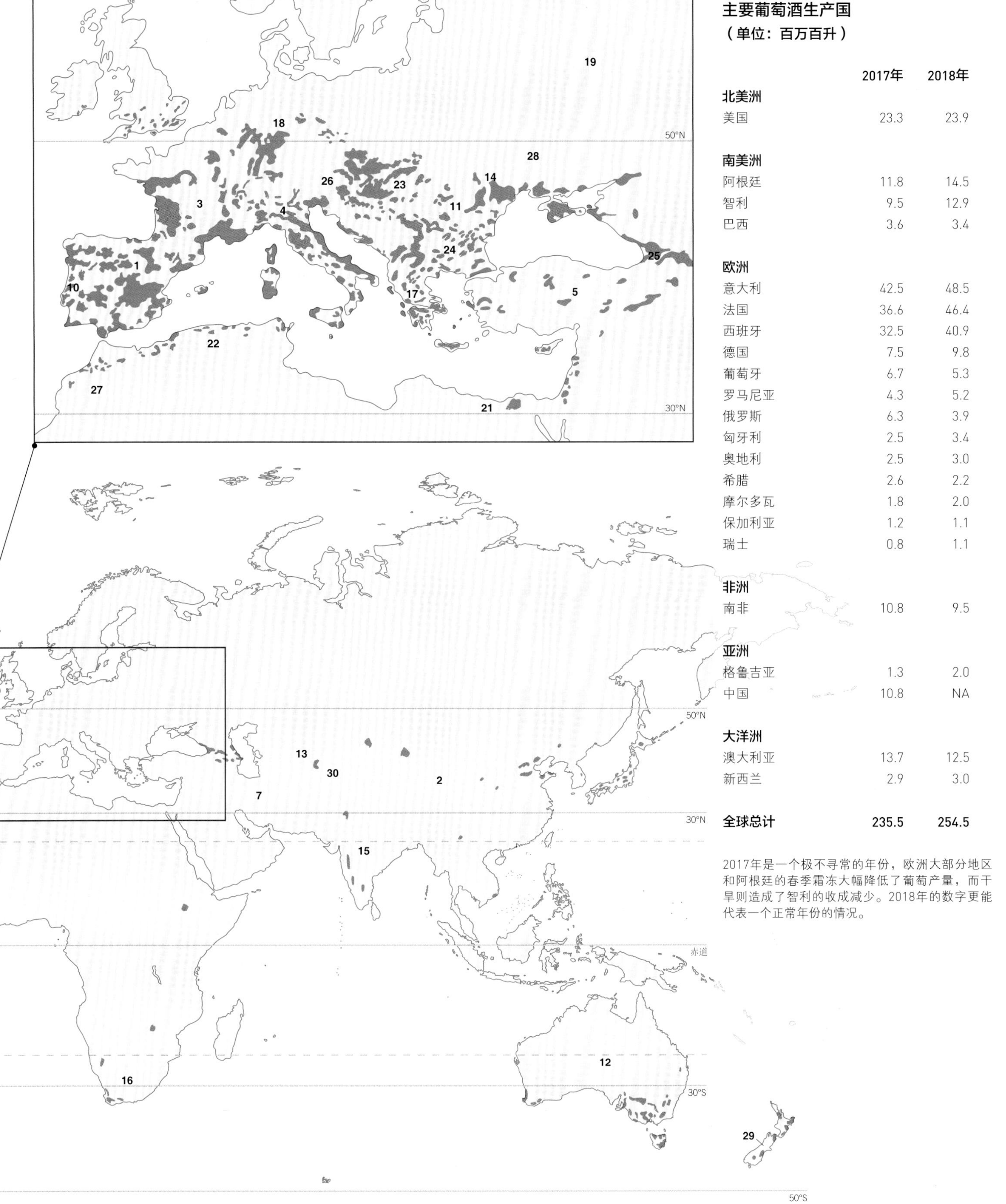

主要葡萄酒生产国
（单位：百万百升）

	2017年	2018年
北美洲		
美国	23.3	23.9
南美洲		
阿根廷	11.8	14.5
智利	9.5	12.9
巴西	3.6	3.4
欧洲		
意大利	42.5	48.5
法国	36.6	46.4
西班牙	32.5	40.9
德国	7.5	9.8
葡萄牙	6.7	5.3
罗马尼亚	4.3	5.2
俄罗斯	6.3	3.9
匈牙利	2.5	3.4
奥地利	2.5	3.0
希腊	2.6	2.2
摩尔多瓦	1.8	2.0
保加利亚	1.2	1.1
瑞士	0.8	1.1
非洲		
南非	10.8	9.5
亚洲		
格鲁吉亚	1.3	2.0
中国	10.8	NA
大洋洲		
澳大利亚	13.7	12.5
新西兰	2.9	3.0
全球总计	**235.5**	**254.5**

数据来源：OIV

2017年是一个极不寻常的年份，欧洲大部分地区和阿根廷的春季霜冻大幅降低了葡萄产量，而干旱则造成了智利的收成减少。2018年的数字更能代表一个正常年份的情况。

葡萄园（非等比例）

法国 France

苏玳产区的伊甘酒庄无论在地理还是在名望与价格方面，都占据着优势。

法国 France

说到法国而不提葡萄酒是不可能的，反之亦然，尽管这个国家已经尽最大努力宣传节制饮酒。

跨页地图除了显示了法国的行政省份，更重要的是标出了法国人最引以为豪、全球人为之痴迷的许多不同的葡萄酒产区。其中有些产区，比如勃艮第、香槟，早已成为葡萄酒世界的伟大代名词，因此也被其他国家的产区肆意借用，这种情况已经多到令法国人憎恶的地步。

在法国，葡萄树的种植面积曾经更为广阔，但是如今葡萄园的总面积已经显著缩水，主要因为根瘤蚜、城市化和北部口味变化的影响，以及南部产区因使用甜味剂而对整个欧洲葡萄酒生产造成的影响。绿色的小三角显示了每省的葡萄树种植总面积，不过在出产干邑白兰地的夏朗德省（Charente）内部及其周围，计算的则是酿造这种法国最著名烈酒的四个省份的葡萄园合计面积（见绿色小三角74）。

法国仍然是全世界出产最多和最丰富的优质葡萄酒的国家，地理条件是最重要的因素：法国同时受到大西洋与地中海的影响，拥有独一无二的优异地理位置，加上东边大陆的影响，以及自身拥有极其多样的土壤类型，包括比任何国家都多的、对于生产高品质葡萄酒很有帮助的珍贵石灰岩。而气候的变化也在影响采收日期和葡萄酒风格。

不过，法国并非徒有优质的葡萄酒，它比任何国家都更为细致地界定、分类并管理这些葡萄园，还拥有比任何国家都更为悠久的酿造优质葡萄酒的历史，本书下文中众多国家的葡萄酒产区都曾向法国学习。创立于20世纪20年代的法定产区制度，率先规定将地理名称应用于产自该区域的葡萄酒。这个制度同时规定了允许种植的葡萄品种、每公顷的最高产量（单位产量）、葡萄的最低成熟度、葡萄树的种植方式，有时还包括葡萄酒的酿造方式。这个被众多国家竞相模仿的法定产区制度究竟是国宝，还是一种并无必要的约束——压抑法国葡萄酒的创新、使其难以与新兴产酒国众多风格更为自由的产品进行竞争，目前仍然存在诸多讨论。

跨页地图标出了法国最为重要的法定产区和地区保护餐酒（IGP），其中只有25个地区餐酒产区与相应的省份完全相符，下文将展示更为详细的地图。

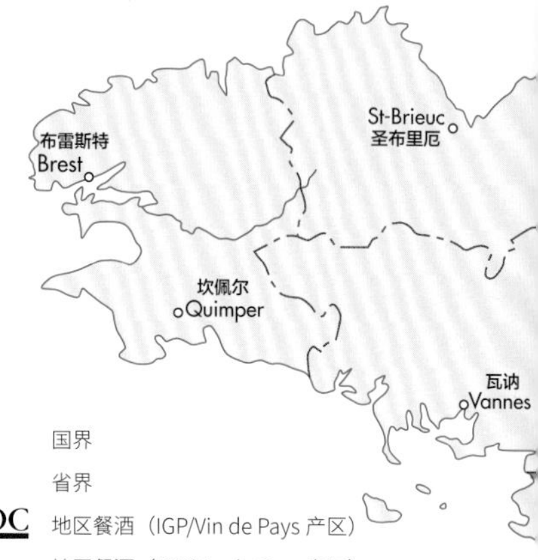

酒标用语

品质分级

法定产区葡萄酒（AOC） 法定产区葡萄酒的产地、所使用的葡萄品种以及酿造方法都有详细规定。一般而言，这是品质最好、最传统的法国葡萄酒，相当于欧盟的AOP级别。

地区保护餐酒（IGP） 在欧盟产区系统中逐渐取代了地区餐酒（Vin de Pays），通常来源于比法定产区更大的区域，允许使用非传统的葡萄品种，单位产量的限制也比较宽松。

普通葡萄酒（Vin）或称法国葡萄酒（Vin de France） 欧盟产区系统中最基础的级别，取代之前的日常餐酒（Vin de Table），通常会将葡萄品种和年份标示在酒标上。

其他常见用语

Blanc 白。

Cave 合作社酒窖。

Château 葡萄酒庄园或者农庄，常见于波尔多。

Coteaux de, Côtes de 通常指山丘、山坡。

Cru 字面意思为“园地”，专指一块特定的优质葡萄园。

Cru classé 指在一个重要分级（类似波尔多1855年分级，参见第84页）中获得级别的酒庄。

Domaine 拥有葡萄园的酒庄，在勃艮第通常为规模小于波尔多城堡（château）的酒庄。

Grand Cru 字面意思为“伟大的园地”，在勃艮第指最好的葡萄园（特级园），在圣埃美隆则不代表什么特别意义。

Méthode classique, méthode traditionnelle 使用与酿造香槟相同的方式酿造的起泡酒。

Millésime 年份。

Mis (en bouteille) au château/domaine/à la propriété 葡萄酒由种植葡萄的城堡/酒庄/庄园装瓶。

Négociant 装瓶的酒商，购买葡萄酒或葡萄的公司（参见Domaine）。

Premier Cru 字面意思为“一级园地”，在勃艮第指一个低于Grand Cru的级别，在梅多克则指四家顶级酒庄中的一个。

Propriétaire-récoltant 拥有葡萄园的葡萄农。

Récoltant 葡萄农。

Récolte 年份，一般指葡萄收成的年份。

Rosé 桃红。

Rouge 红。

Supérieur 通常酒精度略高。

Vieilles vignes 老藤，理论上其果实会酿出更为厚重的葡萄酒，尽管多少年的葡萄树可以算“老藤”并无规定。

Vigneron 葡萄种植者和/或葡萄酒酿造者。

Villages 加在法定产区名之后，代表某个特定的村庄，或者一个产区当中的某个区域。

Vin 葡萄酒。

Viticulteur 葡萄种植者。

- —·— 国界
- —·— 省界
- PAYS D'OC 地区餐酒（IGP/Vin de Pays 产区）
- *Agenais* 地区餐酒（IGP/Vin de Pays 产区）
- ○ 省会城市
- *Marcillac* 产区未标出
- • 产区中心地带
- 香槟区（第 80—83 页）
- 阿尔萨斯（第 124—127 页）
- 卢瓦尔河谷（第 116—123 页）
- 勃艮第（第 54—79 页）
- 汝拉、萨瓦和比热（第 150—152 页）
- 波尔多（第 84—112 页）
- 西南部（第 113—115 页）
- 罗讷河（第 128—139 页）
- 朗格多克（第 140—143 页）
- 鲁西永（第 144—145 页）
- 普罗旺斯（第 146—148 页）
- 科西嘉岛（第 149 页）

比例符号

各省的葡萄园规模以千公顷为单位，不足千公顷的不标示（截至 2016 年）。

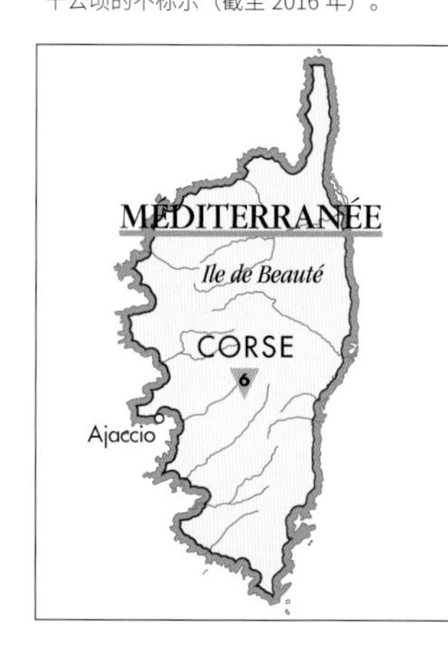

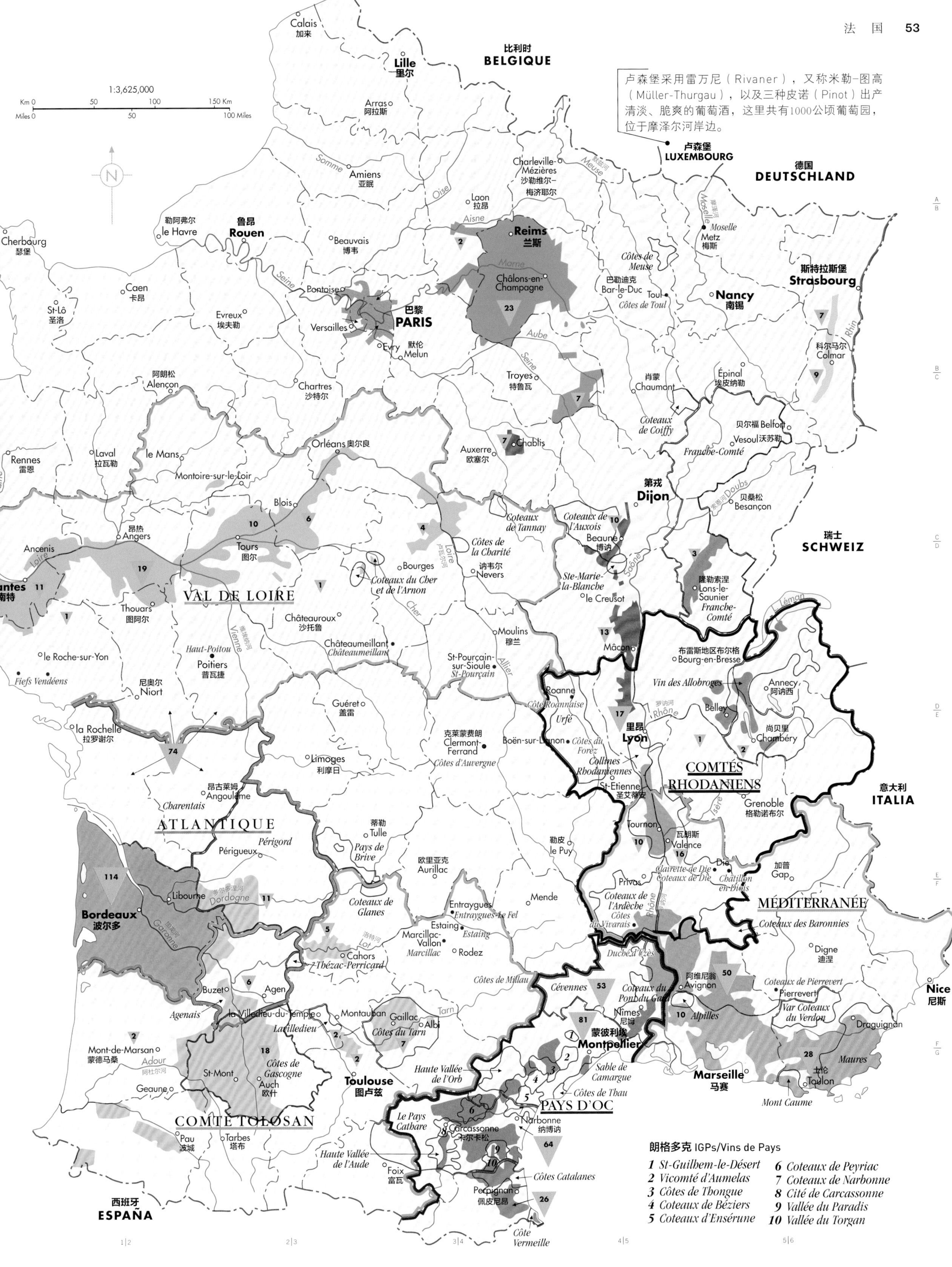

1:3,625,000
Km 0 50 100 150 Km
Miles 0 50 100 Miles
N
卢森堡采用雷万尼（Rivaner），又称米勒-图高（Müller-Thurgau），以及三种皮诺（Pinot）出产清淡、脆爽的葡萄酒，这里共有1000公顷葡萄园，位于摩泽尔河岸边。
比利时
BELGIQUE
卢森堡
LUXEMBOURG
德国
DEUTSCHLAND
瑞士
SCHWEIZ
意大利
ITALIA
西班牙
ESPAÑA
Calais
加来
Lille
里尔
Arras
阿拉斯
Amiens
亚眠
Somme
Oise
Charleville-Mézières
沙勒维尔-梅济耶尔
Meuse
Laon
拉昂
Aisne
Moselle
Metz
梅斯
勒阿弗尔
le Havre
鲁昂
Rouen
Cherbourg
瑟堡
Beauvais
博韦
Reims
兰斯
Marne
Châlons-en-Champagne
Côtes de Meuse
巴勒迪克
Bar-le-Duc
Toul
Côtes de Toul
Nancy
南锡
斯特拉斯堡
Strasbourg
Caen
卡昂
St-Lô
圣洛
Seine
Pontoise
Evreux
埃夫勒
巴黎
PARIS
Versailles
Evry
默伦
Melun
Aube
Rhin
科尔马尔
Colmar
阿朗松
Alençon
Chartres
沙特尔
Troyes
特鲁瓦
肖蒙
Chaumont
Épinal
埃皮纳勒
Coteaux de Coiffy
贝尔福 Belfort
Vesoul 沃苏勒
Franche-Comté
Rennes
雷恩
Laval
拉瓦勒
le Mans
Orléans 奥尔良
Auxerre
欧塞尔
Chablis
Montoire-sur-le-Loir
第戎
Dijon
Doubs
贝桑松
Besançon
Blois
昂热
Angers
Tours
图尔
Coteaux de Tannay
Coteaux de l'Auxois
Beaune
博讷
Côtes de la Charité
Ancenis
Loire
Bourges
讷韦尔
Nevers
Coteaux du Cher et de l'Arnon
Ste-Marie-la-Blanche
le Creusot
Saône
隆勒索涅
Lons-le-Saunier
Franche-Comté
Nantes
南特
VAL DE LOIRE
Thouars
图阿尔
Châteauroux
沙托鲁
Cher
Léman
Châteaumeillant
Châteaumeillant
Moulins
穆兰
Mâcon
布雷斯地区布尔格
Bourg-en-Bresse
le Roche-sur-Yon
Haut-Poitou
Poitiers
普瓦捷
Vienne
St-Pourçain-sur-Sioule
St-Pourçain
Allier
Fiefs Vendéens
尼奥尔
Niort
Roanne
Côte Roannaise
Urfé
Vin des Allobroges
Annecy
阿讷西
Belley
Guéret
盖雷
罗讷河
Rhône
la Rochelle
拉罗谢尔
克莱蒙费朗
Clermont-Ferrand
Côtes d'Auvergne
Boën-sur-Lignon
Côtes du Forez
里昂
Lyon
尚贝里
Chambéry
Limoges
利摩日
Collines Rhodaniennes
COMTÉS RHODANIENS
St-Etienne
圣艾蒂安
Grenoble
格勒诺布尔
昂古莱姆
Angoulême
Charentais
Isère
ATLANTIQUE
Périgord
Périgueux
蒂勒
Tulle
Pays de Brive
勒皮
le Puy
Tournon
瓦朗斯
Valence
欧里亚克
Aurillac
Die
Gap
加普
Clairette de Die
Coteaux de Die
Châtillon en Diois
Libourne
Dordogne
Privas
Bordeaux
波尔多
Garonne
Coteaux de Glanes
Entraygues
Entraygues-Le Fel
Mende
Coteaux de l'Ardèche
Côtes du Vivarais
MÉDITERRANÉE
Coteaux des Baronnies
Estaing
Estaing
Marcillac-Vallon
Marcillac
Rodez
Lot
Cahors
Thézac-Perricard
Duché d'Uzès
Digne
迪涅
Côtes de Millau
Cévennes
Coteaux du Pont du Gard
阿维尼翁
Avignon
Coteaux de Pierrevert
Pierrevert
Nice
尼斯
Buzet
Agen
Agenais
la Villedieu-du-Temple
Lavilledieu
Montauban
Gaillac
Albi
Côtes du Tarn
Tarn
Nîmes
尼姆
Alpilles
Var Coteaux du Verdon
Draguignan
蒙彼利埃
Montpellier
Mont-de-Marsan
蒙德马桑
Adour
阿杜河
St-Mont
Côtes de Gascogne
Auch
欧什
Toulouse
图卢兹
Haute Vallée de l'Orb
Sable de Camargue
Côtes de Thau
Marseille
马赛
Maures
土伦
Toulon
Mont Caume
Geaune
PAYS D'OC
COMTE TOLOSAN
Le Pays Cathare
Carcassonne
卡尔卡松
Narbonne
纳博讷
Pau
波城
Tarbes
塔布
Haute Vallée de l'Aude
Foix
富瓦
Côtes Catalanes
Perpignan
佩皮尼昂
Côte Vermeille
朗格多克 IGPs/Vins de Pays
1 St-Guilhem-le-Désert
2 Vicomté d'Aumelas
3 Côtes de Thongue
4 Coteaux de Béziers
5 Coteaux d'Ensérune
6 Coteaux de Peyriac
7 Coteaux de Narbonne
8 Cité de Carcassonne
9 Vallée du Paradis
10 Vallée du Torgan

△
生产白葡萄酒的村庄普里尼（Puligny）的黎明。这个村庄在很久之前将它最著名的葡萄园“蒙哈榭”的名字加在了自己的名字中，作为后缀。

勃艮第 Burgundy

如果说巴黎是法国的大脑，香槟是她的灵魂，那么勃艮第就是她的胃了。这里是美食天堂，最优质的食材源源不断：西边的夏洛来（Charolais）牛肉，东部的布雷斯（Bresse）鸡，还有遍地超级有奶油口感的奶酪，比如查尔斯奶酪（Chaource）和艾波瓦斯奶酪（Epoisses）。这里是法国历史上最富裕的古公爵领地，也是世界上历史最悠久的葡萄酒产区之一。

勃艮第整体的葡萄园面积不大，但包括了几个十分独特、卓越的葡萄酒产区。其中最富饶、最重要的**金丘**是勃艮第的心脏地带，也是霞多丽和黑皮诺的原籍，由南部的**博讷丘**（Côte de Beaune）和北部的**夜丘**（Côte de Nuits）两部分组成。**夏布利**的霞多丽酒、夏隆内丘（Côte Chalonnaise）的红白葡萄酒以及**马孔内**（Mâconnais）的白葡萄酒（上述三个地区均为勃艮第下属区域），无论在任何产区都会是耀眼的明星。紧挨着马孔内南部的是**博若莱**，在面积、风格、土壤以及葡萄品种方面，都和勃艮第其他产区截然不同（见第 72—75 页）。

虽然勃艮第久负盛名，“家世”显赫，但它依旧让人感到淳朴而具有乡土气息。整个金丘几乎看不到任何豪宅，出现在酒标上的人物也许会亲力亲为，修剪藤叶、操作农车。教会名下大块的土地不多，大部分都被当年的拿破仑瓦解了。勃艮第至今依旧是法国所有重要的葡萄酒产区中葡萄园最细碎的一个。每个酒庄名下的葡萄园也许比以前稍大了一些，但平均下来也只有 7 公顷。

正是如此细碎的葡萄园，造成了勃艮第葡萄酒的最大缺点：不可预测性。从地理学界的观点来看，人为因素是无法体现出来的，而在勃艮第，人为因素比其他大部分产区都更值得关注。继承法使得一块土地可以由多个种植者共同拥有，而种植者可以在不同的地块中拥有几排葡萄藤。独占园（monopole）是十分罕见的例外，是指整个葡萄园只有一个拥有者（见第 64 页）。即使拥有土地最少的酒农，也会同时在两三个葡萄园中各占有一小部分土地。而拥有土地多的酒农则可能总共拥有 20—40 公顷的土地，零零散散分布在多个葡萄园中，遍布整个金丘。伏旧园 50 公顷的葡萄园就被 80 个酒农所细分。

正因如此，多半勃艮第酒仍按桶进行买卖，酒商或装瓶商从酒农手里买走桶中新酒，之后或许会将其与同一产区的其他葡萄酒进行调配，获得足够的产量，来推出一款标准的葡萄酒。这些酒不是以某个酒农的产品（可能仅有一两桶的产量）的名义销售给全世界，而是被酒商冠以 AOC（小至葡萄园，大到村庄）之名推向市场。

产量较大的酒商，名声褒贬不一。其中宝

尚父子（Bouchard Père et Fils）、约瑟夫杜鲁安（Joseph Drouhin）、法维莱（Faiveley）、路易亚都（Louis Jadot）以及路易拉图（Louis Latour，仅限其最优质的白葡萄酒）长久以来都值得信赖，Bichot、Boisset、Chanson 出品的酒款近年来也都有了质的飞跃。这些大酒商中的大部分，自己现在也是重要的葡萄园庄主。20 世纪末土地价格水涨船高，令人无法企及，一批雄心勃勃的小酒商开始崛起，在有限的土地上出品了一些勃艮第最优质的酒款。如今越来越多深受尊敬的酒农同时也经营着自己的酒商生意。

勃艮第的产区

勃艮第有 80 多个法定产区，大部分都和地理区域有所关联，在接下来的几页中会进一步详述。建立在这些地理产区之上的葡萄酒品质分级制度，其本身已经近乎一件艺术作品（在第 58 页有详细分析）。但是下文介绍的几个法定产区的葡萄酒，所使用的酿酒葡萄可以来自勃艮第任何一个地方，包括某些著名村庄内土壤和地形条件较差一些的葡萄园。勃艮第大区酒（**Bourgogne**）以黑皮诺或霞多丽葡萄酿成，其细分下属产区酒有勃艮第金丘（**Bourgogne Côte d'Or**）、**勃艮第帕斯图冈**（**Bourgogne Passetoutgrains**，由佳美和黑皮诺混酿，黑皮诺至少占三分之一），以及**勃艮第阿里高特**（Bourgogne Aligoté，一款酸度较高的白葡萄酒，由勃艮第第二大白葡萄品种酿造）。新法定产区勃艮第山丘（**Coteaux Bourguignons**）不仅覆盖了右图中所有的葡萄园，还把被降级的博若莱（也可以算上其混酿）纳入其中，这颇具争议。

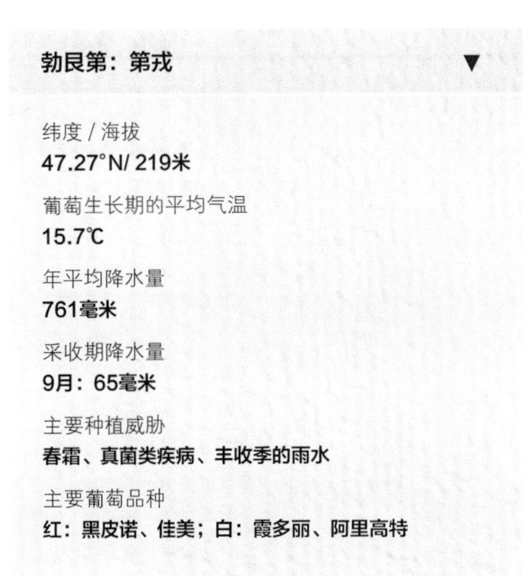

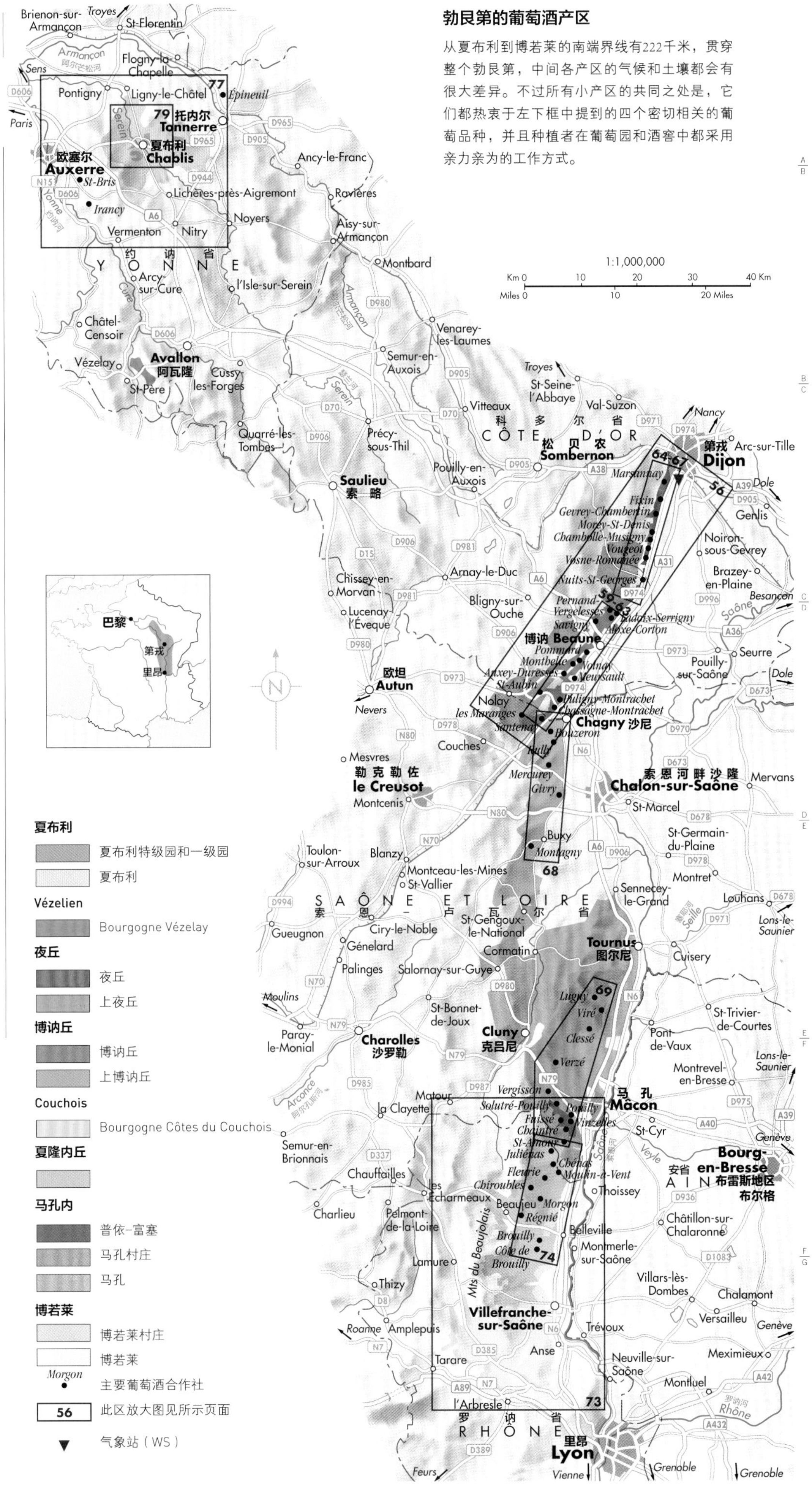

勃艮第：第戎 ▼

纬度 / 海拔
47.27°N/ 219米

葡萄生长期的平均气温
15.7℃

年平均降水量
761毫米

采收期降水量
9月：65毫米

主要种植威胁
春霜、真菌类疾病、丰收季的雨水

主要葡萄品种
红：黑皮诺、佳美；白：霞多丽、阿里高特

勃艮第的葡萄酒产区

从夏布利到博若莱的南端界线有222千米，贯穿整个勃艮第，中间各产区的气候和土壤都会有很大差异。不过所有小产区的共同之处是，它们都热衷于左下框中提到的四个密切相关的葡萄品种，并且种植者在葡萄园和酒窖中都采用亲力亲为的工作方式。

1:1,000,000

Km 0 10 20 30 40 Km
Miles 0 10 20 Miles

夏布利
夏布利特级园和一级园
夏布利

Vézelien
Bourgogne Vézelay

夜丘
夜丘
上夜丘

博讷丘
博讷丘
上博讷丘

Couchois
Bourgogne Côtes du Couchois

夏隆内丘

马孔内
普依-富塞
马孔村庄
马孔

博若莱
博若莱村庄
博若莱

Morgon ● 主要葡萄酒合作社

56 此区放大图见所示页面

▼ 气象站（WS）

金丘
Côte d'Or

勃艮第中心地带"金色的山丘"，该产区生产的红葡萄酒和干白葡萄酒价格不菲，但仍备受世界追捧。

风土 以石灰岩为主，混有泥灰岩和些许黏土。

气候 相对寒凉潮湿，但如今温暖甚至炎热的夏季越来越长。

主要葡萄品种 红：黑皮诺和一点儿加美；白：霞多丽和一点儿阿里高特。

全世界的葡萄酒爱好者对那看似平凡无奇的金丘，一直怀有某种敬畏之心。人们总是会对一个事实感到好奇：为什么这片山坡的某些小地块能够孕育出最出色的葡萄酒，彼此间个性鲜明、与众不同，而其他葡萄园却无法做到？当然，人们不难发现区别不同葡萄园的某些因素，比如葡萄含糖量更高，果皮更厚，或者葡萄更具个性与品质。

有些因素人们理解，但有些却让人毫无头绪。表层土与底层土都被一次又一次地分析过，温度、湿度和风向也有详细的测量记录，而葡萄酒本身也被彻底研究过……即便如此，人们也只能记录下某些客观事实和这款葡萄酒的伟大之名，还是不能说清两者之间到底有何关联。有些爱好葡萄酒的地理学家如飞蛾扑火般被金丘所吸引，却仍旧无法解释它最核心的神秘之处。

金丘位于一个重要的地质断层带，这里包含了几个不同地质年代留下的海底沉积物，每一层都富含钙质，像千层蛋糕般一层层叠加起来暴露在外（详见下一页），因此逐渐风化，形成不同年代、不同结构的土壤。因为山丘坡度的差异，这些土壤以各种不同的比例混配在一起。一些在当地被称为"combes"的小山谷与金丘的山坡方位以直角相接，进一步增加了土层混合的变化，产生降温的影响。山丘中段的海拔高度在250米左右，往上表层土壤浅薄，岩石层坚硬的坡顶处，气候更加严酷，葡萄的成熟也相对较晚。山丘低坡处则有更多冲积土壤，土层更深也更加潮湿，因此出现霜冻和霉菌病的概率也更高。

金丘的朝向大致向东，稍微偏南，有些地方也会有正南甚至西面的朝向，尤其是金丘南部博讷丘的某些地方。在低坡处，也就是从坡底往上大概三分之一的地方，有一段狭窄的泥灰岩露出地面，形成了石灰质黏土层。泥灰土本身太肥沃了，难以出品最高品质的葡萄酒，但如果加上从上方坚硬的石灰岩上冲刷下来的石块和岩屑，就会成为种植葡萄的完美土质。在露出的岩层下，土壤侵蚀持续造成这样的土壤混合，而距离长短则取决于坡地的倾斜角度。

在博讷丘，裸露的泥灰岩分布较广，多在山丘较高处。比起石灰岩陡坡下方的狭窄葡萄园，这些宽阔和缓的坡地更适合葡萄园顺势向上种植。在某些区域，葡萄园几乎占据了长满树木的山顶。如今气候更加温暖，一些地势更高的土地重新开始种植葡萄。事实上，一些最初被认为太过凉爽而无法出品高质量白葡萄酒的村庄现在风头正劲，圣欧班（St-Aubin）就是

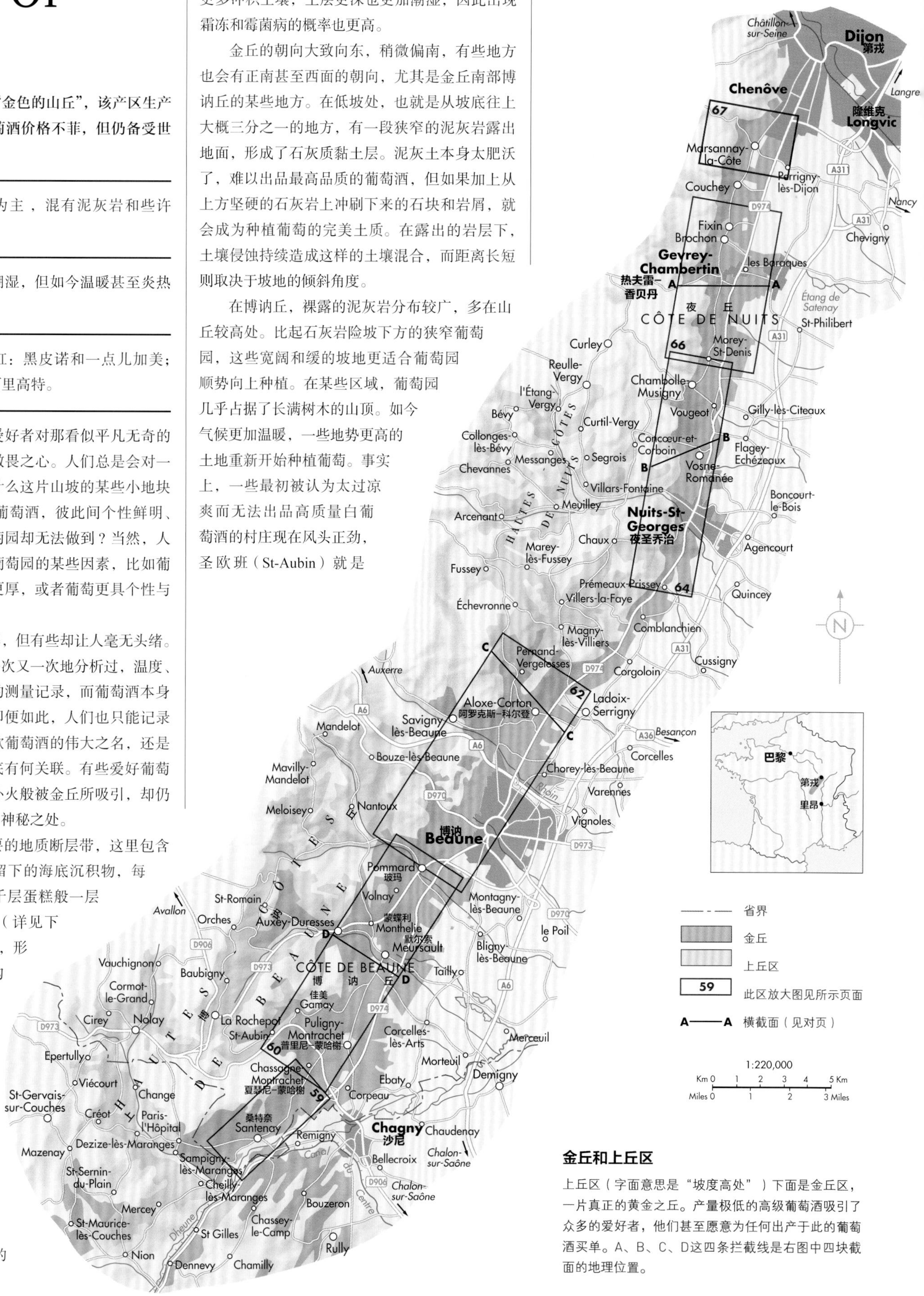

省界
金丘
上丘区
59 此区放大图见所示页面
A——A 横截面（见对页）

1:220,000

金丘和上丘区

上丘区（字面意思是"坡度高处"）下面是金丘区，一片真正的黄金之丘。产量极低的高级葡萄酒吸引了众多的爱好者，他们甚至愿意为任何出产于此的葡萄酒买单。A、B、C、D这四条拦截线是右图中四块截面的地理位置。

一个明显的例子。

勃艮第是整个欧洲能够出品伟大红葡萄酒的最北极限，在寒冷潮湿的秋天来临之前，黑皮诺能否成熟至关重要。每个葡萄园的气候都是独一无二的，也就是所谓的“中气候”（mesoclimate），再加上土地本身的物理结构，会对最终的葡萄酒起到决定性影响。另外一个无法在地图中呈现出来的影响质量的因素，就是酒农对葡萄藤株的选择，以及他们的剪枝和引枝方式。经典的葡萄品种多多少少都会有些注重高产量的无性繁殖系，当酒农选择产量最大的无性繁殖系、不适当地剪枝或者对土壤过度施肥时，葡萄品质就会受到威胁。然而可喜的是，如今酒农对品种的需求已经超越了对产量的贪婪，在多年过度使用农药后，越来越多的酒农意识到恢复土壤健康和生命力的重要性。备受瞩目的勃艮第正是法国最早使用生物动力种植法的产区之一。

为金丘绘制地图

本书对于金丘产区的地图描绘得比其他任何一个葡萄酒产区都要详细，不单是出于各式各样的中气候及土壤组合，也因为这里拥有特别的历史背景。在所有的葡萄酒产区中，这里对葡萄酒品质的研究历史最悠久，早在12世纪，本笃会和熙笃会的修士就已热衷于区分每块的独立葡萄园。

在14世纪和15世纪，勃艮第的Valois公爵竭尽所能推广这个产区的葡萄酒，并使其利润最大化。从那以后，这里的每一代人都加入其中，积累总结当地每一个地块、每一个葡萄园的风土特征，土地涵盖范围可以从第戎延伸到沙尼（Chagny）。

从左页地图可以看出一些基本概况。不怎么起眼的山丘顶部，即淡紫色块所示的西部区域，是一个有着险峻陡坡的塌陷高地，地质断层线在此向上突出。这就是**上丘区**（Hautes-Côtes），同时又分属于博讷丘和夜丘，海拔超过400米，气温更低，日照也更少，因此其葡萄采收时间要比低处的金丘晚整整一个星期左右。

但这并不意味着在上丘那些更加隐蔽朝东和朝南的斜谷，黑皮诺与霞多丽就只能酿制出较为轻盈的酒品，而无法出产具有真正金丘风格的优质葡萄酒。就算遇到2015年夏天那样格

金丘表层土的差异

这四个顶级葡萄园的土壤横截面图呈现了金丘地质的多样性。表层土由其地底下的岩石和其上方山丘处的岩石演化而成。热夫雷-香贝丹村（Gevrey-Chambertin）有未经风化的土壤，也就是黑色石灰岩土，它往下延伸到泥灰石岩层。最好的葡萄园，或者说地块（香贝丹），位于极佳的、受到遮护的地形，泥灰岩及其下方是一层富含钙质的棕色石灰岩土壤。混合性土壤继续延伸到平原，为葡萄园提供理想的地质条件，但并不是特级园或者一级园的水准。在伏旧村有两处泥灰岩露出地表，上坡岩石露出的正下方是大依瑟索（Grands Echézeaux）园，而伏旧园则位于第二块裸露泥灰岩的地表处及其下方。科尔登山丘有一较宽的泥灰石岩层，几乎一直到山丘顶部，最好的葡萄园就在这些岩层上面。不过因为坡度较大，酒农需要一直从山坡低处收集土壤，再将它们撒到山坡上。有些葡萄园获得了从坡上滑落下来的石灰岩碎屑，适合种植白葡萄，也就是科尔登-查理曼（Corton-Charlemagne）。在默尔索村，大面积的泥灰岩再次隆起，其优势在下坡处得以展现，裸露的石灰岩上方形成多石质的土壤，最好的葡萄园就在这些凸出的斜坡上。金丘的每一个地块都与众不同、令人兴奋异常，以至联合国教科文组织已经将其纳入世界文化遗产保护地。

A 热夫雷-香贝丹

B 伏旧

C 阿罗克斯-科尔登

D 默尔索

土壤

粗骨石灰质棕土

一般石灰质棕土

粗骨石灰质黏棕土

一般石灰质灰黏棕土

棕土

黑色石灰岩土（未经风化的土壤）

葡萄种植区域的界线

岩层

第四纪卵石

黄土

上渐新世（多样化：石灰岩、砂岩和黏土）

罗拉克阶（上牛津阶）

阿尔戈夫阶（中牛津阶泥灰岩）

上巴通阶和卡洛维阶时期（柔软的石灰岩、黏土和页岩）

中下巴通阶时期（坚硬的石灰岩）

上巴柔阶时期（泥灰岩）

下巴柔阶时期（沙质的石灰岩）

下侏罗及更早时期

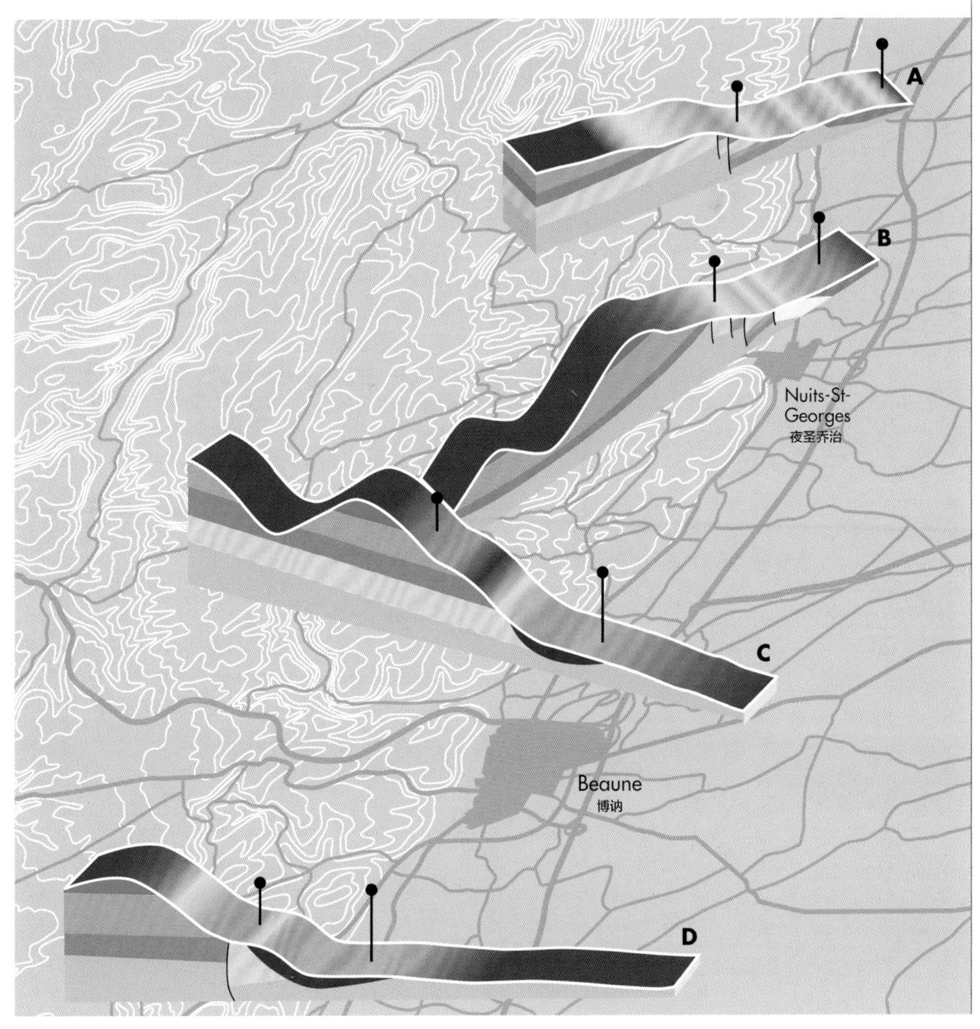

外炎热的天气，和金丘那些较为凉爽的区域一样，上丘区也足以出品质量极佳的葡萄酒。上博讷丘区（Hautes-Côtes de Beaune）最出色的酒村包括 Nantoux、Echevronne、La Rochepot 和 Meloisey；上夜丘区（Hautes-Côtes de Nuits）以红葡萄酒为主，最好的酒村包括马雷莱菲塞（Marey-lès-Fussey）、Magny-lès-Villers、维拉丰坦（Villars-Fontaine）和贝维（Bévy）。博讷丘的南部是相对较新的 AOC **马朗日**（Maranges）产区，桑特奈（Santenay）西边的三个酒村出品可靠的红葡萄酒，精美雅致，三个酒村都有后缀“-lès-Maranges”。

葡萄园分级

金丘对葡萄园的质量分级，应该是全世界最详尽的，再加上不同酒庄对葡萄园的命名和拼法也都稍有不同，因此显得更加复杂难解。基于 19 世纪中期的分级方式，所有葡萄园被分为四个等级，每瓶酒的酒标都有相应严格的规定标示的方法。

最高等级是特级葡萄园，现今共有 31 个葡萄园在经营中，主要都位于夜丘（见第 64—67 页）。每一个特级葡萄园都有自己的名称。一个简单的单一葡萄园的名字，象征着勃艮第的最高品质，比如慕西尼（Musigny）、科尔登、蒙哈榭或者香贝丹等（有时会在名字前面加上 Le）。

下一等级是一级葡萄园，以所在村庄名后加葡萄园名的方式命名，比如“**香波-**慕西尼香牡”［Chambolle-Musigny，（Les）Charmes］。如果葡萄酒是一个一级园或高于一级园的混酿，就在村庄名后面加上“一级园”（Premier Cru）的字眼，举例来说，如果葡萄酒是由香牡一级园与其他一两个香波的一级园混酿，名字就是“香波-慕西尼一级园”。一级葡萄园共有 635 个之多，因此不难想象有的一级园的质量更加出众。像默尔索村的佩尼斯园（Perrières）、玻玛村（Pommard）的 Rugiens 园、香波-慕西尼村的爱侣园（Les Amoureuses）和热夫雷-香贝丹村的圣雅克园（Clos St-Jacques），它们的葡萄酒价格甚至超过了像伏旧园和科尔登这样的一般特级园。

村庄级别则是第三等级的法定产区，可以使用如默尔索这样的村庄名，葡萄酒通常被称为村级葡萄酒。具体的葡萄园或者地块（lieu-dit）名允许出现在酒标上，并且越来越普遍，不过它们在酒标上的字体一定要小于所属的村庄名。有一些葡萄园，如默尔索的 Tessons 和 Chevalières，虽然不是官方认可的一级葡萄园，但其所产葡萄酒的品质却毫不逊色。

第四级位置不佳，即使在某些有名的酒村内也是较差的地理位置，在详细的地图里标注为“其他葡萄园”（最典型的是集中在 D974 主干道东边、地势较低的葡萄园），这些葡萄园的葡萄酒只能以勃艮第法定产区出售。这些葡萄园的品质可能明显较差，但也不一定总是如此，有一些酒农也能酿制出金丘难得的超值酒款。

消费者必须学会分辨葡萄园和村庄的名字。许多村庄都会在村名后面加上该村顶级的葡萄园的名字，比如沃恩（Vosne）、夏山（Chassagne）、热夫雷等等。骑士-蒙哈榭（Chevalier-Montrachet，产自一著名的特级葡萄园）和夏山-蒙哈榭（Chassagne-Montrachet，产自一大酒村任意地方的村级葡萄酒），两者从名字看并无太大差别，但其实完全不同。

里奇堡（RICHERBOURG）特级葡萄园的拥有权

酒农在金丘拥有的土地一般又长又窄，有时上面只有几排葡萄藤。本书中所有关于勃艮第的地图，我们都标示出每块田原有的全名。地势最高、气候最冷的Verroilles地块在1936年被划分进里奇堡园，Verroilles的拥有者想必十分乐意使用里奇堡这个更时髦、更值钱的名字。

罗曼尼-康帝酒庄一如既往地持有这个特级葡萄园的大量土地，在沃恩-罗曼尼（Vosne-Romanée）这个小村庄的北面和西面也有着数量可观的特级园。如图所示，这些不同的地块是酒庄通过几次不同的交易收购而来的。

1988年拉鲁·比兹·勒桦（Lalou Bize-Leroy）女士收购查理·诺尔拉（Charlese Noëllat）庄园后，获得了勒桦（Leroy）酒庄的所有权。下面提到的三个Gros酒庄绝不是这个大家族仅有的葡萄种植者。这就是勃艮第。

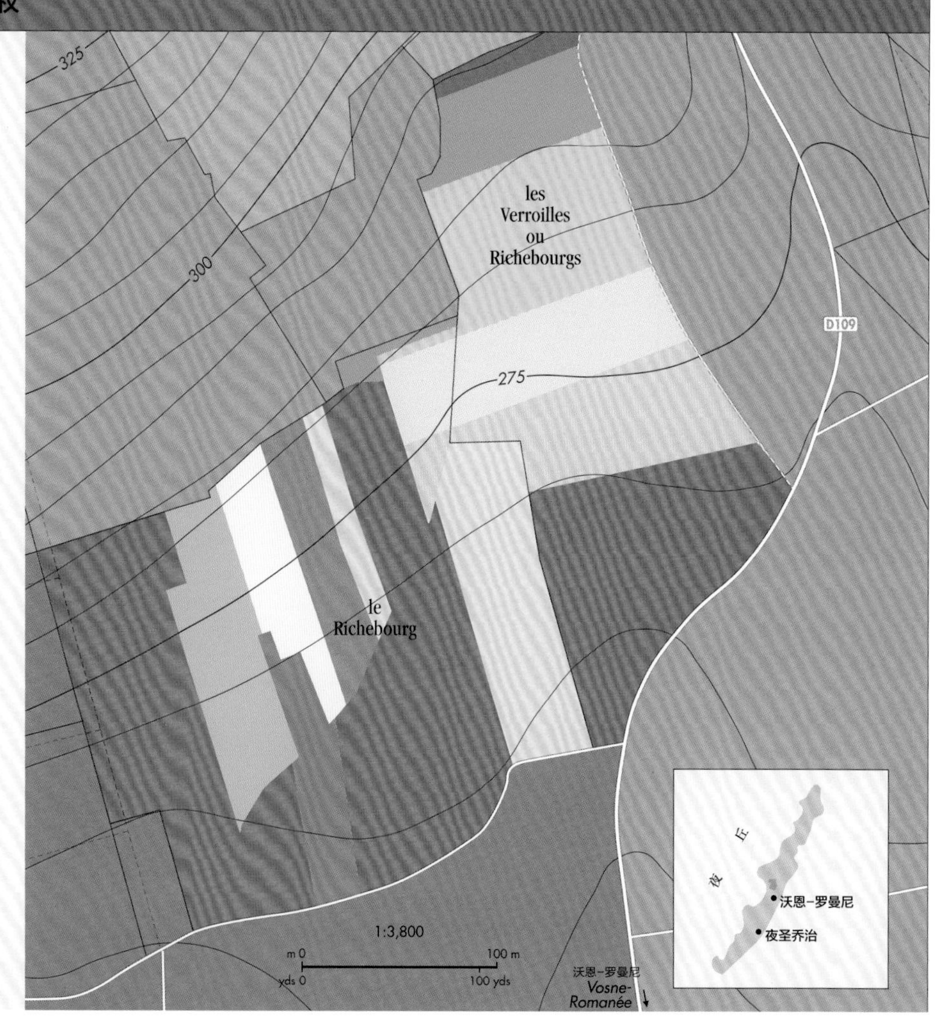

博讷丘南部 Southern Côte de Beaune

本页及接下来的 8 页地图将按照从南往北的顺序，一一介绍金丘的葡萄园，为大家展现一幅连续的地理图卷。不同于本书其他产区地图，勃艮第每个产区地图都旋转了 45° 到 90° 不等，并以跨页的形式呈现金丘的错综复杂。

博讷丘南部的起点并没有什么有名的地方，直到渐渐进入越来越有名的**桑特奈村**。经过上桑特奈（Haut-Santenay）的小村庄和下桑特奈（Bas-Santenay）的小镇（这里有个当地享乐之人经常光顾的水疗中心）后，转个弯就是博讷丘标志性的东向山坡了。

博讷丘南部区域从地质角度来说是最令人困惑的，在许多方面都与整个金丘有所不同。在桑特奈，复杂的断层构成了山坡的表层土与底层。这个产区的部分区域和夜丘的某些产区有些相似，能够酿出香气醇厚、适合陈年但不太细致的红葡萄酒；其他区域则生产酒体轻盈的葡萄酒，一些白葡萄酒风格更接近典型的博讷丘。格拉维尔园（Les Gravières，园名本身就是砾石的意思，如同波尔多的格拉夫产区）、塔旺园（Clos de Tavannes）及拉贡园（La Comme）占据了桑特奈最好的地块。

往北进入**夏山-蒙哈榭**产区，这里出色的红葡萄酒得到人们一致认可。蒙哈榭这个名字和白葡萄酒实在密不可分，以至很少有人会想来这里搜罗红葡萄酒。不过夏山村南边的大多数葡萄园多多少少都会出品一些红葡萄酒，其中最有名的酒款来自墨玑园（Morgeot）、布迪欧园（La Boudriotte）以及下页地图中的圣让园（Clos St-Jean）。这些红葡萄酒酒体坚实，尝起来更接近那些略微粗糙的热夫雷-香贝丹，而不像沃尔奈，不过目前的酿造风格更趋向柔和雅致而非结构感。

美国第三任总统托马斯·杰斐逊在法国大革命时造访此地，他提到这里生产红葡萄酒的酒农们吃得起较贵的软白面包，而生产白葡萄酒的酒农们只能吃硬邦邦的裸麦面包。但蒙哈榭园（见下页地图）早从 16 世纪开始就以白葡萄酒而闻名，至少村里有一部分土壤更适合种植霞多丽，而不是黑皮诺。

直到 20 世纪下半叶，当全世界都爱上霞多丽后，种植用来酿制白葡萄酒的葡萄品种才开始兴盛起来。如今夏山-蒙哈榭产区主要以干白葡萄酒闻名于世，这些酒口感多汁，金黄的色泽伴随着花香，有时还会带些榛果味。

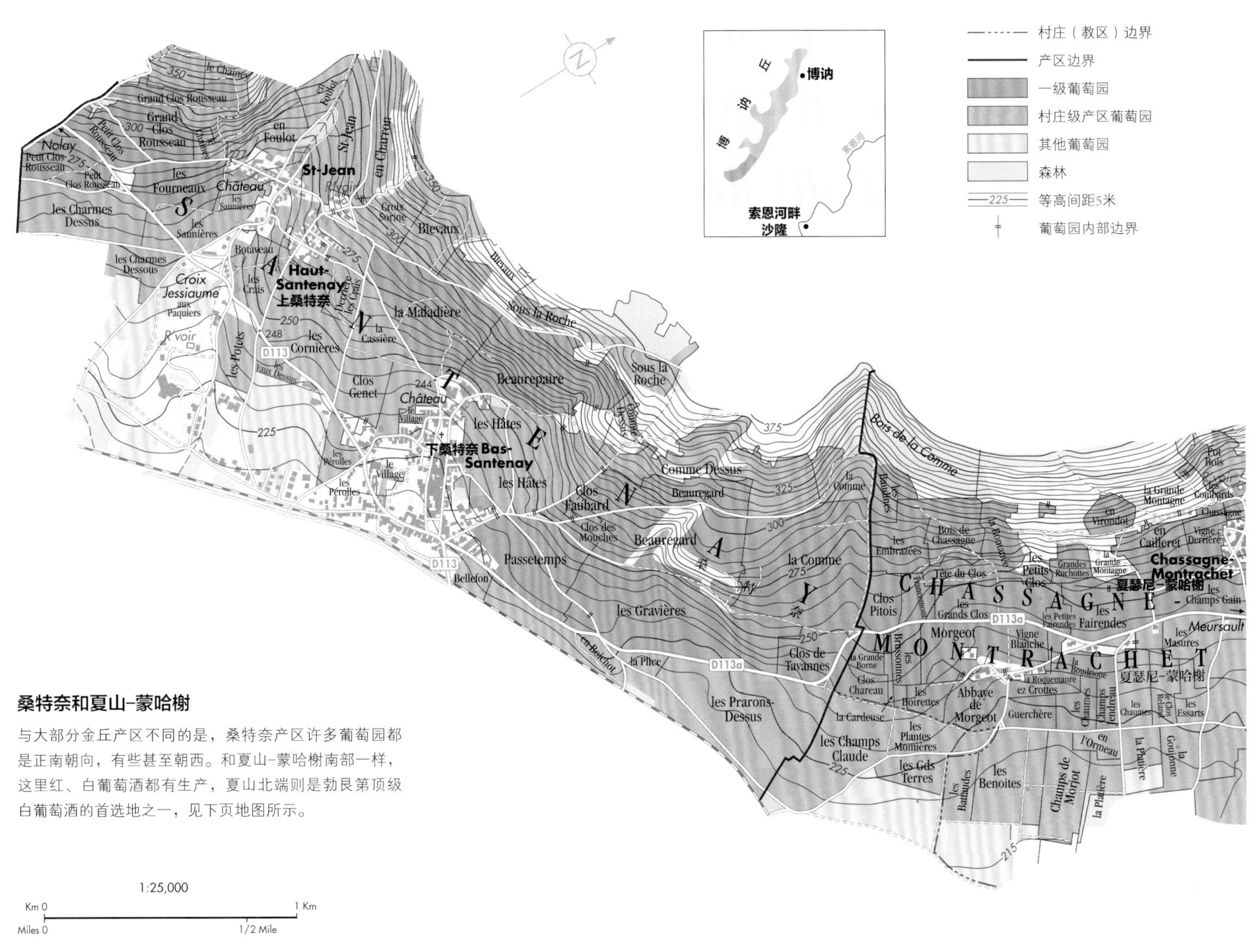

桑特奈和夏山-蒙哈榭

与大部分金丘产区不同的是，桑特奈产区许多葡萄园都是正南朝向，有些甚至朝西。和夏山-蒙哈榭南部一样，这里红、白葡萄酒都有生产，夏山北端则是勃艮第顶级白葡萄酒的首选地之一，见下页地图所示。

1:25,000

Km 0 — 1 Km

Miles 0 — 1/2 Mile

博讷丘中部
Central Côte de Beaune

本页地图里东向的葡萄园和下页地图中位于默尔索南部的葡萄园，是勃艮第顶级干白葡萄酒的源头，同时也出产了许多世界级的顶级干白葡萄酒。

蒙哈榭特级葡萄园以超高的集中度、生产优质勃艮第白葡萄酒而闻名于世，在无可比拟的最佳状态之下（陈放10年后），它比世界上任何霞多丽酒都有更明亮的金黄色、更丰富的香气、更悠长的余韵、更鲜美多汁的口感以及更浓郁的稠密感。蒙哈榭强化了葡萄酒的每一个维度，而这正是伟大葡萄酒的标志性特征。完美的正东朝向、倾斜的坡度，即使在夏夜9点钟，阳光依旧倾洒在葡萄藤上，再加上从地下涌出的石灰岩层，这些都是它比邻近葡萄园更具优势的原因。如此卓越的葡萄酒自然供不应求，不过有时即使花费巨资也会令人失望。事实上，在21世纪早些年，当饮者发现葡萄酒装瓶仅几年就有氧化的趋势后，勃艮第白葡萄酒的名声普遍受到了严重损害。

骑士–蒙哈榭葡萄园的地势更陡，海拔更高，因此出品的酒款口感没有那么有深度，但酸度通透，精准地呈现出风土特色。下方巴塔–蒙哈榭（Bâtard-Montrachet）葡萄园的土质较为黏重，出品的酒款丰满多于细致。Les Criots 葡萄园（位于夏山村）和碧维妮（Bienvenues）葡萄园同属特级园，而普里尼村的一些一级葡萄园在表现力最佳的时候，也具有同样的水准，比如 Les Pucelles、Les Combettes、Les Folatières、Le Cailleret，以及默尔索村 Les Pertrières 葡萄园的佳酿。

即使**普里尼–蒙哈榭**和**默尔索**的葡萄园紧紧相连，二者之间的差异仍相当显著。高海拔、多石土壤的优质葡萄酒村庄布拉尼（Blagny），其实同时跨越了这两区，是一个典型的复杂产区。葡萄酒的颜色和地理位置决定了酒的命名，葡萄酒可以是普里尼–蒙哈榭、默尔索–布拉尼或者只是布拉尼（如果是红葡萄酒），每种酒都是一级园水平。

普里尼比默尔索的葡萄酒更加精致细腻，主要是因为普里尼村的地下水位较高，难以挖掘够深的地下酒窖使葡萄酒在橡木桶中度过第二个冬天。整体而言，默尔索村的名头没有那么响亮，虽然没有特级园，却有一大片高水准的葡萄园。Les Perrtières 园、香牡园（Les Genevrières）上坡和 Les Charmes 园都能够和普里尼村最好的一级园相媲美，而波露索园（Porusot）和 Gouttes d'Or 园则是主流默尔索的风格，坚果味更浓、酒体更宽。Narvaux 和 Tillets 地理位置更高，酒品略微清爽，但也可以酿出浓郁、值得陈年的葡萄酒。

繁忙的默尔索村横跨山坡的另一处洼地上，

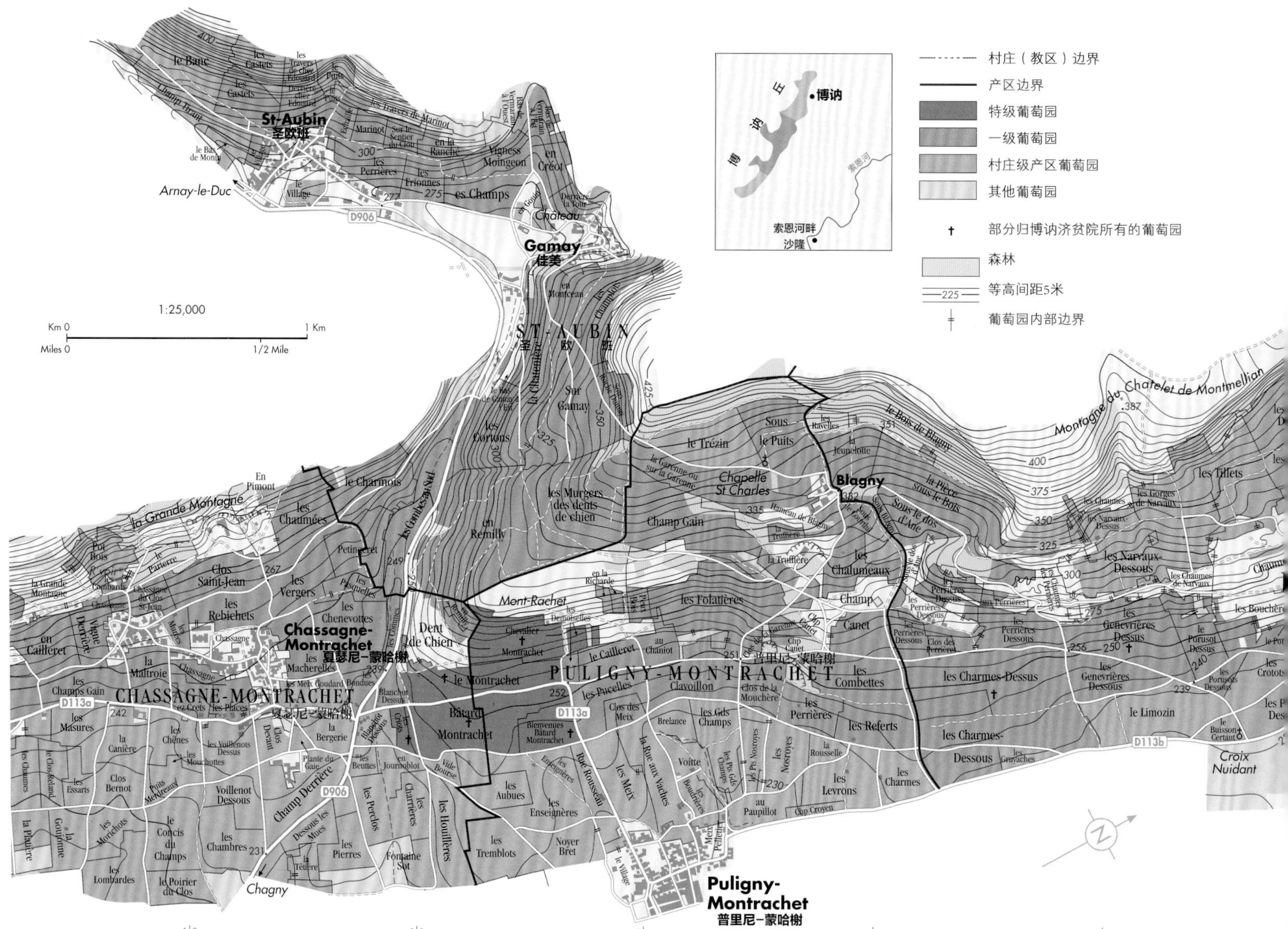

圣罗曼村的海拔比大多数金丘村庄都高得多，在温暖的年份，葡萄园也会顺应勃艮第的潮流，生产一些酒体轻盈、质量不错的红葡萄酒以及品质格外值得肯定的白葡萄酒。

△

金丘的葡萄藤会在世界著名的葡萄酒生产商手中得到很好的照顾，该葡萄酒生产商从纽约到香港一直受到无数收藏家追捧。

有一条道路可以通往**欧克塞-迪雷斯**（Auxey-Duresses）与**蒙蝶利**（Monthelie）两个村。两者都出品一些白葡萄酒和许多优质红葡萄酒，相比于沃尔奈村价格更低，陈年潜力较弱，因此性价比很高。**圣罗曼村**（St-Romain）位于欧克塞村后面，是从上丘区大区级晋升上来的独立产区，在温暖的年份会出品轻盈的红葡萄酒，白葡萄酒也越发受到关注。由默尔索村转进沃尔奈村的地方出品了不少红葡萄酒，但都以沃尔奈-桑特奈（Volnay-Santenots）产区命名，而不是默尔索。桃红葡萄酒除外，沃尔奈村红葡萄酒与默尔索村白葡萄酒的风格表现有时十分相似，两者都很柔顺，并且非常芳香，红葡萄酒的酒体较薄，但却充满个性，余韵悠长芬芳。

沃尔奈产区出品的红葡萄酒属于整个金丘中较为淡薄的类型，但它也能酿出一些最出色的葡萄酒，历史上它曾经被评为博讷丘最好的园地，也出产过最受期待的酒款。橡木园（Clos des Chênes）和凯乐瑞园（Caillerets）是这里两个伟大的葡萄园，出口的酒款陈年潜力最强。香邦园（Champans）、布思达园（Bousse d'Or）和 Taille Pieds 园紧追其后，又陡又小的公爵园（Clos des Ducs）则是村北最好的葡萄园。邻近玻玛村的风格更加浓郁，详见下页介绍。

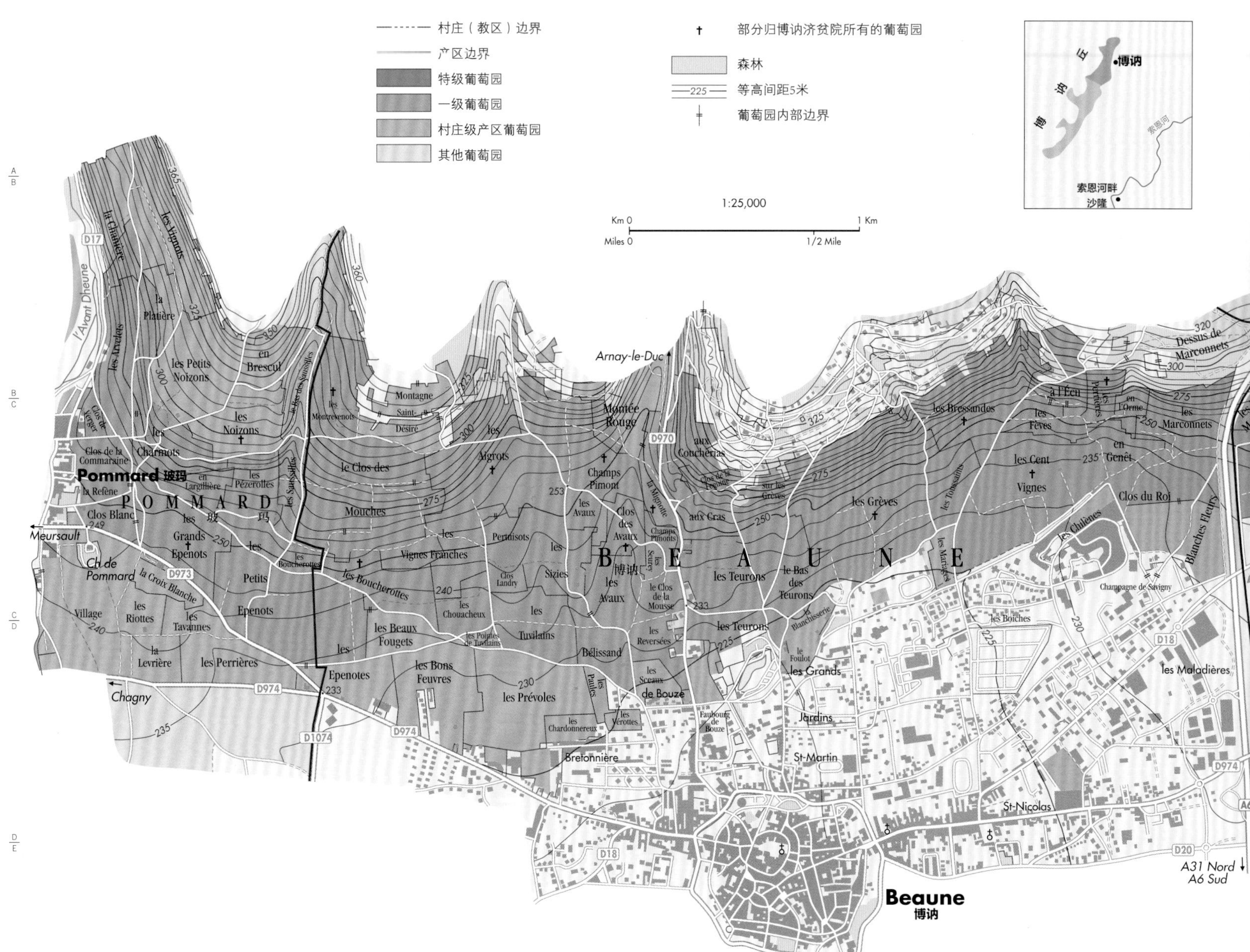

博讷丘北部 Northern Côte de Beaune

你或许会期待紧挨着沃尔奈村（见前页）的**玻玛葡萄园会生产像沃尔奈产区那般芳香雅致的葡萄酒，但勃艮第就是这样难以捉摸**。土壤在村庄界线处突然发生改变，洛吉恩园（Les Rugiens，如其名，有着富含铁质的红色土壤）因此成了玻玛最有代表性的葡萄园，生产的葡萄酒风格与其他葡萄园的截然不同：颜色深厚、酒香浓烈、酒龄浅时单宁强劲，陈年潜力强得出乎意料。玻玛村约三分之一的葡萄园属于简单的**玻玛村**庄级法定产区，生产的葡萄酒风格如前文所述，但缺乏优雅与个性。也有两三个特别出众的一级葡萄园，如洛吉恩园与埃佩诺园（Epenots，有时拼作Epeneaux），还有四五家表现相当不错的酒庄。在勃艮第，酒庄的重要性不亚于葡萄园。玻玛村最负盛名的葡萄园位于洛吉恩园的低处［下洛吉恩园（Les Rugiens-Bas）在第61页地图中可见］，就在村子西边的上方。在一年一度的博讷济贫院葡萄酒慈善拍卖会（详情见下文）中，最好的酒款之一Dames de la Charité就是洛吉恩园与埃佩诺园的混酿。科玛雷尼园（Clos de la Commaraine）以及Courcel、Comte Armand与Montille等酒庄的葡萄酒都是玻玛村最出色的酒款，结构扎实，往往要陈放10年才能发展出顶级勃艮第红葡萄酒鲜美迷人的特性。

博讷镇是这几页地图中所有葡萄园的中心，事实上也有可能是整个金丘的焦点，这是一个充满活力、以葡萄酒为中心、被护城墙环绕的中世纪城镇，每年11月都会举办著名的博讷济贫院葡萄酒慈善拍卖会。博讷上方海拔约245米处被勃艮第人称为“山坡之肾”，这里有一连串著名的葡萄园，其中有一大部分为城内的大酒商所有，包括宝尚父子、香颂（Chanson）、杜鲁安、路易亚都和路易拉图。杜鲁安在慕丝园（Clos des Mouches）的部分，以生产红葡萄酒和极精致的白葡萄酒而著称，宝尚父子在格雷夫园（Les Grèves）的部分被称为Vigne de l'Enfant Jésus，生产另一款品质不凡的葡萄酒。博讷产区没有特级葡萄园，最出色的葡萄酒价格都不会过高，陈年潜力好，但也不像罗曼尼园或香贝丹园那样需要陈放至少10年。

从博讷往北前行，科尔登产区的山丘顶上一片茂密的树林会慢慢出现在你眼前。科尔登打破了博讷丘没有红葡萄酒特级园的魔咒。伟大的特

雄伟壮观的山丘被森林覆盖，面朝东、南、西三面，聚集了众多生产红、白葡萄酒的特级园。

级园白葡萄酒产自科尔登-查理曼园，该园位于山丘西侧和西南侧。山丘东侧的顶端还有一片十分不同的霞多丽葡萄园，从山顶的石灰岩层冲刷下来的碎石，把这里的棕色泥灰土变成白色。科尔登-查理曼有时也能与蒙哈榭一较高下。

科尔登红葡萄酒的酒体庞大，通常果香丰满、单宁厚重，酿酒所用的葡萄大部分都来自朝东和朝南的山坡。那些位于低处的葡萄园只能出品非常简单的葡萄酒，不应该被评为特级园。最优秀的科尔登红葡萄酒只来自科尔登园（Le Corton）、碧尔森园（Les Bressandes）、罗伊园（Le Clos du Roi）以及雷纳德园（Les Renardes）。

阿罗克斯-科尔登（Aloxe-Corton）产区位于山丘南部的下方，出品质量较低的葡萄酒（主要为红葡萄酒）。山丘后方的**佩尔南-韦热莱斯村**（Pernand-Vergelesses）则有一些明显（有时占优势）更凉爽、朝向为东的一级葡萄园（红、白葡萄酒均有），山丘上一些朝向为西的特级葡萄园属于此产区。

如果说**萨维尼**（Savigny）和佩尔南（Pernand）产区是配角，那只是因为主角实在太耀眼了。这两个产区最出色的酒农出品的葡萄酒都能够达到博讷产区的最高标准，现在这点也充分反映在售价上。萨维尼位于一个侧谷的上方，葡萄酒就如当地所宣传的“滋养、神效而永生”，确实拥有不凡的精巧度。**绍黑**（Chorey）产区则位于主干道两侧的平缓地带上，主要生产亲民价的勃艮第红葡萄酒。在地图的另一侧，拉都瓦（Ladoix）产区生产清爽带有矿物质感的白葡萄酒以及口感相当多果汁感的红葡萄酒。佩尔南和拉都瓦有一个共同点，其一级葡萄园如 Sous Frétille、Les Gréchons 和 Les Joyeuses，只会出产红葡萄酒或者白葡萄酒中的一种，而不会两者兼备。金丘凭借自身的复杂多样性而欣欣向荣。

▷
博讷镇标志性的屋顶瓦片。图为15世纪博讷镇济贫慈善医院，如今凭借每年11月的桶装新酒拍卖会广为人知。

夜丘南部 Southern Côte de Nuits

相对于沃尔奈或者博讷，夜丘葡萄酒的标志是更加“有料”，颜色更深，单宁通常更多，陈年潜力也更大。这里是红葡萄酒的天下，白葡萄酒相当罕见。

一排排一级葡萄园顺着夜丘的丘陵蜿蜒爬升，其中穿插着几处特级葡萄园。这些葡萄园出产的葡萄酒以最强烈的方式，表现出黑皮诺无可比拟的丰富与美味。山丘顶部则是坚硬的石灰岩，这些葡萄园则沿着露出地表的泥灰岩层分布，泥沙和小石子混合覆盖着泥灰岩，酒款的质量可以达到巅峰。再加上天时地利，这些幸运的葡萄园拥有最好的屏障和最充足的日照。

普雷莫村（Prémeaux，下图左角）出品的葡萄酒以**夜圣乔治**（Nuits-St-Georges）产区的名义销售到市场，它们比同产区其他葡萄酒有着更精巧的结构，尤其是像元帅夫人园（Clos de la Maréchale）这样的独占园。Les Vaucrains 园与 Les St-Georges 园（很多人认为应该晋升为特级园的地块）刚好越过村界处，出品的葡萄酒单宁强、风味迷人，需要长期瓶中陈年。夜丘区村庄级（Côte de Nuits-Villages）作为一个覆盖夜丘区最北面和最南端的初级产区，则无法表现出这些特征。

博讷丘繁华热闹，夜丘则相对安静平和，但有不少酒商以此为据点。往北通向沃恩-罗曼尼村的一级葡萄园则是夜丘这个非凡产区中的杰出代表。**沃恩-罗曼尼**是个不起眼的小村庄，葡萄酒却活力四射。村内后街标示牌上出现的名庄数量之多，才让人意识到正是脚下这片土地出产了全世界最昂贵的葡萄酒。

这个村落位于一条斜长的红土坡下方，距离罗曼尼-圣-维旺园（Romanée-St-Vivant）最近，这里的土层深，富含黏土及石灰土。中坡处是很多人的朝圣地罗曼尼-康帝园，土质更加贫瘠浅薄。再往上的罗曼尼园地势更加陡峭，土壤看上去更加干燥，黏土的含量也少了一些。右边面积较大的葡萄园是里奇堡（在第 58 页的地图中有详细介绍），朝东和东北延伸。左边则是狭长的大街园（La Grande Rue），再旁边是斜坡较长的拉塔希园（La Tâche，包含曾经被称作 Les Gaudichots 的区域）。这些葡萄园出产的最受人追捧的勃艮第葡萄酒，同时也是世界上最昂贵的葡萄酒。

罗曼尼-康帝园和拉塔希园都是罗曼尼-康帝酒庄的独占园，这家酒庄同时也拥有相当比例的里奇堡园、罗曼尼-圣维旺园、依瑟索园（Echézeaux）、大依瑟索园，现在又多了科尔登园。这些葡萄酒精巧细腻，天鹅绒般的温暖加上些许香辛味，还有那仿佛东方一样神秘的丰富感，市场似乎愿意不吝金钱为之买单。罗曼尼-康帝园是其中最完美的葡萄园，不过所有这些葡萄园都有家族般的相似之处，都是顶级的葡萄园，产量低、有着格外珍贵的老藤、采收时间晚以及会有人给予无微不至的呵护等。

当然，大家可以在邻近的葡萄园寻找风格相似、价格没那么高的葡萄酒（但类似品质、风格的勒桦酒庄的葡萄酒价格也同样令人生畏）。沃恩-罗曼尼中其他所有的葡萄园也都十分优异，实际上，有一本关于勃艮第的老教科书上曾写道：“沃恩没有平凡的葡萄酒。”在拉塔希园南端的一级葡萄园玛康索园（Malconsorts）尤其值得关注。

依瑟索特级园占地面积很大，足有 36 公顷，有些人会认为面积过大，范围涵盖了地图上标示的 Echézeaux du Dessus 周遭的大多数紫色地块。它和面积更小的大依瑟索园其实都位于弗拉吉村（Flagy）内，该村的地点太偏东，无法标示在本页地图中，而且已经划分到沃恩的产区范围（至少从酿酒角度来说是这样）。大依瑟索园葡萄酒的

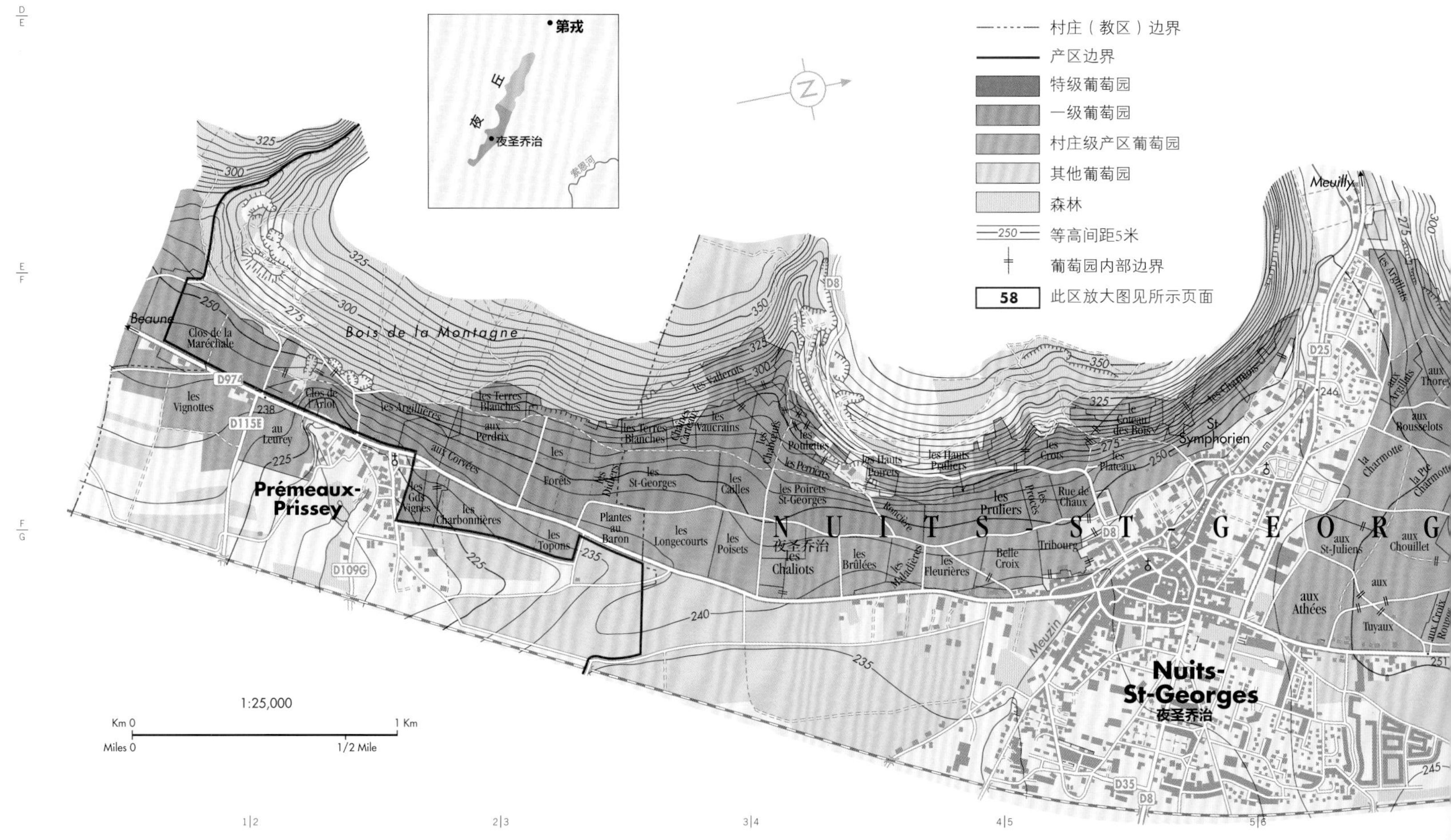

△
罗曼尼-康帝酒庄是拍卖行的宠儿，全世界的葡萄酒爱好者挤破头也想进入它这间简朴的酒窖。

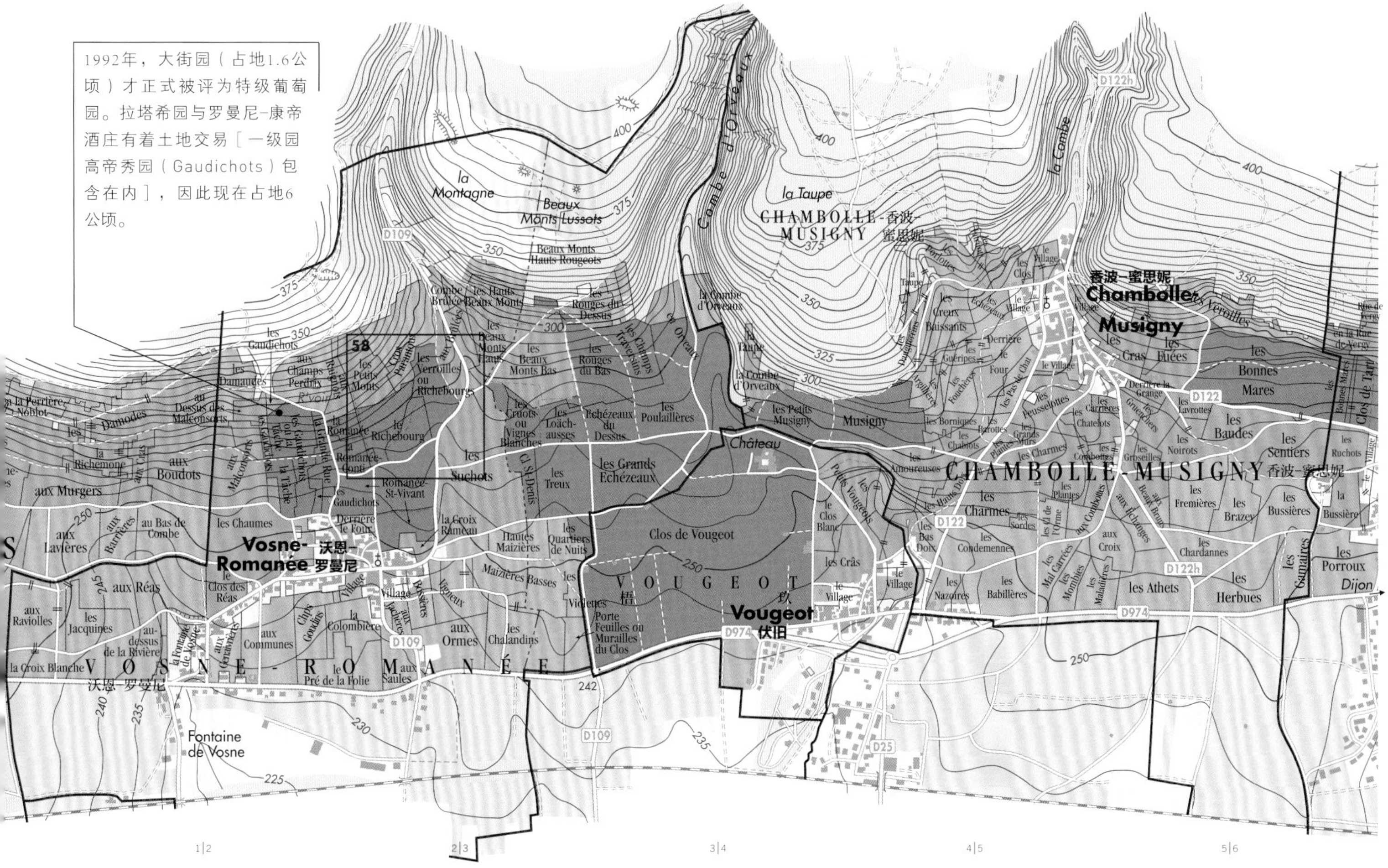

品质更加一致，有着伟大的勃艮第酒标志性的隽永强劲之风，价格当然也更高。

很小一部分酒以伏旧法定产区命名，大多数酒都是出自占地50公顷的伏旧园（一大片的葡萄树被称作Clos Vougeot）。葡萄园四周环绕着一道石筑高墙，一眼便可辨认出它是属于修道院的葡萄园。整个地块被划分为特级园，价格就像葡萄酒的风格和质量一样多变，但通常比沃恩的名贵酒款低很多。熙笃会修士过去常将产自坡顶、坡中，有时候还包括坡底的葡萄酒调配在一起，酿出百分之百顶级的勃艮第葡萄酒，也是品质最始终如一的葡萄酒之一。这是因为在干燥的年份，产自较低坡处的葡萄酒更有优势，潮湿年份则对产自坡顶的有利。一般来说，今天公认最好的葡萄酒所使用的还是产自坡中及坡顶处的葡萄，但也不乏例外。酒庄的名字仍旧是选酒的首要参考。

伏旧村的西北角坐落着一座中世纪的“城堡”，这里是小银杯骑士会（Chevaliers du Tastevin）的总部，大家身着红色和金色的长袍，举办盛大的节日宴会，吟诵骑士马踏天下的诗篇。慕西尼特级园在香波葡萄园中鹤立鸡群，俯瞰整个城堡，旁边的山丘顶部被森林覆盖，葡萄园挤在其下的石灰岩上，关系明显与伏旧园的坡顶以及大依瑟索更紧密，而不是波内-玛尔（Bonnes-Mares）这些香波北端的葡萄园。由于坡度陡峭，连续大雨之后，葡萄农必须将坡底的棕色石灰质黏土及沉重的小卵石重新运回山坡上。如此操作再加上渗透性强的石灰岩底层土，使得葡萄园排水性良好，葡萄酒刚好可以获得足够的酒体。

慕西尼的伟大之处在于它的香气非常美妙且令人着迷，并带有毋庸置疑的力量感，享用它的确是一种奇妙、独特的感官享受。一瓶伟大的慕西尼在口中会有种“孔雀开屏”的感觉，展现出更多让人心醉的香气。它不像香贝丹园生产的酒那般强劲，不会有罗曼尼-康帝园的那么多辛香味，但绝对值得10—20年的陈年，高昂的价格也当之无愧。

波内-玛尔园西半边是灰土，东边是红土，是香波村的另一个特级园，它酒龄浅时比慕西尼园更加坚实，但似乎永远无法演化出隔壁园那温柔的优雅感。爱侣园的名字完美地表达出其葡萄酒的风格，是整个勃艮第最好的一级葡萄园之一，事实上已经是名誉上的特级园了。不过所有的香波葡萄酒都十分出色。如今气候日渐温暖，山丘顶部葡萄园的质量似乎越来越高，Cras园和Fuées园的葡萄酒和香牡园一样受人追捧。

1992年，大街园（占地1.6公顷）才正式被评为特级葡萄园。拉塔希园与罗曼尼-康帝酒庄有着土地交易［一级园高帝秀园（Gaudichots）包含在内］，因此现在占地6公顷。

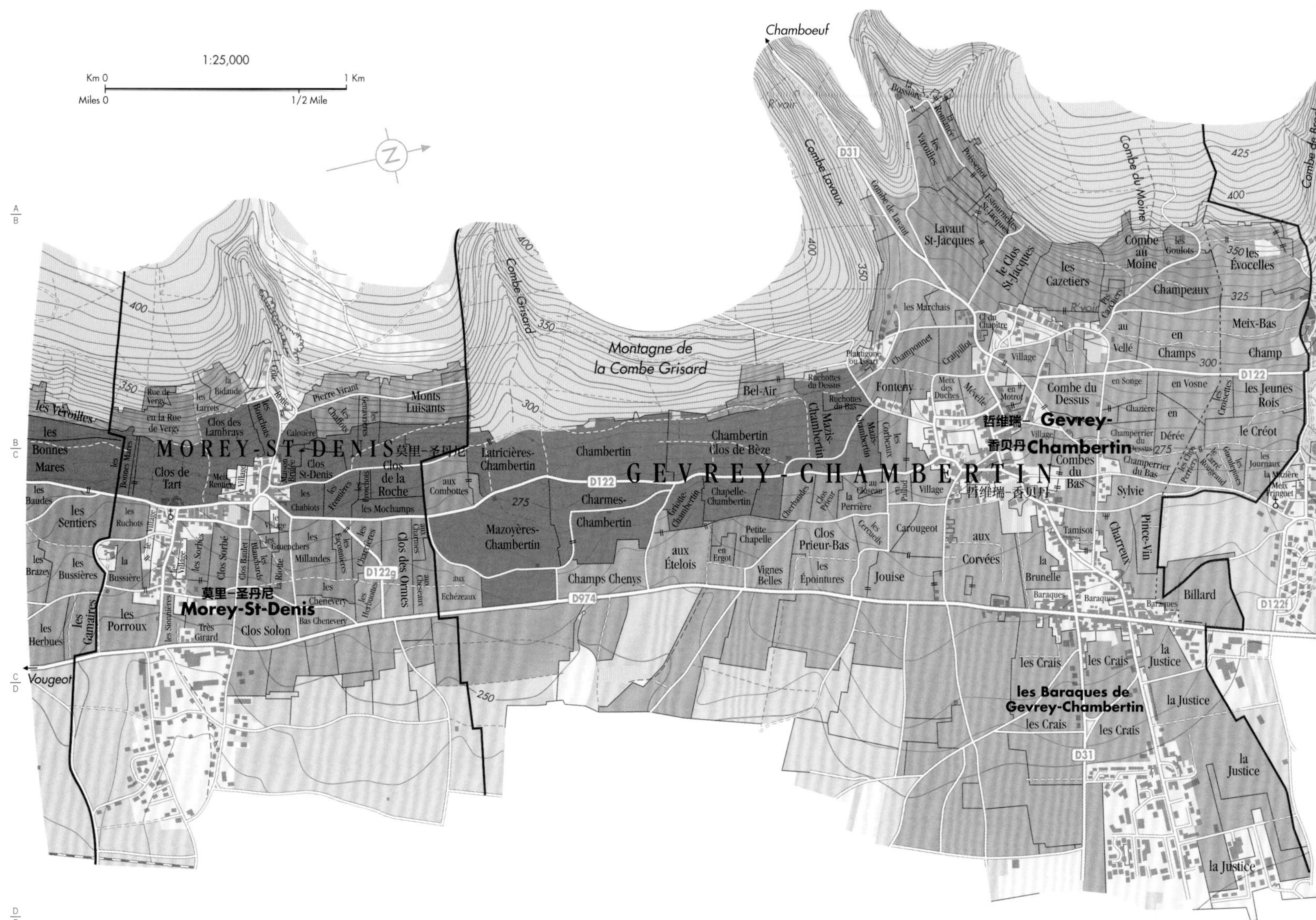

夜丘北部 Northern Côte de Nuits

最精致、陈年潜力最强、最细柔的勃艮第红葡萄酒产自夜丘的北端。这里有大自然赋予的丰富土壤、山丘提供的天然屏障以及完美的日照条件。狭窄的泥灰岩裸露着，上面覆盖着沙土与小石子，一直往下延伸至较低的山坡。香贝丹园、莫里村（Morey）的特级园和**香波-慕西尼**产区从这些土壤中汲取力量，所酿制的葡萄酒强劲而有分量，酒龄浅时非常坚韧，陈年之后又无比复杂、深沉味美。

莫里-圣丹尼村（Morey-St-Denis）的名气不如其四个知名的特级园以及香波的玻内-玛尔园这一小块地。洛奇园（Clos de la Roche）与规模小一点儿的圣丹尼园（Clos St-Denis，村庄名字由此而来）的土壤富含石灰岩，所酿葡萄酒余韵悠长、充满力量并富有深度。兰布莱园（Clos des Lambrays）是1981年晋升为特级园的独占园，2014年又并入LVMH奢侈品帝国，所酿葡萄酒极其诱人。2017年，隔壁的大德园（Clos de Tart）迎来了九个世纪以来的第四位拥有者——皮诺特家族，这个家族还拥有波尔多一级庄园拉图酒庄，不要指望价格会因此跌落。莫里村有20多个面积较小的一级园，知名度高的只有少数几个，但普遍水准都很高。葡萄园沿着山坡爬升，寻找该区域更高的土壤层。高耸、多石的路易桑山园（Monts-Luisants）甚至出产一些优质的白葡萄酒。

热夫雷-香贝丹村拥有广阔的优良土地，适合种植葡萄的土壤从山坡向四处延伸，范围比其他产区都要多。一些主干道东边的法定产区仍然属于热夫雷-香贝丹，而不是更加平凡的勃艮第产区。这里最伟大的两个葡萄园——香贝丹园和贝日园（Clos de Bèze）位于树林下方的东向缓坡上，几个世纪以来都是公认的头牌。作为众人心目中的热夫雷村朝圣地，阿曼·卢梭（Armand Rousseau）酒庄会根据每个年份葡萄酒的表现，为游客更换在其拱形酒窖里可以品尝的最后两杯酒。香牡、Mazoyères、Griotte、Chapelle、Mazis、Ruchottes和Latricières这些相邻的葡萄园都能将香贝丹加到自己的名字后面，而不是前面（贝日园会将“香贝丹”加在名字前）。勃艮第的葡萄酒法规有时比神学还微妙。

这个村庄还有一段海拔50米高的斜坡，有着极佳的东南朝向。这里最棒的一级园酒的质量能够与特级园相媲美，包括Cazetiers、Lavaut St-Jacques、Varoilles，尤其是圣雅克园。这个村有很多知名的葡萄园，数量也比其他勃艮第产区要多。

往北的山坡曾经被称为Côte de Dijon，18世纪前一直被认为是最佳的土地之一，但后来酒农禁不住诱惑，种植了不是最佳的佳美品种，向第戎市输出大量廉价的散装葡萄酒。紧挨热夫雷北端的布荷秀村（Brochon）因此变成了“葡萄酒水井”。如今它的南端属于热夫雷-香贝丹，剩下的葡萄园只能以“夜丘村庄”（Côte de Nuits-Villages）为名。

但**菲尚**（Fixin）的一级园传统上一直质量不错，其一级园La Perrière、Les Hervelets和Clos

Couchey村大概有200公顷的土地属于马沙内AOC产区，但还没有进一步划分产区，所以地图中未做标示。

桃红葡萄酒只占勃艮第葡萄酒总产量的1%，但桃红是马沙内的特色酒款，如图注所示

村庄（教区）边界
产区边界
特级葡萄园
一级葡萄园
村庄级产区葡萄园
马沙内桃红葡萄园
其他葡萄园
森林
等高间距5米
葡萄园内部边界

du Chapitre都有潜力达到热夫雷-香贝丹一级园的水准。菲尚和**马沙内**（Marsannay）之间的Couchey村在生产葡萄酒方面没有什么声誉，所以地图中未做标示。马沙内得到大家越来越多的肯定，擅长生产可口、适合陈年的黑皮诺桃红葡萄酒，由特定葡萄园酿造，尤其是通往第戎市主干道的上坡处葡萄园。当地也有不少的红葡萄酒激起大家的兴趣（尤其是对淘酒者而言），还有一些质量一般的白葡萄酒。这里冲击土壤所占比例比大多数金丘产区都要高得多，但一级园之间的差距就很小了。其中洛伊园（Clos du Roy）严格来说刚好位于Chenôve的马沙内的北面，现在不幸被第戎的郊外工业区包围。

▷
皮埃尔·达莫瓦酒庄（Domaine Pierre Damoy）占地5公顷多，目前是贝日园中面积最大的庄园。每到收获季，达莫瓦就会把最好的特级园葡萄留给酒庄，其余的卖给酒商。

夏隆内丘
Côte Chalonnaise

金丘葡萄酒的缩小版，有时酒款粗糙，但酿造水平一直在提高。

风土 绿色种植，拥有一些土壤以石灰岩为主的葡萄园。

气候 比金丘凉爽一些，主要是海拔的原因。

主要葡萄品种 红：黑皮诺；白：霞多丽、布哲宏（Bouzeron）产区的阿里高特。

夏隆内丘北端紧挨金丘的南端，但令人意外的是，大部分夏隆内丘的葡萄酒尝起来与金丘的明显不同（有点儿像营养不良的乡下表亲）。沙尼市南部这些坡度起伏、充满田园感的山丘，在很多方面看起来都很像博讷丘区的延续，不过原本形状规则的山脊在这里变成了杂乱的石灰岩山坡，而葡萄园则散布于其中的果园和牧场之间。这里一些葡萄园的海拔比博讷丘高出50米，因此葡萄采收较晚，成熟过程较不稳定。夏隆内丘产区一度被称为“梅尔居雷地区”（Région de Mercurey），现在则根据距它最近的城市——东面的索恩河畔沙隆（Chalon-sur-Saône）取名。

北边的**吕利**（Rully）产区出品的白葡萄酒比红葡萄酒多。这里白葡萄酒的风格活泼、酸度相对较高，在不好的年份是酿制勃艮第起泡酒（Crémant de Bourgogne）的完美原料；如今越来越多较温暖的年份能出品清新、如苹果般新鲜、开胃的优质勃艮第白葡萄酒。在寒冷年份，吕利的红葡萄酒偏向纤瘦型，但水准并不低。

梅尔居雷（Mercurey）产区的名气更为响亮，如果算上勃艮第-夏隆内丘（Bourgogne-Côte Chalonnaise），这里出产了大约40%的夏隆内丘红葡萄酒。这里的黑皮诺酿造的酒就像低一级别的博讷丘酒：结实、坚固，酒龄浅时略显粗糙，不过有一定陈年潜力。酒商法维莱是这里重要的生产者。

梅尔居雷曾经历过一级葡萄园的扩张时期，从20世纪80年代的5个增加至如今的32个，面积多达168公顷。整个夏隆内丘一级葡萄园所占比例明显高于金丘，这里产出朴实的高端酒款确实值得购买。

日夫里（Givry）是4个主要产区中面积最小的一个，只有梅尔居雷一半大小，几乎只出品红葡萄酒。比起梅尔居雷，这里的葡萄酒果味更多、单宁更少，更适合尽早饮用。不过20世纪80年代晚期，Clos Jus园修理了灌木丛后，也能出品一些坚实强劲、值得陈年的酒款。这里一级园的数量也正在成倍增长。

南部的**蒙塔尼**（Montagny）法定产区仅出品白葡萄酒。邻近的比克西村（Buxy）也包含在内，该村拥有一家或许是勃艮第南部经营得最成功的酿酒合作社。这里的白葡萄酒比吕利更加饱满，最佳酒款更像低一级别的博讷丘酒。酒商路易拉图很早以前就发现这里的价值所在，其生产的葡萄酒在本区总产量中占极大比例。

布哲宏村紧挨着吕利北部，仅因为使用一个葡萄品种酿酒而获得法定产区命名。事实上，它是整个勃艮第唯一一个只酿制阿里高特白葡萄酒的单一村庄产区，这也许是对维兰酒庄（Domaine A and P de Villaine）完美主义的奖励。

整个地区都是大区级勃艮第红、白葡萄酒的优质产地，酒款以勃艮第-夏隆内丘产区为名出售。

村庄（教区）边界
产区边界
知名酒庄
RENÉ BOURGEON 一级葡萄园名称
Clos Jus 一级葡萄园
其他葡萄园
森林
200 等高间距20米

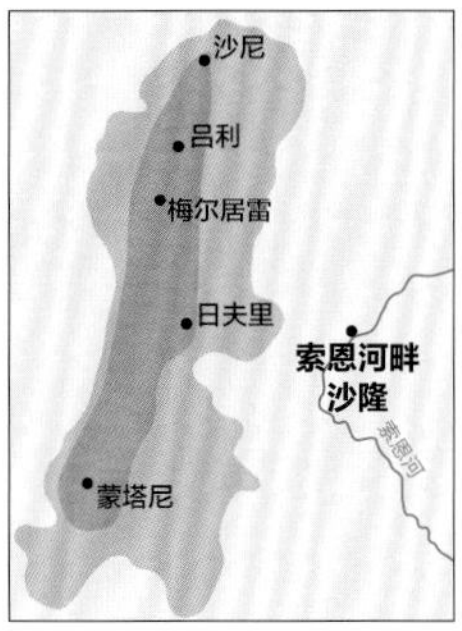

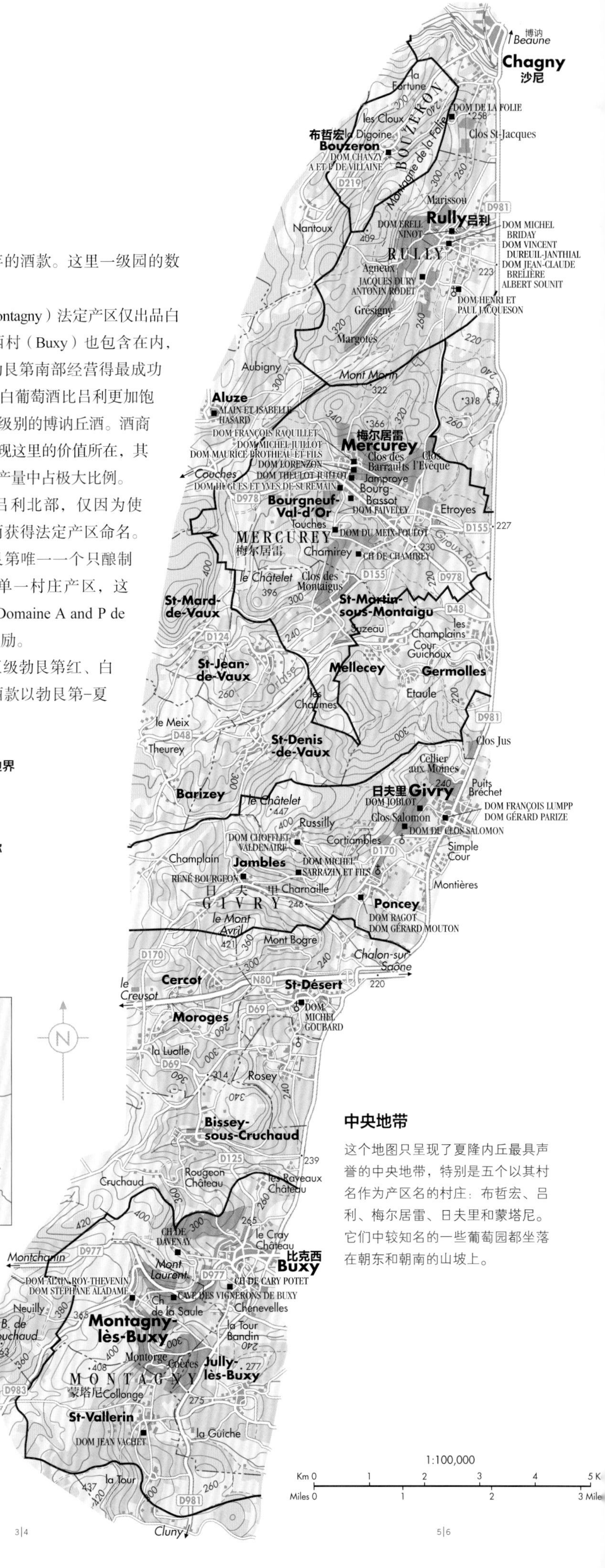

中央地带

这个地图只呈现了夏隆内丘最具声誉的中央地带，特别是五个以其村名作为产区名的村庄：布哲宏、吕利、梅尔居雷、日夫里和蒙塔尼。它们中较知名的一些葡萄园都坐落在朝东和朝南的山坡上。

马孔内
Mâconnais

金丘的葡萄酒狂热者和生产者纷纷南下，寻找各自负担得起的葡萄酒和土地。

风土 石灰岩上覆盖着黏土和冲积表层土壤。

气候 比金丘凉爽。

主要葡萄品种 白：霞多丽；红：佳美和一些黑皮诺。

马孔内显然是霞多丽的大本营，目前霞多丽酿造的酒几乎占据了该产区总产量的九成，这意味着马孔内白葡萄酒的产量几乎和夏布利一样多，马孔内声誉鹊起，这些都离不开包括博讷丘拉芳（Lafon）、勒弗莱（Leflaive）在内的顶级酒商的努力。还有很大一部分马孔内白葡萄酒是按照完全符合法规的方式酿制的，以“勃艮第白葡萄酒”（Bougogne Blanc）之名出售。

大多比较平淡乏味的红酒都是由佳美酿造的。酿造更受欢迎的白葡萄酒才是真正划算的买卖，尤其是被评为“马孔村庄等级”的27个村庄出产的葡萄酒，这些村庄大多数都被标示在本页地图中。这里到处都是风格强劲、现代、精心酿造的白葡萄酒，是勃艮第对新世界霞多丽酒的回应，十足的法国腔调，每年葡萄酒的排名都在提升。出于便利，在南部的夏瑟拉（Chasselas）、Leynes、St-Vérand 和 Chânes 村庄都被划分到圣韦朗（**St-Véran**，见图注）这个听起来陌生的法定产区。圣韦朗南部的土壤多为红色，土质呈酸性且多沙，相比普依-富塞产区（见下页地图）北边的普塞（Prissé）和达法耶（Davayé）两村石灰岩土壤上生产的甜美葡萄酒来说，这里的葡萄酒一般更加简单和淡薄。

普伊-凡列尔（**Pouilly-Vinzelles**）和普伊-楼树（**Pouilly-Loché**）刚好紧挨着普依-富塞的中央地带以东，理论上可以作为普依-富塞的替代品，但产量很低。

马孔-普塞村的土壤为石灰岩层，性价比不错。吕尼（**Lugny**）、**Uchizy**、霞多丽（与霞多丽品种同名的幸运村庄）以及楼树酒村生产的价格优惠、口感肥美的勃艮第霞多丽酒吸引了一众品酒者。维尔（Viré）和克莱赛（Clessé）是最优秀的两家葡萄园，但法定名称都是维尔-克莱赛（见图中红线区域内）。维尔-克莱赛区域集中在一条石灰岩地带上，往北贯穿整个区域，大致与南北向的A6高速公路主干道平行。

普依–富塞 Pouilly-Fuissé

在马孔内的最南端，几乎靠近博若莱的边界处，有一块区域酿造的白葡萄酒风格独特，陈年潜力更大。普依–富塞产区是一片波浪状石灰岩丘陵地，富含霞多丽葡萄树偏爱的碱性黏土。

地图呈现了五家差异巨大的酒村是如何在低坡上分布的，仅用等高线便足以说明这里的地形是多么不规则，葡萄园是多么多样化。尚特村（Chaintré）的朝南坡地露天、无遮挡，种植的葡萄会比维吉松村（Vergisson）北向坡地的葡萄提早整整两个星期成熟，而维吉松村在生长季漫长而晚收的年份能够酿制出一些酒体最饱满的葡萄酒。索鲁特–普伊村（Solutré-Pouilly）栖身于索鲁特的淡粉色岩石下方，海拔高达 493 米。它的北端（索鲁特）同维吉松相似，普依地带则与富塞附近的地形更相似一些。普依和富塞这两个双子村的地势相对低洼平缓，但常有葡萄酒爱好者来访。

最出色的普依–富塞酒十分饱满，陈年后会变得华丽甜美。或许有 12 家小酒庄出品的葡萄酒经常能达到如此水准，这些酒庄广泛采用不同来源、大小、年头的橡木桶，搅桶方式和桶中陈年时间也不尽相同。其他酒庄的葡萄酒相比之下可能较乏味，品质基本和马孔村庄级差不多，纯粹依赖普依–富塞在国际上的声誉。

胸怀大志的酒庄

经历了 20 世纪 80 年代的停滞期后，这里出现了一批杰出的酒庄，比如 Guffens-Heynen、the Bret Brothers、J-A Ferret、Robert-Denogent、Julien Barraud、Château de Beauregard 和 Olivier Merlin（紧邻产区北部 La Roche Vineuse 的西向坡地上，La Roche Vineuse 恰如其名，意为“葡萄酒岩石”，见第 69 页地图）。多年来，这些胸怀大志的酒庄勇于出品单一葡萄园的酒款，力争被划为一级葡萄园。酒的价格由此得到提升，其他酒庄也受到鼓舞纷纷效仿。不过当最终决定哪些地块（2017 年落选的酒庄）可以列入一级葡萄园的时候，肯定还会存在一些纷争。地图中已经标明了那些最有可能被晋级为一级园的候选者。

1:35,714
Km 0 — 1 Km
Miles 0 — 1 Mile

村庄（教区）边界
法定产区间的界线采用彩色线条标示
ST-VÉRAN 法定产区名称
DOM BARRAUD 知名酒庄
en Servy 知名葡萄园
葡萄园
森林
200 等高间距10米

索鲁特的岩石——狮身人面兽状的石灰岩峭壁不容忽视。1866年，人们在这里发现了古代动物的骨头，它被认为是欧洲最大的考古发现之一。

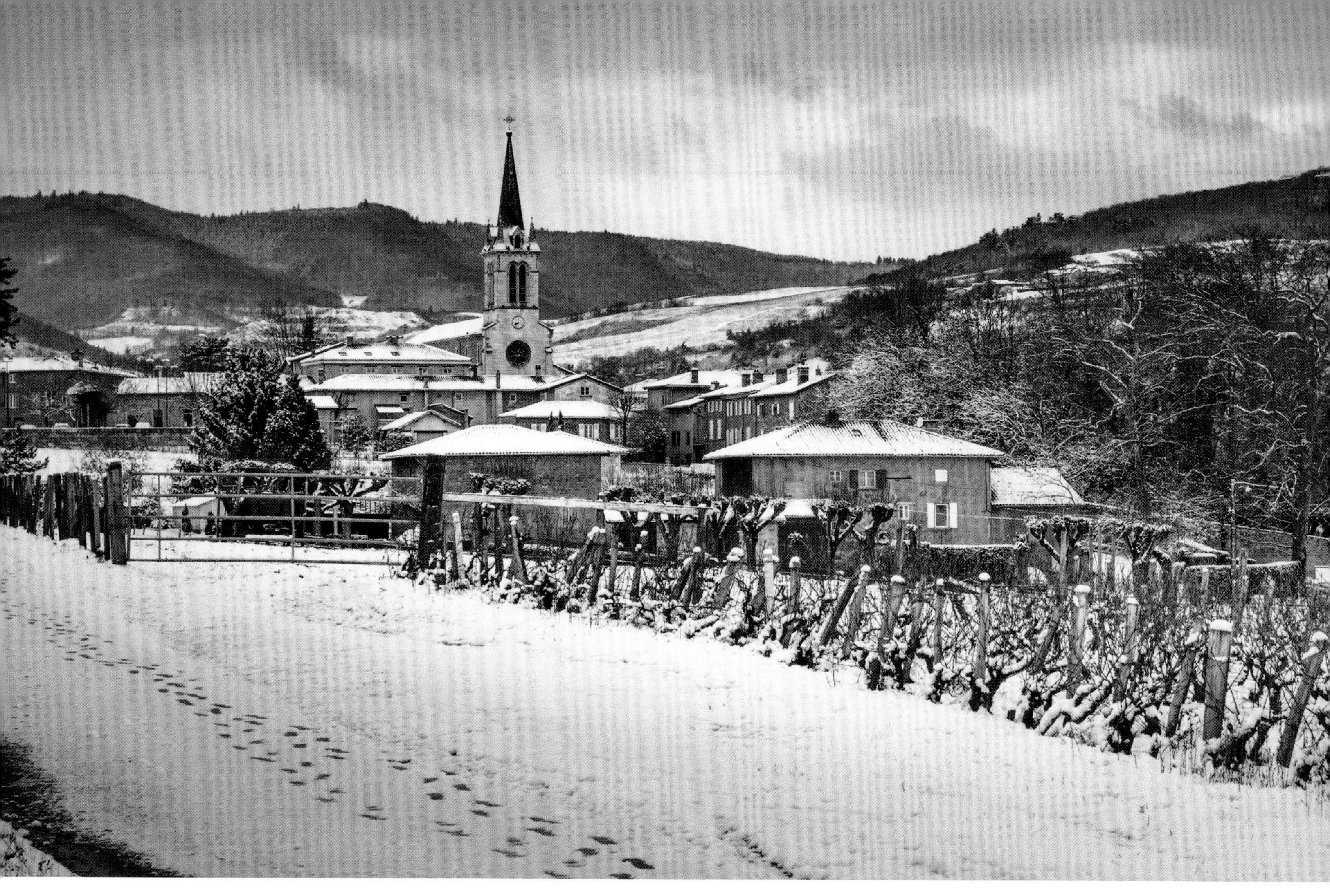

△

懒洋洋的温暖夏日，游客都喜欢光顾博若莱这座蓝色的小山丘。图为维勒弗朗什西边的Denicé小镇，白雪覆盖葡萄藤的景象刚好延伸到小镇。

博若莱 Beaujolais

佳美葡萄在其他任何地方几乎都被当作二流葡萄品种。而在博若莱，用佳美葡萄酿造的葡萄酒清新活泼、果味十足，通常淡雅又顺口，有着你在别处找寻不到的独特风味。

风土 多种颜色的花岗岩，北方的土壤上面会再覆盖一层黏土和沙子，南方土壤更轻质，地形也更平坦。

气候 几乎是南方的气候，有时夏天格外炎热。

主要葡萄品种 红：佳美；白：霞多丽。

有些人会觉得博若莱的葡萄酒乏味无聊，无法像一款伟大葡萄酒那样，影响力大，可长久保存。另外一些人则把这视为博若莱葡萄酒的优点：快速饮用，乐趣多多。20世纪末，每年11月出产的博若莱新酒因疯狂发酵而散发的香蕉气息吸引了一众品饮者，此后，博若莱葡萄酒便落后于潮流，价格也被压低。严肃的酒款并不意味着浓郁，而是饮用时可以给饮者带来不可名状的愉悦感。博若莱区从紧邻马孔（在勃艮第南端）、以花岗岩为主的山丘往南一路绵延55千米，延伸至里昂西北方更为平缓的土地。博若莱的总产量几乎等同于勃艮第其他所有地区产量的总和，正如人们所料，当地葡萄园总面积超过15 175公顷，不同的葡萄园之间天差地别。

在本区首府维勒弗朗什（Villefranche）的北方，博若莱区的土层将该地明显区分开来。南部地区是下博若莱区（Bas Beaujolais），在这里花岗石和石灰岩上覆盖了一层黏土层，在“金石地区”（Pierres Dorées）尤其明显，这种土质也为法国一些其他最漂亮的村庄增色不少。在这片较平坦的土地上或者更南端酿制的红葡萄酒也是普通的博若莱葡萄酒，非常清爽、新鲜，可以成为最好的小酒馆酒款，在里昂有名的传统小酒吧“bouchon”里，用小壶盛装上桌。普通的下博若莱葡萄酒不耐久放。即使是在好年份，过于冰冷的黏土层还是无法让佳美葡萄产生足够的香气，不过有时也有例外。

北边的上博若莱区（Haut Beaujolais）的土壤是花岗岩母质土，上面覆盖着各式各样的沙质土，排水良好、温暖，通常足以让佳美达到完美的成熟度。地图上以蓝色与浅紫色标出的38个村庄均有权使用“**博若莱村庄级**”（Beaujolais-Villages）的法定产区名称，这些葡萄园，向西攀爬至海拔450米、林木蓊郁的山地处。

村庄级葡萄酒更加浓郁，为此多花一些钱绝对是值得的。只有自己装瓶的独立酒庄（占极少数）才会倾向于标示出博若莱村庄级的村庄名称，包括Lantignié和Leynes这种最常见的名字。酒商仍然主导了生产环节，他们更倾向于混合来自不同村庄的酒，调配出的葡萄酒仅标注为“博若莱村庄级”。

记住这些名字

在地图淡紫色区块中，用黑色下划线标出的10个地方都可以在酒标上使用自己的名称（甚至不标注博若莱），以便展示各自独特的个性特征。这些就是博若莱优质村庄（Beaujolais Crus），刚好在马孔内区南方，邻近普依-富塞产区，详见下页地图。佳美和优质葡萄园的花岗岩是法国人心目中的绝佳搭档，是最不可思议的葡萄品种和土壤搭配之一。现在博若莱认真努力想要做出更严肃的酒款，但价格标签上还是一副不认真的样子。

博若莱的最北部也生产少量用霞多丽酿造的白葡萄酒（Beaujolais Blanc，这里的红葡萄酒很难销售）。该地区也少量生产用佳美酿造的博若莱桃红葡萄酒，而且产量一直呈上升趋势。

本区十分适合种植佳美葡萄。传统来讲，在博若莱，每株佳美葡萄藤都单独绑桩，不过现在好一点儿的葡萄园也允许采用棚架。葡萄藤的成长过程几乎和人类一样，需要一段时间的照顾才能独立生活；10年后便不再需要绑桩，只是每年夏天还要再进行缚枝。佳美葡萄树的寿命可以比人类寿命还要长，果实的个头大小差不多，收获时必须人工逐一采收。

如今大多数博若莱葡萄酒都采用半二氧化碳浸渍法酿造，将整串葡萄放置在密闭酒槽中，不碾碎，开始进行内部发酵（尤其是酒槽上方的葡萄）。快速的发酵过程会加强水果的香气和风味，极度弱化单宁和苹果酸。但该区回归传统的迹象已经非常明显，采用了更多有着勃艮第风格的酿造方法，有些酿酒商甚至开始重新使用橡木桶，以期酿造出更值得陈年的勃艮第风格葡萄酒。据说好的佳美酒经过陈年后会更像黑皮诺的风味。

相似的博若莱味道

事实上，在地图西边，越过山脉后，在上卢瓦尔盆地里还有三个比较小的佳美产区（见第53页法国全图）。Côte Roannaise产区就在罗阿讷市（Roanne）附近，分布在卢瓦尔河谷南向与东南向的山坡上，土层同样是以花岗岩为底土。这里还有几个独立酒庄能酿出有着纯正博若莱风格的清新酒款。再往南走，Côtes du Forez产区属于一家出色的酿酒合作社，在类似的土壤环境中种植佳美。Côtes d'Auvergne产区范围就更广了，该区位于克莱蒙费朗市（Clermont-Ferand）附近，采用佳美生产清淡型的红葡萄酒、桃红葡萄酒，也有一些清淡型的白葡萄酒。

博若莱村庄与优质村庄

这张地图展现了博若莱法定产区的全貌，北边与马孔内重叠的部分也包括在内。博若莱优质村庄的产量不及整区的三分之一，详细标示请看下页地图。

博若莱优质村庄 The Crus of Beaujolais

本页地图中用雾蓝色标识的山丘，通常山顶被森林覆盖，低处则布满葡萄园。博若莱区10个独立的优质村庄都在此地，所生产的酒是单一葡萄品种佳美在绝佳风土条件之下的极致表现。他们的标签上几乎不会出现"博若莱"字样，所以记住村庄的名字很有必要。

最近的地质研究证实了该区的下垫岩石与距离它南边97千米的罗蒂丘产区一样，属于火山片岩或沙质花岗岩。不过持续的水土流失使该地区有着各类不同的表层土、朝向和坡度，因此即使在同一个优质村庄，葡萄酒的风格也可能天差地别。当然，本地人蒙着眼睛也可以将它们辨别出来。

最北边的优质村庄圣阿穆尔（St-Amour）是最小的。与其北部的邻居圣韦朗和普依-富塞一样，它的土壤中含有些石灰岩，其葡萄酒的芬芳、细腻感多于结构感。朱丽娜（Juliénas）出产的葡萄酒通常酒体更为饱满，有时会有一些粗糙，不过Les Mouilles和Les Capitans都是优质的地块。谢纳（Chénas）产区一直处在隔壁**风车磨坊**（Moulin-à-Vent）光环的阴影之下并且与后者一样需要时间来绽放。风车磨坊有两个最好的子产区，第一个靠近风车磨坊本身，由Le Clos、Le Carquelin、Champ de Cour和Lés Thorins等地块组成；另一个地势稍高，包含了拉罗谢尔（La Rochelle）、洛奇格勒（Rochegres）和维里拉（Les Vérillats）。第二个子产区远在优质村庄的南部区域，地势更低、更平坦，出品的葡萄酒缺乏优质酒的复杂度、陈年能力，有时也不具备高贵感。

也许是因为名字的关系，弗勒里村（Fleurie）总是和女性化有着千丝万缕的联系：Chappelle des Bois、La Madone和Les Quatre Vents都是沙质土壤，它们的酒就是很好的例子。不过黏土更为丰富的葡萄园（如La Roilette和Les Moriers）或格外温暖的朝南葡萄园（如Les Garants和Poncié），它们出产的弗勒里葡萄酒在酒体和陈年潜力上可与风车磨坊一较高低。希露薄（**Chiroubles**）是海拔最高的优质村庄，土壤为轻质沙土，

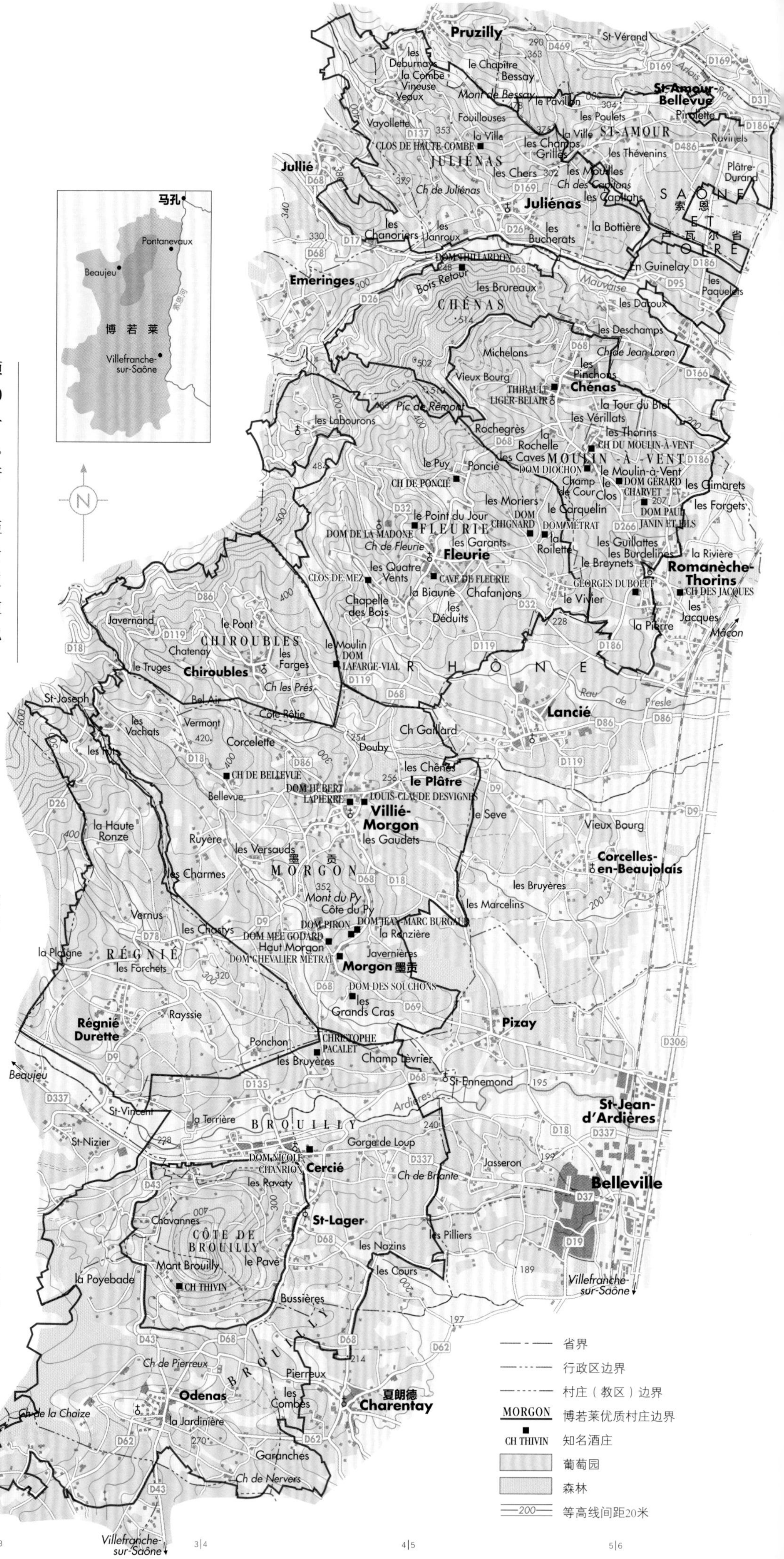

其葡萄酒在较为凉爽的年份会显得有些尖酸，但在阳光充沛的年份则可展现出无尽的魅力。

墨贡（Morgon）作为自然酒（见第35页）的诞生地，是第二大的优质村庄产区，与其知名的火山丘皮丘（Côte du Py）密切相关，后者的酒出奇地强劲、热情以及辛辣。香牡园、Les Grands Cras、科赛利特（Corcelette）和盖拉德（Château Gaillard）葡萄园则出产更轻盈圆润的酒款。墨贡南边是广袤的**布鲁依**村（Brouilly），葡萄酒风格差异巨大。来自布鲁依山脉火山斜坡、小得多的布鲁依丘优质村庄的酒款更值得窖藏。墨贡西边的雷妮（Regnié）出品的酒更像布鲁依或者优质的博若莱村庄级酒，从价格上就能看出端倪，博若莱优质村庄酒都不是很贵，甚至葡萄园本身就不太贵。因此，很多不满金丘土地价格上涨的生产商纷纷涌入此地。

博若莱优质村庄的土壤

花岗岩

浅花岗岩土

风化的浅花岗岩土

深花岗岩土

高度风化的深花岗岩土

硅质火山岩

不同的浅硅质火山岩土

不同的深硅质火山岩土

青色或片状火山岩

风化的浅青石土

风化的深青石土

风化的浅片岩土

风化的深片岩土

砂岩

不含钙质的砂岩土

石灰岩

坚硬的浅石灰岩土

浅的石灰岩脱碳酸土

坚硬的深石灰岩土

深的石灰岩脱碳酸土

泥灰岩

钙质泥灰岩土

不含钙质的泥灰岩土

砾石

不含钙质的砾石斜坡土

残积黏土

含少量石头的残积黏土

含燧石和黑燧石的残积黏土

山麓和古老的冲积地层

山麓以及古老的冲积土，含有少量石头

多石、古老的冲积土

斜坡底部新产生的崩积土（细碎石）

新产生的深层崩积土

森林

MORGON 博若莱优质村庄边界

省界

行政区边界

村庄（教区）边界

远离冰川的土壤构造

地图上标示的10个博若莱优质酒庄都是以花岗岩底土为主，这是因为在法国，该区域没有融化的冰川雪水可以冲刷走花岗岩。10年间，人们对979个土坑、15 301个钻洞的调查研究，揭露了这里土壤构成的复杂细节，不仅为不同优质酒庄的葡萄酒，甚至为相邻园地葡萄酒风味的细微差别，提供了令人兴奋的线索。

此地图是在土壤构造图的基础上，添加了信号图和博若莱内部地图。

这些几近成熟的霞多丽葡萄呈现出金绿色色调和夏布利的优秀品质，这或许就是霞多丽的极致表现？

夏布利 Chablis

从名气上看，夏布利是葡萄酒世界里最被低估的名字之一，在夏布利，霞多丽的表现最出色，陈年潜力强大。

风土 启莫里阶石灰石黏土出品了最杰出的葡萄酒，年轻一点儿的波特兰阶土占据了少量有利地块。

气候 地处勃艮第寒冷偏远的北方，经常遭受毁灭性的春霜。

主要葡萄品种 白：霞多丽。

这里曾经葡萄园广布，而夏布利几乎是唯一幸存下来的产区。本区是主要的巴黎葡萄酒供应产区，西北方177千米即是巴黎市区。

19世纪末期，夏布利所属的约讷省拥有40 500公顷的葡萄园，多数生产红酒，就像今天法国南部的角色一样。夏布利产区的水路汇集至塞纳河，河上曾经挤满了运送葡萄酒的货船。

夏布利先是受到葡萄根瘤蚜虫病的摧毁，后来兴建的铁路又在约讷省的葡萄园绕道而过，这些使得夏布利成为法国最贫穷的农业产区之一。20世纪下半叶一场大型的复兴运动，让夏布利有机会为自己的名望发声：夏布利是一个伟大而独特的原产地。霞多丽葡萄在寒冷气候及石灰质黏土的风土条件之下孕育出的独特风味，是葡萄生长环境较良好的产区（或者其他任何产区）无法仿效的。夏布利白葡萄酒坚实而不粗糙，令人联想到石块、矿石，还有青干草的味道，酒龄浅时看起来是绿色的。夏布利特级葡萄园，甚至一些最好的一级葡萄园，酿造的酒喝起来分量足，强劲而不朽，拥有惊人的陈年能力。储藏10年后酒液会产生一种奇妙美味的酸性，仿佛有金绿色的光芒闪耀其间。夏布利的拥趸们十分清楚在这个过程中，葡萄酒会经历一段不太迷人、闻起来像湿羊毛的阶段，有些人可能会因此放弃，不得不说那会是他们的损失。

1:250,000

Km 0 1 2 3 4 5 Km

Miles 0 1 2 3 Miles

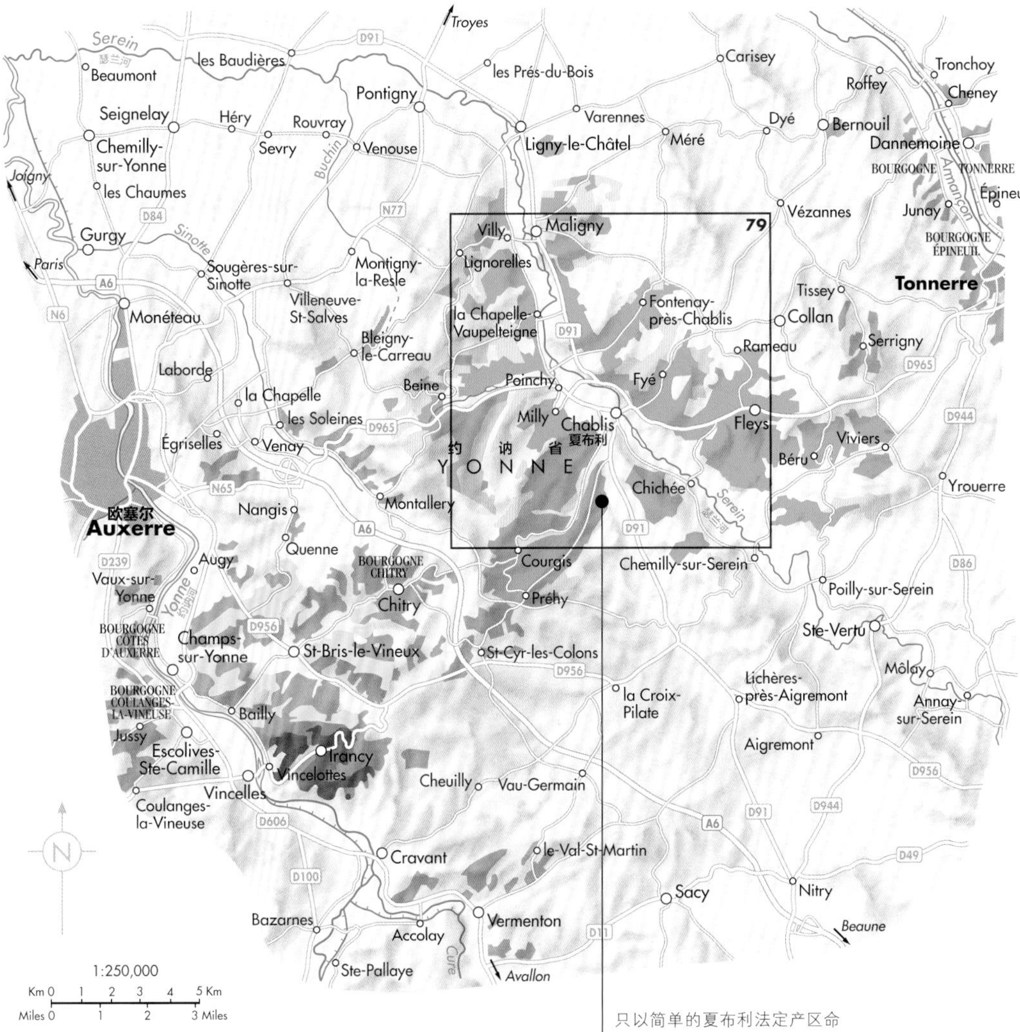

只以简单的夏布利法定产区命名的酒，来自那些适合酿制一级和特级葡萄园酒的地块以外，后页地图有详细标注。

勃艮第

BOURGOGNE CHITRY 区域法定产区

夏布利

小夏布利

圣布里

伊朗锡

79 此区放大图见所示页面

约讷省

夏布利所属的省和新晋的次要法定产区，如今都采用“约讷河”（River Yonne，位于地图的西部区域）这个名字，不过实际上是瑟兰（Serein）河谷及其支流勾勒出了夏布利葡萄园。夏布利的命运总是跌宕起伏，霜冻会对每年的葡萄酒产量产生直接影响。

牡蛎和它们的外壳

位于寒冷气候的葡萄园往往需要特殊的条件才会成功。夏布利位于博讷市北方160千米处，比勃艮第其他产区更靠近香槟区。它的秘密在于其地质：石灰岩及泥灰岩层构成一片广阔的海下盆地，其边缘裸露出地面。在英吉利海峡对岸的多塞特（Dorset），因远古时沉积的牡蛎壳层层堆叠而得名启莫里（Kimmeridge）。牡蛎与夏布利白葡萄酒，似乎从一开始就有所牵扯。耐寒的霞多丽是夏布利产区栽种的唯一葡萄品种，在向阳坡地可以达到极佳的成熟度。

夏布利和**小夏布利**（Petit Chablis）这片更广阔的偏远产区并非约讷省仅有的法定产区，霞多丽也不是纳讷省仅有的葡萄品种。伊朗锡镇（Irancy）以及库朗-拉维斯镇（Coulanges-la-Vineuse，**勃艮第的库朗-拉维斯AOC**）长久以来就种植着黑皮诺，生产清淡型的勃艮第红葡萄酒。圣布里勒维讷村（St-Bris le-Vinex）种植的长相思葡萄（这种情况在法国该区域不太常见）也有自己的法定产区圣布里（St-Bris），但这里的霞多丽与黑皮诺都以勃艮第—欧塞尔丘（Bourgogne Côte d' Auxerre）的名义销售，而Chitry村附近的酒则标示Bourgogne Chitry。Tonnerre村西边出产的红酒被称为Bourgogne Epineuil，而标注为Bourgogne Tonnerre的则是白葡萄酒。问题是：有必要分出这么多产区吗？显然当地人并不介意。

△
夏布利经常遭受春霜的侵袭，喷淋看起来有违常理，但适当喷淋可以令娇弱的嫩芽外面形成冰层并起到保护作用（见第19页）。

夏布利中心地带
The Heart of Chablis

夏布利产区分为四个等级，这种分级制度对于证明南向坡地对北半球葡萄产区的重要性，可以说是一种最清楚的示范。特级葡萄园的酒喝起来总是比一级葡萄园的浓郁，而一级葡萄园又优于普通的夏布利级，夏布利级又好过小夏布利级。

所有七个特级葡萄园连成一整片，朝南或朝西眺望着村庄与河流，但总面积仅占夏布利所有葡萄园总面积的2%。从理论上来说，七家葡萄园各有特色。不少人认为克洛斯园（Les Clos）和福迪斯园（Vaudésir）是其中最优秀的两家，它们的葡萄酒酒体确实更丰满一些，但更重要的是它们的共通点：强烈，如博讷丘顶尖白葡萄酒般极致丰富的风味，但又多了一些令人激动的金属感，陈年后将会呈现出高贵的复杂度。夏布利特级葡萄园的白葡萄酒一定要陈年，理想状态是陈年10年，但也有不少葡萄酒放置20年、30年，甚至40年后，仍然雄伟华丽。

克洛斯园是面积最大且知名度最高的特级葡萄园，占地26公顷；很多人都说它的风味、强度及持续力是最好的，好年份的酒款经过陈年后会发展出苏玳酒般的香气。普尔日园（Les Preuses）的葡萄酒应该非常醇美、圆润，或许在风格上是不太坚硬的酒款，布朗雪（Blanchot）和格勒诺（Grenouilles）这两个特级葡萄园的白葡萄酒通常香气馥郁。有些酒评家认为瓦慕园（Valmur）的白葡萄酒浓郁芳香，无可挑剔；也有一些酒评家偏爱福迪斯园葡萄酒的细致。

布朗雪或许是最无趣的特级葡萄园了，但在宝歌园（Bougros）最陡峭的区域［被威廉·费尔（William Fèvre）称为Côte Bouguerots］也能出产极好的葡萄酒。

夏布利一级葡萄园

夏布利区的一级葡萄园官方数量为40个，知名度长期不高的葡萄园要不被人遗忘，要不就是以十几个比较有名气的一级园的名字进入市场。在右页地图上同时标出了旧名和现在常用的名称。这些一级葡萄园地面倾斜度与日照条件各不相同，显而易见，在瑟兰河北岸，向西北边［如福寿姆园（Fourchaume）］或东边［汤尼尔园（Montée de Tonnerre）与山腰园（Mont de Milieu）］两侧延伸的特级葡萄园比较占有优势。最好的一级园葡萄酒可以说有着夏布利的最高性价比：非常有风格，至少和金丘区的某些一级园白葡萄酒一样耐陈年，还要比默尔索多三四年的瓶陈时间。保守派认为夏布利中心地带独特的启莫里阶泥灰土才是品质保证，而反对者则认为是紧密相关的波特兰阶基层岩以及当地分布更广的黏土在发挥作用。后来法国法定产区标准局（INAO）做了一个方便的决定，采纳后者的意见，允许夏布利的葡萄园面积扩增，达5140公顷：其中小夏布利884公顷、一般夏布利3367公顷、一级葡萄园783公顷、特级葡萄园106公顷。

1960年，一级葡萄园的面积比一般夏布利等级的面积还要大。如今，虽然一级葡萄园扩增不少，但同时有超过其四倍面积的葡萄园在生产一般等级的夏布利。外缘区域的小夏布利全都出自名家之手，但酒品也会单薄，令人不满。夏布利地理位置如此靠北，品质年年参差不齐，不同酒庄的葡萄酒也不太一致（尤其是在风格上）。如今大部分酒庄都偏爱用不锈钢桶进行发酵，而不经过橡木桶陈年，但越来越多的酒庄已经证实橡木桶（特别是适当使用过的）可以赋予一些优质酒款以特殊的风味物质。夏布利特级园葡萄酒一直以来都被全球顶级酒商们忽视，其价格如今只有科尔登-查理曼的一半，而势均力敌的价格才能体现公正。

特级葡萄园和一级葡萄园

请注意这些特级葡萄园是如何形成一个稳定、向阳、西南朝向且排水良好的地块的。地图显示，在众多的一级葡萄园中，瓦洛伦园（Vaulorent）和汤尼尔园的质量就和它们的地理位置一样，很有可能给特级葡萄园带来最大的挑战。

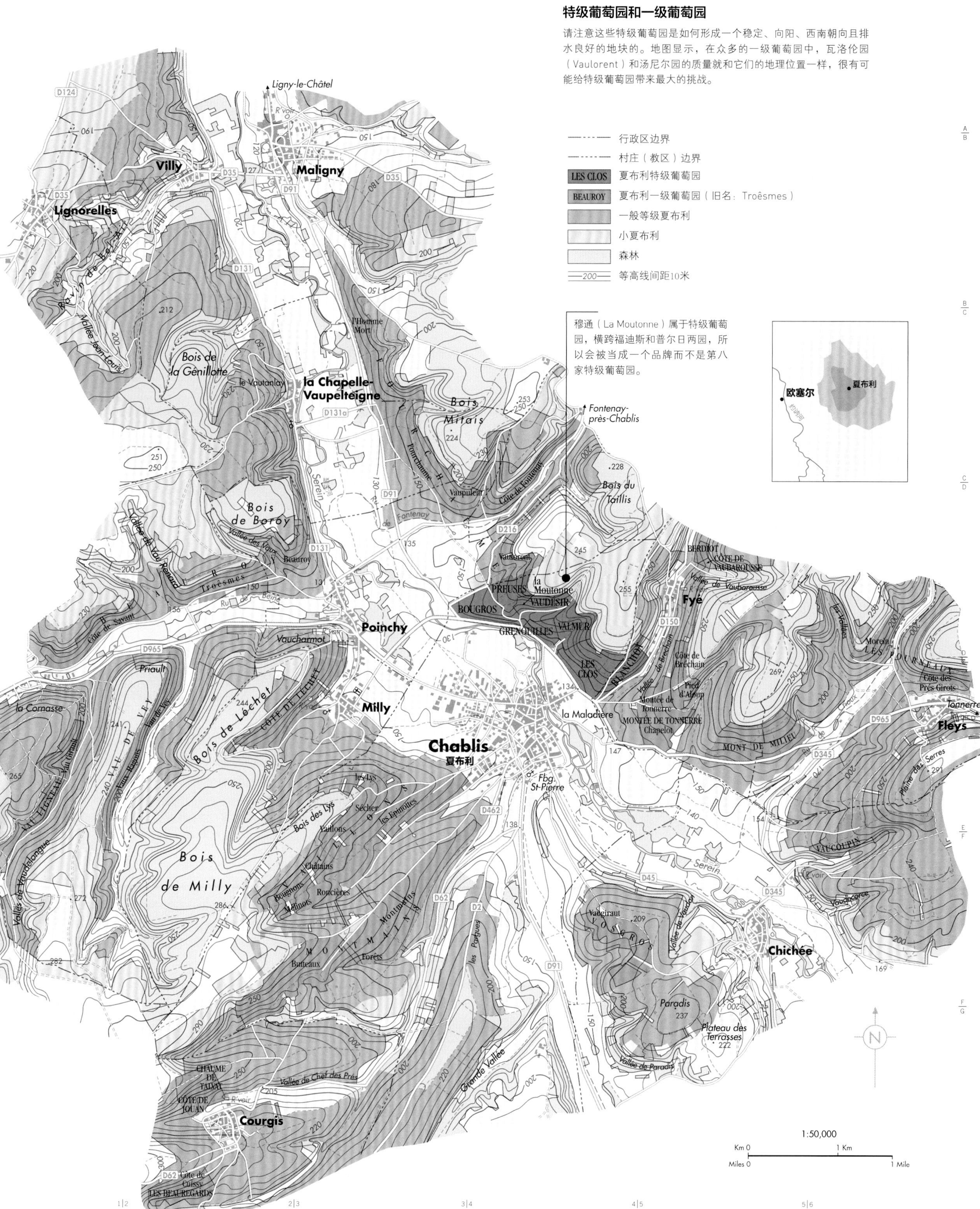

香槟 Champagne

要想成为香槟，可不仅仅是成为一瓶带气泡的葡萄酒就可以。它必须来自法国东北部的香槟区。这是法国乃至整个欧洲葡萄酒行业的一个基本原则，归功于人们不断地争取，现在这条原则也在世界范围内被认可。

风土　优质的白垩土是香槟区最著名的风土特性，当然还有它的排水系统和庞大的地窖，或者 crayères（香槟地下酒窖的特殊名称）。

气候　这里气候凉爽，但正在逐渐变暖。

主要葡萄品种　红：黑皮诺、莫尼耶皮诺；白：霞多丽。

如果说所有香槟都比任何其他气泡酒优秀，略微有些夸张，但最优秀的香槟将新鲜度、丰富感、细致性、饱满度、特殊的风味和活泼而细腻的口感结合，目前还没有任何其他气泡酒可以媲美。香槟的奥秘一大部分在于其所处的纬度与这个地区的精妙位置。

香槟产区所在的纬度比本书地图中所显示的任何其他葡萄酒产区都要更靠北（除了英格兰——其最好的葡萄酒仿佛是香槟的复制品）。

香槟离海足够近，会受到大西洋气候的影响，再加上多云和四季气候差异小的特点，使每年的葡萄相对成熟，酸度降低并趋向于更为均衡。香槟区的情况说明，离海不远的位置有利于葡萄成熟生长，即使在离赤道很远的地方。

独特的土壤和气候对于香槟区极其重要，它位于巴黎东北部仅 145 千米的位置，从白垩质土壤的平原中“升起”的一小群山丘是其中心，而马恩河将其分为两部分。下一页的地图显示了香槟的核心地带，但整个产区其实要比这辽阔得多。

马恩省出产的香槟占到整个产区产量的三分之二，但南部奥布省的葡萄园（大约占据产区的 23%）则主要出产风格相对健壮、果味浓郁、别有特色的黑皮诺。而马恩河岸边以莫尼耶皮诺为主的葡萄园却向西深入到埃纳省（其葡萄园面积约占 10%）。

香槟区以其白垩纪的深厚白垩土层而闻名，在白丘（Côte des Blanc）和兰斯山（Montagne de Reims）的大部分种植区则更为突出，不过在占地超过 34 000 公顷的葡萄园里土壤的差异非常大。

向西穿过马恩山谷，白垩土被埋在厚厚的黏土层、石灰岩层和泥灰层下面，越来越深。再往北到兰斯山西部的土壤却呈现出多样性，包括各种各样的石灰岩和黏土。在香槟区最南端奥布省的巴尔山坡，种植区的土壤则完全找不到白垩土，那里主要是启莫里阶泥灰岩，这点和夏布利西南部的土质几乎相同。

土壤的多样性导致了该区葡萄酒风格和特征惊人的多样性。事实上，最新的情况是越来越多的顶级生产商开始愿意探索这种多样性，通过分别酿造不同地块的酒来专注表现风土的特点。甚至在某些情况下，生产商会以单一葡萄园或单一风土香槟来装瓶。

增长趋势

共有 320 个村庄被授权生产香槟。香槟区的葡萄园堪称世界顶级昂贵的葡萄园，但仅有 10% 属于全球知名度高的、以出口为主的大型香槟酒商。这些酒商喜欢将香槟各个种植区的葡萄混酿。

其余的葡萄园则由 15 000 多个种植者分享，其中许多还是兼职的。据最新统计，越来越多的酒农（有超过 4000 人，是 2010 年的两倍）正在独立酿造并销售自己的葡萄酒，而不是纯粹将葡萄汁销售给其他香槟大酒商或酒厂以供他们混酿——虽然他们有时也这样做。

酒农香槟（详见第 81 页框），当然包括一些时下最受推崇的香槟酒几乎占了所有香槟销量的四分之一。市场上超过 10% 的香槟，来自一个成立于 20 世纪初香槟最困难时期的合作社。

但是一些知名大品牌依旧称雄香槟市场，比如那些位于**兰斯市**（Reims）**和埃佩尔奈镇**（Epernay）的大酒商，还有一些位于这两个香槟区重镇以外的酒商，包括在艾镇（Aÿ）的堡林爵（Bollinger）和位于马恩河畔图尔（Tours-sur-Marne）的罗兰百悦（Laurent-Perrier）。

香槟的配方

香槟的巨大成功让它的配方受到了全世界追捧，即选用黑皮诺、莫尼耶皮诺和霞多丽等葡萄品种，加上现在被称为“传统工艺”的谨慎而又复杂的酿造流程。

每批次压榨 4 吨重的葡萄，挤压的力道十分轻柔，即使是深色果皮的黑皮诺和莫尼耶皮诺，经过挤汁后，果汁的颜色也十分浅淡。并且每个批次中，只有严格遵照法规限量的那部分果汁才会被用于酿制香槟（越来越流行的粉红香槟中，大部分都是特意将一些红葡萄酒加入白葡萄酒中来酿制的）。

在最北面的产区，基础酒发酵后的酒精含量只能勉强达到 10%，但将糖和酵母加入这种干型葡萄酒中后，这样的混合酒液在瓶中进行的第二次发酵能够将酒精含量提高到 12%，发酵时产生的二氧化碳也被完全溶解在葡萄酒中。

香槟品牌之间的主要区别在于对干型基酒的调配方式。而这一切都取决于酒厂调配基酒的经验——通常会根据情况加入一部分陈年的葡萄酒，当然也取决于酒商们在原材料上的预算。如右框中“酒农香槟的崛起”所述，即使是位于香槟区的中心，其葡萄园的质量和特色也可能非常不同。

影响香槟品质的另一个关键因素是与二次发酵时所产生的酒渣一起留在瓶中陈酿的时间。

酒标的语言

白中白香槟（Blanc de blancs）：完全采用霞多丽酿造的香槟

黑中白香槟（Blanc de noirs）：完全采用黑皮葡萄酿造的香槟

特酿香槟（Cuvée）：混酿（大部分香槟都是混酿）

无年份香槟（Non-vintage，简称NV）：包含不止一个年份的酒液的香槟

珍藏香槟（Réserve）：很常见但毫无意义的术语

年份香槟（Vintage）：酒液来自单一年份的香槟

甜度（每升所含残糖的克数）

天然干（Brut nature）或称零加糖（Dosage zéro）：低于3克/升，而且不加任何种类的糖

超天然（Extra-brut）：绝干（bone-dry），0—6克/升

天然（Brut）：干，低于12克/升

极干（Extra）：干，12—17克/升

干型（Sec）：较干，17—32克/升

半干型（Demi-sec）：中等甜度（尽管称为半干），32—50克/升

甜型（Doux）：很甜，高于50克/升

生产者的类型

酒商兼酿酒人（NM）：购买葡萄的香槟酒厂

葡萄种植者兼酿酒人（RM）：自己酿造葡萄酒的葡萄种植者

合作社酿酒人（CM）：合作社

合作社葡萄种植者（RC）：销售由合作社酿造的葡萄酒的葡萄种植者

买家品牌（marque d'acheteur）：买家的自有品牌

比起法定的非年份香槟和年份香槟最低 12 个月的陈酿时间，当然是陈年越长越好，这样酒液才可以充分地与沉淀物接触，从而赋予香槟独特和微妙的风味。

那些名酒庄的声誉是建立在非年份调配香槟的基础上的，而我们可以感受到新趋势是每一年出产的新酒正在显示出不同的个性。

香槟的产业化开始于 19 世纪初，当时著名的凯歌香槟（Veuve Clicquot）设计出了一种在不损失气泡的情况下清除葡萄酒渣的方法。

这个工序就是转瓶（remuage），是在有孔的架子上手工摇动酒瓶并使酒瓶逐渐倒立，在这个过程中沉淀物会逐渐聚集到木塞上。

时至今日，这一步骤是在大型计算机控制下由机械完成的。随后瓶子的颈部被冻住，打开瓶子时被冰冻的酒渣会随之喷出，留下非常清澈的葡萄酒，然后用不同甜度的葡萄酒添满酒瓶。

而产区的流行趋势是降低补液的甜度，有时甚至根本不加任何糖分。

酒农香槟的崛起

香槟区的一些酒农长期以来都自己酿制葡萄酒，很多法国人也总喜欢直接去酒庄购买。而最近比较显著的变化是一些酒农酿造并出口了质量非常出众的香槟。

酒农致力于生产各种不同寻常的葡萄酒，比如尝试表现不同风土的特点，采用不寻常的葡萄品种或独特的年份组合。

补液时尽量少地加入糖分并尽可能在酒标上标注更多信息。在橡木桶中陈年是较为常见的一种方法，在这方面，阿维兹（Avize）的安塞勒姆（Anselme Selosse）香槟酒庄表现尤其突出。

这些酒农香槟如今已经不再是平价的代名词了，它们极大地增加了香槟的丰富性，其中有些人似乎盲目地崇拜凌厉风格，也有一部分人坚持认为加入少量的糖有助于香槟的陈年。

省界
香槟产区边界
葡萄酒生产区域
83 此区放大图见所示页面

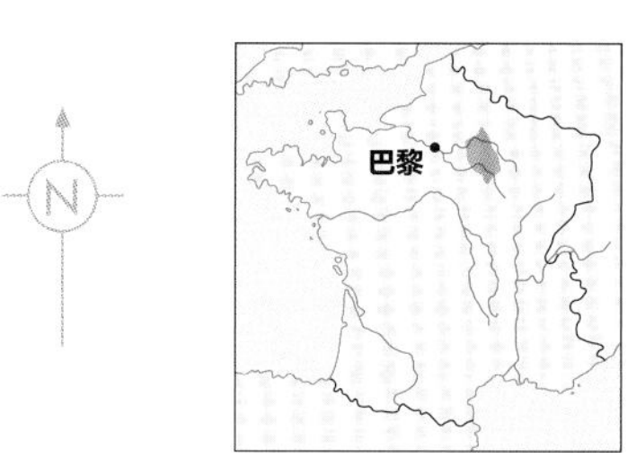

蒙格村（Montgueux）的葡萄园虽然被分隔开来，却出产了当地更有特色、早熟的香槟——其酿酒葡萄为产自阳光明媚的南向白垩山坡的霞多丽，也混合了多种成分。

奥布省的巴尔丘风景如田园牧歌般秀丽，土壤为启莫里阶石灰石而不是白垩，出产的黑皮诺与香槟北部区域大不相同。这里聚集着大批年轻而富有雄心的酿酒人。

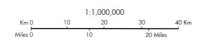

1:1,000,000
Km 0 10 20 30 40 Km
Miles 0 10 20 Miles

◁
这些位于Mancy外、克拉芒以西的葡萄园，展现了香槟地区单一种植葡萄作物的景象。谁会愿意在此种植土豆呢？

香槟区中心地带 The Heart of Champagne

香槟区的王牌是其葡萄藤下面的土壤。白垩土是一种较软的石头，很容易就能在上面挖出酒窖。它能够保持湿度，就像一个能精确调节湿度的葡萄藤加湿器，而同时也能对土壤起到保暖作用。并且它能够使种植出的葡萄含有大量的氮，进而加强酵母的活力。如今有三个葡萄品种占据了当地葡萄品种的主导地位：劲道十足的黑皮诺是种植面积最广的（有38%的葡萄园种植），超过了莫尼耶皮诺；莫尼耶皮诺容易种植和成熟，果香明显，但有点儿缺乏精细感，像黑皮诺的乡下表弟；香气新鲜、有潜质变得具有奶油感的霞多丽的种植面积也在增加，占香槟区总种植面积的30%。

坡度和朝向的细微差别尤为重要。兰斯山曾是法国国王加冕的地方，也被称为城市的树林之山，这里种植的主要是黑皮诺，还包括一小部分莫尼耶皮诺。种植在韦尔兹奈（Verzenay）和韦尔齐（Verzy）这样朝北的山坡上的皮诺，与种植在艾镇那样温暖、先天条件佳的南侧山坡的相比，明显酸度更高，酿出的酒酒体更轻，却能给调配基酒带来精致的、激光雕刻般的细腻感。在调配中，饱满而充沛的香气和其坚挺酸度带来的支柱感则主要来自蒙塔涅（Montagne）的葡萄酒。

布兹村（Bouzy）之所以出名，部分原因是那里出产少量的红葡萄酒。而红葡萄酒是玫瑰香槟着色时所必需的（并神奇地增加其价值）。香槟地区相对尖酸的无泡葡萄酒以“香槟山丘”（Coteaux Champenois）的产区名出售，大部分是轻盈的红葡萄酒，偶尔也有白葡萄酒。

西边的马恩河谷有连绵不断的朝南的坡度，利于捕捉阳光，从而酿制出最饱满、圆润和成熟的葡萄酒，有着充沛的香气。这里的葡萄园也是以黑色葡萄品种为主，并以朝向最佳的地块出品的黑皮诺而闻名，但其他区域种植的葡萄品种为莫尼耶皮诺和越来越多的霞多丽。

埃佩尔奈南边朝东的山坡就是白丘，霞多丽在这里生长。霞多丽能够在调配时赋予酒以新鲜度和细腻感。克拉芒（Cramant）、阿维兹和梅斯尼尔（Le Mesnil）是三个因葡萄酒而长期享有盛名的村庄。从上页地图可见塞扎纳丘（Côte de Sézanne）实际上就是白丘的延伸。

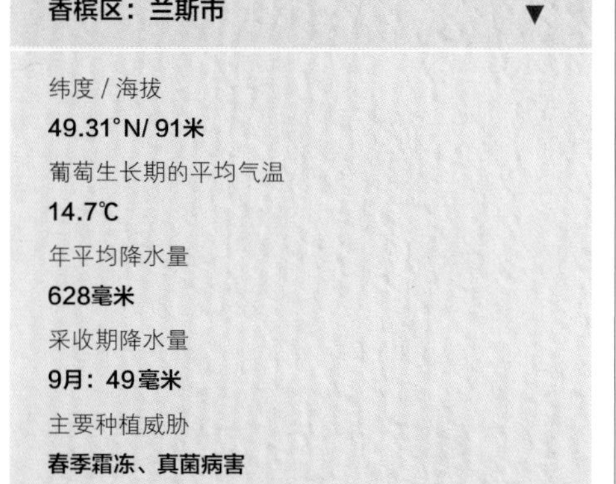

香槟区：兰斯市 ▼

纬度 / 海拔
49.31°N/ 91米
葡萄生长期的平均气温
14.7℃
年平均降水量
628毫米
采收期降水量
9月：49毫米
主要种植威胁
春季霜冻、真菌病害

香槟的分级体系

右图中这些村庄（和香槟产区所有的村庄）都在一个“村庄梯式分级”（échelle des crus）的排名中被分级，它给每一个村庄收成的葡萄制定一个百分比。

直到21世纪之前，整个产区才有了一个参考性的价格，在那些特级庄中的酒农能够完全按照这个参考价格出售自己的产品；一级村庄根据其在排名中的位置，能够得到这个参考价格的90%—99%的收益；剩下的村庄以此类推，一些位于边缘区域的村庄只能获得参考价格的80%。如今，葡萄的价钱由酒农和酒庄之间以个案形式单独决定，不过这个分级体系依旧有可能被应用。有一些人希望看到这个分级能够重新修订，从而将不同葡萄园之间的潜力进行更精准的区分。

在不同区域混合调配的香槟中，像唐·培里侬（Dom Pérignon）、路易王妃水晶香槟（Louis Roederer Cristal）、库克（Krug）、沙龙（Salon）、巴黎之花（Perrier-Jouët）的美丽时光（Belle Epoque），

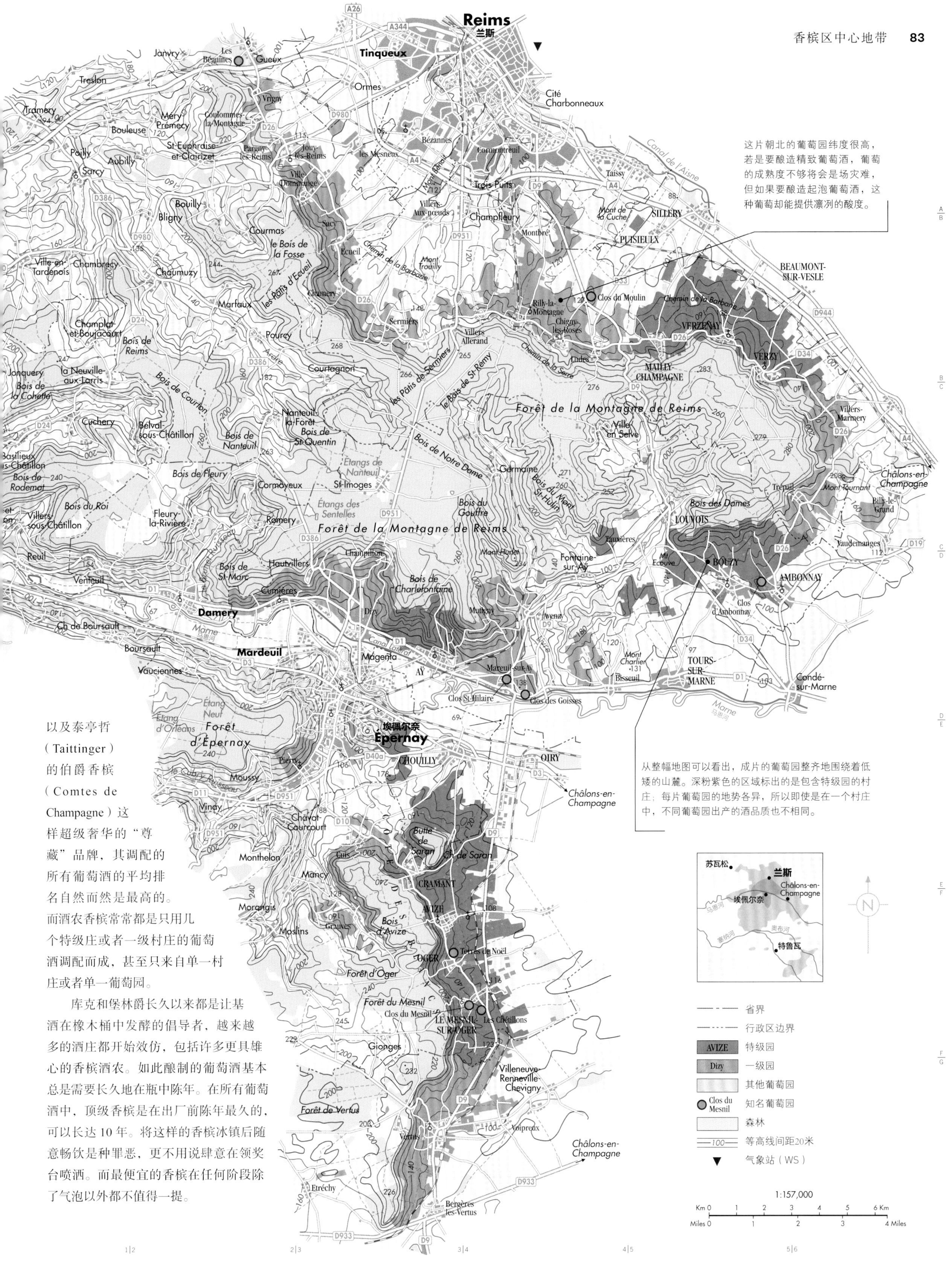

以及泰亭哲（Taittinger）的伯爵香槟（Comtes de Champagne）这样超级奢华的“尊藏”品牌，其调配的所有葡萄酒的平均排名自然而然是最高的。而酒农香槟常常都是只用几个特级庄或者一级村庄的葡萄酒调配而成，甚至只来自单一村庄或者单一葡萄园。

库克和堡林爵长久以来都是让基酒在橡木桶中发酵的倡导者，越来越多的酒庄都开始效仿，包括许多更具雄心的香槟酒农。如此酿制的葡萄酒基本总是需要长久地在瓶中陈年。在所有葡萄酒中，顶级香槟是在出厂前陈年最久的，可以长达10年。将这样的香槟冰镇后随意畅饮是种罪恶，更不用说肆意在领奖台喷洒。而最便宜的香槟在任何阶段除了气泡以外都不值得一提。

这片朝北的葡萄园纬度很高，若是要酿造精致葡萄酒，葡萄的成熟度不够将会是场灾难，但如果要酿造起泡葡萄酒，这种葡萄却能提供凛冽的酸度。

从整幅地图可以看出，成片的葡萄园整齐地围绕着低矮的山麓。深粉紫色的区域标出的是包含特级园的村庄；每片葡萄园的地势各异，所以即使是在一个村庄中，不同葡萄园出产的酒品质也不相同。

省界
行政区边界
AVIZE 特级园
Dizy 一级园
其他葡萄园
Clos du Mesnil 知名葡萄园
森林
100 等高线间距20米
▼ 气象站（WS）

1:157,000
Km 0 1 2 3 4 5 6 Km
Miles 0 1 2 3 4 Miles

波尔多 Bordeaux

波尔多是一个面积广阔的区域，出产具有长期陈年潜力的红葡萄酒，以及同样采用橡木桶培育的甜白和干白葡萄酒。这里有世界上最伟大的酒庄，其中有些酒庄对于投资来说具有极大的风险性。

风土 左岸最好的地块为排水性良好的沙砾土壤；右岸则为黏土、石灰石和沙子以不同比例混合的土壤，这里受海洋的影响较小。

气候 海洋性气候，夏季较为炎热潮湿。采收季偶尔下雨。冰雹和春季的霜冻也会存在。

主要葡萄品种 红：梅洛、赤霞珠、品丽珠；白：赛美蓉、长相思。

如果说勃艮第葡萄酒的魅力在于其无可遮掩的“感性”，那么波尔多葡萄酒则更加“理性”，且日益商业化。一方面是由于葡萄酒本身的特点：最好的（指的是完全达到成熟状态的）波尔多葡萄酒拥有难以言喻的细腻层次及复杂度。另一方面则是因为众多产区和次产区中不胜枚举的酒庄（在波尔多被称为 château），对于饮酒人来说堪称智力挑战；遗憾但也不可避免的是，波尔多的精品葡萄酒难逃成为交易商品的命运。它始终都是地位的象征，而新的市场恰恰正在追求地位。结果怎样？出自最闻名遐迩的酒庄之手、来自最得天独厚的地理位置（详见下文的地图）的优质葡萄酒，产量出现了惊人的增长。在葡萄酒世界中，波尔多是无与伦比的，没有任何地区像它这样，地理位置与经济发展之间存在着的显而易见的关联（详见第 46—47 页）。

波尔多是全球最大的精品葡萄酒产区。可以说，整个吉伦特省（Gironde，以位于该省核心位置的河口而命名）都投入葡萄酒的生产当中了。这里生产的所有葡萄酒都可以称作波尔多葡萄酒，总年产量约为 6 亿升，在全法国的产区中仅次于庞大的朗格多克-鲁西永（Languedoc-Roussillon）。波尔多红葡萄酒和白葡萄酒的产量比例为 9 比 1。

位于波尔多市区以北的梅多克是红葡萄酒的极佳产区，在其以南则有格拉夫当中最好的精华产区、位于加龙河西岸的佩萨克-雷奥良。以上都被称为“左岸”葡萄酒。至于所谓的“右岸”则包括了圣埃美隆和波美侯产区及其位于多尔多涅河北岸的近邻。介于这两条河流之间的区域则被称为“两海之间”，这一名称只会出现在这个地区所酿制的干白葡萄酒的酒标上，尽管这里同样生产波尔多和优级波尔多（Bordeaux Supérieur）法定产区的红葡萄酒，并且产量占据了这两个级别红葡萄酒的四分之三。在右页地图的最南端则是波尔多甜白葡萄酒的生产中心。

波尔多最大的荣耀来自其最优质的红葡萄酒（全世界赤霞珠和梅洛品种混酿的仿效典范），产量极小、极其甜美、酒液呈金色且陈年潜力极强的苏玳甜白葡萄酒，以及格拉夫出产的一些具有独特风格的干白葡萄酒。但是并非所有的波尔多葡萄酒都值得炫耀，因为这个产区实在太大了（至 2016 年已经拓展到 110 713 公顷）。自 21 世纪初的几个出色年份以来，部分葡萄树开始被拔除，这还远远不够。然而其中最得天独厚的几个产区不但可以生产出全世界最好的葡萄酒，酒价同样不可小觑，个中原因我们会在下文中进一步说明。不过，在一些名气较逊的产区里，却有太多酒农或因缺乏条件、动力、决心，或是单纯因为当地风土条件较差，而无法酿造出有趣的葡萄酒。这就导致了大规模的行业合并。至 2016 年，葡萄种植者的数量（6568）只有 20 年前的一半，超过三分之二的酒庄拥有 20 公顷以上的葡萄园。

波尔多气候的多变性意味着有些年份的波尔多基础级别红葡萄酒，相比在新兴产区稳定成熟的赤霞珠红葡萄酒，总显得十分孱弱（尽管这种情况与过去相比已经减少）。波尔多红葡萄酒的年产量超过了南非或者德国整个国家的年产量，而且只有在成熟的年份，其表现才能维持波尔多世界知名产区的荣誉。劣酒应该被允许玷污这个伟大的名字吗？多方讨论出来的结果是，要拔除品质较差地块的葡萄树，以及在 2006 年设立一个新的产区，名为“大西洋地区餐酒”（Vin de Pays de l'Atlantique）——现已改为地区保护餐酒（IGP），适用于红、白和桃红三种颜色的葡萄酒；另一个更受欢迎的解决方法则是将这些葡萄酒降级为普通葡萄酒（见第 52 页）。

波尔多的法定产区

相较于勃艮第，波尔多的法定产区系统比较简单。右页的地图已经涵盖了所有这些产区，甚至包括难得一见的波尔多丘-圣马盖尔（Côtes de Bordeaux-St-Macaire）。剩下的，就是酒庄本身必须为自己的形象负责了（所谓酒庄，有些是大型庄园，有些则不过是配有酒窖的几间简单房舍而已）。此外，勃艮第按照品质划分葡萄园的系统在波尔多是不存在的，取而代之的是不同地区各自的酒庄分级，遗憾的是这些分级并没有统一的标准。

到目前为止，波尔多最为著名的是苏玳和梅多克地区的酒庄分级——其中包括位于当时仍被称为格拉夫的产区的侯伯王酒庄，这套体系建立于 1855 年，以当时的波尔多酒商所估计的价值为基础，分为一级、二级、三级、四级和五级酒庄，是迄今为止最具野心的农产品分级制度。它能帮助人们识别出最具潜力的酒庄，我们在下文中将详细说明。

波尔多：梅里尼亚克（MERIGNAC） ▼

纬度 / 海拔
44.83°N/ 47米

葡萄生长期的平均气温
17.7℃

年平均降水量
944毫米

采收期降水量
9月：84毫米

主要种植威胁
秋雨、真菌病害

重画地图

很多酒庄的现状已经与 1855 年的分级有了很大差异，原因通常都可以理解（例如当时的庄主勤奋努力，现在的庄主却很懒散，或者是反过来）。更何况，许多葡萄园都已向外扩增或与其他酒庄交换，极少有葡萄园仍然完全维持分级时的原样。现在每家酒庄所拥有的葡萄园很少是围绕着酒庄的一整块地，通常是分散在几处，并且与邻近酒庄的葡萄园混杂在一起。各个酒庄每年的平均产量从 10 到 1000 橡木桶的葡萄酒不等，每个橡木桶可以分装成约 300 瓶或 25 箱葡萄酒。最好的葡萄园每公顷生产不超过 5000 升的葡萄酒，而比较差的葡萄园产量则更大（参见第 87 页的专题）。

以超级奢华的一级酒庄来说，它们每年可以轻易酿出 15 万瓶正牌酒（grand vin），通常其售价至少是二级酒庄的两倍；除此之外还会酿造副牌酒，甚至是三牌酒。然而值得注意的是，有些五级酒庄的酒，如果品质够好，售价也可超越二级酒庄。之后几页的地图中所展示的系统能够帮助人们轻易地分辨出一级酒庄的葡萄园（在其所在的区域）与其周遭的葡萄园分辨开来。

20 世纪 90 年代中期以来，葡萄种植技术的改善为波尔多地区带来了比较长远的影响。如今，更多的葡萄酒生产者都能采收到完全成熟的葡萄，这不仅仅因为全球气候的变化，更多的是源于酿酒人全年进行更为严格的剪枝、更高的架棚、更为仔细的树冠管理，以及更为谨慎的农药使用——尽管波尔多的农药用量整体偏高，而且还在显著提高，因为潮湿的气候意味着这里的酒农与其他任何产区相比，更难放弃使用农药。

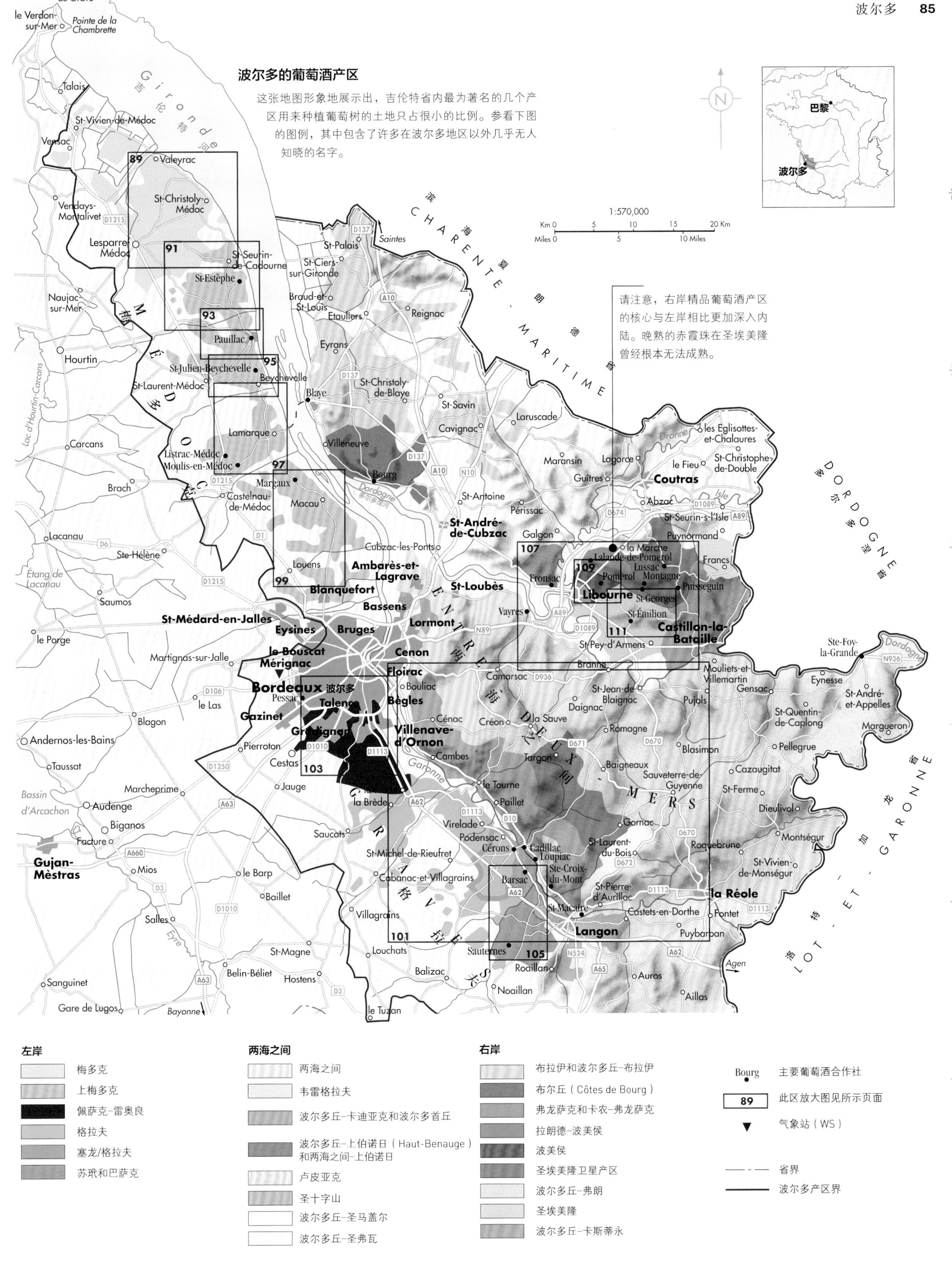
波尔多的葡萄酒产区
这张地图形象地展示出，吉伦特省内最为著名的几个产区用来种植葡萄树的土地只占很小的比例。参看下图的图例，其中包含了许多在波尔多地区以外几乎无人知晓的名字。
请注意，右岸精品葡萄酒产区的核心与左岸相比更加深入内陆。晚熟的赤霞珠在圣埃美隆曾经根本无法成熟。
巴黎
波尔多
1:570,000
Km 0 5 10 15 20 Km
Miles 0 5 10 Miles
Gironde 吉伦特河
CHARENTE-MARITIME 滨海夏朗德省
DORDOGNE 多尔多涅省
LOT-ET-GARONNE 洛特-加龙省
MÉDOC 梅多克
ENTRE-DEUX-MERS 两海之间
GRAVES 格拉夫
SAUTERNES
Dordogne 多尔多涅河
Garonne
Pointe de Grave
le Verdon-sur-Mer
Pointe de la Chambrette
Talais
St-Vivien-de-Médoc
Vensac
Valeyrac
Vendays-Montalivet
St-Christoly-Médoc
Lesparre-Médoc
St-Seurin-de-Cadourne
St-Estèphe
Naujac-sur-Mer
Pauillac
Hourtin
St-Julien-Beychevelle
Beychevelle
St-Laurent-Médoc
Lamarque
Carcans
Listrac-Médoc
Moulis-en-Médoc
Brach
Margaux
Castelnau-de-Médoc
Macau
Lacanau
Ste-Hélène
Étang de Lacanau
Louens
Saumos
St-Médard-en-Jalles
le Porge
Martignas-sur-Jalle
Bordeaux 波尔多
Mérignac
le Bouscat
Eysines
Bruges
Blanquefort
Pessac
Talence
Gazinet
Gradignan
le Las
Blagon
Andernos-les-Bains
Taussat
Pierroton
Cestas
Jauge
Marcheprime
Bassin d'Arcachon
Audenge
Biganos
Facture
Gujan-Mèstras
Mios
le Barp
Baillet
Salles
Eyre
St-Magne
Belin-Béliet
Hostens
Sanguinet
Gare de Lugos
Bayonne
St-Palais
St-Ciers-sur-Gironde
Braud-et-St-Louis
Etauliers
Reignac
Eyrans
St-Christoly-de-Blaye
Blaye
St-Savin
Cavignac
Villeneuve
Bourg
Saintes
Laruscade
Marsansin
Lagorce
Guîtres
Coutras
les Eglisottes-et-Chalaures
St-Christophe-de-Double
le Fieu
Abzac
St-Seurin-s-l'Isle
Puynormand
St-Antoine
Périssac
St-André-de-Cubzac
Cubzac-les-Ponts
Galgon
Ambarès-et-Lagrave
St-Loubès
Bassens
Lormont
Cenon
Floirac
Bouliac
Bègles
Villenave-d'Ornon
Cénac
Créon
Cambes
Fronsac
la Marche
Lalande-de-Pomerol
Lussac
Pomerol
Montagne
Libourne
St-Georges
Puisseguin
Francs
St-Émilion
Castillon-la-Bataille
Vayres
St-Pey-d'Armens
Branne
Camarsac
St-Jean-de-Blaignac
Mouliets-et-Villemartin
Ste-Foy-la-Grande
Eynesse
Gensac
St-André-et-Appelles
St-Quentin-de-Caplong
Pujols
Daignac
la Sauve
Romagne
Blasimon
Margueron
Pellegrue
Targon
Baigneaux
Sauveterre-de-Guyenne
Cazaugitat
St-Ferme
le Tourne
Paillet
Dieulivol
la Brède
Saucats
Virelade
Podensac
Cérons
Cadillac
Loupiac
Gornac
St-Laurent-du-Bois
Roquebrune
Montségur
St-Vivien-de-Monségur
St-Michel-de-Rieufret
Cabanac-et-Villagrains
Barsac
Ste-Croix-du-Mont
St-Pierre-d'Aurillac
St-Macaire
Castets-en-Dorthe
la Réole
Fontet
Villagrains
Langon
Puybarban
Louchats
Sauternes
Roaillan
Balizac
Noaillan
Auros
Aillas
Agen
le Tuzan
左岸
梅多克
上梅多克
佩萨克-雷奥良
格拉夫
塞龙/格拉夫
苏玳和巴萨克
两海之间
两海之间
韦雷格拉夫
波尔多丘-卡迪亚克和波尔多首丘
波尔多丘-上伯诺日（Haut-Benauge）和两海之间-上伯诺日
卢皮亚克
圣十字山
波尔多丘-圣马盖尔
波尔多丘-圣弗瓦
右岸
布拉伊和波尔多丘-布拉伊
布尔丘（Côtes de Bourg）
弗龙萨克和卡农-弗龙萨克
拉朗德-波美侯
波美侯
圣埃美隆卫星产区
波尔多丘-弗朗
圣埃美隆
波尔多丘-卡斯蒂永
Bourg 主要葡萄酒合作社
89 此区放大图见所示页面
气象站（WS）
省界
波尔多产区界

波尔多：品质与价格 Bordeaux: Quality and Price

波尔多产区每年生产的葡萄酒数量及品质都不尽相同，然而作为全世界最大的优质葡萄酒产区，它显然有其地理位置上的过人之处，从下页的地图上即可窥见一斑。6月开花期的天气十分多变，这也解释了为什么葡萄果实的尺寸可能存在极大差异；不过夏秋季（尤其是秋季）通常气候温和稳定而且阳光充沛。波尔多的平均气温高于勃艮第（通过比较第84页和第55页的数据即可看出），但是降水量也明显更大。

由于这些葡萄品种的开花期略有不同，因此若在6月的关键时刻碰到天气较差的几天，或者整个秋季过于阴凉，导致赤霞珠无法完全成熟，那么这种混合种植几个葡萄品种的方式就可以降低酒庄庄主的风险。在圣埃美隆和波美侯产区，赤霞珠因为大西洋的降温作用而难以成熟，所以早熟的梅洛和品丽珠一直是传统种植的葡萄品种，直到最近几年这种现象才有所改变。这也是两岸酿制出的葡萄酒在风格上有着极大差异的原因之一。

构建葡萄酒品质的要素

下图所示为吉伦特河盆地的简图，展现出影响波尔多葡萄酒品质和特色的一些因素。

雨水排入河流和小溪：最好的列级酒庄都位于排水良好的地点。
吉伦特河中的小岛，淤泥比砾石多，只能少量产酒。
平坦的河道淤泥土地，当地称为沼地（palus），非常肥沃，但是已经不再种植葡萄。
河流能够帮助调节日夜温差，从而降低霜害风险（比如1991年和2017年）。
远离河流处和河流下游处黏土较多、土壤酸度较高，出产的葡萄酒品质较为粗劣。
黏土和石灰岩土壤，出产品质中等至品质优良的红葡萄酒及品质中等的白葡萄酒。布拉伊（Blaye）产区拥有大量沙质土壤，出产品质优良的白葡萄酒。
波美侯和圣埃美隆产区的西部拥有各种各样的砾石土壤，包括黏土。
砾石堆积的河岸能够为葡萄树提供温暖且排水性良好的土壤。
一级酒庄的土壤类型并不相同：其中有的拥有深厚的砾石土壤，比如侯伯王酒庄；有的拥有多石子的黏土土壤，比如拉图和拉菲酒庄；有的甚至有石灰岩土壤，比如玛歌和拉菲酒庄。
松林能够提供保护，阻挡强劲的海风，并且缓和降水的影响。
圣埃美隆丘产区位于山坡之上，土壤为石灰岩和黏土，出产风格强劲的葡萄酒。
佩萨克-雷奥良产区的土壤非常多样，除了砾石之外，还有各种各样的石灰岩和沙质土壤。此地出产品质优良的红葡萄酒和白葡萄酒。降水量居波尔多地区之首。
靠近河岸的沙质土壤通常出产酒体较为轻盈的葡萄酒。
主要是壤土、部分砾石以及石灰岩。两海之间地区出产的大部分酒款均为红葡萄酒，以波尔多法定产区级别销售。
受到大西洋的影响，波尔多冬季温和、夏季温暖。温和而稳定的气候，缓和了足以在冬天毁坏葡萄树或在春天损害芽苞的严重霜冻的影响。
波尔多每年出口超过两亿升葡萄酒。这座城市周围布满了储存着熟成中的精品葡萄酒的仓库。
波尔多丘-卡迪亚克（Cadillac Côtes de Bordeaux）和波尔多首丘（Premières Côtes de Bordeaux）产区：上层为黏土，下层为石灰岩，出产品质优良的白葡萄酒和红葡萄酒。
苏玳和巴萨克两个产区的土壤大相径庭。巴萨克的土壤主要为浅层的石灰岩，而苏玳则主要为砾石，但是也有厚重的黏土，有时会掺杂一些石灰岩。锡龙河（Ciron）上的浓雾有益于贵腐菌的滋生，从而酿制出卓越的甜白葡萄酒。
MÉDOC 梅多克
Gironde 吉伦特河
BLAYE 布拉伊
布尔格 BOURG
FRONSAC 弗龙萨克
波美侯 POMEROL
Libourne 利布尔讷
ST-ÉMILION 圣埃美隆
Dordogne 多尔多涅河
Bordeaux 波尔多
ENTRE-DEUX-MERS 两海之间
GRAVES 格拉夫
Garonne 加龙河
SAUTERNES 苏玳
Ciron
波尔多
N
葡萄园
混合种植与葡萄园
平坦的河道淤泥土地
森林
1:730,000
Km 0 5 10 15 20 25 Km
Miles 0 5 10 15 Miles

整个波尔多地区的土壤结构和土壤类型有着相当明显的差异，然而想要指出某种特定的土壤类型能够拥有一级酒庄的潜力却十分困难（参见对页地图左侧的说明）。即使只看波尔多的一部分——梅多克产区：这或许是最令人感兴趣的例子，因为这里的土壤有着“一步一脚印，步步都不同”的说法。只要看看第97页的地图就知道，在圣于连和玛歌之间有块区域，是一个与四周众多高品质酒庄有所区别的断层，那就是上梅多克产区（Haut-Médoc）。第85页的地图也说明了在波美侯和圣埃美隆所在的高地上，一定也存在着某种可以酿出好酒的特质。

大致来说，波尔多的土壤由第三纪或第四纪的沉积土发展而来，第三纪的沉积土通常演变为黏土或石灰岩土壤，第四纪的沉积土则由冲积沙和冲积砾石构成，它们是在数十万年前因中央山地（Massif Central）和比利牛斯山的冰川融化而形成的。与法国西南部其他大部分地区的砾石埋在土里的情形不同，这里的砾石完全露出地表，尤其以格拉夫（grave一词有“沙砾”之意，产区因此得名）、苏玳（可以视为格拉夫地形的延续）和梅多克最为显著。

波尔多大学的热拉尔·塞甘博士（Dr. Gérard Séguin）是从事“波尔多土壤与葡萄酒品质之间关联”研究的先驱之一。他的研究指出，梅多克的砾石土壤能够有效调节水分供给，使得葡萄树深入土壤扎根，从而造就杰出的佳酿。而他最为重要的发现在于，葡萄树只需适度的水分即可，这比土壤的精确结构成分更为重要。换句话说，土壤的排水性才是酿制好酒的关键。

他的后继者葛纳利·冯·洛文博士（Dr. Cornelis van Leeuwen）进一步钻研了这一领域，发现葡萄树根扎入土壤的深度与葡萄酒的品质并无绝对的关联，老藤加上深厚的砾石土壤才是梅多克部分地区出产好酒的关键。比如玛歌产区的部分葡萄树根可以扎入地下约7米深；然而在位于波美侯产区的柏图斯酒庄，葡萄树根只深入沉重的黏土土壤不过1.5米，但是酒质却能独步全球。因此，酿制好酒的关键因素在于水分供给的调节：最理想的状态是比葡萄树实际需要的水分稍微少一点儿，形成一定程度的水分胁迫的现象。

对于土壤与葡萄酒品质之间关系的普遍观点是，最好的葡萄园往往能在较差的年份维持一向的水准，这种情形在波尔多尤其明显。比如2017年就是一个典型的例子：当年的春霜几乎让整个波尔多的葡萄酒产量减半，但是最伟大的酒庄却毫发无损。

△
波尔多正在转化为一座旅游城市，尤其是葡萄酒旅游城市的众多迹象之一，便是聚焦于全世界葡萄酒的博物馆（Cité du Vin）建立起来了。

酿造波尔多葡萄酒的成本

下列数据是对波尔多葡萄酒生产成本（2017年）的估算，以欧元为单位，估算对象包括典型的波尔多法定产区葡萄酒（A）、典型的梅多克酒庄葡萄酒（B）以及顶级二级酒庄葡萄酒（C）。比如，C比B使用更多的新橡木桶，而A则不使用新橡木桶。A和B的葡萄由机器采摘（近年来近90%的波尔多酒庄均如此），而C则由手工进行采摘，并且全年还有很多其他的葡萄园劳作也通过手工完成。2018年，波尔多大学的葡萄种植学教授葛纳利·冯·洛文发现，即使每公顷种植1万株葡萄树，每公顷也只需不到1.5万欧元即可出产优质的葡萄，但是葡萄酒的级别和售价越高，酒庄就会越注意细节。一级酒庄的运营成本或许比所谓的“超二级酒庄”（super second）更高，但是回报也会更高。任何一个依靠银行贷款维持运作的波尔多酒庄，每年都需要增加大约4.5%的利率成本，通常需要15年还清贷款（人们常说，从某种角度来看，法国农业信贷银行拥有法国所有的葡萄园）。当然，下面所列的成本并不包括装瓶、市场营销和运输的费用。尽管如此，与品牌葡萄酒的售价对比，酿酒成本占比低得可怜，不过这只代表着酒庄所销售的少数（并且数量还在减少）酒款，因为酒庄还要销售副牌酒和三牌酒。

	A	B	C
每公顷葡萄树的数量	3330	5000	10 000
每公顷的采摘成本	468	754	1900
每公顷的总种植成本	4401	6536	50 000
每公顷产量（百升）	58	58	38
每百升的总种植成本	76	116	1300
橡木桶熟成	-	200	400
每百升的总成本	76	313	2100
每瓶的总成本	0.57	2.35	16

梅多克北部 Northern Médoc

梅多克地形平坦，几乎没有起伏，位于大西洋和宽阔而呈棕色的吉伦特河口之间，形状活似一条长舌。一般而言，“梅多克”一词代表着生产众多优质好酒之地，全球无出其右：玛歌、圣于连、波亚克（Pauillac）、圣埃斯泰夫（St-Estèphe）以及环绕其周遭的小村庄，在地理位置和酒款风格上都呈现出“梅多克”的特色。

然而，真正以“梅多克”为法定产区名称的地区，其实只有其北部的一半，范围小得多，而且也没有南部的上梅多克那么出色。这里以前被称为下梅多克（Bas-Médoc）。

在圣埃斯泰夫的北部，原本排水性良好的砾石小圆丘逐渐被海拔较低、土质沉重寒凉、黏土含量更多的土壤所取代。上梅多克区域的最后一个村落是圣瑟兰（St-Seurin），位于一个独特的土丘之上，周围都是通过水渠排水的沼泽。这个村子的北侧和西侧是开垦已久的肥沃土地，早在六个世纪以前，繁忙的市集小镇莱斯帕尔（Lesparre）就已是当地的首府。

直到近些年来，葡萄园逐渐取代原来的牧场、果园和林地；在抢种葡萄树的狂潮之后，几乎所有地势较高、黏土较少的砾石区域都被葡萄园所占据，并以圣伊桑（St-Yzans）、圣克里斯托利（St-Christoly）、古盖克（Couquèques）、比伊（By）和瓦雷拉克（Valeyrac）等村庄为中心，沿着吉伦特河口两岸蔓延开来，扩散至圣日耳曼-代斯特伊（St-Germain-d'Esteuil）、奥尔多纳克（Ordonnac）、布莱尼昂（Blaignan）、卡桑（Caussan）以及贝加丹（Bégadan，最大的一个）等村落一带的内陆地区。至2016年，这片葡萄园的总面积约为1.3758平方千米。在这些村庄及其周遭还可见到许多在20世纪90年代末期，一些投资者因为看好葡萄酒市场的巨大潜力而大量投资所建的葡萄园和酒庄，可惜他们直到后来才发现，市场的兴趣总是集中在南边知名度更高的酒庄身上。

这里没有列级酒庄，但是出产了大量列级酒庄以外的好酒，在较易成熟的年份，还能找到一些物超所值的波尔多佳酿。其中许多酒庄被称为中级酒庄（Crus Bourgeois，参见本页专题）。波坦萨酒庄（Château Potensac）的庄主追求完美，同时拥有圣于连产区的雄狮酒庄（Château Léoville Las Cases），它与嘉都酒庄（La Cardonne）及运作良好的图尔-上卡桑酒庄（Tour Haut-Caussan）都位于一块狭长的高地上。其他值得注意的酒庄包括圣日耳曼村的卡斯泰拉酒庄（Castéra），俯瞰吉伦特河、靠近梅多克圣伊桑村（St-Yzans-de-Médoc）的海马酒庄（Loudenne），酒款销售很广的瑞莎酒庄（Greysac），酒款品质可靠但略显清淡的老爷车酒庄（Patache d'Aux），酒款风格迷人并且品质稳定的拉图德比酒庄（La Tour de By），野心勃勃的老罗宾-贝加丹酒庄（Vieux Robin of Bégadan），梅多克-西夫拉克村（Civrac-en-Médoc）的伯纳酒庄（Bournac）和依芙酒庄（d'Escurac），古盖克村的奥索酒庄（Les Ormes Sorbet）以及梅多克-圣克里斯托利村（St-Christoly-Médoc）的力关轩酒庄（Les Grands Chênes）和马努酒庄（Clos Manou）。

除此之外，这里还有很多值得关注的酒庄，比如普雅克酒庄（Preuillac）、上康迪萨酒庄（Haut-Condissas）和第一批被中国人收购的梅多克酒庄之一乐朗酒庄（Laulan Ducos），以及圣埃斯泰夫产区名庄爱士图尔酒庄（Château Cos d'Estournel），其酿酒团队酿制出了古乐葡萄酒（Goulée）。

要了解梅多克北部和南部之间的差异，最好的方式是将右页地图中的某家中级酒庄，与后面几页地图中的同等级酒庄进行比较。当酒龄尚短时，两者之间的差别微乎其微：都相当有活力、单宁突出、口感较干，总之就是“非常波尔多”（très Bordeaux）。但是在陈年5年后，上梅多克的酒款开始显现出清透诱人的风味，并且还有成熟发展的空间。至于梅多克北部的酒款则会开始柔化，但是依旧结实，较为粗犷，通常酒色深郁，饮来可口而令人满足，但是不如前者令人惊喜和值得叫好，如果等至10年，风格会更软熟，但是通常会渐失“结构”，很难品尝到南部上梅多克酒款那种转趋细腻的风味。

梅多克北部另外还有许多属于艺术家酒庄（Cru Artisan）联盟的小型酒庄，这个等级比中级酒庄略逊一筹，并于2018年重新推出。

▽

固定在木桩上的木制渔棚在当地被称为袋网（carrelet），沿着吉伦特河口分布在梅多克北部各处。

中级酒庄

资产阶级（“中级”一词译自“bourgeois”，在法文中原指“资产阶级”）似乎应当喜欢谈论政治。此类酒庄所在的级别比位于上梅多克产区南部的列级酒庄稍低一等，进入21世纪以来，已经调整了3次。2003年，中级酒庄进行了官方的重新分级，参与评选的490家酒庄中有247家获得了等级。依照等级由高至低，共评选出9家精选中级酒庄（Cru Bourgeois Exceptionnel）、13家特级中级酒庄（Cru Bourgeois Supérieur）和151家中级酒庄（Cru Bourgeois）。不过，部分未获得等级的酒庄对此决议提出了反对意见（因为这意味着他们要再等10年才能重新获得等级）。经过在法国法院中的漫长争论，此次分级最终被废除，取而代之实行的是，在2008—2017年份，每年根据品鉴授予单个酒款以中级酒庄的称号。一些名声在外的酒庄反对这一体系（不再细分等级），因此他们选择退出评选。从2018年开始，精选中级酒庄、特级中级酒庄和中级酒庄这3个细分等级重新开始使用，依据公正的评选过程授予酒庄而不是特定的酒款。此次推出的新的分级体系旨在避免参选酒庄因为不满而可能提起的诉讼，希望能够持续使用5年。那么饮酒者应该如何看待这一体系呢？只需记住酒庄、忘记等级即可。

尽管中级酒庄出产的葡萄酒大多以梅多克和上梅多克产区为名，但是也有一些以更具体的上梅多克村庄级产区为名。

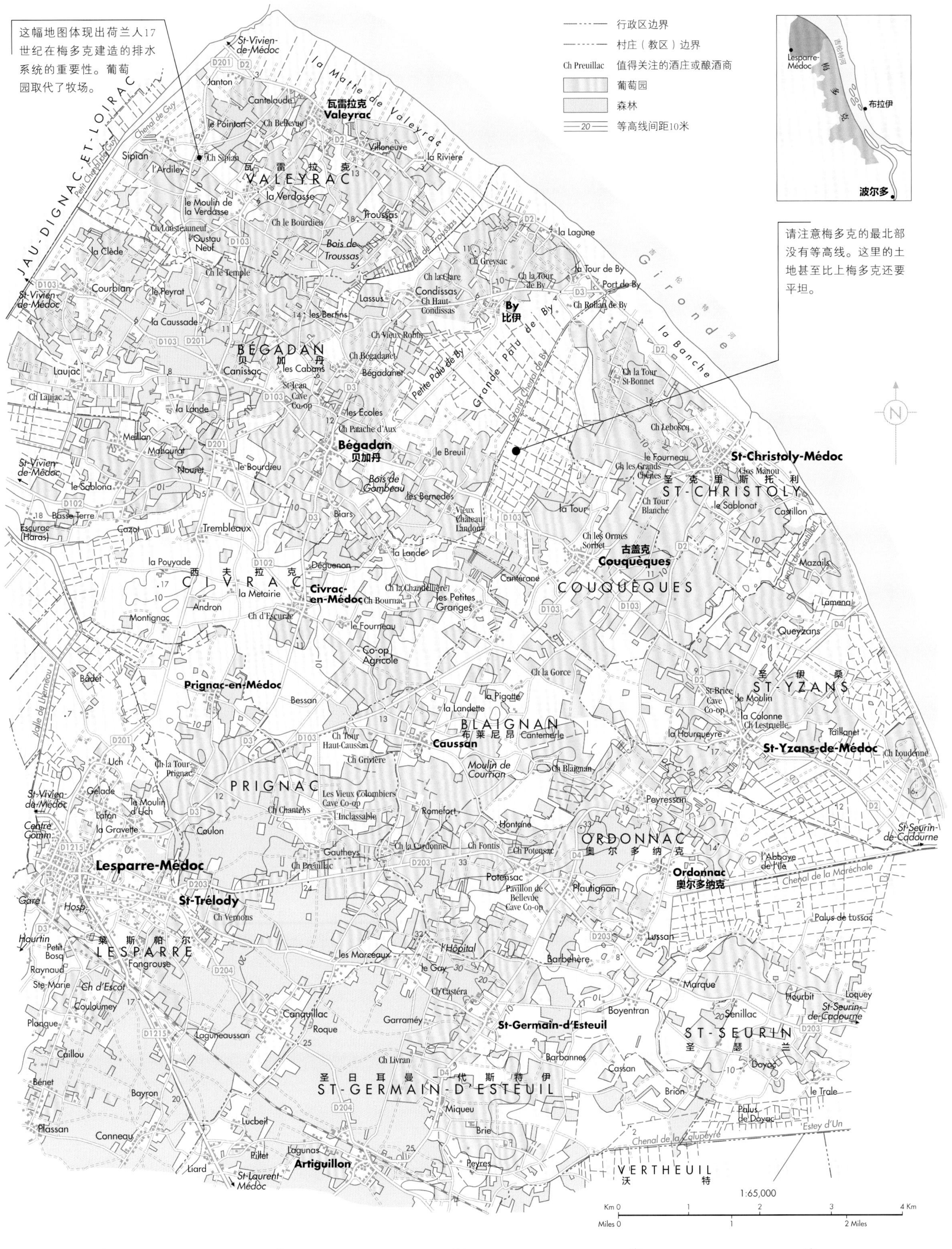
这幅地图体现出荷兰人17世纪在梅多克建造的排水系统的重要性。葡萄园取代了牧场。
请注意梅多克的最北部没有等高线。这里的土地甚至比上梅多克还要平坦。
行政区边界
村庄（教区）边界
Ch Preuillac 值得关注的酒庄或酿酒商
葡萄园
森林
等高线间距10米
Lesparre-Médoc
布拉伊
波尔多
瓦雷拉克
Valeyrac
VALEYRAC
BÉGADAN
贝加丹
Bégadan
By
比伊
CIVRAC
西夫拉克
Civrac-en-Médoc
COUQUÈQUES
古盖克
Couquèques
ST-CHRISTOLY
圣克里斯托利
St-Christoly-Médoc
ST-YZANS
圣伊桑
St-Yzans-de-Médoc
BLAIGNAN
布莱尼昂
Caussan
PRIGNAC
Prignac-en-Médoc
ORDONNAC
奥尔多纳克
Ordonnac
LESPARRE
莱斯帕尔
Lesparre-Médoc
St-Trélody
ST-SEURIN
圣瑟兰
ST-GERMAIN-D'ESTEUIL
圣日耳曼-代斯特伊
St-Germain-d'Esteuil
Artiguillon
VERTHEUIL
沃特
JAU-DIGNAC-ET-LOIRAC
Gironde
la Banche
1:65,000
Km 0 1 2 3 4 Km
Miles 0 1 2 Miles

圣埃斯泰夫 St-Estèphe

△
二级酒庄爱士图尔酒庄的外观是所有波尔多经典酒庄中最具特色的。据说这反映了爱士图尔先生在东方销售葡萄酒的成功。

吉伦特河沿岸的砾石滩赋予了上梅多克产区葡萄酒的风格和品质，其西侧有片森林屏障海风，不过往北走到圣埃斯泰夫产区，这种砾石地形便逐渐减少了。圣埃斯泰夫村是梅多克心脏地带四个著名产酒村庄中最北端的一个，也是完全脱离传统的一个。一条小溪（在梅多克方言中称为 jalle）将其与波亚克村分割开来，一边是拉菲酒庄的葡萄园，另一边是圣埃斯泰夫五家列级酒庄中的三家：爱士图尔酒庄（Cos d'Estournel）、拉柏丽酒庄（Cos Labory）和拉芳-罗榭酒庄（Lafon-Rochet）。

在土质方面，圣埃斯泰夫与其南边的波亚克产区明显不同：随着吉伦特河而被冲刷至此的砾石数量减少，而且尽管石灰岩露出地面，但是黏土成分仍然更高。这说明圣埃斯泰夫的土壤比较厚重，排水更为缓慢，这也是圣埃斯泰夫的葡萄树与种植在南边排水极佳的砾石土壤上的葡萄树相比，似乎特别能够耐受炎热干燥的夏季的原因（比如在 2003 年和 2010 年）。即使是在气候没有那么极端的年份里，圣埃斯泰夫葡萄酒的酸度仍然相对较高，酒体比较圆润和坚实，而且通常香气不太张扬，但是却能在口腔中强烈绽放。它们是酒体结实的波尔多葡萄酒（传统上被称为 claret），风格庄严但不失活力。不过，波尔多近年来的趋势就是酿制酒体更大、更为丰满的葡萄酒，因此圣埃斯泰夫的生产者似乎更倾向于强调本产区酒款中的清新感以及时常出现的一抹石头的气息。

强劲、深郁、耐存

爱士图尔是列级酒庄中最令人惊艳的一家，在波亚克的边界便可望见其建于陡坡之上的宏伟建筑，向下俯瞰着拉菲酒庄的绿色草皮。酒庄的外观类似中国式宝塔，这栋造型奇特的建筑中现在设有一个极其先进的高科技酿酒车间和一个如同亚洲奢华酒店大堂的品酒大厅。爱士图尔与玫瑰山酒庄（Château Montrose）共同出产圣埃斯塔夫最为大气、品质最佳的葡萄酒，风格强壮，颜色深郁，可耐久藏。爱士图尔通常简称为 Cos（s 要发音），酒质特别有力而又可口多汁，部分原因可能是庄主有着提升品质的决心。位于砾石圆丘之上的玫瑰山酒庄俯瞰着吉伦特河，与南部波亚克村的拉图酒庄有些相似之处。两者同样都是酒体厚重，单宁突出，风味浓郁。经典年份的玫瑰山酒庄葡萄酒需要大约 20 年的熟成期，不过 2006 年酒庄易主后采取了新的管理模式，更多地使用可持续性种植方式，并且将葡萄园扩张为一个连续的整体——这在梅多克并不常见，所有这些都令这家酒庄开始变得举足轻重。

另外还有两家邻近爱士图尔的列级酒庄：拉柏丽酒庄常以饱满的果香而著称，酒龄短时即是如此；而拉芳-罗榭酒庄则是众多梅多克酒庄中首家在 20 世纪进行大肆整修的，目前酒质迷人而又稳定，并且于 2013 年重新设计了酒窖（法语称为 chai），重新开始使用混凝土发酵罐。

凯隆世家酒庄（Calon Ségur）位于圣埃斯泰夫村的北边，是梅多克地区最北端的列级酒庄，与其他圣埃斯泰夫葡萄酒一样酒体坚实，但在新千年到来后明显增添了纯净、稳定和细腻的特征。大约 250 年前，同时拥有拉菲与拉图两大名庄的塞古尔侯爵（Marquis de Ségur）曾经说过，他把心留在了凯隆世家。

除此之外，圣埃斯泰夫一直以其中级酒庄的品质而闻名（参见第 88 页的专题）。飞龙世家（Phélan Ségur）和帝比斯（de Pez）都是出色的酒庄，出产极其细腻的酒款。帝比斯如今为同时拥有波亚克的碧尚女爵酒庄（Pichon-Lalande）的路易王妃（Louis Roederer）香槟酒厂所有，该酒庄值得一提的是它曾是侯伯王酒庄庄主朋达克（Pontac）家族的产业，在 17 世纪时就以朋达克之名在伦敦销售，这可能比梅多克地区的所有列级酒庄都要早。它的邻居奥德比斯酒庄（Château Les Ormes de Pez）并不是波尔多唯一一家拥有同名小酒店的酒庄，但因有着与波亚克的靓次伯酒庄（Château Lynch-Bages）同样的管理团队而受惠；至于其东南边、位于玫瑰山和爱士图尔两家酒庄之间的高美必泽酒庄（Château Haut-Marbuzet）则以出产诱人而烟熏味重的酒款而出名。

梅内酒庄（Château Meyney）因为曾经作为修道院而在梅多克显得相当特殊，该酒庄像隔壁的玫瑰山酒庄一样俯瞰着吉伦特河，很多人都认为它本应拥有更高的级别。还有美园（Beau-Site）、博斯克（Le Boscq）、卡贝宁（Capbern）、尚波-美必泽（Chambert-Marbuzet）和图尔-美必泽（Tour de Marbuzet，与上美必泽的所有者是同一个人）、克洛泽（Clauzet）、柯瑞克（Le Crock）、拉雅（La Haye）、丽兰拉杜（Lilian Ladouys）、小鲍克（Petit Bocq）、塞利朗（Sérilhan）以及拓凯-拉朗德（Tronquoy-Lalande，如今已是玫瑰山酒庄的一部分）等酒庄出产的酒款都展现了这个村庄酒质坚实的优点，但是通常比起列级酒庄的酒款可以更早饮用，陈年五到八年之后是它们最为适饮的阶段。

在圣埃斯泰夫的北侧，砾石河岸逐渐减少，只剩下一处岬角，凸出于沼地之上，这是一片平坦、充满河泥、靠近河口的土地，无法出产优质的葡萄酒。

一切都在改变

进入21世纪以来，圣埃斯泰夫的三大顶级酒庄都曾易主——这是当地的一股潮流，因为比较聪明的波尔多酒庄的价值和声望都在增长。2000年，瑞士酒店大亨和食品制造商米歇尔·瑞比耶（Michel Reybier）从普拉茨（Prats）家族手中收购爱士图尔（其间经过一个财团的短期管理），并且继续在圣埃斯泰夫村收购葡萄园并建造奢侈酒店设施。2006年，夏木乐（Charmolües）家族的第三代将玫瑰酒庄出售给横跨电信和建筑行业的亿万富翁马丁·布伊格和奥利维尔·布伊格兄弟（Martin and Olivier Bouygues），后者同样也在当地继续扩展领地。到了2011年，在意志坚定的丹尼丝·嘉斯科顿（Denise Gasqueton）去世之后，她的女儿将凯隆世家出售给一家保险公司——这是波尔多庄主近年来常见的做法。

在岬角以北有个名为卡杜尔-圣瑟兰（St-Seurin-de-Cadourne）的小村庄，这里有几个酒庄值得注意：酒质柔和、以梅洛为主的古兰酒庄（Château Coufran），单宁较强的维尔迪南酒庄（Château Verdignan），有时酒款极为出色的贝拉龙酒庄（Château Bel Orme Tronquoy de Lalande），以及其中最值得注意的、位于临河小丘上的马利酒庄（Château Sociando-Mallet），其酒质出众，在盲品中甚至可以撼动一级酒庄的地位，原因在于其庄主以超越中级酒庄的标准来运营酒庄。

在圣瑟兰村以北即是上梅多克区域的尽头，这里出产的葡萄酒都以梅多克法定产区为名，酒质平淡而简单（参见第 88 页）。

在圣埃斯泰夫村以西，离河较远处的树林边缘还有斯萨克（Cissac）和沃特（Vertheuil）两个村庄，所在位置的砾石较少，土层更为深厚。

将玫瑰山酒庄涂成紫色的地块与南边沟渠遍布的树林进行比较，就会明显发现其酒款的品质得益于砾石土壤以及高出吉伦特河几英尺的关键地理位置。

波亚克
Pauillac

△

一级酒庄拉图酒庄及其位于勃艮第、罗讷河谷和加利福尼亚的多家姊妹酒庄都在回归我们所能想象到的最为传统的酿酒工艺。

若要从波尔多找出名列第一的优质产酒村庄，毫无疑问，一定是波亚克。所谓的五大名庄之三——拉菲、拉图和罗斯柴尔德木桐酒庄（Mouton Rothschild）全都汇集于此便是明显的证据，而且它们在经营上全都异常成功，以至于可以持续扩展葡萄园、更新酿酒设施、创新并发展酿酒工艺。但是许多波尔多红葡萄酒的拥趸都会告诉你，其实任何一款波亚克酒都拥有他们所要追寻的风味要素：融合了新鲜果香、橡木桶的香气，酒体坚实却又细腻雅致，带有一抹雪茄盒的气息，还有一丝微甜的味道；最重要的是，它们充满活力却又具有惊人的陈年潜力。波亚克只有不到5%的葡萄园未被纳入列级酒庄，而且即便是普通的列级酒庄出产的酒款都能满足葡萄酒爱好者们的期待。

梅多克经典的砾石圆丘（法语称为 croupe）在波亚克达到顶峰，成为真真正正的小山丘。其中的最高处位于木桐和庞特-卡奈（Pontet-Canet）两家酒庄的葡萄园当中，海拔为30米——对于这片平坦的沿海地带来说，这可算是一个奇观，因为地势少许的坡度起伏都可成为远眺的观景处。

波亚克是梅多克规模最大的产酒村落。幸好当地历史悠久的石油精炼厂早已歇业，如今仅仅作为仓库使用（不过面积相当可观）。村里的旧码头现在成了停靠游艇的船坞，而且还开了几家新餐厅。靓次伯酒庄的庄主卡兹（Cazes）家族雄心勃勃地在此开了一家酒店兼餐厅——柯帝昂-巴热城堡（Château Cordeillan-Bages），一家全天候经营的小酒馆以及两三个相当时髦的小店，为原本死气沉沉的巴热村（Bages）增添了一份活力。这便是迄今为止波亚克的全貌，绝对称不上热闹——除了9月的某个周末，数千名跑步爱好者会来这里参加梅多克马拉松比赛（参见第96页）。

整体来说，波亚克各家酒庄的葡萄园比梅多克的其他产区更为集中。就拿玛歌村来比较，酒庄的建筑全都集中在村子里，但是村外的葡萄园却是各家混杂一处；而在波亚克，整个坡段、砾石圆丘或是台地的葡萄园都属于同一家酒庄。因此我们可以期待因为风土条件不同而形成的不同酒款风格，而且少有失望的时候。

三家一级酒庄

波亚克三家最伟大的酒庄，酒款风格却截然不同。拉菲和拉图分别位于教区的尽头两端：前者非常靠近圣埃斯泰夫，后者则毗邻圣于连。然而奇怪的是，两家酒庄各自的风格却又与其所处的地理位置完全相反：拉菲更多地拥有圣于连葡萄酒的顺滑与细腻，而拉图则很大程度地呈现了圣埃斯泰夫典型的坚实酒体。

在一个普通的年份里，拉菲酒庄所拥有的112公顷葡萄园大约能够出产640橡木桶正牌酒，这是整个梅多克最大的葡萄园之一。这款酒香味馥郁，单宁光洁细腻，有着纯粹的优雅。酿制葡萄酒的地下酒窖造型独特，犹如一座圆形剧场。而它的副牌酒拉菲珍宝（Carruades）产量就更大了，约为800橡木桶。

拉图酒庄出产酒体更为坚固踏实的葡萄酒，其将大量正在熟成的、多个年份的酒液储藏在风格优雅的新建地下酒窖中，看似是扬弃了优雅，实际上却是凭借其最为邻近河流、圆丘顶端的优越位置，展现强劲而深邃的风格，没有几十年的沉淀无法完全展现其复杂度。拉图最大的优点在于，即使是在恶劣的年份，出产的葡萄酒仍然能够维持最佳的稳定品质。它的副牌酒拉图堡垒（Les Forts de Latour），主要采用不同地块的葡萄酿成，这些地块位于酒庄的西北侧和西侧，在地图中以阴影标出。即使是副牌酒，其地位仍被认为堪比二级酒庄，甚至连售价也与其等同。此外，拉图还出产三牌酒，在品尝时依然能够一窥拉图的风味，三牌酒简单地以波亚克为名称销售。

罗斯柴尔德木桐酒庄代表着波亚克佳酿的第三种类型：强劲、酒色深郁，充满成熟黑醋栗浆果和辛香料的芳香，有人称之为异国风情。到波亚克一游的爱酒人，很少会错过木桐酒庄中的葡萄酒艺术博物馆——老酒杯、油画、挂毯，以及一间展示每个年份的艺术家酒标原作的画廊，而其崭新的酿酒车间则使木桐成为整个梅多克最佳的展示橱窗。其副牌酒小木桐（Le Petit Mouton）于1997年首次发售。木桐嘉棣（Mouton-Cadet）是酒庄推出的一个高产量（每年1200万瓶）的品牌酒，可以用整个波尔多产区内采购的酒调配。

嗅闻着赤霞珠在这些葡萄酒中展现出的丰富的香气，感受着其强劲的力量，很难想象直到150年前，这个品种才被认定为梅多克最好的葡萄品种。当时，即使是一级酒庄也会在它们卓越的风土中种植其他质量稍逊的葡萄品种，其中最多的就是马尔白克。然而最好的赤霞珠葡萄酒以熟成非常缓慢而著称，通常需要10年甚至常常是20年（取决于年份的品质）。这些酒很少能在达到完美熟成的状态之时才被饮用，富豪们往往都没有太多耐性，因此太多好酒都是过早被开瓶喝掉的。

二级酒庄的竞争对手

在从南侧进入波亚克的D2省道旁，有两家互为竞争对手的二级酒庄，它们在历史上曾经都是碧尚（Pichon）家族的产业。多年以来，碧尚女爵酒庄（全名为 Château Pichon Longueville Comtesse de Lalande）的知名度一向较高，不过近年来碧尚男爵酒庄（Château Pichon Baron）已经具备挑战一级酒庄的实力。这其中的关键原因在于其新所有者安盛保险集团（AXA）的庞大投资，从而得以在其核心葡萄园进行最为严格的拣选。而于2007年收购其路对面的碧尚女爵酒庄的路易王妃香槟酒厂也不甘落后，重组了葡萄园，建造了新酒窖，并且整修了酒庄。

虽然靓次伯酒庄“只是”一个五级酒庄，却因其丰盛的酒体与辛香料的风味，长久以来受到大众青睐，尤其是在英国，可以算是亲民的木桐酒庄，并且也刚刚修建了新的酒窖。位于村庄北部的生物动力种植法领导者庞特-卡奈酒庄地理位置优越，就在木桐酒庄旁边，但是酒质风格却与木桐酒庄的截然不同：庞特-卡奈酒庄的酒酒体坚实，而木

一级酒庄拉图酒庄采用其靠近内陆的四个地块出产的葡萄酿造副牌酒“拉图堡垒”和三牌酒“拉图酒庄波亚克”，所以只有最优质的葡萄才被用于酿造正牌酒。令人惊讶的是三款酒都拥有类似的家族风格。

桐酒庄的酒却香气开放、口感丰满。百德诗歌酒庄（Château Pedesclaux）位于村庄北部的博雅乐（Le Pouyalet）地块，靠近河口的另一端，近期刚刚扩展了葡萄园，重获活力。都夏美隆酒庄（Château Duhart-Milon）的庄主是拥有拉菲酒庄的罗斯柴尔德家族的分支，而达玛雅克酒庄（Château d'Armailhac）和克拉米伦酒庄（Château Clerc Milon）则属于拥有木桐酒庄的罗斯柴尔德家族分支。这三家酒庄很明显都因其所有者的雄厚财力和管理团队的专业素养而受惠——克拉米伦酒庄建造的新酒窖就是最好的佐证。巴特利酒庄（Château Batailley）及通常酒质更为细腻的奥巴特利酒庄（Château Haut-Batailley，目前为靓次伯酒庄所有）位于离河较远的森林边缘，都出产典型的波亚克葡萄酒。

风格优雅、价格又合理的拉古斯酒庄（Grand-Puy-Lacoste）由弗朗索瓦-札维耶-博里（François-Xavier Borie）负责经营管理，而他的弟弟布鲁诺（Bruno）则是圣于连产区宝嘉龙酒庄（Ducru-Beaucaillou）的掌舵者。杜卡斯酒庄（Grand-Puy-Ducasse）同样展现了波亚克好酒所应有的坚实而活力十足的酒体。拉古斯（Lacoste）是位于高地之上的一块连续的葡萄园，包围着拉古斯酒庄的建筑；而杜卡斯酒庄的葡萄园则分成三块，分别位于波亚克村的北侧和西侧，古老的酒庄建筑则坐落在波亚克村的码头边。

奥巴里奇酒庄（Château Haut-Bages Libéral）的葡萄园坐拥圣朗贝尔村（St-Lambert）的优越位置，他们刚刚购买了新的房舍，并且获得新的生物动力种植法的终身租契；而歌碧酒庄（Château Croizet-Bages）还在艰难地跟上。浪琴慕沙酒庄（Château Lynch-Moussas）由巴特利酒庄的管理团队经营，酒质稳定并且价格合理。

△
2017年，龙船酒庄进行翻新，建造了一座海洋主题的新酒窖，以此呼应酒标上船的图案。从此酒庄的酒便在铜制的“海浪”之中熟成。

圣于连 St-Julien

圣于连的葡萄酒可以说是梅多克地区品质最稳定的。这个面积不大的村庄，也是梅多克最著名的四大产酒村落中总产量最小的一个，虽然没有一级酒庄，却拥有一长串出产卓越而经典的波尔多葡萄酒的酒庄。圣于连几乎90%的葡萄园均为列级酒庄所有，不过这其中包括几个非列级酒庄：为二级酒庄宝嘉龙酒庄（Château Ducru-Beaucaillou）所有的拉朗宝怡酒庄（Château Lalande-Borie）、庄主与里奥威·波菲酒庄（Château Léoville-Poyferré）一样同为库维利家族（Cuvelier）的瑞气磨坊酒庄（Château Moulin Riche），以及由圣皮尔酒庄（Château St-Pierre）管理团队共同经营、表现优异的歌丽雅酒庄（Château Gloria）。

圣于连几乎所有的土地都是种植葡萄的优质地块：这里有典型的砾石圆丘，虽然不像波亚克一般深厚，但是大多靠近河岸，或者是开放的南向山谷（以梅多克产区的标准来看是山谷），而且都有位于村庄最南端的北部小溪（Jalle du Nord）和中部引水道（Chenal du Milieu）协助排水。

因此，圣于连的精华酒庄可以分为两组：一组靠近河岸，位于圣于连村周围，以与里奥威（Léoville）有关的三家酒庄为代表；另一组则位于南侧，以龙船村（Beychevelle）为中心，领军的酒庄包括Château Beychevelle、班尼-杜克（Château Branaire-Ducru）和宝嘉龙（Château Ducru-Beaucaillou）三家酒庄，往内陆走还有金玫瑰酒庄（Château Gruaud Larose）和朗日酒庄（Château Lagrange）。如果说波亚克酿出了整个梅多克地区最令人惊艳的杰出好酒，而玛歌的酒质最为细腻精致，那么圣于连的葡萄酒形态则介于这两者之间。除了少数例外，这里各家酒庄都出产相对圆滑柔和的酒款——柔和指的是熟成之后的状态，因为在好的年份里，圣于连的浅龄葡萄酒还是显得坚硬，单宁突出。

三家里奥威酒庄

圣于连产区的主要光环来自靠近波亚克边界、面积庞大的里奥威酒庄，它曾经是梅多克面积最大的酒庄，现在已经一分为三。里奥威·雄狮酒庄在三者中拥有面积最广阔的葡萄园，占地将近100公顷，不过酒庄的心脏地带其实是53公顷的大园（Grand Enclos）地块。雄狮出产的葡萄酒口感浓郁，极耐久藏，几乎有些严肃坚硬，是非常经典的波尔多葡萄酒，在庄主德隆（Delon）家族精明的运作下，雄狮的酒价有时直逼一级酒庄。里奥威·巴顿酒庄（Léoville Barton）目前为古老的爱尔兰酒商家族——巴顿家族所有，酒价紧跟其后，这个家族在18世纪初期移居至波尔多。现任庄主安东尼·巴顿（Anthony Barton）住在隔壁一栋建于18世纪的美丽城堡当中，这就是朗高巴顿酒庄（Château Langoa Barton）。两家酒庄都是安东尼·巴顿的产业，在同一个酒窖中酿酒。比较而言，人们通常认为朗高巴顿的酒质稍逊，但是从传统的标准来看，两者都是经典波尔多好酒的范例，而且一直物有所值，即使是在困难的年份，也都表现相当稳定。里奥威·波菲酒庄也许是最为命运多舛的一家，不过现在也已经足以配得上二级酒庄的身份。

在三家里奥威酒庄以南，便是布鲁诺·博里（Bruno Borie）所经营的宝嘉龙酒庄，这里有着壮丽的意式建筑，葡萄酒既丰厚又细腻的风格登峰造极；邻近拉朗宝怡酒庄出品的葡萄酒也能体现圣于连葡萄酒圆润优美的特质。龙船酒庄是中国葡萄酒买家的宠儿，拥有一座建造于18世纪的城堡，位于一条道路拐弯处的独特位置。龙船酒庄新建了一座极其吸引眼球、正面为玻璃铺就的酒窖，还有一家优雅的酒店兼餐厅。它的邻居圣皮尔酒庄以及为同一庄主所有的歌丽雅酒庄同样都由一位雄心勃勃的建筑师进行翻修，其出品的葡萄酒在细腻优雅的酒质之外，还以质朴、诱人的丰厚口感俘获人心。

金玫瑰酒庄位于圣于连内陆部分的门户之地，因丰美兼具力道的酒款而进入名庄之林。大宝酒庄（Château Talbot）占据村庄中央的高地，其出品的葡萄酒或许缺乏少许细腻的感觉，但是酒质稳定，浓郁顺滑，其可口多汁的口感不只源于其风土，还在于酿酒技术的纯熟。

最后一家列级酒庄，也是梅多克面积最大的列级酒庄之一——朗日酒庄，其出品的葡萄酒一度因为丰盛饱满的酒体而受到高度赞赏，1983年由日本的三得利公司（Suntory）收购，昔日渐失光彩的酒庄重回正轨。酒庄位于圣洛朗村（St-Laurent）的边界，深入腹地之中，其葡萄酒与面积广阔、品质不断提升的翠陶酒庄（Larose-Trintaudon）的酒一样都以上梅多克法定产区之名上市。

梅多克地区逐渐萌芽的白葡萄酒

从20世纪80年代起，白葡萄酒的生产开始在梅多克地区复兴——随后右岸同样也出现酿造白葡萄酒的潮流。玛歌酒庄有着最长的生产白葡萄酒的现代历史，自20世纪20年代起推出自己的白葡萄酒，而且在其19世纪的档案中便已提到酒庄曾有白葡萄酒出产。玛歌酒庄的白亭白葡萄酒（Pavillon Blanc）是这家一级酒庄被门泽洛普洛斯（Mentzelopoulos）家族收购并且建立新的管理制度之后，打造的第一款新产品，它无疑是全世界酒体最饱满，有时也是橡木桶味道最重的、完全采用长相思品种酿造的葡萄酒。长相思产自酒庄中并不特别适合种植红葡萄品种的土壤，其酿造的酒款通常仅能为梅多克的庄主们在用餐时搭配第一道菜，这通常也是当地种植白葡萄品种的根本原因。

圣于连的大宝酒庄采用长相思和赛美蓉混酿的白石白葡萄酒（Caillou Blanc），长期以来一直很受欢迎。靓次伯酒庄的白葡萄酒（Blanc de Lynch-Bages）产自一小片位于波亚克、被认为不适合出产红葡萄酒的葡萄园，它的第一个年份是1990年。罗斯柴尔德木桐酒庄于第二年推出银翼白葡萄酒（Aile d'Argent），与玛歌酒庄的白亭同样针对的是高端市场。而另一家圣于连的酒庄——朗日酒庄则从1996年便开始酿造包含灰长相思（Sauvignon Gris）的干白葡萄酒，灰长相思产自酒庄葡萄园一个沙质土壤的角落。

有趣的干白葡萄酒不断在梅多克地区不同的葡萄园出现——尤其是在利斯特拉克产区（Listrac），比如冯雷欧（Fonréaud）、萨朗索（Saransot-Dupré）、克拉克（Clarke）以及最近刚刚推出干白葡萄酒的福卡浩丹（Fourcas Hosten）和福卡杜菲（Fourcas Dupré）等酒庄。所有这些干白葡萄酒——即使是一级酒庄的出品，都必须标注普通的波尔多法定产区，或者如果未采用波尔多法定葡萄品种长相思、赛美蓉、密斯卡岱和灰长相思，则需以法国葡萄酒级别出售。生产者们似乎都能以较为合适的价格售卖。另外参见第104页。

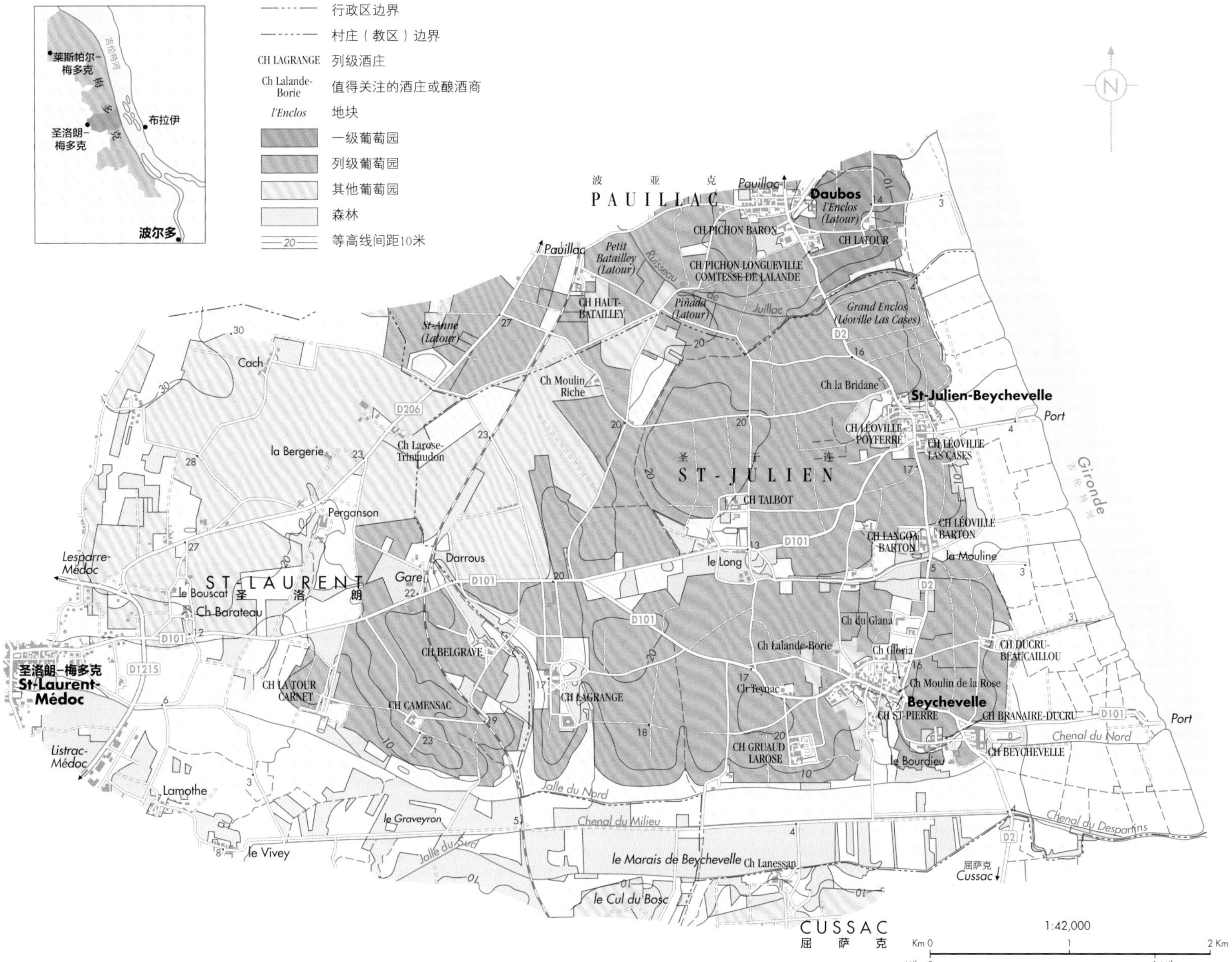

莱斯帕尔-梅多克
圣洛朗-梅多克
布拉伊
波尔多
吉伦特河
梅多克

行政区边界
村庄（教区）边界
CH LAGRANGE 列级酒庄
Ch Lalande-Borie 值得关注的酒庄或酿酒商
l'Enclos 地块
一级葡萄园
列级葡萄园
其他葡萄园
森林
20 等高线间距10米

1:42,000
Km 0 1 2 Km
Miles 0 1 Mile

梅多克中部 Central Médoc

△
每年举办的梅多克马拉松：约42千米的路线穿越风景如画的葡萄园，参加者必须身着奇异服装，全程饮用23杯葡萄酒，品尝生蚝、鹅肝、奶酪、牛排和冰激凌等当地特色美食。当然也可以选择喝水。

这里是上梅多克地区的一个过渡地带，专为葡萄酒而来的游客（如果只是路过）可以在此好好喘口气，放松一下。在这个区域一连穿行四个村庄，看不见一家列级酒庄；其法定产区名称也只是简单的“上梅多克”。这里的砾石圆丘只高出河面一点点，地下水层也比较高，因此葡萄树不怕缺水——在下过暴雨之后甚至还会被淹在水里，产酒风格通常也不太精致。区内的屈萨克村（Cussac）倒是延续了圣于连产区的一些势头——的确，近来可以见到一些人致力于将屈萨克村的部分土地重新分级，可惜未获成功。梅多克中部比圣埃斯泰夫产区更像中级酒庄之乡，许多最优质的中级酒庄及其他未获分级的酒庄都坐落于此。在穆里斯产区（Moulis），忘忧酒庄（Château Chasse-Spleen）和宝捷酒庄（Château Poujeaux）有能力出产堪称波尔多性价比最高的酒款。两家酒庄都位于雅新斯村（Arcins）以西，在名字颇有气势的小村子——大宝捷（Grand Poujeaux）的外围；在雅新斯村里，砾石脊状高地逐渐升高，然后呈扇形向内陆展开，在大宝捷村和利斯特拉克村（Listrac）达到最高点。穆里斯和利斯特拉克各自拥有以自己的村庄为名的法定产区，而不使用较为笼统的“上梅多克”，并且最近几年两村的名望也在稳步上升。

葡萄酒的品质随着产区中砾石的比例及其排水的能力一同提高。忘忧酒庄出品的葡萄酒因其口感顺滑易饮又不失结构，而被认为与圣于连产区的酒款神似。宝捷酒庄出品的葡萄酒通常比较粗犷，缺乏细腻感，如今却日渐精致，令人难忘。介于这两家酒庄之间的是大宝捷村，村子四周有好几家酒庄以“大宝捷”命名：格希·大宝捷（Gressier Grand Poujeaux）、杜特利·大宝捷（Dutruch Grand Poujeaux）、拉克罗塞里·大宝捷（La Closerie du Grand Poujeaux）和布拉讷·大宝捷（Branas Grand Poujeaux），这些酒庄都很值得信赖，出产的红葡萄酒酒体健壮、极耐久藏，富含梅多克地区独一无二的风味。此地以北的莫卡洛酒庄（Château Maucaillou）时常会有令人惊喜的表现，并且接受未预约游客的拜访，这在没有那么迷人的上梅多克地区来说并不多见。位于穆里斯产区的马维辛·巴顿酒庄（Château Mauvesin Barton）被里奥威·波菲酒庄的庄主莉莉安·巴顿（Lilian Barton）及其家族于2011年收购。它就坐落在梅多克-穆里斯村（Moulis-en-Médoc）的西南侧，超出地图的范围；其出产的酒款逐渐引起市场的兴趣，可惜酒庄曾在声名狼藉的2017年春霜之中损失惨重。

利斯特拉克村位于更偏内陆的较高台地上，土壤上层为砾石，下层为石灰岩。虽然酿酒师们近年来试图通过种植更多的梅洛葡萄来柔和酒款的口感，但是这里出产的葡萄酒仍然以“坚硬、单宁突出”的风格著称。这里有四家以“福卡”（Fourcas）为名的酒庄，其中福卡·浩丹（Hosten）、福卡·杜菲（Dupré），以及福卡·宝怡（Borie）都很值得关注。

如今已完全翻新且现代化的克拉克酒庄（Château Clarke）拥有约55公顷葡萄园，全都位于利斯特拉克村里，最初是由已故的埃德蒙·德·罗斯柴尔德（Edmond de Rothschild）男爵创立。酒庄奢华至极，不过其出产的酒款与罗斯柴尔德家族位于波亚克的两个一级酒庄相比差异巨大，这充分诠释了一个道理：风土条件的优异性胜于巨额的投资。利斯特拉克村以南有两家姊妹酒庄，分别是冯雷欧（Château Fonréaud）和雷斯特（Château Lestage），两个酒庄之间夹着约74公顷的葡萄园。这些经过重新改造的酒庄一反利斯特拉克村酒风坚硬的传统，出产比较圆润的酒款，使这个产区的名声越来越响亮。

靠近河流

在地图中的北边地区，上梅多克的阑珊酒庄（Château Lanessan）面对着河对岸的圣于连产区，这条人工运河将两个产区分隔开来。阑珊酒庄和圣吉美酒庄（Caronne Ste-Gemme）均运作良好，圣吉美酒庄的葡萄园大部分位于圣洛朗村。它们的庄主拥有足够财力支撑高品质的酒款。此外，最为重要的砾石土壤在屈萨克村十分少见，而且这里的森林离河相当近，宝梦酒庄（Château Beaumont）占据了最好的岩石露头地带，其出产的葡萄酒易饮、芳香，容易成熟，因此相当受欢迎。奇怪的是，位于老屈萨克村（Vieux Cussac）的酒庄上慕琳塔酒庄（Château Tour du Haut-Moulin）就处在它的正对面，酿出的却是酒色深郁、需要陈年的老派酒款，不过确实值得等待。

这里的河边还有一座建于17世纪的梅多克堡垒（Fort Médoc）值得游览，当初是用来抵御英国人入侵的，如今则转化为和平用途。拉马克村（Lamarque）的拉马克酒庄（Château de Lamarque）曾经是一座要塞，建筑雄伟，现在则以酿制精工细作、酒体丰满的酒款而为人所熟知，充分诠释了梅多克的真正风味。拉马克村是梅多克地区前往吉伦特河对岸的布拉伊村的转运站，码头上有定时运载人、车的渡轮来回穿梭。这个村子还是梅多克最受人尊敬的酿酒顾问埃里克·布瓦瑟诺（Eric Boissenot）的家乡。

这个区域的葡萄园近年来经过大规模的重新种植，因此看起来井然有序。玛丽莎酒庄（Château Malescasse）在新庄主的经营下进行了升级，效果显著。在从此往南的雅新斯村，规模较大、历史悠久的佰瑞酒庄（Château Barreyres）和雅新斯酒庄近来都由卡斯特（Castel）家族进行了大规模的重新种植，后者势力庞大，建立的葡萄酒帝国疆域远至埃塞俄比亚。卡斯特家族及其邻近的经营良好的阿诺德酒庄（Château Arnauld）对于雅新斯村知名度的稳步提高都有贡献。然而，其实这个村子最为著名的景点仍然是小小的金狮餐馆（Lion d' Or）：这里是梅多克葡萄酒商经常聚餐的交流站。

在这个区域的东南角，越过塔雅克小水渠（Estey de Tayac）之后，我们便进入玛歌产区的范围。占地广阔的西特兰酒庄（Château Citran，由梅洛家族拥有）与规模较小的乔治城酒庄（Villegeorge，酒庄位置超出右页地图的南边，是一家值得关注的酒庄）都位于阿旺桑村（Avensan）内，两家酒庄都很出名，风格接近玛歌村的酒款。

莱斯帕尔–梅多克
梅多克
吉伦特河
布拉伊
拉马克
波尔多
1:42,000
Km 0
1 Km
Miles 0
1 Mile
Ch Moulin de la Rose
Pauillac
Beychevelle
ST-JULIEN
圣于连
CH ST-PIERRE
CH BEYCHEVELLE
D101
Port
CH GRUAUD LAROSE
le Bourdieu
CH BRANAIRE-DUCRU
D2
Chenal du Milieu
Chenal du Despartins
le Marais de Beychevelle
Ch Lanessan
Ch de Ste-Gemme
le Cul du Bosc
圣洛朗
ST-LAURENT
Labat
Ch Caronne-Ste-Gemme
les Valets
le Pré de Madame
le Marais du Merich
les Maragnes
le Grand Pré Neuf
屈萨克
CUSSAC
la Rue
Gaston
Ch du Moulin Rouge
Ch Lamothe-Bergeron
le Parc Neuf
Gironde
吉伦特河
Bernones
Payat
Ch du Raux
Cussac-Fort-Médoc
Ch Aney
Lalande
Ch Beaumont
Cartillon
Ch Tour du Haut-Moulin
les Martins
Jalle
Vieux Cussac
Ch du Retout
Port de Lamarque
Ch de Lamarque
Fossé de Monchaquet
Milous
Lamarque
拉马克
le Rétou
D5
Ch Reverdi
Martinon
Couhenne
Ruisseau du Cartillon
Plantey
Cap l'Ousteau
les Calinattes
Lesparre-Médoc
St-Laurent-Médoc
Ch Fourcas-Loubaney
Lafon
la Planche du Roi
LAMARQUE
拉马克
Ch Fourcas Dupré
Ch Malescasse
le Fourcas
les Marcreux
Ch Maucaillou
Ch Peyredon-Lagravette
Gare
Ch Barreyres
D1215
Médrac
le Tris
D5
la Potence
Ch Saransot-Dupré
le Petit Bourdieu
大宝捷
Grand Poujeaux
Ch Poujeaux
Ch Gressier-Grand-Poujeaux
Ch Dutruch Grand-Poujeaux
le Beyan
ARCINS
雅新斯
Ch Fourcas-Borie
Ch Peyre-Lebade
Listrac-Médoc 利斯特拉克–梅多克
Ch Fourcas Hosten
Ch Chasse-Spleen
Ch Tour-du-Roc
Grand Listrac Cave-Co-op
Ch la Closerie du Grand-Poujeaux
Ch Branas Grand Poujeaux
Ch Arnauld
Arcins
雅新斯
Cagnac
Ch Semeillan-Mazeau
Ruisseau de Larrayaut
le Bourdieu
Ch d'Arcins
利斯特拉克–梅多克
LISTRAC-MÉDOC
D208
梅多克穆里斯
MOULIS-EN-MÉDOC
Berniquet
Ch Clarke
Ch Anthonic
Queue de Boeuf
Estey de Tayac
Ch Lestage
le Malinay
SOUSSANS
苏松
Seguin
Grand Soussans
Ch Brillette
Peyvignau
Ch Bellevue de Tayac
Ch la Tour de Mons
Ch Fonréaud
Tayac
Ch Tayac
Bourriche
Moulis-en-Médoc
梅多克–穆里斯
Ruisseau du Pont d'Ensoin
la Tamponnette
Jalle de Tiquetorte
苏松
Soussans
Piquey
Ch Ruat Petit-Poujeaux
Ch Biston-Brillette
Ch Paveil de Luze
Ch Haut-Breton-Larigaudière
Margaux
la Mouline
AVENSAN
阿旺桑
Chaux
le Mayne
Jallette
Ch de Villegeorge
Ch Moulin-à-Vent
D5
D208
Ch Citran
Laudère
Bouqueyran
通往布拉伊村的渡轮
行政区边界
村庄（教区）边界
CH ST-PIERRE 列级酒庄
Ch Lanessan 值得关注的酒庄或酿酒商
列级葡萄园
其他葡萄园
森林
等高线间距10米

连接波尔多和大西洋的铁路修建于19世纪晚期。河运和陆运更加适合葡萄酒，但是驶往莱斯帕尔小镇的火车以及穿越吉伦特河口的鲁瓦扬（Royan）渡轮仍然会在穆里斯–利斯特拉克、玛歌和波亚克停留，以供葡萄酒游客乘坐。

玛歌和梅多克南部
Margaux and the Southern Médoc

玛歌村及其南边的康田村（Cantenac）能够出产整个梅多克最精致芬芳的葡萄酒。以上说法有史料可证。而当地经过一段采用高酒精度、重橡木桶风格的时期之后，正在慢慢重现昔日辉煌。这个产区比起其他产区拥有更多的二级酒庄和三级酒庄，因此也在梅多克南部形成了各家酒庄良性竞争的氛围。

从右页地图中可以看出，这个产区与波亚克和圣于连的地貌大相径庭。波亚克和圣于连的酒庄分散在各处，而玛歌的酒庄却都聚集在几个村庄周围。

玛歌产区的土层是整个梅多克地区最浅、砾石最多的，葡萄树的根部必须深入土壤，才能获得稳定且适量的水分，最深可以达到7米，因此这个产区的酒款在酒龄尚浅时便会比较柔顺，但是遇到较差的年份，酒质可能会显得过于纤瘦。但是在优良或者极佳的年份中，砾石土壤的所有优点便会一一显露：典型的玛歌葡萄酒拥有其他产区所不具备的细腻口感，以及甜美醉人的香气，使其成为最为精致的波尔多葡萄酒。

玛歌酒庄和宝马酒庄（Château Palmer）出产的葡萄酒常常能够达到上述的高度。玛歌酒庄不仅是梅多克南部唯一的一级酒庄，而且是最符合一级酒庄身份的一个：它拥有一座位于林荫大道尽头、如同宫殿一般的建筑，装饰着古典希腊风格的三角楣饰，以及由英国著名建筑师诺曼·福斯特（Norman Foster）设计的可堪与之匹配的酒窖。酒庄于1978年被门泽洛普洛斯家族收购，自此每年都有杰出的酒款问世。玛歌酒庄白亭白葡萄酒产自右页地图西边的地块，以橡木桶陈年，风格深沉，具体信息参见第95页。经过类似翻新过程的三级酒庄宝马酒庄在酿酒时会采用更高比例的梅洛，有时会成为玛歌酒庄颇具威胁的竞争对手，不过宝马酒庄最近开始采用生物动力种植法，因此遇到潮湿的生长季节时可能会情况严峻。力士金酒庄（Château Lascombes）曾经多次易主，依序分别是俄国葡萄酒作家亚历克西·荔仙（Alexis Lichine）、英国巴斯（Bass）啤酒厂以及美国投资工会，如今则隶属一家法国保险集团。在20世纪70—80年代，这家二级酒庄过度扩增葡萄园，导致酒质变得稀薄。今天，它已凭借新种的梅洛酿出了风格直接而圆熟的酒款。它的旁边是最近重新整顿后开业、面积不大的三级酒庄菲丽酒庄（Château Ferrière），出产受人欢迎、以细腻见长的玛歌佳酿。

玛歌的双人戏

如同18世纪在圣于连产区的里奥威酒庄一样，玛歌产区也有情况类似的两家酒庄，以往它们曾是一个庞大的酒庄，就是鲁臣酒庄（Rauzan），后来分为两家。其中鲁臣世家酒庄（Rauzan-Ségla，曾经写为Rausan-Ségla）是梅多克的超级明星之一，曾于20世纪80年代进行现代化翻新，并在1994年由拥有时尚集团香奈儿（Chanel）的家族收购。规模较小的露仙歌酒庄（Rauzan-Gassies）出产的酒款品质距离二级酒庄的标准相去甚远，不过这一差距有逐渐缩小的趋势。

玛歌产区还有几对成绩傲人的姊妹酒庄。比如两家二级酒庄——布朗-康田（Brane-Cantenac）和杜霍（Durfort-Vivens），为波尔多无所不在的卢顿（Lurton）家族的不同成员所拥有，但是酒款风格却是大相径庭：布朗-康田香气芬芳，几乎有入口即化的感觉；杜霍最近进步很大，并且获得生物动力种植法认证，但是其酿酒时采用赤霞珠的比例几乎与玛歌酒庄同样高。近年来，卢顿家族也握有三级酒庄狄士美（Desmirail）的部分股权，俨然形成"三姐妹"的阵势。

四级酒庄宝爵（Pouget）可以算是三级酒庄贝卡塔纳（Boyd-Cantenac）的强劲兄弟档。马利哥酒庄（Malescot St-Exupéry）在楚戈尔（Zuger）家族的管理下曾经获得酒评家的高分（有时也有低分），而规模较小的三级酒庄碧家侯爵（Château Marquis d'Alesme）则由佩罗德（Perrodo）家族进行了重建，大受游客欢迎，该家族还买下了非列级酒庄拉贝高斯（Château Labégorce），与其旗下的拉贝高斯泽地酒庄（Labégorce-Zédé）合并。

还是在玛歌村附近，四级酒庄德达侯爵（Château Marquis de Terme）出品的酒虽然不易在海外见到，但是目前的酒质相当好；而建筑优美的迪仙酒庄（Château d'Issan）坐拥玛歌产区最佳的地理位置之一，葡萄园顺着缓坡而下，朝着吉伦特河的方向一路绵延，出产类似玛歌酒庄的优质酒款。

在康田村里，当葡萄酒作家亚历克西·荔仙还在荔仙酒庄（Château Prieuré-Lichine）坐镇时，酒庄曾以出产玛歌品质最为稳定的葡萄酒而闻名，还首开让路过的游客进门参观的风气，而这一做法直到目前才开始普及。一度低迷不振的麒麟酒庄（Château Kirwan）现在已经再现玛歌产区的细腻风采。此外，在阿尔萨克村（Arsac）还有一家深入内陆、孤悬在高地上的杜特酒庄（Château du Tertre），也因重整而恢复生机，它与美人鱼酒庄（Château Giscours）同属一家充满活力的荷兰集团。肯德-布朗酒庄（Château Cantenac-Brown）就在布朗-康田酒庄（Brane-Cantenac）旁边，大概是整个梅多克最丑陋的酒庄之一（看起来就像是一所维多利亚时期的寄宿学校），不过出品的葡萄酒酒质不差，算得上是玛歌产区酒体最坚实的酒款之一。

在进入上梅多克的葡萄园之前，快要到达波尔多北部市郊的地方，还有三家列级酒庄更加值得注意：首先是美人鱼酒庄，半木造的农庄式建筑遮掩在绿荫之下，面朝美得令人屏息的葡萄园树海，而且出产的酒质极易讨人欢心；其次是佳得美酒庄（Cantemerle），它就像是一座躺着睡美人的城堡，深藏在树木高大、池塘沉静的森林之中，出产的酒款以优雅著称，而且通常性价比很高；最后还有出产品质高超酒款的拉拉贡酒庄（La Lagune），与罗讷河谷产区的嘉伯乐酒庄（Paul Jaboulet Aîné）为同一家族所拥有，葡萄园采用有机种植法，并且正在向生物动力种植法过渡，酒庄建筑建于18世纪，风格简洁。

位于此地以南的四级酒庄杜扎克（Dauzac）于2018年由另一家保险公司售出，知名度逐渐提高。它的邻居西航酒庄（Siran）在森林中坐拥童话般美丽的风景。西航酒庄及西塞（Sichel）家族拥有（并居住）的安格鲁邸酒庄（Château d'Angludet）均能出产有着列级酒庄品质的酒款。

◁ 碧家侯爵酒庄的新任庄主斥巨资新建了一座亚洲风格的酒窖，其中包含一家既实用又适合游客参观的葡萄酒吧，名为"小村庄"（Le Hameau）。

上梅多克南部

玛歌是著名的梅多克各村当中最南端的一个，不过上梅多克产区的范围往南可远至波尔多市区。

从波尔多出发，沿着主路向梅多克方向走，遇到的第一家上梅多克产区酒庄便是拉拉贡酒庄。酒庄拥有一整块土壤是沙子和砾石的葡萄园，于2016年获得有机种植认证。

- —·—·— 行政区边界
- —·—·— 村庄（教区）边界
- CH MARGAUX 列级酒庄
- Ch Martinens 值得关注的酒庄或酿酒商
- Ch Marojallia 小型酒庄或者其中一部分
- 一级葡萄园
- 列级葡萄园
- 其他葡萄园
- 森林
- 25 等高线间距10米

格拉夫与两海之间
Graves and Entre-Deux-Mers

佩萨克（Pessac）和雷奥良（Léognan）是格拉夫产区最为著名的两个村庄，位于格拉夫北侧，两个村的名字连起来就变成了一个法定产区（参见跨页地图）。但是格拉夫值得关注之处并不止于此。“格拉夫”一名在过去通常指的是品质中等、较为商业化的白葡萄酒。但是这个区域南端四散的葡萄园已经恢复生机——主要原因在于当地出产的红葡萄酒跟随潮流，转变为价格吸引人、颜色深郁、果味十足、单宁软熟的酒款。

在**格拉夫**产区的中部和南部有极佳的老牌酒庄，尤其集中在曾经名噪一时的波尔泰（Portets）、朗迪拉（Landiras）和圣皮埃尔德蒙斯（St-Pierre-de-Mons）这几个村镇，酒庄都有新任庄主上任，连带也引进了新的酿酒哲学。

受惠于格拉夫的土壤，这里的红白葡萄酒同样都酿得极好，比如波当萨克村（Podensac）的鸣鹊酒庄（Château de Chantegrive），波尔泰村的夏湖酒庄（Château Rahoul）和咖比酒庄（Château Crabitey），以及阿尔巴纳村（Arbanats）和吉伦特河畔卡斯特尔村（Castres-Gironde）附近一带零星的几个酒庄。而锡龙河畔普若村（Pujols-sur-Ciron）的芙劳瑞黛酒庄（Clos Floridène）和萨伊酒庄（Château du Seuil）一如许多其他邻近加龙河的成功酒庄一样，拿手的是用长相思和赛美蓉酿造、以橡木桶熟成的干白葡萄酒，这两个葡萄品种都很适合种植在吉伦特省南部这个静谧的角落，可惜这种酒一直被低估，以格拉夫法定产区命名的白葡萄酒的产量还不到红葡萄酒的四分之一。这些白葡萄酒也许看起来很普通，但是它们在陈年几年之后就会变得更加精彩了。

右边地图向北和向东延伸的区域见证了波尔多一些比较不为人知的产区的努力。大部分以普通的**波尔多**法定产区售卖的红葡萄酒都产自两海之间产区，这片风光极其秀美的乡村土地呈楔形，位于加龙河与多尔多涅河之间，吸引了大量的中国投资者在此收购建筑优美、价格低廉的酒庄，并将其所产的葡萄酒销售回中国。**“两海之间”**一名则只出现在此地出产的干白葡萄酒的酒标上，产量小很多。

这个区域红葡萄酒的生产者越来越多，虽然明知其法定产区分级只是一般的波尔多或者略微高级一点的**优级波尔多**，但是仍然通过更为细心的整枝和降低产量的做法，努力酿出受人欢迎的酒款。可惜的是，这个级别的酒庄在波尔多严格的分级系统中，很难依靠收入补贴这样的努力。其中许多酒庄都出现在地图上，也包括最有趣的两海之间产区。

不少内涵充实的酒庄以及优质的酿酒合作社的兴起，逐渐改变了这个区域的面貌，尤其是地图北边靠近多尔多涅河及圣埃美隆产区的部分，原来果园与葡萄园夹杂的景象已经转变为葡萄树独领风骚。几家最为成功、具有代表性的酒庄包括：位于格莱兹雅克村（Grézillac）南边、为卢顿家族拥有、酒质优秀的伯涅酒庄（Château Bonnet），位于巴纳村（Branne）南边、为德帕涅（Despagne）家族拥有、酒品可饮可存的美塔酒庄（Château Tour de Mirambeau），靠近克雷翁村（Créon）、为库塞尔（Courselle）家族拥有的爵蕾酒庄（Château Thieuley），以及为酒商拥有、位于刚出地图北面界线的萨勒博夫村（Salleboeuf）的贝尔拉图酒庄（Château Pey La Tour）。其中许多酒庄用长相思和赛美蓉酿造的白葡萄酒甚至比红葡萄酒更为成功，比如位于克雷翁村外围的博杜克酒庄（Château Bauduc）。更厉害的是，位于圣昆廷拜伦村（St-Quentin-de-Baron）的萨尔斯酒庄（Château de Sours）甚至有办法将其简单波尔多等级的桃红葡萄酒以期酒的方式出售，而这家酒庄于2016年被中国最大的零售商阿里巴巴的创始人收购。

在两海之间产区，我们还能找到更多令人印象深刻的优质酒庄。在这个区域偏北的地带，土壤中还有许多石灰岩，与以北的圣埃美隆产区十分相似。在地图的西北边，靠近圣路佩斯村（St-Loubès）的雷雅克酒庄（Château de Reignac）因为庄主伊夫·瓦特洛（Yves Vatelot）努力地酿制好酒，让酒价攀升到令人瞠目的地步。而白马（Château Cheval Blanc）和伊甘（Château d'Yquem）两家酒庄的酿酒师皮埃尔·卢顿（Pierre Lurton）也在格莱兹雅克村附近建立了玛久思酒庄（Château Marjosse），为这个产区增色不少。

波尔多丘各产区

自2008年起，**“波尔多首丘”**（Premières Côtes de Bordeaux）之名只能用于加龙河右岸环河的狭长地带出产的半甜白葡萄酒。而其出产的通常十分可口的红葡萄酒则使用**“波尔多丘-卡迪亚克”**这个名称。同时，紧靠圣埃美隆产区东侧、品质逐渐向其靠拢的**波尔多丘-卡斯蒂永**（Castillon Côtes de Bordeaux）同样只能用于红葡萄酒。多尔多涅河右岸下游还有两个产区，**波尔多丘-布拉伊**（Blaye Côtes de Bordeaux）用于红葡萄酒，**波尔多丘-弗朗**（Francs Côtes de Bordeaux）则可用于红白两种葡萄酒。**波尔多丘-圣弗瓦**（Ste-Foy Côtes de Bordeaux）可以用于红葡萄酒及各种甜型的白葡萄酒。以产区形状为伞状的**波尔多丘**（Côtes de Bordeaux）命名的酒可以混调来自以上所有五个产区的红葡萄酒，参见第85页的地图。

既然波尔多首丘这个法定产区涵盖了卡迪亚克、卢皮亚克（Loupiac）和圣十字山（Ste-Croix-du-Mont）这几个甜白葡萄酒产区，那么这个区域出产优质的甜白葡萄酒也就不奇怪了。此区南边出产的红葡萄酒以**卡迪亚克**为名，而干白葡萄酒则挂上最简单的波尔多法定产区的名称出售。如果说**圣十字山**法定产区能靠早已风光不再的甜白葡萄酒赚进大把银子，似乎言过其实，不过目前鲁本斯（Château Loubens）、杜梦（Château du Mont）和哈姆（Château La Rame）三家酒庄都在努力酿造好酒；而且在附近的卢皮亚克产区，还有达洪（Château Dauphiné-Rondillon）、卢皮亚克-高迪艾特（Château Loupiac-Gaudiet）和瑞克（Château de Ricaud）等酒庄敢于冒着潜在风险，酿造真正的甜型而非只是半甜型白葡萄酒（参见第104页）。

越过加龙河，在格拉夫地区的巴萨克村以北，有一个已被遗忘许久的独立产区**塞龙**（Cérons），它包括伊拉（Illats）和波当萨克（Podensac）两个村，目前因为以格拉夫法定产区命名酿造主流口味的红白葡萄酒而找到了新的财源——比如爱尚堡酒庄（Château d'Archambeau）。

波尔多最大的葡萄园当中有许多都位于两海之间，这个区域已经在进行一些有关抗病害葡萄品种的研究。

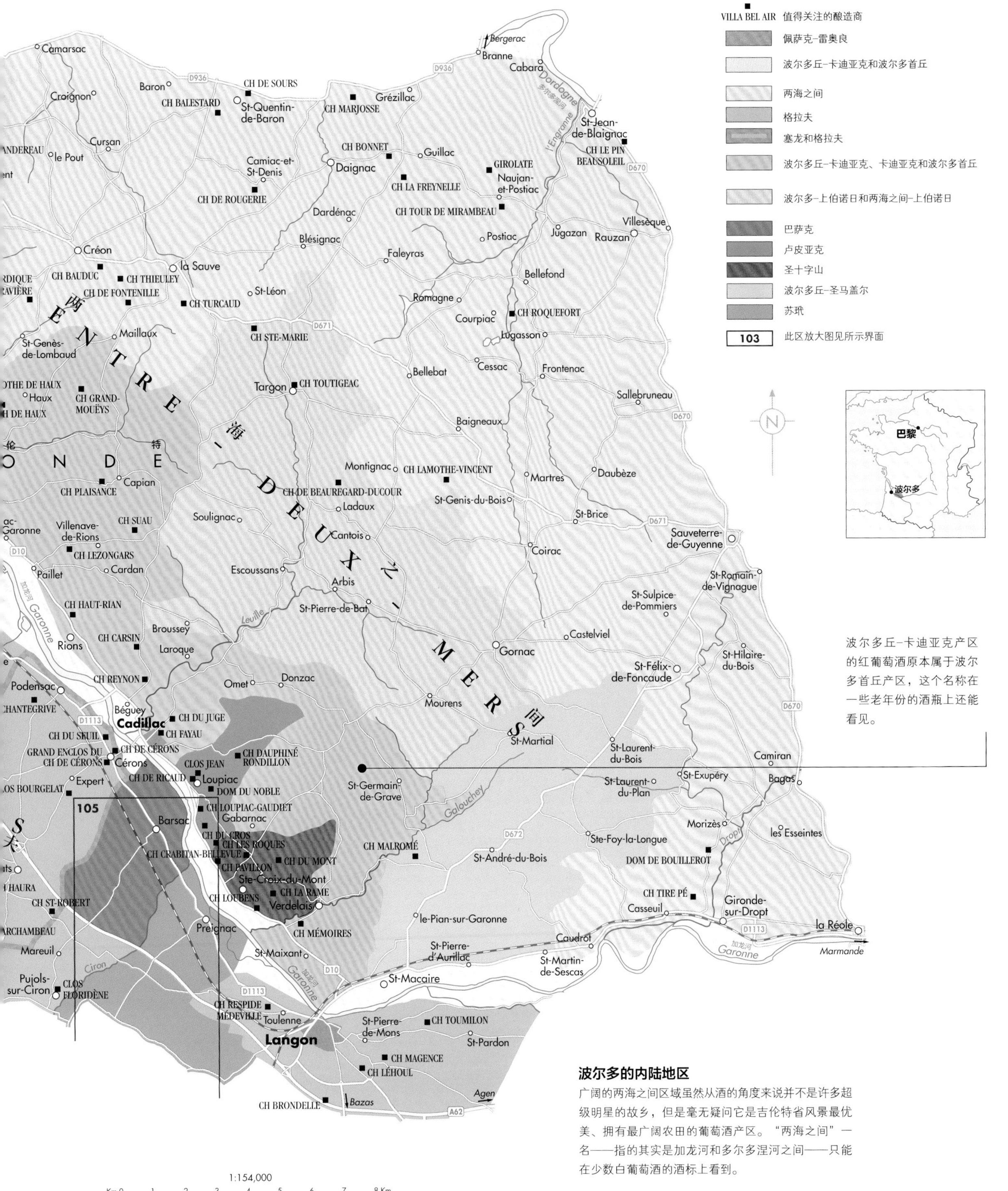

波尔多丘-卡迪亚克产区的红葡萄酒原本属于波尔多首丘产区，这个名称在一些老年份的酒瓶上还能看见。

波尔多的内陆地区

广阔的两海之间区域虽然从酒的角度来说并不是许多超级明星的故乡，但是毫无疑问它是吉伦特省风景最优美、拥有最广阔农田的葡萄酒产区。“两海之间”一名——指的其实是加龙河和多尔多涅河之间——只能在少数白葡萄酒的酒标上看到。

佩萨克-雷奥良 Pessac-Léognan

时值17世纪60年代，在波尔多市南郊，整个波尔多高级红葡萄酒的概念才由侯伯王酒庄的庄主推出。

至少自1300年起，这个区域干旱的沙质及砾石土壤就已开始为本地出品最优质的红葡萄酒提供了条件；同期，当时的大主教（后来成为定居阿维尼翁的教皇克莱蒙五世）也种下一片葡萄园，即现在的黑教皇酒庄（Château Pape Clément）的原型。

佩萨克-雷奥良是格拉夫最受欢迎的北部次产区的现代称呼，集合了两个最重要的产酒村落（格拉夫的全貌参见前两页地图）。在这片沙质的土地上，松木是主要的植物，而葡萄园都位于林中空地上，通常相互独立，夹杂在茂密的森林以及小河切割出的浅滩河谷之间。右页的地图展示了波尔多市区及其古老的葡萄园是如何向林地延伸的，城市的郊区已经越来越多地侵扰到这些历史悠久的酒庄。

对于前来品酒的人来说，这座位于最重要的环城路（rocade）上的城市几乎已经将其沿线的所有葡萄园一一吞噬，除了那些位于佩萨克村深厚砾石土壤上的优质酒庄，比如：侯伯王及其毗邻的兄弟酒庄美讯（La Mission Haut-Brion）、表现优异的丽嘉红颜容（Les Carmes Haut-Brion）和披凯石（Picque Caillou），离佩萨克村稍远一点儿，还有曾为大主教所有的黑教皇酒庄，现在是葡萄酒大亨伯纳德·马格雷（Bernard Magrez）酒庄帝国之中的得意之作。

侯伯王和美讯两家酒庄都位于波尔多的远郊区，靠近市立大学，分列在穿过佩萨克村的旧阿尔卡雄（Arcachon）路两侧，很难找到。侯伯王是当之无愧的一级酒庄，酒质是介于力量与细腻之间的一种甜美均衡，带有顶级格拉夫葡萄酒的特色：酒中有一抹泥土、蕨类植物、烟丝和焦糖的气息。美讯出品的酒的口感较为深沉、成熟、野性，而且经常具有同样的优异品质。1983年，侯伯王的美国庄主买下酒庄的老牌劲敌美讯以及拉图-侯伯王酒庄（Château La Tour Haut-Brion），后者如今已被并入美讯。庄主这样做的目的并非为了统一葡萄园，相反是为了持续这场竞争。比赛每年都在侯伯王和美讯两家酒庄之间进行，竞争的不仅是两款著名的红葡萄酒，还包括两款酒体丰厚、风味无与伦比的白葡萄酒，它们的名字分别为侯伯王酒庄白葡萄酒（Château Haut-Brion Blanc）和拉维-侯伯王酒庄白葡萄酒（Château Laville Haut-Brion），后者自2009年起更名为美讯白葡萄酒（La Mission Haut-Brion Blanc）。还有一些更为生动的例子能够证明风土条件，即每一片土地的独特性对于波尔多这片土地来说多么重要。

也许正因如此，许多酒庄近些年来都意志坚定地开始提高其所出产酒款的质量和数量，其中大多数是红葡萄酒，并且混酿时采用的葡萄品种比例和陈年潜力都与梅多克产区类似，不过因为靠近森林而酸度稍高一点。在20年的时间里，整个佩萨克-雷奥良的葡萄园面积增长了近50%，2016年达到约1800公顷，尽管其中只有约275公顷的葡萄园常年用于种植酿造白葡萄酒所需的葡萄。这些白葡萄酒主要采用长相思和赛美蓉葡萄酿制，经过橡木桶熟成，酒质卓越，陈年潜力很强。

在城市与森林之间

雷奥良村深入森林，处于右页地图的核心地带。骑士酒庄虽然外表简朴，却是当地极为优质的酒庄。酒庄从未有过城堡式的建筑，虽然它的陈年酒窖（chai）和酿酒车间（cuvier）都因整修、替换而显得焕然一新，并且葡萄园也在20世纪80年代末至90年代初大幅扩增，但是它依旧保持着像在松树林间的空地上农庄的样子。酒庄出产的葡萄酒，尤其是白葡萄酒在酒龄尚浅的时候经常被人低估。骑士酒庄的庄主伯纳德家族（Bernard）曾经扩展羽翼，如将幽居酒庄（Domaine de la Solitude）和勒斯普-马蒂雅克酒庄（Château Lespault-Martillac）收入囊中。另外一家在雷奥良村具有领导地位的列级酒庄高柏丽（Château Haut-Bailly）只酿红葡萄酒，在这个区域实属异类，但是其酒质的深度极具说服力，并且现在同时推出教皇酒庄（Château Le Pape），一款主要用梅洛酿造的酒款，后者同时也是一家精品酒店。马拉蒂克-拉格维尔酒庄（Malartic-Lagravière）经比利时的博尼（Bonnie）家族大肆翻新及现代化改造，毗邻的嘉仙罗福酒庄（Château Gazin Roquencourt）同为该家族所有。

自20世纪90年代起，没有一家酒庄像诗密拉菲（Château Smith Haut Lafitte）那样大刀阔斧地进行翻新。这家酒庄位于佩萨克-雷奥良地区最南端的玛蒂雅克村（Martillac），不仅红白葡萄酒都酿得很好，还以欧缇丽之源（Les Sources de Caudalie）为名打造了酒店、餐厅以及一家前卫的葡萄浴疗中心。其庄主卡地亚德家族（Cathiards）还收购了康得利酒庄（Château Cantelys）以及主要采用梅洛酿酒的乐蒂酒庄（Le Thil），并且在其整个葡萄酒王国中全面实施可持续发展的种植方式。

南边的拉图玛蒂雅克酒庄（Château Latour-Martillac）虽然翻新的规模较小，但是其出产的红葡萄酒性价比很高。另外一家位于最南端的著名酒庄是佛泽尔（Château de Fieuzal），庄主为爱尔兰人，以出产酒体强壮的红葡萄酒、口感浓郁的白葡萄酒，以及奢华的新酒窖而闻名。

卡尔邦女酒庄（Château Carbonnieux）原为本笃会的资产，长久以来获得称赞的都是其质量值得信赖的白葡萄酒，其出产的红葡萄酒较为清淡，但是近年来倒是增加了一些酒体。奥利维尔酒庄（Château Olivier）拥有波尔多历史最悠久的城堡建筑，美丽得令人目眩，红白葡萄酒都有生产，目前正在进行长期的翻新改造。遍布整个雷奥良村的酒庄经营得都很成功，无论红白葡萄酒都有精彩的佳酿出产。巴赫（Château Baret）、布赫农（Château Branon）、布朗（Château Brown）、法兰西（Château de France）、欧蓓姬（Château Haut-Bergey）和拉里-奥比昂（Château Larrivet Haut-Brion）是获得赞誉比较多的几家酒庄。

这个地区的先知以及推手是已经九十多岁的安德烈·卢顿（André Lurton），他是当地葡萄酒农组织的创始人、佩萨克-雷奥良法定产区的创造者，在此拥有数家出产优质白葡萄酒的酒庄，并且努力促进这些酒庄近年来的翻新，其中包括拉罗维耶酒庄（Château La Louvière）、先哲酒庄（Château de Rochemorin）、列级酒庄金露桐（Château Couhins-Lurton）——其实以上列举的酒庄全部在1959年获得了列级酒庄的称号，以及位于拉图玛蒂雅克酒庄以南、可在第100页的地图上看到的克露兹酒庄（Château de Cruzeau）。同为列级酒庄的宝斯科（Château Bouscaut）为安德烈·卢顿的侄女苏菲·卢顿（Sophie Lurton）所有，出产的红白葡萄酒最近都极受追捧。

◁ 这幅1776年的版画描绘的是人们将盛放波尔多葡萄酒的橡木桶，从夏特隆（Chartrons）码头的酒窖中推出，运到北上的船上。有塞缪尔·佩皮斯（Samuel Pepys）的日记证实，这些葡萄酒曾在伦敦的小旅馆里出售，至少风靡了一百年。

行政区边界
村庄（教区）边界
CH HAUT-BRION 列级酒庄
Ch Bardins 值得关注的酒庄或酿酒商
一级葡萄园
其他葡萄园
森林
25 等高线间距5米
1:47,500
Km 0 1 2 Km
Miles 0 1 Mile
这片葡萄园围绕着波尔多的官方葡萄种植研究中心——隶属波尔多大学的葡萄及葡萄酒科学研究院（Institut des Sciences de la Vigne et du Vin）。近年来，波尔多大学迎来众多葡萄酒专业的国际学生，尤其是中国学生。
这片靠近铁路的赛美蓉和长相思葡萄园有3公顷，为侯伯王酒庄出产甜白葡萄酒。这片葡萄园通常是整个吉伦特省最早采收的地方。
从地图上看，与侯伯王酒庄的葡萄园相比，美讯酒庄葡萄园的颜色稍浅，因为后者其实并非一级酒庄，其酒价和地图都是佐证，但是它确实已经非常非常接近一级酒庄的水平。
Bordeaux
波尔多
MÉRIGNAC
梅里尼亚克
PESSAC
佩萨克
Pessac
TALENCE
Talence
GRADIGNAN
Gradignan
VILLENAVE
Villenave-d'Ornon
CADAUJAC
LÉOGNAN
雷奥良
Léognan
MARTILLAC
玛蒂雅克
Martillac
Ch Picque Caillou
Ch les Carmes Haut-Brion
CH HAUT-BRION
CH LA MISSION HAUT-BRION
CH PAPE CLÉMENT
Institut des Sciences de la Vigne et du Vin
Ch Baret
Ch Pontac-Monplaisir
Ch Poumey
Ch Brown
Ch Bardins
CH COUHINS
CH COUHINS-LURTON
CH BOUSCAUT
CH OLIVIER
Dom de Grandmaison
CH CARBONNIEUX
Ch La Louvière
Ch le Thil
Ch le Pape
CH HAUT-BAILLY
Ch Larrivet Haut-Brion
CH SMITH HAUT LAFITTE
Ch Gazin Rocquencourt
Ch Haut-Bergey
CH MALARTIC-LAGRAVIÈRE
Ch Haut-Lagrange
DOM DE CHEVALIER
Ch de France
CH DE FIEUZAL
Ch de Rochemorin
Ch Cantelys
Ch Lespault-Martillac
Dom de la Solitude
CH LATOUR-MARTILLAC
Ch la Garde
Ch Ferran
Ch Haut-Nouchet
Arcachon
Aéroport
Cestas
Bordeaux centre
Toulouse
Langon
Saucats
la Brède
Belin-Béliet
les Graves
les Platanes
les Palomières
les Pédocs
Bois de Berlin
A/B
B/C
C/D
D/E
E/F
F/G
1|2
2|3
3|4
4|5
5|6
利布尔讷
波尔多
多尔多涅河
加龙河
格拉夫
苏玳

苏玳和巴萨克 Sauternes and Barsac

波尔多大部分地区所产的葡萄酒都可与其他产区的风格类似的酒一较高下，但是苏玳的酒却不同。虽然苏玳的酒被低估、轻视很令人惋惜，但它是独一无二的，其形态特殊而又鲜有对手。苏玳的酒可能是世界上可储存时间最长的酒之一，这依赖于当地极其特殊的气候、一种非常罕见的霉菌以及独特的酿酒技巧。在卓越的年份中，酒质可臻超凡入圣：出产极度甜美、结构丰腴、花香萦绕的迷人金黄色酒液。酒款主要用赛美蓉酿造，辅以不同比例的长相思，产量通常极小；在采摘、酿制和调配的过程中因为严格挑拣所造成的减产往往会让某些酒庄不堪重负。令人沮丧的是，尽管自21世纪以来当地酒庄的雄心和实力都有了显著增长，并出现了2001年、2005年、2007年、2009年、2011年、2013年、2015年和2016年等一系列卓越年份，但人们对苏玳甜酒的需求量仍然相对较低。

另外，苏玳地区出产的干白葡萄酒所占比例越来越高。伊甘酒庄甚至早在1959年便推出了一款酒体非常厚重、酒精度高的干白，名为Y（读音为Ygrec）。

今天，伊甘酒庄的酿酒团队试图将其干白葡萄酒酿成更为清新的现代风格，而整个苏玳地区的酿酒风格也在向此靠拢，比如芝路酒庄（Guiraud）的G和旭金酒庄（Suduiraut）的S便是如此。还有一种手法则是用较早成熟的葡萄酿造副牌甜白葡萄酒，以此来提高正牌酒的质量。

1855年分级

19世纪的饮酒人与今天相比，更为欣赏这种独特而优质的甜型葡萄酒。在1855年的分级中，**苏玳**是除了梅多克以外，唯一获得评级的产区。伊甘酒庄被评为特等一级酒庄（Premier Cru Supérieur），这个等级只此一家，是波尔多唯一的特例。另外还有11家酒庄被列为一级酒庄，12家酒庄被列为二级酒庄。包括苏玳本身在内的5个产酒村庄都可以使用“苏玳”这个法定产区名称。而其中最大的村庄**巴萨克**则可以选择将其生产的甜酒命名为“苏玳”或者“巴萨克”。

苏玳甜酒的风格与其标准一样极其多样，不过大部分顶尖酒庄都位于伊甘酒庄四周。拉佛瑞佩拉酒庄（Château Lafaurie-Peyraguey）的名字念来花哨，酒中同样藏有许多花香，在2018年建成一座奢侈酒店和餐厅；安盛保险集团旗下的旭金酒庄位于帕涅克村（Preignac），生产的酒以丰盛华丽见长，除了优质的正牌酒之外，还另外出产至少两种价格较为便宜的酒款；拉菲丽丝酒庄（Château Rieussec）属于拉菲罗斯柴尔德集团，酿造的酒通常酒色深郁，酒体丰腴。其他优质的酒庄还有奥派瑞酒庄（Clos Haut-Peyraguey）、法歌酒庄［Château de Fargues，由绿沙绿斯家族（Lur-Saluces）经营，该家族拥有伊甘酒庄数个世纪之久］、雷蒙拉芳酒庄（Château Raymond-Lafon）以及本身设有酿酒学校的白塔酒庄（Château La Tour Blanche）。刚刚获得有机种植法认证的芝路酒庄经过翻新，现已囊括一家时尚的餐厅，以便搭配其时尚的甜酒。而吉蕾特酒庄（Château Gilette）则出产与常规葡萄酒风格大相径庭的酒款，这些酒款未经橡木桶陈年，经过酒窖多年瓶陈，但是极富储存潜力。

严格挑选

在巴萨克村，克里蒙（Château Climens）、古岱（Château Coutet）及2014年与多喜布罗卡（Château Doisy-Dubroca）合并的多喜玳安（Château Doisy-Daëne）等酒庄具有领导地位，它们出产的葡萄酒与苏玳村的酒庄相比，在理论上（但实际上并非总是）风格更为清新一些。克里蒙酒庄出产的甜酒经常拥有媲美伊甘酒庄的丰厚酒体，这主要是因为庄主贝雷妮丝·卢顿（Bérénice Lurton）的刻苦努力，她在采收时将每次挑拣所得的葡萄分别酿造，细心监控，最终进行极其复杂的调配。而邻近的古岱酒庄的酿酒团队则更加注重通过社交媒体与潜在的甜酒爱好者进行交流。克里蒙和古岱之间是品质卓越的多喜玳安酒庄，所有者为杜博迪（Dubourdieu）家族，酒庄会在最好的年份酿造产量极低的奢华特酿（L’Extravagant），这款酒也是当地最甜、价格最高的酒款之一。

贵腐菌

在这个温暖而肥沃的阿基坦地区（Aquitaine）一角，当窄窄的锡龙河中的冷水遇到宽阔的加龙河中较为温暖的河水时，秋季晚间便会产生雾气，一直持续到黎明以后。绵绵微雨也有利于雾气产生。酿造苏玳甜酒所需的特殊技术只有财力雄厚的酒庄才能支撑，包括8至9次的分批采收，而采收时间通常从9月开始，有时会持续到11月。这主要是为了充分利用一种特殊的菌种：科学家们称其为灰霉菌（*Botrytis cinerea*），而诗人们则称其为贵腐菌（pourriture noble）。在温暖有雾的夜晚，这种霉菌有时会生长在赛美蓉、长相思及密斯卡岱等品种上，随着白天气温升高而逐渐增多，并且穿透葡萄皮，使得葡萄干缩，有时甚至因为附着在葡萄表面而使其看起来如同布满绒毛。

这种霉菌会让葡萄中的大部分水分蒸发，从而在极其浓稠的葡萄汁里留下糖分、酸度及香气分子，但是这样的葡萄汁会非常难以发酵。经过在小型橡木桶中的细致陈年，以及部分酒庄的精细挑拣和调配，最后酿成的是香气集中、口感顺滑、质地丰美并且储存潜力不可限量的佳酿。

这种葡萄最理想的采收时间是它们干缩的时候，有时必须逐粒采摘，并且需要多次分批采摘。因此酒庄必须让采摘队伍在几个星期中随时待命，一次又一次地前往同一片葡萄园采摘，而且采摘人员需要具有足够的经验和技术，以便决定每一次采收哪些葡萄枝，甚至是哪些果实。

所以，鉴于生产成本极其高昂，而且葡萄里的大部分水分已经蒸发，苏玳甜酒的产量低得惊人。伊甘酒庄是苏玳最伟大的酒庄，目前由资本雄厚且擅于精打细算的LVMH集团拥有，葡萄园占地约100公顷，但是每公顷的平均产量只有80升，而梅多克顶级葡萄园的平均产量是其5至6倍。虽然苏玳甜酒的价格逐渐攀升，但是很少有葡萄酒饮酒人能够理解，这些伟大的波尔多甜白葡萄酒与其同水平的波尔多红葡萄酒相比，售价其实是被极度低估的。

从理论上来讲，巴萨克村的葡萄园出产的葡萄酒与其南边相比较为清新，因为这片位于高速公路和铁路线之间的土地拥有独特的石灰岩基土。
佩萨克-雷奥良产区的骑士酒庄买下明月葡萄园（Clos des Lunes），旨在推出优质的干白葡萄酒——金色月光（Lune d'Or）和银色月光（Lune d'Argent）。
从地图上可以看出苏玳最为著名的伊甘酒庄面积有多么宽广，围绕小山四周的深紫色区域皆在其中。奇怪的是，虽然酒庄在山顶，但这里的地下水位却高得非比寻常，这就需要进行排水，同时又要保证葡萄藤在干旱环境中正常生长。伊甘酒庄在较好的年份中一年能够出产8000箱12瓶装的葡萄酒，但是如果气候条件不佳（比如2012年），那么就一瓶酒都不会酿。
行政区边界
村庄（教区）边界
CH LAMOTHE 列级酒庄
Ch de Fargues 值得关注的酒庄或酿酒商
一级葡萄园
其他葡萄园
森林
25 等高线间距5米
利布尔讷
波尔多
多尔多涅河
加龙河
格拉夫
苏玳
1:41,500
Km 0 1 2 Km
Miles 0 1 Mile
Cérons
Barsac 巴萨克
BARSAC 巴萨克
Cadillac
LOUPIAC
STE-CROIX-DU-MONT
Preignac
le Puch
PREIGNAC 帕涅克
BOMMES
Sauternes 苏玳
SAUTERNES 苏玳
FARGUES 法歌
Fargues 法歌
Ch de Fargues
Langon
Toulouse
Bordeaux
CH NAIRAC
CH SUAU
CH BROUSTET
CH MYRAT
CH CAILLOU
CH COUTET
CH CLIMENS
CH DOISY-DAËNE
CH DOISY-VÉDRINES
CH DE MALLE
CH ROMER
CH ROMER DU HAYOT
CH SUDUIRAUT
CH RABAUD-PROMIS
CH SIGALAS-RABAUD
CH DE RAYNE VIGNEAU
CH LAFAURIE-PEYRAGUEY
CLOS HAUT-PEYRAGUEY
CH D'YQUEM
CH LA TOUR BLANCHE
CH RIEUSSEC
CH D'ARCHE
CH LAMOTHE GUIGNARD
CH LAMOTHE
CH GUIRAUD
CH FILHOT
Clos des Lunes
Ch Raymond-Lafon
Ch Lafon
Ch Gilette
Ch les Justices
Ch Bastor Lamontagne
Ch Haut-Bergeron
Ch Pick Laborde
Clos Dady
Ch Grillon
Ch Piot
Ch Pernaud
Ch d'Armajan-des-Ormes
Ch des Grandes Vignes
Ch Peillon Claverie
Ch Haut-Claverie
Dom Magni Thibaut
la Pinesse
Ciron
Garonne
A62
D8
D10
D109
D114
D116
D118
D125
D1113

波尔多右岸地区 The Right Bank

波尔多最有活力的产酒区域，即右岸地区，都展现在这张地图上。“右岸”一名是盎格鲁－撒克逊人最先称呼的，用于将其与梅多克和格拉夫所在的吉伦特河“左岸”对比。法国人将这个区域称为利布尔讷地区（Libournais），以其古老的首府利布尔讷市（Libourne）来命名，该市还是波尔多第二大葡萄酒交易中心。从历史来看，利布尔讷市长久以来一直为欧洲北部供应一些简单但品质不差的葡萄酒，这些酒产自市区附近的葡萄园，比如弗龙萨克（Fronsac）、圣埃美隆和波美侯等产区。比利时曾是利布尔讷市最主要的出口市场。

如今，其中的两个名字已经成为全世界耳熟能详并且价格高昂的酒款的名称，圣埃美隆和波美侯这两个产区会在下文中有专门的章节详述，而现在我们要观察的，则是环绕在这两个产区周围的几个区域活跃的表现。

其中最为优秀的例子，要数利布尔讷市以西的两个双子产区——**弗龙萨克和卡农－弗龙萨克**（Canon-Fronsac），但略显奇怪的是，它们所产的酒款并未受到追捧。曾几何时，这片有林木点缀、坡度平缓的区域因其悠久的历史而备受喜爱，而这里出产的品质最优的酒款果味充沛，具有右岸地区的典型风格，并且酒体比酒龄较短时扎实，单宁紧实。虽然与最精致的波美侯葡萄酒相比，弗龙萨克的酒款显得比较粗犷，但是波尔多一些最具性价比的葡萄酒常常出自此处。多尔多涅河畔的石灰岩坡地被称为卡农－弗龙萨克，不过就算是当地人，有时也难以说出这两个法定产区之间的差异。

弗龙萨克和卡农－弗龙萨克拥有如此明显的潜力，众多投资者蜂拥而至也就不奇怪了，此外，像利布尔讷市的酒商莫意克酒业集团（J P Moueix）以及近年来外来财团也来到此地。也许中国投资者对此是一个有力的证明，他们目前拥有此片区域大约15%的葡萄园，大河酒庄（Château de la Rivière）和黎塞留酒庄（Château Richelieu）便已被中国人收购。

波美侯产区外围的葡萄园主要集中在聂雅克（Néac）和**拉朗德－波美侯**（Lalande-de-Pomerol）这两个村庄周围，二者出产的酒款都以拉朗德－波美侯为法定产区名称。相较于波美侯台地本身的产酒，它们欠缺了一些耀眼的活力，但是决定这两页地图上这片区域的酒款品质的关键之处，其实在于背后为其投资的较大型酒庄。举例来说，位于拉朗德－波美侯村的宝德之花酒庄（La Fleur de Boüard）的拥有者，在圣埃美隆产区同时拥有金钟酒庄（Château Angélus），宝德之花便能从后者的酿酒经验与设备中受惠；库泽拉酒庄（Château Les Cruzelles）及其兄弟酒庄施奈德（La Chenade）也因为与波美侯的克里奈教堂酒庄（Château L’Eglise-Clinet）有着千丝万缕的联系而获益匪浅。此外，肖雷克酒庄（Château Siaurac）隶属波亚克的一级酒庄拉图，而奥霞歌酒庄（Château Haut-Chaigneau）及其单独装瓶的酒款塞尔格（La Sergue）则由著名的酿酒顾问帕斯卡尔·夏多奈（Pascal Chatonnet）负责经营。

同样的现象也发生在右岸地区最东边的**波尔多丘－卡斯蒂永**以及地图之外东北边的**波尔多丘－弗朗**这两个法定产区。位于弗朗的夏蒙高达酒庄（Château Les Charmes Godard）和裴佳罗酒庄（Château Puygueraud）都属于比利时的天鹏家族（Thienpont），这个家族拥有众多酒庄产业，包括老色丹酒庄（Vieux Château Certan）和里鹏酒庄（Le Pin）。

但是在卡斯蒂永（地图只列出了最西边的部分），酒庄获得的投资规模更大。从地质学上来说，卡斯蒂永其实是圣埃美隆的延续。最好的地块位于俯瞰河水的冲击土壤之上。在坡度起伏更大的地方，土壤则由不同比例的石灰岩和黏土混合，这与圣埃美隆的部分地块十分类似。这片较为靠近内陆的区域拥有相对比较凉爽的气候，这并不像从前一样被视为缺陷。天鹏家族正是在这里收购了山毛榉（L’Hêtre）庄园。更早获得来自西边的投资而焕发光彩的酒庄还有艾吉尔酒庄［Château d’Aiguilhe，它与圣埃美隆的卡农嘉芙丽酒庄（Château Canon-la-Gaffelière）属于同一庄主］和祖安贝嘉酒庄［Château Joanin Bécot，它与同在圣埃美隆的宝世珠酒庄（Château Beau-Séjour Bécot）属于同一庄主］，而黛乐酒庄（Domaine de l’A）则一直是国际著名的酿酒顾问斯特凡娜·德勒农古（Stéphane Derenoncourt）的大本营。近年来，柏菲酒庄（Château Pavie）的庄主热拉尔·佩尔斯（Gérard Perse）创立了朗乐士酒庄（Clos Lunelles），罗特波夫酒庄（Tertre Roteboeuf）庄主弗朗索瓦·米佳维勒（François Mitjavile）的儿子路易创立了奥拉奇酒庄（L’Aurage），高班德酒庄（Grand Corbin-Despagne）创立了安佩丽雅酒庄（Château Ampélia），还有克里奈教堂酒庄的庄主德尼·杜兰多（Denis Durantou）创立了蒙兰西酒庄（Château Montlandrie）。另外，老藤专家路易园（Clos Louie）、卡普蒂花歌酒庄（Château Cap de Faugères）、蒂埃里－瓦莱塔（Thierry Valette）拥有的普伊阿诺酒庄（Clos Puy Arnaud）以及微曦酒庄（Château Veyry）都是此地值得关注的酒庄。

所谓的圣埃美隆“卫星产区”是位于圣埃美隆村以北的四个村庄，分别为**蒙塔涅**、**吕萨克**（Lussac）、**普瑟冈**（Puisseguin）和**圣乔治**（St-Georges），均可将“圣埃美隆”的名字附加在自己产区的名字上。这些卫星产区的酒款通常尝起来

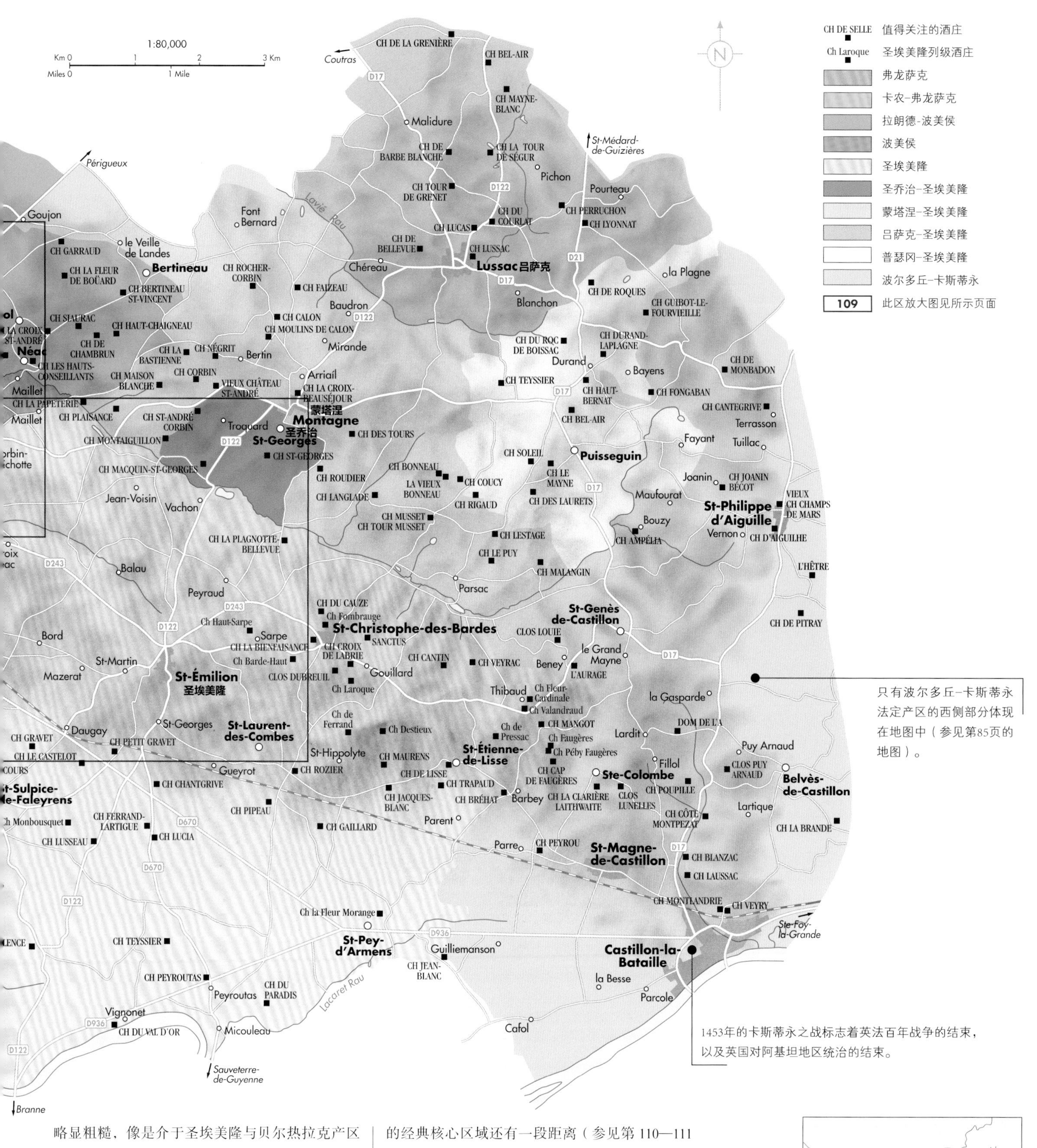

略显粗糙，像是介于圣埃美隆与贝尔热拉克产区（Bergerac）的红葡萄酒之间的感觉。贝尔热拉克紧邻圣埃美隆卫星产区的东边（参见第113页），但是也有一些区域拥有栽培潜力良好的黏土石灰岩土壤——这里会是未来投资和品质改进的沃土吗？

但是最有意思的是，还有许多知名酒庄都位于圣埃美隆产区里的浅紫色区块内，离圣埃美隆的经典核心区域还有一段距离（参见第110—111页地图）。目前在波尔多找不到任何产区像这里一样，人们投入大量资金及心力，探索地理和葡萄酒风格的极限，以便酿出杰出的波尔多红葡萄酒。更多细节，参见第110—112页。

波美侯 Pomerol

△
拿起放大镜，你就有可能在右页地图上找到波美侯那座超大的教堂，它就位于名字里都有“教堂（Eglise）”一词的那几个酒庄以南。

波美侯，这个名字总会让人联想到最为丝滑，有时也是最为昂贵的红葡萄酒。然而这个地方的现实就是已经几乎没有空间了，至少是没有真正的村中心。一座孤零零、雄伟得出人意料的教堂坐落在台地上，无数看起来几乎一模一样的小路纵横穿越葡萄园区，其间零星点缀着一些普普通通的房舍，每一间却都享有“酒庄城堡”（château）的名号。波美侯就是葡萄酒世界中这样一个奇怪的角落，置身其中时常常会迷失方向。就地理上来说，它是另一处巨大的砾石河岸，地形略微抬高之后平坦落下，但是整个地形相当平坦。朝着利布尔讷市的方向走，土壤的含沙量逐渐提高，而在东边和北边与圣埃美隆地区接壤的部分，则通常含有较为丰富的黏土。这里所出产的葡萄酒，可以说是波尔多最温润、最丰盛、最讨人喜欢的波尔多红葡萄酒类型。品质最高的波美侯葡萄酒，陈放十几年后能将迷人的酒香和令人炫目的细腻口感发展完整，甚至其中很多酒款只要陈年五年就已经非常引人贪杯了。随着陈年的时间变长，这些酒会弥漫出一种像肉甚至是野味一样的气息。

在波美侯——更甚于在其邻近的圣埃美隆，肉感、讨喜、早熟的梅洛葡萄是毋庸置疑的王者，品丽珠则扮演补充的配角，通常只在调配中占五分之一。传统上，人们认为利布尔讷市以北的台地过于远离起到暖化作用的大西洋，不太适合种植赤霞珠。

波美侯产区虽然相当复杂，但我们要明白，这里酿酒的平均水平通常较高。低质量的波美侯葡萄酒极其少见，但是价格便宜的酒款也因此很难出现。

波美侯是个“民主”的产区，对于如此著名的波尔多葡萄酒而言，这里却没有分级制度，而且真要分级也确实不容易办到。一些最为闪亮的名字在产区之外为人所知也不过是近年来的事情。尽管古罗马人曾在这里酿造葡萄酒，但是波美侯直到20世纪中叶才开始被视为一个值得尊敬的产区。这主要源于一位来自内陆省份科雷兹（Corrèze）的手眼通天的酒商——让-皮埃尔·莫意克（Jean-Pierre Moueix）的努力，他于20世纪30年代定居利布尔讷市，逐渐收购了一系列酒庄，出产酒款的品质不容忽视，并且最初受到比利时葡萄酒爱好者的欣赏。另外一个实施分级较为困难的原因则是，这里的酒庄都是极小的家庭规模，常常会随着人事变迁而产生变化，比如强大的莫意克家族会将旗下酒庄的地块不断进行增添和削减。波美侯的土壤非常复杂，从砾石过渡到带砾石的黏土再到黏土与砾石的混合，或者是从带沙子的砾石地过渡到带砾石的沙地，都很难在流畅的葡萄园边界上鲜明地体现出来。

波美侯的大多数生产者都只出产一款葡萄酒，也许外加一款副牌酒，产自较为年轻的葡萄藤或者不太优质的土壤。多年以来，柏图斯葡萄园是公认的第一把交椅，拥有最为特殊的地块，约11.5公顷的葡萄园全部种植梅洛，上层为独特的略带蓝色的黏土，下层为排水性极佳的砾石，出产最为优雅、陈年潜力卓越的酒款。柏图斯的主人让-弗朗索瓦（Jean-François）是让-皮埃尔·莫意克的长子，也是波尔多市最有影响力的酒商。家族的传承在柏图斯尤为重要，前任酿酒师让-克洛德·贝鲁埃（Jean-Claude Berrouet）的儿子奥利维尔·贝鲁埃（Olivier Berrouet）现在正是酒窖的负责人。

持续的演变

随后，到了20世纪80年代，雅克·天鹏（Jacques Thienpont）在原址为一座菜园的地方建立了里鹏酒庄，他来自那个拥有老色丹酒庄及众多其他右岸酒庄的比利时家族。即使以波美侯的标准（平均每家酒庄不到3公顷）来看，里鹏依然是一家超小型的酒庄，产量极小，完全采用手工操作，从而酿出一款“超级酒”，酒的各个方面都卓尔不凡，非常迷人（当然也相当稀有），因此里鹏的酒价有时几乎与柏图斯同样高昂，而柏图斯的酒价则远比左岸的任何一级酒庄都昂贵得多，当然产量也小得多。里鹏和柏图斯新建的雄伟建筑和酒窖都向人证明，销售这些超级奢华的葡萄酒是多么易如反掌。

右页的地图以大写字母标出目前酒价最高的几家酒庄。教堂园（Clos l'Eglise）、克里奈（Château Clinet）、克里奈教堂（这些名字多么容易混淆）、盖伊之花（Château La Fleur de Gay）和维奥莱（Château La Violette）都是波美侯王冠上新镶嵌上的几颗宝石。而盖世龙（Château La Conseillante）、乐王吉尔（Château L'Evangile，拉菲罗斯柴尔德集团旗下）、花堡（Château Lafleur）、拉图波美侯（Château Latour à Pomerol）、卓龙（Château Trotanoy），以及罕见的以赤霞珠为主的老色丹则都拥有酿造优质佳酿的长久记录作为证明。柏图斯之花酒庄（Château La Fleur-Pétrus）同样享有盛名，最初拥有约8公顷的葡萄园，位于柏图斯旁边，围绕着莫意克家族为葡萄园工人建造的宿舍。不过，酒庄最近经过让-弗朗索瓦·莫意克的弟弟克里斯蒂安（Christian）以及克里斯蒂安之子爱德华（Edouard）的翻新，现在由三个分散的地块组成，共计约18.7公顷。克里斯蒂安·莫意克还将与柏图斯一路之隔的色丹吉宏酒庄（Château Certan Giraud）进行重建，将其改名为凯歌酒庄（Hosanna）。也许正是因为将波美侯塑造成型的是他的父亲，所以克里斯蒂安也有权将其重新描绘。

这些集结紧密的酒庄全都位于波美侯东部的黏土土壤之上，这不仅显示了产酒的风格，也代表了品质，它们通常出产的是最浓郁、最具肉感，也最丰满的佳酿。而利布尔讷市周围的土壤较轻、含沙较多，出产酒款没有那么集中，也并不引人注目。很多利布尔讷市的酒商公司坐落在流水缓慢的多尔多涅河的右岸。

在波美侯产区以北，位于拉朗德-波美侯村的葡萄园是一颗最近冉冉升起的新星，性价比很高（参见第106页地图）。克里奈教堂酒庄的庄主凭借其学习自波美侯的工艺基础，凭借同一片葡萄园酿出施奈德和库泽拉两款酒。拉朗德-波美侯的最优质酒款与波美侯相比成熟得更快，但是价格要便宜得多。

拉朗德-波美侯与波美侯

这张地图展示了波美侯是如何与圣埃美隆多碎石的西部边界接壤的，白马酒庄（Château Cheval Blanc）和飞卓酒庄（Château Figeac）就位于两个产区的交界处。波美侯顶级酒庄的集中度由此不言而喻，不过这些酒庄的迷你尺寸常常令很多游客感到震惊。

人们路过波美侯最著名的酒庄柏图斯时很容易将其忽略，而且这个酒庄很难预约参观。

圣埃美隆 St-Emilion

历史悠久的美丽小镇圣埃美隆，是今天波尔多酿酒创新风潮的中心，它位于多尔多涅河上方断崖的一个角落。在小镇后方的沙质和砾石台地上，葡萄园绵延向西，直至波美侯地区，高高地俯瞰多尔多涅河流经此处时形成的环形河道。从此处向南走，在距离河水最近的地方，葡萄园顺着陡峭的石灰岩山坡（Côtes）向下，与平原相连接。整个产区一直蔓延到河岸（参见第106—107页地图）上的那些含沙较多、与其上方大相径庭、品质潜力不高的土地。

小镇虽然袖珍，却是波尔多地区观光客最多的乡村珍宝，并于1999年被联合国教科文组织列入世界文化遗产。它拥有内陆和高地区域的特质，还有与古罗马相关的历史起源，无数用来藏酒的酒窖以及醉人的酒香，而且当地的葡萄酒商店也跟住宅一样数不胜数。甚至圣埃美隆镇上的教堂也是一座酒窖，并且一如其他酒窖，都是在坚硬的山岩上凿出来的。小镇广场上的那家米其林星级餐厅普莱桑斯（Hostellerie de Plaisance）其实就修建在教堂的屋顶上，你可以惬意地坐在钟楼旁边，享用鹅肝和羊肉。

圣埃美隆地区出产酒体丰厚的红葡萄酒。以往，在许多人还未能适应梅多克地区酒质的干涩与紧致之前，他们喜爱的正是圣埃美隆酒款的厚实风味。在成熟、阳光充沛的最佳年份酿出的酒款经过真正熟成之后，酒中几乎带着甜味。圣埃美隆葡萄酒的酒精度通常比梅多克更高，近年以来常常超过14%，但是最优质的酒款仍然能够长期陈年。

圣埃美隆的主要葡萄品种是果味浓郁的梅洛，辅以提供骨架的品丽珠。赤霞珠在这个地区的气候中可能无法完全成熟，因为海洋没有在这里起到过多的调节作用，尤其是这里的土壤更加潮湿阴冷，不过较为温暖的夏季有时会打破这种局面。有些酒庄（包括一级酒庄白马酒庄）甚至会在不太适合出产红葡萄酒的地块种植白葡萄品种。

右岸的酿酒顾问

从20世纪90年代起，圣埃美隆便吸引了大批外来投资者，他们收购葡萄园，大手笔地投资建造酒窖和酿酒设施，并且雇用当地的专业酿酒顾问，比如米歇尔·罗兰（Michel Rolland）、斯特凡娜·德勒农古（Stéphane Derenoncourt）、斯特凡娜·塔图齐（Stéphane Toutoundji）、于贝尔·德·宝德（Hubert de Boüard）和阿兰·雷诺（Alain Reynaud）。在这种情况下，再加上某些可以走现代风格的酒款，圣埃美隆几乎被认为与美国加州的纳帕谷颇为相似。不过，到了21世纪的第二个10年，圣埃美隆产生了复兴传统酿酒工艺的迹象。

圣埃美隆分级体系

圣埃美隆的分级与梅多克的1855年分级完全不同，且严谨得多。每过10年左右（最近一次是在2012年），专业委员会都会针对区内酒庄进行重新评定，从而确认哪些酒庄可以进入一级特等酒庄（Premiers Grands Crus Classés）以及特等酒庄（Grands Crus Classés）的行列。其他圣埃美隆酒庄则可标示为特级酒庄（Grand Cru），但是酒标上不会出现列级（Classé）字样，所以要仔细观察标签。目前，一级特等酒庄共有18家，其中白马和欧颂以及后加入的金钟和柏菲被列入一张单独的超级目录，即A级一级特等酒庄（Premier Grand Cru Classé A）。特等酒庄共有64家，普通的特级酒庄则有好几百家。最近晋升至一级特等酒庄的是拉斯杜嘉（Château Larcis Ducasse）、拉梦多（Château La Mondotte）和瓦兰德鲁（Château Valandraud），而即使是一些非常出名的酒庄也有可能遭到降级。

不过许多酒庄虽然不在分级系统之内，但其酒款却大受欢迎。近年来，这个产区总计800多家酒庄当中，有几十家甚至是几百家都经过了现代化调整，酿出的酒款通常都更加滑顺、浓缩，少些粗犷，有的甚至过于浓缩（参见下文的说明文字）。

整个波尔多近年来都出现了酒庄合并的趋势，因此较为成功的酒庄逐渐做大（即使质量未必更高，也能获得更多利润），这一现象在右岸尤为明显，传统上右岸的酒庄比左岸规模要小。比如，原本的贝莱尔（Château Belair）、美特朗（Château Magdelaine）和玛德莱娜（Clos La Madeleine）三家酒庄合并为现在的宝雅酒庄（Château Bélair-Monange），位于山坡之上，紧邻著名的一级酒庄欧颂。还有一些相对较新、财大气粗的酒庄则来源于左岸庄主的投资。在佩萨克村拥有一级酒庄侯伯王的帝龙（Dillon）家族将道卡伊（Château Tertre Daugay）和拉若斯（Château l'Arrosée）两家酒庄转化成为一家名为昆图斯（Château Quintus）的时髦酒庄，葡萄园占地约28公顷，坐落在山坡上朝南的绝佳位置；而玛歌村鲁臣世家酒庄的所有人（包括香奈儿集团）则通过收购玛翠斯（Château Matras）和贝尔立凯（Château Berliquet）两家酒庄，将其名下的卡农酒庄（Château Canon）进行扩充。中国人和俄罗斯人在圣埃美隆的投资同样规模可观。

土地的价格由此飞涨，今天的庄主们已经更有可能是保险公司，而不再是20世纪90年代的车库酒老板（garagiste），能够轻松地买上几株葡萄树，然后在自己的车库里将其转化为价格高昂、酒评家打出百分的酒液。往上走，而不是往下走，这才是如今的规则。让-吕克·图内文（Jean-Luc Thunevin）的经历展现了他的瓦兰德鲁酒庄如何从车库酒庄发展成为波尔多名庄大家庭当中的一员。

圣埃美隆产区共有三个风格各异的区域，这不包括河畔平原上那些质量较差的葡萄园，也不包括东部和北部可以使用同一法定名称的村镇（详见第106—107页地图）。想要进一步了解整个圣埃美隆产区不同土壤类型的差异，可以参考第112页地图。

第一组优质酒庄位于圣埃美隆的西侧边界，靠近波美侯。这里最负盛名的便是白马酒庄，它那引人注目而且环保的崭新酿酒车间（参见本书扉页）几乎与其出产的美味而又均衡的好酒一样令人难忘，这款酒的馥郁香气来源于其所采用的高比例的品丽珠。在白马酒庄的众邻之中，当属规模较大的飞卓酒庄出品的葡萄酒品质与其最为接近，这里的土壤中砾石更多，品种则以赤霞珠为主，在当地独一无二。酒庄正在践行有机种植法，并且出奇地未将葡萄园进行分割，而是以几乎同样的比例种植梅洛、赤霞珠和品丽珠，后面两个葡萄品种特别适应酒庄中排水性良好的砾石土壤。

第二组占地范围较大的酒庄位于圣埃美隆丘，主要占据了圣埃美隆小镇周边的山崖，还包括东边靠近圣洛朗-德孔布村（St-Laurent-des-Combes）的地块。其中圣埃美隆小镇最南端的朝南山坡，从昆图斯酒庄经过柏菲酒庄一直到罗特波夫酒庄的区域最为理想。这片山丘从北面和西面为葡萄

圣埃美隆的核心地带

所有18家一级特等酒庄在这张地图上都有显示，同时大部分特级酒庄也均有标出。可以重温第106—107页地图，在那张地图上，整个圣埃美隆产区的地貌有完整的展示。

—·—·— 行政区边界

—·—·— 村庄（教区）边界

CH AUSONE 列级酒庄（2012）

Ch Laroze 特级酒庄

Ch la Fleur 值得关注的酒庄

A级一级特等酒庄葡萄园

其他葡萄园

森林

—25— 等高线间距5米

1:26,400

Km 0 — 1 Km

Miles 0 — 1/2 Mile

20世纪80年代初期，罗特波夫酒庄曾是圣埃美隆产区最早采用新兴的极端管理方式、极致追求质量和受欢迎度的酒庄之一，甚至遵循几乎是勃艮第式的手工方法，而不愿去在经常受到质疑的分级系统中谋求一席之地。

树提供保护，使得这个区域几乎免于霜冻灾害，并且可以更好地接收阳光。所以葡萄在这里能够达到完美的成熟也就不奇怪了。圣埃美隆地区的台地到此戛然而止，因而非常容易看到柔软但坚实的石灰岩上只覆盖着薄薄的一层表土，很多酒窖就是从石灰岩中劈凿而出的。重新恢复活力的欧颂酒庄是圣埃美隆丘的明星酒庄，占据了整个波尔多最好的地理位置之一，从这里能够俯瞰下面的多尔多涅河谷。当你走进地下酒窖，可以看见葡萄树的根部就扎在酒窖上方的土壤里。

第三组酒庄包括大梅恩（Château Grand Mayne）和富美诺（Château Franc Mayne），其酒品产自位于圣埃美隆丘上方和之间的混合石灰岩、黏土和沙子的土壤，以及西面的砾石土壤。这里出产的葡萄酒与圣埃美隆丘相比，通常集中度略逊，但是更为细腻和柔化，但是有许多酒庄正在努力通过酿酒技术弥补地质条件的缺陷。

在极短的时间内，圣埃美隆已经从一潭死水演变为酒庄展示雄心的温床。

圣埃美隆风土解析

以下是圣埃美隆产区的土壤分析地图，根据波尔多大学葛纳利·冯·洛文教授为圣埃美隆葡萄酒公会（Syndicat Viticole de St-Emilion）所做的深度研究绘制而成。从地图中可以看出这个复杂产区在风土上的巨大差异。在通往贝尔热拉克的主道路以南，有许多土地看起来实在不像能够酿出好酒的样子，这里有多尔多涅河新近带来的沉积土，在靠近河流冲积平原的地方砾石较多，在远离河岸的地方则沙子较多。在通往圣埃美隆小镇的上坡路上，我们还会碰到一些沙地，这片区域应该可以酿制一些比较清淡的葡萄酒（当然也有例外），但是不久之后，石灰岩地形显露，甚至是在小镇游览的客人都能清楚看到。在圣埃美隆丘的下坡处，有着柔软的弗龙萨克磨砾岩（molasses du Fronsadais）——因跟弗龙萨克地区的土质类型一样而得名，而其上方台地则由更加坚硬的海星石灰岩（calcaire à Astéries）组成，表土以黏土居多。难怪种在这个被称为圣埃美隆丘的地方的葡萄能够酿出好酒。这些围绕圣埃美隆小镇的坡地是由多尔多涅河、伊斯勒河（Isle）和巴邦河（Barbanne）共同于第四纪时期在第三纪沉积土上塑造而成的。另外需要注意的是，有几个地块的土质含有更多的壤土而非黏土，尤其是位于圣伊波利特村（St-Hippolyte）以北的那块地。

但是在圣埃美隆小镇的西北边，则是一大片由不同浅层的沙土构成的广阔地块，在波美侯的边界处明显地隆起，成为砾石圆丘，而这里便是飞卓酒庄和白马酒庄所在的地方。

从这张地图中可以清晰地看出，为什么飞卓和白马这两款酒尝起来会如此相似，以及为什么白马的风格会与同样列为A级一级特等酒庄的其他三家酒庄如此大相径庭。

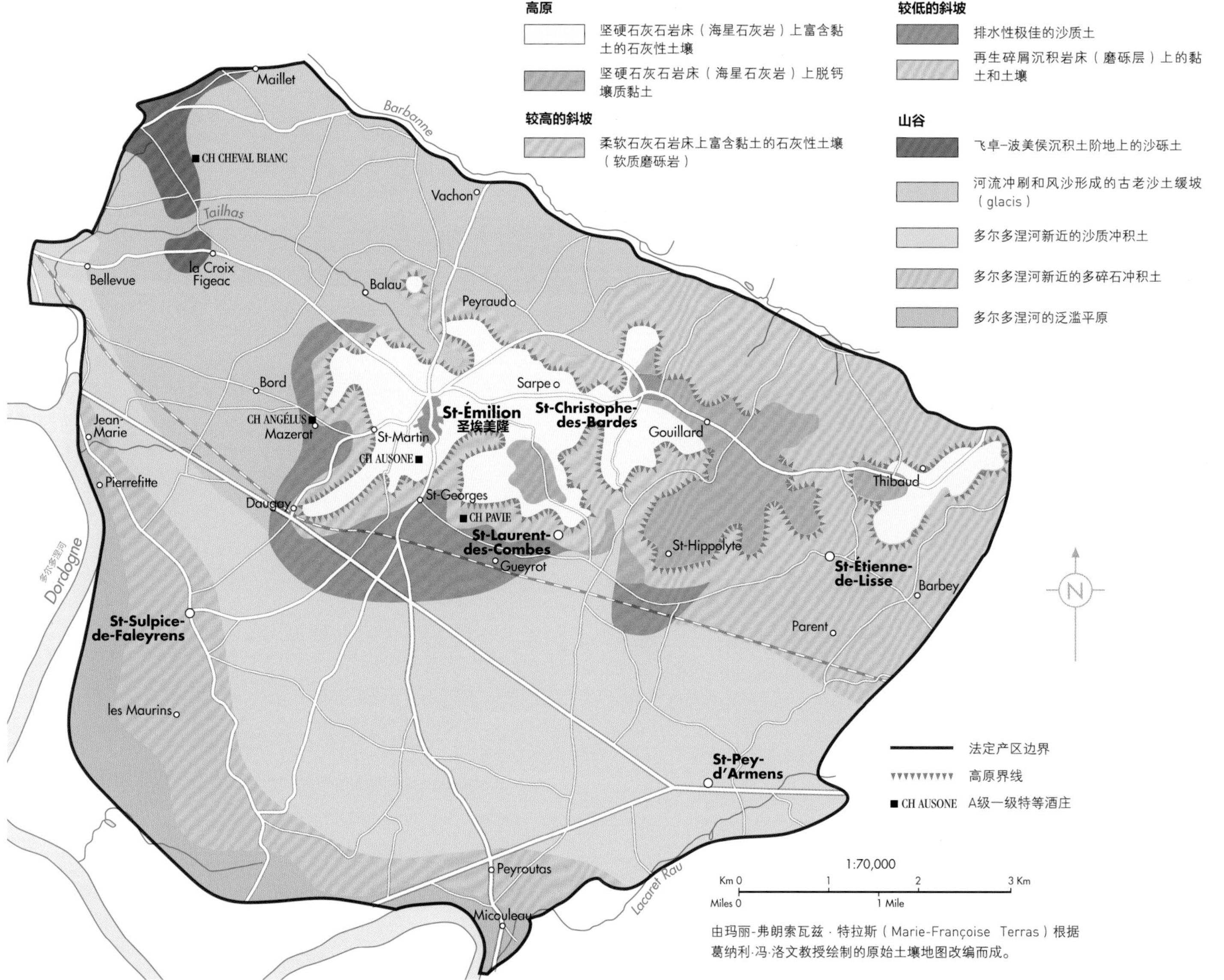

由玛丽-弗朗索瓦兹·特拉斯（Marie-Françoise Terras）根据葛纳利·冯·洛文教授绘制的原始土壤地图改编而成。

法国西南部产区的葡萄酒
Wines of the Southwest

在波尔多大片葡萄园的南侧和西侧，有一片历史悠久、四处分散的区域，每个产区都依偎着一条河流，而这里曾经是葡萄酒被运送至遥远销售市场的唯一途径。

风土　极其复杂，难以一概而论。

气候　主要受到大西洋影响，但是内陆地区为大陆性气候。

主要葡萄品种　红：马尔白克、塔娜（Tannat）、赤霞珠、品丽珠、梅洛和费尔-塞瓦都（Fer Servadou）；白：长相思、密斯卡岱、赛美蓉、大满胜（Gros Manseng）、小满胜（Petit Manseng）和小库尔布（Petit Courbu）。

从前，嫉妒心极强的波尔多酒商在卖完他们自己的酒之前，都会将这些来自“高地”（High Country）的葡萄酒阻绝在港口之外，有时甚至还会将上游出产的酒体更为坚实的酒液加入波尔多酒当中，使其酒质更加强健，这对这个区域来说更是二次伤害。在最靠近吉伦特省的地块，当然以波尔多葡萄品种为主导，但是除此之外的其他地方却聚集了最为多样的法国原生葡萄品种，其中有些直到最近才被发现。波尔多右岸风景秀丽的内陆地区，多尔多涅河沿岸遍布农舍的乡村地带，向其后方走去，可以看到迷宫一般纵横交错的绿色河谷切入古镇佩里格（Périgueux）的岩石高地当中，一直以来这里对于游客们来说都是知名的观光胜地。

小小的**杜拉斯丘**（**Côtes de Duras**）法定产区充当着两海之间（参见第 85 页地图）与贝尔热拉克之间的桥梁。这个产区红白葡萄酒都有出产，但是它的特色却是充满橘皮芬芳、酸度极高的长相思品种。

从传统上来说，**贝尔热拉克**出产的葡萄酒总被认为不如波尔多酒精细，被形容成“土包子”，然而当地其实也有很多风格非常严谨的好酒，包括红、白（各种甜度）、桃红三种颜色。女婿塔酒庄（Château Tour des Gendres）的庄主吕克·德·孔蒂（Luc de Conti）是生物动力种植法的忠实信徒，他酿的酒非常值得关注，而且他并不是当地唯一值得关注的酿酒人。这个产区采用的葡萄品种与波尔多相同，气候则比受到大西洋调节的吉伦特省稍微极端一些，而且在海拔较高的区域，土质以石灰岩为主。在整个贝尔热拉克地区中，还有很多独立的法定产区，多到有些会被完全忽视。**佩夏蒙**（**Pécharmant**）因为土壤中含铁量很高而独特，出产的红葡萄酒口感饱满，有时采用橡木桶陈年，但是只在当地出名。贝尔热拉克红葡萄酒常常被视作波尔多红葡萄酒的替代品。

从卡斯蒂永村越过省界（参见第 106—107 页），马上就进入相当复杂的**蒙哈维尔**（Montravel）地区，这里出产通常比贝尔热拉克的酒款稍胜一筹的干白、甜白和红葡萄酒。但是多尔多涅省最杰出、优雅的酒款却是产自贝尔热拉克村西南侧的两个区域、产量极小的甜白葡萄酒。**索西涅克**（Saussignac）产区虽然有一些才情独具、意志坚定的酿酒人，但是每年的总产量不过几千箱。

整个贝尔热拉克地区最负盛名的产区是**蒙巴济亚克**（Monbazillac），总产量是索西涅克的 30 倍，从 1993 年开始放弃使用机械采收而改为多次手工采收后，平均品质得到显著提升，降低二氧化硫的使用量也成为目前的共识，同时禁止加糖。蒙巴济亚克的地理位置类似苏玳产区——都在汇入主要河川的支流旁边，位于加多内特（Gardonette）支流汇入多尔多涅河的东侧，这样的地理位置有助于贵腐菌的生成。密斯卡岱在苏玳产区只起到极其微小的作用，在这里却扮演着关键的角色。最优质的蒙巴济亚克甜酒——比如帝赫居酒庄（Château Tirecul La Gravière）的酒款，在酒龄尚浅时与同品质、同酒龄的苏玳甜酒相比香气更加馥郁、艳光四射，但是陈年之后却会染上独特的琥珀色泽和干果气息。一家囊括 50 位酒农的合作社是当地的主要生产者。

曾经的黑酒

卡奥尔在中世纪便以其葡萄酒的颜色深暗和长寿而享有盛名，远比今日有名。尽管现在这里出产的部分酒款已经掺入梅洛进行柔化，但是塑造其灵魂和风味的仍然是当地称为高特（Côt）的葡萄品种，而它在阿根廷和波尔多则被称为马尔白克。多亏了这个品种，再加上当地夏季比波尔多气温更高，卡奥尔的佳酿拥有了比经典的波尔多红葡萄酒更加丰满、更加活力四射的风格，只是略显粗犷。卡奥尔的葡萄树种植在洛特河所形成的三块冲积阶地之上，而其中又以阶地最高处

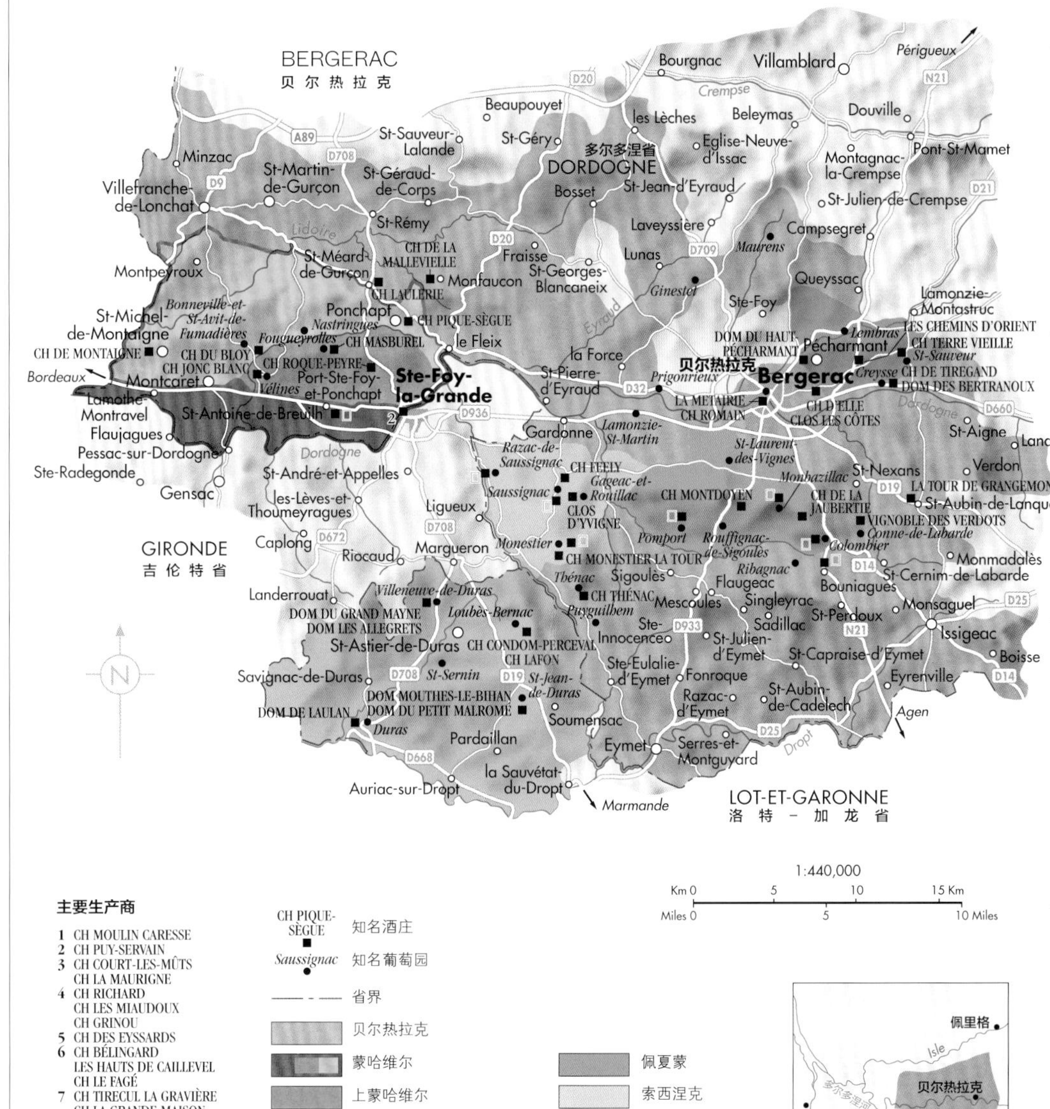

△
正如图中伯娜酒庄（Brana）的葡萄酒和烈酒生产基地（包含大量地下建筑）所展现的那样，伊卢雷基（Irouléguy）的比利牛斯地区的建筑和地形都非常独特。

出产的葡萄酒品质最好，最靠近河边处品质最次。阿根廷已经将马尔白克这个葡萄品种放入世界葡萄酒版图中，所以合作与竞争都是在所难免的。

从卡奥尔到洛特河上游（在第53页法国地图上标出）是阿韦龙省人烟稀少的葡萄园，这里是法国的中央山地，依稀还能看到从前曾经风光一时的葡萄园。**马西亚克**（Marcillac）是当地最为重要的产区，采用费尔-塞瓦都品种酿出口感清淡、带有胡椒味道的红葡萄酒，酒质坚硬如铁，现在已经日益变得成熟。而**艾特雷克－勒弗**（Entraygues Le Fel）和**埃斯坦**（Estaing）这两个产区出产的酒款虽然产量很小，但是也有一些卓越的酿酒人。

在阿尔比市（Albi）以西围绕塔恩河（Tarn）的丘陵地带，以及下游处由河流"穿凿"塞文山脉（Cévennes）而形成的壮观的峡谷区域，种植条件相对要逊色一些。这里绵延的绿色草场无论是地貌还是气候都很温和，涵盖了众多美丽的村镇，其中有73个都被包含在**加亚克**法定产区当中。这个区域开始酿酒的时候，下游的波尔多产区恐怕还没开始种植葡萄树；不过，一如卡奥尔，加亚克同样遭受了根瘤蚜虫病的侵袭，葡萄酒贸易受到重创。但是，这个产区的酒款因为将加亚克的多变风土与其多元的葡萄品种相结合而逐渐变得精细。为其红葡萄酒带来最为独特风格的是带有胡椒风味的费尔-塞瓦都品种——在此称为布洛可（Braucol），以及较为清淡、充满辛香的杜拉斯品种（Duras）。西拉则是极受欢迎的外来品种，而佳美就略为逊色了，主要用来酿制适合早饮的加亚克新酒（Gaillac Primeur），另外波尔多的红葡萄品种也被允许种植。深色果皮的品种是目前当地种植的主流，并且十分适应塔恩河以南多碎石的黏土土壤。河的右岸朝南，秋季漫长而干燥，适合出产甜型和半甜型的白葡萄酒，曾经风靡一时。当地采用的白葡萄品种包括莫扎克（Mauzac）、兰德乐（Len de l'El）和更为少见的奥登克（Ondenc），近年以来又增添了长相思。

紧邻加亚克以西、位于塔恩河和加龙河之间的弗龙东（Fronton），是图卢兹市（Toulouse）出产当地红葡萄酒和桃红葡萄酒的产区，采用花香奔放的本地品种聂格雷特（Négrette）酿造。再往下游走，来到加龙河的左岸，便是**比泽**（Buzet）产区，葡萄园分散在至少27个布满果园和农场的村镇之中。这里的葡萄酒生产主要掌握在一家合作社手中，其出产的红葡萄酒可以被形容为"乡村波尔多风格"（country claret）。更往北边的**马蒙德丘**（Côtes du Marmandais）则以其膜拜级别（Cult）的酿酒师伊利安·达侯斯（Elian da Ros）而闻名。这里的葡萄品种阿布里由（Abouriou）为常见的波尔多品种混酿增添香料风味，酿出风格迷人而又清淡的红葡萄酒，形成了这个产区的特色。

另一个大西洋港口

这张地图南边剩下的葡萄酒产区在历史上始终依托的是巴约讷（Bayonne）港口而不是波尔多。**马迪朗**（Madiran）出产加斯科涅（Gascony）地区最伟大的红葡萄酒，葡萄树种植在阿杜尔河（Adour）左岸的黏土和石灰岩山坡上。本土红葡萄品种塔娜能够酿出颜色深暗、单宁突出、酒体坚实、劲道十足的酒款，通常会与部分赤霞珠以及皮南（Pinenc，这是费尔-塞瓦都在当地的名字）进行混酿。当地思维活跃的酿酒人对于是否有必要以及如何驯化这样强壮如野兽的酒各有不同见解；方法包括使用不同比例的新橡木桶，甚至是刻意进行（微）氧化的处理技术，但是成熟的马迪朗葡萄酒（可能需要10年才能成熟）不需要特殊的工艺也能焕发光彩。

朱朗松（Jurançon）是法国最精彩的白葡萄酒产区之一，位于贝阿恩（Béarn）地区附近陡峭的比利牛斯山，出产结构稠密、酒液微泛绿光的佳酿，有各种不同的甜度。朱朗松干白葡萄酒（Jurançon Sec）酸度很高，通常葡萄较早采收，采用大满胜品种酿造，有时辅以少量的小库尔布品种；而颗粒较小、果皮较厚的小满胜则会留在葡萄树上干缩，直至11月甚至12月。朱朗松半甜白葡萄酒（Jurançon Moelleux）非常适合佐餐，而晚收甜白葡萄酒（Vendange Tardive）则酒体更加丰厚，根据法规需要经过至少两次的分批采收。基础级别的**贝阿恩**法定产区用来标识在马迪朗和朱朗松以外出产的红、白、桃红葡萄酒。

图尔桑（Tursan）产区位于马迪朗的下游，采用品丽珠和塔娜酿造的红葡萄酒掩盖了采用本地品种巴洛克（Baroque）酿造、难得一见的白葡萄酒的风头。伊卢雷基是法国境内唯一的巴斯克（Basque）葡萄酒产区，虽然很小，但是正在不断发展，以出产酒体坚实、口感清新的桃红葡萄酒而闻名。这里的红葡萄酒主要采用塔娜酿造，而白葡萄酒则依靠小库尔布以及大、小满胜等本地品种。大部分葡萄树都种植在海拔高约400米的

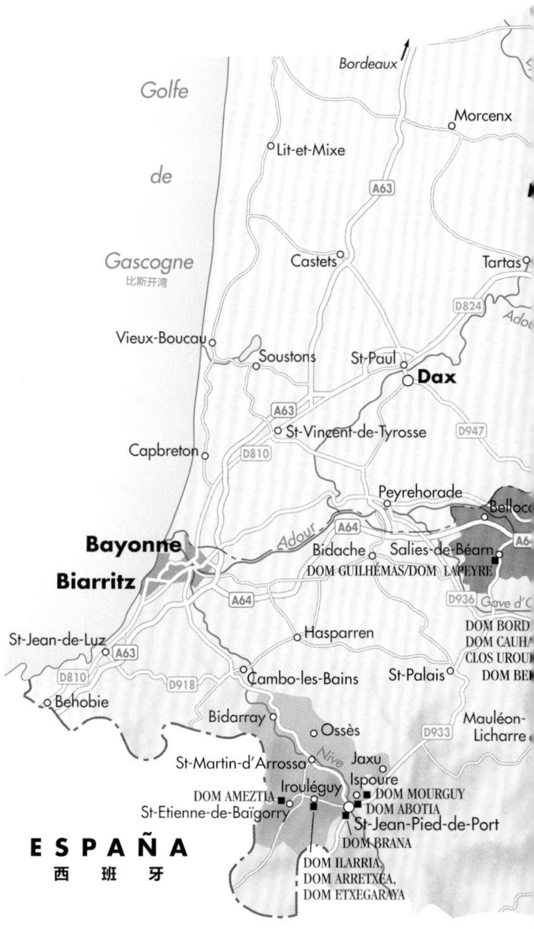

南向阶地上，可以俯视大西洋。

欧什市（Auch）周围的大片葡萄园原本都是用来生产雅文邑（Armagnac）的，但是现在却在酿造价格便宜、口感清爽的**加斯科涅丘地区餐酒**（IGP Côtes de Gascogne）级别的干白葡萄酒，采用同样用于蒸馏的葡萄品种鸽笼白（Colombard）和白玉霓（Ugni Blanc）。占据垄断地位的普莱蒙（Plaimont）合作社联盟为拯救本地葡萄品种免于灭绝而做了许多努力。圣蒙（**St-Mont**）红葡萄酒（通常为甜型）和维克-比勒-帕歇汉克（Pacherenc du Vic-Bilh）白葡萄酒分别产自马迪朗和朱朗松产区，其中圣蒙红葡萄酒虽然产自马迪朗区域，却使用阿芙菲亚（Arrufiac）和小库尔布等本地品种。

卢瓦尔河谷 The Loire Valley

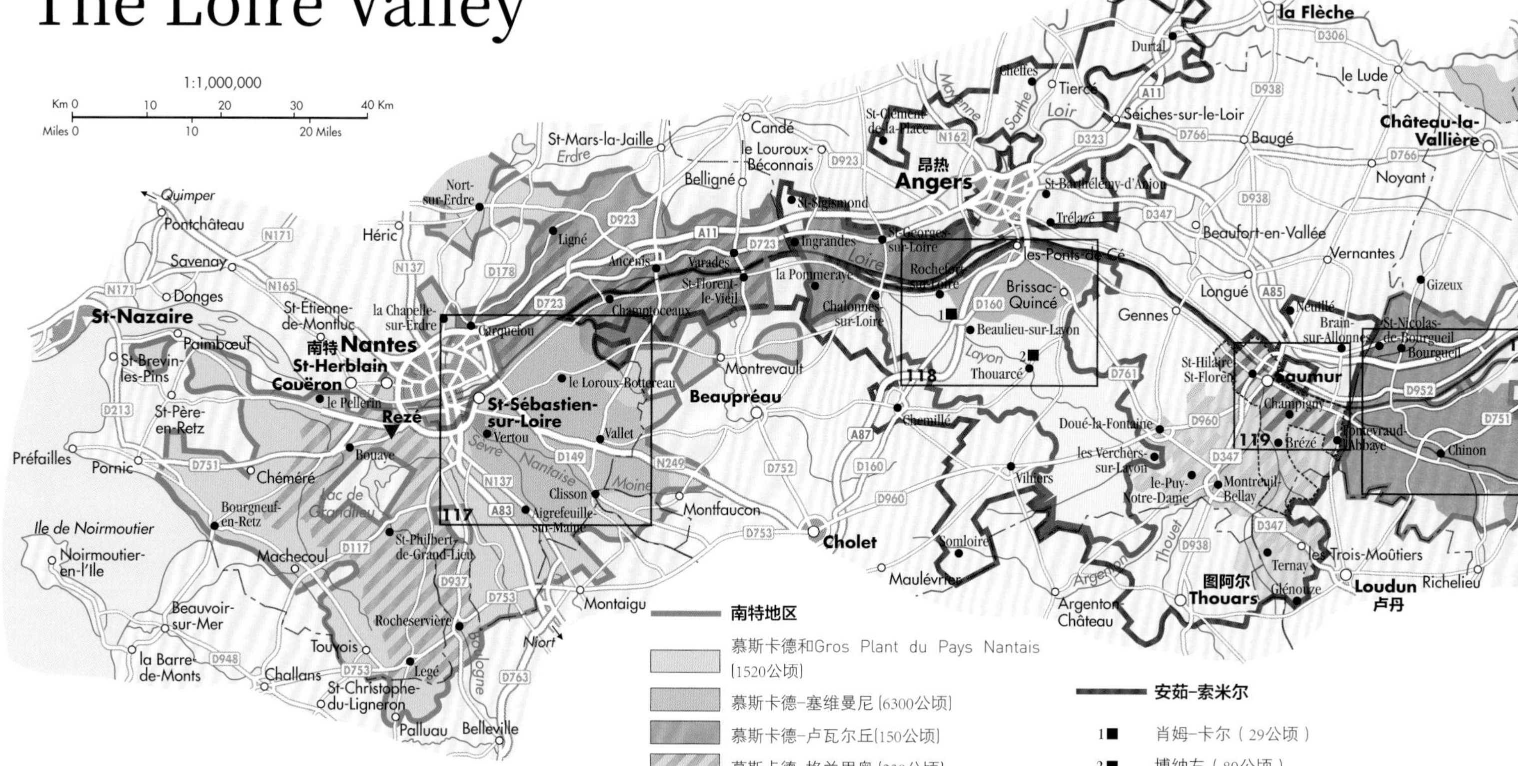

卢瓦尔河沿岸的众多产区虽然多元且复杂，但值得绘制成一张完整的地图。卢瓦尔河是法国最长的河流，从源头到入海口总长约1012千米，沿岸拥有非常多样的气候形态、土壤类型及酿酒传统，以及四五个主要的葡萄品种。但是卢瓦尔河谷的葡萄酒仍然有一个相似之处，那就是清新、活泼，从不显得厚重，而且多数价格不是很昂贵。其中半数以上都是白葡萄酒，还有很多都是只用一个葡萄品种酿造的。

从大西洋沿卢瓦尔河上溯，饮酒者碰到的第一个葡萄品种是酿造慕斯卡德干白葡萄酒的勃艮第香瓜，随后是安茹（Anjou）出产的、卢瓦尔河谷标志性的和最细腻的品种白诗南，接着逐渐过渡为图赖讷市（Touraine）以东的长相思，这个品种直到卢瓦尔河上游的桑塞尔和卢瓦尔河畔普伊（Pouilly-sur-Loire）产区都是绝对的王者。

南特地区（Pays Nantais）位于卢瓦尔河的入海口四周，有人说这里是海神尼普顿（Neptune）独占的葡萄园，而这里也是**慕斯卡德**干白葡萄酒的故乡。酿造它所用的勃艮第香瓜葡萄是霞多丽的远房亲戚。这种极干、略带咸味、酒质坚硬而非尖酸的白葡萄酒除了搭配鲜虾、生蚝或贻贝组成的海鲜拼盘之外，也是美食餐厅的酒单不可或缺的酒款。也许因为产自海边的环境，慕斯卡德的价格与其品质相比实在有些低廉，显然对于许多葡萄酒爱好者来说是这样的。销售数量和葡萄价格的骤降使得慕斯卡德的葡萄园从20世纪90年代初的约13 300公顷减少至2017年的大约8 200公顷。**塞维曼尼**（Sèvre et Maine）是这个地区最优质的产区（在跨页地图上有详细标注），酒价高于附近大部分产区，并且占据慕斯卡德地区77%的葡萄园，葡萄树密集地种植在低矮的坡地上，土壤多种多样，主要为片麻岩、花岗岩和片岩。产区的核心地带位于维尔图（Vertou）、瓦莱（Vallet）、圣费亚科（St-Fiacre）和拉沙佩勒厄兰（La Chapelle-Heuli）等几个村庄附近。这个区域出产的葡萄酒成熟度最高，酒体最活泼，香气也最浓郁。**慕斯卡德-卢瓦尔丘**（Muscadet Coteaux de la Loire）产区位于昂斯尼村（Ancenis）附近内陆地带的陡坡上，土壤为片岩或者花岗岩，出产的酒款往往比较纤瘦；而**密斯卡岱-格兰里奥**（Muscadet Côtes de Grandlieu）产区则拥有最靠近大西洋的多沙多石土壤，出产较为柔顺和成熟的酒款。

传统上慕斯卡德采用酒泥陈酿法（sur lie）酿制——即将已死的酵母与酒液一起在发酵罐中浸泡，然后直接从发酵罐中取出酒液装瓶，不经换桶处理（这种方法在其他产区也越来越多地被使用）；酒泥（即已死的酵母）能够增加慕斯卡德的风味和结构，有时还会产生清新的扎刺感。当地最好的酿酒人急于摆脱慕斯卡德过于简单的名声，因此选择采摘更为健康和成熟的葡萄，延长酒泥陈酿的时间，将不同土壤出产的葡萄分别酿制，并且将最优质的酒液在橡木桶甚至是陶罐中培育。产区中有些村庄被列为特级园，其中克利松（Clisson）、格尔日（Gorges）和勒帕莱（Le Pallet）于2011年获得第一批特级园认证。这些村庄出产的葡萄酒摒弃了“尽快饮用我”的标签，陈年5年甚至10年之后能够发展出令人惊奇的复杂香气，以及肥润、黄油一般的质地。超出地图之外的**雅斯涅尔**（Jasnières）产区位于图尔市（Tours）以北的卢瓦（Loir）支流沿岸，出产酒体精致、通常结构坚实的白诗南干白葡萄酒；而当地出产的清淡的红葡萄酒则以**卢瓦丘**（Coteaux du Loir）为产区名称。从此向东则是**旺多姆丘**（Coteaux du Vendômois）产区，采用皮诺朵尼（Pineau d'Aunis）品种酿造清淡的红葡萄酒和桃红葡萄酒。回到卢瓦尔河沿岸，**谢弗尼**（Cheverny）产区出产多种形态的酒款，其中表现最佳的可能要数颇为清冽的长相思和少量的霞多丽白葡萄酒；当地采用罗莫朗坦（Romorantin）品种葡萄酿造的白葡萄酒酒体浓郁、常显尖酸，并能够陈年，以**古尔-谢弗尼**（Cour-Cheverny）产区为名。以制醋而闻名的**奥尔良**（Orléans）以及**奥尔良-克雷里**（Orléans-Cléry）这两个产区曾以巴黎市场作为后盾，后来却大幅减产。

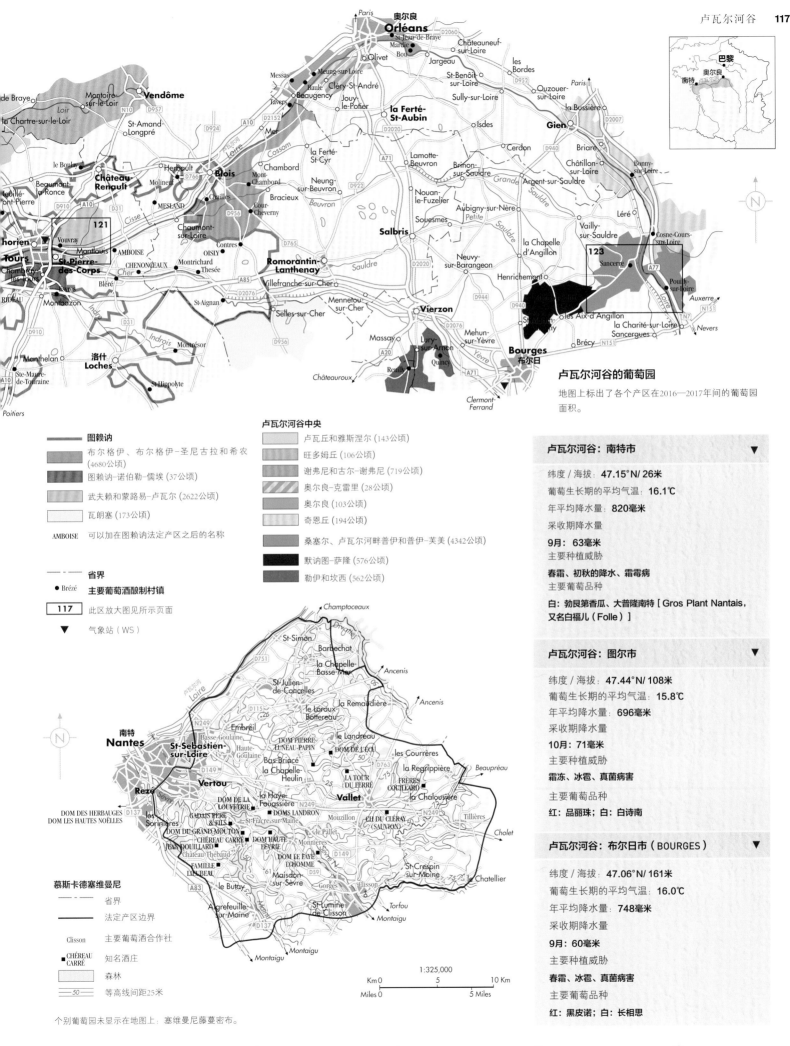

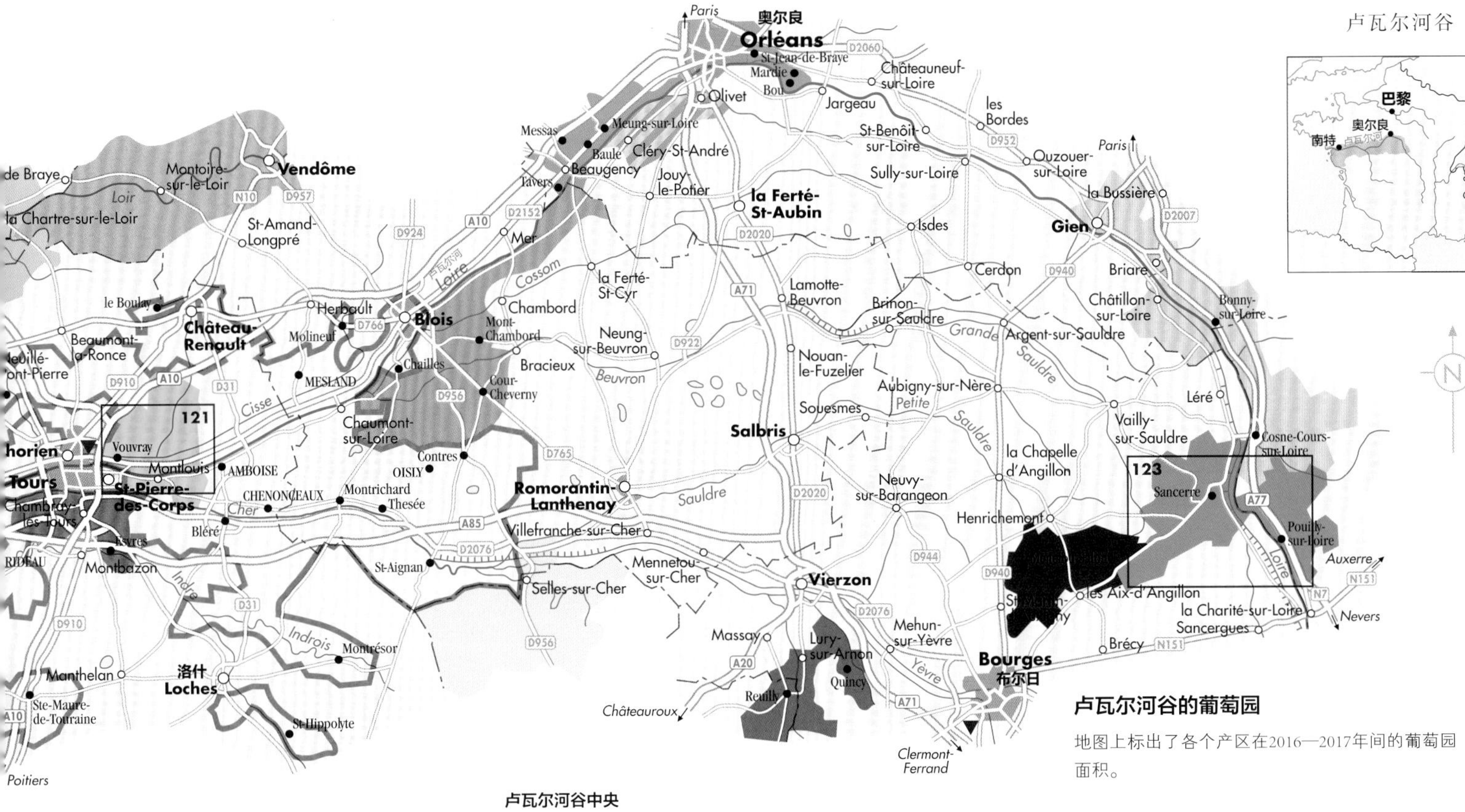

卢瓦尔河谷的葡萄园

地图上标出了各个产区在2016—2017年间的葡萄园面积。

图赖讷

- 布尔格伊、布尔格伊–圣尼古拉和希农（4680公顷）
- 图赖讷–诺伯勒–儒埃（37公顷）
- 武夫赖和蒙路易–卢瓦尔（2622公顷）
- 瓦朗塞（173公顷）
- AMBOISE 可以加在图赖讷法定产区之后的名称

卢瓦尔河谷中央

- 卢瓦丘和雅斯涅尔（143公顷）
- 旺多姆丘（106公顷）
- 谢弗尼和古尔–谢弗尼（719公顷）
- 奥尔良–克雷里（28公顷）
- 奥尔良（103公顷）
- 奇恩丘（194公顷）
- 桑塞尔、卢瓦尔河畔普伊和普伊–芙美（4342公顷）
- 默讷图–萨隆（576公顷）
- 勒伊和坎西（562公顷）

- 省界
- ● Brézé 主要葡萄酒酿制村镇
- 117 此区放大图见所示页面
- ▼ 气象站（WS）

慕斯卡德塞维曼尼

- 省界
- 法定产区边界
- Clisson 主要葡萄酒合作社
- ■ CHÉREAU CARRÉ 知名酒庄
- 森林
- 50 等高线间距25米

1:325,000

个别葡萄园未显示在地图上：塞维曼尼藤蔓密布。

卢瓦尔河谷：南特市 ▼

纬度 / 海拔：**47.15°N/ 26米**

葡萄生长期的平均气温：**16.1℃**

年平均降水量：**820毫米**

采收期降水量

9月：63毫米

主要种植威胁

春霜、初秋的降水、霜霉病

主要葡萄品种

白：勃艮第香瓜、大普隆南特［Gros Plant Nantais，又名白福儿（Folle）］

卢瓦尔河谷：图尔市 ▼

纬度 / 海拔：**47.44°N/ 108米**

葡萄生长期的平均气温：**15.8℃**

年平均降水量：**696毫米**

采收期降水量

10月：71毫米

主要种植威胁

霜冻、冰雹、真菌病害

主要葡萄品种

红：品丽珠；白：白诗南

卢瓦尔河谷：布尔日市（BOURGES） ▼

纬度 / 海拔：**47.06°N/ 161米**

葡萄生长期的平均气温：**16.0℃**

年平均降水量：**748毫米**

采收期降水量

9月：60毫米

主要种植威胁

春霜、冰雹、真菌病害

主要葡萄品种

红：黑皮诺；白：长相思

安茹 Anjou

安茹地区最为著名的是其出产的优质甜白葡萄酒和平淡无奇的桃红葡萄酒，但是较为温暖的夏季和更加精细的种植方法为其产品线增加了品质不错的干白葡萄酒和芬芳扑鼻的红葡萄酒。

风土 布列塔尼阿莫里卡高地（Armorican Massif）的片岩和页岩与紧邻昂热市（Angers）以南的巴黎盆地（Paris Basin）的黏土和石灰岩在此相遇，造就出有利于葡萄成熟的朝南和西南的向阳山坡。这里会受到来自大西洋的干燥海风的影响。

气候 这里是法国葡萄种植区的北方边界线，此处的葡萄并非总能完全成熟，因此索米尔镇（Saumur）四周便成为起泡酒的重要生产中心。

主要葡萄品种 白：白诗南；红：品丽珠。

这里是白诗南葡萄品种的故乡，秋日的阳光以及莱昂河（Layon）的晨雾催发的贵腐菌使得这个区域出产的甜白葡萄酒拥有令人兴奋的成熟度和几近完美的酸度与均衡感。地图东南端的**莱昂丘**（Coteaux du Layon）是一个面积广阔的产区，包含卢瓦尔河谷第一个官方特级园**肖姆-卡尔**（Quarts de Chaume），目前共有 20 家酒庄。**博纳左**（Bonnezeaux）的面积大约是其 2.5 倍，同样因为表现杰出而拥有自己的法定产区。

河水涓细的奥班斯河（Aubance）位于与其平行的莱昂河以南，自然条件好的话，在其沿岸也可以找到绝佳的甜白葡萄酒。**奥班斯丘**产区为此已经涌入了一批才华横溢的生产者。

萨韦涅尔（Savennières）产区位于卢瓦尔河难得一见的陡峭的南向河岸，近年来出现了一大批来自安茹其他区域的著名酿酒人。这里也是白诗南葡萄品种的天下，不过酿造的却是干白葡萄酒，酒质大多稠密而浓郁，但是年轻时结构相当坚硬。萨韦涅尔产区中有两块葡萄园拥有自己的法定产区：约 33 公顷的**修士岩石**（**Roche aux Moines**）以及约 7 公顷的**塞朗古勒**（**Coulée de Serrant**），后者以严格采用生物动力种植法而闻名。

以上都是安茹地区酒质卓越的传统产区，但是当地基本的安茹法定产区也在努力转变。**安茹干白葡萄酒**现在早已变得真正精致，而且并不像其优质的甜白葡萄酒那样难以每年出产。手工采摘和挑拣（而不是当地十分普遍的机器采摘）以及规律地使用橡木桶已经越来越有成为标准的趋势。

基础级别的**安茹桃红葡萄酒**与以前乏味的风格相比要略显清爽，但是仍然不如干型的**卢瓦尔桃红葡萄酒**以及香味细腻的微甜型**安茹赤霞珠品丽珠混酿桃红葡萄酒**。

尽管这里的片岩土壤整体来说更适合生产白葡萄酒，但是品丽珠仍然在安茹红葡萄酒的酿造中占有一席之地，而安茹红葡萄酒也因此与图赖讷地区的相比酒体更硬、单宁更加突出。酿造最优质的酒款时，人们偶尔会添加赤霞珠（只有在最温暖的年份才能成熟）以增强其结构，并且获得**安茹村庄**（**Anjou-Villages**）的产区名称，核心地带则使用**安茹村庄-布里萨克**（**Anjou-Villages-Brissac**）法定产区的名称。在最佳年份中，这些产区可以酿出媲美图赖讷地区优质红葡萄酒的精致酒款。

△
爱可梦集团（Ackerman）的酒窖位于索米尔镇，在白垩石灰岩中开凿而成，这种岩石能为葡萄酒的熟成和储存提供凉爽的环境，酒窖深约120米，吸引了大量游客前往参观。

索米尔 Saumur

索米尔小镇位于昂热市上游约48千米处，对于卢瓦尔河谷来说像是兰斯市和埃佩尔奈镇的混合体，当地在柔软的白垩岩中开凿而成的酒窖绵延数千米，用于酿造起泡酒。而索米尔-尚皮尼（Saumur-Champigny）产区则出产卢瓦尔河谷最好的红葡萄酒。

风土 安茹-索米尔地区（Anjou-Saumur）的索米尔部分主要为柔软的白垩岩土壤。沿河的白垩岩是一种多孔的石灰岩，而索米尔的红葡萄酒则产自含沙更多、颜色更黄的土壤。

卢瓦尔河谷是法国第二大的起泡酒产区，仅次于香槟区。索米尔是这个起泡酒生产区域的中心，酿酒所采用的葡萄品种包括白诗南、霞多丽、品丽珠以及另外8个可见于整个索米尔和安茹地区的少见品种，这些品种在此酿出的酒液过于酸涩，因此无法作为静止葡萄酒出产。**索米尔干型起泡酒**（Saumur Brut）像香槟一样采用传统法酿造，而且像香槟一样越来越多地使用橡木桶。而它也与香槟一样有白有桃红，只是酒体更加柔和，更讨人喜欢，虽然香气没有那么复杂，但是价格也较为便宜。平常的酒款只在瓶中陈年9个月而已。

卢瓦尔起泡酒（Crémant de Loire）与索米尔干型起泡酒相比口感更为精致，酒体更加紧密，这是因为生产法规较为严格所致——单位产量更低，而且至少要在瓶中带酒泥培育1年。大部分卢瓦尔起泡酒都在索米尔镇酿造完成，但是所用的葡萄可以来自安茹、索米尔和图赖讷地区的任何地方。至今为止，白诗南仍是11个被允许使用的品种中最常见的一种。**卢瓦尔声望起泡酒**（Prestige de Loire）是一个非官方的、更高等级的高年份酒款。

无泡的**索米尔葡萄酒**包括白、红、桃红三种颜色，主要采用安茹-索米尔地区的标志性葡萄品种：白诗南和品丽珠。索米尔的静止葡萄酒整体来说比以往成熟得多，但是地图上可以看到的**索米尔-尚皮尼**产区这一小块葡萄园出产的红葡萄酒却值得我们更多地关注。品丽珠在这里最为清新、最为芬芳，产自白垩岩土壤，可以视为自此以东的图赖讷地区最优质红葡萄酒的延伸。葡萄树密集地种植在靠近卢瓦尔河南岸的陡峭悬崖上方的斜坡上，而在内陆靠近圣西尔-布尔村（St-Cyr-en-Bourg）的地方，白垩岩变为颜色较黄、含沙更多的土壤，出产较为清淡的酒款。酒质根据不同的酿酒工艺、葡萄树的年龄，以及酿酒人的口味而多种多样，这里有一家酿酒合作社出产的酒品质可靠。这里最负盛名的红雅酒庄（Clos Rougeard）已达到膜拜级别，第八代庄主富科（Foucault）家族于2017年将其出售给家产亿万的布伊格兄弟，后者也是圣埃斯泰夫村玫瑰山酒庄以及其他多家庄园的所有人。不出所料的是，这些产区中很多受人追捧的酒庄往往会采用生物动力种植法。

索米尔-皮伊圣母（Saumur Puy-Notre-Dame）产区位于索米尔镇西南大约30千米处，是一个相对较新的子产区，主要采用品丽珠酿造芬芳馥郁的红葡萄酒，产自索米尔镇附近的广阔区域，而不仅是皮伊圣母村本地。与卢瓦尔河谷其他地区一样，这里的红葡萄酒也开始变得更加强劲、颜色深暗，这要归功于不断改进的种植技术和明显的气候变化。

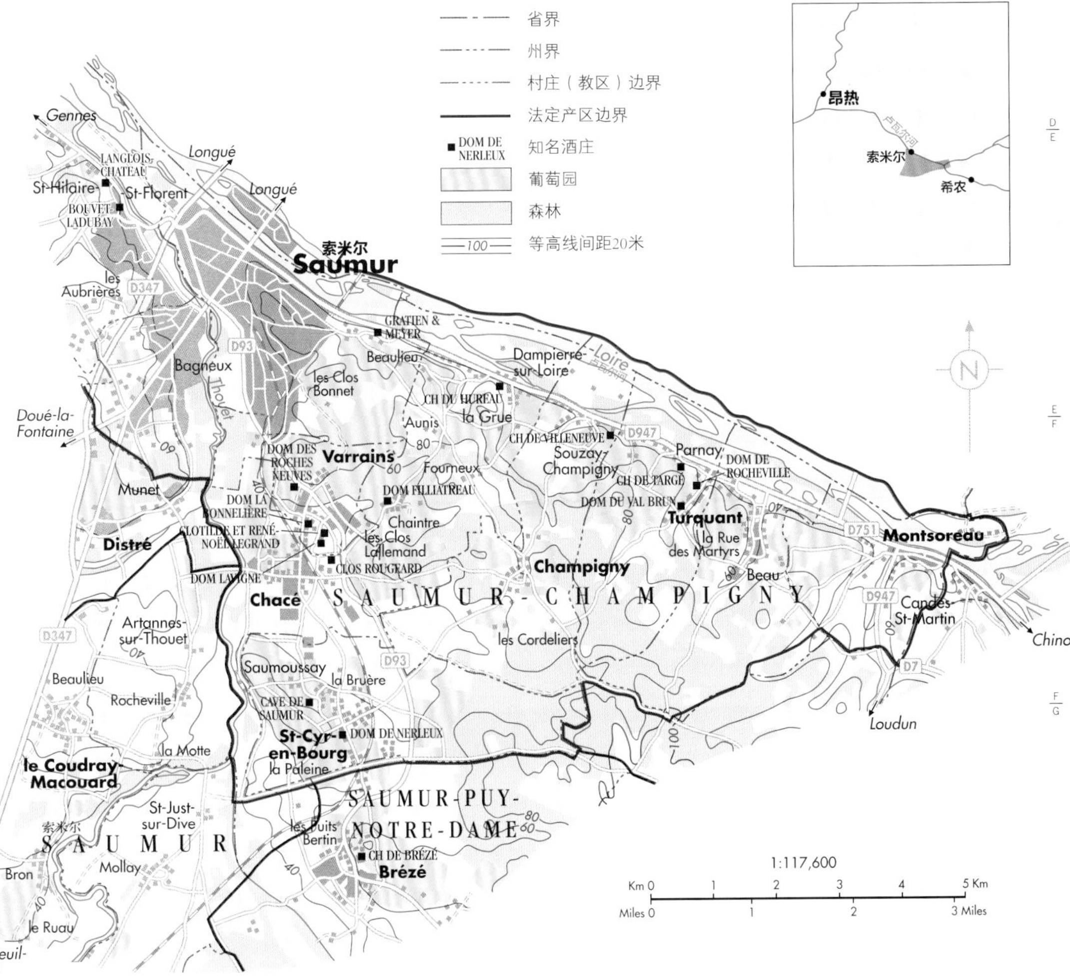

希农和布尔格伊 Chinon and Bourgueil

希农、布尔格伊和布尔格伊–圣尼古拉（St-Nicolas-de-Bourgueil）**是图赖讷地区最知名的几个红葡萄酒产区。**在图赖讷地区的最西端，仍然受到大西洋影响的地方，品丽珠葡萄可以酿制出口感活泼的酒款，充满覆盆子的果香，还透着刚削好的铅笔的尖锐味道。在凉爽的年份里可能会略显青涩，但是在诸如2010年、2014年、2015年和2018年这样的成熟年份里，饱满的结构则会保证其陈年10—20年。这么好的品质，却被不合理地低估了。

这三个法定产区的土壤成分相同，即沙子、沙砾和石灰岩的混合，但是每种成分所占比例各有不同。河岸边的葡萄园为沙子和砾石土壤，生长的葡萄可以酿出较为清淡、适合早饮的葡萄酒。在纯粹砾石土壤中生长的葡萄则可酿出结构较强的酒款，而最为集中、单宁最强、适合陈年的葡萄酒则产自海拔较高的黏土石灰岩山坡。**希农**面积很大，出产卢瓦尔河谷最有魅力的红葡萄酒，**布尔格伊**的酒款结构最强，而**布尔格伊–圣尼古拉**的葡萄酒则最为清淡，因为产区内大部分土壤都比布尔格伊含有更多沙子，但是布尔格伊–圣尼古拉中有一部分位于黏土石灰岩山坡之上。

酿酒人的雄心和技术当然也能像土壤种类一样在酒中体现差异。他们酿出的最具雄心、名气最盛的特酿酒款通常产自特殊的地块，采用不同大小的橡木桶进行培育，但是大部分酿酒人还是在酿造适合早饮的酒款，特别建议在夏日的餐厅里饮用。

希农出产的相对难得一见的白葡萄酒同样可能具备极高的品质，这也是白诗南的另一种诠释方式。2016年，希农法定产区的界线扩展到维埃纳河（Vienne）南岸的西南侧，又多囊括了八个村镇。范围更大的图赖讷地区（参见第116—117页地图）出产各种各样的酒款，通常是没有那么严肃的红、桃红和白葡萄酒，全都使用**图赖讷**这个产区的名称，但是有时会缀上更为详细的地理位置，比如**昂布瓦兹**（Amboise）、**阿沙伊–里多**（Azay-le-Rideau）和**梅朗**（Mesland）。最近获准作为后缀的两个地名是**舍农梭**（Chenonceaux）和**瓦斯利**（Oisly）。舍农梭是谢尔河沿岸的一片广阔的区域，并且明智地以河畔著名的舍农梭城堡（Château de Chenonceau）命名；瓦斯利出产的是长相思。

武夫赖和蒙路易 Vouvray and Montlouis

只要提到法国的王室和法式的浪漫，人们就一定会联想到这片位于卢瓦尔河中游、围绕图尔城的土地，这里遍布着文艺复兴时期的城堡、古老的村镇，还有令人陶醉的白葡萄酒。当地最为卓越的白葡萄酒拥有各个级别的甜度，而且陈年潜力极强。酿制白葡萄酒所用的葡萄是白诗南，它们种植在河两岸低矮、松软白垩岩土质的山丘上。几个世纪以来，当地人一直在这种白垩岩中开凿酒窖以及用来居住的奇特窑洞，如同所谓的穴居人。

武夫赖可以出产干型（sec）、微甜型（sec-tendre，是一种非官方但是越来越受欢迎的风格）、半干型（demi-sec）以及半甜型（moelleux）的白葡萄酒。大西洋的影响与大陆性气候在这里相遇，不同年份的天气差异极大，葡萄的成熟度与健康状况也是如此。因此，武夫赖葡萄酒每个年份都有自己的特点：有时，干燥而艰难的年份出产的酒款需要几年的时间在瓶中熟成柔化，但是有时又能获得令酒款风味极其出色的贵腐菌，需要在每块葡萄园中进行多次采摘。认真的酿酒人通常也会将酿造干型和半干型葡萄酒的葡萄分开采收。

现在，生产商通常会按地点给他们的葡萄酒贴上标签，尤其是顶级葡萄酒。武夫赖最好的地块位于俯瞰河水的悬崖顶端，土壤为薄薄的一层黏土，有时还有砾石，下层为石灰岩。名声最响亮的予厄酒庄（Huet）拥有其中两块优质葡萄园：勒蒙（Le Mong）和布尔园（Clos du Bourg），前者出品的酒风味最集中，后者是20世纪80年代末最早采用为生物动力种植法的葡萄园。第三块优质葡萄园名为上地（Le Haut-Lieu），离河较远，黏土层更为深厚。

蒙路易产区与武夫赖隔河相望，自20世纪90年代起，其活跃度便超过了武夫赖，其中一个原因是那里出现了杰克·布洛（Jacky Blot）和弗朗索瓦·西当（François Chidaine）这样雄心勃勃、活力十足的酿酒人。这里的风土条件与武夫赖非常相似（甚至当地人也觉得两个产区的酒款难以区分），但是蒙路易并没有武夫赖沿卢瓦尔河的顶级葡萄园那种受到保护的朝南位置，所以出产的葡萄酒更有张力。蒙路易靠近卢瓦尔河岸的葡萄园拥有黏土石灰岩土壤，而在延伸至谢尔河谷的南端时含沙量逐渐提高（参见第117页地图）。

尽管静止葡萄酒对于武夫赖和蒙路易这两个产区来说象征着真正的荣耀，但是现在这里出产的酒每三瓶当中就有约两瓶是传统法酿造的起泡酒。原因有很多，其中包括起泡酒的市场需求更大，法定允许的葡萄单位产量更高，酿酒人的经济风险更低，而且在困难年份里不够成熟的葡萄也能有明确用途。这里的起泡酒质量差别很大，但是其中最好的酒款只是微泡（pétillant）而不会产生剧烈的气泡。与索米尔起泡酒相比，在经过较长时间的瓶陈之后，蒙路易和武夫赖出产的优质起泡酒更能给予饮者美好的回馈。

△
世界闻名的普伊-芙美产区得名于其所位于的卢瓦尔河畔普伊小镇，图片中是小镇被包裹在河面升起的薄雾中的景象，而这座小镇比一个村子其实也大不了多少。

桑塞尔和普伊 Sancerre and Pouilly

桑塞尔和普伊这两个产区出产的长相思白葡萄酒香气馥郁，是法国最容易辨认的葡萄酒之一。

风土 桑塞尔产区土壤成分为40%石灰岩（当地称为caillottes）、40%黏土石灰岩［当地称为白土（terres blanches）］以及20%燧石（silex）的混合；普伊的北部则以燧石土壤而闻名。

气候 大陆性气候，冬季寒冷，存在春霜的风险。

主要葡萄品种 白：长相思；红：黑皮诺。

在这些位于卢瓦尔河两岸的石灰岩和黏土山丘上，在这种比靠近大西洋区域更为严苛的气候中，长相思酿造的葡萄酒的质量可以比世界上其他任何地方的都更好，也更为细致和复杂；但它只是在极少情况下才能达到这种水平。最好的酿酒人想方设法使其产酒饱含当地风土的味道以及强悍的陈年能力，但是桑塞尔与河对岸的普伊-芙美（Pouilly-Fumé）的流行，鼓励了许多没那么惊艳的酒款出现在葡萄酒货架和酒单上。**卢瓦尔河畔普伊**（Pouilly-sur-Loire）是一个小镇，也是一款几乎绝迹的葡萄酒的名字。这款酒采用一种口感温和的夏瑟拉葡萄酿造而成。夏瑟拉葡萄在瑞士长势良好，在此地却已几乎绝迹。

如果有人说自己可以清楚分辨桑塞尔与普伊-芙美两个产区的葡萄酒之间的差别，那他可真的是一个十分厉害的品酒者。因为这两个产区表现最好的酒款水平相当：桑塞尔的葡萄酒或许酒体稍微饱满和明显一点儿，而普伊-芙美的葡萄酒则香气更加浓郁。普伊产区的很多葡萄园地势都比桑塞尔要低，海拔在200—350米，分布在这个山顶小镇的侧翼，但是最好的地块大多还是位于普伊小镇的北方。这里的土壤含有很高比例的黏土和燧石，为这种尝起来近乎辛辣、有股打火石（pierre à fusil）味道的葡萄酒赋予陈年久藏的潜力。这两个产区从西北部到东南部的整个地带均含有燧石，但是桑塞尔西边的葡萄园属于白土：这种白色的石灰岩土壤含有极高比例的黏土，能够出产更为坚实的葡萄酒。在这两个区域之间，则是石灰岩混合着卵石的土壤，出产的酒款通常更加芬芳馥郁，在新酿时便已香气鲜明，而且在采收之后的几个月内便会装瓶上市。

桑塞尔的土壤

有权将其产酒命名为桑塞尔法定产区的村庄共有14个，其中许多现在都会缀上自己村庄的名字。莎维尼尔村（Chavignol）共有产区内的3个最佳地块，分别为诅咒山（Les Monts Damnés）、博热底（Le Cul de Beaujeu）和大山坡（La Grande Côte）。这3个地块全都位于启莫里阶泥灰岩（即黏土石灰岩）的陡峭山坡之上，出产桑塞尔最令人难忘和最能陈年的酒款。布埃村（Bué）则有拉普西（La Poussie）和商人橡树（Chêne Marchand）这两块地与其呼应。其他优质地块包括拉姆西耶（La Moussière）、布满燧石的罗马人（Les Romains）以及位于山顶小镇桑塞尔和梅内特雷奥（Ménétréol）之间的美夫人（Belle Dame）。只要酿酒师能够坚持品质的话，桑塞尔之下梅内特雷奥村（Ménétréol-sous-Sancerre）、桑塞尔村本身以及圣萨图尔村（St-Satur）都能出产口感如金属般脆硬的葡萄酒。

这个区域一直都有建立正式特级园系统的呼

梅内特雷奥村位于山顶小镇桑塞尔之下，缘于当地类似普伊的燧石土壤，当地出产的葡萄酒酒体极其紧瘦。

声，这的确能够帮助消费者更为轻松地买酒。桑塞尔的葡萄园总面积因为需求的攀升，在20世纪最后25年间翻了3倍多，截至2017年已经多达约3000公顷，是约1325公顷的普伊-芙美的两倍多。

在普伊村，德-拉杜塞特家族（de Ladoucette）像极迪士尼城堡的诺泽酒庄（Château du Nozet）可能是最壮观的一座庄园，但是当地最负盛名的酒庄却是达高诺酒庄（Domaine Didier Dagueneau）。作为后起之秀，庄主迪迪耶·达高诺是降低产量以及橡木桶实验的先驱，这些做法引起了文森·皮纳（Vincent Pinard）、亨利·博卢瓦（Henri Bourgeois）、阿方斯·米洛（Alphonse Mellot）、凡卓岸酒庄（Domaine Vacheron）以及其他桑塞尔河岸区域一流酒庄的积极反响。

我们可以理解这些雄心勃勃的酿酒人希望证明他们酿造的葡萄酒值得久藏，但是举例来说，与武夫赖的顶尖白葡萄酒所不同的是，绝大多数的桑塞尔和普伊-芙美葡萄酒在装瓶后2—3年便会达到可口而让人喜爱的最佳适饮期，尤其是使用生长在纯粹石灰岩土壤中的葡萄酿制的葡萄酒。但是，其中有些酒也能够陈年几十年，比如弗朗索瓦·科塔（François Cotat）在涉维尼尔村酿造的浓郁酒款。近期有一项研究是选用1950年以前的葡萄藤，剪枝作为种苗，来取代现代更为多产的树苗，从而提高质量。

桑塞尔的另一个特产是黑皮诺葡萄，使用黑皮诺酿制的酒款在当地和巴黎市场都很受欢迎，但是在其他地方就很少见。黑皮诺是当地在19世纪时的主要葡萄品种，今天却只占种植面积的五分之一。归功于不断进步的种植技术和较低的单位产量，黑皮诺能够酿造出酒体精致、通常颜色较浅、香气馥郁的红葡萄酒，虽然还难以与勃艮第的红葡萄酒相抗衡。桑塞尔同样出产桃红葡萄酒，只是一般价格都很高。

胸怀大志的邻居产区

奇恩丘（Coteaux du Giennois）其实是普伊-芙美向北的延伸产区（参见第117页地图），酿造红、白、桃红三种颜色的葡萄酒。这个面积小并且极其分散的产区出产的长相思酒口感清冽，在酒龄尚浅时饮用最好。这里的佳美和黑皮诺用于酿造酒体清淡的红葡萄酒，法规允许佳美单品种酿酒，但是黑皮诺不行，这非常奇怪，但原因不明。

深入内陆河流转弯的地方，就是所谓的中央产区。默讷图-萨隆（**Menetou-Salon**）、坎西（Quincy）、勒伊（Reuilly）和沙多梅扬（Châteaumeillant）这几个产区在最近30年中都有不错的成绩。**默讷图-萨隆**的葡萄园面积已经翻了一倍，达到约576公顷，沿东西方向坐落于启莫里阶的低矮山丘之上，这片圆弧形地带的最南端便是香槟区的起始。这里最好的酒庄能够酿出品质惊人、类似桑塞尔风格的白葡萄酒和红葡萄酒，性价比常常很高。**坎西**和与其毗邻的**勒伊**产区都曾经历从近乎灭绝中复兴的过程，这归功于酿酒人之间分享酒窖和种植设备的做法。海拔较低的沙子和砾石土壤来自谢尔河的沉积，这也使得坎西特别容易受到霜冻的侵害，因此风力涡轮机被广泛使用，用来搅动清晨的冷空气。

勒伊产区拥有日照充足、陡峭的石灰岩和泥灰岩山丘，以及砾石和沙子台地，不仅出产口感脆爽的长相思白葡萄酒，还有一些品质合格的黑皮诺红葡萄酒和桃红葡萄酒。灰皮诺在此被用来酿造酒体柔美、适合夏季饮用的灰葡萄酒（vin gris），其他产区也在尝试模仿。坎西的一些酒庄同样也在自此向南的小型产区**沙多梅扬**进行投资，甚至是来到历史悠久、地处偏远、几乎是死气沉沉的法国中心地带的圣普桑（**St-Pourçain**），在当地收购葡萄园，从而合法地采用佳美和黑皮诺酿造红葡萄酒。

奥尔良和**奥尔良-克雷里**两个产区曾经以巴黎市场为后盾，后来却大幅减产，其中在奥尔良-克雷里，还有人充满信心地在如此靠东北的地带种植品丽珠。

阿尔萨斯 Alsace

阿尔萨斯的葡萄酒反映了它在法德边境的独特位置：虽然种植了两个国家的葡萄品种，但是多种多样的土壤和阳光明媚的气候赋予其独一无二的品格。法国其他任何地区的葡萄酒都不会像阿尔萨斯这样将葡萄品种的名称放在首位。

风土　当地人声称阿尔萨斯拥有法国最为复杂的地质条件，甚至比勃艮第金丘的土壤类型和形态还要繁多。

气候　极其干燥，日照强烈，但是夜晚相对凉爽。

孚日（Vosges）山脉或者说其所形成的雨影现象（rain shadow）和地质变迁，使得阿尔萨斯拥有独特的气候、柔美的乡村风光以及古老村镇，还有独具影响力的葡萄酒。只有靠近西班牙边境的贝济耶市（Béziers）和佩皮尼昂市（Perpignan）才有比阿尔萨斯的科尔马（Calmar）小镇更为干燥的天气。干旱在这里有时会成为麻烦，但是葡萄的成熟度通常都有保障。

两条主要的断层线穿越阿尔萨斯地区。一千年以来，当地经历过无数次的地质活动，因此同样类型的花岗岩在海拔约400米的索恩堡（Schoenenbourg）葡萄园顶端和莱茵河谷底约1600米的地方都能找到。阿尔萨斯的酿酒人声称这里有800种不同的土壤，而勃艮第只有60种。能够酿出好酒的土壤类型包括花岗岩、片岩、砂岩、各类石灰岩和泥灰岩、黏土以及火山土壤，只不过很少有人能够品尝出其中的区别。真正造就不同的，其实也许只是土壤的保水和排水能力，而非地质成分。

两个省份之间的区别

阿尔萨斯地区横跨两个省份——位于北部低地的下莱茵（Bas-Rhin）和南部的上莱茵（Haut-Rhin），绝大部分被列为特级园的顶级葡萄园都位于上莱茵省。这个分级制度仍然处于完善的过程之中。右页地图展现了包含（目前）最多特级园的区域。在此区域之外的特级园则在右页地图上注明了编号，包括相关数据，其中很多都集中在斯特拉斯堡市（Strasbourg）极其优质的黏土石灰岩地块当中。孚日山脉在下莱茵省的部分并不太高，给予的保护较弱，所以这里出产的葡萄酒酒体较轻，甚至可以说品质不足。位于埃普菲村（Epfig）的安德烈酒庄（Domaine Ostertag）采用生物动力种植法酿造的葡萄酒是其中的优质代表。

1983年，当阿尔萨斯建立法定产区级别时，共有25块葡萄园被列为特级园。今天已经增至51个。类似勃艮第金丘级别的一级园则作为后备力量。其中部分独特的葡萄园，或称地块（lieu-dit），可能与其所种植的最优质的葡萄品种一起被标注在酒标上。而有些村庄则会将村名或者一个特殊的地理名称缀在基础的阿尔萨斯法定产区之后，比如勒登（Rodern）、巴尔丘（Côtes de Barr）或是贵族河谷（Vallée Noble）。

阿尔萨斯的葡萄品种

1969—2017年阿尔萨斯葡萄园的变化

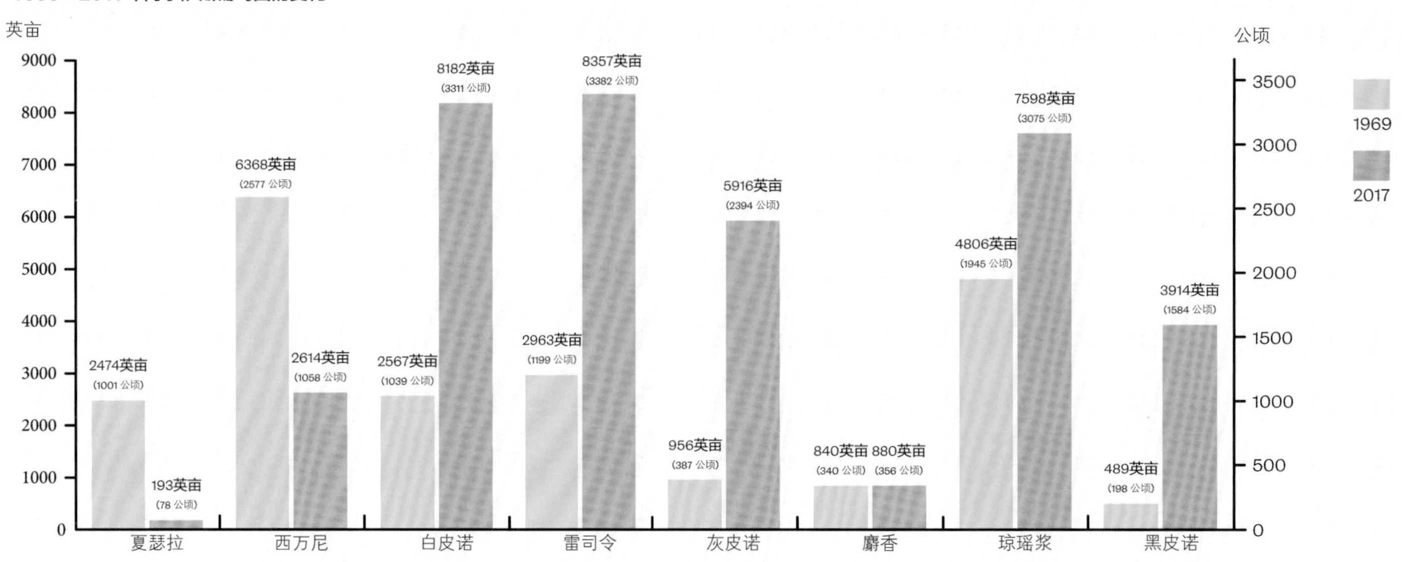

赋予阿尔萨斯葡萄酒名望和独有特质的葡萄品种，包括莱茵河的雷司令（除了在此，也在德国出产最优质的酒款）、拥有特殊香气的琼瑶浆、白皮诺、灰皮诺、黑皮诺、麝香和西万尼（Sylvaner）。琼瑶浆是阿尔萨斯芳香型葡萄酒的最佳诠释：香气和酒精感令人迷醉。

雷司令是阿尔萨斯的王者品种。它酿出的酒款中有着某种难以捉摸的东西：坚实与柔和、花香与强劲之间的平衡，使你心生愉悦，却不过分甜腻。能够与雷司令相提并论的是灰皮诺，灰皮诺酿制的酒品酒体饱满，略带辛香，风格多样，特别适合佐餐。阿尔萨斯的麝香葡萄酒通常为奥托奈麝香（Muscat Ottonel）和白麝香这两个品种的混酿。酿得最好的酒款能够保留麝香葡萄独有的葡萄芬芳，酒质不甜，却纯净清透，可以作为轻松独特的餐前开胃酒。

与雷司令种植面积几乎相同的品种是白皮诺，而这个名字除了指白皮诺这个能为当地白葡萄酒带来独特烟熏味道的阿尔萨斯日常品种本身之外，还可以用来指比较柔和的欧塞瓦品种——而且两者经常混酿。白皮诺同时也是阿尔萨斯酿制传统法起泡酒（Crémant d'Alsace）时最为常见的基础品种。当地出产的葡萄有四分之一都被用来酿造起泡酒。

西万尼现在的种植面积已经不大，但是在合适的区域仍然能够出产酒体坚实、口感清新而和谐的葡萄酒，带有淡而淳朴的春篱气息。“贵族混酿”（Edelzwicker）一词通常指的是不同葡萄品种的混合，主要为白皮诺和夏瑟拉等，但是现在越来越多地被霞多丽所替代，尽管在1969年前霞多丽还不被人所熟知。因为勃艮第而蔚然成风的黑皮诺，在较为温暖的年份里能在这里出产不易失败、相当严肃的酒款，与德国的黑皮诺一样，都在跃跃欲试想与勃艮第一争高下。

目前，只有雷司令、灰皮诺、琼瑶浆和麝香这几种被视为阿尔萨斯贵族的葡萄品种被允许酿造阿尔萨斯特级园（Alsace Grand Cru）法定产区的葡萄酒，我们将在下页详细讨论。

葡萄酒的风格

阿尔萨斯白葡萄酒与德国白葡萄酒类似，主要追求的是果香而非橡木桶带来的香气。即使使用橡木桶，通常也是香气早已变淡的椭圆形旧橡木桶。品饮者品尝的是葡萄的味道，还有葡萄经过发酵变成葡萄酒这一神秘的转化过程所产生的味道。只有黑皮诺是例外。曾经颇为寡淡的酒早已随着气候变化，从口感尖酸、颜色深暗的桃红葡萄酒转变为深暗红色、酒体颇显肉感、适合进行橡木桶培育的红葡萄酒，令人想起勃艮第的佳酿。

从前，阿尔萨斯的酿酒人追求的是刻骨般极干、酒体坚实而强壮的白葡萄酒，葡萄中丰沛的糖分每一克都被发酵成酒精。这种酒搭配当地滋味浓厚的食品实在是再合适不过了，比如塞满奶油、熏肉、鸡蛋的洋葱饼（阿尔萨斯的食品并不太在意健康）。也许是想到市场偏好不那么刺激的产品，也许是因为更为成熟的葡萄比较难以发酵至全干，许多酿酒者都开始尝试不同甜度的白葡萄酒。阿尔萨斯葡萄酒的平均残糖量（尤其是灰皮诺和琼瑶浆酿造的酒款）不断提高，以至于消费者会抱怨说酒标通常对此语焉不详。如果一款酒看起来可能甜也可能不甜，你又如何将其与食品搭配呢？

阳光明媚的秋季同样也为酿酒者带来机会，挑选极熟的葡萄酿造晚收甜白葡萄酒（Vendange Tardiv），甚至是更甜、产量更小，而且通常会加入贵腐葡萄的粒选贵腐葡萄酒（Sélection de Grains Nobles），后者需要数次分批采摘葡萄，比德国的枯萄精选酒（Trockenbeerenauslesen）酒体更厚，又比苏玳香气更浓。晚收的琼瑶浆也许是世界上香气最具热带水果风味的酒款，同时又能保持惊人的清透感、平衡度以及精致的味道。

施泰因克劳斯特级园（Steinklotz，1）出产品质过硬的单品种灰皮诺白葡萄酒，贝尔格比耶唐的阿尔滕堡特级园（Altenberg de Bergbieten，3）以雷司令而闻名，而佐森堡特级园（Zotzenberg，7）的优质西万尼老藤则相当难得地为其赢得了特级园的资格。

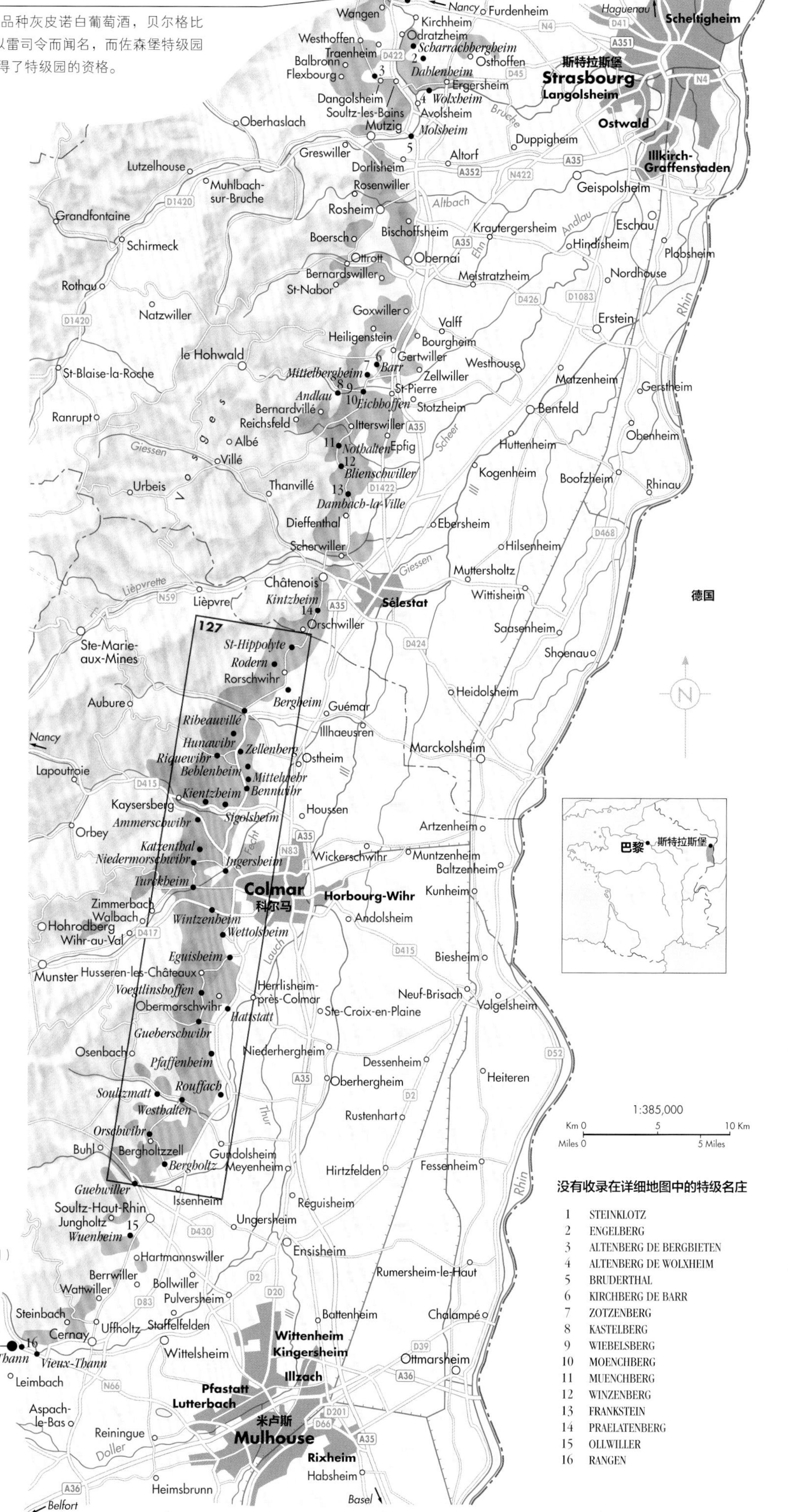

历史悠久的朗让特级园（Rangen，16）位于坦恩村（Thann）上方的陡坡，思洁菲特酒庄（Schoffit）和珍欢酒庄（Zind-Humbrecht）在此酿造香气极其突出的酒款，主要采用雷司令和灰皮诺品种——产自温暖的火山土壤，这在阿尔萨斯也是一种相当稀少的土壤。

国界

省界

• Barr 拥有特级葡萄园的村庄

葡萄酒酿造区

127 此区放大图见所示页面（包含此页地图未显示的特级葡萄园）

没有收录在详细地图中的特级名庄

1 STEINKLOTZ
2 ENGELBERG
3 ALTENBERG DE BERGBIETEN
4 ALTENBERG DE WOLXHEIM
5 BRUDERTHAL
6 KIRCHBERG DE BARR
7 ZOTZENBERG
8 KASTELBERG
9 WIEBELSBERG
10 MOENCHBERG
11 MUENCHBERG
12 WINZENBERG
13 FRANKSTEIN
14 PRAELATENBERG
15 OLLWILLER
16 RANGEN

上莱茵省及其内部的特级园

这几页的地图将阿尔萨斯核心地带的葡萄园以侧放的形式展示，使其可以与第59—67页勃艮第金丘的地图进行直接对比。北面位于右侧。

阿尔萨斯的核心地带
The Heart of Alsace

阿尔萨斯的葡萄园沿着孚日山脉东麓绵延约100千米，宽度却只有170—550米。其中的核心地带已在地图上标出，还不到其整体区域的一半。中世纪小镇科尔马位于中心，一系列最高山峰的背风处。自此向北，越过德国边界，孚日山脉以哈尔特（Haardt）为名继续延伸，为法尔兹（Pfalz）产区的葡萄树提供同样的保护。半截木质的尖顶小屋是莱茵河两岸常见的建筑，其中很多都建于17世纪晚期。两岸地区从气候条件、饮食习惯以及整体的魅力而言，其实几乎一样。在这些风土条件优异的丘陵之间，布满靠近森林的狭长高地与边谷，各种坡度的山坡孕育出优质的葡萄酒。毗邻大片茂密松林的葡萄园与靠近年轻橡树林的葡萄园相比，平均温度能够低整整1℃。

阿尔萨斯日照充足。向西穿越孚日山脉的货车司机在到达山顶时，总会遇到一大片云朵，笼罩西方。山峰越高，就越能阻挡潮湿的西风，使其所庇护的土地越加干燥。地图上突出了上莱茵省葡萄园的中心部分，这里的山峰能够令当地连续几个星期晴空万里。在这种自然气候下，经典、芬芳但又强健的雷司令表现抢眼。

讽刺的是，阿尔萨斯虽然拥有（相对来说）这么得天独厚的产酒环境，却曾有着不堪回首的历史，长期沦为法国南部混调葡萄酒的供应地，因此也缺少像勃艮第金丘那样针对较好和最好的葡萄园的官方分级。这种状况直到1983年阿尔萨斯特级园法定产区确立才得到改变。

阿尔萨斯的酒商

阿尔萨斯的现代葡萄酒工业是通过企业家酒农发展起来的，其中许多自欧洲三十年战争起就在自己家族的葡萄园中工作，随后转型为酒商，并且创立品牌销售自家和邻居生产的葡萄酒，完全依靠葡萄品种来区分酒款。其中知名的几家包括贝耶（Beyer）、多普（Dopff）、雨果（Hugel）、鸿布列什（Humbrecht）、下昆茨（Kuentz-Bas）、穆雷（Muré）和婷芭克（Trimbach）。阿尔萨斯拥有法国第一家合作社酒窖，成立于1895年，而本勃朗海姆（Beblenheim）、伊古斯海姆（Eguisheim）、肯兹海姆（Kientzheim）、图克海姆（Turckheim）和韦斯特哈尔滕（Westhalten）等地的合作社同样品质很高，至今仍不输给当地的优质酒庄。

然而阿尔萨斯的酿酒人却是全世界最关注风土条件的——当地拥有如此繁多的土壤和底土的类型，因此其中最优秀的酿酒人会以其葡萄园命名酒款，并且引以为豪。

地图上显示的葡萄园所在的平原通常含有过多冲积土，太过肥沃，所以无法出产好酒，但是海拔较低的缓坡却拥有较为深层的土壤，下层包含石灰石、被称为壳灰岩（Muschelkalk）的化石石灰岩、泥灰岩、黏土，以及当地建设教堂所用的孚日砂岩。阿尔萨斯与勃艮第金丘的类似之处一目了然。

◁
图片中是从陡峭的索恩堡特级园俯瞰希克维尔村（Riquewihr）的风景，世界知名的雨果酒庄就在这个村子。村子与1639年刚建立时相比似乎没有任何变化。

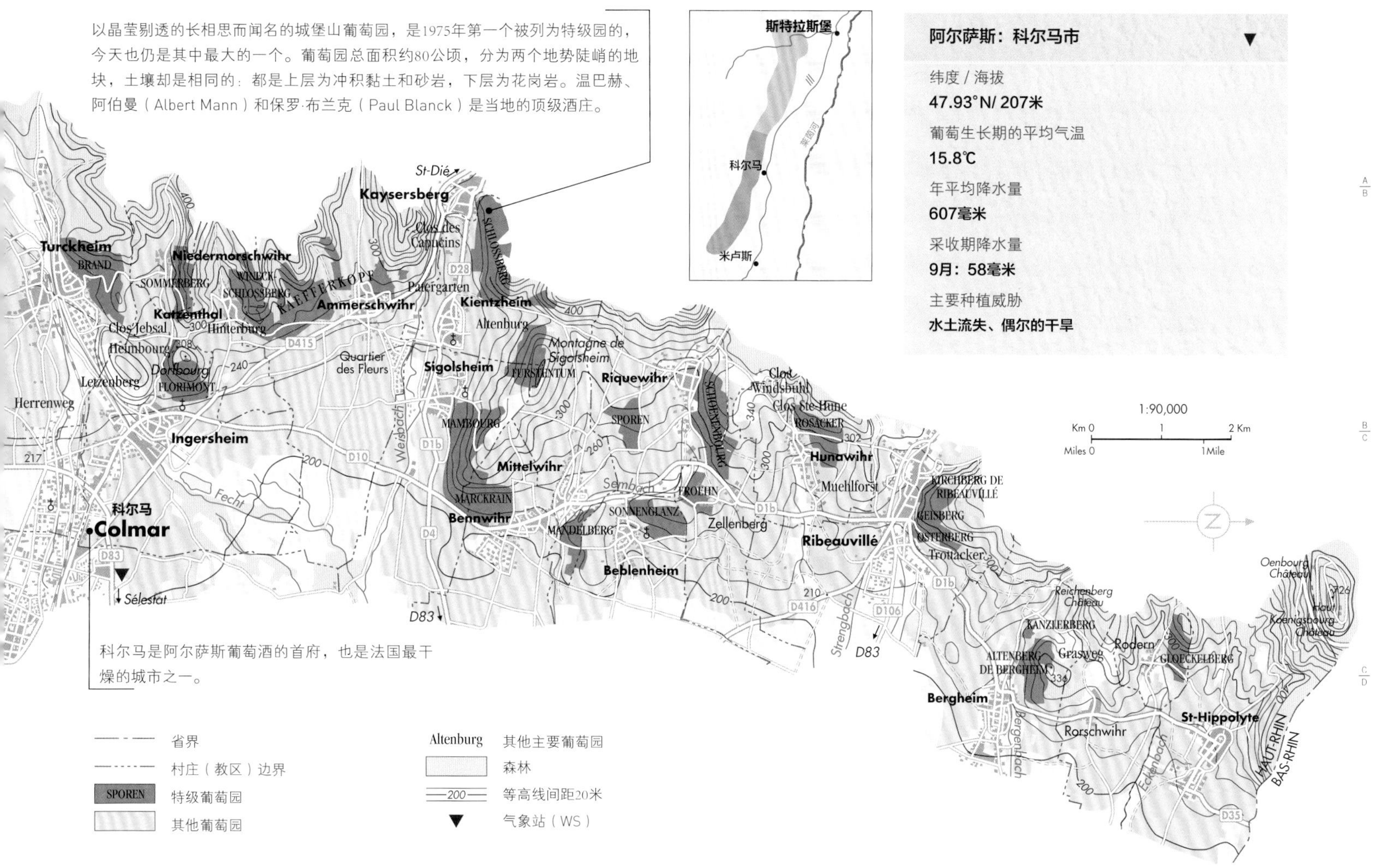

以晶莹剔透的长相思而闻名的城堡山葡萄园，是1975年第一个被列为特级园的，今天也仍是其中最大的一个。葡萄园总面积约80公顷，分为两个地势陡峭的地块，土壤却是相同的：都是上层为冲积黏土和砂岩，下层为花岗岩。温巴赫、阿伯曼（Albert Mann）和保罗·布兰克（Paul Blanck）是当地的顶级酒庄。

科尔马是阿尔萨斯葡萄酒的首府，也是法国最干燥的城市之一。

丘陵地带海拔最高、坡度最陡的部分只有薄薄的一层表土，下层则是花岗岩、因风化而变色的片麻岩、片岩、砂岩或者火山沉积土。

特级园与单一园

每个人都在争论究竟什么样的葡萄园才有资格被列为特级园法定产区。显然整个地区所有最优质的葡萄酒都产自特级园，在地图上以紫色标出。其中每个特级园都有自己的法定产区，虽然它们的产量全部加在一起还不到整个地区总产量的5%。特级园严格规定了单位产量和逐渐提高的葡萄成熟度（至少理论上如此），从而保证葡萄酒的质量更高。特级园要做的不仅仅是让不同的葡萄酒呈现出葡萄品种的特征，还要充分传达出这个等级法定产区的特色：风土条件与葡萄品种之间的特定联结，是建立在土壤类型、地理位置以及特别需要强调的酿酒传统上的。苔丝美人（Marcel Deiss）一类的酒庄甚至已经不再将葡萄品种写在酒标上，他们强调的不是葡萄品种，而是风土条件，并且通过曾经作为标准的混合种植将其表现出来。

特级园的法规限定了每个特级园允许种植的葡萄品种，通常只有雷司令、琼瑶浆、灰皮诺和麝香。每个特级园的管理委员会可以各自批准使用混酿。贝格海姆村（Bergheim）的阿尔滕堡特级园（Altenberg）气候特别炎热，是出产混酿酒款的代表。地块与葡萄品种的组合通常都以种植和品鉴经验为基础而决定，往往都有某种程度的地理关联。比如在盖布维莱尔村（Guebwiller）狭长葡萄园的南端，凯德拉特级园（Kitterlé）的砂岩就以采用多个葡萄品种出产华美酒款而闻名，特别是舒伯格酒庄（Schlumberger）的产酒更为出色。自此以北来到韦斯特哈尔滕村，辛克夫雷特级园（Zinnkoepflé）的坡地中含有更多石灰岩，朝向正南，这里种植的琼瑶浆和雷司令能够达到更高水平的丰厚度；而鲁法克村（Rouffach）的沃尔堡特级园（Vorbourg）则为泥灰岩和砂岩土壤，东南朝向，特别适合出产香气饱满的麝香品种。

薇林索芬村（Voegtlinshoffen）的哈奇堡特级园（Hatschbourg）品质极佳，拥有泥灰岩和石灰岩土壤，琼瑶浆和灰皮诺能在这里完美成熟，酿出质地厚重的佳酿，邻近的歌黛特级园（Goldert）也是如此。伊古斯海姆村的汉斯特特级园（Hengst）也以种植同样的葡萄品种而闻名。图克海姆村的布兰德特级园（Brand）和肯兹海姆村的城堡山（Schlossberg）特级园都拥有孚日山脉花岗岩的地质，能够出产酸度劲爽的雷司令酒。而在希克维尔村，索恩堡特级园当中黏土泥灰岩与壳灰岩的组合同样能够出产品质极佳的雷司令酒，不过村庄南部的斯博讷特级园（Sporen）中的黏土则比较适合种植琼瑶浆，所酿出的酒款酒体更厚重。

尽管如此，还是有一些因名气响亮而颇为骄傲的生产者回避特级园制度。阿尔萨斯最精致的雷司令酒（有人甚至认为是全世界最精致的干型雷司令）产自婷芭克酒庄的圣桅楼园（Clos Ste-Hune），这个单一葡萄园位于汉那维尔村（Hunawihr）上方的罗萨克特级园（Rosacker）中。“罗萨克”一名从来不会出现在酒标上，因为婷芭克酒庄并不认为这个主要为石灰岩土壤的葡萄园，整体都能出产与圣桅楼园同样优质的酒款。的确，单一园一词代表一个独立的葡萄园，通常都在一个更大的葡萄园当中，可以作为品质保证的标志，其他的例子还有温巴赫酒庄（Domaine Weinbach）的嘉布遣修士园（Clos des Capucins），位于肯兹海姆村城堡山特级园的下坡处；穆雷酒庄的兰德林园（Clos St-Landelin），位于沃尔堡特级园当中；珍欢酒庄（Zind-Humbrecht）则有多个单一园，其中奥赛尔园（Clos Hauserer）靠近汉斯特特级园，圣乌班园（Clos St-Urbain）位于坦恩村（Thann）的朗让特级园（Rangen）中，温布勒园（Clos Windsbuhl）靠近汉那维尔村。

罗讷河北部 Northern Rhône

罗讷河从瑞士流经法国，最终流向地中海，流经法国部分有约400千米，这片土地作为葡萄酒产区被分成南北两个部分。北部面积较小，总体情况见下文。

风土 大部分位于陡峭狭窄的河岸上，土壤主要是花岗岩，特别适合种植西拉品种的葡萄。

气候 比罗讷河南部凉爽、潮湿，冬天更是如此。

主要葡萄品种 红：西拉；白：维欧尼、玛珊（Marsanne）、瑚珊（Roussanne）。

罗讷河和索恩河在里昂交汇，葡萄酒之乡便从里昂南边的罗蒂丘开始向南延伸，然而罗讷河谷产区95%的葡萄酒出自约160千米外的罗讷河南部产区，再加上普罗旺斯地区后，罗讷河南部产区总面积几乎达到70 820公顷——酿造潜力相当于大约30亿瓶葡萄酒。罗讷河北部产区在相对边缘气候的条件下，致力于发展精品葡萄酒。

位于罗讷河北部产区的瓦朗斯（Valence）每年降水量约915毫米，而位于罗讷河南部产区的阿维尼翁则有约660毫米的降水量。这些降水量数据足以说明为何罗讷河北部更加绿意盎然，而罗讷河南部则更加具有地中海气候特征。两者的分界在蒙特利马尔（Montélimar），这里有一小段河谷没有栽种葡萄，过了这一段，当罗讷河流经三角洲时，葡萄园又出现了。在罗讷河北部，葡萄藤生长在陡峭而充满花岗岩碎石的梯田上，这里有最充足的日晒，是西拉葡萄品种的王国，西拉也被称为西拉子。除了西拉，罗讷河北部还非常令人自豪地拥有玛珊、瑚珊和维欧尼这三个颇具个性且在当下很流行的白葡萄品种。南北罗讷河最好的产区都会在下面几页详细地呈现给大家。罗蒂丘、孔德里约和埃米塔日这些产量较大的罗讷河葡萄酒产区都在北部，在它们周围还有一些历史悠久、本地风格强烈并且名声日盛的产区。

科尔纳斯（Cornas），位于罗讷河西岸，如高贵的埃米塔日产区的倔强农村表弟一般，同样采用种植在花岗岩土壤中的西拉葡萄酿酒，同样具有权威性和影响力，却少了一些细致。Thiérry Allemand和Clapes是科尔纳斯著名的葡萄酒生产商，但现在不再是唯“二”的两家名扬国际的生产商。

库尔比斯（Courbis）兄弟、埃里克（Eric）和Joël Durand、Guillaume Gilles、文森特·帕里斯（Vincent Paris）以及来自图奈尔酒庄（Domaine du Tunnel）的史蒂芬·罗伯特（Stéphane Robert）等都是值得关注的新星。新的葡萄园不仅建在那些原本面朝东方、类似圆形露天剧场般的梯田上，还建在了古老牧场以上更加寒冷的地方，在那里葡萄成熟的时间可能比其他地方要多两周。

罗讷河北部气象观测站：瓦朗斯市
纬度 / 海拔 **44.91°N/ 160米**
葡萄生长期的平均气温 **17.9℃**
年平均降水量 **923毫米**
采收期降水量 **9月：118毫米**
主要种植威胁 **花期天气差、真菌类疾病、冰雹**

在**圣约瑟夫**（St–Joseph）产区，很久以前就已经有人利用该产区的声誉进行扩张，这个产区位于科尔纳斯产区北边，且同在罗讷河西岸，如今已经从圣佩雷（St–Péray）产区延伸到孔德里约产区北面接近60千米的地域。

圣约瑟夫曾经仅包含六个深受大自然厚爱的村庄——Glun、Mauves、图尔农、St-Jean-de-Muzols、Lemps和Vion，以及孔德里约的沙瓦奈村（Chavanay）以北地区，这里是花岗岩质土壤，与埃米塔日产区类似。如今，这些产区成了罗讷河谷北部最大的便宜货产地，出产口感新鲜、有烟熏味、由风土主导的红葡萄酒，以及一些采用埃米塔日的玛珊和瑚珊两个品种的葡萄酿造的白葡萄酒。

但是在1969年，圣约瑟夫产区被允许扩展到26个村庄，截至2017年，面积约从97公顷扩张到1295公顷。毫不意外，那些在寒冷高原黏土上种植的葡萄酿造出的圣约瑟夫葡萄酒十分单薄无味，和**罗讷河丘**（Côtes du Rhône）北部的酒已无多大差别。罗讷河谷产区包括了蒙特利马尔北面47个村庄（和其南面124个村庄）。

这个产区出名的酒庄有莎普蒂尔（Chapoutier）、路易沙夫（Jean-Louis Chave）、戈农（Gonon）和吉佳乐（Guigal），而Courbis、Coursodon、Delas、Gripa、Monier-Perréol、Stéphane Montez和André Perret酒庄也能始终如一地酿出优质葡萄酒。

玛珊和瑚珊赋予了这里白葡萄酒肥美的特质，特别是在位于科尔纳斯南边、与瓦朗斯隔河相对的圣佩雷。这里长期以金黄色起泡酒闻名遐迩，如今出产的一些精致而风格强健的静止酒也很有名气。在地图东部的Drôme河边，位置相对高一些的葡萄园，所种植的葡萄品种［按照重要性分别是克莱雷（Clairette）和麝香］酿出了稳定的Crémant de Die和羽毛般轻盈、葡萄味十足的Clairette de Die Tradition——法国有很多几乎被人遗忘了的珍品酒款。

◁
从空中俯视科尔纳斯蜿蜒的梯田葡萄园（几乎可以肯定，无人机时代会有越来越多的葡萄园是这种形态）。由于园中的葡萄免受罗讷河谷冷却的影响，成熟时间通常比埃米塔日早不少。

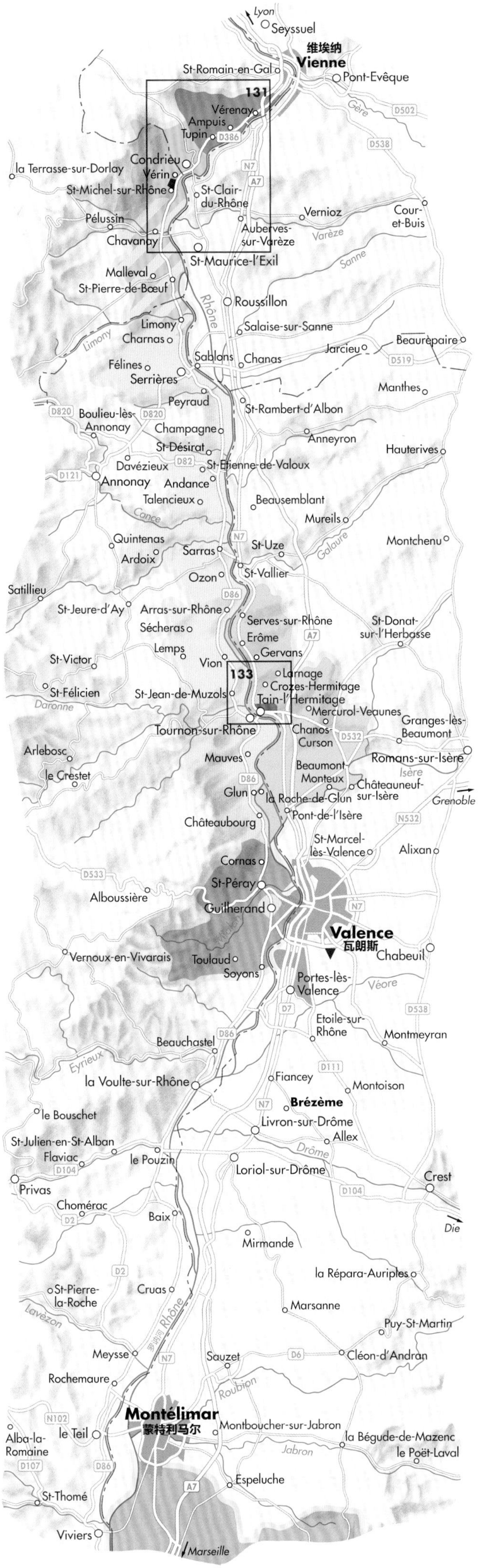

向法定产区外扩张

由于罗讷河谷北部十分狭窄，这个重要产区无法进一步扩张，因此一些酒农开始尝试在一些没有（或许未到时候）被赋予AOC地位的区域种植葡萄。

在里昂和维埃纳之间罗讷河东岸的伊泽尔（Seyssuel）周围（参见上图），有一片非常有利于种植葡萄的云母片岩斜坡。从20世纪90年代晚期开始，罗蒂丘和孔德里约越来越多有精力的葡萄酒生产者开始在那里恢复种植葡萄。这些法定区域以外的葡萄酒只能以IGP Collines Rhodaniennes的名义（参见第53页地图）销售，但18家种植户正在积极争取获得罗讷河丘AOC地位。这片约50公顷的葡萄园可以用西拉葡萄酿造品质上乘、具有陈年潜力的西拉红葡萄酒，用维欧尼葡萄酿制一些值得品味的白葡萄酒，有时也会用一些瑚珊葡萄。

罗讷河北部产区有一个地方的名字与罗讷河丘法定产区名共同出现在一些酒标上。那就是布希佐（Brézème），一个坐落在Livron-sur-Drôme村庄北部的地方。大部分西拉以及少量玛珊和维欧尼酿造出的酒富有活力，带有泥土芬芳。这些葡萄种植在罗讷河北部的南边界处，土壤富含黏土，坡地朝南可以免受盛行的北风的影响。

在河对面的阿尔代什省，勃艮第的酒商路易拉图长期受惠于那些来自当地合作社提供的、不太贵、充分成熟的霞多丽，合作社位置标注在地图上的西南部。也有生产商不以勃艮第市场定价，例如马克·海斯玛（Mark Haisma），已经发现在罗讷河谷右岸瓦朗斯和蒙特利马尔之间非法定产区Flaviac 的片岩地带的潜力。

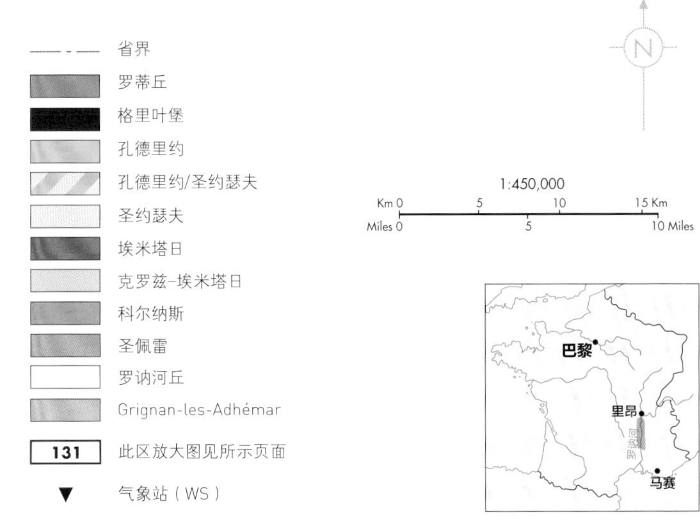

罗蒂丘与孔德里约 Côte-Rôtie and Condrieu

罗蒂丘的条形葡萄园，坐落在阿布斯（Ampuis）周围那些险峻的梯田上，拥抱着罗讷河谷西岸的花岗岩山体，这个产区只是在近些年才变得举世闻名。20 世纪 80 年代，直到世人开始关注到坚定不移的马赛尔·吉佳乐（Marcel Guigal）和他酿制的卓越的葡萄酒之前，罗蒂丘的葡萄酒一直只受酒业人士喜欢，每个发现它的人都会十分惊喜，它有着迷人的柔软感、果味十足的细腻感和南部葡萄酒的温暖感，更接近伟大的勃艮第红葡萄酒，因为它有精细的香气支持着坚实的单宁，和北罗讷河谷另一个知名产区埃米塔日的强健感形成鲜明对比。

与埃米塔日一样，罗蒂丘的起源可以追溯到罗马时代，甚至更早。直到 19 世纪，这里的葡萄酒是以 76 升（约 20 加仑）为单位销售的，这等于两个细颈椭圆土罐的容积。罗蒂丘长期以来都保持着法国最伟大的葡萄酒之一的秘密身份。在 1971 年本书初版的时候，罗蒂丘的葡萄种植总面积只有约 70 公顷，而且还在不断缩小，另外葡萄酒的便宜售价与在这里陡峭山坡上那疲劳至极的劳作不相匹配。自从世界终于“发现”了罗蒂丘开始，酒价便不断提升，直到 2017 年，葡萄园的种植面积翻了 4 倍多，达到约 308 公顷，在产量方面大大超过了埃米塔日，而且有更多生产商可供选择。

正如它的名字，这片东南朝向的山坡在夏天确实像被烘烤一般，而且山坡尤其陡峭，有些地方坡度可达 60 度，当运输像一筐葡萄那么重的物品时，就必须用滑轮拉车，甚至单轨小车。这片条形葡萄产区有时仅 500 米宽。这里许多土地全天都在太阳的照射下，这些河岸旁坚硬岩石上（产区北部为片岩）的葡萄园抓住了每一丝热量。山坡顶处新种植的葡萄园因为夏季凉爽而成熟困难，出产的葡萄酒毋庸置疑降低了罗蒂丘的声誉。

罗蒂丘的边界应该很清晰：西北边界是这著名的“被烘烤的”山坡的坡顶，东南边界现在应该是罗讷河右岸开往里昂南部的 D386 公路。

金色与黑色的葡萄园

但是在东北方和西南方，真正罗蒂丘的风土能扩张到多远是几个世纪以来一直被争论的问题。不管怎样，所有人都同意，最早的葡萄园毫无争议地围绕在阿布斯小镇两块显眼的山坡上：紧临小镇南面、朝南的金黄丘（Côte Blonde）和小镇北面、西南朝向的河岸棕丘（Côte Brune）。金黄丘是中央山地的一部分，这里的土壤中富含花岗岩，有时可见于土壤表面，表层土松软，由许多不同的沙质和板岩土壤组成，含有一些浅色的石灰岩成分。金黄丘相对于棕丘酿制出的葡萄酒更柔软、迷人，适合早饮；棕丘葡萄酒更多样化，土壤含有片岩和黏土，因为含铁而颜色更深，这里的葡萄酒传统而坚实，甚至带有烟熏感。

“La Las”地块

对页地图中列出了最可能出现在酒标上的那些独立葡萄园，而在当地的产区地图中列出的葡萄园甚至会更多。金黄丘和棕丘的葡萄酒质量同样出色，但在风格上不同，过去酒商会将两者调配出品一款罗蒂丘葡萄酒；但在 20 世纪 80 年代，举足轻重的吉佳乐酒庄引领了独立葡萄园单独装瓶的新潮流，将葡萄酒在新橡木桶中大胆而夸张地陈年 42 个月后，单独装瓶并标注兰多妮（La Landonne）、慕林（La Mouline）和杜克（La Turque）葡萄园，吉佳乐走在致力于创造新“罗曼尼-康帝”的队列。这些为百万富翁创造的葡萄酒，以力量感和浓郁引人注意，但并不合那些罗蒂丘爱好者的胃口，他们喜欢经典而柔和、在老橡木桶中陈年的酒款。传统主义者可能更欣赏 Barge、Gangloff、Jamet、Jasmin、Levet 和 Roasting 的金黄丘系列的葡萄酒。

吉佳乐也被称为“La Las”，是兰多妮葡萄园出产的具有最长生命力的葡萄酒，而 Jean-Michel Gérin 和 René Rostaing 等酒商也出产这个葡萄园的酒。但是，La Las 是唯一一个官方认可的。吉佳乐从 1966 年开始使用慕林这一品牌名称，这是一款华丽、拥有天鹅绒般口感的极品酒，所使用的葡萄来自金黄丘葡萄园（已被持有 60 年），金黄丘已在地图中标出。杜克是吉佳乐的另一个品牌，创于 1985 年，酿酒所用的葡萄来自地图上标出的阿布斯中心位置上方；而吉佳乐采用传统的罗蒂丘的方法装瓶，以新收购的阿布斯酒庄为酒标名的葡萄酒，是由七块非常不同的葡萄园的葡萄调配而成的。这七块葡萄园均来自棕丘和金黄丘。马赛尔·吉佳乐将河边上那破烂不堪的阿布斯酒庄买下并豪华翻新，这是件理所当然的事情，因为他父母年轻的时候曾经在那里工作。

但是罗蒂丘远远不是一个独角戏产区。Gilles Barge、Billon、Bernard Burgaud、Bonnefond 家族、Clusel-Roch、Duclaux、Jean-Michel Gérin、Garon、Jamet、Stéphane Ogier、Domaine de Rosiers、Jean-Michel Stéphan，还有很多其他的以孔德里约或圣约瑟夫为根据地的酒庄，都酿制出非常有意思的葡萄酒。在罗蒂丘实力强大的酒商包括莎普蒂尔、德拉斯（Delas）、嘉伯乐、为

◁
处于阿布斯高处、历经千辛万苦开凿出的梯形葡萄园，犹如摩泽尔产区葡萄园一样陡峭，运输葡萄过程中需要机械帮助。也许罗蒂丘的价格被定低了？

“伟大地块”（Les Grandes Places）是具有独特风格的区域，现在越来越多地出现在强壮有力的罗蒂丘酒款的酒标上；就像La Viallière，它的酒更具有芬芳的花香。

小规模AOC产区格里叶堡内的梯田葡萄园，面朝东南，极陡峭，坡顶和底部相差约80米。1827—2011年间，格里叶堡一直由奈拉特-加歇（Neyret-Gachet）家族拥有并管理。弗朗索瓦·皮诺特的阿耳忒弥斯集团接手后，保留了独特的棕色酒瓶和简约的酒标，又引进了副牌酒。

沙瓦奈南面的维欧尼葡萄园属于孔德里约AOC产区，那些种植着西拉、玛珊或瑚珊的葡萄园属于圣约瑟夫产区。

省界
村庄（教区）边界
LE CLOS 葡萄园名
法定产区边界
葡萄园
森林
200 等高线间距20米

1:61,540

吉佳乐酒庄所有的Vidal–Fleury，当然还包括吉佳乐酒庄自己。

不仅仅是地理原因导致罗蒂丘和埃米塔日的不同，理论上罗蒂丘的葡萄酒最多允许加入20%的维欧尼，以增加香气，使作为葡萄酒主体的西拉更稳定。吉佳乐的La Mouline中通过添加超过10%的维欧尼提升活力，但一般来说，最常见的是添加5%以下。

富丽堂皇的白葡萄酒

面积更小的**孔德里约**产区的特色品种是维欧尼，该品种香气异常浓烈，并很容易识别，充满杏子和山楂花的香味。此产区与罗蒂丘的南部相交融，在这里片岩和云母石被破碎的、沙质的花岗岩所取代。这里许多酒庄酿制的红葡萄酒和白葡萄酒都很受欢迎，让那些想买葡萄酒或者更情愿收购其葡萄园的大酒商苦恼不已。

曾几何时，孔德里约常被认为是品质平平的甜白酒。在孔德里约村上面那些陡峭的山坡上，种植像维欧尼这样不稳定、易受病虫害侵袭、低产量的品种，确实无法与其他容易护理、在当时收益更丰厚的农产品相比。在20世纪60年代，孔德里约这个1940年才创立的产区葡萄总种植面积缩小到约12公顷。幸运的是，维欧尼品种以及孔德里约产区非同一般的魅力是如此迷人，它的国际粉丝群体不断扩大。如今这个品种已遍布世界各地。目前致力于发现维欧尼新品系的热情持续不减，虽然不是所有的克隆品种都能酿出好酒，但这样的热情也促使孔德里约自己迸发出创新的火花。

经典、芳香、几乎完全是干型的孔德里约葡萄酒的顶级生产商包括位于Coteau du Vernon的乔治维尔奈（Georges Vernay）酒庄（这也是孔德里约产区最古老的酒庄），以及吉佳乐酒庄，其顶级产品La Doriane，由Côte Châtillon和Colombier的葡萄调配而成。Yves Cuilleron、Yves Gangloff及Rémi和Robert Niero是另外一种风格的产品。

所有的这些创造力都需要葡萄园，孔德里约也因此不停扩张，到2017年，葡萄种植面积已达197公顷。孔德里约产区从沙瓦奈村一直往北延伸到孔德里约村北面的山坡上，这里也可以出品圣约瑟夫的酒款，据说土壤中更高的花岗岩含量能使葡萄酒有一些矿物感。这里出品的维欧尼酒尤其饱满。

为了能够获得经济产量，维欧尼在开花期间需要避开北面刮来的冷风。孔德里约最理想的葡萄园拥有当地人称作“Arzelle”的粉状表层土，含云母较多，例如Chéry、Chanson、Côte Bonnette和Les Eyguets这些葡萄园（地图有标注）。孔德里约巧妙地将酒精的力度与令人难以忘怀却又脆弱的香气融合在一起，它也是少有的需要在酒龄尚浅时就要享用的高价白葡萄酒之一。

世界上最不寻常的维欧尼来自格里叶堡（Château-Gillet），这片葡萄园占地约3.5公顷，像一座圆形露天剧场，从1936年起就在孔德里约地界内拥有了自己的产区名号。质量是显而易见的，但它的价格近来更多地反映了物以稀为贵的规律，不过弗朗索瓦·皮诺特（François Pinault）旗下的阿耳忒弥斯（Artémis Domaines）集团决定升级这个地块。皮诺特在波亚克产区还拥有拉图酒庄。与孔德里约不同，格里叶堡白葡萄酒需要陈年和醒酒。

△
从图尔农到坦莱尔米塔日的吊桥，驾驶员们对它再熟悉不过，交通拥堵令车辆只能如蜗牛般行进。不过埃米塔日的风景还是不错的。

埃米塔日 Hermitage

罗蒂丘产区坐北朝南，让产区的西拉得以成熟。再往南走约50千米，埃米塔日产区那壮观的山丘有着同样的作用，只不过它在罗讷河的另一侧。似乎很难将它微小的面积与其闻名于世的声誉联系起来，整个埃米塔日产区只有约136公顷的葡萄园，这比波亚克的拉菲酒庄也大不了多少。而且与河对岸的圣约瑟产区不同的是，早有长期法令限制了它的扩张。

但埃米塔日以法国历史上最辉煌的葡萄酒之一而闻名，波尔多生产商用埃米塔日调配使自己的酒更加饱满，这个记录可以追溯到18世纪中期。安德烈·朱利安（André Jullien）在1816年首次出版了《著名葡萄园地形学》（*Topographiede Tout les Vignobles Connus*）一书，书中总结了世界上最顶级的葡萄园，并列出了那些风土独特的葡萄园地块，其中埃米塔日与拉菲和罗曼尼-康帝等一并位列世界上最伟大的红葡萄酒，书中也将这里的白葡萄酒列为同样的等级。坦莱尔米塔日镇（Tain l'Hermitage）挤在埃米塔日山脚下狭窄的河畔，罗马时代被称为Tegna，这里的葡萄酒深受科学家普林尼（Pliny）和诗人马提雅尔（Martial）的喜爱。

罗讷河是法国主要的南北交通动脉，公路和铁路顺其而建，并在狭窄葡萄藤梯田下曲折前行，将坦莱尔米塔日镇的雄伟景色展现给世人。

埃米塔日的山坡在罗讷河北部非常独特，它在河的左岸，也就是东岸。因为它的朝向从西面到正南，所以不会受到北面刮来的寒风的影响。在罗讷河从埃米塔日的西侧（而不是东侧）冲出河道之前的位置，一块露出地面的花岗岩层曾经是中央山地的延伸。最终形成的这片约350米高的山崖，虽不如罗蒂丘那般险峻，但也足够陡峭，需要开凿梯田才可栽种葡萄。当然，如此陡峭的地势已经将机器作业的可能性排除，也使修复田园侵蚀的工作成为每年必做的苦差事。表层土由暴雨冲下山坡，主要由分解燧石和石灰岩组成，山坡东面的山脚下是源于冰河时期阿尔卑斯山的沉积土。

地块的风土

尽管埃米塔日的红葡萄酒全是由西拉葡萄酿成的，但每片独立的地块在土壤类别、朝向和海拔方面还是会有细微的差别，并都受益于圆形剧场般的天然地形保护。朱利安在1816年就信心十足地将埃米塔日的地块按照优劣顺序排出：Méal、Gréfieux、Beaume、Raucoule、Muret、Guoignière、Bessas、Burges和Lauds。如今有些名称的拼写或许有所改变，但地块仍然不变。典型的埃米塔日酒通常都是由几个不同地块的葡萄调配而成，这样也许更加理想些，现在酒标上也越来越常见地块的名字，因为消费者和酒庄都热衷于了解单一葡萄园的特征。

一般说来，最轻盈芳香的红葡萄酒来自地势较高的Beaume和L'Hermite地块，它们位于山丘顶部的小教堂周围，嘉伯乐著名的产品La Chapelle就是以此为名；Péléat地块的葡萄酒相对肥美一些；Les Gréffieux（莎普蒂尔拥有其最大比例）出产的葡萄酒优雅、芬芳、丝滑，而Le Méal地块酿出的葡萄酒极其厚重、风格强劲；Bessards地块的土壤中富含花岗岩，朝南和西南方向，位于埃米塔日的西边尽头，这里出产的葡萄酒单宁和陈年潜力都最强，混酿时可以提升结构感。

英国学者和葡萄酒行家乔治·圣茨伯里（George Saintsbury）教授在20世纪20年代第一次用"阳刚"形容埃米塔日的酒品，从此这个词就和埃米塔日形影不离。确实，它这特别的风格和被用于强化薄弱的波尔多葡萄酒的历史同样出名。埃米塔日酒很像没有添加白兰地的波特酒。与年份波特酒一样，也会在瓶中和酒瓶内壁留下厚厚的沉淀物，因此需要滗酒处理。出色的年份酒会经过多年的陈年而变得更加完美，香气变得令人陶醉和激动，令人无法抗拒。

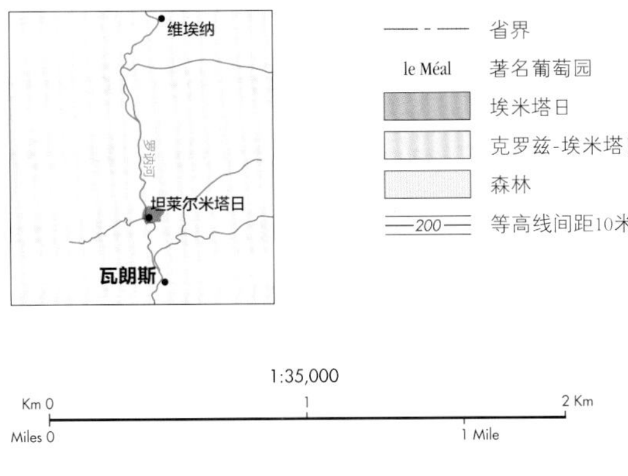

Le Méal、Bessards和 l'Hermite，位于埃米塔日西南花岗岩丘侧面，是顶尖的混酿酒中的三个关键地块，埃米塔日的教堂以嘉伯乐出品的顶尖葡萄酒的名字命名。

像所有伟大的浅龄红葡萄酒一样，优秀年份的浅龄埃米塔日也是香气封闭且单宁厚重的，但没有什么可以束缚它充满酒杯的丰富香气和饱满的果味。这样的冲击力并不会随着陈年而减弱，而且浅龄时的霸气慢慢变成了陈年老酒那纯粹的雍容，饮者必然为之动容。

有限的产量

与北部的孔德里约和罗蒂丘产区不同，很久以来埃米塔日都声名在外，因此几乎所有可以种植的土地都已种满葡萄，对葡萄藤和新酒庄来说已无扩张的空间。

5个酒庄在这个产区占据着主导地位：路易沙夫酒庄（位于Mauves河的对面，就在坦莱尔米塔日的姐妹镇图尔农的南边），以及大酒商莎普蒂尔、嘉伯乐和德拉斯，还有当地很有实力而且还很活跃的合作社坦恩（Cave de Tain），合作社的成员共拥有约28公顷埃米塔日的葡萄园。

埃米塔日在历史上也因为出产具有陈年潜力的，由瑚珊和更主要的玛珊酿造的白葡萄酒而出名。对朱利安来说，埃米塔日白葡萄酒和蒙哈榭可以并肩列为法国最伟大的白葡萄酒之一。即使在今天，白葡萄品种也大约占据了埃米塔日所有葡萄种植面积的四分之一。朱利安将Raucoule列为出产埃米塔日白葡萄酒最优秀的地块，它出品的葡萄酒以其香气而著称。

埃米塔日白葡萄酒能够美妙地在瓶中陈年几十年，开始时它会很浓厚，香气有石头般的矿物感，稍微有些蜂蜜味但却相对封闭，这沉思般的状态（不过近年来的风格都比以前更加清爽）会慢慢变成奇妙的坚果味。尤其是莎普蒂尔和路易沙夫酒庄的白葡萄酒特别精妙。埃米塔日白葡萄酒也正有出品小量酒款的趋势（和红葡萄酒一样），通常是来自单一地块，比如莎普蒂尔的L'Ermite和Le Méal、吉佳乐的Ex-Voto、Ferraton的Le Reverdy和Marc Sorrel的Les Rocoules。

埃米塔日还有传奇的、陈年潜力异乎寻常的麦秆酒（vin de paille），产量极小，仅在非常成熟的年份用传统方法采用晾晒于稻草垫上的葡萄酿制而成。20世纪70年代，Gérard Chave将这个古老的可能可以追溯到罗马时代的特产重新复苏。坦恩合作社出产了一个优质、实惠的版本。

关注克罗兹

克罗兹（Crozes）是山丘背后的一个村庄，位于从埃米塔日和坦莱尔米塔日分别向南、北两端延伸近16千米处，像是埃米塔日的影子，这个产区出产了大量的更加平易近人的葡萄酒。地图上只标出了这个产区的一小部分。到2017年，与樱桃园和杏园混合种植的葡萄园面积几乎有1700公顷。

不像埃米塔日，克罗兹-埃米塔日的土地相对还是可以拿得到并负担得起的，这为满怀热忱的新来者提供了机会，同时有越来越多的当地种植户开始装瓶自家的劳动成果，而不是像以前那样卖给合作社。即便如此，这个产区葡萄园收成的40%依然由合作社酿制。

一般来说，村子北面岩质黄土产出的酒带有红色水果味，而村子南面出产的酒圆润、较柔和并带有黑色水果味。克罗兹的标杆，嘉伯乐酒庄1990年份的Domaine de Thalabert，出产于产区最成功的Beaumont-Monteux北侧地域（见第129页，D3），30年后它依然会很强劲，可以媲美埃米塔日酒。在众多生产者中，格拉洛（Graillot）和嘉伯乐这两家也出产克罗兹-埃米塔日白葡萄酒。

在过去，克罗兹的酒可能苍白无力，如今，我们可以将这个产区分成两种基本风格：一种是充满新鲜、轻柔果味，适合较早饮用的；另一种是严肃而美味的，具有10年以上陈年潜力。产区优秀的酒庄，包括Belle、Fayolle、Alain Graillot、Domaine du Colombier、Domaine Pochon和Domaine Marc Sorrel，但是像Tardieu Laurent这样的新一代酒商以及坦恩合作社也出品一些值得赞扬的酒款。Domaines Les Bruyères、Yann Chave、Combier、Emmanuel Darnaud、des Entrefaux、des Lises、des Remizières和Gilles Robin这些酒庄酿制的克罗兹-埃米塔日酒也越来越值得关注，其中有一些也酿制埃米塔日酒。

罗讷河南部 Southern Rhône

这个地区以温暖、出产极为昂贵的红、白、桃红三种颜色葡萄酒而闻名于世，但主要以红酒为主。

风土　沙土地、石灰岩、黏性的土壤、冲积土、鹅卵石。

气候　地中海气候，比较炎热干旱，从西北方向如期而来的、臭名昭著的密斯特拉（mistral）寒冷强风。

主要葡萄品种　红：黑歌海娜、西拉、慕合怀特；白：白歌海娜、玛珊、克莱雷。

罗讷河谷的南端像是个漏斗的底部，产区仿佛要在这里汇入地中海，它在每个旅行者心中都占有一席之地。人文和自然历史相结合，使这里在各个方面都成为法国最富足的产区之一。又有谁不能想象出这样一幅景象呢？在遥远的南方，那古罗马人留下的雄伟遗迹，那警惕地站在沉睡的石头上的蜥蜴，那一片片密斯特拉风刮不到的早熟蔬菜园，那替代了松树和杏树的橄榄树丛，当然，还有那遍布山坡或者平原，在沙地或者黏土中交错生长的葡萄藤。

这里最基础的产区是**罗讷河丘**，出产品质一般的罗讷河谷红、白、桃红葡萄酒，共有约 30 200 公顷葡萄园。在如此广阔的产区，酒款的品质和风格当然会有很大的差异。沙质土壤与来自高山上的石灰石或者来自地中海的沉积土混合，寒冷的角落也能享受到充足的阳光。虽然有些罗讷河丘的酒款极其普通，但在这个鱼龙混杂的产区也可以淘到宝贝——往往（但不一定总是）是等级较高产区中的酒庄出品的低端酒，比如 Château de Fonsalette，它和举世闻名的稀雅丝酒庄（Château Rayas）来自同一个家族。

黑歌海娜是**罗讷河南部**的主要葡萄品种，它通常会和其他品种调配在一起，最常见的搭档为西拉和晚熟的慕合怀特，当然不仅限于这两个品种。白葡萄酒和粉红葡萄酒的产量分别为总产量的 6% 和 7%。

占地约 9200 公顷的**罗讷河丘-村庄**（Côtes du Rhône-Villages）产区明显在质量方面更加用心，而且出品一些性价比高的法国葡萄酒。这里有 95 个村庄有资格使用“-village”后缀，全部坐落于罗讷河南部，其中最优质的 21 个村庄可以将自己的村名加在已经烦琐之极的“罗讷河丘-村庄”之后。这些出色的村庄都在这一页地图上和第 136—137 页用品红色标出的位置。右页地图中已经建立了自己名声的村庄包括 Valréas、Visan 和罗讷河右岸的 Chusclan 和其附近的 Laudun，后两者在出品优质红葡萄酒的同时，也有出品优质的粉色葡萄酒。

罗讷河南部最靠北的产区是格利尼昂雷阿德马尔（Grignan-les-Adhémar），曾经的名字是 Coteaux du Tricastin。在这片吹密斯特拉风的干燥区域出产的松露，比这里出产的辛香而紧实的红葡萄酒和正在提升品质的白葡萄酒更出名。慕合怀特在如此远离地中海的地方无法成熟，因此这里用来增强果味的歌海娜品种是神索，以及适合更高海拔、结构强壮的西拉。有机种植的先驱者 Domaine Gramenon 向世人证明了，这里精心酿制的葡萄酒的陈年潜力要比一般的酒长两三年。

顶部白色圆锥形的旺图山（Mont Ventoux），就像火光引诱飞蛾一样吸引着自行车手们，从罗讷河南部很多地方都能看到它。分散的旺图产区约 5810 公顷，比大多数罗讷河丘海拔更高，气候更凉爽，这有助于延长葡萄的生长期。

在旺图山的西南方向，巨大圆形露天剧场朝西的山坡上，Fondrèche、Pesquié 和 Domaine du Tix 等酒庄享受着夜晚从山上徐徐而来的凉风，因而酿造出的红、白、桃红葡萄酒严肃、生命力持久。这里的西拉表现要比罗讷河南部偏热的产区的西拉好一些。在教皇新堡产区，博卡斯特尔酒庄（Château de Beaucastel）的佩兰（Perrin）家族所拥有的 Vieille Ferme 品牌就是以旺图的葡萄酒为主。

这里的葡萄园要比朗格多克西部那些深受追捧的地方便宜多了。再往南走，在迪朗斯（Durance）河的北岸，就是红火的度假胜地**吕贝隆**（Luberon）。这里的美景有时比产区 3400 公顷葡萄园出产的酒更有个性。这里的维蒙蒂诺［Vermentino，也被称为侯尔（Rolle）］白葡萄酒非常高雅，红葡萄酒也越来越耀眼。

在罗讷河右岸，Cave de Ruoms 掌控的维沃雷丘（Côtes du Vivarais）产区出产的酒，其酒体轻盈，这要归功于法国南部这片炎热地区独有的凉爽气候。Domaine Gallety 酒庄出品的葡

◁
早春季节，旺图山那光秃秃的石灰岩峰顶耸立在葡萄园和橄榄园上面。一旦气温达到10℃，休眠芽便开始萌发，疙疙瘩瘩的老葡萄藤也露出绿意。

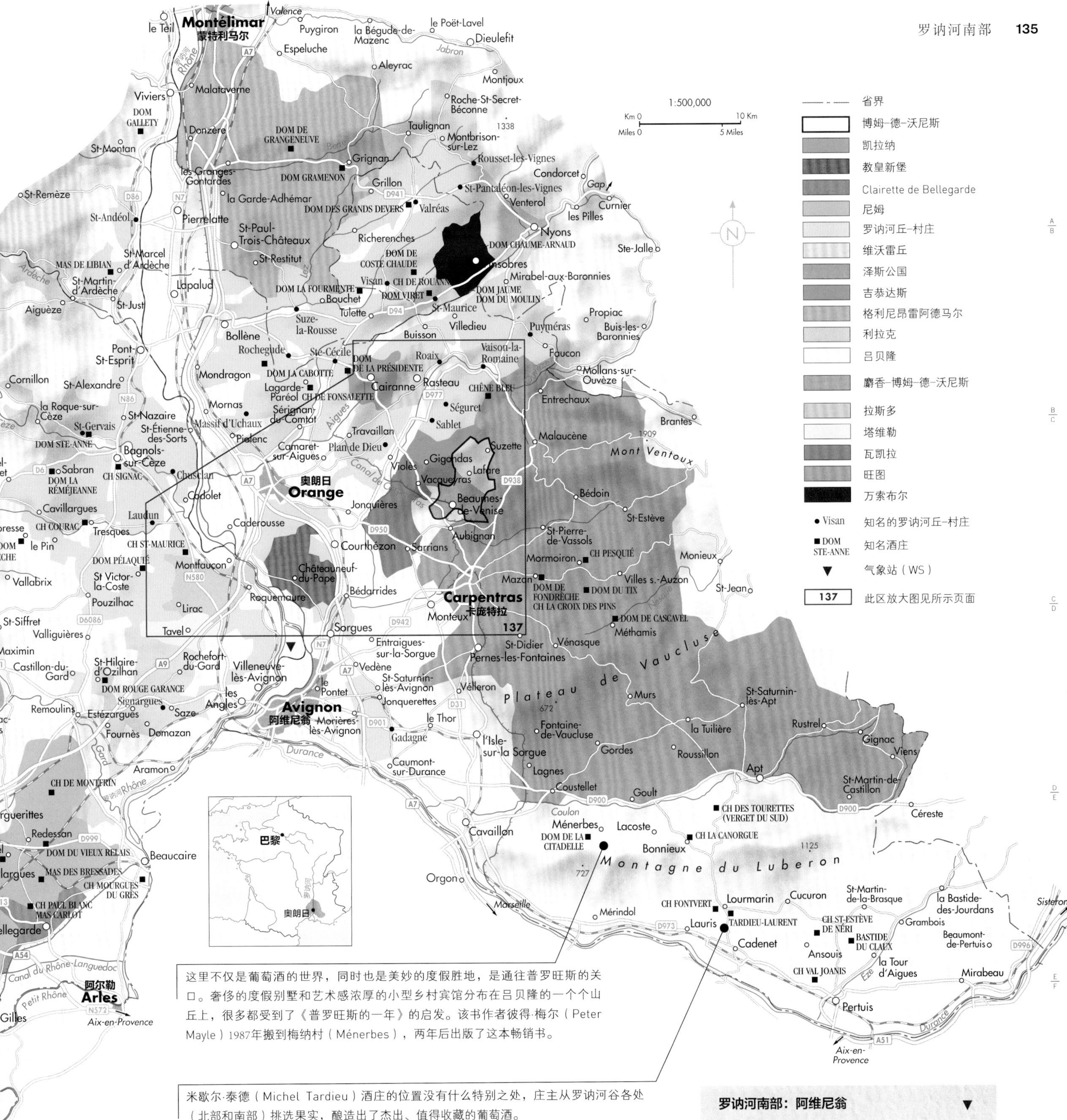

这里不仅是葡萄酒的世界，同时也是美妙的度假胜地，是通往普罗旺斯的关口。奢侈的度假别墅和艺术感浓厚的小型乡村宾馆分布在吕贝隆的一个个山丘上，很多都受到了《普罗旺斯的一年》的启发。该书作者彼得·梅尔（Peter Mayle）1987年搬到梅纳村（Ménerbes），两年后出版了这本畅销书。

米歇尔·泰德（Michel Tardieu）酒庄的位置没有什么特别之处，庄主从罗讷河谷各处（北部和南部）挑选果实，酿造出了杰出、值得收藏的葡萄酒。

罗讷河南部：阿维尼翁 ▼

纬度 / 海拔
43.91°N/ 34米

葡萄生长期的平均气温
19.7℃

年平均降水量
677毫米

采收期降水量
9月：117毫米

主要种植威胁
干旱，歌海娜坐果困难

萄酒就证明了这一点。

位于卡马尔格（Camargue）北面的尼姆产区（Costières de Nîmes）占地约4180公顷，这里的葡萄园更多受到地中海气候的影响，更加炎热。现在该产区理所当然地被认为是罗讷河向西的延伸，而不是朗格多克的一部分。这里的葡萄酒强劲、充满阳光感，尤其是以Châteauneuf的大鹅卵石园种植的多汁的黑歌海娜和瑚珊酿成的白葡萄酒。尼姆产区西北边的泽斯公国（Duché dzès）产区的葡萄园面积约317公顷，要比维沃雷丘产区大。该产区被当成罗讷河南部的一部分，其原因是两产区种植的葡萄属于同一系列的品种，尽管与罗讷河南部大多数其他产区相比，这里的白葡萄酒和桃红葡萄酒更重要一些。

罗讷河南部的中心地带
The Heart of the Southern Rhône

在下一页详细呈现的教皇新堡产区周围，聚集着很多村庄和不断壮大、满怀抱负的酒庄，每一个都诉说着自己甜美而辛香的故事。和教皇新堡产区一样，这里的葡萄园在夏天也饱受普罗旺斯的烈日炙烤，令人昏昏欲睡的知了叫声不时在耳边响起，而空气中则充满了葡萄园周围地中海灌木丛的香草气味。

全能型的歌海娜是酿制红葡萄酒的主要品种，配角是生长在气温较低、海拔较高的地方的西拉和在一些更炎热地区的慕合怀特。产量较少但呈上升趋势的白葡萄酒也非常有个性，酒体饱满，是由白歌海娜、克莱雷、布布兰克（Bourboulenc）、瑚珊、玛珊和维欧尼这些品种酿造而成。

罗讷河南部葡萄酒村庄的晋级道路非常清晰明了，罗讷河丘是这里最基础的产区；再高一级是来自标有“罗讷河丘-村庄”的那些村庄，主要在地图的北面，已标注成品红色；一旦这些村庄的酒建立了良好的声誉，它们就能够申请在酒标上将自己的村名加在“罗讷河丘-村庄”后面；再下一步，它们可以升级到有自己的产区，当地人称之为特级产区（cru）。

早在1971年，**吉恭达斯**（Gigondas）就成为第一个拥有独立产区名号的村庄，它那结构紧实的红葡萄酒能够和教皇新堡相媲美。晚熟的葡萄园从乌韦兹（Ouvèze）河东边的平原一直延伸到Dentelles de Montmirail壮观而相互交错的石灰岩地带，有时葡萄藤甚至种植在石灰岩地带，这样的地貌占据了吉恭达斯的山丘上那景色优美的村落。得益于这里的海拔和更多石灰质的土壤，吉恭达斯通常比教皇新堡的葡萄酒香气更加浓郁而清新。但是和罗讷河南部的所有产区一样，这里的酿酒工艺也十分多样化。像Domaine Santa Duc和Château de St-Cosme这些雄心勃勃的酒庄优化了酿造技术，它们的酒具有勃艮第风格，而像Domaine Raspail-Ay和St-Gayan这些传统派酒庄的酒则十分华丽，极具深度，香气悠长，最优秀的年份酒能够陈放25年以上。

目前根据独立地块葡萄田各自的特点单独酿酒的趋势，在吉恭达斯是相对领先的，也有些酒商将特酿酒款单独装瓶。与西拉混酿的方式渐渐不流行了，从2009年开始，100%的歌海娜葡萄酒也有了合法身份。一小部分吉恭达斯葡萄被小心翼翼地酿成桃红葡萄酒，而克莱雷是酿制浅色葡萄酒的当地品种——或许是未来吉恭达斯白葡萄酒的候选品种。

瓦凯拉（Vacqueyras）在1990年赢得了自己独立的产区名号，其沙质和多石地块能使葡萄较早成熟，所出品的葡萄酒与吉恭达斯相比，风格更加让人兴奋、直接，同时也更具乡土风味。在吉恭达斯，顶级葡萄园分布在山上和山下平地各处，后者出品的酒要比前者的单薄一些，尽管很多酒庄在山上山下都有产酒。新橡木桶在这里几乎不存在（新橡木桶陈年效果不好），以歌海娜为主，辅以西拉，混酿酒的果香可以完美地表现自己（而不需要橡木桶参与）。瓦凯拉以非常合适的价格向消费者呈现了罗讷河南部的香料味和草本味，它也是罗讷河左岸唯一能够出品三种颜色葡萄酒的产区，包括用白歌海娜酿制而成的精彩、饱满、有烟熏味的白葡萄酒。

博姆-德-沃尼斯（Beaumes-de-Venise）在2004年为自己的红葡萄酒赢得了AOC身份，使用生长于侏罗纪时期黏质土壤的葡萄酿制红葡萄酒，酒的风格特别强劲。从1945年开始，这里就因出产强劲、香气浓烈的麝香天然甜葡萄酒（Vin Doux Naturel）而拥有了自己的名称，这种麝香天然甜葡萄酒是当地特色酒，能让人想到朗格多克的麝香葡萄酒。以同样的方式，因相对强烈而质朴的天然甜红葡萄酒而拥有AOC身份的拉斯多（Rasteau），在2009年，以其干型葡萄酒和邻居产区万索布尔（Vinsobres，在地图北面，见第135页）同时获得了独立的产区名号。拉斯多的葡萄酒没有那么精细讲究，但像Gourt de Mautens（现在已不在AOC里，庄主Jérôme Bressy致力于开发非法定品种的当地古老葡萄品种）这样的酒庄也有着自己忠实的追随者。

万索布尔葡萄园海拔约400米，特别适合西拉。博卡斯特尔酒庄的佩兰家族酿造出两款非常成功的Vinsobres-Les Cornuds和Les Hauts de Julien。**凯拉纳**（Cairanne）是罗讷河南部最令人激动的葡萄酒村庄之一，像Alary家族、Brusset家族和Marcel Richaud这样能力非凡的酒庄都在这个产区出品白葡萄酒和红葡萄酒。

桃红葡萄酒是与教皇新堡隔罗讷河相望的塔维勒（Tavel）和利拉克（Lirac）的传统特产。很久以来塔维勒出产法国最有力度的深色桃红葡萄酒，是许多重味的地中海菜肴的的上好搭档。但21世纪以来，市场偏好普罗旺斯风格的桃红葡萄酒的趋势日渐明显，许多酒庄开始出品一些口感更柔、更清爽的非传统型桃红葡萄酒。利拉克曾经以桃红葡萄酒而出名，它的性价比会更高一些。利拉克的法定产量更低，如今趋向于出品以轻柔果味为主的红葡萄酒，歌海娜在这里不如在塔维勒重要。一些知名的教皇新堡酒庄已经在利拉克购买了葡萄园，此举让产区的质量在近年来有所提升。它的白葡萄酒非常适合配餐，法律规定其必须包含最少三分之一的克莱雷以使其更有活力。

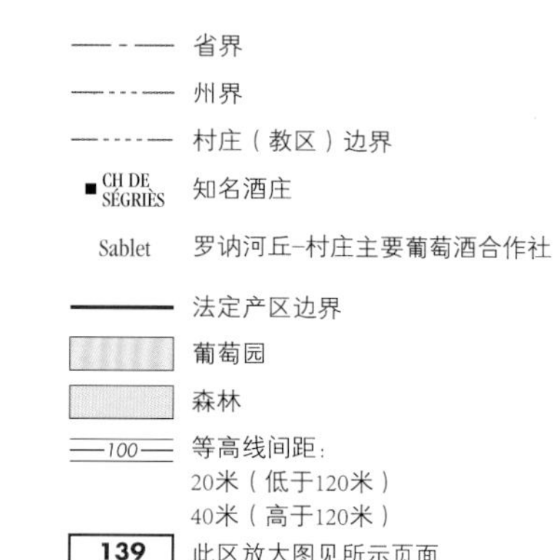

在地图中还没有得到AOC身份的“罗讷河丘–村庄”中，Sablet和Séguret出品的葡萄酒成熟相对更快，Plan de Dieu出品的酒强力而结实，需要两三年的陈年时间。

塔维勒出品的相对厚重的桃红葡萄酒似乎有些过时，但和法国很多产区一样，这里有家偏执的生产商Domaine l’Anglore，深受巴黎葡萄酒酒吧欢迎。

教皇新堡
Châteauneuf-du-Pape

教皇新堡本身不过是一个遍布石头房屋的村落，位于炎热而芳香的普罗旺斯乡下，以一座破落的教皇夏日宫殿为小镇的核心。然而，与其同名的葡萄酒在充满活力的罗讷河南部却声名显赫，无论红葡萄酒还是白葡萄酒，都是法国最浓烈、最有个性的葡萄酒之一。

教皇新堡有一项无人能及的称号，那就是它的法定酒精含量一直都是所有法国葡萄酒中最高的，要达到12.5%。在当今全球变暖的形势下，这里主要种植的歌海娜又要求充分成熟，因此葡萄酒很少会在14.5%以下，有时会达到16%，这对种植户、酿酒师及消费者都是一个挑战。这个产区也是法国著名的法定原产地制度的诞生地。1923年，产区最著名的庄主——Château Fortia的罗伊男爵在这块同时也可以种植熏衣草和百里香的土地上划定了产区的界线，从而为整个AOC系统奠定了基石。

教皇新堡红葡萄酒产量超过了葡萄酒总产量的90%，但风格迥异，大多十分讨喜，辛香味足、浓郁、强烈。大公司或者合作社可能会调配出较轻、较甜的酒款，适于较早享用，但如今的教皇新堡酒更像是那种雄心勃勃的、家族拥有的酒庄出品的酒款，极具个性、陈年能力强，以此展示巧妙融合了风土和葡萄品种特性的独特魅力。教皇新堡另一个不寻常之处，就是像调鸡尾酒一样可以用多至18种法定的葡萄品种调配葡萄酒（曾经是13种，现在不同颜色的同一品种被列为不同的品种）。

歌海娜是这个AOC的支柱，通常与慕合怀特、西拉、神索、古诺瓦兹（Counoise，当地特产）调配，也有少量的瓦卡瑞斯（Vaccarèse）、蜜思卡丹（Muscardin）、黑匹格普勒（Picpoul Noir）、黑特蕾（Terret Noir）、白克莱雷、布布兰克、瑚珊（相比于罗讷河北部，它在罗讷河南部更容易种植）和较为中性的琵卡丹（Picardan）。博卡斯特尔酒庄和帕普酒庄（Clos des Papes）异乎寻常地使用所有13个葡萄品种。AOC法规中另外5个品种分别是粉红的克莱雷、白色和粉红的歌海娜，还有白色和粉红的匹格普勒（Piquepoul）。

随着夏天越来越热，西拉在如此偏南的产区缺乏新鲜度，在一时兴起的与西拉“调情”风过后，人们越来越喜爱较晚成熟的慕合怀特，将其添加在调配酒中有助于驾驭炎热年份中歌海娜过高的酒精度。因为夏天干燥，红葡萄酒在浅龄时常常十分生涩坚硬，但经过陈年后就可以演变出华丽并且有层次的香气，有时会带些野性。至于比较稀少的白葡萄酒，在最初几年十分美味多汁，经过10—15年的完全陈年后会展现出更加丰富的异域香气。很多酒庄会使用沉重的勃艮第形酒瓶，并且会根据酒庄所属的协会在瓶肩刻上不同的浮雕图案。

沙土、黏土和石头

鹅卵石（Galet）一词在教皇新堡的出现频率很高，在某些教皇新堡的葡萄园中基本上只有这些圆形并容易吸热的石头，但实际上，在这个相对较小的产区，土壤极其多样。例如，传统派鼻祖稀雅丝酒庄，其位于Château de Vaudieu后面高地的葡萄园中几乎没有鹅卵石，反而是高比例的沙土和夹杂着碎石的黏土。下一页的地图以无可比拟的精准度，呈现了教皇新堡各个区域的各种土壤类型。

许多酒庄都拥有不同土壤类型的葡萄园，他们通常将产自不同地块的葡萄调配在一起酿成一款酒品，但越来越多的酒庄正在出品一个甚至几个高价位的特酿酒款，以此来展现某种特别的风土，它们或来自酒庄最老的葡萄藤，或某个单一品种。其他影响葡萄酒风格的因素包括新橡木桶的使用比例（新橡木桶和歌海娜“八字不合”）、桶的尺寸和材料、调配中不同葡萄品种的使用比例。

▽
著名的教皇新堡的鹅卵石在这片多变的南部地区并不是到处都有，土壤保温性也不如以前。

教皇新堡的土壤

岩床上的薄土
- 坚硬的白垩纪石灰岩

些许风化的岩石上的薄土
- 经过耕犁调整过的白垩纪石灰岩
- 第三季中新世砂岩和磨砾层

河谷冲积层上的未成熟土
- 质地粗糙的沙质石灰岩黏土
- 质地细腻的沙质黏土
- 带许多鹅卵石的沙质黏土

被未成熟土覆盖的斜坡
- 富含白垩纪石灰岩碎片的粗糙碎石
- 第三纪中新世磨砾层上富含沙土的崩积层（细腻的碎石）
- 富含沙土的崩积层和来自谷底的黏土

富含石灰岩的棕土（一般风化）
- 白垩纪泥灰土上的黏土
- 第三纪中新世磨砾层上的砂岩

富含石灰的土壤
- 古冲击砾石层
- 古冲击层和调整后的磨砾层沙石

高地上富含铁质的红土
- 古冲击砾石层上的红土
- 白垩纪石灰岩上的红土和石灰土
- 古冲积层上的深红色土壤和石英岩卵石

谷底富含黏土的土壤
- 纹理细致的薄土层（黏土和细腻的沙石）
- 细腻、中等纹理的厚土层（黏土、沙土、小鹅卵石）

- 法定产区边界
- 村庄（教区）边界

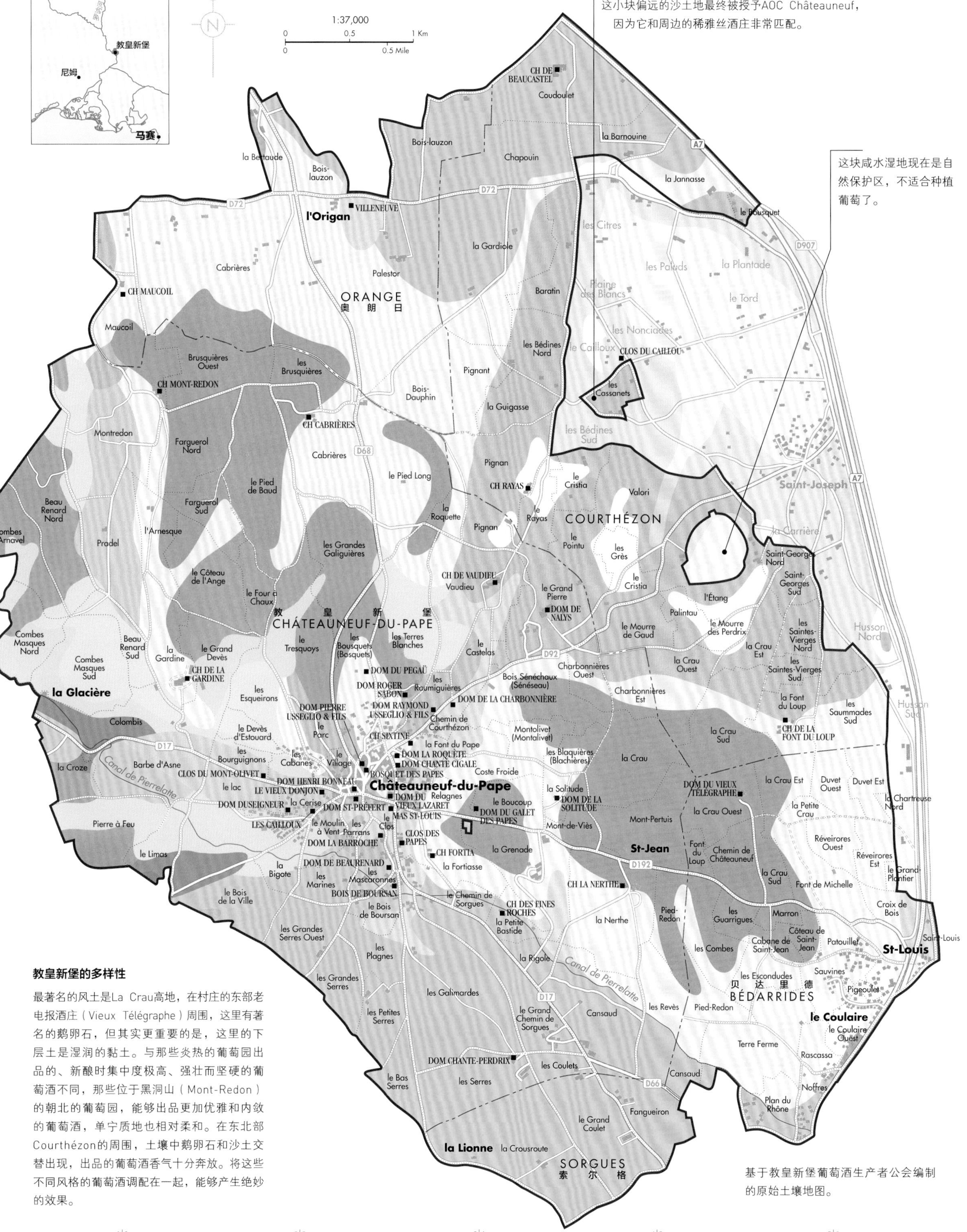

这小块偏远的沙土地最终被授予AOC Châteauneuf，因为它和周边的稀雅丝酒庄非常匹配。

这块咸水湿地现在是自然保护区，不适合种植葡萄了。

教皇新堡的多样性

最著名的风土是La Crau高地，在村庄的东部老电报酒庄（Vieux Télégraphe）周围，这里有著名的鹅卵石，但其实更重要的是，这里的下层土是湿润的黏土。与那些炎热的葡萄园出品的、新酿时集中度极高、强壮而坚硬的葡萄酒不同，那些位于黑洞山（Mont-Redon）的朝北的葡萄园，能够出品更加优雅和内敛的葡萄酒，单宁质地也相对柔和。在东北部Courthézon的周围，土壤中鹅卵石和沙土交替出现，出品的葡萄酒香气十分奔放。将这些不同风格的葡萄酒调配在一起，能够产生绝妙的效果。

基于教皇新堡葡萄酒生产者公会编制的原始土壤地图。

朗格多克西部 Western Languedoc

朗格多克让葡萄酒爱好者们感受到具有法国代表性的、丰富多彩的风土气息；这里分布着一个个小酒庄、充分成熟了的葡萄，还有物美价廉的葡萄酒。

风土 北部的努瓦尔山（Montagne Noire）山脚下覆盖着岩石黏土、坚硬的石灰岩，以及夹杂着页岩的岩石上的薄层土，它与科比埃（Corbières）产区之间是由石灰岩、泥灰岩、沙石和页岩堆砌的梯田，特别在圣西纽（St-Chinian）和福热尔（Faugères，见第142页），含冲积砾石的页岩更多。

气候 大多数区域是明显的地中海气候，夏季炎热干燥，然而偏远的西部会受到大西洋影响。

主要葡萄品种 红：西拉、慕合怀特、黑歌海娜（特别是在东部）、佳丽酿；白：布布兰克、白歌海娜、克莱雷、马卡贝奥、玛珊、瑚珊、维蒙蒂诺、匹格普勒。几乎所有品种在这里都有尝试。

在过去的半个世纪，朗格多克发生的变化比法国任何一个葡萄酒产区都要多。它已经从过去种植大量劣质葡萄的状态转变过来。这些劣质葡萄曾经因价格便宜而让人们受益，但不久便尴尬地出现了供过于求的窘境，以至酒农们被诱哄着拔掉那些地势不佳的葡萄园里的葡萄。鼓舞人心的是，这里有充足的便宜土地，主要是山坡，吸引那些雄心勃勃的新人，他们在当地风土条件下种植多种被许可的品种（也有时候是禁止的品种）来达到令人兴奋的效果。如果管理得好，在这平坦的区域可以酿造出各种各样性价比高的IGP Pays d'Oc葡萄酒。生产商的名字可以在地图上找到。

朗格多克西部地区最主要的三个法定产区中，米内瓦（Minervois）是比较文雅的产区。产区的地形不像圣西纽或科比埃那么崎岖，虽然它的最北边界处的葡萄园已经直抵努瓦尔山山脚下。在塞文山脉山脚下，葡萄树生长在灌木丛生的岩石上，看起来就像那些位于比利牛斯山山脚下科比埃产区景致粗犷的葡萄园一样。

蔓延在米内瓦村高地上的是这个产区里地势最高且葡萄最晚成熟的葡萄园。它们围绕在拉利维涅尔村（La Livinière）周围，葡萄酒的产量非常大，酒的风格似乎结合了高海拔葡萄园的粗犷香气与低海拔葡萄园的平顺柔和，以至米内瓦—拉利维涅尔被视为独立的产区。产区目录要修订的消息已经传开，有个说法是将劳雷-米内瓦（Laure-Minervois）周围的村庄和远在东北部的Cazelles周围的一片多石区域确定为子产区。

米内瓦产区超过85%的葡萄酒都是红葡萄酒，最好的酒严肃而甜美。另外的10%是桃红葡萄酒，由西拉、慕合怀特和歌海娜，以及流行趋势有下降的佳丽酿混酿。相邻的米内瓦大教堂麝香（Muscat de St-Jean de Minervois）地区出产香甜的麝香天然甜酒（见第144页）。

米内瓦产区东边紧挨着的就是圣西纽，出产朗格多克区最具特色的红葡萄酒、白葡萄酒及桃红葡萄酒，其中以产自北边和西边、海拔高于600米的崎岖而壮观的山区页岩地带出产的更出色。这里有一些优质白葡萄酒，圣西纽-贝鲁（St-Chinian-Berlou）以佳丽酿葡萄为主，而圣西纽-罗克班（St-Chinian-Roquebrune）红葡萄酒则受罗讷河品种的影响较大，特别是种在页岩上风格鲜明的西拉葡萄。圣西纽村一带海拔较低，土壤是少见的紫色黏土与石灰岩土层，生长在这里的葡萄所酿的葡萄酒趋向更加柔软顺畅的风格。

科比埃的景观很引人注目：山区地质地貌多样，从海边向后一直延伸到约64千米外奥德省的山谷里。那里种植的葡萄藤时常经受吹过奥德河谷及其西边丘陵的狂风。

像米内瓦产区一样，科比埃红葡萄酒采用多种南部葡萄品种混酿而成，但通常佳丽酿和歌海娜会多一些，科比埃红葡萄酒口感不会那么平淡，有更好的集中度，通常在酒龄浅时相当粗糙，但随着时光流逝会变得越来越有味道。干旱与夏日的野火是科比埃法定产区中很多地方的共同威胁。科比埃北部**Boutenac**村周边凸凹不平的沙石丘陵地区，获得了自己的子产区地位。这里有超过100年的佳丽酿老藤。

古老的白葡萄品种布布兰克在**克拉普**（La Clape）兴盛起来，那个地方是朗格多克的一个奇怪的海岸前哨。这片古怪的石灰岩山地在罗马时代是纳博讷（Narbonne）南部的一座岛，2015年获得了AOC名号。这些白葡萄酒在香气上虽不能说带有碘味，但也真的是海味十足。这个环境恶劣，气候干旱尤其多风的产区也出产非常有特点的红葡萄酒。

菲图（Fitou）产区于1948年成为朗格多克的第一个法定产区，历来是丽维萨特（Rivesaltes）天然甜葡萄酒的产地，它由两块位于科比埃的独特飞地组成：一部分是位于海岸边的盐水潟湖的黏土—石灰岩带，被称为海滨菲图（Fitou Maritime）；而另一部分是往内陆约24千米处的多山页岩区，即上菲图（Fitou Haut）。两者被科比埃产区的一大块楔形地块分隔为两个部分。菲图产区在20世纪80—90年代远远落后于它北边的邻居，不过如今，Domaines Bertrand-Bergé、Maria Fita以及具有创新精神的Domaine Jones等酒庄已与当地占主要地位的酿酒合作社Mont Tauch展开激烈的竞争。传统的佳丽酿和歌海娜占据着主要地位。

朗格多克西部葡萄酒产区

本地图仅标示出那些足以优秀到可以出产AOC法定产区葡萄酒的地区，生动揭示了贝济耶周围广阔区域的缺点。这里曾是一座廉价葡萄酒和酒精工厂，不过如今则稀疏地种植着葡萄，这要归功于欧盟当局的财政激励政策。朗格多克和鲁西永IGP的各种地区餐酒的信息可参见第53页的法国全图。

大西洋的影响

受凉爽的大西洋影响最显著的地方，看起来应该是中世纪城镇卡尔卡松（Carcassonne）南边

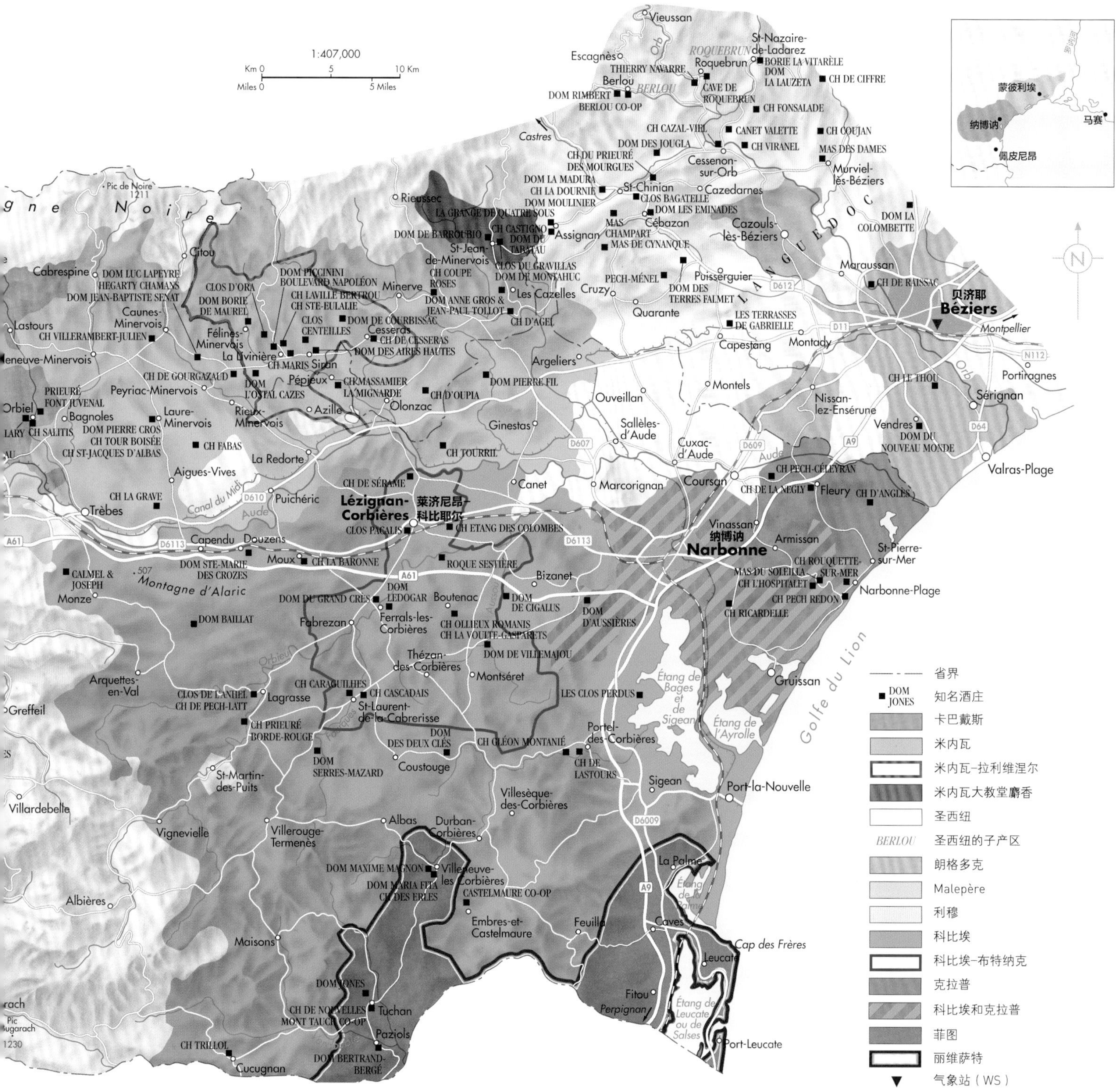

的西向丘陵，这里的**利穆**（Limoux）产区以传统法酿造的起泡酒，无论是采用本地品种莫扎克葡萄酿造的布朗克特（Blanquette），还是采用霞多丽、白诗南和黑皮诺葡萄酿造的更细致的利穆起泡酒（Crémant de Limoux），很久以前就已在法国国内建立了名声；静止的利穆白葡萄酒采用霞多丽葡萄酿制，并在橡木桶内发酵（唯一一款强制使用橡木桶的 AOC 白葡萄酒），具有明显的来自凉爽地区的风格，而实际它来自偏远的南方地区。

近期出现的利穆红葡萄酒是用于以橡木桶陈酿的混酿酒的，其中梅洛葡萄必须占一半，其余则可采用其他的波尔多品种，以及歌海娜与西拉，有时还会在调配中添加黑皮诺，因为这个可以看见比利牛斯山的绿色山丘，是朗格多克最具潜力的种植皮诺葡萄的地区，酒款目前以地区餐酒 IGP 级别销售。

与产自温暖的朗格多克东部的葡萄酒（下一页将详述）相比，这里葡萄酒的酸度要细致很多，紧邻北边的 Malepère 的葡萄酒正是这样，从来也不会过于厚重，主要是采用梅洛与马尔白克葡萄酿成。位于卡尔卡松北边的**卡巴戴斯**（Cabardès）产区，是唯一同时结合地中海和大西洋（波尔多）葡萄品种的法定产区。

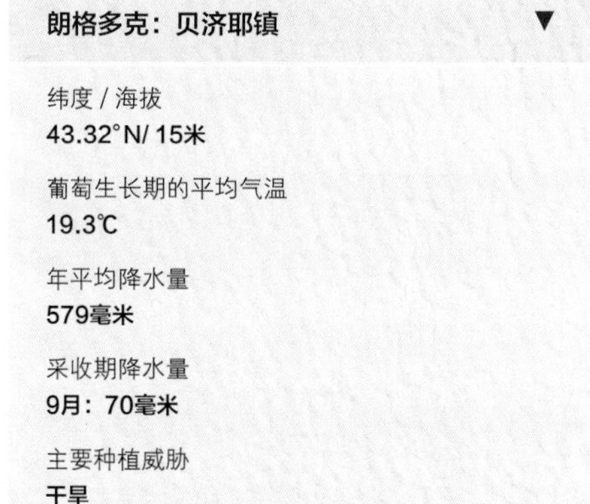

朗格多克：贝济耶镇 ▼

纬度 / 海拔
43.32°N/ 15米

葡萄生长期的平均气温
19.3℃

年平均降水量
579毫米

采收期降水量
9月：70毫米

主要种植威胁
干旱

朗格多克东部 Eastern Languedoc

朗格多克东部比前一页地图上标注的朗格多克西部要更温暖而干燥一些。从少数几个单独的古老产区分出后，朗格多克东部划归到了举足轻重的朗格多克产区。在地图上用淡紫色标注的朗格多克东部产区，成立于2007年，产区范围从法国—西班牙边界一直到尼姆。这个产区到处都是大片的葡萄园，产区为当地酒农制定了规则，特别是葡萄品种的方案（争论最多的规则）。

在朗格多克大量酿制的葡萄酒中，几乎80%是红葡萄酒，主要是以西拉、慕合怀特和歌海娜混酿为主。佳丽酿（通常会采用二氧化碳浸渍法酿造使其柔化）和神索通常会被当作配角加入其中。如今，此产区越来越多的葡萄酒跻身法国名酒之列。朗格多克的酒商也已经完全掌握了酿造精细复杂的白葡萄酒的方法，采用迷人的混酿手法，使用的葡萄品种包括白歌海娜、克莱雷、布布兰克、匹格普勒、瑚珊、玛珊、维蒙蒂诺和维欧尼。

福热尔位于地图标注区域正西面，其土壤中独特的页岩夹杂着沙子和石灰岩，自1982年就拥有了属于自己的红、桃红葡萄酒产区名号，现在还包括了白葡萄酒。这里海拔高度约350米，土壤贫瘠，葡萄产量低，但所酿制的葡萄酒风格却非常强劲，并且趋向于使用重手法的工艺。福热尔的合作社没有像其他朗格多克产区那样重要，很多酒庄采用有机和生物动力种植法种植葡萄。

有些比较古老的产区，如同那三个靠近海岸出产天然甜酒的产区，倾向追求传统口感，但是

让大多数朗格多克酒商头痛的是卖酒而不是酿酒。为数不多的两家建立了国际声誉的酒商，都在Aniane镇，一个是祖父级别的酒庄Mas de Daumas Gassac，另一个是多采用手工操作的Grange de Pères。

另外一个新兴起的海岸产区，以出产**皮纳特匹格普勒**（Picpoul de Pinet）干白葡萄酒成为时尚的焦点。匹格普勒（Picpoul 或者 Piquepoul）是个法国南部古老的白色葡萄品种，其浅色果皮的变种在古老的葡萄酒港口 Sète 附近、内陆咸水湖的沙土地上发展起来。这个带有柠檬味的匹格普勒酒已经成为朗格多克最成功的白葡萄酒：简而言之，这就是 Midi 的慕斯卡德（卢瓦河谷出产的白葡萄酒）。**朗格多克-克莱雷**（Clairette du Languedoc）是另外一个本地白葡萄品种，产量非常少，种植于小镇佩兹纳斯（Pézenas）北方。

△
一代人以前，也许更短时间以前，朗格多克的酿酒设备如果像图中这样既智能又豪华，那简直是难以想象的。图为位于圣德雷泽里村（St-Drézéry）的普吉奥城堡酒庄（Château Puech-Haut）的酿酒车间。

两个更远一些的子产区最近已被认定为独立的产区。第一个是**拉扎克-特拉斯**（Terrasses du Larzac），它分布在狂风肆虐、布满石灰岩、鹅卵石、砾石和黏土的荒地上，范围从 Clermont l'Hérault 开始向北一直扩展到塞文山脉，甚至 Causse-de-la-Selle 的北部更远处。该产区葡萄产量和福热尔一样低，但夏天拉扎克高原上夜晚温度达 20℃，比白天要凉爽很多，葡萄可以充分地成熟。

第二个是**圣卢山**（Pic St-Loup），以蒙彼利埃（Montpellier）北郊的岩石金字塔的名字命名。来自圣卢山和 l'Hortus 山周边的特色葡萄酒是朗格多克最精致、最让人满意的酒款。佳丽酿曾遍布朗格多克，如今法律规定任何一款圣卢山混酿酒中佳丽酿的比例不能超过 10%。与邻近产区相比，类型多样、透水性好的土壤让该产区更能从略微干燥的风和适宜的降水中受益。西拉葡萄，本就可以轻松应对极度干燥的环境，在这里就更加如鱼得水。

佩兹纳斯位于贝济耶东北，曾经是中世纪商业城镇，已被授予很有潜力的朗格多克葡萄酒子产区名号。这里种植在页岩上的葡萄能够充分利用夏季的温暖和干燥。佩兹纳斯产区向北边一直延伸到卡布里（Cabrières）产区，土壤富含火山岩和页岩，页岩种类与福热尔和圣西纽（在前文已介绍）一样。从气候上来说，卡布里有点像是在更加严酷环境下的拉扎克-特拉斯。

北风让面朝南面的 St-Saturnin 葡萄园远离病害侵袭，这对葡萄园来说是很有利的。北风也同时会经过**蒙佩鲁**（Montpeyroux）葡萄园和拉扎克高原两侧。类似这样的因素都会对该产区产生重要影响。蒙彼利埃周边的 Grès de Montpellier 产区是片一望无际的葡萄园，但经常会被人们忽略。产区名字里虽有个法语单词 grès（意为砂岩），但葡萄园面积太大，不会仅有这一种土壤。St-Georges d'Orques 和 La Méjanelle 镶嵌在 Grès de Montpellier 区域里，葡萄种植在城市郊外，顺便说一下，这里靠近法国最著名的葡萄栽培学习基地。St-Drézéry、St-Christol 和 Sommières 更接近朗格多克的子产区。

产区之外

上述是朗格多克东部主要法定产区，但无论是位于法定产区之内还是位于法定产区之间的平地，许多酒庄或多或少都会生产一些 IGP 地区餐酒（见第 53 页地图），IGP 的法规更灵活一些。这些酒庄特别擅长采用那些知名的品种（有时候也可能是两个）酿造"品种葡萄酒"而不是依赖地理特征。炎热的夏季确保了许多葡萄都能完全成熟，霞多丽在这一带很常见。有些葡萄酒的酒标除了采用当地的一些 IGP 小地名之外，也有可能会使用国际上比较知名的 Pays d'Oc，它适用于所有朗格多克和**鲁西永**产区（见下页介绍）。

这里越来越多的酒以法国葡萄酒的名义出售：这是一个非常有弹性的分级，适用于游离在 AOC 及 IGP 法规限制之外的和（或）不愿意处理相关文书工作的酿酒商们。

朗格多克已经证明了其可以酿制出严谨、展现风土条件特征、通常带有手工制作精髓的法国南部葡萄酒，不过搞懂像它这样广阔且多样化的产区就像销售一样困难。如同勃艮第一样，酿酒商的名字是葡萄酒品质的关键。不过值得一提的是，这里酿制的葡萄酒从来不会有价格过高的问题。

鲁西永 Roussillon

曾经只是作为朗格多克后缀的鲁西永（以前叫 Languedoc-Roussillon）正在展现出独立性——在物质、文化和葡萄种植上。葡萄生长在烈日下的峡谷中，酿出琳琅满目的红葡萄酒和一些法国最精致、最有特色的白葡萄酒，渐渐取代了昔日大名鼎鼎的甜葡萄酒的地位。

风土 这是一块毗邻地中海、面朝东的圆形剧场地形。北面的科比埃山与西面的比利牛斯山之间布满鹅卵石的冲积平原上，三条河流横穿而过。北部丘陵地带葡萄园土壤多坚硬的石灰岩、片岩、片麻岩，并且土层浅薄。

气候 温暖、干燥，阳光非常充裕的地中海气候，夏季偶尔会有暴风雨。

主要葡萄品种 红：黑歌海娜、拉多内佩鲁（Lladoner Pelut）、佳丽酿、慕合怀特、西拉、神索；白：灰歌海娜、白歌海娜、马卡贝奥、维蒙蒂诺、托巴（Tourbat，也叫 Malvoisie du Roussillon）、玛珊、瑚珊。

鲁西永人认为自己是加泰罗尼亚人，然后才变成了法国人，不过这是从 1659 年才开始的事。区内随处可以看到红黄交错的旗帜飘扬，当地方言的拼写中常有两个 L，比起法文这似乎更接近西班牙文。

这里的景色非常壮观，处于比利牛斯山东缘的卡尼古峰（Canigou）几乎终年被积雪覆盖，从海拔约 2285 米的高度一直向东俯冲至地中海，但是此地气候却比北边朗格多克西部多石的科比埃山脉一带更加温和而少风。日照时长（平均每年 325 天）解释了佩皮尼昂平原和阿格利（Agly）、泰特（Têt）、泰什（Tech）河谷为何拥有如此多的果园和蔬菜园（与葡萄园）。科比埃山、卡尼古峰以及西班牙与法国分界的阿尔伯尔山（Albères Mountains），形成了一个东向的圆形剧场地形，使得日照效果更为集中。

不过，阿格利河谷上游内陆地区的葡萄酒产区非常有趣，它坐落在莫里（Maury）周围并且拥有独特的黑色片岩，已经成为鲁西永近年来最受关注的产区。这里生产的红葡萄酒深邃、厚重，而干型的白葡萄酒紧实、耐久藏且富有矿石味，吸引了世界各地众多的酿酒师。很多葡萄园采用有机或生物动力种植法种植葡萄，其酿制的餐酒风格和内涵每年都在不断提升，有众多的推崇自然酒的人（见第 35 页）。强日照加上低产量的老藤导致了单宁粗糙这个潜在的问题，对此人们越来越常用的对策就是使用整串葡萄发酵并弃用除梗机。

鲁西永丘（Côtes du Roussillon）是基础酒的产区名号，这里的酒仍然主要采用老藤佳丽酿酿制，而歌海娜、神索、西拉和慕合怀特等葡萄品种的比例在逐渐增加。

鲁西永丘村庄（Côtes du Roussillon–Villages，在地图上是醒目的绿色区域）因为单位产量较低，酿造的酒款酒精度较高，从而涌现出很多的好酒（仅限红葡萄酒）。在 Lesquerde、Caramany、Latour-de-France 和 Tautavel 村庄，当地几个旗舰酒庄坐落在这里，村庄的名字允许出现在“鲁西永丘村庄产区”的后面。后缀“Les Aspres”可以用于不在上述区域的其他酒庄。景色宜人的阿格利河谷产区在 2017 年被认定为法定餐酒产区，尽管它的名字叫**莫里**，但它很久以前就与天然甜葡萄酒（VDN，见下框）有关联。

很大比例的红葡萄酒和白葡萄酒，都以 IGP Côtes Catalanes 的名义销售，这些令人难忘的白葡萄酒受益于众多色调怪异的浅皮色葡萄品种。

天然甜葡萄酒

每年法国最早的葡萄采收季会从鲁西永开始，这里位于平原地带的葡萄园是法国最干燥且最炎热的，低矮的灌木状葡萄树产量非常低，各种颜色的歌海娜葡萄在8月中旬就已完全成熟。传统上，这些葡萄被用来酿造鲁西永最有名的天然甜葡萄酒。事实上，这种曾经很受欢迎的餐前酒名不副实，它不是完全自然的甜酒，而是在部分发酵的葡萄汁中，依据甜度和酒精度而加入额外的酒精停止发酵而成，添加的时机通常比波特酒的工艺要晚。

如今，天然甜葡萄酒产量占鲁西永葡萄酒总产量的20%，占全法国天然甜葡萄酒产量的90%。丽维萨特产自鲁西永大部分区域（和部分朗格多克西部，见第141页），主要以黑歌海娜、白歌海娜和灰歌海娜为主酿造，曾经是劳工酒吧的主角，迄今为止是法国最受欢迎的天然甜葡萄酒。20世纪中期是它的鼎盛时期，一年能销售7000万瓶，如今勉强到300万瓶。丽维萨特麝香（Muscat de Rivesaltes）是一款新酒，与天然甜葡萄酒来自同一产区，该产区囊括了东比利牛斯省所有葡萄园地（除了海拔最高的葡萄园），以及位于奥德省菲图产区的两块飞地（见第141页）。**莫里**出产一些精致的红色天然甜葡萄酒，但连最早生产天然甜葡萄酒的阿美尔酒庄（Mas Amiel）也已转向餐酒了。

班努斯（Banyuls）是法国最细致的天然甜葡萄酒，有时平均产量低于每公顷2000升，葡萄园分布在那些满布棕色页岩、多风陡峭的梯田上，沿着法国、西班牙边境检查站北侧一路延伸到地中海。葡萄主要产自灌木状的老藤黑歌海娜，有时会干缩成葡萄干挂在树上。陈年方式、酒款的颜色和种类，甚至比波特酒还要多样（见第214页），也有装入传统的圆球形玻璃瓶放在阳光下陈年的。长时间在各种规格的旧橡木桶内、于温暖的环境中陈年，酒液会有着浅的色调、迷人的陈年风味；而标注Rimage的葡萄酒则类似年份波特酒，经过昂贵的瓶中陈年的方式而成。

Gauby、Domaine de l'Horizon、Matassa、Roc des Anges、Le Soula 和 Domaine Treloar 等酒庄早已证明了在这里种植并酿造出的酒与普里尼酒一样伟大、经得起时间考验。它们给市场提供性价比高的酒，酒的香气来自土壤而非盲目跟随世界潮流。

与班努斯甜酒出产于同一个地区的干型葡萄酒，则以美丽的渔港**科利尤尔**（Collioure）的名字来命名，这个以凤尾鱼罐头厂而闻名的渔港，也是艺术家的传统聚集地。这种深红色酒的风格更接近西班牙而不是法国，品尝起来酒精特别强劲，主要以歌海娜葡萄酿成，不过西拉和慕合怀特所占比例在逐渐增加。这里还有通常由白歌海娜或灰歌海娜酿成的强劲白葡萄酒。

鲁西永：佩皮尼昂市 ▼

纬度 / 海拔
42.74°N/ 42米

葡萄生长期的平均气温
19.8℃

年平均降水量
558毫米

采收期降水量
9月：38毫米

主要种植威胁
干旱

在这些黑色和棕色片岩的陡峭斜坡上，表层土壤很薄，因此土壤侵蚀的问题一直威胁着这里。很多古老的葡萄藤种植在梯田上。

普罗旺斯 Provence

鲁吉耶（Rougier）家族的Château Simone酒庄在Palette产区酿制口感极其浓烈的三种颜色的葡萄酒已有200多年的历史，酿酒所用的是当地调色板（该产区因此得名吗？）一样丰富多彩的葡萄品种。Château Crémade也混种了很多古老的葡萄品种。

产区位于罗讷河和阿尔卑斯山之间的普罗旺斯山脉，当桃红葡萄酒开始引领时尚后，葡萄酒就变成普罗旺斯第二重要的了。

风土 内陆土壤的地下和地表都是石灰岩，比较靠近海岸的土壤是片岩，这些贫瘠的土壤散发着普罗旺斯标志性的灌木丛气息。

气候 典型的地中海气候，充足的阳光（年日照2800小时），偶尔会有些干旱，内陆山脉较凉爽，尤其是晚上。来自北面、连续不断的密斯特拉风让葡萄园保持凉爽而干燥。

主要葡萄品种 红：黑歌海娜、神索、西拉、慕合怀特、堤布宏（Tibouren）、佳丽酿、赤霞珠；白：侯尔（也叫维蒙蒂诺）、白玉霓、克莱雷、赛美蓉、白歌海娜、布布兰克。

普罗旺斯没有大型工业化葡萄园。尽管普罗旺斯的历史开始于古希腊人，古罗马人也留下了让人印象深刻的遗迹，希腊及罗马时代留下的让人印象深刻的痕迹证明了当地葡萄酒悠久的历史；但过去人们一直认为，这里的海岸线和森林高地的土层单薄，气候严苛，不利于大规模种植葡萄，无法生产低廉的散装葡萄酒。罗讷河西面的朗格多克曾经是法国日常葡萄酒的主要贡献者，罗讷河口（Bouches-du-Rhône）、瓦尔（Var）和滨海阿尔卑斯（Alpes-Maritimes）产区仅仅是客串一下而已。口感粗糙的红葡萄酒、一些古老风格的白葡萄酒、大量口感平淡甚至黏稠的桃红葡萄酒，这些是过去人们对普罗旺斯的印象。

旅游业扭转了普罗旺斯的发展形式，海滩熙熙攘攘，游艇帆船密密麻麻，娱乐界名流蜂拥而至。很多名人投资了还在兴建中的私人游乐场——当然这些场所不会有葡萄园和精致、清新的葡萄酒。大批雄心勃勃的外来者（通常都很富有）被这里的气候和享有盛誉的普罗旺斯乡村薰衣草、百里香、松树所吸引，纷纷涌入这里并重新塑造了葡萄酒文化。现在这里酿造出了非常有意思的红葡萄酒和白葡萄酒，但色浅味干的桃红葡萄酒仍是主流。普罗旺斯的桃红葡萄酒已经登上了时尚的巅峰，在2007年之后的十年里，出口量增长了六倍。

大部分桃红葡萄酒包装精美，经过精心酿制，略带香气，通常为干型酒款，适合用来陪衬当地以大蒜与橄榄油调味的美食。

令人高兴的是，有些外来者拥有葡萄酒经验，如萨夏·利希纳（Sacha Lichine）卖掉他父亲原来在玛歌产区的资产后，来到蝶之兰酒庄（Château d'Esclans），对外宣称他要酿造出世界上最贵的桃红葡萄酒。他成功了，虽然他最初酿造出的佳露（Garrus）现在也有竞争对手了。按照最初设想，佳露是为了满足那些有钱人，而不是那些有味觉辨析能力的人。销售在这里却失去了作用——利希纳精心设计的“天使蜜语”（Whispering Angel）品牌成功地打开了市场，在美国富人中流行开来，被他们叫作“汉普顿的水”（Hamptons Water）。

看一下地图，就能明白为何普罗旺斯葡萄酒会如此不同。经典的**普罗旺斯丘**（Côtes de Provence）是法国延伸最广的法定产区，涵盖了马赛市北部郊区、圣维克多山（Montagne Ste-Victoire）南侧石灰岩地带、地中海上的小

◁
在尼斯动人的海岸线之后的山上，贝莱（Bellet）的一些种植者抵抗着城市的侵蚀。他们在山上种植意大利品种葡萄，如黑福儿（Folle Noire，也叫Fuella）和受欢迎的侯尔（也叫维蒙蒂诺）。

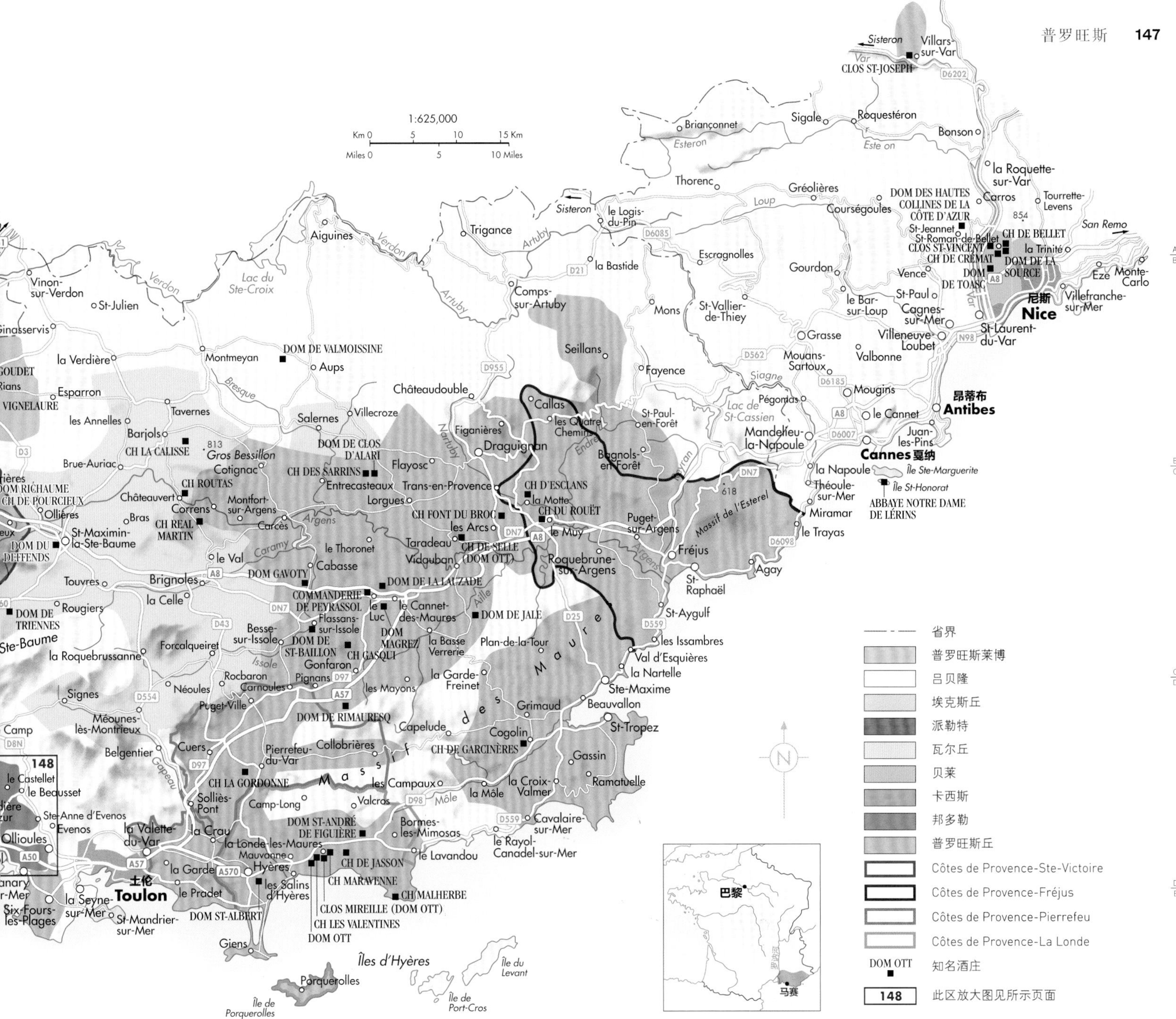

岛，以及旅游胜地耶尔（Hyères）、勒拉旺杜（Le Lavandou）和圣特罗佩（St-Tropez）等温暖的海岸沿线的片岩腹地，还有德拉吉尼昂市（Draguignan）北边比较寒冷的亚高寒山区，甚至还包括尼斯市北边维拉尔村（Villars）附近一小块葡萄园区。

气候一般较凉且土壤以石灰岩为主的独立产区**瓦尔丘**（Coteaux Varois），受到其南面Ste-Baume高地和北面Bessillon这两个屏障保护而较少受到海洋的影响。布里尼奥勒镇（Brignoles）北边林地中一些葡萄园要到11月初才能采收，而海岸地带则早在9月初就完成采收了，有的甚至更早。

地图上大部分没有葡萄的区域，是因为海拔太高太冷致使葡萄无法成熟。勃艮第酒商路易拉图拥有的酒庄Domaine de Valmoissine在更偏北的欧普斯镇（Aups）附近致力于种植黑皮诺，由此可知这里的气候有多凉了。这款酒以IGP Coteaux du Verdon的名号销售。

西边的**埃克斯丘**（Coteaux d' Aix-en-Provence）产区景观就没那么令人惊艳，所生产的葡萄酒也具有同样的倾向，不过古诺瓦兹和赤霞珠还是提升了一些桃红葡萄酒的品质。埃克斯丘和罗讷河之间是以当地山地观光胜地普罗旺斯莱博（Les Baux-de-Provence）命名的产区，这里南面山坡能感受到海洋的温暖而北部不断遭受普罗旺斯地区盛行的密斯特拉风，普罗旺斯莱博被要求使用有机种植法种植葡萄（五分之一的普罗旺斯葡萄园是有机种植）。口感丰富的普罗旺斯莱博白葡萄酒主要由克莱雷、白歌海娜以及越来越流行的侯尔（也叫维蒙蒂诺）酿制而成。

历史上，普罗旺斯曾被一个又一个国家统治过（追溯到1860年，尼斯曾是意大利的尼扎），也因此留下了丰富多样的葡萄品种。在那些海拔更高、更凉爽的普罗旺斯北部以及相对寒冷的瓦尔丘葡萄园中，维欧尼和罗讷河北部的西拉表现很好。很容易成熟过头的赤霞珠曾经备受推崇，现在仅有埃克斯丘更靠近北边的葡萄园中还有种植。

在比较温暖的地区，尽管老品种佳丽酿能够在混酿时提高酸度，目前官方机构似乎打算减少甚至最终不再使用它。慕合怀特只能在南面地区充分成熟，歌海娜和神索（很适合桃红葡萄酒）被鼓励在各个地方种植。具有植物香气的堤布宏葡萄特别适合在海岸沿线种植。

一些精致的普罗旺斯红葡萄酒（和白葡萄酒）以IGP的名义销售，比如来自Les Baux地区的Domaine de Trévallon（堪称当地最优质的红葡萄酒生产商），以及普罗旺斯丘圣维克多（Ste-Victoire）飞地的Domaine Richeaume。

海岸上的卡西斯（Cassis）是马赛东面小港口的中心，出产精心酿造的、带有草药和茴香香气的葡萄酒，特别适合搭配牡蛎和马赛鱼汤。

邦多勒 Bandol

向南倾斜的梯田夹杂在松树林之间，远离充斥着观光客的海港，但来自地中海的微风却能够吹到这里，邦多勒产区让人觉得与世隔绝且独一无二。

这块充满阳光的法国东南角落相对于如大海般辽阔、出产大批量葡萄酒的普罗旺斯丘法定产区而言显得渺小。不过这个规模不大的产区却算得上是法国地中海沿岸最被认可的产区。

如今这里产出的葡萄酒中70%是桃红葡萄酒，但邦多勒最出名的是超级迷人的地中海红葡萄酒，主要是以流行的慕合怀特葡萄为主（法国所有法定产区中唯一大量使用此品种的产区），经常与一些歌海娜和神索混酿。慕合怀特品种的生长期超长，幸亏这里足够温暖才能让它充分成熟。多数邦多勒红葡萄酒具有成熟肉感的肥美风格，带有草本植物的芬芳，可以在酒龄浅时享用，充满了活力，让人精神焕发，野性香气近似动物与青草味。现在很多酒商酿造的酒风格与西拉类似，当然最好的酒商坚持酿造至少一款拥有自己风格、单宁紧致、生命力持久的酒。丹派酒庄（Domaine Tempier）出产的Cabassaou葡萄酒最与众不同，使用的葡萄基本上都采自20世纪60年代种植的葡萄藤，这些葡萄藤种植在卡斯特雷特（Le Castellet）附近地形类似露天圆形剧场的地方，可以免受密斯特拉风的困扰。按照法规要求，邦多勒的混酿葡萄酒所使用的葡萄至少有一半是本地标志性品种，但在较热年份有些认真的酒庄几乎采用100%的慕合怀特来酿造。

不仅仅是红葡萄酒

生长在温暖的葡萄园中的歌海娜会在酿造中产生太多的酒精，因而多被栽种于朝北的葡萄园中。在当地被大量消费的是以神索葡萄酿成的干型桃红葡萄酒，这种酒添加一些慕合怀特后能延长酒的寿命，如丹派酒庄的桃红葡萄酒，有的甚至可以陈年几十年。邦多勒也生产少量浓郁的白葡萄酒（这里的白葡萄酒经常被低估），酿酒所采用的葡萄品种主要包括带有令人愉快的花香味的克莱雷、布布兰克和白玉霓。

这个产区面积不大，但其中的风土条件变化非常大。La Cadière d'Azur（地图的中心位置）南部的土壤富含红色黏土，通常会酿制出口感丰饶、有时略显厚重的酒款。从圣西尔市（St-Cyr）东北部的白垩土平原一路向东至Le Brûlat村，这里的土壤最为中性，往往会酿出口感细致柔顺的酒款。邦多勒东北部多石、更富含石灰质的土壤，酿制出的酒款最具质感，而产区里较老的土层则位于勒博塞镇（Le Beausset）的南边，出产的酒品质不一。那些海拔较高（如海拔300米的Château de Pibarnon酒庄附近和海拔400米以上的Domaine de la Bégude酒庄）的葡萄园，其土壤并不像大多数其他区域那么肥沃，因此采收季有可能会延到10月中旬。

降水量少（当地正在研究抗干旱的克隆品种）导致邦多勒成为法国葡萄酒单位产量最低的产区。幸运的是，降水后往往会吹起密斯特拉海风而让葡萄免于感染霉病。低酸度的慕合怀特葡萄不容易酿造红葡萄酒，因为它很容易出现一种因还原反应而产生的难闻的农场味；但可喜的是，邦多勒的酿酒技术已经有了长足的进步。

科西嘉岛 Corsica

这个曾经的荒野岛屿以前属于意大利，现在属于法国，至今仍然保留着一个顽强、独特的杂交品种。

风土 偏远的北部和东部是片岩区，也有冲击土壤和沙土。帕特利莫尼欧（Patrimonio）和偏远的南部是石灰岩区，西部和南部是花岗岩区。

气候 科西嘉岛比法国本土其他任何一个地方阳光更充足且更干燥，生长在岛上的植物都会因为干热的夏季而风味浓郁。

主要葡萄品种 红：涅露秋（Niellucciu，也叫桑娇维塞）、西雅卡雷罗（Sciaccarellu，也叫Mammolo）、Elegante（也叫歌海娜）；白：维蒙蒂诺、白阳提（Biancu Gentile）、小粒白麝香（Muscat Blanc à Petits Grains）。

当法国在20世纪60年代失去阿尔及利亚后，一群身怀种植技术的退役军人（即所谓的"在阿尔及利亚的欧洲人"）就移居到了当时疟疾肆虐的科西嘉岛东海岸，到了1976年，科西嘉岛的葡萄园面积已经增加了四倍，而且所种的几乎都是大产量的葡萄藤。

自那时起，科西嘉岛就成了欧洲大量散装葡萄酒的供应地，而后由于布鲁塞尔和巴黎方面的大量资助，目前，岛上的酿酒设备已相当完善，酿酒师在法国本土的酿酒学校受训；而岛上的葡萄园则缩减许多，并且只种植越来越多的优质本地葡萄品种。即使如此，岛上绝大多数的酒款都在本地销售，随着游客需求的上涨，酒的价格也抬高了。外销最多的葡萄酒是最基本的桃红地区餐酒，有着独具魅力的名字"美丽之岛"（ile de Beauté），以这个名称销售到岛外的葡萄酒几乎占据全岛产量的一半。

不过，越来越多的科西嘉葡萄酒都变得严肃，本地传统葡萄品种的潜力被重新开发，而多石的山丘是其最合适的种植地。几乎所有的葡萄园都坐落在海岸沿线，因为多山的内陆太崎岖，不适合种植葡萄。

科西嘉岛上几乎三分之一的葡萄品种都是涅露秋，也就是托斯卡纳的桑娇维塞。该品种也是北部法定产区帕特利莫尼欧的主要种植品种，帕特利莫尼欧出产一些科西嘉岛上最优秀且最耐藏的葡萄酒，包括坚实的罗讷河风格红葡萄酒和完美均衡的白葡萄酒，以及高品质且浓郁的麝香葡萄天然甜葡萄酒（见第144页）。

西雅卡雷罗葡萄（即托斯卡纳的Mammolo）是个柔和的品种，种植面积约占全岛葡萄园的15%，主要分布在科西嘉岛上最古老的葡萄酒产区：坐落在首府阿雅克肖市（Ajaccio）周边以花岗岩为主的西海岸、卡尔维（Calvi）以及普罗普里亚诺（Propriano）附近的萨尔泰讷（Sartène）地区。西雅卡雷罗葡萄可以酿成非常易饮、柔顺而带香辛味的红葡萄酒，以及酒精度高却很活泼的桃红葡萄酒。

甜美、脆爽、可口

以麝香葡萄或本地的维蒙蒂诺葡萄（岛北部称其为Malvoisie de Corse）酿造的甜酒，是岛北部狭长的科西嘉角（Cap Corse）的特产，品质可以十分出色。Rappu是罗利亚诺村（Rogliano）附近出产的一款强劲的甜红葡萄酒，采用Aleaticu葡萄酿成。在科西嘉岛北端生产的葡萄酒，一般被标示为**科西嘉角丘**（Coteaux du Cap Corse）。维蒙蒂诺葡萄是岛上所有法定产区的主要白葡萄品种，能酿造出脆爽的干白葡萄酒，从馥郁芬芳到脆爽柠檬的风格，也有经过陈年而变得越发可口的类型。

西北的法定产区是**卡尔维**（Calvi），种植的葡萄品种有西雅卡雷罗、涅露秋与维蒙蒂诺等，还有一些国际品种，主要生产一系列酒体饱满的佐餐酒；南部的**费加里**（Figari）与**韦基奥港**（Porto-Vecchio）两个产区也主要生产佐餐酒。在这个缺水的地方，葡萄酒可以用来解渴，虽然费加里和萨尔泰讷看起来很不时髦，但酿出的酒充满爽脆的果味。

没有加注村庄名的科西嘉大区级（**Vins de Corse**）酒大多产自东部海岸平原的阿莱里亚（Aléria）和吉索纳恰（Ghisonaccia），通常价格便宜，使用本地原生种与国际品种混酿而成。

用那些重新被挖掘的本地葡萄品种酿出的酒越来越有意思了，如Morescone、Carcaghjolu、Carcaghjolu Biancu、Genovese、Rossula Bianca、Vintaghju、Cualtacciu、Brustianu和Minustellu（这个可能是Graciano）。这些品种大部分被允许非常少量地添加到AOC混酿葡萄酒中，很多岛上非常好的酒以"法国葡萄酒"的名号销售（见第52页）。

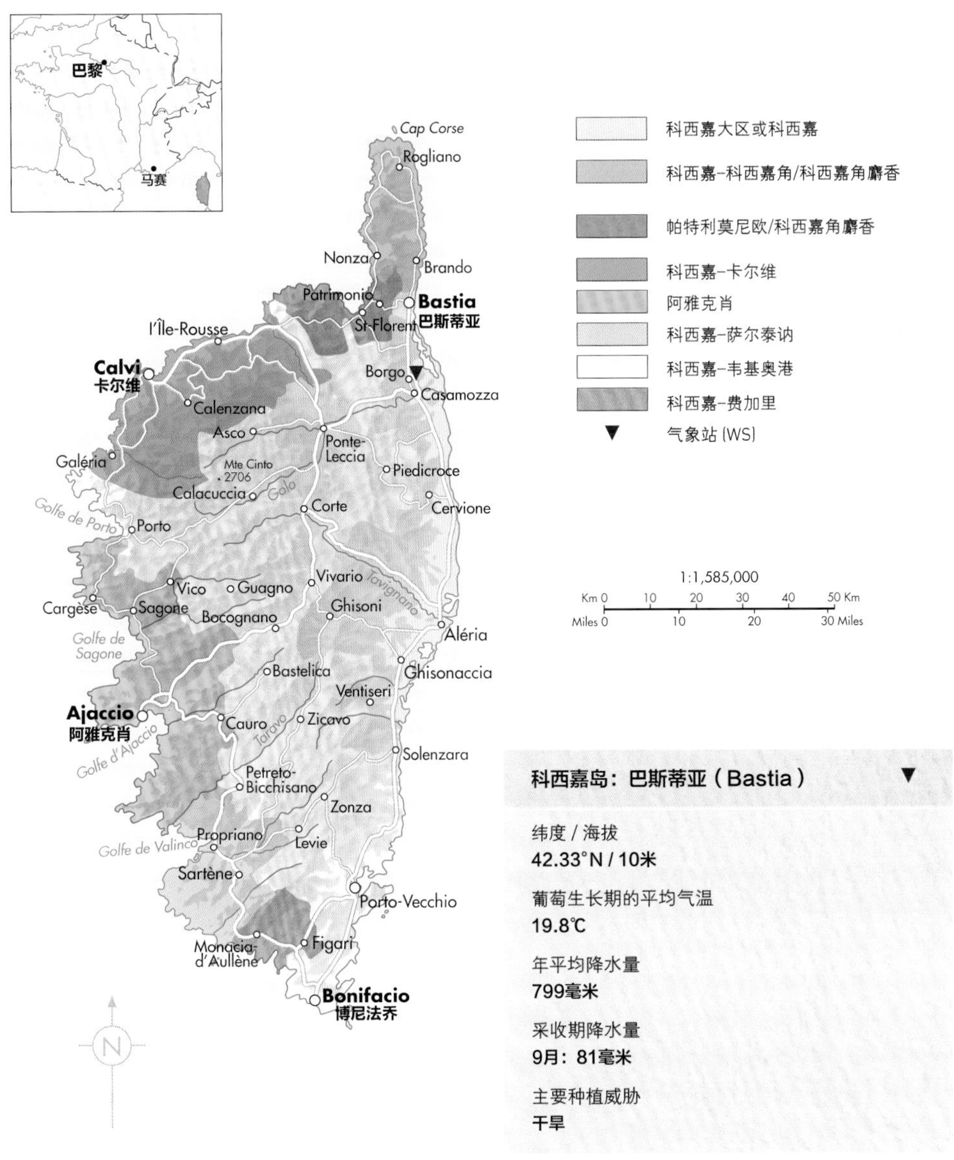

科西嘉岛：巴斯蒂亚（Bastia） ▼

纬度/海拔
42.33°N / 10米

葡萄生长期的平均气温
19.8℃

年平均降水量
799毫米

采收期降水量
9月：81毫米

主要种植威胁
干旱

汝拉、萨瓦和比热 Jura, Savoie, and Bugey

在勃艮第以东，法国靠近阿尔卑斯山、地势开始抬高的地方，有三个地区出产风格独特的葡萄酒。汝拉是获得国际关注的第一个。

汝拉

风土 侏罗纪石灰岩形成了基岩——这并不令人感到奇怪，再加上位于南向和东南向山坡上的沉重黏土和各种泥灰岩（即黏土石灰石）。

气候 有点儿类似勃艮第，但是更冷更湿。

主要葡萄品种 白：霞多丽、萨瓦涅（Savagnin）；红：普萨（Poulsard）、黑皮诺、特鲁索（Trousseau）。

汝拉的葡萄园分成很多小块，散落在森林与草地之中，感觉就像是位于法国最偏远的山丘之上。经过19世纪末霜霉病和根瘤蚜的双重肆虐之后，产区的面积已经大大缩减，但是这里出产的葡萄酒仍然极其独特，而且最近越来越流行，其中一个原因是当地众多酒庄获得的有机酒和自然酒认证。当地的几个法定产区——阿尔布瓦（Arbois）、夏龙堡（Château-Chalon）、埃托勒（l'Etoile）和无所不包的**汝拉丘**（Côtes du Jura）各具特色，对于学习食物与餐酒搭配艺术的学生来说尤其令人目眩神迷。

这是一个美食家的宝地，饮食习惯深受其西边近邻勃艮第的影响。汝拉的土壤和气候都与勃艮第相似，只是地形更加复杂，冬天更加严寒。就像在金丘，最好的葡萄园都位于斜坡上，有时还很陡峭，朝南或者朝东南，从而捕捉阳光。侏罗纪石灰岩是最早被发现的土壤类型，其名称也正得自于此。汝拉和勃艮第都得益于这种土壤，但是在汝拉更常见的是沉重的黏土，还有各种不同颜色的泥灰岩（即黏土石灰岩）。蓝色和灰色的泥灰岩尤其适合种植萨瓦涅，这个葡萄品种又名塔明娜（Traminer）。汝拉最特别但并非最常见的酒款——著名的**黄葡萄酒**（Vin Jaune），便是用萨瓦涅来酿造的。法国没有几个产区会像汝拉这样，偏爱刻意将酒氧化。

酿造黄葡萄酒，要等到萨瓦涅葡萄尽可能成熟的时候才能采摘，然后在旧的勃艮第橡木桶里发酵，随后培育至少六年，期间不将橡木桶封闭。在培育的过程中，葡萄酒会逐渐蒸发，与此同时酒液表面会生长出一层酵母，但是没有著名的雪利酒的酒花（flor）那么厚，因为在出产雪利酒的赫雷斯地区，酒庄（bodega）里温暖的环境能够促进酒花生长（参见第203页），不过黄葡萄酒仍然会产生类似菲诺雪利酒（fino Sherry）的味道。有人说，这是一种需要适应的口味。黄葡萄酒可以储存几十年，而且在开瓶后几个小时当中都能持续展现魅力，特别适合在餐桌上搭配经过熟成的孔泰（Comté）奶酪或者汝拉当地的特产布雷斯鸡（poulet de Bresse）。

夏龙堡法定产区仅限于生产这种奇特但独具潜力的葡萄酒，不过整个汝拉地区都可以生产黄葡萄酒，只是品质高低差异颇大。口感较为清新的萨瓦涅葡萄酒同样各处都有出产，以类似的暴露在空气中的方式培育，酒液被酒花保护，这种方法在当地被称为"罩底法"（sous-voile）。这种酒可以作为单品种酒销售，或者加入其他品种的混酿当中，通常是与霞多丽混酿。偶尔你还能找到酒标上标着"罩底法"或者"典型法"（typé）的酒款；但是更多的则是与此相反的风格，即"花香型"（ouillé），酒在培育过程中封闭橡木桶，以避免氧化。换句话说，就是一种勃艮第风格的现代葡萄酒。

霞多丽是汝拉地区种植最广的葡萄品种，特别是在汝拉南部，酿造的酒款在某些市场上已经成为替代勃艮第白葡萄酒的产品，很受欢迎。

汝拉最为常见的红葡萄品种是香气馥郁的普萨，常被称为普鲁萨（Ploussard），尤其是在阿尔布瓦的子产区普皮林（Pupillin）更是受到欢迎。普萨酿造的红葡萄酒酒体清淡，带有玫瑰的香气，呈浅番茄红色，天然带有还原风格，因而受到追求不加硫工艺的酿酒师的追捧。特鲁索是一个颜色更深、较为少见的汝拉本地品种，酿出的葡萄酒带有胡椒和紫罗兰的香气，主要产自**阿尔布瓦市**附近，不过因为汝拉葡萄酒的流行风潮，特鲁索甚至在美国加利福尼亚州和俄勒冈州都有种植。黑皮诺的种植面积现在已经几乎赶上了普萨，并且不仅用来酿造静止红葡萄酒，还用来酿造传统法起泡酒和马克凡香甜酒（Macvin）。最好的黑皮诺产自夏龙堡以西的阿尔莱村（Arlay）附近以及隆勒索涅市（Lons-le-Saunier）以南（参见对页地图）。这片汝拉丘的南部区域主要出产白葡萄酒，包括黄葡萄酒，而因其土壤中有细小的星形海洋化石而得名的袖珍产区**埃托勒**（Etoile），则完全出产白葡萄酒。

汝拉一直以来都在出产品质卓越的起泡酒。

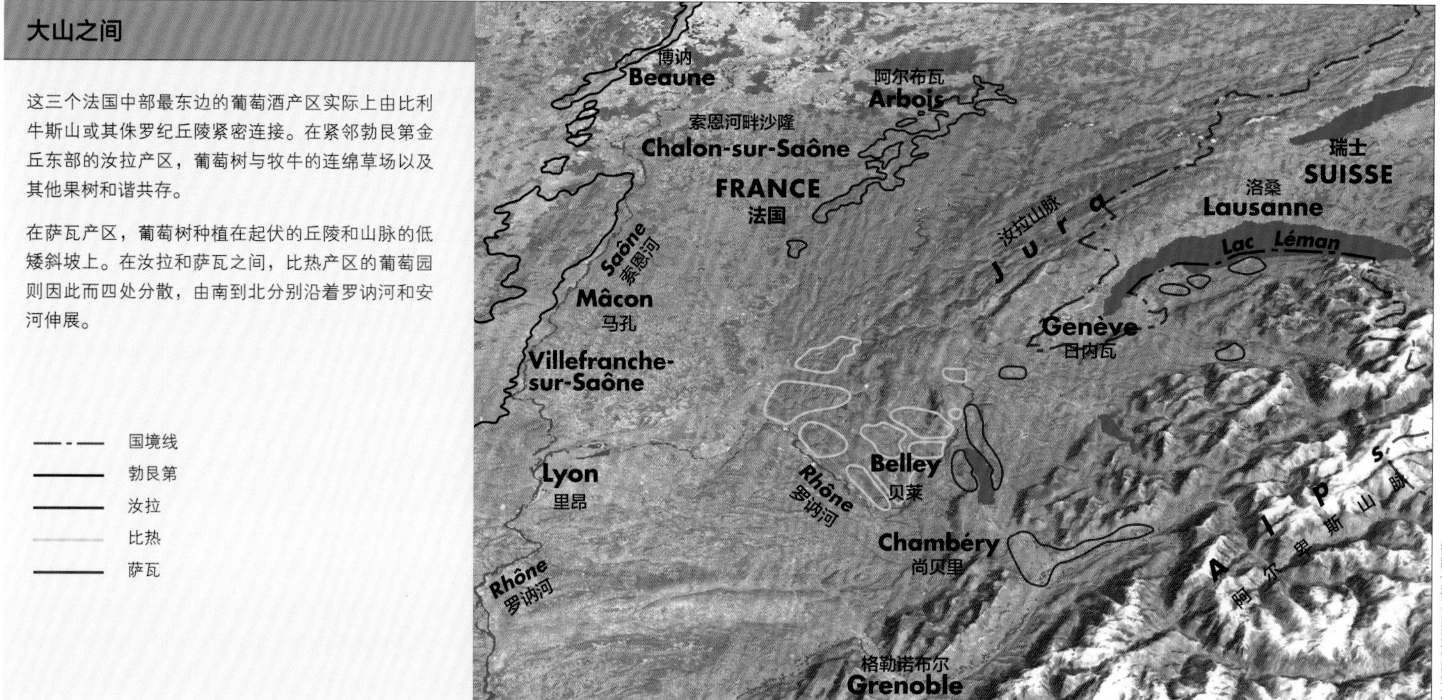

大山之间

这三个法国中部最东边的葡萄酒产区实际上由比利牛斯山或其侏罗纪丘陵紧密连接。在紧邻勃艮第金丘东部的汝拉产区，葡萄树与牧牛的连绵草场以及其他果树和谐共存。

在萨瓦产区，葡萄树种植在起伏的丘陵和山脉的低矮斜坡上。在汝拉和萨瓦之间，比热产区的葡萄园则因此而四处分散，由南到北分别沿着罗讷河和安河伸展。

▷
当葡萄酒游客沿着从尚贝里（Chambéry）到阿比姆（Abymes）的葡萄酒之路（Route des Vins）前行时，萨瓦以风景愉悦其双眼，又以葡萄酒满足其味蕾。南向的葡萄园沿着格拉尼耶山（Mont Granier）山脚下的圣安德烈湖（Lac de Saint André）徐徐铺开。

目前，主要采用霞多丽酿造的汝拉传统法起泡酒（Crémant du Jura）的产量已经超过汝拉葡萄酒总产量的四分之一，性价比极高。近年以来开始出现的天然微起泡酒（Pét-Nat），采用所谓的原始法（ancestral method）酿造，产量较小，酒体清淡，口感微甜，气泡柔和。还有一种浓甜的稻草酒（vin de paille）也在整个汝拉地区出产，采用霞多丽、萨瓦涅和（或）普萨品种酿造。葡萄通常会被提前采收，并在通风的环境下小心地干燥至次年1月，当葡萄干发酵结束后（至少发酵至酒精度14.5%），将其放入旧橡木桶中培育2—3年。这种产量稀少的佳酿就像黄葡萄酒一样，都是能够陈放极长时间的酒款。

当地最后一种特产是**汝拉马克凡香甜酒**（Macvin du Jura），这是一种混合了葡萄汁与葡萄烈酒、可以作为餐前开胃酒的酒款，香气馥郁，极具特色。

萨瓦

萨瓦是法国的高山地区，出产口感清新、独具高山风格的葡萄酒，如今吸引着喜欢酒体清淡、手工制作的法式佳酿的饮酒者。萨瓦地区的葡萄园面积不大，却在不断增长，当地的产酒区域，甚至是单个的葡萄园都分布得七零八落。由于山川遍布，能够种植葡萄的土地非常少，而且大部分原始葡萄园都在根瘤蚜虫病、霜霉病大肆暴发和第一次世界大战之后被弃置，或者被重新种植杂交品种。萨瓦出产的葡萄酒种类非常多样，产自多个次产区，所使用的葡萄也是几种当地品种，因此对于外地人来说非常意外的一点在于，几乎所有的葡萄酒都以同一个基本法定产区名称——**萨瓦**或者**萨瓦葡萄酒**（Vin de Savoie）来销售。

萨瓦法定产区的白葡萄酒产量是其红葡萄酒或桃红葡萄酒的两倍之多。如萨瓦山上的空气、湖泊及溪流一般的淡雅、纯净，清新酒款与深沉强劲酒款的产量比例大约为10∶1。近年来，更细致的种植方式、更低的单位产量以及气候变化，都为充满矿物质香味的白葡萄酒和寡淡的红葡萄酒增添了少许浓郁度。其中最有价值的深色皮葡萄品种要数带有胡椒气息、偶尔采用橡木桶陈年的蒙德斯（Mondeuse），这种葡萄酿制的酒酒精度低，符合现代潮流，但是香气很充沛，酒体轻盈，果味可口。蒙德斯曾经被误认为是来自伊斯特里亚半岛（Istria）的莱弗斯科（Refosco）品种，因为两者的香气和坚实优质的单宁结构都很相似。还有一个葡萄品种名为魄仙（Persan），口感活跃，充满李子的果香和强健的单宁，近年来刚刚被从近乎绝迹的处境中拯救出来。

不过，绝大多数直接以萨瓦产区的名义出售的葡萄酒都是白葡萄酒，采用当地种植面积遥遥领先的贾给尔（Jacquère）品种酿造，通常为干白，酒体清淡，隐约带有高山的特质。**萨瓦传统**

汝拉的核心地带

汝拉丘法定产区的边界一直延伸至博福尔市（Beaufort）以南，但是那里却没有多少葡萄园。

法起泡酒（Crémant de Savoie）法定产区成立于2014年，基本都是采用贾给尔品种酿造的。

但是，在整个大萨瓦地区内，共有16个独立的次产区——当地已经正式废除特级园的说法，允许在某些条件下，将其名称与萨瓦的名字一起写在酒标上，每个次产区的法规都有所不同，但是都比基本的萨瓦法定产区更为严格。比如在雷蒙湖（Lac Léman，即日内瓦湖）南岸，只有采用特别受其近邻瑞士青睐的夏瑟拉品种酿造的葡萄酒，才被允许标记里帕伊（Ripaille）、马兰（Marin）、马里尼昂（Marignan）和克雷皮（Crépy）等地名。而由此向南，到了阿尔沃（Arve）河谷中的艾泽（Ayze）次产区，则采用极其稀有的格拉热（Gringet）品种酿造白葡萄酒，品质最好的只有两家酒庄，其中一家就是著名的贝鲁阿酒庄（Domaine Belluard）。

贝勒嘉德村（Bellegarde）以南是孤零零的弗朗吉（Frangy）次产区，专门采用当地独有的阿尔蒂斯（Altesse）品种酿造白葡萄酒，这个品种风格独特，能够陈年，有时也被称为鲁塞特（Roussette）。它的品质卓越，由此建立了一个专门的法定产区**萨瓦-鲁塞特**（**Roussette de Savoie**），在某些条件下可以用来命名所有采用这个品种酿造的萨瓦葡萄酒（四个只能出产萨瓦-鲁塞特葡萄酒的次产区都在地图中以红色标出）。

位于弗朗吉以南的**塞塞勒**（Seyssel）则拥有自己的法定产区。这里曾经以其如同羽毛般轻盈、主要采用当地品种莫丽特（Molette）酿造的起泡酒而闻名，但是以阿尔蒂斯为主酿造的静止葡萄酒现在产量已经跃居首位。从塞塞勒再向南，则是因葡萄园面积不断缩水而令人惋惜的秀塔尼（Chautagne）次产区，以出产红葡萄酒而著称，尤其是具有颗粒口感的佳美品种。布尔杰湖（Lac du Bourget）的西边是容吉悠（Jongieux）次产区，出产红葡萄酒，但是如果酒标上仅仅标记“容吉悠”的话，则表示该酒完全采用贾给尔品种酿造。不过，阿尔蒂斯才是这里最受尊敬的葡萄品种——它甚至可能正是发源于此，尤其是种植在马莱斯泰（Marestel）葡萄园山坡上的那些，还会使用特别的萨瓦-鲁塞特产区名称。

尚贝里小镇以南是萨瓦地区最大的一片葡萄园，位于查尔特勒（Chartreuse）山脉的尽头，格拉尼耶山朝南和东南较低的山坡上。这个区域包含很受欢迎的阿普雷蒙（Apremont）和阿比姆这两个次产区，它们都是出产贾给尔葡萄的主力军。沿着伊泽尔河（Isère）上溯来到萨瓦深谷（Combe de Savoie），这里有一系列次产区，种植着萨瓦地区所有的葡萄品种，特别是酿造红葡萄酒的贾给尔和一些阿尔蒂斯。

其中，希南（Chignin）次产区堪称萨瓦地区最知名的美酒大使之一，100%采用罗讷河产区常用的白葡萄品种、生长在最陡峭的山坡上的瑚珊，酿造希南-贝尔日宏（Chignin-Bergeron）白葡萄酒，这是萨瓦地区最为强劲的白葡萄酒之一，香气浓郁，带有少许青草气息。萨瓦深谷，特别是尚贝里镇东南的阿尔班村（Arbin）则长于出产红葡萄酒，在这里，蒙德斯能够完全成熟，魄仙葡萄则潜力深厚。

伊泽尔河畔的格雷西沃奥丹（Gresivaudan）仿佛是萨瓦地区在查尔特勒山脚下的南向延伸，而在查尔特勒山脉另一侧的 Balmes Dauphinoises 则几乎是比热产区的延伸，尽管它属于南罗讷河产区。

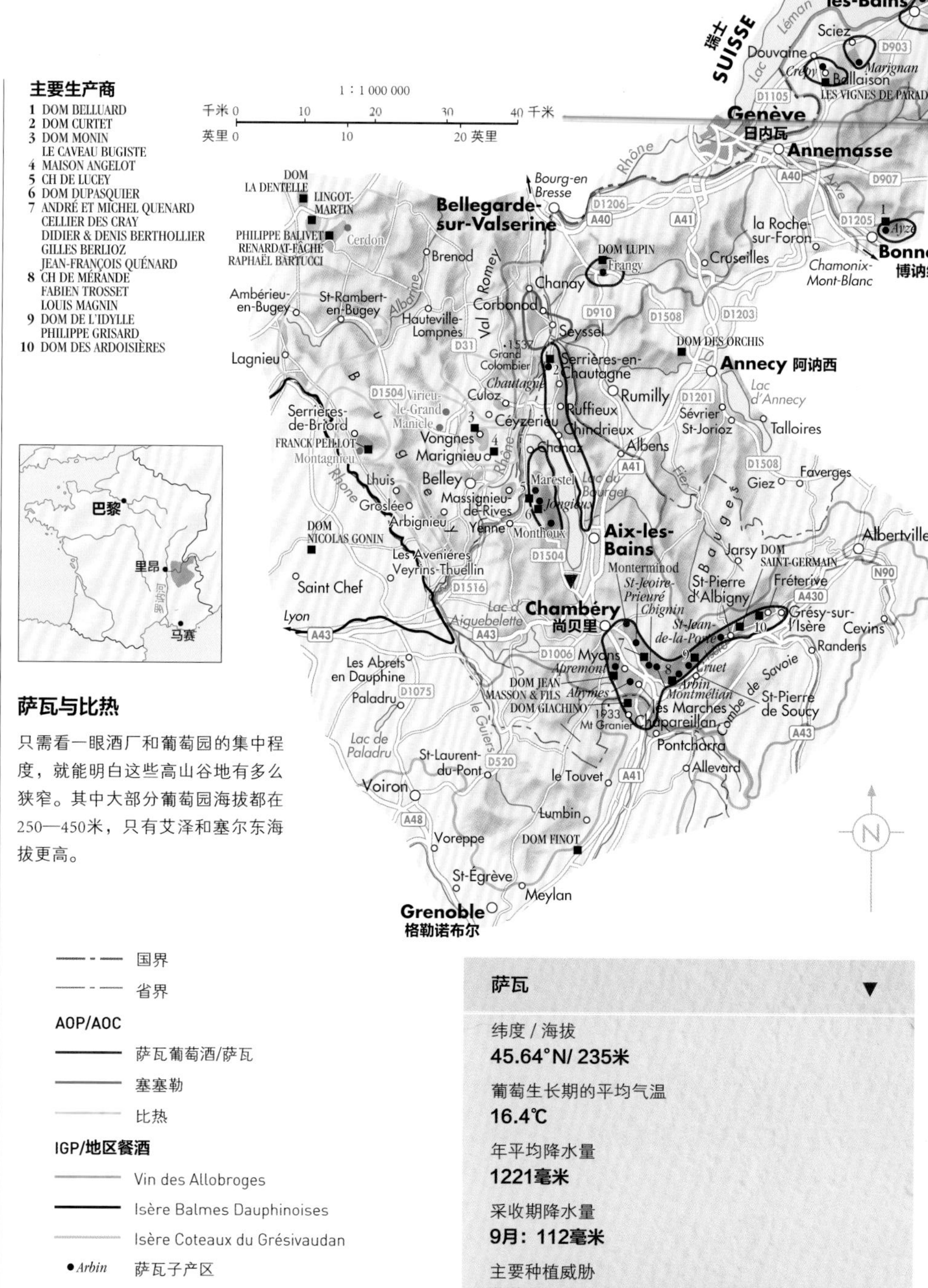

萨瓦与比热

只需看一眼酒厂和葡萄园的集中程度，就能明白这些高山谷地有多么狭窄。其中大部分葡萄园海拔都在250—450米，只有艾泽和塞尔东海拔更高。

萨瓦

纬度 / 海拔	**45.64°N/ 235米**
葡萄生长期的平均气温	**16.4℃**
年平均降水量	**1221毫米**
采收期降水量	**9月：112毫米**
主要种植威胁	**葡萄生长季节的冰雹和潮湿气候**
主要葡萄品种	**红：佳美、蒙德斯、魄仙；白：贾给尔、阿尔蒂斯（又称鲁塞特）、瑚珊、夏瑟拉。**

比热

比热和**比热-鲁塞特**（Roussette du Bugey）于2009年获得了自己的法定产区名称。经典著作《味觉生理学》（*The Physiology of Taste*）一书的作者布里亚·萨瓦兰（Brillat-Savarin）就出生于比热。这里主要生产清淡、多泡、半甜的塞尔东（Cerdon）原始法桃红起泡酒，采用的葡萄品种是佳美，种植在极其陡峭、海拔约488米的南向山坡上，这也是这个地区最与众不同而且流行的代表作品。霞多丽为当地的传统法起泡酒和静止白葡萄酒提供骨架，而阿尔蒂斯酿造的比热-鲁塞特（Roussette du Bugey）白葡萄酒则特别富有潜力。佳美是酿造红葡萄酒的主要葡萄品种，但是蒙德斯和黑皮诺的表现同样不俗。像在萨瓦一样，比热的各种小型次产区都有权将其村名缀在比热法定产区之后。

意大利 Italy

这些靠近科内利亚诺的葡萄园，是大举扩张后的意大利东北部葡萄酒产区的很小的一部分，风景优美。现在官方允许在整个产区生产起泡葡萄酒普洛赛克。

意大利 Italy

还有哪个国家会像意大利那样花样常新吗？又或者说，还有哪个国家会像意大利那样任性不羁吗？在意大利，葡萄酒风格、风土类型和原生葡萄品种，无不丰富多彩，堪称世界之最。它的高端葡萄酒活泼、独特、鲜美，与众不同。

古希腊人殖民至此时，称意大利为“Oenotria”——“葡萄酒之乡”（或严格地说，是“葡萄种植之乡”，因为那时当地人已在木桩上支起了葡萄藤，这是正规种植的明显标志）。在地图上我们可以看到，意大利几乎没有什么地方不是葡萄酒产区。只有法国的葡萄酒产量有时可以超越意大利。但与法国不同的是，意大利从来就没有完全听命于一个中央政府。地图上的20个产区，每个都有着其独特的文化、传统和葡萄酒个性。

从地理意义上讲，如果说坡度、阳光和温带气候等条件都是必需的话，那么，意大利实在是拥有着得天独厚的优势，可以酿造出优秀、品类繁多的葡萄酒。意大利地形独特，长长的山脉从其北部屏障阿尔卑斯山向南延伸，几乎直抵北非，各种适宜葡萄生长的海拔、纬度和日照条件的组合，在这里都能找到，随着气候的变化，这还可能是一个优势。意大利的许多土壤都是因火山作用而形成的，石灰岩广布，还有大量的砾石黏土。地形地势如此多样，三言两语难以说得清楚。如果说意大利还缺少点儿什么的话，那就是秩序。意大利葡萄酒的酒标仍像迷宫那般难懂。意大利是一个葡萄种植的天堂，这让我们受益良多，而它仍在继续发展，其众多的原生葡萄品种是无与伦比的遗产，人们专门对此进行了积极不懈的研究。这个国家在20世纪末对国际品种的推崇正在迅速消退。

意大利的葡萄酒产区

这张地图用于提示各产区的位置，也是一把打开后面更详尽的地图的钥匙。目前最重要的DOC和DOCG分别出现在后面四幅地图上，这四幅地图把意大利分成西北、东北、中部和南部；而那些在优质酿酒区最重要的DOC和DOCG，都有各自的大比例尺地图。

国界
大区边界
葡萄酒产区
海拔600米以上的土地
157 此区放大图见所示页面

1:6,000,000

意大利的葡萄酒法律

从20世纪60年代开始，意大利政府就着手从事一项宏大的工程，制定与法国的法定产区制度相似的自己的法定产区制度——DOC（Denominazione di Origine Controllata）。DOC对产区范围（通常过于宽松）、最高产量（同样也是过于宽松）、特定的葡萄品种以及种植和酿造方式做出了规定。人们还以更严格的规则创立了比DOC更高一等的DOCG（在这一等级中，产地来源不仅要受到控制，还要得到保证——多么细微的区别），自20世纪80年代以来，越来越多的产区被冠以DOCG的名号。到了2015年（意大利的统计数字姗姗来迟），意大利总共有332个DOC产区，73个DOCG产区。我们的专业制图师一直在竭尽全力地绘制这些产区一些迷宫般的边界。

1992年，意大利通过了一项法律，重新构建了整个分级体系，对产区进行了更严格的限制，其中包括可允许的最大单位产量。体系自上而下从DOCG到DOC，然后就到了IGT（Indicazione Geografica Tipica）。IGT类似于法国的IGP（发音也如此相近），可使用产地和品种名称，而且关键是可标示年份，这在以往最低的一个等级日常餐酒（Vino da Tavola，现为Vino d'Italia）里是非法的；IGT被意大利越来越多的实验酿酒师使用，他们的酿酒方式在官方的品鉴委员会眼里很不正统。

在大约120个IGT中，到目前为止，还是那些带着意大利某一地区名字的最广为人知。IGT已越来越多地出现在酒标上，主要是因为许多名字，例如翁布里亚（Umbria）和托斯卡纳（Toscana），比那些个别的DOC还更能引起市场的关注。这样一来，在诸如西西里（Sicilia）这样的产区中，一些IGT已经升级为DOC。

赤霞珠最初是在19世纪初被引入意大利的；到了20世纪末，霞多丽引领了梅洛和西拉等其他流行的国际品种进入意大利。然而，在一个充

▷
Fontodi酒庄位于古典基安蒂产区的诺西奥拉（Panzano）。Manetti家族于1968年买下这个酒庄时，其业务便从赤陶缸罐扩展至葡萄酒，目前其赤陶缸罐生意因其他酒庄的需求而复兴。

斥着国际品种的全球市场上，这些引入的品种并不具有优势，这促使人们重新评价意大利自身的葡萄品种，这些品种数量众多，常能令人眼前一亮。像菲亚诺（Fiano）、格雷克（Greco）、马尔维萨（Malvasia）、诺西奥拉（Nosiola）、佩科里诺（Pecorino）、丽波拉（Ribolla Gialla）、维蒙蒂诺这些用于酿造白葡萄酒的品种，以及像艾格尼科、切萨内赛（Cesanese）、佳琉璞（Gaglioppo）、勒格瑞（Lagrein）、玛泽米诺（Marzemino）、黑曼罗（Negroamaro）、马斯卡斯奈莱洛（Nerello Mascalese）、黑珍珠（Nero d'Avola）、派瑞科恩（Perricone）、普里米蒂沃（Primitivo）、特洛迪歌（Teroldego）这些用于酿造红葡萄酒的品种，已经在它们的原产地以外有了声誉。这份名单以后还会越来越长。

白葡萄酒也很好

曾几何时，意大利所有最好的葡萄酒都是红葡萄酒，如今已大不相同。意大利在20世纪60年代开始学习酿造"现代的"白葡萄酒（口感新鲜清爽），80年代，在酿造中加回了一点在现代化过程中失去的特色，到了90年代末，这一努力获得了成功。索阿韦（Soave）、维蒂奇诺（Verdicchio，这里指使用这一葡萄品种的产区）、特伦蒂诺-上阿迪杰（Trentino-Alto Adige）和弗留利（Friuli）等产区的白葡萄酒，现在已绝不是意大利仅能找到的美味复杂的白葡萄酒了。在意大利白葡萄酒的酿制中，弗留利的格雷夫纳（Gravner）率先回归传统、走近自然，其他产区争相效仿，形成潮流。如今，即便是白葡萄酒，也越来越多地在大缸里带皮发酵了。

在过去40年里，意大利最受推崇的葡萄酒有了相当大的变化。在20世纪末，有那么几种葡萄酒指南的影响力之大，简直到了危险的地步。这些指南对强壮有力的国际风格的葡萄酒大加赞赏，这种风格的葡萄酒很典型地受一些（也有人说只是区区几个人）游走于世界各地的顾问酿酒师影响。但是，如今那些指南和酿酒师的影响力已经大幅下降，因为个性、真正的当地风土的表达、典型的意大利酸度和丹宁以及古老的葡萄品种和酿制技术，均成为时尚的卖点。

目前，另一种类型的顾问更为吃香，他们是农艺专家，掌握了越来越流行的有机和生物动力种植法。比如鲁杰罗·马齐利（Ruggero Mazzilli），在他的帮助下，位于巴罗洛的整块优质葡萄园Cannubi都开始采用有机种植的方式。在种植和酿造方式上尊崇祖辈而非父辈，这个大趋势导致了对传统葡萄种植技术的重估，比如意大利的夏天越来越热，使用悬空网格和棚架系统可使葡萄藤免受太阳烧灼。Alberello这种矮灌木丛式种植法也同样被重新评估。

意大利的葡萄藤和葡萄酒，都理所当然地因"意大利"这张名片而再度受到赞美。

酒标用语

质量分级

保证法定产区 Denominazione di Origine Controllatae Garantita（DOCG） 进入这个等级的产区，其葡萄酒被公认为意大利最佳（或许也有由巧舌如簧的游说者促成的）。

法定产区 Denominazione di Origine Controllata（DOC） 在意大利等同于法国AOP/AOC法定产区的等级（见第52页），也相当于欧盟的DOP（Denominazione di Origine Protetta），DOP包含了DOCG等级。

地区餐酒 Indicazione Geografica Protetta（IGP） IGP是欧盟体系中的名称，逐渐取代原有的IGT。

日常餐酒 Vino **或**Vino d'Italia，**或**Vino Rosso/Bianco/Rosato（取决于葡萄酒的颜色）这些也都是欧盟体系中的名称，用于最基本的等级，取代原有的Vino da Tavola。

其他常用术语

Abboccato 微甜
Alberello 矮灌木丛式种植
Amabile 半甜
Annata 年份
Appassimento 葡萄风干的过程，所酿葡萄酒或甜或干，著名的如瓦尔波利塞拉产区（Valpolicella）的阿玛罗尼（Amarone），以及瓦尔泰利纳产区（Valtellina）的Sfurzat
Azienda agricola 不买进葡萄或葡萄酒的酒庄，与azienda vinicola不同
Bianco 白葡萄酒
Cantina 酒窖或酒厂
Cantina sociale / cantina cooperativa 酿酒合作社
Casa vinicola 葡萄酒公司，通常为装瓶酒商
Chiaretto 酒色极淡的红葡萄酒或粉红葡萄酒
Classico 最初始（未扩增之前）的葡萄酒产区
Colle/Colli hill /hills 小山冈/丘陵
Consorzio 酒农公会
Dolce 甜
Fattoria 农庄
Frizzante 微泡酒
Gradi (alcool) 酒精浓度
Imbottigliato (all'origine) 原厂装瓶
Liquoroso 酒精度高，通常指加烈的葡萄酒
Metodo classico / metodo tradizionale 瓶中二次发酵的起泡酒
Passito 通常为以风干葡萄酿成的风味浓郁的甜酒
Podere 比fattoria规模更小的微型农庄
Recioto 威尼托区特产，以半风干葡萄酿成的葡萄酒
Riserva 经过较长陈年期的珍藏级葡萄酒
Rosato 粉红葡萄酒
Rosso 红葡萄酒
Secco 干型葡萄酒
Spumante 起泡酒
Superiore 陈年期比一般DOC等级长的酒，通常酒精浓度也比一般DOC等级的高出0.5%—1%。
Tenuta 小庄园或小酒庄
Vendemmia 年份
Vendemmia tardiva 迟摘型
Vigna / vigneto 葡萄园
Vignaiolo / viticoltore 葡萄种植者
Vino 葡萄酒

意大利西北部 Northwest Italy

对外国的葡萄酒爱好者来说，意大利西北部指的就是皮埃蒙特。其实，在阿尔卑斯山下的这一角，阿尔巴（Alba）和阿斯蒂（Asti）附近［朗格（Langhe）和蒙费拉托（Monferrato）详见下一页地图］的这片山丘，并不是优秀葡萄园的唯一所在地。

风土 山坡有时异常陡峭，以葡萄种植为主，对于全貌图上北部的地区来说，山坡朝南的一面越来越重要。

气候 在内陆地区（尤其是海拔较高的地区）种植的和开花较晚的品种，很难在秋天到来之前成熟。但这里夏天也会非常炎热。

主要葡萄品种 红：巴贝拉（Barbera）、内比奥罗（Nebbiolo）、多姿桃、罗塞斯（Rossese）；白：白麝香、柯蒂斯（Cortese）、阿内斯（Arneis）、维蒙蒂诺。

巴罗洛和巴巴莱斯科地区种植的内比奥罗是意大利西北部最名贵的葡萄品种。这一品种在该地不同地方的表现或有不同，但都非常出色，特别是在 Novara 和 Vercelli（也是知名的产米区）的丘陵地区最为著名。内比奥罗在当地被称为 Spanna，是皮埃蒙特山区高地至少十个法定产区的主要品种，而且每个法定产区的土质都不同。这些法定产区都得益于亚高山气候、朝南向阳的地势，以及因火山而形成的排水良好的冰川和斑岩土壤，这种土壤比朗格地区的土壤酸度高。实际上，酒款的差异取决于种植者，以及在作为骨架的内比奥罗里调配了多少如伯纳达（Bonarda）、Croatina 或 Vespolina 等葡萄品种。

DOCG 等级的加蒂纳拉（Gattinara）产区，通常被认为是最好的内比奥罗葡萄产区，其葡萄酒中内比奥罗的比例最高（至少 90%），且最容易找得到，Antoniolo 酒庄、Nervi 酒庄（2018 年被巴罗洛的 Giacomo Conterno 收购）以及 Travaglini 酒庄就是最有说服力的例子。盖梅（Ghemme）产区（也是 DOCG）稍逊一些，但小小的莱索纳（Lessona）产区颇具潜力；布莱马特拉（Bramaterra）产区的 Antoniotti 酒庄，其葡萄园富含斑岩土壤，正在成为皮埃蒙特山区高地最好的酒庄之一。在对品种和熟成的要求上，各个产区之间有细微的差异。诺瓦雷西山（Colline Novaresi）作为一个 DOC 等级的产区，覆盖了盖梅、博卡（Boca）、西扎诺（Sizzano）和法拉（Fara）这些法定产区，允许使用 50%—100% 的内比奥罗葡萄，且并不要求长时间的桶中熟成。在桶中熟成的时间太长，会让这些红葡萄酒的优雅消失，只留下可以长久陈年的假象。塞西亚-克斯特（Coste della Sesia）产区的情况也一样，Gattinara 和莱索纳产区都可纳入其中。与在桶中熟成不同，这些葡萄酒即使在瓶中几十年都不会有问题，Antonio Vallana 酒庄的酒尤其能证明这一点。在 150 年前，皮埃蒙特山区高地这一区域比当时新兴的巴罗洛地区更受推崇。

在对页地图远在东北角上与瑞士接壤的伦巴第地区，内比奥罗也是主要的葡萄品种。在瓦尔泰利纳（Valtellina）谷的沟壑中，位于阿达河（Adda）陡峭的北岸，朝南且阳光充足的地区，用内比奥罗酿出的酒，酒体精瘦，带着山地的气息。Valtellina Rosso 产区的葡萄酒，平实朴素，中规中矩；而在本区心脏地带的 Valtellina Superiore DOCG，包括 Grumello、Inferno、Sassella 及 Valgella 四个子产区，所产葡萄酒品质极佳。有些干型的 Sfursat（Sforzato）是以半风干葡萄酿成的，这成了当地一种很有影响力的特产。著名的生产商有 ARPEPE、Dirupi、Fay、Nino Negri 和 Rainoldi。

都灵市以北，经**奥斯塔谷地**（Valle d' Aosta）和勃朗峰隧道通往法国的方向，还有另外两个名气响亮但产量很少的内比奥罗葡萄产区。小小的克里玛（Carema）产区，知道的人更多一些，虽仍属于皮埃蒙特区，却将内比奥罗称为 Picutener。Ferrando 酒庄与本地的酿酒合作社都很杰出。Donnas 位于奥斯塔谷地内的行政区边界旁，这是意大利最小的葡萄酒产区。阿尔卑斯山的自然条件可能让这些内比奥罗葡萄与那些生长在较低海拔产区的内比奥罗葡萄相比，所酿的酒酒体没有那么壮盛、酒色没有那么深浓，但此地的酒款却有其独特的优雅与细腻。奥斯塔镇当地的红葡萄酒品种 Petit Rouge，尝起来和法国萨瓦酒区的葡萄品种蒙德斯酿成的酒有几分相似：酒色深浓、清新、带有浆果气息，让人心旷神怡。在归入奥斯塔谷地 DOC 产区内的各种葡萄酒当中，Petit Rouge 是 Enferd' Arvier 及 Torrette 产区的葡萄酒所采用的主要品种。Fumin 葡萄则被酿成其他更能陈年的红葡萄酒。这个繁忙的谷地还以引入的葡萄品种酿出一些具有异国风味的白葡萄酒，例如极其清淡的葡萄 Blancs de la Salle、Blancs de Morgex，口感厚重的马勒瓦西（Malvoisie）和小奥铭（Petite Arvine）——这两个葡萄品种来自瑞士，还有一些充满活力的霞多丽。

在皮埃蒙特呼啸的山风与东部的伦巴第平原交汇之处，自然条件就变得没有高山地区那么复杂和极端了。支撑伦巴第葡萄种植业的是 Oltrepò Pavese 地区，它是帕维亚省（Pavia）的一部分，在波河（Po）的另一边。一些意大利最好的黑皮诺、白皮诺和霞多丽都产自这里，它们被用来酿制一种起泡酒［起泡酒产区佛朗恰克塔（Franciacorta）将在第 164 页讨论］。

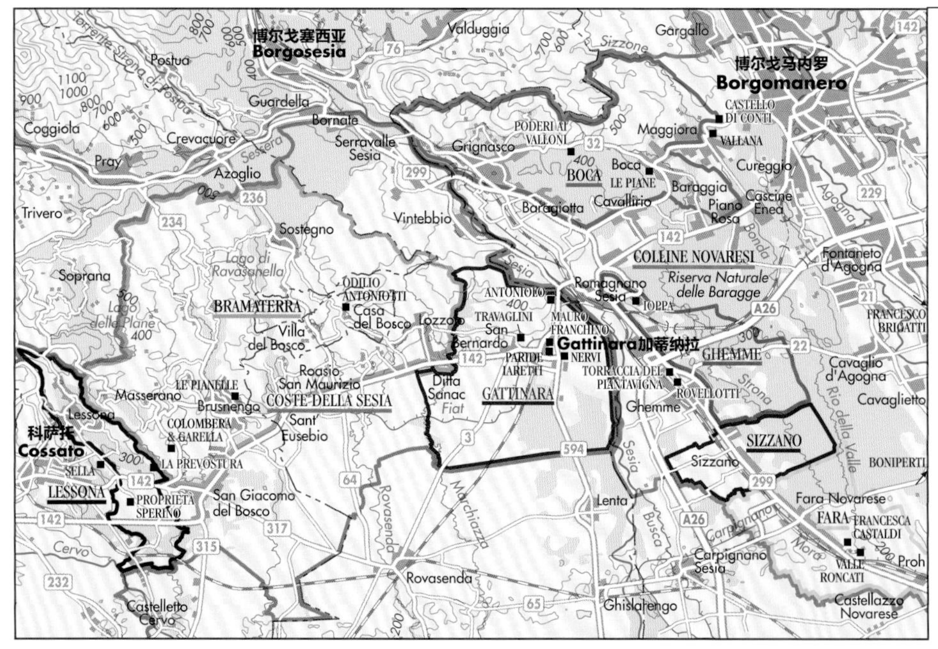

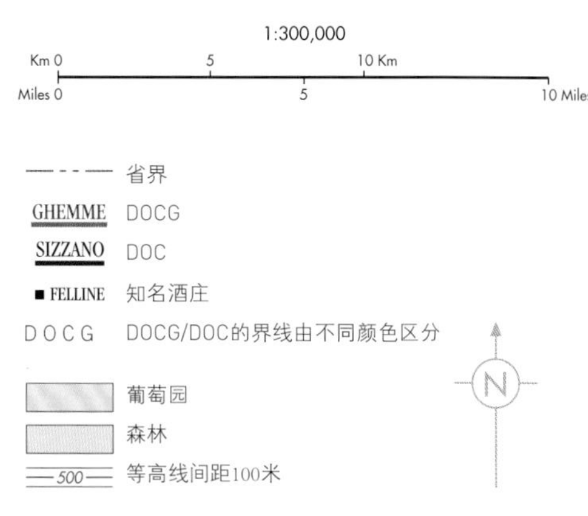

皮埃蒙特山区高地

这只是被称为皮埃蒙特山区高地的 DOC团体的一部分，却是最重要的一部分。这里生产的以内比奥罗为主酿造的红葡萄酒，非常优雅，在巴罗洛和巴巴莱斯科崛起前曾闻名遐迩。根瘤蚜虫病曾使它衰落，但现在已经复兴。

Gutturnio产区用巴贝拉和伯纳达酿制的静态红葡萄酒给人以深刻的印象；而位于皮尔琴察（Piacenza）以南的Colli Piacentini产区，用这两个品种酿制的葡萄酒则轻盈一些。Colli Piacentini产区有时也会用这两个品种酿制微泡酒。

从皮埃蒙特往南，越过阿尔卑斯山最后一段蜿蜒的山脉（被称为利古里亚亚平宁，Ligurian Apennines），我们来到了地中海，在群山和大海之间只有极狭窄的空间可种植葡萄。利古里亚（Liguria）地区的葡萄酒产量很小，但充满着独特的个性，很值得探究。

意大利西北部：都灵 ▼

纬度 / 海拔
45.2°N/ 302米

葡萄生长期的平均气温
17.7℃

年平均降水量
741毫米

采收期降水量
10月：75毫米

主要种植威胁
灰霉病、冰雹、不成熟

主要的法定产区

意大利有很多葡萄酒法定产区，数以百计，所以我们不得不有所限定，在此图和其他的地区图上只取其要。请注意这些产区是如何集聚在山坡上的。波河的平原地带并非出产优质葡萄酒的地方。

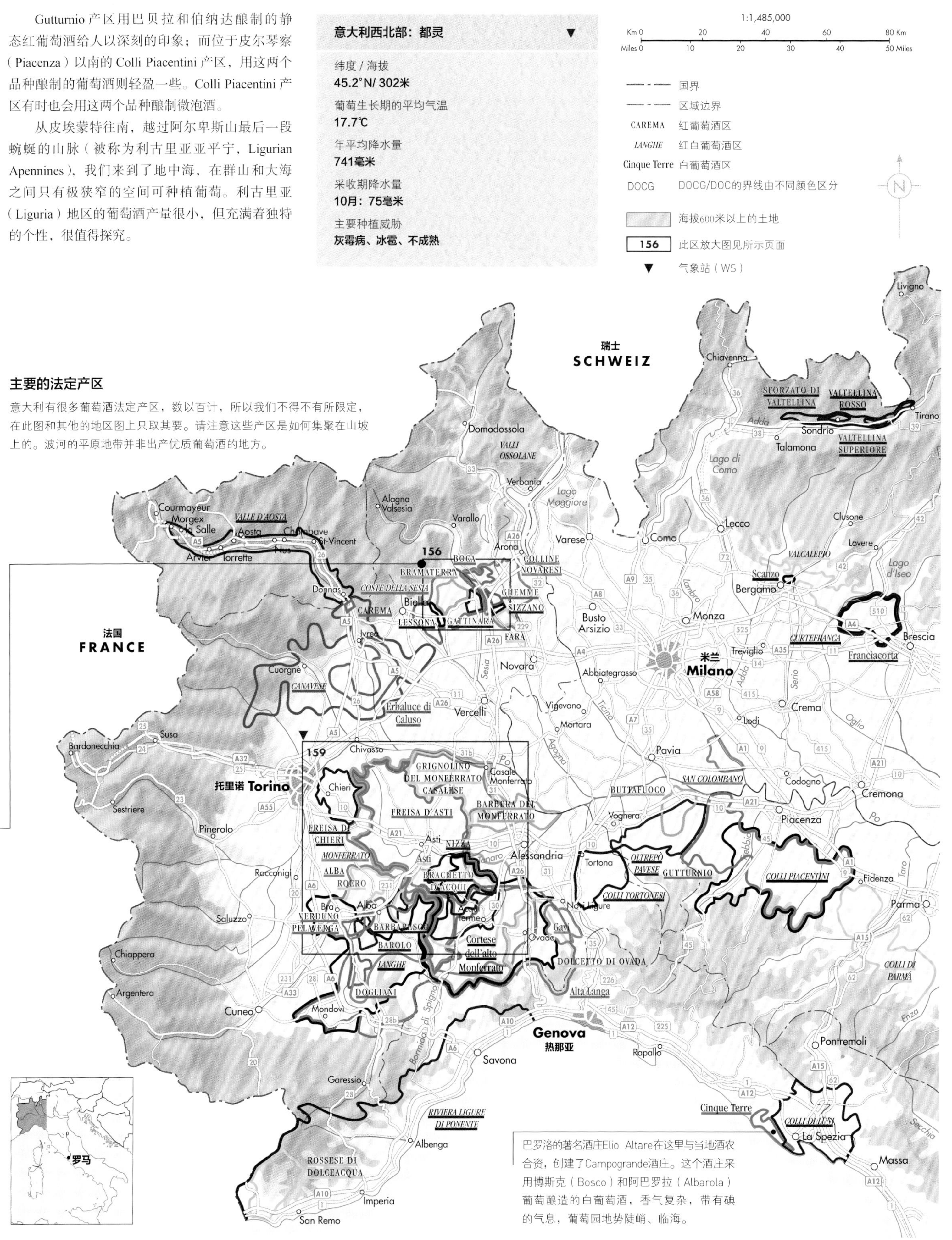

巴罗洛的著名酒庄Elio Altare在这里与当地酒农合资，创建了Campogrande酒庄。这个酒庄采用博斯克（Bosco）和阿巴罗拉（Albarola）葡萄酿造的白葡萄酒，香气复杂，带有碘的气息，葡萄园地势陡峭、临海。

皮埃蒙特 Piemonte

△

Ceretto酒庄的Monsordo-Bernardina庄园在阿尔巴（Alba）镇外，酒庄在原有的传统风格建筑旁新建了玻璃材质的泡状品酒室和观景台。

皮埃蒙特与勃艮第有许多相似之处，两地的葡萄酒都备受追捧，价格越来越高，葡萄园多为家族拥有，地理条件优越，被用心规划和护理。在这两个地区，美食如美酒一样重要。秋天，白松露是阿尔卑斯山脚下的皮埃蒙特的一个重要角色——皮埃蒙特字面上就是“山脚”的意思。阿尔卑斯山脉几乎环抱着这个丘陵地区，在其中心阿斯蒂举目远望，周边的蒙费拉托群山起伏，构成了一道绵延不断的黑色地平线；而在冬春两季，这条地平线则是白色的，闪烁着雪光。在皮埃蒙特，只有不到5%的葡萄园位于被官方认定的平地上。看上去，每一个覆盖着葡萄藤的山坡，其朝向都稍有不同，海拔及其他条件对它们的影响也有所不同，这就决定了哪一个葡萄品种该种在哪个地方。如果说每块葡萄园都拥有各自的中气候，那么整个皮埃蒙特地区就拥有自己的大气候了：生长季酷热，之后的秋天多雾，冬季寒冷且常有浓雾。

巴罗洛和巴巴莱斯科是皮埃蒙特最著名的两种红葡萄酒，酒名源自同名村落（详见右页地图）。皮埃蒙特的其他名酒，则多半以所用的葡萄品种为名，例如内比奥罗、巴贝拉、布拉凯多（Brachetto）、多姿桃、格丽尼奥里诺（Grignolino）、Freisa、麝香。如果在葡萄品种后面还加上地区名，比如“巴贝拉-阿斯蒂”，通常意味着酒来自某个特定且理论上品质更佳的区域。不过也有例外，比较有名的像近期才出现的朗格、罗埃罗（Roero）、蒙费拉托，以及范围涵盖整个地区的皮埃蒙特（因为皮埃蒙特人不希望在该区出现为他们所不齿的IGT）。

给人强烈印象的内比奥罗，无疑是称霸意大利北部的最佳红葡萄品种。即便不在巴罗洛或巴巴莱斯科区内种植，内比奥罗也能酿出结构良好、芳香扑鼻的葡萄酒，它的颜色深度从来都不那么值得关注，而且往往会随着年份的增长而呈现出红砖一样的色调。事实上，今天我们已经能找到许多表现不俗的内比奥罗-阿尔巴、朗格-内比奥罗以及罗埃罗红葡萄酒。酿造罗埃罗红葡萄酒的葡萄，生长在阿尔巴西北部的罗埃罗山丘的塔纳罗河（Tanaro）左岸的浅沙土上。带有梨子香气的当地古老白葡萄品种阿内斯，以及在当地被称为Favorita的葡萄品种维蒙蒂诺，在这里也同样能茁壮成长。

另一方面，**朗格**产区在河的对岸由阿尔巴往南延伸。这里指定的葡萄品种主要是内比奥罗、多姿桃、Freisa、阿内斯、Favorita及霞多丽等，这些品种很适合在塔纳罗河右岸土质厚实的黏土泥灰岩上生长。在朗格的山丘地带，产于许多特定区域的葡萄酒，包括巴罗洛和巴巴莱斯科在内，都可以降级至DOC，既可是单一品种酒，也可只是红葡萄酒或白葡萄酒。

蒙费拉托，可能会在其后加上内比奥罗的字眼，在北部拥有自己范围广阔的DOC（见第157页地图）；而皮埃蒙特产区则颇具包容性，包括巴贝拉、布拉凯多、霞多丽、柯蒂斯、格丽尼奥里诺、麝香、Uva Rara，以及三种皮诺。

实在是太过丰富多彩了

巴贝拉曾经因为太过普通而不受重视，如今却高居皮埃蒙特地区最迷人红葡萄品种排行榜的第二位。用内比奥罗酿造出来的酒，颜色浅、单宁强，需要耗时费心酿造；而用巴贝拉酿酒，只需将之置于法国新橡木桶中熟成，相比之下，其酒体浓郁、强健，呈深紫色。虽然巴贝拉传统上比内比奥罗采收得早，但需要种植在相对温暖的葡萄园并不能太早采摘，以确保酸度适宜，阿斯蒂和阿尔巴地区的酒农就是这样做的。巴贝拉-阿斯蒂法定产区，整体而言堪称最典型的巴贝拉，其下包括两个子产区：Tinella以及Astiano（或Colli Astini）——原还有的一个尼扎（Nizza）已经成为DOCG了。Barbera del Monferrato产区范围完全和巴贝拉-阿斯蒂一样；巴贝拉-阿尔巴的酒体更坚实，风格总随时尚而变化。

多姿桃是皮埃蒙特的第三大红葡萄品种，在地势最高也最严寒的地区仍能成熟（在这些地区，巴贝拉通常会被冻伤）。用多姿桃酿造的葡萄酒，口感柔和，但能在肉质、泥土感和干性之间达到完美的平衡，略带一丝苦味，这与当地丰富的菜肴相得益彰。在阿尔巴和海岸的山丘之间，多姿桃是最主要的葡萄品种，质量最优者产自阿尔巴、Diano d'Alba、Ovada等地，Dogliani的也很出色（其风格最为强劲）。Ovada和Dogliani地区的多姿桃葡萄酒表现得最为严肃，如果种植者对内比奥罗这种更时尚的葡萄品种的成熟抱有信心，朗格-内比奥罗酒款会更有盈利前景。本地的葡萄品种Ruchè也逐渐占据一席之地，这得益于一些葡萄酒的表现，比如Montalbera酒庄的Laccento **Ruchè di Castagnole di Monferrato**。

一直以来，用格丽尼奥里诺这个品种酿造的红葡萄酒，都是酒体轻盈且带有樱桃风味的，其实此类酒款也可以很精致而略带辛辣；其极品（产自阿斯蒂或Monferrato Casalese两个产区）相当纯净且让人提神。这些都是适合趁早饮用的酒款。

麝香是皮埃蒙特最具代表性的白葡萄品种，用于酿造阿斯蒂起泡酒，以及产于同一地区品质更佳的微泡酒莫斯卡托-阿蒂斯，这是香甜的麝香葡萄所酿制的最令人欣喜的类型。莫斯卡托-阿蒂斯还有另一个优点，就是它的酒精度只有约5%，比其他所有葡萄酒都要低，能在一顿丰盛的晚宴之后，为宾客带来惊喜和欢愉。

白葡萄品种柯蒂斯主要种植在亚历山德里亚镇（Alessandria，见第157页）南部，用来酿制依然流行的干型白葡萄酒Gavi。Nascetta这个品种可用于酿出较为复杂且可在瓶中陈年较长时间的白葡萄酒，其种植面积在扩大。这个丰饶产区里的其他特产还包括：一种起泡甜红葡萄酒Brachetto d'Acqui、以Pelaverga葡萄酿成的淡红葡萄酒Verduno、名为Malvasia di Casorzo d'Asti的甜味粉红葡萄酒或红葡萄酒、产自Erbaluce di Caluso DOCG的黄色葡萄酒，以及微泡红葡萄酒Freisa，多半产自阿斯蒂，常是带有甜味的，尝起来就像是多了些酸涩而少了点儿果味的蓝布鲁斯科，对于这种酒有的人很喜欢，有的人很讨厌。在2002年创立的Alta Langa DOC是专门为传统方式酿造起泡酒而设立的产区。

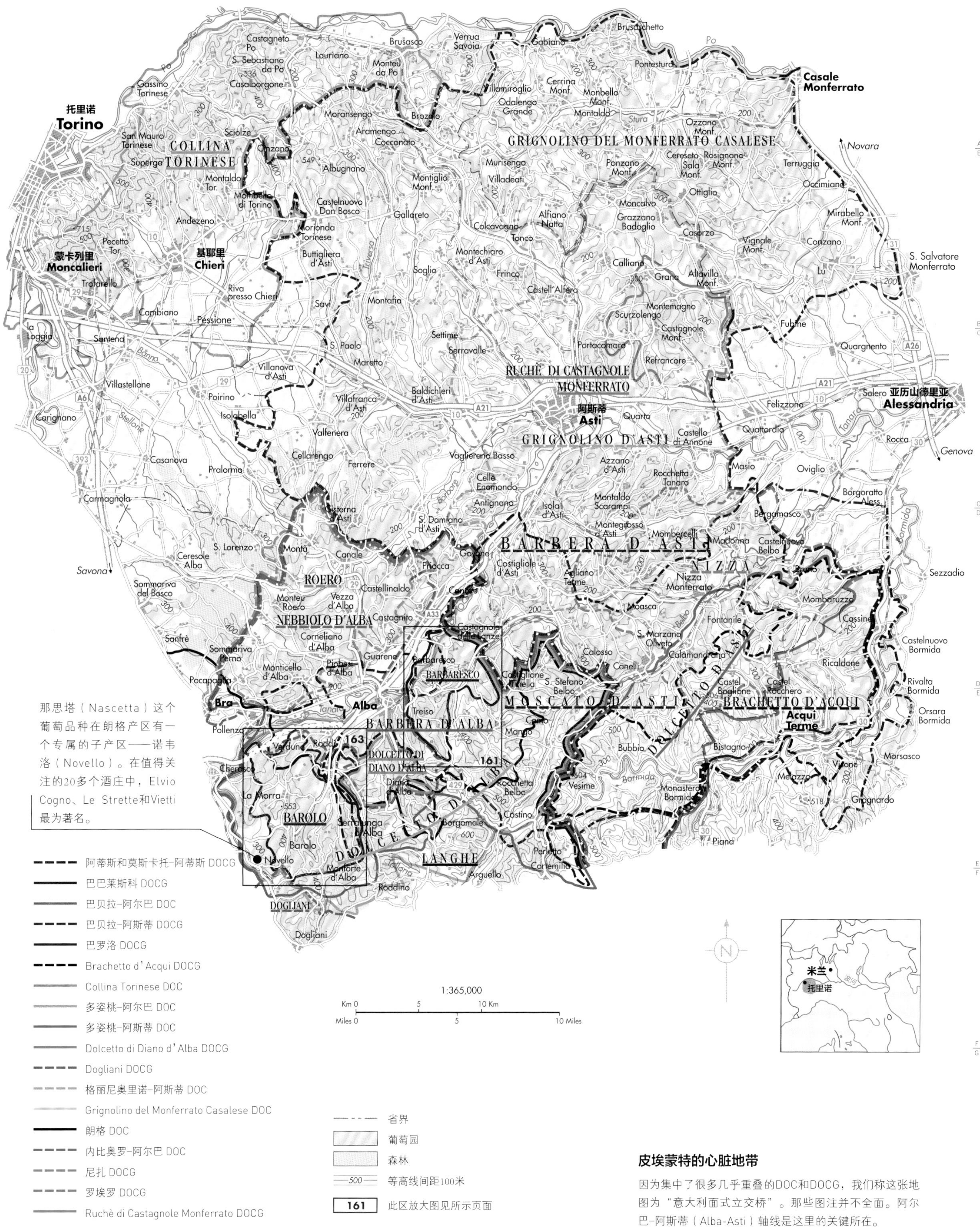
托里诺
Torino
蒙卡列里
Moncalieri
基耶里
Chieri
Casale
Monferrato
亚历山德里亚
Alessandria
阿斯蒂
Asti
Alba
Bra
Acqui
Terme
COLLINA
TORINESE
GRIGNOLINO DEL MONFERRATO CASALESE
RUCHÈ DI CASTAGNOLE
MONFERRATO
GRIGNOLINO D'ASTI
BARBERA D'ASTI
NIZZA
ROERO
NEBBIOLO D'ALBA
BARBARESCO
BARBERA D'ALBA
MOSCATO D'ASTI
BRACHETTO D'ACQUI
DOLCETTO D'ASTI
DOLCETTO DI
DIANO D'ALBA
DOLCETTO D'ALBA
BAROLO
LANGHE
DOGLIANI
163
161
Novara
Genova
Savona
那思塔（Nascetta）这个葡萄品种在朗格产区有一个专属的子产区——诺韦洛（Novello）。在值得关注的20多个酒庄中，Elvio Cogno、Le Strette和Vietti最为著名。
阿蒂斯和莫斯卡托-阿蒂斯 DOCG
巴巴莱斯科 DOCG
巴贝拉-阿尔巴 DOC
巴贝拉-阿斯蒂 DOCG
巴罗洛 DOCG
Brachetto d'Acqui DOCG
Collina Torinese DOC
多姿桃-阿尔巴 DOC
多姿桃-阿斯蒂 DOC
Dolcetto di Diano d'Alba DOCG
Dogliani DOCG
格丽尼奥里诺-阿斯蒂 DOC
Grignolino del Monferrato Casalese DOC
朗格 DOC
内比奥罗-阿尔巴 DOC
尼扎 DOCG
罗埃罗 DOCG
Ruchè di Castagnole Monferrato DOCG
1:365,000
Km 0 5 10 Km
Miles 0 5 10 Miles
省界
葡萄园
森林
500 等高线间距100米
161 此区放大图见所示页面
米兰
托里诺

皮埃蒙特的心脏地带

因为集中了很多几乎重叠的DOC和DOCG，我们称这张地图为“意大利面式立交桥”。那些图注并不全面。阿尔巴-阿斯蒂（Alba-Asti）轴线是这里的关键所在。

巴巴莱斯科 Barbaresco

在朗格的山丘里，塔纳罗河右岸的石灰质黏土上，巴巴莱斯科地区阿尔巴的东北部、巴罗洛村周围、城市的西南部（见对页地图），内比奥罗葡萄的表现最引人注目。在朗格的山丘里，地无三尺平，而具体的位置、朝向、海拔，是决定某一块斜坡种植巴贝拉、多姿桃还是晚熟一点儿的内比奥罗的关键。过去，最好的葡萄当然就是内比奥罗了，通常都产自高度适中的南向山坡，海拔介于150—350米之间，官方的海拔上限为500米。然而，夏天已变得越来越热，酒农们的种植技术也越来越娴熟，所以在海拔更高的地方种植内比奥罗，未来可期。

今天，种植者及其葡萄园决定着巴罗洛和巴巴莱斯科出口的葡萄酒的品质（酒标上通常以bric或bricco来突出那些杰出的葡萄园）。通过品尝可以发现，那些优秀的葡萄酒，在风格、品质、香气、力度及细致程度上确有其一以贯之的特性，但这些优秀的葡萄酒的崛起，或者说它们从被遗忘的传奇到成为万众瞩目的焦点，却是在20世纪80年代后才实现的。就算这样，尽管营销天才和巴巴莱斯科人安杰罗·嘉雅（Angelo Gaja）尽了最大的努力，巴巴莱斯科处于巴罗洛阴影下的日子并不那么好过。

特别是在20世纪90年代，一些消费者似乎对单宁存有戒心，过于重视颜色的深度，追求明显的果味，有些巴巴莱斯科（以及巴罗洛）的生产者因此而背弃了当地长时间萃取和在巨大的旧木桶中日久熟成的传统，尝试着在不锈钢容器中发酵，缩短浸皮时间，使用新的法国橡木桶并缩短在桶中熟成的时间。有一段时间，巴罗洛新旧两大对立的阵营闹得不可开交。进入新世纪之后，虽然具体形式不完全一致，但总体上还是回归到了一些较传统的酿酒方法。如今大多数的生产者会让浮起的果皮所形成的酒帽浸在酒液中30—40天，努力地以此证明，干涩粗糙、缺乏果味的葡萄酒已是过去的事情了。

陈年的好处

不管酿造方法如何，巴巴莱斯科始终是一款需要陈年的紧涩的葡萄酒，单宁建构了其一系列令人难以忘怀的风味。优质的巴罗洛和巴巴莱斯科可以在浓郁的甜香中带有森林的熏烤风味，在皮革和香料之外散发出覆盆子的果味，而在丰厚中又飘逸着树叶般的淡香。年份长一点儿的则带有动物性或柏油类风味，有时会令人联想到燃烛或者熏香，有时则可能是玫瑰、蘑菇、松露或樱桃干。这些风味的融合正是活跃于其中的单宁和酸度带来的，它能清新、活化味觉，而不过度刺激味蕾。

巴巴莱斯科新种植的葡萄园相当多，到2014年，种植面积达到733公顷，但这仍不到巴罗洛种植面积的一半。这个位于山脊上往西朝向阿尔巴市的村庄，人口不过650人，山麓上都是大名鼎鼎的葡萄园。阿斯利（Asili）、马丁内加（Martinenga）和拉巴雅（Rabajà）都是顶级红葡萄酒的代名词。下方往东走就是内华村（Neive），在曾由加富尔伯爵（Count Cavour，见第162—163页）拥有的Castello的葡萄园里，种植的巴贝拉、多姿桃，特别是麝香葡萄，比内比奥罗更多。事实上，在20世纪90年代以前，巴贝拉是巴巴莱斯科最重要的葡萄品种，那个时候，内华村一些最好的葡萄园就产出了让人兴奋的内比奥罗。

往南走是更高的山坡，有些地方太冷，让内比奥罗无法成熟，因此更适合栽种多姿桃。而在特黑索村（Treiso），内比奥罗往往表现得特别优雅且带有迷人香气。历史上Pajorè是最重要的酒庄，而Roncagliette葡萄园所酿的酒相当均衡，甚至带有巴巴莱斯科北部邻近村落的特色。当地政府将整个巴巴莱斯科又再分为几个子产区，其中有些产区的品质明显优于其他。在右页地图中只标出最好的巴巴莱斯科葡萄园，并尽量以出现在酒标上的名称来标示（虽然葡萄园的拼法可能会

▽
这座建于11世纪的高塔矗立在巴巴莱斯科之上，与周边建筑一道构成一条观景廊，可以360度观赏阿尔卑斯山脉和连绵起伏的葡萄园，在春天和夏天是一片翠绿，而在秋天则由满目鲜红转为金黄。

巴巴莱斯科的著名葡萄园

长久以来，巴巴莱斯科只是一个陪衬的角色，但它现在每个年份的酒都让它获得地位和名声。阿斯利（Asili）和圣斯特凡诺是两处最好的葡萄种植地，尽管巴巴莱斯科村的“国王”安杰罗·嘉雅可能会列举出其他的一些。

有出入，尤其是皮埃蒙特又有着自己的方言）。

主要的生产商

嘉科萨（Bruno Giacosa）酒庄在20世纪60年代就已经证明，巴巴莱斯科尽管未必总能如巴罗洛那般厚实，但可以同样浓郁；然而，可以这么说，让巴巴莱斯科一举成名的，主要还是安杰罗·嘉雅——这位轮廓鲜明的福音传道者穿着一件鲜艳的米索尼（Missoni）毛衣，以意大利葡萄酒先知和势不可当的推动者的形象，大步登上世界舞台。嘉雅对他所酿造的非传统葡萄酒的质量充满信心，也对他的葡萄酒的定价充满信心。他给他几款价格昂贵的单一园葡萄酒起了独特的名字：Sorì San Lorenzo、Sorì Tildin、Costa Russi。然后到了2000年，他又宣布弃用这些已经非常著名的名字，把这些酒归入朗格-内比奥罗DOC而不是巴巴莱斯科来出售。朗格-内比奥罗DOC作为一个法定产区，可包容降级的巴罗洛和巴巴莱斯科，还可接受调配酒中加入比例高达15%的“外国”葡萄品种（例如赤霞珠、梅洛、西拉）。从2013年开始，这些顶级的嘉雅葡萄酒，又重新以巴巴莱斯科的名义出售；随着安杰罗的女儿佳亚·嘉雅（Gaia Gaja）的接班，很有可能酒款的名字会被弱化，而突出酿造这些酒的酒庄名称。在嘉雅的酒窖里，既可见到巨大的老式木桶，又可以见到著名的法国橡木桶。

今天，巴巴莱斯科其他杰出的生产者不仅有嘉科萨酒庄、Marchesi di Gresy酒庄以及出色的酿酒合作社Produttori del Barbaresco，还包括赛拉图（Ceretto）、Cigliuti、Giuseppe Cortese、Moccagatta、Fiorenzo Nada、Rizzi、Albino Rocca、Bruno Rocca和Sottimano等酒庄。然而传统上，比起巴罗洛，巴巴莱斯科的葡萄有更高比例出售给了地区性大型酒商或酿酒合作社酿制装瓶。

因靠近塔纳罗河，巴巴莱斯科的气候更温和，在这里，葡萄采摘的时间常常比巴罗洛要早一些。此外，一般而言，巴巴莱斯科在陈放两年后即可上市，而巴罗洛则需三年；因此，巴巴莱斯科可以稍早些上市和饮用，这对今日狂热的葡萄酒消费者来说或许是件好事。我们很难因此就说巴巴莱斯科不如巴罗洛。

巴罗洛 Barolo

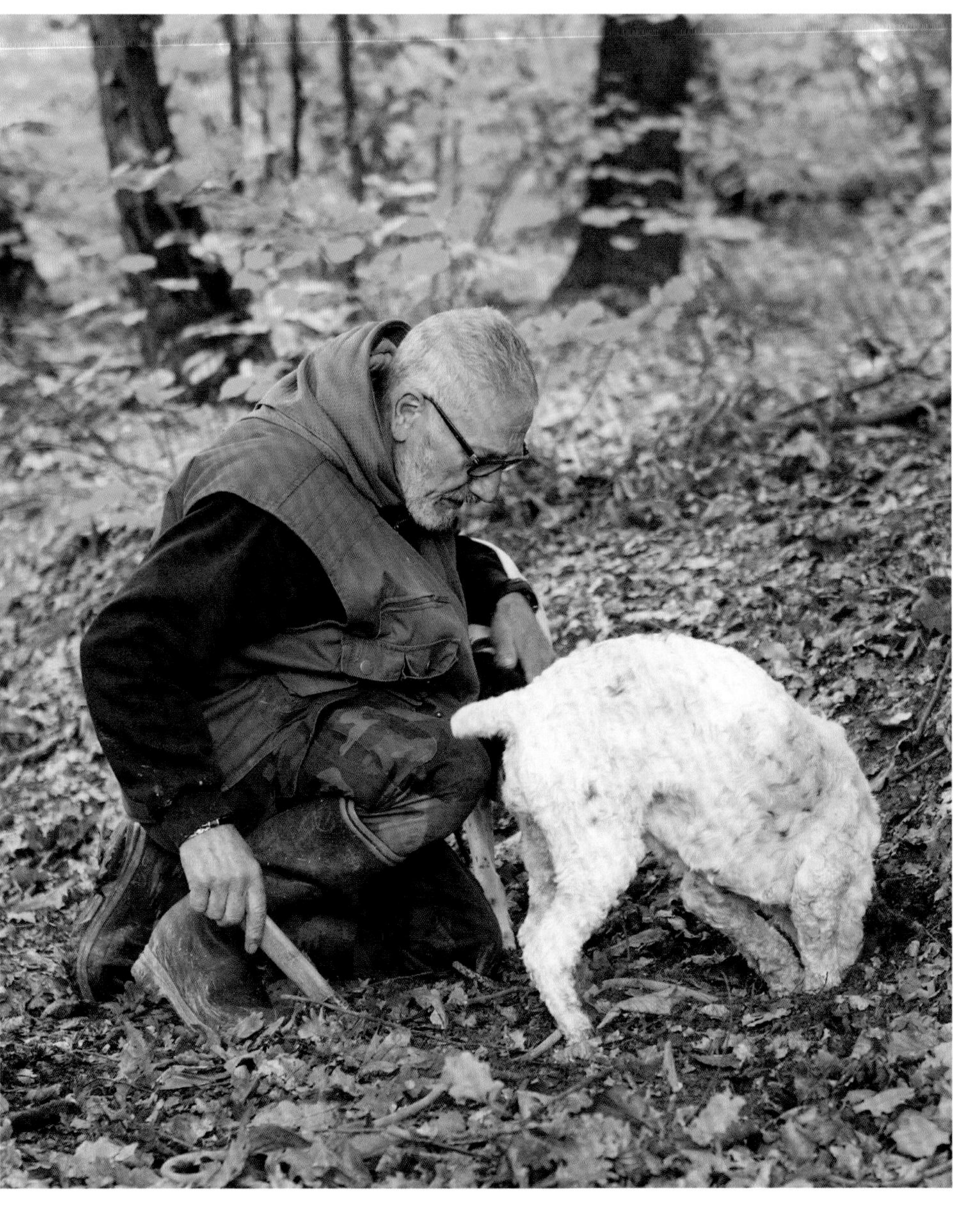

△
秋天是采食松露的季节，阿尔巴国际白松露节也在此时举办，大多数人都被吸引到朗格山区那些迷人餐厅的餐桌上，只有为数不多的人还带着狗到森林里寻找松露。

在葡萄采摘的季节，巴罗洛的山丘常常被雾霭半遮半挡。葡萄树从低矮的山坡一层一层往上走，露出的藤蔓或暗红，或金黄；有些山坡仍种着榛子树，果实会被用来做榛子酱。在这个季节访问巴罗洛，会有一次绝佳体验——一路采摘松露，透过薄雾，可见一串串黑色的葡萄“扑面而来”，令人惊喜。

巴罗洛距离巴巴莱斯科的西南部只有3.2千米，之间隔着Diano d'Alba产区的多姿桃葡萄园，就像上文（第160页）所提到的，巴罗洛和巴巴莱斯科无论是环境影响还是特质上都有诸多相似之处。塔纳罗河的两条小支流将巴罗洛分割为三个主要部分，每一部分都是盘绕曲折的山丘（见右页地图），海拔比巴巴莱斯科地区高出差不多50米。在仅有几个平方千米的地方，竟有那么多叫得出名字的葡萄园，这似乎有点儿奇怪；但那一圈一圈的等高线本身就可以说明问题，此葡萄园跟彼葡萄园，身价可能大不一样。

不久前，巴罗洛已经加入波尔多和勃艮第的行列，进入到最狂热的葡萄酒收藏家的采购单，这对其葡萄酒及葡萄园的价格影响，是可以预期的。1999—2013年，巴罗洛的葡萄园面积增加了50%以上，达到1984公顷。潜在的新葡萄园在得到认可之前，需要展示其能让内比奥罗葡萄成熟的潜力。天气变暖是一个有利因素。所有的巴罗洛葡萄园都集中在人口相对稠密的朗格山区，此区只够容下11个行政村镇。地理位置、海拔和中型气候的诸多不同，以及两种主要的土壤类型的不同，为本区划分子产区的争论提供了无尽的素材。在2011年官方葡萄园名单上，一些行政村镇（绝不是全部）大幅度扩大了其最佳葡萄园的范围，其中最引人注目的是梦馥迪阿尔巴村（Monforte d'Alba）的Bussia园扩大到了298公顷。这会使争论进一步加剧，难道他们就没考虑到扩充意味着贬值吗？

东西之别

既然清澈和新鲜是巴罗洛重视的品质，那么，凡登诺村（**Verduno**）及其优异的Monvigliero特级园——更不用说让人喜出望外的Comm GB Burlotto、Fratelli Alessandria和Castello di Verduno了，成了优质巴罗洛的来源。

这里的南部和**拉莫拉村**（La Morra）附近的阿尔巴大道以西，土质与巴巴莱斯科的土质非常接近，是来自地质学家所称的托尔顿时期（Tortonian）的石灰质泥灰土。拉莫拉村目前是最大的一个村，地势高低不一，在海拔200—500米之间，所以，尽管若黛安园（Rocche dell'Annunziata）所在的位置被认为是最好的，但要对这里的葡萄酒做一个概括的描述是不可能的。巴罗洛村所产的葡萄酒，往往不那么紧实，香气更开放。此地最佳的葡萄园包括Brunate、Cerequio以及地势略低一点儿、著名的Cannubi。

然而，由巴罗洛村往东，在卡斯蒂戈隆法列多村（Castiglione Falletto）、塞拉伦加阿尔巴村（Serralunga d'Alba）及梦馥迪阿尔巴村北部地区的葡萄园，土质以沙石为主，极不肥沃。这些地方生产的葡萄酒多半需要长时间的熟成，酒体更浓缩。卡斯蒂戈隆法列多村一些葡萄园的酒非常优雅，而塞拉伦加村出品的酒则常常非常紧实。在分隔塞拉伦加村和巴罗洛村的山谷的坡地上，所出产的葡萄酒风格独特，兼具塞拉伦加村的力量及卡斯蒂戈隆法列多村和北部梦馥迪村的优雅芳香。绝佳的例子有：梦馥迪村的Bussia园和Ginestra园；在卡斯蒂戈隆法列多村，Vietti家族和Brovia家族的Villero园，Mascarello酒庄的Monprivato园，Cavallotto酒庄的Vigna San Giuseppe园（在这个酒庄独自拥有的Bricco Boschis葡萄园内，有一个壮观的圆形露天竞技场，此地块就在那里）。

这里的塞拉伦加阿尔巴村，是著名的特级园Francia（为Giacomo Conterno酒庄独有）以及前皇室酒厂Fontanafredda的所在地，正是它们奠定了巴罗洛“王者之酒，酒中之王”的地位。这个村里还有一些巴罗洛地势最高的葡萄园，但那条把塞拉伦加村与其西边的梦馥迪阿尔巴村分开的狭长山谷，所积蓄的温度足以弥补高海拔的不足，因此，在绝大多数年份，那些位置不错的葡萄园仍可让内比奥罗葡萄达到完全成熟。在东北部地区的Grinzane Cavour村，最著名的无疑是它的Castello，这曾是加富尔伯爵（count of

巴罗洛著名的葡萄园

内比奥罗葡萄在整个意大利西北部都有种植，而巴罗洛是其核心产区。这里的葡萄园分割极细，结构与勃艮第相似，变幻无常的内比奥罗葡萄可以表达地块间很微妙的差异。

外国投资者进入巴罗洛，令土地价格大涨。然而，Giacomo Conterno酒庄则努力从美国买家手中夺得Arione特级园。

Cavour）的庄园，他是意大利王国首相（1861 年）。在1836—1841年，加富尔雇请了Paolo Francesco Staglieno作为酿酒师，希望他能用内比奥罗酿出可以陈年的优质葡萄酒。Staglieno所采取的方式是让酒液发酵至糖分极低（像那时候大多数的意大利葡萄酒一样，巴罗洛的葡萄酒也偏甜，还可能带有气泡）。

如今，巴罗洛有许多酒庄是从种植到装瓶一条龙的（在意大利各个葡萄酒产区中，这里最像勃艮第）。这里的传统，就像在勃艮第那样，同一家族，既种葡萄，也酿酒。事实上，不管是用传统的方法（即在大桶中慢慢熟成），还是用更现代的方式（就像Elio Altare酒庄和Roberto Voerzio酒庄那样），活泼、富有表现力、几乎就像勃艮第葡萄酒，是这里的新准则。没有谁是绝对正确的，而若是谁有意忽略内比奥罗葡萄及此处的风土特质，那他肯定就是错的。优质的巴罗洛可说是全世界最不改本色的葡萄酒，需要数十年的瓶中陈年，它才会充分展现出真正的魅力、飘逸出迷人的香气。

◁
最好的普洛赛克葡萄产自Conegliano Valdobbiadene，那里的葡萄园非常陡峭，需要用滑轮来运输。

意大利东北部 Northeast Italy

对页地图上的这个世界大都市区域，现在是意大利最多产的葡萄酒产区。这里主要生产白葡萄酒，包括在大众市场上最受欢迎的两种葡萄酒：普洛赛克（Prosecco）和灰皮诺（Pinot Grigio）。

风土 种植葡萄的土地大多比较平坦，地势不高；但最好的葡萄酒一般都产自地势较高的地方。

气候 总的来说，冬天不太冷，夏天较热且有规律地降水。在加达尔湖（Lake Garda）附近的葡萄园享受着类似地中海气候的环境。

主要葡萄品种 白：歌蕾拉（Glera）、卡尔卡耐卡（Garganega）、弗留利（Friulano）或Tai Bianco、维多佐（Verduzzo），以及各种国际品种；红：蓝布鲁斯科、科维纳（Corvina）、品丽珠、梅洛、拉波索（Raboso）、桑娇维塞。

最受欢迎的意大利葡萄酒，也是全世界年轻女性最喜爱的葡萄酒，当是**普洛赛克**，这种起泡酒是在巨大的罐里发酵的，而不是像香槟那样在瓶中发酵。世界上对这种易饮的起泡酒需求是如此大，以至在2008年时这个产区面积一下子扩大了许多，包含了整整九个省份（地图上粉色的广袤地区）。为了保护普洛赛克起泡酒不被仿冒，生产者把普洛赛克这个葡萄品种的名称改为“Glera”，又把原来的名称“普洛赛克”注册为一个地理名称，以保证此名称为他们自己专用。

但并不是所有的普洛赛克都能卖出好价钱。最优质的普洛赛克来自这个广袤产区中心的丘陵地带，这里是法定产区科内利亚诺-瓦杜邦登（Conegliano Valdobbiadene DOCG，酒标上也有可能标示Prosecco Superiore），尤以卡迪兹（Cartizze）山享有的声誉最高。另一个法定产区阿索罗-普洛赛克（Asolo Prosecco DOCG）紧邻其南部，那里的普洛赛克也很棒。现在越来越多人有兴趣酿造绝干、带酒泥的普洛赛克，这种起泡酒在出售时瓶中还带着“酒渣”。

在第165页地图最西侧的其他起泡白葡萄酒产区，就没那么有名了。位于伊塞奥湖（Lake Iseo）以南的**佛朗恰克塔**地区，自20世纪70年代贝卢奇（Berlucchi）家族直接模仿香槟的做法以来，一直以传统法酿制起泡葡萄酒。最主要的生产商Ca'del Bosco酒庄生产的Cuvée Annamaria Clementi一直是意大利最好的起泡葡萄酒之一。然而，如今最令人期待的是新一代生产者，他们选用充分成熟的葡萄并采用“零添加”的方法（常规来说是需要添加的），酿造出有着风土特色、相当于酒农香槟的起泡酒。

密集的威尼托葡萄酒产区带的详细介绍可以参见第168—169页。在该区西缘的加尔达湖南端，生产一种很吸引人的干白葡萄酒，所用葡萄品种叫卢佳娜（Lugana），是维蒂奇诺葡萄在当地的变种。就像在意大利的葡萄酒历史和地理中常见的那样，能生产出优质葡萄酒的湖滨地区在不断扩展。在加尔达湖，湖滨的产区已从石灰质土壤地带延伸至南部平原和丘陵的黏重土壤地带。所以，如今卢佳娜的风格可以说是多种多样的。Ca'dei Frati酒庄与Ca'Lojera酒庄已向人们证明这种葡萄酒可以陈年；同时这个地区还有潜力生产完全成熟的红葡萄酒，而不仅仅是供旅游者大口大口喝的清淡的红葡萄酒Bardolino和粉红葡萄酒Chiaretto。Bardolino和Chiaretto这两种葡萄酒所使用的葡萄品种和瓦尔波利塞拉所使用的相同，趁其酒龄尚短，在葡萄藤遮阴的露台上轻松品酌，最是惬意。

源于加尔达湖的加尔达产区，已经成为一个包罗万象的DOC名称。使用这个DOC名称，在索阿韦、瓦尔波利塞拉和Bianco di Custoza这些标准的威尼托产区，可以进行本地品种和国际品种的混酿。位于南边的Bianco di Custoza产区的干白葡萄酒，比索阿韦产区普通的酒款更靠得住；而在东边的甘贝拉（Gambellara）产区，Angiolino Maule酒庄与Giovanni Menti酒庄酿出了一些葡萄酒，最能真实表达出卡尔卡耐卡这个品种的特色，尽管它们大部分都是以IGT这个等级进行销售。

东部的葡萄酒就更多样了。维多佐以及一种在弗留利被称为弗留利、在威尼托被叫作Tai Bianco的葡萄都是威尼斯内陆地区的白葡萄品种；而清淡的卡本内（以品丽珠为主）和梅洛，加上特色鲜明的在当地颇受欢迎的品种拉波索，则在Piave和Lison-Pramaggiore两个平原占尽优势。

在维琴察（Vicenza）和帕多瓦（Padova）附近平原上的绿色火山岛上，有两个越来越成功的产区Colli Berici和Colli Euganei。在Colli Euganei，有许多正待进一步开发的老葡萄园，这里还是Colli Euganei Fior d'Arancio DOCG之所在，生产甜起泡酒Moscato Giallo。红葡萄品种包括波尔多的赤霞珠、品丽珠和梅洛，以及在当地被称为Tai Rosso的歌海娜——Berici产区的经典红葡萄。白葡萄方面则是国际品种与当地传统品种的结合：索阿韦的卡尔卡耐卡、歌蕾拉、清淡爽脆的Verdiso，以及更坚实的弗留利。弗留利现在名为Tai Bianco，拥有自己的**Lison** DOCG（见第171页）。

Breganze在维琴察的北部，这个DOC也是因一个狂热的酿酒师而出名的（就像佛朗恰克塔那样）。受波尔多名庄伊甘酒庄启发，福斯托·马库兰（Fausto Maculan）酿出了金色的Torcolato，让用风干的当地葡萄Vespaiola酿制的传统威尼斯甜酒重获新生。Contrà Soarda酒庄酿造的干性Vespaiola特别受人喜爱。

从地图上就可以看得很清楚，波河流经米兰东南平原到亚得里亚海的河谷宽阔而平坦，因此不是理想的葡萄酒产区。在整个波河谷地中只有蓝布鲁斯科红色起泡葡萄酒是知名的——对一些人而言它有点邪异，它产自摩德纳（Modena）附近，尤其是来自Sorbara镇。这种葡萄酒活跃，散发着红色莓果香，有着不同寻常的明亮粉色泡沫，显然很让人开胃，它可以大大降低博洛尼亚食物的浓腻肥厚感。Francesco Bellei等一些生产商正在突破Lambrusco di Sorbara产区的极限，以各种不同方式酿造经典的葡萄酒，如传统的frizzante（微气泡）以及metodo ancestrale（瓶中发酵，不除渣上市）。这两种酿酒方式在20世纪70年代基本上都被工业化的大罐发酵方式取代了，新的一代正在引领产区重回其传统的干型风格。Paltrinieri酒庄所酿的蓝布鲁斯科酒是单一园的，而Bellei酒庄和Cantina della Volta酒庄正在用传统法酿造趋于严肃的酒款，其桃红葡萄酒尤佳。

尽管一些来自合作社、风格沉闷的葡萄酒占据主导地位，但艾米利亚-罗马涅（在地图的南部）作为葡萄酒产区的声誉还是节节上升的。在博洛尼亚附近的山丘 Colli Bolognesi，目前生长着一些质量非常好的赤霞珠、梅洛和霞多丽葡萄，以及当地的白葡萄品种 Pignoletto（这个品种会用在一种叫作 Pét-Nat 的微甜轻起泡酒中）。博洛尼亚南部的乡村和拉文纳（Ravenna）地区，依然大量生产着罗马涅这个品种的葡萄酒，其中又以罗马涅特来比亚诺的表现最为普通。1986 年，**罗马涅阿巴娜**（Albana di Romagna）成为意大利第一个提升到 DOCG 的白葡萄酒产区（当时有点儿令人困惑）。就像其他许多意大利白葡萄酒一样，阿巴娜也可以被酿成各种不同的甜度，其中最好的，包括用风干葡萄酿造的 Scacco Matto 甜酒，都是由 Zerbina 酒庄酿造的。一些用传统的方式带皮发酵的酒款，也显示出不错的前景。

罗马涅桑娇维塞是一个巨大的红葡萄酒产区，它的葡萄酒品质良莠不齐，有的可能寡淡、粗制滥造，但也有可能是有力且精致复杂的。事实上，许多慧眼独具的托斯卡纳酿酒师，会对来自罗马涅的桑娇维塞克隆品种情有独钟。Convito di Romagna 的本地酒庄组织要求其成员至少要酿造一款单一园的桑娇维塞。

特伦蒂诺和上阿迪杰 Trentino and Alto Adige

阿迪杰谷地（Adige Valley）形成了通往阿尔卑斯山的惊险走廊，通过布伦纳（Brenner）山口将意大利和奥地利连接起来。这是一条布满岩石的壕沟，有些地方拓宽了，可以看到远处的山峰，但不可避免的是，它与罗讷河谷一样，也是一条拥挤的南北连接线，连接着河谷中所有繁忙的交通和工业线路。

这里最好的葡萄园与下面繁忙吵闹的交通状况形成了一种令人愉悦的对比。从河川到岩壁，所有山坡都是架着棚架的葡萄园，夏天时从高处俯瞰，浓密的叶子仿佛构筑了一道道阶梯。

特伦蒂诺是涵盖整个山谷的DOC。这个山谷种植了大量灰皮诺（需求很大），并在地势较高的地方种植霞多丽以获得足够的自然酸度，霞多丽被用于酿造传统法的起泡酒。法拉利（Ferrari）是此地最主要的生产商，Giulio Ferrari Riserva del Fondatore是最出色的可陈年的起泡酒。

在偏远的南部地区，San Leonardo酒庄酿出了世界最优质的波尔多混酿之一，这里的河流沉积地与梅多克相像，其酒也相像。从这里往北一些，谷地的每一段都有其特产——独特的原生葡萄品种。比如，通向特伦托（Trento）小镇的蜿蜒峡谷被称为Vallagarina，这里是玛泽米诺（一种充满香水味、酒体轻盈的传统红葡萄酒）的出产地。Eugenio Rosi酒庄用半干葡萄酿制的葡萄酒品质优异。

在特伦蒂诺的北端，是梅佐伦巴多镇（Mezzolombardo）与美佐科罗娜镇（Mezzocorona）之间的砾石平原Campo Rotaliano，在悬崖边缘，藤架如地毯般铺开，这里种植着一种紫色的葡萄品种特洛迪歌（Teroldego）。Teroldego Rotaliano是意大利最具特色的葡萄酒之一，带着标志性的酸度，还有一丝显示其原生性的苦味。伊丽莎白·芙拉（Elisabetta Foradori）能酿出精致、充分成熟的酒款Teroldego Rotaliano，被称为"无敌女王"。她使用改进的克隆品种葡萄酿酒，并在双耳陶罐中发酵，酿出的葡萄酒给消费者带来了深刻印象，却未能打动产区管理当局，因此她只能把自己的酒以IGT Vigneti delle Dolomiti的名义售卖。

在圣米凯莱（San Michele）周围的阿迪杰东侧山坡，尤其适合种植白葡萄品种，国际红葡萄品种在此也表现不错。

Valle dei Laghi位于主要的一段山谷的西面，有三个小湖，同样种有各种不同的葡萄品种（所有这些区域都出产优质的起泡酒基酒），但同时还有一种特产，即以另一种复兴的原生白葡萄品种诺西奥拉（Nosiola）酿成的优质甜酒——圣酒（Vino Santo）。诺西奥拉这个品种日益受到欢迎，

特伦蒂诺

特伦蒂诺最著名的葡萄酒是瓶中发酵的干型起泡酒，以特伦托DOC的名义出售。酿酒所用的葡萄品种主要是霞多丽，再调配点儿白皮诺和黑皮诺。

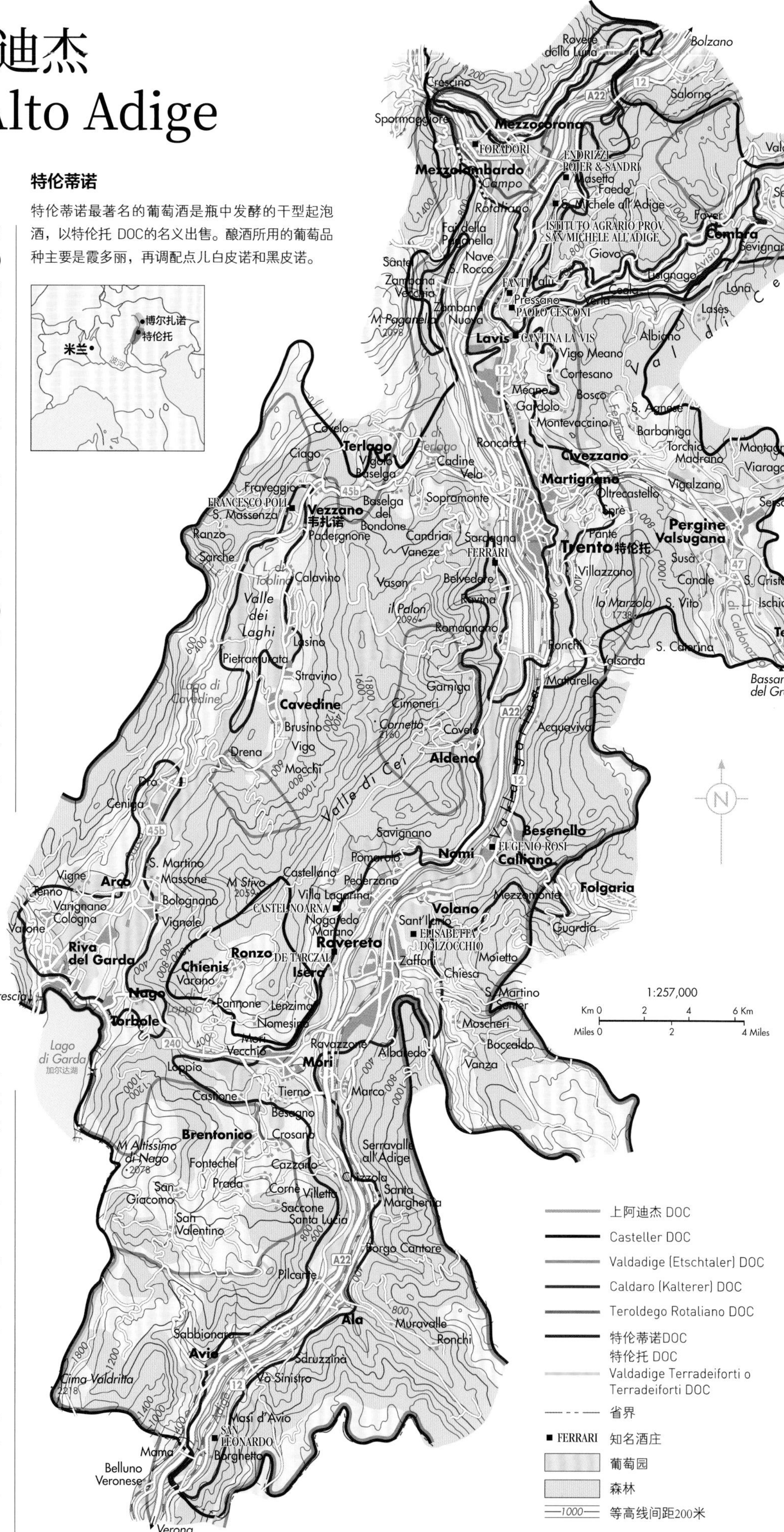

芳香、通常是干型的诺西奥拉葡萄酒如今也有越来越多的追捧者。在如此分散的地形中，酒农合作社必然要占主导地位，但 i Dolomitici 是一个有革新精神的生产者组织，追寻杰出的老葡萄园并提供更多独特的选择。

上阿迪杰

紧挨着奥地利蒂罗尔（Tyrol）南端的**上阿迪杰**，是意大利最北端的葡萄酒产区，阿尔卑斯山诸峰俯瞰着这个文化和葡萄种植的大熔炉。在这里，德语比意大利语通用，而法国的葡萄品种则比日尔曼品种更受欢迎。这里既生产活泼清爽、果香浓郁、品类多样的白葡萄酒（这是它现代声誉的基础），还在较温暖的区域生产较为严肃的红葡萄酒。博尔扎诺（Bolzano）的夏天非常炎热，但镇子的山坡上分布着优质葡萄园，犹如一个错综复杂的系统，下午有微风从湖上吹来，晚上清爽凉快，这些都让其受惠。灌溉通常是必需的。多数葡萄酒都是以大范围的上阿迪杰 DOC 的名义出售，同时还会标出葡萄品种的名称。这里葡萄酒产量中约有70% 来自生产合作社。

葡萄种植集中在阿迪杰谷地的河滩和低坡上，底下是一片苹果园。葡萄园所在高度从海拔 200 米至近 1000 米不等，但 350 米至 550 米的高度便于避免霜害，且最利于葡萄的成熟。

韦诺斯塔谷地（Valle Venosta，德文 Vinschgau）和**伊萨尔科谷地**（Valle Isarco，德文 Eisacktal），分别位于博尔扎诺市的西北部和东北部（见第165 页地图），那里的葡萄园地势较高，常常有些陡，呈梯田状，在类似的地方，特别适合种植雷司令、西万尼、克尔娜（Kerner）；气候的变化保证了葡萄的成熟，还可以种植各种品系的维特利纳（Veltliner）。

在地势略低的山坡上，霞多丽、白皮诺及灰皮诺呈现出清新活泼的风格，是上阿迪杰地区的标志性品种。像 Cantina Terlano 酒庄的 Vorberg 那样的单一园白皮诺，无论是酒龄尚浅的还是经过陈年的，都值得关注，事实上它已受到广泛关注了。泰拉诺村（Terlano）也以其高山上的长相思葡萄而享有盛誉，长相思也是能在上阿迪杰表现突出的品种。在这片区域的地下，不是常见的因古代冰河移动而露出的白色石灰质土壤，而是坚硬的花岗斑岩，这一特点在酒标上是被特别强调的。塔米娜（Traminer）这个葡萄品种的名称，显然与博尔扎诺市南部的小镇 Tramin（意大利语 Termeno）相关。在当地，Hofstätter 酒庄特别有名；而 Tiefenbrunner 酒庄用米勒–图高这个葡萄品种酿造的葡萄酒很有趣，需瓶储 6 个月（Feldmarschall bottling）再上市，这种做法并不多见。

到目前为止，种植范围最广的红葡萄品种是司棋亚娃（Schiava，别名 Vernatsch，在特伦蒂诺也有种植），用这种葡萄工业化生产的葡萄酒，尽管在德国很流行，但过于浅淡、柔弱和简单，难以为这个品种赢得多少尊重。不过，许多年轻一些的酿酒师正热衷于使用棚架上生长的老藤司棋亚娃，酿出的葡萄酒令人兴奋，可以陈年。

最早产于博尔扎诺一带的本地品种勒格瑞（Lagrein），则能酿出色泽深一些的葡萄酒，其中包括果香浓郁的粉红葡萄酒 Lagrein-Kretzer，以及酒色更深浓的 Lagrein-Dunkel，两者都有陈年潜力，但可能会略显粗糙。Nusserhof 酒庄所酿的勒格瑞酒最为出色，这个酒庄还复兴了诸如 Blaterle 那样的其他本地品种。在 19 世纪引入的红葡萄品种——梅洛、赤霞珠，尤其是黑皮诺，也能有很好的表现。Franz Haas 酒庄酿造的黑皮诺精致，有很强的陈年能力，令人羡慕；这个酒庄还把这个娇弱的品种种植到地势更高的地方，最高的达到海拔 900 米。

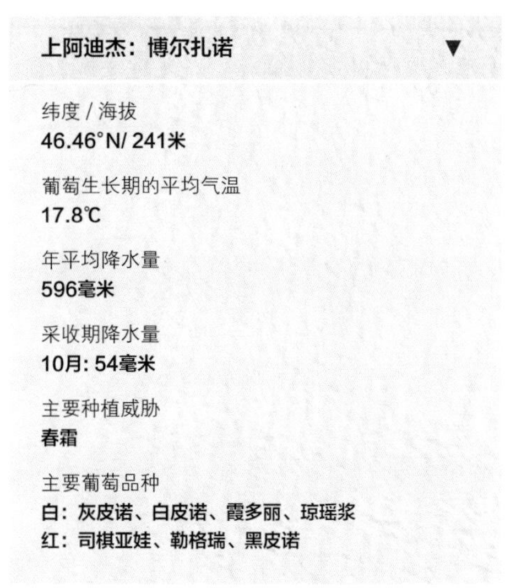
上阿迪杰：博尔扎诺 ▼

纬度 / 海拔
46.46°N/ 241米

葡萄生长期的平均气温
17.8℃

年平均降水量
596毫米

采收期降水量
10月: 54毫米

主要种植威胁
春霜

主要葡萄品种
白: 灰皮诺、白皮诺、霞多丽、琼瑶浆
红: 司棋亚娃、勒格瑞、黑皮诺

上阿迪杰

上阿迪杰位于这个广袤区域的北部，这里的地名给予其IGT葡萄酒一个浪漫的名字：Vigneti delle Dolomiti（意为多洛米蒂的葡萄园，多洛米蒂山是当地的滑雪胜地——译者注），然而此地葡萄种植的各种产量标准就不那么浪漫了。

一直以来，Mazon都被认为是一块特别适宜种植黑皮诺的特级园，但现在，它所在的地方即使海拔高至350米，气温也在不断地升高，这对葡萄的生长很不利，而且也是危险的。

上阿迪杰DOC内的子产区

- Meranese (Meraner)
- Colli di Bolzano (Bozner Leiten)
- 泰拉诺 (Terlaner)
- Caldaro (Kalterer)
- Santa Maddalena (Sankt Magdalener)

- Teroldego Rotaliano DOC
- 特伦蒂诺 DOC
- 省界
- 知名酒庄
- 葡萄园
- 森林
- 等高线间距200米
- 气象站（WS）

1:235,000

维罗纳 Verona

△
威尼托的冬季会非常寒冷。这些是Arbizzano村的葡萄园，位于古典瓦尔波利塞拉（Valpolicella Classico）产区的东南角，它是一个葡萄酒产区最初的心脏地带，如今这个产区已扩大了许多。

维罗纳的丘陵，从索阿韦往西延伸至加尔达湖，有着肥沃的火山灰土壤，草木繁茂；在每处阶梯和棚架上，在别墅群和柏树林之间，葡萄藤肆意生长。别墅群和柏树林象征着意大利的优雅，但遗憾的是，那份优雅并不常常反映在当地的葡萄酒之中。这是因为威尼托已经成为意大利最高产的葡萄酒产区。索阿韦（DOC）是威尼托最重要的葡萄酒产区，在这里，官方规定的单位产量可高达每公顷 10 500 升，这是品质下降的罪魁祸首。差不多 80% 的葡萄园，其种植者都是将采收的葡萄直接卖给当地的酿酒合作社，这些人完全不会在意维护名声。在意大利，不太尝试新方法（或常常回归传统方法）的产区并不多，而这个产区恰是其中之一。不过，在葡萄园中，人们对棚架种植（特别是老藤）的重视是显而易见的。Gini 酒庄的葡萄园有百年历史，它出品的 Contrada Salvarenza Vecchie Vigne 能向我们展示其中的原因。

但真正的索阿韦葡萄酒是无与伦比的，它混合了持久的杏仁和柠檬的香气。一瓶来自 Pieropan 或 Anselmi 的酒款就很有说服力。为了区分正宗的索阿韦葡萄酒与大量随意使用其名字的葡萄酒，当局又另外设立了两个更高等级的法定产区：古典索阿韦（Soave Classico DOC，葡萄产自最初的历史产区）和超级索阿韦（Soave Superiore DOCG，葡萄产自土壤较贫瘠的山坡地区）。两者的单位最大产量分别为每公顷 9800 升及每公顷 7000 升——至少这是个开端。

这样的单位产量上限还是比较高的，远远高于顶级生产者实际操作时的数量。Pieropan 和 Anselmi 两家酒庄已经加入了如 Cantina di Castello、La Cappuccina、Coffele、Filippi、Gini、Inama、Prà、Tamellini 及现代主义者 Suavia 这样认真尽责的公司的行列。其中除了 Filippi 酒庄位于索阿韦产区的最高处 Soave Colli Scaligeri 外，其他酒庄都位于古典索阿韦产区，集中在索阿韦村东北部里

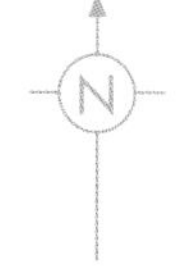

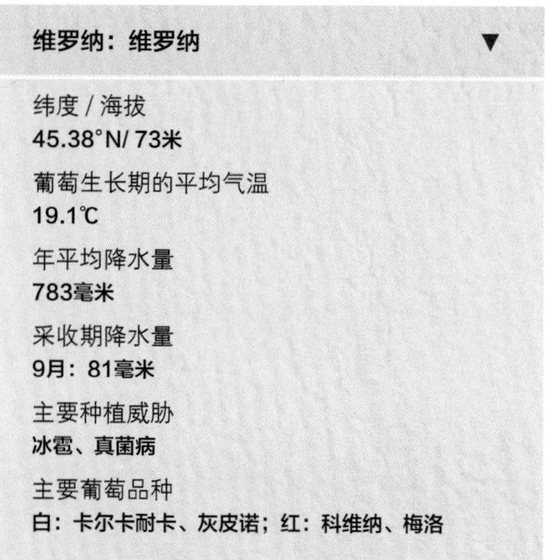

维罗纳：维罗纳

纬度 / 海拔
45.38°N/ 73米

葡萄生长期的平均气温
19.1℃

年平均降水量
783毫米

采收期降水量
9月：81毫米

主要种植威胁
冰雹、真菌病

主要葡萄品种
白：卡尔卡耐卡、灰皮诺；红：科维纳、梅洛

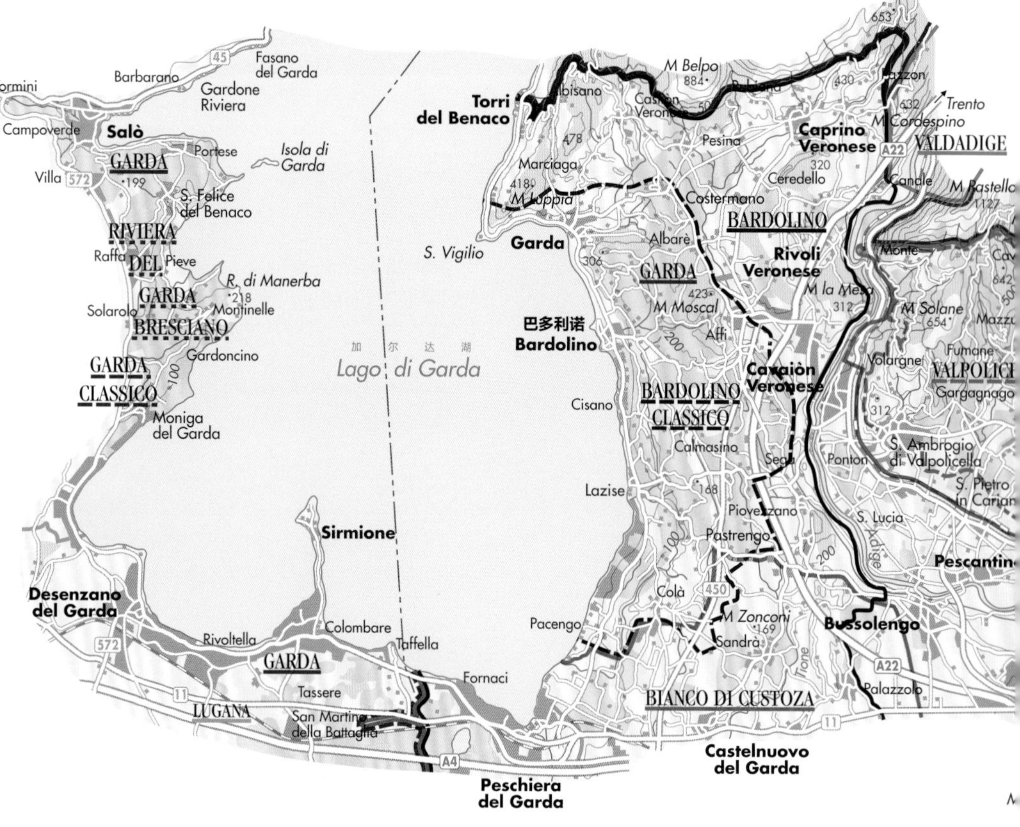

斯尼（Lessini）山区的东缘。

本区重要的葡萄品种是卡尔卡耐卡及维蒂奇诺（当地称索阿韦特来比亚诺），两者所构成的浓厚的酒体和饱满酒质，正是索阿韦（意为温和的）酒款的真义。调配中也允许使用白皮诺和霞多丽，常常是为了给过于高产的卡尔卡耐卡增加点儿厚重感，只要卡尔卡耐卡的占比不少于70%即可。

最好的酒庄通常都会推出一系列单一葡萄园或特级园酒款，展示出比如Vigneto La Rocca和Capitel Foscarino这样的葡萄园的本地特色；有些酒庄如Prà则酿造经过橡木桶陈酿的优质索阿韦酒。Recioto di Soave则是以风干葡萄酿成的，是一款达到DOCG级别的、能让人欣喜的绝佳传统甜酒。

与索阿韦共处的是瓦尔波利塞拉。瓦尔波利塞拉DOC的范围一路扩展，远远超出了其最初的“古典”区域，直抵索阿韦的边界。品质逐渐提升的Valpantena是一个获得许可的子产区，到目前为止都是由Bertani酒庄和当地的酿酒合作社主导。普通的瓦尔波利塞拉酒，应该带有可爱的樱桃酒色和风味，酸度令人愉悦，柔顺甜香，还有少许的微苦杏仁味。那些大量生产的酒款很少能够做出这样的风格，但如今的瓦尔波利塞拉也像索阿韦一样，有许多酒厂已经意识到他们必须酿出真正具有特色的酒款，而不是只满足于商业化的产品，在20世纪的最后10年，可以见到有人回归到地势更高、更难耕作但品质更好的山坡上的葡萄园——可受益于从加达尔湖吹来的凉风。

一批新潮的酒庄，比如Monte dall'Ora、Monte dei Ragni、Corte Sant'Alda、Musella以及新创立的Eleva和Monte Santoccio［其酿酒师尼古拉·费拉里（Nicola Ferrari）曾为已故的、受人尊敬的朱塞佩·昆塔雷利（Giuseppe Quintarelli）工作］都在葡萄园中实践有机或生物动力种植法。棚架种植可让葡萄免受太阳暴晒，这种方法在此地重新引起重视，特别是在被称为marogne的干石墙梯田上，葡萄园满地都是白石子，尤其需要棚架种植。

大多数优质瓦尔波利塞拉葡萄酒来自古典瓦尔波利塞拉产区，四根指头般的山坡庇护着Fumane、San Ambrogio及Negrar村，然而其他地方仍然有像Dal Forno以及Trabucchi这样杰出的酒庄。欠缺个性的Rondinella葡萄和酸味较高的Molinara葡萄是允许使用的，但迟熟的Corvina葡萄在优质的瓦尔波利塞拉葡萄酒中是主要成分。此外，有些酒庄则是以Oseleta和Corvinone等更罕见的原生葡萄品种来进行调配实验，在这些酒庄当中，马西（Masi）走在了最前面。

用风干葡萄酿成的葡萄酒

瓦尔波利塞拉产区最有力度的葡萄酒，首推**瑞奇奥托**（Recioto）甜酒或**阿玛罗尼**。这两种酒，一种是甜的（有时还是起泡的），一种略干（同时微苦），分别以精选、完好的葡萄经风干后酿成，酒体集中，强而有力。这样令人陶醉的葡萄酒传承自中世纪时威尼斯商人引进的希腊葡萄酒，如今已不再珍稀。20世纪60年代，经过Bertani酒庄的传扬，阿玛罗尼进入了商业量产的阶段，其后取得了巨大的成功，受到喜欢酒精度偏高和偏甜的葡萄酒爱好者的追捧。如同有越来越多的单一园瓦尔波利塞拉葡萄酒那样，单一园的阿玛罗尼也越来越多。

风干葡萄需要有良好的卫生条件，现代的室内生产场地通常都是能调节温度和湿度的，但Meroni酒庄仍采用传统的方法，在山上雾气笼罩的阁楼里晾干葡萄。古老的ripasso酿酒法为瓦尔波利塞拉的葡萄酒增加了一个酒款：用压榨过的葡萄皮进行二次发酵，最好是用酿造阿玛罗尼时发酵过的科维纳葡萄的葡萄皮，这样酿造出来的酒，可打上Valpolicella Superiore或Ripasso的标签，成为一款“清淡的阿玛罗尼”。

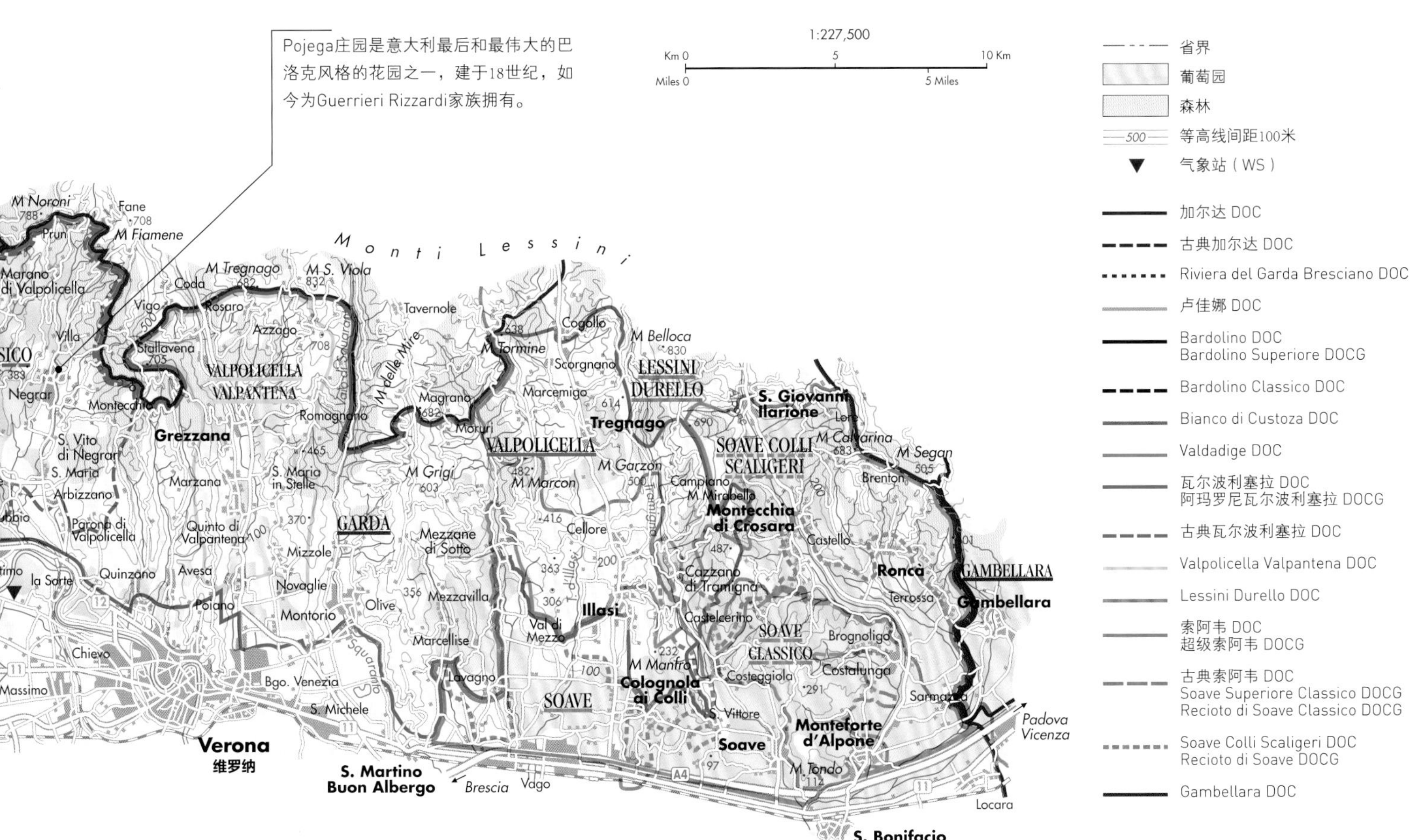

弗留利 Friuli

意大利东北角的尽头，是最早生产新鲜、现代的白葡萄酒（特别是采用国际葡萄品种的酒款）的产区，在20世纪70年代被誉为这个国家优质白葡萄酒的重要出产地。但是，这种在技术上完美、充满芳香、特点鲜明的白葡萄酒，不管多么优质，其风格已不再是最时尚的了。年青一代的弗留利生产者如今有了别的方式——当地最著名的先行者是约思科·格拉夫内（Josko Gravner），他的做法是在陶缸中带皮发酵陈酿。

弗留利比这里的地图所显示的区域（见第165页）要大得多，但我们把注意力集中在主要的DOC，即对页地图上半部的弗留利东坡产区（Colli Orientali del Friuli），以及地图下半部的戈里齐亚坡产区［Collio Goriziano，因戈里齐亚省（Gorizia）而得名，往往被简称为科利奥（Collio）］。此外，位于普里默斯卡（Primorska）西部的葡萄园，虽然属于斯洛文尼亚（第268页上有更详细的描述），但在地理上是弗留利的一部分，所以也被纳入进来了。有些生产者甚至在国境两侧都拥有葡萄园。就像意大利其他地区一样，弗留利也有酿酒合作社，但和意大利另一个以生产清爽干白葡萄酒著称的产区特伦蒂诺-上阿迪杰不同的是，弗留利基本上由家族酒庄主导。

东坡产区的葡萄园，虽然受到东北部斯洛文尼亚境内的尤利安阿尔卑斯山脉的保护，得以免遭严酷的北风的侵袭，但比起受到亚得里亚海更多影响的科利奥产区，还是略为冷凉且更偏向大陆型气候。东坡产区，其意为“东方的山丘”，海拔高度在100—350米，但从前却是低于海平面的，至今土壤中仍可见到泥灰岩和砂岩沉积的痕迹，构成了地质上相当独特的科尔蒙斯复理层（flysch of Cormons，这个地质名词来自位于右页地图中心的小镇科尔蒙斯）。

当地的主要葡萄品种，叫弗留利（在威尼托被称为Tai Bianco），与苏维浓纳斯［Sauvignonasse或青长相思（Sauvignon Vert）］是一样的。这个品种在其他产区可能显得粗贱，但在这个地区的山丘里似乎长得很好。此外，别处常见的灰皮诺、白皮诺、长相思及当地特有的维多佐葡萄也被广为种植，但东坡产区有近三分之一的葡萄园献给了当地愈加完美的红葡萄酒。赤霞珠及梅洛是主体，但当地品种莱弗斯科、匹格诺洛（Pignolo）、司棋派蒂诺（Schioppettino，被Ronchi di Cialla酒庄从灭绝中拯救回来）也越来越普遍。多数种植在弗留利的赤霞珠，一直以来都被认为是品丽珠，但其中有些其实是古老的波尔多品种佳美娜。东坡产区的某些地区，气候受山区的影响更甚于海洋，但是在Búttrio和Manzano两地之间的西南角则是温暖的，足以让赤霞珠这样的葡萄品种成熟。气候变暖和越来越好的酿酒技术，使得当地的红葡萄酒品质持续提升。但当地还是有些表现平平的酒庄不顾土地的适宜性广泛种植、单位产量也太高，但红、白品种都不太适合在当地种植。

甜酒

在东坡产区的最北部，地图中这一区域西北部的尼米斯（Nimis）附近（见第165页地图），是拉曼多拉产区（Ramandolo DOCG），这里的

▽
由著名酿酒师约思科·格拉夫内精心呵护的Runk葡萄园就是这里，酿酒师对丽波拉这个品种情有独钟。这个葡萄园恰在意大利与斯洛文尼亚的国境线上。因为存在着像格拉夫内这样的跨国界酒庄，人们正在酝酿建立首个超越国界的DOC产区科利奥/布尔达（Collio/Brda）。

山坡比其他地方的更陡峭，气候更寒冷，而且是潮湿的。以维多佐葡萄品种酿成的琥珀色甜酒为本地特产。皮科里特（Picolit）这个葡萄品种也是当地的骄傲，东坡产区到处都在用它来酿造甜白葡萄酒，这种浓郁的甜白葡萄酒，比起苏玳甜酒，多了些干草和花香的风味，而又不会甜得刺激喉咙。

范围较小的科利奥DOC位于东坡产区的南面，所产的葡萄酒大同小异，其中包括了大部分弗留利的顶级白葡萄酒，而红葡萄酒就少得多了。这些红葡萄酒尝起来常显得口感太淡、不够成熟（特别是如果秋雨来得太早的话）。全球市场对灰皮诺的需求如此之大，它很早就压制住了弗留利和长相思。像在东坡产区一样，霞多丽和白皮诺比起其他的白葡萄品种，酿酒时更有可能要稍稍经过橡木桶的处理。当地特有的其他淡色葡萄品种，还包括Traminer Aromatico、Malvasia Istriana以及意大利雷司令（威尔士雷司令），这些品种在斯洛文尼亚也有种植。

但与东坡产区不同，科利奥产区正在打造一个独特的身份。Collio Bianco是一款经典的混酿干白葡萄酒，使用的是本地葡萄品种弗留利、丽波拉和Malvasia Istriana。一幅17世纪的地图根据这三个葡萄品种的价格对科里奥的葡萄园进行了分级，或许这就是后来的古典科里奥的基础？用历史性的品种丽波拉全部或部分带皮发酵，酿造出来的是一种颜色深黄的葡萄酒，这是科里奥的特产。地处戈里齐亚省和斯洛文尼亚边界之间的格拉夫内酒庄，对越来越多的科里奥葡萄酒所产生的影响，有许多被认为是自然的，不能低估。在葡萄酒世界的这个角落，卖陶缸的生意很好做，但农药就不好卖了。

整体而言，在这个地区西部的弗留利-威尼斯·朱利亚（Friuli-Venezia Giulia），卡本内的产量最大，特别是在Lison-Pramaggiore产区（见第165页），而早熟的梅洛似乎更适应弗留利格拉夫（Grave del Friuli）和弗留利伊松佐（Friuli Isonzo）这两个DOC对高产的要求，也适应其微凉的气候。在沿海地区，葡萄园的地势平坦，用这里出产的葡萄酿出的酒，与用东坡产区种在山坡上的葡萄所酿的酒相比，会清淡得多；然而，伊松佐河北部的葡萄园排水性好，用那里的葡萄同样能酿出集中度高的酒。伊松佐还出产不错的白葡萄酒，其弗留利和灰皮诺酒都颇有名声，而Vie di Romans酒庄是其中的佼佼者。卡松产区（Carso DOC）在的里雅斯特（Trieste）附近的海岸线上，这里的特产是红葡萄品种弗莱斯科（在当地被称为Terrano），这个品种在国界另一端的斯洛文尼亚也被广为种植；在这个DOC，许多国际品种是不被允许种植和使用的。

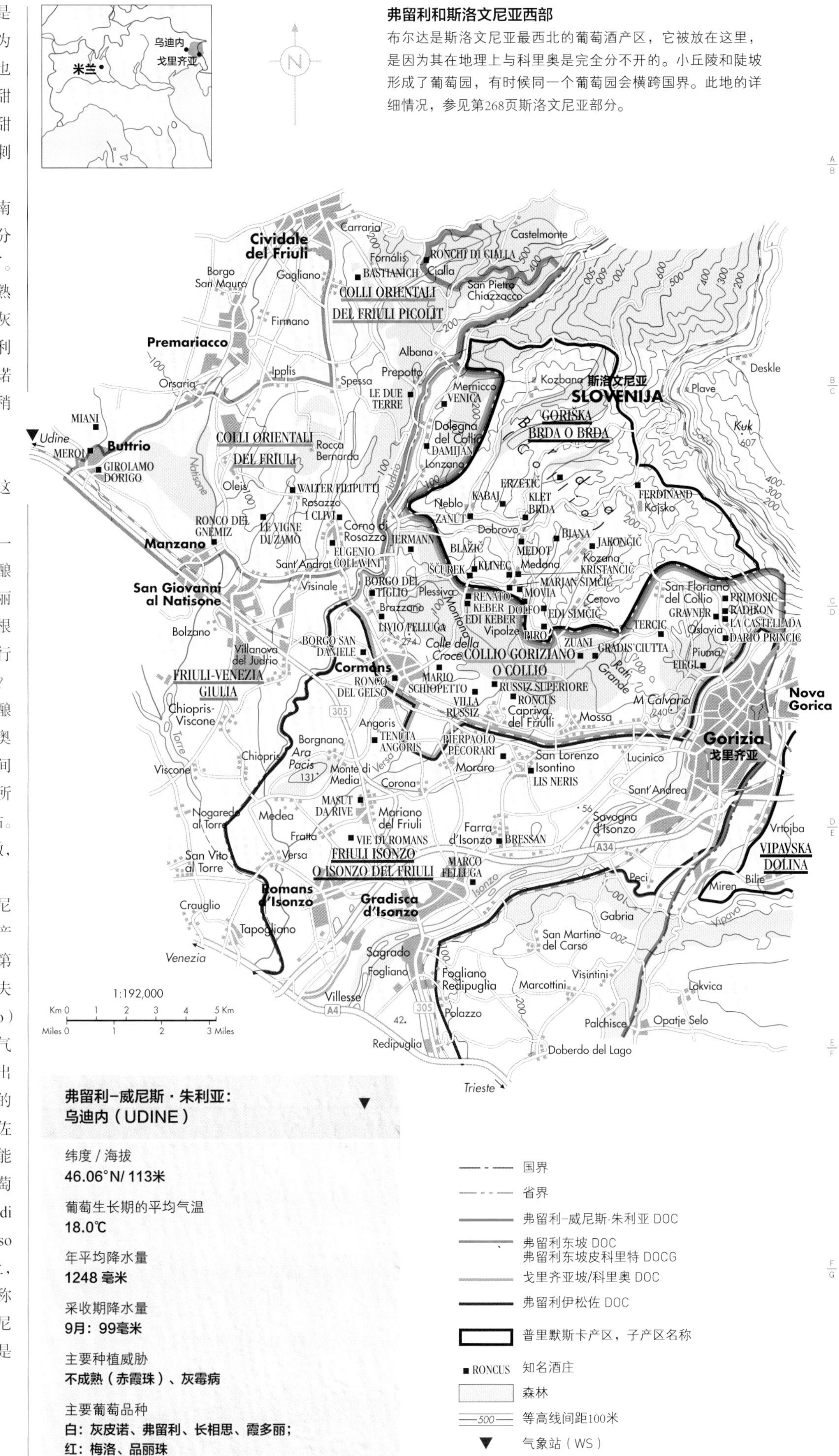

弗留利和斯洛文尼亚西部

布尔达是斯洛文尼亚最西北的葡萄酒产区，它被放在这里，是因为其在地理上与科里奥是完全分不开的。小丘陵和陡坡形成了葡萄园，有时候同一个葡萄园会横跨国界。此地的详细情况，参见第268页斯洛文尼亚部分。

弗留利-威尼斯·朱利亚：乌迪内（UDINE）

纬度/海拔
46.06°N/113米

葡萄生长期的平均气温
18.0℃

年平均降水量
1248毫米

采收期降水量
9月：99毫米

主要种植威胁
不成熟（赤霞珠）、灰霉病

主要葡萄品种
白：灰皮诺、弗留利、长相思、霞多丽；
红：梅洛、品丽珠

国界
省界
弗留利-威尼斯·朱利亚 DOC
弗留利东坡 DOC
弗留利东坡皮科里特 DOCG
戈里齐亚坡/科里奥 DOC
弗留利伊松佐 DOC
普里默斯卡产区，子产区名称
RONCUS 知名酒庄
森林
500 等高线间距100米
气象站（WS）

◁
Camerino位于马切拉塔（Macerata）西部，其附近是Rosso Piceno产区。那里的葡萄园绵延起伏，一片葱绿，呈现出典型的马尔凯地区农村的景象。这里的地价大大低于托斯卡纳。亚得里亚海让这里的气候变得温和。

意大利中部 Central Italy

意大利的心脏或许连同灵魂，就在这个半岛的中部向西倾斜的这块土地上：佛罗伦萨和罗马对外国人来说是最知名的城市，基安蒂是有标志性意义的乡村，还有伊特拉斯坎人（Etruscans）的葬身之地……听起来了无新意？话可不能这么说。

风土　亚平宁山麓上最具特色的两种土壤是加列斯托（galestro）和阿尔贝利塞（albarese），前者是当地一种特别易碎的泥灰岩黏土，后者则坚硬厚实些。当地的湖泊和河川，一如两旁的海洋，都会带来宜人的温暖。

气候　亚平宁可能会很冷，不仅是在夜里。干旱越来越成为夏天的一种灾害。

主要葡萄品种　**红**：桑娇维塞、蒙特普尔恰诺；**白**：特来比亚诺、维蒂奇诺

这里的海拔、地形多样，各种观念也千差万别。两边的大海冲刷着截然不同的临海的葡萄酒产区，比起地处丘陵甚至亚平宁山脉山脊地区的产区，这里要暖和得多。当地尝试创意性地包装传统的酒款，如今更吸引了大量的外来投资。在这个全球变暖的时代，即使是晚熟的桑娇维塞也能够在海拔600米的葡萄园里有出色的表现。

地图上这片土地的中心地带和东北部，完全是桑娇维塞葡萄的天下。用这种在意大利种植最广的葡萄酿出的酒，风格不一，可以是浅淡、稀薄、酸涩的“漱口水”，也可以是意大利美食在酒杯里极致奢华的表现。在海拔较高的地区，桑娇维塞需要一个温暖的生长期才能完全成熟，用这样的桑娇维塞酿出的葡萄酒，通常比低海拔地区的桑娇维塞葡萄酒精细许多。对于那些在20世纪70年代因为产量大（而非品质高）而被选用的克隆品种而言，情况更是如此。70年代的那些克隆品种，大部分在90年代被更好的克隆品种取代了（有个别还没被取代的，某种情况下如夏天较热，可用于调配，以增加新鲜感）。桑娇维塞可以酿出严肃、有陈年能力的葡萄酒，但它本身的酒色并不深，为了弥补这一点，20世纪末期的做法是混以赤霞珠和梅洛。如今，100%的桑娇维塞又成为流行趋势。

浅色的葡萄往往种植在地势较高或空旷的土地上，其中最主要的是托斯卡纳特来比亚诺，这个白葡萄品种颇能“吃苦耐劳”，在这片桑娇维塞的地盘上已被种植了一个世纪以上，用它酿成的葡萄酒通常相当沉闷。维蒙蒂诺迅速替代了特来比亚诺，成为白葡萄酒的首选品种，此外还有霞多丽和一点点长相思。

东海岸地区

在马尔凯（Marche）地区的Verdicchio dei Castelli di Jesi，区域广阔，缓缓起伏的山丘葱绿一片。所谓的“古典”区域，占据了这个区域多达90%的面积，听上去像是胡说，但是像Villa Bucci和Umani Ronchi等酒庄，的确是在全力以赴生产既活泼清新，又具陈年能力的优质葡萄酒。这里的维蒂奇诺葡萄似乎带有些许咸味，产自Brunori、Colle Stefano、La Marca di San Michele和Pievalta等酒庄的葡萄酒，有一些在葡萄酒世界里堪称物美价廉。范围较小的Verdicchio di Matelica产区，地处海拔更高、更多丘陵的地带。在其以南的Falerio DOC和**Offida** DOCG，一批较小的酒庄以Passerina和Pecorino葡萄酿出了颇具特色的干白，现已备受瞩目。

马尔凯地区的红葡萄酒，在风格特性的形成上发展较慢，但以多汁的蒙特普尔恰诺葡萄为基础的Rosso Conero DOC，仍展现出一些特性。以桑娇维塞和蒙特普尔恰诺两种葡萄酿成的Rosso Piceno，一般来说单位产量较低，并经过合宜的木桶熟成，倒是经济实惠。

蒙特普尔恰诺是亚得里亚海沿岸这一地区酿造红葡萄酒的品种，Montepulciano d'Abruzzo葡萄酒虽然不同批次之间品质落差很大，却很少出现售价过高的情形。Cerasuolo d'Abruzzo葡萄酒也令人满意，酒体饱满、干型，然而色泽偏浅。Pettinella酒庄出品的酒正是这样一个典型，以至他们不得不把这些酒作为桃红葡萄酒来销售。在泰拉莫（Teramo）小镇附近的阿布鲁齐（Abruzzi）广阔的山丘间，最适合种植蒙特普尔恰诺这个葡萄品种，这里有已经获得DOCG的地位的Montepulciano d'Abruzzo Colline Teramane产区，以及优秀的酒庄包括Emidio Pepe和Praesidium。特来比亚诺-阿布鲁佐（Trebbiano d'Abruzzo，与托斯卡纳特来比亚诺不同）也是一个不同批次之间品质落差极大的产区，好酒的表现可以很好，特别是在没有搞清楚到底使用了哪些葡萄品种的时候。Loreto Aprutino当地已故的酿酒师爱德华多·瓦伦蒂尼（Eduardo Valentini），常常有天马行空的想法，他使用经过严格挑选的葡萄果实，酿制出了酒体丰厚、陈年潜力惊人的葡萄酒，在国际上享有盛誉。他的做法，如今得到了Tiberio和Emidio Pepe等酒庄的响应。

西海岸地区

在西海岸，罗马地区拉齐奥（Lazio）在葡萄酒方面的发展出奇地迟滞。为数不多的酒庄正努力尝试使用引进的国际品种和当地特色葡萄品种，比如红葡萄品种切萨内赛。有不少于两个DOC，以及一个DOCG（Piglio）的法定产区都致力于用切萨内赛这个品种酿造强单宁风格的葡萄酒。产自Damiano Ciolli酒庄以及Costa Graia酒庄单一园的葡萄酒，为人们指明了发展方向。

罗马基本上就是一个白葡萄酒的产地。Marino和Frascati的葡萄酒，均来自日渐壮大的Castelli Romani产区，但因产量过大，甚少受到关注。

往北走就来到切韦泰里（Cerveteri）古城，这个地方实际上远没有在地图上看起来那么重要。此地的北部，是托斯卡纳海岸的腹地，在过去20或30年里，其葡萄酒产业发生了激动人心的变化。托斯卡纳海岸情况详见对页，拉齐奥西北部情况详见第181页。

艾米利亚-罗马涅（Emilia-Romagna）大区的葡萄酒在第156页或后续的页面上略有描述，但不可避免地会有例外。**Cortona**是一个在蒙特普尔恰诺镇东边的DOC，种植了大量的国际品种，其中西拉葡萄最被看好。Tenimenti Luigi d'Alessandro酒庄与Stefano Amerighi酒庄给人的印象最为深刻。

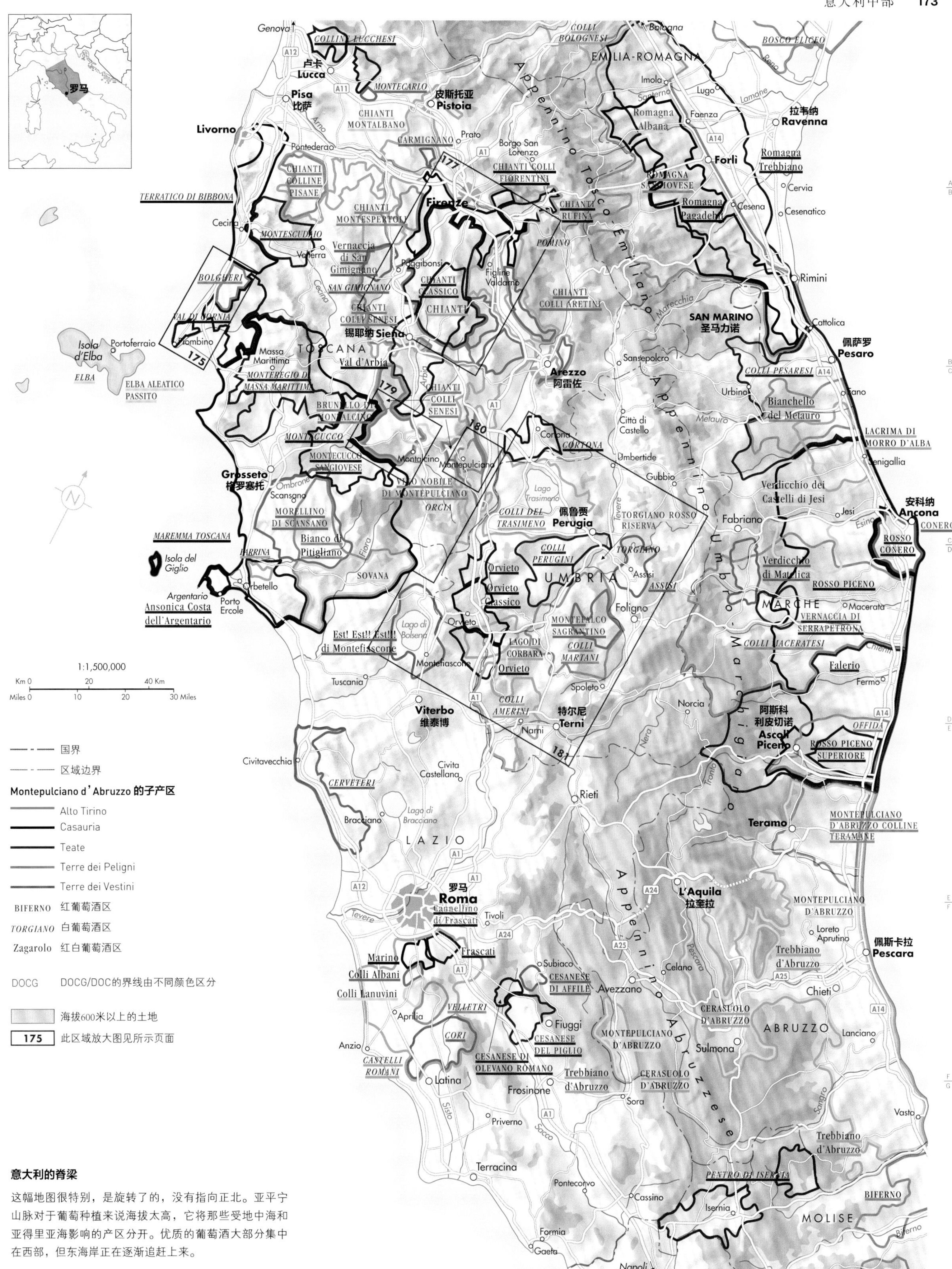

意大利的脊梁

这幅地图很特别，是旋转了的，没有指向正北。亚平宁山脉对于葡萄种植来说海拔太高，它将那些受地中海和亚得里亚海影响的产区分开。优质的葡萄酒大部分集中在西部，但东海岸正在逐渐追赶上来。

马雷马 Maremma

对页地图只标出了被称为托斯卡纳黄金海岸的最初的一部分——马雷马·托斯卡纳（Maremma Toscana），这片从比博纳（Bibbona）往南延伸至阿真塔里奥（Argentario）半岛的土地，已经引起了人们极大的兴趣，外来投资接踵而至。

这一曾经疟疾肆虐的海岸地带，并没有悠久的葡萄酒传统；20世纪40年代，因奇萨·德拉·罗凯塔（Incisa della Rocchetta）侯爵在他的妻子位于**贝格瑞**（Bolgheri）古镇、占地广阔的San Guido庄园里，挑了块满布石头的地（其实就是个养马场），开始种植赤霞珠，点燃了这个地区葡萄酒业的星星之火。侯爵向往波尔多的梅多克。最近的葡萄园在数里之外，而他新种植的葡萄株周围是无人打理的果园和荒弃的草莓田，但他对自家的葡萄酒西施佳雅（Sassicaia）非常满意，在他的酿酒师贾科莫·塔奇斯（Giacomo Tachis）的指导下，他又种植了更多的葡萄。当侯爵早期的葡萄酒的单宁最终经过陈年而收敛时，其呈现出来的风味在意大利是前所未见的。

侯爵的外甥皮耶罗（Piero）和洛多维科·安蒂诺里（Lodovico Antinori）尝过了这些酒，皮耶罗向波尔多的埃米尔·佩诺（Emile Peynaud）教授提及此事，安蒂诺里开始将1968年份的西施佳雅装瓶上市，到了20世纪70年代中期，这款酒已经世界闻名了。接着在20世纪80年代，洛多维科·安蒂诺里开始在他邻近的Ornellaia酒庄种植赤霞珠、梅洛，以及种植结果不那么理想的长相思。1990年，他的兄弟皮耶罗在此地的西南方地势更高的Belvedere庄园，以赤霞珠和梅洛混酿出一款名为Guado al Tasso的葡萄酒，这里的土壤含有更多沙质，所以酒体会清淡些。这或许就是能酿出伟大红葡萄酒的托斯卡纳最西端的地方了。但是在过去的20年间，土地争夺战持续在马雷马地区上演。投资蜂拥而来，不仅来自实力强大的佛罗伦萨人——安蒂诺里、弗雷斯科巴尔迪（Frescobaldi）、鲁芬诺（Ruffino），还来自一批从基安蒂内陆丘陵地区而来的小酒庄，它们来此地是要寻找成熟度极高的葡萄（它们在内陆生产的葡萄酒中，可加入15%来自沿海地区的葡萄）。这片种植葡萄的热土，很快就吸引了意大利北部的酒庄，如Bolla、嘉雅、Loacker以及Zonin，甚至远至美国加利福尼亚州的生产商也来了。

贝格瑞DOC法定产区逐渐形成了。在区内，作为先驱的西施佳雅有其自己的DOC，其新酒厂几乎就位于罗马海岸大道Via Aurelia的边上。大部分新来此地者会选择种植赤霞珠和梅洛，但有些圈来的土地，可能是因为太大片了，已被证明太过平坦和肥沃，所种葡萄酿不出品质特别高的葡萄酒。随着贝格瑞产区大部分最好的葡萄园都被占据了，人们的目光开始南移。如今，在丘陵地带更高处的**Val di Cornia**与Suvereto产区，也吸引了满怀希望的投资者。

马雷马·托斯卡纳DOC的建立，是为了涵盖这页地图上所有的DOC和DOCG，以及第173页地图上标示出的拉齐奥边界北部和蒙塔尔奇诺西部的DOC和DOCG。

在这个DOC和DOCG的迷宫里，大多数产区都是新建立的，让人感受到具有托斯卡纳标志的葡萄品种生命的迹象。事实上，马雷马的中部与南部总体来说似乎更适合桑娇维塞而非波尔多品种，最佳产品来自地势高、土质不那么肥沃的葡萄园。Montecucco Sangiovese DOCG要求桑娇维塞的比例至少达到90%（而Montecucco DOC是最少70%），其前景被特别看好。这个产区内平缓起伏的山丘地，比海拔更高、更荒凉的马萨-马里蒂娜-蒙特雷乔（Monteregio di Massa Marittima）

▽
Ornellaia酒庄的酒款售价堪比波尔多的列级庄，其酿制也极其精心，比如精确分选葡萄，以保证最好的葡萄才可以留下来进入酒庄那奢华的发酵桶中。

产区容易种植（马萨–马里蒂娜–蒙特雷乔延伸至矿产资源丰富的沿海山脊 Colli Metallifere）。富有潜力的葡萄园可能需要大规模重整，然而在海拔600米的高度上，其土壤和蒙塔尔奇诺又没有什么差别，这里是可以酿出一些非常优雅的桑娇维塞葡萄酒的。

格罗塞托城（Grosseto）正南面是斯坎萨诺–莫雷利诺产区（Morellino di Scansano DOC），早在1978年就已建立；莫雷利诺是桑娇维塞在当地的名字，而斯坎萨诺则是其位于山顶的中心城市。即使这里最著名的葡萄酒是加上了一点点阿里坎特（Alicante）葡萄的波尔多混酿，但这里还是马雷马经典的桑娇维塞产区。Saffredi 由具有开拓精神的 Le Pupille 酒庄酿制，最初的酿制得到过已故的贾科莫·塔奇斯（安蒂诺里的著名酿酒师）的帮助。在靠近海平面的温和气候下，成熟度不是问题。在单一庄园的海边 Parrina DOC，其葡萄酒比古典基安蒂产区内陆山丘里酿制的任何酒款都更富肉质感、更柔顺，甚至可以说更"国际化"。

这幅地图的北部近年来也已经扩张。洛多维科·安蒂诺里和嘉雅都已经来到海拔更高、风更大、更温暖的 Terratico di Bibbona 投资，洛多维科·安蒂诺里建立了 Biserno 庄园，嘉雅在这里有数公顷的葡萄园（种植着红、白葡萄品种），这里生产的葡萄酒比贝格瑞的更强劲。在 Montescudaio DOC 的 Bibbona 北部，有两个成立不久的酒庄表现出色，它们都以2010年建立的 IGT Costa Toscana 为标签装瓶，Duemani 酒庄用一款带有明显托斯卡纳风格的品丽珠酒展示了其非凡的能力，而 Caiarossa 酒庄出品的酒则特别新鲜和优雅。

整个马雷马地区，在非常短的时间内，已经从一片沼泽地变成了意大利的"纳帕谷"。

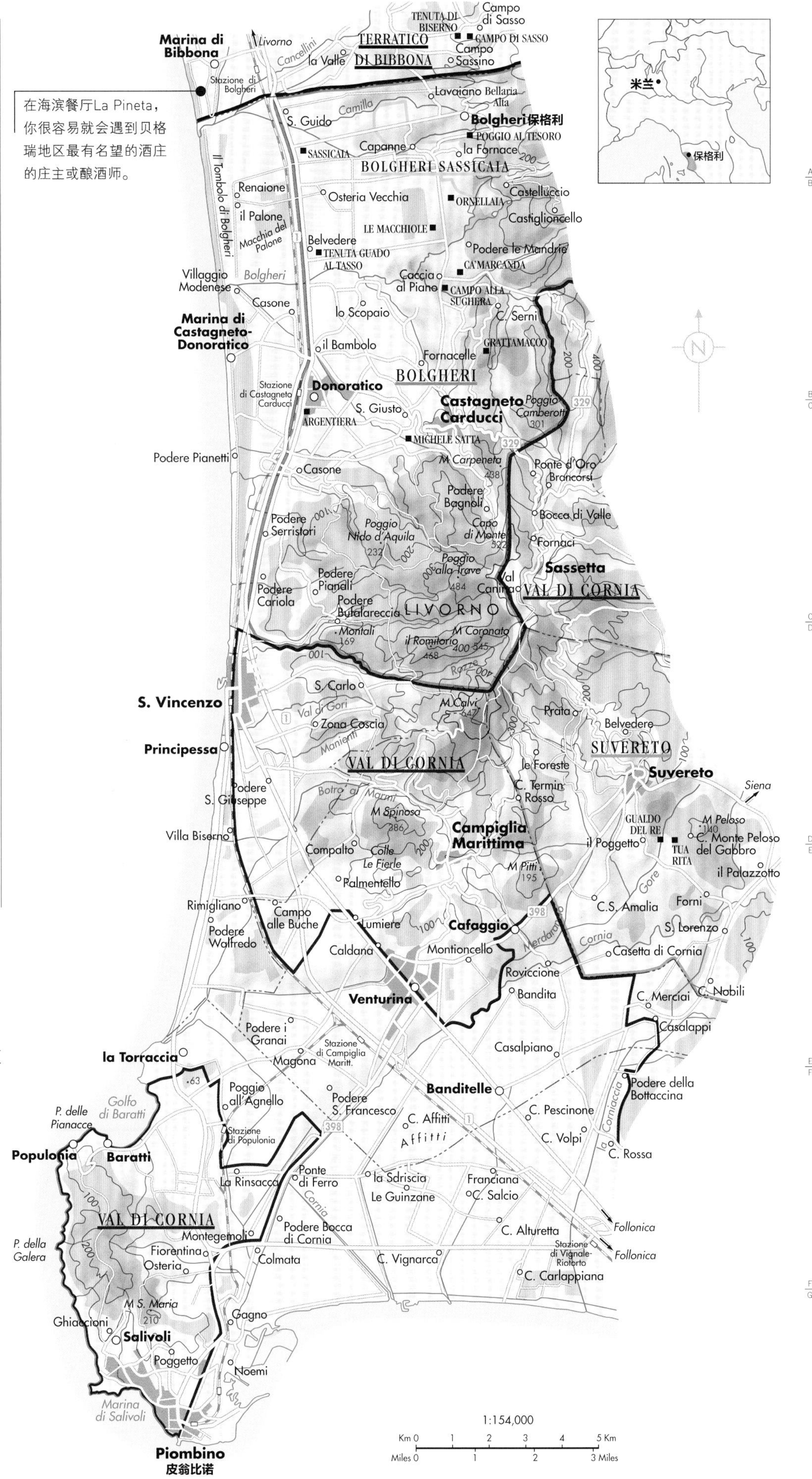

托斯卡纳海岸北部

在地图的南部地区，比如在斯坎萨诺–莫雷利诺产区以及往内陆一点的Parrina和Montecucco产区，葡萄酒也酿得很有趣。详见第173页地图。

省界
村界
Terratico di Bibbona DOC
贝格瑞 DOC
贝格瑞·西施佳雅 DOC
Val di Cornia DOC
Val di Cornia Rosso DOCG
Suvereto DOCG
ORNELLAIA 知名酒庄
Bellaria Alta 知名葡萄园
森林
500 等高线间距100米

古典基安蒂 Chianti Classico

托斯卡纳：佛罗伦萨 ▼

纬度 / 海拔
43.80°N/ 44米

葡萄生长期的平均气温
20.1℃

年平均降水量
767毫米

采收期降水量
10月：85毫米

主要种植威胁
不成熟、灰霉病、埃斯卡病

主要葡萄品种
桑娇维塞、卡内奥罗

在佛罗伦萨和锡耶纳（Siena）之间的丘陵地区，景观、建筑与农业交融，古风扑面，意味深远。别墅、柏树、橄榄树、葡萄藤、岩石和森林构成的，可能是古罗马时代、文艺复兴时期或是意大利统一运动时期的图景，只要大量的旅游者把小汽车停靠得当，真让人分辨不出今时往日。

在这幅时间凝滞的画面里，曾经杂乱地种植着维持托斯卡纳农民温饱的各种庄稼。而如今在山间最好的位置，则是一片片高低错落的葡萄园，不时分隔开森林茂密的荒野。大多数葡萄园为财力雄厚的外来投资者所拥有。

最初始的基安蒂地区，早在1716年就已先于其他地方做出了划定，它只包括拉达（Radda）、佳奥利（Gaiole）以及卡斯特里纳村（Castellina）附近的土地，之后还加入了格里弗村（Greve，含帕扎诺）。对页地图的红线显示了整个扩张后的传统历史区域，这里如今生产着意大利顶级的葡萄酒中的一种——古典基安蒂，但过去它可不是这样的。

远在1872年，里卡索利（Barone Ricasoli）男爵（曾是意大利首相）就在自己的布洛里奥（Brolio）城堡内为两种不同的基安蒂葡萄酒做出区分：一种是适合在浅龄时饮用的简单酒款，另一种则是需要在酒窖中陈年、更有抱负的酒款。对于那些适合在浅龄时饮用的基安蒂，男爵允许在桑娇维塞和卡内奥罗（Canaiolo）的混酿红葡萄酒中，加入少许当时盛行的白葡萄品种马尔维萨。遗憾的是，那些高产的白葡萄品种的比例增加了，甚至还加入了一个沉闷的葡萄品种托斯卡纳特来比亚诺。

1963年，当DOC对基安蒂进行定义时，规定任何一种类型或出处的基安蒂都必须加入至少10%（最多可达30%，但显然太多了）的白葡萄品种，古典基安蒂也不例外。结果是平淡无奇的基安蒂成了常规酒（品质不佳，常常是因为使用了本地经典的深色葡萄品种桑娇维塞的劣质克隆品种，或加入了从意大利南部散装运来的红葡萄酒）。事态至此已显而易见，要不改变规则，要不本地的酒庄必须用自己的方式酿出他们最好的葡萄酒，然后给这些葡萄酒取个新的名字。

1975年，历史悠久的安蒂诺里家族举起了叛逆的大旗，推出了Tignanello，就像靠近佛罗伦萨西北部的Carmignano DOC的葡萄酒那样，Tignanello用桑娇维塞加上少量的赤霞珠酿成。为了强调其叛逆精神，他们很快又推出了Solaia，赤霞珠和桑娇维塞在酒中的比例倒了过来。短短几年内，几乎所有基安蒂的酒厂或庄园都跟随安蒂诺里家族的做法并推出了自己的"超级托斯卡纳"（Super Tuscan）葡萄酒。事实上，所有这些葡萄酒都使用了国际品种，最初更是带着挑衅的姿态以日常餐酒的名义销售。

但是，随着许多这类叛逆葡萄酒的特性与真正的托斯卡纳葡萄酒渐行渐远，再加上品质更好的新的桑娇维塞克隆品种的出现，并且人们对葡萄园位置和种植方式的优劣有了更深的理解，古典基安蒂及其珍藏级，作为一个高质量葡萄酒的概念出现了。如今，珍藏级的古典基安蒂差不多占到产区葡萄酒总产量的25%。

桑娇维塞的复兴

古典基安蒂如今是一种非常严谨的葡萄酒，主要以产量受到控制的顶级桑娇维塞葡萄酿成（在调配中占比80%—100%），并经过木桶陈年，酒龄可达10年甚至更长。目前被允许加入古典基安蒂的其他葡萄品种（最高可达20%）包括传统的卡内奥罗、深色的Colorino以及一些国际品种（主要是赤霞珠和梅洛），但这些国际品种正逐步被放弃，以打造100%的托斯卡纳葡萄酒。

古典基安蒂的葡萄园地势相对较高，至少在海拔250—500米，在一些年份，一些地势较高的葡萄园的桑娇维塞甚至难以成熟。这里典型的土壤类型是一种容易散碎的泥灰土，在当地被叫作加列斯托，有时是分层的、被称为阿尔贝利塞的石灰土。对页这张地图上显示了基安蒂乡村杂乱的山丘和散落在森林间的葡萄园（以及橄榄园），在图中所标注的酒庄，通常都在设法把颜色较浅、酸度高的桑娇维塞酿成复杂、具有令人满意单宁的美味葡萄酒，妩媚妖娆并不是桑娇维塞葡萄酒的属性。如今，大多数古典基安蒂酒都是精心酿造的，人们还从使用小型的法国橡木桶回归到使用大型的斯洛文尼亚橡木桶，后者被称为botte，更为传统。

珍藏级的古典基安蒂，要在瓶中陈储较长

边远的基安蒂

在20世纪初期，基安蒂有许多追随者，而且不仅仅是在意大利，以致拙劣的仿冒品猖獗。1932年，一个政府的委员会受委托划定了一个"古典"的区域，但同时也嫁接过来六个子产区，宣布在这片偌大的区域里（见第173页明亮的绿线）生产的葡萄酒只要简单地标示"基安蒂"即可。从北到南，差不多160千米，整个区域比波尔多的葡萄酒产区还要大。与古典基安蒂相比，这些边远的子产区允许更高的单位产量、较低的最低酒精度、葡萄园里较低的种植密度，所生产的葡萄酒可能仍然含有相当比例的白葡萄品种。结果是，这些地方生产的红葡萄酒十分清淡，远不如古典基安蒂那么令人满意。

在这六个基安蒂的子产区当中，位于佛罗伦萨东部的Chianti Rufina（部分在对页地图中用紫红色勾勒，详见第173页地图）是最有特点的，酿出的葡萄酒可以陈年，相当优雅。此处北部有一道穿过亚平宁山脉的隘口，海洋的凉风可以吹拂着葡萄园，这是Chianti Rufina葡萄酒精致的主要原因。也因此，其最好的一些酒庄，比如Selvapiana，可以酿出能陈放数十年的葡萄酒。

在锡耶纳上面的山丘地带的Chianti Colli Senesi子产区（蓝线以南），有一个叫San Gimignano的小城，在那附近可以找到一些其他不错的庄园。曾被认为是让旅游者随便一喝的白葡萄酒Vernaccia di San Gimignano，如今已变得相当严肃，有时还能陈年，有的甚至是在陶缸里带皮发酵的。

在佛罗伦萨、比萨（Pisa）和阿雷佐（Arezzo）的山丘上出品的基安蒂葡萄酒（分别是Chianti Colli Fiorentini、Colline Pisane和Colli Aretini子产区），通常没有那么好，在佛罗伦萨西北部的子产区Chianti Montalbano的葡萄酒也是这样。但是，在Chianti Montalbano里，还有一个更小的具有历史意义的产区Carmignano（见第173页地图），它的地势比古典基安蒂的区域低一点，其葡萄酒也较为柔和。Carmignano是首款加入赤霞珠以赋予其骨架的托斯卡纳葡萄酒。

佛罗伦萨南部的基安蒂山丘地带，有着上千个令人难忘的暑期度假点。这片地域的某些地方的海拔稍微高了些，对葡萄的成熟有所影响。目前葡萄酒与橄榄油是这里最主要的农产品——什么都种的日子已一去不复返。

1:230,000

Km 0 4 8 Km

Miles 0 2 4 Miles

古典基安蒂 DOCG
Vin Santo del Chianti Classico DOC

基安蒂 DOCG 子产区

Rufina

Colli Fiorentini

Montespertoli

Colli Senesi

Colli Aretini

Pomino DOC

省界

■ FONTODI 知名酒庄

葡萄园

森林

250 等高线间距50米

▼ 气象站（WS）

△
想必这就是希望成为托斯卡纳的葡萄种植者的人梦寐以求的景色了。这是位于Gaiole-in-Chianti附近的Badia a Coltibuono酒庄，许多意大利葡萄酒庄园都与修道院有着历史渊源，它是其中的一个。

时间才能饮用，它通常要比新近推出的特级精选（Gran Selezione）给人以更深刻的印象，后者被认为是在品尝的基础上挑选出来的优质葡萄酒。

许多古典基安蒂产区的酒庄还生产橄榄油，有时还生产一种无足轻重的当地干白（通常使用维蒙蒂诺葡萄），越来越多的酒庄生产粉红葡萄酒，或许还有圣酒（Vin Santo，用意大利中部非常有名的风干葡萄酿成，经过陈年，白色或黄褐色，甜型，见第180页），此外或许还包括一两款超级托斯卡纳IGT——不过，随着古典基安蒂的扩大和发展，这种做法会越来越少。

高度个性化的古典基安蒂，要想让自己与普通的基安蒂葡萄酒（见第176页辅文）有所区别，最好的方法就是建立独特的社群标识。例如，加伊奥莱村（Gaiole）的葡萄酒因葡萄园的地势较高，通常酸度比较高；而处在基安蒂低洼地带的卡斯泰利纳村（Castellina）的葡萄酒则通常酒体饱满且有些肥厚。出自古典基安蒂产区最南部的Castelnuovo Berardenga村的葡萄酒，其特色是在酒龄短时紧致，单宁有颗粒感。虽然从行政归属上而言，帕扎诺属于更为多元的格里弗产区的一部分，但酿自这里圆形剧场般葡萄园的葡萄酒，即Conca d’Oro，则非常独特，整日沐浴在阳光下。这种葡萄酒往往以果味为主，有特别细腻的单宁。

顺便一提，帕扎诺是意大利第一个整体实行有机种植的葡萄酒产区；到2018年，古典基安蒂产区大约35%的葡萄园都实行了有机种植。在外人看来，把这些地区的特征在酒标上明确地标示出来（就像当地许多餐厅的老板在其酒单上所做的那样），似乎是顺理成章的。

蒙塔尔奇诺 Montalcino

在20世纪70年代，蒙塔尔奇诺还只是托斯卡纳南部一个最贫穷的山顶小镇，意大利的这片地区鲜为人知。当地人都知道，这里的气候状况比北部或南部稳定。海拔1700米的阿米阿塔山（Monte Amiata）居于南面，阻挡了由南而来的夏季风暴。蒙塔尔奇诺拥有温暖、干燥的托斯卡纳海岸气候（见第174页），而这里最好的葡萄园，土壤中岩石较多，土质较贫瘠，与较寒冷的古典基安蒂地区相仿。因此，产自这里的葡萄酒，具有托斯卡纳最典型的红葡萄酒的所有风味，并有额外的深度和持久力。

就在里卡索利男爵为基安蒂葡萄酒设计理想配方时，克莱门特·桑迪（Clemente Santi）也和他的家族（如今被称为Biondi-Santi）为他们所称的**蒙塔尔奇诺布鲁奈诺**（Brunello di Montalcino）建立了模板。**布鲁奈诺**是当地所选择的桑娇维塞克隆品种。这种尚存的古老品种酿造的葡萄酒，不仅是令人尊敬的珍品，而且可能仍雄浑有力，令人印象深刻，值得仿效。如此例子，不胜枚举。

20世纪70年代，庞大的美国班菲（Banfi）公司因其一款葡萄酒蓝布鲁斯科在美国成功而冲昏了头脑，它试图用蒙塔尔奇诺布鲁奈诺甜白葡萄酒（Moscadello di Montalcino就是为此而设的DOC，范围如蒙塔尔奇诺布鲁奈诺）复制其招数，因此在蒙塔尔奇诺几百英亩的土地上种植了蒙塔尔奇诺这个葡萄品种。这一做法彻底失败了，班菲公司便迅速在这些葡萄园改种布鲁奈诺，于是从80年代起，借助班菲公司的影响力与分销网络，蒙塔尔奇诺的葡萄酒已完全被美国市场接受，继而风靡全世界。

尽管蒙塔尔奇诺在地理精度上没有巴罗洛那样错综复杂，但它可说是巴罗洛的托斯卡纳版。蒙塔尔奇诺布鲁奈诺葡萄酒，以往追求的是强壮的风格，陈酿时间超长，如今也已经相当程度地顺应了现代口味。必须在橡木桶中陈酿至少四年的规定被改为了两年；而且，在20世纪末，一些生产者开始在酒中加入非法定的国际品种（法定是100%的蒙塔尔奇诺布鲁奈诺）去加深桑娇维塞的颜色。对这一切的指控在2008年时达到了高峰。最终所有生产者投票决定在调配缸中不允许添加外来品种。最近年份的酒品，其托斯卡纳特色更清晰可辨了。Sant' Antimo DOC（和布鲁奈诺相同的区域，只是名字不同而已）是专门为桑娇维塞以外的其他葡萄品种而设的法定产区，但使用者并不多。

蒙塔尔奇诺还是第一个拥有“副牌DOC”的DOCG产区，这个副牌名叫Rosso di Montalcino，所出品的是一种酒体（相对来说）较轻的桑娇维塞酒，它可能只需经过一年而非四年熟成就可以装瓶上市，消费者要体验布鲁奈诺葡萄酒的品质，这是一种实惠而快速的方式。

布鲁奈诺葡萄酒价格走高，使得该产区桑娇维塞葡萄的种植面积大幅扩大，从1960年的60多公顷发展到今天超过2610公顷。葡萄园的地势有低有高，低的是海拔150米，比如南部的Val d' Orcia，其黏土含量高，此地的葡萄酒酒质通常也最厚重；高的差不多海拔500米，比如在本身就位于山顶的蒙塔尔奇诺小镇的南面，其土质为泥灰岩黏土，此地的葡萄酒酒质更为优雅芳香，在口感上更“真实”。紧挨着小镇下方的陡峭山坡是最初的葡萄园中心地带，受益于最长的生长季节，生产出来的葡萄酒最具细微的差异，即使是在非常寒冷的年份，葡萄也可能历尽艰难得以成熟。从Sant' Angelo Scalo顺山而上，到达Colle的Sant' Angelo，这是产区里最热和最干的地方，这一特点也反映在其葡萄酒当中。在Tavernelle周围，诸如Case Basse酒庄的酿酒师Gianfranco Soldera那样的生产者相信，他们所在的地方可两全其美，既有凉风按时吹拂，又无霜冻雾罩之虞。虽然区内某些葡萄园的表现毫无疑问地优于其他大部分葡萄园，但要给个别的葡萄园定级，或是要设立一些子产区，目前仍被视为一个敏感的议题。布鲁奈诺葡萄酒的爱好者越来越多，他们对未来充满期待。

蒙特普尔恰诺 Montepulciano

蒙特普尔恰诺位于蒙塔尔奇诺的东部，两地之间还夹着一块“纯粹”的基安蒂飞地。蒙特普尔恰诺有着一些由来已久的骄傲，这体现在其名为“高贵蒙特普尔恰诺”（Vino Nobile di Montepulciano）的DOCG上（Vino Nobile字面上的意思就是高贵的葡萄酒——译者注）。

蒙特普尔恰诺是一个迷人的山城，周边都是葡萄园，种植着多个品系的桑娇维塞（在当地被称为普鲁诺阳提），还有其他一些当地及法国品种，法国品种主要是梅洛和西拉。高贵葡萄酒（Vino Nobile）必须含有至少70%的桑娇维塞，有些酒庄喜欢用到100%，而有些则偏好混合其他品种，因此，这里的葡萄酒尽管大多给人以厚重、酒龄尚浅时单宁强烈、有些仍然桶味过重的印象，但差异还是很明显的。Boscarelli酒庄、Gracciano della Seta酒庄的葡萄酒很不错，Contucci酒庄和Valdipiatta酒庄的老年份葡萄酒值得追捧。

就像蒙塔尔奇诺那样，蒙特普尔恰诺葡萄酒所需的最低木桶陈放期也被缩短了（只需要在橡木桶中陈放一年，普通版和珍藏级都一样），但高贵蒙特普尔恰诺需要两年后才能上市，而珍藏级需要三年。如果说酒龄尚浅的Vino Nobile通常都相当浓郁黏稠，那么较早熟的副牌酒Rosso di Montepulciano，就可以说是顺口得令人惊讶了。

本产区的葡萄园被Val di Chiana平原分成两部分，海拔在250—600米之间。年平均降水量约740毫米，比蒙塔尔奇诺产区略高，但托斯卡纳南部普遍温暖，葡萄的成熟没有问题。土壤黏土丰富，有些含有石灰石，高贵葡萄酒的酒体坚实与此相关。

或许，每一个葡萄园的葡萄可以酿成哪一种类型的酒，与其所在的海拔高度有很大关系。一些地势最高的葡萄园，位于蒙特普尔恰诺城北部的陡峭山坡上。但产区里的土壤则是千差万别的，有的是黏土，有的是凝灰岩，有些地方岩石含量很高，甚至还有海洋化石。

在Avignonesi酒庄（目前在比利时人的手里）的带动下，当地的酒庄曾经轻率冒失地采用酿造“超级托斯卡纳”的方式，将桑娇维塞与不同的国际品种葡萄混酿。但在2017年，要把蒙特普尔恰诺的“高贵葡萄酒”酿造得更独特并具有不可置疑的托斯卡纳风格，成了一种愿望，在此驱动下，Avignonesi、Boscarelli、Dei、La Braccesca (Antinori)、Poliziano和Salchetto这六个酒庄建立了一个联盟——Alliance Vinum，旨在推进“全桑娇维塞”高贵葡萄酒的发展。这样做之后，当地的葡萄酒很有可能会变得精致，并更具地方特色。

在DOCG两个部分之间的这片土地，地势太低，土壤过于肥沃，不利于顶级葡萄酒的生产。

区域边界
省界
Chianti Colli Senesi DOCG
高贵蒙特普尔恰诺 DOCG
Rosso di Montepulciano DOC
Vin Santo di Montepulciano DOC
■ FASSATI 知名酒庄
葡萄园
森林
500 等高线间距100米

1:138,460

圣酒

蒙特普尔恰诺另一个了不起的成就是“圣酒”，在意大利许多地方，尤其是在托斯卡纳，这是被遗忘了的奢侈品。它酒色橘黄，带有熏烤香气，口感浓甜持久。这种酒通常选用了白马尔维萨（Malvasia Bianca）、白格莱切多（Grechetto Bianco）、托斯卡纳特来比亚诺这几个品种，在开始发酵之前，葡萄要先在空气流通的空间仔细风干至每年的12月，发酵完成后，还必须再放入被称为caratelli的小型扁平木桶中陈放两年（有时放在阁楼上）。用来酿制Vin Santo di Montepulciano Riserva酒款的葡萄也要经过风干，酿成葡萄酒之后，还要经过更长的陈年期。Avignonesi酒庄普鲁诺阳提葡萄酿制的奢华珍品Vin Santo di Montepulciano Occio de Pernice（鹧鸪之眼），装瓶前通常要在大橡木桶中熟成八年时间。

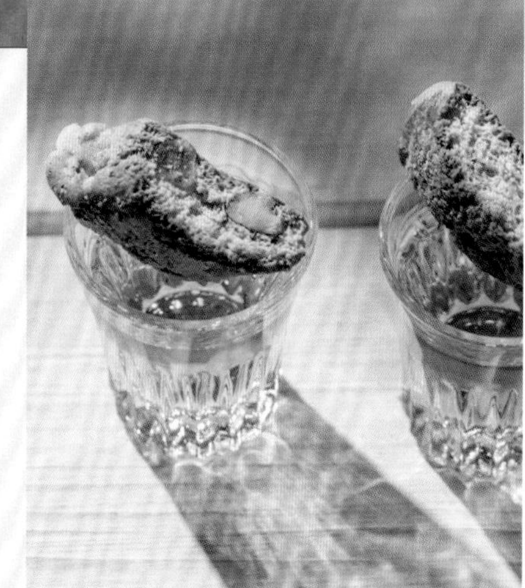

翁布里亚 Umbria

翁布里亚地处内陆，区内气候差别很大：在特里西梅诺湖（Lake Trasimeno）附近的北部比基安蒂高地更冷，而南部则是地中海气候。这里种植的葡萄很有翁布里亚特色。Trebbiano Spoletino 具有真正的控制力和个性，这个品种可能与神秘的特来比亚诺-阿布鲁佐（见第 172 页）有关。用 Grechetto di Orvieto 这一品种酿出的白葡萄酒，坚果气息浓厚，酒体丰满。萨格兰蒂诺（Sagrantino）葡萄是其标志性的红葡萄品种，与蒙特法科镇（Montefalco）有关联，用这种厚皮葡萄酿出的酒，味道丰富，陈年潜力颇佳。20 世纪 90 年代初，Marco Caprai 酿出的萨格兰蒂诺酒引起国际瞩目；而 Adanti 酒庄（其萨格兰蒂诺酒非常优雅）和 Scacciadiavoli 酒庄的历史则更为悠久。萨格兰蒂诺葡萄这个品种的单宁是如此之高，以至酿酒师常常要以迟摘的方法对此加以控制，因此酿出来的酒具有很高的酒精度。

今天的蒙特法科萨格兰蒂诺是一个萨格兰蒂诺葡萄种植面积超过 600 公顷的 DOCG，在其地理范围之内另有 400 公顷土地以种植桑娇维塞为主，生产 Rosso di Montefalco。

20 世纪 70 年代末，乔治 · 伦加罗蒂博士（Dr Giorgio Lungarotti）在他位于佩鲁贾市（Perugia）附近**托尔贾诺**镇（Torgiano）的酒庄，首次证明了现代翁布里亚生产出来的、以桑娇维塞为基础的红葡萄酒，其品质可媲美托斯卡纳红葡萄酒，他甚至还对所谓"超级翁布里亚"（Super Umbrians）进行了探索。他的两个女儿特蕾莎（Teresa）和基娅拉（Chiara）继续为维持托尔贾诺的地位而努力，其"珍藏级"等级现已为 DOCG（请见地图），并扩展到蒙特法科。

翁布里亚也和其他地方一样，有着悠久的葡萄酒传统。**奥维多**（Orvieto）是一个重要的伊特拉斯坎城市。在其引人注目的山顶上，在火山岩中开凿出的宏伟地窖，建于 3000 年前，是史前技术的独特例证，在那些地窖里适合进行长时间的低温发酵，生产甜或半甜的白葡萄酒。奥维多也真是可惜，20 世纪 60—70 年代的时尚是干白葡萄酒，这让奥维多变成了意大利中部另一个以托斯卡纳特来比亚诺（在当地叫 Procanico）为主进行混酿的产地。低产的格莱切多葡萄被冷落，这个曾经被认为是赋予翁布里亚葡萄酒特性的领军的品种，那时的境况非常糟糕。但如今，人们终于对 Orvieto Classico Secco 重新燃起了兴趣，这得特别感谢 Barberani 酒庄，它酿出了一些全意大利最好的白葡萄酒，以及贵腐葡萄酒（贵腐菌的形成源于附近的 Corbara 湖带来的雾气）；此外，它还用迟摘的葡萄酿造了干型葡萄酒 Orvieto Superiore。

在西南部，安蒂诺里家族在其 Castello della Sala 酒庄中酿造非传统的白葡萄酒，较有名的是 Cervaro della Sala，在霞多丽中加入了一点格莱切多，于木桶中发酵酿成。贵腐葡萄酒 Muffato，则是以一系列国际品种再加上格莱切多酿成，展现了其他的可能性。今天，翁布里亚酿造的是真正的意大利葡萄酒，既有红的，也有白的。

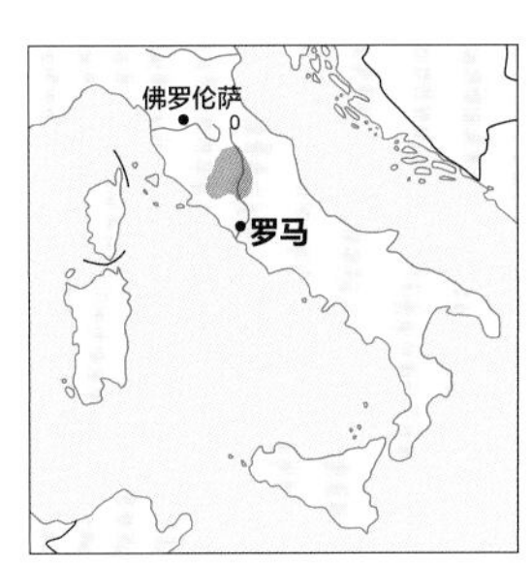

翁布里亚：佩鲁贾 ▼

纬度 / 海拔
43.10°N/ 208米

葡萄生长期的平均气温
18.1℃

年平均降水量
778毫米

采收期降水量
9月：89毫米

主要种植威胁
在比较老的葡萄园内会有一些埃斯卡病

主要葡萄品种
红：桑娇维塞、Ciliegiolo、萨格兰蒂诺；
白：特来比亚诺、格莱切多

拉齐奥东北的这一角，实际上是翁布里亚葡萄种植区的延伸，博尔塞纳湖让奥维多的气候变得温和。Falesco是拉齐奥最好的酒庄之一——Est! Est!! Est!!!这款酒的名字已享誉了几个世纪。

意大利南部 Southern Italy

古罗马时期最有价值的葡萄酒，来自一个人们称之为坎帕尼亚菲利克斯（Campania felix）的地方，这是一片肥沃的土地。

风土 地图所示区域的北部是由火山作用形成的，除了意大利的"靴跟"普利亚，都是丘陵。

气候 夏天炎热干燥，但在亚平宁山脉会凉爽些；冬天潮湿。

主要葡萄品种 从北到南，红：艾格尼科、Piedirosso、黑曼罗、黑托雅（Nero di Troia）、普里米蒂沃、黑马尔维萨（Malvasia Nera）、佳琉璞、Magliocco Dolce；白：菲亚诺、法兰娜、Bombino。

坎帕尼亚这个葡萄酒产地是由火山作用形成的。庞贝古城的遗迹清楚地显示，在公元 79 年之前，葡萄酒有多么重要。在丰富的古代文明遗迹中，有与最早的古希腊先民相关的葡萄品种。20 世纪 70 年代，安东尼奥·马斯特巴迪洛（Antonio Mastroberardino）开始致力于这些葡萄品种的复兴。艾格尼科无论是不是来自古希腊，都是一个非常优秀的红葡萄品种，是世界上最优秀的红葡萄品种之一。在对页地图里的图拉斯产区（Taurasi DOCG），是一个由火山形成的丘陵地带，艾格尼科在这里表现完美，用它酿出的葡萄酒强劲有力，有一种显而易见的高贵感，性格深沉，可把它描述为"南方的巴罗洛"。

卡尔勒河（Calore River）把图拉斯一分为二。在北部的左岸，葡萄园的土壤大多为黏土，海拔在 300—400 米，面向南边，比起更多由火山形成的南部地带的葡萄园（海拔高至 700 米），这里的葡萄可能会提早两个星期成熟。在这里，艾格尼科常常迟至 11 月才成熟，酿出的酒自然酸度极高，他们的苹果乳酸转换做得不错。

—·—	边界区域
BIFERNO	红葡萄酒区
OSTUNI	红白葡萄酒区
Greco di Tufo	白葡萄酒区
■ MAFFINI	知名酒庄
DOCG	DOCG/DOC的界线由不同颜色区分
▭	萨伦托IGT
▭	海拔600米以上的土地
183	此区放大图见所示页面
▼	气象站（WS）

罗马

主要生产商
1 TORMARESCA (ANTINORI)
2 DUE PALME
3 MASSERIA LI VELI
4 CANDIDO
5 CANTINA SAN DONACI
6 TAURINO
7 CASTELLO MONACI
8 CANTELE
9 LEONE DE CASTRIS
10 CONTI ZECCA
11 CUPERTINUM
12 MONACI

Castrovillari
FERROCINTO
Sibari
GIUSEPPE CALABRESE
A3
Crati
Rossano
TERRE DI COSENZA
SERRACAVALLO
CIRÒ
COTE DI FRANZE
SANTA VENERE
Cirò Marina
LIBRANDI
SERGIO ACURI
SAN FRANCESCO
A VITA
CATALDO CALABRETTA
Campana
Paola
Cosenza
Neto
CALABRIA
卡拉布里亚区
Crotone
ODOARDI
Nicastro
SAVUTO
MELISSA
Catanzaro
卡坦扎罗
LAMEZIA
Vibo Valentia
Monasterace Marina
Cittanova
Palmi
Locri
雷焦卡拉布里亚
Reggio di Calabria
Bianco
Greco di Bianco

阿韦利诺菲亚诺（Fiano di Avellino）是伊尔皮尼亚（Irpinia）地区三个 DOCG 之一，分布在图拉斯地区西部以阿韦利诺镇为中心的山区的 26 个村。在这里用菲亚诺酿造的干白葡萄酒富有矿物质的味道，结实，略带花香，带有成熟水果的气息，可以陈年 10 年至 20 年。其显而易见的品质，启发了从西西里到澳大利亚南部的迈拉仑维尔（McLaren Vale）的葡萄种植者，他们纷纷引进了菲亚诺这个品种的插枝。Greco di Tufo 是紧挨着阿韦利菲亚诺北部的一个小得多的 DOCG，生产的大量白葡萄酒带有苹果皮的香味，或许是因为火山凝灰岩的缘故，同样带有矿物质的风味。

这些都是著名的现代坎帕尼亚葡萄酒，但一些令人振奋的好酒正从人们意想不到的地区涌现出来。Campi Flegrei 是属于那波利的 DOC，这里出产的 Falanghina 品质优秀，这个品种同时也在 Capri、Ischia 和 **Costa** d' Amalfi（都是 DOC）的几乎令人难以置信的陡峭山坡上种植，是这些法定产区的白葡萄酒所使用的主要品种。在伊斯基亚（Ischia）岛上的一些葡萄园，只有靠着小船才能到达。Marisa Cuomo 酒庄在 Amalfi 的子产区 Furore 酿出了一些意大利最著名的白葡萄酒。

"基督之泪"（Lacryma Christi）白葡萄酒和红葡萄酒，使用的葡萄生长在维苏威火山山坡上，已逐渐赢得了声誉，而不只是靠一个好听的名字了。

在那波利北部卡塞塔省（Caserta）稍显偏僻的地方，一大批当地的古老品种开始崭露头角，它们有些是靠着黑色的火山沙保存下来的。有些酒庄以 Pallagrello 酿出白葡萄酒，以 Casavecchia 酿出红葡萄酒，在 Terre del Volturno 这个 IGT 的名义下脱颖而出（Casavecchia 还有其专门的 DOC Casavecchia di Pontelatone），较著名的是 Alois 酒庄、Terre del Principe 酒庄、Vestini Campagnano 酒庄（最早使用这些葡萄品种），以及后来加入的 Nanni Copè 酒庄。

意大利南部：布林迪西 ▼

纬度 / 海拔
40.65°N/ 10米

葡萄生长期的平均气温
21.0℃

年平均降水量
572毫米

采收期降水量
8月：19毫米

主要种植威胁
成熟太快、降水太多、晒伤

南部的巴西利卡塔（Basilicata），只有一个值得注意的DOC：Alianico del Vulture。当地人的种植能力极不寻常，他们在海拔760米相对寒冷的死火山的山坡上种植艾格尼科葡萄。这个产区没有图拉斯出名，酿酒标准也有所不同，不同地块的葡萄园的潜力差异也很大，却经常能冒出一些性价比极高的酒款。采自山坡上（特别是在地势较高、受火山影响而形成的地方）的葡萄所酿的酒，远比采自平原的葡萄所酿的酒好，在平原地带，葡萄的成熟期比在图拉斯早得多。只有Alianico del Vulture的“超级”级别才具有DOCG的身份。

另外，艾格尼科葡萄在默默无闻的**莫利塞**（Molise）地区的亚得里亚海沿岸也有种植。Di Majo Norante酒庄在该区表现杰出，这个采用有机种植法的酒庄还一直种植蒙特普尔恰诺和法兰娜葡萄。

产自卡拉布里亚区（Calabria）南部荒野地区的知名葡萄酒为数不多，Cirò是其中之一，红的采用细腻、让人流连忘返的芳香葡萄佳琉璞酿成，而白的酿自格雷克葡萄。卡拉布里亚最有名的酒庄是由家族经营的Librandi，该酒庄一直致力于拯救像Magliocco Canino那样的当地葡萄品种，还以此葡萄品种酿制出一款酒质柔细的Magno Megonio。然而，卡拉布里亚最具原创性的葡萄酒，要算强劲、刺激又甜香的Greco di Bianco，它产于一个名为Bianco的小村庄附近，那里靠近意大利的“脚趾尖”。

在卡拉布里亚，Pollino、Colline del Crati、Condoleo、Donnici、Esaro、San Vito di Luzzi和Verbicaro都曾经是单个（并很小）的DOC，它们后来被归入到了一个名为**Terre di Cosenza**的DOC中，成为这个包罗万象的DOC中的子产区。

在这个地区，葡萄种植者为保住地盘，一直要与桃子和猕猴桃种植者展开竞争。一些新的酒庄使用Magliocco Dolce这个品种，精心酿出了口味清新、单宁细腻的优质葡萄酒，其佼佼者是Giuseppe Calabrese、Ferrocinto和Serracavallo。

普利亚的变化

卡拉布里亚和巴西利卡塔葡萄酒的进步也许鼓舞人心，但普利亚大区葡萄酒的情形已经发生了根本性的转变。低矮的灌木式葡萄树，其果实能酿出酒体集中、有趣的葡萄酒，但受到欧盟慷慨的拨款政策的影响，种植者为利益所驱使，拔出这些低矮的品种，改种高产的棚栽葡萄。本区产出的葡萄酒中有四分之三是供给北部地区（包括法国）作为调配用酒，或作为生产葡萄浓缩液和苦艾酒的原料。北部福贾市（Foggia）附近的平坦地区，大量生产特来比亚诺、蒙特普尔恰诺及桑娇维塞，但大多毫无特色；不过有些在圣塞韦罗（San Severo）的生产者，已经推出了更具进取精神的酒款。

Castel del Monte是在意大利的“靴跟”北部的DOC，拥有一些小山丘，以晚熟的黑托雅葡萄为基础，生产一些著名的颜色深郁的红葡萄酒。

大多数很有意思的普利亚葡萄酒产自平坦的萨伦托（Salento）半岛，此地在日照和中型气候方面一直没有太大的变化，葡萄树受惠于吹过亚得里亚海和伊奥尼亚海（Ionian Sea）的凉风。如今，受益于葡萄种植技术的进步，比较好的葡萄几乎很少在9月底之前采摘。

在20、21世纪之交，这个半岛产出的IGT等级的萨伦托霞多丽（Chardonnay del Salento）吸引了国际上的注意力，这俨然是一种安慰。但萨伦托地区特有的原生品种更为有趣。黑曼罗意为“黑色的苦味”，这名字本身就提示了萨伦托东部这一主要的红葡萄的特征，然而，如果浸渍时间不是很长或在瓶子里存放不是太久，用它酿出的桃红葡萄酒是迷人的，用它酿出的红葡萄酒则充满果味，适合酒龄尚浅时饮用。在Squinzano和Copertino这些DOC，用这个品种酿出的红葡萄酒的酒色几乎像波特酒那么深，带有烧烤风味。黑马尔维萨葡萄已被确认的分支别种，分别见于莱切（Lecce）和布林迪西（Brindisi）两地，常用来与黑曼罗混酿，能让酒体的质地柔滑一些。在**布林迪西**和Salice Salentino产区，有一些相当有趣的葡萄酒。

不过，最著名的普利亚葡萄品种是普里米蒂沃，也就是美国加州的金芬黛，如今已遍种于亚得里亚海沿岸——过去它只是萨伦托西部的一个特有品种，主要种在Manduria的石灰岩上的红土以及地势较高（但海拔不超过150米）的Gioia del Colle上。酒精度过高是这里的风险所在，只有处置得当，才能酿出令人满意的葡萄酒。因为冬季雨量大，葡萄园很少需要灌溉。菲亚诺、格雷克以及香气充盈的Minutolo等葡萄品种正被种植，用于酿造白葡萄酒。

坎帕尼亚的中心

坎帕尼亚优质葡萄酒生产的中心地带：图拉斯、Fiano di Avellino以及面积较小的Greco di Tufo地区。

西西里 Sicily

停滞了几个世纪后，这个地中海最大、历史上最迷人的岛屿，如今堪称意大利最活跃、进步最神速的葡萄酒产区。

风土 土壤复杂并且非常多样，在埃特纳（Etna）是火山灰，而在马尔萨拉和诺托（Noto）则分别是沙质和白垩。

气候 夏天炎热干燥，时有来自非洲的热风。埃特纳属于高山气候。

主要葡萄品种 红：黑珍珠、马斯卡斯奈莱洛、弗莱帕托（Frappato）、修士奈莱洛（Nerello Cappuccio）；白：卡塔拉托（Catarratto）、格里洛（Grillo）、卡利坎特（Carricante）。

在葡萄酒世界里，西西里岛比起其他任何地方，更明显地保留着更多可见的文明遗迹：从古城阿格里真托（Agrigento）几乎完整无缺的古希腊神殿，到皮亚扎阿尔梅里纳（Piazza Amerina）的古罗马式马赛克图案；从巴勒莫（Palermo）的十字军城堡和摩尔式教堂到诺托城和拉古萨城（Ragusa）所保留的巴洛克时期的瑰宝。不久之前，就在20世纪末，为了利用欧盟的补贴，出现了很多临时性的大型生产合作社。西西里原生葡萄品种与其历史文化影响一样丰富，两者或互有关联。西西里的东南角比突尼斯首都突尼斯市（Tunis）更偏南。这里的气候非常炎热，岛上的葡萄，特别是种植在内陆地区的，就经常因非洲吹过来的风而热得发烫。

对于西西里相当大一部分的葡萄园来说，灌溉是必不可少的，对于那些种植着国际品种的葡萄园，以及在西北部的阿尔卡莫镇（Alcamo）周围的大片棚架种植的葡萄来说尤其如此。事实上，气候是如此干燥，以至葡萄藤需要喷淋，以防真菌病害，这让这些地方特别适合有机种植。然而，内陆的景致是更为绿意盎然的，东北部的高山在冬季的几个月里通常白雪皑皑。

变革之风

地形地貌是恒常不变的，但是近来岛上葡萄酒产业的格局却不然。20世纪90年代中期，只有普利亚能和西西里竞争意大利产量最大葡萄酒产区的头衔，但现在甚至连威尼托的产量都比它高。鉴于21世纪的经济趋势，西西里岛无疑是明智地选择了重质而不是重量，并专注于自身独有的原生葡萄，而非引入更多平淡无奇的品种。

让西西里岛建立起其海外声誉的本土葡萄品种是黑珍珠（Nero d'Avola，Avola位于岛上东南部的尽头，有它自己的特级园和DOC Eloro）。用这个葡萄品种，能够酿出酒体饱满、果香活跃的红葡萄酒，特别是在靠近中南部海岸的阿格里真托附近，另外就是在最西部。这个受欢迎的品种已经在全岛广为种植，但用在诺托和Eloro的白色石灰质土壤上生长出来的这种葡萄，酿出的酒可能会非常优雅，并具有陈年能力。另一个本土品种是弗莱帕托，在岛上唯一个DOCG Cerasuolo di Vittoria里，它在混酿中为黑珍珠带来了活力；用弗莱帕托酿出的葡萄酒，酒龄浅时新鲜、有活力、果香精致，因而备受赞赏。而像Occhipinti这样的酒庄则告诉人们，在陶缸里进行发酵，可以给这种葡萄酒带来新的风味。

然而，让人更感兴趣的是修士奈莱洛，这个葡萄品种传统上生长在**埃特纳**火山海拔1000米的斜坡上，近年来有越来越多充满雄心壮志的种植者，不顾火山不时发出的隆隆声甚至喷发的危险前往此地。埃特纳火山拥有不同的海拔高度、朝向，密集种植的百年葡萄藤在火山凝固的熔浆所形成的土壤上发芽，这一切结合在一起，对具有风土意识的葡萄酒生产者而言，犹如一块磁铁。有的人视此地为新的金丘，葡萄园也类似地被划成小块。当地的领袖人物是萨尔沃·佛蒂（Salvo Foti），他在与拥有长久历史的贝南蒂（Benanti）家族合作时，重新提升了埃特纳葡萄酒的声誉，因此而获得了好名声。他把来自埃特纳东坡上古老葡萄藤上的葡萄酿成了不同的酒（I Vigneri系列）。在埃特纳，相对来说

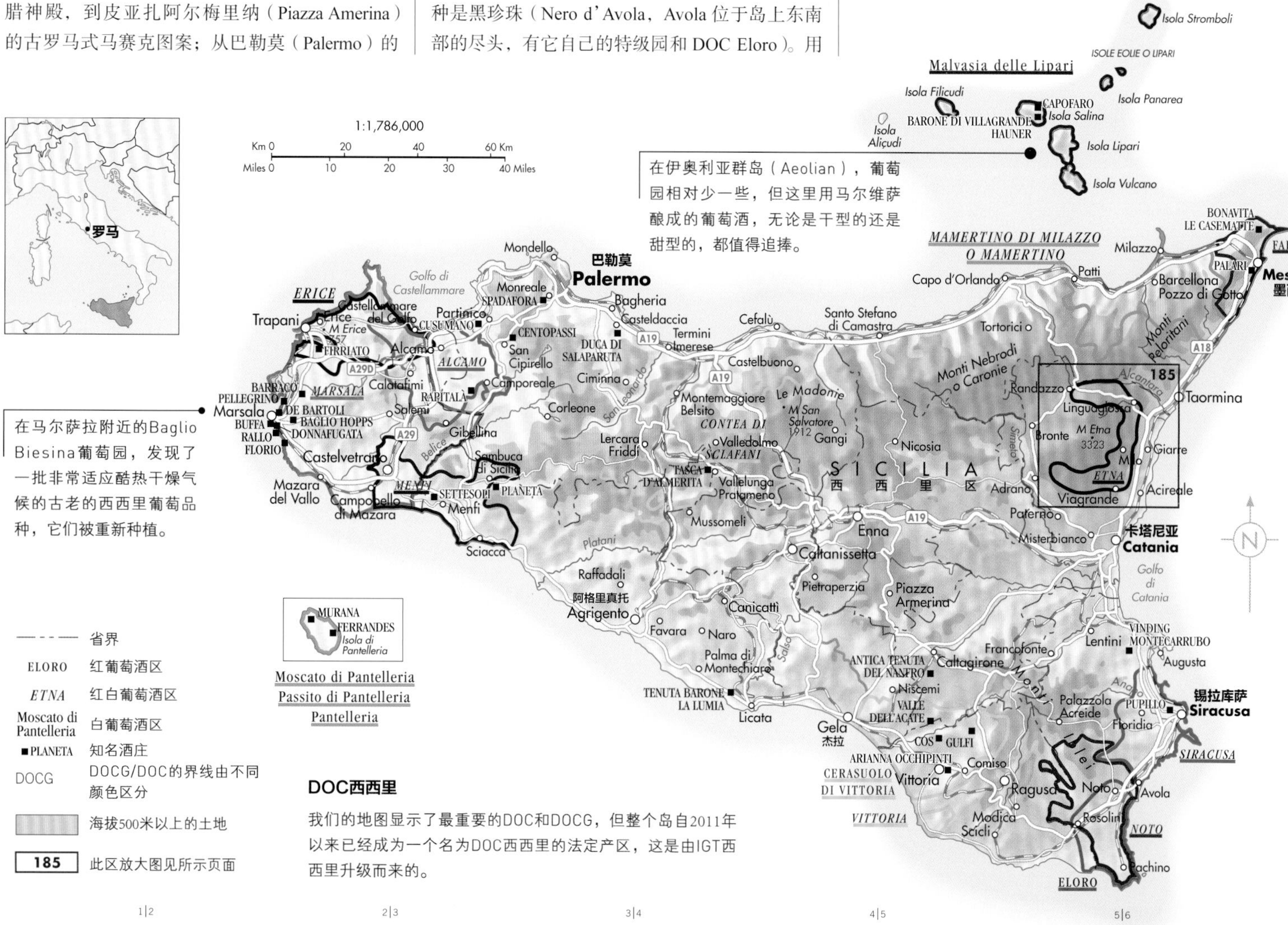

在伊奥利亚群岛（Aeolian），葡萄园相对少一些，但这里用马尔维萨酿成的葡萄酒，无论是干型的还是甜型的，都值得追捧。

在马尔萨拉附近的Baglio Biesina葡萄园，发现了一批非常适应酷热干燥气候的古老的西西里葡萄品种，它们被重新种植。

1:1,786,000

—·—·— 省界
ELORO 红葡萄酒区
ETNA 红白葡萄酒区
Moscato di Pantelleria 白葡萄酒区
■PLANETA 知名酒庄
DOCG DOCG/DOC的界线由不同颜色区分
海拔500米以上的土地
185 此区放大图见所示页面

DOC西西里

我们的地图显示了最重要的DOC和DOCG，但整个岛自2011年以来已经成为一个名为DOC西西里的法定产区，这是由IGT西西里升级而来的。

较新的忠实投资者包括Cusumano的Alta Mora庄园、巴罗洛的Giovanni Rosso酒庄和Tasca d'Almerita酒庄，后者出品的Rosso del Conte是现代第一款严肃的西西里红葡萄酒。

经验老到的人物还包括崇尚极端自然主义的比利时人Franc Cornelissen、Terre Nere酒庄的Marc de Grazia（他也是美国的葡萄酒进口商）和Andrea Franchetti。Andrea Franchetti来自托斯卡纳的南部小镇Trinoro，其酒庄取名自附近的社区Passopisciaro，他曾通过按地域分组（比如根据细小的区域或子产区），组织了一场影响深远的品鉴会，意图吸引国际注意力。单一细小区域（single-contrada）葡萄酒因此风行一时。当巴巴莱斯科的安杰罗·嘉雅来到这里与Alberto Graci（他以Passopisciaro和Solcchiata的红葡萄酒而著名）建立合资项目时，他们的选址是在埃托纳不那么有名的西南部的Biancavilla附近，是为了避免与别人扎堆，也躲避了东北部不断上涨的地价。

在埃特纳还种植着一个葡萄品种修士奈莱洛，它相当柔和，会与马斯卡斯奈莱洛混酿。而在岛的东北部尽头的古老的Faro DOC，还有另一个西西里本土的红葡萄品种Nocera，它被用于与前面提到的两种“奈莱洛”混酿。建筑师Salvatore Geraci在陡峭的台阶地上建起了Palari酒庄，在此能够俯瞰墨西拿（Messina）海峡，这让Faro（意为“灯塔”）产区重生。与埃特纳的葡萄酒相似，最好的Faro葡萄酒有很高的精确度与酸度，后者在如此南部的地区的表现令人惊诧。紧挨着Faro的Mamertino，早就被古罗马人视为良田宝地，是一个更多样、范围更大的DOC，颇具影响力的葡萄酒家族普拉内塔（Planeta）在这里建立其在东北部的基地（普拉内塔家族先是在西南部以一系列国际葡萄品种起步，在20世纪90年代中期，这些国际品种让世人认识了一个“新西西里”）。

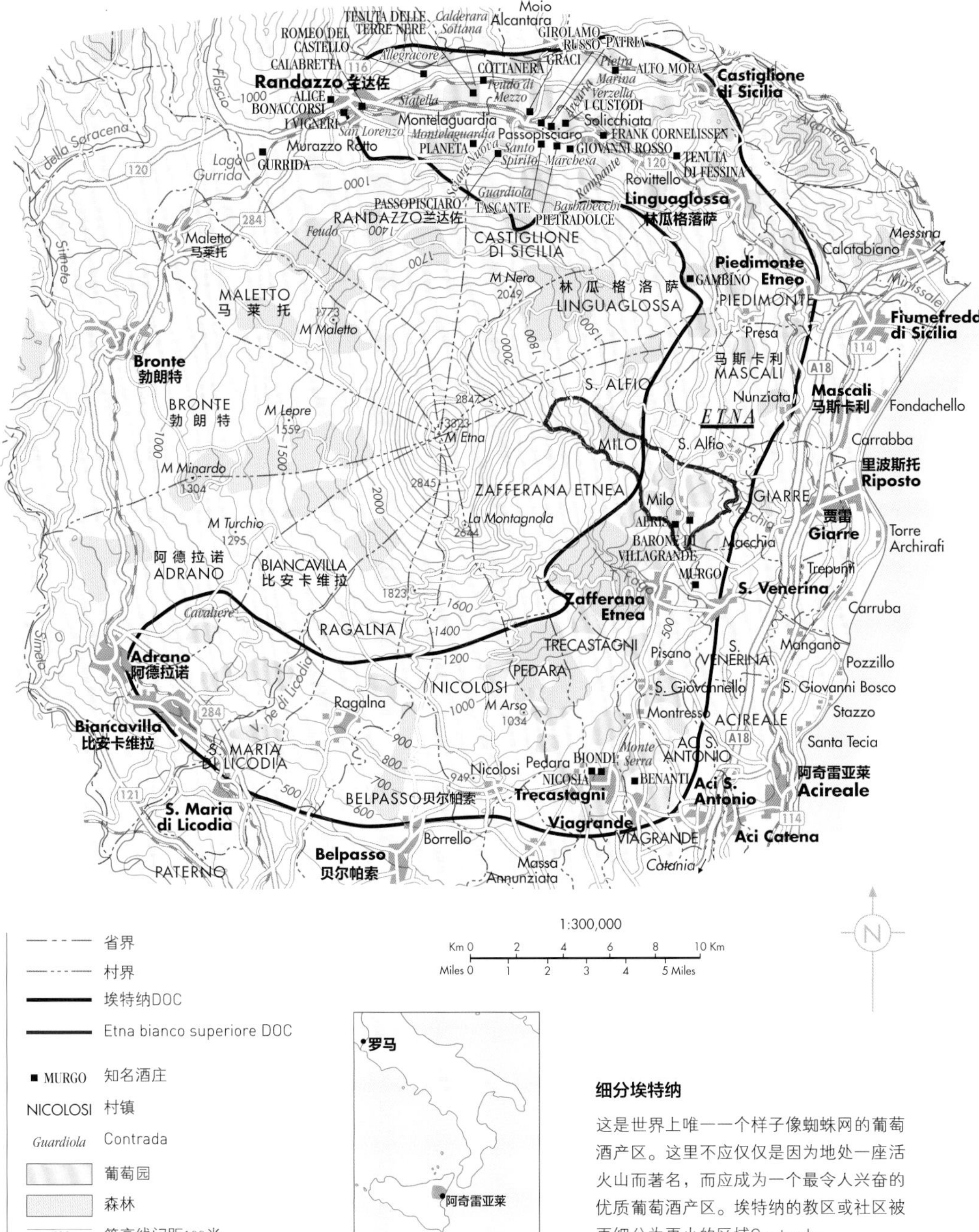

细分埃特纳

这是世界上唯一一个样子像蜘蛛网的葡萄酒产区。这里不应仅仅是因为地处一座活火山而著名，而应成为一个最令人兴奋的优质葡萄酒产区。埃特纳的教区或社区被再细分为更小的区域Contrade。

内陆的白葡萄酒

用清爽的葡萄品种卡利坎特酿造埃特纳标志性的白葡萄酒——Etna Bianco Superiore，酒款中必须含有至少80%的这个品种，且只能在山峰东面的Milo生产。贝南蒂家族在其Pietra Marina酒庄证明了，卡利坎特葡萄酒可陈放长达10年之久，这令人印象深刻。Aeris是萨尔沃•佛蒂与一个精明的加利福尼亚人（位于Santa Cruz山的Rhys酒庄的庄主）的合资项目，其最好的地块位于Milo村的一片高地，种植的都是卡利坎特葡萄。这样一来，西西里的多个葡萄品种，在Aeris位于加州索诺马（Sonoma）北部的葡萄园中也有种植。

而卡塔拉托则非常不同，它是西部地区一个主力白葡萄品种。20世纪90年代，大批飞行酿酒师偶尔会设法用它酿出有趣的葡萄酒，但更多地还是将之与Inzolia（即托斯卡纳的Ansonica）或胜任多个角色的格里洛搭配（格里洛是马尔萨拉至关重要的原料）。马尔萨拉是西西里经典的加强葡萄酒，产自岛上最西部地区的特拉帕尼（Trapani）小镇附近，那里的葡萄园因为海风和艾利斯山（Erice）的影响而没那么炎热。马尔萨拉葡萄酒是奶油雪利酒（cream sherry）的远房表亲，由英国居住者发明，用于给驻在那波利的纳尔逊海军做补给。在20世纪的大部分时间里，马尔萨拉葡萄酒似乎陷入了极度的消沉，成为厨房里的料酒。生机尚存于De Bartoli、Nino Baracco以及Guali of Rallo等酒庄出品的精致葡萄酒中，这些酒主要用格里洛葡萄酿成，由于不是加强酒，所以也无所谓DOC。格里洛这个品种，在炙热的条件下仍能保持酸度，用它酿出的干白葡萄酒，略带咸味，有矿物感，越来越受欢迎。

西西里岛最著名的麝香葡萄通常强劲而香甜。普拉内塔家族挽救了几乎被遗忘的Moscato di Noto。Nino Pupillo也做了同样的事情，它挽救的是与前者有异的Moscato di Siracusa——两者都是以白麝香葡萄酿成的，但葡萄的生长环境却有天壤之别。然而，西西里岛那些最著名的麝香葡萄酒都是以亚历山大麝香（当地称为Zibbibo）酿成的。甘美的Moscato of Pantelleria（Pantelleria是一个更靠近突尼斯而非西西里的火山小岛）一直都不缺欣赏者。

西西里岛以北的伊奥利亚群岛那些名贵的马尔维萨葡萄知名度略低。在其种植地，它们都被称为Malvasia delle Lipari。用其酿造的带着橙香的美酒，因卡洛·豪纳（Carlo Hauner）的努力而得以复兴，而品质最优者是由萨利纳（Salina）岛的Barone di Villagrande酒庄酿造的。现在也有酿造干型的马尔维萨酒的，因为这种酒作为IGT萨利纳更易于销售。那些四处游走的酿酒顾问，对许多意大利最著名的酒庄都产生了影响，但在西西里岛，这种影响不能说没有，但没有那么大。西西里岛的未来，显然取决于那些雄心勃勃、不受约束的酒庄。

撒丁岛
Sardinia

自撒丁岛作为一个古罗马的补给基地以来，直至不久之前，葡萄酒在该岛的文化中从来就没有扮演过一个重要的角色。虽然在20世纪50年代，因为大量的补贴，葡萄种植一阵风似的在此地兴起，人们酿出了一些红葡萄酒，但这些红葡萄酒的酒精度太高，尝起来几乎是甜的，最后还是在意大利本土（尤其是在基安蒂）以及远至法国和德国作为调配用酒。

然而，在20世纪80年代，对葡萄种植的补贴变成对拔除葡萄藤的鼓励，岛内的葡萄园面积减少了几乎四分之三，余下的多半集中在南部平坦的坎皮达诺（Campidano）平原。

撒丁岛受阿拉贡王国（Aragón）统治长达4个世纪（至1708年），因此其葡萄品种在源头上大多来自西班牙。卡诺娜这个品种是当地的主角，占全岛酿酒葡萄总量的20%以上。它是当地的“西班牙歌海娜”，用它来酿造葡萄酒，具有高品质的潜力，变化多端，可以是甜型的，也可以是干型的。品质最好的卡诺娜产自内陆地带，Mamoiada村附近Sedilesu酒庄和Paddeu酒庄出品的酒款特别令人兴奋。

DNA已经证明，Bovale Sardo和Bovale Grande分别是西班牙的葡萄品种格拉西亚诺和佳丽酿。种植广泛的莫尼卡（Monica）葡萄目前看来是撒丁岛的特产，但用其酿出的红葡萄酒平淡无奇。用稀有的品种Girò，既可以酿成干型也可酿成甜型的葡萄酒，尝起来有类似樱桃的味道，前景更被看好。

努拉古斯（Nuragus）是一个白葡萄品种，情况类似莫尼卡，种植广泛，但用其酿出的酒有点儿粗糙。而Nasco是另一个可能很古老的撒丁岛品种，用之能酿成柔和、常为甜白的酒款。喜欢干白葡萄酒的人，或许可以选择用产自Mogoro的火山土壤的当地品种Semidano酿出的酒款，这是一种非常独特的葡萄酒。

在西北部Alghero镇附近，Sella & Mosca酒庄生意兴隆，它专注于稀有的本地品种Torbato葡萄，酿造出与众不同的白葡萄酒Terre Bianche（在法国的鲁西永地区，这种葡萄被称为托巴）。

撒丁岛的礼物

清爽、带有柠檬清香的维蒙蒂诺是撒丁岛给予葡萄酒世界的礼物，这是一份伟大的礼物，越来越受欢迎。维蒙蒂诺这个品种，在利古里亚海岸（当地称为Pigato）、皮埃蒙特（当地称为Favorita）以及整个法国南部（当地称为侯尔）也被发现。加卢拉（Gallura）地区位于多石、干旱的撒丁岛东北部，地域从时尚的斯美拉达海岸（Costa Smeralda）往内陆深入，受到酷热环境和海风的共同影响，此地的维蒙蒂诺葡萄酒，集中度很高，其品质让加卢拉维蒙蒂诺（Vermentino di Gallura）成了岛上第一个DOCG产区。而获得批准的DOC产区撒丁岛维蒙蒂诺是覆盖全岛的（就像DOC产区撒丁岛卡诺娜一样）。

Carignano del Sulcis是位于岛上西南部的DOC产区，该产区出品的葡萄酒大多是由未嫁接的灌木式老藤佳丽酿酿成，与用普瑞特酿成的葡萄酒一样，是同品种中最成功的葡萄酒之一。安蒂诺里的著名酿酒师贾科莫•塔奇斯非常看好撒丁岛，他也建议Barrua酒庄酿造以老藤佳丽酿为主的葡萄酒（Barrua酒庄是由托斯卡纳海岸区的西施佳雅酒庄与撒丁岛的Santadi酒庄合资建立的）。在Sulcis Meridionale地区，全年平均日照是7个小时，从非洲吹向南欧的炎热的西罗科风（scirocco），消除了很多不利于葡萄生长的因素。即使在建立Barrua酒庄之前，Santadi酒庄也已酿出了两款浓缩细滑的苏尔奇斯（Carignano del Sulcis）产区的酒，分别是Terre Brune和Rocco Rubia。

同样是在岛上南部的平坦地区，在首府卡利亚里（Cagliari）北部，Argiolas酒庄以Turriga葡萄酒为撒丁岛建立了现代声誉。这款酒经过橡木桶陈年，集中度很高，由老藤卡诺娜、佳丽酿和格莱西亚诺混酿而成——这是塔奇斯的另一个项目。

然而，撒丁岛最大的一笔财富或许是优异的**Vernaccia di Oristano**以及优雅和充满魅力的**Malvasia di Bosa**，这两种葡萄酒都是在未盛满的橡木桶中陈酿，酒液表面漂浮着酒花（一种酵母），最终带有氧化的风味（但并不是加强）。这些令人兴奋的葡萄酒，是撒丁岛好客和友谊的象征，人们将其珍藏下来，在非常特别的场合款待重要的客人。

毫无疑问，撒丁岛拥有丰富的原料资源。在完美的气候条件下，流行且有趣的品种的老藤数之不尽，现代社会对此需求殷切。越来越多的人认为，这个产区充满潜力。

西班牙 Spain

西班牙的传统是把葡萄酒长期储存在橡木桶里陈年。这是史上著名的位于里奥哈哈罗市的洛佩兹雷迪亚酒庄。

西班牙 Spain

在现代葡萄酒复兴时期，西班牙是一个起步较晚的国家，虽然葡萄藤远多于其他国家，但是却没有什么吸引人的葡萄酒。西班牙一直在改革的道路上前进着：新的生产商、新的风格、本土的品种，以及在全国各地重新发掘那些被遗忘的产区，还有更多有待推进的改革。

西班牙虽处在更温暖的纬度区域，但是90%的西班牙葡萄园的海拔比法国主要葡萄酒产区的海拔高，它们的地理位置能够让葡萄酒保持相对的新鲜感。寒冷的冬季与非常炎热的夏季形成对比，尤其是近年来炙热的日晒，酒农更愿意选择朝阴面的葡萄园，或为了避免晒伤果实而选择有遮阴效果的矮木式葡萄藤（Bushvine）。在西班牙南部、东部和某些北部地区，夏季干旱是一大问题，其葡萄产量通常较少。虽然从1995年开始就允许对葡萄园进行灌溉，可只有财力雄厚的酒庄才负担得起钻井取水以及建立灌溉系统的高额费用。干燥的土壤无法负担众多葡萄藤的生长，所以在大部分产区，葡萄藤的间距特别大，并采用传统的矮木式培植的方式，葡萄藤比地面高出不多。这便解释了为何西班牙的葡萄园面积要比其他国家多得多，可产出的酒却比法国和意大利少。

西班牙的葡萄酒产区一直保持增加之势，较难准确统计确切数量，至2018年已经有68个DO法定产区，里奥哈和普瑞特2个DOCa产区，15个单一园建立的产区（特优级法定产区，Vinos de Pago），以及7个有地区标识的产区（Vinos de Calidad）。西班牙曾有40多个IGP，当地称之为

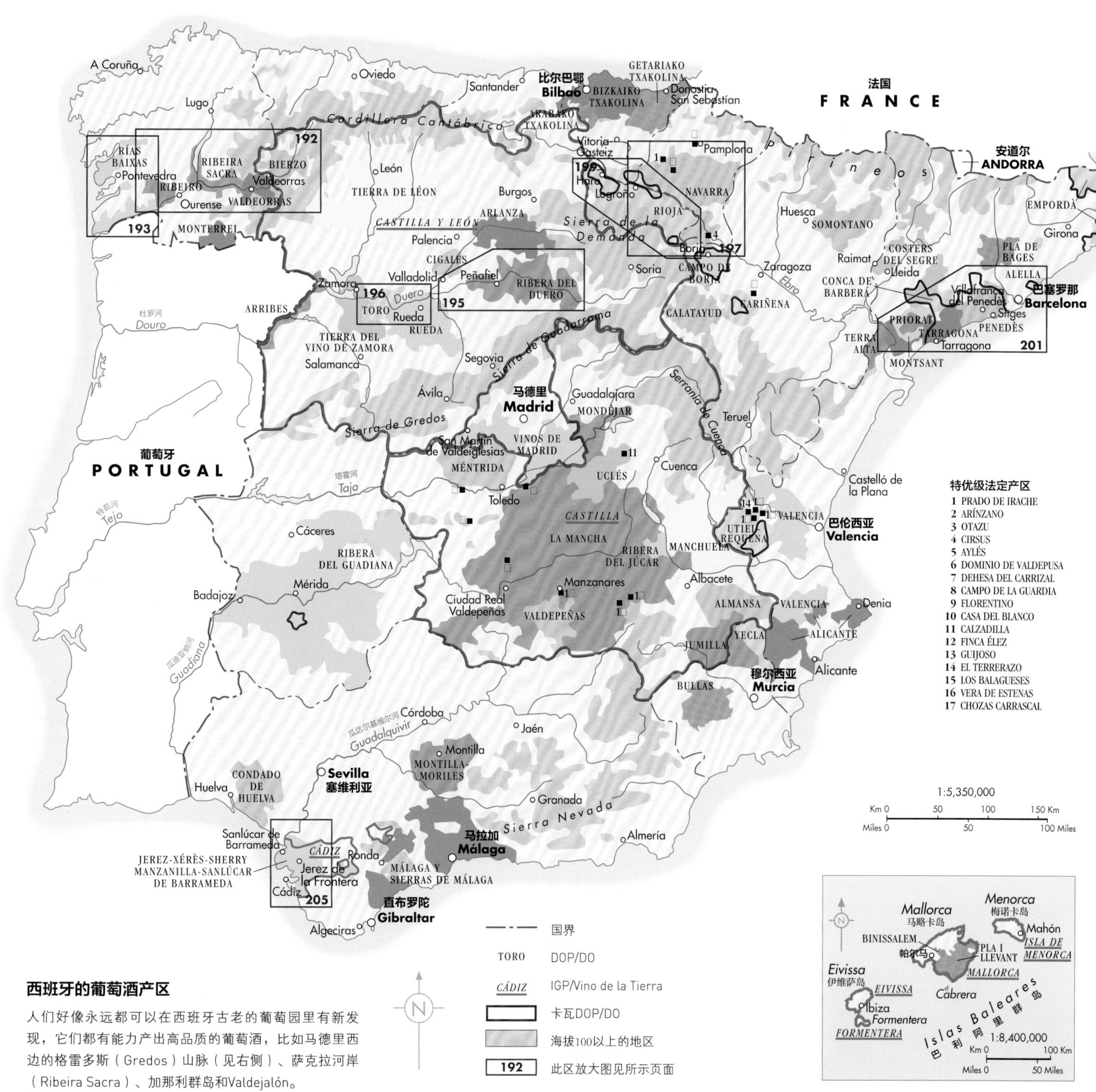

西班牙的葡萄酒产区

人们好像永远都可以在西班牙古老的葡萄园里有新发现，它们都有能力产出高品质的葡萄酒，比如马德里西边的格雷多斯（Gredos）山脉（见右侧）、萨克拉河岸（Ribeira Sacra）、加那利群岛和Valdejalón。

Vinos de la Tierra，这里面包括西班牙最令人激动的酒，尤其是来自卡斯蒂利亚-莱昂（Castilla y Leon）和阿拉贡（Aragon）的Valdejalon产区。

西班牙的DO法定产区制度，比法国的AOC分级制度及意大利的DOC制度都来得简单。大部分DO产区范围都相当大，区内经常包含许多不同的地形和条件。西班牙人对于这些法定产区制度的规定也带有不少无政府状态式的特质，特别是就各产区品种的规定，在被允许种植的品种与实际种植的品种之间总存在着一些出入。在多数情况下，与规定不符其实是好事，因为有如此多的酿酒厂都致力于酿造品质更佳的葡萄酒。然而，在西班牙葡萄酒产业中还有一个常见惯例，那就是收购别人家的葡萄来酿酒，甚至经常直接买进已经酿好的葡萄酒来装瓶。如今越来越多的年青一代酿酒师致力于用自己种植的葡萄酿制酒庄酒，而不被风俗所限制。

西班牙所称的酒窖，传统来说都是指葡萄酒陈年的地方，考虑到市场，往往陈年的时间比一般的惯例要长。无论如何，至少西班牙酒庄一直保持的好习惯是等葡萄酒已经适饮时才上市，而不是能卖就赶着推出。但是，近年来酒窖里也发生了许多变化。几世纪以来，有一部分是受惠于大西洋贸易之便，西班牙橡木桶主要使用美国橡木，但从20世纪80年代开始，西班牙的新潮酿酒师们成了法国橡木桶的忠实购买者。

不仅仅是橡木的来源，连桶中陈年的时间也越来越像法国的做法。珍藏级别（Reserva）和特别珍藏级别（Gran Reserva）这两种等级的酒在橡木桶中熟成的时间比一般的酒要长，但是现在有越来越多的酒厂更注重葡萄酒的浓缩度，他们放弃生产特别珍藏级别的葡萄酒或者降低这个级别酒的价值，甚至把顶级酒在酒龄尚浅时就装瓶。

橡木不再是西班牙葡萄酒陈年的唯一材料，陶土罐也开始回归潮流，这是具有实验性的，就像在其他地方使用的陶罐、蛋形混凝土容器（concrete egg）等。西班牙对几个品种的葡萄异常依赖，几乎45%的葡萄园只栽种了两个品种：阿依伦（在拉曼查用来生产白兰地的浅色葡萄品种）和丹魄。博巴尔、歌海娜和马卡贝奥虽然也广泛种植，但是现今的趋势是重新发现和挽回那些一直以来被忽视的当地品种。

北部

顺着比斯开湾（Bay of Biscay）而上的毕尔巴鄂（Bilbao）和圣塞瓦斯蒂安（San Sebastián）附近是巴斯克地区，这里的葡萄酒主要是由以当地小镇命名的Hondarribia品种酿制的。Hondarribia酒是一种苹果酸极高、清爽的白葡萄酒，主要来自Bizkaiko Txakolina/Chacolí de Vizcaya和Getariako Txakolina/Chacolí de Guetaria产区。西班牙的官方语言有四种，分别是加利西亚语（Gallego）、巴斯克语（Basque）、加泰罗尼亚语（Catalan）以及更普及的卡斯蒂利亚语（Castilian）。葡萄酒正如其名，需要练习一下才能找准正确发音。

Tierra de Léon地区的Prieto Picudo品种近年来以酿造芳香且酒体饱满的红酒而出名，在阿里维斯（Arribes）产区特有的是Bruñal品种，在河流下游的葡萄牙被称为阿弗莱格（Alfrocheiro）。在阿里维斯东部是湿润且温暖的地区Sierra de Slamanca，生长着Rufete品种，在与其接壤的葡萄牙以酿造轻盈的红葡萄酒而出名。

卡斯蒂利亚-莱昂的葡萄园大多位于高海拔、深处内陆的杜罗河谷。托罗（Toro）、卢埃达（Rueda）及杜罗河岸的详情见后文。不过，杜罗河北边的**锡加莱斯**（Cigales）产区也已能将古老的、种植在岩石土壤葡萄园的丹魄酿造成颇具水准的红葡萄酒（以及价格便宜的传统红葡萄酒与桃红酒）。该产区气候干燥，海拔650—800米，降水量相对较少，很少使用杀菌剂。干旱和霜冻是这里最大的问题，而不是病虫害。锡加莱斯比西南部的托罗海拔更高、更凉爽，所以它出产的葡萄酒较酸也更具有结构感。在其东北部的**Arlanza**产区也在发展一些有趣的白葡萄酒和红葡萄酒。

埃布罗河（River Ebro）从北部沿海的坎塔布连山脉（Cantabrica Cordillera）向东南方向流淌，直到地中海（见第200—201页）。上埃布罗河（Upper Ebro）拥有两个主要产区里奥哈和纳瓦拉（见第198—199页），以丹魄和歌海娜的混酿出名，在其紧邻的东边，阿拉贡现今已是很重要的精品酒生产区域。再往东是Monegros沙漠，其西南方向的卡拉塔尤德（Calatayud）产区、博尔哈产区和卡利涅纳（Cariñena，即佳丽酿）产区现正被认为是最有性价比甚至顶级酒的来源地。卡拉塔尤德产区的海拔在三者中最高，葡萄园可以抵达海拔1000米的高地，这里是西班牙最出名的合作社出口商San Gregorio的大本营。长期以来被低估的老藤歌海娜葡萄藤，被Gil家族和葡萄酒大师诺雷尔·罗伯逊（Norrel Robertson MW）选用并酿成一流的葡萄酒。直到2013年，有太多的老藤被欧盟政策误导而被拔掉。这些长木瘤的老树桩为博尔哈产区带来了名望，所在的蒙卡约山（Moncayo Moutain）为多汁的葡萄酒添加了清爽感。当地合作社Borsao集团为该产区做了很多工作，大陆性气候和寒冷干燥的西北风（西尔左风，cierzo）也起到了很大作用。

在拥有相似气候条件的**卡利涅纳**产区，歌海娜受到与产区同名的当地葡萄品种（在法国被称

格雷多斯山脉

格雷多斯山脉富有花岗岩和板岩的葡萄园海拔多在500—1200米，生产着极具特色的葡萄酒，可由于当地政治原因，该地区一分为三：在卡斯蒂利亚-拉曼查的Vinos de Madrid和Méntrida，以及Vino de la Tierra de Castilla y León。很可惜这里不能成为一个独立完整的产区。当年修道士在这里开拓葡萄园，并令这里的酒风靡马德里的宫廷。后来随着铁路的开通，拉曼查的便宜酒得以外销，再加上根瘤蚜虫病的暴发，格雷多斯的酒逐渐没落，直到新一代酿酒师的到来才得以好转。老藤的歌海娜令人兴奋，可以以此酿造现在流行的、具有风土表达力的、新鲜的、类似黑皮诺感觉的红葡萄酒。Albillo Real品种也酿造了很多高质量的干白。这里虽然没有雨水短缺的问题（见次页的降水表），夏日却酷热。

Cebreros村庄的Paraje Galayo葡萄园里，在板岩中茁壮成长的歌海娜。

坐落在格雷多斯山脉东北侧的El Tiemblo村庄。

◁
在特内里费（Tenerife）岛上的Bodegas Monje葡萄园远眺El Teido火山。现今这里的酒要比英国莎士比亚时期的“Canary”新鲜很多。

为佳丽酿）的挑战。卡利涅纳在这里复活，人们特选适合的品系培育。

Valdejalón IGP是一个很有潜力的小产区，被博尔哈、卡拉塔尤德和卡利涅纳产区包围。该产区由Frontonio酒庄的葡萄酒大师Fernando Mora重新发掘，其老藤歌海娜和一些白葡萄品种种植在海拔400—1000米的贫瘠土壤里，物尽其用。

索蒙塔诺（Somontano）在西班牙语中的意思是“山脚下”，在1984年成为DO产区。Bodegas Lalanne酒庄早在20世纪初就已经从临近的法国进口并种植不常见的赤霞珠和梅洛品种。这个温和产区的另一大特点是当地有着龙眼香气的莫利斯特尔（Moristel）品种，以及紧致而具矿物气息的帕拉丽塔（Parraleta）品种，产于令人信服的Bodega Pirineos酒庄。

东部

在西班牙地中海沿岸中部的内陆地区，葡萄园发展快速，甚至超过北部地区。很久以来，Manchuela、Valencia、Utiel-Requena、Almansa、Yecla、Jumilla、阿里坎特及Bullas一直都被看作为海外出口市场提供散装酒的产区。人们将越来越多的资金和新想法投入这样的DO法定产区中，来酿造更具果香味甚至很时髦的红葡萄酒。所酿造的酒依然强劲甜美，一些最佳的典范能与美国加利福尼亚和澳大利亚特别成熟的顶级红葡萄酒相媲美。当地的葡萄品种常常与国际化的品种混酿，但一些酒庄，比如Jumilla产区的Casa Castillo、以出口为主的Ordóñez家族，就充分显示了酿造慕合怀特的实力。在阿里坎特产区，Enrique Mendoza酒庄起着领军作用，所酿的酒若不靠强劲，则是在甜度上富于变化。被El Sequé收购后在里奥哈成立了大名鼎鼎的Artadi酒庄。阿里坎特产区的Fondillón酒是一种风格类似欧罗索（Oloroso）雪利的葡萄酒，酿酒所用的葡萄主要是莫纳斯特雷尔品种。Manchuela产区位于高原，土壤含有石灰岩，领袖酒庄是Ponce和Finca Sandoval。后者成功地引进罗讷河和杜罗河谷品种混酿葡萄酒。Moravia Agria品种也表现突出。仅次于丹魄的西班牙第二大红葡萄品种博巴尔在该产区别具风格。毗邻的Utiel-Requena产区同样海拔很高，高出海平面600米以上。这里的一些最好的酒都在Vino de Pago甚至Vino de España，在Mustiguillo最好的白葡萄酒由当地品种酿制。Almansa产区的海拔能达到700米，这里也逐渐出现了更多好酒，比如使用Garnacha Tintorera品种酿酒的Bodegas Atalaya酒庄、Santa Quiteria以及Envinate酒庄酿造的酒款。**Yecla**产区和**Bullas**

气候极端的内陆：炎热且潮湿

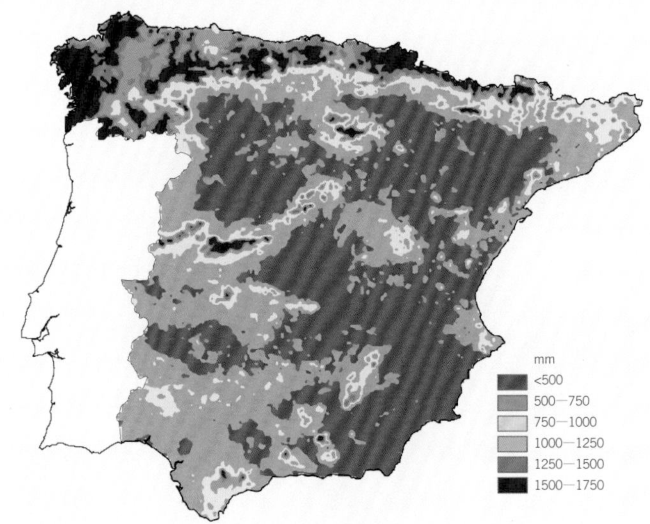

年平均降水量

一个具有极端降水量的国家：从干燥的南部及内陆地区（很多地方的年平均降水量少于500毫米），到较湿润的西北部加利西亚（有些地方的降水量超过1000毫米）。

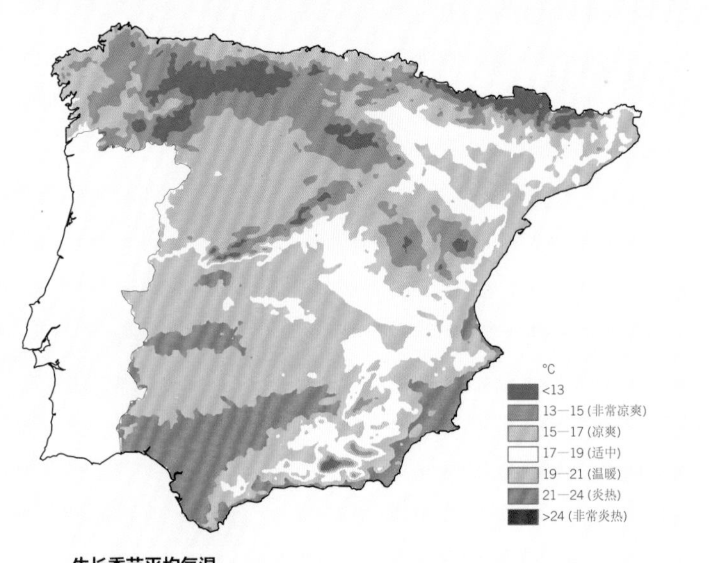

生长季节平均气温

从北部及西北部适宜葡萄种植的较凉爽气候条件到南部非常炎热的生长环境。

（两张地图来源：西班牙萨拉戈萨大学，1950—2012）

产区也同样有潜力。

马德里南部

在西班牙人的生活中，马德里南部的梅萨塔高原（Meseta）十分重要，那里有一望无际的葡萄园，是**拉曼查**的延伸，地图上清晰地标注着其DO法定产区，DO级别的葡萄园不到总面积的一半，但是占地面积很大，相当于澳大利亚葡萄园面积的总和。大多数酒款以瓦尔德佩涅斯地区为名，出口量遥遥领先的Félix Solís酒庄在这里投资了有潜力的酒庄。20世纪90年代，拉曼查和西班牙其他产区一样发生了巨大的变化，从种植酿造白葡萄酒（发展不太景气）的品种转变为可以做红葡萄酒的品种，其中大部分葡萄酒价格便宜，是用丹魄（在当地被称为Cencibel）酿造的。该产区的歌海娜种植有一定的历史，在这里也可以找到赤霞珠、梅洛、西拉甚至是霞多丽和长相思的踪迹，但每年8月中旬的过早采摘是一个问题。拉曼查的特优级法定产区相对比较多，一共有八个（见第188页地图）。在拉曼查北部边境的Uclés产区，目前正被Bodegas Fontana酒庄复兴。

从这里到马德里之间的区域拥有Méntrida、Vinos de Madrid以及Mondéjar几个DO法定产区。该区域最具创造性的葡萄园是Toledo附近的Marqués de Griñon。通过引入包括西拉与小维尔多在内的葡萄品种、葡萄培植与灌溉的新方法，Marqués建立了西班牙第一个DO Pago级别的酒庄Dominio de Valdepusa。再往中部的格雷多斯产区用以歌海娜为主的老藤葡萄酿酒（见第189页）。拉曼查西部的Extremadura临近葡萄牙边界，有相对较新的DO法定产区Ribera del Guadiana，同样，这里具有无比大的潜力酿造强劲成熟的葡萄酒，与隔壁的葡萄牙产区阿连特茹相似。还有很多有趣的酒，比如哈布拉酒庄（Bodegas Habla）酿造的那些酒，被贴上了Vino de la Tierra de Extremadura的标签。

群岛产区

加那利群岛曾是西班牙最著名的甜酒产地，遥远地坐落于西南方向的大西洋中，距离非洲只有100千米。它以特别的风味加入了DO体系后便被全世界猎奇心强的品酒师盯上了。包罗万象的群岛DO包括Gran Canaria、La Palma、El Hierro、火山岛Lanzarote以及La Gomera，每个岛屿都有一个DO法定产区，而特内里费岛的DO产区不少于5个（见下面地图），至少官方数据显示6500公顷的葡萄园种植着12种当地葡萄品种。有着浓郁海洋鲜味和柑橘香气的白葡萄酒来自于当地品种：Marmajuelo（Bermejuela）、Gual（Madeira's Boal）和Listán Blanco（Palomino Fino）。同时使用Baboso Negro（阿弗莱格）、Vijariego Negro（Sumoll）以及主要的Listán Negro品种的红葡萄酒也在慢慢崛起。

在地中海，在过去的20年，几乎灭迹的Mallorca地区的古老葡萄园得到复兴，不仅有当地葡萄品种，还有引进的品种。Manto Negro品种酿造酒体轻盈的红葡萄酒，更稀有的Callet品种风格更为庄重。两个DO法定产区分别是东部的Plà i Llevant和中部的Binissalem。Ibiza和Formentera产区也开始影响一些葡萄酒爱好者。

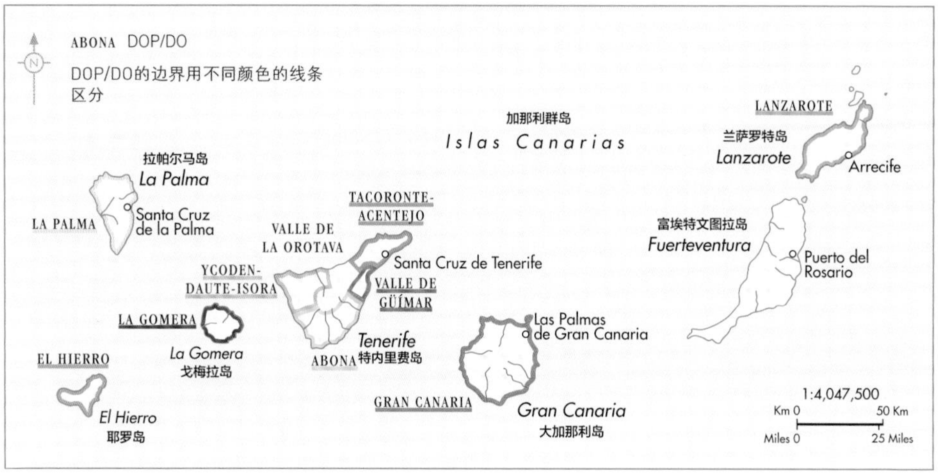

加那利群岛

这些离摩纳哥海岸不远的火山群岛有着独特的葡萄种植传统，这里的葡萄藤从来没有遭遇过根瘤蚜虫病，并且有悠久的甜白葡萄酒的历史，可以用当地的品种和低矮、迎风而立的灌木藤蔓的葡萄酿制独特的葡萄酒。

酒标用语

品质分级

Denominación de Origen Calificada (DOCa) 西班牙最高等级的葡萄酒，目前仅有两个产区属于这个等级：里奥哈和普瑞特。在当地此等级被称为DOQ。

Denominación de Origen (DO) 西班牙等同于法国AOP/AOC法定产区等级的葡萄酒（见第52页），以及欧盟DOP等级的葡萄酒，包括DOCa和DO Pago（详情见下）。

Denominación de Origen Pago (DO Pago) 酿造出的酒款品质与风格都非常独特的单一酒庄。

Vino de Pueblo, Vi de Vila 一些DO产区，如里奥哈、Bierzo和普瑞特，受勃艮第启发允许某些酒可以来自单一村庄的分级。

Vino de Calidad con Indicación Geográfica (VC) 向DO过渡期阶段。

Indicación Geográfica Protegida (IGP) 新的欧盟等级，逐步替代原来地区餐酒级别的Vino de la Tierra（VdlT）和Vi de la Terra。

Vino or Vino de España 最基本等级的西班牙葡萄酒，替代原有的餐酒Vino de Mesa及Vi de Taula。

其他常见用语

Año 年

Blanco 白葡萄酒

Bodega 酒庄

Cava 以传统法酿造的起泡酒

Cosecha 年份酒

Crianza 采收后至少2年才上市的葡萄酒，其中至少要以橡木桶陈年6个月以上（在里奥哈和杜罗河岸产区则需要12个月）

Dulce 甜型

Embotellado (de origen) 装瓶（在原产酒庄装瓶）

Espumoso 起泡酒

Gran Reserva 至少经过18—24个月的橡木桶陈年熟成以及36—42个月的瓶中陈年才能上市的酒款

Joven 在采收后的下一年就上市的酒龄浅的葡萄酒，通常完全没有或只有极短的橡木桶陈年时间

Reserva 根据产区级别，有较长橡木桶陈年时间的葡萄酒，通常白葡萄酒的橡木桶陈年时间更短

Rosado 桃红葡萄酒(Clarete是浅色的红葡萄酒)

Seco 干型

Tinto 红葡萄酒

Vendimia 采收年份

Viña, viñedo 葡萄园

Vino 葡萄酒

Vino generoso 加强酒

西班牙西北部地区 Northwest Spain

近年来，西班牙的东部和南部气候持续变暖。潮流又回归到清新而令人印象深刻的风格——这正是凉爽、潮湿的西班牙西北部及其葡萄酒的风格。

它们吸引了葡萄酒爱好者们越来越多的关注——不仅仅是对页所描述的下海湾区的脆爽白葡萄酒。几乎所有的西班牙葡萄酒都需要加酸来提升酒的新鲜活力，除了加利西亚。

这里的传统主要由凯尔特人（Celtic，加利西亚的古名 Gallic 就源自凯尔特）确立。邻近大西洋、多丘陵地、多风以及雨量充足等天然条件决定了这里的主要地理特征；而具有加利西亚特色、被高度分割的土地却是人为因素造成的。这里出产的葡萄酒以清淡、干型、清新的风格为主。在根瘤蚜虫病之后所引进的帕洛米诺（Palomino）品种和红色果肉紫北塞（Alicante Bouschet）品种现在已经大量地被更适合的本地品种所取代。

白葡萄酒产区**河岸地区**（Ribeiro），就在流入下海湾产区的 Miño 河上游，与大西洋之间隔着 Sierra del Suído 山脉。早在中世纪时期这里就已经将葡萄酒卖到了英国，比南边的杜罗河谷早了许久。西班牙的这个角落在贸易消失后，葡萄园也随之被遗弃。如今酿酒商更加乐观，消费者也变得更加乐于接受。用来酿制 Ribeiro 干白葡萄酒的典型葡萄品种有特雷萨杜拉（Treixadura，通常 100%）以及阿芭瑞诺、洛雷罗（Loureira）、特浓情（Torrontés）和日益增多的瓦尔德奥拉斯（Valdeorras）产区的格德约（Godello）。这里也酿制少量的红葡萄酒，主要采用颜色深沉的紫北塞品种。

更靠内陆的萨克拉河岸酿制着加利西亚最有趣的红葡萄酒（以及一些精致的格德约白葡萄酒），古老的葡萄园位于几乎无法耕作的陡峭梯田上，梯田位于 Sil 河与 Miño 河流域之上，用“英勇”来描述种植者再恰当不过。果香馥郁的门西亚（Mencía）是最优质的红葡萄，在近年来重建的小产区 Monterrei 也有种植（在地图之外的南部，温暖的气候足以令丹魄葡萄成熟），虽然该地区最常见的还是以格德约品种为主酿造的白葡萄酒。da Muradella 酒庄早在 1991 年就已是 Monterrel 产区的领导者。

瓦尔德奥拉斯产区因其口感紧实、有矿物质感的格德约白葡萄酒而闻名，可以酿制出耐存、极精致的单一品种葡萄酒。那些由 Rafael Palacios 酿制的酒可与普里尼-蒙哈榭相媲美，不过其红葡萄酒则在努力开辟自己的道路。门西亚在这里也十分重要。不过种植范围更小的加利西亚红葡萄品种在这些地区则更占优势（无论是酿造混调酒还是单一品种酒）。

门西亚葡萄是流行的比埃尔索（Bierzo）产区酿酒时主要用的葡萄品种，它所酿的酒是西班牙果味最多、香气最浓郁，口感也最新鲜的红酒之一。门西亚葡萄种植在 Sil 河沿岸，受大西洋气候影响，产地虽位于卡斯蒂利亚-莱昂产区内，但其气候条件却像极了加利西亚。因在普瑞特产区酿造红酒而闻名的奥瓦罗 · 帕拉西奥（Alvaro Palacios）和他的侄子 Ricardo Perez 如今已将比埃尔索产区放到了世界葡萄酒地图上。令他们感兴趣的是具有板岩与石英质的梯田而不是葡萄园里比较常见的黏土，以及 3000 公顷的比埃尔索产区有着超过 80% 的葡萄藤至少有 60 年的历史，其中很多已过百年。Decendientes de J Palacios 酿制出的酒带着优雅与精致，与那些口感极其浓缩、带有浓重橡木桶味道的葡萄酒截然不同。如今比埃尔索约有 80 家酒庄，并不是所有的酒都如此风雅，但大部分都在改善。

酿酒师 Raúl Pérez 是这个西班牙绿色一隅的酿酒顾问。在这里，种植范围并不广泛的加利西亚红葡萄品种在这里逐渐被重视，既被用于酿制单一品种的葡萄酒，也用在混酿葡萄酒中。这些品种葡萄牙也有种植，只是名字不一样，穿过边境后梅伦萨奥（Merenzao）被称为巴斯塔都（Bastardo）、Carabuñeira 被称为国产杜丽佳（Touriga Nacional）、索沙鸥（Sousón ）和 Caíño Tinto 在绿酒（Vinho Verde）地区分别被称为维毫（ Vinhão ）和 Borraçal。它们完全不再只是当地的特色。

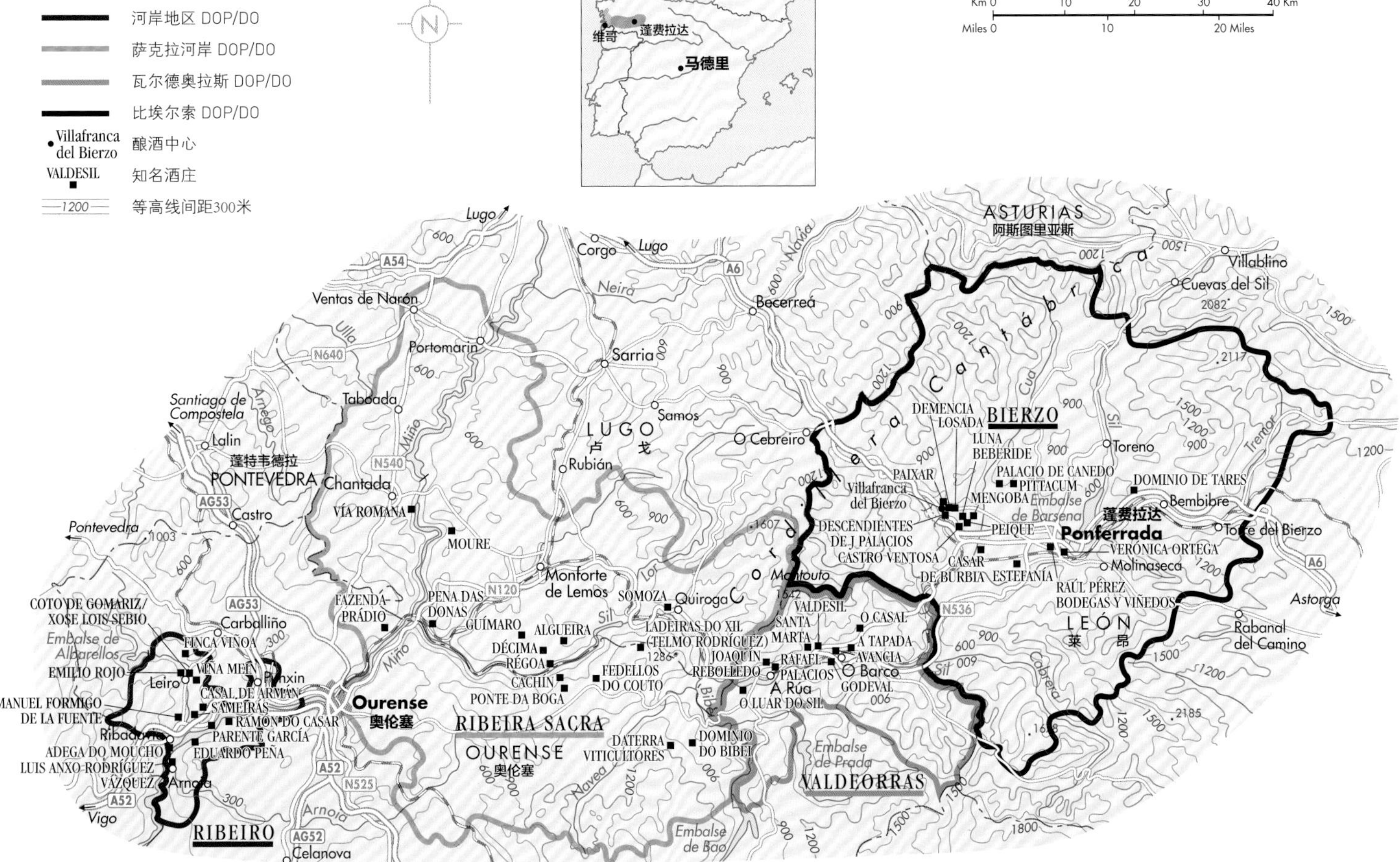

下海湾
Rías Baixas

加利西亚最著名的葡萄酒是精致、活泼且芬芳的白葡萄酒，非常适合搭配加利西亚当地盛产的虾蟹类海鲜，这与多数人对西班牙葡萄酒的印象相差甚远。除了 Martín Códax 酒庄、Condes de Albarei 酒庄和 Arousana 合作社（Paco & Lola 品牌的拥有者）之外，加利西亚下海湾的葡萄酒产业规模都相当小。在 200 家当地酒庄中，只有几家实力较强的酒庄每年能产几百箱葡萄酒，大部分酒农仅有几公顷的葡萄园。这个西班牙潮湿翠绿的角落［用维哥（Vigo）与西班牙其他气象站的年降水量相比］直到最近表现都非常差，被大家所忽视。加利西亚人并没有太多远渡他乡的勇气，都在继承于祖辈的小片土地上坚守着。守旧的习俗加上加利西亚在地理位置上的相对孤立，直到 20 世纪 80—90 年代，这里出产的独特葡萄酒才开始在加利西亚以外的地区找到市场。

就像这里生产的葡萄酒一样，加利西亚的自然景致在西班牙也算是特例：大西洋边形状不规则的峡湾（当地人称为 rías），迷人的浅海湾，以及茂密的原生松树与 20 世纪 50 年代引进的尤加利树的连绵丘陵，连这里的葡萄藤看起来也相当不一样。

如同 Miño 河对岸景致非常类似的葡萄牙绿酒产区，这里的葡萄藤传统上也采用棚架式的引枝法，长在比肩膀还高、遮蔽光线的水平棚架上。葡萄藤的间距非常大，细长的树干通常沿着花岗岩柱爬上葡萄棚，这是本地最常见的葡萄种植方式。数以千计的果农种植葡萄仅仅是为了酿造自用的葡萄酒，这样的棚架管理方式让他们可以善用每一小块珍贵的土地，棚下还种植着卷心菜。而且这样的引枝法也让葡萄保有良好的通风环境，在这个即使夏天都经常有海雾笼罩的地区，确实需要认真考虑通风问题。

厚皮的阿芭瑞诺葡萄是该产区的主要葡萄品种。在所有品种中，它最能抵抗常见的发霉危害，而且酒龄浅的阿芭瑞诺酒非常受欢迎。这里也有越来越多的实验性酒款，但主要是混酿、用橡木桶熟成以及熟成时间较长的葡萄酒。

下海湾的子产区

Val do Salnés是目前最重要的小产区，也是最潮湿的小产区。在南部的O Rosal，最出色的葡萄园都位于连绵山丘中的南向梯田上，出品的葡萄酒酸度明显更低。崎岖的Condado do Tea是海拔最高、最冷的子产区，离海岸线最远，这些来自梯田的葡萄酒风格更为有力，但不够细腻。

下海湾：维哥 ▼

纬度 / 海拔
42.24°N/ 261米

葡萄生长期的平均气温
16.8℃

年平均降水量
1786毫米

采收期降水量
9月：102毫米

主要种植威胁
春霜、丰收季的雨水

主要葡萄品种
白：阿芭瑞诺，特雷萨杜拉，白洛雷罗

杜罗河岸 Ribera del Duero

本书在20世纪70年代首版发行时，对于“Duero”的解释仅限于产波特酒的杜罗河的西班牙名字，以及仅有的一家奇特却绝妙的Vega Scilia酒庄。之后便迎来了浮夸的农业工程师亚力山卓·费尔南德斯（Alejandro Fernández），他令宝石翠酒庄（Pesquera）享誉国际并吸引了新的投资。现在的杜罗河岸已经可以和里奥哈竞争西班牙首席葡萄酒产区的地位。

曾经的卡斯蒂利亚行政区的黄褐色平原从赛哥维亚（Segovia）和阿维拉（Avila）往北延伸与旧莱昂王国连成一片，年轻的杜罗河流淌于此。在平均海拔850米的高原，夜间的气温明显降低，9月，中午的温度常常可以达到30℃，而夜间仅4℃。春霜几乎无可避免，2017年4月，这里的温度曾低至-7℃。葡萄经常要到10月底甚至11月才开始采收。这里的高海拔提供了干燥的空气和更多的日照，较凉的夜晚让本地产的葡萄保有特别活泼的酸味；酿成的浓缩红葡萄酒颜色、果香和味道都非常浓郁，与东北方不到100千米外的里奥哈产区的红葡萄酒风格截然不同，即便两个产区主要使用的都是丹魄品种。

贝加西西里亚（Vega Sicilia），一个有着250公顷葡萄园的酒庄，它的成功提供了最早期的明证，证明本地也可以酿出非常细致的葡萄酒。该酒庄从1860年开始种植葡萄，当时正是许多波尔多酒商进入里奥哈产区并带来许多影响的时候。贝加西西里亚酒庄生产的Unico红酒只有在好年份才酿造，在橡木桶内熟成的时间比全世界任何其他干红酒都长，一直要到10年后才会上市（现在，上市之前会先在酒瓶中培养数年），这是一款拥有惊人个性的葡萄酒。不过在这款标志性的酒里，在使用丹魄［本地使用的昇当地称为丹魄红（Tinto Fino）或Tinto del País的品种］酿造时，会不同寻常地加入一点儿波尔多的品种以增加其魅力。

迅速发展

杜罗河岸产区在20世纪90年代突然爆红，亚力山卓·费尔南德斯的宝石翠酒庄打响了头炮。当1982年法定产区成立时，全区只有24家酒庄。到2018年时，已经超300家，有100家是在过去10年成立的，其中有相当多的酒庄连葡萄园都没有。广阔的高海拔高原土地历经了相当显著的转化，人们将原本种植谷物和甜菜的土地变成超过22 500公顷的葡萄园。在鼎盛时期，为了满足大量的需求，从里奥哈引进了一些产量较大的丹魄

▽
在20世纪70年代和80年代早期，该产区的葡萄酒出口商除了大名鼎鼎的贝加西西里亚之外，就是位于Peñafiel 的合作社Proto，Protos Reservas这款酒的酒标就是山顶的城堡。

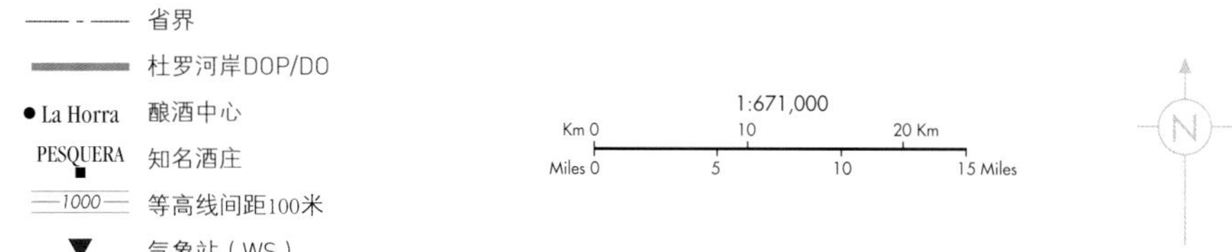

杜罗河岸的葡萄酒中心

杜罗河岸那广阔的山谷及其支流已经有几个世纪的酿酒历史，不仅仅是因为这里严酷的大陆性气候适合葡萄藤的生长，更因为当地人对葡萄酒的饥渴。巴利亚多利德（Valladolid）是17世纪西班牙的首府，制定了严格的葡萄酒法规。

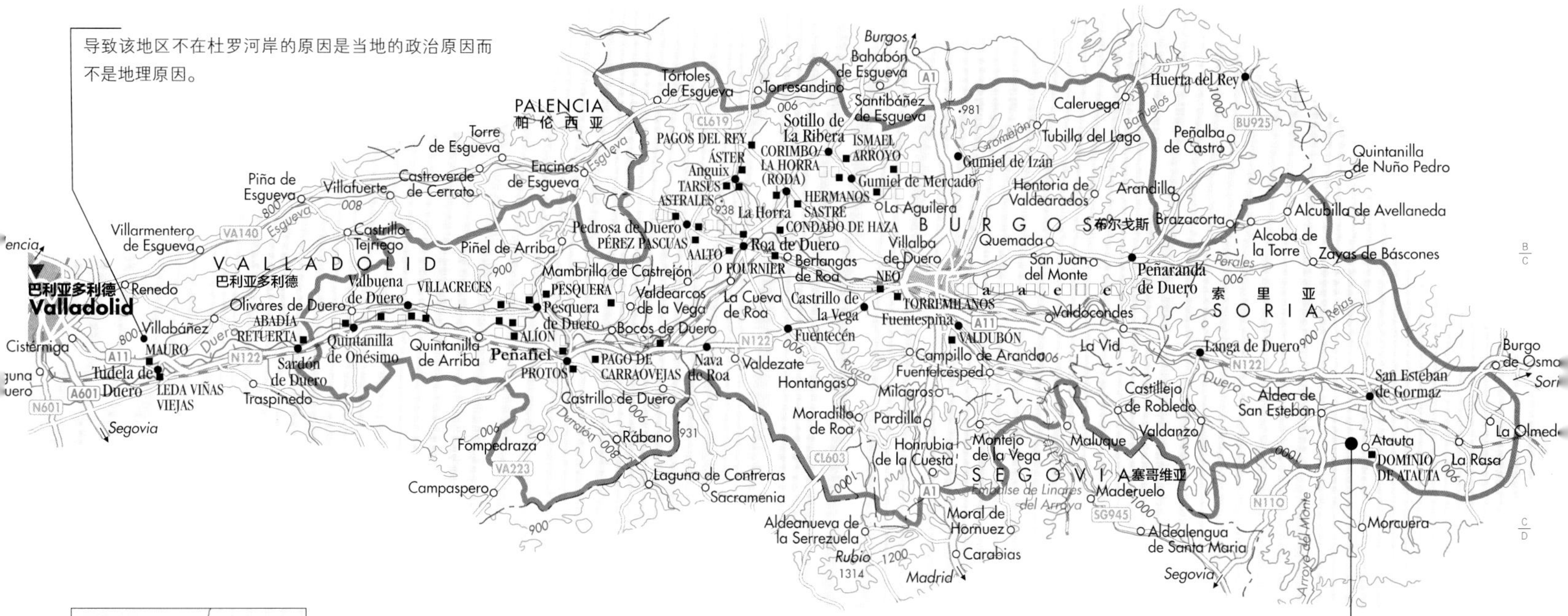

导致该地区不在杜罗河岸的原因是当地的政治原因而不是地理原因。

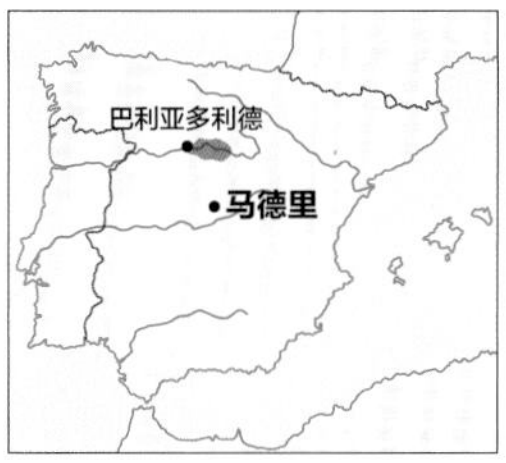

产区东部海拔较高的区域受到越来越多的关注，尤其是Atauta村有很多老藤。

主要生产商

1 DOMINIO DE PINGUS
2 ARZUAGA NAVARRO
3 VEGA SICILIA
4 DEHESA DE LOS CANÓNIGOS
5 HACIENDA MONASTERIO
6 MATARROMERA
7 EMILIO MORO
8 CONDE DE SAN CRISTÓBAL
9 LEGARIS
10 MONTECASTRO
11 PAGO DE LOS CAPELLANES
12 CARMELO RODERO
13 ALONSO DEL YERRO
14 REAL SITIO DE VENTOSILLA
15 GOYO GARCÍA VIADERO (BODEGAS VALDUERO)
16 CILLAR DE SILOS

品种，但当地政府一直在开发更适合当地的高品质品种。

葡萄种植专家很容易就被本地相当多样性的土壤所蒙骗，即使是在同一片葡萄园，葡萄成熟的速度也会非常不同。杜罗河北岸较为常见的石灰岩露头，有助于在这雨水稀少的地区为土壤留住水分。但较常见的是沙壤土和黏土。

超过8000户的葡萄农的土地平均每户少于3公顷，所以也像里奥哈一样有向葡萄农采买葡萄来酿酒的传统，很多新建的酒厂需要彼此竞争才买得到所需要的葡萄。某些最好的葡萄来自La Horra、Roa de Duero和Pedrosade Duero三个村子构成的三角区内。打造了西班牙最稀有、最昂贵的葡萄酒平古斯（Dominio de Pingus）的丹麦人彼得·西赛克（Peter Sisseck），能够在La Horra找到一些树龄最老、树瘤最多且蜷缩生长的丹魄红葡萄树。

区域内有两家很成功的酒庄却不在DO产区的范围之内，它们的酒使用的是没有那么严格的IGP卡斯蒂利亚。其中位于Sardón de Duero村的酒庄Abadía Retuerta是1996年由瑞士药商公司Novartis建立的大型葡萄酒庄园，刚好就在法定产区边界外的西边（当1982年DO法定产区建立时，这里并没有葡萄园，不过早在从17世纪开始，这里几乎一直都有葡萄园。这个曾是修道院的酒庄，一直到20世纪70年代都是巴利亚多利德市主要的葡萄酒供应商）。另一家位于Tudela市的酒庄Mauro于1980年创立，位置甚至更偏西，现在位于一座美丽的古老石造建筑内，创建者马里亚诺·加西亚（Mariano García）曾是Vega Sicilia的酿酒师。他本人也参与了Aalto酒庄的计划，这是杜罗河岸新近成立的酒庄之一，在这里仅凭一个成功的年份就可以建立酒庄的名声。

其他的投资者包括Felix Solís（Pagosdel Rey酒庄）、Alonso del Yerro、Marqués de Vargas（Conde de San Cristóbal酒庄）、Torres（Celeste酒庄）和Faustino，其中很多都已经在其他产区（尤其是不远的里奥哈）拥有优秀的酒庄。近期的投资者包括：卡瓦（Cava）起泡酒的生产商菲斯奈特（Freixenet），投资了Valdubón）、橡树河畔酒庄（La Rioja Alta）的Aster和里奥哈喜悦葡萄酒集团（CVNE）的位于Anguix的酿酒厂。

杜罗河岸产区：巴利亚多利德

纬度 / 海拔
41.70°N/ 846米

葡萄生长期的平均气温
15.7℃

年平均降水量
435毫米

采收期降水量
10月：52毫米

主要种植威胁
春霜、丰收季的雨水

主要葡萄品种
红：丹魄红/Tinto del País

托罗和卢埃达 Toro and Rueda

20 世纪 90 年代，强劲有力的葡萄酒最受权威酒评家们喜爱。在卡斯蒂利亚-莱昂产区最西部的托罗，那时候只有 8 家酒庄，这个地方出产的葡萄酒几乎都很朴素。但当地的主要品种红托罗（Tinta de Toro）的活力非常明显，不容忽视。到了 2006 年，酒庄的数量增加至 40 家；而到了 2018 年，酒庄已有 62 家。西班牙一些著名的投资者，包括杜罗河谷的名庄贝加西西里亚的庄主和 Mauro 酒庄的庄主，以及飞行酿酒师特尔莫 · 罗德里格斯（Telmo Rodríguez）都来到此地。甚至法国人也来了，比如波尔多的弗朗索瓦 · 卢顿（François Lurton）、波美侯的著名酿酒师米歇尔 · 罗兰夫妇（Michel and Dany Rolland）也都被红托罗的成熟度打动，他们合资创建了 Campo Eliseo 酒庄。2008 年，LVMH 集团在市场高位的时候从一个来自里奥哈的庄主手中收购了名望极高的 Numanthia 酒庄。业务重心主要在美国的 Ordóñez 家族，对于托罗产区的成功也很有兴趣。

像多数西班牙产区一样，托罗产区的好品质主要源于它的海拔。620—840 米的高度，让葡萄种植者能够在炎热的夏季借助夜晚的凉爽，对生长在各种土质上的成熟葡萄的皮色和风味进行“校正”。这里有一些红色的黏土，但大部分土壤都是沙质的，不利于根瘤蚜的繁衍，所以 60% 的葡萄藤都是没有经过嫁接的。

在托罗产区，葡萄种植面积为 5500 公顷，灌木式栽培占了 80%，有 1200 公顷的藤龄超过 50 年，125 公顷的藤龄超过 100 年。每年的降水量在 400 毫米以下，条件近乎沙漠，所以在南部的一些葡萄园，每公顷只有 650 株葡萄藤。红托罗占据了当地葡萄种植面积的 85%，有的被快速地通过二氧化碳浸渍法酿造成葡萄酒，这样的葡萄酒酒龄浅、多果汁感；但是，越来越多且已占大部分的葡萄酒要经过橡木桶陈酿，比如珍藏级别的需要在橡木桶中陈年至少 12 个月，这样的红葡萄酒的风格，可以用强壮有力来形容。

卢埃达

相邻的卢埃达产区历史上以本土品种弗德乔（Verdejo）酿造白葡萄酒，但它曾经历了长时间的衰落，直到 20 世纪 70 年代里奥哈的实力酒庄 Marqués de Riscal 决定在这里酿造白葡萄酒之后才得以恢复。用弗德乔酿造的葡萄酒，其清新口感有如使用种植在这里的长相思葡萄酿造的葡萄酒。弗德乔能较好地维持酸度，并把丰富的矿物质潜力激发出来。它的采摘时间可以（事实上也应该如此）比简单一些的长相思晚一点儿。在产区的 17 000 公顷的葡萄种植面积中，红葡萄品种只有 500 公顷。

△
弗德乔是卢埃达具有特色的葡萄品种，多年来都被用来酿造像雪利酒那样的葡萄酒。Marqués de Riscal酒庄成功地以此品种酿出了新鲜、干型的餐饮葡萄酒，这成了这一产区的命运转折点。

托罗和卢埃达西北部

此地图包括了托罗的全部区域，但只包括了卢埃达与葡萄酒有关的最重要的西北部区域。它延伸至巴利亚多利德省之外，进入到赛哥维亚（Avelino Vegas、Blanco Nieva和Ossian等酒庄的所在地）和阿维拉（见第188页地图）。有几个酒庄既酿造白葡萄酒，也酿造红葡萄酒。

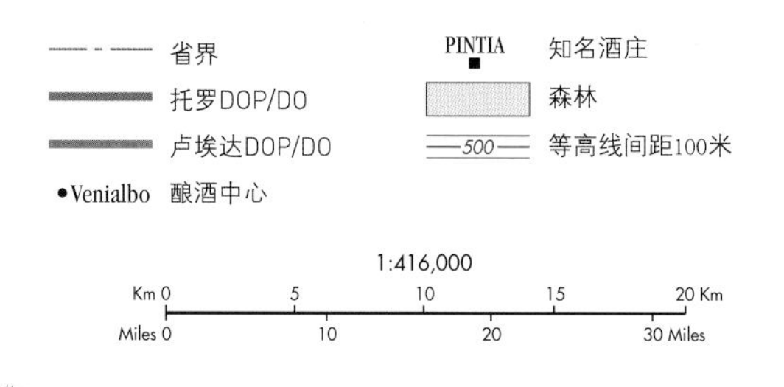

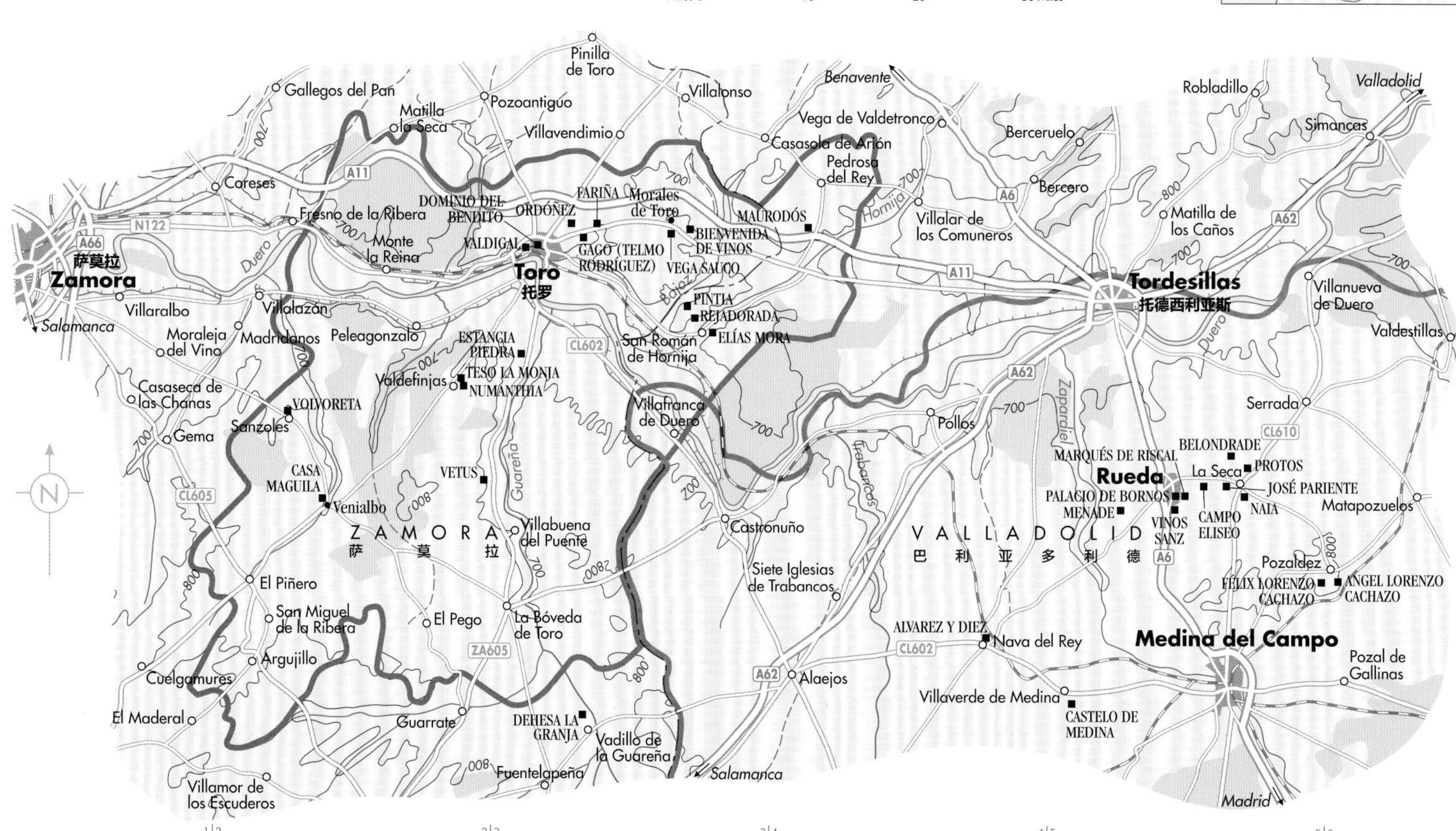

纳瓦拉
Navarra

纳瓦拉的子产区

纳瓦拉产区有三种不同的气候类型。西北部受到大西洋气候的影响，年均降水量800毫米；东北部是明显的大陆性气候；在南部，紧挨着下里奥哈（Rioja Baja）东部的地区是地中海气候，年均降水量下降至300毫米。

纳瓦拉在里奥哈东北边界的上方，一直以来它就与里奥哈（事实上还有法国的一部分产区）存在竞争关系，直到根瘤蚜虫病侵害之后，波尔多的商人在选择生意伙伴时，看中的是里奥哈和已经开通的从哈罗镇起始的铁路，而不是纳瓦拉这片盛产芦笋和遍布苗圃的绿色大地。

在20世纪的多数时候，纳瓦拉四散分布的葡萄园种植的主要是歌海娜，人们用这种葡萄来酿造粉红葡萄酒，以及强劲醇厚的混酿红葡萄酒。后来历经了一场变革，大举转种赤霞珠、梅洛、丹魄和霞多丽（如今每三株葡萄藤中仍有一株以上的霞多丽）。现在丹魄的种植面积已经超过了歌海娜，而赤霞珠也成为全区种植面积第三的品种。然而，用这些新来的葡萄品种酿造的纳瓦拉葡萄酒在商业上并没有多少是真正成功的，或许是因为它们没有任何明显的特色。

然而，如今歌海娜正在复兴，尤其是在北部海拔较高的瓦尔迪萨尔贝（Valdizarbe）和下蒙坦亚（Baja Montaña），用老藤歌海娜酿造的葡萄酒，将丰富的果香与大西洋清新的气息结合在一起。Artadi酒庄的葡萄酒Santa Cruz de Artazu就是典范。若干重量级的酿酒合作社继续吸纳该地区大部分普通的歌海娜，而San Martín这家合作社则采用与其合作的酒农手中最好地块种植出的葡萄，酿成了一些世界上最有价值的红葡萄酒。Domaines Lupier酒庄和Emilio Valerio酒庄在这方面是较新的探索者，成绩卓著。在一个更有限的范围内，里奥哈的格拉西亚诺葡萄在增加。Viña Zorzal酒庄和Ochoa酒庄的产品非常出色。纳瓦拉的许多葡萄酒，品尝起来就像是里奥哈与索蒙塔诺的结合：具有明显的橡木气息，兼具西班牙品种和国际品种的风味。法国橡木桶在纳瓦拉比在里奥哈更普及，这或许是因为橡木桶陈酿这种做法进入纳瓦拉要晚得多，但也是因为这里有更多的葡萄园种植了法国的葡萄品种。如在酒标上见到"Crianza"或"Reserva"这样的字眼，那就表明这是类似于里奥哈风格的葡萄酒。

北部和南部

不过，纳瓦拉葡萄酒不会比里奥哈更具同质性，子产区之间是有区别的。比如，炎热、干燥又平坦的**下河岸区**（Ribera Baja）子产区，地处其南边的Moncayo山脉的雨影区（山脉的背风面，意味着降水量小——译者注）必须要进行灌溉（通过罗马时期就已经建立的运河系统）；而在北边，葡萄的种植面积小一些，气候凉一些，土壤类型也更多一些。下河岸区最好的歌海娜产自菲特罗（Fitero），可能是因为这里的土壤像教皇新堡地区那样贫瘠，并且靠近Bardenas Reales沙漠。在菲特罗的北边，Corella酒庄因为生产贵腐风格的小粒白麝香（Moscatel de Grano Menudo）葡萄酒而成名。Camilo Castilla是培育这个品种的酒庄，它还擅长酿造西班牙传统的"陈腐"（rancio）风格的麝香葡萄酒，这种葡萄酒要在老橡木桶里陈酿多年。

上河岸区（Ribera Alta）是一个传统的子产区，介于北部和南部之间，纳瓦拉三分之一的葡萄种植在这里。

纳瓦拉南部气温非常高的时候，其北部可能还很凉爽，因为那里更靠近大西洋且多山，持续的西风让葡萄园上方的台地虚拟风力发电机林立。一如里奥哈产区，纳瓦拉北部的海拔条件及其与比利牛斯山的接近程度，意味着波尔多品种在这里的采摘时间会比在波尔多当地的葡萄园晚得多——在海拔最高的葡萄园有时要迟至11月。下蒙坦亚子产区，其土质是混杂着一些石灰岩的黏土，主要生产桃红葡萄酒。在北部的埃斯特拉领地［Tierra Estella，其地质条件与其南邻阿拉维萨里奥哈（Rioja Alavesa）相同］和瓦尔迪萨尔贝这两个子产区，朝向及海拔高度差异极大，早期的种植者在挑选地块时都格外小心。春霜以及秋寒是两大问题。不过，正是在埃斯特拉领地，或许是考虑到气候的变化，现在已经由Grupo Perelada拥有的Chivite酒庄当初大举在古老的Arínzano庄园里投入，出产的丹魄与赤霞珠、梅洛混酿的葡萄酒，品质出众，赢得了Pago的身份，这在西班牙是最高的法定身份，专属于一个单一的庄园。如今，Arínzano庄园已为俄罗斯人拥有，而纳瓦拉也已拥有另外三个具有Vinos de Pago身份的庄园了（见第188页地图）。

里奥哈 Rioja

里奥哈产区的葡萄酒在长达一个多世纪的时间里，都是最具标志性的西班牙葡萄酒；但近年来，有一半的里奥哈葡萄酒不得不努力适应各种压力。然而，正如它那些伟大的老年份葡萄酒所证明的，里奥哈拥有多种条件，让其成为几乎是完美的葡萄酒产地。

风土 高海拔，黏土中含不同程度的石灰岩。

气候 西部是寒凉的大陆性气候，越靠近地中海的地方越温暖。

主要葡萄品种 红：丹魄、歌海娜；白：马卡贝奥、马尔维萨。

一个葡萄种植面积达 61 500 公顷的产区，无疑不会是整齐划一的。在里奥哈的西北部，一些在 Labastida 镇上方海拔最高处的葡萄园，葡萄的成熟有时都是一个问题；但在东部，种植在海拔 800 米处的葡萄，却能轻易成熟，这是因为受到地中海暖风的影响，这种影响一路往西，在 Elciego 镇都能感受得到。在东部的 Alfaro 镇，种植者们进行采摘的时间可能会比哈罗镇早四个星期，在哈罗镇，葡萄的生长季很长，最后被采摘的一批葡萄可能要在 10 月底才能收获。而在西班牙所有的产区中，里奥哈的采摘时间通常又是最迟的。

里奥哈可划分为三个子产区。**上里奥哈**（Rioja Alta）是大部分传统顶级酒庄的所在地。大西洋距离其西部边界仅 43 千米，这里的年均降水量高达 700 毫米。在**东里奥哈**（Rioja Oriental，以前被称为下里奥哈），气候暖和得多，海拔也低得多（300—350 米），年均降水量只有 400 毫米。**阿拉维萨里奥哈**位于巴斯克自治区的阿拉维省（Alava），在三个子产区中是最具大西洋特色的一个，它被坎塔布里亚山脉（Sierra de Cantabria）形成的岩石墙保护得很好。这里的葡萄园，正如在上里奥哈的德曼达山脉（Sierra de la Demanda）上的那样，有的位于海拔 700 米的高处。

在阿拉维萨里奥哈，四分之三的土地是葡萄园（在上里奥哈，大约是二分之一）。举目望去，在由河水冲刷而成的梯状山地上，是一小片一小片的葡萄园，葡萄藤常呈低矮的灌木状（地势越高越好，但在高处栽种会困难些）。在阿拉维萨里奥哈以及上里奥哈的哈罗镇、布里翁内斯镇（Briones）和 Cenicero 镇附近，土质以黏土-石灰岩为主；而在上里奥哈海拔高一点儿的纳胡拉镇（Nájera）镇和 Navarrete 镇附近，其黏土多含铁质。东里奥哈的土壤，通常由含铁质的黏土冲积而成，甚至比上里奥哈的更多样，这里的葡萄种植更为稀疏。

2017 年，针对有人批评里奥哈法定产区（DOCa Rioja）太大，也没有关于质量的指南，管理当局做出了回应，推出一系列新的关于差异和特征的规定。如今，一款流行的单一园葡萄酒在酒标上展示的是 Viñedo Singular，而来自单一镇或地区的葡萄酒则分别是 Vino de Municipio 或 Vino de Zona。2007—2008 年的金融危机，曾迫使许多里奥哈的酒庄歇业，但之后酒庄的数量再度上升，2018 年达到 600 多家（几乎是 1990 年酒庄总数的两倍）。缺少了里奥哈的西班牙葡萄酒是无法想象的。

丹魄目前是里奥哈最重要的葡萄品种，在 2018 年占据了种植总面积的 84%（2012 年是 61%）。丹魄非常适合与歌海娜混酿，但它又一直系统地取代着歌海娜这一饱满多肉的品种，因此，歌海娜在里奥哈葡萄种植面积中的比例，同期已减半至 9%。与此同时，随着一些 100% 的里奥哈歌海娜葡萄酒的出现，其品质开始备受赞誉。歌海娜在上里奥哈上游的纳胡拉镇以及东里奥哈的 Tudelilla 镇海拔较高的葡萄园中表现最好。格拉西亚诺（在法国朗格多克被称为 Morrastel，在葡萄牙被称为 Tinta Miúda）是一个细腻却又难以伺候的里奥哈独特品种，随着 Contino 酒庄和 Abel Mendoza 酒庄用它酿出的单品种葡萄酒卖出了强劲的价格，它如今似乎已不再有灭绝之虞。里奥哈允许种植佳丽酿，但难以容忍种植赤霞珠的试验。

里奥哈的本色

西班牙最著名、最重要的里奥哈葡萄酒，在 21 世纪初始就开始寻求其真正的特色。里奥哈的名声早在 19 世纪末就已建立，当时比利牛斯山以北的葡萄园尽毁于根瘤蚜虫病，于是波尔多的酒商来到这里，填补他们生产的空白。因为有铁路直接通往大西洋沿岸，哈罗镇便成了理想的混调葡萄酒的中心，那些原料酒从远至东里奥哈的地方用马车运送过来，通常还带着葡萄皮。波尔多酒商展示了如何在小型橡木桶中陈酿，哈罗镇上许多最重要的酒庄就是因此而诞生的，全都创建于 1890 年左右，而且都集中在 Barrio de la Estación 的火车站周边，其中有几家酒庄甚至还拥有自己的月台。

直到 20 世纪 70 年代，大部分由小葡萄农酿造的里奥哈葡萄酒口感都多汁，在像 San Vicente 这样的村子里，至今还可以见到一种被称为 lagare 的石造酒槽，半开的门后面挂着手写的 "Se Vende Rioja"（内售里奥哈葡萄酒）的字样。在里奥哈产区，最讲究的是调配和熟成，而不是酿造，更别说地理条件了。里奥哈葡萄酒很快就完成发酵，然后在老旧的美国橡木桶陈酿多年，于是就形成了酒瓶背标上所显示的经典风格：Crianza、Reserva 或 Gran Reserva。这些都是根据葡萄酒在橡木桶中的时间而定的。这样酿成的葡萄酒颜色浅淡，散发着甜美的香草气息，如果葡萄的品质无可挑剔，那就太诱人了。

20 世纪末，很多酒庄都在酿酒技术上进行了革新（即便不是自己种植葡萄，但大部分酒庄都是自己酿酒）。皮薄柔和的丹魄在酿造时浸皮的时间比以前长了很多，更多使用的是法国的而不是美国的橡木桶，且更早装瓶。这样的改变，让葡萄酒的口感更深厚，也保留了更多果味，简单地说，就是更加现代。而且上市时，直接标注酒的年份，而不是在酒瓶的背标上显示传统分类中的某一类。如今，也有回归更传统的风格的酒，但绝对只是个例。

新的法国橡木桶在 1970 年前就已由 Marqués de Cáceres 酒庄引进里奥哈。Marqués de Cáceres 酒庄所在的 Cenicero 镇，位于里奥哈的正中间，气候并不极端。种植在西边的葡萄往往酸度较高、单宁较强；而种植在东边的则酸度相对低一些、单宁弱一些。另一个没有什么争议的发展是单一庄园葡萄酒的兴起，例如 Allende、Contino、Macán、Remelluri 和 Valpiedra 等，还新出现了一

里奥哈：洛格罗尼奥 ▼

纬度 / 海拔
42.45°N/ 353米

葡萄生长期的平均气温
18.2℃

年平均降水量
405毫米

采收期降水量
10月：37毫米

主要种植威胁
春霜、真菌类疾病、干旱

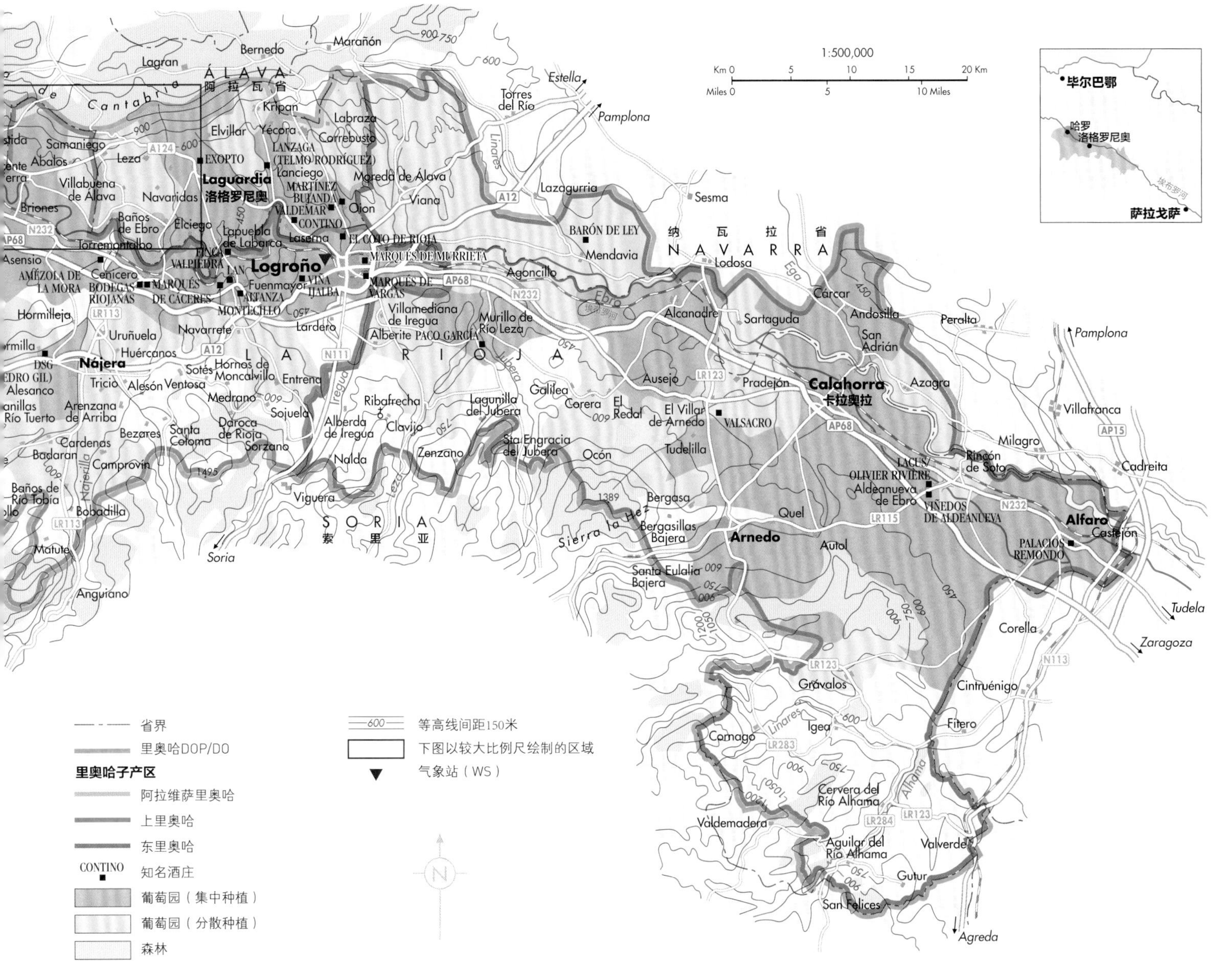

1:500,000

Km 0 5 10 15 20 Km

Miles 0 5 10 Miles

省界

里奥哈DOP/DO

里奥哈子产区

阿拉维萨里奥哈

上里奥哈

东里奥哈

CONTINO 知名酒庄

葡萄园（集中种植）

葡萄园（分散种植）

森林

600 等高线间距150米

下图以较大比例尺绘制的区域

气象站（WS）

批更年轻的追求风土特色的酒庄，例如Artuke、Abel Mendoza、Olivier Rivière、David Sampedro和Tom Puyaubert（Exopto），它们的模式更类似勃艮第而非波尔多。

每20瓶里奥哈葡萄酒当中，大约只有1瓶是白葡萄酒。白葡萄品种中，种植面积最大的是马卡贝奥，此外就是有限的Malvasía Riojana和白歌海娜。自2007年以来，霞多丽、长相思和弗德乔的种植得到了允许，还有个别更具西班牙特色的白葡萄品种，但仍然不普遍。考虑到产区外的趋势，里奥哈的葡萄酒管理当局还鼓励酿造桃红葡萄酒。

简单易饮、风味中性，似乎是大多数里奥哈白葡萄酒所追求的——这有些令人遗憾，因为橡木桶陈酿的里奥哈白葡萄酒在桶里和瓶中陈年10年或20年后，会变得丰富和精致，可挑战最伟大的波尔多白葡萄酒。López de Heredia酒庄是一个让人惊叹的名字，其葡萄园Viña Tondonia出品的酒款（白、红、桃红）是伟大的开端之一。

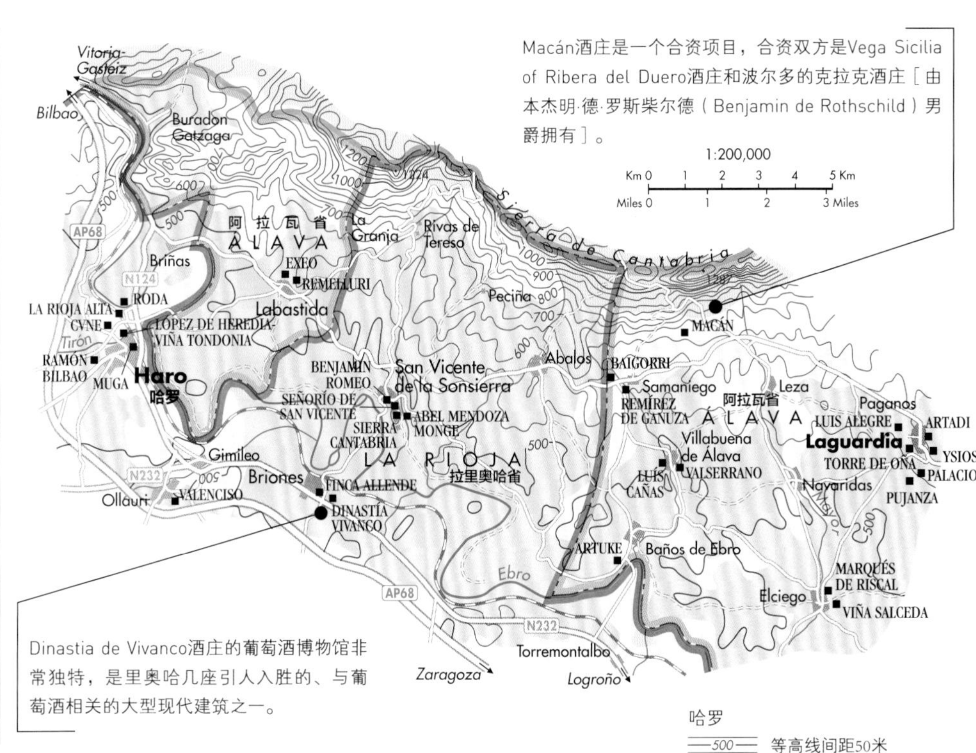

Macán酒庄是一个合资项目，合资双方是Vega Sicilia of Ribera del Duero酒庄和波尔多的克拉克酒庄［由本杰明·德·罗斯柴尔德（Benjamin de Rothschild）男爵拥有］。

Dinastia de Vivanco酒庄的葡萄酒博物馆非常独特，是里奥哈几座引人入胜的、与葡萄酒相关的大型现代建筑之一。

加泰罗尼亚 Catalunya

加泰罗尼亚（英文拼法是 Catalonia），在文化上与西班牙其他地方截然不同。这一点，一个来到巴塞罗那及其沿海地区的访客，在空气中都能感受得到。其独立的诉求并非什么秘密。

无论是建筑还是美食，巴塞罗那都是欧洲最具活力的城市之一，其与法国的相近程度和与卡斯蒂利亚的相近程度一样。位于地中海沿岸和北部山丘寒凉得多的亚高山气候之间，加泰罗尼亚拥有酿造各种葡萄酒的条件。人们确实也没有浪费这个机会。

在西班牙的葡萄酒货架及酒单上，最显眼的是卡瓦，一种在西班牙相当于香槟的起泡酒。95% 的卡瓦产自加泰罗尼亚，所用葡萄主要来自佩内德斯（Penedès）的葡萄酒业中心 Sant Sadurní d'Anoia 附近肥沃的高原地带（西班牙其他允许生产卡瓦的地区，见第 188 页地图）。卡瓦的生产，就目前情况而言，由两家主要的竞争者 Codorníu 和 Freixenet 主导，这两家企业如今分别为一个美国的私募资本集团和德国的汉凯（Henkell）公司所拥有。卡瓦的酿造方法也许跟香槟差不多，但所采用的葡萄品种却非常不同。马卡贝奥葡萄是大部分卡瓦的主要成分，它发芽比较晚，不太会受到春霜危害。卡瓦独特的本土风味来自当地葡萄品种沙雷洛（Xarel-lo），此品种最好栽种在海拔较低之处。用沙雷洛酿造的静态葡萄酒如今也很时髦。如果不允许过度生产，至少是在佩内德斯的北部，相对中性的帕雷亚达（Parellada）葡萄，可给卡瓦带来清爽的口感和苹果的香气。霞多丽大约占了种植面积的 5%，而黑皮诺也因桃红卡瓦越来越受欢迎而被允许种植。降低葡萄园产量以及延长熟成时间，正在提升着顶级卡瓦的品质。

特定单一葡萄园的卡瓦如今可能会被正式地描述为 Cava de Paraje Calificado——这是对一些更为雄心勃勃的酒庄的响应，这些酒庄，比如 Colet 酒庄和 AT Roca 酒庄，放弃使用卡瓦 DO，而更愿意突出在地理上更独特的佩内德斯。许多加泰罗尼亚的酒庄正尝试将自己的起泡酒与宽泛的卡瓦类别拉开距离——在酒标上标示佩内德斯、古典佩内德斯、Conca del Riu Anoia，或甚至连具体的法定产地名称都不提了。

佩内德斯一直以来就是加泰罗尼亚静态葡萄酒主要的 DO 法定产区，这里的静态葡萄酒带有各种很直接的风味。国际品种在佩内德斯比在西班牙的其他地方更为普遍。正是在此地，20 世纪 60 年代，让·莱昂（Jean León）和米格尔·托里斯（Miguel Torres）率先引进了国际品种。米格尔·托里斯是葡萄酒业的巨人，他对可持续发展的关注令人敬佩。在 Mas La Plana 葡萄园的赤霞珠和 Milmanda 葡萄园的霞多丽［Milmanda 位于截然不同的内陆地区 Conca de Barberá，那里是塔拉戈纳（Tarragona）北部的石灰岩山区］得到证明之后，托里斯家族一直在寻找和试验加泰罗尼亚本地的葡萄品种，最初是为了他们早期的单一园混酿红葡萄酒（同样来自 Conca de Barberá 地区），即著名的 Grans Muralles。红皮的 Trepat 葡萄很受静态和起泡葡萄酒生产者的欢迎，其中有著名的 Abadía de Poblet 酒庄，这个酒庄就在一个 12 世纪的熙笃会修道院内。

加泰罗尼亚 DO 法定产区越来越常见，它包括了加泰罗尼亚的所有地区（并认可了这些地区之间的混酿），始于 1999 年；它的建立，主要是因为不断扩张的托里斯公司发现，佩内德斯作为法定产地名称的局限性太大了。在靠近海岸的 Baix-Penedès，气候最热，海拔最低，大量出产 Garrut（莫纳斯特雷尔）、歌海娜和卡利涅纳这些品种，用于混酿干型（或偏干型）的红葡萄酒。在海拔高度中等的地区，卡瓦是主要产品，但一些更有进取心的种植者，他们把葡萄园开辟到地中海沿岸的矮树丛间，以及海拔 800 米的山地松树林中，竭力在相对低产的葡萄藤（有原生品种，也有引进的品种）中培育本地的特色。向地势高处开拓葡萄园，还出于对气候变化的担忧。

塔拉戈纳 DO 紧邻佩内德斯西部，在与其同名的城市周边。这里曾以浓重口味的甜型葡萄酒出名，如今其山丘地带也是酿造卡瓦起泡酒的葡萄的供应地，而在低矮一点的地带，这个品种产出的则是相当浓郁的葡萄酒。在地势较高的西部葡萄园，拥有其专门的蒙桑特产区（Montsant DO），这个法定产区包围着在第 202 页上所介绍的普瑞特 DOCa。著名的酒庄都集中在 Falset 镇一带，这个高海拔的小镇就位于普瑞特之外，是进出普瑞特的门户。这里即使没有像普瑞特一样的独特土壤，但采用各种不同的葡萄品种，也能酿出相当浓郁的干红葡萄酒。Celler de Capçanes 酒庄和 Joan d'Anguera 酒庄做出了榜样，而 René Barbier 和 Christoper Cannan 在 Espectacle 葡萄园种植的歌海娜是世界级的。

往西南方向，海拔较高，这里是特拉阿尔塔产区（Terra Alta DO），阳光充足，气候炎热，白歌海娜是这里最主要的葡萄品种，事实上，这个越来越流行的品种全世界总产量的三分之一在特拉阿尔塔产区。这里也种植了其他类型的歌海娜，还有马卡贝奥、帕雷亚达和卡利涅纳等品种。特拉阿尔塔那些越来越精致的白葡萄酒，酒体变得轻盈；Edetària 和 Abadal (LaFou) 是当地主要的酒庄。

深入内陆

Costers del Segre DO 产区，在此地图上出现的只是一小部分（全图见第 182 页），它包括七个范围分散的子产区。Garrigues 位于蒙桑特山脉的正上方，地理条件与山那边的普瑞特颇类似，但稍为平缓一些。Tomàs Cusiné 酒庄一直都是领军者。在海拔 750 米的地带，灌木式的歌海娜老藤及马卡贝奥有很大的潜力，不过现在，在杏仁树与橄榄树之间，以棚架方式种植着丹魄及国际品种。来自地中海的微风降低了霜害的风险。在另一个出众的、地势较高的子产区 Pallars，最重要的酒庄是 Castell d'Encús。

往东北方向，海拔较低，这里是 Valls de Riu Corb 子产区，用国际品种酿造的葡萄酒清淡而辛香；而北边的 Artesa de Segre 子产区则与其西边的阿拉贡产区的索蒙塔诺比较类似。此外，大型的 Raimat 庄园值得一提，在半沙漠的 Lleida 的西北部，它犹如一片绿洲，这得益于由 Codorníu 酒厂的 Raventós 家族所开发出来的灌溉系统。这里生产的葡萄酒比较接近新世界的风格，而较少加泰罗尼亚的特色。

紧挨着巴塞罗那北部的海岸边，是阿雷亚（Alella）产区，这里的葡萄农正与房地产开发商们斗争，他们已大量放弃国际品种，改种本地的

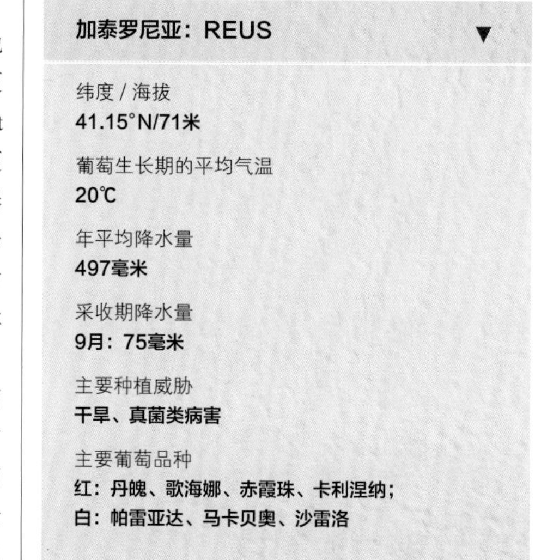

加泰罗尼亚：REUS ▼

纬度 / 海拔
41.15°N/71米

葡萄生长期的平均气温
20℃

年平均降水量
497毫米

采收期降水量
9月：75毫米

主要种植威胁
干旱、真菌类病害

主要葡萄品种
红：丹魄、歌海娜、赤霞珠、卡利涅纳；
白：帕雷亚达、马卡贝奥、沙雷洛

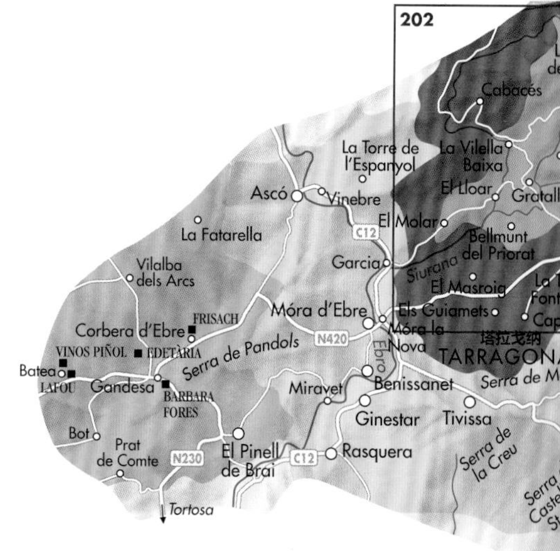

▷
Raventós i Blanc酒庄的葡萄园Vinya dels Fòssils，这里的土壤中含有化石（Fòssils），葡萄园因此而得名。Raventós i Blanc酒庄也是从卡瓦DO中走出来的较著名的酒庄中的一个，生产的起泡酒十分精致，具有十足的加泰罗尼亚特色，在酒标上的标识是Conca del Riu Anoia。

白潘萨（Pansa Blanca，即沙雷洛），这个品种在当地的花岗岩土壤上生长茂盛。

Pla de Bages DO 产区不在这张详细的地图内，但出现在西班牙的全图上（见第 188 页），以巴塞罗那正北边的 Manresa 镇为中心。虽然这里有一些有趣的老藤葡萄品种皮卡浦尔（Picapoll，即朗格多克的克莱雷），但也种植了赤霞珠和霞多丽。加泰罗尼亚最北边的 DO 产区是位于 Costa Brava 的 Empordà，生产的混酿红葡萄和白葡萄酒，品质不俗，正在迅猛发展，有的还类似于比利牛斯山那边的鲁西永产区的顶级葡萄酒。

与此同时，Vi de Finca 已发展成为一个正式的加泰罗尼亚的 Vino de Pago（拥有专属 DO 的西班牙庄园的标志）。总之，可以这么说，加泰罗尼亚正处于全面的发展中。

托里斯在其Grans Muralles葡萄园里，正逐渐增加新近重新发现的、原生加泰罗尼亚葡萄品种的比重。Grans Muralles葡萄园地处Poblet的熙笃会修道院旁边，这个修道院是加泰罗尼亚的精神中心。

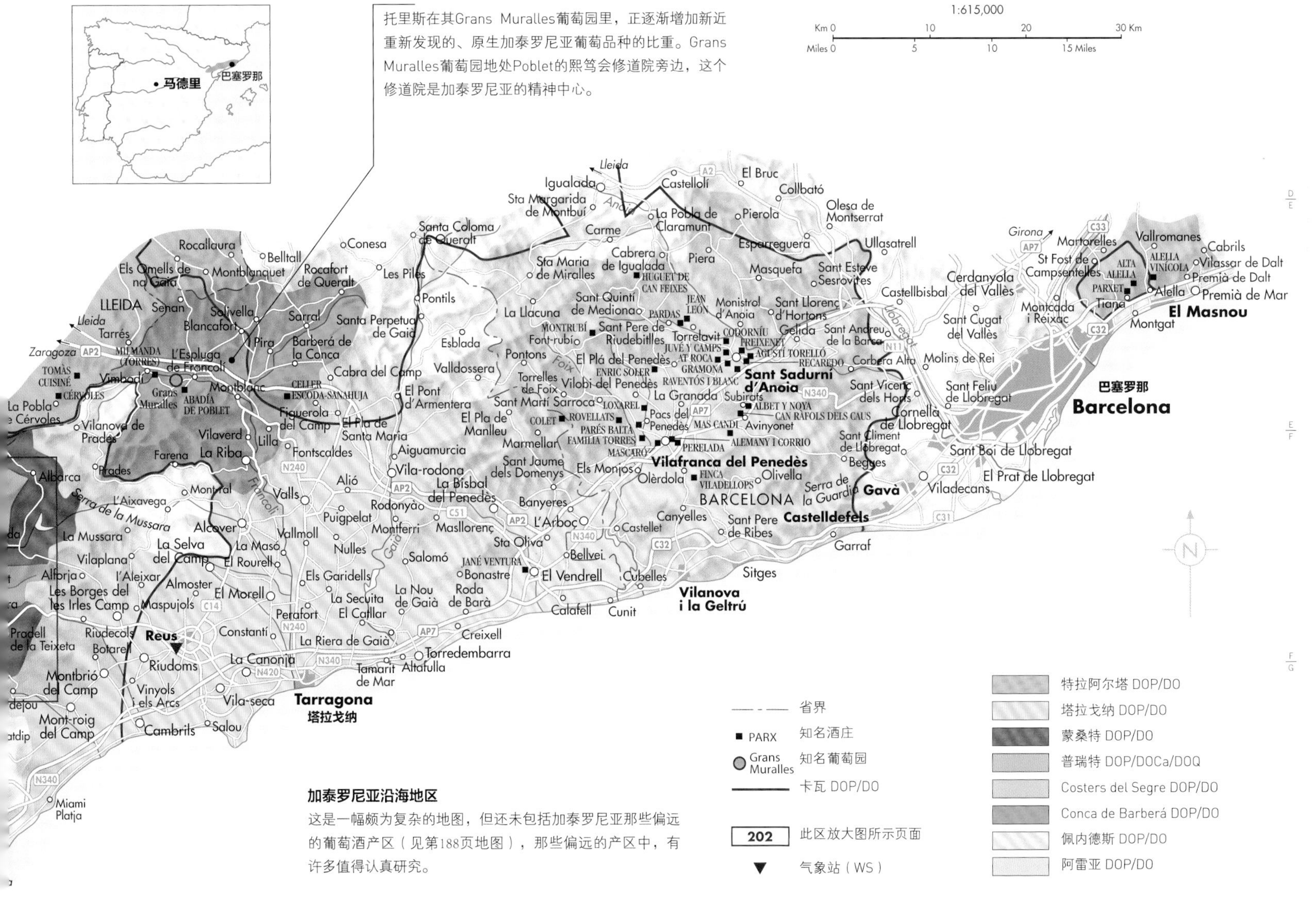

马德里
巴塞罗那

1:615,000
Km 0 10 20 30 Km
Miles 0 5 10 15 Miles

Barcelona 巴塞罗那
Tarragona 塔拉戈纳

—·— 省界
■ PARX 知名酒庄
● Grans Muralles 知名葡萄园
— 卡瓦 DOP/DO
202 此区放大图所示页面
▼ 气象站（WS）

特拉阿尔塔 DOP/DO
塔拉戈纳 DOP/DO
蒙桑特 DOP/DO
普瑞特 DOP/DOCa/DOQ
Costers del Segre DOP/DO
Conca de Barberá DOP/DO
佩内德斯 DOP/DO
阿雷亚 DOP/DO

加泰罗尼亚沿海地区

这是一幅颇为复杂的地图，但还未包括加泰罗尼亚那些偏远的葡萄酒产区（见第188页地图），那些偏远的产区中，有许多值得认真研究。

普瑞特 Priorat

在根瘤蚜虫病到来之前，在这片崎岖起伏、令人眩晕的山地上（这里绝对不适合开车紧张的司机），就有5000公顷的葡萄园。加尔都西会（Carthusian）修道士在12世纪的时候在这里建立了一个小修道院，当然也种植了葡萄。

1979年，Clos Mogador酒庄的雷内·巴维耶尔（René Barbier）第一次看到这片古老土地的潜力，当时这里只有600公顷的葡萄园，主要种植佳丽酿，所生产的葡萄酒相当粗糙。1989年，雷内·巴维耶尔说服了四位朋友，共同在Gratallops村种植葡萄、酿造葡萄酒。他们酿出的葡萄酒与当时那些质朴的、带着葡萄干发酵气息的标准普瑞特葡萄酒截然不同，是一种浓郁集中、具有矿物感的葡萄酒，这与橡木味浓重的西班牙葡萄酒的概念也很不一样——事实上，差异是如此之大，以至第一个年份都没有被许可使用DO的名号。

受此激励，这些先行者很快就建立起了他们自己的酒庄：José Luis Pérez (Mas Martinet)、Daphne Glorian (Clos Erasmus)、奥瓦罗·帕拉西奥 (Finca Dofí and L'Ermita) 和 Carles Pastrana (Clos de l'Obac)。他们所酿造的葡萄酒在国际上好评如潮，价格也高（与其稀缺性也有关系），因此，自那以后，外来投资者纷至沓来——有的来自佩内德斯，有的甚至来自南非，整个产区面貌一新。截至2018年，葡萄园的总面积增加到了1900公顷，超过三分之一的葡萄园的坡度大于30度，有100多家酒庄。不久之前，在这个地区，人们常见的还是羊倌赶羊、驴子拉车的景象。

那么，为什么这里的葡萄酒如此独特呢？普瑞特产区的确受到西北方向的蒙桑特山脉的保护，这是一条崎岖的、长长的山脊。但是，让顶级的普瑞特葡萄酒成为极具质感的精华的是其非同寻常的土壤和红板岩——一种深棕色的板岩，凹凸的表面在阳光下如石英一般闪烁（见第26页）。每年的降水量常常不足500毫米，这样的降水量在大部分产区早就需要灌溉了，但是普瑞特的土壤特别凉而潮湿，葡萄藤的根能够穿透红板岩的断层去寻找水源，这有些像杜罗河谷那边的情况。在最好的地块，葡萄产量低得惊人，但用这些葡萄酿出的，是迷人的、浓郁的葡萄酒。

佳丽酿到目前为止仍然是种植最广泛的葡萄品种，特别是在产区北部的Torroja和Poboleda附近，年龄足够老的葡萄藤能够结出高品质的果实，用这种葡萄酿酒的酒庄有许多，包括Terroir al Limit、Mas Doix、Mas Martinet、Marc Ripoll at Cal Batllet、Perinet和Cims de Porrera。种植在较为凉爽、成熟缓慢的地块（比如奥瓦罗·帕拉西奥酒庄著名的葡萄园L'Ermita）的古老的歌海娜，同样也获得很高的评价；但在近些年引进的品种中，似乎只有西拉是成功的。在村庄级葡萄酒（Vi de Vila）的规则中，歌海娜和佳丽酿受到人们青睐。普瑞特产区的这个分级始于2009年，这个级别的葡萄酒必须产自12个选定的村庄中的任何一个。

普瑞特的村庄级葡萄酒

12个生产村庄级葡萄酒的村庄都在上面的地图上标示了。蒙桑特产区位于普瑞特以南，但缺乏那种红板岩土壤。那种土质具有独特的风味，只能在产自普瑞特这片复杂土地的葡萄酒中体现出来。

安达卢西亚：雪利酒之乡 Andalucía：Sherry Country

历史上很长一段时间里，在安达卢西亚，葡萄酒的意思就是vinos generosos，这是从当地语言翻译出来的一个术语，主要指雪利酒，但还有与之相似又有些不同的、来自Montilla-Moriles及马拉加产区的葡萄酒。

毫无疑问，雪利酒是西班牙最伟大、最独特的葡萄酒，不过从近代史中可以看出，安达卢西亚正在朝着其他方向发展。阳光海岸（Costal del Sol）的发展速度是惊人的，随之而来的是葡萄园的迅速扩张，葡萄都用于酿造非加度葡萄酒，既有干型的，也有甜型的。

在这个产区，要想酿造出具有新鲜度和成熟度的葡萄酒，最关键的就是海拔高度。沿着海岸线，在一幢又一幢别墅、一个又一个高尔夫球场以及一座又一座建筑物的地方，群山拔地而起。一个距离地中海只有数里之遥的葡萄园，可能会高出闪烁着蓝光的海平面800多米，白天炎热，夜里寒凉。

马拉加及其子产区

19世纪末，马拉加就是一种世界闻名的甜型葡萄酒，这种葡萄酒就产自**马拉加**这个镇。其超高的甜度和酒精度，主要源自两点：用干化的葡萄酿制、在发酵的过程中加入葡萄烈酒。进入21世纪，这种风格几乎消失了，DO的规则也被改写，包含了颜色浅淡、气味芳香的自然的甜酒，这样的甜酒大部分是用麝香葡萄酿造的，其糖度和酒精度完全来自**安达卢西亚的阳光**。

特尔莫·罗德里格斯是一个来自里奥哈的酿酒师，他推动了西班牙好几个产区的葡萄酒品质的提高。他酿出的Molino Real，新鲜、芳香、雅致，让马拉加的麝香葡萄酒得以重生。在美国的西班牙葡萄酒进口商Jorge Ordóñez，是马拉加人，充满创意的他用种植在高山上的古老麝香葡萄酿成一款佳酿。Almijara酒庄酿造的Jarel是另一款著名的麝香葡萄酒。Málaga Virgen酒庄和Gomara酒庄则继续酿造出琳琅满目的、传统的vinos generosos。在这个产区里酿出杰出甜酒的酒庄还包括Bentomiz和Capuchina。

与此同时，正如在波特酒之乡出现了杜罗河谷餐饮葡萄酒一样，马拉加山脉（Sierras de Málaga）新种了大量葡萄，所以干型餐饮葡萄酒发展迅猛，包括红白两种，马拉加山脉DO产区就是专门为此而创立的。20世纪80年代，这个产区只有9家酒庄，如今已有超过45家酒庄。这些酒庄既种植葡萄又酿造葡萄酒，它们种植了多个品种的葡萄，包括本地的红葡萄品种Tintilla de Rota（别名格拉西亚诺）以及稀有的Romé。

在西班牙这个山地最多的地区的5个子产区中，Axarquía子产区是气候最干燥的。在东边的沿海区域，土壤含板岩，最常见的是用晒干的麝香葡萄酿造的葡萄酒，同时还出产拥有专门的Pasas de Málaga DO产区的葡萄干，但Sedella酒庄已向人们证明，这个子产区也能酿造出精致的红葡萄酒。蒙提（Montes）子产区围绕着马拉加镇，并正在与之进行着一场毫无胜算的战斗。在Manilva子产区，所种植的麝香葡萄受到大西洋和地中海两方面的影响，这个子产区沿着海岸向西延伸至雪利酒之乡，有些土壤也是如赫雷斯地区那样的白垩土，发展得很不错。在Norte子产区，葡萄种植在高原，大部分都可以机械化作业，传统上这些葡萄都是作为原料供应给蒙提子产区的酒庄，但如今这里也显示出其真正潜力的迹象了。

然而，目前最有活力的是在山顶旅游点周边的Ronda子产区，国际品种和西班牙品种在这里

雪利酒的类型

基酒的发酵完成后，便会被分成两类：清淡雅致的会作为菲诺，较浓厚的会作为欧罗索。菲诺新鲜、活泼，酒精度低，需要在一层像白面包一样奇异的雪利酵母层的保护下，加入葡萄烈酒，让酒精度达到15%后熟成（那层酵母被称为flor，即酒花，对葡萄酒有非常特殊的作用，也很容易受气候变化的影响）。另一方面，欧罗索则是在跟空气接触的环境下熟成，而且专门加烈到至少17%，以免长出酒花。

作为菲诺装瓶的雪利酒口感最细致，颜色也最淡，这种极具特色的、绝干的雪利酒几乎不需要任何调配。产自Sanlúcar de Barrameda的曼查尼拉（manzanilla）的酒体甚至更轻，口感更干，其酿法跟菲诺一样，却带着些微的咸味，一般被认为是受到海洋的影响——在某种程度上确实如是：气候越是温和的地方，那层酒花就越是活跃。陈年的曼查尼拉（在当地被称为pasada）是搭配海鲜的绝佳选择。有一种时下流行的相对新型的雪利酒被描述为en rama，也就是“原味”的意思，这样的菲诺和曼查尼拉在上市时只需经过很简单的澄清，味道接近直接从木桶里抽取出来的样酒。

另一个类型的雪利酒是阿蒙蒂亚（Amontillado），它颜色更深，也更复杂。最好的阿蒙蒂亚其实就是酒花已失去了保护的活性的老菲诺。不过阿蒙蒂亚这个名字，更经常被用于出口市场的混酿，是一种不折不扣的中间产物，糖度通常为每升40克。

真正经典、经长时间陈酿的欧罗索颜色深，非常干，有点儿辛辣，虽然喝的人不多，却是赫雷斯人的最爱。在酒标上标示欧罗索或奶油雪利的商业品牌，都是酒龄较浅、质地粗糙的，用PX（见第205页蒙蒂勒产区）加甜，糖度达每升130克。浅色加甜型雪利（pale cream）是被故意褪去了颜色。这些基本的混调在雪利酒的高光时期极受欢迎，特别是在英国和荷兰。另一方面，Palo cortado则是一款真正经典、浓厚、干型的稀有雪利酒，其风格介于阿蒙蒂亚和欧罗索之间。

为了进一步吸引优质葡萄酒爱好者来品尝其受到忽视的葡萄酒，雪利酒的生产者们已经设计出了一套品质与陈酿时间的标记与认证系统VOS和VORS，分别代表陈酿时间超过20年和30年的雪利酒，12年和15年的陈酿时间也被允许标示。这些酒犹如顶级酒庄的瓶装勃艮第佳酿，是收藏家们追求的对象，同时也是世界上最便宜的优质葡萄酒。

的发展都很快。这里出产的葡萄酒种类繁多，考虑到这里的纬度，有些葡萄酒可以说令人惊喜。谁能想得到，在这么一个南部地区，黑皮诺能长得那么好！

阳光海岸的内陆地区在扩张方面甚至被描述为新的“**拉曼查**”。有些地区餐酒（Vinos de la Tierra）产自格拉纳达（Granada）附近，Barranco Oscuro酒庄的葡萄园海拔高达1386米，是欧洲最高的，这里甚至可能会成为西班牙最令人兴奋的非加度葡萄酒产区之一。

白垩土和葡萄

Jerez-Xérès-Sherry和Montilla-Moriles两个地区作为安达卢西亚的葡萄酒产业中心，已有2000多年历史，它们又如何了呢？它们发展得并不好，这里葡萄产量过剩，而且令我们这些珍视葡萄酒独特品质的人震惊的是，这里存在消费力不足的问题。在安达卢西亚以外，人们对雪利酒普遍冷漠，这让这些地区的葡萄种植面积从20世纪90年代初的几乎23 000公顷，缩减至如今的6500公顷。举目一片荒凉。

尽管整个行业在收缩，但**赫雷斯**仍出现了一些杰出的新酒庄，跻身当地名庄之列。Fernando de Castilla和Tradición就是其中两家。Equipo Navazos是一家特别挑剔的小规模产销商，由Valdespino酒庄的酿酒师Eduardo Ojeda和刑法学教授Jesús Barquín经营，他们在赫雷斯、圣罗卡（Sanlúcar）和Montilla的大型酒庄里，发掘出一批大型的单桶（每桶500升）雪利酒，并将其装瓶，出人意料地为精品雪利酒注入了新生命。另一个新的趋势是，这里出现了越来越多的非加度葡萄酒，它们一般是柔和而富有特色的餐饮葡萄酒，用原来酿造雪利酒的葡萄酿制，销售的时候冠以加的斯（IGP Cádiz）的名号。

雪利酒最独特之处便是细腻，这与白垩土有关，与这里的Palomino Fino葡萄有关，与巨大的投资以及历史上传承下来的酿酒技术有关。在一段很长的时间里，并不是每瓶雪利酒都有这样的品质，事实上，可以这样说，雪利酒的高贵气质在20世纪70—80年代就被大量产自**赫雷斯**的劣质雪利酒毁灭了。但是，一瓶产自Macharnudo或Sanlúcar de Barrameda贫瘠白垩土丘的真正的菲诺或曼查尼拉雪利酒，其对葡萄酒风味和橡木气息的表达，就如世界上任何地方真正的葡萄酒一样，生动而美丽。

雪利酒之乡位于浪漫城市加的斯和塞维利亚（Seville）之间，几乎就是显贵的西班牙的缩影。露台、吉他、弗朗明哥舞者，通宵达旦。赫雷斯-德拉弗龙特拉（Jerez de la Frontera）这个城镇（摩尔人把它称为Sherish），是雪利酒得名之由来。合并、关闭和转让，这一切都意味着现在雪利酒的出口商已远远少于10年前了，但这个地方仍在雪利酒中生活和呼吸，就如同博讷之于勃艮第、埃佩尔奈之于香槟一样。

雪利酒与香槟酒有许多地方可以比较。两者都是来自白垩土的白葡萄酒，都需要用传统方法、经过很长时间的酿造才能成就其特别的风格。两者都是让人精神为之一振的开胃酒，踏访原产地，简直可以千杯不醉、活力空前。它们是最北方的和最南方的欧洲人对同一道方程式的解：白色土壤里的白色葡萄酒。事实上，所有现存的雪利葡萄园都位于白垩土地带，这种土质能很好地维持珍贵的水分；Carrascal、Macharnudo、Añina和Balbaína这几个区域是最著名的。靠海的沙质葡萄园是例外，那里很适合种植麝香葡萄。

瓜达尔基维尔河
Guadalquivir
桑卢
Sanlúcar de Barrameda
BARBADILLO
Montijo
Las Adelfas
La Palma
Cuesta Blanca
Chipiona
Bohorca
480
Hato de La Carne
San Borondon
2077
Miraflores
Carrascal
Miraflores La Baja

酒窖及索雷拉系统

货主的总部和酒窖都位于Sanlúcar、El Puerto de Santa María以及赫雷斯等雪利酒城镇内。这些小镇上有一些小酒吧，供应各式各样的小吃（tapas），这些小吃是安达卢西亚人喝酒时不可或缺的，同时也是正式宴会的一部分。那个叫作copita的小玻璃杯，是这里的传统器具，它的容量不会比一个开口郁金香形杯子更大，不过，现代的葡萄酒爱好者都认为，饮用雪利酒也应该像饮用其他优秀的白葡萄酒一样，需要一个大酒杯。

在赫雷斯，最值得一看的是历史悠久的酒窖。高耸的廊道刷得粉白，透进来的光线纵横交错，像一座大教堂般引人入胜。在酒窖内，一排排的木桶，通常都叠成三层，新酒在里头熟成。这些酒在离开酒窖前，大都要经过精细的陈酿，并要经过一个被称为索雷拉系统（solera system）的调配。有些极其独特的雪利酒可能不经调配就上市了，或是把它作为一款单一年份酒，这是近年来一个推动雪利酒鉴赏市场复兴的方式；或是把它

▽
所有的努力就是辛辛苦苦地把佩德罗-希梅内斯（Pedro Ximénez，简称PX）葡萄摊开在太阳底下晒干，由此可见Montilla-Moriles地区气候之干燥。

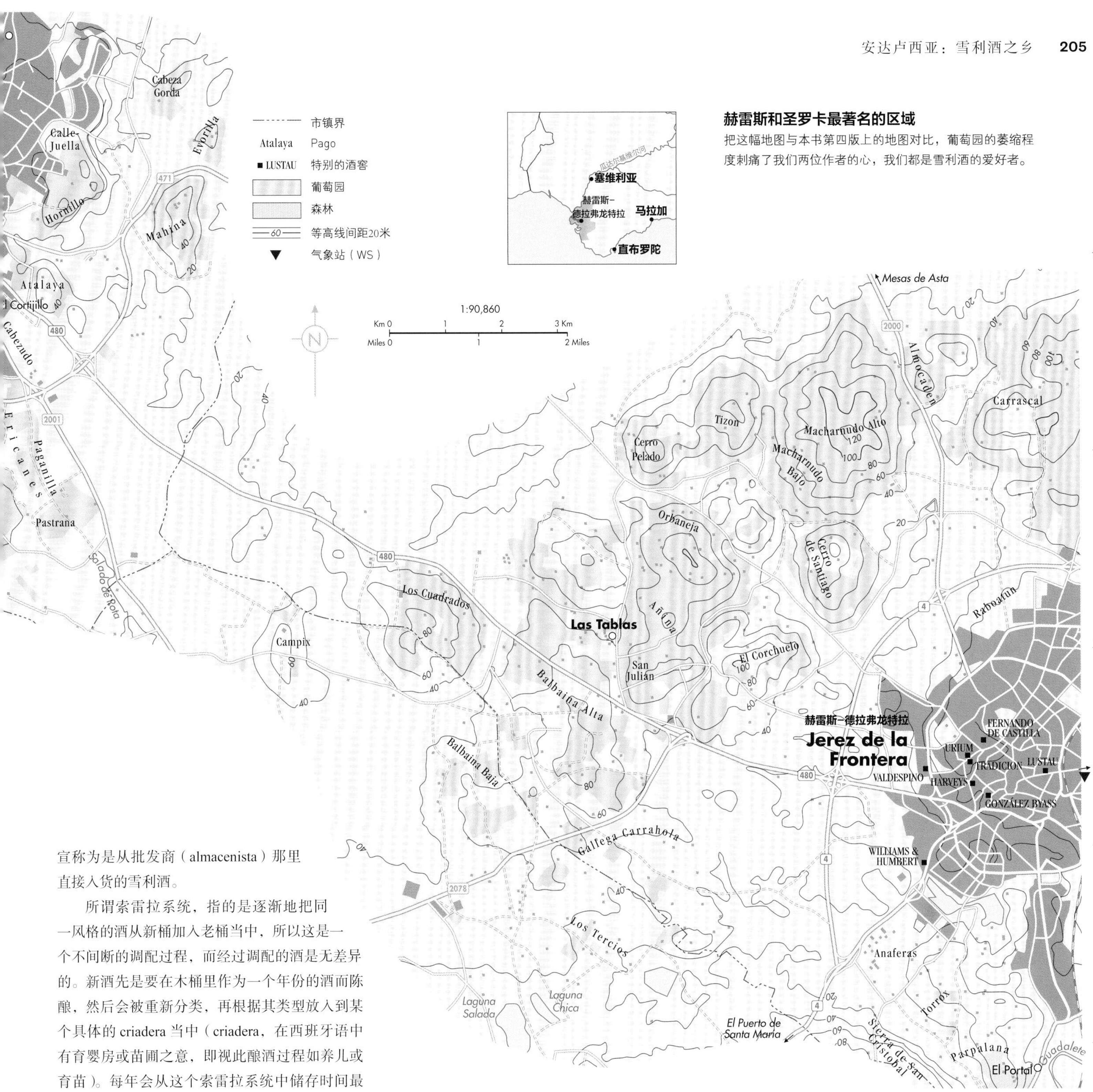

赫雷斯和圣罗卡最著名的区域

把这幅地图与本书第四版上的地图对比，葡萄园的萎缩程度刺痛了我们两位作者的心，我们都是雪利酒的爱好者。

宣称为是从批发商（almacenista）那里直接入货的雪利酒。

所谓索雷拉系统，指的是逐渐地把同一风格的酒从新桶加入老桶当中，所以这是一个不间断的调配过程，而经过调配的酒是无差异的。新酒先是要在木桶里作为一个年份的酒而陈酿，然后会被重新分类，再根据其类型放入到某个具体的 criadera 当中（criadera，在西班牙语中有育婴房或苗圃之意，即视此酿酒过程如养儿或育苗）。每年会从这个索雷拉系统中储存时间最久、进入最后阶段的酒中取出一定比例装瓶，然后酒龄浅一点儿的酒就可以进入到下一个阶段的 criadera 继续被养育。一般而言，阶段越多，酒质越细致、越醇厚。

蒙蒂勒产区

Montilla-Moriles 产区位于科尔多瓦（Córdoba）南部，土壤沙质含量较高，如同雪利酒产区一样，也在萎缩当中。它的 DO 名号包括了这两个镇里最好的（也是白垩土质）葡萄园。过去，它的葡萄酒长期在赫雷斯用作混调，就好像它们是一个地区一样，但蒙蒂勒现在不同了。蒙蒂勒所种植的葡萄不是帕洛米诺（Palomino），而是佩德罗-希梅内斯（PX），这个品种仍然经常会被运到赫雷斯去，用于酿造甜酒。蒙蒂勒的海拔较高，气候也更极端一些，这会让果汁更浓郁，总是可以不用加入烈酒就能运送出去，这与雪利酒形成了对比。甜型的 PX 葡萄酒的特色是在陈酿过程中，其酒精度会下降，陈酿时间非常长，从木桶中取出时，其酒精度可能也就略高于 10%。陈酿的时间至少要两年，时间一到，酒就算酿成了。比起雪利酒，这款酒酒体更重，但更柔和，可以像餐酒那样喝。这种葡萄酒颜色很深、很黏稠、甜得倒牙，最近非常时髦，至少在西班牙如此，而且价格公道。Alvear、Toro Albalá 和 Pérez Barquero 都是高水准的酒庄。

赫雷斯：赫雷斯-德拉弗龙特拉 ▼

纬度 / 海拔
36.45°N/ 55米

葡萄生长期的平均气温
21.9℃

年平均降水量
600毫米

采收期降水量
8月：5毫米

主要种植威胁
干旱

主要葡萄品种
白：帕洛米诺菲诺、佩德罗-希梅内斯、麝香葡萄

葡萄牙 Portugal

Azulejos是一种在葡萄牙随处可见的彩绘瓷砖装饰艺术。这幅彩绘瓷砖画呈现了人们剥采橡木树皮的情景，这一产业在葡萄牙非常重要。

葡萄牙
Portugal

对葡萄牙的大部分地区来说，最近的旅游热潮是一种全新的景象，在这个以航海著称的国家，其民众的生活，数个世纪以来一直由大西洋所主导，如今其葡萄酒和葡萄种植也是如此。根深蒂固的本地传统包括原生的葡萄品种，这些品种只是在最近才被恰当地评估和开发（它们在不同的地区仍有可能叫法不一）。国际品种在这里从来都没有真正站稳脚跟。因此，葡萄牙的葡萄酒，除了有着海洋般的清新口感，还有着独特的风味。

在葡萄牙以外，最知名的葡萄牙葡萄品种或许就是国产杜丽佳了，它来自杜罗和杜奥产区。在杜罗产区，在那些既酿制波特酒又酿制餐酒的人看来，法国杜丽佳（Touriga Franca）这个品种也是无比重要的。罗丽红（丹魄在葡萄牙的叫法）可广泛种植于整个葡萄牙，比起只使用单品种酿造，混酿正在变得越来越普遍。有一些品种不会用于混酿，比如巴加（Baga）和碧卡（Bical）这两个品种，就分别定义着贝拉达产区的红葡萄酒和白葡萄酒；此外还有杜奥产区皮色浅白的依克加多（Encruzado），以及在最北部的绿酒产区重镇蒙桑（Monção）和蒙加苏（Melgaço）的阿瓦里诺（Alvarinho）。

外来品种还是有的，如西拉和紫北塞，后者在葡萄牙还享有尊崇的地位，它们在阿连特茹产区的混酿红葡萄酒中充当了重要角色。然而，酒农们清楚地知道，加入少许的本地葡萄能给葡萄酒带来什么好处，特别是加入能增加新鲜度和芳香度的葡萄，在温暖的天气中，新鲜度和芳香度备受威胁。在酿酒工艺上，轻柔正在取代厚重。

进入21世纪，葡萄牙也成为一个酿造严肃的白葡萄酒的国家。绿酒的质量已经有了巨大提高（见第209页）。阿瑞图（Arinto）是布塞拉斯（Bucelas）产区主要的葡萄品种，因其给混酿带来的酸度而在其他产区也渐受重视，特别是在阿连特茹产区。碧卡在贝拉达产区能够有很好的陈年潜质，杜奥产区精致复杂的品种依克加多同样如此，新一代酿酒师用依克加多酿造出来的白葡萄酒，酒体饱满，是更紧致、更精瘦的“勃艮第”。也许，最令人惊喜的是炎热的杜罗产区能生产出如此令人激动的、酒体丰满的白葡萄酒，这些白葡萄酒通常是由维奥西奥（Viosinho）、拉比加多（Rabigato）、科得佳（Côdega de Larinho）以及贵腐白（Gouveio，在西班牙被称为格德约）混酿的。以上所说，还不包括马德拉的那些酿制优质白葡萄酒的葡萄品种（详见第221页），在**亚速尔群岛**（Azores）最近涌现出来的酿酒人才也未考虑进去。在这本书的上一版里，亚速尔群岛只是被简单地提及。在那些由火山作用而形成的岛屿上，传统上以酿造甜葡萄酒为主，但如今用华帝露（Verdelho）、Arinto dos Açores 和 Terrantez do Pico 这些葡萄品种酿出的日常饮用的白葡萄酒，颇为精致，常带有矿物质的味道，有时还略带咸味。

△
皮科岛（Pico）是亚速尔群岛上葡萄种植最密集的岛屿，亚速尔葡萄酒公司在这里的成功让人又看到了岛上独特的景象——大片用黑色玄武岩围着的葡萄园（currais）。

葡萄牙的餐酒，快速跟上了现代酿酒发展的潮流。新一代酿酒师受过良好的教育，已经学会了如何把葡萄牙原生品种的果香保留在酒瓶里，这些葡萄酒不必像以前那样要陈放10年才能饮用。有的人还像他们在别的地方的同行那样，试验酿造橙酒、Pét-Nat（一种起泡酒——译者注），他们还尝试使用许多传统的工艺。杀虫剂和除草剂的使用也减少了。另一个近期的趋势是一种新型的葡萄酒生产商 micro-négociant 的出现，他们没有葡萄园，但有能力收购葡萄，并拥有品牌。

葡萄牙一直保持着个性，但终究它也加入到了更广阔的葡萄酒世界。如今，杜罗、阿连特茹、杜奥、贝拉达以及绿酒产区都已享有国际声誉。其他的产区或许仍在探索自己的发展方向，

酒标用语

品质分级

Denominação de Origem Controlada（DOC） 葡萄牙仿效法国AOC/AOP制度（详见第40页）所制定的分级，相当于欧盟的DOP。

Indicação Geográfica Protegida（IGP） 这是欧盟的命名，正在逐步取代原有的Vinho Regional（VR）。

Vinho/Vinho de Portugal 最基础的欧盟分级，取代旧有的Vinho de Mesa。

其他常见用语

Adega 酒庄

Amarzém/Cave 酒窖

Branco 白葡萄酒

Colheita 年份

Doce 甜型

Engarrafado(na origem) 装瓶（在酒庄装瓶）

Garrafeira 酒商特别陈酿

Maduro 老酒或熟化

Palhete 传统上用红葡萄和白葡萄混酿的粉红葡萄酒

Quinta 酒庄或农庄，相当于南方的Herdade

Rosado 粉红葡萄酒

Séco 干型

Tinto 红葡萄酒

Vinha 葡萄园

Vinhas Velhas 老藤

但毫无疑问，比起许多其他国家，葡萄牙可以生产出更具特色、更有价值的葡萄酒。葡萄酒是这个国家的重要产业：葡萄种植占了整个农业活动的35%，这比任何其他国家都要高。诚然，这个国家不是很大，但不同的地区会受到不同的气候影响，如大西洋气候、地中海气候，甚至大陆性气候。土壤结构也千差万别：北部以及岛上为花岗岩、板岩和片岩，靠近海岸的地区则为石灰岩、黏土和沙土，而南部为片岩。这种地质受到专注于品质的生产者们喜爱。

世界第一

杜罗是世界上第一个划定界线进行管理的葡萄酒产区之一（1756年），而且早在葡萄牙于1986年加入欧盟之前，这个国家的许多其他产区就已被划定，葡萄酒生产的每个方面都受到控制——但并不见得都对其有好处。有些DOC，特别是在里斯本和阿连特茹，似乎更多的是根据当地的大型生产合作社的意愿行事，而不是严格地遵循质量的要求。

就如西班牙的情形，葡萄牙的葡萄酒产区已经如同雨后春笋般冒了出来。仿效法国法定产区管理体系而制定的葡萄牙DOC（DOP）法定产区制度，对当地允许使用的葡萄品种做出了规定。不过，范围较大、规则较为灵活的Vinho Regional（VR/IGP），是一个越来越重要的法定产区类别。地图上标示出了这些获得批准的产区的名称，图例显示了其等级。例如，Duriense产区是一个VR产区，一般用于不能归入杜罗产区的葡萄酒，特别是可以用于那些用国际品种（如西拉、雷司令、长相思等）或至少是非本地品种酿造的葡萄酒。

产量巨大的**特茹**（Tejo）产区以塔霍河（River Tagus，也称特茹河）命名，这条河从与西班牙接壤的西南部一直流向里斯本。肥沃的河岸地区过去生产了大量非常清淡的葡萄酒，但临近20世纪末，欧盟的补贴劝服了当地数百名毫无活力的酒农将葡萄藤拔掉。总产量因而锐减，而特茹产区葡萄酒生产的重心也从河岸地区迁移到有着黏土土壤的北部和拥有沙质冲击土的南部。品种方面也转向更高贵的原生葡萄，如国产杜丽佳和阿拉哥斯，外加赤霞珠、梅洛以及近期的西拉。尽管也种了一些特林加岱拉（Trincadeira），但相对简单却果味充沛的卡斯特劳（Castelão）是这里最重要的本地红葡萄品种。至于白葡萄品种，虽然霞多丽、长相思、阿瑞图以及后来的阿瓦里诺和维欧尼都已经有了可喜的前景，但有代表性的是香气浓郁的品种费尔诺皮埃斯（Fernão Pires）。

在葡萄牙南部，VR这个类别远比DOC重要。**阿尔加维**（Algarve）的葡萄酒大多以VR的名义售出，而不是以其四个DOC中的其中一个。因酿酒合作社的控制，阿尔加维葡萄酒的质量已经提升，追求产量的生产已经减少，外来投资者也纷至沓来。Beira Interior和Trás-os-Montes这两个DOC地处偏远、多山的北部地区，质量革命似乎还没有在那里发生，但其贫瘠的花岗岩和片岩土质和大陆性气候无疑是这片土地的潜力所在。

对葡萄酒爱好者来说，葡萄藤并非葡萄牙境内唯一让他们感兴趣的植物。葡萄牙南部是世界范围内用于制作软木塞的橡树最集中的地方（见第206页图片），因此葡萄牙成为葡萄酒软木瓶塞的主要供应地。如果哪位葡萄牙的葡萄酒生产者要采用螺旋瓶盖，那他真是非常勇敢了。

葡萄牙的葡萄酒产区

葡萄牙一直在努力使其葡萄酒命名合理化。红字所标示的是那些最明确的、常常是历史悠久的产区；而黑色所标示的，是规则稍为宽松的IGP或Vinho Regional。

—·— 国界
BAIRRADA DOP/DOC
MINHO IGP/绿酒产区
海拔500—1000米的土地
海拔1000米以上的土地
209 此区放大图见所示页面

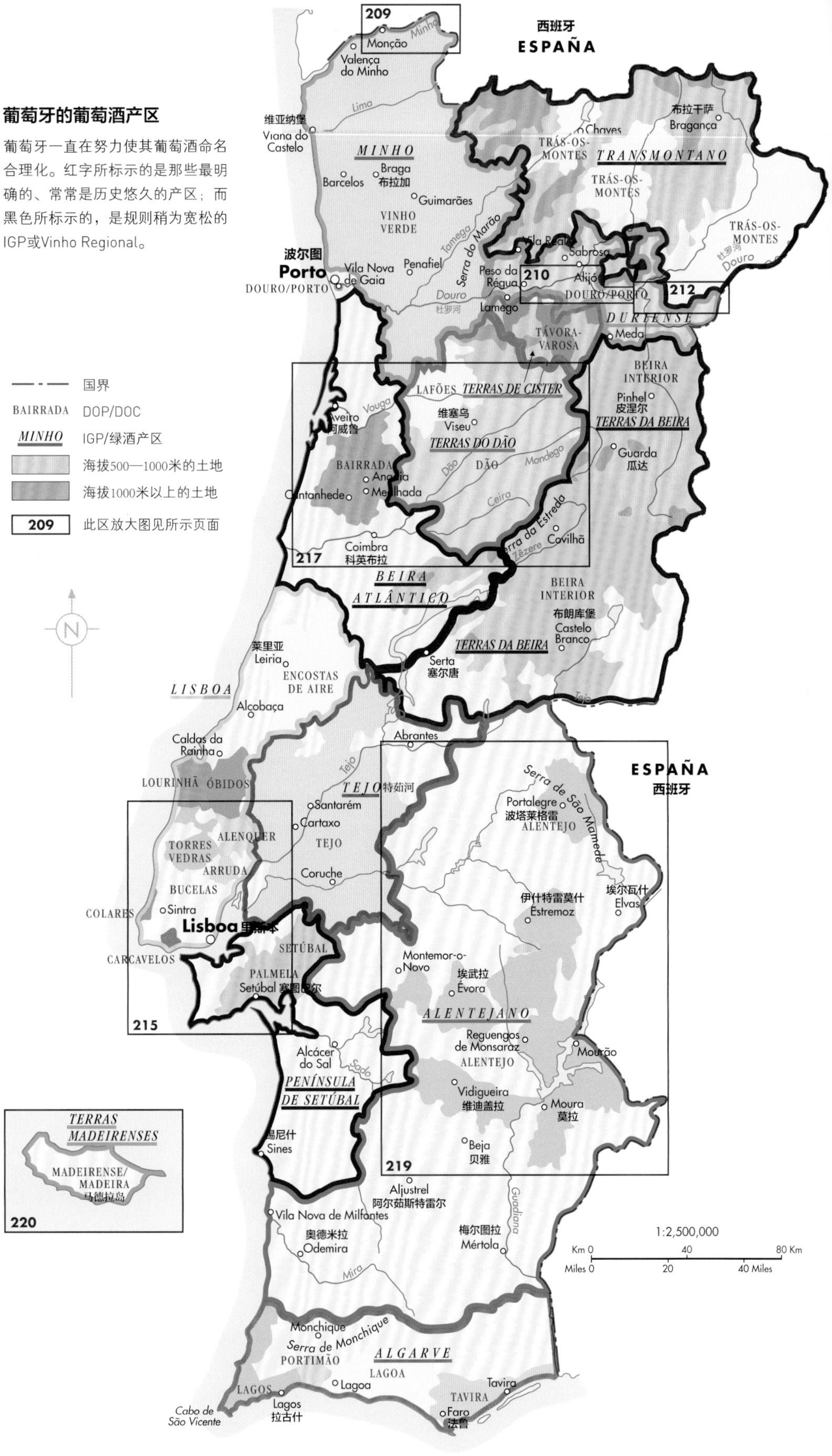

绿酒法定产区 Vinho Verde

在葡萄牙多种风格迥异的葡萄酒中，最独特的还是绿酒，它来自最北部省份米尼奥。所谓“绿酒”，是一种新鲜的葡萄酒，绿色（verde）是相对于成熟（maduro）或陈年的说法。

风土 总体而言，海拔相对较低。在夹杂着片岩碎块的花岗石上的土壤，较浅，沙质，呈酸性，在东南部更甚。有些区域树木繁茂。

气候 降水量大（每年1600毫米，但集中在冬季和春季），温度在8℃（冬季）—20℃（夏季），这与太平洋西北部没有什么不同。比起内陆地区，沿海地区的海洋性气候特点更明显一些，气温也更低一些。

主要葡萄品种 白：洛雷罗（Loureiro）、阿瑞图/Pedernã、阿瓦里诺、塔佳迪拉（Trajadura）/特雷萨杜拉、阿莎尔（Azal）；红：维毫/索沙鸥

米尼奥河在北部边界将葡萄牙与西班牙的加西利亚分隔开来。米尼奥省的葡萄酒产量占了整个葡萄牙葡萄酒产量的七分之一。“绿色”这个词，恰当地描述了这片被大西洋冲刷之地的青翠景色。而多少年来，形容这里用不完全成熟的葡萄所酿的酸度极高的葡萄酒，用“绿色”这个词也是贴切的。

然而，情况已经发生了明显的变化：葡萄牙国内市场对最低等、酒体瘦薄的绿酒的需求已经萎缩，新一代种植者和酿酒师更看重的是质量而非产量。米尼奥是葡萄牙最多雨的地区，除非是经过严格修剪，否则这些吸收了充足水分的葡萄株只会让叶子疯长而非让葡萄成熟。不过，目前当地的葡萄株已为棚架栽培，以让葡萄获得最高的成熟度，而不是让其任意攀缘到大理石立柱上（当地主要的石材）或是树上。这里有世界上最漂亮的葡萄园；意大利托斯卡纳不同作物混种的景色很有名，这里也一样，只是雨水更多。有更多想法的酒农在自家靠近溪水旁的最肥沃的土地上种植了其他农作物，而酿酒师们则尽其所能保留和提升果味和香气的细微差异。

过去，绿酒的酒精浓度常仅为9%—10%，更为商业化的绿酒不得不通过加入甜味和气泡去掩盖刺激的酸度。如今的酒款，有些完全是起泡酒，基本上都拥有完美的平衡度，且时而能达到14%的天然酒精浓度——短时期内发生了相当大的变化。

随着绿酒法定产区的生产者更多地关注出口市场，比起那些曾被当地人大量饮用的酸度尖锐、深紫色的葡萄酒，白葡萄酒变得重要得多。此法定产区本土葡萄品种维毫是酿造红葡萄酒的主要品种，最好的酒款能带有令人心旷神怡的果香；这个品种目前正越来越多地用于这个产区日益受到欢迎的桃红葡萄酒。另一方面，在这个产区，绝大多数白葡萄酒是用不同的葡萄混酿而成的，比较典型的品种包括洛雷罗（西班牙西北部称Loureira）、阿瑞图（当地称Padernã）、阿瓦里诺、塔佳迪拉（特雷萨杜拉）、阿莎尔以及阿维苏（Avesso）。

然而，也有越来越多的优质绿酒是以100%的该产区明星品种阿瓦里诺酿成的，此品种在最北端的子产区蒙桑和蒙加苏种植得不错，就像它在米尼奥河对岸的西班牙下海湾的表现那样，在河的对岸这个品种叫阿芭瑞诺。有些阿瓦里诺葡萄甚至足够成熟和浓郁，能经得起橡木桶陈酿——很多时候这并不是个好的做法。山丘让蒙桑和蒙加苏免受来自大西洋的影响，这个区域相对干燥和温暖，其海拔高度又有助于夜晚降温。

这个广大的区域，有数个子产区，它们选择种植什么品种，效果如何，主要取决于其海拔高度及其与大西洋的距离。蒙桑和蒙加苏的平均降水量约1200毫米，而紧靠其南部的利马（Lima）的降水量就高得多，平均达1400—1600毫米。在利马只用洛雷罗这个品种酿制的葡萄酒，特别是那些内陆葡萄园生产的，花香飘逸，非常诱人。在利马的腹地、Basto、Amarante、Baião以及最南部的Paiva这些子产区，阿维苏和阿莎尔这两个白葡萄品种酿成的酒款特色鲜明，正在崛起，为单品种葡萄酒正名。

在整个产区，具有柠檬柑橘风味的阿瑞图也正成为一种越来越受欢迎的单品种葡萄酒。

蒙桑和蒙加苏子产区

下方左边的方位图和对页的全国地图显示，下面地图中绿酒法定产区的这一部分，是蒙桑和蒙加苏子产区，其面积很小。但是，这个子产区酿造出了这个迅速发展的产区的大部分优质葡萄酒。

杜罗河谷 Douro Valley

杜罗河谷是波特酒之乡，是世界上最壮观的葡萄酒产区，它还肩负着一个新使命。

风土　主要是易碎的、宜于排水的片岩。这些片岩大部分为黄色，通常以垂直或半垂直于地面的状态存在于土壤中，根系可以穿过。有些花岗岩露出地面。土壤中有机物不多。区域内的海拔和其他各种条件都有相当大的差异。北岸的阳光比南岸充足。

气候　类型众多且严酷。冬季湿冷；夏季极其干热，在西端受到一些海洋的影响，往东则日温差明显。

葡萄品种　红：法国杜丽佳、丹魄、国产杜丽佳、巴罗卡（Tinta Barroca）、索沙鸥；白：Siria［胡佩里奥 (Roupeiro), 科得佳］、拉比加多、菲娜马尔维萨［Malvasia Fina，也称波尔 (Boal)］

目前这个非同寻常的河谷所出产的葡萄酒，约有一半是非加强型的，酒标上有杜罗 DOC（或是更灵活的 Duriense Vinho Regional）的字样。在此，我们称呼这些葡萄酒为餐酒，以区别于此河谷中对葡萄酒爱好者来说那最著名的礼物。

因为世界银行以及后来欧盟资金的进入，杜罗地区人们的生活质量和工资水平有了明显的提高，这也大幅提高了生产成本。在以往，因为地形和极干燥的夏季，葡萄的单位产量较低，这里的生产成本原本就相对较高。全产区 43 000 公顷的葡萄园，分成 14 万个地块，平均坡度是 30 度，有的陡至 60 度。大多数葡萄园都很难进入。

生存，这是一个问题

以过去那样的销量酿造那种价格低廉的波特酒，没有什么意义。杜罗河谷的农民大多是小农户，每年被允生产一定数量的波特酒，这样的经济环境比以往任何时候都更加脆弱。人们希望，通过提高价格（无论是波特酒还是餐酒，都能获得为了波特酒生产而设置的葡萄价格的补贴）和发展旅游业来解决部分问题。波尔图到处都是游客，有大量酒店、餐厅以及以港口为基础的游客中心为他们服务。这些做法已向着杜罗河上游延伸。

在所有葡萄种植区，杜罗河谷是最难耕作的。首先，这里几乎没有什么土壤，只有陡峭的页岩山坡，不时塌落，极不稳定，夏天被太阳炙烤，气温高达 38℃。这是一片全然荒芜的土地，当地居民小心选址，把家安在了高处，稍稍远离最热的地方，从下面地图上大多数村落的所在就可一窥端倪。从 19 世纪 70 年代始，铁路改变了交通状况，吸引人们从山上来到河边；然而 21 世纪由欧盟资助建设的新公路，又再次鼓励了波特酒的酒商在山上兴建酒庄和旅舍，以此获利。

然而，葡萄藤是为数不多的不畏如此艰困环境的植物。这里气候严峻且变化大，西边受大西洋影响，离开海岸大陆性气候则越来越强，但都适合葡萄藤的生长。需要做的，只是大举沿着山坡筑墙，成千上万道墙，看起来就像等高线一样，维系着一片片可以种上葡萄藤的地块（都很难称

杜罗河的流向是由东向西的，但其支流皮尼奥河（Pinhão）却是由北向南的，其河谷狭窄，种满葡萄，光照条件与其他地区不同，这里受到荫蔽的区域更大，有利于葡萄的生长。

这条紧靠河流的小铁路自1887年通车以来变化不大。

之为土地），施工中常常还得使用炸药。爆炸曾经是常见的景象，轰隆隆的声音在山谷里回响。一旦地表稳住了，雨水就不会直泻而下。这项早在18世纪就开始了的巨大工程，让葡萄树成了杜罗河沿岸唯一可以大量种植的作物。

在根瘤蚜虫病肆虐当地葡萄园许久之后，自20世纪70年代以来，考虑到机械化的因素，许多阶梯式葡萄园（包括不可或缺的石墙）被重新设计和复种。更为宽阔的梯田由堆积着的页岩而非石墙支撑，其最大的好处是有足够大的空间，适宜专门改装的小型拖拉机作业；但它也有缺点，就是葡萄藤的种植密度减少了。由于这个原因，更由于土壤这种资源的稀缺，狭窄的单行梯田又回潮了。在坡度和地势许可的地方，种植者如今越来越多地将葡萄藤顺着山坡纵向而不是横向种植，这有助于加大种植密度并获得更均匀的成熟度，还有利于机械化作业——只要坡度不超过30度。

许多可以追溯到17世纪的原始梯田尚存于雷瓜（Régua）上面的山上，雷瓜是最初的波特酒产区，于1756年首次划定，之后仅延伸至图阿河（Tua）的支流。今天，上科尔戈（Cima Corgo）这个地区依旧是波特酒生产的中心区域，最优质的葡萄园集中于此地，但随着交通条件的改善，人们逐渐往上游方向探寻条件不那么差的、平整一些的土地。

由东往西各不相同

杜罗河从西班牙流到葡萄牙，所经之处曾经尽是荒野，直到20世纪80年代后期得到欧盟的资助，这些地方才开通公路。杜罗河在层层叠叠的岩石高地上凿开了一条大峡谷，这就是所谓的上杜罗区域（Upper Douro 或 Douro Superior），这里是整个杜罗地区最干燥、最不发达的地带（见下面的地区图）；尽管这个区域属于极端大陆性气候，却能种植出一些品质非常高的葡萄，维苏威酒园（Quinta do Vesuvio）的波特酒以及标志性的餐酒先驱 Barca Velha 都是例证。过去10年里，在杜罗河谷最东面的这个地方掀起了一股种植热，在科阿河（River Côa）与西班牙边境之间的杜罗河左岸，地势较高，气温也凉爽些，情况更是如此（详见对页地图）。来自河流的灌溉用水是现成的，到了下午阳光被遮蔽了，其好处显而易见。陡峭且布满页岩的坡地会让人联想到上科尔戈区，但这里比起上杜罗其余相对起伏的地方更难耕作。

往西，海拔1415米的马朗山脉（Serra do Marão）挡住了大西洋夏季的雨云，让波特酒之乡的上科尔戈区（详见第210—211页地图）中心以页岩为主的地带难得清凉。年平均降水量差异很大，上杜罗区为500毫米，上科尔戈区为650毫米，而在种植量极大的下科尔戈（Baixo Corgo）区则有900毫米。在科尔戈支流下游地区以及往

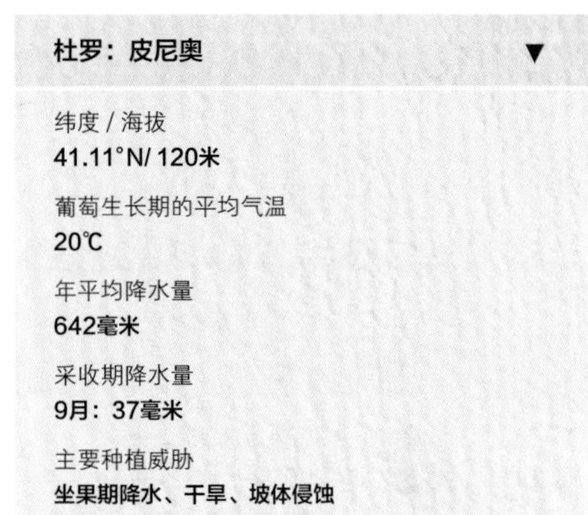
杜罗：皮尼奥 ▼

纬度 / 海拔
41.11°N/ 120米

葡萄生长期的平均气温
20℃

年平均降水量
642毫米

采收期降水量
9月：37毫米

主要种植威胁
坐果期降水、干旱、坡体侵蚀

下科尔戈和上科尔戈

等高线显示，在以页岩为主的杜罗河谷葡萄园，其地貌特征、光照条件、海拔高度千差万别，河流、山腰或是高原对它们的影响也不同。比起下科尔戈，上科尔戈更热、更干，大部分优质波特酒都产自这里。

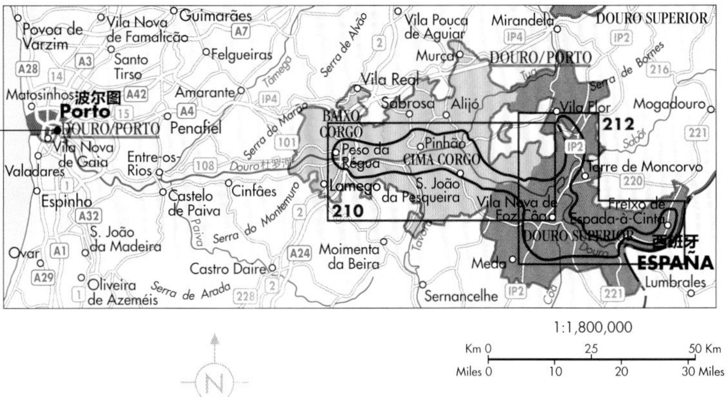

加亚新城（Vila Nova de Gaia）这地方，因是大酒商陈酿波特酒之地而享有荣誉地位，被视为划定的杜罗产区的一部分。

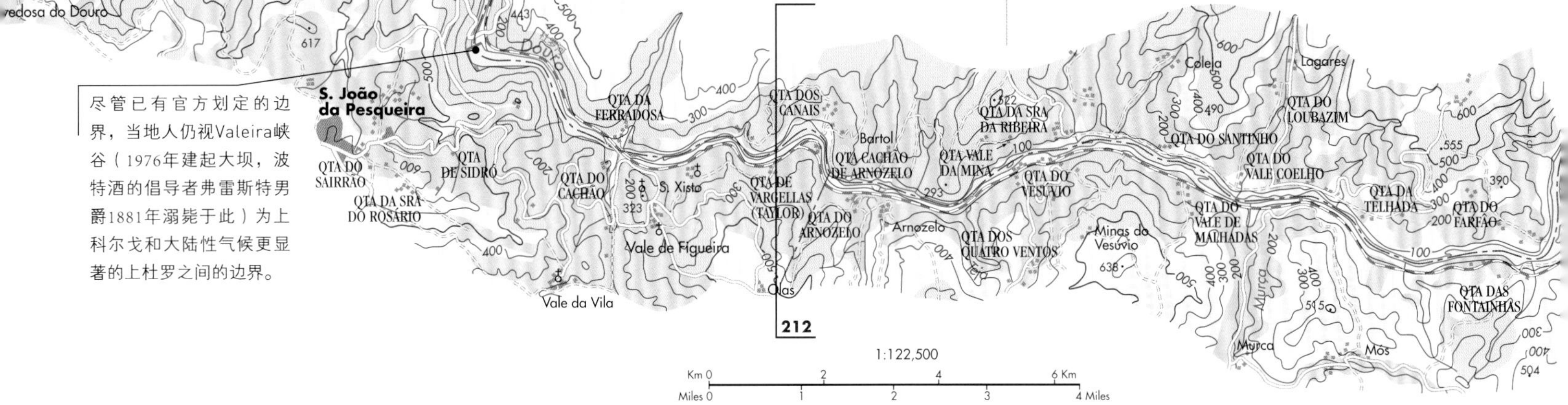

尽管已有官方划定的边界，当地人仍视Valeira峡谷（1976年建起大坝，波特酒的倡导者弗雷斯特男爵1881年溺毙于此）为上科尔戈和大陆性气候更显著的上杜罗之间的边界。

1:1,800,000

1:122,500

西在主地图以外的地区，天气最为湿冷，酿酒合作社在这个区域生产基本款的价格低廉的波特酒，或者说，以前是这样的。

人们认为，下科尔戈地区天气过于潮湿而难以酿出高品质波特酒。要酿出高品质波特酒，葡萄藤的根部必须扎进页岩岩层，越深越好，以便汲取水分。在位于第211页地图东部地区的维苏威酒庄，葡萄藤根可以深入到地下8米。在这样干旱的气候下，葡萄的单位产量在世界上位居最低之列。

公认的生产波特酒最好的葡萄园都在铁路小镇皮尼奥周围及上方地带，包括德多（Tedo）、塔沃拉（Távora）、托尔托（Torto）、皮尼奥及图阿这几条杜罗河支流所形成的河谷地带。这是波特酒生产的中心，所有波特酒大酒商都在这里拥有他们自己主要的酒庄或酒园，集种植和酿造于一体。

因为朝向及海拔差异很大，因此即使是相邻的葡萄园，酿制出来的葡萄酒也风味各异。以德多河谷为例，这里的酒通常富含单宁，而河对岸，以杜罗河谷的餐酒闻名的do Crasto酒庄，酿出的酒就很轻盈又带有果香。托尔托河支流地区的温和气候，使这里成为优质餐酒的生产地，因为这里的葡萄成熟较慢，糖分也比其他杜罗河谷主要产区的略低一些。海拔较高的葡萄园，不管位于何处，葡萄成熟都比较晚，用其酿出的葡萄酒较清淡，这些地方适宜生产质量较好的餐饮白葡萄酒。而那些朝南或朝西的葡萄园，因为日照最充足，用其葡萄酿出的酒就最厚重。

对葡萄园进行分类

每个种植用于酿造波特酒的葡萄的葡萄园，都自上而下，被分为A到F级，所依据的是其海拔、位置、产量、土壤、坡度、朝向等自然条件以及葡萄藤龄、种植密度、种植方式和品种等因素。葡萄园的等级越高，葡萄售价也越高，这是一个高度规范的市场，支配着葡萄种植者与波特酒酿造商（他们越来越多地也成了种植者）之间的关系。

直到20世纪70年代，在若泽·拉莫斯·平托·罗萨斯（José Ramos Pinto Rosas）及若昂·尼古劳·德·阿尔梅达（João Nicolau de Almeida）两人开创性的努力下，人们才对杜罗河谷的葡萄品种多少有些了解，特别是对那些混种且未经整枝处理的杂乱树藤。他们认定，国产杜丽佳、法国杜丽佳、罗丽红（在西班牙叫丹魄）、Tinto Cão以及巴罗卡等葡萄品种，常常可以酿出最优质的波特酒。在目前管理日趋健全的葡萄园里，主要种植的就是这些品种，不过索沙鸥这个品种因其酸度较高也日益受到重视。其他一些传统品种，比如Malvasia Preta、巴斯塔都、Cornifesto和紫北塞等也被恢复，像传统上那样在地里混种，这些品种在花期可有效地抵御不良的天气。

酿制白色波特酒（业界视之为餐前开胃酒），

上杜罗区

长久以来，上杜罗区被认为是偏远的地方，但近年来葡萄牙公路网已有极大改善，这让当地的生产者获益。在与西班牙接壤的地区，其气候甚至比上科尔戈还要极端。

△
Graham公司的石阶葡萄园（Stone Terraces）的葡萄，在最好的年份，用于酿造单一酒园年份波特酒。“石阶葡萄园”一名，是向18世纪末在dos Malvedos酒庄垒最初的石墙的劳动者致敬。

使用的是维奥西奥、贵腐白、马尔维萨和拉比加多等几种颜色较淡的葡萄品种，这些品种每年都需要与杜罗河谷炙热的夏季和冰冷的冬季抗争。越来越多的这些品种，外加科得佳和麝香葡萄，现在还被用来酿制白色餐酒，这些餐酒的品质越来越具有说服力，德克·尼伯特（Dirk Niepoort）酿造的先驱酒款Redoma成为标杆。

在任何地方，采收季都是全年人们最兴高采烈的时候，而在杜罗河谷，或许是因为生计不易，采收葡萄时的气氛简直就像是酒神节的狂欢，尽管萨提尔（Satyrs，希腊神话中的半人半羊，常与酒神有关——译者注）和迈娜德斯（Maenads，希腊神话中酒神的女祭司——译者注）会颇为失望，因为在风笛和鼓点声中用被染成紫色的双脚踩踏葡萄的场景逐步消失了。在大多数酒庄，这种夜间的仪式已经完全由程序化的电脑控制的设备所替代。一个个酒庄都是典型的杂乱的白房子，地砖铺地，葡萄藤环绕，在喧嚣的世界里，透着宁静的气息。大部分有名的生产波特酒的酒庄都可在这几页地图里找到，自20世纪80年代后期以来，随着单一酒园波特酒的崛起，这些酒庄就更广为人知了。坐落在皮尼奥镇上方的飞鸟园（do Noval，经过安盛保险集团改造），多年来一直是世界知名酒庄；然而，现在出现了更多的“单一酒园波特酒”，它们是由单一酒园在单一年份所生产的产品，常常是较差年份的产品。拿Taylor公司来说，当年份较差时，它便会将酒以旗下de Vargellas酒庄的名义销售。Graham公司也是如此，它用的是dos Malvedos酒庄的名义。

从葡萄藤到葡萄酒

用来酿制波特酒的葡萄或基酒，大部分依然来自小酒农，即使越来越多的小酒农正希望以自己酒庄的名义销售自己的产品。

这对餐酒来说更是千真万确，自从国际资本进入之后，在这个引人入胜的河谷，餐酒不断涌现，大部分是红的，白的也越来越多，也有粉红的，酒标上显示杜罗DOC。越来越多在葡萄牙受过培训的酿酒师对温度控制等酿酒细节进行了彻底改革。在杜罗地区，餐酒过去不受重视，是用酿制波特酒剩下的葡萄酿成的；不过现在，清淡的餐酒已变得如此重要，以至生产商们已专门种植或挑选葡萄来酿制餐酒了。高海拔、朝北的葡萄园特别合适。这些餐酒在风格上差异很大，这取决于葡萄的来源以及酿酒师的想法：尼伯特酒庄酿制出的Charme酷似勃艮第，出自Pintas葡萄园的酒款复杂浓郁，而da Gaivosa酒庄则酿出酒质坚硬如页岩的酒款。杜罗河谷有一种令人兴奋的气氛，因为这个无与伦比的地方，如今能以两种完全不同类型的葡萄酒来向世人展现自己了。

◁
乍一看，加亚新城没有什么变化，沿江一个又一个波特酒酒窖，岸边停泊着运送波特酒的船只。但请留意右上方，那是Yeatman酒店，由酒商Taylor公司投资兴建，2010年开张，标志着波尔图转变成为奢华旅游的目的地。

波特酒的酒商与酒窖 The Port Lodges

用于酿制波特酒的葡萄或许都种植于杜罗河谷的荒野中，约三分之二的波特酒仍是在加亚新城的酒窖里杂乱的橡木桶中陈酿，那地方与近期重新焕发活力的波尔图市隔河相望。

不过，葡萄要先在上游被酿成独特、强劲、甜度颇高的酒液，才被运往下游。以前都是由维京式的船只运送，如今则装上罐车走陆路了。这就是波特酒，没有其他葡萄酒能够使用这个名字。

波特酒的酿法是将还没完全发酵的红葡萄酒（仍含有至少一半的糖分），注入大缸或橡木桶里四分之一满的烈酒（通常是低温的，如今用的是优质的白兰地，但过去并不总是这样）当中。烈酒中断了发酵，混合的酒液变得既强劲又甜美。不过这酒的色泽和单宁还是需要从葡萄皮中获得的。一般葡萄酒的做法是在发酵过程中萃取这些元素，但对波特酒而言，其发酵被人为中断，时间非常短，因此，单宁和色素必须要彻底而快速地被提取。过去人们常在深夜时分，在石头槽（当地称为lagare）中用双脚踩踏果皮，如今这一工作主要由电脑控制的设备来完成了。不过，在一些像Taylor或飞鸟园那样恪守传统的公司或酒庄，对小部分可能注定要酿成年份波特酒的葡萄，仍维持用脚踩踏或使用一种现代的替代方式——模仿人脚动作的电脑控制的“机器人lagare”。现在杜罗河谷的生活没有以前那么艰难了。

传统上，波特酒于春季被运往加亚新城，以防酷热侵入酒龄尚浅的波特酒，给酒带来一种名为“杜罗河谷焙烤”（Douro bake）的怪味。但这种传统也正在改变。加亚新城狭窄街道的交通日趋拥堵，而空调的用电供给在杜罗河谷上游已变得可靠得多，因此越来越多的波特酒留在原产地继续其熟成的阶段。

波尔图和对岸的加亚新城一度因为英国的影响而繁荣富裕，当时波特酒的交易一概由英国人以及英葡联姻的家族掌控。而波尔图城里那漂亮的格鲁吉亚工厂（Georgian Factory House）在长达200年的时间里，一直都是英国波特酒酒商每周聚会的地点。但随着杜罗DOC的重要性的提升，葡萄牙的餐酒对葡萄酒行业的影响也越来越大了。

波特酒的类型

在河对岸的那些波特酒酒窖里，放满了布满灰尘、发黑老旧的橡木桶，其情形颇像西班牙雪利酒的酒窖。品质较好的茶色波特酒（tawny）和Colheita波特酒传统上放在被称为pipe、容量为550—600升的小型橡木桶里熟成（每pipe作为一个商业计量的名义单位，等于534升），时间从2年到50年不等。年份波特酒和晚装瓶年份波特酒（Late Bottled Vintage，简称LBV）会在较大型的橡木桶里陈年。附近大西洋的影响对这类波特酒特别有好处。或许每10年中就会有3个年份的天气对酿造波特酒来说是近乎完美的。这些好年份的酒不需经过不同年份的混调，时间越久，便越香醇。就像波尔多的红酒一样，这些波特酒两年就装瓶，会简单地用酒商的名称及年份命名。这就是年份波特酒，产量少，名气大。最后，或许在瓶中再经过20、30、40年或者更长时间，其肥美、芳香、饱满、细腻，无可比拟。不过，杜罗河谷葡萄种植和酿酒的标准在最近几十年间有了极大的提升，让年份波特酒在四五年内就能饮用，如今是可能的——但不建议这么做。

除了在第213页里描述过的单一酒园波特酒，其他大部分波特酒，从接近年份酒标准的到一般品质的，都会经过混合调配的处理，形成某种风格，成为某个品牌。这种酒在木桶中以不同的方式和较快的速度熟成，直至口感醇美。在橡木桶中陈放时间较长的波特酒，颜色相对清淡（所谓“茶色”），然而却非常顺口。最好的陈年茶色波特酒，通常会有10年、20年的标识，有时还能见到30年甚至40年以上的，售价可能与年份波特酒相当。许多人更喜欢带有木桶气息的茶色波特酒的醇甜，而不是年份波特酒在陈放了几十年后还能维持着的强劲烈性。冰凉的茶色波特酒是波特酒酒商的标配饮料。

酒标上有“Colheita”（葡萄牙语意思是“收成”）字样的波特酒，指的是单一年份且至少经过7年大橡木桶陈年的茶色波特酒，极富表现力，基本上装瓶后就能饮用，其装瓶日期也会显示在酒标上。勇于打破旧习的德克·尼伯特坚持酿造极为稀有的Garrafeira波特酒，这种酒，刚开始时也像Colheita一样，但是在木桶中陈年3—6年后取出，然后在大型玻璃坛子里存放很多年，最后成为特别优雅的波特酒。

酒标上有“Ruby”（红宝石）字样的，是品质一般的波特酒，这类酒也经过橡木桶陈酿，但时间不是很长，而这样短的陈酿时间也不会在酒中体现为任何不俗的品质。价格低廉且未标上任何陈年时间的茶色波特酒，通常是由清瘦、酒龄浅的红宝石波特酒混调而成的。白色波特酒的酿造方式并无二样，只是使用白葡萄品种而已（现在，在市场上能见到一些最佳的酒款会标示具体陈年时间的，又或像Colheita那样的）。20世纪末出现了桃红波特酒，但目前追捧者还不多。在上述基本的波特酒之外还有一些值得留意的酒款，如一些特别窖藏（Reserve）、风格独具、酒龄浅的“红宝石”，装瓶不到10年的茶色波特酒也有佳品。

因为年份波特酒很早就装瓶且没有经过过滤，所以酒渣会黏附在酒瓶内壁上，形成一层“外壳”。市场上所见到的不同年份混调的波特酒，也有“外壳”或正在形成“外壳”，这也是因为装瓶较早，酒瓶内壁上不可避免地有酒渣黏附。如同年份波特酒，这样的酒在饮用前也需要使用醒酒器去除酒渣。

在年份波特酒以及橡木桶陈年的波特酒之间，有一个更常见的折中品类，这就是极其多样的晚装瓶年份波特酒，这种年份波特酒被放在大桶里陈年4—6年，然后去除酒渣装瓶。这样做加快了熟成速度，酒液也清洁，这是现代人的年份波特酒。商业化的LBV大多没有年份波特酒所具有的特质，不过Warre及Smith Woodhouse这两家酒商所酿制的LBV却是严谨的，其酿法与年份波特酒并无二致，只不过是在4年后装瓶且不过滤，而不像一般年份波特酒那样在2年后装瓶。像这样的LBV也需要以醒酒器去除酒渣。

里斯本和塞图巴尔半岛 Lisboa and Península de Setúbal

里斯本，葡萄牙的首都，曾经被称为埃斯特雷马杜拉（Estremadura），或被简单地叫作 Oeste（“西方”之意），这里是葡萄牙产量最大的葡萄酒产区之一，大部分生产者销售自家葡萄酒时，更喜欢以里斯本地区餐酒的名义，而不是以托雷斯韦德拉什（Torres Vedras）、阿卢达（Arruda）和阿莲卡（Alenquer）这几个DOC的名义。

这个地区的葡萄酒，过去都是由生产合作社生产的，而且注重的是产量而非质量，所以其潜力并没有显现出来。种植的品种是西拉诺瓦（Seara Nova）、卡拉多克和马瑟兰，主要用于酿造白兰地。至于那些不那么成功的餐酒，其高酸度和不成熟的单宁常常被刻意地用残糖掩盖。但里斯本地域广阔，多山，是一个多样化的产区。自20世纪90年代以来，像do Monte d'Oiro和de Chocapalha这样一些有进取心的酒庄已向世人表明，优质的红葡萄品种西拉和国产杜丽佳，在有较多遮挡的地方（尤其是在阿莲卡）会生长得很好，因为那里靠近大西洋，生长季较长。最近的进展是一个广泛种植的品种卡斯特劳的再生，用它酿出的葡萄酒比较轻柔清新，被喻为“温暖气候的黑皮诺”。

里斯本较为明显的优势是白葡萄酒，而且对这一优势的探索取得了很大成效，特别是在一些葡萄园，它们得益于从海岸地区吹来的凉风以及侏罗纪的石灰岩土壤。种植较成功的葡萄品种包括本地的阿瑞图、费尔诺皮埃斯以及甚至一度受到轻视的维特（Vital）。

随着沿海城市扩张，历史上有名的葡萄园科拉尔（Colares）和卡尔卡维罗（Carcavelos）分别减少到67公顷和19公顷，但是产自这些古老、独特、受海洋影响的葡萄园的葡萄酒重新拥有了自豪感。科拉尔的葡萄单宁强劲，其葡萄藤传统上不经嫁接，直接种在海岸的沙质土地上，拉米斯科（Ramisco）用于酿制红葡萄酒，Malvasia de Colares这个品种用于酿制白葡萄酒。如今，因为有几个新的酒庄有了新的兴趣，清淡醇和的卡尔卡维罗葡萄酒（用阿瑞图、Galego Dourado和Ratinho这几个葡萄品种混酿的加强酒）似乎已起死回生。往内陆深入，在城市的北部，布塞拉斯捍卫着富有果味的鲜爽的葡萄品种阿瑞图。

第208页的葡萄牙地图显示了里斯本和塞图巴尔半岛这两个VR的范围。如今，塞图巴尔半岛塔霍河(Tagus)对岸的葡萄园，比上面提到过的三个历史上有名的DOC要重要得多。在塔霍河和萨多河（Sado）的入海口之间，里斯本的东南方，Azeitão周围尽是黏土-石灰岩山丘，山坡受大西洋冷风吹拂；而帕梅拉（Palmela）东部萨多河的内陆沙质平原，温度要高得多，也更富饶，葡萄牙最好的酿酒合作社Santo Isidro de Pegões就在此地，发展态势良好。

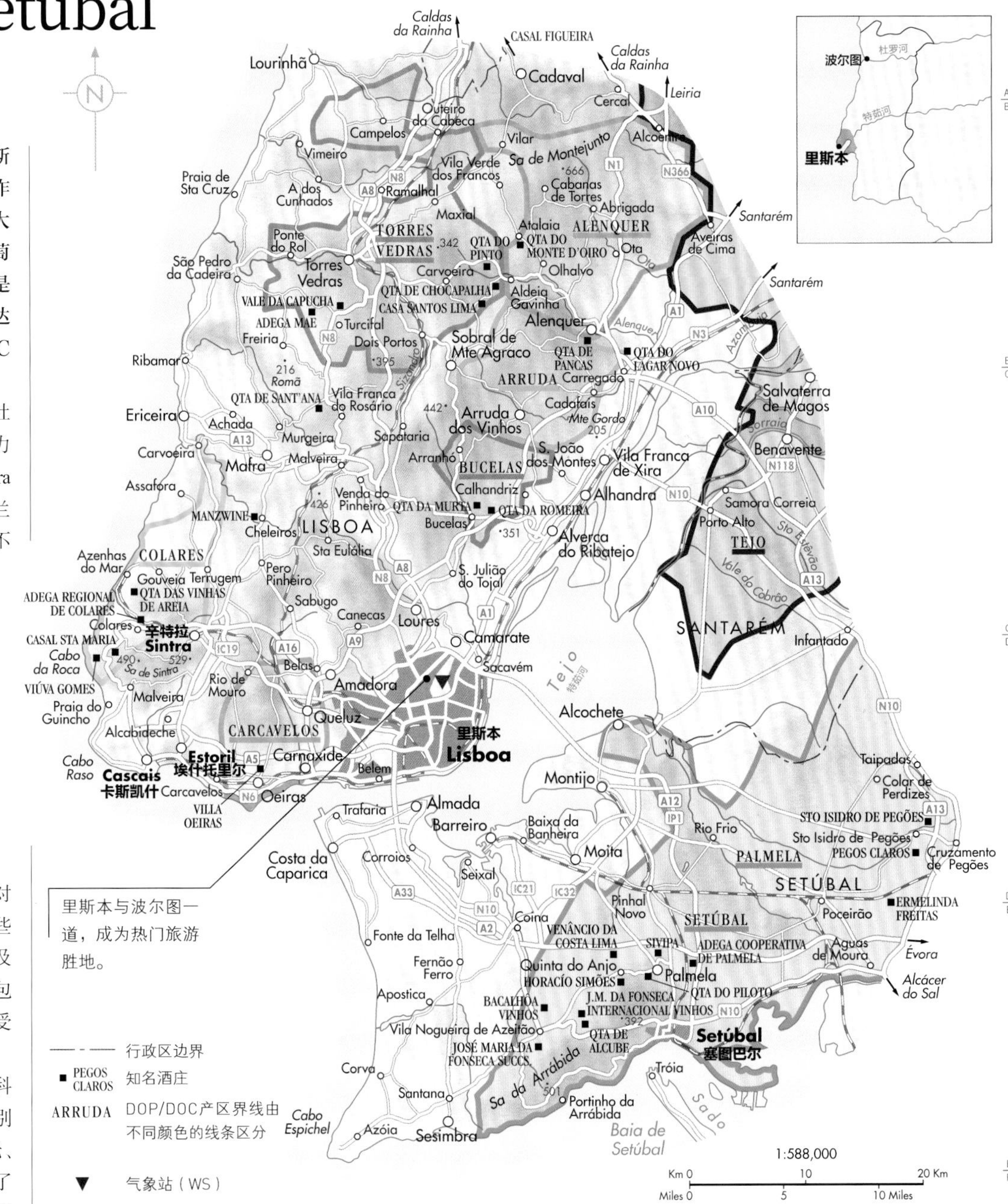

里斯本与波尔图一道，成为热门旅游胜地。

塞图巴尔（Setúbal）最重要的生产商是José Maria da Fonseca和Bacalhôa Vinhos，他们是葡萄牙单一品种葡萄酒浪潮的先驱。本地的葡萄品种卡斯特劳似乎很适合帕梅拉东部的沙质土壤，但它还远不是一个居统治地位的品种。

这个地区传统的葡萄酒是塞图巴尔麝香（Moscatel de Setúbal），一款丰美的、淡橘色的麝香葡萄酒（如果选用更稀有的Moscatel Roxo葡萄，则呈浅粉红色），它略经酒精强化，非常芳香，压榨后的葡萄皮留在汁液中长时间浸泡，最后酿出的酒香气袭人。经过陈年的酒让人心醉神迷，而酒龄浅的则是葡式蛋挞的绝配。

里斯本：里斯本 ▼

纬度 / 海拔
38.72°N/ 77米

葡萄生长期的平均气温
20.4℃

年平均降水量
774毫米

采收期降水量
9月：32.9毫米

主要种植威胁
坐果期降水，秋雨

主要葡萄品种
红：卡拉多克、卡斯特劳、西拉、阿拉哥斯；
白：费尔诺皮埃斯

△
埃什特雷拉山脉（Serra da Estrela），在这里可以将这片do Aral的葡萄园尽收眼底，这里已因其黏软的芝士而闻名，现在看来也要因杜奥而家喻户晓了。

贝拉达和杜奥 Bairrada and Dão

贝拉达和杜奥的葡萄酒，过去给人的印象是个性非常鲜明，但并非人人都能喜欢。而如今，以其固有的清新和诱人的矿物感，这两个地区的葡萄酒进入了最受欢迎的葡萄牙葡萄酒之列。

贝拉达是一个沉闷的乡村地区，被一条连接里斯本和波尔图的公路一分为二，包括了介于杜奥地区的花岗岩山地与大西洋海岸之间的大部分区域。这里低矮的山地，有着众多风土类型，但因为靠近大西洋，它的葡萄酒总体上自然清新，它的葡萄园相对潮湿。最优质的葡萄酒常与黏土-石灰岩的土壤有关，这种土壤赋予其红葡萄酒和日益受到欢迎的白葡萄酒以酒体和典型的葡萄牙风味。

最有特色的红葡萄品种是贝拉达本地的巴加，通常不会用于混酿，这在葡萄牙较为少见。它的问题是自然长势过于旺盛、成熟得晚以及常常在采摘前遇上雨天。Luís Pato 是贝拉达产区最热情的倡导者之一，他把巴加这个品种与意大利皮埃蒙特的内比奥罗相提并论，因为巴加的酸度极为突出、单宁极为强劲，一些传统的做法或许是装瓶后还需要 20 年的窖藏时间。Luís Pato 率先采取的做法包括疏果、彻底除梗、使用法国橡木桶陈酿，这些都拯救了巴加这个品种。通过较早采摘、轻柔萃取以及部分除梗，更多新近树立起名声的生产者，比如他的女儿 Filipa Pato 以及德克·尼伯特（他于 2012 年收购了 de Baixo 酒庄），用巴加酿出的葡萄酒也远胜从前，其芬芳、新鲜以及单宁结构，更接近勃艮第的风格。不过，有些人可能仍是喜欢以前的味道。

像 das Bágeiras 和 Sidónia de Sousa 这样的酒庄，可能会采用法国橡木桶陈酿和与其他葡萄品种混合调配的方式，使其红葡萄酒更加平易近人；但酒标上标示“Garrafeira”字样的那些酒款，其传统风格仍一以贯之，尽管也有丰富的果香来中和其单宁。2003 年，当地的法规发生了变化，酿造贝拉达产区的红葡萄酒可以使用巴加以外的葡萄品种，这对当地传统的根基是一种威胁。但是，因为新鲜血液的注入以及新的柔化技术的采用，巴加的老藤也并没有被拔光。“巴加之友”（Baga Friends），一个坚定的巴加生产者团体，一直致力于恢复人们对这个品种以及这个具有悠久传统的产区的信心。即使是贝拉达产区最新派的酒庄之一的 Campolargo，如今也在重视本地的葡萄品种了。

贝拉达产区的白葡萄酒也在进步。皮色浅淡的葡萄品种碧卡、Maria Gomes（费尔诺皮埃斯）和塞希尔（Cerceal）是本地特产，它们一度被限制在不适合红葡萄品种生长的沙质土壤上种植。但如今已有充足的证据表明，在黏土-石灰岩土质里，它们的表现相当出色。这些葡萄酒可以陈年，这让人兴奋，其风格多样，有简单朴素并冷峻坚实的，也有酒体饱满且层次分明的。

用传统法酿造的起泡酒（原来是白的，如今也有粉红的），自 19 世纪末以来一直是贝拉达产区特产，如今酒农和规模大一点儿的酒商都有酿造。新近复兴的一种加强型红葡萄酒 Licoroso Baga，现在拥有了自己的 DOC。

一场风格的革命

与贝拉达产区不同，就法定的葡萄品种而言，**杜奥**法定产区是完全符合葡萄牙当地风格的。直至 20 世纪 90 年代，提到杜奥的葡萄酒，人们还会想到粗重的单宁、呆板的风味，那时候这里的葡萄酒几乎都是由酿酒合作社粗制滥造的。但是自那以后，独立生产者的数目，无论是酒庄还是小型酒商，便有了实质性的增长，其结果是酿制出了很多比原来诱人、易饮、优雅得多的葡萄酒，其范围从价格合理的酒款，如大酒厂苏加比（Sogrape，拥有 dos Carvalhais 酒庄）和 Global Wines（拥有 de Cabriz 酒庄）的出品，到一些充满强烈风土感的葡萄牙最优质的葡萄酒。阿尔瓦罗·卡斯特罗（Alvaro Castro）以及后来的 António Madeira，是两位具有天赋的酿酒师，他们会在看好的葡萄园里追求老藤的韵味，是不依

do Corujão酒庄及其海拔高、寒凉的葡萄园吸引了杜罗河谷三位顶级酿酒师，他们在此创立了M.O.B.品牌。

不一样的双子星

贝拉达产区的葡萄酒受大西洋的影响极大；而杜奥产区，因地处内陆，受两座山脉护卫，其葡萄酒更能展现葡萄园所处海拔高度的差异。

附于某一酒庄的新一代酿酒师的代表人物。

杜奥这个产区的名字取自一条穿境而过的河流，其首府维塞乌（Viseu）是葡萄牙最美丽的城镇之一。这里实际上是一块花岗岩台地，光秃秃的岩石从沙土中露出，周围常散布着一些卵石。在较为平坦的南部和西部有一些页岩，这是一个不太典型的葡萄酒产地。在整个景致中，葡萄园只是陪衬，东一块西一块地散布在气味甜美的松树和桉树林的空地里。比较理想的种植高度是海拔400—500米，但在海拔800米的地方也可以见到一些葡萄园。葡萄园位置越高，日夜温差越明显。在埃什特雷拉山（葡萄牙大陆最高的山脉）的山麓，生长季较长，可以酿出一些杜奥产区最好的红葡萄酒和结构感较强的白葡萄酒。卡拉穆卢山（Serra do Caramulo）是一道屏障，挡住了大西洋对此地的影响，而埃什特雷拉山则是此地在东南方的护卫。这意味着，冬季时杜奥产区既冷又湿（年平均降水量多达1100毫米）；夏季则又暖又干，比贝拉达产区干燥得多。然而这两个产区的葡萄酒的特性都是具有真正的结构感和新鲜度。

这一点在出自杜罗河谷的酿酒师的酒中有着特别明显的体现，那些酿酒师来到这里，酿出了风格明显不同的更为清新的葡萄酒。M.O.B. 是 Jorge Moreira、Francisco Olazabal 和 Jorge Serôdio Borges 三位酿酒师在埃什特雷拉山脉合作的一个单一园酒庄项目，无处不在的德克·尼伯特也已在此收购了一个名为 da Lomba 的酒庄。

就如同葡萄牙的其他产区，杜奥产区内也种植了许多令人眼花缭乱的品种，生产出越来越富有果香的红葡萄酒（尽管仍有某种花岗岩物质的感觉）以及紧致芬芳的白葡萄酒，无论是红的还是白的都适合陈年——这构成了杜奥产区葡萄酒的特征，品饮这里的葡萄酒，得有点儿耐性。

最优秀的一些单个酒庄，比如 Luis Lourenço 的 dos Roques 和 das Maias 酒庄、阿尔瓦罗·卡斯特罗的 da Pellada 和 de Saes 酒庄，以及 Casa da Passarella 酒庄，都已经在尝试酿造单一品种葡萄酒，但传统的多品种混酿仍是主体，尤其是在那些老一些的、越来越不可多得的葡萄园，都是各种各样的品种混种的。国产杜丽佳是在当地种植面积居第二位的品种，在杜奥产区的表现或可称完美，且酿成的酒款有较长的陈年能力。珍拿（Jaen）这个品种（在加利西亚地区称为门西亚，是杜奥产区种植面积最大的品种）给适合较早饮用的红葡萄酒提供了果香；而罗丽红（丹魄）这个品种的种植面积居第三位，它的贡献是酒体。依克加多可酿出酒体丰满而酸度高的白葡萄酒（成功地采用了勃艮第技术），是葡萄牙用于酿造单一品种白葡萄酒的最杰出的品种之一。

这里有酿造出真正出色的餐饮葡萄酒的潜力，这一点一直都显而易见，有一个非同寻常的、独一无二的例子可以证明这一点。在贝拉达的东部边界，有一个巴萨克皇宫酒店（Bussaco Palace Hotel），这是一座奢华的建筑，最初就是要设计成“葡萄酒的教堂”（cathedral of wine）以展示该产区的葡萄酒风采，这座建筑历代的主人一直以完全原始的方式来挑选和陈酿自己的红色、白色 Buçaco 葡萄酒。那里的葡萄酒近年已有所变化，但那些老派的佳酿，观其色品其味，俨然是另一个时代的遗产，感觉极其迷人。酒店酒单上的年份酒，可早至20世纪40年代。

阿连特茹 Alentejo

这是葡萄牙地域最广的一个葡萄酒产区，但其历史十分平常。在这片广袤的土地上，阳光炽烈，有一些树木点缀其中，深色的是软木橡树，银色的是橄榄树，草皮被羊群啃光，只有葡萄藤偶尔带来一点绿意。

风土 多种类型的肥沃土壤中散布着花岗岩和片岩，偶尔也有石灰岩。葡萄藤和橄榄树种植在最贫瘠的土地上，谷类作物和牧场占有了其他土地。

气候 地中海气候，年日照时间为3000小时。内陆地区的夏季酷热干燥，大西洋沿岸地区受海洋影响而温和一些，东北部地区则是比较明显的大陆性气候。

主要葡萄品种 红：阿拉哥斯（丹魄）、特林加岱拉、紫北塞、西拉、国产杜丽佳、卡斯特劳；白：安桃娃（Antão Vaz）、阿瑞图、胡佩里奥。

除了在北部的波塔莱格雷（Portalegre）地区，阿连特茹产区没有什么小酒庄。大农场式的庄园，在人口稠密的葡萄牙北部闻所未闻，但在这里则是常态。人们很容易从里斯本和阿尔加维分别到达这里的北部和南部地区，所以越来越多的庄园开始开发葡萄酒旅游业务。阿连特茹的许多大庄园都是世代相传的，烟草种植是其主业，酿造葡萄酒只是不久以前的事情。也有一些庄园在财务上是由里斯本的企业家支持的，这些企业家看中了这个地区便捷的交通、充足的住宿设施、成熟的葡萄酒旅游线路以及晴朗的天空。

即使是在仲冬，这里仍是阳光普照，视野开阔。游客们都知道，西班牙就在边境的另一边；而酿酒师们都到那边去购物。此处降水量极少，温度往往很高，使得葡萄采摘季从8月的第3个星期就开始了。

在葡萄牙北部，葡萄园一望无际，就像一张巨大的绿毯，把大地盖得喘不过气来。相比较之下，在广袤、多样化的阿连特茹地区，60%的葡萄园集中在四个主要的DOC法定产区内：**博尔巴**（Borba）、**雷东杜**（Redondo）、**雷根戈斯**（Reguengos）及**维迪盖拉**（Vidigueira）。这四个DOC一直都仰赖着一家重要的酿酒合作社，没有什么比雷根戈斯（如今叫CARMIM）更重要的了，这个位于蒙萨拉什（Monsaraz）的产区酿出了葡萄牙境内最畅销的一款酒。

△
Herdade Outeiros Altos酒庄里巨大的老式塔哈罐。在这种陶罐里发酵并可能在里头陈酿的葡萄酒，是阿连特茹的特产，如今有了自己的DOC Vinho de Talha。

该地区很大一部分的葡萄酒（尽管大部分都符合DOC的条件）被称为Vinho Regional Alentejano，通常会把葡萄的品种写在酒标上。何塞·罗盖特（José Roquette）是与里斯本争雄的其中一支足球队的前CEO，他在雷根戈斯产区有个名叫Herdade do Esporão的酒庄，20世纪80年代末期，他为酒庄引进了澳大利亚酿酒师戴维·贝弗斯托克（David Baverstock），同时希望酒庄成为像美国纳帕谷那样的梦幻酒庄。他开创了一个潮流。1995年，在阿连特茹只有45个葡萄酒生产者；而到2015年，增加到近300个，酒农也超过了1800个。

回归传统的做法

阿连特茹产区越来越明显的特色是塔哈葡萄酒（Talha wine），这种葡萄酒是在一个硕大在陶罐里发酵和陈年的，陶罐就叫塔哈。这种传统的酿造方式曾被酿酒合作社弃用，在20世纪中叶，酿酒合作社的角色是很重要的，他们更喜欢使用效率更高的大型水泥罐来发酵和储藏葡萄酒。然而，这种小批量、手工储存葡萄酒的方式仍然在小规模的家庭中使用。在完成发酵后，把葡萄皮和梗去除，在酒液上面浮上一层橄榄油，然后把罐子密封，日子到了，打开罐子底部的水龙头，便可喝到葡萄酒。这样的葡萄酒通常不装瓶，在塔哈罐里的时间越长，就会氧化得越厉害。

这样非常传统的发酵方式如今在当地的小酒馆里仍可见到，但许多主要的酿酒师采用了更为复杂的技术，为阿连特茹产区带来了真正的特色。Esporão、São Miguel、Herdade do Rocim等酒庄以及酿酒顾问João Portugal Ramos，均酿造塔哈葡萄酒。João Portugal Ramos为提高阿连特茹葡萄酒的知名度做出了很大的贡献。

Vinho de Talha DOC于2010年正式建立。根据规定，葡萄必须除梗；发酵必须在不渗漏的罐体或塔哈罐里完成；在11月11日圣马丁节之前，葡萄皮必须保留在酒液中；阿连特茹产区有八个DOC子产区——博尔巴、埃武拉（Evora）、Granja Amareleja、莫拉（Moura）、波塔莱格雷、雷杜东、雷根戈斯和维迪盖拉，葡萄必须种在任一子产区以内。

旅游者在如此干旱的地区，都希望以白葡萄酒来消热解渴，传统上酿造这些白葡萄酒的葡萄品种是充满热带果香的安桃娃、有着飘逸花香的白色胡佩里奥、带来清新的阿瑞图，华帝露和阿瓦里诺的使用也日益增多。阿连特茹的白葡萄酒已经变得更严肃了，特别是在波塔莱格雷（详见下文），然而，这里如今仍主要是红葡萄酒的生产地。葡萄品种阿拉哥斯（丹魄）以及特林加岱拉（当地特产）在阿连特茹有着悠久的历史；连果肉都是红色的品种紫北塞也是如此，它在产区一些较好的地块上似乎呈现出某种不同寻常的高贵，Herdade do Mouchaõ 和 Dona Maria 这两个酒庄，均为雷诺兹 (Reynolds) 家族的后代所拥有，都是紫北塞这个品种的代言人。国产杜丽佳、法国杜丽佳、赤霞珠、小维多以及西拉，近年也被引进并大获成功。拉瓦奎酒庄（Monte da Ravasqueira）的西拉尤其有说服力，它与维欧尼一同发酵，再与国产杜丽佳调配。本地的葡萄品种，特别是莫雷托（Moreto），越来越受欢迎。

葡萄的有机种植，得益于这里干燥的夏天，而这种做法恰又是阿连特茹进步的一个例证。另外，在子产区维迪盖拉有个名叫 Cortes de Cima 的酒庄，它在靠近 Vila Nova de Milfontes 的地方（距海岸只有 3000 米，见第 208 页地图）种植了一些阿瓦里诺、霞多丽、长相思，甚至还有黑皮诺，这都是一些需要在凉爽气候里种植的品种。

北部边陲地带

阿连特茹中部的产区和酒庄在迅速发展，但这几年，波塔莱格雷，一个地处北部的气候较为凉爽潮湿的子产区，发展也很快。这里的土地由花岗岩和页岩构成，海拔可高达 1000 米，有些葡萄园的海拔有 750 米之高。平均降水量比南部高得多，一年大约有 600 毫米，而且晚上可能会很凉。部分是因为小酒庄占了大多数，这里有一些相对而言的老藤，是来自葡萄牙北部和南部的原生品种，而不是从国外引入的品种。有些这样的品种，尤其是在 Tapada do Chaves 酒庄，在葡萄园里混杂着种植。这里的采收时间比起另一个子产区雷根戈斯会晚两周，酿出的葡萄酒确实更有味道，没有了南部产区特有的那种由阳光带来的甜味。在 21 世纪的头 10 年，酿酒师 Rui Reguinga 在波塔莱格雷的发展中起到了相当大的作用。2017 年，赛明顿（Symington）家族（波特酒和杜罗河谷餐酒的重要生产商）在 Serra de São Mamede 买下了 da Fonte Souto 酒庄。次年，另一个酒庄 do Centro 被苏加比收购。如今，许多波塔莱格雷以外的生产者，都来到这里收购葡萄，给他们的混酿葡萄酒增加一点新鲜度。

阿连特茹在不断地变化着。

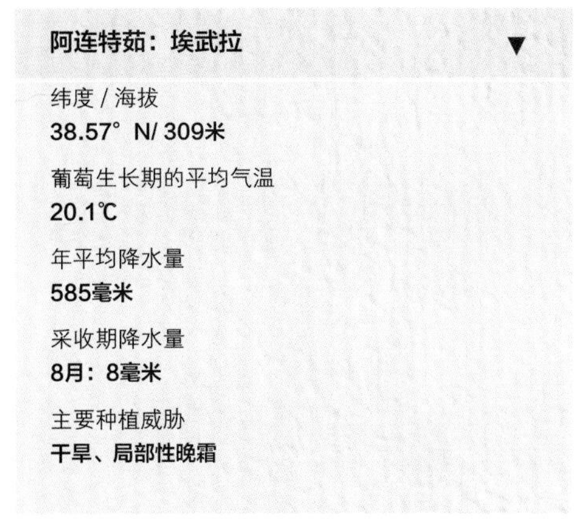
阿连特茹：埃武拉

纬度 / 海拔
38.57° N/ 309米

葡萄生长期的平均气温
20.1℃

年平均降水量
585毫米

采收期降水量
8月：8毫米

主要种植威胁
干旱、局部性晚霜

行政区边界
阿连特茹产区内的DOP/DOC
ALENTEJANO IGP/VR法定产区
BORBA 阿连特茹产区内的子产区
CORTES DE CIMA 知名酒庄
葡萄园
森林
等高线间距200米
气象站（WS）

Terrenus Vinha de Serra是酿酒师Rui Reguinga最好的葡萄园，海拔762米，在波塔莱格雷是最高的。

阿连特茹北部波塔莱格雷周边花岗岩质的山丘比较潮湿，这里的酒庄规模较小，一般来说，葡萄藤较老，国际品种较少。

过去沉睡着的阿连特茹的这一角，如今集葡萄酒、时尚和旅游业于一体，建起了Malhadinha Nova和Herdade dos Grous这样的酿酒温泉酒店。

1:1,000,000

△
在Faial 和 Porto da Cruz之间的北海岸，这里有着典型的马德拉岛景观：人口稠密，得益于丰沛的雨水，加上极其肥沃的土壤，群山被各种植物覆盖，绿意盎然。

马德拉 Madeira

古人称这些由火山喷发而形成的离岸遗迹为“魔法群岛”（Enchanted Isles）。

这些岛屿群聚在离摩洛哥海岸约 640 千米处，刚好就在船只横跨大西洋的航道上。它们的现代名称分别是马德拉、圣港（Porto Santo）、塞尔瓦任斯（Selvagens）及德塞塔（Desertas）。

马德拉是这个小小的群岛中最大的一个岛屿，也是世界上最美丽的岛屿之一，陡如海上冰山，绿如林间草坪。故事是这样流传的：当葡萄牙人于 15 世纪初在马德拉岛东部的马希科（Machico）登陆时，他们在茂密的森林中放了把火。这个岛的名字其实是因这片森林而来的，在葡萄牙语中，马德拉即是森林的意思。熊熊的大火燃烧数年，整片森林留下的灰烬，让原本已经相当肥沃的土壤更加富饶。

今天看来，这个岛的确是人间沃土，从水边一直往上至半山腰以上（峰顶海拔 1800 米），都开垦成了梯田，种植着葡萄、甘蔗、玉米、豆类、马铃薯、香蕉，还有一些小花园。如同在葡萄牙本土的北部，这里的葡萄藤也采用棚架式种植，棚架下还可种植其他作物。让游客迷惑的是，葡萄园在哪儿？这里确实没有大片的葡萄园。数百公里长的小渠，把水输送到各处，灌溉各种作物。

几个世纪以来，葡萄酒一直都是马德拉诸岛的主要产品。群岛中的圣港小岛是同时被殖民的，它地势较低，土质多沙，气候与北非相似，一开始看起来要比高耸、苍绿、多雨的马德拉岛更适合种植葡萄。正是在马德拉岛，葡萄得到了迅速地种植并获得成功，在 15 世纪中叶，岛上已栽种了马尔维萨葡萄，并已有葡萄酒出口。这里阳光充足，葡萄的糖分集中，酿出来的甜酒，正合时尚，轻易便寻得销路——甚至进入了法国国王弗朗索瓦一世（François I）的王宫。

美洲殖民地的建立，带来了更多的海上交通和贸易机会，拥有丰沙尔（Funchal）港的马德拉岛成为西行船只的供给站。马德拉岛与圣港岛的气候很不一样，这里雨水频繁，尤其是在北海岸，直面来自大西洋的风雨。马尔维萨、波尔、华帝露和舍西亚尔（Sercial）等，都是最初引入到岛上的最重要的酿酒葡萄品种，它们在这里较难成熟。因此，让糖分与这些酸涩的葡萄酒结合，不失为一种显而易见的权宜之计。

加热的葡萄酒

这种又甜又酸的葡萄酒，给远渡重洋的船只压舱再合适不过了，它还可以有效地防止维生素 C 缺乏症。正是这样被当作压舱物的航行造就了马德拉葡萄酒。这些酒要走完漫长的航程，得往里头加入一两桶白兰地（或甘蔗烈酒）。一般的葡萄酒越过一次赤道便会变酸坏掉，然而这种经过酒精加强的马德拉葡萄酒却会变得醇柔甘美，再越过一次赤道，其风味更是妙不可言。

如今，马德拉葡萄酒已不再是通过长时间的海上航行来加温了，一切都在岛上完成。最便宜的马德拉葡萄酒，即大量运到法国用于烹调的那种，要经过暖房法（estufagem）这道工序，在暖房（estufas）中加热至差不多 50℃，时间至少 3 个月。但大多数在 5 年或更长时间后才出售的马德拉葡萄酒，按传统做法将一桶桶酒移上架子之后，所经过的是温和得多的、被称为 canteiro 的工序，从而获得那种典型的马德拉葡萄酒的复杂度，既温醇，又清新。这些酒是在岛上暖和的室温下在桶中缓慢地陈酿的。

顶级的马德拉葡萄酒，就像波特酒一样，传统上都是单一年份的窖藏酒。今天，被贴上“Frasqueira”（年份）标签的马德拉葡萄酒必须是单一年份、单一葡萄品种、在橡木桶中至少陈酿 20 年的。实际上，最最顶级的酒款可能会经历一个世纪的时间在桶中慢慢氧化，在玻璃坛子（demijohn）内经过滤渣再装瓶，从而成为葡萄酒世界中最引人注目的、令人兴奋的古董酒，可以卖出天价。有一种叫 Colheita 的马德拉葡萄酒在市场上越来越受欢迎，它是单一年份的，在桶中陈酿 5 年后装瓶。

当白粉病和根瘤蚜虫病分别于 19 世纪 50 年代和 70 年代袭击马德拉岛的葡萄园时，一大批劣质的葡萄品种也侵入到岛上，但之后又逐步被一个名为黑莫乐（Tinta Negra）的品种所取代，这个品种的产量高，且抗病害能力强。目前，在整个马德拉岛所种植的葡萄当中，黑莫乐占了 90%，那些早期杂交品种已不被允许使用。

葡萄牙在 1986 年加入欧盟以前，习惯做法是把马德拉岛上的经典葡萄品种名称（依甜度从高到低为马尔维萨、波尔、华帝露和舍西亚尔）标示在酒标上，不管这瓶酒是不是用这些品种酿制的（不是的可能性很大）。如今，任何马德拉葡萄酒或许都标明了占比超过 85% 的葡萄品种的名称，但大多数马德拉葡萄酒在酒标上或者标示

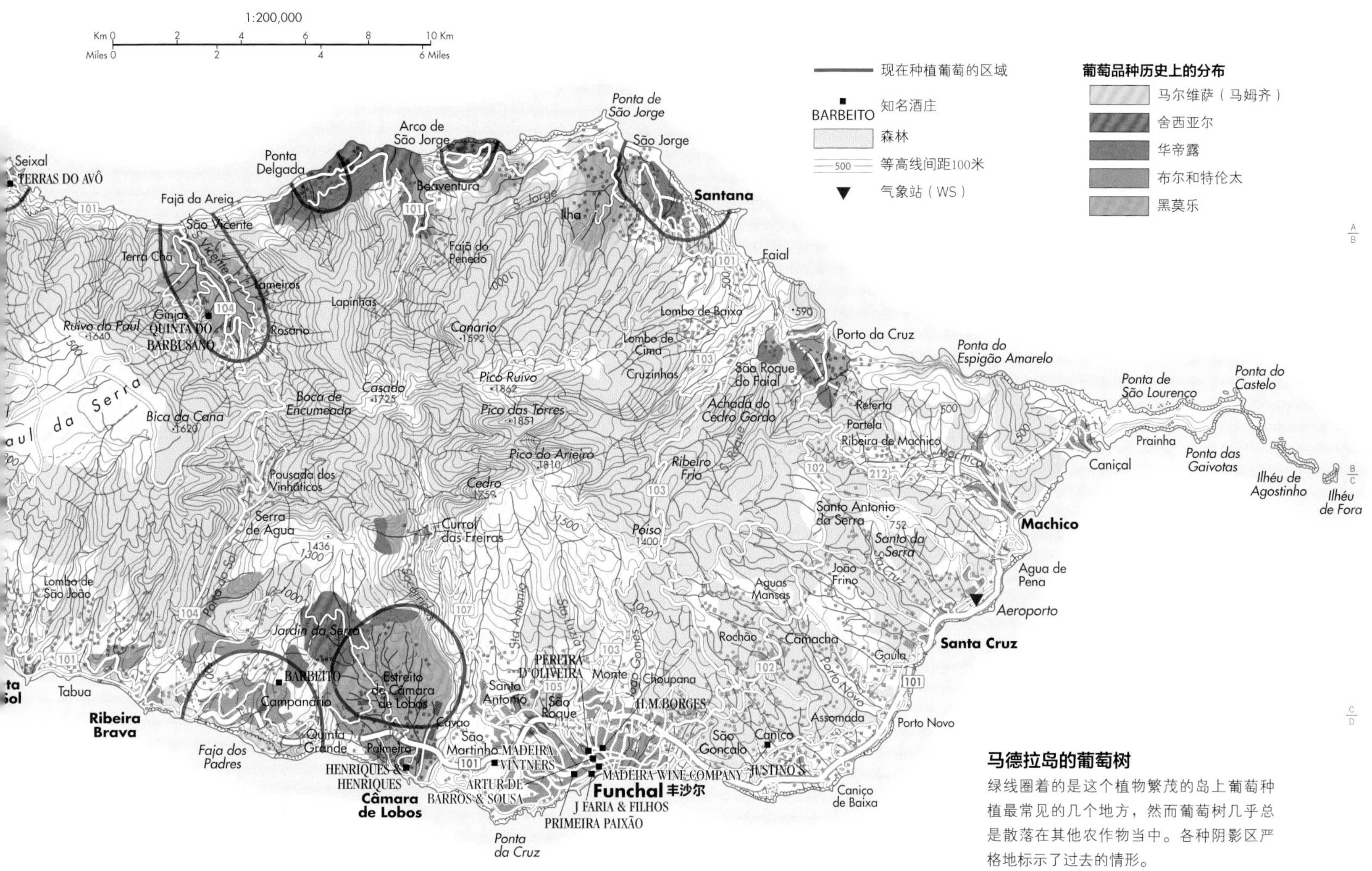

1:200,000

现在种植葡萄的区域
知名酒庄
森林
等高线间距100米
气象站（WS）

葡萄品种历史上的分布
马尔维萨（马姆齐）
舍西亚尔
华帝露
布尔和特伦太
黑莫乐

马德拉岛的葡萄树

绿线圈着的是这个植物繁茂的岛上葡萄种植最常见的几个地方，然而葡萄树几乎总是散落在其他农作物当中。各种阴影区严格地标示了过去的情形。

其品牌名称，比如布兰迪（Blandy）公司的“克拉伦斯公爵”（Duke of Clarence），或者标示其调配的酒品的平均陈酿时间（5、10、15、20、30、40、50或50年以上）。大多数商业化的马德拉葡萄酒的陈酿时间是2—3年，因为在采收后的第二年的10月底以前是不允许装瓶的。传统上酒瓶的容积是750毫升，如今是500毫升。

甜度

传统的几个葡萄品种与特定的甜度相关。四个品种中，最甜也最早熟的曾经被称为马姆齐（Malmsey），它是马尔维萨的变体，有几个品系的马尔维萨仍在岛上有限的范围内种植。圣乔治白马尔维萨（Malvasia Branca de São Jorge）对应着的是最甜的传统风格的马德拉葡萄酒：色泽棕黑、香气丰盛、结构柔顺到接近肥美，但仍具有所有马德拉葡萄酒锋利精准的一贯风味。布尔（Bual）马德拉葡萄酒，名字来自波尔这个品种，即菲娜马尔维萨，其酒体较轻盈，也没有马姆齐那么甜，但依旧是不折不扣的餐后甜酒，酒里的烟熏味修饰了它的甜度。标示华帝露（岛上种植最多的白葡萄品种，如今在亚速尔群岛和澳大利亚也可见到）的马德拉葡萄酒，没有布尔那么甜，更柔和一些；它有一种清雅的蜂蜜气息以及突出的烟熏味，在餐前或餐后饮用都很合适。舍西亚尔葡萄（葡萄牙本土称为Esgana Cão）生长在岛上海拔最高的葡萄园，种植面积非常小，采收时间较晚，用它酿成了马德拉岛最干型、最具活力的葡萄酒。标示舍西亚尔的马德拉葡萄酒，成熟速度最慢，酒体轻巧，香气奔放，酸味非常强劲，酒龄浅时涩感较重，但老熟后却极顺口、美味；酒体较菲诺雪利酒厚重，却依然是一种完美的餐前开胃酒。特伦太（Terrantez）和巴斯塔都是两个历史悠久的品种，其复兴的苗头引人注目。对越来越多的餐酒来说，无论是在马德拉岛还是在圣港岛酿造的，无论是DOC Madeirense的还是IGP Terras Madeirenses的，红葡萄酒主要以黑莫乐酿造，而较好的白葡萄酒则主要以华帝露酿造。

如今，马德拉葡萄酒很有可能要在酒标上标示法定的类型，比如Extra Dry、Dry、Medium Dry、Medium Sweet 或Medium Rich、Sweet 或Rich（即用干型和甜型的概念，分为几级——译者注）。这些类型的确定，或取决于加入葡萄烈酒终止发酵的时刻（就像酿造波特酒那样，波特酒加入的是77%的酒精，马德拉酒加入的是96%的酒精），或取决于发酵后的糖度。

在瓶中的马德拉葡萄酒就像蜗牛爬行那样慢慢熟成。时间越长，酒质越好。而且，任何一瓶品质上乘的马德拉葡萄酒在开瓶之后，好几个月甚至好几年都不会变质。马德拉葡萄酒可以理直气壮地宣称自己是世界上最长寿的葡萄酒。

马德拉：丰沙尔 ▼

纬度/海拔
32.63°N/ 58米

葡萄生长期的平均气温
21℃

年平均降水量
627毫米

采收期降水量
9月：2毫米

主要种植威胁
真菌病

主要葡萄品种
红：黑莫乐；白：华帝露、菲娜马尔维萨、舍西亚尔、圣乔治白马尔维萨

德国 Germany

全世界最大的葡萄酒节——香肠集市，每年9月在法尔兹的巴特迪克海姆举办。

德国 Germany

德国葡萄酒经过20世纪后期的黑暗时代之后，重新崭露头角。气候变化以及新一代葡萄酒爱好者的口味要求都对其有百利而无一害。德国白葡萄酒仍然保持其特有的清新、富有活力和香水般迷人的芬芳，但是绝大部分均为甜型。而德国红葡萄酒的质量则有了极大提升。

风土 种类极其丰富，从沙子到板岩皆有。板岩是摩泽尔河谷（Mosel Valley）最优质地块的主要土壤类型。德国南部则可见到花岗岩和壤土。

气候 越往北越寒凉，越往东越呈现大陆性气候，但是现在夏季较为炎热。

主要葡萄品种 白：雷司令、米勒-图高、灰皮诺（当地称为Grauburgunder）、西万尼、白皮诺（当地称为Weissburgunder）；红：黑皮诺（当地称为Spätburgunder）、丹菲特、葡萄牙人（Portugieser）。

德国意志坚定的新一代酿酒人，不但常常受到世界同行的影响，而且会从这片拥有荣耀历史和独特风格的风土中汲取灵感。

许多德国最优质的葡萄园都远在葡萄能够成熟的最北极限，其中有些位置甚至根本不适合一般的农业，如果不是种了葡萄树的话，那些地方可能只是森林或者光秃秃的山地。整体来说，它们出产世界上最优质白葡萄酒的机会看起来微乎其微，但还是做到了，甚至酒中还有一种任何人、任何地方都无法效仿的高贵而优雅的风味。

隐藏在这些独特而生机勃勃的美酒背后的秘诀，当然就是雷司令，这个葡萄品种生长在寒冷气候的严苛条件下，而在这种气候下葡萄通常只能刚刚好成熟，有时要到10月底甚至是11月才能成熟。但是这种刀剑一般的严酷环境，却能促成刺激的紧张感与丰厚香气之间令人无法抗拒的融合，任何一个白葡萄品种都难以企及。从前，能令德国葡萄酒行家感到激动的，主要是清新酸度与清透果味之间的细致平衡，但是气候的变化为德国雷司令带来了新的天地：带有地理独特风格表现的干型葡萄酒，果香迷人，莹亮透彻，饱含生命力，不需要橡木桶亦可吸引注意力。越来越多的德国雷司令采用环境酵母，从而体现其风土的特性。

干型酒的兴起

大约三分之二的德国葡萄酒（不仅包括雷司令）现在都酿成干型或者半干型，但是果香浓郁的珍藏酒（Kabinett）、高贵甜美的晚摘酒（Spätlese）、更加丰厚的逐串精选酒（Auslese），当然还有无敌甜蜜的逐粒精选酒（Beerenauslese）、冰酒（Eiswein）和枯萄精选酒（Trockenbeerenauslese）也被很多人认为是更具德国典型风格的佳酿。今天的干型葡萄酒与20世纪80年代早期那些酸涩到令人难受、毫无生气的酒款，早已不可同日而语。其中大部分都在葡萄成熟度达到可以酿造晚摘酒的水平时采摘，甚至如今还会更加注意葡萄整体的成熟度，而不只是糖分的详细数据。德国顶尖酒庄联盟（Verband Deutscher Prädikatsweingüter，简称VDP）在产自

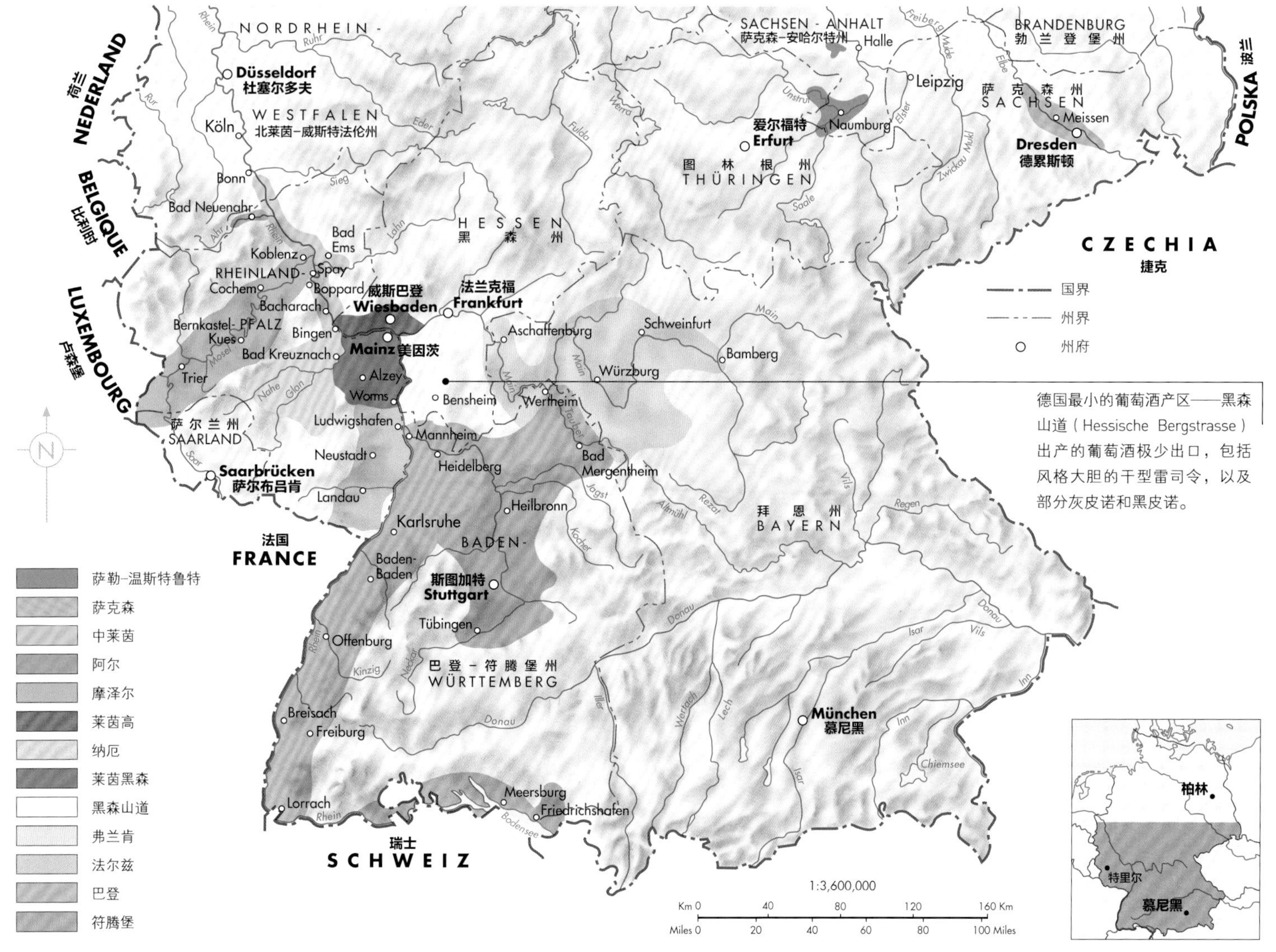

△
Wolfshöhle村位于巴哈拉赫镇（Bacharach）上方，这里的陡峭山坡是中莱茵地区最好的葡萄园之一。河流（在这里是莱茵河）在德国的葡萄种植中扮演着提高气温的关键性角色。

最优质葡萄园的干型葡萄酒的酒标上标注特级园（Grosses Gewächs）字样，而隶属莫泽尔产区本喀斯特勒精英酒庄联盟（Bernkasteler Ring）的成员酒庄同样如此。并未参加以上任何联盟的酒庄可能还在使用原本的法定名称干型晚摘酒。如果遇到特别温暖的生长季节（现在已经越来越常见），有些用西万尼、白皮诺和灰皮诺酿造的干型酒，酒精度可以高达14%，这有可能会使其失去平衡，尝起来过于油润。晚熟的雷司令则很少被这个问题困扰。

20世纪晚期，德国葡萄酒在国外的形象严重受损，这是因为那些以圣母之乳（Liebfraumilch）和尼尔施泰因古特多姆（Niersteiner Gutes Domtal）等品牌为名的、用米勒-图高葡萄酿造的"糖水"大量外销。如今这类价低量大的酒款已经在节节败退，卷土重来的希望也不大。

德国葡萄酒的酒标可以说是全世界最详尽、明确，同时也是最复杂难解的酒标之一，它也是造成葡萄酒行业很多问题的原因和导火索。其中最令人遗憾的骗局，便是1971年依法设立的集合葡萄园（Grosslagen），这是一种特别有利于商业营销的大范围地理区域名称。但是对于多数葡萄酒品饮者来说，他们根本无法从名称上分辨出集合葡萄园（Grosslagen）和单一葡萄园（Einzellagen）的差别。幸好在今天充满活力的德国葡萄酒舞台上，这些标识已经逐渐减少使用。很多酿酒人正在寻找更容易在国际上被接受的方式来标识他们的酒款，但对于可怜的买家来说，这些标识是否不会再像以前那样令人迷惑了呢？

重要的葡萄品种

雷司令是德国最伟大的葡萄品种。几乎有四分之一的德国葡萄酒酿自这个品种。在摩泽尔、莱茵高、纳厄（Nahe）和法尔兹地区，最优质的葡萄园几乎都由雷司令独占，而且它也是莱茵黑森（Rheinhessen）、中莱茵（Mittelrhein）和袖珍的黑森山道地区的主要品种。它的缺陷就是晚熟。

为了能够提供产量稳定（如果做不到质量稳定）的产品，德国从20世纪中期开始转向种植米勒-图高，这是一个1882年培育出的、比雷司令早熟得多而且更加多产的杂交品种。尽管在弗兰肯（Franken）以及远至德国南部的博登湖（Bodensee）附近，都曾经有小规模的品种复兴运动，但是在1995年以来的20年间，米勒-图高在德国葡萄种植面积中的比例几乎腰斩，降至12.4%。不过，这个品种的高产能力仍旧使其保有德国低价酒款酿造中的一席之地，只是名称不会出现在酒标上。很多杂交品种的培育目标都是容易成熟，因为葡萄是否成熟一直被作为德国葡萄酒品质的衡量标准。但是即使是最优质的杂交品种，数量也在不断减少——比如口感柔和的克尔娜（Kerner）、风格艳丽的巴克斯（Bacchus）以及充满柚子香气的施埃博（Scheurebe）。还有一个同样遗憾地失去阵地的品种，就是曾在历史上占有相当重要地位的西万尼，虽然它目前仍然是弗兰肯种植范围最广的葡萄品种。

在过去20年间逐渐占领制高点的葡萄品种是各种皮诺，包括酿造白葡萄酒的白皮诺和灰皮诺（常用橡木桶培育）以及酿造红葡萄酒的黑皮诺。在很长一段时间里，白皮诺和灰皮诺几乎只在巴登（Baden）和法尔兹可以看到，但是现在它们已经遍布各地，远至最北的纳厄，甚至是摩泽尔。而部分出于本土需求的原因，黑皮诺同样获得广泛种植，到了2016年它甚至几乎与米勒-图高的种植面积相当，但是酿造的酒质却比后者优秀得多。

德国种植面积排名第四的葡萄品种是1956年培育出的杂交品种丹菲特，它在最适宜的条件下能够酿出多果汁感、颜色深郁的红葡萄酒，显然比葡萄牙人葡萄所酿的酒款更有性格。西拉在德国已不算少见，梅洛、赤霞珠和品丽珠也相当常见。除此之外，德国还种植了一些新培育出的红葡萄品种，比如能够抵抗霉菌的杂交品种莱根特（Regent），它在2016年的种植面积已经接近2000公顷。目前，德国所有葡萄园中超过三分之一种植的都是红葡萄品种——这样的变化堪称一次伟大的革命。

萨克森、萨勒-温斯特鲁特和中莱茵

在第223页地图的最东边，有两个小产区——萨克森（Sachsen）和萨勒-温斯特鲁特（Saale-Unstrut）。它们几乎与伦敦处于同一纬度，但属于大陆性气候，多数时候夏季天气绝佳，但是严重的春霜风险仍然很高。自1990年德国统一之后，当地开始重新大规模种植葡萄树，至2016年，萨勒-温斯特鲁特和萨克森的葡萄园总面积分别增长至将近765公顷和超过500公顷。两个产区都有很多南向的山坡。

在两德统一之后的25年中，当地许多酿酒人开始崭露头角：弗赖堡市（Freyburg）的鲍维斯（Pawis）和瑙姆堡市（Naumburg）的古塞克（Gussek）是萨勒–温斯特鲁特的领军人物，而迈森镇（Meissen）附近的Proschwitz酒庄和德累斯顿市（Dresden）的Zimmerling酒庄则是萨克森的早期明星，随后又出现了拉德博伊尔镇（Radebeul）的Wackerbarth酒庄，还有目前最著名的、位于迈森镇的Martin Schwarz酒庄，酿造的酒款风格多样，不仅包括雷司令和黑皮诺，还有霞多丽，甚至内比奥罗。

米勒–图高在这里同样也在减少，它的位置被雷司令以及三个皮诺品种所替代，酿酒人开始学习如何使用橡木桶酿酒。这里出产的大多数葡萄酒均为干型，但是晚摘酒也并不罕见，并且在极佳的年份中还能酿出一些贵腐甜酒，尽管采用的并非（过于）晚熟的雷司令。

另外一个没有在下文中详细介绍的产区是位于德国西部、日渐成功的莱茵旅游胜地——中莱茵（参见第223页的地图）。这个区域最为重要的葡萄园均以雷司令为主要品种，位于科布伦茨市（Koblenz）东南面的Boppard和巴哈拉赫之间。位于斯普雷镇（Spay）的Weingart酒庄和马提亚斯·米勒（Matthias Müller）酒庄能够酿出极其精致的晚摘酒和逐串精选酒，位于Bopparder Hamm村的Engelstein、Mandelstein和Feuerlay是他们旗下最好的地块。巴哈拉赫镇的Toni Jost和Ratzenberger酒庄同样经营良好，产酒质佳，葡萄园位于哈恩村（Hahn）和Wolfshöhle村的陡峭山坡上。

塞克特起泡酒

德国有一群世界上最热情的起泡酒消费者，每个德国人每年饮用接近1加仑（4升）的起泡酒。其中绝大多数酒款都是价格低廉的本国品牌，用散装进口的基酒生产而成，只有不到2%是德国私家酒农生产的。但是在“德国塞克特”（Deutscher Sekt，指的是选用在德国生长的葡萄酿造的起泡酒）这一小部分中，最近10年出现了一些真正品质卓越的酒款。莱茵黑森的Raumland可能算是其中最受尊敬的酒庄，而法尔兹的von Buhl、黑森山道的Griesel & Compagnie以及莱茵高的索尔特（Sekthaus Solter）和Vaux则是另外几家优秀的酒庄。

葡萄园分级

多年以来，德国葡萄酒法规一直都没有在单位产量（几乎算是全球产量最高的地区之一）方面做出什么规定，也没有像法国那样对葡萄园进行分级，不过这种情况已经开始改变，至少正在由极具影响力的德国顶尖酒庄联盟带来改变。德国顶尖酒庄联盟是一个包括大约200家顶级酒庄的私人协会，为其成员酒庄确定了严格的单位产量限制，并于2000年接下了一个烫手山芋，即为每个地区特定的不同葡萄品种制定德国的一级葡萄园（Erste Lagen）分级制度。2012年，这一分级经过修订，变成一个拥有四个级别的质量金字塔，分为大区级（Gutsweine）、村庄级（Ortsweine）、一级园（Erste Lagen）和特级园（Grosse Lagen）。产自特级园的干型葡萄酒称为干型特级园（Grosse Gewächse）。这些分级当然仅限于德国顶尖酒庄联盟的成员酒庄使用，并且就像类似的其他任何分级一样，德国顶尖酒庄联盟这种将顶级葡萄园与葡萄品种相结合的分级方式，难免会受到一定程度的批评。但是联盟经过3年的筹备，于2018年发布的在线地图，以其足以体现相关风土的无以伦比的细节，令人无法提出质疑。

在本书中，我们将会继续选出一小部分我们认为有着一贯优异表现的葡萄园，以浅紫色和紫色（最好的）分别标出。这个大胆的葡萄园分级是我们与德国的顶级酒庄、当地葡萄酒组织以及德国顶尖酒庄联盟共同合作推出的，但是与德国顶尖酒庄联盟的分级并不完全相同。

酒标用语

质量分级

德国高级优质葡萄酒（Deutscher Prädikatswein）或者简称**高级优质葡萄酒（Prädikatswein）**采用天然达到最佳成熟度的葡萄酿造。尽管德国最好的甜酒属于高级优质葡萄酒级别，但是这个类别酒款的产量却因年份特性的不同而存在巨大差异。完全禁止加糖。以下分级按照成熟度由低到高依序排列：

珍藏酒（Kabinett） 清淡爽脆，适合作为开胃酒，或者搭配清淡的午餐，酒龄浅时即可饮用，最优质的酒款可以陈年至10年。

晚摘酒（Spätlese） 顾名思义，采用的是比珍藏酒更为成熟的葡萄酿造。在口感上可以是酒体相当饱满的干型，也可以是酒体较轻的甜型。通常陈年潜力不错，可以陈年至15年甚至更久。

逐串精选酒（Auslese） 采用比晚摘酒更为成熟的葡萄酿造，有时包含贵腐葡萄，通常含有一些残糖。需要陈年，但是陈年之后往往会失去甜度。

逐粒精选酒（Beerenauslese，简称BA） 是产量稀少的甜型葡萄酒，采用贵腐葡萄酿造。

冰酒（Eiswein） 采用在葡萄树上自然冰冻、从而保留高糖分和高酸度的葡萄酿造，不像枯葡精选酒那么稀有。

枯葡精选酒（Trockenbeerenauslese，简称TBA） 非常稀有、非常甜美、非常昂贵的葡萄酒，采用通过手工采摘、因在葡萄树上受到贵腐菌感染而完全萎缩的干葡萄酿造。

德国优质葡萄酒（Deutscher Qualitätswein） 来自一个特定产区的德国优质葡萄酒。这个质量等级位于高级优质葡萄酒之下，允许加糖，却是德国最为重要的分级，并且在品质上存在很大差异，有时也有质量极佳的酒款。

干型特级园（Grosses Gewächs） 德国顶尖酒庄联盟的成员酒庄酿造的酒款，产自一个特定顶级葡萄园，成熟度至少达到晚摘酒等级的干型葡萄酒。德国官方葡萄酒法规将其列为干型优质葡萄酒（Qualitätswein trocken）。

经典葡萄酒（Classic） 采用单一葡萄品种酿造的干型葡萄酒（最高残糖量为15克/升）。

地区葡萄酒（Landwein） 德国在形式上等同于法国地区保护餐酒（IGP）/地区餐酒（Vins de Pays）的等级，但是因为优质葡萄酒等级使用得过于广泛，因此地区葡萄酒等级像在法国一样常被用于非常规的酒款，其中有些品质极佳，尤其是在巴登。

德国葡萄酒（Deutscher Wein） 一个产量极小的等级，用于最基础、最清淡的酒款。

其他常用术语

质量控制检验码（Amtliche Prüfungsnummer，简称AP Nr） 每个批次的葡萄酒，无论是高级优质葡萄酒还是优质葡萄酒，都需要经过官方检验，从而获得这一检验码。其中第一位数字代表检验机构，最后两位代表进行检验的年份。

Erzeugerabfüllung或Gutsabfüllung 酒庄装瓶。

Halbtrocken 半干型，最高残糖量为18克/升。

Feinherb 半干型的流行说法，但非官方术语，德国官方葡萄酒法规允许使用，有些酒庄用其代替halbtrocken，有些酒庄则用其指代残糖量比halbtrocken稍高的葡萄酒。

Trocken 干型，最高残糖量为9克/升。

Weingut 酒庄。

Weinkellerei 葡萄酒公司，通常拥有较大的装瓶设备。

Winzergenossenschaft/Winzerverein 酒农合作社。

传统的德国葡萄酒酒标因为名称太长、风格陈旧，令不会说德语的人望而却步。但是这些酒标其实标识非常统一，只需些许耐心便能轻易破解。可惜的是，现在的德国酒标已经不再统一化，有些曾经出现在正标上的信息现在常常写在背标上。这是否是一种误入歧途的寻求简单化的方式？或者是参考勃艮第的方式？有些酒农现在只在正标上标注葡萄园名称——比如城堡山（Schlossberg），而将极其重要的村庄名称写在背标上。而传统的酒标格式则会告诉你所有你需要的信息——除了酒庄的名称，比如Blankheimer Schlossberg Spätlese。

◁
在阿尔河谷较为缓和的山坡葡萄园中采收葡萄，仍然需要大量的人力和时间，并且需要安置捕鸟网，以防止贪婪的鸟儿偷吃葡萄。

阿尔 Ahr

阿尔是一条窄窄的河流，发源自艾费尔山（Eifel Mountains），经过科布伦茨市和波恩市（Bonn），以及一片美丽而狭长的山谷，最终汇入莱茵河。阿尔的葡萄园尽管位于葡萄种植极北之地，长久以来却一直是黑皮诺的天下。

然而，直到20世纪90年代，这里出产的葡萄酒才开始让黑皮诺爱好者为之着迷。在此之前，阿尔河谷每年都吸引着200多万“饥渴”的游客乘坐长途客车前来，幸福地享用当地廉价色浅、通常有些甜味的红葡萄酒。

其实，这是非常没有经济头脑的做法，因为当地很多葡萄园都位于陡峭而多石头的山坡上，因此需要长时间密集的人力劳动进行照料。随着德国人的口味变得更加精致，并且自20世纪80年代起逐渐偏好更干的酒款，少数先驱开始冒着风险尝试从大规模生产转向种植勃艮第品种，降低单位产量，并且采用橡木桶培育黑皮诺。迈耶-纳克（Meyer-Näkel）、多策霍夫（Deutzerhof）和让-诗葡顿（Jean Stodden）等人的酒庄仅仅花了几年时间略做调整，便酿造出进入德国顶级红葡萄酒之列的典范之作，这三家酒庄的酒款分别产自Dernauer Pfarrwingert、Mayschosser Mönchberg和Recher Herrenberg这三个地块。他们的成功鼓励了更多酒庄潜心研究酿造一流的葡萄酒，其中Adeneuer、Kreuzberg和Nelles等几个家族是最早追随其后的，但是接着又增加了海平恩村（Heppingen）的Burggarten、马林塔尔村（Marienthal）的Paul Schumacher、阿尔特纳尔村（Altenahr）的Sermann以及沃尔伯茨海姆村（Walporzheim）的Peter Kriechel，其中Peter Kriechel的27公顷葡萄园使其成为这片河谷最大的私人葡萄园拥有者。

在阿尔韦勒西贝堡（Ahrweiler Silberberg）山脚下，有一座被良好保存下来的大型古罗马时期的古堡，这说明是古罗马人将葡萄树带到了阿尔地区，然而此地对于葡萄园的最早记载是在公元770年。在这片河谷地带，有许多地方的山坡因为特别陡峭，令人晕眩，所以不得不被建成梯田。19世纪上半叶，持续上涨的酒税以及葡萄价格的崩盘促使很多阿尔的酒农移民美洲。1868年，留下的酒农当中的18家成立了德国第一家酒农合作社——麦耶施罗斯酒农协会（Mayschosser Winzerverein）；到了1892年，由于酒农合作社的成功，会员达到180家。从此，酒农合作社在阿尔地区开始发挥重要作用。时至今日，当地大多数葡萄酒依然由合作社酿造。

2016年，阿尔地区的葡萄园面积为563公顷，其中红葡萄品种占83%。黑皮诺是最重要的品种，占阿尔葡萄园总面积的65%；其次是黑皮诺的早熟变异品种——早熟皮诺（Frühburgunder），占6.2%；雷司令（8%）是当地唯一占据重要地位的白葡萄品种。

从地质学角度来看，当地绵延约24.1千米长的葡萄园可以分为中阿尔区（Mittelahr）和下阿尔区（Unterahr）。中阿尔区位于阿尔特纳尔村和沃尔伯茨海姆村之间，而沃尔伯茨海姆村又以Gärkammer和Kräuterberg这两座葡萄园而闻名；下阿尔区位于阿尔韦勒村（Ahrweiler）和海默斯海姆村（Heimersheim）之间。在狭窄的中部阿尔河谷地带，山坡上布满严重风化的板岩和硬沙岩，能够储存夏日的热量；对于如此遥远的北部边缘而言，这里的气温出乎意料地高。这样一个几乎是地中海式的气候类型与岩石地表综合作用，造就了带有强烈矿物质气息和结构扎实的葡萄酒。下阿尔区相对宽阔，土壤中黄土和壤土的比例较高，酿出的葡萄酒酒体稍微丰满一些，口感更加多汁、柔和。阿尔韦勒村以北的Rosenthal、巴德诺伊埃纳尔村（Bad Neuenahr）以北的Sonnenberg以及海平恩村（Heppingen）以东的Burggarten是其中最优质的地块。

中阿尔区和下阿尔区

阿尔河谷向西延伸数千米，向东延伸少许，然而，最受人瞩目的葡萄园以深紫色在地图上标出，它们全都位于河的左岸，朝向正南方。

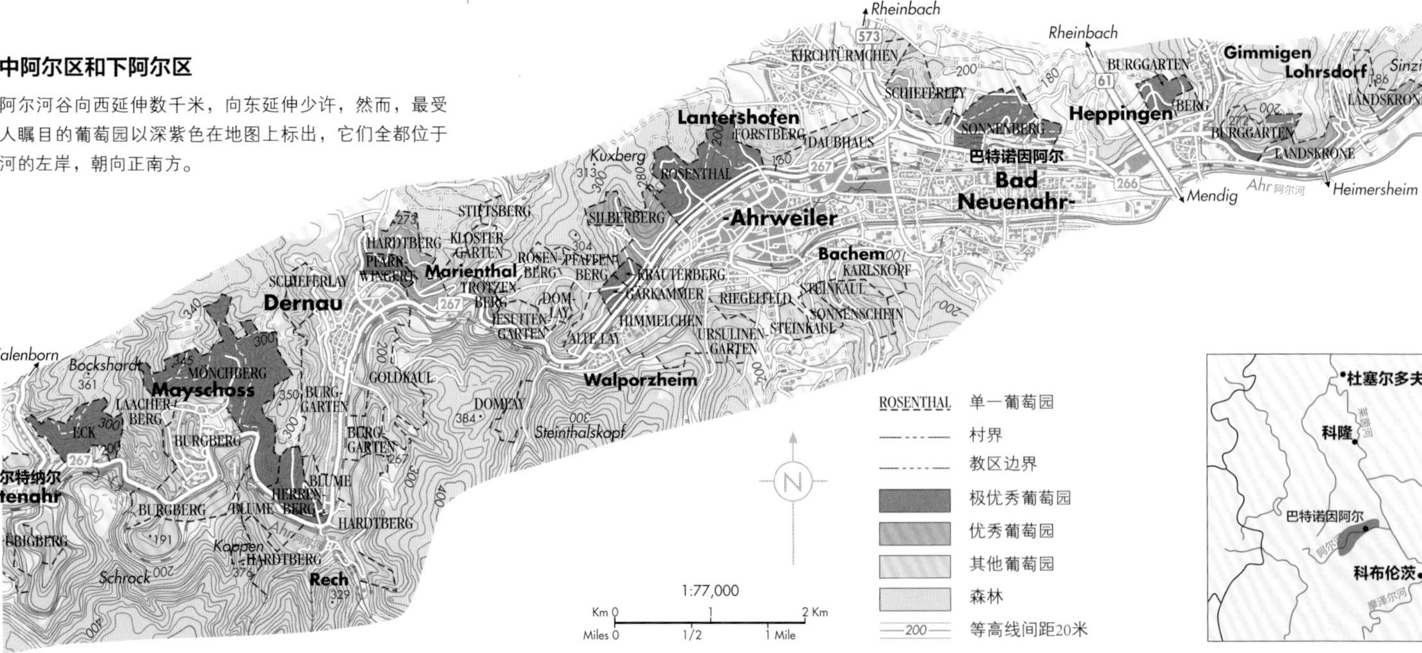

摩泽尔
Mosel

摩泽尔的土壤

爱博灵、灰皮诺和白皮诺生长在上摩泽尔的石灰岩土壤中，而中摩泽尔的板岩则最适合雷司令。米勒－图高无论在什么地方基本都能成熟，所以被种植于其他土壤中。下游的梯田摩泽尔区（Terrassenmosel）拥有较为坚硬、石英岩较多的土壤，通常出产相当强劲的雷司令酒。袖珍的摩泽尔入口区（Moseltor）从地质学上看可以作为上摩泽尔区的延伸，但是在行政区划上却是萨尔州（Saarland）的一部分。

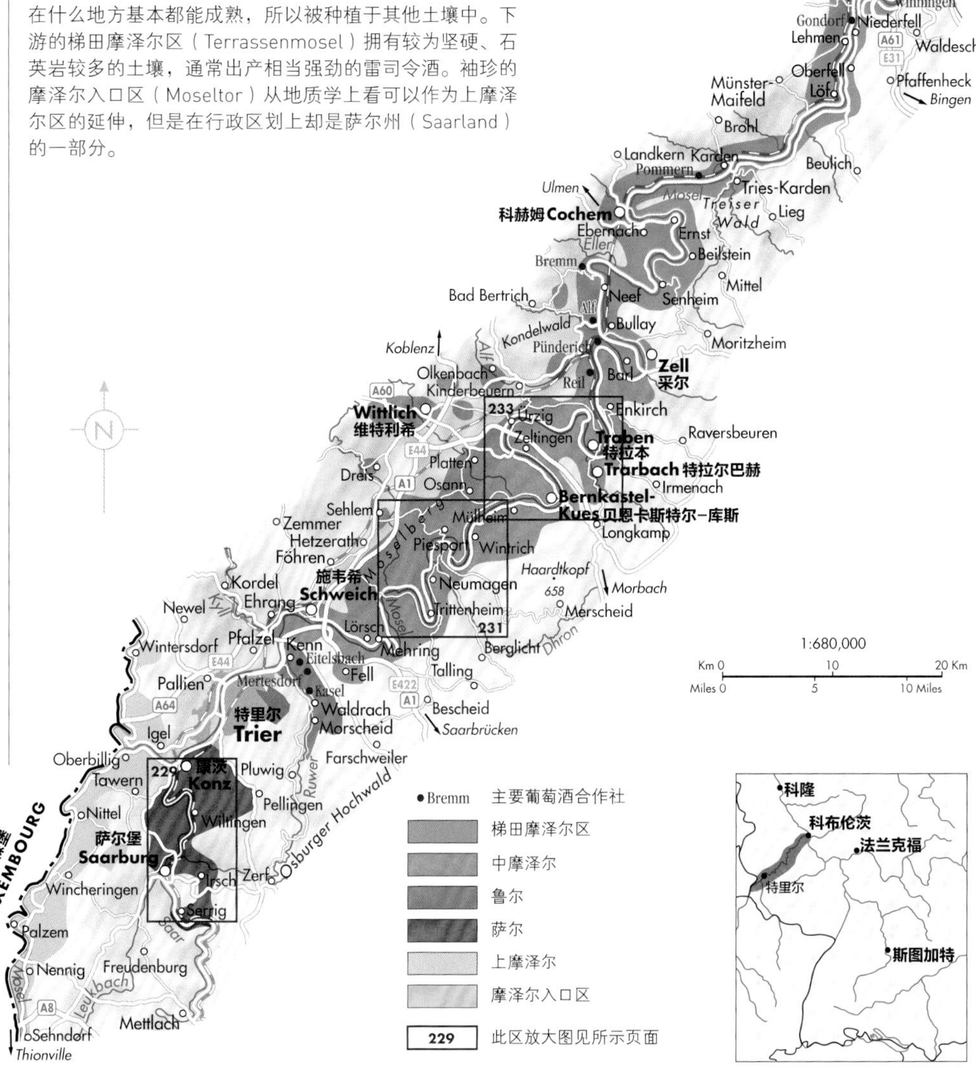

蜿蜒的摩泽尔河起源于法国境内的孚日山脉（Vosges Mountains）——它在那里被称为Moselle，流经科布伦茨市与莱茵河交汇，沿岸都种植着葡萄树。所有伟大的摩泽尔葡萄酒全都采用雷司令酿造，但是在如此遥远的北方，雷司令只有在几乎完美的地块上才能成熟。

河流的每一处蜿蜒曲折，都会给葡萄园的潜力带来巨大变化。因此，一般而言，这里最优质的葡萄园都面朝南方，坡度陡峭，朝向映衬着所有这一切的河流。只是，让这个地区成为全世界顶级葡萄园之一的坡度，也使得在这样的葡萄园里工作几乎成了不可能的任务。除此之外，由于原本种植在较为平坦、潜力较弱的地块上的大量品质不佳的米勒-图高葡萄都被拔除，土地也有了其他用途，摩泽尔葡萄园的总面积在20世纪80年代末至2009年之间缩小了几乎三分之一。

市场处处有商机。有着远见卓识的酿酒人，比如马库思·莫利托（Markus Molitor）以及凡·沃森（Van Volxem）酒庄的罗曼·尼沃德尼赞斯基（Roman Niewodniczanski），将不够敬业的酒农遗弃的葡萄园抢购一空，而罗曼·尼沃德尼赞斯基还集中精力采用完全成熟的葡萄酿造绝干酒款（在气候变化开始之前的很多年，有些摩泽尔的葡萄酒口感过于薄弱和尖锐，因此会依赖残糖予以缓和）。

到了今天，只要有足够的人愿意在这片需要对抗重力的葡萄园中工作，摩泽尔河谷似乎就可以找到自己的平衡点，葡萄园总面积维持在大约8800公顷，这种有着独一无二的细腻、清新口感，陈年能力不可想象的佳酿的市场已经稳定。新一代酿酒人，以及一系列在河边酒庄举办的“摩泽尔神话（Mythos Mosel）公众葡萄酒品鉴会”（在圣灵降临节之后的周末举办）一类的活动，都为这个地区注入了新的活力。这份自信在葡萄酒世界的任何其他地方都难得一见。

在新千年开始的时候，德国的葡萄酒品饮者似乎也转变了口味，他们抵制任何不是绝干的酒款。摩泽尔产区今天酿造的无论是独特、新鲜、果味十足的珍藏酒，还是甜美、高贵的晚摘酒，全都已经回归潮流尖端，而且微甜风格的半干酒在这里似乎也比在德国其他地区更受欢迎。

综上所述，更加温暖的夏季说明摩泽尔的雷司令已经不再需要以残糖来缓和其尖锐的酸度，而且不仅是凡·沃森酒庄，还有其他一些著名酿酒人都在酿造著名的干型雷司令，他们来自中摩泽尔（Mittelmosel）的下游地带，在后续几页的地图中会有详细标注。海门-石狮（Heymann-Löwenstein）酒庄在靠近科布伦茨市的温宁根村（Winningen）拥有陡峭而多岩石的台地葡萄园。赖尔村（Reil）的Thorsten Melsheimer以及普德荷西村（Pünderich）的克莱门斯布希酒庄旗下的葡萄园都位于采尔镇（Zell）的上游，两个酒庄都信奉在葡萄园和酒窖里进行最低干预的做法。一款自然发酵、酒龄浅的葡萄酒所散发出的标志性臭味被视为荣誉的勋章。

鲁尔的伟大

摩泽尔的两个优质产酒河谷分别为萨尔（Saar，详见下页）和**鲁尔**（Ruwer），两者都以种植在灰色板岩上的雷司令而著称。鲁尔河不过是一条小溪。这里仅有160公顷葡萄园，大约只是勃艮第金丘的一半，然而德国最古老、最著名的酒庄之一坐落于此。翠绿酒庄（Maximin Grünhaus）为梅尔特斯多夫村（Mertesdorf）的冯·舒伯特（von Schubert）家族所有，葡萄树倾斜地种植在河的左岸，主体建筑是一座山坡脚下的农庄，原本是属于修道院的产业。酒庄地下有一条地道，现在仍然可以徒步走过，通往上游约8000米处的特里尔，那里曾是古罗马时期（以及现在）摩泽尔的首府。凭借阿兹伯格（Abtsberg）、黑伦贝格（Herrenberg）和Bruderberg等几块葡萄园，阿兹伯格出产极其精致、无比细腻的雷司令酒，外加少量清新的黑皮诺酒。这个微型产区还有其他几位值得注意的酿酒人，包括艾特尔斯巴赫村（Eitelsbach）的卡托斯霍夫（Karthäuserhof）、梅尔特斯多夫村的冯·柏尔卫茨（von Beulwitz）以及莫尔斯切德村（Morscheid）的冯开世泰伯爵（Reichsgraf von）。

在萨尔河的上游，高低起伏的农田总是受到春霜的威胁，举目所见的葡萄园几乎全部种植着爱博灵（Elbling）这个强健耐寒、历史悠久、只是带点土气的葡萄品种。爱博灵能够酿出清淡、高酸的酒款，有时还会酿成带微气泡的起泡酒，常见于布满石灰岩的袖珍区域**上摩泽尔**（Obermosel）以及河对岸的**卢森堡**。卢森堡的酒农习惯上会加糖，主要依赖雷万尼（米勒-图高的别称），还有欧塞瓦一类酸度偏低的葡萄品种。酿造起泡酒是他们的强项。

摩泽尔出产的其他优质酒款大部分都产自塞里希村（Serrig）和采尔镇之间的河谷地带，相关细节参见下页的地图。

萨尔
Saar

△
很明显可以看出，萨尔河正是从哲灵肯酒庄（Zilliken）的这片葡萄园所在的地方，蜿蜒流过洪斯吕克山（Hunsrück）脚下。还有一点也很明确，葡萄园位于雾线之上能够弥补其靠近河流的影响。

萨尔河谷出产的葡萄酒是德国给予葡萄酒世界的最伟大而无与伦比的礼物：全世界最举重若轻而又拥有最惊人的细节变化的佳酿。

它们体现着雷司令难以模仿的细腻，陈年之后美妙无比，清新脆爽，果香集中。

今天的我们已经很难理解，就在不久之前，萨尔作为葡萄酒产区还颇具争议。因为这片摩泽尔河支流河谷的气候极其寒冷，10年之中只有3年或4年能够令葡萄成熟——这在20世纪60—70年代不足以让当地人将葡萄酒作为一个像样的生计去经营，而当时德国的其他地区还在经历着战后的经济复苏。然而在20世纪初，萨尔最优质的葡萄酒价格甚至高于波尔多的一级酒庄。

两次世界大战之后，这个地区的葡萄园收缩至只有现在规模（800公顷）的一半多一点儿，而且还与果园及牧场杂处。这是一片宁静、开放的农业地带，而且这里的土壤与摩泽尔产区最优质的部分一样，主要是泥盆纪板岩。

对页的地图比其他地图更加清晰地展现出，只有朝南的山坡才能有足够的日照，使雷司令成熟，这些山坡基本都位于陡峭的山坡之上，以适宜的角度朝向河流。对于许多葡萄园规模很小、通常兼职经营的酒农来说，在这样奇特的地块上劳作，从后勤运输的角度来说根本没有任何经济价值，因此他们都将土地弃而不用。其他一些酒农则通过酿造低价葡萄酒来寻求经济收入，通常种植早熟的米勒-图高和克尔娜品种。与此同时，加入酥蕊渍（Süssreserve，即经过消毒的未发酵葡萄汁）以增加甜味的雷司令在20世纪末也是很受德国酿酒人欢迎的谋生工具。

除了极少数的特例，这个地区依靠独特风土酿造活泼、细腻的雷司令酒所需的神奇配方已经失传，只有一小撮酒农仍然努力维持着“圣火”不灭。其中领头的便是伊贡·米勒（Egon Müller）及其位于维尔廷根村（Wiltingen）以东，沙兹堡（Scharzhof）葡萄园的酒庄，除此之外还有Oberemmel村的von Hövel酒庄以及Kanzem村的von Othegraven酒庄。

最终，廉价甜酒的市场终于缩水——部分原因是1985年二甘醇防冻剂丑闻的影响，剩余的酒农只有一条路可走，那就是回归原有的价值观。最先对萨尔优质雷司令的复兴展示信心的，是萨尔堡村（Saarburg）的汉斯-约阿希姆·哲灵肯（Hans-Joachim Zilliken）——昵称“汉诺”（Hanno）、艾尔村（Ayl）的彼得·劳耶（Peter Lauer）酒庄以及塞里希村Saarstein酒庄的克里斯蒂安·埃博特（Christian Ebert）。通过艰苦的努力，他们最终酿出令人惊艳的佳酿，即使是在20世纪80年代的那些天气远非理想的生长季节里，酒质仍然不俗。

全球变暖的影响

20世纪90年代，气候变化开始对德国北部葡萄酒产区产生极其有利的影响，萨尔的雷司令几乎每年都能完全成熟。当地的酒农不再徘徊于破产的边缘，而是能够酿造出德国最高贵、最纯净的雷司令，这些酒拥有灵动的酸度，与其苹果般的清爽口感相辅相成，同时又将蜂蜜的芬芳与钢铁一样锋利的余味完美地结合在一起。

在大多数人眼中，伊贡·米勒酒庄仍旧是萨尔河谷的王者（目前的掌门人是伊贡家族的第四代），这座酒庄出产的一瓶2003年份沙兹堡枯萄精选酒于2015年9月在拍卖中拍出创纪录的12 000欧元，这也成为其地位的有力证明。伊贡·米勒同时也在经营Le Gallais酒庄，旗下著名的Braune Kupp葡萄园位于维尔廷根村的另一端。汉诺及其女儿多罗茜（Dorothee）也将他们产自萨尔堡·露丝（Saarburger Rausch）葡萄园的酒款提升到同样卓越的高度，即使价格还达不到，但质量已相去不远。这两家酒庄都长于酿造果味十足的酒款，从口感多汁的珍藏酒到葡萄遍染贵腐菌的枯萄精选酒皆有，而伊贡·米勒的枯萄精选酒最是出色。

萨尔同样出产干型葡萄酒。凡·沃森酒庄的罗曼·尼沃德尼赞斯基认为自己酿造的特级园干型雷司令其实只是遵循传统手法，却达到了“膜拜酒”（cult wine）的级别。艾尔村彼得·劳耶酒庄的弗罗里安·劳耶（Florian Lauer）则依靠他的半干型雷司令获得了同样的声望。劳耶旗下还有一家“葡萄酒旅馆”名为Ayler Kupp，休·约翰逊曾经在此多次用餐和入住。

当地许多酿酒人都对萨尔葡萄酒的未来重新燃起了信心，这尤其体现在不仅在萨尔，而且在整个德国都堪称最狂热的两个完美主义酿酒商推动的重大项目上。中摩泽尔卫恩村的马库思·莫利托买下了位于塞里希村、原为国有的酒庄（参见对页地图的最下方），这座酒庄共有约22公顷葡萄园；而凡·沃森酒庄则大手笔投资建造一座崭新的酿酒车间，俯瞰著名的沙兹堡葡萄园。

不管怎样，在萨尔仍然还有足够让传统风格的酿酒人施展拳脚的空间，比如康兹·尼德梅尼格村（Konz-Niedermennig）的Hofgut Falkenstein酒庄出产的珍藏酒和晚摘酒同样受到欢迎。这些酒拥有直线般流畅细瘦的结构以及水晶般清透的果香，吸引了很多法国酒的爱好者，人们会将其与清凉、坚挺的夏布利葡萄酒相提并论。黄油烹制的新鲜河鳟是最适合与其搭配的菜肴。

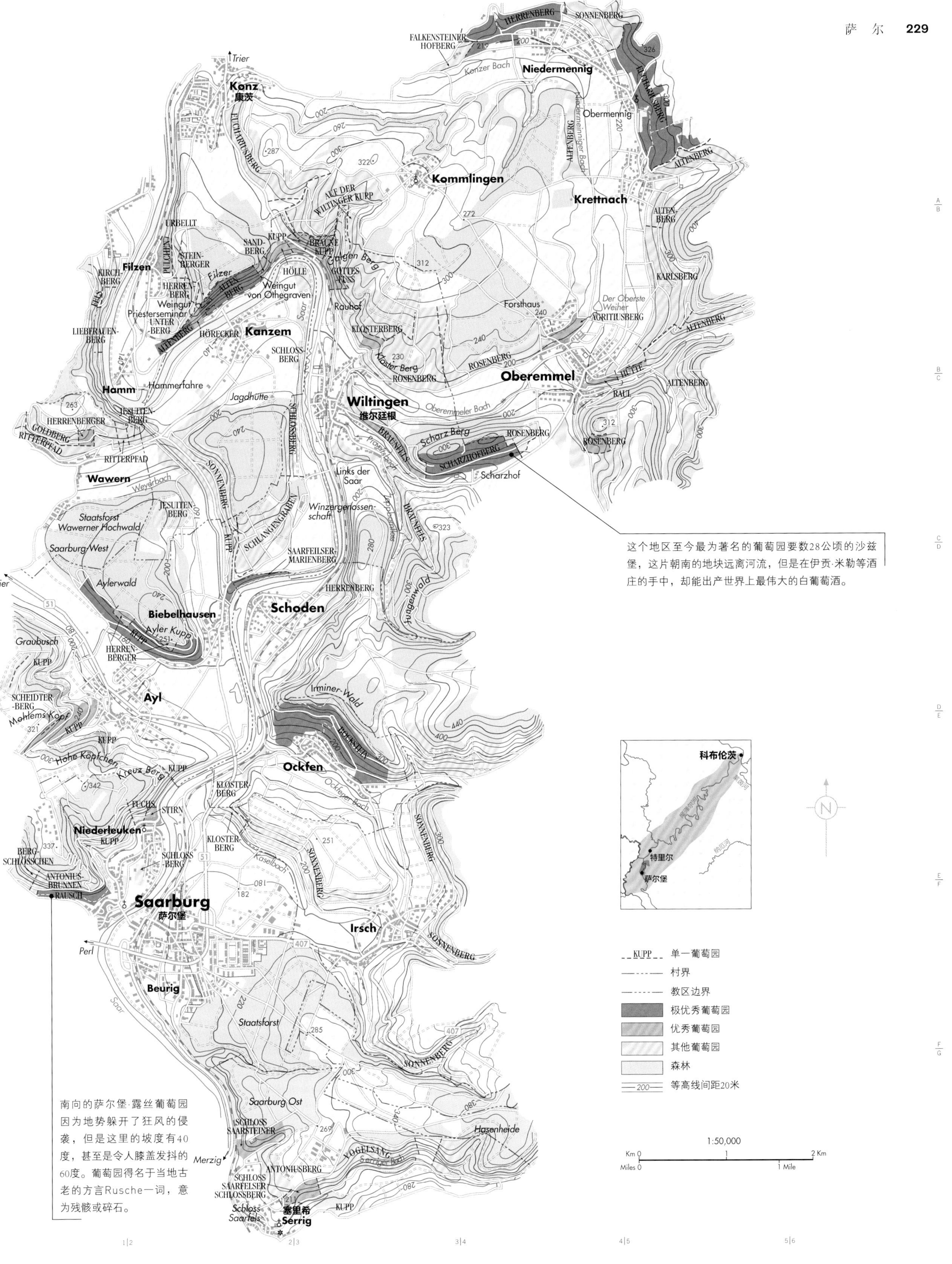

这个地区至今最为著名的葡萄园要数28公顷的沙兹堡，这片朝南的地块远离河流，但是在伊贡·米勒等酒庄的手中，却能出产世界上最伟大的白葡萄酒。

南向的萨尔堡·露丝葡萄园因为地势躲开了狂风的侵袭，但是这里的坡度有40度，甚至是令人膝盖发抖的60度。葡萄园得名于当地古老的方言Rusche一词，意为残骸或碎石。

△
皮斯波特金滴园（Piesporter Goldtröpfchen）犹如一座圆形剧场，图片中展现的是其朝正南部分的冬日风景。两块葡萄园之间的教堂和崎岖小路则在对页地图中清晰体现。

摩泽尔中部：皮斯波特 Middle Mosel: Piesport

在摩泽尔中部，由板岩构成的壮观河堤，在某些地方高度甚至超过了200米。最早从公元4世纪起便有古罗马人在此种下葡萄树。

雷司令葡萄于15世纪被引入此地，到18世纪时逐渐占据了当地最优质的葡萄园。这片土地为其提供了最佳的生长环境。

沿着这条河岸出产的酒款，彼此之间的差异甚至比勃艮第金丘一带酒款之间的差异还要大。但是这里所有最优质的地块都朝向南方或者西南方，如同迎向炉火的面包一样拦截阳光。因此，这片葡萄园到了盛夏时节气温极高，炎热的午后令人无法忍受在此劳作。葡萄园同时还受惠于明海姆村（Minheim）以北的山丘，不必直接面对寒冷的东风，而且葡萄园上方的树林山坡也有助于在夜晚排出冷空气，这里因此产生巨大的昼夜温差变化，从而使当地出产的葡萄酒保持清爽的酸度和丰富的香气。

人们通常认为，中摩泽尔与依法划定的贝卡斯特产区（Bereich Bernkastel）是相同的，即从西南部的特里尔市到东北部的普德荷西村和赖尔村（参见第227页的地图），包括一系列著名的葡萄园，它们在地图上以深紫色标出。在其一河之隔的对面，则主要为平地，那里也许更加适合栽种其他作物。

在本页以及后页的地图上，我们将产区中心延伸至几个最著名的酒村之外，从而覆盖那些常常被低估的村庄。

位于地图最南端的特尼希村（Thörnich）就是其中一个重要的村庄，村里的葡萄园Ritsch在卡尔·略文（Carl Loewen）的手中重现光辉。另一个类似的例子是位于下游的克吕塞拉特村（Klüsserath），葡萄园Bruderschaft坐落在由南向西南转弯的典型摩泽尔式陡峭河岸上，Kirsten、Josef Rosch和F-J Regnery等酒庄都在此酿出绝佳的酒款。淡雅与薄弱之间是有严格区别的，毫无疑问，这些葡萄酒都是淡雅的。

长舌状的陆地终止于特里滕海姆村（Trittenheim），然后几乎形成一片峭壁，莱文村（Leiwen）就位于这里，高高地俯瞰河流，以及河对岸的Laurentiuslay。出自此地的佳酿比比皆是，其中最优秀的要数St Urbans-Hof酒庄的尼克·维斯（Nik Weis）以及卡尔·略文。

在特里滕海姆村，日照条件最好的葡萄园要数Apotheke，它位于河对面，村子的东北方，这里最有代表性的酒款出自安斯加·克拉瑟拉斯（Ansgar Clüsserath）、弗朗茨-约瑟夫·埃菲尔（Franz-Josef Eifel）以及格兰·法西恩（Grans-Fassian）之手。就像当地多数葡萄园一样，这个葡萄园的地势同样极其陡峭，甚至需要建设一条单轨铁路才能完成园中的农活。自此沿河向下游走，诺玛根德隆镇（Neumagen-Dhron）曾是一座古罗马人的堡垒，也是他们登陆之处，至今在其绿意盎然的广场上还保存着雄伟的古罗马时代的雕刻，它描绘的是摩泽尔河上满载疲倦奴隶和橡木桶的葡萄酒船。Hofberg位于蜿蜒的德隆河（Dhron）汇入摩泽尔河的地方，看起来似乎并非适合种植黑皮诺的土壤，但是这里的山坡上布满蓝色板岩，富含铁矿石，在外来酿酒人丹尼尔·特沃多斯基（Daniel Twardowski）的手中能够出产品质卓越的酒款。

向下游再走约3000米，摩泽尔河再

次转弯，在此处左岸的一小片区域里，有一块世界闻名的朝南、碗状的葡萄园，就是皮斯波特金滴园。这种犹如圆形剧场一般的独特地形，使得皮斯波特小镇获得了比临近村镇更高的声望。当地极其深厚、如同黏土的板岩土壤出产甜美赛过蜂蜜的酒款，它拥有神奇的芬芳与质地，散发有如巴洛克风格的华丽香气。兰博·哈特（Reinhold Haart）、朱利安·哈特（Julian Haart）、圣优荷夫（St Urbans-Hof）和海恩（Hain）是当地杰出的生产者。

米歇尔斯堡（Michelsberg）是河边从特里滕海姆到明海姆这片区域的集合葡萄园名称。但是，所谓的"皮斯波特米歇尔斯堡"（Piesporter Michelsberg）其实根本不在皮斯波特镇，这就是集合葡萄园名称误导消费者的典型案例。好在，现在这些名称都已很少使用了。

皮斯波特镇和布劳讷贝格镇（Brauneberg）之间的地带少有排列整齐的山坡，除了在温特里希村（Wintrich）以南的Ohligsberg。20世纪初期，这里出产的葡萄酒曾经获得与Bernkasteler Doctor和沙兹堡同样的赞誉。兰博·哈特酿造的如同羽毛一般轻盈的珍藏酒与精致细腻的晚摘酒以其出色的品质，帮助这片长期被忽视的土地重获荣誉——这是一片特别陡峭的山坡，布满灰色板岩和石英。

摩泽尔最为精美的雷司令有一部分产自位于布劳讷贝格镇对面的山坡葡萄园，包括Juffer和Juffer-Sonnenuhr——园内设有日晷的后者是前者的一部分。佛雷斯·哈格（Fritz Haag）酒庄和里希特酒庄（Max Ferd. Richter）都已在Juffer酿出各种甜度的瑰丽的金色佳酿。而在Juffer-Sonnenuhr，丽瑟酒庄（Schloss Lieser，参见跨页地图）的产酒同样出色。

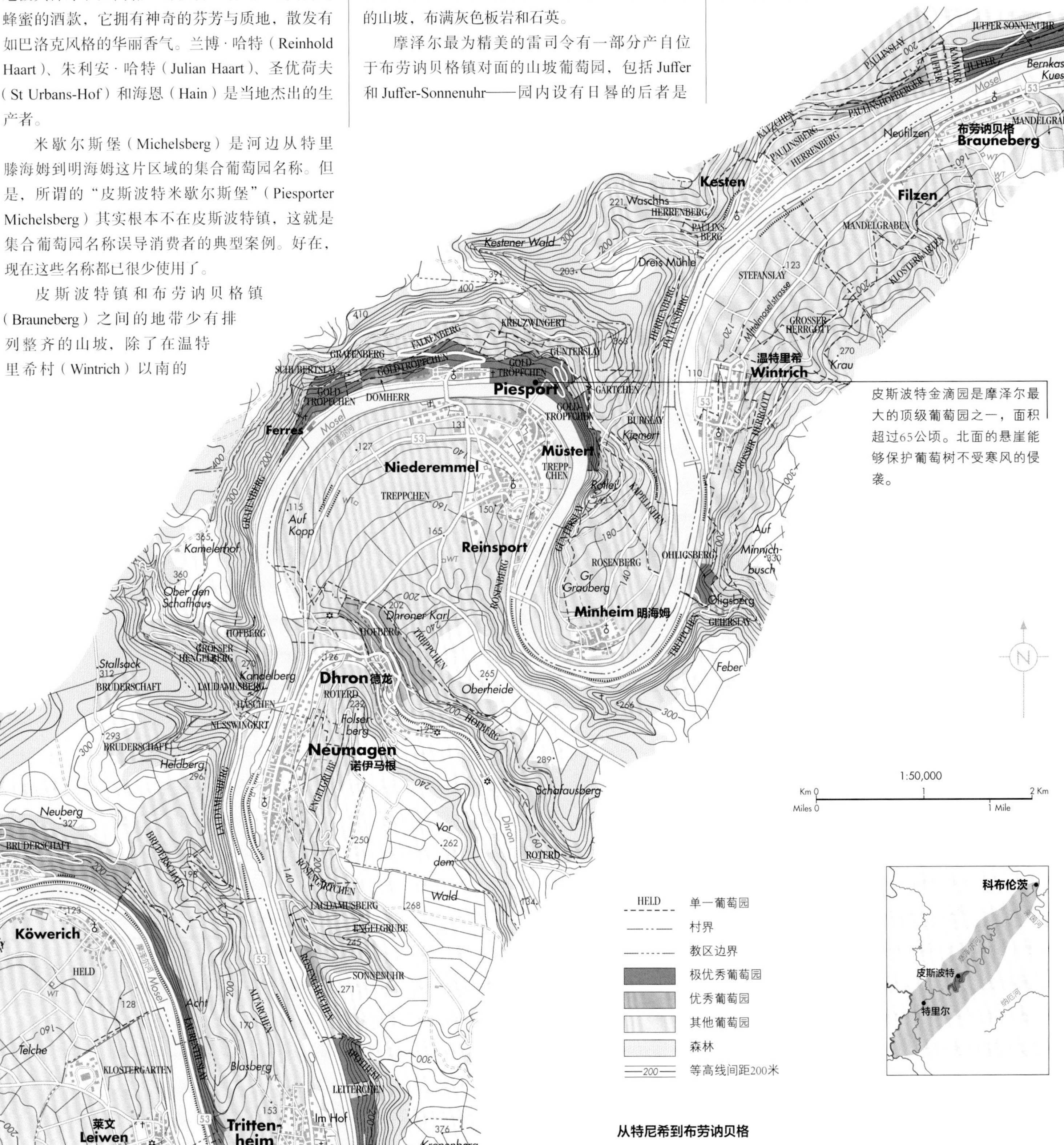

皮斯波特金滴园是摩泽尔最大的顶级葡萄园之一，面积超过65公顷。北面的悬崖能够保护葡萄树不受寒风的侵袭。

在这片平坦的土地上种植葡萄树会浪费很长时间。

HELD 单一葡萄园

村界

教区边界

极优秀葡萄园

优秀葡萄园

其他葡萄园

森林

200 等高线间距200米

从特尼希到布劳讷贝格

这一连串的葡萄园名称实在难记！请注意，所有用深紫色标出的地块全都朝南或者朝西。沿着轮廓线可以看到，河岸的部分地带非常平坦，所以只适合种植米勒-图高葡萄。

摩泽尔中部：贝卡斯特
Middle Mosel: Bernkastel

夏季，从贝卡斯特镇上方的城堡废墟向下俯瞰，映入眼帘的是一片海拔约 200 米、由葡萄树组成的长约 8000 米的绿色城墙。

在世界上所有种植葡萄树的河畔地区中，只有葡萄牙的杜罗河谷才有可能看到类似的壮丽景致。任何其他葡萄酒产区都无法为游客展现如此适合小酌的完美环境：夏日炎炎时在露台上，冬雪飘飘时在火炉旁。一路走过十几家小小的家庭式酒窖，按杯品尝人们酿造的美酒。

从布劳讷贝格镇一直到贝卡斯特镇近郊的库斯镇（Kues），许多山坡的坡度已经算是相对平缓了，有些葡萄酒也相对温和。这个区域最知名的酒款之一，要数里希特酒庄在米尔海姆村（Mülheim）上方的 Helenenkloster 葡萄园几乎每年都能出产的冰酒。但是在位于罗瑟莱村（Rosenlay）脚下的利泽尔（Lieser），顶级葡萄园的地势却都极为陡峭，而这个村庄也许主要是因村里 19 世纪新哥特风格的雄伟城堡而闻名，现在城堡已经改建为一座奢华酒店。城堡隔壁就是利泽尔酒庄，由托马斯·海格（Thomas Haag）负责经营。酒庄旗下最重要的地块是 Niederberg-Helden 葡萄园，拥有朝南山坡的绝佳位置。

摩泽尔最为著名的葡萄园就从此地突然展开，深色的板岩层层绵延相连，几乎升至完全垂直于观光胜地贝卡斯特镇的山墙之上。在地形较为宽阔的那一端，有一块笔直向南的高地，那就是 Doctor 葡萄园。从这块葡萄园开始，一块接着一块不断伸展出摩泽尔最为著名的地块。将贝卡斯特镇的顶级葡萄园酒款，拿来与格拉奇村（Graach）和卫恩村（Wehlen）出产的、常常是同一酒农酿造的同级酒款进行比较，其实相当有趣。贝卡斯特镇葡萄酒的典型特征是些微的打火石味道。卫恩村的葡萄酒产自浅层多石的板岩，酒体丰厚，华丽细腻，而格拉奇村的葡萄酒则产自较为深厚和沉重的板岩，因此更具泥土味道。

在这些葡萄酒中，即使品质最差的，也至少拥有一些非常鲜明的风格。品质最佳的，则经得起长期陈放，呈浅淡的金色，既清脆活泼，又具有深度，是可以拿来与音乐和诗歌相提并论的佳酿。

许多世界知名的酒庄都云集于此，但只要去葡萄园里走上一圈（坡度太陡所以无法闲庭信步），马上就会发现并非所有的酒农都同样尽心尽责。普朗（JJ Prüm）长期以来一直都是卫恩村的领军人物。同村的马库思·莫利托则是近年来才赢得声望，不仅因为精致的雷司令酒，也因为异常出色的黑皮诺酒。贝卡斯特镇的路森博士（Dr. Erni Loosen）以及 Selbach-Oster 和 Willi Schaefer 同样也在全世界范围内广受好评，而 von Kesselstatt 酒庄尽管地处更为下游的区域，却一直有着优异的表现。乌尔兹格村（Urzig）建有一座巨型大桥，高速公路由此穿越这片对排水性非常敏感的优质雷司令葡萄园，尽管抗议的声音激烈，大桥的规划和设计似乎也存在一些缺陷，但是这座大桥仍然永久地改变了当地的景观。

绵延的绿色长城在 Zeltingen 村戛然而止，这是摩泽尔地区最大也是最好的产酒村落之一。而在乌尔兹格村，Würzgarten 中红色多石的板岩出产的酒款具有独一无二的香料风味，其中袖珍的 Jos Christoffel Jr 酒庄出产的轻柔的佳酿品质最高。艾登村（Erden）最好的葡萄园——Prälat 位于河对面，由于夹在由红色板岩构成的悬崖峭壁和河流之间，因此可能是整个摩泽尔河谷地带中气候最温暖的地方。Hermann 酒庄在 Prälat 和特普臣（Treppchen）葡萄园都能酿出品质卓越的雷司令酒；特普臣的土壤由蓝色、红色和灰色板岩混合而成，温度稍低，出产极其清新的酒款。过去

▽

图中为利泽尔酒庄的秋日风景，奢华的维多利亚风格建筑面朝 Niederberg-Helden 葡萄园。酒庄因森林环绕而避免直面北风的侵袭。

一般认为，摩泽尔葡萄酒的出色表现来到金海姆村（Kinheim）就要画上句号了，但是在最近的20年中，诸如Wolf村的丹尼尔·沃伦维德（Daniel Vollenweider，在瑞士出生）、特拉本·特拉巴赫村（Traben-Trarbach）的马丁·穆伦（Martin Müllen）、出产恩基尔奇·埃勒格鲁酒款（Enkircher Ellergrub）的维泽·孔斯特（Weiser-Künstler）、赖尔村的托尔斯滕·梅尔谢默（Thorsten Melsheimer），以及普德荷西村采用生物动力种植法种植葡萄的克莱门斯布希等酿酒人（最后两位参见地图的北部），都以所产酒款的美味和令人惊叹的品质证明了事实并非如此。

从此向下游走来到采尔镇（参见第227页），周围景观有了极大的改变，大多数葡萄园种植在狭窄的梯田上，这也让这段下游谷地得到梯田摩泽尔区的称号。在这个区域的许多优质葡萄园中，目前最重要的包括欧洲最陡峭的葡萄园——布雷姆村（Bremm）的Calmont、贡多夫村（Gondorf）的Gäns，以及温宁根村的Uhlen（品质极佳）和克内贝尔（Knebel）。品质卓越的酒庄包括温宁根村的海门-石狮和克内贝尔、布雷姆村的Franzen，以及下费尔村（Niederfell）的Lubentiushof，它们酿造的甜型和干型雷司令都为葡萄园的品质做出了最好的注解。

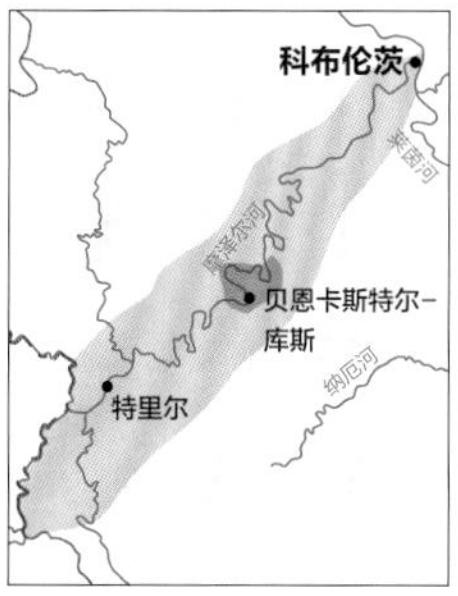

引起争论的新建大桥。

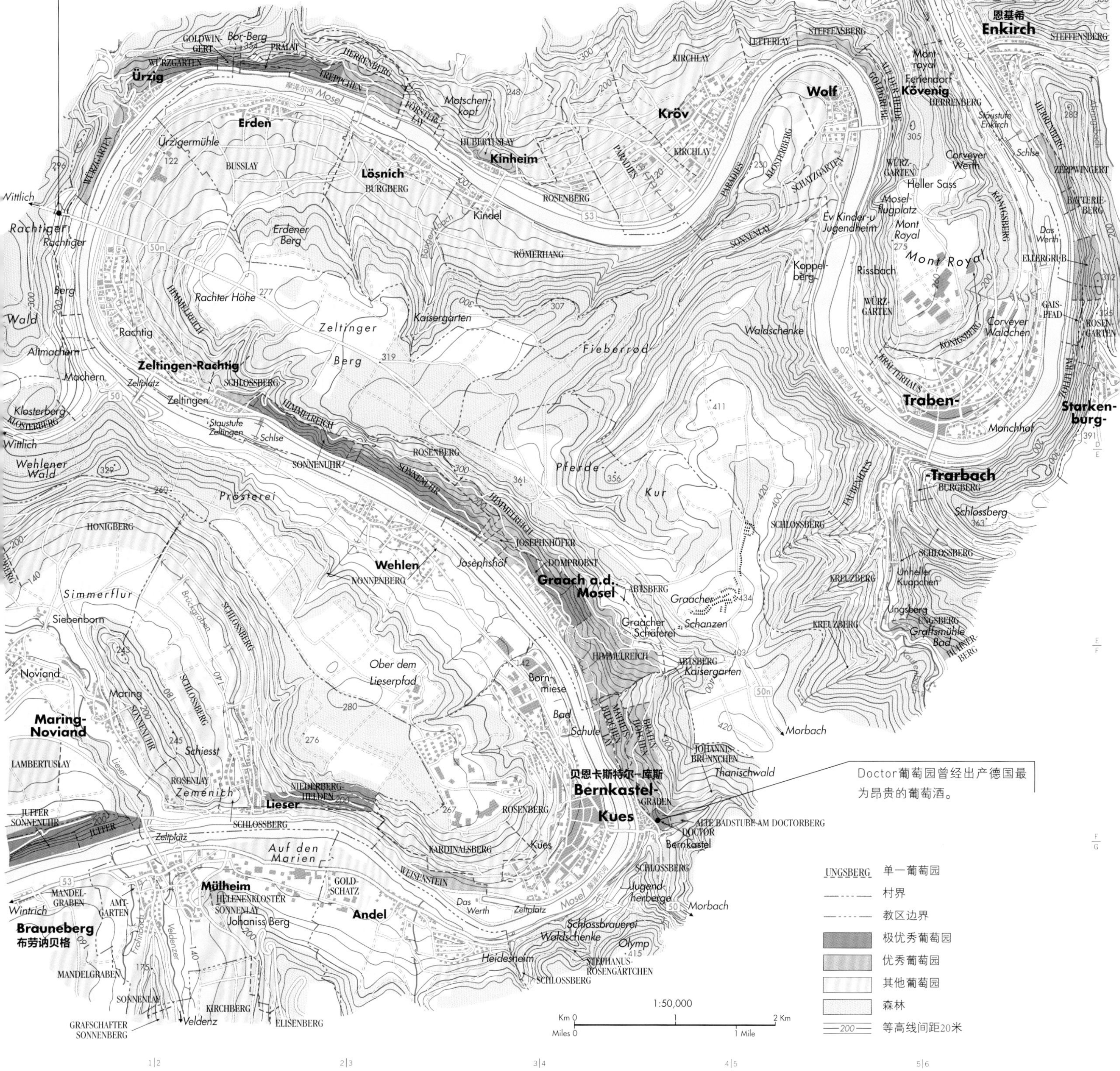

Doctor葡萄园曾经出产德国最为昂贵的葡萄酒。

UNGSBERG 单一葡萄园
村界
教区边界
极优秀葡萄园
优秀葡萄园
其他葡萄园
森林
200 等高线间距20米

1:50,000
Km 0 1 2 Km
Miles 0 1 Mile

纳厄 Nahe

对于一个正好被夹在摩泽尔、莱茵黑森和莱茵高之间的产区，我们能期待些什么？非常简单。

纳厄的葡萄酒既可以像摩泽尔那样精确反映葡萄园的特质，并且陈放很长时间，同时又能保持莱茵酒款那种坚实的酒体以及葡萄本身的浓郁风味。但是这绝不是一个只会模仿的产区。因为纳厄自从 1971 年被列为一个单独的葡萄酒产区之后，便逐步树立起令人艳羡的名望，并非只是因为干型葡萄酒独占鳌头。如今，德国一部分最出色的干型雷司令便出自此处。

纳厄跻身于德国顶级葡萄酒产区的速度令人叹为观止。直到 20 世纪 80 年代，这里只有少部分酒农出产的酒款品质能够获得认可。就在那时，有个名叫赫尔穆特·杜荷夫（Helmut Dönnhoff）的外来者从奥伯豪森村（Oberhausen）的赫尔曼·杜荷夫（Hermann Dönnhoff）酒庄来到这里，开始酿造纯净度和活泼感极其卓越的酒款，使得自己的名字逐渐在这个地区以外响亮起来。起初，他酿造的是果香浓郁、贵腐甜型的传统风格葡萄酒，但是很快转为当时仍然处于先锋地位的干型葡萄酒。不久之后，便有莫宁根镇（Monzingen）的维勒·肖雷柏（Werner Schönleber）、特莱森镇（Traisen）的彼得·克鲁斯乌斯博士（Dr Peter Crusius）、博格莱恩镇（Burg Layen）的阿明·迪尔（Armin Diel）以及明斯特·萨姆斯海姆镇（Münster-Sarmsheim）的史蒂芬·朗夫（Stefan Rumpf）等年轻酿酒人加入这个阵营。这些酒庄仍然是当地时至今日的品质担当，尽管其中大多数已经由下一代继承家业。酒庄之间的竞争同样日趋激烈，另外还有谢菲·弗雷希（Schäfer-Fröhlich）、雅各布·施奈德（Jakob Schneider）和盖特·赫尔曼斯伯格（Gut Hermannsberg）等新成立的酒庄同样出产优质酒款。

无论是果香浓郁的干型还是甜型，当地所有顶级葡萄酒的共同之处在于，它们都采用雷司令葡萄酿造，但是产酒的葡萄园土壤却大相径庭，有砂岩，有壤土，有斑岩和石英岩，有板岩，还有沙砾和黄土，各种各样。尽管纳厄的酒农在传统上都会酿造一系列的单品种酒款，但是雷司令始终是所有顶级酒庄的王者品种。不过，其中有些酒庄也已开始尝试采用不同的皮诺葡萄酿造红、白、桃红三种颜色的葡萄酒。红葡萄品种丹菲特则比黑皮诺的种植面积更广，大约占整个区域总种植面积的 20%。

分散

纳厄的顶级葡萄园在地理分布上要比摩泽尔或是莱茵高分散得多。我们尝试将最为重要的葡萄种植区域都囊括在地图上，但是这并不容易。纳厄河向东北流淌，与摩泽尔河平行，穿过洪斯吕克山之后，在宾根市（Bingen）与莱茵河汇流。如果说摩泽尔河如同摩泽尔葡萄园的脊梁，那么纳厄河则有所不同，它被散布于其河畔及其支流

纳厄的葡萄酒生产中心

在这张集合了所有重要葡萄酒村镇的地图上可以清晰地看出，纳厄的葡萄园极其分散。葡萄园不仅集中在纳厄河的河畔，而且集中在阿尔森斯（Alsenz）、埃勒巴赫（Ellerbach）、格拉芬巴赫（Gräfenbach）和古登巴赫（Guldenbach）等村庄四周。

多尔斯海姆镇（Dorsheim）最优质的葡萄园要数Goldloch，位于陡峭的南向山坡上。

博肯纳镇（Bockenau）在地图上几乎应当享有与莫宁根镇同样的标出细节的地位，因为镇上有Schäfer-Fröhlich酒庄出产品质稳定的顶级干型雷司令，又有葡萄园Felseneck和Stromberg，以及一些优质的贵腐甜酒。

莫宁根镇

Frühlingsplätzchen葡萄园面积广大，绵延于莫宁根镇的两侧，与面积较小的哈伦堡（Halenberg）葡萄园对比非常鲜明。

▷
杜荷夫酒庄旗下的河畔葡萄园Oberhäuser Brücke占地面积有约1.1公顷，是纳厄最小的葡萄园之一，特别适合出产冰酒。

的南向葡萄种植区域围住——这些支流包括阿尔森斯、埃勒巴赫、Gaulsbach、格兰（Glan）、格拉芬巴赫、古登巴赫和Trollbach（纳厄最优质的葡萄园并不比摩泽尔容易耕种，而且当地酒农的数量一直都在减少）。

这些品质顶尖的葡萄种植区域中最西边的是莫宁根镇，可在地图的左下方查看细节。镇上有两个顶级水平的葡萄园，分别为多石板岩土壤的哈伦堡，以及面积更大、多样化而潮湿、布满较红较柔软土壤的Frühlingsplätzchen。埃姆里希-肖雷柏（Emrich-Schönleber）和谢菲-弗雷希在这片宽广开阔的河谷中堪称品质卓越的领军人物，而这片河谷则与纳厄优质葡萄园最为集中、位于下游几千米的狭窄地段形成鲜明的对比。这个地段体现在地图的右下方，位于纳厄河朝南的左岸，河流蜿蜒流经施洛斯伯克尔海姆（Schlossböckelheim）、奥伯豪森、尼德豪森（Niederhausen）和诺赖姆（Norheim）等几个村庄。这个区域曾于1901年由普鲁士王国考察员予以分级，在20世纪90年代则由德国顶尖酒庄联盟重绘地图，作为评定葡萄园品质的参考基础。

Niederhäuser Hermannshöhle葡萄园当时被评为第一级，促使普鲁士政府于次年在此兴建了一家国营酒庄（Staatsweingut）。为了开辟新的葡萄园，政府让服刑的囚犯清除山上和老旧铜矿中生长的灌木丛。这里出产的葡萄酒能够挑战位于施洛斯伯克尔海姆村下游的历史悠久的葡萄园Felsenberg。现在这个葡萄园被Schäfer-Fröhlich酒庄打理得令人极为信服，它的名字与这家酒庄旗下的另一个优质葡萄园Felseneck混淆，Felseneck位于河流以北博肯纳镇的陡坡上。

发展、衰落与重生

自20世纪20年代起，位于尼德豪森镇的纳厄国营酒庄以及位于巴特克诺伊兹纳厄镇（Bad Kreuznach）、在上游拥有葡萄园的Reichsgraf von Plettenberg、Carl Finkenauer酒庄和Anheuser旗下的多家酒庄，都已酿出清透而拥有鲜明矿物感的佳酿，如同当地岩石遍布的风景一般壮丽。近年来，当地顶级酒庄的名望已经超越纳厄地区本身。从20世纪80年代末期开始，国营酒庄已无法再继续像其成立之初那样居于主导地位。经过两次更换庄主，以及一次大型的重组计划，它正重振声誉。现任庄主将其改名为盖特·赫尔曼斯伯格，以其顶级地块赫尔曼斯伯格而命名，注意不要与毗邻的赫尔曼斯霍勒（Hermannshöhle）混淆。赫尔曼斯霍勒与独占园（monopole）、Oberhäuser Brücke和Norheimer Dellchen一样，并列为杜荷夫家族旗下不断拓展、品质始终如一的各个酒庄手中最为宝贵的葡萄园之一。

在巴特克诺伊兹纳厄镇以南，小镇巴特明斯特（Bad Münster）上游的河湾处，有座红色悬崖名为罗滕费尔斯（Rotenfels），据说这是欧洲在阿尔卑斯山以北的最高峭壁，山脚下有一片狭窄的、被落下的碎石填满的葡萄园，能够出产风味饱满的佳酿。这片布满红土的向阳短坡就是品质潜力巨大的Traiser Bastei葡萄园，其中最主要的土地所有者就是克鲁斯乌斯博士（Dr Crusius）。

从这里往下游走，地图下方的区域以北的是一个逐渐展露活力的葡萄酒产区。在多尔斯海姆镇，阿明·迪尔（Armin Diel）的女儿卡洛琳（Caroline）在Diel酒庄推出了一系列引来赞叹的酒款，其中以她的名字命名的黑皮诺也许是纳厄最优质的红葡萄酒。Kruger-Rumpf酒庄位于明斯特-萨姆斯海姆村（Münster-Sarmsheim），几乎已在宾根的市郊，那里是纳厄河与莱茵河交汇之处，庄主史蒂芬·朗夫（Stefan Rumpf）在Dautenpflänzer和Pittersberg葡萄园酿出了令人兴奋的雷司令酒。

从施洛斯伯克尔海姆到巴特明斯特

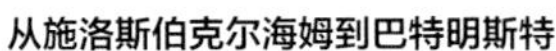

巴特明斯特镇和其他城镇已逐渐侵占了这片朝南、可以俯瞰河流的古老葡萄园。施洛斯伯克尔海姆是这里最好的地块，位于布满深色板岩、石灰岩和斑岩的陡峭山坡上。

莱茵高 Rheingau

莱茵高长久以来一直是德国葡萄酒的精神中心。这里是雷司令的诞生地，当地历史最为悠久的葡萄园是由勃艮第的西多会修士们创建的，从而与伏旧园相抗衡。然而直至今日，它却变成了德国最小的葡萄酒产区之一，它的葡萄树数量比纳厄还要少。莱茵高葡萄酒的名望需要时间来恢复。

经过千禧年前后的平静阶段，莱茵高迎来了新鲜想法与活力爆发的时期，不仅新的一代层出不穷，而且最受敬重的传统酒庄同样不断创新。最大的进步体现在干型雷司令和黑皮诺身上，而莱茵高几乎所有的酒款也都是采用这两个品种酿造的。能够出产具有绝佳精细度和纯净度的佳酿的，不只包括德国顶尖酒庄联盟中众多的成员酒庄，还有像吕德斯海姆村（Rüdesheim）的布吕尔和卡尔·艾尔哈特（Breuer and Carl Ehrhardt）以及洛驰村（Lorch）的伊娃·弗里克（Eva Fricke）这些酿酒人。

在地图上的这片宽阔的南向山坡，其北部有陶努斯山脉（Taunus）的屏障保护，南部又有由东往西流向的莱茵河的反射热量，很明显这里是绝佳的葡萄种植区。这条超过 0.8 千米宽的河流，是大型驳船成列缓慢通过的水道，河水蒸发的雾气遇到气候适宜的年份，有助于在葡萄成熟的季节中生成贵腐菌。这里的土壤非常复杂，包含各种形态的板岩、石英岩和泥灰岩。

在莱茵高的最西端，吕德斯海姆城堡山园（Rüdesheimer Berg Schlossberg）目前是莱茵高最陡峭的山坡，几乎垂直于河流。从前这里是陡峭的台地，现在已经用推土机修整为比较舒缓的山坡。在最好的情况下（通常最热的年份不会最好，因为土壤的排水性太出色了），这里出产的葡萄酒果香与力量兼具，同时保持精致的层次感。乔治·布鲁尔（Georg Breuer）、雷茨（Leitz）和魏格勒（Wegeler）是当地响当当的名字。乘坐从吕德斯海姆村启航的轮渡可以到达宾根市，那是纳厄河的河口。

酿造莱茵高白葡萄酒采用雷司令的比例甚至比摩泽尔还要高，但是今天 12% 的莱茵高葡萄园种植的仍然是黑皮诺。多年以前，当地 Hessische Staatsweingüter Assmannshausen 酒庄出产的阿斯曼豪森（Assmannshäuser）黑皮诺曾经是德国唯一享有国际声誉的红葡萄酒。如今，Chat Sauvage、August Kesseler、Weingut Krone 和 Robert König 等酒庄都已享有盛誉，出产主要来自板岩土壤、结构坚实、通常采用橡木桶陈年的黑皮诺酒。

干型风潮

尽管超级浓甜的逐粒精选酒和枯萄精选酒仍然价格最高，但是莱茵高目前出产的葡萄酒中超过 80% 都是干型，与 20 世纪初期时一模一样。这些酒款被销往河畔那些历史悠久、以美食而闻名的酒店，比如厄斯特里希村（Oestrich）的 Schwan 酒店和埃尔特维勒村（Eltville）的 Zum Krug 酒店。

位于吕德斯海姆镇上游不远处的盖森海姆镇（Geisenheim）是全球闻名的葡萄酒教育和研究中

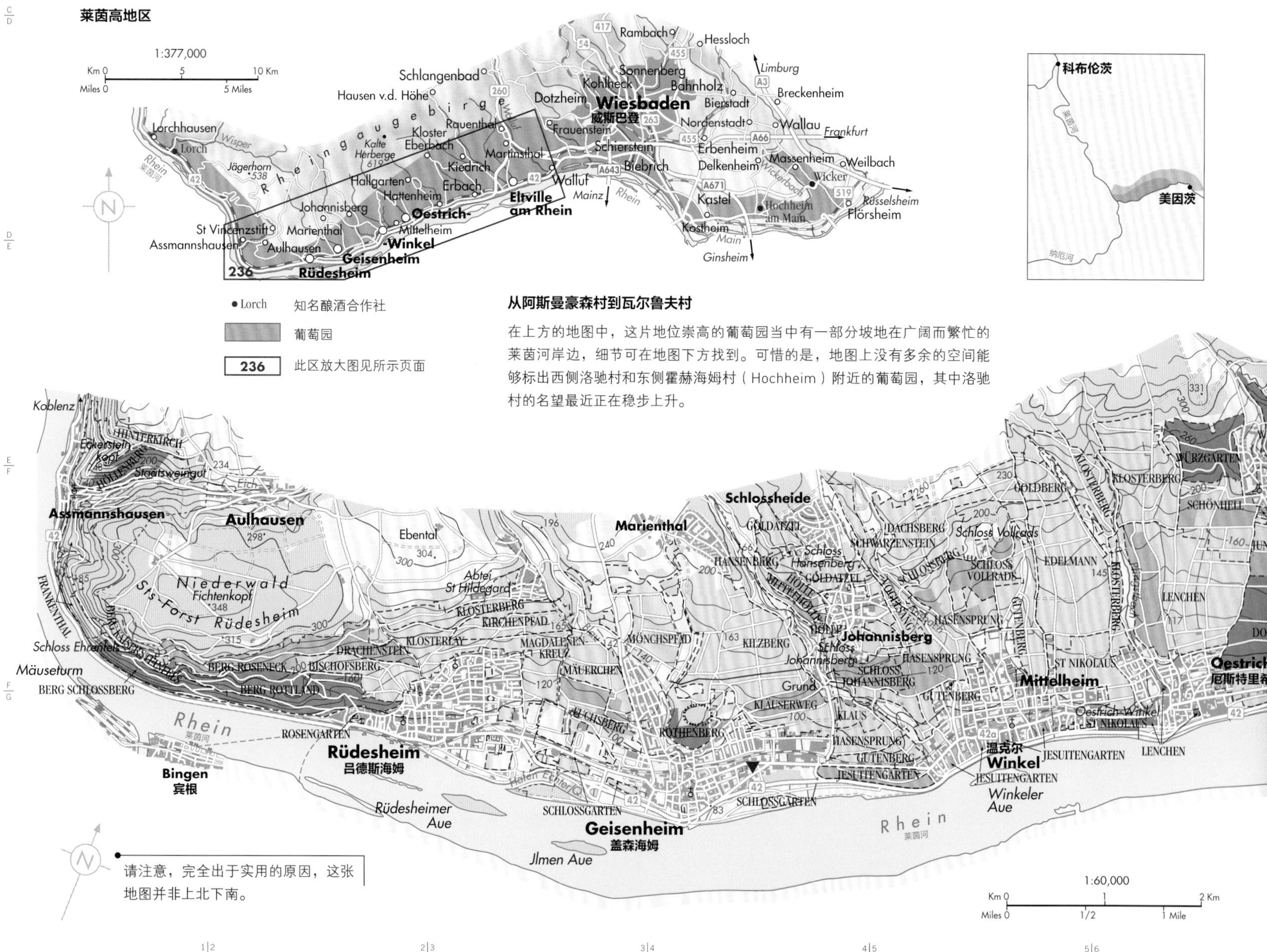

从阿斯曼豪森村到瓦尔鲁夫村

在上方的地图中，这片地位崇高的葡萄园当中有一部分坡地在广阔而繁忙的莱茵河岸边，细节可在地图下方找到。可惜的是，地图上没有多余的空间能够标出西侧洛驰村和东侧霍赫海姆村（Hochheim）附近的葡萄园，其中洛驰村的名望最近正在稳步上升。

请注意，完全出于实用的原因，这张地图并非上北下南。

△
盖森海姆镇的Schönborn酒庄是von Schönborn家族的大本营，他们从14世纪起便已开始种植葡萄，已经延续27代。

心的所在地，这家中心主要研究酿造和种植专业。从这里再稍微往上游和往上坡走，就来到骄傲地矗立在一大片葡萄树面前的约翰山堡（Schloss Johannisberg）酒庄，在此可以俯瞰盖森海姆镇和温克尔镇（Winkel）的风光。约翰山堡酒庄因为在18世纪引进晚摘技术并酿造出稀有的贵腐甜酒而著名。位于温克尔镇上方的Vollrads酒庄则有800年的历史。

从此向东往上游走，有一连串村庄虽然在吸引游客方面不如吕德斯海姆镇那样成功，但是也有一些特别著名的葡萄园。其中，包含St Nikolaus葡萄园的米特海姆村（Mittelheim），包含Lenchen葡萄园和Doosberg葡萄园的厄斯特里希村，包含Wisselbrunnen葡萄园的哈滕海姆村（Hattenheim），以及包含Marcobrunn葡萄园的埃尔巴赫村（Erbach），都能凭借主要为泥灰岩的土壤，出产极其著名的酒款。施普赖策（Spreitzer）兄弟和信奉生物动力种植法的彼得·雅各布·库恩（Peter Jakob Kühn）是这些村庄中最为重要的领军人物。

哈滕海姆村的边界迂回延伸至山坡上，包含山脊高处的石山园。这个约32公顷的葡萄园是西多会修士在12世纪开垦并筑墙的。在附近一片树木繁茂的山谷下，就是同为他们建造的、代表了德国葡萄酒历史的艾伯巴赫修道院（参见第10页），保存极其完好。修道院不仅举办音乐节，设有一家酒店和一家餐厅，而且拥有独一无二的陈年葡萄酒收藏，最老的葡萄酒年份可以上溯至1706年。现今，石山园葡萄酒在一座完全现代的酿酒车间中酿造，并且成为德国优质葡萄酒使用螺旋盖的先锋。

基德里希村（Kiedrich）美丽的哥特式教堂则是下一处地标式建筑，远离河岸，海拔约高出120米。罗伯特·威尔（Robert Weil）是当地最大的酒庄，由日本三得利公司控股，罗伯特的儿子威廉（Wilhelm）负责管理，出产目前莱茵高最令人印象深刻的甜酒，其中的枯萄精选酒最受追捧，价格也最高。最后一个，同时也是离河最远的山丘小镇劳恩塔尔（Rauenthal），以出产香气复杂、充满花香和香料气息的雷司令酒而著称，堪称莱茵高最佳酒款之一，乔治·布鲁尔（Georg Breuer）是当地最为重要的酒庄。

霍赫海姆

在莱茵高的极东处，还有一个地方，因为被威斯巴登市（Wiesbaden）南部不规则的郊区隔开而远离地图下方的主要葡萄园区域，由于过于偏东而未在地图上体现，那就是莱茵高最出人意料的一个偏远酒镇：霍赫海姆（Hochheim）——在德语中代表白葡萄酒的词语（hock）就来源于此。小镇的葡萄园位于温暖的美因河（Main）以北的平缓坡地，四周的区域都没有种植葡萄树，独立于莱茵高的其他葡萄园。这里最优质的地块包括葡萄园Domdechaney、Kirchenstück和Hölle，土壤深厚，微气候温暖得不同寻常。Domdechant Werner和Künstler这两家酒庄都已证明，这里能够酿出香气丰富、酒体饱满，并且带有一抹令人惊叹的泥土气息的佳酿。

部分葡萄树种植在哈滕海姆村和埃尔巴赫村之间的狭窄区域中，占据河水和森林之间的大部分山坡。

KLOSTERBERG 单一葡萄园
教区边界
极优秀葡萄园
优秀葡萄园
其他葡萄园
森林
200 等高线间距20米
▼ 气象站（WS）

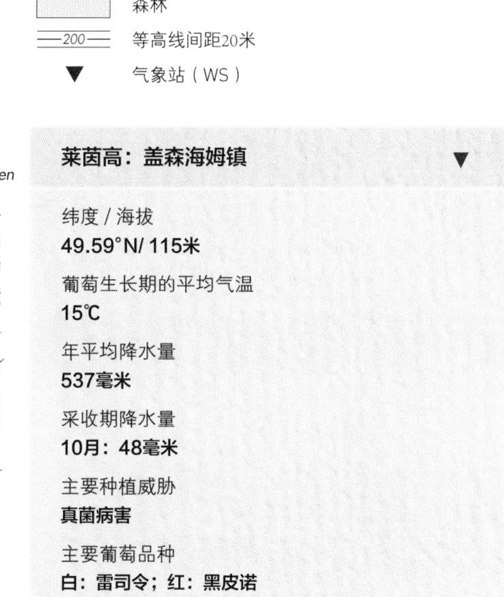

莱茵高：盖森海姆镇 ▼

纬度 / 海拔
49.59°N/ 115米

葡萄生长期的平均气温
15℃

年平均降水量
537毫米

采收期降水量
10月：48毫米

主要种植威胁
真菌病害

主要葡萄品种
白：雷司令；红：黑皮诺

莱茵黑森 Rheinhessen

今天，莱茵黑森与法尔兹正在竞争谁是德国发展最快、最具创新力的葡萄酒产区。莱茵黑森共有约26 600公顷葡萄园，大约150个产酒村庄，是德国面积最大的葡萄酒产区，但是这远不是它唯一的名声所在。莱茵黑森曾经一度因为采用高产的米勒-图高葡萄品种大量炮制圣母之乳和尼尔施泰因古特多姆等寡淡而无意义的品牌酒而声名下滑，不过这些已经变为遥远的记忆，被当地最近20年令人惊叹的发展而掩盖。

20年前，莱茵黑森的葡萄园仍然主要种植米勒-图高，德国的葡萄品种研究人员创造出各种杂交品种，用于出产大量糖分极高的葡萄。认真酿造口感清脆的经典风格雷司令酒的，只有一小部分意志坚定的酒农，包括著名的前莱茵地区（Rheinfront）的贡德洛（Gunderloch）和赫尔·禾恩雪音（Heyl zu Herrnsheim），以及弗勒斯海姆-达尔斯海姆村（Flörsheim-Dahlsheim）的克劳斯和海德薇格·凯勒（Klaus and Hedwig Keller）。前莱茵地区位于莱茵河的左岸、尼尔施泰因镇（Nierstein）的北部和南部、沃尔姆斯市（Worms）和美因茨市（Mainz）之间，细节参见背面地图；有关弗勒斯海姆-达尔斯海姆的细节，则请参见对页地图。

莱茵黑森出产半干和半甜葡萄酒的比例仍然高于德国其他大部分产区——除了摩泽尔和纳厄；但是大部分莱茵黑森最优质的新浪潮葡萄酒都是干白，兼具精确度与饱满度，大部分采用雷司令酿造，而雷司令也是当地主要的葡萄品种。

米勒-图高和丹菲特分别是莱茵黑森种植面积第二和第三的葡萄品种，出产柔和中庸的酒款，面向大众市场以及较为保守的客户。但是干型葡萄酒已经重新流行起来，不仅涉及雷司令，而且涉及另外一个经典品种西万尼，后者在莱茵黑森拥有极其漫长而显赫的历史，而且今天能够出产两种风格完全不同的酒款。大部分西万尼酒都很清淡、鲜爽，果香充足，适合早饮，尤其是搭配夏初上市、在当地极受欢迎的白芦笋。而另外一种完全相反的风格，则为酒体强劲的干型西万尼酒，浓郁饱满，具有陈年潜力。当地的领军人物首推高阿尔格斯海姆村（Gau-Algesheim）的迈克尔·泰什克（Michael Teschke），他的酒庄出产的几乎全是这个品种的酒款。另外还有凯勒（Keller）和瓦格纳-斯坦普（Wagner-Stempel）也都用西万尼酿造各具特色的酒款。其他乘上干型葡萄酒之风的葡萄品种包括三种皮诺——灰皮诺、白皮诺和黑皮诺。众所周知，这几个葡萄品种出产的酒款用来搭配当地不断进步的美食，可要比克尔娜和葡萄牙人等葡萄品种适合得多。

雄心与决心

促进莱茵黑森如此快速发展，酒款从寡淡的漱口水转变为德国葡萄酒先锋的动力，显然不仅仅是更为优质的葡萄品种，而是世纪之交前后、拥有非凡雄心与决心的新一代酿酒人。他们受过专业培训，充满活力，曾经令人艳羡地遍访各国产区。他们能够证明，不只是莱茵河畔的陡峭葡萄园，即使是内陆那些平淡、起伏、肥沃而又夹杂农田的土地，同样能够出产纯正、优质、令人叫绝的佳酿。这些酒庄主要集中在地图上所标的沃内高地区（Wonnegau）南部。这里的年轻酿酒人有不少都是瓶中信（Message in a Bottle）、Rheinhessen Five、Vinovation和莱茵黑森伟大产地（Maxime Herkunft Rheinhessen）等类似酒庄联盟组织的成员，其中莱茵黑森伟大产地成立于2017年，包含70位成员，旨在为消费者提供莱茵黑森质量结构的清晰定义。尽管他们并非都是德国顶尖酒庄联盟的成员，但是仍然遵循德国顶尖酒庄联盟的质量体系，将其出产的酒款分为

西弗斯海姆村（Siefersheim）的葡萄园Heerkretz和Höllberg均出产品质不俗的葡萄酒。

莱茵黑森葡萄酒地区

这里是德国产量最大的葡萄酒产区，其中有超过400个拥有独立名称的单一葡萄园，所有的著名葡萄酒村镇都已用红色标注在地图上。

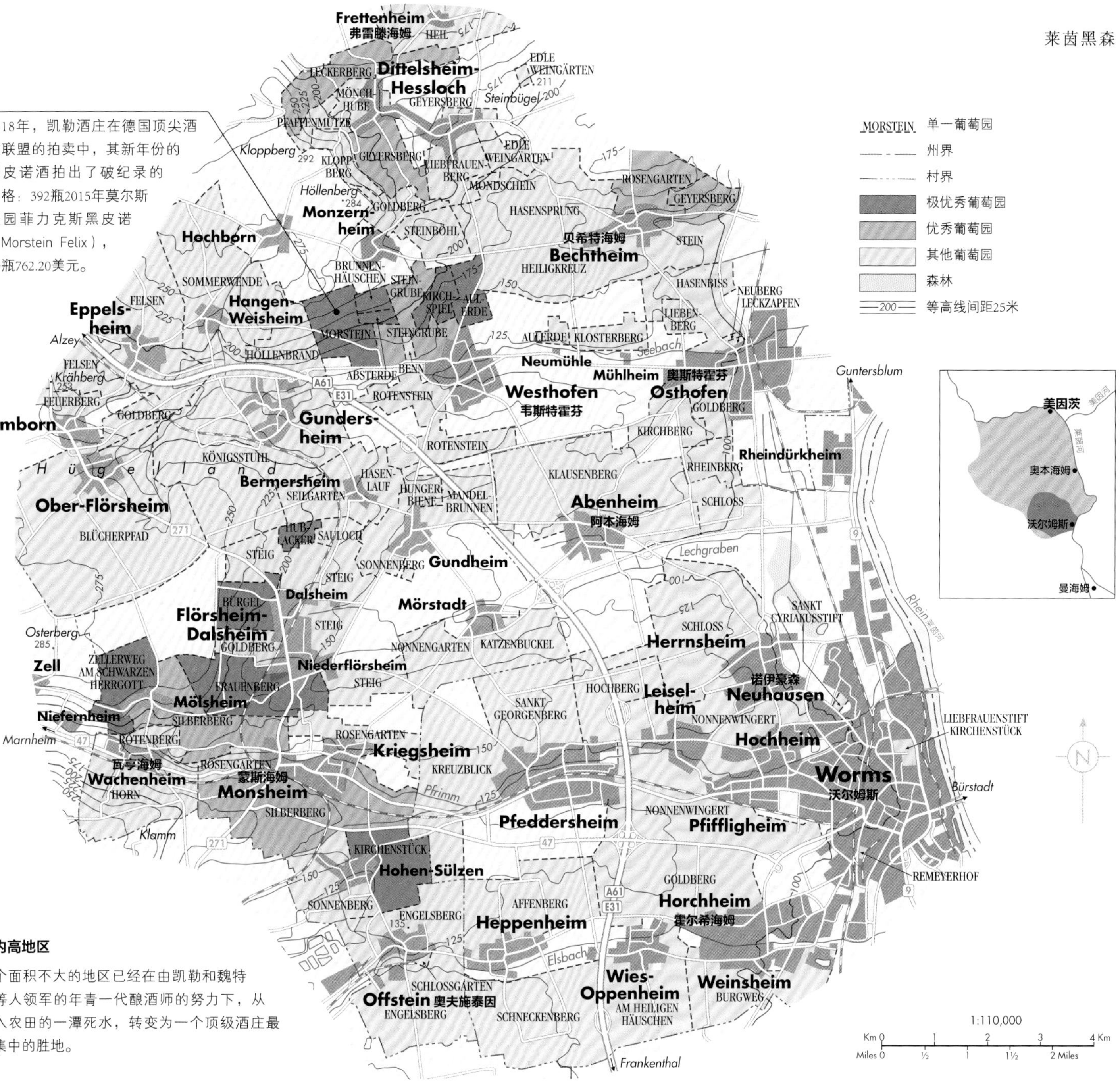

2018年，凯勒酒庄在德国顶尖酒庄联盟的拍卖中，其新年份的黑皮诺酒拍出了破纪录的价格：392瓶2015年莫尔斯坦园菲力克斯黑皮诺（Morstein Felix），每瓶762.20美元。

沃内高地区

这个面积不大的地区已经在由凯勒和魏特曼等人领军的年青一代酿酒师的努力下，从深入农田的一潭死水，转变为一个顶级酒庄最为集中的胜地。

“大区级”、以其所产村庄命名的“村庄级”以及产自最佳单一地块的“单一园”。

可以准确地说，沃内高地区的显著崛起与菲利普·魏特曼（Philipp Wittmann）和克劳斯·彼得·凯勒（Klaus Peter Keller）接手各自的家族酒庄存在紧密的联系，但是当地追求卓越的酿酒人并不止这两位。如果说是他们让曾经不为人知的产区韦斯托芬（Westhofen）和弗勒斯海姆-达尔斯海姆登堂入室，那么他们的同辈酿酒人则是在沃内高地区的其他酒村掀起了革命。据说，这些村庄由于极其低调，许多村名都以“heim”结尾——德语中指“家”。

迪特斯海姆村（Dittelsheim）能扬名立万，应该感谢史蒂芬·温特（Stefan Winter）；最西端的西弗斯海姆村则得益于瓦格纳·斯坦普；霍恩-苏尔岑村（Hohen-Sülzen）要归功于Battenfeld Spanier酒庄的奥利弗·斯潘维尔（Oliver Spanier）；贝希特海姆村（Bechtheim）的功臣则是约亨·德莱西斯阿克（Jochen Dreissigacker）。在大多数情况下，他们并不需要大费周章重建历史名园，因为莱茵黑森从古罗马时代就已经开始种植葡萄。查理曼的叔叔就曾于公元742年将尼尔施泰因镇的葡萄园献给维尔茨堡（Würzburg）主教辖区。通常来说，这些追求新浪潮的酿酒人都会回溯传统酿酒工艺，尤其包括降低单位产量，使用环境酵母而不是添加培养酵母。结果就是，他们酿出的葡萄酒风味更佳浓郁，但是与德国的惯常标准相比，展现香气的速度比较慢。

这些酿酒人的努力当然并不仅限于雷司令、西万尼，凯勒酒庄酿得最为出色的施埃博以及黑皮诺这几个葡萄品种。阿彭海姆村（Appenheim）的克奈维茨（Knewitz）已经凭借霞多丽闯出名气，而蒙泽尔海姆村（Monzernheim）的韦顿波恩（Weedenborn）则依靠一系列的长相思酒款而成名。虽然品质略显平庸的弗勒斯海姆-达尔斯海姆村尚未凭借KP酒庄获得足够的声望，但是德国最受尊敬的起泡酒生产商Sekthaus Raumland却已在此落户。几个世纪以来，沃尔姆斯市一直是莱茵兰地区（Rhineland）的重镇之一，并于1521年召开了将马丁·路德逐出教会的著名会议。市中心围绕圣母教堂（Liebfrauenkirche）的圣母院园（Liebfrauenstift-Kirchenstück），因为可能是圣母之乳酒款名字的由来而被败坏了名气，差一点儿也毁了德国葡萄酒的声誉。不过当地已有三家酒庄目前正在这块葡萄园中出产品质合格的葡萄酒，其中Gutzler酒庄的特级园酒款也许算是最为严整的。

前莱茵地区的重生

很久以前，尼尔施泰因镇曾以其产自Hipping、Brudersberg和Pettenthal等著名葡萄园的极其奢华、芬芳无比的葡萄酒而闻名，但是到了20世纪70年代，这座小镇的名字却因为与尼尔施泰因古特多姆这个过于庞大的集合葡萄园相关联而受到

◁
纳肯海姆村的红坡园拥有的红土，同样出现在Rothenberg葡萄园最优质的中心部分。德国20世纪中期至末期的土地重组计划（Flurbereinigung）改变了国内众多葡萄园的面貌，也令葡萄种植面积增加了超过一倍。

影响，以此集合葡萄园为名的葡萄酒除了尼尔施泰因镇，可以产自其他任何地方。

经过一段平庸的时期之后，前莱茵地区在一小部分完美主义酿酒人的努力下，重现了旧日的荣光。他们不仅复兴了当地贵腐甜型葡萄酒的传统，而且还可以酿造德国最为独特的特级园干型葡萄酒。克劳斯·彼得·凯勒、Kühling-Gillot、圣安东尼（St Antony）和Schätzel等酒庄都已在Hipping和Pettenthal最优质的地块产出了品质卓越的酒款，并且蜚声全球。

在美因茨市以南不远处是纳肯海姆村（Nackenheim），其中最为著名的葡萄园，要数位于纳肯海姆村和尼尔施泰因镇之间的葡萄园红坡园（Roter Hang），这片独一无二的风土能够出产香料气息馥郁、果香精致丝润的雷司令。园中土壤非常特殊，是在2.8亿年前的亚热带气候下形成的，上层为沙子和泥岩，中间穿插着一条一条的石灰岩，因为富含赤铁矿而呈红色。

这里的土壤与板岩类似，能够储存热量，再加上南向山坡的陡峭坡度，从而形成红坡园出产佳酿的独特微气候。

红坡葡萄酒协会（Wein vom Roten Hang）是一个酒农协会，致力于推广这片风土的奇异特质，贡德洛和Kühling-Gillot这两家酒庄的产品或许是最好的表达。

莱茵黑森最北边的宾根镇与莱茵高的吕德斯海姆村隔莱茵河相望（参见第236页地图），当地的一级园Scharlachberg位于陡峭的山坡之上，出产品质极佳的雷司令。

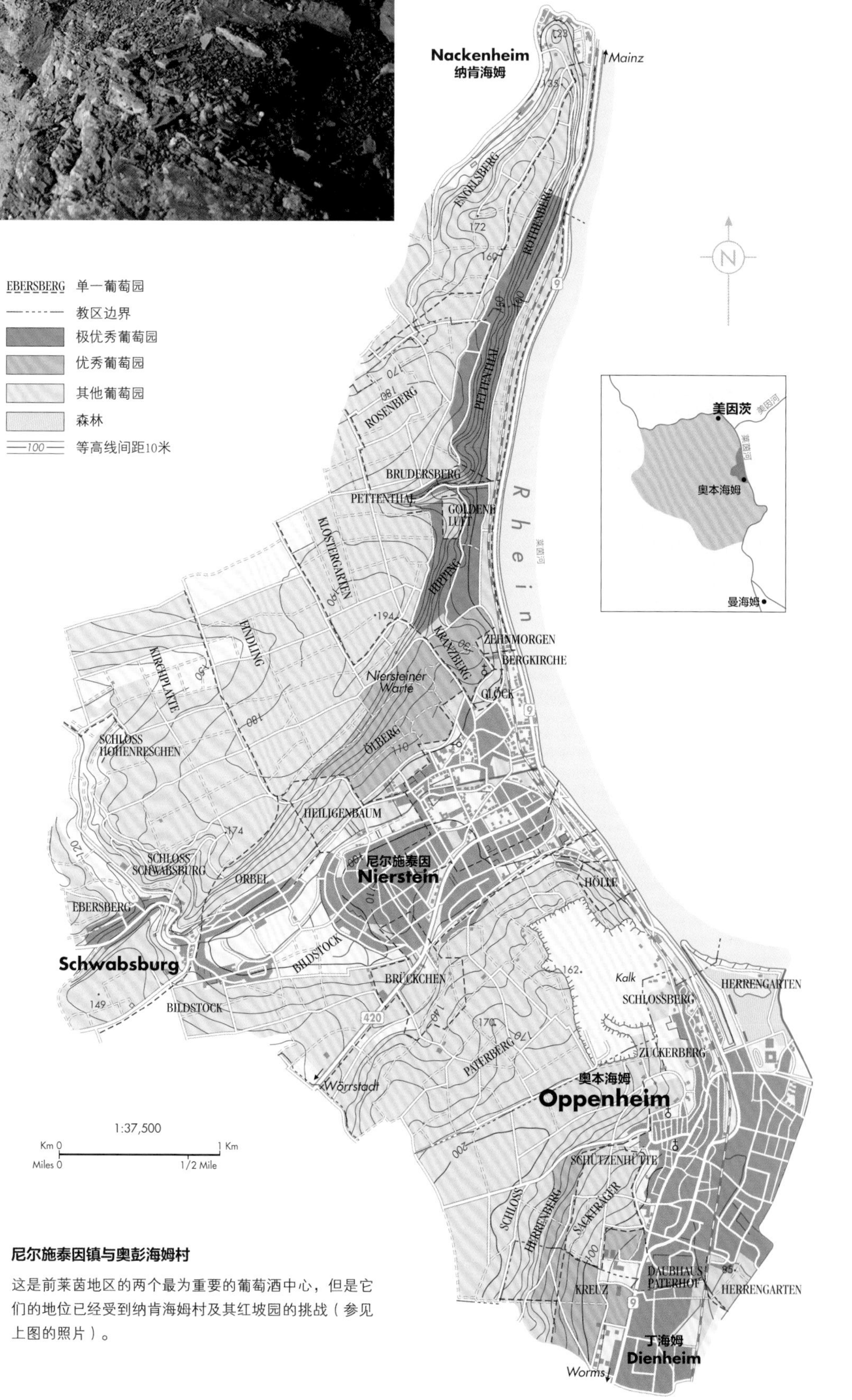

EBERSBERG 单一葡萄园
教区边界
极优秀葡萄园
优秀葡萄园
其他葡萄园
森林
100 等高线间距10米

Nackenheim 纳肯海姆
Mainz
ENGELSBERG
ROTHENBERG
ROSENBERG
PETTENTHAL
BRUDERSBERG
GOLDENE LUFT
KLOSTERGARTEN
HIPPING
FINDLING
KIRCHPLATTE
Rhein
ZEHNMORGEN
BERGKIRCHE
KRANZBERG
Niersteiner Warte
GLÖCK
SCHLOSS HOHENRESCHEN
ÖLBERG
HEILIGENBAUM
SCHLOSS SCHWABSBURG
ORBEL
尼尔施泰因 Nierstein
HÖLLE
EBERSBERG
Schwabsburg
BILDSTOCK
BRÜCKCHEN
Kalk
SCHLOSSBERG
HERRENGARTEN
ZUCKERBERG
PATERBERG
Wörrstadt
奥本海姆 Oppenheim
SCHÜTZENHÜTTE
SCHLOSS
HERRENBERG
SACKTRÄGER
KREUZ
DAUBHAUS PATERHOF
HERRENGARTEN
丁海姆 Dienheim
Worms

美因茨
奥本海姆
曼海姆

1:37,500
Km 0 1 Km
Miles 0 1/2 Mile

尼尔施泰因镇与奥彭海姆村

这是前莱茵地区的两个最为重要的葡萄酒中心，但是它们的地位已经受到纳肯海姆村及其红坡园的挑战（参见上图的照片）。

法尔兹 Pfalz

法尔兹是德国第二大的葡萄酒产区：这片呈长条状的葡萄园位于阿尔萨斯以北，即孚日山脉在德国的延伸——哈尔特山脉（Haardt）的背风处。

法尔兹像阿尔萨斯一样，也是德国日照最强、最为干燥的地区。3月初盛开的杏仁花以及柠檬果园是当地近乎地中海式气候的清晰标志。

著名的德国葡萄酒之路（Deutsche Weinstrasse）开始于距离法国边境一射之地的雄伟的葡萄酒之门（Weintor），随后穿越海洋一般广阔的葡萄园，以及商店林立的鹅卵石街道、鲜花装点的村庄和城镇。这里举办过的葡萄酒节日比世界上其他任何葡萄酒产区都要多。8月的最后一个星期日，由南至北、从施魏根（Schweigen）到博肯海姆（Bockenheim）约85千米的道路——几乎就是法尔兹地图的整个长度——都会禁止车辆通行，完全供狂欢者们尽情享受当地的美食和美酒。

20世纪60—70年代，法尔兹一度代表价格低廉、品质普通的葡萄酒，其主要生产者是众多产量可靠但是质量极少给人惊喜的酒农合作社。中哈尔特地区（Mittelhaardt）是法尔兹的传统核心地带（参见第242页地图），这里有一小部分受人尊敬的酒庄，能在这个平庸的时期难得地酿出品质卓越的酒款。但是这样只有少部分人追求品质的时代已经一去不复返，现在的法尔兹早已坚定地树立起创新与成功的旗帜。

尽管根据2017年的法规，共有120多个葡萄品种被允许在当地用于葡萄酒生产，但是雷司令再次称王。法尔兹雷司令的种植面积高达5900公顷，占其葡萄园总面积的四分之一，比世界上任何其他产区都要多。法尔兹生产的酒款有三分之一为红葡萄酒。丹菲特的种植面积约为3000公顷，尽管已经不复曾经的荣光，但是仍为当地种植面积第二大的葡萄品种。米勒-图高和葡萄牙人葡萄在重产量不重质量的时期，曾分别是最受欢迎的白葡萄品种和红葡萄品种，现在虽说仍然占据重要位置，但是正在逐渐失去阵地。三个皮诺品种（白皮诺、灰皮诺和黑皮诺）无论是否采用橡木桶，酿造的都是干型酒款，且被认为特别适合配餐，因此越来越受到欢迎。随着当地的夏季愈加炎热，霞多丽甚至是赤霞珠现在在法尔兹的葡萄园中也都能够成熟。

法尔兹的产酒当中每三瓶就有两瓶是偏干型的风格：干型、半干或者微甜。如果说出产品质卓越、果香丰沛的葡萄酒曾经是中哈尔特地区的特色，那么现在整个法尔兹都有能力做到这一点。这种转变的主要动力，源于地区的最南和最北区域，而这些区域其实直到20世纪80年代中期都还默默无闻。

法尔兹葡萄酒产区

第242页地图上的中哈尔特地区只是幅员辽阔的法尔兹中极小的一部分，这里的夏季已经变得前所未有的炎热。

南部的火花

在法尔兹南部，伯奎勒（Birkweiler）、西贝尔丁根（Siebeldingen）和施魏根都是著名的酒村，出产酒体坚实、品质可靠的酒款，适合日常饮用，但是这并不足以满足汉斯约尔格·雷布霍兹（Hansjörg Rebholz）或者卡尔-海因茨·威海姆（Karl-Heinz Wehrheim）等年轻酿酒人的雄心。他们从汉斯-冈特·施瓦兹（Hans-Günter Schwarz）的观点中汲取灵感，后者是来自诺伊施塔特市（Neustadt）的一位颇具远见的酿酒师，他提出的非人工干预式酿酒的开创性概念，成为之后数十年对德国葡萄酒酿造产生最大影响的单一因素。1991年，雷布霍兹和威海姆联合创立五个朋友联盟（Fünf Freunde），这是一个非官方的酒庄联盟，旨在鼓励酒庄之间的对话，进行卓有成效的经验交流。这一做法改变了整个法尔兹南部的声望，使其从暮气沉沉的一潭死水，转变为德国葡萄酒文化的先锋阵地，并为其他众多酒农联合体提供了灵感，包括"法尔兹南部连接"（Südpfalz Connexion）、"葡萄酒变化"（Winechanges）以及新近成立的"法尔兹世代"（Generation Pfalz）。

尽管雷司令在法尔兹广阔的南部地区占据稳固的地位——这里紧邻法国边界以北，但是当地酿酒人对不同皮诺品种的深入了解却更加令人叹为观止。白皮诺在毗邻的阿尔萨斯被视为一个高产品种，而在法尔兹南部却受到顶级酿酒人的特别关注。其中代表基准水平的酒款首推鲍里斯·克兰兹（Boris Kranz）酿造的易拜斯海姆·卡尔米园白皮诺（Ilbesheimer Kalmit）以及威海姆博士（Dr Wehrheim）酿造的伯奎勒·门德堡园白皮诺（Birkweiler Mandelberg），口感丰富，风格鲜明。这里的灰皮诺酒虽然有时会多一些橡木桶味，但是获得了同等的尊重。而皮诺品种的近亲

中哈尔特地区

这里是法尔兹葡萄酒生产的传统核心，其顶级葡萄园位于瓦肯海姆村（Wachenheim）和代德斯海姆村之间。

霞多丽同样能够焕发光彩，比如伯恩哈德·科赫（Bernhard Koch）的海因费尔德·勒滕特酿霞多丽（Hainfelder Letten Grande Réserve）或是雷布霍兹的"R"霞多丽（Chardonnay R），多年以来一直都是这个品种获得成功的证明。

在施魏根村，弗里德里希·贝克（Friedrich Becker）、贝恩哈特（Bernhart）和于尔格（Jülg）等人的酒庄均能出产精致的黑皮诺酒，但是他们旗下的顶级葡萄园——比如海德瑞奇（Heydenreich）、圣保罗（St Paul）、卡默伯格（Kammerberg）、Rädling和英纳伯格（Sonnenberg），却都位于越过法国边境的阿尔萨斯，维桑堡镇（Wissembourg）以北。琼瑶浆在此已经难得一见，不过仍是一个值得尝试的品种。

中哈尔特地区

在中哈尔特地区，雷司令酒仍然是展现风土的主要媒介。它在这里能够获得犹如蜂蜜一般可口的丰富香气和酒体，同时保留令人惊叹的酸度加以平衡，即使酿成干型仍是如此。在历史上，有三家著名的生产者曾经主宰这个法尔兹的核心产区（被称为"三个B"）：布克宁-沃夫（Bürklin-Wolf）、巴塞曼-乔登（von Bassermann-Jordan）和布尔（von Buhl）。其中后面两个在20世纪90年代经历了一段水准下降的时期，但是在被当地商业巨头收购、得到大量投资以进行创新和雇用顶级酿酒师之后，已经重现旧日荣光。新任庄主同时购入了广受尊敬的邓肯博士（Dr Deinhard）酒庄，将其重新命名为维宁（von Winning）酒庄。这三家酒庄曾经全部隶属著名的乔丹（Jordan）葡萄酒王国，直至1848年因为遗产继承而分开。目前，三家酒庄集中在同一位庄主麾下，但是保持相对独立的经营，并且追寻的酿酒风格大相径庭。布尔酒庄邀请了马修·考夫曼（Mathieu Kauffmann）担任酿酒师，其曾担任堡林爵（Bollinger）香槟的酿酒总监，专注酿造绝干的雷司令和优质起泡酒。如果说巴塞曼-乔登酒庄在三家酒庄中最致力于保持诠释雷司令纯净度的传统，那么维宁酒庄则是从2008年起在史蒂芬·阿特曼（Stephan Attmann）的领导下，通过酿造通常带有橡木桶陈年风味的雷司令而走上更具争议的道路，这也反映出他在勃艮第工作多年所受的影响。三家酒庄的酒窖都位于代德斯海姆村（Deidesheim），那里不仅是法尔兹风景最美的村庄，同时也是众多美食餐厅的聚集地。

代德斯海姆村几乎所有的葡萄园都在德国顶级酒庄联盟的分级（参见第225页）中被列为品质突出的特级园，出产具有独特饱满风味的佳酿。其中最优质的葡萄园包括Hohenmorgen、Mäushöhle、Leinhöhle、Kalkofen、Kieselberg和Grainhübel。由此向南，便是进入中哈尔特地区第一批酒村之一的鲁佩尔茨堡（Ruppertsberg），村里最优质的地块——Gaisböhl、Linsenbusch、Reiterpfad、Spiess——全部位于坡度平缓、朝向适宜的山坡上，土壤结构复杂，出产的雷司令具有精致的矿物质风味。

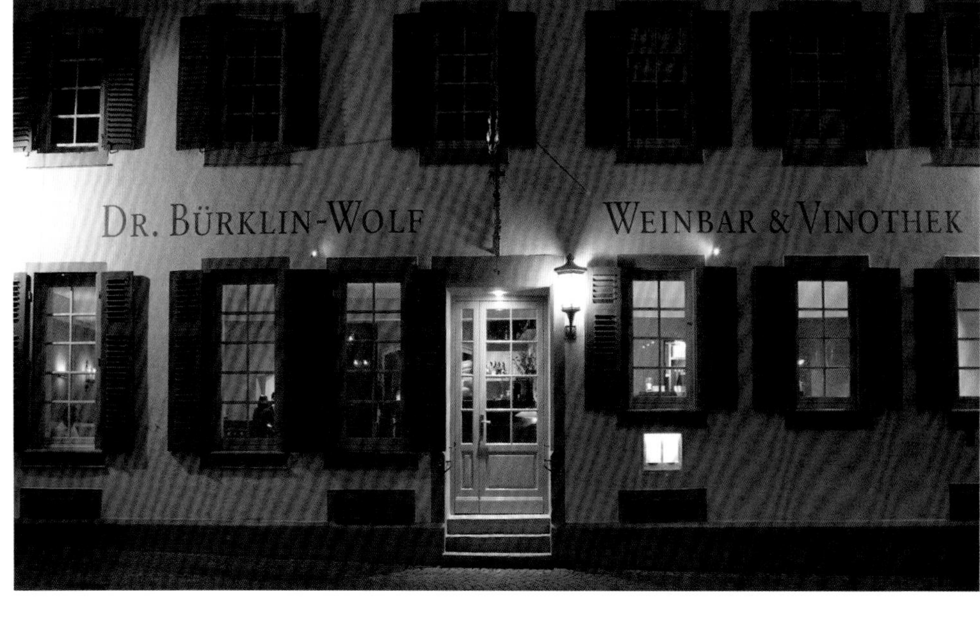

◁
布克宁-沃夫酒庄的葡萄酒吧和葡萄酒商店位于代德斯海姆村，就在熙熙攘攘的葡萄酒之路上，外观呈传统风格，似乎与其酿酒师笃信生物动力种植法的前卫形象并不相符。

从代德斯海姆村向北，就到了福斯特村（Forst），这个村庄在巴伐利亚（Bavarian）政府1828年的葡萄园分级中评分最高，以出产当地最优雅的葡萄酒而闻名。当地人喜欢将其葡萄酒与村中教堂那座高耸的优雅尖塔相提并论。福斯特村的顶级葡萄园位于保水性极佳的黏土土壤之上，而村庄高处的黑色玄武岩矿脉则为葡萄园提供富含钾元素且温暖的深色土壤，有时会被特别开采出来覆盖在其他葡萄园中，尤其是在代德斯海姆村。福斯特村最负盛名的葡萄园是Jesuitengarten，以及位于教堂后方、酒质同样杰出的Kirchenstück葡萄园。实力相当的同级葡萄园，还有大片土地为布尔酒庄所拥有的Freundstück、Pechstein以及Ungeheuer。乔治·莫斯巴赫（Georg Mosbacher）是福斯特村一位表现出色的酿酒人。

瓦肯海姆村是德国生物动力种植法最坚定的拥趸之一——布克宁-沃夫酒庄的所在地，它标志着中哈尔特地区传统核心地带的结束，这里有一连串非常著名的小型葡萄园。Böhlig、Rechbächel和Gerümpel是其中的一级园。瓦肯海姆村的酒款并不具有典型的丰润口感，它的伟大之处在于风味的沉稳与纯净。

巴特迪克海姆村是德国面积最大的葡萄酒村，共有约800公顷葡萄园。雷司令在此比较少见，只有两个品质最优的台地葡萄园米歇尔斯堡和斯皮尔堡（Spielberg）有少许产出。Pfeffingen是总部位于巴特迪克海姆村的优质酒庄，不过酒庄的大部分葡萄园都位于昂格施泰因村（Ungstein），除了精致的雷司令，还出产品质卓越的施埃博。德国品质最值得信赖的酒庄之一四季酒庄（Vier Jahreszeiten），几十年来一直是当地可靠的廉价酒生产者。巴特迪克海姆村香肠集市（Wurstmarkt）之于葡萄酒的地位，等同于慕尼黑啤酒节（Munich Oktoberfest）之于啤酒的地位——它是全世界最大的葡萄酒节，于9月中旬的两个周末举办，每年都有超过50万人参与其中。当地还有另外一个吸引游客的因素，这里有一个据说是全世界最大的葡萄酒桶，桶里还有一家餐厅，共有两层，可以同时容纳400人用餐。

下哈尔特地区

从巴特迪克海姆村向北就是下哈尔特（Unterhaardt）地区，很多年间，这里只有昂格施泰因村的南端及其顶级葡萄园威尔堡（Weilberg）和黑伦贝格的产酒有一定的声望。但是到了20世纪70年代末期，紧邻莱茵黑森南侧边界劳默斯海姆村（Laumersheim）的克尼普塞（Knipser）兄弟以及卡尔施塔特村（Kallstadt）Koehler-Ruprecht酒庄的伯纳德·菲利比（Bernd Philippi）开始在此酿造品质惊人的干型雷司令和橡木桶培育的黑皮诺。其他酒庄起初只是谨慎地观察他们的先锋性尝试，直到20世纪90年代，才有一些年轻酿酒人如格林施塔特村（Grünstadt）的高卢（Gaul）、劳默斯海姆村的菲利普·库恩（Philipp Kuhn）和金登海姆村（Kindenheim）的奈斯（Neiss），开始跟随他们的脚步，酿造品质卓越的现代风格德国葡萄酒。

近年以来，加入下哈尔特地区这一阵营的，还有弗莱斯恩海姆村（Freinsheim）的Rings酒庄以及同样来自劳默斯海姆村的Zelt酒庄，正是Zelt酒庄让劳默斯海姆这个原本平平无奇的村庄成为葡萄酒爱好者钟情的圣地。来自劳默斯海姆村的Kirschgarten和Steinbuckel、大卡尔巴赫村（Grosskarlbach）的Burgweg、狄尔姆施泰因村（Dirmstein）的Mandelpfad、弗莱恩斯海姆村的Schwarzes Kreuz以及卡尔施塔特村的Saumagen和Steinacker等顶尖葡萄园的雷司令和黑皮诺，都有可能成为法尔兹这个北部区域最为闪耀的明星。同时，气候变化同样也令精心酿造的长相思、霞多丽、赤霞珠，甚至是西拉酒在市场上占有一席之地。

即使是采用白葡萄酒的酿造工艺、经过长时间浸皮的橙酒，法尔兹众多负有盛名的酿酒人也都已经有所尝试。这个地区早已没有任何保守可言。

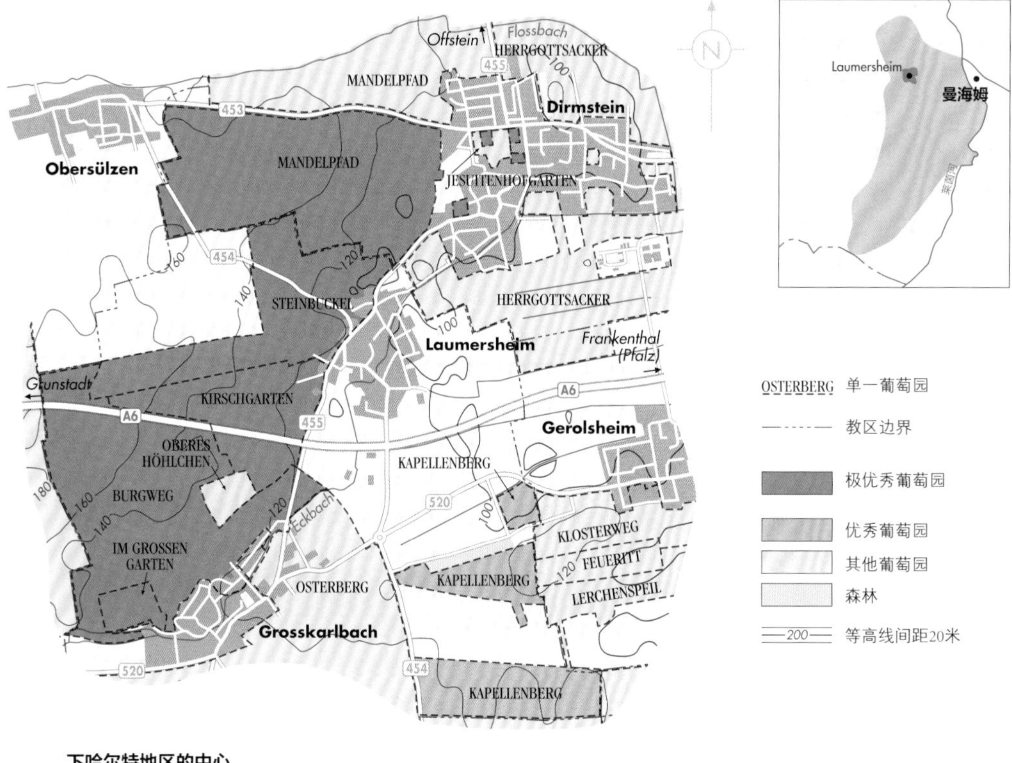

下哈尔特地区的中心

在当地酿酒人的努力下，劳默斯海姆村附近区域出产的葡萄酒已经能够媲美中哈尔特地区。

巴登和符腾堡 Baden and Württemberg

黑森山道是德国最小的葡萄酒产区（第223页有该产区的全貌）。巴登和符腾堡的葡萄园面积加在一起是它的60倍。

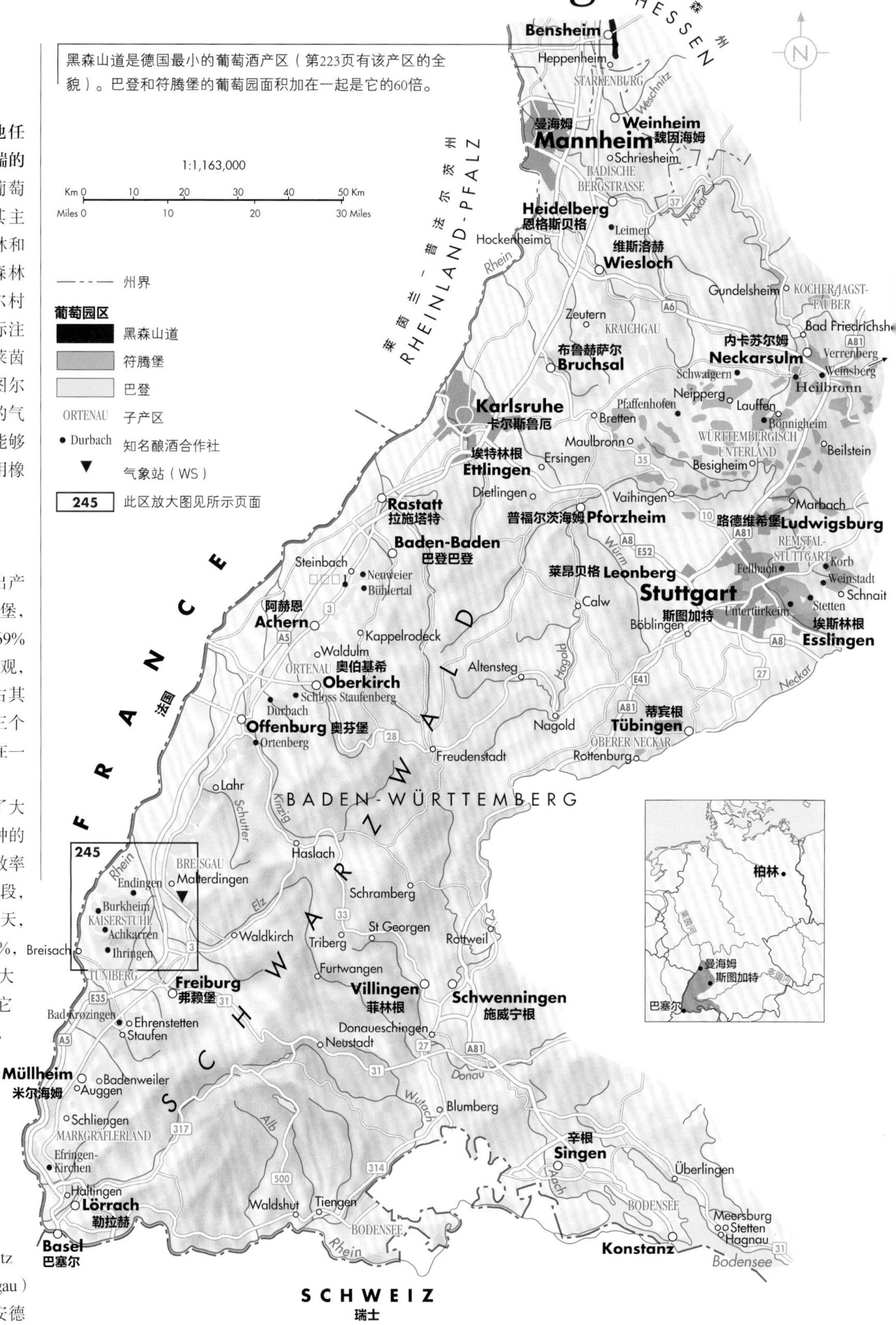

气候变化带给德国的益处，比带给其他任何葡萄酒生产国的都要多。对于位于其最南端的产区巴登来说尤其如此。巴登三分之二的葡萄园都围绕在黑林山（Black Forest）四周，其主体是一个约130千米宽的狭长地带，位于森林和莱茵河之间。其中最好的地块不是分布在森林高地的优质南向山坡上，就是在凯泽斯图尔村（Kaiserstuhl）中。所谓的"皇帝座椅"区域标注在对页的地图上，包含一座死火山残骸，在莱茵河谷中部的高地形成一座孤岛。围绕凯泽斯图尔村的区域拥有德国最高的年平均气温。这里的气候非常适合种植各种颜色的皮诺品种，并且能够稳定地出产酒体饱满的干型葡萄酒，通常采用橡木桶培育，能够搭配滋味浓郁的食物。

红葡萄品种的上升

在所有的德国葡萄酒产区中，只有阿尔出产红葡萄酒与其他葡萄酒的比例高于巴登和符腾堡，在后两者的葡萄园总面积中，分别有41%和69%种植红葡萄品种。德国的黑皮诺种植量相当可观，其中几乎半数都在巴登。巴登种植的黑皮诺占其葡萄种植总面积的35%，相当于排在其后的三个葡萄品种——米勒-图高、灰皮诺和白皮诺加在一起的总种植面积。

20世纪后半叶，巴登的葡萄酒产业经历了大规模的重组，既包括实质性的重新整建难以耕种的陡坡葡萄园，也包括从制度层面上改变巴登由效率超高的酒农合作社主导的面貌——曾有一个阶段，当地每年高达九成的产量都由合作社经手。今天，酒农合作社的葡萄酒产量所占比例已经降至70%，不过目前当地最主要的生产者，仍然是规模庞大的巴登酒农合作社（Badischer Winzerkeller），它位于莱茵河畔边境小镇布莱萨赫（Breisach），介于弗赖堡市（Freiburg）和阿尔萨斯之间，是折扣商店和超市的重要葡萄酒供应商。

从20世纪80年代起，德国对于干型葡萄酒的需求快速增长，于是独立酿酒人开始向邻国法国汲取灵感，但是起初由于缺乏经验，酿出的酒款通常不尽如人意：过度萃取，过度使用橡木桶，葡萄也过于成熟。一些比较前卫的酒庄，比如凯泽斯图尔村的Fritz Keller、Dr Heger和Bercher，布莱斯高村（Breisgau）的Bernhard Huber，杜尔巴赫村（Durbach）的安德鲁斯·莱贝尔（Andreas Laible）以及奥贝罗威村（Oberrotweil）的Salwey，比其他酒庄更为快速地精确掌握个中诀窍，采用勃艮第的酿酒工艺和克隆品种，成功酿出风格优雅的黑皮诺和霞多丽酒，鲜有令这些勃艮第品种失色的情况。

凯泽斯图尔村和图尼堡村（Tuniberg）组成了位于巴登南部的另一个核心区域，提供整个巴登三分之一的葡萄酒产量。这里主要的土壤种类是黄土，大多数口感最为细腻的黑皮诺红葡萄酒以及酒体饱满的灰皮诺白葡萄酒则都出自火山土壤，风味浓郁。而在袖珍小镇恩丁根（Endingen），施奈德家族酿出了纯净的霞多丽和精致的黑皮诺酒，而且价格公道合理。由此向东即是布莱斯高村，来自马尔特丁根村（Malterdingen）的朱利安·雨博（Julian Huber），即已故的伯恩哈德（Bernhard）之子继承了父亲酿造黑皮诺酒的遗志，但是酿出的酒款风格要比父亲的略显清新。

由此向北，在巴登巴登市（Baden-Baden）的黑森林温泉以南，就来到巴登第二重要的葡萄园集中地——奥特瑙村（Ortenau）。雷司令是这里的旗舰白葡萄品种，当它种植在花岗岩土壤中时，

凯泽斯图尔村和布莱斯高村

巴登优质葡萄酒生产的核心地带出产一部分德国香气最复杂、酒体最饱满的黑皮诺、灰皮诺和白皮诺。阿尔萨斯与其隔莱茵河相望。

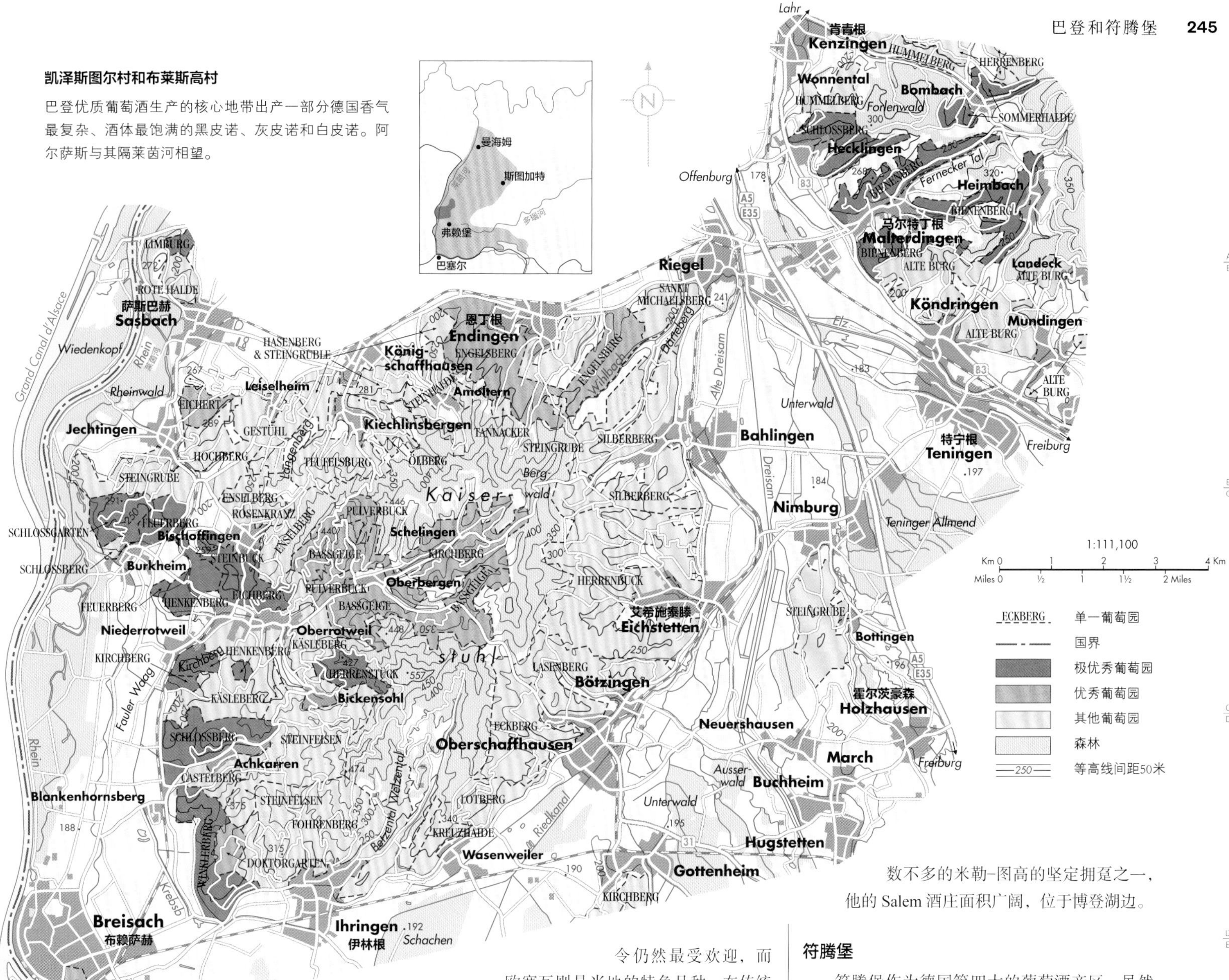

数不多的米勒-图高的坚定拥趸之一，他的 Salem 酒庄面积广阔，位于博登湖边。

能够出产精致而如水晶般清透的酒款，充分体现土壤的特色。安德鲁斯·莱贝尔酒庄和 Neuweier 酒庄是当地领先的生产者，而 Enderle & Moll 酒庄令人膜拜级别的黑皮诺酒产量极低，完全无法满足市场的需求。

继续向北，克莱希高村（Kraichgau）类型丰富的土壤能够出产非常多样的葡萄品种，但是雷司令仍然最受欢迎，而欧塞瓦则是当地的特色品种。在传统大学城海德堡市的近郊，巴登山道地区（Badische Bergstrasse）以 Seeger 酒庄出产的各种皮诺的酒款最为著名。

来到最南边的马克格拉斐兰德地区（Markgräflerland），这里是德国位于弗赖堡市和巴塞尔市（Basel）之间的角落，长期以来最受欢迎的葡萄品种一直是古德尔（Gutedel），这其实是夏瑟拉在当地的名字，它在邻国瑞士同样占据主导地位。这个品种酿出的酒通常比较清爽，有时风格过于收敛，不过埃夫林根-基兴村（Efringen-Kirchen）的汉斯彼得·齐雷森（Hanspeter Ziereisen）最近风头无两，他酿造的 Jaspis 104 古德尔，极受追捧。霞多丽在此同样如鱼得水，齐雷森以及巴特克洛津根-施拉特村（Bad Krozingen-Schlatt）的酿酒兄弟兼对手马丁和弗利茨·沃斯曼（Martin and Fritz Wassmer）都有名副其实的霞多丽酒出产。

产自整个巴登最南端的梅尔斯堡市（Meersburg）和博登湖附近的葡萄酒被称为“湖酒”（Seewein）。这是一种并不复杂的当地特产酒款，是用黑皮诺酿造的半干型桃红葡萄酒。梅尔斯堡-斯特滕村（Meersburg-Stetten）的奥弗里希特（Aufricht）是这个区域的领军人物，能够酿出极其细腻的皮诺酒款。巴登侯爵（Markgraf von Baden）是德国为

巴登：蒙丁根市（MUNDINGEN） ▼

纬度 / 海拔
48°N/ 201米

葡萄生长期的平均气温
15.6℃

年平均降水量
884毫米

采收期降水量
9月：79毫米

主要种植威胁
春霜、冰雹

主要葡萄品种
红：黑皮诺；
白：米勒-图高、灰皮诺、白皮诺、古德尔

符腾堡

符腾堡作为德国第四大的葡萄酒产区，虽然葡萄园的规模相当庞大，但是在国外的名声始终没有在德国国内的名声大，好在当地顶级酒庄近年来凭借旗舰品种林伯格（Lemberger）踉踉跄跄地取得了些许进步，逐渐吸引了国际市场的注意力。从葡萄酒本身的品质来说，诸如 Aldinger 和 Rainer Schnaitmann 等酒庄，能够成熟运用林伯格，它们在 Fellbacher Lämmler 葡萄园中出产的林伯格能够媲美德国最优质的黑皮诺，Dautel、Haidle、Graf Neipperg 等酒庄的酒款同样如此，Wachtstetter 的品质也与他们相差不远。

符腾堡有 20% 的葡萄园种植的是深色品种托林格（Trollinger），又称同棋亚娃，它能够稳定地出产口味简单的红葡萄酒，主要供当地人饮用，仍然是当地种植面积最广的品种，不过产酒更具品质的雷司令已经迎头赶上。

符腾堡也出产一些非常值得关注的黑皮诺酒，伯恩哈德·埃尔旺格（Bernhard Ellwanger）和尤尔根·埃尔旺格（Jürgen Ellwanger）酿造的酒款便可证明。符腾堡的气候比巴登更具大陆性特点，所以选择地块非常关键。

◁
巴伐利亚州立酒庄位于宏伟的维尔茨堡王子府邸（Würzburg Residenz）下方，其巴洛克风格的华丽天花板是由意大利著名壁画大师提埃坡罗（Tiepolo）所绘，而其庭院则是由本地艺术家约翰内斯·齐克（Johannes Zick）设计的。

弗兰肯 Franken

无论是从地理上，还是从与众不同的独特传统来看，弗兰肯在德国葡萄酒中都是非主流的存在。

弗兰肯所在的位置是以啤酒为中心的、曾经的巴伐利亚王国所在之处，这使得当地国营酒庄的酒窖十分奢华显赫。弗兰肯不同于其他产区之处还在于，这里的西万尼酿出的葡萄酒反而比雷司令更加杰出，而且长久以来一直专注于出产干型葡萄酒。

石头酒（Steinwein）一名一度被滥用于所有弗兰肯出产的葡萄酒。石头园（Stein）其实是弗兰肯位于美因河沿岸的葡萄酒之都维尔茨堡市（Würzburg）最负盛名的葡萄园。

石头园因出产陈年潜力惊人的葡萄酒而闻名。产自所谓千年一见的年份——1540年的石头园葡萄酒，到了20世纪60年代居然仍旧能喝（当然也只是能喝而已）。这个年份最后仅存一瓶的酒现保存在维尔茨堡圣灵市民福利院酒庄（Bürgerspital Würzburg），放在玻璃橱窗后面受到严密保护，可供参观。这些酒当然至少是逐粒精选酒级别，极其浓甜。弗兰肯如今已经很少出产这种珍稀的葡萄酒。实际上，当地只有不到10%的产量才是干型或半干以外风格的酒。大多数弗兰肯葡萄酒都非常容易识别，而且很难放置在常用的葡萄酒货架上，因为它们采用的是被称为大肚瓶（Bocksbeutel）的特殊扁瓶。

弗兰肯是明显的大陆性气候类型，但是气候变化却大大解决了当地生长季节过短的问题。在弗兰肯，1996年是雷司令迄今为止最后一次出现无法完全成熟的情形。而西万尼近年来往往已经具备高浓缩度和高酒精度，酒体结实得堪比奥地利瓦豪（Wachau）的酒款。

遗憾的是，即使是在弗兰肯，米勒-图高直到2017年仍然是种植最为广泛的葡萄品种。米勒-图高的种植面积虽然在持续缩小，但是弗兰克与弗雷酒农协会（Frank & Frei）还在不断努力，旨在将这个品种酿成清脆解渴的干型酒款。

西万尼是称霸弗兰肯的传统品种，越来越受到酒农欢迎，他们越来越关注这个品种在弗兰肯，尤其是在黏土石灰岩土壤中的巨大潜力。在气候变化开始之前，西万尼常常发芽较早，因此只能种植在特别优质的地块，但是现在它的种植范围已经极大地扩展，并且能够酿出品质优越、广受喜爱的酒款，酸度不会太高，而且足以体现当地风土的差别，陈年潜力颇佳。

芬芳扑鼻的巴克斯葡萄被视为弗兰肯能够媲美长相思的品种。西万尼和雷司令的杂交品种、晚熟的雷司兰尼（Rieslaner）也能在弗兰肯出产一些口感细致的甜型葡萄酒。红色杂交品种多米娜（Domina）和丹菲特已经不再像曾经那样受到酒农的青睐。黑皮诺和雷司令虽然各自只占当地总产量的5%，但是其中最优质的酒款却能实实在在地给人惊喜。

弗兰肯的中心地带

弗兰肯葡萄酒生产的中心地带位于美因戴翰艾克地区（Maindreieck），沿着美因河蜿蜒的河道形成的模糊三角形，从维尔茨堡市上游的埃舍恩多夫村（Escherndorf）和诺德海姆村（Nordheim）开始，向南到达弗里肯豪森村（Frickenhausen），接着重新向北穿过维尔茨堡市下游的整个流域以及哈默尔堡镇（Hammelburg）附近的外围区域。埃舍恩多夫村因其著名的Lump葡萄园以及霍斯特·萨奥尔（Horst Sauer）及其邻居莱纳·萨奥尔（Rainer Sauer）等极具天赋的酿酒人而从众多酒村中脱颖而出。让这些散乱的南向山坡显得与众不同的，是一种在德国被称为壳灰岩（Muschelkalk）、富含贝壳化石的特殊石灰岩。究其源头，它与夏布利的启莫里阶黏土或者桑塞尔的一些土壤类型相去不远，这种土质能够让葡萄酒拥有极其高贵、优雅的感觉。

上层土壤的多样性使得不同地块出产的葡萄酒体现出细微的不同风格。著名的维尔茨堡石头园以其极高的化石含量著称，而Innere Leiste葡萄园则覆盖着较为深厚的腐殖土。在与其邻近的兰德尔萨克村（Randersacker），著名的Teufelskeller葡萄园有着独一无二的上层土壤，由铁、铜和锌的微粒组成。而到了旁边的Pfülben葡萄园，则是石灰岩覆盖在三叠纪黏土和泥灰岩的混合土壤上方。这些地块在当地的著名酒庄比如圣灵市民福利院、尤丽叶（Juliusspital）、Schmitt's Kinder、石头园、路德维希·克洛尔（Ludwig Knoll）手中，总是能够出产当地最为优质的葡萄酒。其中名字冗长复杂的路德维希·克洛尔，还在维尔茨堡市下游出产一款同样名为石头园的葡萄酒，这个石头园位于卡尔施塔特市（Karlstadt）附近的斯特滕村（Stetten）。

如果葡萄酒爱好者去弗兰肯游览，都应该去维尔茨堡市看一看，这里是世界上最伟大的葡萄酒城市之一，在市中心有三座壮丽的酒庄，分别隶属巴伐利亚州（巴伐利亚州立酒庄）、教会慈善机构即最近再度复苏的尤丽叶福利院，以及市政慈善机构即圣灵市民福利院。此外，维尔茨堡市还是上文提到过的克诺尔家族旗下石头园酒庄的所在地，该酒庄品质杰出，占地约27公顷。巴伐利亚州立酒庄位于前任王子主教的宏伟府邸下方，仅凭其天花板（参见上图）就值得前往一游。此外，还有一座壮丽的马林堡贮立在种满葡萄树的山坡上，一座巴洛克风格的秀美桥梁，以及隶属这些古老机构、人气爆棚的葡萄酒吧（Weinstuben），那里所有的酒款都能绝妙地搭配各种美食。

1:700,000

Km 0 10 20 Km

Miles 0 5 10 Miles

州界

MAINDREIECK 子产区

• Iphofen 知名葡萄酒合作社

海拔400米以上的土地

维尔茨堡市的石头园极其著名，因而当地的葡萄酒都以其为名。

弗兰肯葡萄酒产区

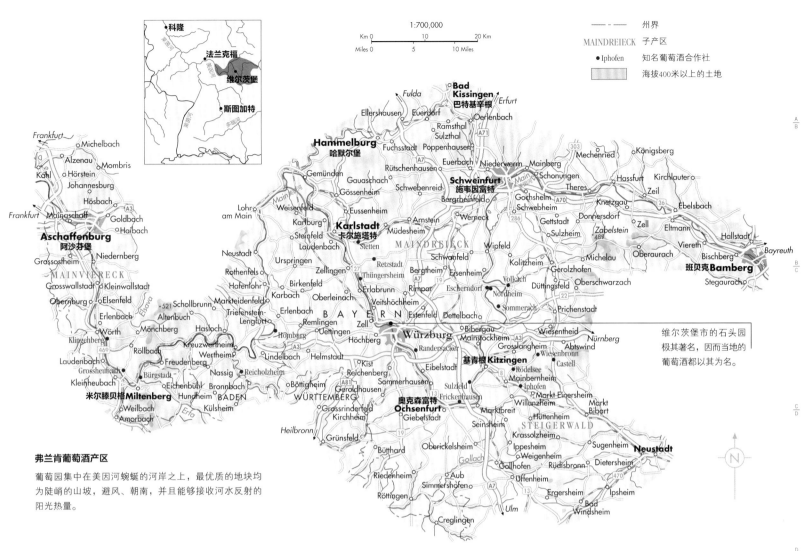

葡萄园集中在美因河蜿蜒的河岸之上，最优质的地块均为陡峭的山坡，避风、朝南，并且能够接收河水反射的阳光热量。

位于西部更下游的美因四边形地区（Mainviereck），土壤类型是砂岩上面覆盖较轻的壤土。这里的葡萄种植面积虽然小了很多，但是一些历史悠久的陡坡葡萄园，比如植被类似地中海地区的 Homburger Kallmuth 葡萄园，因为气候足够温暖，也能出产品质超群、值得陈年的佳酿。

红色土壤上的红葡萄酒

美因四边形地区同时也是弗兰肯的红葡萄酒产区，黑皮诺及其早熟变异品种——早熟皮诺都能在这块极其干燥的红色砂岩台地上有相当不错的表现。在德国有红葡萄酒魔术师之称的鲁道夫·福斯特（Rudolf Fürst）以及冉冉升起的新星本尼迪克特·巴特斯（Benedikt Baltes）都驻扎于此。

在东部的施泰格林山（Steigerwald）地区，由于山丘上布满适合耕作的农田以及广阔壮丽的橡树森林，葡萄树在此几乎没有容身之地。由石膏和泥灰岩构成的陡峭山坡因出产风味极其浓郁的葡萄酒而著称。当地有一部分最为精致的酒款来自以下村庄：汉斯·维尔盛（Hans Wirsching）和约翰·鲁克（Johann Ruck）所在的伊夫芬村（Iphofen），保罗·韦尔特纳（Paul Weltner）所在的勒德尔塞村（Rödelsee），森瑟夫·朗克特（Zehnthof Luckert）所在的苏尔茨费尔德村（Sulzfeld），以及以葡萄酒庄而闻名的卡斯特村（Castell）。

▷
巴伐利亚州立酒庄位于维尔茨堡王子府邸下方，最近经过翻新，设有专门的陈列柜，展示弗兰肯独特的酒瓶——大肚瓶。

欧洲及亚洲其他产区
The Rest of Europe and Asia

位于萨里郡的丹比斯酒庄是英格兰最大的单一葡萄园酒庄。该酒庄对参观人数做了限制，虽然这一做法如今很普遍，但是丹比斯酒庄早就这样做了。

英格兰和威尔士 England and Wales

气候变化对不列颠群岛的葡萄种植业的影响是正面的。

到 2019 年，在英国整个国家的南部遍布 2900 公顷的葡萄园，对此，英格兰的葡萄种植者充满信心，他们背后越来越多的精明投资者也充满信心。这里的葡萄园主要集中在东南部的几个郡，如肯特郡、东萨塞克斯郡、西萨塞克斯郡、汉普郡和萨里郡。从南部到西南部各郡、沿着泰晤士河和塞文（Severn）河谷，在东安格利亚（East Anglia）这个英格兰最干燥的地区，以及在南威尔士甚至多雨的爱尔兰，还有共 600 多个小葡萄园，许多都运作得非常专业。

在英格兰，平均每家酒庄拥有的葡萄园面积是 3.75 公顷，许多甚至是规模较大的酒庄的主要业务是向旅游者卖酒。因为英国气候变化无常，超过 145 家酒庄的葡萄产量会有较大的起伏，但平均年产量也能超过 500 万瓶。尽管生产起泡酒的先行者尼丁博（Nyetimber）的自有葡萄园是面积最大的（分别位于西萨塞克斯、肯特以及汉普郡的白垩地带，达到 257 公顷），但最大的葡萄酒生产商是 Chapel Down Wines，它的葡萄既有来自自家葡萄园的，也有从外面收购的。至少有两家大型香槟公司加入了投资英格兰葡萄酒的队伍。

大约 80% 的英格兰葡萄酒是白葡萄酒，剩下的 20% 中大多为桃红葡萄酒。香槟品种霞多丽、黑皮诺和莫尼耶皮诺的种植面积已经占到葡萄种植总面积的 61%，而且随着新葡萄园的种植和老葡萄园的调整，预计这些品种的种植规模将会达到葡萄种植总面积的 75%。上一次的葡萄园普查是在 2018 年进行的，结果显示，葡萄品种的种植面积排序，从大到小依次是霞多丽、黑皮诺、巴克斯、莫尼耶皮诺、白塞瓦（Seyval Blanc）、雷昌斯坦纳（Reichensteiner）、隆朵、索莱莉、米勒-图高。有些清淡的红葡萄酒和日益增多的优质桃红酒（尤其是起泡酒）是用黑皮诺和莫尼耶皮诺酿造的，其余的红葡萄酒和粉红葡萄酒用的是浅红色的隆朵以及皮诺。

跨越海峡的起泡酒

英格兰最引以为傲的是其瓶中发酵的起泡酒，当中之佼佼者大多酿自香槟葡萄，且售价可与香槟相当。英格兰唐斯（Downs）地区的白垩土和香槟地区的差异不大，那里生产出了一些最优秀的英格兰起泡酒。不过也有一些同样出色的起泡酒产自湿沙和其他土壤。夏季的气温已变得越来越高，时间也越来越长。加糖在过去是常规操作，但进入 21 世纪以来自然糖度有上升之势，在最成熟的年份里甚至根本不需要加糖。一般来说，如果在生长季较为温暖、田间管理和酿造技巧得当、经验和设备俱佳的情况下，许多酒庄几乎每年都能酿出非常不错的葡萄酒——酒款具有一种像苹果那样明显的清新的酸度，或是像果园那样的清新。进口的葡萄酒会便宜些，但是如今英格兰和威尔士出品的酒，尤其是那些起泡酒，有其独特的清爽、鲜明的果香和活泼的风格，而且在瓶中陈年后（通常需要这样）还会更加出色。

英格兰：东莫林（EAST MALLING）▼

纬度 / 海拔
51.29°N/ 32米

葡萄生长期的平均气温
14.1℃

年平均降水量
648毫米

采收期降水量
10月：74毫米

主要种植威胁
结果率低，寒冷年份酸度太高，产量低

主要葡萄品种
白：霞多丽、巴克斯、白塞瓦、雷昌斯坦纳；
红：黑皮诺、莫尼耶皮诺、隆朵

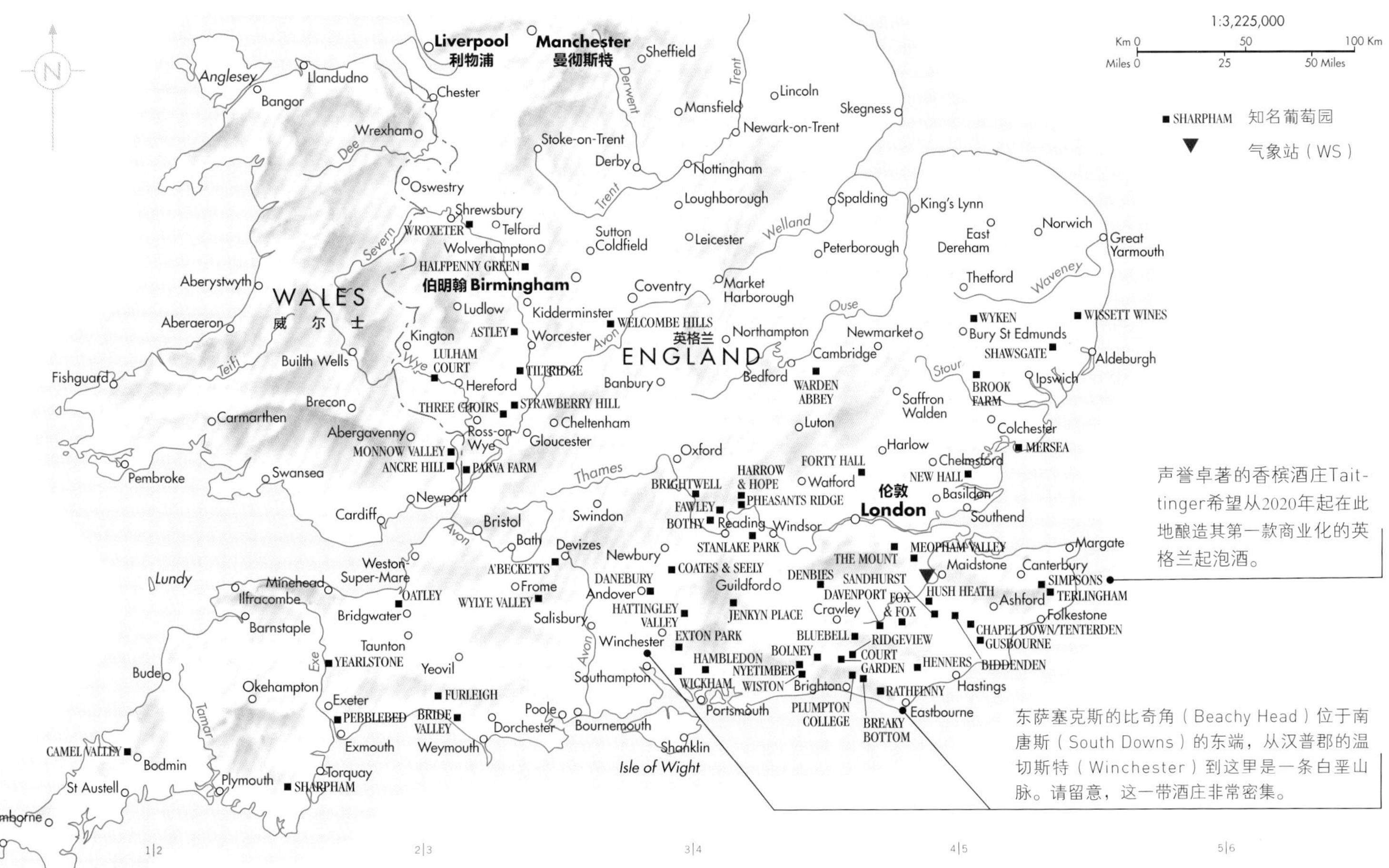

声誉卓著的香槟酒庄Taittinger希望从2020年起在此地酿造其第一款商业化的英格兰起泡酒。

东萨塞克斯的比奇角（Beachy Head）位于南唐斯（South Downs）的东端，从汉普郡的温切斯特（Winchester）到这里是一条白垩山脉。请留意，这一带酒庄非常密集。

△
欧洲两条伟大的葡萄酒之河起源于瑞士境内的圣哥达山，莱茵河朝北流向德国，罗讷河朝西进入法国。

瑞士 Switzerland

如今的葡萄酒世界，比以往任何时候都更加开放，人们也充满着好奇，但即使如此，瑞士的葡萄酒依然鲜为外人所知。只有1%的瑞士葡萄酒会出口到国外，而来到此地的游客接触到的一般都是些大路货而非精品。很少有人知道，在这个面积如此小的国家里居然种植着250多种葡萄。

瑞士人是狂热的葡萄酒爱好者，65%的需求要通过进口来满足——包括大量的勃艮第佳酿。在瑞士，以其物价水平酿制任何类型的葡萄酒，都注定是昂贵的。在这片富庶安乐之地，永远不可能生产出有价格竞争力的大众商品。生产者们对此心知肚明，于是越来越多地把心思放在酿造一些个性化的葡萄酒上。这并不会太困难，因为每一块葡萄园，几乎每一种葡萄，都被视为是独特的，并由独特的人来打理。瑞士的葡萄种植面积达到14 748公顷（如此精确的数字就很“瑞士”），被分割到成千上万兼职或全职的葡萄种植者手中。葡萄园看上去非常精致，且大多数园子的景色引人入胜，因为它们就如花园一般地被精心修整而非纯商业耕作。

这里的人对葡萄树悉心照料，并采用了先进的灌溉技术，特别是在瓦莱州（Valais）的干旱地区，以至于瑞士的单位葡萄产量常常与德国的产量一样高。虽然葡萄园的地势陡峭，生产成本也高，但因为产量大，酿造时还可视需要加糖，他们让葡萄种植获得了较好的利润。在酿造过程中，为了降低过于尖锐的自然酸度，苹果乳酸转换是惯常的做法（这与德国或奥地利不同）。然而，自从引入了AOC体系后（详见对页辅文），单位产量受到了限制，苹果乳酸转换在酿造白葡萄酒时不再是常规做法。

瑞士的葡萄品种

到目前为止，在瑞士种植面积最大的葡萄品种是皮色浅白的夏瑟拉，这是一个完全中性的葡萄品种，事实上，在别的地方，它通常就是一种鲜食葡萄。然而，在瑞士西部法语区的那些最受欢迎的葡萄园，这个品种表现出了真正的个性，甚至表达出了一点儿风土的特征。在东部的德语区，米勒-图高是最重要的白葡萄品种，这个品种最初是由瑞士的米勒博士（Dr Müller）在图尔高州（Thurgau）用雷司令和皇家玛德琳（Madeleine Royale）杂交而成的。在其他地方，它被错误地称为雷司令-西万尼 或雷司令 × 西万尼，主要是因为其他州的人不愿意让他们的酒标上出现图尔高这个州名。

但这个国家最有趣和最原汁原味的葡萄酒，是用那些具有悠久历史的特色葡萄品种酿成的，这些特色品种可列出长长的一大串名单：在瓦莱州，白葡萄品种有小奥铭、艾米尼（Amigne）、白玉曼（Humagne Blanc）、Païen［或海达（Heida）］和瑞兹（Rèze），红葡萄品种有科琳娜（Cornalin，或Rouge du Pays）和红玉曼（Humagne Rouge）；在瑞士东部地区，有康普利特（Completer）以及古老的德国品种罗诗灵（Räuschling）和爱博灵；在提契诺州（Ticino）以及瑞士南部地区，具有历史特色的红葡萄品种是邦多拉（Bondola）。在这些品种当中，小奥铭、康普利特以及科琳娜都可被用于酿制一些非常优质的葡萄酒。若有机会，值得一尝。

葡萄园中还可以见到一系列新的瑞士品种，它们是用流行的欧洲种杂交而成的，比较知名的是被用于酿造红葡萄酒的格美莱（Gamaret）、Garanoir、Diolinoir以及Carminoir。有些种植者（尤其是在东部）一直以来种植着一些抗病害杂交品种，比如莱根特和索莱莉。

高山上的葡萄树

瑞士拥有一些欧洲海拔最高的葡萄园，世界上两条伟大的葡萄酒之河——莱茵河与罗讷河边上的第一个葡萄园，都在这里。莱茵河与罗讷河，都起源于高耸的圣哥达山（St-Gotthard Massif），且两者靠得非常近（见上）。

超过五分之四的瑞士葡萄酒产自瑞士的法语区。瓦莱州的产量最大，其次是沃州（Vaud），再往后一点是日内瓦州（Geneva）。在第252页中，它们会被详细介绍。瑞士葡萄酒促进会（Swiss Wine Promotion）是一个全国性的市场推广组织，它正式将瑞士的葡萄酒产区划分为六个，依重要性分别是：瓦莱州、沃州、德语区（German Switzerland或Deutschschweiz）、日内瓦州、提契诺州和三湖泊区（Three Lakes或Trois Lacs）。这

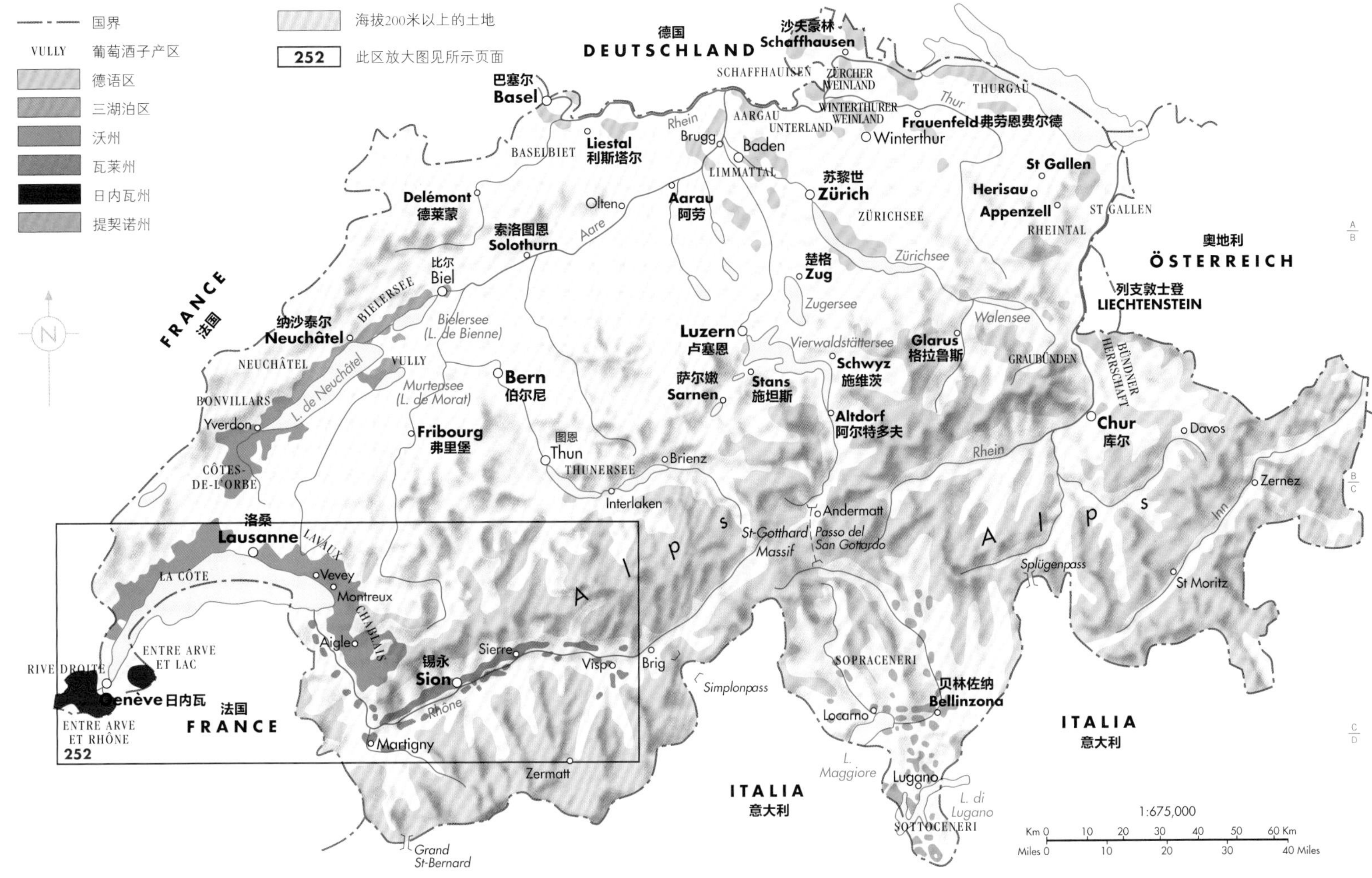

些产区的主要葡萄园在地图上都可以找得到。

瑞士的**德语区**共有17个州，统一叫German Switzerland，都生产葡萄酒，产量占全国的17%。大部分葡萄园位置偏远，但光照条件较好，所种的黑皮诺（这个品种是17世纪从法国引进的）能够成熟。黑皮诺的品质在不断提升，优异者来自阿尔高（Aargau）、苏黎世（Zurich）、沙夫豪森（Schaffhausen）和图尔高等州，以及格劳宾登州（Graubünden，又叫Grisons）的Bündner Herrschaft（阿尔卑斯山北坡上温暖的秋风有助于这里的葡萄成熟）。

瑞士唯一一个雄心勃勃的年轻酿酒师协会Junge Schweiz-Neue Winzer，是阿尔高、苏黎世、图尔高和格劳宾登这几个州组成的。在这几个州，你可以发现一些瑞士最优秀的灰皮诺、白皮诺和霞多丽酒。像Gantenbein、Donatsch和Studach这样一些酒庄所酿造的葡萄酒出类拔萃。古老的品种罗诗灵如今已在其莱茵高的诞生地消失，只仅存于苏黎世湖区（Lake Zürich）附近。在人们喜欢的格劳宾登州，古老稀有的白葡萄品种康普利特是其特产，用它酿出的葡萄酒，酸度和酒精感都较为复杂、层次丰富。

在意大利语区**提契诺州**，只酿造红葡萄酒，主要品种是梅洛，这是1906年从波尔多引进的，在那之前整个产区的葡萄藤尽被根瘤蚜虫摧毁。最优秀的梅洛栽种在阳光充足的山坡上，轻微的地中海气候和全国最高的降水量让其长势良好，其丰满华美可媲美波美侯的同一品种。梅洛已几乎挤掉了古老的本地红葡萄品种邦多拉。为解决当地没有白葡萄品种酿造白葡萄酒的问题，自1986年以来，由位于门德里西奥（Mendrisio）的Gialdi公司开了个头，这里用皮色呈黑的梅洛葡萄酿造了白葡萄酒白梅洛（Merlot Bianco）。如今，提契诺州接近四分之一的梅洛葡萄被用于酿造白葡萄酒。

在瑞士西北部，葡萄园在**三湖泊区**上面的朝南山坡上，种植的葡萄品种有两个：一个是夏瑟拉，这是一个清淡的品种，常常要用轻轻的气泡让其活跃起来；另一个是黑皮诺，纳沙泰尔州（Neuchâtel）著名的粉红葡萄酒Oeil de Perdrix就是用它来酿造的。黑皮诺在这里还被用传统法酿造出了高品质的起泡酒。在1月的第三个星期三，一些纳沙泰尔州的酒庄会推出一种未经过滤的夏瑟拉葡萄酒，这是一个有别于平常的热门酒款。紧邻纳沙泰尔州东北部的比尔（Bielersee）湖北边的产区，其葡萄酒风格与纳沙泰尔州的非常接近，有些产自Schafis、Ligerz及Twann等村庄上方小片葡萄园的黑皮诺质量非常好。Murtensee以北的葡萄酒风格更像位于其南部的沃州的葡萄酒，特别是在软砂岩沉积的威邑（Vully）地区，有些优秀的夏瑟拉反映出了不同的风土特征。在威邑地区，琼瑶浆（在这里被称为Traminer）这个品种也很出名；同样出名的品种还有弗雷莎美（Freisamer），它又名Freiburger，这让人想起当地首府城市的名称弗赖堡或弗里堡（Fribourg）。

混乱的法定产区

瑞士有26个州，每个州都有葡萄园。第一个法定产区于1988年在日内瓦州建立。到2018年，瑞士全国有62个不同的AOC，除了内阿彭策尔州（Appenzell Innerrhoden，面积排名倒数第二），每个州至少有一个。这些AOC又再细分为州的、地区的和地方的AOC，比如，日内瓦州有1409公顷葡萄园，AOC就多达23个。根据联邦制度，每个州都有其自己的AOC规则，并要有相应的复杂解释。2017年，共有168个葡萄品种被正式批准可酿造AOC级别的葡萄酒，苏黎世州有85个之多，沃州有66个，瓦莱州有57个。如此繁杂的体系掩盖了地区和国家的特性。从2002年开始，瑞士将进入欧盟的AOP和IGP体系，届时，现在的复杂情形可能会被简化，但这仍解决不了在瑞士市场上的葡萄酒既有70cl装又有75cl装的问题。

瓦莱州、沃州和日内瓦州 Valais, Vaud, and Geneva

瓦莱州是个谷地，两边陡峭，这是远古时期的罗讷河在阿尔卑斯山上冲凿出来的。顺流而下，到了沃州，山坡转为和缓，河水当初在这里积聚，扩大成日内瓦湖。

如今，几乎是连绵不断的葡萄园，如一条长长的彩带，朝着南面，紧紧地依贴着罗讷河以及日内瓦湖的北岸。

瓦莱州简直就是一个种植葡萄和酿造葡萄酒的实验室。地势高的地方有着独特的高山气候，阳光充足，夏日干旱，造就了非常浓郁、成熟的葡萄酒。在主要的产地锡永市（Sion），平均雨量不到波尔多的三分之二，因此，瓦莱州的葡萄种植者自中世纪以来便使用着一条陡峭的水渠（被称为 bisses），引山水灌溉葡萄园。

罗讷河流域第一个种植葡萄的地方在布里格镇（Brig）附近，传统的品种有 Lafnetscha、Himbertscha、Gwäss（白高维斯）和海达（又叫 Païen），种植的历史可以追溯到 20 世纪初 Simplon 隧道竣工之前，而铁路的开通改变了瓦莱州的经济。这里的西南部是 Visperterminen 镇，在海拔 1100 米的高处，躺着一片欧洲最高的葡萄园，不远处的马特洪峰（Matterhorn）遮挡了阳光，其轮廓的影子落在了葡萄园。海达这个葡萄品种，在这里有出色的表现，集中度和饱满度都非常高。

河流差不多抵达谢尔镇（Sierre，瑞士最干燥的地方之一）时，便可见到大规模的葡萄酒生产，此情景一直顺流而下至马提尼镇（Martigny）。

瓦莱州的葡萄种植面积达到 4825 公顷，种植者约有 22 000 人，但只有 500 人是自己酿酒的。瓦莱州有将近五分之一的葡萄是交由强大的酿酒合作社 Provins 处置的。这里主要的白葡萄酒叫 Fedant，是用 Fedant（夏瑟拉在当地的名称）这个品种酿造的，看似强劲其实却很柔和。而主要的红葡萄酒叫 Dôle，是黑皮诺和佳美的混酿，中等酒体。传统的品种，如富含樱桃香气的科琳娜及粗犷的红玉曼，目前不仅被黑皮诺与佳美追上，还受到沿法国罗讷河谷地的原产地逆流而上的西拉的挑战。

本地的主角

在瓦莱州 14 个本地葡萄品种中，小奥铭获得了最广泛的成功，它兼具高酸度和浓郁的特色，在锡永市与马提尼镇之间相当干燥的气候条件下，表现堪称完美。瓦莱州的白葡萄酒风格通常都强而有力，无论是 Johannisberg（以西万尼葡萄酿造）、Ermitage（玛珊葡萄）、马勒瓦西（灰皮诺，有时也会用风干葡萄酿成 flétri 这种强劲的香甜酒）、霞多丽、艾米尼（Vétroz 村的特产）、白玉曼（和红玉曼酒款无关）或海达。谢尔镇的瑞兹葡萄，在阿尔卑斯山的安尼维尔（Anniviers）山谷的 Grimentz 村里，被用于在古旧的落叶松木桶中熟成，最后酿出来的是稀有的冰河葡萄酒（Vin du Glacier），与雪利酒或法国汝拉产区的黄葡萄酒有点儿类似。

沃州传统上是瑞士葡萄酒的中心，熙笃会修士在 900 多年前就从勃艮第将葡萄种植引入此地。

沃州的葡萄园与瓦莱州的有很大差异，这里没有高山强烈的光照，果实没有那么浓郁，但在湖区温和的气候下缓慢地成熟。尽管红葡萄酒的产量日益增长，但当地 60% 的种植面积种着的只有夏瑟拉这一个白葡萄品种——这在酒标上看不出来，因为沃州葡萄酒在酒标上只标注产地名。这个品种起源于日内瓦湖附近，过去在沃州被称为芬丹（Fendant），直到后来芬丹这个词只能为瓦莱州专用。单位产量相对来说较高，但一些湖边最好的葡萄园都在努力，希望用这个较为柔和的品种酿造出世界上最有特色的葡萄酒。

沙布莱（Chablais）是沃州最东端的葡萄酒产

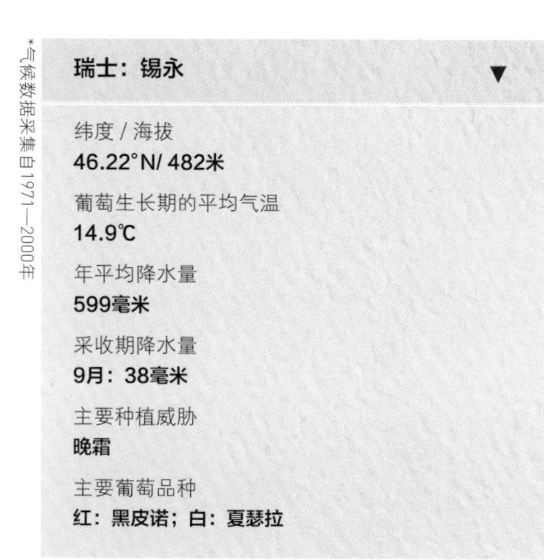

瑞士：锡永 ▼

纬度 / 海拔
46.22°N/ 482米

葡萄生长期的平均气温
14.9℃

年平均降水量
599毫米

采收期降水量
9月：38毫米

主要种植威胁
晚霜

主要葡萄品种
红：黑皮诺；白：夏瑟拉

*气候数据采集自1971—2000年

区，夏瑟拉在 Aigle、Ollon 与 Yvorne 等村可以达到最佳的成熟度。在湖北岸的拉沃［Lavaux，涵盖最东边的蒙特勒镇（Montreux）和洛桑之间的地区］的梯田式葡萄园，最初是由熙笃会修士于 11 世纪修建的，它们如此漂亮，以至在 2007 年被列入世界文化遗产名录。直射和通过湖面反射的阳光以及石阶辐射而来的热量，使得葡萄藤茂密生长，这里两个特级园（Calamin 和 Dézaley）享有至高的声誉。Calamin 园在艾佩斯村（Epesses）内，占地 16 公顷，全为黏土；毗邻的 Dézaley 位于普伊杜镇（Puidoux），占地 54 公顷，石灰岩含量较高。用这两个特级园的葡萄酿出的酒，Calamin 的带燧石味，Dézaley 的带烟熏味，但这些都是非常细微的差异。这两款酒都是极品，都可以在湖边的桌子上搭配煎得香喷喷的鲈鱼。

La Côte 的葡萄园没有那么壮观，它呈弧形展开，一边是洛桑的西部，一边是日内瓦城，当地最好的夏瑟拉葡萄酒出自 Féchy、Mont-sur-Rolle 和 Morges 这几个村。传统的 La Côte 红葡萄酒是萨瓦格尼（Salvagnin），用佳美和像 Servagnin（黑皮诺的当地克隆品种）这样的红葡萄品种混酿，也算是当地对于瓦莱州 Dôle 的回应。有一些很不错的梅洛和格美莱葡萄酒是新兴的。Plant Robert 是在拉沃产区存活下来的佳美在当地古老的克隆品种。

日内瓦州的葡萄园在湖的西南端，近年来的变化比瑞士其他地方都要大。佳美已经超越了夏瑟拉，成为目前最主要的品种，接下来是黑皮诺、格美莱及霞多丽。这里有三个主要的葡萄园区，其中规模最大的是 Mandement［萨蒂尼（Satigny）是瑞士最大的葡萄酒镇］，该区的夏瑟拉葡萄酒最成熟、味道最好。在阿尔沃河和罗讷河之间的葡萄园生产出来的酒比较温和，而产自阿尔沃河和日内瓦湖之间的酒则甜度较低，且颜色较淡。近年来，生产合作社 Cave de Genève 在改变着它的形象，要从日常餐酒的生产大户转变成为日内瓦州葡萄酒业复兴的重要代表。

如同在瓦莱州，这里也有一些充满雄心壮志的人士，他们设定了前进的步伐。这些人已经向世人表明，改革创新（例如种植梅洛与长相思）比因循守旧更可能获得成功。以风景如画的达尔达尼村（Dardagny）为例，它就大胆地种植了施埃博、克尔娜和 Findling，以及非常令人振奋的灰皮诺。

△
遥控飞机在拍摄葡萄园时可发挥很大作用，特别是在拍摄像瓦莱州这样鬼斧神工的葡萄园的时候。在亚高山地带，下午的阴影起到了重要的作用。

这个中世纪的村庄是葡萄园Vigne à Farinet的所在，只有0.000 161 8公顷，是世界上最小的葡萄园。赛永村（Saillon）同时又是著名的植物学家和葡萄遗传学家何塞·弗拉穆兹的出生地。

日内瓦湖和罗讷河

在第53页的法国地图上，可清楚地看到罗讷河在转向朝地中海之前是如何流经瓦莱州和日内瓦湖的，而这一路的两岸都是葡萄园。请留意瑞士境内朝南山坡的重要性，不过，凡事必有例外，菲斯普镇（Visp）就是一个例子。

奥地利
Austria

奥地利一系列非常纯净的葡萄酒有着自己独特精致的个性：有一种莱茵河的清新气息，或许还有多瑙河的炽烈和浓郁，但20世纪80年代末以前的奥地利葡萄酒基本上不是这样的。奥地利的葡萄酒经历了一场革命，一切都在向良性的方向发展。

更近期的一场革命是关于酒标的。经过与葡萄酒生产者密切磋商，奥地利葡萄酒管理部门已经制定了一些新规，最引人注目的是建立了奥地利产区管理（Districtus Austriae Controllatus，简称DAC）体系，对成功的产地和葡萄品种的组合做出特别识别（详见本页下方辅文）。在DAC产区酿造但又不符合相应的DAC要求的葡萄酒，可以使用宽泛的地区名称，比如下奥地利州（Niederösterreich）、施泰尔马克州（Steiermark）或维也纳州（Wien）。

奥地利大部分的葡萄酒，产自其最东部的维也纳周边地区。阿尔卑斯山脉的高度在这里不断下降，最后与横跨匈牙利的潘诺尼亚平原（Pannonian Plain）连接，形成各种各样的自然条件，板岩、沙土、黏土、片麻岩、壤土以及肥沃的黄土，不一而足。田地中，有干旱龟裂的，有终年苍郁的，多瑙河上方是崎岖峭壁，诺伊齐德勒湖区（Neusiedler See）则是一片平静的浅滩。

奥地利强烈的大陆性气候和相对适中的葡萄平均产量，往往使其葡萄酒比德国的更强壮有力。白葡萄酒的产量占了三分之二。本地的绿维特利纳（Grüner Veltliner）是招牌品种，占据主导地位，种植面积超过全国46 750公顷葡萄园的30%，但威尔士雷司令和雷司令也很重要。在红葡萄品种中，最有地方特色的是多汁浓郁的茨威格、有表现力和新鲜感的蓝佛朗克（Blaufrankisch）、如天鹅绒般柔顺的圣罗兰（Sankt Laurent），但它们都没有什么大的发展。

绿维特利纳这个品种，又叫“Grüner”或“GrüVe”，极其清爽，充满果味，酸度充足，余味在柚子和莳萝［常见于广阔的威非尔特（Weinviertel）地区］的香气之间。在好的产区（特别是维也纳的上游），经杰出酿酒师之手，它可以饱满浓郁、拥有迷人的辛香、带些许白胡椒的气息，且值得陈年。

东北部地区

后面四个页面的内容，会向你详细介绍一些奥地利最适宜种植绿维特利纳和雷司令的地区，之后还会让你了解一下在地理上很不一样的布尔根兰州（Burgenland）。新一代的酿酒师正在向世人表明，在这个国家所有的产区，包括在维也纳北部地域广、产量大的威非尔特产区，都可以酿出优质的葡萄酒。

威非尔特产区地势起伏、树木茂密，其巴洛克式教堂和美丽村庄，是欧洲中部的精华所在。斯洛伐克的山丘成了一道屏障，阻挡了东南部的潘诺尼亚平原的温暖气候对它的影响，所以此地出产的葡萄酒是奥地利最新鲜、最淡雅的。迈尔贝格镇（Mailberg）地处谷地，具有良好的屏障，黄土和沙地的宜人组合，让它生产出了一些最好的红葡萄酒。在迈尔贝格镇西部的Röschitz村附近，可以见到威非尔特产区所有的土壤类型：壤土、黄土、Manhartsberg花岗岩、石灰岩。随着一批年轻的杰出生产者的崛起，比如Poysdorf村的Ebner-Ebenauer、Ebenthal村的Herbert Zillinger和Röschitz村的Gruber家族，威非尔特产区已经重获新生。

尽管在特雷森谷（Traisental）和瓦格拉姆（Wagram）都是多种农作物并存的，但这两个产区都认真地种植了优质的绿维特利纳以及红葡萄品种红雅特利纳（Roter Veltliner，跟绿维特利纳没有什么关系）。特雷森谷产区的迈克斯·胡伯（Markus Huber）、Feuersbrunn的伯恩哈德·奥特（Bernhard Ott）以及Oberstockstall的卡尔·弗里茨（Karl Fritsch）是三位在全国都受到赞赏的葡萄种植者及葡萄酒酿造者。在维也纳郊区（严格上来说仍是在瓦格拉姆产区），有许多修道院的酒窖，全国著名的葡萄酒学校也坐落此地。

卡农顿（Carnuntum）产区位于多瑙河南面，其特产是简单易饮的红葡萄酒。在这里，主要的葡萄品种仍是绿维特利纳，最好的绿维特利纳葡萄来自Göttlesbrunn、Stixneusiedl和Höflein这三个村庄。Prellenkirchen镇和Spitzerberg镇是一个新的改良品种蓝佛朗克的热点。不过，总体来说，在卡农顿产区，茨威格和以茨威格为主的混酿葡萄酒仍然是主流。在该产区其他地方，冬天的严寒，或是夏天的酷热，都不利于葡萄藤的生长。穆尔-倪伯特（Muhr-van der Niepoort）正在挑战Gerhard Markowitsch作为卡农顿产区明星的地位，更往西一点的Johannes Trapl也紧追不舍。

没有哪个国家的首都如同**维也纳**这般亲近葡萄园，637公顷的葡萄园，有些见于居民区中心地带的电车轨道沿线，从城市周围的山坡一直延伸至维也纳的森林。多少年来，维也纳的那些酒农（现在有155人）主要是向当地的Heurigen（提供住宿的小酒馆，比如贝多芬当年在Mayer am Pfarrplatz的居所）供应相对简单、浅龄的葡萄酒，这些小酒馆都是由一些酿酒的人经营的。但是，进入21世纪以来，酿造口感更复杂严谨（如果不是更诱人的话）的葡萄酒成为一个趋势，特别是Gemischter Satz，它由生长在一个葡萄园的至少三个不同品种的葡萄酿造而成，并且无特别明显的橡木桶气息。传统的葡萄酒被赋予了新的形象，这也启示了其他产区，类似的混酿葡萄酒大有可为。

维也纳最好的葡萄园在多瑙河南岸的努斯堡镇（Nussberg）、北岸的比萨姆堡镇（Bisamberg）以及与温泉区（Thermenregion，以温泉而闻名）接壤的Mauer镇和Maurer Berg镇。温泉区产区在下奥地利州是最靠南的，也最炎热。温泉区产

DAC——奥地利的法定产区

奥地利一直以来都在努力建立一套与法国AOC相仿的法定产区体系，在2018年底，14个DAC获得了批准（见对页地图以及下文）。相关机构对每一个DAC都列明了严格的条件，包括在这里列出的最能代表该产区或子产区的是哪些葡萄品种。在本书交付印刷的时候，涉及瓦豪、瓦格拉姆、温泉区和鲁斯特（Rust）这几个DAC的讨论还在进行中。

克雷姆斯谷（Kremstal） 绿维特利纳、雷司令

坎普谷（Kamptal） 绿维特利纳、雷司令

特雷森谷 绿维特利纳、雷司令

威非尔特 绿维特利纳

Wiener Gemischter Satz 白葡萄品种混酿

卡农顿 红葡萄酒是蓝佛朗克和茨威格，白葡萄酒是霞多丽、绿维特利纳和白皮诺

诺伊齐德勒（Neusiedlersee） 茨威格或以茨威格为主的混酿

莱格山（Leithaberg） 白皮诺、霞多丽、纽伯格（Neuburger）、绿维特利纳[或这些品种的混酿]、蓝佛朗克

Rosalia 红葡萄酒是蓝佛朗克或茨威格，桃红葡萄酒是一系列红葡萄品种

米特布尔根兰（Mittelburgenland） 蓝佛朗克

艾森堡（Eisenberg） 蓝佛朗克

Vulkanland Steiermark 见正文

施泰尔马克西部 见正文

施泰尔马克南部 见正文

区的西北部受山脉和维也纳森林的遮挡，但是仍然受潘诺尼亚平原的影响，这与其东南部的布尔根兰州没有什么不同。它也有着 Heurigen 的传统，但游客就没有那么多了。南部是红葡萄酒产区，种植者们专心种植黑皮诺和圣罗兰；而在北部，人们开始研究和改良 Gumpoldskirchen 镇的几个白葡萄品种：活泼的津芳德尔（Zierfandler）和厚重一点儿的红基夫娜（Rotgipfler）和纽伯格。

南部地区

往南部一点儿的施泰尔马克州，则与奥地利北部的葡萄酒产区大不相同，但如今也是全国最有活力的葡萄酒产区之一。数十年来这里只生产干型葡萄酒，这与边境那边斯洛文尼亚的东部地区一样（有些奥地利的酒庄，比如 Alois Gross 和 Tement，如今也在斯洛文尼亚经营）。施泰尔马克州的葡萄园面积可能只占全国的 7%，但那些分布广泛的以强劲、锐利著称的长相思（有时木桶味明显，但如今柔和些了）、霞多丽以及威尔士雷司令在奥地利境内是无与伦比的。霞多丽也深深扎根于此，有的还极不寻常地以其在本地的别名莫瑞兰（Morillon）闯荡市场。

在施泰尔马克南部产区，长相思已经超越威尔士雷司令成为种植面积最大的葡萄品种，这里集中了一大批受人尊敬的酒庄，其中包括 Gross、Lackner-Tinnacher、Polz、Sattlerhof、Tement。还有一些充满活力的新晋酒庄，比如 Hannes Sabathi。在 Sausal 地势较高的片岩上要数 Wohlmuth 和 Harkamp 这两个酒庄最有名，它们酿造出了施泰尔马克南部产区最优雅的葡萄酒。琼瑶浆是生长在 Vulkanland Steiermark 产区（2016 年前叫 Südoststeiermark）Klöch 镇火山岩土壤上的特有品种，而由稀有的蓝威德巴赫葡萄酿造的粉红葡萄酒西舍尔（Schilcher）则来自施泰尔马克西部产区。

在施泰尔马克州，许多有活力的年轻种植者决定建立一个类似勃艮第那样的金字塔体系，在这个体系中，DAC 葡萄酒在酒标上要标示地区、村庄或葡萄园。Ortswein 级别要标示的是一个或若干个土壤类型一样的村名，比如以页岩为主的 Sausal-Kitzeck 或没有石灰岩的 Gamlitz-Eckberg。在金字塔的顶端，Riedenwein 级别标示的是单一葡萄园的名称。比如，常常会见到酒标上标示“Gamlitzer Sauvignon Blanc”或“Sausal Riesling”的葡萄酒，这些都是单一园葡萄酒。在这个产区，法定葡萄品种的范围比大部分其他 DAC 广得多。

有一个计划已经展开了一段时间：对全奥地利的每一个已命名的葡萄园（当地也叫 Ried）的边界进行认定，甚至更有雄心壮志地进行分级。就现在而言，你会发现，在后面几页的地图上，葡萄园是没有边界的。

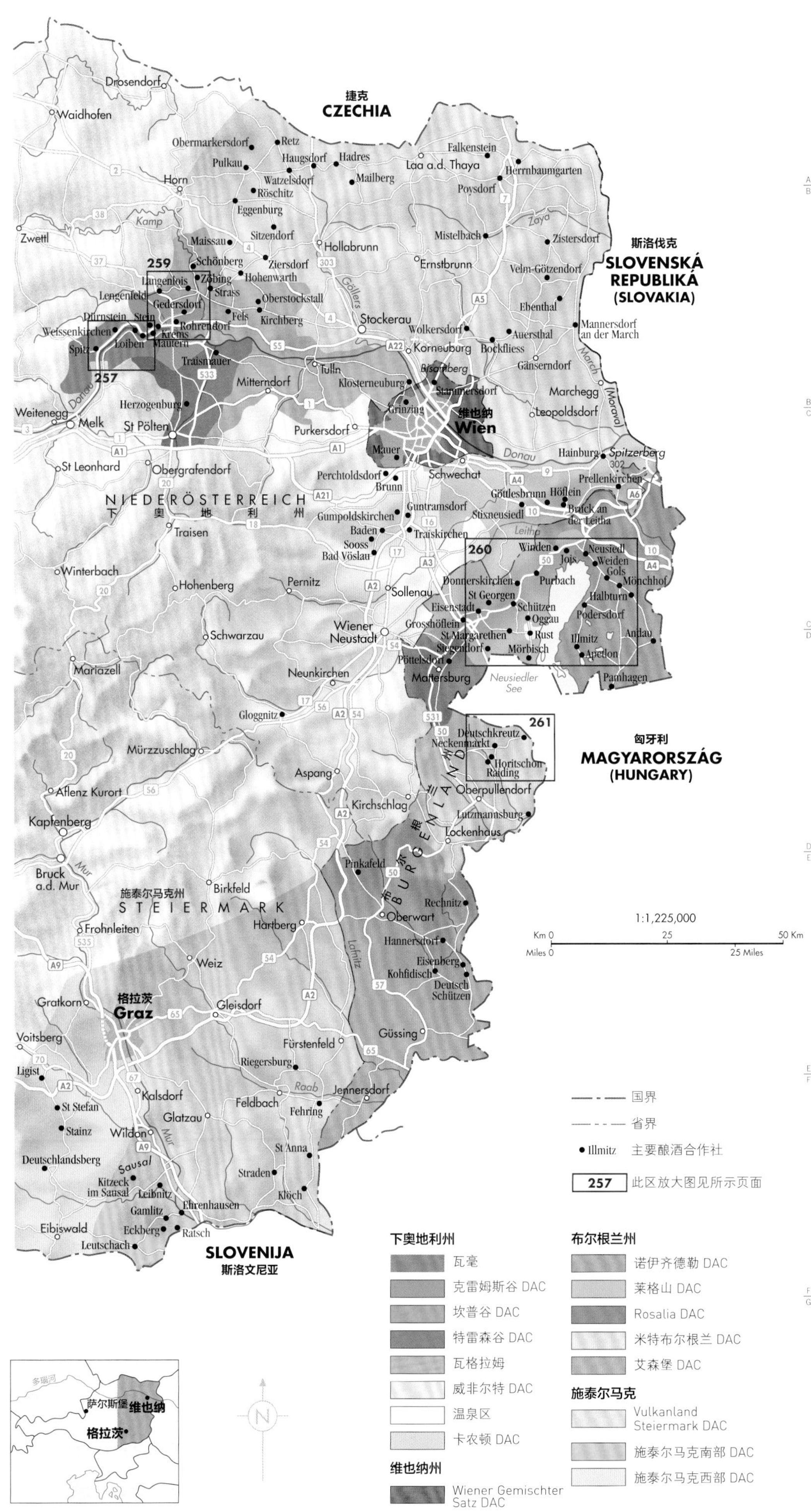

瓦豪 Wachau

如果有哪个产区的故事是需要用地图集来讲述的，那它就是瓦豪了，这里是南北气候的一个复杂的交汇点，是各种不同类型的土壤与岩块的大拼盘。

在距维也纳65千米之处，宽阔灰白的多瑙河突然进入了满是葡萄园的山区，有的葡萄园的海拔高达490米。河流的北岸崎岖，有一小段如同摩泽尔河区或罗蒂丘那样陡峭，在从河畔往上至山顶树林的狭窄小径上，葡萄藤在嶙峋的岩石上错落有致。有些地块的土层颇深，但其他的只要稍挖几下便会触碰到石头；有些地块整天向阳，而有些则难见日光。这就是瓦豪，奥地利最著名的葡萄酒产区，尽管它只有1350公顷的葡萄园，尽管这仅占全国葡萄园总面积的3%。

让瓦豪的葡萄酒（清一色干型或较干的白葡萄酒）拥有如此特质的是地理条件。潘诺尼亚平原夏季的炎热蔓延到这遥远的西部，让直至瓦豪东端的多瑙河谷的温度升高。这里的葡萄园单位产量较低，葡萄潜在的酒精度可达15%甚至更高，尽管生产者一直都在尽力对此加以控制。夜间，从树林里吹来的清新的北风给葡萄园带来了清凉，因此，这里的葡萄酒也绝不是酒精浓烈但酸度全无的怪物。这些陡峭的梯田葡萄园，每一处的微气候都不同，这取决于其海拔、朝向、光照、距离树木和城镇的远近及其在上游中的位置。在盛夏时葡萄园或许需要灌溉（降水量常低于500毫米的实际自然最低年降水量），但凉爽的夜晚能带来些好处，而且多瑙河本身也能起到天然气温调节器的作用。干燥的气候也意味着这里不怎么需要使用杀菌剂。

绿维特利纳是瓦豪传统的葡萄品种，被用于酿造该产区最生动活泼的葡萄酒——在最佳状态时，酒款呈浅绿色、充满生气、带着辛辣。顶尖的酒款已经表明，它们可以像优质的勃艮第白葡萄酒那样有趣并具有陈年能力。绿维特利纳葡萄适宜在含黄土和沙土的低地上生长，因此，种植者们便在最高最陡的地块上（山顶不太肥沃的片麻岩上）种植雷司令，效果也让人兴奋。瓦豪产区顶级的雷司令，其风味如钢刃般锋利似德国的萨尔产区，其口感之饱满如法国阿尔萨斯的特级园。用以上两个品种都酿出上乘酒品的酒庄包括：Spitz镇的Hirtzberger，魏森基兴镇（Weissenkirchen）的Prager，Oberloiben村的FX Pichler，Unterloiben村的Emmerich Knoll、Tegernseerhof家族及Leo Alzinger，Joching村的Johann Schmelz，Wösendor村的Rudi Picher，以及杜伦斯坦村（Dürnstein）著名的酿酒合作社Domäne Wachau。新橡木桶并非此地特色，不过已经有人尝试用它来酿造贵腐葡萄酒了。

位于Spitzer Graben侧谷的Spitz镇的西部地区，受北方寒冷气候的影响最大，这里的葡萄酒农，诸如彼得·韦德尔-马尔（Peter Veyder-Malberg）、Martin Muthenthaler以及约翰·多纳鲍姆（Johann Donabaum），充分利用当地的云母片岩和较低的温度，酿出了优雅的葡萄酒。而Loibens（Unterloiben和Oberloiben）的气候甚至比魏森基兴镇明显温和许多。杜伦斯坦村的城堡曾是狮心王查理（Richard the Lionheart）被囚之地，这里就自然环境而言是瓦豪产区的中心，景色冠绝整个河谷。巴洛克式的尖塔、城堡的遗址、波光粼粼的河流，加上村子里的葡萄园，都是令人无法抗拒的浪漫景致。

长期以来，瓦豪产区最优质的葡萄酒大多产自多瑙河北岸，只有力高拉荷夫（Nikolaihof）这家酒庄向人们证明，在南岸的摩腾镇（Mautern）一带也可以采用生物动力种植法种植葡萄，酿出优质的葡萄酒。但现在，加入力高拉荷夫行列的已有Rührsdorf村的Georg Frischengruber、Rossatz村的费舍尔，以及来自卡农顿产区的酿酒师Johannes Trapl负责的项目PUR。

在这20千米长的河谷里，葡萄园犹如马赛克一般，把画面拼接起来的是各有名字的园子（或称作Rieden），总数不少于150个；而当地人又使用多达900个非正式的名字来命名一片葡萄园内的不同分区。对此，你不要吃惊。人们对这些葡萄园的分界仍争论不休，以至无法在地图上清楚地描绘出来。但如果必须从中挑出一个来介绍的话，那一定是魏森基兴镇东北方的Achleiten葡萄园。片麻岩和闪岩的结合，赋予了这里的葡萄酒矿物质的特征，这在盲品中很容易就能感觉出来。

荣誉守则

瓦豪河谷有一个葡萄酒生产者协会（Vinea Wachau），其成员都必须签署瓦豪守则（Codex Wachau），承诺不从外地收购葡萄，竭尽所能地酿出最纯净的与最能代表当地风格的葡萄酒。协会还拥有自己的葡萄酒分类系统，事实上就是当地葡萄酒的口味法典。Steinfeder指的是口感轻盈、酒精度最高为11.5%、适合尽早饮用的葡萄酒。Federspiel葡萄酒则是用稍为成熟一些的葡萄酿造的，酒精度为11.5%—12.5%，适合上市5年内饮用。酒标上标示为Smaragd的（在一只当地的绿蜥蜴之后），非常浓郁，酒精度通常高于（常常是大大高于）12.5%，需要陈年6年以上才能适饮。假如瓦豪DAC创立了，这些分类也不会受影响（见主文和第254页辅文）。然而，有些生产者，尤其是年青一代，比如Pichler-Krutzler和彼得·韦德尔-马尔，已经打破一些常规，他们要酿造一款让他们感觉能完美表达葡萄、葡萄园和年份的每一种组合的葡萄酒，而不是只崇尚潮流一味在成熟度上做文章。Pichler-Krutzler的个案说明了瓦豪河谷葡萄酒生产者协会对会员的一条限制：如果会员在另一产区拥有葡萄园，其面积不能超过其拥有的葡萄园总面积的10%，且那个产区要与瓦豪产区相邻。Pichler-Krutzler在其家乡布尔根兰的艾森堡镇拥有葡萄园，这就使他不能成为这个协会的会员了。

右岸摩腾镇杰出的酒庄力高拉荷夫，在20世纪70年代就率先实践了生物动力种植法。

KREMSTAL
WACHAU
克雷姆斯 Krems
Stein
Hollenburg
毛特恩 Mautern
Weissenkirchen
Rossatz
Dürnstein
Oberloiben
Unterloiben
Unterbergern
Jcching
Wösendorf
Scheibenhof
Heudürr
Schildhütten
KAISERBERG
LICHTENSTEINERIN
ZWERITHALER
BUSCHENBERG
KLAUS
FRAUENGÄRTEN
SCHREIBERBERG
VOGELBERG
Schlossberg
KUMMERSTHAL
WEITENBERG
ACHLEITEN
SEIBERBERG
HINTERKIRCHEN
HINTER DER BURG
VORDERSEIBER
STEINRIEGL
RITZLING
JOCHINGER BERG
PICHLPOINT
KOLLMITZ
STEINWAND
GAISBERG
KOLLMÜTZ
HOCHRAIN
KIRCHWEG
DONAUBODEN
HARZENLEITEN
Mosinghof
SCHEIBENTAL
Bacharnsdorf
POIGEN
Mitterarnsdorf
HOFERTHAL
Hofarnsdorf
Rührsdorf
KIRNBERG
POINT
KREUZBERG
ZANZL
St Lorenz
MUGLER
Mugler
STEIGER
FRAUENWEINGÄRTEN
Rossatzbach
Unterkienstock
Oberkienstock
Steiniger Ries
SCHLOSSBERG
KELLERBERG
HÖHERECK
HOLLERIN
SCHÜTT
LOIBENBERG
HOCHSTRASSER
SUPERIN
OBERHAUSER
TRUM
KLOSTERSATZ
FRAUENWEINGÄRTEN
KREUTLES
MÜHLPOINT
BURGSTALL
SÜSSENBERG
STEINERTAL
ROTHENHOF
ROTHENBERG
Reisperbachtal
GAISBERG
ALTENBURG
Forthof
STEINER PFAFFENBERG
BURGGARTEN
LADOSCHN
Hundsheim
RAUBERN
GALIZIBERG
DONAULEITEN
LAACH
Mauternbach
IM WEINGEBIRGE
SÜSSENBERG
ALTE POINT
SCHLOSSBERG
SILBERBICHL
ZAUM
Baumgarten
BISCHOFPOINT
Donau 多瑙河

KREMSTAL DAC
WACHAU 葡萄酒产区
TRAUNTAL 被命名的葡萄园
葡萄园
森林
500 等高线间距100米

1:62,500
Km 0 1 2 Km
Miles 0 1 Mile

克雷姆斯
多瑙河
维也纳
梅尔克
维也纳新城

瓦豪产区大部分优质葡萄酒所使用的葡萄，都产自多瑙河左岸朝阳的陡峭梯田上；但产自Spitz镇以西凉爽的侧谷Spitzer Graben的葡萄，也能酿出非常优雅的葡萄酒。

魏森基兴镇葡萄园的秋景。多瑙河在这里并不总是那么蓝，有点儿慵懒，它连接了奥地利、斯洛文尼亚、匈牙利以及克罗地亚、塞尔维亚、罗马尼亚和保加利亚的葡萄酒产区。

克雷姆斯谷与坎普谷
Kremstal and Kamptal

奥地利对世界干白葡萄酒爱好者的攻势始于20世纪末，开始时瓦豪产区一马当先，但人们很快便发现，邻近的克雷姆斯谷与坎普谷也酿出了品质和风格都类似的葡萄酒，而且很多时候价格还比瓦豪低。

斯坦（Stein）和克雷姆斯（Krems）这对双子镇处于瓦豪产区东面的尽头，又是非常相似但没那么显眼的**克雷姆斯谷**产区的开端。这里周边含黏土和石灰岩的葡萄园，赋予了雷司令和绿维特利纳特别的扎实感。几乎就在瓦豪河谷的Goldberg和Pfaffenberg葡萄园，朝向南面，用这里的葡萄酿造的酒，风味特别微妙，这与花岗岩和片麻岩土质有关。

克雷姆斯谷产区横跨多瑙河南北两侧，大部分位于半土半石的松软黄土上，这里有些用绿维特利纳酿造的葡萄酒颇为有名，同时还生产出酒体饱满的红葡萄酒。克雷姆斯谷位于引人注目的瓦豪产区和更为多元化的坎普谷产区的中间地带。区内部分地块又高又陡，必须以梯田形式种植，就像瓦豪河谷的情形一样。

在众多才华横溢的生产者当中，Malat和Nigl这两家酒庄生产的是新鲜味美的白葡萄酒，完完全全就如许多瓦豪河谷的葡萄酒那样浓缩集中。另一家值得注意的是Salomon-Undhof酒厂，它在澳大利亚南部也有项目。Sepp Moser则是一个生物动力种植法的拥趸，而多瑙河南岸Gayerhof酒庄的Ilse Maier遵循有机种植的原则已超过30年，尽管她没有她在瓦豪产区力高拉荷夫酒庄的姐姐Christine Saahs那么激进。Stadt Krems酒庄及葡萄园都归镇里所有，由Fritz Miesbauer负责管理，出自雄伟壮观的巴洛克式的哥威特修道院（Gottweig）的葡萄酒也是他酿造的。镇政府古老的物业中包括了一片12世纪的名为瓦特贝格（Wachtberg）的葡萄园。

坎普谷是个多产地区，位于克雷姆斯谷与威非尔特这两个产区之间，它出产的葡萄酒是如此优秀，以至于被称为奥地利葡萄酒的K2峰（K2峰即乔戈里峰，是世界第二高峰，而瓦豪河谷的葡萄酒则被称为珠穆朗玛峰）。坎普谷朝向南边的葡萄园，以黄土为主，得到了山脉的保护从而免受北方冷空气的侵扰，气候和方位如同其西边的克雷姆斯谷产区和瓦豪产区，这让其得益不浅。坎普谷的气温比瓦豪河谷高出1℃左右，地势则低一些，生产浓度相近的雷司令和绿维特利纳葡萄酒，而其他葡萄品种则稍多一些。对此地造成主要影响的河流不是往东而去的宽阔的多瑙河，而是流向南边的支流坎普河（Kamp），河水在夜晚起到降温作用，通常让葡萄酒更为活泼。

朗根洛伊斯镇（Langenlois）是此地最重要的产酒中心，几个世纪以来一直都是一个酒乡。Zöbing村以Heiligenstein葡萄园著称。高格古堡村（Gobelsburg）巴洛克风格的高格古堡酒庄已由庄主Michael Moosbrugger完美地修复，他在此酒庄的合作伙伴是朗根洛伊斯镇的明星酿酒师Willi Bründlmayer。Jurtschitsch酒庄自2009年起由Alwin Jurtschitsch打理，所酿出的葡萄酒的品质非昔日可比。此外Weingut Hirsch则引领着潮流，酿造酒体更为轻盈、风格更为鲜明的葡萄酒。

另一个重要的角色是弗雷德·劳也美尔（Fred Loimer），尤其是因为他对酒庄运行的控制和记录如"黑匣子"那般详尽。他在地下酒窖里回归传统，试验采用大型橡木桶进行发酵。弗雷德·劳也美尔启发了全新一代的有志向的年轻酿酒师。在顶级的坎普谷产区的生产者中，有相当大比例的一部分，比如Willi Bründlmayer、Johannes Hirsch、Alwin Jurtschitsch、弗雷德·劳也美尔，远不止这些人，都得到了有机或生物动力认证。

在坎普谷、克雷姆斯谷、特雷森谷、瓦格拉姆、维也纳和卡农顿这些产区，越来越多的生产者加入了奥地利传统酒庄联盟协会（Österreichischen Traditionsweingüter，OYW），这个组织如同德国顶尖酒庄联盟（见第225页）。它成立于1992年，旨在对多瑙河地区种植葡萄的杰出地块进行分级。到2017年，共有61个地块被定为一级园（Erste Lage）。

奥地利起泡酒

奥地利如今是一个认真酿造起泡葡萄酒的国家，它于2016年拟定了一份文件，对奥地利起泡酒的原产地命名（Osterreichischer Sekt g.U.）分三个级别进行保护。最基本的一个级别是Klassik，可以产自奥地利任何一个州，可以使用任何方法来酿制，只要是带酒渣陈酿至少9个月即可；中间的级别是Reserve，使用传统法酿制，至少陈酿18个月；最高级别是Grand Reserve，所用葡萄需要来自单一村庄或单一葡萄园，至少陈酿30个月。坎普谷或许是最重要的起泡酒产区，Bründlmayer是先行者，如今Loimer和Schloss Gobelsburg也很有竞争力；克雷姆斯谷的Malat和Sepp Moser也加入到了他们的行列。

▽
对于造访坎普谷的葡萄酒旅游者来说，位于朗根洛伊斯镇那家出色的Loisium Hotel是值得留意的，它以葡萄酒为主题，有葡萄酒博物馆、葡萄酒温泉，餐厅里的酒单上还能找到窖存完好的20世纪30年代的绿维特利纳酒。

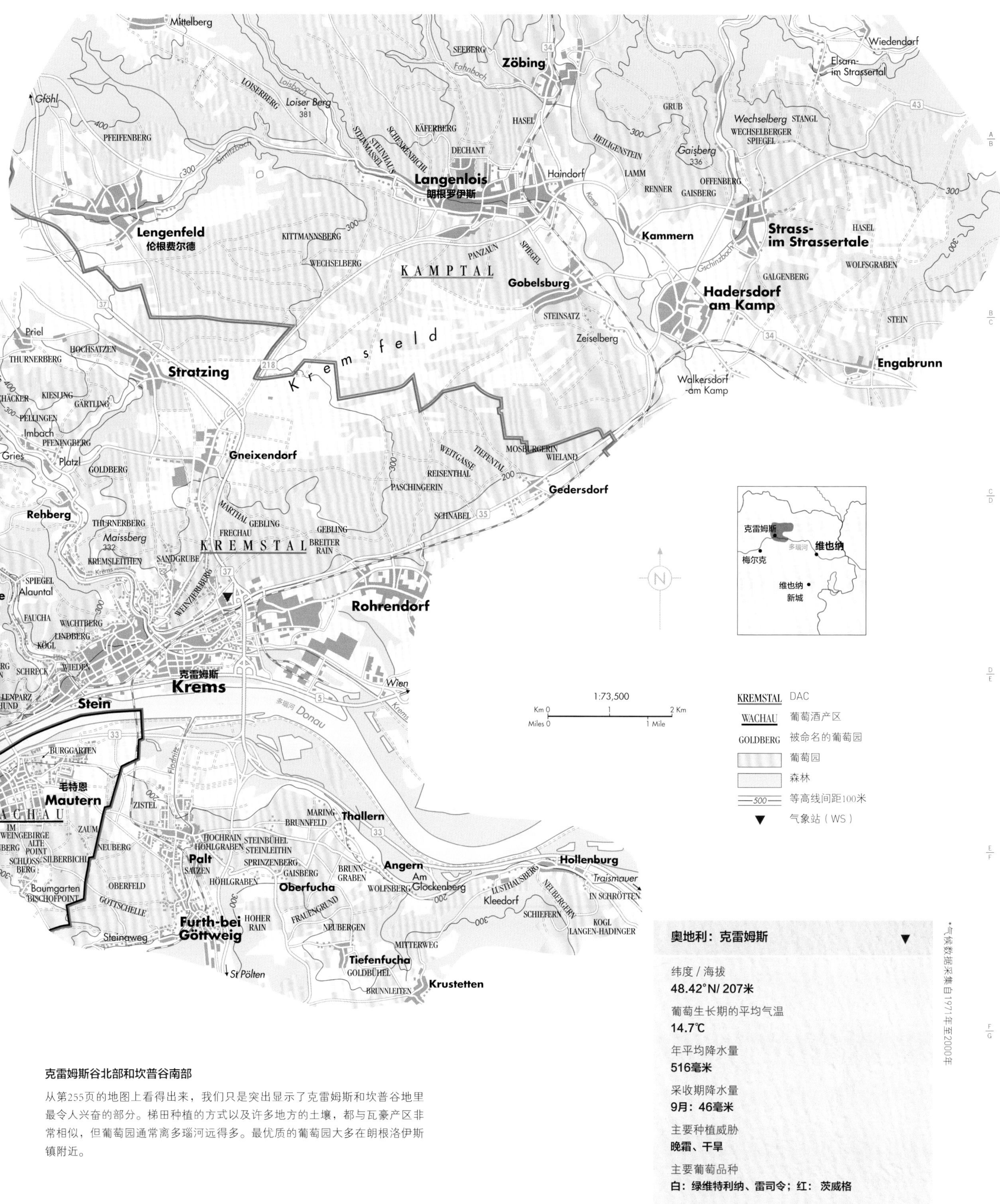

克雷姆斯谷北部和坎普谷南部

从第255页的地图上看得出来，我们只是突出显示了克雷姆斯和坎普谷地里最令人兴奋的部分。梯田种植的方式以及许多地方的土壤，都与瓦豪产区非常相似，但葡萄园通常离多瑙河远得多。最优质的葡萄园大多在朗根洛伊斯镇附近。

奥地利：克雷姆斯 ▼

纬度 / 海拔
48.42°N/ 207米

葡萄生长期的平均气温
14.7℃

年平均降水量
516毫米

采收期降水量
9月：46毫米

主要种植威胁
晚霜、干旱

主要葡萄品种
白：绿维特利纳、雷司令；红：茨威格

*气候数据采集自1971年至2000年

布尔根兰 Burgenland

布尔根兰是奥地利第一个整齐划一地进入DAC体系的州，这个体系深受奥地利葡萄酒当局的喜爱。到2018年，这里共有五个DAC，即将还会增加一两个，它们中大部分生产红葡萄酒（详见第254页辅文）。

然而，这个产区最著名的葡萄酒是白葡萄酒，非常甜，大多带有贵腐风格，其生产很有规律。这些白葡萄酒的生产者们选择在DAC体系之外独立运作，宁愿在酒标上使用布尔根兰这个地区性名称。这个产区其他不能满足五个DAC中任何一个要求的葡萄酒，都可以使用布尔根兰这个笼统一些的产地名称。

新锡德尔湖（Lake Neusiedl）周边，地势平坦，土壤常见沙质。这片巨大的沼泽湖长达36千米，但水深平均只有1米。这区域有点儿不可思议地成了奥地利最伟大的甜白葡萄酒的产地，许多地方酿造的红葡萄酒也越来越令人印象深刻。长久以来，布尔根兰像是来自中欧更早的时期——哈布斯堡王朝（Hapsburgs）和埃斯特哈奇家族（Esterhazys）所在的奥匈帝国时期。事实上，只是在1921年，布尔根兰的公民以及他们4800公顷的葡萄园，才通过投票的形式让这里成为奥地利共和国的一部分。

1945年前，在湖东的泽温克尔（Seewinkel）一带，沼泽池塘之间是很少有葡萄园的，当时那里的村庄，比如伊尔米茨（Illmitz）和Apetlon，附近道路泥泞，没有电力供应。奥地利于1995年加入欧盟时获得了一笔改善津贴，在全国所有的州中，布尔根兰从中获益最多。现在，全州的葡萄种植面积达到13 100公顷，它们都得到了精心的护理；其中位于泽温克尔这一区域的有2000公顷。布尔根兰州如今拥有成百上千家设备精良、整洁有序的酒庄。

在诺伊齐德勒DAC的北部和西部，地势非常平缓，湖的四周长满了齐腰的芦苇，湖上的风景少之又少。有个地方只有25米高，就被尊为山丘了。这听起来似乎不太像是对一个重要的葡萄酒产区的描述。但秘密就藏在这个浅水湖里——漫长而温暖的秋季总是笼罩着薄雾，很适合贵腐菌的生长，让一串串的葡萄看起来就像是沾满了灰尘一样。

已故的阿洛伊斯·克拉赫（Alois Kracher）酿成了一系列绝佳的甜度高、酒体饱满的甜白葡萄酒（通常是精心调配的霞多丽和威尔士雷司令的混酿），几乎凭一己之力将伊尔米茨镇摆上了葡萄酒世界的版图。他的儿子沉着自信地接过了火炬。Angerhof-Tschida 则是伊尔米茨镇另外一位超级巨星。

布尔根兰州种植的葡萄品种比奥地利任何一个州都要多，白皮诺、纽伯格、穆斯卡特拉（Muskateller，小果实麝香葡萄）、奥托奈麝香和Sämling 88（施埃博），这些都是酿酒师感兴趣的白葡萄品种。

红葡萄酒成为热点

布尔根兰州是奥地利红葡萄酒的主要产区。这里是奥地利最炎热的葡萄酒产区，尤其是中部布尔根兰（Mittelburgenland）地区，直面来自潘诺尼亚平原的温暖空气，因此红葡萄品种（种植的地方看上去和梅多克很像）每年的成熟都很有保证，晨雾又很好地保证了葡萄的酸度。在Gols村的Pannobile集团（由Hans and Anita Nittnaus领导）、中部布尔根兰莫里奇（Moric）酒庄的Roland Velich以及南部的Uwe Schiefer、Hermann Krutzler（之后是他的儿子Reinhold）和Wachter-Wiesler的带领下，酿出的红酒比起以前更精细，酒精的刺激没那么强烈，木桶味也没有那么重了。

2009年时，布尔根兰的红葡萄品种种植面积

诺伊齐德勒和莱格山

在湖水并不深的新锡德尔湖周边，最好的葡萄酒大多产自北端；东北部和莱格山DAC的红葡萄酒酒体饱满；东岸以及不愿意加入莱格山DAC的鲁斯特村的甜白葡萄酒最杰出。

超越了白葡萄品种。活泼、多汁的蓝佛朗克是最受青睐的品种，但茨威格、圣罗兰、黑皮诺甚至梅洛和赤霞珠也都有种植。

新锡德尔湖的顶尖红葡萄酒大多产自两个地方，一是在远离湖岸、地势稍高的东北部的Gols村周边；二是在湖的西边，那里的土壤含石灰岩和片岩，这是附近海拔484米的莱格山的地质类型。莱格山DAC无疑是奥地利最严谨、最能体现风土特色的产区，在这方面只有南部布尔根兰（Südburgenland）的艾森堡DAC可以跟它一争高下。莱格山DAC的红葡萄酒越来越精致，更具风土特色、更与众不同，Birgit Braunstein、Prieler和Kloster am Spitz等酒庄的葡萄酒就是最好的例子。已经加入他们的行列中的酒庄还有Markus Altenburger，一对奥地利、西班牙夫妇经营的Lichtenberger-González，Leo Sommer，Franz Pasler（如今已由他的儿子迈克尔打理）以及采用生物动力种植法的Schönberger。一些生产者，比如Paul Achs、Gernot Heinrich、Hans and Anita Nittnaus、Juris以及Umathum，一直是新锡德尔湖其他红葡萄酒生产者的榜样。

奥斯布鲁之乡

布尔根兰历史上最著名的葡萄酒来自诺伊齐德勒湖-丘陵地（Neusiedlersee-Hügelland）那风景如画的村庄Rust，Feiler-Artinger、Ernst Triebaumer和Heidi Schröck是这里的领军人物。鲁斯特村放弃加入在地质上相同的莱格山DAC，所出产的葡萄酒只在酒标上标示“鲁斯特”，而其枯萄葡萄酒的正式名称是历史上所使用的Ruster Ausbruch。鲁斯特村的葡萄酒生产者还把福尔明（Furmint）作为他们的特色品种，并常常（少量）用在其甜葡萄酒中。用福尔明酿造的干型葡萄酒也已在鲁斯特村出现，Michael Wenzel无论是酿造干型葡萄酒还是甜型葡萄酒，都是一个非常成功的生产者。

向东倾斜一直延伸到Purbach、Donnerskirchen、鲁斯特及Mörbisch等村镇的葡萄园，因为地势较高，比湖岸东边的葡萄园离水面远一些，所以感染贵腐霉菌的机会也较少。大量的红葡萄酒产于此地以及往西几乎远至Wiener Neustadt镇和往南越过Mattersburg镇的地区（见第255页地图）。Römerhof酒庄位于Grosshöflein村，该酒庄的安迪·科文兹（Andi Kollwentz）被认为是奥地利最好的全能型酿酒师。

Rosalia DAC建立于2018年，填补了莱格山和中部布尔根兰两个DAC之间的空白。Rosalia是第一个既酿造桃红葡萄酒又酿造红葡萄酒的DAC，其红葡萄酒酿自葡萄品种蓝佛朗克或茨威格。

紧邻新锡德尔南部的中部布尔根兰产区，每两株葡萄藤中就有一株是蓝佛朗克，这个品种是中部布尔根兰DAC钟爱的，它确实也在这里展现了自己的特色。用这个充满活力的红葡萄品种

中部布尔根兰产区的东北部

在与匈牙利接壤的地区，是一个得天独厚的红葡萄酒生产中心，蓝佛朗克这个品种在这里表现良好，让人们对这个非常成功的奥地利（以及匈牙利）葡萄品种产生了新的敬意。它相对高的酸度正可消解来自潘诺尼亚平原的温暖。

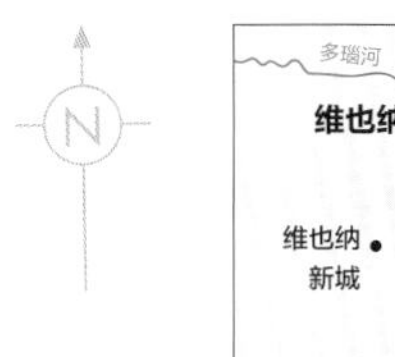

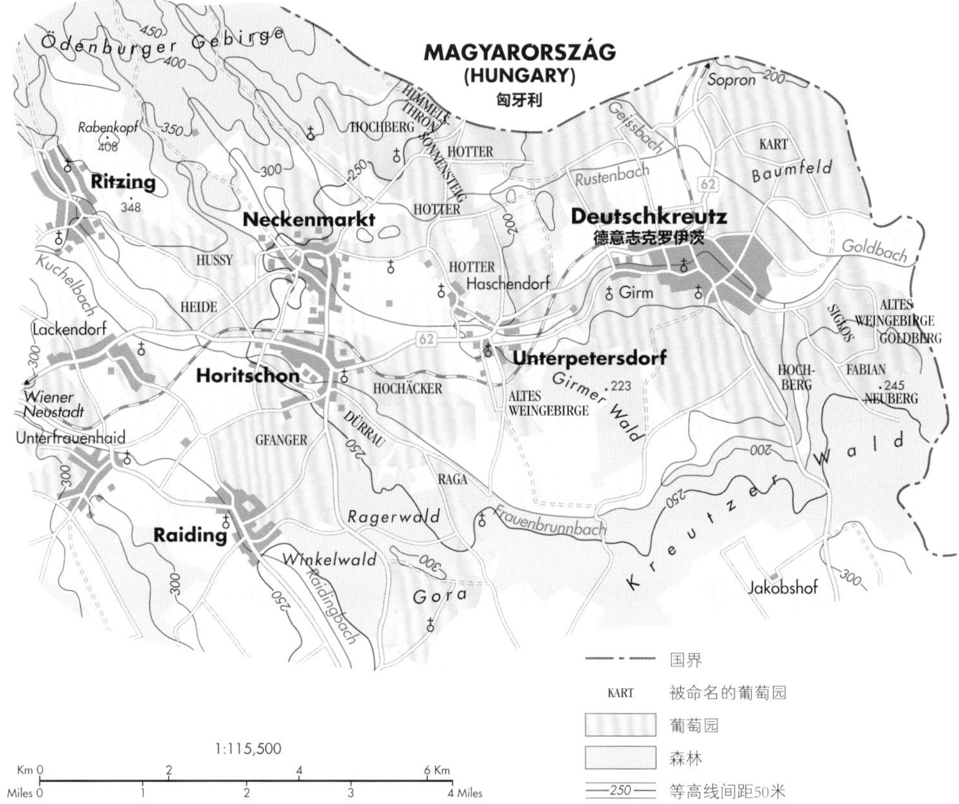

酿成的酒也越来越精致，常常是单一园的，最好的酒庄除了莫里奇之外还包括Albert Gesellmann、Hans Igler、Kerschbaum和Weninger。中布尔根兰产区的东北部最重要，见上面的地图。

在南部布尔根兰产区，湖的南面，是一个更广阔的葡萄酒产区，包括了艾森堡DAC，在这里，蓝佛朗克同样是主打品种。这里的葡萄酒比中部布尔根兰产区的要清淡些，有着特别的矿石和辛香味，这是因为土壤里含铁量较高，特别是在Deutsch Schützen-Eisenberg附近。最好的生产者是Krutzler家族，他们最有名的酒款是Perwolff；而Uwe Schiefer酒庄的单一葡萄园Reihburg的蓝佛朗克酒也非常有名。此外Wachter Wiesler和Kopfensteiner也是让人向往的。年青一代的生产者兴起了酿造白葡萄酒的潮流，他们不仅酿出了很有趣的白皮诺，还酿出了干型的威尔士雷司令，威尔士雷司令葡萄来自Rechnitz镇的老藤。

鲁斯特村的鹳巢，这景象在中欧地区很常见。这个如画一般的村庄，以其甜葡萄酒奥斯布鲁（Ausbruch）而著名，到目前为止，它拒绝进入DAC体系。

◁
在匈牙利最受欢迎的度假胜地巴拉顿湖（Lake Balaton）湖畔，别墅和酒店鳞次栉比，这里的葡萄园与欧洲最大的湖泊近在咫尺。

匈牙利 Hungary

几个世纪以来，匈牙利拥有了极具特色的美食及美酒文化，其原生葡萄最是多样，在德国以东的国家中，它的葡萄酒法规与传统也最为周全。在惯常地追逐过国际品种之后，匈牙利本地众多酿造白葡萄酒的品种——目前以福尔明为主，已经被视为强项而不是弱点。然而，这不足以阻遏匈牙利葡萄园的面积在2018年之前的10年里缩减一半，降到了60 000公顷。这是因为在民族自豪感驱动下，价格上涨的匈牙利葡萄酒很难找到出口市场。

典型的传统匈牙利葡萄酒是白葡萄酒（或者说是暖金色的），辛香味重。如果是好酒，尝起来会非常浓郁，未必是甜的，甚至有些猛烈。这样的葡萄酒，适合搭配清淡型葡萄酒所难以胜任的更为辛香、油腻的料理。匈牙利人用以抵御寒冬的就是这样的食物。虽然匈牙利的气候比多数地中海地区寒凉，生长季也较短，但秋天的气温比欧洲大陆很多地方都要温暖，葡萄在这个时候得以成熟。

南部地区的年均气温最高，在佩奇镇（Pécs）附近可达11.4℃；而北部地区的年均气温最低，在肖普朗（Sopron）会低至9.5℃。匈牙利位于喀尔巴阡盆地（Carpathian Basin）的中心，几乎全国所有的传统葡萄酒产区（见第264页托卡伊）都是在高地的保护下逐渐发展起来的。各种不同的地形形成了一系列的中气候，这反映在每一个产区的葡萄酒的多样性上。

匈牙利最重要的葡萄品种，首推所酿之酒结构紧凑、活泼、有陈年能力的福尔明，还有口感柔软一些、香气更浓的哈勒斯莱维露（Hárslevelű），这两个都是托卡伊产区的主要葡萄品种，但并不局限于该区。此外，还有更清淡而芳香活泼的琳尼卡（Leányka）以及有更多新鲜葡萄香气的Királyleányka。其他典型的匈牙利葡萄品种还包括巴拉顿湖（Lake Balaton）产区的蓝尼露（Kéknyelű，意为蓝色果梗）；莫尔（Mór）产区的爱塞尔尤（Ezerjó），它清新并有点儿尖酸；Somló产区的玉法克（Juhfark，意为羊尾），它的风格很朴素，由于气候的变化，用这种葡萄酿造的葡萄酒正变得柔和。也有一些彻头彻尾的匈牙利葡萄品种，它们种植得没有那么广泛并且（或者）不那么被看好，包括Mézes Fehér、Bakator、Budai Zöld、Pintes、Sárfehér和Kövidinka。此外，在日常饮用的白葡萄酒中，有用长相思及流行的杂交品种Irai Olivér（也作为鲜食葡萄）酿造的；而威尔士雷司令、霞多丽和灰皮诺（Szürkebarát）则更多地与酒体饱满且带有橡木桶气息的酒款相关。

早在15世纪初，皮色深黑的葡萄和红葡萄酒就被引入匈牙利；到了18世纪，随着斯瓦比亚（Swabian）和德国的种植者定居匈牙利，葡萄种植迎来了第二波浪潮。这些葡萄品种，除了卡达卡（Kadarka）是一个明显的例外，大多被用于酿造清爽的适于早期饮用的红葡萄酒。新近一轮引入的品种，当然少不了卡本内和梅洛。在匈牙利，红葡萄品种至今都是不多的，大多种植在埃格尔（Eger）、肖普朗、塞克萨德（Szekszárd）和维拉尼（Villány）等产区。卡法兰克斯（Kékfrankos，在奥地利被称为蓝佛朗克）是种植最为广泛的红葡萄品种，非常具有潜力，它天然的清爽，正可消解潘诺尼亚的温热，几乎在每个产区都有种植，而在塞克萨德、肖普朗、埃格尔和马特拉（Mátra）这几个产区的表现尤为出色。用卡达卡这个品种酿出的葡萄酒，辛辣、有点儿酸，在塞克萨德产区的表现最好。这个品种也作为调味料用在了塞克萨德和埃格尔产区的混酿葡萄酒Bikáver中。

匈牙利的葡萄园有半数位于方便机械耕作的大平原上，大平原在多瑙河与中南部的蒂萨河（Tisza）之间，有如今名为Kunság、Csongrád和Hajós-Baja等产区。这里的沙质土壤除了用来栽种葡萄藤，于其他作物用处不大。大平原生产的葡萄酒，以白葡萄酒威尔士雷司令和爱塞尔尤为主，还有一些红葡萄酒蓝尼露和卡达卡，都是匈牙利人日常的餐酒；然而像Frittmann Testvérek这样的生产者，也证明了酿造更优质的葡萄酒并非不可能。匈牙利较优质的葡萄园分布在从西南直至东北的山丘里，以托卡伊产区（详见第264页）为终点，并达到辉煌。

南方的风味

在塞克萨德、维拉尼、佩奇和Tolna等气候温暖的南部产区，红葡萄品种和白葡萄品种都有种植。卡达卡这个品种历史悠久，而卡法兰克斯这个品种也根深蒂固。位于最南端且气候最温暖的维拉尼产区，率先生产酒体饱满的红葡萄酒，在趣味性及复杂度上不断提升。北部的埃格尔产区为国外葡萄酒爱好者所关注，可见之于布达佩斯顶级酒的酒单。像Attila Gere、Malatinszky、Ede Tiffán、József Bock、Sauska与Vylyan等 生产者，他们的赤霞珠、品丽珠（最为重要）与梅洛，在当地拥有大量的追随者；这些品种有时还会与卡法兰克斯或茨威格，甚至是葡萄牙人（又被称为Kekoporto）等混酿，从而获得一种代表匈牙利的马扎尔（Magyar）风味。人们早期对成熟度和橡木桶过分热情，酿出了一些让人难以恭维的葡萄酒，但随着经验的累积，情况很快就得以改善。在塞克萨德产区的山坡上，深厚的黄土产出了很有结构感的卡法兰克斯、卡达卡、梅洛与卡本内。这里有名的酒庄有Heimann、Sebestyén、Takler、Vesztergombi以及Vida。塞克萨德产区还生产Bikavér这种葡萄酒，它以卡法兰克斯、卡达卡混酿，通常还会加入波尔多红葡萄品种。

Bikavér这种葡萄酒的名字取自塞克萨德产区，但埃格尔产区也使用这个名字，这是一款以卡法兰克斯葡萄为主混酿的红葡萄酒。Egri Bikavér曾是闻名于西方世界的匈牙利葡萄酒，这款粗糙的葡萄酒在售卖的时候被称为“公牛血”（Bull’s Blood）。埃格尔产区位于匈牙利东北部马特拉山的最东端，是匈牙利最重要的葡萄酒生产中心之一。这座巴洛克风格的城市拥有许多巨大的酒窖，那就是在山上柔软、深色的凝灰岩里挖

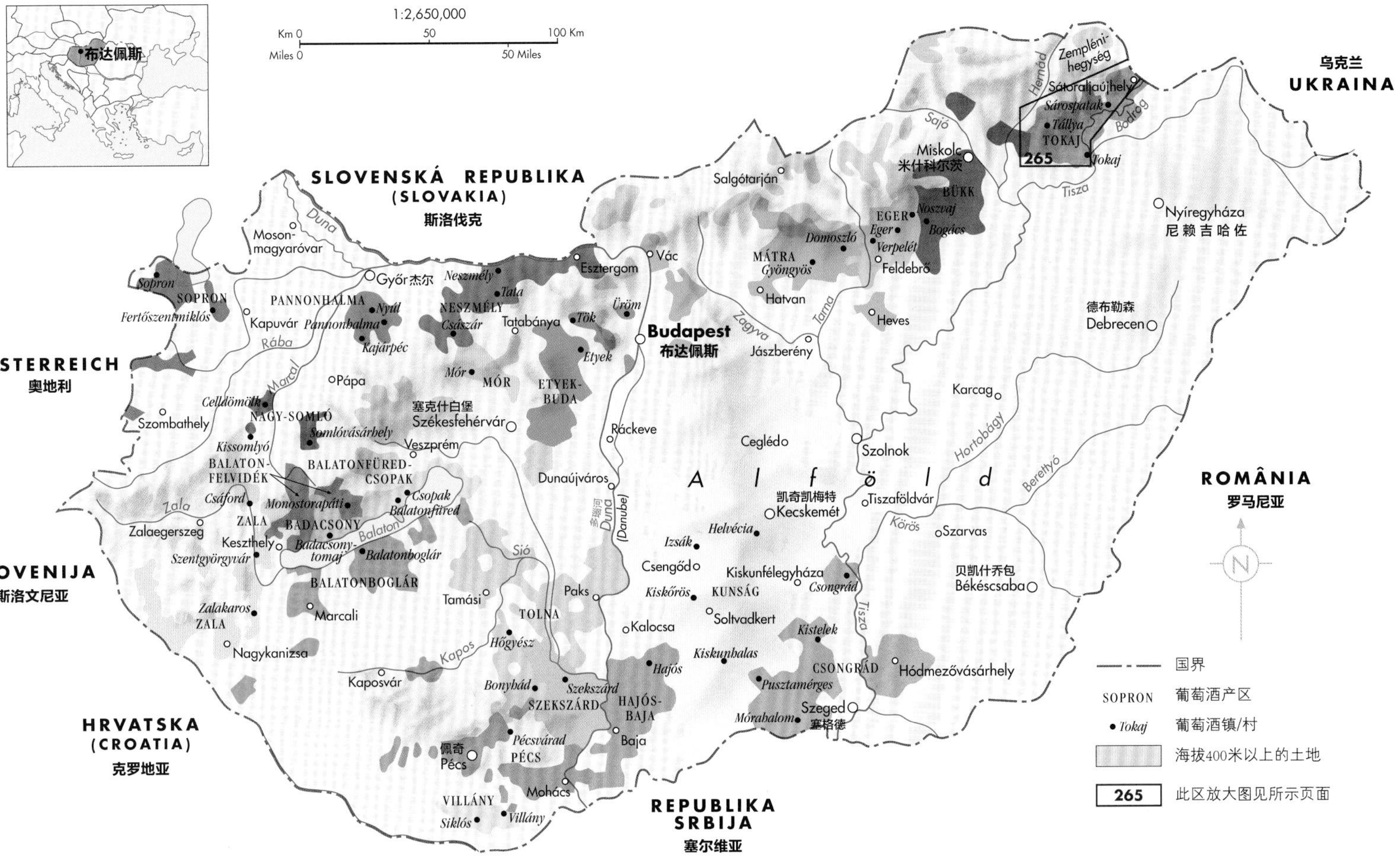

出来的蔚为壮观的洞穴。成百上千个让时间"熏"得黑亮的橡木桶，直径达3米，外周箍上鲜红的铁圈，在13千米长的隧道里一字排开。在这些橡木桶里陈年和熟成可明显地让这款传统的葡萄酒不再那么浓稠。进入21世纪，这里红葡萄酒的酿造出现了复兴。St.Andrea酒庄、Kovács Nimród酒庄、Thummerer酒庄以及已故酿酒师Tibor Gál的GIA酒庄（现由他的家族接手）是埃格尔产区新潮流的代表。Bikavér在这些酒庄里只是许多红葡萄酒与白葡萄酒中的一种，他们还酿出了一些相当不错的黑皮诺。

在埃格尔的西部，沿着马特拉山脉南向的山坡，是匈牙利第二大葡萄酒产区马特拉，它以Gyöngyös镇为中心。白葡萄酒占其产量的80%，但在发展得比较成熟的威尔士雷司令、Tramini及霞多丽白葡萄酒之外，也出现了一些精心酿造的卡法兰克斯和卡达卡红葡萄酒。

在最西端接近奥地利国界的，是酿造红葡萄酒的肖普朗产区，主要种植卡法兰克斯，这个品种因Franz Weninger等生产者重获新生。Franz Weninger来自国界那头的奥地利布尔根兰州，他在这里重新开发最好的葡萄园，并带动了当地Luka、Pfneiszl和Ráspi等酒庄的发展。

在肖普朗产区以东，是Neszmély产区，以使用传统的葡萄品种酿造干白葡萄酒而著名；但如今有一些非常新潮的酒庄，以出口为导向，酿造了一系列完全使用国际葡萄品种的葡萄酒。最有名的酒庄是Hilltop。Etyek-Buda在布达佩斯的西部是另一个以国际风格为主的白葡萄酒的重要产区；它还生产起泡酒，相当数量的起泡酒产自首都南部的Budafok镇。Garamváry可能是最好的酒庄。József Szentesi与全国各地其他小酒庄合作，以作坊式的传统法酿造起泡酒。

Kreinbacher、Kolonics、Spiegelberg、Tornai、Somlói Apátsági Pince和Somlói Vándor是位于巴拉顿湖北部火山Somló产区的顶级酒庄，其中Kreinbacher酒庄尤以经典的起泡酒而闻名。在这里，用福尔明、哈勒斯莱维露和威尔士雷司令这些品种以及稀有而杰出的玉法克葡萄酿出的葡萄酒，坚实并富有矿物质气息。在Somló产区东北方的是莫尔产区，黏土-石灰岩土质让用爱塞尔尤这个葡萄品种酿出的酒酸度高、味道重，有时很甜。这两个都是匈牙利的"历史葡萄酒产区"。

巴拉顿湖除了是欧洲最大的湖泊之外，对匈牙利人还有一种特别的意义。对一个内陆国家来说，这个湖泊就是他们的"海洋"，是主要的观光景点。湖边到处可见夏季别墅与度假村，餐厅里飘出来的香气令人垂涎欲滴。那里气候宜人，游人不绝。巴拉顿湖北岸坐拥所有优势，朝向南边，日照充足，躲避了冷风，大量的湖水还具有调节气温的作用，真是一个种植葡萄的好地方。

这里葡萄的特殊品质，得益于气候，也得益于沙质土壤和从原本的平地上冒出的火山残桩（以Badacsony山最出名）的结合。陡峭的玄武岩山坡，利于排水，也可吸收和保存热量。除了在能生产贵腐甜酒（主要选用Szürkebarát，即灰皮诺）的特别年份，这里大部分的葡萄酒都是干型的，其强烈的矿物质气息，在与空气接触后更加明显。威尔士雷司令是常见的白葡萄品种。来自莱茵河的雷司令以及蓝尼露葡萄也表现不俗。

巴拉顿湖区被分为四个法定产区。在北岸，Badacsony是传统产区，Bence Laposa、Szeremley、Endre Szászi、Péter Váli、Sabar、2HA、Villa Tolnay和Villa Sandahl是这里最著名的生产者；另外还有Balatonfüred-Csopak产区，值得留意的生产者有Mihály Figula、István Jásdi、Szent Donát、Petrányi和Guden Birtok。顶级的威尔士雷司令葡萄酒在酒标上有"Csopak Kodex"字样，这是一个以质量为导向的产区体系。至于南岸的Balatonboglár产区，则以Chapel Hill这个品牌闻名于出口市场，最好的生产者是János Konyári、Ottó Légli、Géza Légli以及与Vencel Garamvári合作既生产静态酒又生产起泡酒的IKON。西边偏远的多处葡萄园汇集起来，就成了Zala产区，其最好的生产者是Lászlo Bussay。

托卡伊 Tokaj

“传奇”一词用于形容托卡伊葡萄酒的次数，比其他任何葡萄酒都多（Tokay 是旧英文和法文的拼法；这种葡萄酒的名称源自 Tokaj 镇，见对页地图的下方）。这是有充分理由的。托卡伊是一段延续了400年的传奇，尽管其品质在第二次世界大战之后几十年的时间里一度黯然失色。

历史告诉我们，华丽的托卡伊阿苏（Tokaji Aszú）甜酒，最初于1630年由 Szepsy Lackó Máté 酿成。Szepsy Lackó Máté 是 Rákóczi 家族的教士，该家族有一个葡萄园，名为奥廉穆斯（Oremus）。Szepsy Lackó Máté 用被贵腐菌感染过的葡萄酿出的这款酒，绝非偶然所得，而是有意为之。历史告诉我们，1703 年，特兰西瓦尼亚（Transylvania）的爱国王子 Rákóczi，用托卡伊葡萄酒打动了路易十四，从而获得了支持，得以与哈布斯堡王朝的统治者对抗。历史告诉我们，彼得大帝与凯瑟琳大帝让哥萨克骑兵留守托卡伊镇，以确保托卡伊葡萄酒可以源源不断地供应圣彼得堡；他们还深信托卡伊葡萄酒的保健功效，以至把酒摆放在床边。

特意用受贵腐菌感染的葡萄酿成葡萄酒，托卡伊是首创，时间比德国的莱茵产区早一个多世纪，比法国的苏玳产区大概早两个世纪。托卡伊特有的自然条件，有助于贵腐菌的生成及葡萄的干缩，让葡萄的糖分、酸度以及香味高度集中。

森普伦（Zemplén）山脉是由火山作用形成的，在大平原的北缘突兀地隆起。博德罗（Bodrog）和蒂萨两条河流汇合于山脉的南端，该处的 Kopasz 山又叫托卡伊山，耸立在托卡伊村与 Tarcal 村之上。夏天从平原吹来的暖风、山脉的屏障以及因河流而升腾的秋雾，都有助于贵腐菌的生长。10 月通常都是阳光普照的好天气，但在 2008—2013 年，这一地区遭受了贵腐菌的“旱灾”。

目前托卡伊产区的三个葡萄品种里，大约有 70% 是晚熟、口感尖锐、皮薄的福尔明，非常容易感染贵腐菌。另外的 20%—25% 是哈勒斯莱维露，不太容易被感染，但糖分高，香气丰富。因为在大部分葡萄园这两个品种都是混种的，所以传统上会被一起采收、榨汁以及发酵。至于剩下的 5%—10% 则是小粒白麝香，当地称为黄麝香，可在混酿中作为调味料，就像苏玳产区的密斯卡岱一样，也可以拿来酿出单一品种葡萄酒，很华丽，独具特色，如今甚至还有用于酿造清淡的干型葡萄酒的。

托卡伊产区（正式叫法是 Tokaj-Hegyalja）的葡萄园的首度分级是在 18 世纪初期，分为一级、二级、三级葡萄园，剩下的就是一些未入级的葡萄园。1737 年，王室颁布法令，让这里成为世界上第一个边界明确的葡萄酒产区（见第 40 页）。地图上标出了这个产区的主要村镇（总共有 27 个；Makkoshotyka 位于图上区域以北），产区的山坡形成一个宽阔的 V 字，朝向南、东南或者西南。最北端的火山土和黄土造就了雅致的阿苏甜酒。这里正是当初 Rákóczis 家族的奥廉穆斯葡萄园之所在，是所有的阿苏甜酒的源头。新的奥廉穆斯酒庄，现在由西班牙的贝加西西里亚（Vega Sicilia）酒庄拥有，已经南迁至 Tolcsva 村。

在 Sárospatak 村，河畔矗立着壮丽的 Rákóczi 城堡，Megyer 和 Pajzos 是两个首批私有化的葡萄园。Kincsem 是 Tolcsva 村最好的葡萄园，它的名字源于匈牙利一匹最伟大的赛马。直到今天，国

托卡伊葡萄酒的种类

托卡伊阿苏甜酒的酿造分为两个阶段，工艺独特，因融合了甜美、酸度和奔放的杏子类水果香气而闻名于世。葡萄采收于10月底开始进行，皱缩的阿苏葡萄和没有感染霉菌的多汁葡萄被一起采收，但分开存放。后者随后要进行榨汁、发酵，被酿成多种干型或半干型的葡萄酒，包括强劲的基酒。同时阿苏葡萄则存放在一个几近干透的堆里，轻柔地漏出甜得令人难以置信的精华（Eszencia，含糖量高达每升850克），当地人把这甜液储存下来，尊为宝藏（见下图）。

采收结束后，酿酒师会将破碎或者没有破碎的阿苏葡萄，在新鲜的葡萄汁或在半发酵或全发酵的基酒里浸泡1—5天，比例大概是1升液体浸泡1000克葡萄，然后才进行压榨。在发酵过程中，要对糖分及酒窖温度的组合进行调控（糖分越高，温度越低，发酵速度越慢）。最饱满最精致的葡萄酒，其天然的含糖量最高，酒精度因年份而异，在9%—10.5%之间。

甜度在传统上是这样计量的：在每橡木桶（136升装）的基酒中，加入了多少筐（puttonyos，当地采收葡萄所用的筐，满筐是20千克）的阿苏葡萄。不过今日的甜度计量通常已用每升多少克残糖来表示了；而酒液的发酵则在大小不一的橡木桶中，有时甚至是在不锈钢容器中进行。如今的这种葡萄酒，要么是5筐阿苏，要么是6筐阿苏，即糖度大概在每升150克到每升超过200克（有时更高），其复杂度、精气神跟甜度一样重要。传统上，阿苏贵腐甜酒的陈年时间要长一些，但装瓶时间提前正变得越来越普遍，如此一来，上市的酒在酒龄浅时更为清新，但要陈年的话仍很有潜力。如果不加任何阿苏葡萄，酿出的葡萄酒叫萨莫萝德尼（Szamorodni，波兰语，意为“顺其自然”），它的葡萄会和被贵腐菌感染的葡萄一起采摘和破碎。此外，Száraz（干型）比较像是清淡型的雪利酒，而Edes（颇甜）就是另一种风格了。在酒标上使用“迟摘型”（Late Harvest，匈牙利语Kès.i szüretelès）一词，现已成为规定，这就使本已复杂的酒标更加复杂。这类自然的甜酒可能只是用晚收的葡萄酿成，但更多的是和被贵腐菌感染过的葡萄一起酿成，相对于阿苏甜酒，其陈酿时间要短一些。

精华是最为奢华的托卡伊葡萄酒，甜度非常高，简直难以发酵。它集中了葡萄的所有精华，如绒般柔软、如油般润滑、如桃子般清香，沁人心肺，余韵缭绕。精华的酒精度是所有葡萄酒中最低的，如果你还认为它是葡萄酒的话。怎么陈年都不嫌长。

托卡伊正在重新发掘出高品质的干型葡萄酒，作为其日趋重要的第二个系列，干型的福尔明就是其中的佼佼者，这些葡萄酒有趣而独特：内秀、含蓄，带着非常明显的中欧贵族的风范。在过去，这种基本上就是萨莫萝德尼了。我们完全可以期待，将会有更多这一类型的葡萄酒，它们也将成为匈牙利的独特酒款。一方面阿苏甜酒的酿造已大有改进，另一方面这种甜酒在销售上的难度仍然很大，受此影响，托卡伊产区大部分的生产者现在都推出干型葡萄酒，所借用的是三四个世纪以前在托卡伊发挥了重大作用的形象。越来越多的单一园葡萄酒的涌现，充分说明了在18世纪对葡萄园的分级是多么精准和明智。

有的 Grand Tokaj 仍大量地从当地的小农户手中收购葡萄（不一定是质量高的），它是这一带最大的葡萄酒生产者。

Olaszliszka 村（Olasz 的意思是"意大利的"）是一处 13 世纪意大利人的移居地，传说中是意大利人把葡萄酒酿造技艺带到了此地。这里的土壤是混有石块的黏土，出产的葡萄酒比较强劲。Erdöbénye 村的上方有片橡树林，是橡木桶的原料来源地。Szegilong 村有一些列级葡萄园，目前正在复苏当中。Bodrogkeresztúr 村和托卡伊镇都在河边，贵腐菌的生成最为稳定。

从托卡伊镇开始，沿着 Kopasz 山的南侧进入 Tarcal 镇，地势陡峭而隐蔽的葡萄园堪称这个产区的金丘。这里有许多昔日有名的葡萄园（最有名的是 Szarvas），穿过 Tarcal 镇到 Mád 镇的路上，这样的园子仍一个接着一个，比如 Terézia 和特级园 Mézes Mály。在 Mezözombor 村，Disznókö 是 20 世纪 90 年代初最早被私有化的葡萄园之一，已由法国的安盛保险集团大张旗鼓地进行了重建。Mád 镇是以前的葡萄酒贸易中心，拥有著名的一级葡萄园 Nyulászó、Szt Tamás、Király、Úrágya 和 Betsek，以及位于陡坡上已遭弃置的 Kővágó 葡萄园。在 Mád 镇附近的 Rátka 和 Tállya，也有着由火山形成的几乎相同的地理条件，只是稍为凉爽一些，一些葡萄园也具有类似的潜力。

目前所有的努力都集中在降低葡萄园的单位产量，酿造单一园葡萄酒以表达其独特的风土特征。一级园的名字又重新为人们所熟悉。随着葡萄酒生产重返正轨以及回归过去的荣光，托卡伊产区在 2002 年被联合国教科文组织认定为世界文化遗产。有些人看到甜酒的销售不畅，便进行了一些变革，包括 Chateau Dereszla 的一个专门酿造起泡酒的新项目、一个政府资助的激励当地年轻酿酒师的计划，以及法国人 Samuel Tinon 在这里酿造的受菌膜影响的干型萨莫萝德尼葡萄酒。

如果要说目前托卡伊葡萄酒的复兴的代表人物，那就是 István Szepsy，他精益求精，堪称楷模。而如果要问谁是托卡伊葡萄酒在国际市场的领军者，那便是 Royal Tokaji 酒庄，它由休·约翰逊（本书的创始人及著者之一）等人于 1990 年在 Mád 镇创立，这是匈牙利在新体制下的第一家独立酒庄。正是 Royal Tokaji 酒庄率先重新在酒标上标示葡萄园的名称。

托卡伊最好的葡萄园

托卡伊葡萄酒的生产从国有回归到私有，那些私人业主都有志于用葡萄酒来表达产区独特的风土特色，因此葡萄园的名字已变得越来越重要。

托卡伊：托卡伊镇 ▼

纬度/海拔
48.10°N/ 133米

葡萄生长期的平均气温
15.8℃

年平均降水量
620毫米

采收期降水量
10月：41毫米

主要种植威胁
秋雨、灰霉病

主要葡萄品种
白：福尔明，哈勒斯莱维露，黄麝香

*气候数据采集自1971年至2000年

捷克和斯洛伐克 Czechia and Slovakia

捷克的葡萄酒产业规模不大，连本地需求也难以满足，但自从30年前政治经济变革以来，在质量方面取得了巨大的进步。斯洛伐克的气候温暖一些，葡萄园差不多与捷克一样，所产的葡萄酒更成熟、更强壮。

捷克

捷克葡萄酒的生产者可能会在酒标上标示葡萄品种，并总是会以德国的方式标示成熟度。七个法定产区（VOC）于2017年建立。

波希米亚（Bohemia）是布拉格的腹地，拥有大约650公顷葡萄园，主要是在易北河（Elbe，也称Labe）右岸。玄武岩和石灰岩可以赋予葡萄酒一些特性，尤为明显的是Mělník村的黑皮诺、Roudnice村的Svatovavřinecké（即奥地利的圣罗兰）、Velké Žernoseky村的雷司令（Ryzlink Rýnský）。Most村则出产专供犹太教徒享用的寇修酒（Kosher wines）。

摩拉维亚（Moravia）的葡萄园占地16 530公顷，到目前为止，捷克的葡萄酒大部分产自这里。此处Pálava山温暖的石灰岩斜坡，在当地以草木多样茂密著称，也以威尔士雷司令和霞多丽闻名，这两个品种酿成的是子产区Mikulovsko的旗舰葡萄酒。另一个子产区Znojemsko的最好的葡萄酒有清新的长相思，特别是来自Kravák园的；还有Veltlínské Zelené（即绿维特利纳）和雷司令；黑皮诺的前景也被看好，特别是来自Stapleton-Springer的。

子产区Stapleton-Springer典型的白葡萄酒是雷司令和白皮诺的混酿，以VOC Blatnice的名义销售；但这个地方主要种植的是红葡萄品种茨威格、弗兰戈维卡（Frankovka，即奥地利的蓝佛朗克）和摩拉维亚珠（Cabernet Moravia，新近在当地用茨威格和品丽珠杂交而成）。在子产区Velkopavlovicko，同样以红葡萄品种为特色。最顶级的红葡萄酒以法定产区Modré Hory之名出现，选用葡萄牙人、Frankovka和Svatovavřinecké等葡萄品种。

在所有这些子产区里，都会用芳香的摩拉维亚白色杂交品种Pálava（琼瑶浆和米勒-图高）和摩拉维亚麝香（Moravian Muscat，用奥托奈麝香和Prachtraube杂交而成）酿成各种甜度的白葡萄酒。

斯洛伐克

19世纪初，一度被称为“上匈牙利”的地方，拥有多达57 000公顷葡萄园，这些葡萄园源源不断地向欧洲各个宫廷供应高品质的葡萄酒。一场根瘤蚜虫病毁灭了这一切。斯洛伐克葡萄酒的生产本在20世纪得以复兴，却又难逃萎缩的命运。如今，斯洛伐克的葡萄园总面积只有16 000公顷，原因是城镇规模扩大，土地价格上升。另外，到处充斥着便宜的进口葡萄酒也是一个因素。

白葡萄酒占据支配地位，种植最广泛的品种是绿维特利纳和威尔士雷司令。蓝佛朗克和圣罗兰被用于酿造清爽的桃红葡萄酒和充满果味的红葡萄酒。人们对一些新的斯洛伐克杂交品种表现出相当大的兴趣，这些杂交品种较早成熟、糖分高、味道浓郁。其中最重要者，包括Děvín（Roter Traminer和红维特利纳）和Dunaj（Muscat Bouschet x 葡萄牙人 x 圣罗兰）。所有传统的甜型葡萄酒——冰酒、麦秆酒、贵腐酒（包括斯洛伐克托卡伊，地图上褐色的部分）——都在复兴（在首都布拉迪斯拉发市两侧的葡萄酒产区，实际上是奥地利的布根兰产区往北的延伸）。也有人尝试用类似格鲁吉亚的黏土罐酿造橙色葡萄酒。

总的来说，在斯洛伐克南部，气候更温暖、更具大陆性气候特征，土壤更深并且肥沃，更适宜种植红葡萄品种；而在从布拉迪斯拉发向东北方向延伸的Malé Karpaty（小喀尔巴阡山）产区，土壤中多石，没有那么肥沃，更适宜种植白葡萄品种（特别是雷司令）以及红葡萄品种弗兰戈维卡。

顶级的葡萄酒大多产自拥有自己的葡萄园的中型酒庄，比如Karpatská Perla、Pavelka、Vino Nichta、Ostrožovič和Tokaj Macik。斯洛伐克出口的葡萄酒相对较少，Belá酒庄清爽、干型的雷司令是其中的一种，因为家族间存在的关联，它其实是由德国的伊贡·米勒酒庄酿造的。

正如在捷克一样，斯洛伐克葡萄酒在酒标上既遵循德国体系（品种及糖度），也遵循法国体系（产区），但后者是没有官方框架的。

波希米亚、摩拉维亚和斯洛伐克

这是三个截然不同的葡萄酒产区，分别与它们相邻的别国的产区相关：德国的萨克森产区、奥地利的威非尔特产区、匈牙利北部的产区（包括托卡伊）。

巴尔干半岛西部 Western Balkans

如果说在地图上的这些地区如今已没有什么葡萄酒可以吸引外界注意力的话，那更多的是因为政治而非地理。这里的纬度与意大利相同，也是群山起伏，地理环境多样，具备同等的种植葡萄的有利条件。这里有着悠久的酿酒历史，以及由此而来的许多当地的葡萄品种。当地已经从多年的政治纷争中走了出来，以越来越有说服力的证据，展示出其丰厚的酿酒潜力。

地处山区的**波黑**曾是奥匈帝国时期一个重要的葡萄种植地，但如今这里只有3500公顷的葡萄园，集中在莫斯塔尔市（Mostar）南部的黑塞哥维那。用兹拉卡（Zilavka）酿造的干型白葡萄酒，味道浓郁、带着杏子的香气，令人难以忘怀，这个品种约占了当地葡萄种植面积的一半；而普通得多的红葡萄品种布莱塔那（Blatina）则占了约30%。

塞尔维亚（**Serbia**）的葡萄酒生产有着曲折的历史。突厥人（Turks）竭尽所能铲除葡萄树，而哈布斯堡王朝则大力鼓励葡萄种植。如今塞尔维亚宣称他们的葡萄园比克罗地亚的还要多，注册在案的大概有22 300公顷，另有3000公顷是没有注册的。大部分最基础的酒款生产仍由两家大型的工业化酒厂把持，但现在已有多达400家规模较小的、家族拥有的酒庄，有些正在酿造出真正有趣的葡萄酒。

北部的自治省伏伊伏丁那（Vojvodina），与在其北边的匈牙利一样，在气候上完全受潘诺尼亚平原的影响。威尔士雷司令这个品种在此地很常见，三种不同颜色的皮诺目前都很被看好。最具潜力（且历史悠久的）的葡萄园位于Fruška Gora，这里的山丘让贝尔格莱德以北沿着多瑙河的伏伊伏丁那地区不再那么平坦。许多年轻的酿酒师正在尝试酿造自然的、采用生物动力种植法的有机葡萄酒，有的还使用了复古的陶罐，让这里成为塞尔维亚最有活力的葡萄酒产区。最北部的葡萄酒产区苏博蒂察（Subotica）和Tisa，都是沙质土壤，在地理上和文化上，都更像是匈牙利而非塞尔维亚。

斯梅代雷沃（Smederevo）是贝尔格莱德南部的一个镇，白葡萄品种斯梅代雷沃卡［Smederevka，在保加利亚被称为迪蜜雅（Dimiat）］之名即源于此。这个地方以斯梅代雷沃卡酿造的半干型白葡萄酒让人难以忘怀，但也有一些生产者正在用雷司令、霞多丽和赤霞珠酿造更有趣的葡萄酒。本地的普罗库帕茨（Prokupac）是塞尔维亚本土红葡萄品种的旗舰。人们对本土葡萄品种的兴趣日浓，由此出现了一些值得称赞的Morava葡萄酒（以塞尔维亚一个类似赤霞珠的杂交品种酿造）。而且，在全国各地种植了各种各样土生土长的巴尔干当地品种：Probus、Neoplanta、Bagrina、Začinak和Seduša。多瑙河右岸的Negotinska Krajina产区阳光充沛，其黑麝香（Black Muscat，在塞尔维亚又叫Tamjanika）和赤霞珠的名声正在建立。

直至南斯拉夫解体之前，科索沃的葡萄酒业主要以Amselfelder的出口作为支撑，这是一种销往德国的甜型混酿红葡萄酒。塞尔维亚的封锁让葡萄酒出口中断了许多年。如今，这里大约有3220公顷的葡萄园，15家大小不一的酒庄，小的是家庭作坊，大的是以前国有的石堡酒庄（Stone Castle），这家大酒庄拥有600公顷的葡萄园，2006年被美籍阿尔巴尼亚裔兄弟二人买下。规模第二大的酒庄是Suhareka Verari，像许多酒庄一样，它也请来了意大利顾问。韵丽（Vranac）、普罗库帕茨、斯梅代雷沃卡、佳美、威尔士雷司令和黑皮诺是主要的葡萄品种。其主要的葡萄酒产区在阿尔巴尼亚语中叫Dukagjini，在塞尔维亚语中叫Metohija。

阿尔巴尼亚古老的葡萄酒产业先是在奥斯曼帝国的统治下，继而在第二次世界大战之后几十年的政治经济环境下艰难求生得以幸存。目前其葡萄园面积据称达到10 500公顷。这里的葡萄酒清澈、新鲜。但地中海气候与一些原生葡萄品种的结合，才是这个国家的葡萄酒的特色所在，比如Shesh i Bardhë、Pules和Debine这样的白葡萄品种，以及Shesh i Zi、Kallmet、Vlosh和Serina这样的红葡萄品种很适合在这里生长。阿尔巴尼亚葡萄酒的未来，目前掌握在一批移民归国人员手上，尤其是来自意大利的，他们具有葡萄酒方面的经验，投资了一些小型的家族酒庄。

黑山共和国的葡萄酒产业规模不大，葡萄园种植面积只有3000公顷，且一家酒庄独大。这家名叫13 Jul-Plantaže的酒庄，其单一葡萄园占地2310公顷，是欧洲第二大单一葡萄园。韵丽这个红葡萄品种，占了种植面积的70%，它皮色深、单宁重，所酿成的葡萄酒具有很强的陈年能力。其他重要的本地葡萄品种是克拉托斯佳（Kratošija，即金芬黛），像克罗地亚人一样，黑山人也声称这个品种是他们的。

再往南一点，与希腊接壤的地方，是**北马其顿共和国**，这是一片葡萄酒的热土，整个行业都已私有，葡萄酒的品质大有改进。这里共有75家酒庄，分布在三个产区，其中保瓦达力（Povardarie）产区（或叫Vardar Valley）到目前为止是最重要的。酿酒葡萄的种植面积为19 087公顷，而向希腊的山坡上的葡萄园比起在平地上的更好。大约三分之一的葡萄是韵丽。小粒麝香葡萄（当地叫Temjanika），通常会被用于酿造干型白葡萄酒。几乎85%的葡萄酒供出口，Tikveš酒庄尤为突出。

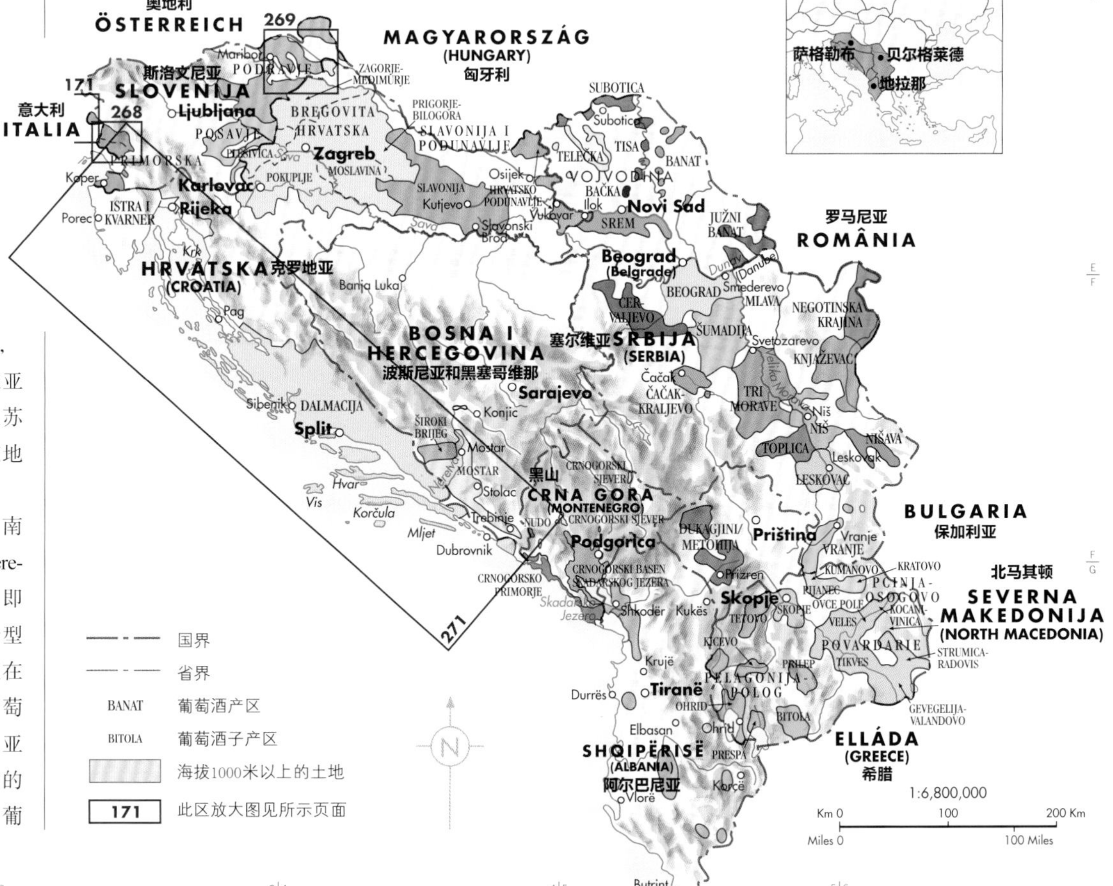

斯洛文尼亚 Slovenia

即使是在苏联时期，也很难说得清楚意大利和斯洛文尼亚的关系。我们只知道斯洛文尼亚在1991年6月25日宣布脱离南斯拉夫独立，而斯洛文尼亚葡萄酒也是此前南斯拉夫中唯一在西欧为人所知并广受欢迎的葡萄酒。在20世纪70年代，斯洛文尼亚东部的“Lutomer”（雷司令）几乎是东欧国家中唯一出口至西欧的葡萄酒。

斯洛文尼亚从温和的亚得里亚海沿岸向东延伸到潘诺尼亚平原，呈大陆性气候。绿意盎然的丘陵绵延不断，当中有一些非常适合种植葡萄的地方，这些地方现已被划分为三个特点鲜明的葡萄酒产区：靠近海岸的普里默斯卡产区、萨瓦河（Sava River）沿岸的波萨维（Posavje）产区（没有在地图上详细标注）和德拉瓦河（Drava River）沿岸的波德拉维（Podravje）产区，包括历史上知名的葡萄酒中心马里博尔（Maribor）、普图伊（Ptuj）、拉古纳（Radgona）和Ljutomer-Ormož。

1822年，在马里博尔，奥地利人Archduke Johann下令要在他的领地里种上“所有高贵的葡萄品种”。于是，霞多丽、长相思、灰皮诺、白皮诺、琼瑶浆、麝香葡萄、雷司令、黑皮诺和许多其他葡萄品种纷纷被引入斯洛文尼亚境内。

21世纪以来，由于有兴趣兼职种植葡萄的斯洛文尼亚人在减少，全国葡萄园的总面积也随之下降，但官方登记在册的葡萄园仍有15 405公顷，还有很多是没有备案的。葡萄园的平均权属面积很小，但斯洛文尼亚的葡萄酒业正渐渐专业化，不再那么支离破碎，有差不多30 000多人参与了葡萄的种植。

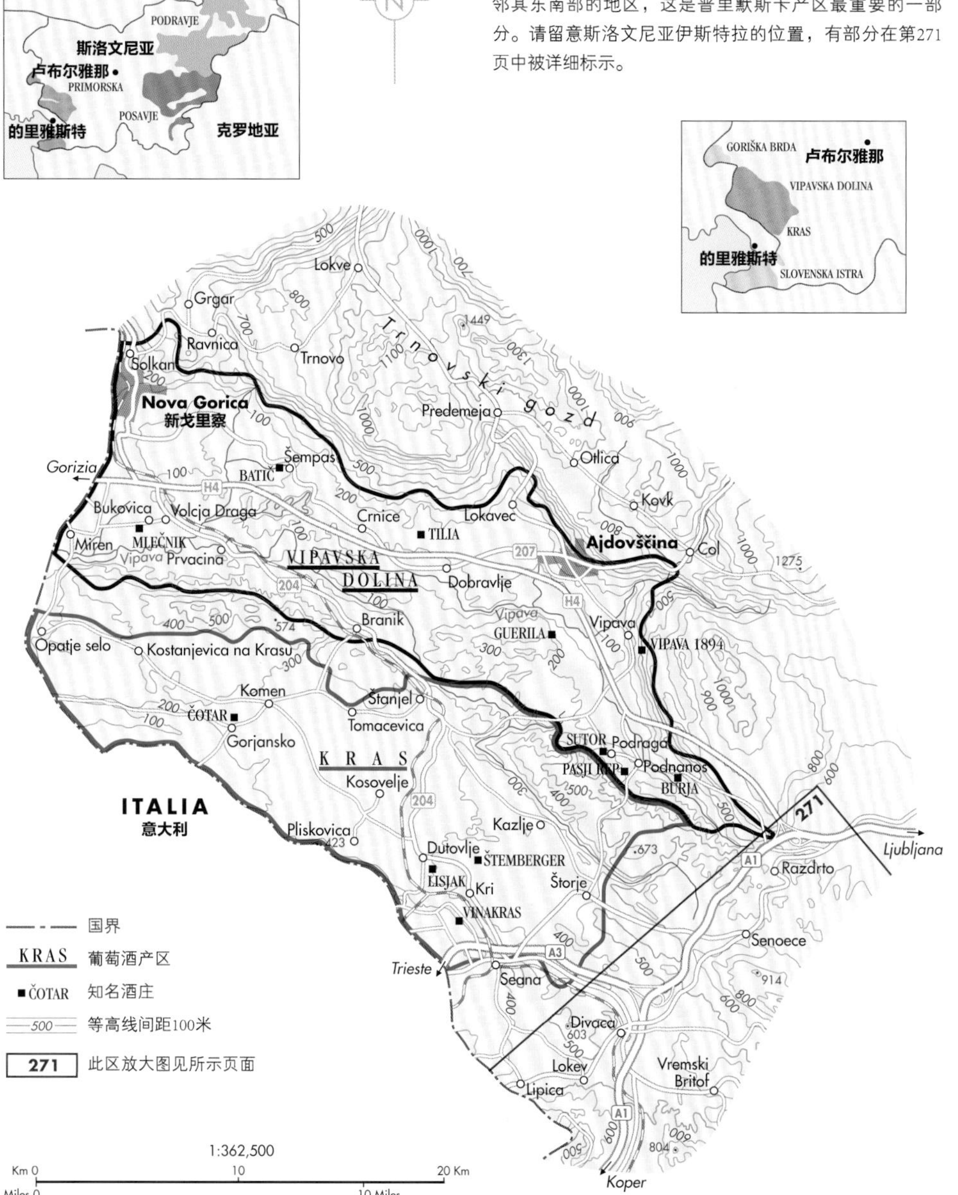

斯洛文尼亚葡萄酒产区

普里默斯卡产区详解

位于最西北部的戈里齐亚布尔达（Goriška Brda）已在第171页的图中被详细标示，而下面的地图所标示的，是紧邻其东南部的地区，这是普里默斯卡产区最重要的一部分。请留意斯洛文尼亚伊斯特拉的位置，有部分在第271页中被详细标示。

普里默斯卡产区

普里默斯卡是斯洛文尼亚最西部的葡萄酒产区，葡萄种植面积为6408公顷，历史上一直与毗邻的意大利弗留利产区有着很深的渊源，目前依然是斯洛文尼亚最有活力的葡萄酒产区。这里的夏季炎热，冬天不算冷，但秋季雨水来得很早。大部分普里默斯卡产区的葡萄园同时受亚得里亚海和阿尔卑斯山的气候影响，其葡萄酒香气芬芳，酒体强劲。不用说，既然在地理上那么接近，这里也偏爱弗留利的风格，出产各种以不同葡萄品种命名的芳香型干白葡萄酒；而在斯洛文尼亚并不多见的各种红葡萄酒，则口感结实，几乎占据了产量的一半。这个产区北部的布尔达地区实际上是弗留利的科利奥地区在斯洛文尼亚境内的延伸（见第171页弗留利地图）。

丽波拉是当地主要的白葡萄品种，其次是霞多丽和梅洛。丽波拉可以被酿成各种风格的葡萄酒，可以是清瘦型的，它在不锈钢桶里发酵；也可以是酒色橘黄的，它经超长时间浸皮后在双耳陶罐中熟成（Josko Gravner是最早在弗留利及其以外地区重新应用这种技术的，他的大本营就在边界的另一边）。丽波拉这种葡萄常被用于给当地的起泡酒带来清新度，也被用于酿造很不错的甜型葡萄酒。多品种混酿的白葡萄酒在这个地区（国界的两边）很常见，丽波拉通常也是其中的一个品种。在最成功的红葡萄酒中，有梅洛和赤霞珠的混酿，也有黑皮诺；但在布尔达地区，就像在弗留利一样，还种植了许多其他的本地和国际品种，包括芳香的苏维浓纳斯、灰皮诺（比起在威尼托的同一品种，它在这里更有结构感，性格更鲜明）和长相思。

维帕瓦峡谷（Vipava Valley）产区，或叫Vipavska Dolina地区，温度明显偏低，上游尤其如是。因此，这里的葡萄酒比起布尔达地区的更轻盈、更优雅，酒精度也低一些。梅洛、赤霞珠和长相思是这里重要的葡萄品种，但具有地方特色的品种丽波拉以及原生品种Zelen和Pinela越来越多地受到关注。以这些品种为基础的混酿白葡萄酒值得追捧，同样值得追捧的还有这里的黑皮诺。

喀斯特（Kras）产区，位于的里雅斯特上面的一片喀斯特地貌的石灰岩高原，红色黏土，铁质丰富，这里著名的葡萄酒叫特朗酒（Teran），酒色深、酸度高，但美味可口，是用红葡萄品种莱弗斯科酿成的。

莱弗斯科目前还是斯洛文尼亚伊斯特拉地区最重要的葡萄品种，斯洛文尼亚伊斯特拉是的里雅斯特南部最温暖的地区，这里出产的红葡萄酒，具有辛香气息，酒体饱满，但从不与柔软沾边。Malvazija Istarska是一个白葡萄品种，用它酿出的葡萄酒散发着桃子的香气，与亚得里亚海的海鲜是完美搭配（在边界那边的伊斯特里亚也如是，见第 271 页）。这个品种在普里默斯卡产区的其他三个地区中正变得越来越重要。

波德拉维产区

波德拉维产区拥有 6408 公顷葡萄园，是斯洛文尼亚最重要、最广阔，也是最内陆的一个产区。它分为两部分，一部分是辽阔不规则的 Štajerska Slovenija 地区，另一部分是面积相对较小的 Prekmurje 地区（见本页定位图）。在整个产区出产的葡萄酒中，红葡萄酒的占比不足 10%。

长久以来，这里最主要的葡萄品种是威尔士雷司令，用这个品种酿造的葡萄酒，曾在英国被称为 Lutomer，知名度较高；但是，正如在其他地方，另一个品种 Šipon（福尔明）正越来越引人注目。Šipon 这个品种似乎颇能适应波德拉维产区寒冷的气候，用它酿造的葡萄酒，口感结实，具有陈年能力。这个产区其他典型的葡萄品种包括特色鲜明的雷司令、灰皮诺、琼瑶浆、长相思和小粒白麝香，它们在酿造葡萄酒的过程中都没经过橡木处理，最后使用螺旋盖封瓶。原生的、酸度较低的品种瑞尼娜（Ranina 在奥地利被称为 Bouvier）是拉古纳地区的特产，该地自 1852 年以来就是斯洛文尼亚起泡酒生产的中心。经过橡木处理的霞多丽和黑皮诺在此产区的历史相对不长，但其价值不可小觑。

Prekmurje 地区稍为温暖一些，生产的葡萄酒比起其南部邻近地区的葡萄酒，酒体更为饱满并柔和。Modra Frankinja（蓝佛朗克）这个品种很适宜在这里种植。2016 年，这个品种被确认为起源于斯洛文尼亚，自此之后，全国各地对它的兴趣日益浓厚。

在波德拉维产区，在合适的年份，可以酿造出一些杰出的贵腐甜酒和冰酒。根据吉尼斯世界纪录，在马里博尔地区的那株著名的老藤已有 400 多年的历史，是世界上最古老的葡萄藤，它每年仍可产出 35—55 千克的詹托卡（Žametovka）葡萄。

波萨维产区

从产量上来说，波萨维在斯洛文尼亚的葡萄酒产区中是最不重要的一个，葡萄种植面积只有 2688 公顷，葡萄品种大多与波德拉维产区相同，但是，这些品种通常会被混酿，成为富有当地特色的葡萄酒，它们分别被称为 Metliška Frnina、Bizeljčan 和 Cviček，其中 Cviček 是一款轻快的、酸度高的粉红葡萄酒，很受欢迎。波萨维产区的葡萄酒，与波德拉维产区的相比，一般都较为轻快，不那么复杂。用蓝佛朗克这个品种酿成的葡萄酒，有着从橡木桶中获得的辛香气息，在这个产区较受欢迎。较少见的、酸度颇高的白葡萄品种 Rumeni Plavec 可以让当地的起泡酒 Bizeljsko Sremič 更活泼，而以詹托卡这个品种为基础的优质起泡酒已在 Dolenjska 地区出现。相对温暖的 Bela Krajina 地区，以蓝佛朗克、黄色麝香酿造的葡萄酒而著名，其甜型葡萄酒也很出色，常令波德拉维产区同类产品相形见绌。

△
斯洛文尼亚、捷克、斯洛伐克的玻璃工艺有着悠久的历史，其吹口酒杯的制作极为精美，越来越深受世界各地葡萄酒爱好者喜爱。

中波德拉维

斯洛文尼亚的葡萄酒产区中离海岸线最远的地方，紧靠着奥地利的施泰尔马克南部，两地的葡萄酒风格也颇为类似，精致、芬芳，主要是白葡萄酒。有些施泰尔马克的种植者在边界这边的Stajerska Slovenija地区拥有葡萄园，Stajerska Slovenija在字面上的意思就是“斯洛文尼亚的施泰尔马克”。

△
葡萄园、沙滩、蓝绿色的大海。Split附近的Brač岛，真是人间的天堂。Stina是这里主要的酒庄。

克罗地亚 Croatia

伊斯特里亚和达尔马提亚历来就是人们了解克罗地亚的起点，对旅游者具有极大的吸引力，壮观的海岸线上遍布着威尼斯式的港口，周边有许多岛屿。历史上，君主、十字军、总督，你方唱罢我登台，想必都没有好好品尝一下这里的葡萄酒。倒是如今那些把游艇停泊在岸边的富豪们，对此了解得更多。克罗地亚的许多葡萄酒，具有本土特色，品质上乘，价格不菲。

数个世纪以来，这里一直都在酿造葡萄酒，其葡萄酒在19世纪末一段短暂的时期还非常出名，那个时候，欧洲许多其他地方的葡萄园已尽为根瘤蚜虫病所毁。但是，这只是一个时间差而已，那场虫害最终还是没有放过克罗地亚，结果，许多葡萄园及原生的葡萄品种被废弃了。据估计，在大约250个克罗地亚原生葡萄品种中，如今还在种植的只有130个。

官方公布的葡萄园总面积略超过20 000公顷，但有许多克罗地亚人在自家花园里也种上几行葡萄藤，果实留作自用。官方公布的注册葡萄园的平均面积只有0.5公顷，在41 000个种植者中，93%的人所拥有的葡萄园面积不足1公顷。

2018年，克罗地亚的葡萄酒管理当局确认了4个葡萄酒产区：斯拉沃尼亚-多瑙河（Slavoniji i Podunavlje）、克罗地亚高地（Bregovita Hrvatska）、伊斯特里亚-克瓦内尔（Istra i Kvarner）、达尔马提亚，并进一步把这4个产区细分为12个子产区（见第267页地图）。在克罗地亚的葡萄酒当中，约有四分之三是带有官方产地标识的。

克罗地亚被迪纳拉山脉（Dinaric Alps）一分为二，这条山脉是顺着海岸线延伸的。我们在地图上，只是详细地标示了山脉西南方的克罗地亚沿海部分。从北到南，这部分区域被划分为克罗地亚伊斯特里亚(Hrvatska Istra)、克罗地亚沿海(Hrvatsko Primorje)、北达尔马提亚(Sjeverna Dalmacija)、中南达尔马提亚及相关岛屿(Srednja i Južna Dalmacija)、达尔马提亚内陆(Dalmatinska Zagora)等几个部分。

在北部的伊斯特里亚-克瓦内尔产区，以白葡萄酒为主；而在南部的达尔马提亚产区，则是红葡萄酒唱主角。在达尔马提亚内陆地区，是微凉的地中海气候，种植了多个本地的葡萄品种，比如Kujundžuša、Debit、Maraština、布莱塔娜（Blatina）和Zlatarica，还有一些国际品种，葡萄园通常相对较大，特别是在扎达尔（Zadar）以里的内陆地区。

克罗地亚内陆产区

克罗地亚的两个内陆葡萄酒产区远离海岸，位于山脉的北部和东部，靠近斯洛文尼亚和匈牙利的边界（见第267页地图）。靠东的一个，是**斯拉沃尼亚-多瑙河**产区，在克罗地亚的葡萄酒产区中，它最大、最温暖，深受潘诺尼亚平原的影响。它的特色品种是格拉塞维纳，在别的地方又被称为威尔士雷司令、意大利雷司令、Laški Rizling等。这个克罗地亚种植面积最大的葡萄品种很有可能源于此地，即多瑙河盆地，克罗地亚的葡萄酒生产者对这个品种都有种主人的感觉，但让他们略感遗憾的是，用它酿出的鲜爽的白葡萄酒，陈年难以超过一年。有人用格拉塞维纳葡萄酿出贵腐风格的甜酒，活泼不足，但有些非常精致，尤其是在斯拉沃尼亚(Slavonija)的Kutjevo镇附近。在靠近多瑙河的Baranja镇和Ilok镇附近，用格拉塞维纳酿造的干一点的葡萄酒也颇令人兴奋，可与用新近种植的霞多丽、琼瑶浆、雷司令酿造的葡萄酒媲美。在斯拉沃尼亚平缓的山丘上，有全国最大的葡萄园和全国最大的葡萄酒生产商。这里还是著名的橡木产地，意大利传统的botti就是用这里的橡木制作出来的大型橡木桶，用于葡萄酒的熟成。

在地处山区的克罗地亚高地产区，所有的一切规模都要小一些。首都萨格勒布（Zagreb）的北面以及西部的气温较低，特别是在Plešivica甚至Zagorje地区，那里还出产一些备受称赞的甜型葡萄酒，以出自Bodren的较为引人注目。像雷司令和长相思这样芬芳型的白葡萄酒，在这里显示出了不错的前景。Međimurje是克罗地亚最北面、最寒凉的地区，与斯洛文尼亚的东部和匈牙利的西南部相邻，这里最受欢迎的葡萄酒是用Pušipel（福尔明这个品种在克罗地亚的其中一个别称），干型的和甜型的都有。越来越受欢迎的还有干型的、清爽的、充满芬芳的Škrlet葡萄酒，Škrlet是个原生葡萄品种，罕见地在克罗地亚的内陆地区存活下来。

克罗地亚沿海产区

克罗地亚酿酒葡萄的丰富历史在沿海地区保存得最好，特别是在南部。在伊斯特里亚这个位于沿海最北的地区，得天独厚地拥有一个特色鲜明的葡萄品种伊斯塔斯卡马尔维萨（Malvazija Istarska）。这是该地独有的属于马尔维萨品系的品种，与大多数其他马尔维萨没有什么关系。用这种葡萄酿出的白葡萄酒，大多结实、浓厚，有强烈的蜂蜜和苹果皮的气息，耐咀嚼，很有特色。伊斯塔斯卡马尔维萨这个品种占了伊斯特里亚葡

克罗地亚海岸与斯洛文尼亚伊斯特里亚

克罗地亚的海岸线，是我们在地图上加以强调的，如果你环绕着它的1000多个岛屿走一圈的话，总共要走6176千米；许多海岛生长着其独有的葡萄品种。金芬黛的源头已被找到，毫无疑问，将来还会有更多的发现。

DNA分析证实，Crljenak Kaštelanski葡萄与金芬黛是一致的，这让Kaštela小镇的名声传遍了整个葡萄酒世界。

萄种植面积的60%，酿酒师们传统上是将伊斯塔斯卡马尔维萨带皮发酵的（如今这种方法也是时尚），但不懂得控制温度，因此效果通常成疑。如今，带皮发酵这种做法仍在继续，但已与低温控制相结合，以保留葡萄独特的果香。

在伊斯特里亚，酿酒师的木桶所用的材料通常是金合欢木，而非斯拉沃尼亚橡木。用这样的木桶酿出来的葡萄酒，常常是活泼、饱满、复杂的，其中有一些受益于陈酿。具有特色的伊斯特里亚红葡萄品种是特朗（Teran），又名Refošk。它不同于弗留利的Refosco dal Peduncolo Rosso，很是坚硬，使得酿酒师要往里加一点儿梅洛。它需要生长在较好的地块，要得到细心的修剪才能成熟得更好。这里的地中海气候比更南边的地区要凉一些，土壤从鲜红色到灰色再到黑色，类型非常多样。

在伊斯特里亚南部的是克瓦内尔，其葡萄园多在克尔克（Krk）岛，传统上种植的主要是Croatian Žlahtina这个品种，用它酿出的白葡萄酒，轻盈、清爽。有些国际品种在这里也有种植。

沿着美丽的达尔马提亚海岸往南，外边的大海近绿远蓝，岛屿多如繁星。这里的马尔维萨葡萄并不总是具有伊斯特里亚的品质，但有特色的其他本地葡萄品种还有许多，只是还在开发当中。温暖的地中海气候、海上吹来的微风、多样的地形、不同的朝向，这一切集于此地，加上本地葡萄品种的丰富传承，最终会让全世界的葡萄酒爱好者兴奋不已——如果游客还能留下足够的葡萄酒可供出口的话（由于克罗地亚语不太使用元音，它们的酒标读起来还真有点儿麻烦）。

红葡萄酒占据着支配地位，普拉瓦茨马里（Plavac Mali）是海岸线上种植面积最大的葡萄品种，用这个品种酿造的葡萄酒，在Dingač村通常是浑厚有力的，而在Postup村则有点儿辛辣。这两个村都位于Dubrovnik北部的Pelješac半岛，海边梯形的葡萄园非常陡峭。以往人们认识得不太深的本地品种Crljenak Kaštelanski，不仅是普拉瓦茨马里的近亲，还跟金芬黛是同一回事儿（跟意大利普利亚的普里米蒂沃也一样），这一发现让人们争相种植这一品种。Crljenak Kaštelanski的字面意思是“Kaštela的红葡萄”，Kaštela是Split附近的一个小镇；这个品种又被称为Tribidrag（在邻近的黑山，则名为克拉托斯佳）。用Babić这个品种酿出的葡萄酒香气四溢，风格有现代感，这个品种以往只局限在Šibenik和Split之间的Primošten镇，海边的葡萄园多石，附近是港口和码头。这个区域的潜力显而易见。

Malvazija Dubrovacka这个品种目前有点儿复兴的苗头，1383年时它就生长在克罗地亚，早在杜布罗夫尼克（Dubrovnik）共和国时期，显然它就是一个非常重要的葡萄品种。这个品种似乎与西西里附近的利帕里（Lipari）岛上著名的马尔维萨葡萄有关，适宜于风干后用于酿造甜型葡萄酒。

在那些岛屿及海岸线的中南部，常见的白葡萄品种是Maraština，让人失望的是，这只是也在托斯卡纳被发现的、相当中性的马尔维萨的一个别名。岛屿上具有特色的白葡萄品种包括小岛维斯（Vis）上芳香的Vugava、赫瓦尔（Hvar）岛上清新的Bogdanuša（要不是还有这种葡萄，这个地方便尽是薰衣草了）、Korčula岛上很有生气的Pošip和热情奔放的Grk。从当地走出去的麦克·格吉弛（Mike Grgich），是纳帕谷的格吉弛黑尔（Grgich Hills）酒庄的创始人，职业生涯极其辉煌，1996年，他荣归故里，激发了岛上葡萄种植者的活力和抱负。格吉弛把克罗地亚的葡萄酒介绍给美国人，并推动了“寻找金芬黛”（Zinquest）这个活动的开展——这个活动的目的是探寻金芬黛这个品种在克罗地亚的根。正如旅游者们现在所知，搭配上达尔马提亚的美食——小生蚝、生火腿、烤鱼、烟熏洋葱烤肉，以及大量甜美的葡萄和无花果，沿海地区当地的葡萄酒的热情与风味，令人陶醉。

△
Prince Ştirbey酒庄的葡萄园。这是唯一种植Novac的酒庄，该品种新近由本地的Negru Vîrtos葡萄和格鲁吉亚的萨别拉维葡萄杂交而成。

罗马尼亚 Romania

罗马尼亚是一个拉丁语国家，但从地理位置上，它被夹在斯拉夫语族国家中。在文化关系上，它与法国比与邻国更为亲近。这种亲近的关系包括了对待葡萄酒的态度，尽管对它的葡萄酒产业（在各种条件上与法国是一样的）的投资，一直以来更多来自意大利，其次是奥地利。

喀尔巴阡山脉像一只巨大的海螺一样在这个国家的中部盘绕着，缓和了大陆性气候中夏天的干热。群山在四周的平原中崛起腾升，最高处达2600米，特兰西瓦尼亚（Transylvanian）高原就在其中。在南部，多瑙河先是流经一个沙质平原，接着转向北部三角洲，分隔东西，让东面临海的多布罗加省自成一体——这个省份受到了黑海的润泽。

罗马尼亚曾在20世纪60年代推行过一个大规模的种植计划，将大批耕地变为葡萄园。但到了20世纪90年代及21世纪初，葡萄园总面积大幅下降，截至2017年，似乎已稳定在180 000公顷的水平上。在欧洲人口最多或地域最广的国家中，罗马尼亚均榜上无名，但在葡萄种植面积上它位居第五，皮色浅淡的葡萄的种植面积尤其大，至今仍是东欧国家中最重要的葡萄酒生产国。但这并不意味着其所有的葡萄酒都做得很认真或可以出口——大约有三分之一的葡萄酒是用种间杂交品种酿造的，自家私酿的葡萄酒在路边非法兜售的情形随处可见。罗马尼亚人确实喜欢葡萄酒，特别是有点儿甜的葡萄酒。自2006年以来，罗马尼亚就一直是一个葡萄酒净进口国，主要从西班牙和意大利进口了大量廉价的散装酒。不过，在成为欧盟成员国之后，罗马尼亚的葡萄园和经营得相对较好的酒庄获得了大量投资。

罗马尼亚与它的邻国不同，这里还保留了大量独特的本土葡萄品种。最常见的品种是白公主（Fetească Regală，其血统仍未完全确定）和较为雅致的Fetească Albă；其次是梅洛，然后是威尔士雷司令（在罗马尼亚，这一品种在酒标上通常只标示为雷司令）。长相思在其国内是很流行的，但像许多罗马尼亚葡萄酒一样，它太甜了，在海外没有多大的吸引力。阿里高特这个品种种植于东部地区，但没有几个重视质量的酒庄看得上它。赤霞珠、灰皮诺和奥托奈麝香是在罗马尼亚有迹可循的其他几个国际品种。其灰皮诺葡萄酒一直在海外卖得特别好，意大利葡萄酒减产的时候甚至还出口到那儿。

Tămâioasă Românească是芳香型品种小粒白麝香在当地的名称，既可用于酿造干型的葡萄酒，又可用于酿造甜型的。Busuioacă de Bohotin是皮色粉红的麝香葡萄，通常被用于酿造桃红葡萄酒。其他有点名气的原生白葡萄品种包括Crâmpoşie Selecţionată、Mustoasă de Măderat、Grasă和Frâncuşă，另外这里还有一个知名的杂交品种şarbă。

20世纪80—90年代，罗马尼亚的黑皮诺葡萄酒在海外颇受欢迎，其风格与保加利亚的截然不同。2017年，黑皮诺的种植面积为2000余公顷，但罗马尼亚人本身并不太喜欢这个品种酿造出的葡萄酒，他们喜欢的红葡萄酒是“壮又黑”类型的。

在罗马尼亚自己的红葡萄品种中，用Băbească Neagră酿出的葡萄酒酒体轻盈、充满果香；黑姑娘（Fetească Neagră）遍布全国各地，用它酿造的葡萄酒风格更为严肃。混酿的红葡萄酒如今越来越受欢迎，黑姑娘在其中的表现也不错，不仅可以搭配梅洛和赤霞珠，还可搭配本地的特色品种，比如Negru de Drăgăşani和Novac。

如匈牙利一样，罗马尼亚也有一种葡萄酒曾经享誉整个欧洲。然而，当托卡伊在第二次世界大战后的政治经济环境下挣扎着，试图重现昔日的荣光时，科特娜丽（Cotnari）在罗马尼亚之外已是完全无人知晓。在历史上，这是一种在东北地区酿造的贵腐甜酒。不过，那个地方如今大多数的葡萄酒是相当普通的半干白、半甜白，产自已经私有化的原国有农庄，但Casa de Vinuri Cotnari酒庄酿出了新一代的更为有趣的干型葡萄酒。

葡萄酒产区

如今全国划分出8个葡萄酒产区，而在产地来源命名体系方面有12个PGI（Vin cu Indicaţie Geografică），而DOC（Denumire de Origine Controlată）的数目则令人眼花缭乱。

Moldovan Hills在喀尔巴阡山脉以东，是目前最大的产区，其葡萄酒产量超过全国总产量的40%。产区的北端是白葡萄酒产地，本地的葡萄品种占支配地位。科特娜丽和Coteşti是两个在商业上最重要的法定产区。

顺着喀尔巴阡山脉蜿蜒的山势，从Moldovan Hills进入到丘陵地带Oltenia-Muntenia，是第二大的葡萄酒产区，也是阳光最为充足的葡萄酒产区之一。最著名的葡萄园或许都集中在Dealu Mare（字面意思是大山）这一法定产区（DOC）了。在朝南的山坡上，海拔200—350米，温带大陆性气候，这里酿造出了罗马尼亚最令人兴奋的红葡萄酒。种植在这里的葡萄品种包括赤霞珠、梅洛、黑皮诺、黑姑娘，还有一些前景看好的西拉。优秀的Dealu Mare酒庄包括Davino、SERVE、Antinori's Viile Metamorfosis、LacertA、Aurelia Vişinescu、Rotenberg、Licorna Winehouse和Vinarte。油润滑腻、香气馥郁的Tămâioasă产自Dealu Mare东北部的Pietroasa DOC，是这个产区特有的一款白葡萄酒。

在奥尔特尼亚（Oltenia）地区的Drăgăşani DOC很小，但很有活力，它是在21世纪初经由

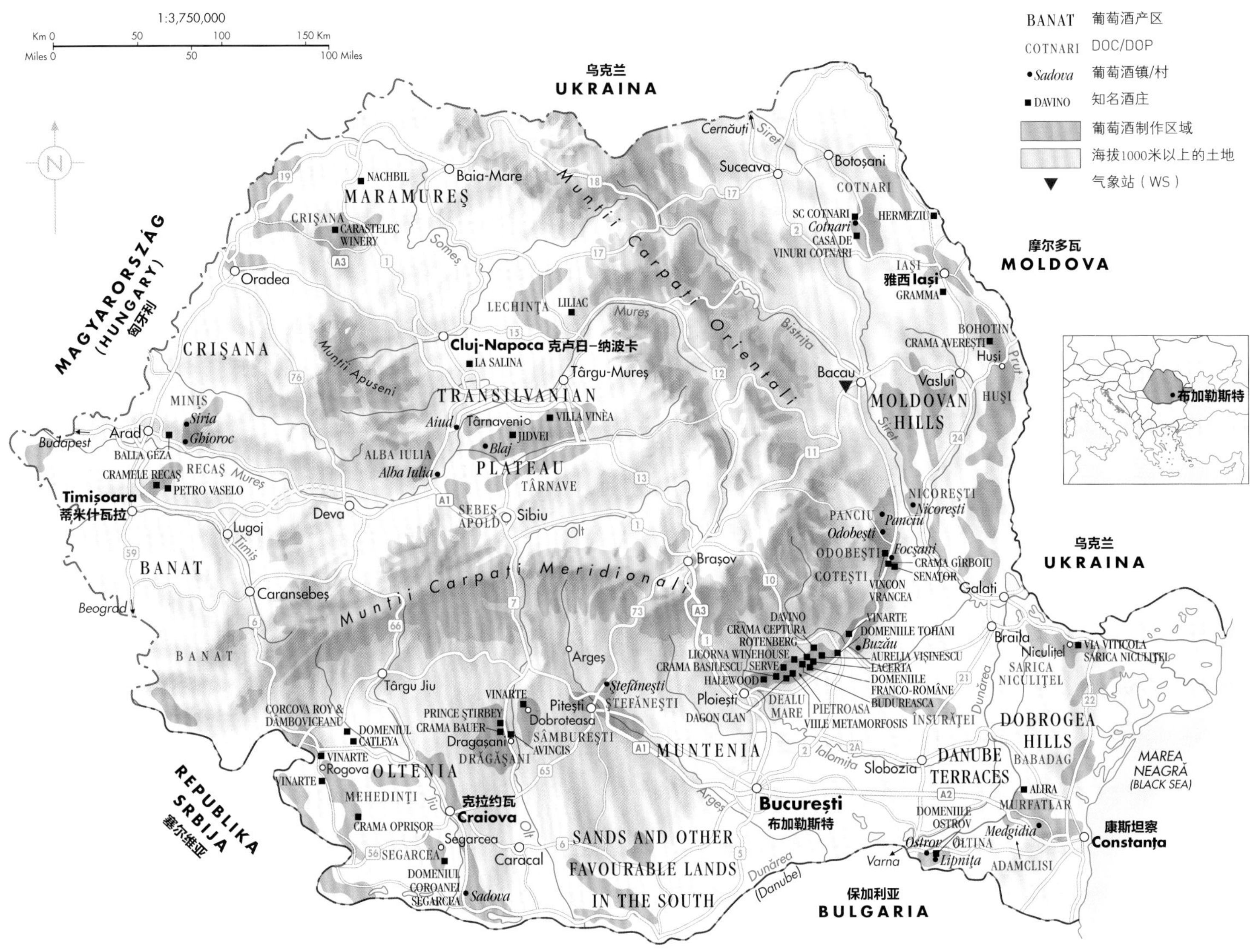

本地高贵的Ştirbey家族的努力而复兴的。他们目前酿制的是清新、活泼的葡萄酒，使用的本地品种包括Crâmpoşie Selecţionată、Novac和Negru de Drăgăşani，还使用了清爽的白公主、麝香和长相思。Avincis酒庄和规模小得多的Crama Bauer酒庄是Ştirbey酒庄最有趣的邻居。

在奥尔特尼亚和蒙特尼亚（Muntenia）两地，都可见到喀尔巴阡山麓裸露出来的岩层，但岩质各有特点。Ştefăneşti DOC以其芳香的白葡萄酒著名，而Sâmbureşti DOC以赤霞珠而闻名。往西南方向再过去一点儿的Crama Oprişor酒庄，为来自德国的Carl Reh拥有。卡拉约瓦（Craiova）南部的Domeniul Coroanei Segarcea，过去是王室的庄园，经过重植得以复兴；在Corcova，另一个原来的王室庄园也已修复，酒庄焕然一新，聘用的依旧是来自法国的技术总监。

罗马尼亚在黑海的海岸线并不长，Dobrogea Hills产区就在这里，在全国各个葡萄酒产区中，它的阳光最充沛，降水量最少。穆法特拉产区（Murfatlar DOC）的葡萄酒，红的温柔，白的甘美，其甜型的霞多丽，酿自非常成熟的葡萄，葡萄藤种植在石灰岩质的土壤上，时常吹着海岸那边的微风。Danube Terraces产区只有Alira这一家酒庄是真正有名的，它的投资人也投资了在其南边的保加利亚的贝萨山谷（Bessa Valley）酒庄。

在罗马尼亚的西部，来自匈牙利的影响显而易见。巴纳特（Banat）产区的红葡萄酒大多酿自黑皮诺和赤霞珠，但引进的黑姑娘和西拉的前景颇被看好。Cramele Recaş是主要的生产者（并且是罗马尼亚最成功的出口商，其灰皮诺尤其著名），其领导地位最近受到了从事有机种植的Petro Vaselo的挑战。白公主、灰皮诺和长相思是酿造白葡萄酒的主要品种。往北，在克里沙纳（Crişana）和马拉穆列什（Maramureş）产区，Miniş DOC的山丘几乎都由Balla Géza凭一己之力而使其焕发了生机，Balla Géza是一个生于罗马尼亚的匈牙利人。在Carastelec酒庄背后的，同样是匈牙利的投资者，这家酒庄专注于酿造起泡酒。毕业于德国盖森海姆大学的Edgar Brutler则在Nachbil酒庄潜心于减少酿酒工艺上的人为干预的研究。

Transylvanian Plateau产区，犹如位居全国中心的一个岛屿：高出海平面460米，寒凉，相对多雨。这里生产的白葡萄酒，相比产于罗马尼亚其他产区的更为清新活泼。Jidvei酒庄规模巨大，它拥有欧洲最大的单一葡萄园，面积超过2400公顷。最近对这一产区的投资，包括在DOC Lechinţa的Liliac酒庄和在DOC Târnave的Villa Vinèa酒庄，更多地暗示了这里的潜力。

罗马尼亚：巴克乌（BACAV） ▼

纬度 / 海拔
46.53°N/ 184米

葡萄生长期的平均气温
16℃

年平均降水量
587毫米

采收期降水量
8月：52毫米

主要种植威胁
春霜、干旱、9月份降水、冬季霜冻

主要葡萄品种
白：白公主、阿尔巴姑娘（Feteasc Alb）、威尔士雷司令、长相思、阿里高特；
红：梅洛、赤霞珠、黑姑娘

保加利亚 Bulgaria

对于学习葡萄酒地理的学生来说，今天的保加利亚不太容易搞得明白。大部分葡萄酒在酒标上的产地不是色雷斯低地（Thracian Lowlands），就是多瑙河平原（Danubian Plain），这主要是根据葡萄生长在把整个国家一分为二的老山山脉（Stara Planina）的南部还是北部。

为准备加入欧盟，管理当局曾指定了52个地理命名，但没有几个是如今还在使用的。或许这会令大公司的日子（以及在生产混调的葡萄酒时）过得容易一些，但正在给保加利亚带来希望的是规模较小的企业，只有它们才能让外国的葡萄酒爱好者再度对这个国家产生真正的兴趣。

20世纪七八十年代，保加利亚的赤霞珠葡萄酒意味着“物美价廉”。在此前的50年代，这个国家在肥沃的土地上大举种植国际品种，为的是满足苏联日常餐用葡萄酒的巨大需求。保加利亚的葡萄酒研究者做了一些更有意义的工作。在70年代末，他们在法国、西班牙和意大利考察回去后，成立了一些研究机构，开辟了一些试验园地，为可行的产地命名体系打下了坚实的基础。之后，当百事可乐到来的时候，美国加州的酿酒技术同时进来了。有一段时间，保加利亚的赤霞珠葡萄酒很受欢迎，在西方被视为物美价廉的珍品。

但戈尔巴乔夫在80年代发起的反酗酒运动产生了深远影响。随着经济的下滑和市场需求的萎缩，全国许多葡萄园均被废弃。在实行原来的政治经济体制时，政府要求葡萄种植者加入国有的农业合作社。苏联解体之后，土地回归到其第二次世界大战前的主人手上，这要经过一个烦琐冗

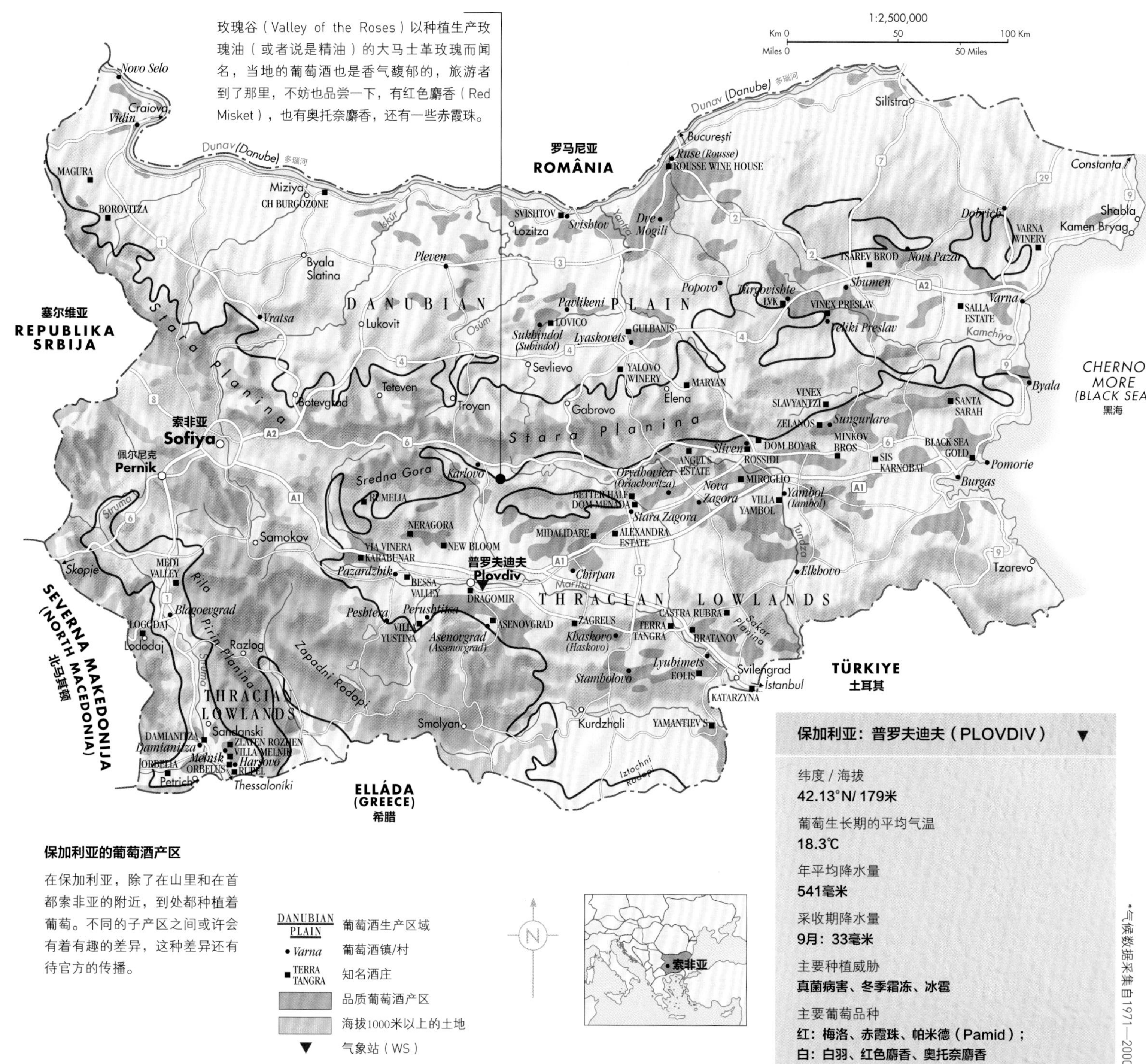

保加利亚的葡萄酒产区

在保加利亚，除了在山里和在首都索非亚的附近，到处都种植着葡萄。不同的子产区之间或许会有着有趣的差异，这种差异还有待官方的传播。

保加利亚：普罗夫迪夫（PLOVDIV）▼

纬度/海拔
42.13°N/179米

葡萄生长期的平均气温
18.3℃

年平均降水量
541毫米

采收期降水量
9月：33毫米

主要种植威胁
真菌病害、冬季霜冻、冰雹

主要葡萄品种
红：梅洛、赤霞珠、帕米德（Pamid）；
白：白羽、红色麝香、奥托奈麝香

*气候数据采集自1971—2000年

长的程序，最后，此前长期被忽视的葡萄园，通常都变成了不具经济规模的细小地块。

在90年代末，原来国有的酒厂和装瓶厂被私有化，其中大部分都是被资金并不充裕的当地管理者买下的。连年歉收，更令时日艰难。酒厂收购提前采摘的葡萄，只是为了确保供应，有的还使用橡木添加材料，努力以此遮掩葡萄不成熟的缺陷。如此一来，其葡萄酒的质量急剧下降，而就在这一时期，新世界的葡萄酒正面临着激烈的竞争。

在2007年保加利亚加入欧盟前夕，转变就发生了。数额巨大的欧盟补贴进入葡萄酒领域，酒厂有时会联合多达数百个小型种植户，以把他们的葡萄园归整起来。如今，许多酒厂拥有了自己的葡萄园，而一些规模小一点儿的私人酒庄也已经出现，所以截至2018年，保加利亚拥有超过250个葡萄酒生产者。2016年，官方统计的酿酒葡萄种植总面积达62 910公顷，其中80%是作为商业用途而非私人消费，但只有58%是有实际收成的。许多在21世纪之初种植的葡萄藤，如今已成熟，其果实可被用于酿造出平衡度颇为不错的葡萄酒，供应出口和日益增长的国内市场是大部分新兴小酒庄的销路所在。

△
保加利亚葡萄酒的酒标格式，更注重葡萄品种而非任何产地细节。这些是Orbelia酒庄的梅尔尼克葡萄，在这个酒庄的酒标上，至少还见到葡萄品种的产地。

许多新的生产者，都锐意酿造高品质（以及高价格）的葡萄酒。他们中有意大利的纺织业大亨Edoardo Miroglio，他在新扎戈拉村（Nova Zagora）附近山上Elenovo那一大片庄园里，新种下了黑皮诺，展现了不错的前景。Katarzyna酒庄位于与土耳其接壤处的附近，过去其主要的支持者是法国的分销公司Belvedere，如今已为私人拥有，但那家公司［2015年更名为玛丽白莎（Marie Brizard）］仍拥有旧扎戈拉村（Stara Zagora）附近的酒庄Domain Menada。大部分的酒庄和酿酒师都完全是保加利亚的，但法国的酿酒顾问马克·德沃金（Marc Dworkin）在西南部一直都很有影响力，先是在Damianitza酒庄，后是在贝萨山谷酒庄；位于Lyubimets村北部的红堡（Castra Rubra）酒庄是特里西（Telish）公司旗下的，它请来的酿酒顾问是来自法国波美侯的米歇尔·罗兰。葡萄酒的质量已经大大改善了。

红葡萄酒之乡

保加利亚的夏季是炎热的，但因为分别受到黑海和爱琴海的影响，其东部和西南部则稍为凉爽些。紧靠着多瑙河和罗马尼亚边境以南的平原地带，极具大陆性气候的特点。保加利亚的葡萄园位于海拔300米以上的不多，但远在西南的产区有一些例外，那里比起保加利亚其他地区的气候温和得多。在Danubian Plain，冬天异常寒冷，而在其南面的色雷斯低地，总体上没有那么严酷。

保加利亚种植最多的红葡萄品种是梅洛，种植面积超过10 500公顷，比赤霞珠略多，远超本地品种帕米德。现在人们有一种有意识的努力，寻找品种与地域的适配性，摆脱波尔多品种的约束。事实上，作为20世纪70年代保加利亚出口的主力，单品种的赤霞珠葡萄酒已相对少了，有些多品种的混酿品质超凡，越来越受欢迎。在这里可以发现一些令人印象深刻的西拉、黑皮诺（特别是在寒凉的西北部）以及品丽珠；而在白葡萄酒当中，可以发现一些好的霞多丽、琼瑶浆，偶然还有一些长相思和维欧尼。其他一些非本地的白葡萄品种包括白羽和奥托奈麝香。但除了气候温和的黑海沿岸和老山山脉的南麓，保加利亚就是一个红葡萄酒之乡。

在本地的葡萄品种当中，黑露油（Mavrud，1362公顷）最受关注。用这个原生的晚熟品种酿出的红葡萄酒结实、浓稠，适宜陈年（当地人说，你可以用一方手帕把黑露迪葡萄酒端走），但这个品种最好还是用于顶级的混酿（比如Santa Sarah酒庄的Privat和Rumelia酒庄的Erelia），这样的混酿葡萄酒散发着的是本地的个性。

Shiroka Melnishka Loza［阔叶的梅尔尼克（Melnik）］是另外一个南方特有的品种，只种植在炎热的Struma谷地，那里位于罗多彼（Rhodope）山脉与Pirin山脉之间，与希腊接壤。用这个品种酿造的葡萄酒，香气扑鼻，强劲有力，可能单宁较重，也有用它酿造桃红或起泡酒的。它有一些早熟的后代，比如Ranna Melnishka Loza（又名梅尔尼克55），用其酿出的葡萄酒要柔和一些。

鲁宾（Rubin）是内比奥罗和西拉在保加利亚的杂交品种，表现也不错。在北部地区，加姆泽（Gamza）的种植面积仍有855公顷，用它酿出的葡萄酒，简单、带果味、宜早饮。像Borovitza这样的酒庄，对这个品种比较重视，而其他一些酒庄则在对众多的加姆泽克隆品种进行探讨。

在白葡萄酒方面，皮色粉红的红色麝香(保加利亚语叫Misket Cherven)是原生品种，用它酿出的葡萄酒柔和、略带果味，适宜早饮。迪蜜雅（或Dimyat）在别的地方又名斯梅代雷沃卡，可能是起源于保加利亚的品种，用它酿出的葡萄酒通常是中性的，酸度较高。有一些酒庄，比如Yalovo、Maryan和Karabunar，一直在尝试使用这两个品种，通过延长带皮接触时间酿造橙色葡萄酒。Misket Sandanski、Misket Vrachanski、Gergana和白涅斯基麝香（Misket Varnenski）这些葡萄品种，可被用于酿造一些简单早饮的白葡萄酒，而其他的保加利亚白葡萄品种，就难以见到什么具有较大潜力的了。

黑海和高加索 Black Sea and Caucasus

这幅地图的西半部，在19世纪是著名的优质葡萄酒的生产中心，如今却成了民族政治的棘手地区。而东部的地区，则是葡萄种植的摇篮所在，葡萄品种异常丰富多样。

摩尔多瓦

摩尔多瓦与罗马尼亚的东部接壤，它曾是种植葡萄最多的东欧国家之一，而且到目前为止仍是世界上人均种植葡萄最多的国家。摩尔多瓦将近4%的国土是葡萄田，10%的劳动人口在葡萄酒行业工作。像这幅地图上所有的葡萄酒产地一样，这个国家的葡萄种植面积自戈尔巴乔夫开展反酗酒运动后便大幅萎缩，下滑之势延续至私有化之后。在苏联时期，摩尔多瓦的葡萄种植面积曾达到240 000公顷的峰值，但到了2017年，酿酒葡萄种植面积只剩下81 000余公顷，另有9600公顷种植的是种间杂交品种伊莎贝拉（Isabella）。

在历史上，沙皇的克里姆林宫酒窖，都会向当时的摩尔达维亚（Moldavia，以及曾经的Bessarabia）寻求优质的餐饮葡萄酒。摩尔多瓦的历史，一直都夹在俄罗斯与罗马尼亚两个国家的争斗抢夺之中。对该国人民来说（大部分是罗马尼亚裔），两强之争谁都没有胜出，摩尔多瓦在1991年赢得了独立。与保加利亚和罗马尼亚不同，曾经被完全集体化的土地，被均等地归还给了劳动者。到1999年，摩尔多瓦有100万人成为土地的拥有者，这几乎占了人口的四分之一，人均拥有的面积为1.4公顷，一般来说这些都是葡萄园。

到目前为止，俄罗斯仍旧是便宜的、偏甜的摩尔多瓦葡萄酒的最大买家，但一连串毁灭性的进口禁令，以及大量外国援助的涌入，让摩尔多瓦的葡萄酒生产者摆脱了对俄罗斯的依赖，并催生了三个法定产区（见地图）。在2018年，摩尔多瓦拥有超过100个酒庄，主要由家族经营。

摩尔多瓦有许多值得称道的地方：纬度与勃艮第一致，山丘平缓逶迤，地形地貌多样且适宜种植葡萄，受黑海的影响气候温和。冬季偶然会非常寒冷，葡萄藤若不加保护可能会被冻死，但是，在最好地块的历史悠久的葡萄园，其各方面条件都是很理想的。绝大部分的葡萄藤都种植在首都基希讷乌附近的南部和中部地区。最有声望的红葡萄酒，无论是过去还是现在，都是普嘉利黑酒（Negru de Purcari），这是一款令人难忘的出类拔萃的混酿葡萄酒，其中的品种是赤霞珠、萨别拉维和Rară Neagră（即罗马尼亚的Băbească Neagră），由位于东南部Ştefan Vodă地区的Purcari酒庄独家酿造。这个地区很有潜力，Valul Lui Traian的西南地区也是。

种植面积最大的品种是梅洛、赤霞珠、霞多丽和长相思。原生的葡萄品种到目前为止还无足轻重。起泡酒生产的历史悠久，其陈年之处，有些是世界上面积最大的、库存最丰富的酒窖。

乌克兰

在东欧国家中第二个最为重要的葡萄种植国是摩尔多瓦的东北邻国乌克兰。乌克兰的大部分地区（俄罗斯也一样）都太过寒冷，以致葡萄难以成熟，但即使如此，腓尼基人和古希腊人也都发现，黑海和亚速海的变暖效应足以让其沿岸地区适合葡萄的生长。在黑海的港口奥德萨（Odessa）和赫尔松（Kherson）附近，乌克兰拥有大量的葡萄园；同样的景象也可以在外喀尔巴阡见到，那里距离匈牙利的托卡伊只有60千米，其海拔对纬度起到了补偿作用。历史上，这里重要的葡萄品种是长相思、雷司令、威尔士雷司令、福尔明和琳尼卡，但到了20世纪末，许多都被无处不在的美洲种间杂交品种伊莎贝拉取代了。对于那些参与到近年复兴的乌克兰葡萄酒行业的人来说，较受欢迎的品种通常是霞多丽、雷司令、阿里高特、黑皮诺、梅洛、赤霞珠、白羽。

克里米亚

在黑海的葡萄酒产区中，克里米亚半岛的历史是最为复杂的。在18世纪末凯瑟琳大帝统治时期，它成为俄罗斯帝国的一部分。其南岸气候类似地中海，很快就成为乐于冒险的贵族的自然度假地。这个地区的发展主要是在19世纪20年代，归功于富甲一方、在文化上亲英的Mikhail Vorontzov伯爵。他先是在Alupka建了一家酒庄，然后又兴建了宫殿，还在附近的马格拉奇（Magarach）建立了一个葡萄酒研究所。这个机构在苏联时期仍然是最重要的葡萄酒研究中心，擅长培育耐寒葡萄品种，许多都是种间杂交品种。

与澳大利亚当时的情况完全相同，Vorontzov公爵在起步时，也是尽量模仿法国那些伟大的葡萄酒。但他没有取得多大的成功，因为这里的南海岸气温太高，但是往内陆延伸仅10千米，天气就非常寒冷了。然而，到了19世纪末，Leo Golitsyn王子取得了很大的成功，酿造出了俄国第二受欢迎的起泡酒“shampanskoye”，他的新世界庄园（Novy Svet）沿海岸线距沙皇尼古拉斯二世在Livadia的夏宫仅50千米。

不过，克里米亚的宿命终究还是酿制餐后甜酒。1894年沙皇在马桑德拉（Massandra）创建了“全世界最佳的酒庄”，由Golitsyn王子负责管理，以发掘南海岸的潜力，这是一条介于大山与大海之间长达130千米的狭窄地带。它主要酿制各种强劲的甜酒，这些甜酒在俄罗斯获得了极大的声誉，被称为“波特”“马德拉”“雪利”“托卡伊”“卡戈尔”（Kagor，取名自法国的卡奥尔，在俄国东正教里具有历史地位），甚至“伊甘”，也有以各种麝香葡萄来称呼的——白麝香、粉麝香和黑麝香。酿于马桑德拉酒庄的一个世纪之久的老酒，偶然还可以找得到，而且甜美依然。

俄罗斯

俄罗斯大部分的葡萄园都在对页地图上，它们离黑海和里海不远，海洋的影响减弱了大陆性气候的严酷。一半以上的葡萄种植在西部的克拉斯诺达尔边疆区（Krasnodar Krai），这里受海洋的影响，在大多数情况下葡萄藤过冬时不用加以保护。而唐河河谷（Don Valley）和斯塔夫罗波尔（Stavropol）以及达吉克斯坦（Dagestan）地区，葡萄藤过冬时必须被掩埋，这里的葡萄大部分用来生产白兰地。

苏联时期建立的老旧的工业葡萄酒企业迅速

◁
马桑德拉酒庄的主楼。这个酒庄建于1894年，用以展示克里米亚生产的优质餐后甜酒。它太合沙皇的口味了。

从摩尔多瓦到阿塞拜疆

这幅地图清楚地显示了海洋性气候对在黑海和里海沿岸的葡萄种植的意义。所以，毫不奇怪，在俄罗斯内陆唐河河谷这个地区，每年冬天都要把葡萄藤埋入土里，以防冻伤。

克里米亚：SIMFEROPOL ▼

纬度 / 海拔
44.95°N/205米

葡萄生长期的平均气温
16.5℃

年平均降水量
501毫米

采收期降水量
9月：36毫米

主要种植威胁
冬季冻害

主要葡萄品种
白：白羽，阿里高特；红：赤霞珠

*气候数据采集自1971—2000年

落伍，甚至连装瓶作业都不甚可靠，更不用说酿酒了。与此同时，已经有相当多的迹象表明，人们对现代葡萄酒生产的兴趣日增，有一些老企业，比如 Kuban Vino 和 Fanagoria，已经进行过改造，而且还出现了一些新的、受到国外影响的酒庄，比如 Lefkadia 和 Gai-Kodzor。

大部分新种的葡萄藤都是从法国进口的，不过有些种植者也有自己的育苗基地，他们在那里探讨一些国际品种的潜力，同时也研究一些原生的唐河河谷地区特色品种，比如泽米安斯基切尼（Tsimlyansky Cherny）、Krasnostop（意为“红脚”）、Sibirkovy，以及御寒的种间杂交品种，比如 Dostoiny 和西托尼玛拉查（Citronny Magaracha）。格鲁吉亚的萨别拉维在俄罗斯南部也生长良好，与赤霞珠和梅洛一起，成为俄罗斯主要的红葡萄品种之一。最主要的白葡萄品种是霞多丽、长相思、阿里高特及白羽。

按照苏联的传统，一些大城市周边会有一些半工业化的工厂，主要是通过新罗西斯克（Novorossiysk）港，从世界各地进口散装的葡萄酒或葡萄浓缩液，再加工装瓶成成品。不幸的是，从酒标上看，这样随意混调的葡萄酒，与用俄罗斯种植的葡萄酿成的葡萄酒（占在俄罗斯装瓶的葡萄酒的40%）可能都是“俄罗斯酿造”（Produced in Russia）。不过，一个类似于欧盟对产地来源进行管理的体系也正在建立。

相当大一部分的进口散装葡萄酒，主要是满足俄罗斯人传统上对起泡酒和甜酒的热爱。然而，仍然可以在阿伯劳-杜尔索（Abrau Durso）酒庄及其他一些地方发现用传统法酿造的完全是俄罗斯本土的起泡酒。阿伯劳-杜尔索酒庄创立于 19 世纪，位于克拉斯纳达尔（Krasnodar）地区的新罗西斯克附近，已经成了一个非常重要的旅游中心。

过去，不管是红葡萄酒还是白葡萄酒，往往都会掺入大量的甜味剂来掩盖葡萄酒酿制中的许多缺失，不过随着越来越多的俄罗斯人受到西方的影响（尤其是通过莫斯科和圣彼得堡的充满活力的餐厅），他们对于葡萄酒的品味正在趋向干型的风格。

亚美尼亚和阿塞拜疆

亚美尼亚处于山地，夹在格鲁吉亚、土耳其、伊朗和阿塞拜疆中间。全国只有 300 万人口，但在全世界范围内约有 800 万亚美尼亚人后裔，这也确保了亚美尼亚葡萄酒的一定的国际需求。这个国家拥有 17 300 公顷的葡萄种植面积，至少 80% 的葡萄仍被用于蒸馏成国民饮料——白兰地，在苏联时期这是一种非常重要的酒精饮料。这个国家的葡萄酒酿造文化十分悠久，进入 21 世纪之后，人们看到了这种文化的复兴。2018 年，亚美尼亚全国有 50 家酒庄，其中的 30 家是在过去 10 年内新建的。在国际市场上最知名的一家是由意大利裔亚美尼亚人开办的 Zorah 酒庄，这家酒庄位于东南部的丘陵地区 Vayots Dzor。这家酒庄第一次向世人显示，亚美尼亚可以用它最主要的、充满前景的原生葡萄品种黑阿列尼（Areni Noir）酿出优质的葡萄酒——这款酒的酿造，还使用了一种传统的陶罐，它在亚美尼亚被称为 karases。其他的外国投资者一般会更喜欢国际品种而不是亚美尼亚丰富但还不为人所了解的本地遗产。这里地理类型非常多样，有的葡萄园位于海拔 1600 米的高处。人工灌溉通常都是必需的，而且葡萄藤在冬天需要埋土，以防冻伤。

葡萄酒的生产，在过去和现在，对**阿塞拜疆**来说都是重要的。它距离亚美尼亚发现的旧石器时代的具有葡萄酒遗迹的地方是如此之近，因此，人们不应吃惊，在高加索南部的这个多山国家，竟有几百个原生的葡萄品种。其葡萄种植面积目前约为 10 000 公顷，且每年都在增加。如今种植得最多的品种是拜恩西拉（Bayanshira）、美翠莎（Madrasa）、Shirvanshahy、Khindogni、Meleyi、Gara Ikeni 和 Ag Shireyi。

格鲁吉亚 Georgia

对大多数国家而言，如果两百年来都一直是被俄罗斯虎视眈眈的话，那恐怕早已从心底里俯首称臣了，但格鲁吉亚显然没有这样。它位于作为高高的屏障的高加索山脉以南，从黑海到里海和伊朗，是一座连接亚欧大陆的桥梁，这一地理位置从来就没有让格鲁吉亚人有过平静的生活。但正是这一地理位置，锻造出格鲁吉亚人非凡的民族性格，能够一而再地对抗群山那边的那只“大熊”。而这份民族性格的强有力的一部分，就是格鲁吉亚人一直宣称的，葡萄酒是他们发明的。

当然了，这里有着最早的葡萄酒酿造的考古学证据（或者说是在亚美尼亚，这取决于更新的研究和发现）。时间大约是在公元前6000年。我们是如何得知那时的人饮用了葡萄酒的呢？在新石器时代的容器中，留下了葡萄和采收葡萄的场景的纹饰。附着在容器里的酒石酸和其他葡萄酒里的酸性物质，其浓度和比例，正是在基于欧洲葡萄所酿制的饮料里所特有的（当然，在阿勒山上的诺亚的葡萄园，离这里并不远）。那些用黏土制造的容器就是奎弗瑞陶罐（Qvevri）的前身，格鲁吉亚人直到今天还在使用奎弗瑞陶罐进行葡萄酒的发酵。

格鲁吉亚人嗜酒且海量，在他们眼里，他们的长寿和活力，与其特有的红葡萄品种萨别拉维息息相关。造访格鲁吉亚的客人常常会惊讶于主人所安排的宴会的热情、慷慨、仪式以及耗时之长，致敬酒辞者花样百出，畅饮高歌，极尽兴致。

19世纪早期俄罗斯移居者的到来，给格鲁吉亚带来了现代的葡萄酒酿造技术。诗人普希金对这里的葡萄酒的喜爱更甚于对勃艮第的佳酿，自那个年代之后，格鲁吉亚的葡萄酒在俄罗斯就一直货畅价高。像次南塔利（Tsinandali）这样的酒庄享誉四方。在苏联时期，格鲁吉亚的葡萄酒开始走下坡路，1991年独立后，进步也还是缓慢的，2006—2013年，俄罗斯禁止了格鲁吉亚葡萄酒的进口，使得格鲁吉亚的葡萄酒产业雪上加霜。

奎弗瑞陶罐的传统

奎弗瑞陶罐就是一个埋在土里的陶缸，类似于巨大的腹宽口窄的双耳罐。在采收时节，什么东西都往里塞：踩踏过的葡萄、葡萄皮、葡萄梗。所有的一切，这些混杂在一起的东西被称为“chacha”。在Kakheti产区，通常的做法是里头的chacha尽量多，陈年的时间尽量长；而在卡利特产区以及再往西一点儿的产区，里头的chacha没那么多，陈年的时间也没那么长。传统上，葡萄酒一直在奎弗瑞陶罐（在格鲁吉亚的西部叫churi）里，直到有庆祝活动时才取出。因此，不管发酵后的含糖量是低还是高，其单宁都是很强烈的，这种口味需要习惯才行，在最好的情况下，它会是一款出色的与众不同的葡萄酒。Chacha（在意大利语中叫grappa，在法语中叫marc）会被用于蒸馏，酿成味道浓重的烈酒，这是在格鲁吉亚人的宴席上必不可少的。

奎弗瑞陶罐葡萄酒，特别是格鲁吉亚的，与当今世界各地越来越多的葡萄酒是远房兄弟：通过延长浸皮时间（无论是白的还是红的）以及发酵和陈年酿成，所用容器是陶质的而不是橡木桶或不锈钢罐。但使用奎弗瑞陶罐与使用双耳罐和陶罐的区别在于，首先，奎弗瑞陶罐是长期埋在地下的；其次，格鲁吉亚人把什么东西都往里塞，一旦酒精发酵和苹果乳酸转换完成，便把缸口封上（有时使用黏土）。这就意味着，没有对温度进行控制，葡萄酒的沉淀和澄清都顺其自然。

奎弗瑞陶罐的容量小至可搬回家里去的50升，大至在一个格鲁吉亚较大的酒庄里的4000升——不过，这么大的容器更有可能是被用于陈年而非发酵。奎弗瑞陶罐葡萄酒酿造法，曾经被视为稀奇古怪的民间习俗，现已成为格鲁吉亚葡萄酒的独特性的精髓，越来越多地被采用，越来越受到重视。大多数的格鲁吉亚葡萄酒可能还是用更常规的方式酿造的，但奎弗瑞陶罐的工艺如此独特，以至联合国教科文组织于2013年正式承认其为“非物质文化遗产”。下图的奎弗瑞陶罐，见于卡赫基产区的泰拉维附近。

国际吸引力

最重要市场的坍塌，无意中迫使格鲁吉亚的葡萄酒产业提升自己的竞争力。全行业都提高了标准，更多的注意力不仅集中在大大小小的酒庄所使用的独特的奎弗瑞陶罐酿酒方式上，还在格鲁吉亚自己的葡萄品种上。萨别拉维是理所当然的，此外还有皮色浅淡的穆茨瓦涅（Mtsvane Kakhuri）、风格鲜明的鲜爽的白羽、适宜酿造花香型白葡萄酒的奇西（Kisi）。格鲁吉亚声称已识别出了不少于525个原生葡萄品种，包括卡赫基（Kakheti）产区稀有的科沁（Khikhvi），这个品种可被用于酿出优质的干型和甜型白葡萄酒；还有新近重新发现的沙乌卡比多（Shavkapito），用这个品种酿出的红葡萄酒很有发展前景。在出口市场上，具有独特个性的格鲁吉亚葡萄酒已难以让人忽视。格鲁吉亚人延长了白葡萄的带皮发酵时间，从而酿造出一种他们称为琥珀的葡萄酒（在别的地方叫橙色葡萄酒）。此外，他们让各种各样的葡萄酒在陶罐和双耳罐里陈年，这一切，对全球范围内的尝试起到了促进作用。

以国际市场的规则运作，迫使格鲁吉亚划分出其葡萄酒的产区和子产区，并且已有18个法定产地在欧盟完成注册（见第277页地图）。在10个主要的葡萄酒产区中，最重要的是位于该国东半部的卡特利（Kartli）和卡赫基。卡赫基产区（见对页地图）的葡萄种植面积约占全国的70%，其葡萄酒产量约占目前全国产量的80%。卡赫基产区跨越高加索最东面的山麓，地形多样，是奎弗瑞陶罐酿酒法的故乡，它被分成3个主要的子产区，有13个法定产地。阿拉瓦德（Alaverdi）是一个特别有名的古代修道院，于2005年修复，修道士们在那里酿造典型的、传统的奎弗瑞陶罐葡萄酒。泰拉维（Telavi）是卡赫基的首府所在，还保留着古代的城墙，一些重要的同样有名的酒庄也在这里。

Kartli产区（该地区历史上被称为伊比利亚）位于首都第比利斯周边的较为平缓的地带，比起卡赫基，这里海拔高、寒凉、风大。这里生产较为清爽的葡萄酒，有的是自然的汽酒，其他的是正式的起泡酒。新石器时代的陶罐就是在这个地区出土的，这里拥有特别丰富的各式各样的原生葡萄品种。

格鲁吉亚的西部受到黑海的影响，气候没有那么极端，降水量多一些。在这里，奎弗瑞陶罐在传统上被称为 churi。在低地的伊梅列季产区拥有其自己的葡萄品种：吉斯卡（Tsitska）和索丽科里（Tsolikouri）是最常见的（两者也常被混酿成一款很独特的白葡萄酒）。这个产区的葡萄酒一般都有活泼的酸度和俏皮的个性，比起卡赫基产区，浸皮时间通常会短一些。

在伊梅列季的北部，是地势高一点的拉恰（Racha）地区和 Lechkhumi 地区，这里的生长季较长，葡萄采收的时间通常较晚，其葡萄酒自然就是半干和半甜的。本地的葡萄品种包括 Mujuretuli 和 Aleksandrouli。在伊梅列季的南部，是历史产区 Meskheti（在地图上显示为 Samtskhe-Javakheti），这里有的葡萄园位于海拔 900—1700 米的高处。在湿润、亚热带的黑海沿岸地区的阿扎尔（**Adjara**）、古利亚（**Guria**）、萨梅格列罗（**Samegrelo**）和 **Apkhazeti**，历史上就以其用本地品种酿造的葡萄酒而闻名，如今再度成为越来越重要的葡萄酒产区。

萨别拉维这个品种，可被用于酿出非常优质的葡萄酒——如今大部分都是干型的，单宁和酸度活跃，无论是否在奎弗瑞陶罐里陈年，均口感新鲜。格鲁吉亚的酿酒师们都很有自我意识，用传统和现代的风格，争相向世人展示其越来越好的葡萄酒。格鲁吉亚的葡萄、气候以及其葡萄酒的风格，潜力非凡，没有人能对此表示怀疑。18 世纪的高贵的酒庄次南塔利最近已由丝绸之路集团（Silk Road Group）修复，这是极具重大意义的一步。每年的音乐节以及豪华的酒店，都象征着格鲁吉亚新的方向。

△
这是“格鲁吉亚之母”Kartlis Deda 的纪念像，为庆祝第比利斯城市建立1500周年而建。她一手托起一个盛着葡萄酒的碗，欢迎来访的朋友；一手仗着长剑，震慑来犯的敌人。

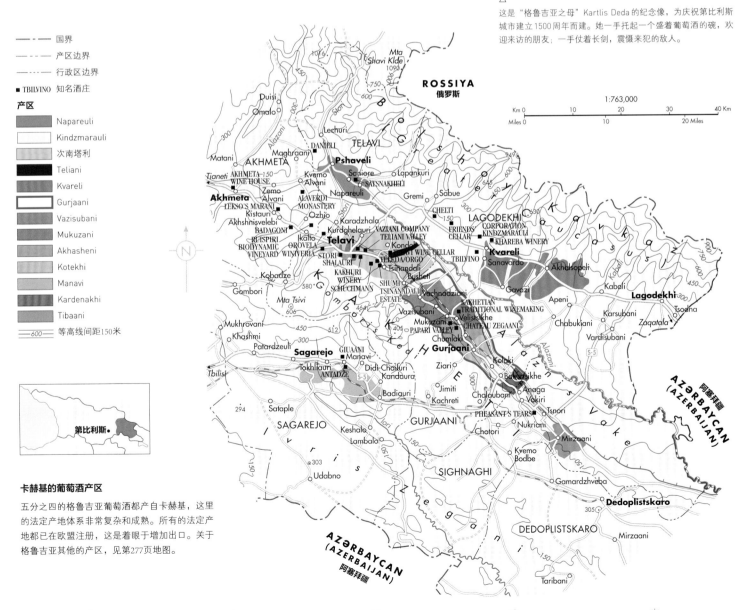

国界
产区边界
行政区边界
■ TBILVINO 知名酒庄

产区

Napareuli
Kindzmarauli
次南塔利
Teliani
Kvareli
Gurjaani
Vazisubani
Mukuzani
Akhasheni
Kotekhi
Manavi
Kardenakhi
Tibaani
600 等高线间距150米

1:763,000

ROSSIYA 俄罗斯

AZƏRBAYCAN (AZERBAIJAN) 阿塞拜疆

第比利斯

卡赫基的葡萄酒产区

五分之四的格鲁吉亚葡萄酒都产自卡赫基，这里的法定产地体系非常复杂和成熟。所有的法定产地都已在欧盟注册，这是着眼于增加出口。关于格鲁吉亚其他的产区，见第277页地图。

希腊 Greece

希腊人近年所遭受的金融困境、野外山火和政治阴霾，对其葡萄酒业的长远健康发展而言，倒不失为一个契机。主要市场（有时还是唯一的市场）的消失，促使业者转而去酿造完全可以出口的葡萄酒。酒标上的那些西里尔（Cyrillic）文字，已经被常见的拉丁字母所替代或补充。如今，在充分利用希腊的葡萄园和葡萄酒酿造的独特性上，人们已经形成了更广泛的意识。

幸运的是，希腊完全具备条件，满足世界上的葡萄酒爱好者的追求：诱人的原生葡萄品种、多样的风土条件、蕴含历史和故事的令人耳目一新的葡萄酒、精细的酿酒方式。自古以来，希腊一直就在这么做。

然而，希腊的葡萄酒仍然普遍地被误解。希腊因为太过炎热和干燥而不能生产高品质的葡萄酒，这是言过其实的。这个国家的大部分地区（就像意大利的大部分地区那样）都是山地，土壤并不肥沃，只有很小一部分地区位于地势不高的平缓地带且土壤肥沃，这样的土地通常被用于种植可获利更多的农作物。海拔高、山坡陡、地形复杂，以及雨水无常，各个产区一切要素的结合，形成了一些奇妙的（有时是严苛的）的自然条件。在希腊北部的马其顿地区的纳乌萨（Náoussa）产区，有些年份会遭受严重的洪涝和霉害，而有些年份，在许多朝向北面的葡萄园，会有葡萄根本不能成熟的麻烦。在伯罗奔尼撒半岛内陆（见第283页）的曼提尼亚（Mantinía）高原，有些产自寒冷年份的葡萄酒需要做降酸处理。事实上，大多数希腊的葡萄酒产区，从许多方面来看，气候都是凉爽的。

20世纪80年代中期，几位在法国受过正式训练的农学家及酿酒师学成归国，由此，希腊葡萄酒开始了一个新时代。欧盟以及一些雄心勃勃的个人企业家投入了大量资金，这使得一些较大的产销企业（著名的有Boutari及Kourtakis）提升了酿酒技术；而在地价相对便宜的凉爽地区，一批新的规模较小的酒庄应运而生。他们的下一代，都是在现代化的酒庄里工作，这些年轻人学艺于雅典甚至波尔多或美国加州，所酿出的葡萄酒再无氧化型发酵的痕迹，与以往那些典型的希腊葡萄酒截然不同。

复兴了的希腊葡萄酒产业最初只注重当时蓬勃的国内市场，因此，引进的葡萄品种颇为吃香。但是，一度风光无限的赤霞珠，如今显然已经过气了，本地的品种大受欢迎，以至整个行业都在寻找它们，比如"新的玛拉格西亚（Malagousia，玛拉格西亚是原产于希腊的一个古老的白葡萄品种，几近灭绝——译者注）。只有西班牙、法国和意大利这些葡萄酒生产大国，用于生产的本地葡萄品种会比希腊的还多。

希腊大陆地区

希腊北部地区具有远未被开发出来的潜力，而且，正是在此地，希腊的葡萄酒革命于20世纪60年代在卡拉斯酒庄（Chateau Carras，如今叫Domaine Porto Carras），以预言的方式拉开了序幕。在地理上，希腊的**马其顿**地区（紧邻第267页所介绍的北马其顿的南面）与巴尔干大地块，比起其与希腊的爱琴海分支，有着更大的关联度。这里是红葡萄酒之乡，以一个葡萄品种为主——黑喜诺（Xinomavro），其字面意思是"酸味黑葡萄"，清楚地表明了它酸味明显的特点。这种熟成缓慢的葡萄酒是希腊最令人印象深刻的葡萄酒之一。纳乌萨是这个地区最重要的法定产区，该区酿得最好的葡萄酒在陈年之后，会散发出一种令人难以忘怀的香气，几乎就像是顶级的意大利巴罗洛，其酒色一般也像巴罗洛一样，相对浅淡。冬天时，飞雪会落在Vermio山上，但夏季却严重干旱，甚至需要人工灌溉。这里的土地类型丰富，且面积广阔，有利于单个特级园的认定。

古门尼萨（Gouménissa）产区位于Paiko山的低处，出产的葡萄酒比纳乌萨产区的稍为丰满。在Vermio山朝向西北的一面，是Amindeo产区，这里非常凉爽，甚至可以酿出芳香四溢的白葡萄酒、标注产地来源的黑喜诺桃红葡萄酒以及上佳的起泡酒。在距北马其顿共和国边界不远处，风大，受湖泊影响，此地的阿尔法（Alpha）酒庄成功地用黑喜诺与西拉、梅洛混酿出一款葡萄酒，精致、浓厚、稳定，具有凉爽气候特色。此外，这个酒庄酿造的芳香型白葡萄酒也十分出色。

在Kavála产区附近，国际品种越来越多。Biblia Chora酒庄酿出了非常清新的、主要是混酿的白葡萄酒。而在希腊东北端的Drama产区，Lazaridi（包括Costa和Nico）、Pavlidis和Wine Art等几个酒庄则体现了现代希腊人在葡萄酒上的自信。在Thessaloniki产区南边，位于Epanomí镇的Gerovassiliou酒庄，首先用玛拉格西亚葡萄酿出了香气馥郁的白葡萄酒，这如今在全希腊成为一种时尚；它最近还用黑塔加诺（Mavrotragano）和琳慕诗（Limnio）这两个品种做实验，希望酿出深色的、结实的红葡萄酒。

Zítsa是位于西北部的伊庇鲁斯省唯一的法定产区，Debina是种植面积最大的白葡萄品种，以此酿造静态和起泡的干型葡萄酒。在伊庇鲁斯省的Métsovo镇，有全国海拔最高的葡萄园（几乎高达1200米）以及最老的赤霞珠（1963年种于酒庄）。

塞萨利省的潜力巨大，但还没有被充分认识。最近被挽救回来的深色葡萄品种Limniona，只是种植在这里的稀有但有趣的原生品种之一。莎莉红（Rapsáni）是这个地区最主要的红葡萄酒法定产区，葡萄酒酿自黑喜诺葡萄，比起凉爽一点儿的纳乌萨产区，这里的黑喜诺的成熟度高一些。

希腊中部地区主要是大型产销商及酿酒合作社的天下。传统的雅典葡萄酒来自首都的后院阿提卡（Attica或Attiki）地区，名为热茜娜（retsina）

◁
桑托林（Santorini）岛是火山旅游胜地，图中是岛上被风吹拂的修剪整齐的葡萄藤。阿斯提可（Assyrtiko）显然是当地最主要的葡萄品种，但当地特有的品种阿斯瑞（Athiri）和艾达尼（Aïdani）也有自己的风格。

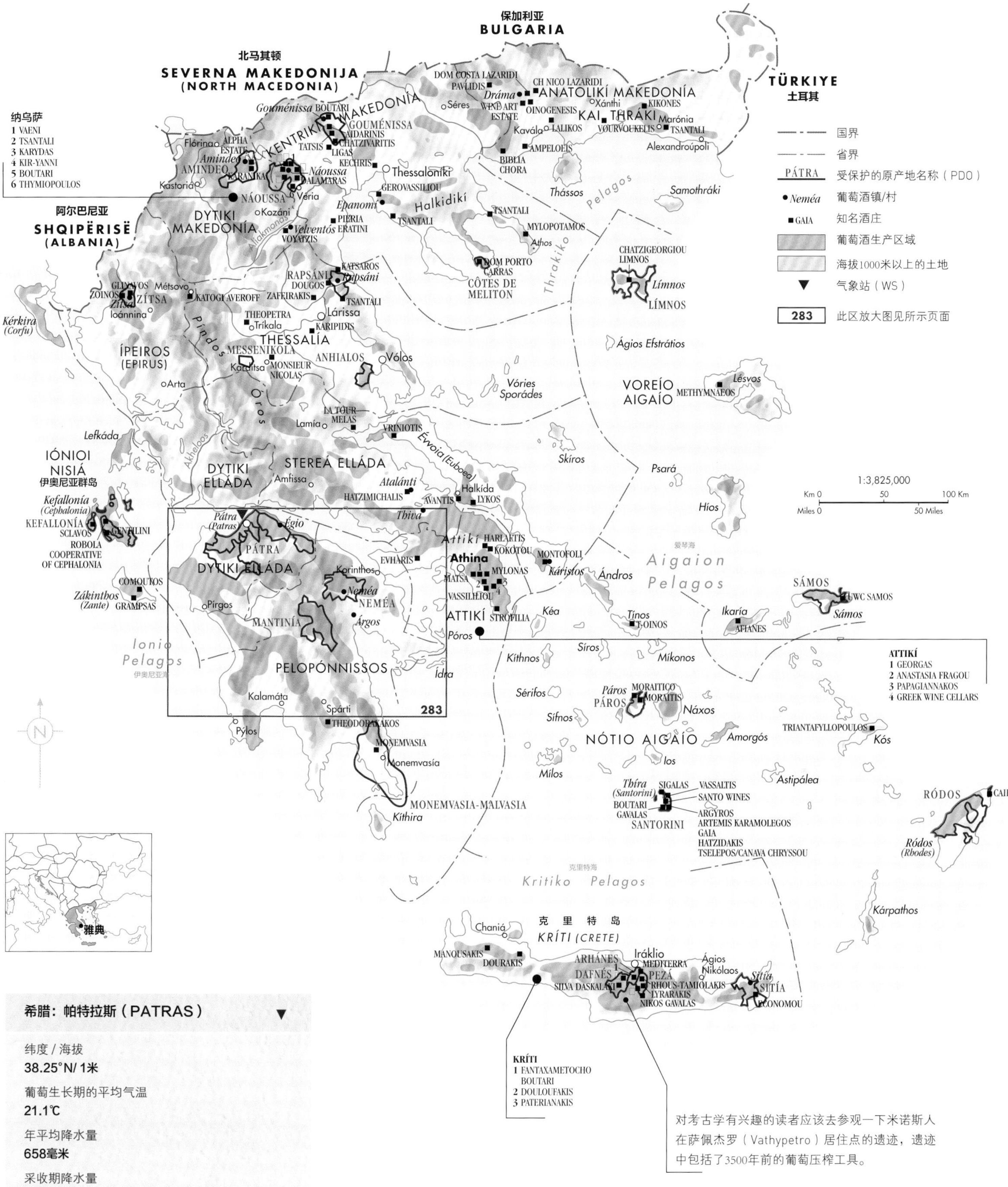

纳乌萨
1 VAENI
2 TSANTALI
3 KARYDAS
4 KIR-YANNI
5 BOUTARI
6 THYMIOPOULOS

—·—·— 国界
—·—·— 省界
PÁTRA 受保护的原产地名称（PDO）
● Neméa 葡萄酒镇/村
■ GAIA 知名酒庄
葡萄酒生产区域
海拔1000米以上的土地
▼ 气象站（WS）
283 此区放大图见所示页面

1:3,825,000
Km 0 50 100 Km
Miles 0 50 Miles

ATTIKÍ
1 GEORGAS
2 ANASTASIA FRAGOU
3 PAPAGIANNAKOS
4 GREEK WINE CELLARS

KRÍTI
1 FANTAXAMETOCHO BOUTARI
2 DOULOUFAKIS
3 PATERIANAKIS

对考古学有兴趣的读者应该去参观一下米诺斯人在萨佩杰罗（Vathypetro）居住点的遗迹，遗迹中包括了3500年前的葡萄压榨工具。

希腊：帕特拉斯（PATRAS） ▼

纬度 / 海拔
38.25°N/ 1米

葡萄生长期的平均气温
21.1℃

年平均降水量
658毫米

采收期降水量
8月：5毫米

主要种植威胁
干旱、突如其来的风暴

主要葡萄品种
白：酒瓦滴诺（Savatiano）、荣迪斯（Roditis）；
红：阿吉提可（Agiorgitiko）

*气候数据收集于1971—2000年

希腊的葡萄酒产区

在克里特岛，有一批著名的酒庄，近年来，这里发生了一场静悄悄的葡萄酒革命。在雅典周边，这里作为葡萄酒产区是顺理成章的。在纳乌萨产区，历史早已证明，其风土非常适宜酿造顶级的、可以陈年的红葡萄酒。

△
冬天，Amindeo产区的阿尔法酒庄，修剪整齐的葡萄园。这景色与希腊是一个气候温暖的葡萄酒生产国的说法不符。而希腊的葡萄酒，自然也不是在气候温暖的环境中酿造出来的。

葡萄酒，带有松香味，这种葡萄酒加入松脂的发酵法甚是奇怪，长久以来与希腊葡萄酒的声誉相随并对其有所贬损。其实，新鲜的、酿得好的热茜娜，可像上佳的菲诺雪利酒那样，既美味又独特，可与希腊食物（油滑的鱼子泥色拉、烤鱿鱼、葡萄叶包卷、酸奶黄瓜等）的风味和质地完美搭配。阿提卡是希腊单一的最大的葡萄酒产区，葡萄种植面积达6000公顷，大部分都种植在贫瘠干燥的Mesogia平原。阿提卡现在也有越来越多非“热茜娜”的葡萄酒，尽管用来酿制热茜娜葡萄酒的品种洒瓦滴诺（同时也是全国种植面积最大的葡萄品种）仍占了这一地区葡萄种植面积的90%。用老藤的洒瓦滴诺可以酿出极好的白葡萄酒，至少可以陈年5年，但用藤龄较短的葡萄酿造出来的就逊色一些了。

岛屿区

在希腊众多的岛屿中，最南端的克里特岛是最大的葡萄酒产地，该岛一度奄奄一息的葡萄酒产业，近来吸引了急需的资金，迎来了高涨的热情。当地最好的葡萄园位于海拔较高处，许多种植者已开始在一些濒临灭绝的品种上投资，Lyrarakis公司尤其擅长酿造优质的单一品种Vidiano、Plyto和Dafni葡萄酒。重要性次之的，是在伊奥尼亚海（Ionian Sea）上靠近希腊大陆西北部的凯法利尼亚岛（Cephalonia或Kefallonía）及其毗邻的赞特岛（Zante或Zákinthos），它们拥有风格活泼的当地红葡萄品种阿古西亚提（Avgoustiatis），尤其是还有清爽的白葡萄品种罗伯拉（Robola）和托阿斯（Tsaoussi），以及一些引进的品种。不过，科孚岛（Corfu）就完全入不了葡萄酒爱好者的法眼了。

在爱琴海里，有几个岛屿都以麝香葡萄酿制甜酒。萨摩斯岛的出品质量尤佳，最有名气，出口量也居各岛之冠，酒龄浅的酒款异常清澈，一些以橡木桶陈年的酒款十分诱人，都是以小粒白麝香葡萄酿制的。利姆诺斯岛（Límnos）酿制干型和甜型的麝香葡萄酒。帕罗斯岛（Páros）种植的葡萄品种是梦尼瓦西（Monemvasia）。曼迪拉里亚（Mandilaria）是另一个生命力强劲的海岛红葡萄品种，可见于帕罗斯岛、克里特岛以及罗得岛（Rhodes），但用它酿成的酒缺乏集中度。在Ródos岛上，白葡萄酒比红葡萄酒重要，甚至其起泡白葡萄酒也已经小有名气了。阿斯瑞这个白葡萄品种，种植在高海拔地区，最近已经有人用它酿出了一些非常优雅的白葡萄酒，静态的和起泡的都有。蒂诺斯（Tinos）这个小岛，在世纪之交时还不曾生产一瓶葡萄酒，但到了2018年，已经有了4家非常有趣的酒庄，其中最好的一家是T-Oinos酒庄。

然而，在所有的岛屿中，位于爱琴海南部的桑托林岛最独特、最引人入胜，在希腊以外最知名。其干型白葡萄酒强劲而集中，富含柠檬及矿石风味，是以古老的阿斯提可葡萄酿成的；葡萄藤被修剪得像是一个一个的小鸟巢，蹲伏在大风横扫的休眠火山上。年景好时，降水量也只有300毫米，所以葡萄的果粒小、皮厚，所有浓缩在其中的风味在发酵时都融入到了酒液当中。已故酿酒师Haridimos Hatzidakis酿造的Sigalas和Gaia酒庄酿造的Thalassitis都是绝佳的典范，至少可以陈年10年。岛上还酿制非常浓郁、精美的圣酒，所用的葡萄品种主要是阿斯提可，这种酒得到了国际上的认可。圣酒是俄罗斯教堂里做弥撒时的选择，又是当地民生中不可或缺的。圣酒的生产在过去甚至得到了奥斯曼帝国的准许，它能创下不菲的税收。桑托林岛的问题并不是缺少酿酒的热情和技术，而是蓬勃的旅游业一直推升着土地的价格，使得那些不同寻常的葡萄园面临生存危机。这里出产的葡萄是如此独特、出众，以至阿斯提可葡萄在遥远的澳大利亚都有种植。

伯罗奔尼撒 Peloponnese

如地图所示，伯罗奔尼撒的北半部，是新一代坚定的葡萄酒生产者大展拳脚的一片热土，这一点，仅马其顿地区可与之相争。这里景色优美，古迹众多，从雅典很容易就能到达……难怪可以孕育出这样的葡萄酒文化。

内梅亚（Neméa）产区位于东面，是最为重要的法定产区，以单一的阿吉提可（又名圣乔治）葡萄酿出鲜美可口的红葡萄酒。这种葡萄种植在各种不同的地形上，因此，Koútsi、Asprókambos、Gimnó、内梅亚以及 Psari 等村镇都各有自己的特色和声誉。由于受到海洋的影响（但带来的雨水会对采收产生威胁），就该纬度而言，内梅亚产区的冬季要温和一些，夏季要凉爽一些。内梅亚产区大致可以分成三个区块，内梅亚河谷地带拥有肥沃的红色黏土，在这里生产的葡萄酒或许是最不适宜陈年的；中海拔地带似乎很适合酿制最现代、最饱满、最令人惊艳的葡萄酒，不过风格差异也相当大；至于某些海拔最高的地区（最高可达 900 米），过去被认为只适宜酿制桃红葡萄酒，但现在正酿制着一些细腻、优雅、新鲜的红葡萄酒，完全是 21 世纪的风格。就目前这样一个单一的、包罗万象的法定产区，无论它在商业上多么诱人，似乎都显得过于庞杂和笼统。

在地图中部的曼提尼亚高原，距内梅亚只有 30 分钟的车程，但要凉爽得多，这是希腊极端地貌的一个明证。它以雅致、香气扑鼻的玫瑰妃（Moschofilero）葡萄的发源地而闻名，用这种葡萄酿出的酒，散发着幽雅的花香。较著名的起泡酒来自 Tselepos 酒庄，同样可以很雅致并有说服力。像许多雄心勃勃的酒庄一样，Tselepos 酒庄也种植了一系列国际葡萄品种。

远在北端的 Pátra 产区以酿制白葡萄酒为主，最好的荣迪斯葡萄出自这里，而这种葡萄又是当地种植的最主要的品种。丰富的原生葡萄品种是一个宝库，给将来以希望。Antonopoulos 酒庄以重新发现的葡萄品种拉格斯（Lagorthi），酿出了带有矿物质风味的令人兴奋的白葡萄酒。Tetramythos 酒庄的特色是卡拉瓦蒂诺（Mavro Kalavritino）这个品种，而 Parparoussis 酒庄用西德瑞提斯（Sideritis）葡萄酿出的白葡萄酒也相当不错。现在的葡萄酒风格是干型的，内敛而精准，这与该地传统上用麝香和黑月桂（Mavrodaphne）葡萄酿制、有点儿黏稠的葡萄酒形成了对比——原来那种风格的葡萄酒，如果酿得精心一些的话，倒是有潜力做到如萨摩斯岛著名的麝香葡萄酒那般优秀。Achaia Clauss 酒庄的一些老年份酒非常出色，而 Parparoussis 酒庄近年来成了顶级的 Patras Muscat 和黑月桂葡萄酒的可靠来源。

伯罗奔尼撒南部相对较新的法定产区梦尼瓦西-马尔维萨（Monemvasia-Malvasia），如今承载着更多期许（见第 281 页地图），领军者是梦尼瓦西酒庄。它们的目标就是提醒整个葡萄酒世界，不要忘记历史上那段甜蜜的荣耀，这种荣耀就是中世纪时从这里的港口输出的，这个港口即是葡萄品种“马尔维萨”（马姆齐是由此派生出来的）之名的来源。主要的葡萄品种为 Kydonitsa（意为“像柑橘一样”）、梦尼瓦西和阿斯提可，在不同的区域比例不一。

伯罗奔尼撒在传统上一直被人重视的，是其来自成熟地区的葡萄酒，但这一点正在慢慢地改变。在半岛上不那么显眼的角落，现在冒出了一些新的酒庄，比如 Ilía 或 Messinía，它们正在用诸如阿斯提可和马拉格西亚这样的品种（这些品种在希腊的其他地方已很著名）酿出了令人印象深刻的葡萄酒。同时，它们还发掘和复兴了一些本地的葡萄品种，红的如 Mavrostifo，白的如 Tinaktorogos，这些品种本来已濒临绝迹，但现在却很有前景。

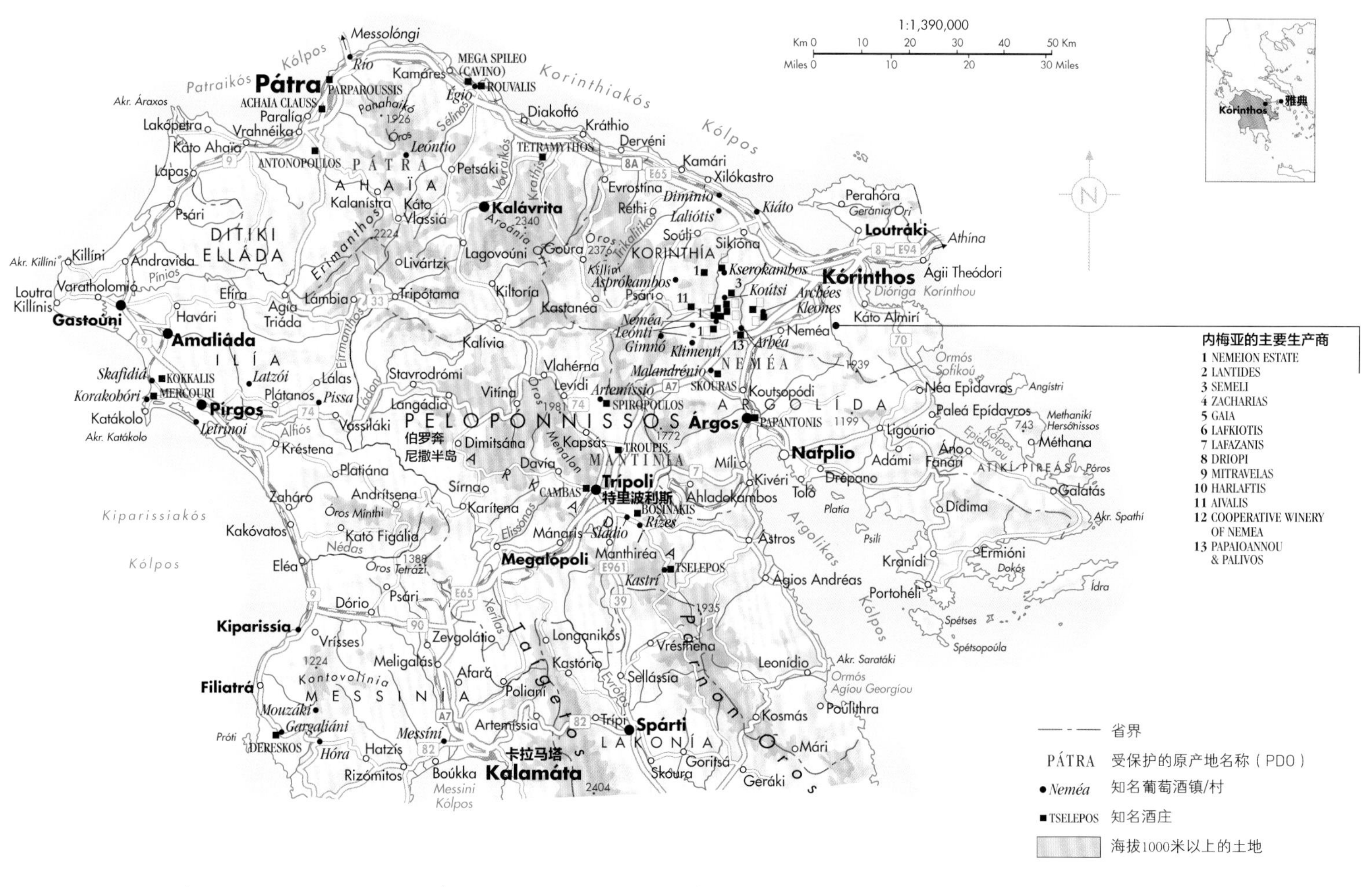

塞浦路斯 Cyprus

塞浦路斯

为了满足欧盟的要求，一个法定产区管理计划已经制定，但大部分到目前为止还是没有得到落实。Pafos、Lemesos、Larnaka和Lefkosia这四个PGI产区的葡萄酒，几乎占了全国产量的一半。

• *Arsos* 葡萄酒村

PAFOS PGI/葡萄酒产区

3 PDO/法定产区葡萄酒

海拔1000米以上的土地

主要的 PDO

1 LAONA AKAMA
2 VOUNI PANAYIA-AMPELITIS
3 PITSILIA
4 COMMANDARIA
5 KRASOCHORIA LEMESOU-AFAMES
6 KRASOCHORIA LEMESOU-LAONA
7 KRASOCHORIA LEMESOU

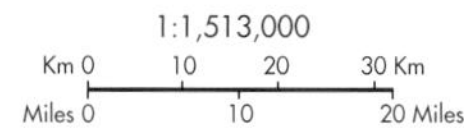

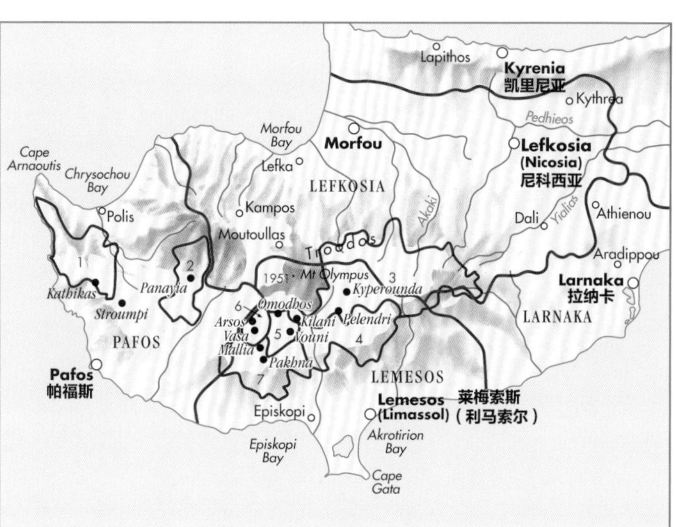

最近的考古发现证实，塞浦路斯早在公元前3500年就已经开始酿造葡萄酒。在中世纪，这个岛国以酿造无与伦比的甜酒而闻名——带着葡萄干味道的卡曼达蕾亚（Commandaria）的前身，塞浦路斯人声称，这是没有中断过生产的、最古老的叫得出名字的葡萄酒。这种葡萄酒是十字军战士的最爱，但不为奥斯曼帝国所喜欢。2004年加入欧盟使得塞浦路斯重新获得机会，过去政府的财政补贴针对的是那些品质平庸、产量却很大的散装出口酒，而现在则有了调整，超过600万欧元的补助帮助塞浦路斯铲除了那些最差的葡萄园，重新种植了一些新的葡萄藤，并在多山的内陆地区建立了许多酒庄。葡萄种植面积已缩减到不足8000公顷，主要分布在特罗多斯山脉（Troodos Mountains）南面的山坡，那里的海拔对纬度是一种补偿，晚上较凉爽，适合种植品质更优的葡萄。最好的葡萄园位于海拔600—1500米。

在塞浦路斯生产廉价“雪利酒”的旧日时光，岛上的葡萄酒业是由利马索尔（Limassol）港附近的4家大酒厂主导的，但这一切已经改变。如今，这里有大约60家从小型到中型不等的葡萄酒生产企业，而真正的大企业只有一家，这就是由葡萄种植者所拥有的SODAP酿酒合作社，其产品质量可靠且价格亲民。整个行业的重心，已坚定地放在了质量而非产量上，如今一些优秀的酒庄，比如Vlassides、Zambartas、Argyrides、Kyperounda、Vouni Panayia、Tsiakkas、Vasilikon和Aes Ambelis，它们都对自己的葡萄园和与它们密切合作的葡萄种植者充满信心，酿造着干型的餐酒。大部分的酿酒师都是在海外受训的，具有开放的心态，并且通常都很年轻，这给塞浦路斯的葡萄酒业带来了活力。然而，希腊的金融危机及其在旅游业和土地价格上的效应，对其产生了影响。干旱则是另一个长期存在的问题。

直接的生产者

不同寻常的是，塞浦路斯从未受到过根瘤蚜虫病侵袭，其未被嫁接过的葡萄藤仍然被严密的隔离所保护，这减缓了国际品种的引进速度。或许这并没有什么坏处，因为在岛上的葡萄园里仍然种植着许多真正的古老品种，有的已经被遗忘很久了。Yiannoudi、Morokanella、Promara和Spourtiko都是已经被重新发现的品种。不过，目前岛上几乎一半的酿酒葡萄种植园，种植着的仍是一个原生但不那么令人兴奋的品种墨伏罗（Mavro），它是如此普通，其名字也只是“黑色”的意思。不过Zambartas酒庄已经证明，用某些墨伏罗葡萄还是可以酿出相当有趣的葡萄酒的，但产量极低。当地另一个品种西尼特丽（Xynisteri），耐旱，占总种植面积的四分之一以上，可用它酿出相当清爽的白葡萄酒。大部分这样的葡萄酒最好能趁早饮用，但也有一些具有一定的复杂度，其葡萄来自较好的或海拔较高的葡萄园。西拉如今已经取代赤霞珠（正在下降）、品丽珠和佳丽酿，成为最重要的外来红葡萄品种，因为它已被证明非常适应这片干燥炎热的土地。原生葡萄玛拉恩迪克（Maratheftiko），经过一些经营较好的酒庄之手，也能成为让人印象深刻的红葡萄酒。而单宁感较强的莱夫卡达（Lefkada）葡萄能给混酿带来一抹当地的香料味，也有人正在用莱夫卡达酿造单一品种葡萄酒。

塞浦路斯最独特的葡萄酒当属甜美的**卡曼达蕾亚**甜酒，它是用晒干的墨伏罗和西尼特丽葡萄酿成的。这种葡萄酒有其法定的命名（或叫PDO），由14个指定的村庄生产，这些村庄都坐落在特罗多斯山脉的低坡上。卡曼达蕾亚在橡木桶中至少要陈酿两年，但在PDO区域内这一做法再也不是必需的了。添加烈酒如今也是选择性的。Tsiakkas、Kyperounda、Aes Ambelis和Anama Concept这些酒庄，都已经酿造出了轻柔、新鲜和现代一些的卡曼达蕾亚。市场上的卡曼达蕾亚的陈年时间差别很大，但所有的佳品都有着迷人的、独特的葡萄味，这种风味正是对它在古代所享有的声誉的诠释，也赋予了它光明的前景，价格也令人满意。

◁
奥林匹斯山南部多罗斯（Doros）地区的Karseras酒庄。深色的墨伏罗葡萄和浅色的西尼特丽葡萄摊成一片在阳光下晒干。

土耳其 Turkey

尽管土耳其的税负沉重，穆斯林的影响力也很深，对酒精饮料销售的限制越来越多，但近年来它的葡萄酒文化仍在持续发酵中。它一直是世界上葡萄园面积最大的国家之一，但只有约2%的葡萄用于酿造葡萄酒。其他的葡萄直接用于食用，鲜食或更普遍的干食，又或是被酿成拉基酒（raki），一种带有茴香味的烈酒，在土耳其受欢迎的程度至少不亚于葡萄酒。

现今的土耳其葡萄酒产业，因为其国内市场需求不旺而停滞不前。但在19世纪末，它可是拯救了西欧，因为在那个时候，土耳其的葡萄园到了最后才被根瘤蚜虫病毁坏。土耳其共和国第一任总统凯末尔·阿塔图尔克（Kemal Atatürk）在20世纪20年代兴建了许多国有酒庄，希望国民以此认识到葡萄酒的美好，也因为如此而保证了原生葡萄品种Anatolian的生存。多年以来，土耳其的葡萄酒都没有什么特点，但旅游业的发展、进口禁令的废除以及21世纪初国家垄断的私有化（其葡萄酒重新以Kayra为品牌，并得到大大改善），把这个行业带进一个新纪元。20世纪90年代，土耳其出现了新一代的小型酒庄，它们最初都专注于国际品种。到了2018年，注册的酒庄达到164个，人们便对原生品种进行了重新评估。

如地图所示，土耳其在地理上分为七个地区，在文化、气候和地理上的差异极大，但大多数都适合葡萄种植。全国超过40%的酒庄（但在葡萄种植面积中所占的比例就小得多了）都集中于伊斯坦布尔内陆 **Thrace-Marmara**。从各方面来看，这是土耳其国内最像欧洲的一个产区，包括其多样的、适宜葡萄生长的土壤和温暖的地中海气候，这一切都与其北面的保加利亚濒临黑海的地区类似。在这里以南是一些岛屿，在传说中的古城特洛伊的视程以内，这些小岛也拥有自己的葡萄品种，它们是由一些像Corvus那样雄心勃勃的酒庄恢复的。

土耳其大部分的葡萄酒产自伊兹密尔（Izmir）腹地的**爱琴海**产区，那里的古代遗迹非常丰富。这个国家的第一条葡萄酒产业带，就在港口西部的沿海度假胜地乌尔拉（Urla）附近。白葡萄酒基本都是以Misket（果实较小的麝香葡萄）和Sultaniye为原料酿造的，后者大部分被用作鲜食或晒干，用它酿出的酒清爽，但风格不太鲜明。然而，Sevilen酒庄所用的葡萄是生长在高海拔地块里的长相思，酿出的酒品质极好。再往内陆深入一点儿的地方，土耳其最大的酒庄卡瓦克里德雷（Kavaklidere）开发出了一些颇具潜力的葡萄园，这是Pendore计划的一部分，波尔多的著名酿酒师斯特凡娜·德勒农古是这一计划的顾问。

在南海岸**地中海**产区的安塔利亚（Antalya）一带，旅游业比葡萄酒更知名，Likya酒庄是这里的领头羊。在**黑海**产区的Tokat村附近的东北地区，皮色浅淡的娜琳希（Narince）葡萄是其特色，Diren是唯一知名的酒庄。

其他土耳其的葡萄酒产自安纳托利亚（Anatolia）中部的高海拔地区（大约占总产量的17%），以及安纳托利亚的东部和东南部地区（加在一起占总产量的12%），这里每块田都非常小，往往只有几行葡萄藤。卡瓦克里德雷酒庄主要的生产活动长期都在安纳托利亚中部的首都安卡拉，如今那里也有了几个酒庄。卡瓦克里德雷酒庄有个新的葡萄园区，名为Côtes d'Avanos，位于卡帕多西亚（Cappadocia），其地质地貌由火山作用形成，崎岖、荒凉，在海拔达1000米的高处，自赫梯（Hittites）时代（约公元前2000年）起一直都在酿造葡萄酒。结实、清新的埃米尔（Emir）是当地的白葡萄品种。在安纳托利亚中部的北部小镇Kalecik，有一个以其名字命名的葡萄品种Kalecik Karasi，它像樱桃一样果味十足，是土耳其人最爱的品种之一，葡萄园的海拔为700米，绵长的克孜勒河（Kizil Irmak）舒缓了这里的大陆性气候。

东部和不那么重要的安纳托利亚东南部地区没有多少酒庄，那里的冬天非常寒冷，葡萄藤需要被埋起来以免受到零下低温的致命伤害。国内酒业巨头Kayra在安纳托利亚东部的埃拉泽（Elazığ）拥有大型的红葡萄酒生产基地；在安纳托利亚东南部的深处，创立于2003年的Shiluh酒庄，按照长达1000年的本地传统，酿造自然酒。但安纳托利亚那些风格鲜明的葡萄大都被运往西部进行酿造，土耳其的夏季炎热，这可能会产生些问题。最受青睐的红葡萄品种是牛眼红（Öküzgözü，意为“公牛的眼睛”）和单宁更重的宝嘉斯科（Boğazkere），它们可能都源自安纳托利亚东部的埃拉泽。传统上会把这两种葡萄进行混酿，但前者目前已经在整个土耳其都有种植，成了这个国家种植面积最大的葡萄品种。

—·— 国界

AEGEAN 葡萄酒产区（非正式）

• Elazığ 葡萄酒镇/村

■ DIREN 知名酒庄

葡萄酒生产区域

海拔1500米以上的土地

土耳其非正式的葡萄酒产区

同一个国家，气候和文化差异巨大。伊斯坦布尔的腹地Thracian，在气候和文化上，都是地中海式的。而安纳托利亚东部，靠近葡萄种植的诞生地，则是大陆性气候，文化氛围也完全是宗教式的——这对发展葡萄酒生产来说并不是一个顺理成章的组合。

黎巴嫩 Lebanon

如果一定要说出一款来自地中海东部的葡萄酒的话，很多人会提到黎巴嫩的穆萨酒庄（Chateau Musar），这个酒庄在连年的战火下依然以无灌溉的方式栽种出赤霞珠、神索和佳丽酿，并用它们混酿出香气奔放的红葡萄酒，品质风格与波尔多类似，在上市之前已经陈年许久，而之后的陈年能力更可达几十年。

然而，穆萨酒庄终究是个异类。像大部分黎巴嫩的葡萄酒一样，穆萨酒庄的红色和白色的混酿葡萄酒也很强劲（对于一些人的口味来说或许太过强劲了）、浓郁，正是你可以想见的那种来自一个炎热、干燥的国家的葡萄酒，那里没有病虫害，并且一年中拥有300天的阳光。但穆萨酒庄的葡萄酒挥发性酸度高，需要陈年很长时间才能上市（如今在市场上仍有可能找到20世纪50年代穆萨酒庄的葡萄酒），而且具有很明显的几乎是无限的陈年能力，因此，穆萨酒庄的做法超出了现今葡萄酒酿造的常规。

实际上，所有其他的黎巴嫩葡萄酒都循规蹈矩得多。让黎巴嫩为世人所知的，无疑是穆萨酒庄及其令人难忘的俏皮的庄主Serge Hochar（已于2014年去世），但新一代的生产者也正在赢得海外认可。他们必须得这样。亚力酒（Arak）——这种带有茴香风味的烈酒，也是黎巴嫩人的选择。

21世纪初，黎巴嫩仅有14家酒庄；到了2018年，酒庄数量增加到50家，大部分年产量不足50 000瓶葡萄酒，它们都在一个不大可能的地方注入了葡萄酒酿造的生命。Kefraya酒庄和Ksara酒庄是到目前为止黎巴嫩最大的酒庄，其中Ksara酒庄由耶稣会（Jesuits）创办于1857年，还是黎巴嫩葡萄酒生产的诞生地。神索、歌海娜和佳丽酿的葡萄藤是从阿尔及利亚引进的，这些生长在温暖气候的葡萄品种如今被视为贝卡谷谷地（Bekaa Valley）的代表性品种，黎巴嫩的葡萄种植主要就在这个谷地。

在20世纪90年代，像大多数其他葡萄酒产区一样，黎巴嫩也深受少数几个国际葡萄品种的影响——其本地市场一直还对重瓶装的浓厚的赤霞珠情有独钟。但在业内，有一种趋势是酿造清亮、新鲜、以“黎巴嫩式”老藤神索为主的红葡萄酒。歌海娜和佳丽酿将来也一定会被重新评估。

贝卡谷如今不仅是贝都因人（Bedouins）部落的家园，还是越过边境的叙利亚难民的落脚地。这里一直是这个国家的现代葡萄酒产业中心，大部分葡萄园都在贝卡谷西部的Qab Elias、Aana、Amiq、Kefraya、Mansoura、Deir El Ahmar和Khirbit Qanafar等镇的四周。在贝卡谷的东部，有一些葡萄园在Zahlé镇的山上，海拔高达1800米；还有一些在更荒芜的巴勒贝克（Baalbek）地区（这里是久负盛名的、已修复了大部分的巴克斯神庙的所在地）和赫曼尔（Hermel）地区。贝卡谷的海拔通常都在1000米以上，可抵消过分的日晒对种植在这里的葡萄的影响。这里的降水量极低，这意味着大多数的葡萄园实际上都采用了有机种植的方式。黎巴嫩的劳动力并不短缺，所有的葡萄都是手工采摘的。

在这个国家北部的巴特伦（Batroun）地区，是一个值得注意的、极其活跃的例外。这里的明星是注重环保的IXSIR酒庄，其他的酒庄，包括一些新的和小的酒庄，也已加入它的行列，团结一致，令人羡慕。西部的黎巴嫩山地区的葡萄园跟别的地方无法相比，但位于山区Bhamdoun村的Belle-Vue酒庄受到好评。生长于高海拔地区的霞多丽、长相思和维欧尼的表现尤其出色，人们对本地品种Obeideh和Merwah的兴趣日增，这两个品种一直在穆萨酒庄那陈年能力长久得有点儿神秘、颜色偏深的白葡萄酒中充当着重要角色。

马萨亚（Massaya，由来自波尔多和罗讷河谷的一个令人印象深刻的三人组合建立）、Domaine Wardy和Château St Thomas都是很严谨的、已由第二代传人接手的酒庄。此外，复苏后的Domaines des Tourelles（1868年创立，但在战争期间衰落了）以及Chateau Khoury、Domaine de Baal和Château Marsyas也加入了这个行列。奇迹不在于它们一直都在蓬勃发展，而在于黎巴嫩长期处于一种不稳定的状态，而酒庄却一直坚持经营并生存了下来。

在饱受战火蹂躏的**叙利亚**，有一个名为Domaine de Bargylus的酒庄，它位于叙利亚北部的港口城市拉塔基亚（Latakia）上面的Jabal an-Nuşayr ī yah山脉。庄主是Saade兄弟（他们同时拥有黎巴嫩的Marsyas酒庄），他们实际上是通过电话来安排酒庄工作的，但酿出的红葡萄酒和白葡萄酒却非常出色。

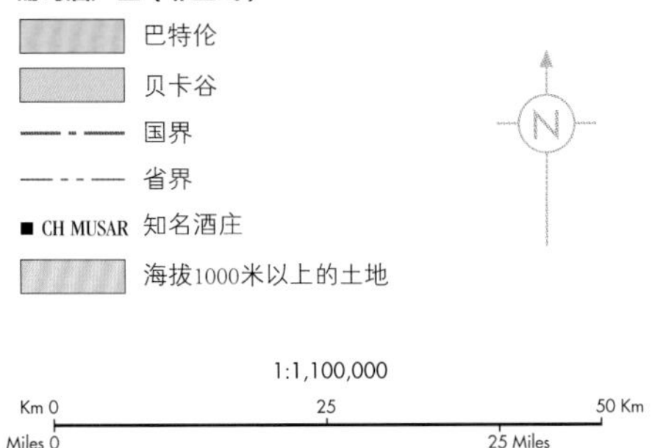

以色列 Israel

在以色列，伴随着食品革命的，是一场在葡萄酒领域的革命，这或许并不令人感到意外。真正让外人惊讶的是，在以色列如今有那么多酒庄并不酿造寇修酒（一种符合犹太教规范的葡萄酒）。

1990年，以色列仅有10家酒庄，历史最长的一家卡梅尔（Carmel，由富有远见的拉菲酒庄的埃德蒙·德·罗斯柴尔德男爵创办于1890年）仍占有绝对的优势。其最初在Rishon LeZion的酒庄开启了商业运作之先河。这座酒庄位于特拉维夫（Tel Aviv）南部的**沿海平原**（Coastal Plain），葡萄由附近的葡萄园提供。其商业运作的雄心壮志，在地底深层的酒窖中得到了充分的体现（这个酒窖一直使用至2010年）。

自20世纪80年代以来，随着第一家现代酒庄建于戈兰高地（葡萄园的海拔高达1200米），以色列的葡萄种植已转移至内陆及北部凉爽一点儿的地方。戈兰高地酒庄（Golan Heights Winery）这个名字，或许在政治上是存在争议的，但它从美国加州引进了酿酒技术和营销方式，从而点燃了现代的以色列葡萄酒产业。它在由火山形成的土壤、玄武岩和凝灰岩上，种植了多个国际葡萄品种，酿出现代、新鲜的葡萄酒，引发了潮流。其品牌Yarden在海外建立了声誉，受到许多遵守教义的犹太葡萄酒爱好者的欢迎，他们将之视为一种令人愉悦的产品，可以替代他们此前的唯一选择——如糖浆一样的寇修酒。

在戈兰高地酒庄之后，涌现了一批积极进取的小酒庄，因此，到2018年，全国酒庄的数量超过了300家，大多数都骄傲地自称为"精品酒庄"，并通常更热衷于满足特拉维夫那些充满活力的餐厅的需要，而不是囿于严格的犹太教饮食教规。

前景最被看好的葡萄种植区是上加利利（Upper Galilee）、远在东北部的**戈兰高地**，还有就是在耶路撒冷附近的犹太丘陵（Judean Hills）。犹太丘陵的葡萄园位于海拔400—800米之间，在石灰岩上是浅浅的一层红土，海风和薄雾助其降温。这里的先行者是Eli Ben Zaken，他参照家族在波尔多拥有的酒庄创办了Domaine du Castel，其酒款的第一个年份是1992年。在Castel酒庄之后，在这片林木繁盛的山林中又涌现了超过30家酒庄。在中央山脉（Central Mountains）北部的Shomron Hills，也有一些海拔相对较高的葡萄园。

内盖夫（Negev）沙漠是一个不太可能生产优质葡萄酒的地方，但Yatir酒庄却在这里酿出了复杂度颇高的葡萄酒。事实上，不仅是沙漠中的葡萄园，所有以色列的葡萄园都需要节水的灌溉技术，以色列的这种技术举世闻名。这里的气候干燥，有机种植本可盛行，但因卷叶病仍很普遍，这种做法实际上只是一种可能。

早在20世纪90年代，Castel酒庄和Margalit酒庄就有了一批狂热的追随者，但现在已有更多像它们那样成功的酒庄。到目前为止，最受推崇的以色列葡萄酒，通常尝起来都会很像浓郁的美国加州单品种葡萄酒，尤其是赤霞珠。但是，以色列的酿酒师也受到了世界潮流的影响，逐渐趋向于更新鲜的风格和更明显的本地特色。

其结果是，有一些酒庄正在刻意地寻找灌木状老藤佳丽酿，并在种植选择上钟情于西拉、慕合怀特、小西拉和歌海娜等品种。重心转移到地中海品种，这在以色列新增的白葡萄酒的生产中表现得非常明显。技术上精湛的霞多丽和长相思酒并不鲜见，但白歌海娜、维欧尼、瑚珊和玛珊常常是混酿的，无疑更加有趣。

为了顺应增加真正的本地特色的潮流，越来越多的酒庄正在以当地的品种酿造葡萄酒，白的如达布齐（Dabouki）、Hamdani［又名马拉维（Marawi）］和Jandali，红的如Bittuni。这些品种在巴勒斯坦一直都有种植，有用作鲜食的，也有用作酿造葡萄酒和烈酒的，供当地市场消费。Cremisan修道院位于耶路撒冷和西岸之间的边界，它用马拉维这个品种酿出的葡萄酒，获得了商业上的成功，或许是受此鼓舞，即使是目前以色列最大的葡萄酒生产商Barkan也酿造单品种的马拉维葡萄酒，而中等规模、名声极佳的Recanati酒庄也如是，他们同时还使用Bittuni酿造红葡萄酒。

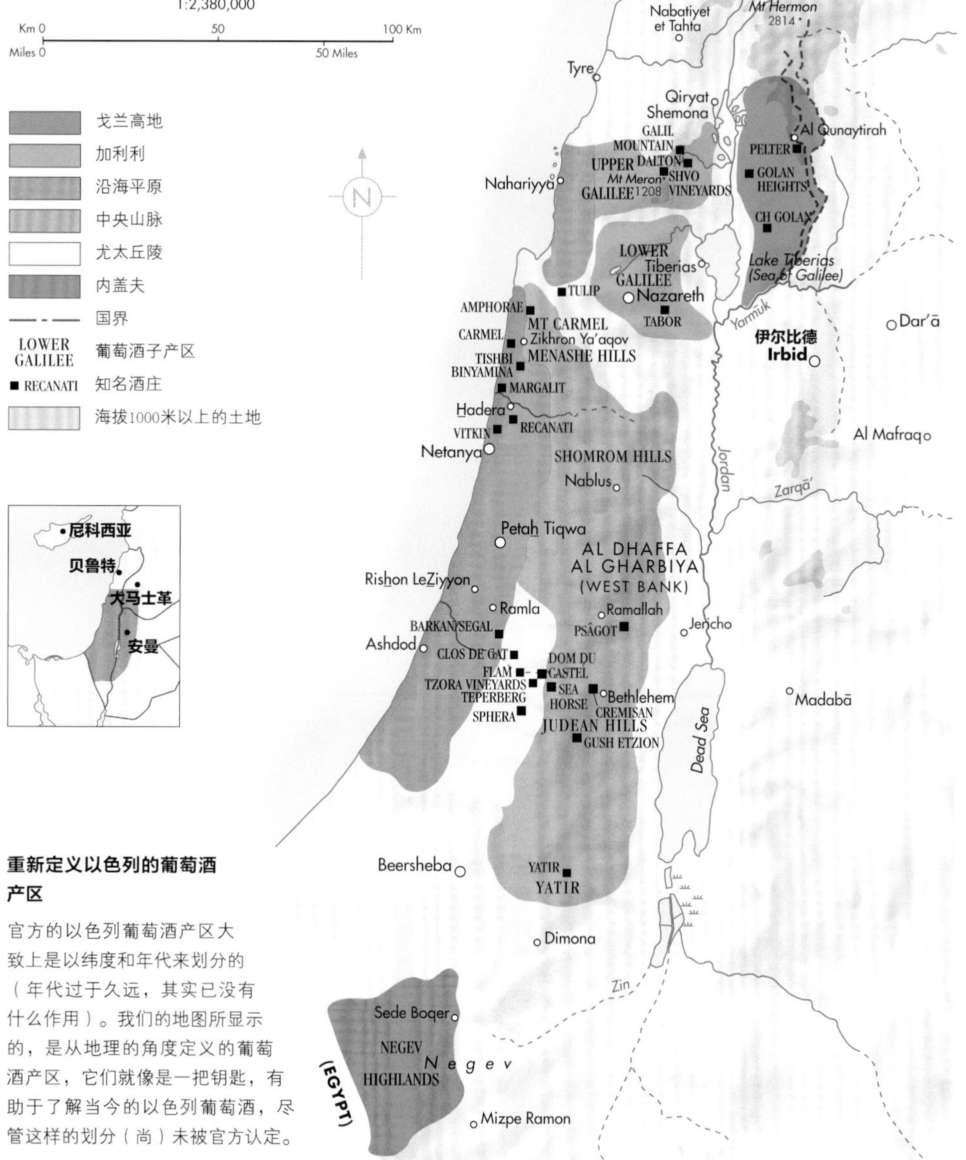

重新定义以色列的葡萄酒产区

官方的以色列葡萄酒产区大致上是以纬度和年代来划分的（年代过于久远，其实已没有什么作用）。我们的地图所显示的，是从地理的角度定义的葡萄酒产区，它们就像是一把钥匙，有助于了解当今的以色列葡萄酒，尽管这样的划分（尚）未被官方认定。

北美洲 North America

我们以为华盛顿州的葡萄酒历史很短，但位于亚基马谷高地葡萄园的这棵葡萄藤证明了事实刚好相反。

北美洲 North America

美国人对葡萄酒的热忱巨幅增长，但葡萄酒的产地还是集中在沿海地区。在北美洲，美利坚合众国是现在世界上最重要的葡萄酒消费国及生产国之一，法国、西班牙和意大利三国的产量另在一起才能超过美国。加拿大则在近年来成为一个重要的葡萄酒生产国，现在墨西哥也在产量上有一席之地。不仅是历史悠久的西海岸，分布在北美大陆的各个产区至少也引起了消费者对本土葡萄酒的兴趣。哪个大陆板块将来能赶上欧洲的产量呢？或者中国有希望成为最大的葡萄酒出产国吗？

当早期的殖民者初次踏上北美洲的土地时，他们即被四处蔓延如彩饰一般点缀着森林的葡萄藤蔓与果实所震撼。虽然口味陌生，但是葡萄是甘甜的。所以之后葡萄酒成为新世界的美好事物之一，也就合情合理。然而300多年的美国历史，仅仅是一段梦想成为葡萄种植者的希望破灭的传奇故事——种植在新殖民地的欧洲葡萄藤不是枯萎就是死去。然而移民们没有放弃。在葡萄藤不明原因而死去时，他们归因于自身的错误，一直坚持尝试不同的葡萄品种和种植方式。

美国独立战争时期，后来就任总统的华盛顿、杰斐逊（后者是知名的葡萄酒爱好者兼早期参观过法国酒庄的游客）曾下了很大的决心去尝试酿酒，甚至雇用了托斯卡纳的葡萄酒专家，但结果仍旧一无所获。当时的美国土壤泛滥着欧洲葡萄藤最致命的天敌——根瘤蚜虫病。南部和东部炎热、潮湿的夏季助长了这种在欧洲尚不知名的病害。而在北部，欧洲葡萄藤则成了严冬的牺牲品。美国本土的葡萄藤倒是衍化出了能够抵御所有这些危害的特质。

现在，我们知道在十多种北美原生葡萄种类中，有许多（特别是美洲种拉布鲁斯卡）都带有长久以来被形容为"狐狸般的"野生气味，这种和如今的葡萄汁和葡萄果冻颇为相似的味道，却让仅仅习惯于欧洲种葡萄的爱好者胃口尽失。

意外收获的杂交品种

而今在这片对葡萄酒而言是新大陆的北美洲土地上，美洲种和欧洲种葡萄和平共存，彼此的基因任意掺杂、自然组合，产生了各种"狐狸风味"不那么明显的品种。例如出现了亚历山大（Alexander）、卡托巴（Catawba）、特拉华（Delaware）以及伊莎贝拉等杂交种。至于诺顿（Norton）则是纯美洲品种，目前仍用来酿制特色鲜明毫无"狐狸风味"的红酒。

只要是移民所到之处，就有人尝试栽培葡萄及酿造葡萄酒，特别是在纽约州（冬季极度严寒）、弗吉尼亚州（夏季特别酷热），以及新泽西州（气候居于前两者之间）。但第一个真正在商业上获得成功的美国葡萄酒，诞生在俄亥俄州的辛辛那提市，即尼古拉斯·朗沃思（Nicholas Longworth）酿造的著名的卡托巴气泡酒。到了19世纪50年代中期，卡托巴气泡酒已经驰名大西洋两岸。然而，这样的成功却是昙花一现。到了南北战争时期，对葡萄藤的培育变得更为审慎，产生了许多特别为适应美国环境而培育的新品种，其中包括了1854年问世、耐寒性佳但也带有强烈"狐狸风味"的康科德，该品种从伊利湖（Lake Erie）南岸一路延伸至俄亥俄州北部，宾夕法尼亚州及纽约州都有广泛种植，扮演着支撑美国葡萄汁和果冻产业的重要角色。

西岸的葡萄树

酿酒技术到达西岸的途径全然不同。墨西哥最早的西班牙移民，在16世纪就已经算是勉强成功引进了欧洲种葡萄。当时最早引进的品种，是后来在墨西哥下加利福尼亚州被广泛种植的弥生（Mission）葡萄，其实就是阿根廷的克里奥亚奇卡（Criolla Chica）和智利的派斯（País）品种。接着不到200年的时间内，方济各会（Franciscan）的神父就往北迁到了加利福尼亚州海岸。1769年，方济各会的神父 Junípero Serra 创建了圣迭戈教会葡萄园，据说这是加州的第一片葡萄园。

西海岸几乎没有东岸常见的葡萄种植问题，除了一个新问题：皮尔斯病（直到1892年才被发觉）。欧洲种葡萄在此地找到了应许之地。著名的法国波尔多商人让-路易·维涅（Jean-Louis Vignes），从欧洲带了比弥生葡萄更好的品种来到加州南部。淘金潮给该州带来了大量移民，至19世纪50年代，葡萄藤已经彻底征服了加州北部。

因此，到了19世纪中期，美国发展出了两个不同的葡萄酒产业。加州在19世纪80年代和90年代早早迎来了黄金年代，然而接下来，他们却只能眼看着发展迅速的葡萄酒产业受到霉菌病和根瘤蚜虫病的困扰，就像在欧洲一样。

禁酒令的出现和废除

接踵而至的是更严重的打击，那就是1918年到1933年间遍及北美各地的禁酒令。东西两岸的酒农都因此而元气大伤，他们只能转而酿制据称是供宗教圣礼用的圣酒，并将大量的葡萄、葡萄汁、浓缩液运给那些突然发觉在自家酿酒尚且合法的本国人，但要包括一条警告："注意——请勿加入酵母以免发酵。"

这项针对所有酒精饮料的禁酒运动的深远影响，直至1933年禁令解除后很长一段时间才消除，在此期间，美国的葡萄酒产业长期受制于不必要的复杂组织机构以及阻碍重重的莫名法规。尽管如此，终究有不少十分喜爱葡萄酒的美国人，甚至较年轻的群体亦是如此（尽管在美国最低饮酒年龄为21岁）。这也使北美各地都有人想以酿制葡萄酒为业并付诸实际行动。自从铁路开通后，葡萄和葡萄酒开始从那些具有优越种植条件的地区，特别是加州，被转送到其他地理位置较差的酒厂进行调配或装瓶，其中有些地方只种有极少量的葡萄藤。全美的50个州，包括阿拉斯加和夏威夷，现今都生产葡萄酒，虽然其中一些依赖葡萄以外的水果来进行发酵，还有许多人购买葡萄酒、葡萄果实或者葡萄汁，是为了对于他们自己种植的葡萄进行补充。正如对页所介绍的，许多建有酒庄的地方却没有合适的葡萄园。

葡萄藤的合众国

加拿大，美国的俄勒冈州、华盛顿州、加利福尼亚州、弗吉尼亚州、纽约州和西南部各州以及墨西哥的葡萄酒产业发展迅速，而且这些都是以欧洲种为主的地区，下文会进行详细介绍，介绍顺序不一定有严密的逻辑但是还算妥当。其他

抗寒的杂交品种

第一代欧洲种与美国种葡萄的种间杂交是在欧洲的根瘤蚜虫病暴发后培育的，包括威代尔（Vidal）、白塞瓦和维诺（Vignoles）等白葡萄品种，以及黑巴克（Baco Noir）和香宝馨（Chambourcin）等红葡萄品种，它们由马里兰州的Boordy葡萄园的菲利普·瓦格纳（Philip Wagner）于20世纪中期引进北美洲（它们在此地的表现也远胜于欧洲）。

在对于欧洲种来说太过寒冷的地区，这些杂交种仍然流行着，并且近些年还开发出新一代的更抗寒的种间杂交品种。大部分的新一代杂交品种由明尼苏达大学培育，甚至能健康地度过该州严酷的冬季，而且还能酿出让人熟悉的、几乎贴近欧洲种香气和味道的葡萄酒。目前选用的白葡萄品种包括艾塔斯卡（Itasca）、拉奎珊（La Crescent）和灰芳提娜（Frontenac Gris），红葡萄品种包括马奎特（Marquette）和芳提娜（Frontenac）。邻近的威斯康星州培育了白葡萄品种布里亚娜（Brianna）和草原巨星（Prairie Star）。这些新的品种目前在整个高平原区（Upper Plains）被广泛栽培，加拿大也有种植。它们酿出的酒通常能被消费者所接受。

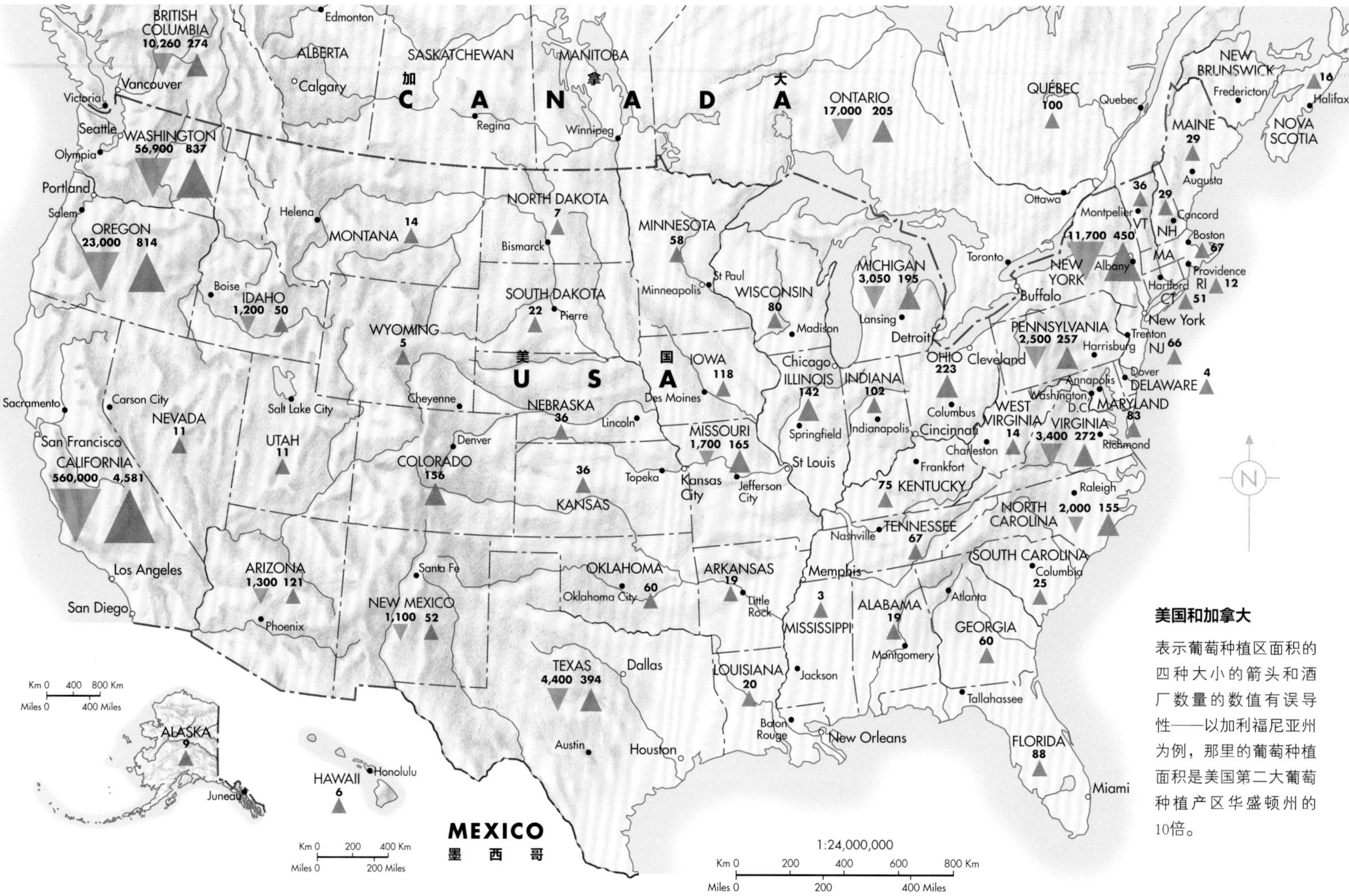

美国和加拿大

表示葡萄种植区面积的四种大小的箭头和酒厂数量的数值有误导性——以加利福尼亚州为例，那里的葡萄种植面积是美国第二大葡萄种植产区华盛顿州的10倍。

1:24,000,000

地区的酒庄数量也在迅速增加，甚至像亚利桑那州、印第安纳州、艾奥瓦州和北卡罗来纳州这些地区在过去不被认可为葡萄酒之乡，但如今每个州都有 100 家以上的酒庄。肯塔基州、宾夕法尼亚州和佛蒙特州加在一起的葡萄酒产量超过巴罗洛和巴巴莱斯科的总量，虽然质量上远不及这些经典的意大利酒。

落基山脉以东的州可能会用美洲种葡萄生产果汁、果冻或者经过重度调味的饮料，以欧洲种葡萄或欧洲、美洲的种间内杂交酿制的更精巧细致的酒款亦越来越常见（见第 289 页图）。气候条件允许的地区，比如东海岸，酒农们近些年来热衷于种植流行的国际品种以外的葡萄品种，阿芭瑞诺、绿维特利纳、品丽珠和维欧尼都在这些地区找到了新家。

在美国中西部，**密苏里州**是唯一一个在各种规模的葡萄种植上，都拥有悠久历史的州，还是 19 世纪俄亥俄州在落基山脉以东唯一势均力敌的竞争对手。密苏里州的奥古斯塔（Augusta）在 20 世纪 80 年代就获准成为全美第一个美国葡萄种植区（American Viticultural Area，简称 AVA）。全美大约 240 个 AVA 产区的分界多半是依据政治因素而非自然环境，考量的也多半是生产者的需求而非消费者，但这终究是受法律管控的美国法定产区系统。密苏里州的官方葡萄品种是诺顿，1820 年在弗吉尼亚州首次被发现，但该品种特别适应美国中西部某些地区那酷热的夏天和偶尔天寒地冻的冬天，不过这里最广泛种植的是法国与美国的种间杂交品种。

在被五大湖包围的**密歇根州**，受湖水调节的欧米新（Old Mission）和利勒诺（Leelanau）两个半岛上出产清爽、细腻的灰皮诺、白皮诺和雷司令白葡萄酒，甚至也有一些不错的红葡萄酒。但是该州的西南部主要还是种植欧洲种间杂交品种。

在下文未详细讨论的州当中，**宾夕法尼亚州**种植的葡萄树最多，但大多数酒是以杂交种酿造的便宜货。此外，**俄亥俄州**也相当重要。新英格兰地区和许多东海岸的州一样，依靠一系列的欧洲种葡萄、种间杂交和从其他州购买的葡萄，这里主要是家庭经营的小型酒庄。**新泽西州**的葡萄酒产业虽然也有与弗吉尼亚州同样悠久的历史，但是规模却小得多。**马里兰州**的葡萄种植数量多一些。两州都在欧洲种葡萄和法国杂交种身上同时押注。

在**南卡罗来纳州、北卡罗来纳州和佐治亚州**，高湿度和高温度让酒农备受挑战，欧洲种葡萄和杂交品种都难以种植。从**佛罗里达州**到**阿肯色州**的南部其他地区，也存在有限的葡萄园，靠的是果串松散的本地葡萄属慕斯卡丁（muscadine），但目前还是杂交品种能酿出主流风味。至于在其他气温较低、海拔较高的南部地区，则和弗吉尼亚州的状况非常类似。

在这块伟大的大陆上，不论是消费市场还是生产方面，葡萄酒业方兴未艾。

—·— 国界

—·— 州界

• Phoenix 州政府

▼1,200 2016年各州葡萄园面积（1000英亩以上，包括美国品种和杂交品种）

▲10 2016年各州酒庄数量

加拿大 Canada

加拿大被法国思想家伏尔泰描述为“荒蛮雪地”，该国似乎凭着冰酒在葡萄酒世界占有一席之地。但是在过去的30年间，加拿大葡萄酒产业发生了翻天覆地的变化，一部分得益于气候变化。这个国土面积很大的国家找到了属于自己的波尔多和勃艮第，分别是两个主要的葡萄种植省份：不列颠哥伦比亚省和安大略省。

加拿大10个省份中的7个在生产葡萄酒，其中魁北克省和新斯科舍省成为越来越重要的产地。该国没有国家葡萄酒法，很明显，葡萄酒立法是个艰难的任务，所以4个最重要的省份颁布了各自的葡萄酒法案。立法是很重要的，因为加拿大的葡萄酒公司为很多的进口葡萄酒装瓶，有时这些酒和国产的酒会相互混合。

加拿大葡萄酒的出口量并不大（当然总产量亦是如此），但是从19世纪中叶开始，该国已经生产一些葡萄酒。加拿大葡萄产业规模较小，主要依靠种间杂交和美国拉布鲁斯卡种类的葡萄品种，从20世纪70年代开始在安大略省出现用这些品种酿的酒。现代葡萄酒产业开始于20世纪90年代，北美自由贸易协议迫使加拿大的酒庄准备应对加州酒的大量涌入。从那以后，酒农开始种植更多的欧洲种葡萄。在安大略省，葡萄园在扩增，酒庄的数量也从20世纪80年代的少数几个增加至2000年的60家，再增长至2018年的200家（见第293页）。不列颠哥伦比亚省的葡萄酒产业以欧洲种为主（会在对页详述），其葡萄酒生产和安大略省同时期开始，到2018年，酒庄数量增长至近300家。

魁北克省

如今，魁北克省大约有150家酒庄，但是大多数都是小型酒庄，而且省内的酒几乎不出口。这里的冬天太冷，酒农需要对葡萄藤进行埋土，从而保护葡萄树不受到严重的冬季冻害。用于产冰酒的葡萄也会受到冻害影响，因为有时雪积得很厚，连葡萄果串都会被雪埋没。因此，魁北克葡萄酒法案颇有争议地让冰酒的生产者采摘下果串并将它们悬挂在葡萄藤上方的网内（如下方图所示），而不像加拿大其他的省（还有德国）规定的那样需要果串留在葡萄树上进行冻结。

魁北克省大部分葡萄树为种间杂交品种，例如黑巴克和马雷夏尔福熙（Maréchal Foch），然而欧洲种葡萄的地位渐增，气候变化的趋势也预示着到21世纪40年代，魁北克南部地区将会适宜栽培欧洲葡萄品种。一些酒农，例如Les Brome、Vignoble Carone和Les Pervenches，已产出一些不错的黑皮诺和霞多丽，同时魁北克省的受保护的地域标识Indication Géographique Protégée (IGP) Vin du Québec正在立法中。

新斯科舍省

新斯科舍省的冬天可能过于寒冷，所以这里的葡萄树［主要是抗冬寒的种间杂交品种，例如白阿迪卡（L'Acadie Blanc）、白塞瓦和威代尔］都种植在不暴露于严寒条件的地区，或者是大西洋和芬迪湾（Bay of Fundy）附近，那里的大片水域能够调节气候，使之稍微适宜葡萄种植。新斯科舍省只有不到20家酒庄，但是该省用传统法生产的气泡酒开始建立名声，特别是那些用杂交品种白阿迪卡酿制的。本杰明·布里吉（Benjamin Bridge）是这里领先的酒庄，其他值得一提的酒庄包括L'Acadie Vineyards、Domaine de Grand Pré和Blomidon Estate。新斯科舍省仅有的法定产区潮汐湾（Tidal Bay）不仅仅是个地区，更代表着一种干型、芳香和爽脆清新的葡萄酒风格。若用百分之百在新斯科舍省种植的葡萄来酿酒，可在酒标上标注“新斯科舍省葡萄酒”（Wine of Nova Scotia）。

购酒者的注意事项

在加拿大的酒铺（很多由各省内的政府垄断公司经营）销售的多是加拿大酒和大批量进口酒的混合，后者由不列颠哥伦比亚、安大略和新斯科舍省内较大的葡萄酒生产商装瓶。这是一个常见但有争议的做法，因为许多消费者并没意识到纯加拿大酒（经常标识VQA一词，指代加拿大酒商品质联盟Vintners Quality Alliance）和那些酒标上（经常用较小字体）标有“进口与国产酒的国际混合”的酒之间的区别，特别是一些酒庄会同时给这两种酒装瓶。

▽
在L'Orpailleur酒庄的葡萄被采收并挂在雪地上方的网中进行冻结，从而浓缩糖分以酿造冰酒，这样摘下后冷冻葡萄的方式只允许在魁北克省使用。

不列颠哥伦比亚省 British Columbia

不列颠哥伦比亚省是一个获得巨大成功的典范。20年前，该省在葡萄酒生产和名声上居于加拿大第二位，与首位的安大略省相隔甚远；如今，它最起码能和安大略省比肩。酒庄的数量从1990年的寥寥17家增长至2018年的300家。根据年份情况，不列颠哥伦比亚省与安大略省有着接近的葡萄酒产量，而且越来越多的葡萄酒产品对外出口。但是大多数的不列颠哥伦比亚省葡萄酒还是在省内销售，特别是在有很多热情消费者的温哥华市场。该省一共有9个法定葡萄酒产区，被称为地理标志产区（Geographical Indications，参考本页定位地图）。这些产区都有着一系列的土壤类型和种植条件，从非常寒冷至很温暖的气候都有，并且相应地种植了各种各样的葡萄品种，酿造了风格各异的葡萄酒，红与白的餐酒基本上各占一半。气泡酒（特别是那些传统法酿造的）越来越流行。不列颠哥伦比亚省生产的冰酒相对较少，平均下来还不到安大略省四分之一的产量。

奥肯那根谷（Okanagan Valley）目前是不列颠哥伦比亚省最大的葡萄酒产区，全省一共有4050公顷葡萄园，而该产区的葡萄园占3500公顷，到2018年为止，整个省的290家酒庄中有182家在此产区。该产区距离温哥华市320千米，处于东部的无雨干旱地带，这个240千米长的产区涵盖了各色的葡萄种植条件，北边更冷更潮湿，南边更暖更干燥。全产区都受水域影响，其中最重要的是狭长并且很深的奥肯那根湖，葡萄园分布在湖岸两侧。

种植最广泛的白葡萄品种是灰皮诺、霞多丽和琼瑶浆，奥肯那根谷生产的白葡萄酒清新爽脆，而最普遍的红葡萄品种是梅洛、黑皮诺和赤霞珠。不论是单一品种还是混酿（特别是波尔多式混酿），这些强劲、酒体饱满的红葡萄酒是用温暖而干燥的奥索尤斯（Osoyoos）区域沙质土壤上种植的葡萄酿制的，该地区位于横跨美国边境的奥索尤斯湖周围山谷的南部。这里是加拿大最温暖的产区，尽是沙漠，而且是加拿大境内生产这些风格的红葡萄酒的唯一产区。不列颠哥伦比亚省近40%的葡萄酒来自这里。

奥肯那根谷有两个法定子产区：2015年建立、位于山谷南部的Golden Mile Bench，以及2018年建立、位于山谷东侧的Okanagan Falls。在奥肯那根谷中还有其他几个气候特点鲜明的子区域，完全能够被认定为法定的子产区，只要当地的酒庄们足够愿意并团结一致。

西密卡米恩谷（Similkameen Valley）是不列颠哥伦比亚省面积第二大的葡萄酒产区，种植了270公顷的葡萄树，但是这里只有15家酒庄，大部分实行有机种植。西密卡米恩谷为东西走向，土壤主要为砾石，具有一系列的中气候。该产区的葡萄酒主要由早熟及晚熟的品种酿制，例如在此逐渐增多的霞多丽、雷司令、品丽珠和赤霞珠等品种。

不列颠哥伦比亚省的其余7个产区的重要性小很多。**菲莎河谷**（Fraser Valley）有40家小型酒庄，平均每家只有2公顷的葡萄种植面积，其优势是距离温哥华近，但劣势为较凉爽的海洋性气候。这里常见的品种是斯格瑞博（Siegerrebe）、灰皮诺、黑皮诺和巴克斯。**温哥华岛**（Vancouver Island）有超过30家酒庄，全都很小。大多数庄园位于岛南端的考维晨谷（Cowichan Valley），靠近维多利亚市，即不列颠哥伦比亚省的首府。凉爽（而且时常潮湿）的条件迫使酒农种植种间杂交品种以及欧洲种葡萄。还有十来个酒庄分布于**格尔夫群岛**（Gulf Islands）的几个小岛上，这些岛位于温哥华岛和本土之间。葡萄品种包括黑皮诺、灰皮诺、欧特佳（Ortega）和马雷夏尔福熙。

其余的4个产区为**利卢埃特**（Lillooet）、**汤普森谷**（Thompson Valley）、北部的**舒斯瓦普**（Shuswap）以及东部的**库特尼**（Kootenays），都于2018年成为法定产区，但是这些产区加起来只拥有不超过25家酒庄。

BC省的葡萄酒产区

这张地图精确得容易让人误解。通常情况下，在不列颠哥伦比亚省生产的酒中唯一常见的产区是奥肯那根谷。

奥肯那根谷：萨默兰镇（SUMMERLAND）▼

纬度 / 海拔
49.61°N/ 434米

葡萄生长期的平均气温
16.5℃

年平均降水量
279毫米

采收期降水量
10月：19毫米

主要种植威胁
冬季冻害、春霜

主要葡萄品种
白：灰皮诺、霞多丽；红：梅洛、黑皮诺

奥肯那根谷

奥肯那根谷是天然形成的冰川槽沟，夏天的景观十分秀丽，许多摄影师都会证明这点，但是这地处北部的产区秋天来得太早，不利于一些葡萄品种的生长与成熟。

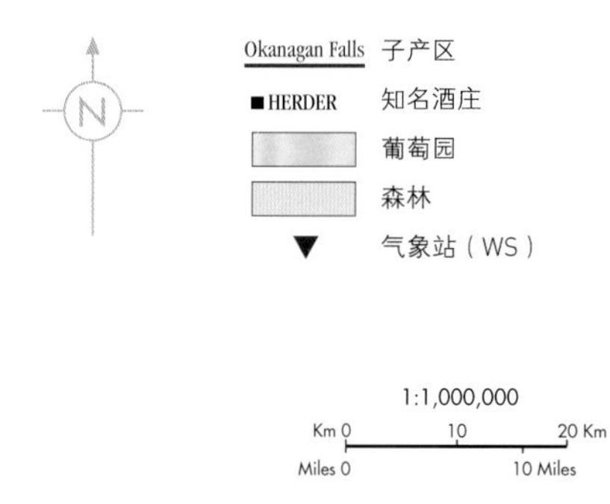

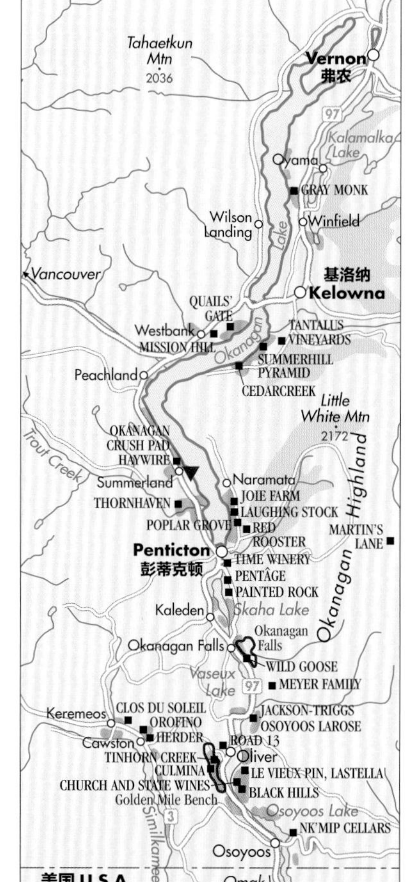

安大略省 Ontario

安大略省的气候因五大湖而变得温和，根据年份情况，这里出产近一半的加拿大葡萄酒，它们来自该省的三个指定葡萄种植区域（Designated Viticultural Area，简称DVA）的200多家酒庄。20世纪70年代，直到发现冰酒（从冰冻的葡萄果实压榨出的汁液，有着令人惊叹的高糖分），这里的酒业才开始兴起。大部分安大略省产的葡萄酒都在省内销售，现在也有一些餐酒出口，但每年产量惊人的冰酒才是利润丰厚的出口商品，尤其是出口到中国和美国。

尼亚加拉半岛（Niagara Peninsula）依然是加拿大最重要的葡萄酒产区，占整个安大略省6900公顷葡萄园中的5900公顷。由于结合了许多地理上的巧合，这里的半大陆性气候环境使葡萄种植变得可行。这个狭窄的冰河沉积地受到北边的安大略湖（Lake Ontario）、南边的伊利湖以及东边相当深的尼亚加拉河（Niagara River）的保护。这些大片的水域经过冬季蓄积低温，帮助延迟了葡萄树春天的萌芽，并且湖水会积累夏天的热量从而延长秋季的成熟期。尤其是安大略湖能让冬季从北极吹来的寒风变得温和，而且与南边水温高一些的伊利湖之间形成温差，从而在夏季送来凉爽的清风。

尼亚加拉每年的葡萄生长条件差异很大，但近年来尼亚加拉半岛的夏季逐渐变热变长，已经相当程度上提高了当地的干型餐酒的质量。安大略省每年生产85万升的香甜冰酒，酿造这些冰酒时多数采用来自法国的十分甜美的杂交品种威代尔，以此酿造的葡萄酒熟成较早；其次流行的浅红色冰酒会用冰冻的品丽珠葡萄酿制；而流行度远低于前两者的雷司令冰酒排第三。按理说雷司令是尼亚加拉半岛干型葡萄酒的优越品种，但是个别的酒庄偶尔也能酿出很出色的霞多丽、黑皮诺、品丽珠、佳美甚至西拉酒。安大略省几乎60%的葡萄酒是白葡萄酒，桃红葡萄酒越来越普遍。相对较短的生长季比较适合酿造传统法气泡酒，该类型气泡酒的产量越来越大。

在尼亚加拉半岛大多数的葡萄树都种植在安大略湖和尼亚加拉大断层（Niagara Escarpment）之间的平原上，受到很好保护的石灰质土壤区域特别适合娇贵的雷司令和黑皮诺品种。尼亚加拉半岛上已经雄心勃勃地建立了12个法定产区，并且于2005年认可了一些子产区（见下方地图）。

安大略省有两个较小的法定产区（见更小的地图）。在**伊利湖北岸**（Lake Erie North Shore）产区，伊利湖使其气候变得温和，这里有着比尼亚加拉半岛更长的生长季，并且一般都足够温暖而使梅洛和赤霞珠、品丽珠成熟。该产区包括皮利岛（Pelee Island），是加拿大的极南地区，具有更加温暖的气候条件。另一个叫作南部群岛（South Islands）的子产区包含了皮利岛和伊利湖中的几个更小的岛屿。

最新的DVA是位于安大略湖北岸的**爱德华王子县**（Prince Edward County）。近些年来，该产区日益显赫，现在已经有了50家酒庄（2000年时，这里一家酒庄都没有）。这里比尼亚加拉更凉爽，但是这里的浅石灰岩土质已能培育出精致的霞多丽和黑皮诺，即使这些不太耐寒的葡萄品种需要在入冬时将其埋入土中加以保护。

尼亚加拉半岛：圣凯瑟琳市（ST CATHARINES） ▼

纬度／海拔
43.18°N/ 79米

葡萄生长期的平均气温
15.6℃

年平均降水量
746毫米

采收期降水量
10月：69毫米

主要种植威胁
冬季冻害、葡萄不成熟

主要葡萄品种
白：霞多丽、雷司令；红：品丽珠、梅洛

*1971—2000年的气候数据

加拿大
安大略省
休伦湖
PRINCE EDWARD COUNTY
多伦多
安大略湖
纽约州
LAKE ERIE NORTH SHORE
NIAGARA PENINSULA
Niagara Falls
美国
PELEE ISLAND
伊利湖
缅因州
佛蒙特州
新罕布什尔州
马萨诸塞州
俄亥俄州
宾夕法尼亚州
纽约

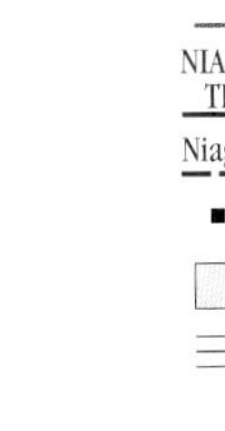

国界
NIAGARA-ON-THE-LAKE 葡萄酒产区
Niagara River 葡萄酒子产区
CAVE SPRING 知名酒庄
森林
500 等高线间距30.48米
▼ 气象站（WS）

尼亚加拉半岛

尼亚加拉半岛（更准确地说是一处地峡）分为10个子产区，有些子产区被归在一起成为法定产区。大多数葡萄园处于安大略湖和尼亚加拉大断层之间的平原和高地上，大断层是从美国开始延伸至加拿大境内的一个很长的悬崖峭壁，围绕着加拿大的苏必利尔湖（Lake Superior），再延伸回美国境内。

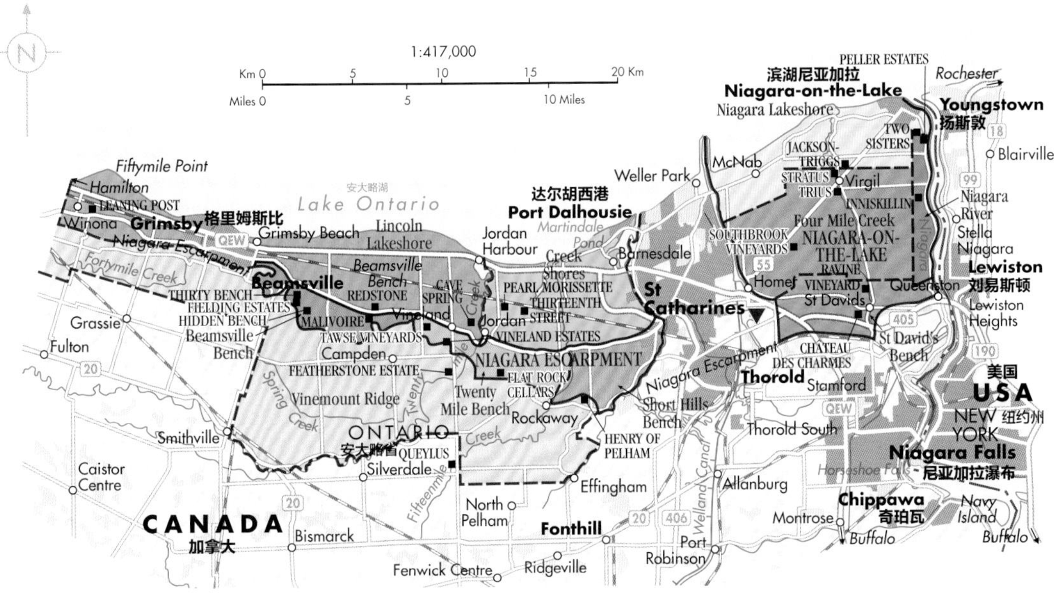

太平洋西北地区 Pacific Northwest

△
俄勒冈州不仅仅是威拉米特谷。这些让人感受到秋天气息的葡萄树位于乌姆普夸谷的子产区埃尔克顿俄勒冈的Brandborg葡萄园。

俄勒冈州和华盛顿州，这两个美国西北部主要的州，它们之间的差异实在太大了。俄勒冈的主要葡萄酒产区威拉米特谷较为潮湿，植被茂盛，出产与勃艮第非常相似的葡萄酒。除了少数几个葡萄园之外，大多数华盛顿州的葡萄园都位于该州东部干旱、拥有大陆性气候的广阔土地上，人工灌溉是必不可少的。

俄勒冈州长久以来是精工细作的酿酒师的家园，酿酒的葡萄主要源于小型的、个人管理的葡萄园，很多情况下葡萄园是果农自有的——虽然近年来有很多法国和美国加州的投资者涌入，把俄勒冈州先辈们珍视的农民式粗糙打磨得更华丽了一些。

这里的海岸线和加州一样形成了一个庇护式的海堤，但是北太平洋暖流在此处带来的是雨水而非雾气，为如此高纬度的北半球地区造就了温和的气候。喀斯喀特山脉（Cascade Range）将俄勒冈州东部的干热沙漠与威拉米特谷隔开，同理，该山脉也将华盛顿州潮湿的西部和沙漠式的东部隔开。所以，喀斯喀特山脉的东部是大陆性气候，这在俄勒冈州和华盛顿州是相似的，只是俄勒冈州东部的葡萄园较为稀少，而大部分华盛顿州的葡萄都种植在东部地区，许多采收的葡萄会被运送至西部西雅图市周围的酿酒厂进行酿造。

大约40公顷的葡萄被乐观地种植于西雅图市周围阴凉潮湿的**普吉特湾**（Puget Sound AVA）。这里的酒农种植早熟的品种，比如米勒-图高、玛德琳安吉维（Madeleine Angevine）和斯格瑞博，与东部种植的品种列表差异甚大。

在布满杉树林和缓坡的威拉米特谷，种植了全俄勒冈州大约四分之三的葡萄树，并且在过去的一个世纪以来，该地区也是全州其他农作物的栽培中心。南北两条山脉之间的生长条件对于各种农作物来说都是理想的。直到20世纪60年代中期，葡萄园才开始出现，葡萄园迅速占据了山谷北部那些有利于种植葡萄的斜坡，在波特兰市南部繁盛的农业地块中见缝插针、零散地分布着。

如果对页所详细描述的威拉米特谷如勃艮第一样承受着反复无常的天气，**俄勒冈南部**则温暖干燥得多，种植着各种皮诺及其近亲品种，以及其他的葡萄品种。事实上，1961年俄勒冈的第一批黑皮诺种植于乌姆普夸谷（Vmpqua Valley）的HillCrest葡萄园，这是北部最凉爽和最潮湿的AVA，而极南部的罗斯堡（Roseburg）则得益于更温暖的夏季和更干燥的秋季。有活力的Abacela酒厂证明了西班牙品种如阿芭瑞诺和丹魄也能够在此茁壮生长。**红山道格拉斯县**（Red Hill Douglas County）是一个单一葡萄园的产区（AVA），位于**乌姆普夸谷**的东北部。埃尔克顿俄勒冈（Elkton Oregon AVA）是这里最偏西北部的产区，成立于2013年。

再回到南部，靠近加州边境，植株更密集一些的**罗格谷**（Rogue Valley）更温暖，并且在该地区的东部年降水量（约300毫米）几乎与华盛顿州的远东区一样低，波尔多红葡萄品种和西拉通常能够成熟（而在威拉米特谷这些品种则不易成熟）。**阿普尔盖特谷**（Applegate Valley）是罗格谷中的一个AVA的子产区。

穿越边境

葡萄藤的生长与州界无关。华盛顿州超越想象之巨大的**哥伦比亚谷产区**（Columbia Valley AVA）还覆盖了俄勒冈的部分地区。处于哥伦比亚谷西南部、引人注目的哥伦比亚大峡谷（Columbia Gorge）葡萄酒区域横跨河流，同时包括了华盛顿和俄勒冈的葡萄园。该AVA以霞多丽、芳香型白葡萄品种、黑皮诺和金芬黛而闻名。这里的地价在上涨，其部分原因要归功于日趋兴旺的旅游业。哥伦比亚谷的西北角是另一旅游胜地**奇兰湖产区**（Lake Chelan AVA）。这个有前途且美丽的产区由Sandidge家族开拓，其标注为CRS的葡萄酒系列证明了该产区能够成熟的葡萄品种要比过去人们所认为的丰富得多。

华盛顿州沃拉沃拉谷（Walla Walla Valley）最南端的部分其实也跨越至俄勒冈州的东北部。多石的产区弥尔**顿自由水岩石区**（The Rocks District of Milton-Freewater AVA）实际位于俄勒冈州境内，处于华盛顿州葡萄酒镇沃拉沃拉南部的下方平原地带（见第300页地图）。这是美国首批几乎完全由土壤类型而被界定的AVA，该地区93%的土地只由一种土壤类型构成，即自由水土系（Freewater Series），位于玄武岩圆石的冲积扇上，造就了美国土壤最一致的AVA之一。该产区大部分的葡萄被跨州运送至北边的沃拉沃拉进行酿酒，于是这些葡萄酒的酒标上必须被标注为沃拉沃拉产区。结果，除了让岩石区产区名声在外的Cayuse酒庄之外，很少有酒庄能够在酒标上用岩石区的名字。

美国最令人惊奇的葡萄酒产区之一便是**蛇河谷**（Snake River Valley），主要在爱达荷州，但也包括俄勒冈州东部的一部分。和华盛顿州东部一样，这里是大陆性气候，环境更为极端的是南部，海拔也更高，达到近900米。夏天很热，晚上则相对凉爽有益，但冬天来得较早。爱达荷州现有差不多50家酒庄蓬勃发展，尽管爱达荷州自有的葡萄园面积已超过485公顷，在华盛顿东部有着相当可观的葡萄和葡萄酒的跨州运输交易。

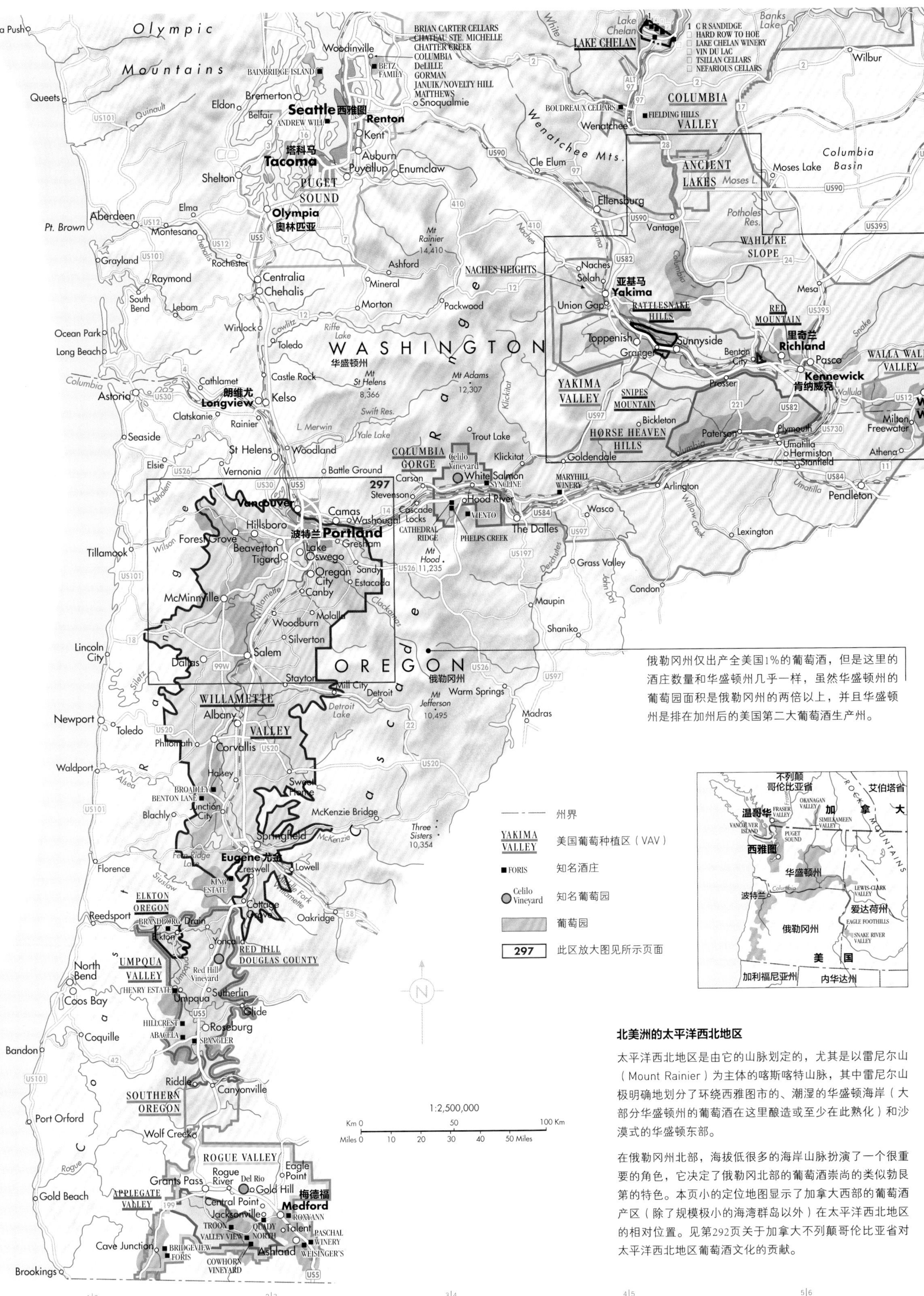

俄勒冈州仅出产全美国1%的葡萄酒，但是这里的酒庄数量和华盛顿州几乎一样，虽然华盛顿州的葡萄园面积是俄勒冈州的两倍以上，并且华盛顿州是排在加州后的美国第二大葡萄酒生产州。

北美洲的太平洋西北地区

太平洋西北地区是由它的山脉划定的，尤其是以雷尼尔山（Mount Rainier）为主体的喀斯喀特山脉，其中雷尼尔山极明确地划分了环绕西雅图市的、潮湿的华盛顿海岸（大部分华盛顿州的葡萄酒在这里酿造或至少在此熟化）和沙漠式的华盛顿东部。

在俄勒冈州北部，海拔低很多的海岸山脉扮演了一个很重要的角色，它决定了俄勒冈北部的葡萄酒崇尚的类似勃艮第的特色。本页小的定位地图显示了加拿大西部的葡萄酒产区（除了规模极小的海湾群岛以外）在太平洋西北地区的相对位置。见第292页关于加拿大不列颠哥伦比亚省对太平洋西北地区葡萄酒文化的贡献。

◁
胡德山（Mount Hood）俯瞰着这片农业天堂，即威拉米特谷，这里为波特兰市生机勃勃的美食文化提供重要的农业食材。

威拉米特谷 Willamette Valley

从气候的角度看，俄勒冈主要葡萄酒产区与南部的加州、北部的华盛顿州截然不同。

风土 主要是火山玄武岩，海相沉积的砂岩和粉砂岩，或者风成黄土。

气候 夏季有时凉爽、多云和潮湿，但是似乎越来越温热和干燥。冬季在秋雨过后，气候相对温和。

主要葡萄品种 红：黑皮诺；白：灰皮诺、霞多丽、雷司令。

威拉米特谷的夏季比阳光普照的加州要凉爽且多云（参见关键因素列表），但冬季却又比华盛顿州那种深入内陆的大陆型区域要温和许多。来自太平洋的云和湿气吹进俄勒冈的葡萄园区，特别是通过海岸山脉的缺口到达威拉米特谷的北部地区，使得凉爽的夏季和潮湿的秋季取代了冬季的酷寒，成为反复出现的威胁。

作为现代化的葡萄酒区，威拉米特谷是在20世纪60年代末才被戴维·莱特（David Lett）在扬希尔县（Yamhill County）的邓迪镇（Dundee）发现，那时他正在建造自己的Eyrie葡萄园。他的黑皮诺初次面世便获得成功，并且自从20世纪70年代中期起，俄勒冈就无可避免地和黑皮诺连在一起。俄勒冈的黑皮诺一般会比它的欧洲兄弟更柔顺，带有更明显的水果风味，而且在瓶中成熟的时间也更早，但是和其他新世界的产区相比，通常多一些土壤的气息并且更复杂。

似乎像是早就知道黑皮诺偏好的生长方式一样，大部分威拉米特谷的酒厂采取小规模种植葡萄的方式。这个地区所吸引来的酿酒师与那些抱着豪赌一场的想法而前往纳帕或索诺马的截然不同。在威拉米特谷的早些年，小资产和大想法碰撞出的是一系列变幻莫测的葡萄酒，从让人如痴如醉到一无是处的都有。多数早期的葡萄酒都有很好的香气，却缺乏结构。但是到了20世纪80年代中期，其中有些皮诺酒款显然已经展现出令人兴奋的后劲，现在的每个新年份都证明了威拉米特谷的潜力。

在早些年，俄勒冈州的葡萄酒业由小型家庭式个体户经营，他们为自己种的葡萄和自酿的葡萄酒感到自豪，与南边的加州想法有所不同。这实际上是勃艮第的果农模式，而且这里打从一开始就有合作精神。在近些年来，天平向另一方倾斜。随着威拉米特谷的地价上涨，生产者购买葡萄的现象越来越普遍。新来的小型酿酒商中极少数可以在威拉米特谷买得起自有的葡萄园。栽种葡萄树的区域面积在近些年大幅增长：到2011年为止的6年里，葡萄种植区的总面积增长了50%，达8300公顷，再到2016年的9300公顷，使俄勒冈当之无愧地成为美国出产欧洲种葡萄酒的第三大州，现今其葡萄园是纽约州的两倍。

威拉米特谷的子产区

在经过多次争论和品鉴之后，官方现在终于在这块240千米长的威拉米特谷产区中，正式认定了几个子产区。**邓迪山**（Dundee Hills）产区有最密集的葡萄园，有着深厚的红色玄武岩壤土。邓迪山区中的红山（Red Hills）排水良好，降水、日照充足，在多云的俄勒冈，这对葡萄的最佳成熟度非常关键。**扬希尔－卡尔顿县**（Yamhill-Carlton District）产区则稍微温暖些，却有更多霜害，因此在谷地上方栽种葡萄才会有良好表现，理想的地点是在谷地西侧和海拔60—210米之间的朝东山坡。这里土壤较干，主要由被侵蚀的海相沉积砂岩或粉砂岩构成。

夏天最凉爽的地区是**奥拉-阿米蒂山**（Eola-Amity Hills）和**麦克明维尔**（McMinnville），并且在最新的产区范杜泽走廊（Van Duzer Corridor AVA）依然较凉爽。这些产区受太平洋影响最大，海洋带来的影响从沿海山脉的凹陷处**范杜泽走廊**深入，而上述最新的AVA正好位于这凹陷的旁边。这里的黑皮诺往往带有更多的泥土气息并有陈年潜力，并非仅仅果味充足。麦克明维尔是当地大学城的名字，这所高校有专注于俄勒冈葡萄酒业的项目，而奥拉-阿米蒂山和**切哈姆山**（Chehalem Mountains）产区则以当地的山丘来命名。切哈姆山是AVA子产区中最具多样性的。它包括了497米高的秃峰（Bald Peak），该产区包括了这个区域全部的三种土壤类型（见上文的关键因素列表）。**丝带岭**（Ribbon Ridge）是切哈姆山中的一个特别的AVA子产区，面积较小，具有沙岩和粉砂岩土壤。

想要在威拉米特谷成功种植葡萄，最重要的就是让葡萄迅速熟成，并密切监控不可避免的秋雨。威拉米特谷的年份变化也像法国产区一样难以预料，而且也比美国其他葡萄酒产区多变。采收期可以在8月末，也可以晚至潮湿的11月初，尽管2012—2016年是连续的温暖、早采收的年份。在风成黄土、侵蚀而成的砂岩和粉砂岩土壤上，干热的夏季能让年轻葡萄树受到缺水的威胁。这类葡萄园有些会进行灌溉，但大多数还是旱地耕作。

砧木和无性繁殖

早期的垦殖者往往在极有限的预算下营运，因此建造葡萄园时往往会比较节省，葡萄树的间距较大，但是现在高密度的种植被视为再平常不过了。对俄勒冈葡萄园的规划来说，另一个相对近期的改变则是砧木的使用。自从葡萄根瘤蚜虫

州界
县界
AMITY 知名酒庄
Shea Vineyard 知名葡萄园
葡萄园
森林
2000 等高线间距304.8米
气象站

威拉米特谷 AVA
扬希尔–卡尔顿县 AVA
切哈姆山 AVA
丝带岭 AVA
邓迪山AVA
麦克明维尔 AVA
奥拉–阿米蒂山 AVA
范杜泽走廊 AVA

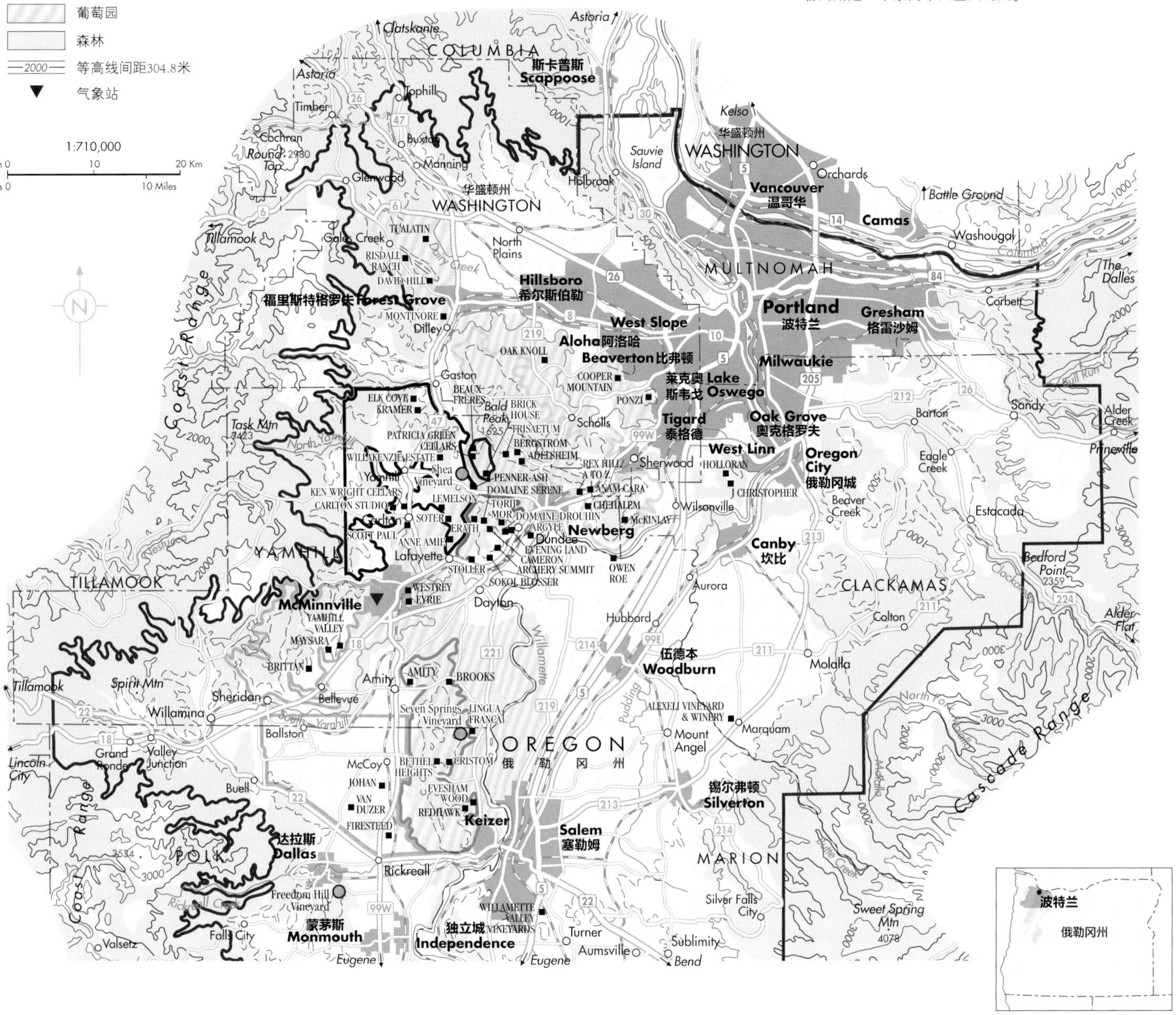

1:710,000

威拉米特谷北部

在21世纪初，威拉米特谷北部被划分出六个AVA子区，之后在2018年末，范杜泽走廊成为AVA。其分界线不是直线就是很难辨别的曲线。值得注意的酒庄日益增多。俄勒冈州是一个崇尚个人主义的州。

病于 1990 年首度在此出现，敏感的酒农就开始种植嫁接苗。

因此这些葡萄园的产量通常比较一致，葡萄通常也比较早成熟，但是对品质持续提升的俄勒冈黑皮诺及霞多丽来说，影响最大的还是引进了勃艮第无性繁殖品系（克隆种），而非最初的两种品系：源自瑞士的 Wädenswil 品系和在加州非常受欢迎、被称为玻玛的品系。来自勃艮第的品系在 20 世纪 90 年代很流行，但如今这里更倾向于在田间混杂种植各种品系。

该产区几乎四分之三的品种为黑皮诺，种植量排在第二位但远不及黑皮诺的品种是灰皮诺，由 Eyrie 酒庄的戴维·莱特引进到北美。最近一些注重霞多丽品种的酒庄开始出现，流行偏细腻精瘦的霞多丽风格。更不常见的、但值得寻觅的是威拉米特谷的雷司令，从极干而酸爽到甜腻的风格都有。

值得称赞的是，即便这里的气候潮湿，俄勒冈州的酒农长期以来一直致力于可持续的、有机和生物动力种植法的葡萄种植技术。一家权威机构为将威拉米特谷列入世界葡萄酒版图而做了很多工作，人们强调每年 7 月份举办的国际黑皮诺庆典（International Pinot Noir Celebration）是威拉米特谷的得意之举。这个为期三天的黑皮诺庆典，让全世界的黑皮诺迷和葡萄酒生产者可以聚集在麦克明维尔镇这个黑皮诺的圣坛，抱怨那些赤霞珠的不是。

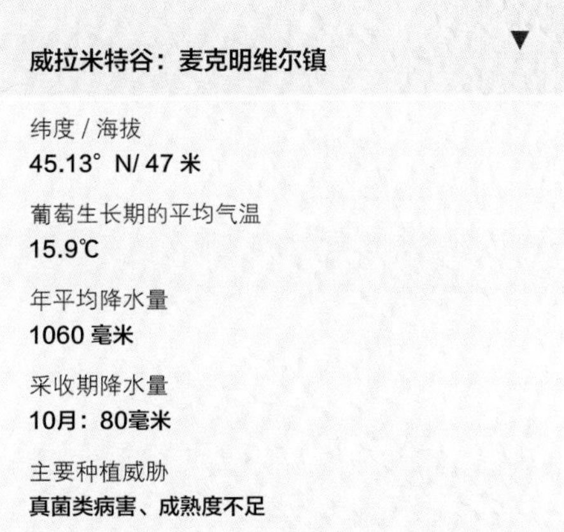

威拉米特谷：麦克明维尔镇

纬度 / 海拔
45.13° N/ 47 米

葡萄生长期的平均气温
15.9℃

年平均降水量
1060 毫米

采收期降水量
10月：80毫米

主要种植威胁
真菌类病害、成熟度不足

华盛顿州 Washington

延绵起伏的群山、半沙漠环境的华盛顿州东部是该州大部分葡萄种植区的所在地，虽然表面上看起来不像，但这里确实是越来越重要和备受嘉奖的葡萄酒之乡。

风土 葡萄园主要在起伏的群山上，有着排水性很好的沙土。华盛顿州葡萄酒乡与俄勒冈州一样，保存了很多沉积土，最远可至蒙大拿州，这样的地质属性是由末代冰河时期的密苏拉洪水（Missoula Floods）造就的。

气候 较短的生长季中几乎没有雨水，每天最多受到17小时的可靠日照，但冬季天寒地冻。

主要葡萄品种 红：赤霞珠、梅洛、西拉；白：霞多丽、雷司令、灰皮诺、长相思。

大多数到华盛顿州东部的访客都是从西雅图市前来的，西雅图市周边仍然聚集着该州的许多酒庄（也是每年秋天该州大多数葡萄被运来酿造的地区）。华盛顿州的葡萄酒旅游者驾车穿过潮湿的道格拉斯冷杉和北美黄松森林，越过巨大的喀斯喀特山脉，接着就抵达了亚基马谷（Yakima Valley）肥沃的农田和起伏的、被麦田环绕着的沃拉沃拉，点缀着葡萄藤的绿洲周围种植着苹果、樱桃、啤酒花以及用于制作葡萄汁和葡萄果冻的康科德葡萄。大陆性气候极其适合优质酿酒葡萄的成熟，这里有着波尔多和勃艮第之间的纬度，还有一个非常重要的附带条件——拥有来自河川、蓄水池或更昂贵的井水等灌溉水源。华盛顿州早期的酿酒葡萄种植从20世纪70年代开始，全部位于特定的区域，紧挨哥伦比亚、亚基马和蛇河地区。

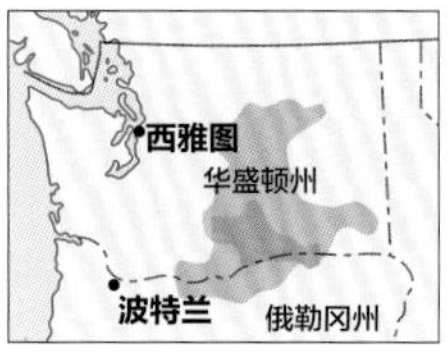

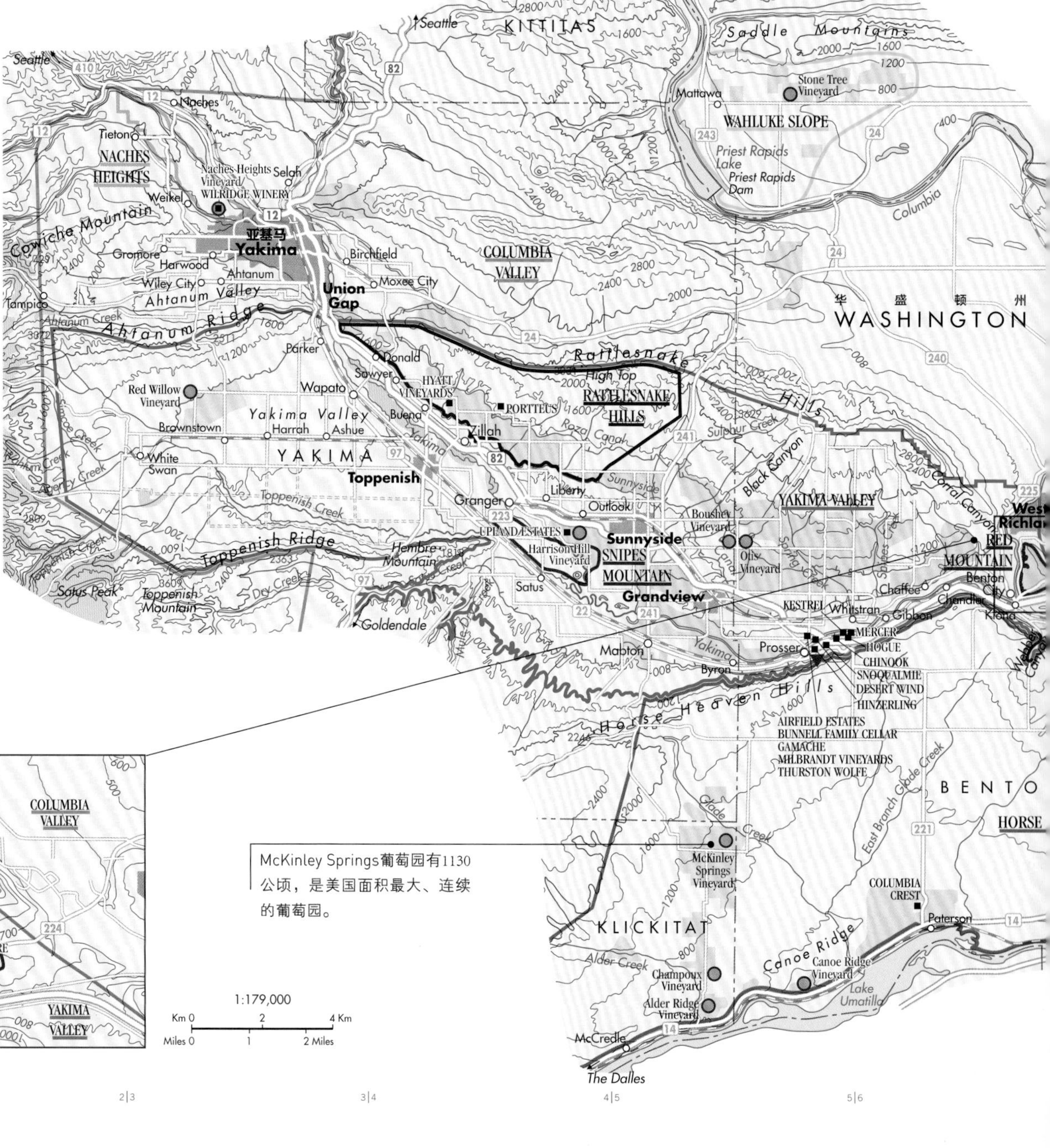

西雅图
华盛顿州
波特兰
俄勒冈州

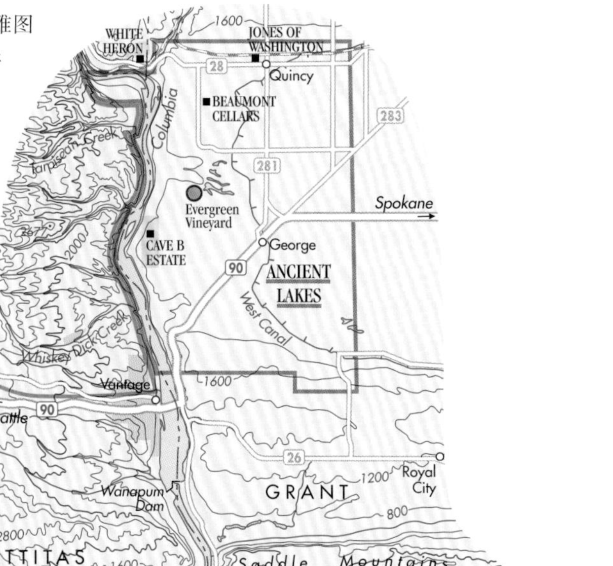

州界
县界
NACHES HEIGHTS AVA
■ KESTREL 知名酒庄
Red Willow Vineyard 知名葡萄园
葡萄园
森林
2000 等高线间距约122米
300 此区放大图见所示页面
▼ 气象站（WS）

McKinley Springs葡萄园有1130公顷，是美国面积最大、连续的葡萄园。

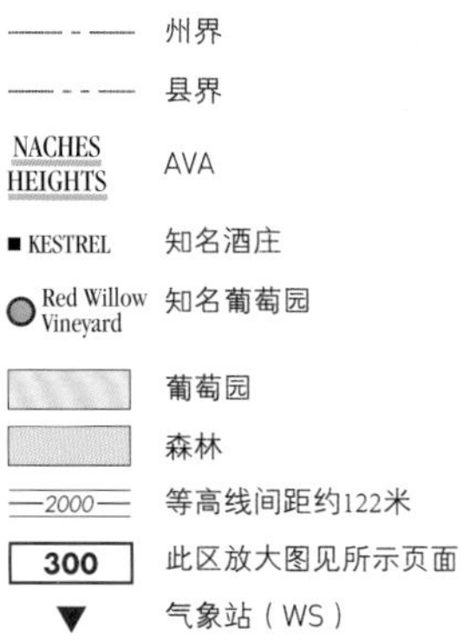

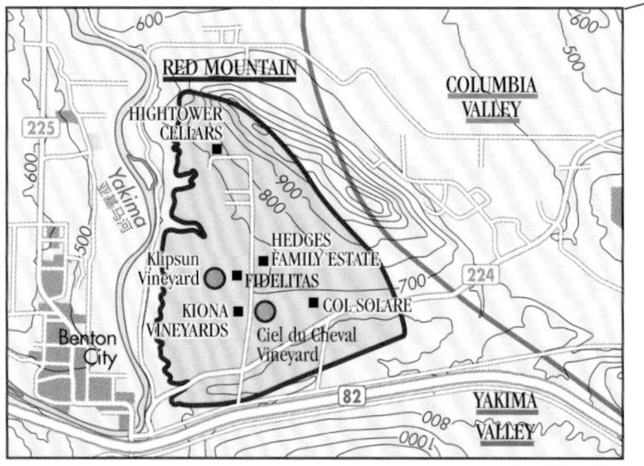

1:179,000
Km 0 2 4 Km
Miles 0 1 2 Miles

这片低成本的农业用地（例如，这里的农业用地要比加州的便宜太多）和发达的滴灌系统，再加上引水至全州各个角落的能力，使得欧洲种酿酒葡萄的种植面积飞速扩增，于 2017 年超过了 22 260 公顷，造就了这个有着全新面貌的葡萄酒产区。长久以来，华盛顿州是美国的第二大葡萄种植州，如今，其欧洲种葡萄酒的产量已达加州巨大产量的 10% 以上。

干燥的夏季和秋季可让病害问题的影响降到最低。沙漠炎热的白天和寒冷的夜晚则赋予了葡萄酒漂亮的颜色和特别鲜明的风味。这里的冬天也许会寒冷干燥，但至少可以阻挡根瘤蚜虫病从海湾地区蔓延过来（这里几乎所有的葡萄藤都没有嫁接砧木，而是直接长在自己的根上），排水迅速、相对统一的沙质土壤同样起到了抵御作用。但是有些年的冬季太冷，会让葡萄藤地上的部分冻死，所以保险起见，许多酒农会将结果的枝条埋在一层表土之下。

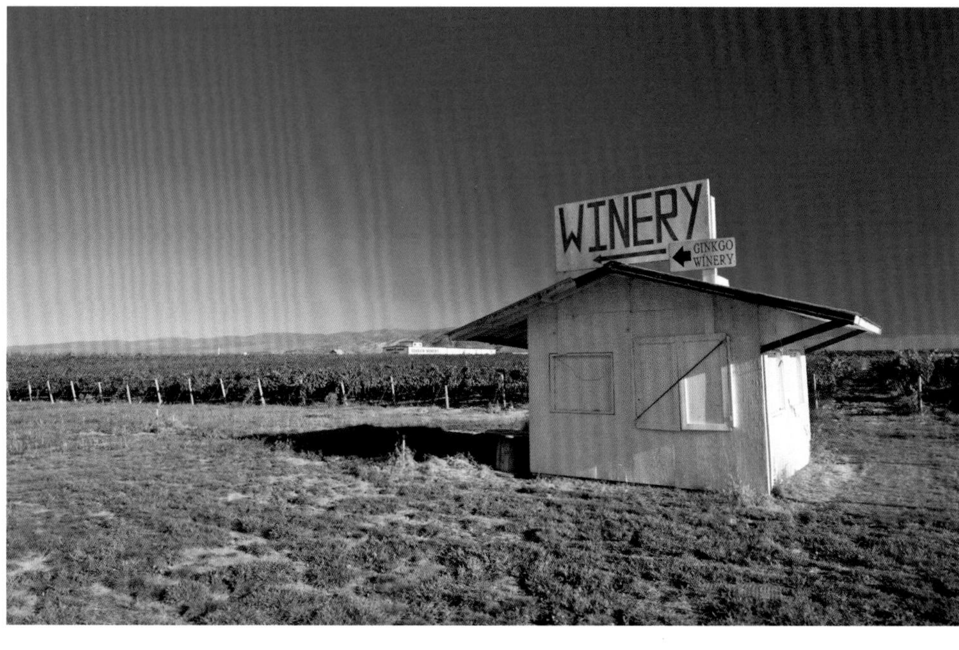

△
这是位于瓦鲁克斜坡产区（AVA）Ginkgo酒庄的“问询处”，你可以在此图中较容易地看到华盛顿州葡萄酒乡的地广人稀以及阳光明媚的夏天。

混酿的趋势

一开始，这里的葡萄种植和葡萄酒酿造之间的分界远比美洲多数地区明显，但这样的情况也在逐渐转变。比如这里处于主导地位的葡萄酒公司，旗下拥有 Chateau Ste. Michelle、Columbia Crest、Snoqualmie 以及许多其他品牌，其目前所需要的葡萄总量中有近三分之二是由酒庄自己种植或管控。

截至 2018 年，华盛顿州有 940 多家小型酒庄，数量是葡萄种植者的三倍，所以大多数酒庄购买葡萄，再用货车将其运往喀斯喀特山脉的西边去酿造。酒庄往往会从多位种植者处购买葡萄，并充分混调，这导致酒庄很少注明种植葡萄的特定地区。但是事态变化迅速，小型精品酒庄越来越注重葡萄的种植，至少它们会寻求品质上乘的葡萄来酿酒。但华盛顿酿酒商自己种植葡萄的现象仍然很少见（和传统的俄勒冈州果农型模式形成对比）。

这些原因，以及为了让葡萄酒可以有更多混酿的选择，酒厂会使用范围巨大的**哥伦比亚谷** AVA（涵盖了华盛顿东部更小的 AVA，见本页地图）或更有弹性的“华盛顿州”标志，这些标志使用得比特定小产区的标志更广泛——尽管来自单一葡萄园的葡萄酒明显增多，特别是那些来自沃拉沃拉谷的。

哥伦比亚谷

哥伦比亚谷中的AVA在迅速向北扩增——参见对页的Ancient Lakes和第295页地图显示的奇兰湖。地图左下角详细描绘的红山（Red Mountain）产区实际上是在里奇兰市（Richland）。

华盛顿州：普罗瑟镇（PROSSER）▼

纬度 / 海拔
46.2°N/ 253米

葡萄生长期的平均气温
17.8℃

年平均降水量
227毫米

采收期降水量
10月：19 毫米

主要种植威胁
冬季冻害

1:710,000

沃拉沃拉谷

沃拉沃拉谷拥有大量华盛顿州著名的酒庄，但它们酿酒所用的葡萄有相当一部分生长在边境另一边的俄勒冈州。沃拉沃拉谷AVA横跨州界。

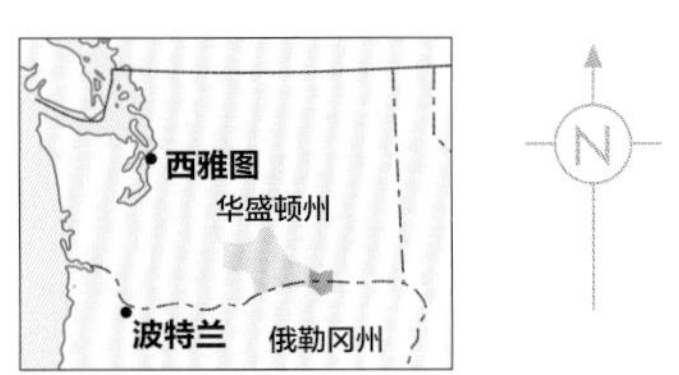

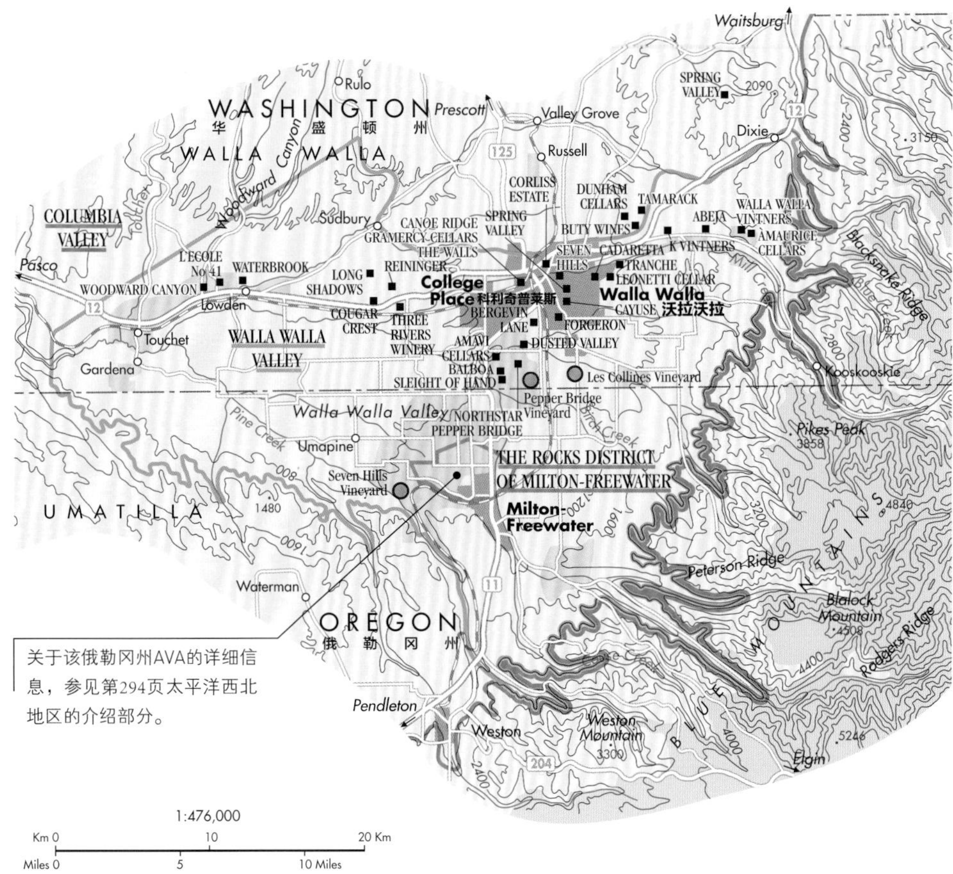

关于该俄勒冈州AVA的详细信息，参见第294页太平洋西北地区的介绍部分。

亚基马谷是华盛顿最早的葡萄酒法定产区，东面与哥伦比亚相接的山谷被亚基马河切开，那里肥沃的农田和牧场遥望着被雪覆盖的亚当山（Mount Adams）。西拉在该产区彰显其潜力，该品种为华盛顿州已有的传统葡萄品种锦上添花，是一个可口且充满果味的葡萄品种。在山谷西北方的红柳（Red Willow）葡萄园是最早栽培西拉品种的葡萄园之一，如今该品种在全华盛顿州广泛种植。亚基马谷中的响尾蛇山（**Rattlesnake Hills**）产区主要出产与波尔多风格相似的红葡萄酒。位于南方的一片山区，即 **Snipes Mountain** 有一些州内最古老的葡萄树，此地是另一个新晋的小型 AVA 产区。普罗瑟镇在亚基马谷的极东南地区，这里是崭新的 Walter Clore and Culinary Center 酒庄兼烹饪学校的所在，是葡萄酒产业的一处焦点。

亚基马谷和哥伦比亚河之间的 **Horse Heaven Hills** 拥有一些州内最大和最重要的葡萄园。在河边峭壁上的广阔葡萄园，以及聚集在 Champoux 庄园周围的葡萄园都特别值得留意。

亚基马谷北部和东部是州内最温暖的一些地区，包括著名的克鲁克斜坡（Wahluke Slope），它沿着萨德尔山（Saddle Mountains）往下到哥伦比亚河，向南倾斜的葡萄藤能接受夏天的日照，并且斜坡能使冬季的冷空气下沉流走。梅洛和西拉在此被广泛种植，而面积小并且水源有限的红山 AVA 产区以柔顺、能长久陈年的赤霞珠酒而赢得良好声誉。亚基马市西北部的产区 **Naches Heights AVA** 拥有特色土壤，从种植量有限的葡萄树上出产口味独特的葡萄酒，证明了此地的潜力。

在内陆深处的沃拉沃拉谷，夏季温暖甚至十分炎热，冬天阳光虽然充足但是可能出现颇具危险性的低温，而充满书卷气息的沃拉沃拉大学城周围的山坡上会有降水，从而能实现旱地耕作葡萄园。沃拉沃拉仍然是州内许多最受追捧的红葡萄酒的酿造或栽培之地。这个产区在 20 世纪 80 年代早期由 Leonetti 和 Woodward Canyon 酒庄所开发，逐渐向南部延伸至俄勒冈州的蓝山山脉北翼，产区包括在最初的赛温山葡萄园（Seven Hills Vineyard）周围种植的成百英亩葡萄树。

正确的发展方向

华盛顿州的葡萄酒业发展极为迅速，这意味着许多的葡萄藤都很年轻。它们被种植在年轻、轻质的土壤上，往往是单一的品系。在早期，大多数葡萄由果农们种植并且产量也由他们决定，而不是由酿酒师。如今州内精品葡萄酒商按面积购买葡萄，而不是按照分量，并且他们会与种植者们共同协作管理自己的葡萄园。这里虽产量下降但质量上升，最好的葡萄酒都有着深邃的颜色、爽口的酸度，以及鲜活、明快的风味，这些都是华盛顿州典型的葡萄酒的特色，同时也有着惹人喜爱的丰富、柔和的果味。

在这个大陆性气候中的特定区域，赤霞珠能够完全成熟，而梅洛在此处比在加州更有个性，尽管它会受到冬季冻害的影响。品丽珠亦有它的拥护者，并不仅仅因为它耐寒。小维多、马尔白克、慕合怀特、丹魄以及桑娇维塞都在此被成功种植，产量虽小但大多用于混酿。甚至还有小规模种植的黑皮诺。

起初雷司令被广泛种植，但它逐渐不受青睐，而新的雷司令风潮源自不同于霞多丽的清爽、芳香的风格。Ste. Michelle 葡萄庄园是如今世界上第一大雷司令生产商，并且与德国贝卡斯特村的路森创办了合资品牌 Eroica。

Ancient Lakes（位于瓦鲁克坡的北部）长久以来一直种植着州内的许多最精细的芳香型白葡萄品种——灰皮诺、琼瑶浆和雷司令。该地区拥有 AVA 的地位，有许多稳固的葡萄园和极少量的酒庄。这里的长相思令人振奋；赛美蓉品种很少有机会展示其潜力，但例如 L'Ecole No 41 等酒庄的酒款证明了该品种可以光芒四射。

华盛顿州葡萄园的典型特征是工整、规模大，并且靠近水域。不得不佩服最初在这里种植葡萄的先辈们。

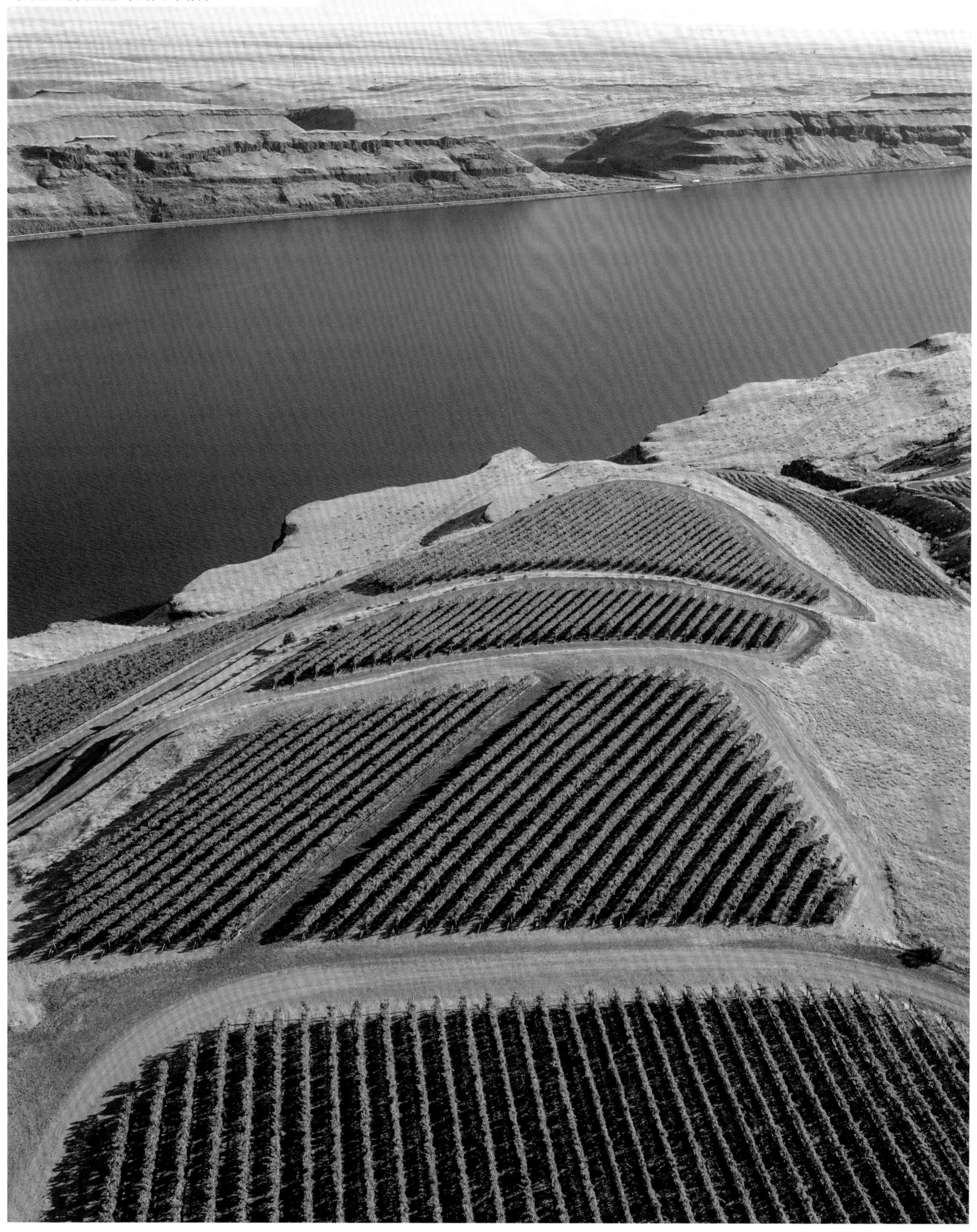

加利福尼亚州 California

美国有超过80%的葡萄酒产于加州，比欧洲以外任何国家的葡萄酒产量都要大。太平洋是最主要的影响因素。加州葡萄酒在地理要素上给人带来一连串的惊喜，而且比外界认为的要丰富得多。葡萄园的潜力几乎与其所在的纬度位置无关，而是取决于葡萄园与太平洋之间的位置。葡萄园与太平洋之间的山脉越多，海洋气团（通常是雾气）到达葡萄园缓和气候的可能性就越小。

由于此处太平洋沿岸的海水非常寒冷，以至整个夏天，沿岸一带都会形成持续不断的雾带。每当内陆温度到达32℃时，上升的热空气就会将雾气吸引至内陆填补空间。旧金山的金门大桥恰好矗立在这条著名的雾气通道上，但沿着海岸不管是往上还是往下，只要海岸山脉的海拔高度低于约460米，来自太平洋的冷风就会流灌进来而降低内陆地区的气温。一些通向海底的谷地，特别在圣巴巴拉县，就像是漏斗通道一样让来自海洋的空气得以入侵内陆至远达120千米的地方。

从太平洋越过旧金山湾被吸往内陆的冷风威力非常强大，即便是在距离海岸近240千米的谢拉山麓（Sierra Foothills），气候也会受到影响。多雾的旧金山湾就像是加州北部的空调设施，因此距离海湾越近的葡萄园，气候就越冷，比如位于纳帕和索诺马南部边缘地带的卡内罗斯（Carneros）地区。至于内陆的纳帕谷，因西部山脉这个几乎完整的屏障而不受太平洋影响，因此最寒冷的葡萄园，要属那些环绕纳帕镇、处于最南端的葡萄园。来自太平洋的冷气穿过索诺马东部的骑士谷（Knight's Valley）到达纳帕最北端的区域，使该地区不那么炎热。而最热地区之"桂冠"属于圣海伦娜，位于纳帕谷从北往南的三分之二处，是反映加州复杂地形的典范。

中央山谷（或San Joaquin山谷）这处让农业仍然是加州重要经济来源的平坦农地（也是加州四分之三的酿酒葡萄的产地），因地处内陆而难以直接受到太平洋的影响。这个全世界阳光最充足的葡萄酒产区之一，比本书提到的几乎任何地方都更热更干。灌溉，这一日益昂贵且具争议的手段，在此地必不可少。只仰赖天然降水的旱地耕作对任何地方有志向的酒农来说都是梦寐以求的，但在加州的大部分地区，这个梦想遥不可及。只有北海岸的部分地区具有足够的雨水和可用水源，可以容许无灌溉的种植方式。

关键因素列表显示，加州的夏季远比多数欧洲的葡萄酒产区干燥。年度总降水量虽然不是特别少，但往往集中在年初那几个月，整个夏季都必须贮水进行灌溉。在加州9月典型的温暖气候中，反常的降水可能带来浩劫。秋天的降水相当罕见，使酒农可以延长葡萄的"挂果时间"，几乎到了想多晚采收就可以多晚采收的地步，或者是应购买葡萄的酒厂要求采收。这只是加州葡萄酒特别浓醇的重要原因之一。

加州最重要的120多个AVA都标示在后页和接下来几页的地图中。其中有些葡萄种植区实在太小，甚至只能供应一家酒厂，但也有像北海岸产区（North Coast AVA）这种涵盖莱克（Lake）、门多西诺（Mendocino）、纳帕及索诺马等县的大产区。

不仅仅是品牌

有一些优秀的酿酒师忽略AVA的存在，只问葡萄品质而不问其来源，但也有些酿酒师偏好精确到特定的葡萄园。目前被用在酒标上的单一葡萄园名称已经有好几百个——这正是加州葡萄酒从只注重葡萄品种和品牌到朝向另一个阶段发展的有力证据。地理位置很明确地成为重要的一环，但仍有许多生产者依旧将酿酒外包给合作社，自己仅拥有酒的品牌和储存在合作社的橡木桶。

加州一直推崇时尚。在这个地理面积大约只有法国一半的地方，酒评家、评分和公众即时的评论使得生产者和消费者之间的互动远比我们想象的更为一致。目前在葡萄园流行的趋势包括：葡萄品种与特定区域的更好搭配，使用更多的无性繁殖品系进行更高密度的葡萄种植，让枝叶空间更可控、更开阔，实施更精准的灌溉等，最重要的是，在当今这个世纪，相对于过度成熟的葡萄酒风格，人们更加欣赏清爽风格。

加利福尼亚州及太平洋西北地区的气候区

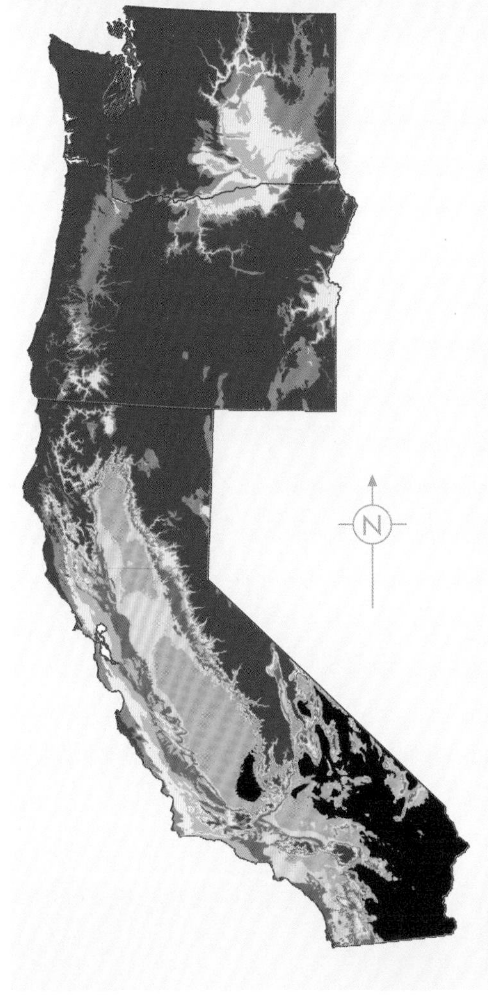

对于葡萄种植来说，最有名的气候分类体系是由加利福尼亚大学戴维斯分校（UC Davis，是加利福尼亚大学的农业校区）的两位教授阿默林（Amerine）和温克勒（Winkler）发明的，建立于20世纪40年代的数据基础之上。葡萄酒产区依照"生长度日"（growing degree days）分类，其测量方式（北半球）是从4月1日至10月31日这段时间，计算气温超过10℃时的累积热量。这个分类广泛地定义了葡萄品种的适宜性（从凉爽的到炎热的生长区）和酒的风格（从轻盈到饱满的酒，以及加强酒）。比如，根据这个温克勒气候分类系统，在"IA"地区，只有非常早熟的葡萄品种和大多数杂交的葡萄才能酿出高品质、酒体轻盈的餐酒。"Ⅲ"区适合生产高品质、酒体饱满的葡萄酒，而"V"区则为典型的适合大批量酒、加强型葡萄酒和鲜食葡萄生产的区域。自从该分类体系被创建以来，平均气温上升了许多，所以每个葡萄酒产区的生长度日指数可能增加了200—500，这影响着最合适的酿酒地区，科学家通过研究试图更好地了解这些变化。气候学家格雷戈里·琼斯博士也采用了温克勒指数，应用于加州以外的葡萄种植区条件，比如太平洋西北地区的数据在此列出。

加州主要葡萄酒产区

在地域辽阔的加州，北海岸是占地相当大的一部分，但是还有一个面积更大的区域（从旧金山往南直到圣巴巴拉）被称为中部海岸（Central Coast），这里种植了越来越多的高价值农作物（大麻除外）：葡萄。

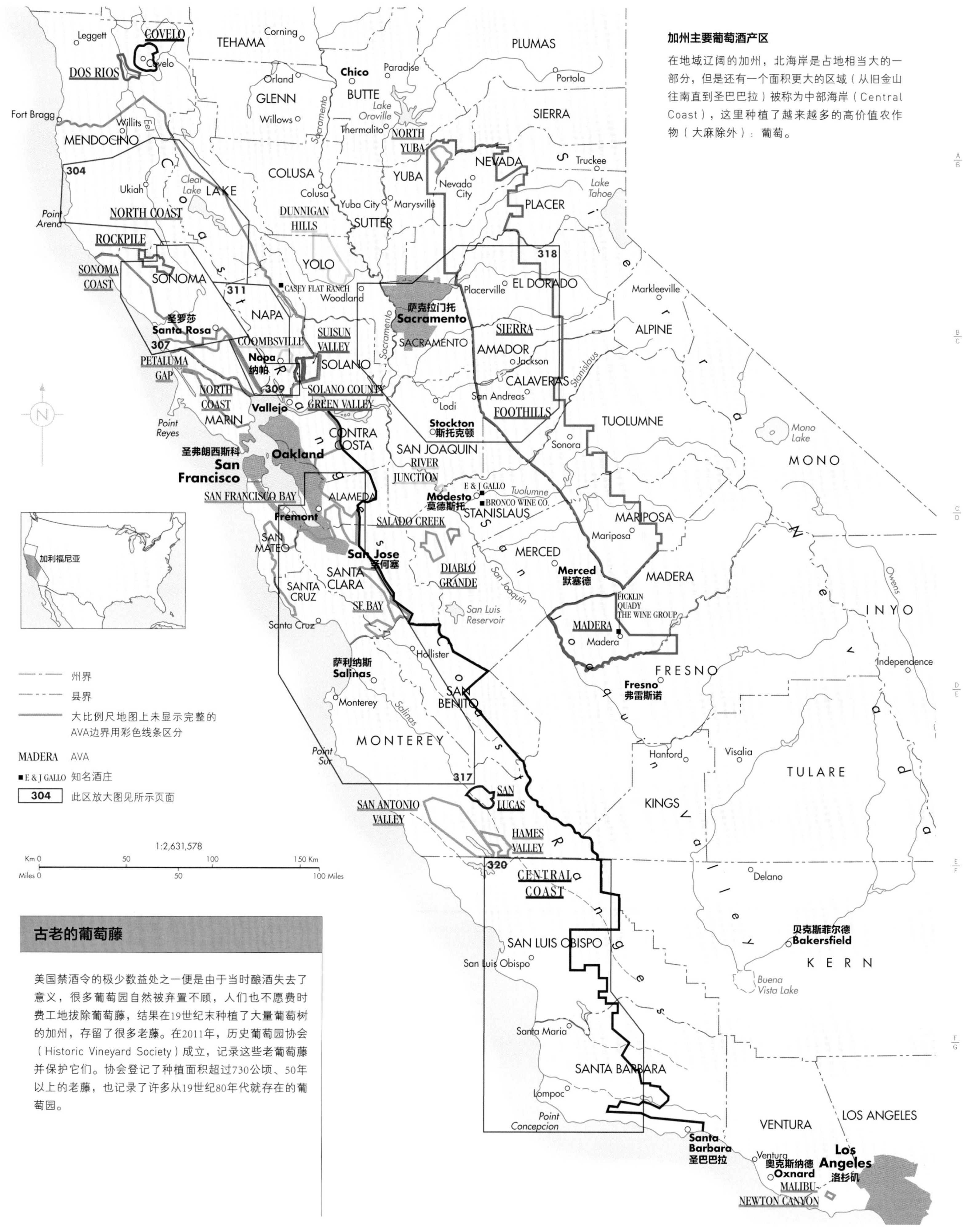

古老的葡萄藤

美国禁酒令的极少数益处之一便是由于当时酿酒失去了意义，很多葡萄园自然被弃置不顾，人们也不愿费时费工地拔除葡萄藤，结果在19世纪末种植了大量葡萄树的加州，存留了很多老藤。在2011年，历史葡萄园协会（Historic Vineyard Society）成立，记录这些老葡萄藤并保护它们。协会登记了种植面积超过730公顷、50年以上的老藤，也记录了许多从19世纪80年代就存在的葡萄园。

门多西诺与莱克县 Mendocino and Lake

门多西诺县是葡萄树在加州最北的前哨站，最著名的葡萄酒产区是安德森谷（Anderson Valley）。在这里，海洋的雾气可以轻易穿梭于沿岸山丘之间，形成厚重而低矮的云雾。

纳瓦罗河（Navarro River）流经带有树脂香味的红木林，沿山谷奔流而下。很久之前一些隐居于此的意大利家族发现，金芬黛葡萄可以在此地高过雾线的山丘上达到绝佳的成熟度，但在**安德森谷**的大部分地区，成熟季节十分寒冷，特别是在法洛镇（Philo）以下的下游地带。随着纳瓦罗地区葡萄园品质的持续提升，雷司令和琼瑶浆已经完美地融入当地气候。自1982年起，香槟酒厂Roederer证明了安德森谷能够出产葡萄来酿造精品起泡酒，同时，像Drew和Handley这样的众多小型酒庄开始生产很不错的黑皮诺红酒，也包括位于法洛镇、由达克霍恩（Duckhorn）所拥有的Goldeneye酒庄。

产自东南部**约克维尔高地**（Yorkville Highlands）的葡萄酒，拥有绝佳的天然酸度，然而门多西诺地区种植的大多数葡萄还是集中在气候更温暖干燥的地区，正好处于克洛弗代尔市（Cloverdale）北部那些沿海岸的山脉后面高达900米的高地，以及与索诺马县的交界处，不会接触到来自太平洋的雾气。雾气到达不了的尤凯亚市（Ukiah）以及同样少雾的**红木山谷**（Redwood Valley）出产酒体厚实、柔顺的葡萄酒（酿酒葡萄产自深厚的冲积土），以赤霞珠、小西拉或产自尤凯亚市、带有香料风味的老藤金芬黛酿造。气候明显更凉爽的**波特谷**（Potter Valley）适合芳香型葡萄品种，还能酿出相当细致的贵腐甜酒。

Parducci是门多西诺最古老的酒庄，现在被Thornhill家族所拥有。该酒庄创建于1932年，可见创建者当时的远见，因为那时还处于禁酒期。1968年就在此扎根的费策尔（Fetzer）酒庄，名副其实地成为可靠的葡萄酒产地，在适合有机农业的加州，该酒庄在早期就明确、自信地倡导有机葡萄酒的生产。这里的酒农们开始在霍普兰德镇（Hopland）外围试验种植柯蒂斯和内比奥罗这样的意大利品种。

东部的**莱克县**和距离其南边64千米的纳帕谷北端一样温暖，以果味丰富的赤霞珠、金芬黛以及令人惊喜的、在价格方面极具吸引力的长相思酒而广受好评。这里种植了4000公顷的葡萄树，但是只有40家酒庄，Brassfield、Hawk & Horse、Obsidian Ridge、Steele和Wildhurst是其中最成功的酒庄。大部分灌装好的酒瓶上没有标示清湖产区（Clear Lake，当地的AVA）的名称，而是标为纳帕或更远的AVA名称，从而降低成本和增加销量（加州葡萄酒中15%的成分可以来自酒标注明的产区以外的地区）。

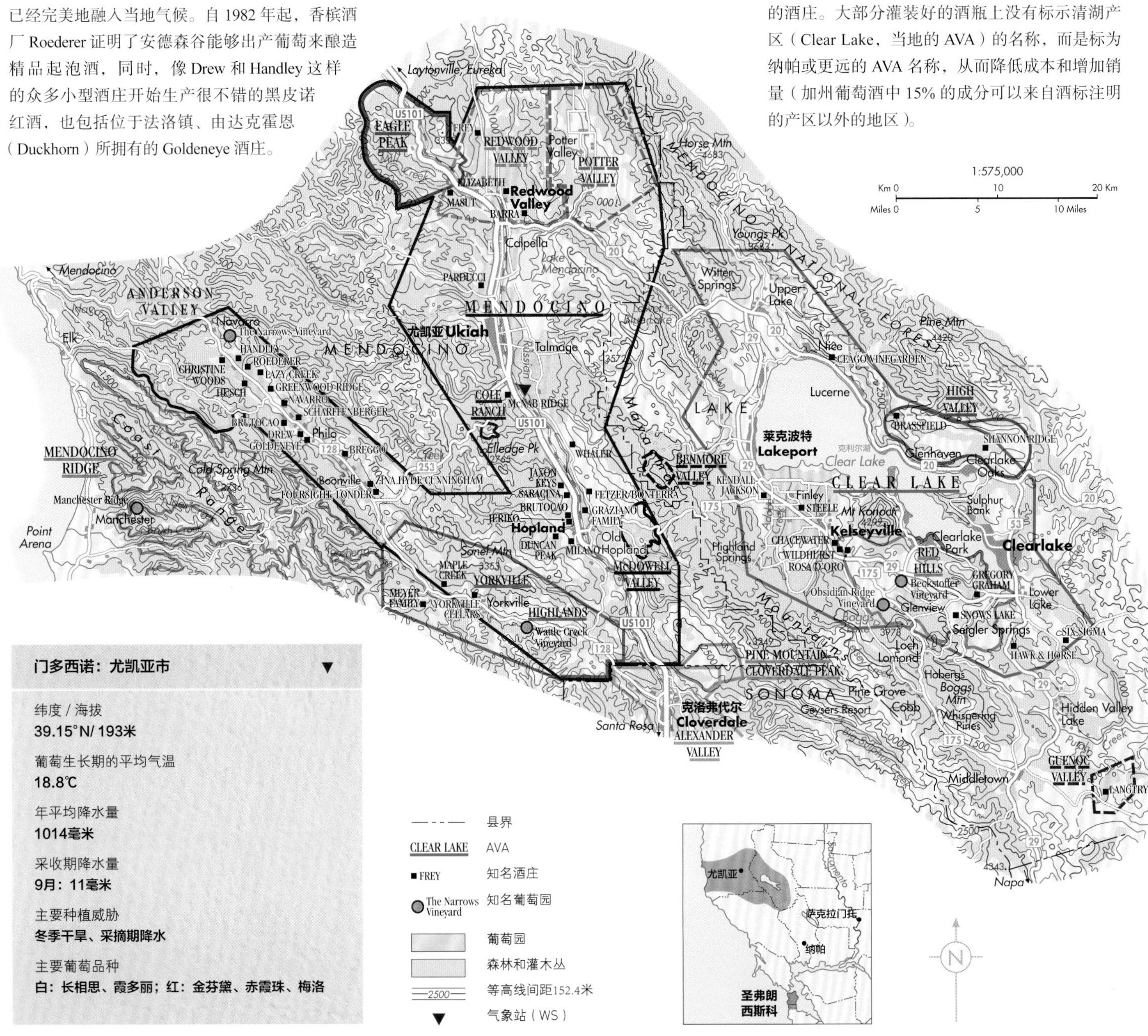

县界
CLEAR LAKE AVA
■ FREY 知名酒庄
The Narrows Vineyard 知名葡萄园
葡萄园
森林和灌木丛
2500 等高线间距152.4米
▼ 气象站（WS）

门多西诺：尤凯亚市 ▼

纬度 / 海拔
39.15°N/193米

葡萄生长期的平均气温
18.8℃

年平均降水量
1014毫米

采收期降水量
9月：11毫米

主要种植威胁
冬季干旱、采摘期降水

主要葡萄品种
白：长相思、霞多丽；红：金芬黛、赤霞珠、梅洛

◁
索诺马海岸产区（Sonoma Coast VAV）的Hirsch Vineyards酒庄在采收黑皮诺葡萄，从背景中可见来自太平洋的缓缓流动的海雾。在20世纪80年代，该酒庄种植了第一批葡萄，如此地理位置在当时来看应该是挺有风险的。

索诺马北部和索诺马海岸
Northern Sonoma and Sonoma Coast

在更多元的环境下，索诺马县种植的葡萄远比纳帕县的多，在更凉爽的区域，索诺马具有更大的潜力，特别是在靠近海岸的地区。索诺马同时也是加州顶级酒的发源处，但早在19世纪，甚至到20世纪末期，在加州葡萄酒的复兴过程中，索诺马却总是被纳帕扮演的关键角色所压制。

风土　西靠海岸山脉，东靠玛雅卡玛斯（Mayacamas）山脉，其中尽是绵延起伏的山丘，葡萄园的海拔从海平面至850米都有，涵盖了极为多样的土壤和朝向。

气候　既有俄罗斯河谷（Russian River Valley）和佩塔卢马峡口（Petaluma Gap）那样凉爽、海洋性气候的西部地区，又有干河谷（Dry Creek）和亚历山大谷（Alexander Valley）那样炎热的内陆区域。

主要葡萄品种　白：霞多丽、长相思；红：黑皮诺、赤霞珠、金芬黛、梅洛。

和加州其他地区一样，这里的气候取决于太平洋的海风、雾气和云量的影响。对页地图所描绘的地区以南，在海岸山脉有一处被称作佩塔卢马峡口的宽阔下陷。多亏这个开口，南部的葡萄园（在主地图之外）才成为最凉爽之处——在上午11点之前和下午4点之后这里经常被云雾笼罩。

例如，**俄罗斯河谷**是索诺马最凉爽的AVA之一。产区的边界在2005年已经往南延伸，涵盖所有位于塞瓦斯托波镇（Sebastopol）以南、**佩塔卢马峡口**AVA以北的葡萄园，位于雾区内（在2011年，俄罗斯河谷AVA再次扩大，在嘉露（Gallo）酒庄的要求下，延伸并涵盖了东南角一大片的Two Rock Vineyard葡萄园）。塞瓦斯托波尔山（Sebastopol Hills）区域，有时也被叫作南塞瓦斯托波尔，正处于雾气盘旋流经佩塔卢马峡口的通道上（虽然塞瓦斯托波尔山像佩塔卢马峡口那样位于最直接受海风影响的区域）。即便如此，佩塔卢马峡口和俄罗斯河谷最寒冷的角落，特别是在**绿谷**（Green Valley）子产区，想要成熟并能获得一定经济效益的葡萄可能会非常困难，而这里主要的酒庄是Marimar Estate、Iron Horse和（总部在纳帕谷的）Joseph Phelps的Freestone酒厂，它们酿出的葡萄酒却活力四射。塞瓦斯托波尔山和绿谷产区都位于叫作Goldridge的沙质土壤上，而在绿谷产区东侧的潟湖山岭（Laguna Ridge）区域，则拥有含沙量最高、排水最迅速的土壤。

离佩塔卢马峡口越远，俄罗斯河谷的温度越高。Williams Selyem、Rochioli及Gary Farrell等一些早期就注意到这块独具风格的地区的酒庄，都选择聚集在俄罗斯河河岸土质比较黏密紧实的西岸路（Westside Road）一带，享有比许多新晋酒庄更温暖的气候。一直到20世纪90年代，葡萄才取代苹果，成为这条蜿蜒河谷上主要的经济作物。

霞多丽葡萄是俄罗斯河谷成名最早的品种，但是这里黑皮诺的浓厚口感和红色浆果的风味让该产区备受瞩目。多亏了本地经常云雾缭绕，这里出产的酒通常都保持着鲜明、清爽的高酸度——除非8月和9月的热浪使得葡萄成熟过快。地势最低、有时易遭受霜害的葡萄园通常气温最低，因为云雾聚集在这些地方的时间通常最长。像Martinelli的Jackass Hill和Dutton的Morelli Lane这样一些位于雾线之上的葡萄园，长久以来一直都生产优质的金芬黛，这些金芬黛葡萄源于当初淘金热后居住在此的意大利移民所种植的老藤。至于在更高海拔的葡萄园，西拉葡萄的表现也不俗。俄罗斯河谷内陆地区一些最精致细腻的葡萄来自朝东的葡萄园，因为在这里葡萄脱水、干化的概率很低；反之，朝南的葡萄园能帮助最凉爽的地区提高葡萄的成熟度。

东北方的**白垩山**（Chalk Hill）产区位于希尔兹堡（Healdsburg）的东南，有自己的AVA，该产区被包含在俄罗斯河谷内有些奇怪，因为这里温暖得多，具有火山岩土壤。这里最有名的酒庄也叫作白垩山。该产区目前最重要的品种是黑皮诺，虽然随着气候变暖，正在改种赤霞珠和梅洛。希尔兹堡附近的俄罗斯河北部一带，同样属于俄罗斯河谷AVA，由于受雾气冷却的影响较小，该地的气候同样也很难直观地用气象学来解释。

凉爽的海岸地带

在俄罗斯河谷和海洋之间，有一些令人惊艳的酒庄，处于**索诺马海岸**产区最寒冷的地带。索诺马海岸产区范围庞大到近乎荒谬，从门多西诺往南至圣巴勃罗湾（San Pablo Bay），总面积接近50万英亩。目前在这个产区中迫切需要建立地理上更细分的AVA。

第一个获得批准的，是在2012年成立的**罗斯堡-海景产区**（Fort Ross-Seaview AVA），包含了海岸山脉最高海拔的区域，远高于雾线。因为这里的海拔和与海洋的距离，白天的温度变化很大，高至37.8℃，低至沿海雾气造成的丝丝凉意。黑皮诺是罗斯堡-海景主要栽培的葡萄品种，但是种植量有限的西拉品种也展示出了真正的潜力。而位于该产区东部较温暖的地区能出产品质绝佳（如果葡萄相当新鲜）的赤霞珠。由于圣安德烈亚斯断层（San Andreas Fault）正好从这个产区的中间贯穿，这里的土壤非常多样，从俄罗斯河谷的沙质Goldridge土壤到沉积土、火山岩和变质岩都有。丰富的土壤、不同的海拔、来自海洋的地质形态和各个朝向，这么多元的因素意味着只要认真探寻，你可以找到一片适合许多品种的葡萄园。

俄罗斯河谷北部

在俄罗斯河谷北部的一些AVA，葡萄种植密度更高，当然气候也更为温暖，即便是在白垩山，**干河谷**产区的河谷地带的气温也比山坡低。这些地区有时还相当潮湿，特别是在南端——可以比较希尔兹堡及附近的索诺马镇的年降水量（见第309页）。在俄罗斯河谷，这样的环境促使19世纪的意大利移民选择将容易腐烂的金芬黛种植在雾线之上，并且不进行灌溉。干河谷地区也成了能让需要细心呵护的金芬黛有着优异表现的产地。在这些加州北部的谷地中，东侧谷地因为落日的余晖而拥有更长的高温期，因此所生产的葡萄酒通常也比西侧谷地更浓郁厚实。在具有坚实河阶地的干河谷，最佳的葡萄园位于排水特别好的干河谷砾岩上，其土壤由砾石和红色黏土组成。金芬黛和赤霞珠在此都能生长得很好，至于谷底则留给了白葡萄品种，特别是长相思。干河葡萄园（Dry Creek Vineyards）早在1972年就开始闪耀光芒，而后起之秀的Quivira酒庄，则在很早以前就采用生物动力种植法，在谷底的葡萄园酿出优质的长相思酒，也在山坡上的葡萄园产出优雅的金芬黛酒。罗讷河谷品种也进驻本区，带头的是Preston Vineyards酒庄。此外，在本区的山坡地带还有一些有趣的赤霞珠酒，特别是A. Rafanelli酒庄所出产的尤为突出。

在希尔兹堡北边的**亚历山大谷**产区更宽广开阔，一些低矮山丘屏蔽了海洋的影响，所以这里更加温暖。种在冲积土壤上的赤霞珠，总是能持续成熟到散发出几乎像巧克力般浓郁的风味，比较靠近河岸的低地则能酿出一些可口的、较浓郁的长相思和霞多丽酒。甚至还有一些老藤金芬黛——包括Ridge酒庄有名的、古老且品种多样的Geyserville葡萄园。

Stonestreet公司的Alexander Mountain Estate酒庄，生产了一些加州最著名的霞多丽，葡萄园区位于海拔140米以下的河谷地带，却罕见地拥有较凉爽的气候。而在高海拔处，山区中的赤霞珠能出产凸显凉爽气候特性的酒。在加州，本土知识是一切的关键，加州风土的复杂性和特殊性往往令外来者感到困惑。

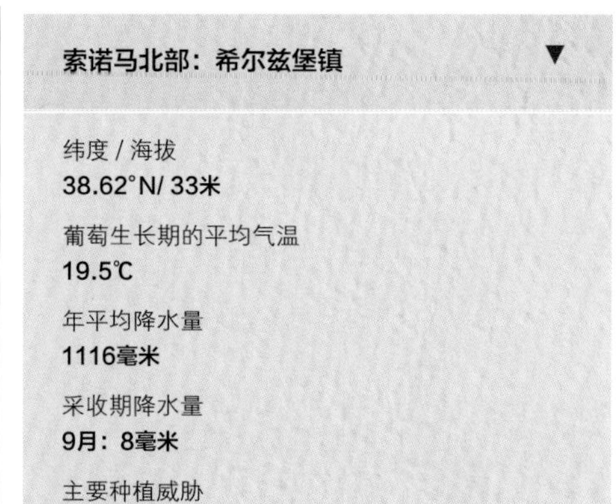
索诺马北部：希尔兹堡镇 ▼

纬度 / 海拔
38.62°N/ 33米

葡萄生长期的平均气温
19.5℃

年平均降水量
1116毫米

采收期降水量
9月：8毫米

主要种植威胁
秋季降水

骑士谷在亚历山大谷的东南面，几乎可以算是纳帕谷北部的延伸，气候比干河谷温暖，但比亚历山大谷凉爽（因为地势更高）。彼得·迈克尔（Peter Michael）酒庄是以他的英国主人来命名的，其葡萄园位于海拔600米及450米处的火山岩土壤上，分别栽种精品的霞多丽和赤霞珠。西拉在这里也旺盛生长。

随风而定

2017年，佩塔卢马峡口有了自己的AVA，在地图上以橘黄色轮廓勾出，这是第一个以海风及其影响而被界定的产区。整个产区在下午接受海风的吹袭，风速一般能达13千米/小时，甚至更剧烈，这延缓了生长季葡萄的生产。于是通常的结果是葡萄粒较小，以及葡萄酒具有鲜明的高酸度和酚类物，包括高单宁。受欢迎的黑皮诺是这里主要种植的品种，西拉也展现出不错的潜质，霞多丽在这里广泛种植。

在沿海地区黏土比较常见，而内陆的土壤有更多的砾石成分，两者之间的地区土壤混杂。结果是，在该产区土壤贫瘠、持水有限的大部分区域，并不太容易种植葡萄。

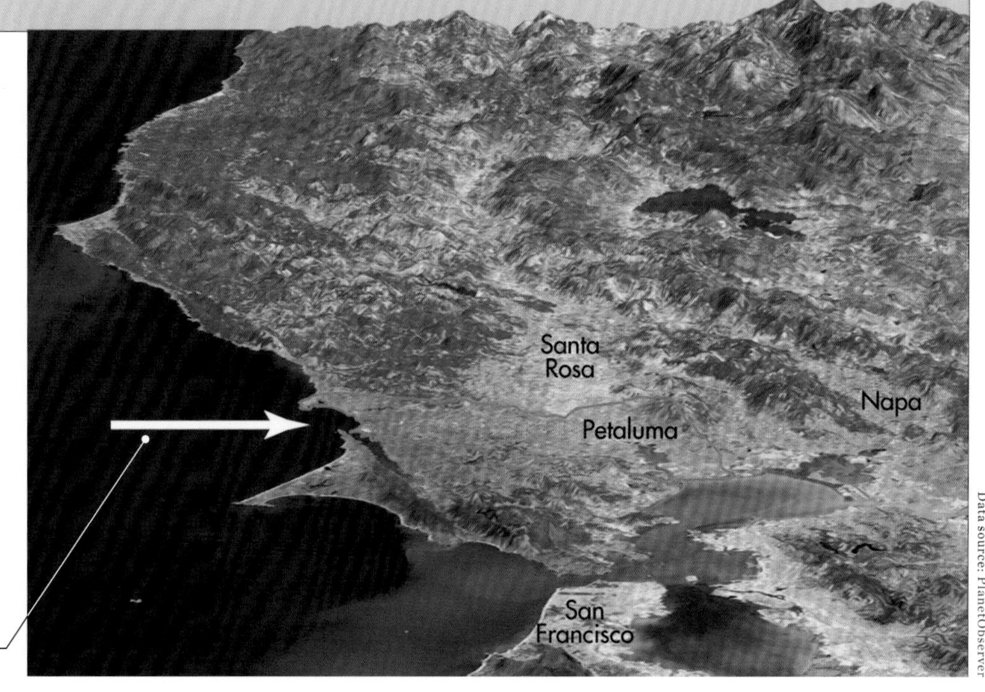

当内陆山谷气温上升时，通过Bodega湾海岸山脉的一处24千米长、很宽阔的峡口，寒凉的沿海空气被拽进内陆。

萨克拉门托
圣罗莎
纳帕
圣弗朗西斯科
Ukiah
US101
PINE MOUNTAIN-CLOVERDALE PEAK
Black Oaks
Cloverdale
克洛弗代尔
Geysers Resort
Harness Camp
Devils Den Canyon
Mayacamas
Geyser Peak
Black Mountain
SOUVERAIN
Asti
WATTLE CREEK
ROCKPILE
Pritchett Peaks
Lake Sonoma
Warm Springs Dam
FRITZ
SBRAGIA FAMILY
FERRARI-CARANO
MAURITSON
FRICK
PEDRONCELLI
BELLA
DUXOUP
PRESTON
ALEXANDER VALLEY
MOSAIC
Geyserville
Alexander Mountain Estate Vineyard
ROBERT YOUNG ESTATE
Mountains
KNIGHTS VALLEY
SONOMA
DRY CREEK VALLEY
PAPAPIETRO PERRY
UNTI
FRANCIS FORD COPPOLA WINERY
CLOS DU BOIS
TRENTADUE
Geyserville
HAFNER
BELLA
MICHEL-SCHLUMBERGER
QUIVIRA
LA FOLLETTE
TELDESCHI
NALLE
Teldeschi Vineyard
Ridge Lytton Springs
RIDGE
Lytton
Jimtown
STONESTREET
A RAFANELLI
DRY CREEK VINEYARD
MAZZOCCO
JORDAN
ALEXANDER VALLEY VINEYARDS
PETER MICHAEL
Beringer Vineyards
Knights Bridge Vineyard
HANNA
LAMBERT BRIDGE
PEZZI KING
SIMI
希尔兹堡
Healdsburg
STUHLMULLER
LANCASTER
RIDGE
ANAKOTA
VERITE
Knights Valley
Franz Creek
PEAY
LA CREMA
RAMEY
SONOMA-COAST
SEGHESIO
OPTIMA
ROBERT MUELLER
ACAIBO
The Big Brush
Venado
MILL CREEK
FORT ROSS-SEAVIEW
Plantation
HIRSCH WINERY & VINEYARDS
NORTHERN SONOMA
ARMIDA
PHILIP STALEY
DE LA MONTANYA
FOPPIANO
RODNEY STRONG
DAVIS BYNUM
Trinité Estate
CHALK HILL
Martinelli Vineyard
Marcassin Vineyard
FLOWERS
Seaview Vineyard
WILD HOG VINEYARDS
Queens Peak
MATRIX
TWOMEY
VML
Mark West Springs
Failla Wines Vineyard
WILLIAMS SELYEM
HOP KILN
温莎
Windsor
Mt Jackson
J. ROCHIOLI
THOMAS GEORGE
DUMOL
Fort Ross
FORT ROSS
Summa Vineyard
Cazadero
PORTER CREEK
Rio Nido
MACMURRAY RANCH
Hacienda
ALYSIAN
COPAIN
Shiloh
Sonoma Co Airport
Rolands
KORBEL
Moshin
Guerneville
GARY FARRELL
Forest Hills
RUSSIAN HILL
MARK WEST
KENDALL-JACKSON
PARADISE RIDGE
Pole Mountain
SONOMA COAST
Guernewood Park
Summerhome Park
Rio Dell
SONOMA-CUTRER
FANNUCCHI
Fulton
Jackass Hill Vineyard
HARTFORD FAMILY
Mirabel Heights
RIVER ROAD
JOSEPH SWAN
MARTINELLI
Villa Grande
Forestville
BJORNSTAD
CAROL SHELTON
Northwood
TAFT STREET
Ritchie Vineyard
KISTLER
MARTIN RAY
Olivet Lane
SIDURI
Sheridan
Duncans Mills
Monte Rio
Bohemian Grove
IRON HORSE
DUTTON ESTATE
DEHLINGER
PELLIGRINI FAMILY
BENOVIA
DeLOACH
圣罗莎
Santa Rosa
Jenner
GREEN VALLEY OF RUSSIAN RIVER VALLEY
PAUL HOBBS
LYNMAR
Santa Rosa Creek
Peaked Hill
Morelli Lane Vineyard
DUTTON GOLDFIELD
REDCAR
MERRY EDWARDS
EMERITUS
HANNA
Graton
Camp Meeker
MARIMAR ESTATE
Rued Vineyard
KOSTA BROWNE
CHASSEUR
Roseland
Charles Heintz
塞瓦斯托波尔
Sebastopol
RUSSIAN RIVER VALLEY
FREEMAN
Occidental
Bellevue
Ocean View
Coastlands Vineyard
Occidental Vineyard
de Coelo Vineyard
Freestone Hill Vineyard
LITTORAI
COBB WINES
FREESTONE
Freestone
Fredericks
Cunningham
Irish Hill
OCCIDENTAL WINES
Knowles Corner
Cadwell
Salmon Creek
Bodega
Turner
Rohnert Park
1:280,000
Km 0 5 10 Km
Miles 0 5 Miles
Cotati
Bodega Bay
Valley Ford
PETALUMA GAP
Gallow Two Rock Vineyard
Estero Americano
San Francisco
Bodega Head
Petaluma
ADOBE ROAD, KELLER ESTATE

索诺马海岸最受瞩目的先驱酒庄包括Flowers和Marcassin，而Hirsch既供应葡萄又酿造自己的品牌酒，很接近勃艮第的风格。

县界
KNIGHTS VALLEY AVA
■ FLOWERS 知名酒庄
● Teldeschi Vineyard 知名葡萄园
葡萄园
森林和灌木丛
800 等高线间距约122米
▼ 气象站（WS）

索诺马北部产区（AVA）

幅员辽阔的索诺马北部产区占据了这张地图的绝大部分，当时创建该产区是为了嘉露酒庄的庄园品牌系列能用一个比索诺马县更具体的产区名，索诺马酒庄代表了该公司第一个在中央山谷以外的葡萄酒中心。

△
Benziger绝对是索诺马地区生物动力种植法的先锋者。背景中是一片葡萄园陡坡，前方显示的便是该酒庄的“育虫花园”。

索诺马南部和卡内罗斯 Southern Sonoma and Carneros

这里是加州顶级酒的发源地，或首次尝试酿制顶级酒的启蒙之地，这个位于从前的教会附近、有重兵驻守的小镇，曾经有那么一小段时间是索诺马县的首府。北移至太平洋沿岸的方济各会的神父在1823年创建了San Francisco de Solano教会，并亲手垦殖了他们最后也是位置最北的葡萄园，将葡萄藤带到地球上最适合它们生长的友善环境之一。

索诺马这个小镇，具备了一个小巧迷人的葡萄酒首府所需要的多种魅力。事实上，这里曾是一个小小的共和国——当初短命的熊旗共和国（Bear Flag Republic）。索诺马镇上有绿树成荫的广场、古色古香的教会建筑和兵营、石造的市政厅，还有一家装饰华美的Sebastiani剧院，层层叠叠地尽显过往的历史。

这座眺望小镇的山坡上，曾经是该镇先驱豪劳斯蒂（Agoston Haraszthy）在19世纪50年代和60年代最著名的庄园的所在地。原先Buena Vista酒窖的部分遗迹仍矗立在东侧谷地上，来自勃艮第的新主人让-查尔斯·布瓦塞（Jean-Charles Boisset）修整并复原了该酒窖。

索诺马谷（Sonoma Valley）的南部像纳帕谷一样，但更小范围地受到来自太平洋雾气和风的影响，并且越往北越热，在这里，索诺马山这一天然屏障阻挡了来自西面的暴风雨和寒凉的海风。位于纳帕谷西缘的玛雅卡玛斯山脉，则构成索诺马东部的边界。这里有许多例子可以证明这个AVA有能力酿制极为出色的霞多丽酒，首开其例的是20世纪50年代就开始生产的汉歇尔（Hanzell）酒庄。接着，Landmark Vineyard酒庄的本地酒款、Kistler酒庄的Durell葡萄园酒款，Durell葡萄园的拥有者Bill Price自己的酒款，以及Sonoma-Cutrer酒庄的Les Pierres葡萄园（就在索诺马镇西边）酒款，都进一步证明了这一点。在俯瞰索诺马谷的山坡上，汉歇尔酒庄还是酿黑皮诺的先锋者，该品种越来越受到酒农欢迎。更重要的是，汉歇尔酒庄在这里引领了使用法国橡木桶的革命。在谷底，白天的温热条件使黑皮诺形成了更浓郁、更成熟的风格。Kunde酒庄的Shaw葡萄园、Old Hill Vineyard酒庄以及Pagani Ranch酒庄，都是在19世纪80年代就开始种植老藤金芬黛，令人称奇的是，这些老藤金芬黛如今仍然能结出果实。

月亮山（Moon Mountain）位于索诺马谷东部，于2013年正式成为AVA。西拉、梅洛和赤霞珠在这里的高海拔区表现优异，较为知名的酒庄是Coturri和Kamen。

赤霞珠的历史

绝佳的赤霞珠酒，最早是20世纪40年代由路易斯·马提尼（Louis Martini）酒庄以产自东部山丘海拔335米以上的著名蒙特洛（Monte Rosso）葡萄园（现在由产业巨头嘉露酒庄所拥有）的葡萄酿成的，最近著名的则有产自**索诺马山**（Sonoma Mountain）的Laurel Glen赤霞珠。索诺马山是重要的高地产区，从当地最好的酒款看来，似乎是得益于产区内特别贫瘠的多石土壤、海拔，以及较长的日照时间。葡萄园位于雾线之上是当地赤霞珠和金芬黛品质良好的关键。Benziger酒庄以其对生物动力种植法的热忱，在索诺马山产区带动起一股风潮，而附近的Richard Dinner葡萄园则是保罗·豪斯（Paul Hobbs）那饱满充沛的霞多丽的产地。

毗邻索诺马山西北边界的是**班奈特谷产区**（Bennett Valley AVA），这里最著名的酒庄是Matanzas Creek。该区的土质和索诺马谷类似，但更多受到凉爽的海洋影响。这其中的奥秘就在于克伦峡谷（Crane Canyon）的风口（位于这张地图的西边）。由于当地的气候对赤霞珠来说太过寒冷而不能很好地成熟，梅洛一直是该区的主要葡萄品种，尽管西拉和长相思的前景也很好。

在索诺马谷南缘，包含在AVA区内的是相对凉爽的罗斯卡内罗斯区（Los Carneros）的一部分（一般称为卡内罗斯）。就行政区来说，卡内罗斯产区横跨纳帕和索诺马两县。本地图上同时标出了索诺马-卡内罗斯及纳帕-卡内罗斯两个分区，因为比起属于同县北部的其他地区，这两个分区之间有着更多的相似之处。

卡内罗斯产区（Los Carneros的字面意思是“羊群”）位于圣巴勃罗湾以北的低缓起伏的山丘上。这里原本是个奶酪产区，直至20世纪80年代

索诺马南部、纳帕谷和卡内罗斯

在20世纪80年代末和90年代，葡萄藤已经征服了索诺马和纳帕谷南方的较低山地，现今继续延伸到纳帕谷的南部，直至纳帕市的南边，差不多到了瓦列霍市（Vallejo City）的边界。纳帕这个名字相当有价值。

索诺马谷：索诺马市 ▼

纬度 / 海拔
38.3°N/ 30米

葡萄生长期的平均气温
18.3℃

年平均降水量
798毫米

采收期降水量
9月：6毫米

主要种植威胁
冬季干旱、春霜、采摘期降水

主要葡萄品种
白：霞多丽；
红：赤霞珠、梅洛

末和90年代迅速地被葡萄树入侵。酿酒师路易斯·马提尼及安德烈·切利斯切夫（André Tchelistcheff）早在20世纪30年代就买过卡内罗斯的葡萄用来酿酒，而路易斯·马提尼更在40年代末期，就在该区首度种下黑皮诺和霞多丽。本地的黏质土壤，远比纳帕谷和索诺马谷谷底的土壤贫瘠，因此有助于控制葡萄的长势和产量。

当北方更炎热的天气吸进冷空气时，穿过佩塔卢马峡口（见第306页）海湾的强风总是把这里的葡萄藤吹得沙沙作响，尤其是在下午时分。这使葡萄的成熟过程得以缓慢进行，卡内罗斯因此能酿出全加州最细腻的葡萄酒，还使之成为州内用来酿制起泡酒的最佳基酒。许多人将期许和资金纷纷投入此地，特别是Rena de Rosa在20世纪60年代投资的Winery Lake葡萄园。其最初的蓝图便是起泡酒，于是黑皮诺，特别是霞多丽成了葡萄园中主要的品种，并总是被在北部较热地区的酒庄们竞相争夺。在当地，索诺马县的Gloria Ferrer酒庄和纳帕区的Domaine Carneros酒庄，分别由西班牙卡瓦起泡酒和香槟的巨头生产商所拥有，这两个酒庄都用自己庄园的葡萄来酿起泡酒。

酒农早在酒厂大兴土木之前就进驻了卡内罗斯。其中有一些最知名的葡萄园的名称，在纳帕和索诺马的许多顶级生产商的酒标上都可以找到，如Hyde、Hudson、Sangiacomo和Truchard——现在这些葡萄园自身也成为酒庄而出产酒。卡内罗斯最好的非起泡酒非常可口，这里的霞多丽比加州大多数的要更有陈年潜力，具有清爽的酸度与核果风味。在卡内罗斯种植的黑皮诺包括最早从勃艮第进口的马提尼和Swan无性繁殖品系，比俄罗斯河谷混杂的品系更清楚明确，带有草本植物和樱桃风味。

圣茨伯里以其纳帕-卡内罗斯葡萄园的黑皮诺而成名。当生长在卡内罗斯北部较温暖的地区时，西拉、梅洛以及品丽珠也都能有绝佳的表现。

纳帕谷
Napa Valley

在所有加州葡萄酒中，20% 的产值来自纳帕谷——但这只占加州总产量的 4%。这正是纳帕谷这个全世界最有魅力、访客最多，同时也是资本最集中的葡萄酒产区名声在外的原因之一。

△
纳帕谷葡萄酒小火车解决了往返于纳帕镇和圣海伦娜途中的饮酒问题，火车行进途中会在一些酒庄停留。

风土 酒农以纳帕谷土壤的多样性而自豪，这里有一些火山岩土壤和海相沉积。该产区地质历史上著名的大地震让土壤变得混杂。两条山脉、东边或者西边的葡萄园朝向、山脚适中的海拔和谷底的肥沃土壤造就了该产区的多样性。

气候 温和的地中海气候，白天温暖，夜晚凉爽。晚上的海雾让谷底的北部和南部都凉爽下来，所以圣海伦娜是谷中最热的区域。

主要葡萄品种 红：赤霞珠、梅洛；白：霞多丽、长相思。

纳帕谷种植葡萄的历史可追溯到 19 世纪 30 年代，而现代历史则始于 1966 年罗伯特 · 蒙大维（Robert Mondavi）酒庄创建之时。这家最具标志性的酒庄以西班牙教会风格的泥砖拱门和走向世界的野心，唤醒了这个原本只有胡桃和李子树的低调农村，令纳帕谷转变成一片 17 970 公顷的以葡萄种植为主的产区，它远比大部分外地人所理解的更为多元化。但是现在外来人成为一个大问题。每年大约有 500 万的来访游客往来于纳帕谷（只有两条主干道通往这里）。大多数酒庄都向游客开放，进行销售并获利颇丰。在此也能找到光怪陆离的建筑，因为酒庄相互竞争，每家都想让游客留下最深刻的印象。与此相关的发展建设不计其数，离饱和窒息的状态可能不远了。

孕育出这些令人惊艳的葡萄酒的土壤类型多样，每隔几米的距离土壤类型就可能不一样。广义来说，纳帕谷其实是纳帕河在西侧的玛雅卡玛斯山脉和东侧的瓦卡（Vaca）山脉之间侵蚀出的结果。最高峰分别是由西面的火山流出物构成的维德尔山（Mount Veeder）、阿特拉斯峰（Atlas Peak）和乔治山（Mount George，位于纳帕市东部，在我们地图显示的范围之外），这三座山脉曾经在不同时期造就了当地丰富的矿藏，因全纳帕谷一系列的小断层而增加了土壤多样性。纳帕谷两侧具有最浅薄、最古老也最贫瘠的土壤，而谷地部分却是由深厚且肥沃的冲积黏土和砾石所构成，特别是在玛雅卡玛斯山下的西侧地区。接下来的几页会更多地讨论这方面的细节。

至于气候方面，就像加州北部其他地区一样，狭窄谷地的开口（在纳帕谷南端）会比北部凉爽，夏天甚至有平均 6.3℃的温差。事实上，卡内罗斯产区（见前页）已经几乎是能够生产顶级酒款的最寒冷之地，而距离纳帕市东部约 5000 米、新晋（于 2012 年）的**库姆斯维尔产区**（Coombsville AVA）的寒凉程度仅次于卡内罗斯的产区。库姆斯维尔的葡萄藤（兼顾波尔多和勃艮第的品种）种植在海拔 370 米的地方，和橡树丘区（Oak Knoll District）的葡萄园一样，受穿过佩塔卢马峡口（见第 306 页）向北流动的太平洋洋流影响而变得凉爽。

纳帕谷北端的部分地区并不像那些顶级酒生产商想的那么炎热，特别对于晚熟的赤霞珠来说，这里很多地方的气温正合适种植。当漫长的夏季导致热空气上升时，凉爽的海风就从索诺马的俄罗斯河谷，通过骑士谷（见第 307 页），以及钻石山（Diamond Mountain）和春山（Spring Mountain）一带钻了进来。夜晚的雾气来得很频繁，特别是在山谷南部，这更加深了降温的影响。

非常笼统地说，越往北行，葡萄酒的口感越丰厚，带有更成熟的单宁（但是第 302 页是个例外）。山坡上所产的葡萄酒则比谷底地带的结构更强也更浓缩。土壤不太肥沃的山坡地区在慢慢地被葡萄藤所占领，但还是有些问题，特别是在更高海拔的地区，会发生水土流失和土地使用权的纠纷。在东西两侧山坡上的葡萄园，特别是西边山区的葡萄园位于充满雾气的谷底之上，能接受强烈的早晨阳光照射。接着，凉爽的微风在接近傍晚时分吹过山顶，与此同时，谷底辐射出的热量则被困在逆温层下。葡萄喜欢这样的条件。

但是消费者可能不太容易清楚地知道一款纳帕谷葡萄酒的葡萄种植地。实际上，大多数葡萄酒包含了来自整个纳帕谷的某品种葡萄，标上可能不太具体的纳帕谷法定产区，而非后页地图上显示的某个特定子产区名。纳帕谷有 420 家酒庄（尽管外来的投资越来越多，但这些酒庄差不多 95% 都为家族所有）以及约 700 个葡萄种植者。相比其他顶尖葡萄酒产区，这里照看葡萄树的人与购买葡萄来酿酒的人之间的界限划分得更明确。但是在近些年，自家的庄园酒甚至是酒标上注明某子产区中单一葡萄园的酒越来越多。

属于纳帕的葡萄

任何享用过纳帕谷那浓厚、柔顺但不失清爽的典型葡萄酒的人都能够证明，赤霞珠绝对是纳帕谷的葡萄品种之王。20 世纪 90 年代之前，纳帕谷种植的葡萄品种很杂，20 世纪中叶金芬黛和小西拉比赤霞珠更为常见。但是在 20 世纪 80 年代和 90 年代，此地暴发了严重的葡萄根瘤蚜虫病；一个砧木品种（AX-R1）被广泛认可能抵抗根瘤蚜虫病，其实不然，该砧木易遭受蚜虫的毁灭性侵害。大范围的葡萄树被拔除并重新种植。结果，赤霞珠的种植区域得到很大的拓展。纳帕最好的赤霞珠酒无疑是世界上最成功的葡萄酒之一，它有不可比拟的饱满与充盈感，同时又有精细的结构感。

更温暖的气温和更干燥的条件（这里比波尔多干燥）还让生产不混合其他品种（比如原本可以混合梅洛品种）的单一赤霞珠酒成为可能，而且来自谷底那些风格更成熟的葡萄酒在陈年三四年左右即可饮用。有些历史性的葡萄园具有谷内有名的河滩阶地土壤，比如 Beaulieu、Inglenook 葡萄园，还有喀龙（To Kalon）葡萄园，证明了这些园区的赤霞珠能够华丽地陈年 50 年之久。山上的赤霞珠被证明是加州给世界带来的最特别的贡献之一，没有其他地方能够在高海拔地区生产如此大量的赤霞珠酒。由于谷底的大部分有潜力且价格相对低廉的土地都已被占据，20 世纪 70 年代，那些更年轻的生产者开始到山上建设酒庄。那个时代的葡萄酒，比如来自 Chappellet、Dunn、Smith-Madrone 以及玛雅卡玛斯酒庄的，无疑都有着很强的陈年能力，它们中的一些酒需要陈年才能表现得更好。

大多数被标为纳帕霞多丽的酒款，如今其实都来自气候更凉爽的卡内罗斯产区，但紧邻扬特维尔村（Yountville）北部还有一些不错的长相思酒。西拉则种在一些山坡上的葡萄园里，特别

西佛拉多路（Silverado Trail）是纳帕谷东边贯穿南北的一条蜿蜒的公路，当最主要的29号高速路因来往游客车辆过多而发生堵塞时，当地人会使用这条公路。若要访问酒庄，需提前预约并支付费用。

卡利斯托加和钻石山区与索诺马北部的骑士谷接壤。

纳帕谷：圣海伦娜镇

纬度 / 海拔
38.5°N/ 69米

葡萄生长期的平均气温
19.3℃

年平均降水量
931毫米

采收期降水量
9月：7毫米

主要种植威胁
冬季干旱、春霜、高温、秋雨

主要葡萄品种
红：赤霞珠、梅洛、金芬黛；
白：霞多丽

是在维德尔山，另外，在不同的纳帕葡萄园里也生产了一些优质的金芬黛，尤其是在卡利斯托加（Calistoga）附近及维德尔山上。从最初 Zinfandel Lane 酒庄在圣海伦娜种植金芬黛葡萄开始，该品种在纳帕谷已有很长的历史，但尽管如此，在世界上一些最贵的葡萄园里（见第 47 页），如今留存下的金芬黛甚少，那里种植的通常都是最有经济收益的品种。

不管是否被使用，纳帕县具有高度发展且更让人信服的一系列 AVA 子产区——起码比索诺马县的要更有逻辑性。纳帕谷这个流行的通用 AVA 大区，不单单包括这个世界知名的谷地，还满布时髦餐厅、艺廊、礼品店以及酒庄，而且这些酒庄坐落在相当大面积的单独地块上。谷地东北部非常温暖的波佩山谷（Pope Valley），未来肯定会被酒农们大举“入侵”，就像纳帕镇东南部的查尔斯山谷产区（Chiles Valley AVA）和纳帕市东南部的美国峡谷（American Canyon）一样，这块朝向瓦列霍镇南部的地区，气候也适宜种植葡萄。

峡谷的底部

位于谷地中段的圣海伦娜、拉瑟福德（Rutherford）、奥克维尔（Oakville）和鹿跃区（Stags Leap）在对页中有详细介绍。位于南部、比这些地区都凉爽的**橡树丘区产区**（Oak Knoll District AVA）别具一格，能同时生产细致雷司令及有陈年潜力的优雅赤霞珠的产区——这一点老牌的Trefethen酒庄可以作证。紧邻本区北部的**扬特维尔村**则更暖和一些，哪怕是因赤霞珠而出名的Dominus酒庄，也热爱这里的梅洛葡萄。这个葡萄品种在该产区某些富含黏土的冲积扇上欣欣向荣，土壤中未经侵蚀的大块完整岩石，是本区的一大特征。

位于谷地北缘，目前有独立AVA地位的**卡利斯托加**，周围都被山脉包围——北部的圣海伦娜山以及玛雅卡玛斯山西部至东部的范围内。如此条件，特别是冬季入夜后会留住冷风，还会常年带来不利于所有谷地葡萄园的春霜。自动喷水系统以及高大的风扇等装置，都是卡利斯托加镇附近火山土壤葡萄园里的醒目特征。在这里，Chateau Montelena和Eisele Vineyard（之前叫作Araujo酒庄，是波尔多的拉图酒庄的所有者买下的一家生物动力种植法先锋酒庄）是最有名的酒庄。**钻石山区**（Diamond Mountain District）位于卡利斯托加西南方，以钻石溪（Diamond Creek）葡萄园出名，该产区在早期以各种不同土壤类型的单一葡萄园酿造装瓶的出色酒款。

山坡上的葡萄园

在纳帕谷，山区葡萄园的重要性与日俱增。沿着西部山脉分布的葡萄园全是特立独行者，甚至它们自己都这么认为，特别是相比于下面谷地的那些葡萄园。**春山区**（Spring Mountain District）不只受惠于海拔高度，还有来自太平洋凉爽空气的影响。早在20世纪60年代，Stony Hill酒庄就以其能陈年长久的霞多丽和雷司令酒成为纳帕谷膜拜酒的典范，并且一直都有杰出表现。现在，春山区最柔顺的酒款大多来自Pride Mountain酒庄。

更南部的**维德尔山**在非常浅、酸度高且富含火山岩成分的土壤上产出更结实、特色分明的葡萄酒，土壤性质跟索诺马谷的山脊（如蒙特洛葡萄园）类似。有着独一无二艺术画廊的Hess Collection，是维德尔山访客最多的酒庄。在山谷的东侧，几个表现最好的庄园，如Dunn、O’ Shaughnessy和Robert Craig都位于寒凉、静谧、通常不受雾气影响的**豪威尔山**（Howell Mountain）高处。就在离豪威尔山AVA外仅几米远的地方，Delia Viader酒庄用纳帕山区的赤霞珠、品丽珠及长相思酿出了绝佳好酒。

科恩谷地（Conn Valley）因为有遮蔽且受惠于阶地土质，所以非常适合栽种赤霞珠葡萄。普里查德山丘（Pritchard Hill）由唐·夏普利（Donn Chappellet）于1960年开创，是夏普利、Colgin（LVMH有部分拥有权）、Bryant、Ovid和Continuum酒庄的那些深邃、能长久陈年的赤霞珠的来源地。**阿特拉斯峰**子产区在南部，位于轩尼诗湖（Lake Hennessy）和普里查德山丘的那一边，高于鹿跃区，地势更高更凉爽，还有直接来自圣巴勃罗湾的凉风的影响。当意大利的安蒂诺里家族在20世纪90年代到达这里的时候，在这贫瘠的土壤上种植了大量的意大利葡萄品种。另一方面，赤霞珠具有特别鲜明的水果风味和极佳的自然酸度，成为目前阿特拉斯峰的特色，安蒂诺里家族建立的Antica是这里知名的酒庄。不论在任何角落，赤霞珠都是最适合纳帕谷的葡萄品种。

纳帕谷中的温差

加州葡萄种植顾问斯帕塞（Terra Spase）提供的两幅图显示了某一天早晨和午后的实际温度，由此就能看出纳帕谷两端的典型温度变化。注意谷地南端总是比北端更凉爽，而位于雾线之上的地区在清晨时则又比谷地温暖许多。

清晨温度

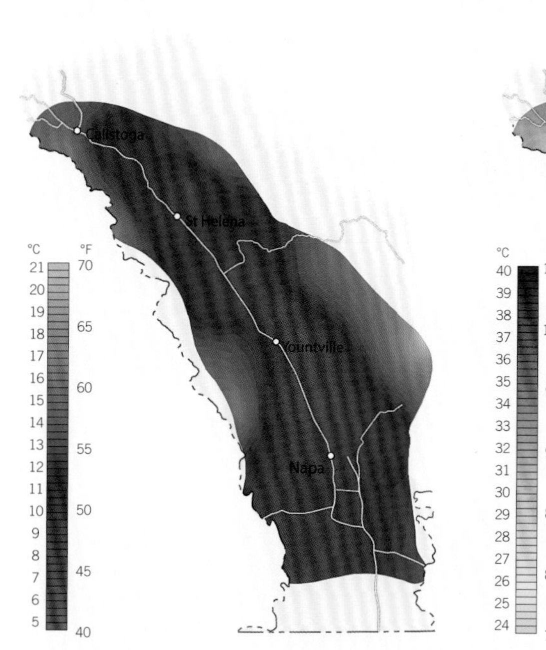

午后温度

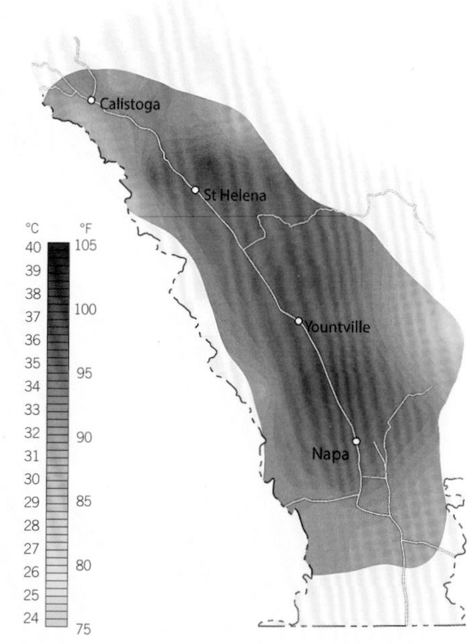

累计生长度日

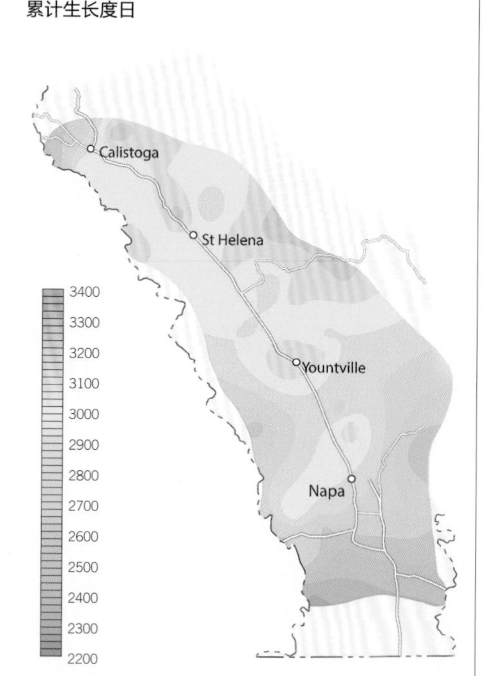

圣海伦娜 St. Helena

△
在圣海伦娜著名的图书馆葡萄园里，拉里·戴利（Larry Turley）的葡萄藤出产的葡萄看起来仅能酿出一杯酒，但如果拔除这么具有历史感的葡萄树，那就太不可理喻了。

纳帕谷知名酒庄最集中的地区，顶级的赤霞珠葡萄园挤在狭窄的圣海伦娜产区（AVA），集中在这个除了纳帕镇以外谷中唯一有些规模的小镇。

直到20世纪80年代，圣海伦娜的步行道上只能见到少许当地的农民及其家人。今天，道路上全是大群的游客，被此地的艺廊、品酒室、美食商店、时髦的酒吧、食材来自本地农田的餐厅和到处都是的礼品店所吸引。至今还存在的、最特别的加州葡萄园之一就在圣海伦娜镇中心——充满历史感的图书馆葡萄园（Library Vineyard），位于圣海伦娜公共图书馆的一旁。这片葡萄园于1880年和1920年之间栽种，田间混合着26个不同的葡萄品种，目前提供一些之前人们并不知道还存在于加州的品种苗木。

在夏天，圣海伦娜西北方的卡利斯托加镇是纳帕谷最热的地区，多亏了通过骑士谷吹来的太平洋海风，该地区能很快凉爽下来。总体来看，圣海伦娜才是纳帕谷最热的地区，一部分原因是这部分谷地呈漏斗形状，由邻近的玛雅卡玛斯和瓦卡山而形成。这能有效地困住白天来自山上的热量，也能让夜晚凉风流通。结果，圣海伦娜的昼夜温差是纳帕谷最夸张的——夏季白天最高温可达37.8℃，但是夜晚温度可降至4.4℃，巨大的温差让葡萄保持清爽的高酸度。这意味着此地的赤霞珠本身就能达到平衡与细腻，无须混合其他品种。

当然，土壤也影响葡萄酒的质量。与纳帕谷中其他的AVA子产区相比，这里位于山脚或者阶地的葡萄园比重较大。西边的圣海伦娜阶地最初被纳帕的首位明星酿酒师安德烈·切列斯切夫所确立，土壤由含砾石的巴勒（Bale）壤土组成。砾石和卵石确保了排水性并且保留热量，而它们周围的壤土能为整个夏天植物的生长提供足够的水分，灌溉不再是必需品。这里具有历史性的葡萄园包括斯勃兹伍德（Spottswoode）、Chase Cellars酒庄的Hayne Vineyard、Beckstoffer旗下的Dr Crane以及Sunbasket和Kronos——最后两片葡萄园是科里森酒庄的独有特色。

29号高速路的东边，靠近瓦卡山脉处，气温通常会更高，而葡萄更成熟，同时土壤更多样：一些来自瓦卡山、因侵蚀而来的火山岩，还有一些来自纳帕河的冲积土。圣海伦娜产区必然充满不一致性，有各种山坡、圆丘，其间蜿蜒、迂回，但是一些经典酒庄的大本营在这里，例如Charles Krug和Ehlers。

圣海伦娜并不只是谷中最大、最繁华的葡萄酒镇，它还是许多最大酒庄所在地。许多酒庄将葡萄酒或葡萄从很远的地方运至此地。现在名为Trinchero的Sutter Home酒庄购买中央山谷和谢拉山麓的葡萄来酿造淡粉红酒“白色金芬黛”，并因此酒而收益颇丰。V Sattui是最早针对游客体验而设计的酒庄之一。

圣海伦娜值得夸耀的，还有那些最小、最受膜拜的葡萄园，如Grace Family、Vineyard 29以及Colgin Herb Lamb，而斯勃兹伍德和科里森也只不过是像某些酒庄一样，证明了这个区域也能产出真正收敛又具备细微变化的葡萄酒。

拉瑟福德和奥克维尔 Rutherford and Oakville

要对一个以法国酒为标准来认识葡萄酒的访客解释拉瑟福德，你可以把它形容为加州的波亚克。这是放眼望去尽是赤霞珠的地区，总面积1428公顷的葡萄藤中有近三分之二是赤霞珠，其余品种大多只是用来陪衬的其他波尔多红葡萄品种。

最起码从20世纪40年代开始，拉瑟福德就生产一些最具陈年潜力的葡萄酒。在那个年代，最初的Beaulieu Vineyard和Inglenook庄园都是标志性酒庄，后者如今由电影导演科波拉（Francis Ford Coppola）所拥有。两家酒庄都在纳帕谷西侧所谓的拉瑟福德阶地（Rutherford Bench）上，是纳帕河分割出的砾石沉积沙土和冲积土形成的稍高的地带。土壤的排水性特别好，所以有益于降低产量，使葡萄更早成熟，和纳帕谷标准风格相比风味更浓郁。许多品尝者可从本地所产的葡萄酒中尝出矿物感，简称“拉瑟福德尘土”（Rutherford dust）。

然而，拉瑟福德是最广阔的AVA，产出的酒款品质多变。在谷底中段很多较新的葡萄园排水性相对没那么好，而此地出产的葡萄酒也成熟得更快一些。延时成熟或较长的“挂果时间”也让拉瑟福德的特色更加模糊。

另一个该AVA中特别成功的区域在纳帕河另一边，位于纳帕河与科恩溪之间，这里午后有更多的阳光。砾石沉积土从山上被冲刷下来到东部地区，形成另一些排水性很好的葡萄园。海洋降温的影响通过佩塔卢马峡口（见第306页）至此，甚至能到更北的地区。Frog’s Leap和Quintessa是这里的两个杰出的酒庄。

奥克维尔

奥克维尔大约处于纳帕谷的中段，因凉爽的海风（通过地图上扬特维尔山的小山丘吹进来）而获益，还有更凉爽的夜晚。所以该地区著名的、来自玛雅卡玛斯山脚冲积扇那排水良好的阶地土壤的赤霞珠与北边拉瑟福德的相比，更加清爽一些并且结构更骨感。

Vine Hill Ranch、哈兰（Harlan），特别是哈兰家族经营的新兴酒庄普罗蒙特（Promontory）葡萄种植都得益于该地区西侧的高海拔。在靠近谷底处，这里以更肥沃的巴勒（Bale）土壤为主，该土壤多石，有利于排水并能够中和山谷中部种植的葡萄典型的肥厚感。波尔多克里斯蒂安·莫意克的海外探寻项目Dominus of Yountville就建设于此，而同一地区、历史悠久的喀龙葡萄园于1868年开始种植，因罗伯特·蒙大维而闻名，他将自己影响深远的酒庄设在该区域的边缘。喀龙的赤霞珠品质优异、纯粹，人们一直在就精确的葡萄园界线、所有者和名声争论不休。该葡萄园拥有不同的主人，包括纳帕葡萄园的主要所有者安迪·贝克托福（Andy Beckstoffer）和麦克唐纳（MacDonald）家族。

喀龙的南边有着近代首个享誉国际的纳帕葡萄园。20世纪70年代，玛莎葡萄园的赤霞珠因乔·海茨（Joe Heitz）的付出而受人瞩目，他一再声明酒中明显的薄荷风味绝对和葡萄园边上种的桉树无关。

但是，和拉瑟福德一样，奥克维尔的西侧与东侧截然不同。在东部，午后阳光给瓦卡山脉较低山坡上带来的热量可能对于葡萄的新鲜度是个威胁（该AVA的边界延伸至海拔180米的等高线，而谷底的大部分区域在海拔60米以下）。这里的土壤更厚重，和西部相比受到更多的火山岩影响。

啸鹰（Screaming Eagle）是这里最知名的酒庄，如今该酒庄还有一个所有者是勃艮第的马特莱酒庄（Bonneau de Martray），酒的价格近乎天价。达拉·瓦勒（Dalla Valle）通过精细的树冠枝叶管理以及在混酿中加入高于寻常比例的芳香品丽珠，去抵消该地区高温的影响。与拉瑟福德相同的是，奥克维尔以赤霞珠酒为主，但是也可以生产华美的霞多丽和长相思酒。这可是蒙大维开创性的Fumé Blanc（蒙大维赋予长相思的另一名称）酒的诞生地。

威尔（Will）是哈兰庄园（Harlan Estate）创始人比尔·哈兰（Bill Harlan）的儿子，他的200年品牌扩展计划中的一个高端项目是普罗蒙特酒庄。

△
此处俯视图可见的Fay和SLV葡萄园是鹿跃酒窖成功的关键因素，该酒庄由华盛顿州的Chateau Ste Michelle和托斯卡纳的安蒂诺里家族共同拥有。

鹿跃区 Stags Leap

鹿跃区（AVA）位于扬特维尔村东部，那块被包围在谷地高丘后的就是该产区，沿着瓦卡山东部山坡往上一路攀升。这是纳帕谷最小的AVA，该区的声望可能会让你以为这里更壮观也更广阔。该产区在1976年一夕成名，当时鹿跃酒窖的酿酒师沃伦·维尼亚尔斯基（Warren Winiarski）酿造的赤霞珠酒在巴黎盲品会上获得第一名，40多年后的今天仍然为大家津津乐道。这场评比将加州当时知名的酒与波尔多最佳酒款相较量，让在场每个人（包括当时担任评委的本书作者）都吃惊的是，在整整30年后再次举办的评比中，加州葡萄酒又取得了佳绩。

在所有的加州赤霞珠中，鹿跃出品无疑是辨识度最高的：丝般的质地、特有的紫罗兰或樱桃香气，单宁总是那么柔顺，较之其他纳帕赤霞珠，在力道中又多了几分细致。这个只有4.8千米长、1.6千米宽的小产区，因为谷地东缘的许多光秃石块、一片玄武岩的岩壁以及散发热量的午后向阳位置而得名。热度又受到午后来自海洋的冷风调节，海风来自圣巴勃罗湾上方，通过金门大桥流入，又经柏克莱（Berkeley）后方山丘转向一直到吹向Chimney Rock和Clos du Val酒庄所在的区域。不过位于鹿跃酒窖（并不是另一家叫作Stags' Leap Winery的酒庄）上方的山丘，又能作为某些葡萄园的屏障，使它们免受有时不太有益的冷风影响。其实，这个产区中一连串参差不齐的山坡和山脉，让它成为纳帕谷中最难概括的地区。这个区域温暖到能让葡萄树比更北地区还早两个星期长出叶子，因此即使葡萄的成熟过程缓慢些，但最后的采摘时间，通常会和拉瑟福德等产区一致。

这里的土壤是较肥沃的火山岩，谷底土质是砾石壤土，备受保护的山坡地拥有更多的石头，排水性也极佳。Shafer是区内另一家顶级酒庄，早在十分限制纳帕谷两侧山区坡地发展的相关法规实行前，就已经在东部陡峭的梯形山坡上开拓出获得评价甚高的葡萄园。Shafer出产的酒十分浓郁饱满。

在附近稍低海拔处，Cliff Lede和Robert Sinskey也是知名的鹿跃产区的酒庄。这块区域的梅洛比大多其他地区表现更好，但是此地对于霞多丽来说通常太热。

湾区以南
South of the Bay

不管是所产的葡萄酒还是社会历史方面，此处地图显示的很多葡萄酒区与纳帕和索诺马谷有很大的不同。

对东部迎风面由干砾石构成的利弗莫尔谷（Livermore Valley）来说，自从1869年使用取自伊甘酒庄的葡萄苗木来栽种之后，当地就以种植（可能是）加州最具独特风格的长相思而成为著名的白葡萄酒产地。原创性十足的温特（Wente）家族拥有超过2000公顷的葡萄园，但是受到都市发展的威胁。加州的大多数霞多丽葡萄藤可能都源自最早的温特品系。

地图上显示为灰色的都市部分在湾区南部十分迅速地延展开来，因为原本核心位于圣克拉拉（Santa Clara）的硅谷迅速崛起——这对持续满足加州葡萄酒的需求有着直接的影响。更高处的**圣克鲁兹山产区**（Santa Cruz Mountains AVA）在都市氛围中似乎是格格不入的葡萄酒之乡，但是其历史比纳帕还久远。位置偏远的酒庄少很多，葡萄园也更少（不包括那些硅谷百万富翁自家花园里种植的葡萄），不过其中一些酒庄是加州最有名的。该AVA是第一个以地形而划定的产区，从雾线延伸至海拔790米的山脊。

20世纪50年代，伊登山（Mount Eden）的马丁·雷（Martin Ray）是近代第一个为这片林木蓊郁的美丽山区发声的酿酒师，也是第一个在这里以霞多丽品种来命名酒的生产者。他那古怪又昂贵的葡萄酒就像他的前酿酒助理布鲁斯（David Bruce）酿造的一样，若拿来和他们的精神后继者——Bonny Doon酒庄主人兼酿酒师兰德尔·格雷厄姆（Randall Grahm）的产品相比，两者同样会引发争论和乐趣，但争论和乐趣的点正好相反。遗憾的是格雷厄姆在圣克鲁兹镇西北部另一小镇受凉爽海洋影响的葡萄，在1994年因皮尔斯病侵袭而被摧毁。如今，格雷厄姆在Hollister西边的圣胡安包蒂斯塔（San Juan Bautista）慢慢地建立新的葡萄园区，特立独行地从种子开始栽种葡萄。

圣克鲁兹山的先锋酒庄要属山脊（Ridge）酒庄了，此葡萄庄园地处高于雾线的山脉上，一边可以俯瞰大洋，另一边可以远眺海湾和圣安德烈亚斯断层（San Andreas Fault）。地势最高的蒙特贝罗（Monte Bello）葡萄园所生产的赤霞珠，是世界上最精美也最具陈年潜力的红酒之一。这受惠于葡萄老藤、陡峭山坡上的并不肥沃的土壤，以及近期退休的酿酒师Paul Draper那鼓舞人心而保守的理念。该酒款几乎只在风干过的美国橡木桶中陈年，在经过必要的瓶中陈年后，喝起来类似顶级的波尔多酒。在山脊酒庄附近视线范围内可见的是更多受太平洋影响的Rhys酒庄，引领了在山上栽培黑皮诺、在专门挖掘的山洞中熟化酒款的风潮。

蒙特利县生产大量的葡萄酒，大多数来自谷底的葡萄园，是20世纪70年代企业疯狂发展的结果。之后大公司（其中一些已经倒闭）和想要减免所得税的个体投资者受到加州大学戴维斯分校的倡导，十分专注或者执着于生长度日，在被认为是完美的寒凉气候区开垦了许多葡萄园。萨利纳斯谷的开口朝向蒙特利湾的海洋，形成一个让来自海洋的寒冷空气固定在下午通往谷地的强效漏斗式通道。这块只有短暂的沙拉和蔬菜种植历史，却长期遭受剥削的谷地（还记得斯坦贝克的小说吗），吸引了满怀热情而毫无节制的葡萄种植者，在此辟出了如今28 330公顷的葡萄园，远远胜过纳帕谷的16 200公顷的葡萄园面积。遗憾的是，这个漏斗式通道的功效太强了。在内陆气候炎热时，涌入谷地的湿冷空气甚至强到可以折断葡萄新枝，加上谷地极其干燥（源于萨利纳斯河的丰沛地下水源灌溉），兼有严寒。这里的葡萄藤比加州一般的葡萄藤发芽期早两个星期，收成期通常至少会晚两周，这使得萨利纳斯谷和南边的圣玛丽亚谷（Santa Maria Valley，见第320页）成为葡萄酒世界中生长季节最漫长的产区之一。

植物味过重的葡萄酒，特别是那些赤霞珠酒，是当初大公司到来之后生产的，结果损害了蒙特利的名声。即使到了今天，葡萄种植方面有了很大的提升，萨利纳斯谷出售的酒还是大批量的，与来自更温暖产区的葡萄酒混合调配，标上加州这一基础法定产区来出售。

位于萨利纳斯谷朝东山坡、长24千米的**圣露西亚高地**（Santa Lucia Highlands），作为出产极好的霞多丽和黑皮诺酒的地区而显露头角。那里的梯田在谷底，葡萄树种植在排水性良好、相对统一的花岗岩土壤里。每天可预测的风让葡萄树冠枝叶的状态尽在掌握中，但是由于酸度太高，以至有些果实只能用于起泡酒的生产。

多亏了日间的平均温度明显偏低，**阿罗约塞科**（Arroyo Seco）产区具有漫长的生长季节。西部区域较少受风的影响。雷司令和琼瑶浆葡萄藤得以在当地多卵石的葡萄园里产出精致的干型、半干型酒，或者酸度特别清新的贵腐葡萄酒。

拥有独自AVA产区地位的**查龙**（Chalone）葡萄园，位于阳光普照的、海拔600米高的石灰岩山顶，地点就在从索莱达（Soledad）开始的漫长道路上——通往顶峰国家纪念公园（Pinnacles

▽
位于圣克鲁兹山的Rhys酒庄酿酒车间从里到外的景观。全加州无数生产者通过挖掘山洞而获得可靠的低温空间。

National Monument）。这处庄园的霞多丽和黑皮诺会让人误以为勃艮第的科尔登葡萄园居然西移过来了。勃艮第，或者更确切地说是石灰岩，也为美国酿酒名家詹森（Josh Jensen）的卡勒拉（Calera）酒庄带来灵感，这家酒庄建立在壮阔、气候更加干旱且与世隔绝的哈兰山（Mount Harlan），种植着黑皮诺品种（酒庄于2018年卖给了纳帕谷的达克霍恩集团）。当地的土壤适合这样的耕作；但降水量极低。卡勒拉庄园的葡萄酒是以葡萄园来命名的。该酒庄从中部海岸南边的酒农手中购买葡萄。而当查龙葡萄园在2005年被跨国集团帝亚吉欧（Diageo）收购后，也比以往更仰赖来自蒙特利县的较低价的葡萄。

后页地图的下方和第320页中部海岸的上方之间有着数千米的大型葡萄园。最值得一提的是圣贝纳贝谷（San Bernabe Valley）中占地1200公顷的广阔土地上，有800公顷种植着葡萄树。这片地的所有者德利卡家族葡萄园（Delicato Family Vineyards）成功地让**圣贝纳贝**通过议案成为法定AVA。Scheid和Lockwood是另外两个庞大的葡萄园。

南部远至圣路易斯-奥比斯波（San Luis Obispo）的县界（见第303页）附近，在气候炎热的梅斯谷（Hames Valley）都可找到葡萄藤的踪影。纳帕谷的Caymus酒庄拥有的Mer Soleil霞多丽葡萄园就在此处，但这里主要是葡萄种植之处，而非核心的酿酒之地。

蒙特贝罗葡萄园始于1886年，坐落在圣安德烈亚斯断层上，在太平洋上海拔很高（820米）的山脊上可以同时眺望到大海和硅谷。

太平洋海岸的1号高速路也许不能直接连通到各个酒庄，但是沿途的景观是其他地区无法媲美的，沿途能直接体会到影响加州葡萄酒的主要气候因素。

中部海岸北边

留意观察，在这张地图最南端和中部海岸最北端（见第320页）有一个小缺口。圣卢卡斯（San Lucas）、圣安东尼奥谷（San Antonio Valley）和梅斯谷都在第303页的地图里。

谢拉山麓、洛代与三角洲
Sierra Foothills, Lodi, and the Delta

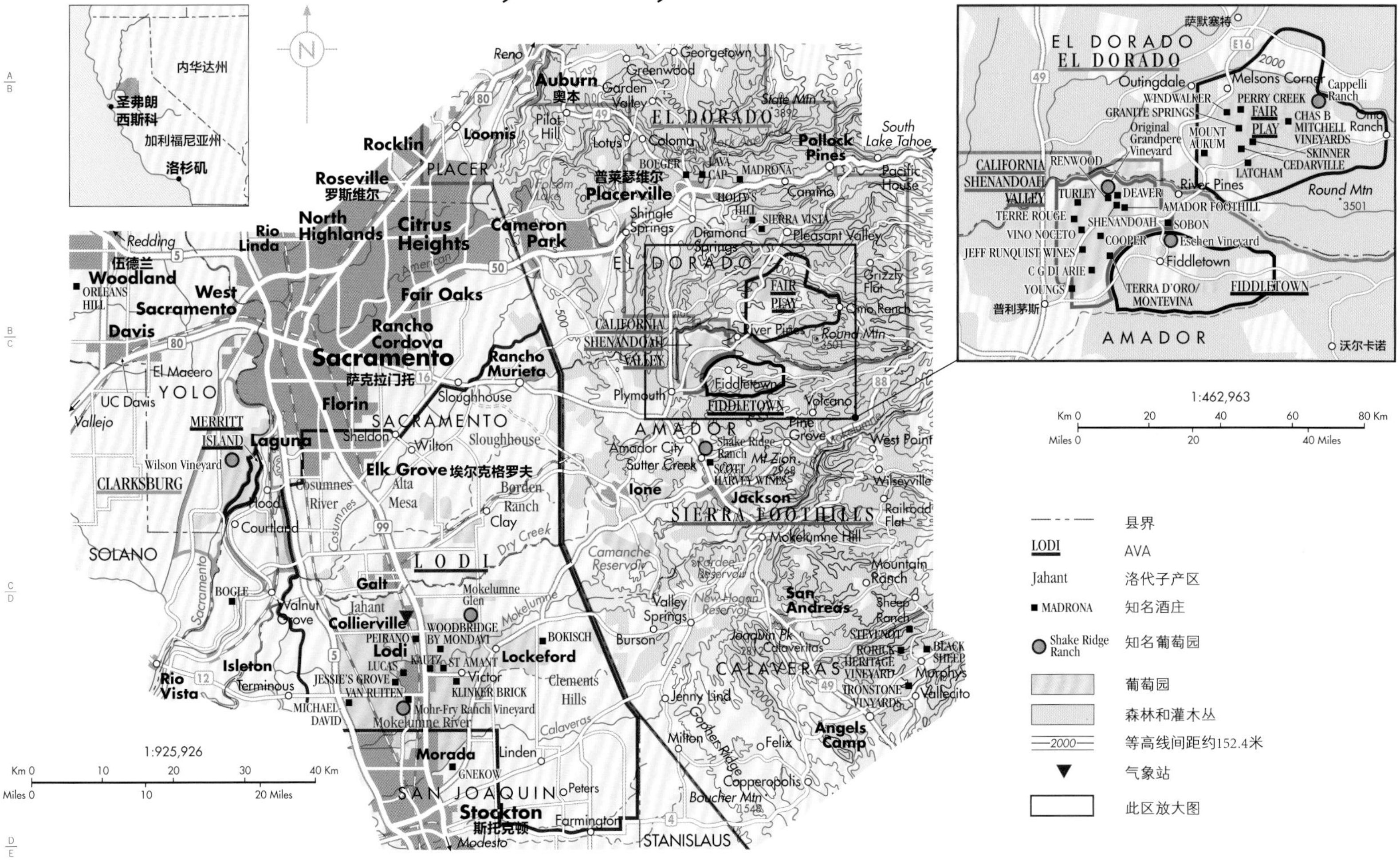

1:925,926

1:462,963

—·—·— 县界
LODI AVA
Jahant 洛代子产区
■ MADRONA 知名酒庄
Shake Ridge Ranch 知名葡萄园
葡萄园
森林和灌木丛
2000 等高线间距约152.4米
▼ 气象站
此区放大图

中部山谷是一块广阔、平坦、极度肥沃、被频繁灌溉的大片产业农地。位于北端的是洛代，受萨克拉门托河流三角洲（Sacramento River Delta）的影响而凉爽。在这片内陆水路的西北部分，**克拉克斯堡（Clarksburg）**产区生产一些带有蜂蜜味的优质白诗南和阿芭瑞诺。

洛代位于高地，且具有自谢拉山脉冲刷下来的土壤，这是两个非常有利的条件。当地有许多酒农在此耕作超过一个世纪，他们非常积极地研究哪种葡萄最适合栽种在哪个区域，这使得洛代在2006年就被认证了至少7个AVA。这当然让消费者感到极为困惑。洛代的白天与纳帕谷的圣海伦娜一样炎热，而且晚上也比圣海伦娜热得多。老藤金芬黛是该产区的强项，但是这里的酒农在做各种试验，包括种植大量的德国、奥地利和葡萄牙的葡萄品种。

微凉、呈片段分布但又具有特色的**谢拉山麓**AVA，几乎正好和中部谷地相反。谢拉山麓地带，过去是因淘金潮让加州被世人知晓的地区，那里的葡萄酒产业曾一度因让矿工们解渴而兴盛，如今也在悄悄地努力复兴。这里是加州残留的老藤金芬黛的宝库，被拉里·戴利所引领倡导。其他的新晋酒庄成功地种植了罗讷河的葡萄品种。因为人人希冀的天然矿藏，**埃尔多拉多县**（El Dorado County）的开发者乐观地以此命名（El Dorado西班牙文意思是“镀金”——译者注），该县生产的葡萄酒也带有绝佳的天然酸度。这里正在扩张的葡萄园是加州园区海拔最高的，大多在730米以上。降水，甚至降雪都司空见惯，产自浅薄土层的葡萄酒比较清淡（有些人反而以为很醇厚）。

阿玛多县（Amador County）的葡萄园，则是明显位于更温暖、海拔更低的300—490米高地上，海拔高度几乎无法调节这里的炎热气候。这个情况在阿玛多县西部的**谢南多厄谷产区**（Shenandoah Valley AVA）的Fiddletown尤其明显。这里栽种的葡萄树有四分之三是金芬黛，有些老藤在禁酒年代之前种下。但不管这些酒的酒龄深浅，干瘦还是饱满，这些几乎带有“嚼劲”的阿玛多县金芬黛酒喝起来会强壮到像是令此地闻名的矿工们那样。你可能会觉得品质实在。西拉和桑娇维塞在这里的表现也不俗，还有偶有佳作的长相思。更南边的卡拉维拉斯县（Calaveras）葡萄园，海拔高度通常介于埃尔多拉多和阿玛多两县之间，因此气候也是两者的中和，不过区内部分地方的土壤会比这两县肥沃些。这里少许生产者正在用黑特鲁索（Trousseau Noir）和绿匈牙利人（Green Hungarian）这样的品种来复兴加州的葡萄种植历史。

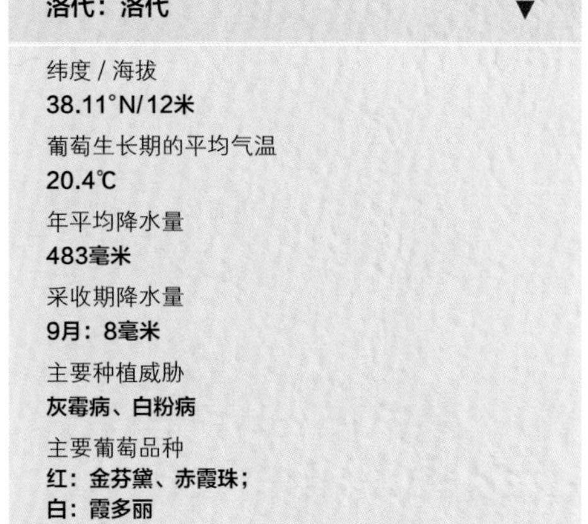
洛代：洛代 ▼

纬度 / 海拔
38.11°N/12米

葡萄生长期的平均气温
20.4℃

年平均降水量
483毫米

采收期降水量
9月：8毫米

主要种植威胁
灰霉病、白粉病

主要葡萄品种
红：金芬黛、赤霞珠；
白：霞多丽

中部海岸 Central Coast

这片绵延约160千米的太平洋海岸广阔而多样的产区，包括加州一些最当红的AVA，无一例外都是受海洋影响强烈的。对页地图显示了该产区的南端——涵盖整个区域的地图请见第303页。

风土　圣安德烈亚斯断层直接贯穿中部海岸的东边。在圣路易斯-奥比斯波，西边的土壤比东边的多样并且肥沃度低。圣巴巴拉的基岩是海相沉积，在西边具有多层的硅藻土，往内陆延伸具有石灰岩和白垩土。

气候　整个中部海岸的降水较少。圣路易斯-奥比斯波的内陆地区，例如在帕索罗布斯（Paso Robles），气候相对较热。圣巴巴拉县主要受海洋性气候影响，冬季温和（葡萄树可能会错过恢复性的冬眠机会），而夏天比加州的正常气温要低得多。

主要葡萄品种　圣路易斯-奥比斯波县　红：赤霞珠、梅洛；白：霞多丽。圣巴巴拉县　白：霞多丽；红：黑皮诺。

对页地图显示的中部海岸北端距离第317页地图显示的南端大约相距30千米，葡萄园从旧金山南部一直延伸到近洛杉矶地区。葡萄园和矮橡树、放牧的牛群、水果和蔬菜共存于这片土地上，汲取珍贵的水源。

中部海岸本质上为沙漠，大多数葡萄园较为年轻，除了那些更强壮的老藤金芬黛进行旱地耕作外，几乎所有的葡萄树都要依靠人工灌溉。有些地区会因极度干旱而威胁到葡萄酒的生产，特别在那些人口密度大及访客密集的区域，水资源的使用会受到州政府的管控。

上述情况在圣路易斯-奥比斯波县那炎热而干燥的**帕索罗布斯**产区尤为明显。贯穿加州的海岸山脉决定了群山东侧适合种植哪些葡萄品种。在广阔而边界分明的帕索罗布斯AVA，气候大多是温暖至炎热的，因为此处峡谷甚少，而大片山脉屏蔽了海洋降温的影响。

▽
图中远处的白色部分是硅藻土，鲜绿色的地区种着农作物。图中这些位于圣丽塔山Bentrock葡萄园的葡萄树归Stan Kronke所有，他也是纳帕的啸鹰酒庄和勃艮第马特莱酒庄的拥有者。

中部海岸南边

注意这只是中部海岸的一部分。其全貌参见定位地图。更多关于反映南部葡萄酒产区的地图请见第326页。

由于不受凉爽海风的直接影响，101号高速路东边那连绵的草场可谓十分炎热。这里肥沃的土壤产出丰盈、充满果味、易饮的葡萄酒，通常选用的是流行品种赤霞珠和霞多丽。北部海岸很多酒庄以及合约装瓶者将这里大部分葡萄酒混入北边更贵的酒中。大型企业星座集团（Constellation，旗下拥有蒙大维酒庄）和富邑集团［旗下拥有贝灵哲（Beringer）酒庄］，以及当地的J Lohr酒庄都是该地区的中坚力量。富邑集团的Meridian酒庄有着极为显眼的山顶葡萄园，该葡萄园占尽地理优势，如今那优美的风景向东南部一直延伸。

自从2008年经济危机以来，这里的酒庄逐渐模仿纳帕谷的运营模式，跳过数量越来越少的分销商，向消费者直销葡萄酒。因此，特别是在帕索罗布斯产区，小型酒庄的品酒室如雨后春笋般涌现，该产区已成为一个主要的旅游景点。

高速路以西的帕索罗布斯产区中那树木繁茂、丘陵起伏的区域有着更有趣的白垩土壤，且局部受到钻进来的凉爽海风影响。中部海岸最老的黑皮诺葡萄藤在1964年由Adelaida酒庄种下，位于一片山脚区域。帕索罗布斯历史上的盛名源于强壮的金芬黛葡萄，许多都是旱地耕作，受到意大利移民的传统和口味影响，风格上类似阿玛多山麓区的金芬黛葡萄酒。

最近，罗讷河的葡萄品种在此兴盛起来。教皇新堡产区博卡斯特尔酒庄的佩兰家族选择了该地区，成立了塔湾（Tablas Creek）苗圃和酒庄，种植众多罗讷河葡萄的各种品系，并大获成功。塔湾酒庄是美国历史上罗讷河战队（Rhône Rangers）运动的领导者，也是加利福尼亚最丰富、最好的罗讷河品种苗木的来源地，更是稀有罗讷河品种的唯一种植者。帕索罗布斯因其非主流罗讷河品种混酿的各种红、白葡萄酒而闻名遐迩（比单一品种西拉和维欧尼更受青睐）。

中部海岸：圣玛丽亚

纬度 / 海拔
34.55°N/ 77米

葡萄生长期的平均气温
16.0℃

年平均降水量
354毫米

采收期降水量
9月：4毫米

主要种植威胁
缺水

在加利福尼亚州刚刚开始葡萄酒酿造，弥生葡萄品种还占据主导地位之时，圣路易斯-奥比斯波已经是西海岸最佳的葡萄酒产地。19世纪，欧洲品种被引进，但是该地区因位置偏远而未能成功种植那些葡萄。20世纪80年代，葡萄酒产业迎来第二春，紧接着，**埃德纳谷**酒庄（Edna Valley Vineyard）开始种植葡萄。

穿越山隘Cuesta Pass往南来到**埃德纳谷**，情况又截然不同。从莫罗湾（Morro Bay）旋入的海洋空气，使该谷地得以和加州任何其他葡萄酒产区一样凉爽。这里仍出产一些相当浓稠丰润的霞多丽酒，该酒款带有一些细致的青柠味，活泼清爽。Alban酒庄是中部海岸最擅长种植罗讷河红、白葡萄酒品种的代表之一，尽管有海洋空气的影响，该酒庄也成功让西拉葡萄在此地达到罗讷河谷地难以想象的成熟度。有限的水资源和房地产开发限制了新葡萄园的开发。不幸的是，该地区的两大葡萄园主卖掉了埃德纳谷酒庄这个大品牌，该品牌现在用于一些由其他地方种植的水果制成的葡萄酒。

紧邻东南部的是更多元化但整体更凉爽的**大阿罗约谷**（Arroyo Grande Valley）。因为有Talley和Laetitia这些酒庄的出色酒款，本区逐渐被公认为是特别细致的黑皮诺和霞多丽酒的产地。

加利福尼亚州最凉爽的县

越过县界来到圣巴巴拉县，这里是加利福尼亚州最凉爽葡萄酒产区的大本营。大陆板块的形状显示出该地区的海岸山脉为东西走向，而非该州大部分地区的南北走向。实际上，纵观南北美洲的西部海岸，圣巴巴拉县是唯一一个山脉没有纵向沿着大陆边缘排布的区域。于是，该县最直接受到下午凉爽海风以及夜晚冷凉海雾的影响。

相对于以黑皮诺为主的索诺马，整个圣巴巴拉县的降水量明显偏低（参见关键因素列表中的气象数据）。这意味着当地不需要赶着在秋雨来临之前采摘，于是圣巴巴拉县的葡萄，就像那些种在更北部的蒙特利和圣路易斯-奥比斯波两县的葡萄一样，都受惠于极长的生长期，可以逐月缓慢地发展风味。

标志着圣巴巴拉县葡萄种植区的两片山谷与南加利福尼亚州的其他地区不尽相同，也不同于棕榈树密布的圣巴巴拉大学城。这里的主要山脉一直延伸至本地图的东南角，而该大学城处在山脉的背风面，从而不会像圣玛丽亚谷和圣伊内斯谷那样受到寒凉的海雾影响。

由于完全暴露在太平洋的影响之下，圣巴巴拉县北边的**圣玛丽亚谷**具有该州最长的生长季。持续的海洋影响给每个午后都带来冷凉的海风，以及持续到第二天清晨的雾气。在更凉爽的年份，一些圣玛丽亚谷园区的葡萄甚至不易成熟。即使在更暖的年份，该地区的葡萄酒总是带有类似勃艮第凉爽年份的高酸度。

第319页显示的Bentrock葡萄园面朝东，承受着太平洋的降温的影响。因为过凉，只有高酸的霞多丽葡萄能刚好成熟。

圣巴巴拉西北部

20世纪70年代初期，当桑福德&本尼迪克特（Sanford & Benedict）葡萄园酿出第一款酒时，圣丽塔山产区（Sta. Rita Hills AVA）的潜力已经显露，尽管它是在2001年才被认定为法定产区。另外，还有谁可以抵挡在2009年得到认定的圣巴巴拉欢乐峡谷AVA的魅力呢？在本书未来的版本中，该地图可能要向西延展。

圣玛丽亚谷广达数千英亩的葡萄种植区，大部分都掌握在酒农而非酒厂手上，因此葡萄园的名称就变得很重要。以Bien Nacido葡萄园来说，其葡萄收成后就同时供许多不同酒厂使用，而该区许多酒厂也从中部海岸各个地区收购葡萄。坎布瑞（Cambria）葡萄园因为距离海岸更远，明显比Bien Nacido葡萄园温暖；兰彻（Rancho Sisquoc）葡萄园则是独占优异地势条件，与其位于同一独立峡谷中的福克森（Foxen）葡萄园，屏障最严密；坎布瑞与拜伦（Byron）庄园都为杰克森家族（Jackson Family Wines）酒庄所有；而嘉露酒庄在中部海岸持有大片产业，包括南部圣伊内斯谷的布里德伍德（Bridlewood）酒庄。目前为止，中部海岸绝大部分的葡萄以葡萄浆或者葡萄酒的形式被运至北部做进一步处理。

最好的品种仍以黑皮诺和霞多丽为主，西拉也不错，这些葡萄都种植在有足够高度（海拔180米以上）的山坡上，让葡萄园得以处在雾带上缘。酒中浓郁的果味平衡了天然的高酸度，并且可以长久陈年。圣玛丽亚产区最出彩的酒庄是奥邦酒庄（Au Bon Climat），以及共用一个朴实厂房的合作伙伴Lindquist Family酒厂。由于受勃艮第的影响极深，奥邦酒庄的吉姆·克兰登（Jim Clendenen）从1982年起就酿出了一系列风格不同的霞多丽和黑皮诺，同时也有标着克兰登家族（Clendenen Family）品牌的白皮诺、灰皮诺、维欧尼、芭贝拉以及内比奥罗。

紧邻圣玛丽亚郡南部的是**洛斯阿拉莫斯**（Los Alamos）产区，在这个好客的小镇周围有多达数千英亩的葡萄园，生产活泼清爽的霞多丽。在所罗门山区（Solomon Hills），气候则更温暖且更稳定，特别是在101号公路以东（比如在帕索罗布斯）。

圣巴巴拉县的南部区域是圣伊内斯谷（Santa

△
Lucky Penny是圣巴巴拉“都市葡萄酒之路”上的一家人气加油站，沿途有很多品酒室位于城市中，原因是这里的乡下园区对于葡萄酒旅游有着严格的限制。

Ynez Valley)，同样因山脉的走向而受海洋影响。但是该山谷比平坦开阔的圣玛丽亚谷多了山丘的阻挡，其葡萄园分布在种植了橡树的山丘周围，延伸至 Solvang 镇（该镇名副其实地充满丹麦气息）。如此不同的种植条件使**圣伊内斯谷**中出现了越来越多的 AVA 子产区。所以当地有一种说法：从海岸开始，每向东挪一英里，气温至少升高 1 华氏度。在夏季同一天，沿海的隆波克市（Lompoc）可能是 21 摄氏度，而 Los Olivos 镇为 38 摄氏度。

圣伊内斯谷最凉爽的法定产区是**圣丽塔山**产区，这一连串远在圣伊内斯谷以西、介于隆波克和比尔顿（Buellton）两市之间的山坡有时很陡峭，恰好位于圣伊内斯河的河湾处，为海洋产生的强烈影响画上句号。圣丽塔山（英文中拼写成 Sta. 而非 Santa 的原因是要和智利的同名酒庄区分）的土壤，由沙、泥沙和黏土混合而成。黑皮诺加上作为配角的霞多丽是这里主要的葡萄品种，几乎都是勃艮第的品种。整个 AVA 的界线划分都是以黑皮诺为考量，但巴科克（Babcock）酒庄却证明，这里常见的高酸度也非常适合长相思、雷司令以及琼瑶浆。

20 世纪 70 年代初，让外界首次注意到圣丽塔山产区的功臣是桑福德 & 本尼迪克特葡萄园。它坐落在一个隐蔽之处，面朝北方，极适合黑皮诺生长。以自己的名字为葡萄园命名的理查德 · 桑福德（Richard Sanford），是螺旋盖封瓶的先驱，他在附近的 Alma Rosa 庄园以有机方式种植勃艮第品种。圣丽塔山东部足够温暖，能够让歌海娜和西拉品种成熟，而文图拉县（Ventura County，见第 326 页地图）著名的塞奎农（Sine Qua Non）酒庄用此地自家庄园的果实酿造口感十分强劲的罗讷河风格葡萄酒。

黑皮诺和霞多丽也种植在圣伊内斯谷和圣丽塔山 AVA 边界的西边，更靠近海洋。这里在过去必须以**圣巴巴拉县**为产区出售葡萄酒，并且被认为太过寒冷而无法让葡萄成熟，但是该地区的潜力让当地人愈发兴奋。这个产区被称作隆波克高地（Lompoc Highlands），因为它朝西俯瞰隆波克市，一些思路新奇的酿酒师在这里的一片叫作葡萄酒隔都（Wine Ghetto）的工业区内酿酒。

101 号公路的东侧是**巴拉德峡谷产区**（Ballard Canyon AVA），2013 年被官方认定并专攻不同的罗讷河品种。尽管夜晚可能较凉爽，但这里总体比圣丽塔山温暖。在圣伊内斯谷 AVA 以东最炎热地区的是名字容易被记住的**圣巴巴拉欢乐峡谷产区**（Happy Canyon of Santa Barbara AVA），这里温暖到可使波尔多品种成熟。

上述两个产区之间坐落着 2016 年最新被认定的 AVA：**洛斯奥利佛斯区**（Los Olivos District）。这里种植着罗讷河以及波尔多品种，生产精品的长相思酒。洛斯奥利佛斯是位于其中的小镇名，在镇中的一家咖啡厅，电影《杯酒人生》（*Sideways*）的反英雄式主人公迈尔斯（Miles）声明了他那憎恨梅洛品种的著名观念。该郡很多酒庄的品酒室都在小镇里，以及位于圣巴巴拉市中心的一片如今叫作 Funk Zone 的工业区中。圣巴巴拉的品酒室总是远离其葡萄园，因为在园区对于葡萄酒旅游发展的管控很严格。

弗吉尼亚州 Virginia

在阿巴拉契亚（Appalachians）和切萨皮克湾（Chesapeake Bay）之间，在蓝岭山（Blue Ridge Mountains）庇护下有着白色围栏的草地，这里专门饲养纯种马，内战前的美式老石头房子遍布各处，这宁静的南方弗吉尼亚州与首都华盛顿的政治世界有着天壤之别。然而最北部地区的葡萄园距美国国会山车程才不到一小时，所以弗吉尼亚州的300家酒庄激烈竞争，谁都想吸引游客前来访问。

该州的葡萄酒产业有着一个看起来不怎么有希望的开端，托马斯·杰斐逊在蒙蒂塞洛（Monticello）未能成功酿制好酒。这里的葡萄酒对于杰斐逊来说是困扰，他曾写道："葡萄酒事实上是解救威士忌所带来的不幸的唯一解药。"美国需要发展葡萄酒产业，但是在当时没人知道，欧洲葡萄品种需要嫁接美国葡萄藤的根茎才能保护它们不受根瘤蚜的病害。弗吉尼亚州的气候也不尽理想，直到今天，该州占总葡萄种植量80%的欧洲葡萄品种仍需对抗大陆性气候带来的挑战：一个相对较短的成熟期加上炎热、潮湿而且常有风暴的夏季，在9月之前很少有凉爽的夜晚。这里的冬季相当寒冷，在来年土壤需要花费很长时间升温，尽管现在全球变暖，但在4月前葡萄树不易发芽。

弗吉尼亚州约1200公顷的葡萄园大多位于蓝岭山脉东部50千米处，然而较难踏足的山脉西边的**谢南多厄谷**也许有着更大的潜力。相比整个州内的葡萄酒消耗量，弗吉尼亚州只生产极少量供本州人饮用的酒，但是那些纯粹想酿精品酒的生产者数量与日俱增。如RdV这样的葡萄园，由梅多克的埃里克·布瓦瑟诺进行指导，园区处于更高的斜坡并具有多石的土壤，能够在夏季暴雨后有效排水。

弗吉尼亚州的标志性葡萄品种

Barboursville酒庄，为意大利卓林家族所拥有，在20世纪70年代种植了第一批葡萄藤。正如人们所预料的，酒庄一直坚持并成功地种植内比奥罗、维蒙蒂诺以及在弗吉尼亚州常见的葡萄品种。他们的Malvaxia Paxxito甜酒是独一无二的。

品丽珠很适合种植于弗吉尼亚州的北部和中部葡萄园，并通常与其他波尔多品种以各种比例进行混酿。人们未曾预料的是，在20世纪80年代霍顿葡萄园（Horton Vineyards）的引领下，弗吉尼亚州的种植者们决定将维欧尼作为他们的标志性葡萄品种，部分原因是该品种厚实的果皮和疏散的葡萄串能够比其他品种更好地经受潮湿的夏季。小维多和小满胜是弗吉尼亚州近年来的特色葡萄品种，后者尤其成功。霍顿也开拓了美国本土的诺顿（Norton）葡萄品种，酿造出具有诱人果味的红葡萄酒，丝毫没有其他美国品种那种不讨喜的"狐狸味"。诺顿葡萄的火炬由Chrysalis酒庄的詹妮弗·麦克劳德（Jennifer McCloud）怀着特有的激情在传递着。

弗吉尼亚州有七个AVA，其中三个在弗吉尼亚州北部和中部，在此地图中标示。唐纳德·特朗普（Donald Trump）与美国在线（AOL）创始人珍·凯斯（Jean Case）和史蒂夫·凯斯（Steve Case）都于2011年在弗吉尼亚州中部买了酒庄；凯斯夫妇的Early Mountain Vineyards酒庄颇为经典。

本地图以外的著名酒厂包括：成立于20世纪80年代的Chateau Morrisette酒庄，位于蓝岭山区的Rocky Knob AVA；Chatham酒庄位于切萨皮克湾和大西洋之间的弹丸之地，17世纪时是一家农场；Rosemont酒庄位于该州温暖的南部地区；Ankida Ridge酒庄的葡萄园位于海拔550米的斜坡上，出产细腻、芬芳的黑皮诺酒。

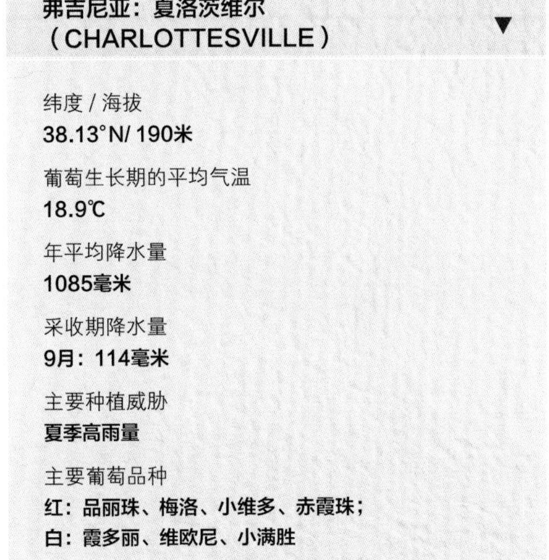

弗吉尼亚：夏洛茨维尔（CHARLOTTESVILLE） ▼

纬度 / 海拔
38.13°N/ 190米

葡萄生长期的平均气温
18.9℃

年平均降水量
1085毫米

采收期降水量
9月：114毫米

主要种植威胁
夏季高雨量

主要葡萄品种
红：品丽珠、梅洛、小维多、赤霞珠；
白：霞多丽、维欧尼、小满胜

州界
县界
MONTICELLO AVA
■ CHRYSALIS 知名酒庄
森林
2000 等高线间距约304.8米
▼ 气象站（WS）
1:1,163,000

纽约州 New York

尽管纽约州是美国的第四大葡萄酒生产地，但纽约客们才刚刚开始发掘本地的葡萄酒。欧洲葡萄品种仍占少数，但是这里已出产不少精品酒，并且会越来越多。

风土 地下为冰川沉积物，但是上州和长岛之间的地表土壤不尽相同。

气候 芬格湖群有着极强的大陆性气候，冬季严寒，湖水能起到微弱的调节作用。而长岛更温和，属于海洋性气候，类似波尔多。

主要葡萄品种 红：康科德、品丽珠；白：雷司令、霞多丽。

由于上纽约州的气候严寒，这里种植的葡萄品种主要是用于产葡萄汁和果冻的美洲拉布鲁斯卡种类，例如康科德品种，这些葡萄沿着**伊利湖**南岸种植并形成了重要“葡萄带”。气候变化让种植者们有了信心去尝试一些欧洲葡萄品种，但这一带大多数出产的酒到目前为止是以法国与美国杂交种葡萄酿造的，详见第 289 页。全州 450 多家酒庄中只有约 20 家坐落于此。

如同边境那一头的安大略省，纽约州也忙着将自己重新塑造成精品葡萄酒的生产者，几乎所有新种的葡萄都是欧洲种。纽约州的酒庄大部分都成立时间不长，它们虽然规模小，但都雄心勃勃，最明显的是在芬格湖群一带的酒庄（100 多家）、长岛地区（80 家以上）和哈得孙河（Hudson River）地区（超过 50 家）的酒庄。

长岛长年受大西洋气候的调节，是纽约州气候独特的区域。由于温和的海洋性气候，该产区没有冬季冻害的危险，还处于萌芽阶段的葡萄酒产业一直都专注于欧洲葡萄品种（主要包括霞多丽、梅洛和赤霞珠与品丽珠）。这里的一些气泡酒也值得关注。海洋的影响模糊了季节变化，使得温和的气候可以持续相当久，所以这里的生长季比内陆其他地区来得更长。冰川时期形成的土壤排水性良好，令葡萄树能够生长得平衡，也让葡萄缓慢而稳定地成熟。这里有三个 AVA：最早、农业化程度最高和产量最大的北福克（North Fork），较寒冷（面积也较小的）的汉普顿斯（Hamptons）或称作南福克（South Fork），以及涵盖整个大区的长岛。

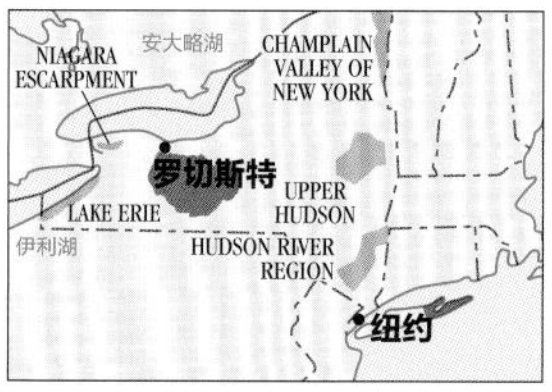

湖水效应

早在 19 世纪 50 年代，纽约上州**芬格湖群**周围就开始商业葡萄园，该区域由安大略湖冰川消融后的冰河深沟形成。确实，这里有田园般的风景、繁茂的林木、低矮的丘陵和船只云集的湖泊，看起来非常像维多利亚乐园，这里曾经是殖民者设法从当地的易洛魁人（Iroquois）手里夺取的美丽地区。

安大略的湖泊，特别是“手指”状的塞尼卡湖（Seneca，芬格湖群中最深的湖，深度 188 米）、卡尤加湖（Cayuga）和丘卡湖（Keuka），对于调节气候起着至关重要的作用，湖水缓和了冬天有时致命的严寒并且储存了夏季的温暖。但是对于葡萄种植来说，这里仍然是极端性气候地区，该产区很多地方一年中不受霜害的日子少于 200 天。冬季漫长，温度可低至零下 20℃。就在最近的 2015 年，许多种植者因为冬季冻害而损失了高达 50% 的预期收成。这种严酷的冬天意味着种植者最初都会选择种植抗寒的美国本土葡萄品种，即使在今天，欧洲葡萄品种在该地区只占约 22%。法国杂交品种如白塞瓦和维诺是在 20 世纪 40 年代末被引进的，和美国的拉布鲁斯卡葡萄品种一样，被用来酿造甜的、清淡的葡萄酒，主要靠当地游客消耗。越来越多的酒庄在努力用这些杂交品种生产主流的干型葡萄酒。但是该地区的未来肯定取决于欧洲葡萄品种的表现。

早在 1957 年，一位来自乌克兰、熟悉寒冷气候的葡萄学家康斯坦丁 · 弗兰克博士（Dr. Konstantin Frank）证明了雷司令和霞多丽等相对早熟的欧洲种葡萄，也能在芬格湖群成功生长，前提是选用适当的砧木嫁接、晚秋时分埋土，并且整枝时保留多个较细的主干，因为较粗的主干容易遭受冻害。时至今日，Red Newt、Standing Stone、Hermann J Wiemer 及康斯坦丁 · 弗兰克博士等多家酒庄，都能产出细致的干型雷司令酒，宛如德国萨尔地区那些具有陈年潜力的酒，这令芬格湖群产区声誉渐长。最近产区加入了富有其他地区经验的生产商，例如 Heart & Hand 和 Ravines，也有外来投资的成功案例，比如法国吉恭达斯产区的 Louis Barruol 在此建立 Forge Cellars 酒庄，加州的保罗 · 豪斯与德国摩泽尔产区 Johannes Selbach 合资经营的 Hillick & Hobbs 酒庄。

雷司令，其葡萄藤木质坚硬，能较好承受低温，已被证明是一个比霞多丽更适应此地的葡萄品种。这里也有一些红葡萄酒，目前为止品丽珠还是最好的选择。位于塞尼卡湖“指尖”的日内瓦（Geneva，在纽约州）研究中心，因在葡萄树整枝系统及抗寒品种方面的研究而享誉国际，至于芬格湖群区域的葡萄酒产区，至今也仍是纽约葡萄酒产业的商业中心，部分原因是从 1945 年起，这里就一直是葡萄酒巨头星座集团的总部所在地。

长岛北福克AVA
汉普顿斯、长岛 AVA
■ LENZ 知名酒庄

钱宁女儿（Channing Daughters）是南福克零星的几家酒庄之一，也是曼哈顿上流人士最热爱且最昂贵的游乐场所。

1:616,475

长岛

这张地图清楚地显示了北福克产区对葡萄种植学和酿酒的重要性。北福克地区土地廉价（汉普顿斯除外），而且地理位置有所遮蔽，免受大西洋的恶劣气候冲击。

芬格湖群产区（AVA）

卡尤加湖AVA于1988年建立，是这个产区最老的子产区。2003年塞尼卡湖被认定为AVA。这里以发展度假和旅游业为主，所以许多酒庄依靠在品酒室出售高利润的、用杂交品种和美洲种葡萄酿制的较甜型葡萄酒生存。

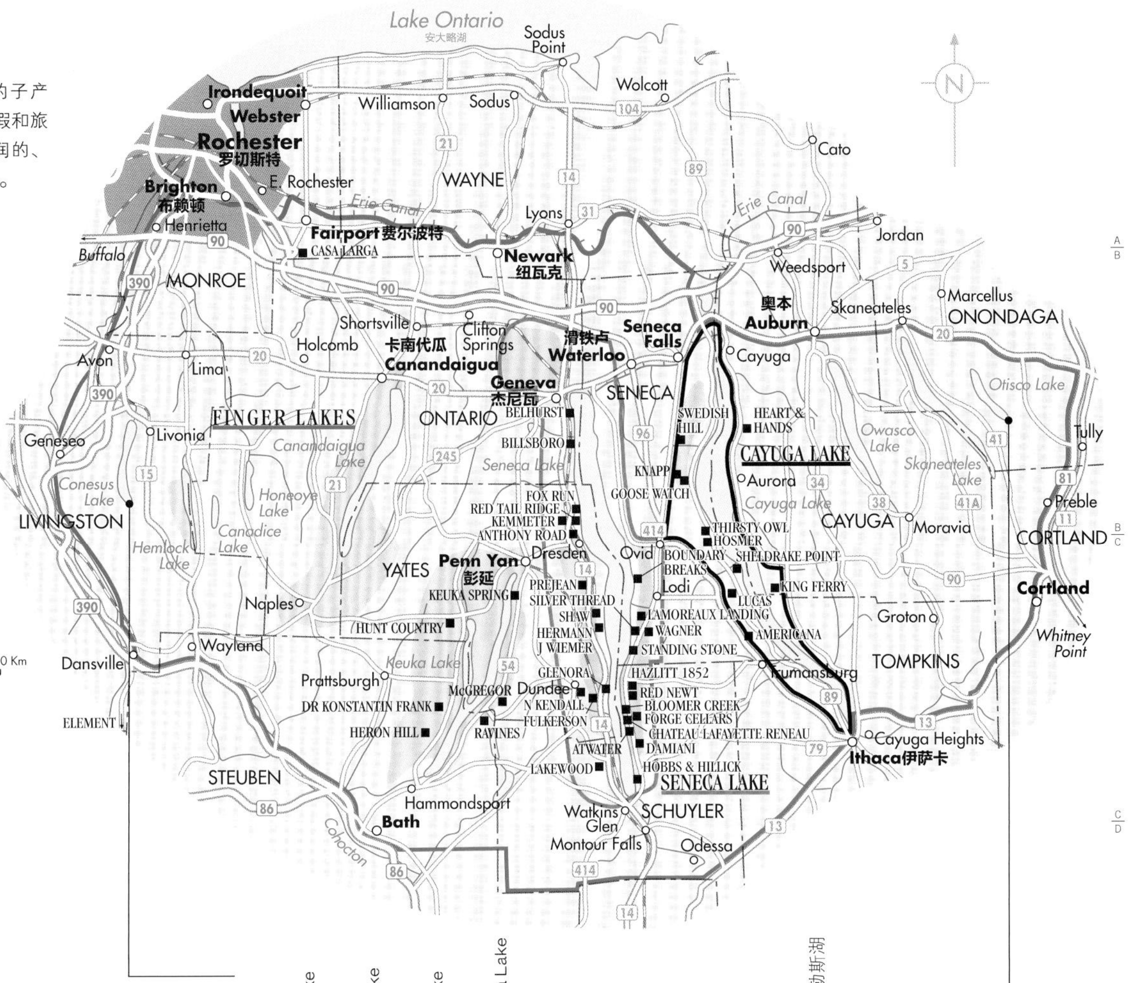

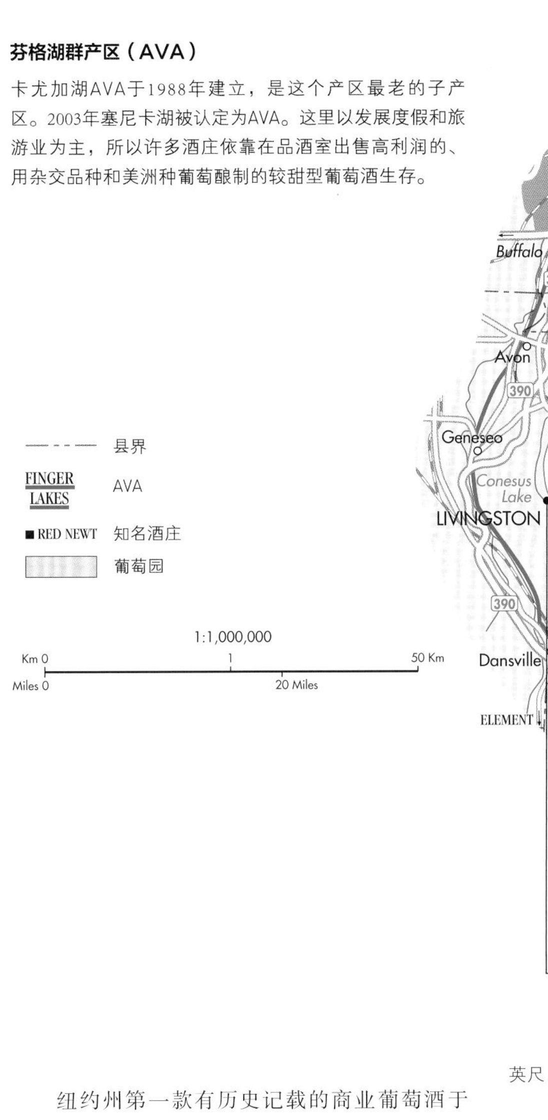

纽约州第一款有历史记载的商业葡萄酒于1829年诞生在**哈得孙河地区**一处今天称为兄弟会（Brotherhood）酒庄的地方，这里同时也是一些小型酒庄聚集的地区。在这个只受哈得孙河调节气候的地区，欧洲种葡萄比较难存活，因此直到最近，多数葡萄还是法国杂交种。不过，也有像米尔布鲁克（Millbrook）这样的酒庄，在上州地区证明了欧洲种葡萄，如霞多丽、品丽珠，甚至弗留利也能茁壮生长，而克林顿酒庄（Clinton Vineyards）以加入其他水果酒的多样化模式经营。

再往北是广阔的、于2016年被认定的AVA**纽约尚普兰谷**（Champlain Valley of New York），主要种植明尼苏达大学（见第289页）培育的抗寒葡萄品种，2018年被认定为AVA的**上哈得孙**（Upper Hudson）也种植同样的品种。

由法国杂交种威代尔酿成的冰酒是最有特色且最受赞誉的，由坐落于**尼亚加拉陡崖产区**（Niagara Escarpment AVA）的8家酒庄生产，就在安大略主要葡萄酒产区的边界（见第293页）。

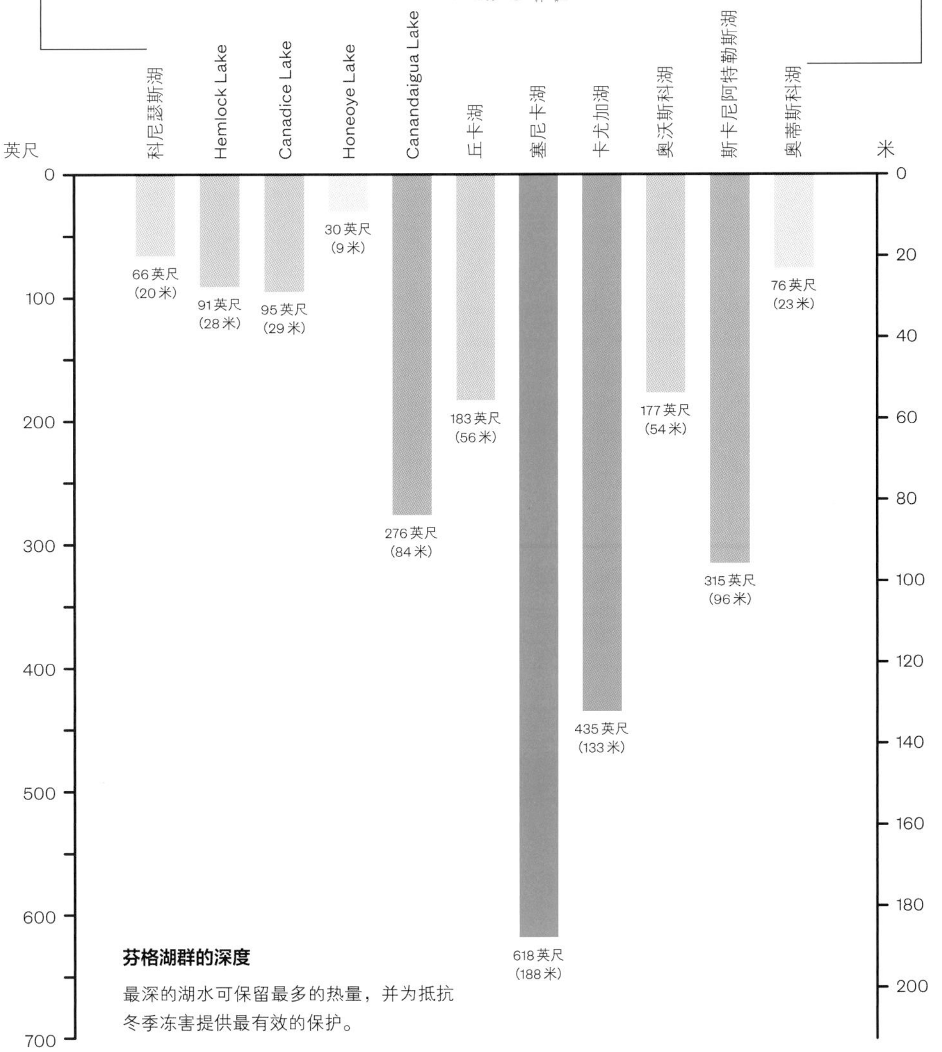

芬格湖群的深度

最深的湖水可保留最多的热量，并为抵抗冬季冻害提供最有效的保护。

科尼瑟斯湖	66英尺（20米）
Hemlock Lake	91英尺（28米）
Canadice Lake	95英尺（29米）
Honeoye Lake	30英尺（9米）
Canandaigua Lake	276英尺（84米）
丘卡湖	183英尺（56米）
塞尼卡湖	618英尺（188米）
卡尤加湖	435英尺（133米）
奥沃斯科湖	177英尺（54米）
斯卡尼阿特勒斯湖	315英尺（96米）
奥蒂斯科湖	76英尺（23米）

西南各州 Southwest States

1650年起，也就是在弥生葡萄抵达加州的100多年前，为满足当时在亚利桑那州、新墨西哥州和得克萨斯州西部城市埃尔帕索（El Paso）附近的西班牙传教士的需求，西南各州已经开始酿造葡萄酒了。

虽然**得克萨斯州**在美国葡萄酒酿造史上算不上具有特殊的地位，但该州葡萄藤的历史举足轻重。这里是美国的植物重镇，拥有比全球任何其他产区都要多的原生葡萄树种。在65—70种分布于世界各地的葡萄属之中，超过15种源自得克萨斯，这在葡萄根瘤蚜虫病害流行期间发挥了非常重要的作用。得克萨斯州丹尼森市（Denison）的芒森（Thomas V Munson），曾经为了成功找出具有抗病性的无性繁殖系，培育出数百种欧洲种葡萄和原生葡萄的杂交种。可以说得克萨斯人拯救了法国乃至全世界的葡萄酒产业。

得克萨斯的葡萄酒产业曾差点儿因禁酒令而消失殆尽。20世纪70年代初，在拉伯克市（Lubbock）附近海拔将近1200米的高平原地区，人们开始实验性地种植欧洲种和杂交种葡萄，当时的种植地在日后成为Llano Estacado和Pheasant Ridge酒庄。他们的选择相当明智，除了广阔无垠、一马平川，该地区的土壤深厚、含有石灰质，并且十分肥沃。这里日照充足，昼夜温差大（冬天非常冷）。不间断的风将疾病阻隔在湾区，并在夜晚帮助葡萄园降温，也有助于抵抗霜冻、冰雹和极端高温。奥加拉拉（Ogallala）地下蓄水层曾经水源丰沛，一度用于滴灌，而如今正在枯竭，所以种植者不得不非常谨慎地用水。这里的生产技术和充满鲜活果味的葡萄酒与华盛顿州的情况极其相似，而瑚珊、神索和丹魄等地中海葡萄品种在得克萨斯州也越来越受青睐。

得克萨斯州80%的酿酒葡萄被种植在高平原区，但其中四分之三被运往得克萨斯中部山区、位于奥斯汀市（Austin）西部的50余家酒庄。一望无际的得克萨斯山区（Texas Hill Country AVA）是美国第二广阔的产区，其中包括Fredericksburg和Bell Mountain这两个AVA子产区。上述三个AVA的总面积达360万公顷，但是真正栽培酿酒葡萄的区域仅有324公顷。

高湿度和皮尔斯病在州内许多葡萄园里肆虐，但得克萨斯的新酒庄仍然层出不穷。目前得克萨斯州约有400家酒庄，许多聚集在城郊，处理从远方葡萄园运送过来的葡萄。一些有意思的生产商在AVA之外酿酒，比如Brennan酒庄（擅长酿制维欧尼品种）和Haak酒庄（在得克萨斯州酿造马德拉风格的加强酒）。

正是有了落基山脉，**新墨西哥州**才可能产酒（亚利桑那州和科罗拉多州亦是如此），海拔的升高让这里的气候冷得恰到好处，甚至只有法国杂交种葡萄才能在该州的北部存活。格兰德（Rio Grande）河谷的海拔从圣达菲市（Santa Fe）的2000米，降到西南部城市Truth或Consequences的1300米，造就了几乎是州内唯一的葡萄种植地。要说新墨西哥州有什么葡萄酒是享誉全美的，应该算是当地Gruet酒庄所生产的优质气泡酒了，虽然令人讶异，但名副其实。

亚利桑那州东南方有两个AVA：索诺伊塔（Sonoita）和威尔科克斯（Willcox）这两个产区在海拔约1520米处种植葡萄，和新墨西哥州南部有许多相似之处。早年，人们在索诺伊塔的Callaghan酒庄开始种植波尔多品种，但是和大多亚利桑那州的种植者一样，他们发现西班牙品种、罗讷河品种和马尔维萨更适合此地。威尔科克斯产区也一样，最有潜力的生产者包括Sand-Reckoner和Saeculum Cellars酒庄。在亚利桑那州中部，靠近魅力十足的杰罗姆镇（Jerome），位于凤凰市（Phoenix）北部的Verde山谷的葡萄酒产业迅速兴起。这里的葡萄园海拔较低，在1070—1520米之间。Caduceus和Merkin Vineyards庄园目前是这里最知名的。如今，亚利桑那州已有超过100家酒庄。

在19世纪，南部的矿工将第一批葡萄藤引进**科罗拉多州**，葡萄种植逐渐北移，首个有一定规模的葡萄园建在大章克申市（Grand Junction）附近的帕利塞德镇（Palisades）。和其他西南各州一样，葡萄根瘤蚜虫病让优质酒的生产受阻，直到20世纪60年代，鹿跃酒窖的创始人沃伦·维尼亚尔斯基在该州协助建立了Ivancie酒庄。尽管这个酒庄只经营到1974年，但它激励了科罗拉多州的生产者，该州如今建设了约150家酒庄。葡萄园的海拔从科罗拉多河流沿岸的大山谷产区（Grand Valley AVA）的约1220米，一直延伸至甘尼森河（Gunnison River）北区沿岸的西艾尔克斯产区（West Elks AVA）的2130米。在这里，欧洲葡萄品种占主导地位，主要包括雷司令、赤霞珠和西拉，但由于严寒的冬季，这里也种植一些杂交品种。

加州南部的葡萄藤正经受着皮尔斯病的威胁，不过多数剩下的果农已经将无性繁殖品系和葡萄园设计双双升级与之对抗。文图拉县（Ventura）最知名的生产者包括奥哈伊（Ojai）和赛奎农（Sine Qua Non），但所用的葡萄主要来自于北部不远的圣巴巴拉县。最主要的产区是特曼库拉谷（Temecula Valley AVA），位于凸起的山丘之间，海拔高达450米，离海岸只有32千米，通过彩虹峡谷（Rainbow Gap）的重要通道与海相连。每天午后，来自海洋的微风都会帮这个原属于亚热带的产区降温，使它的温度不超过纳帕谷北部。凉爽的夜晚当然也有助于降温。这里大多数酒庄的主顾主要是来自洛杉矶的游客。

在遥远的南端，Vesper Vineyards庄园复苏了圣迭戈北部更古老的葡萄园，同时开拓新的葡萄园区，种植一些似乎很适合这里沙漠环境的葡萄品种，包括慕合怀特、西拉、瑚珊和白歌海娜。

墨西哥
Mexico

墨西哥是新世界最古老的葡萄酒产国，早在16世纪30年代，西班牙总督科尔特斯（Hernando Cortés）下令，所有农庄每年都必须为庄园里的每个印第安奴隶种10株葡萄藤。然而墨西哥的现代葡萄酒产业却刚刚起步。1595年，西班牙国王为了保护本国葡萄酒产业，禁止墨西哥开发新葡萄园，并下令大规模地拔除种在墨西哥的葡萄藤，这让墨西哥葡萄酒文化的发展停滞了三个世纪。

第一批葡萄藤种植在如今的普埃布拉州，后来的结果表明，对于长期种植葡萄来说，那里的湿度太高，即便相继尝试的较高海拔区域亦是如此。在墨西哥中北部科阿韦拉州的帕拉斯谷（Parras Valley）中，却有大量的原生种葡萄，这里最初是耶稣会的Casa Madero酒庄（曾经叫作San Lorenzo），于1597年建立，可以说是美洲最古老的酒庄。今天，该地区仍能酿出有着完全现代风格的波尔多、罗讷河式的红酒和清新爽口的白葡萄酒。不过，这是个特例。在墨西哥广达33 700公顷的葡萄园中，仅有20%的产量会被用来酿造餐酒，其他大部分都用来鲜食，或生产葡萄干和一些白兰地。

下加利福尼亚州出产全墨西哥80%的葡萄酒，这些酒主要来自州内的57家酒庄。虽然创建于1888年的Santo Tomás是下加利福尼亚州的第一个现代化酒庄，但要说到现代墨西哥餐酒的先驱和目前最主要的生产者，则是LA Cetto酒庄。LA Cetto酒庄于1928年由意大利特伦蒂诺的移民建立，如今拥有1400公顷的葡萄园，分布于瓜达卢佩谷（Guadalupe Valley）、San Antonio de la Minas和圣维森特山谷，还包括美墨边境以南的特卡特（Tecate）中80公顷的无灌溉金芬黛葡萄园。LA Cetto的内比奥罗葡萄酒大量出口，资深酿酒师卡米洛·马戈尼（Camilo Magoni）是倡导下加利福尼亚州种植意大利葡萄品种的关键人物，如今他有了自己的Casa Magoni酒庄。

恩塞纳达山谷中的**瓜达卢佩谷**距离混乱的边境城镇蒂华纳（Tijuana）仅100千米，这里是新一批雄心勃勃的葡萄酒商的大本营，有餐厅、豪华酒店和葡萄酒博物馆，吸引了众多游客前来。由于水资源非常稀缺，山谷中的葡萄一般都很壮实，极少受到病虫害的侵扰，并能酿造出很浓郁的葡萄酒。

通常来自太平洋的雾和微风会让下加利福尼亚州葡萄园在夜里降温，雾和微风穿过该州西南至东北走向的奥霍斯内格罗斯（Ojos Negros）、圣托马斯和圣维森特山谷，然后由瓜达卢佩南移。谷底相对多沙的土壤将葡萄根瘤蚜虫隔离在湾区，树势较低的赤霞珠在谷中茁壮成长。

1987年，从Monte Xanic酒庄建立并专门出产优质酒开始，新的趋势开始萌芽。该酒庄的成功激励了许多种植者开始酿造自家的葡萄酒。许多更新的生产者受到蒙彼利埃大学科班出身的农学家Hugo D'Acosta的鼓舞与指导。这位专家于2004年在波韦尼尔镇（Porvenir）建立了La Escuelita机构，这是一间用各种材料升级改造成的颇有艺术感的小型培训酒庄。他还监督墨西哥第一家靠重力运作的Paralelo酒庄的设计与建设。

在过去以白兰地为主要酒精性饮料的日子里，西班牙的多默（Domecq）集团在墨西哥做了大量投资。如今，像布朗-康田酒庄的Henri Lurton这样的国外生产商在此投资，还有González Byass公司接手了多默集团位于瓜达卢佩谷的酒庄。墨西哥葡萄酒产业开始追逐国际上的潮流：使用更多、更广泛的葡萄品种，采用生物动力种植法，减少橡木味，以及出产一些白然酒。下加利福尼亚州的主流葡萄酒曾一度让外来人觉得尝起来颇有咸味，这可能源自较少的降水、盐碱度较高的土壤，以及故意让葡萄树略受胁迫的种植方法。最近，酒农们越来越老练，直到采收时分都很少灌溉，而土壤的盐碱化似乎得到改善。

美国得克萨斯州边境的另一边，墨西哥东北部的齐瓦瓦州、阿瓜斯卡连特斯州（海拔高至2000米）、充满活力并且有时多雨的瓜纳华托州、克雷塔罗州（该州以气泡酒出名）、圣路易斯波托西州和萨卡特卡斯州等也产葡萄酒。

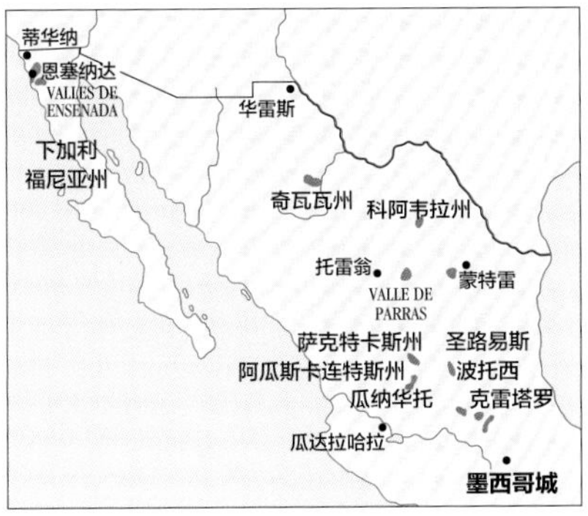

这片空地的所有者希望在此进行商业化的发展，这预示了此处的土地会愈发昂贵。

■ PARALELO 知名酒庄
El Porvenir 葡萄酒中心
葡萄园
等高线间距30.48米

1:225,000

瓜达卢佩谷

通往海洋的狭窄山谷受秘鲁寒流影响而冷却，这很重要，因为该地形有助于每天下午冷空气攀升至山上。大部分葡萄树都种植在海拔200—500米的谷底，但也有一些酒农正在尝试在更高的山坡种植葡萄。

南美洲 South America

阿根廷门多萨产区的图蓬加托山附近的葡萄园。太阳升起时，高耸的安第斯山脉中塞罗普拉塔区的银色山巅被染成玫瑰般的粉色。

南美洲 South America

在传教士北上至美国加利福尼亚州种植葡萄之前，南美洲就已经有一段葡萄种植与酿酒的历史了。这片大陆上的移民主要来自拥有浓厚葡萄酒文化氛围的国家，比如西班牙、葡萄牙和意大利，而南美洲的土地极其适合种植葡萄。

移民者引进了一流的葡萄品种，并进行大批量的生产，甚至在19世纪葡萄根瘤蚜虫病席卷欧洲时，南美洲可以出口一部分葡萄酒以弥补短缺。即便如此，在整个20世纪，该大陆鲜有能够达到国际标准的酒，直到20世纪80年代，现代的酿酒技术引进南美洲，包括产量的控制、酒窖的卫生、良好的控温和小橡木桶的使用。

到了现代，阿根廷的葡萄酒产量位居南美洲第一，智利也是第一个大规模出口葡萄酒的国家，在中国市场上的地位十分稳固。乌拉圭和后起之秀巴西也有了各自的葡萄酒特色。

秘鲁和玻利维亚

早在16世纪，西班牙的殖民者将葡萄藤引入秘鲁，该国曾一度种植了40 000公顷的葡萄园，用于满足整个南美洲的葡萄酒需求，甚至有些酒被运回西班牙，如此盛景一直持续到当地的贸易保护主义者颁布禁令，从而切断了横跨大西洋的贸易。从那之后，秘鲁的葡萄园将生产重心转移到一种叫作皮斯科（pisco）的葡萄烈酒上。1888年，葡萄根瘤蚜虫病的到来几乎葬送了秘鲁整个葡萄酒产业。

如今，秘鲁大约有11 000公顷的葡萄树，主要集中在利马（Lima）、伊卡（Ica）和塔克纳（Tacna）三省以及莫克瓜（Moquegua）产区，其中伊卡省因秘鲁寒流（见第336页）的影响，具有适宜葡萄生长的凉爽夜晚，雨水也不会过多。一些人相信靠近阿雷基帕（Arequipa）更高海拔的山谷具有更大的潜力，那里种植的葡萄至今大多还是用于生产皮斯科烈酒。最重要的两家葡萄酒公司均为家族式酒庄，它们分别是生产可口起泡酒的塔卡玛（Tacama），以及出产茵蒂帕尔卡（Intipalka）品牌的Santiago Queirolo。

玻利维亚早在16世纪起便开始种植葡萄，但大部分为亚历山大麝香品种，用于酿造当地的皮斯科式葡萄烈酒singani以及食用。近年来，位于该国的一些堪称世界上最高海拔的葡萄园［在科塔盖塔区（Cotagaita）能高达3200米］，开始种植一些国际葡萄品种。当地受到夏季暴风雨的困扰，葡萄酒生产集中于该国南部安第斯山脉高处的塔里哈区（Tarija），海拔在1600—2500米之间，位于圣克鲁斯省海拔稍低的萨迈帕塔（Samaipata）和巴耶格兰德（Valle Grande）山谷则颇有潜力。塔里哈区北部的Cinti峡谷具有非凡的生长了100—200年的葡萄老藤，它们攀缘、生长在胡椒树等树木上，这样的生长方式正如当年殖民期间人们所见的一样。如今，该国仅有3500公顷的葡萄树用于产酒，主要为红葡萄酒。塔娜品种在此表现良好。

南美洲的葡萄酒产区

阿根廷的葡萄酒产量比南美洲其他各国要多得多，但是智利正在奋起直追，如今乌拉圭、巴西、秘鲁和玻利维亚的葡萄酒产业也越来越值得关注。

◁
该酒庄在名称绝妙的Vale dos Vinhedos（意思是“葡萄园之谷”）中，属于巴西的主要生产商Miolo。高乔山谷产区总是云雾缭绕。

巴西 Brazil

多年来，巴西的葡萄都种植在不适宜生长的地区，那些地方雨水过多，土壤太肥沃，排水缓慢，所以一个抗性极强的美洲种葡萄伊莎贝拉受到当地小型酒庄的青睐，被大量种植。如今，该国的葡萄酒农、葡萄酒生产者和葡萄酒消费者都变得越来越老练。

传统上，巴西的葡萄种植控制在成千上万的小酒农手中，它们大部分位于南里奥格朗德州（Rio Grande do Sul）的高乔山谷（Serra Gaúcha）产区，那里的年平均降水量约1750毫米。伊莎贝拉（其他地方拼写为Isabella）是最常见的葡萄品种，因为该品种对腐烂和霉菌有很强的抗性，如今仍占全巴西葡萄种植总量的80%。过高的产量使得酒的品质往往达不到出口的标准，而这里的葡萄也很难完全成熟。因此，这里的酒款风味寡淡、有些甜度，偏意大利风格，常见的是微气泡红酒。

生产优质酒的动力来自20世纪90年代，巴西市场开放葡萄酒进口之时。就算不太挑剔的消费者也一下子就品尝出大部分进口酒品质优异，且性价比更高。所以许多生产者开始开辟新的葡萄园并邀请知名的国外酿酒专家前来指导。越来越多的伊莎贝拉葡萄开始用于生产葡萄汁。

葡萄酒生产集中于南里奥格朗德州的四个地区：Campos de Cima da Serra、高乔山谷、东南部山脉（Serra do Sudeste）以及靠乌拉圭边境的坎帕尼亚［Campanha，亦称作弗龙泰拉（Fronteira）］。前两个产区出产约85%的巴西葡萄酒。

高乔山谷产区的子产区Vale dos Vinhedos（意思为“葡萄园之谷”）是巴西的第一个法定产区（Denominação de Origem，简称DO），生产梅洛和霞多丽。这些品种通常成熟较早，能在3月底雨水来临之前就被采收。从那以后，其他子产区（参考地图）也被官方认证为法定产区（Indicações de Procedência，简称IP）。平图班黛拉（Pinto Bandeira）可以生产一些较为优质的传统法起泡酒，Cave Geisse酒庄的起泡酒品质可以为此作证，并推动了该子产区更高海拔的地区被提名为新的DO。Farroupilha生产一些受推崇的微起泡酒，类似意大利的阿斯蒂起泡酒，由当地的麝香品种酿造，充满葡萄的芬芳。

南部地区

最有潜力的新葡萄酒产区大概是坎帕尼亚，巴西最重要的生产商，比如Miolo Wine Group、瓦尔杜加（Casa Valduga）、索尔顿（Salton）纷纷从大本营高乔山谷延伸至此地。这里的气候干燥得多，日照时间更长，土壤也是较为贫瘠的花岗岩和石灰岩，为葡萄酒生产营造了更天然的优良条件。一些不错的红葡萄酒出产于此，而白葡萄酒，特别是起泡酒可能更加成功。目前葡萄品种和土壤的匹配在这里备受关注。一些常见的国际葡萄品种在该产区激增，而一些来自葡萄牙的品种也崭露头角。

南里奥格朗德州以北不远处是圣卡塔琳娜州（Santa Catarina）凉爽的卡塔琳娜高原（Planalto Catarinense），海拔在900—1400米之间。这里的土壤以玄武岩为主，似乎非常适合种植长相思、黑皮诺、蒙特普尔恰诺和桑娇维塞。圣卡塔琳娜州以北不远也出产一些葡萄酒，位于圣保罗市（São Paulo）旁的偏远山区，Guaspari酒庄的产品尤其出名。

而最令人瞩目的巴西新产区无疑是位于该国东北部，赤道以南10度以内，干燥炎热的Vale do São Francisco（见隔页的定位图）。该产区需要靠河水灌溉，采用热带葡萄种植方法，一年有两季收成，生产丰富、廉价且细腻的赤霞珠、西拉和麝香葡萄酒。

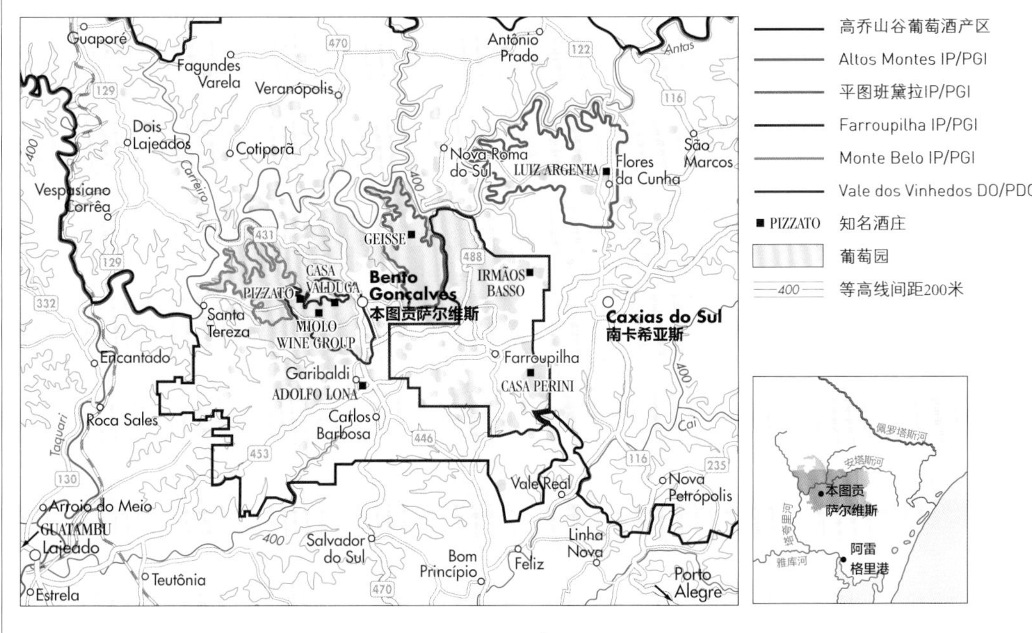

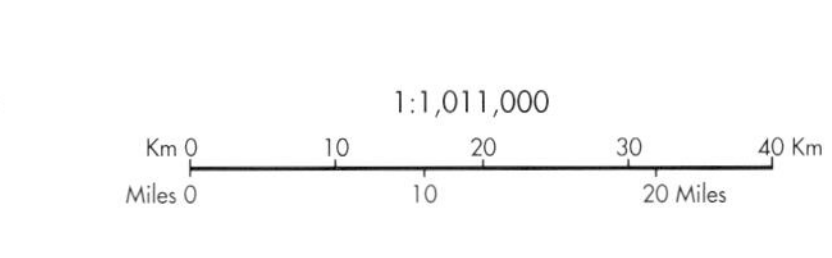

高乔山谷

这是巴西第一个拥有法定子产区的葡萄酒产区，为识别与鼓励葡萄园区、品种和葡萄酒风格的完美结合迈出了第一步。

乌拉圭
Uruguay

与巴西人不同，乌拉圭人是南美洲最热衷于饮酒的，这也使得乌拉圭成为南美第四大葡萄酒生产国。

乌拉圭的当代葡萄酒业始于1870年巴斯克移民的涌入，他们带来了优质的欧洲葡萄品种比如塔娜，该品种来到乌拉圭之后被当地人称作哈瑞雅格（Harriague）。一如马尔白克在阿根廷的艳阳下变得柔和，乌拉圭的塔娜比它在故乡法国西南部表现得更为饱满、柔顺，所酿之酒经过一两年的陈放就很易饮，这与经典的塔娜产区马迪朗大不相同。

但这并不代表乌拉圭的气候和地形与阿根廷相似。这里光照固然很好，但更为潮湿（很难进行有机种植）。实际上，乌拉圭的平均气温和年降水量（900—1250毫米）与大西洋另一侧那相对潮湿的波尔多产区类似。乌拉圭大部分重要产区位于南部，那里的夜晚非常凉爽，但不是因为高海拔的原因（乌拉圭的地势较为平坦），而是受到南大西洋西风漂流的影响。夜晚多风而凉爽，使得葡萄的成熟缓慢渐进。但秋雨提前到来的年份是个例外，这个年份的酒的酸度会更加清爽怡人。长久以来，新鲜的香气和风味的平衡是乌拉圭葡萄酒具备的特质。

凉爽的海岸

大约90%的乌拉圭葡萄酒产自具有海洋性气候的南部海岸省份，比如卡内洛内斯（Canelones）、圣何塞（San José，这两片地区已经有法国人来投资），以及山丘连绵、风土条件多样的蒙得维的亚（Montevideo）。土壤主要为壤土，底层是各类黏土和石灰岩的混合。旅游胜地埃斯特角城（Punta del Este）发展了很多颇有潜力的新葡萄园，受大西洋的影响很深。而位于马尔多纳多镇（Maldonado）的Bodega Garzón庄园具有花岗岩和石英土壤，这是东南部产区大型外资酒庄中充满试验精神的，种植了非常多样化的葡萄品种。

穿过从布宜诺斯艾利斯流淌而来的拉普拉塔河（Río de la Plata，意为河床），来到乌拉圭西南部一个还在发展中的科洛尼亚省（Colonia）。这里的冲积土过于肥沃，葡萄树生长过于繁茂，使得葡萄的成熟度不够。当地已经聘用国际酿酒顾问来解决这个问题。大部分乌拉圭葡萄园采用树冠呈开放式的七弦琴式架式，让葡萄接受更多阳光，该整枝方法在这气候潮湿的地区尤为关键，但费时费力。

乌拉圭最早种植的哈瑞雅格葡萄藤最终染上了病毒病害。如今的葡萄藤几乎都被法国引进的苗木所替代，为了区分这两者，后者在乌拉圭被叫作塔娜。但加布里埃尔·皮萨诺（Gabriel Pisano），作为酿酒家族里最年青一代的继承人，用还存活着的哈瑞雅格老藤酿出了罕见的塔娜甜烈酒。塔娜仍是目前全国种植最广泛的品种，2016年在全国的6445公顷葡萄园中有1731公顷种植着塔娜。种植量第二大的品种是梅洛，特别适用于在混酿中柔化塔娜那极为涩口的单宁。赤霞珠、品丽珠、小维多、金芬黛，包括如今的马瑟兰品种都很流行。其他常见的品种包括霞多丽、长相思、维欧尼、特来比亚诺、特浓情，还有最近种植量渐增的阿芭瑞诺。

东北部的里韦拉省（Rivera）与边境另一侧的巴西潜力产区坎帕尼亚相比，葡萄种植情况非常相似。里韦拉省Cerro Chapeu产区的土壤能够促进葡萄树的根系深入土层。该地区还试验着多样的葡萄品种。在西北部更为炎热干燥、受海洋性气候影响较小的萨尔托省（Salto），亦为哈瑞雅格品种最早的商业化种植地，当地H Stagnari酒庄以饱满圆润的塔娜葡萄酒而闻名。

目前乌拉圭各种规模的葡萄酒公司大多为小型、中型以及新晋公司，但也有最大型企业之一的胡安尼科（Juanicó）公司，它们开始注重品质、增加出口量，虽然出口比例仅占全部产量的5%。

乌拉圭南部

大多数乌拉圭的葡萄酒产区环抱海岸，但注意右侧定位地图中更北部的产区在历史上有着重要地位。

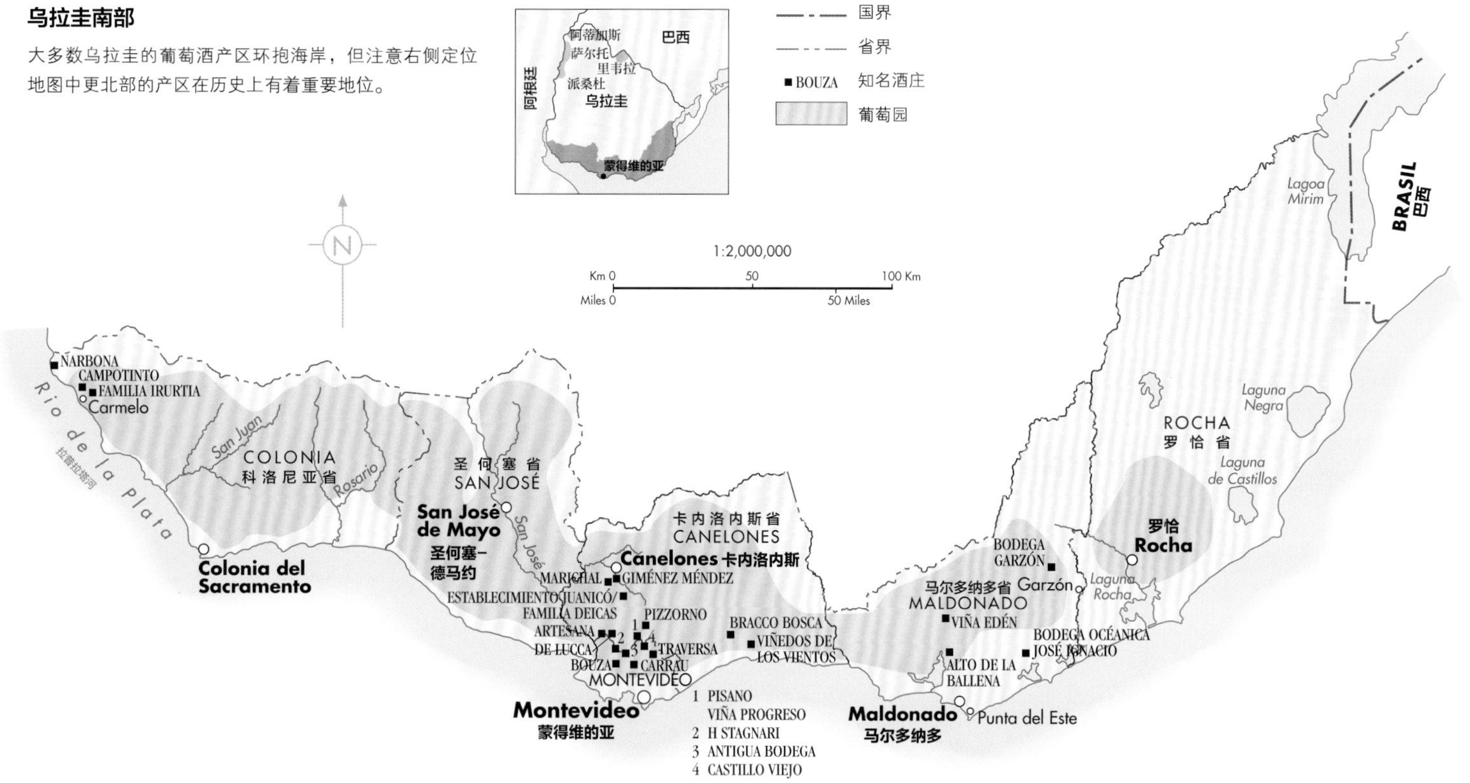

智利
Chile

想象一下，在一个南半球国家，葡萄园能延伸1400千米，纬度的跨度相当于从法国的波尔多到北非的廷巴克图市（Timbuktu）。这便是智利。该国的葡萄种植条件极为丰富多样，从阿塔卡马沙漠（Atacama Desert）到寒冷的巴塔哥尼亚（Patagonia）高原都有葡萄园。

智利那狭长的地形让整合该国从北到南的地图的人士备感困扰，所以本书将智利主要产区的地图旋转90度，从西向东绘制。同时本书没有篇幅描绘北端与南端偏远地区的细节情况，但是不久的将来有必要在下一版中呈现，因为那些地区现在越来越适宜种植葡萄。

智利最初的名声源于廉价、果味一向丰富的赤霞珠和梅洛酒，主要种植在令人羡慕的葡萄天堂——中央山谷，随后全国各处都发展出适合种植葡萄的地区。智利的葡萄酒变得越发精致，更注重产区特色。

最初，智利的官方葡萄酒地图笼统地将这片窄长的土地横向切开——在西部寒冷的太平洋到东部高耸的安第斯山脉之间分出各个山区。但是为了便于区分东西两端地理上的巨大差异（见第336页图解），该地图被垂直划分。智利的酒商可以在其酒标上标注“Costa”（海岸）、“Entre Cordilleras”（海岸山脉和安第斯山脉之间）和“Andes”（安第斯山脉）来表明这三大差异显著的葡萄生长环境。即使在时尚的沿海一带，若对比直接面朝海洋的地区和海岸山脉朝东的地区，其葡萄的生长环境也截然不同。

在智利，不仅气候在横向和纵向上差异巨大，连土壤和下伏岩石也是如此，这点特别受履历丰富的智利风土专家佩德罗·帕拉（其照片在第25页显示）的关注。智利西部可以找到古老的花岗石、片岩和板岩，而深厚的黏土、壤土、粉沙土和沉积沙土分布在海岸山脉和安第斯山脉之间的中央山谷，这里的土壤通常因塌积或河流冲击而形成，给葡萄种植者带来了一片风土相当多样的宏大矩阵。

葡萄种植者的天堂

智利是一个非常适宜种植葡萄的国度，有着稳定的地中海气候。每日阳光绚烂，万里无云，空气无污染（除了首都圣地亚哥周围）。智利葡萄酒产区传统上的唯一劣势是夏季几乎毫无降水。为了解决缺水问题，就连印加帝国时期的农夫都开凿出相当惊人的运河和沟渠，以便引导每年从安第斯山融淌下来的雪水（如今融雪的水量已经不如以往充裕），以淹漫方式进行灌溉。这种一度流行的灌溉法也许不尽完善，因此较新的葡萄园都已经改成滴灌系统，该方法既能施肥（智利偏沙质的土壤常常需要靠施肥来保持肥沃度），也能为每一排的葡萄树提供其需要的水分。有了轻质但肥沃度往往足够的土壤，加上全方位控制的水分供应，要栽种葡萄简直轻而易举。其实，现在对品质要求较高的酒庄已经开始积极地寻求贫瘠的土地来生产最优质的葡萄酒。

智利南部的一些较老的葡萄园常采用无灌溉的旱地耕种法。在一些较新的葡萄酒产区，需要通过昂贵的钻井来取水，偶尔还受到水资源使用权的管束。在南部还是会有腐烂和霉菌的困扰，但是相对于欧洲大部分地区，甚至比起安第斯山脉另一侧的阿根廷，这里的真菌类疾病少之又少。

智利作为葡萄酒出产国的另一特色来源于地理上的孤立：“与世隔绝”的智利的葡萄园未受到根瘤蚜虫病的侵害。当地的种植者可以放心地让葡萄树发展自己的根系，于是在建立新的葡萄园时只需将葡萄苗木直接扦插到土中即可，不需要花时间和金钱先嫁接到抗根瘤蚜虫病的砧木上。然而如今在智利还是流行使用砧木，合适的砧木可以促进葡萄成熟、适应特殊地理环境，还可以抵抗当地常见的病虫害，如线虫灾害，或者防患于未然，因为近年来大批从其他葡萄酒产区前来的游客可能无意中会将根瘤蚜虫病带进智利。

直至20世纪90年代末，在智利最普遍种植的葡萄品种是派斯（在阿根廷被称作克里奥亚奇卡，在美国加利福尼亚州被称为弥生），如今这个品种还是被广泛种植，并且酿成的葡萄酒灌装于铝箔制的利乐包装盒内，在智利相当受欢迎。但无论是大型酒庄还是小型精品作坊，现在越来越多的生产者注重该葡萄的品质，特别是来自马乌莱（Maule）和伊塔塔（Itata）产区的老藤能出产精品派斯。智利人也有着长久种植波尔多葡萄品种的历史，产量丰富，他们在根瘤蚜虫病灾害还未摧毁欧洲葡萄园之前已经从波尔多直接进口葡萄苗木。

至少有一个世纪的光景，智利葡萄园以派斯、赤霞珠、“长相思”（不少其实是青长相思品种，亦被称作苏维浓纳斯）和“梅洛”（许多其实都是佳美娜，一种长势旺盛的传统波尔多葡萄品种，葡萄带有一些生青味，有时更适合用于混酿，而不是酿造单一品种葡萄酒）为主。

但是在20世纪末和21世纪初，种植品质更好的无性繁殖品系及引进新品种的趋势，让智利这些特别健康的葡萄园在很短时间内发展出风味更多样的葡萄酒，这也得益于不少新开发的葡萄酒产区坐落在更凉爽的地区。如今，尽管赤霞珠还是主导品种，但智利已经开始出产高质量的西拉、黑皮诺、马尔白克、白长相思、灰长相思、维欧尼、霞多丽、琼瑶浆，甚至雷司令等品种。

智利：库里科 ▼

纬度 / 海拔
34.97°S/ 228米

葡萄生长期的平均气温
17.4℃

年平均降水量
724毫米

采收期降水量
3月：14毫米

主要种植威胁
线虫

主要葡萄品种
红：赤霞珠、梅洛、佳美娜、派斯、西拉；
白：长相思、霞多丽

智利中部

此地图被逆时针旋转了90度（左边是北），以确保更多地呈现智利葡萄酒产区全貌。图中包括了在中央山谷的四个产区——从环绕着圣地亚哥的迈坡山区葡萄园到极为平坦的马乌莱，还有一些较新、较寒冷的沿海产区，以及曾经不被看重的、更潮湿的马乌莱和依塔塔部分地区。

遥远的北部

差不多同时期涌现的大片新葡萄酒产区比中央谷地更凉爽，这是因为它们比较接近海洋、更靠近南极，或海拔更高。近年来智利葡萄酒地图的扩展最引人注目之地可能是在智利的最北部（见第 333 页），尽管在那些地区灌溉是必需的，且并非易事。葡萄藤生长在海拔 2500 多米的阿塔卡马沙漠里，位于阿塔卡马盐湖（Salar de Atacama）附近的部分小区域中。海拔最高的葡萄园高达 3500 米，贴近玻利维亚的边界。来自这些葡萄园的酒被称作 Ayllu，意思为“社区”，由西拉、马尔白克和派斯混酿。最北边的葡萄园要更往北走 350 千米，处于南纬 20 度，伊基克（Iquique）市的西南边。

这些在艾尔基（Elqui）和里马黎（Limarí）产区周边的葡萄园太靠北端，无法将它们详细绘制于地图里。多年以来，艾尔基山谷那陡峭的葡萄园出产鲜食葡萄和智利人喜爱的皮斯科酒（一种以麝香葡萄酿制的白兰地烈酒）。但是意大利人拥有的翡冷翠（Viña Falernia）酒庄在该产区海拔 2000 多米处出产了荣获大奖的葡萄酒，该酒庄浓郁的西拉酒尤其出彩。在艾尔基山更高处坐落着不断创新的 De Martino 酒庄，那里的知名酿酒师马塞洛·雷塔马尔（Marcelo Retamal）在海拔 2206 米处种植了西拉和其他地中海品种，酿造 Viñedos de Alcohuaz 精品酒。此处花岗岩的陡坡容易让人们联想到法国罗讷河谷北部，生产着风味极为充盈的葡萄酒。

里马黎往南是一片十分开阔的山谷。其葡萄园也离海岸很近，从太平洋吹来的海风大大降低了气温，因为此处与智利大多地区不同，没有海岸山脉的阻挡。因此，如达百利（Tabalí）酒庄的葡萄园离海岸仅 12 千米的距离，已经生产出世界级的长相思、霞多丽和日趋优质的黑皮诺酒。和艾尔基一样，这里曾经也只出产皮斯科，而且多年来只有一家合作社形式的酒厂。即使该产区缺水，2005 年智利最大的葡萄酒公司干露酒庄（Concha y Toro）还是买下了这个酒厂，并将其改名为 Viña Maycas del Limarí，显示出了对此地区葡萄酒生产的信心。

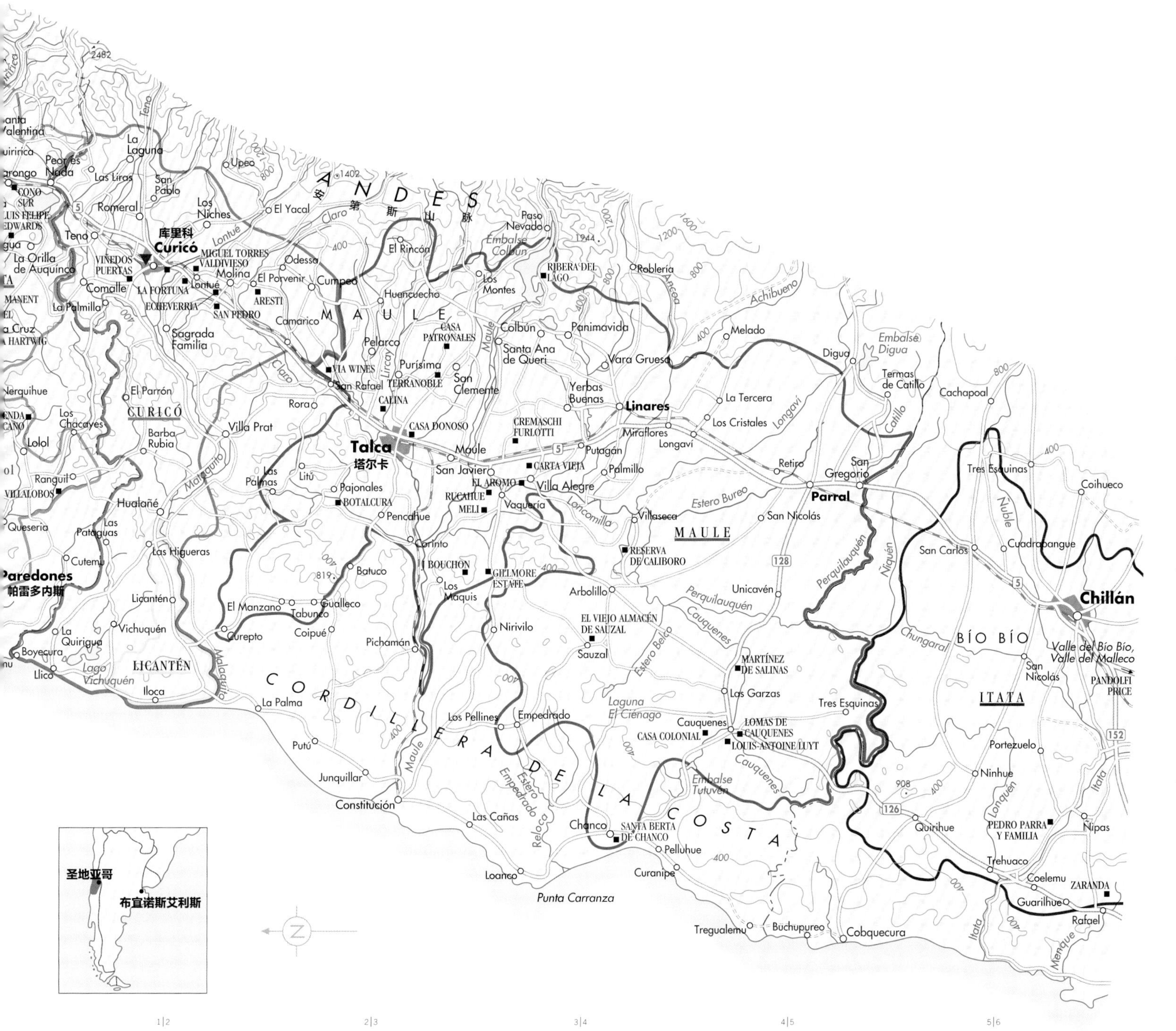

阿空加瓜区和太平洋

地图上详细描绘的最北部葡萄酒产区（图中最左边）是阿空加瓜（Aconcagua）大区（以海拔7000米的安第斯山最高峰命名）。该区域由三个条件殊异的子产区所构成：温暖的阿空加瓜谷地本身及特别凉爽的卡萨布兰卡谷（Casablanca Valley）和圣安东尼奥谷（San Antonio Valley）。在地形宽阔开放的阿空加瓜谷地，温暖的空气通常由两种风所调节，一边是下午自安第斯山脉吹往海边的山风，另一边是傍晚自太平洋沿岸沿着河口吹向内陆的海风，它们让安第斯山脚下的西向山坡变得更为凉爽。在19世纪末，伊拉苏（Errázuriz）家族在Panquehue区的产业因为是当时全球最大的单一庄园而闻名。如今阿空加瓜谷地中约有1000公顷的酿酒葡萄园，许多山坡地也已经变成葡萄园。葡萄种植也越来越靠近沿海地区。Colmo镇西边的葡萄园离太平洋仅16千米，气候与新西兰的马尔堡产区一样凉爽，一些智利最精致的黑皮诺和霞多丽由伊拉苏家族的酿酒师弗朗西斯科·贝提（Francisco Baettig）酿造，葡萄来自2005年建立的葡萄园，离海岸仅12千米。

卡萨布兰卡谷在20世纪90年代迅速发展，是近代第一个深受海洋影响的产区，此地为智利葡萄酒增添了清新的长相思、霞多丽和黑皮诺。现在这里有十几家酒庄，而且几乎所有大厂都在这里采购或种植葡萄。由于谷地离安第斯山太远，傍晚的凉爽山风无法吹到更内陆的葡萄园，而山上融化的雪水也很难流到这边灌溉。但尽管山谷最东边的地区更温暖，卡萨布兰卡谷的大部分地区还是接近海洋，所以凉爽的海风总是能够降低午后的气温，最多能降到10℃，再加上该山谷冬季温和，使得卡萨布兰卡的生长季比大多数中央山谷的葡萄园要长一个月。这里常年经受让人担忧的春季霜冻危害，在开阔的谷底地区，一些易遭霜害的葡萄园甚至在采收前一周还能遇到霜冻。而且在这水资源短缺的地区，用喷洒水的方式抵御霜冻是非常昂贵的。该产区葡萄树那天然的低长势使之容易遭受线虫的侵害，所以需要嫁接在抗线虫的砧木上。这里的葡萄种植成本比其他地区要高。

卡萨布兰卡的成功也鼓舞了位于低缓海岸丘陵区的圣安东尼奥谷的发展，维纳莱纳（Viña Leyda）酒庄于1997年种下第一批葡萄藤，2002年该谷地成为法定产区。多样的地形让圣安东尼奥甚至比卡萨布兰卡的西部受到更多海洋影响，更寒冷潮湿。除了维纳莱纳之外，本地最重要的先锋酒庄还有玛麟酒庄（Casa Marin）、Matetic和Amayna，不过，有非常多的外地酒庄会从该产区购买葡萄来酿酒，特别是长相思、霞多丽、黑皮诺和最近流行的西拉，如今西拉已经成为智利最有实力的葡萄品种。2018年，玛麟酒庄的一个新区域罗阿瓦尔卡（Lo Abarca）被认定为法定产区，那里的气候极其凉爽，距离太平洋仅4千米。与卡萨布兰卡西部一样，圣安东尼奥贫瘠的土壤主要由薄层的黏土覆盖在花岗岩层上所构成，罗阿瓦尔卡区有些石灰岩，当然灌溉的水源依然匮乏。圣安东尼奥谷地南边的**莱达谷**（Leyda Valley）是另一个法定产区。

中央山谷

我们的地图显示了四个子产区：库里科谷（Curicó）、迈坡谷、拉佩尔谷（Rapel）和马乌莱谷。后三个产区以流经中部平原、穿过海岸山脉直至海洋的河流而命名。

迈坡谷产区相当炎热，如今还会被笼罩在圣地亚哥污染的烟霾之下。这是中部山谷最小的葡萄酒产区，而且由于首都圣地亚哥地价的飞速增长，葡萄园的发展也受到威胁。最初，因为该产区邻近首都，19世纪的智利乡绅争相建立了广阔田园及大型农场，当时成立的大型葡萄酒公司如今仍占据主导地位，如干露酒庄、桑塔丽塔（Santa Rita）和圣卡罗（Santa Carolina）。这是孕育智利第一代优质葡萄酒的地方。

迈坡谷主产红葡萄酒，如果产量控制得当，用波尔多品种酿造的葡萄酒可达到世界级水准，风格类似加州纳帕谷的赤霞珠，但不失智利独有的泥土气息。

上普恩特（Puente Alto）子产区的葡萄园一直延伸至安第斯山，受山区的影响颇深。这里的早晨相对较冷、土壤贫瘠，已经酿出几款智利最受赞赏的、以赤霞珠为主的红酒，例如Almaviva、Domus Aurea、Casa Real（桑塔丽塔酒庄的顶级酒），以及Haras de Pirque和Viñedo Chadwick。葡萄遍布于中央山谷海拔较高处，实际上，西边的海岸山脉和东边较干冷且日照时间长的安第斯山区都有种植葡萄树。

紧临迈坡谷南边的是酒业发展迅速、自然条件多样的拉佩尔谷。拉佩尔谷产区北部为卡恰波阿尔（Cachapoal）谷地［包括兰卡瓜（Rancagua）、Requinoa和Rengo等区，这些产区名偶尔会出现在酒标上］，南部是科尔查瓜（Colchagua）产区，包括圣费尔南多、Nancagua、钦巴隆哥、马奇奎。安第斯山地区的Los Lingues位于圣费尔南多市的北边，于2018年被认证为新的DO法定产区。同年成为法定产区的还有阿帕尔塔（Alpata）区，是一片独特的马蹄形朝南谷地，Montes和Lapostolle酒庄在这里酿造优质的山坡葡萄酒。卡恰波阿尔、科尔查瓜和阿帕尔塔（特别是后两个产区名）都比拉佩尔更常出现在酒标上，拉佩尔通常代表混合了卡恰波阿尔和科尔查瓜两个子区的葡萄酒。在科尔查瓜谷地，Luis Felipe Edwards酒庄将葡萄种在海拔1000米的地区，也借此酿造出全智利最鲜美多汁、最浓缩的佳美娜酒。在另一端，西部的新产区帕雷多内斯（Paredones）靠近太平洋，各方面都接近圣安东尼奥的情况，能够出产位于内陆的科尔查瓜无法出产的清爽白葡萄酒。智利的土质差异非常大，即

中央山谷的气候

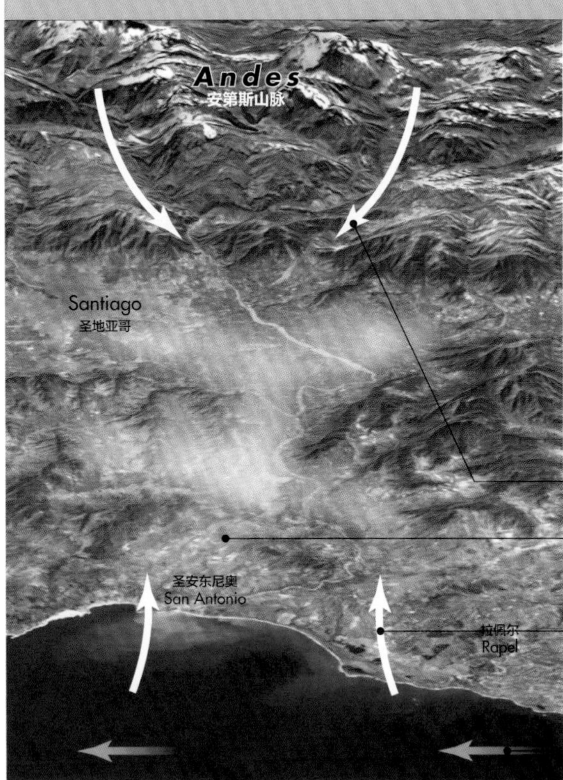

中央山谷的葡萄园连绵1400千米，受到秘鲁寒流影响，气温降低，造成了此处的海水比北纬同一个纬度的加州海域更冷。另外一个冷却葡萄园（尤其是中央山谷东部的葡萄园）的因素是晚上从安第斯山沉降的冷空气。所以葡萄在智利比在法国更容易稳定成熟，不过智利酿酒师在夜间工作时，要多加件毛衣来保暖。

来自安第斯山脉的冷空气

海风造成低空的云雾笼罩在山谷上

湿冷的南太平洋洋流遇到海岸山脉

南太平洋洋流

数据来源：PlanetObserver

△
为法国人所有的拉博丝特（Casa Lapostolle）酒庄在不断创新中——该酒庄是科尔查瓜产区中受推崇的子区阿帕尔塔的先锋开拓者，在其Clos Apalta酒庄的建筑设计上完全不受传统约束。

使在小产区也不例外，不过关键在于这里有一些黏土，是最适合种植梅洛的典型土壤，同时也有智利寻常可见的混合性土壤，包括沙壤土、沙土和一些火山岩。

沿着全美洲公路（Pan-American Highway）往南一段，沿途有老卡车行驶，且可能冒出野生动物，就来到了库里科谷产区的葡萄园，这个产区还包括了一个 Lontué 子产区，也常出现在酒标上。这里的气候稍微温和些，灌溉也不是必要的。这里的平均雨量比艾尔基谷要高 10 倍，不过霜害危险要高不少，而海岸山脉因为往东边延展得够远，完全阻隔了所有来自太平洋的影响。加泰罗尼亚的传奇人物米格尔·托里斯（Miguel Torres）在 1979 年时甚受瞩目地在此投资了一家酒庄（同年，法国罗斯柴尔德家族也和美国加利福尼亚的蒙大维酒庄进行了一个跨大西洋的先锋合作项目），这项对本地产酒条件深具信心的投资在当时因地点太偏南而未受重视，但后来被很多人效仿。米格尔·托里斯的 Manso de Velasco 是智利最细腻的赤霞珠葡萄酒之一。

位于莫利纳市（Molina）的 San Pedro 酒庄周围环绕着全南美洲面积最大的单一葡萄园（占地 1200 公顷），和智利大多数酒业一样，采用非常精确的技术进行种植和酿造，完全改观了人们对拉丁美洲的印象。这里最新法定产区之一是利坎滕（Licantén DO），同样受临近的太平洋影响。马乌莱是中央山谷最南端的子产区，同时也是智利最古老的葡萄酒产区，降雨量是圣地亚哥的两倍（尽管夏季同样干燥），也是智利拥有最多火山岩土壤的葡萄酒产区。许多葡萄园栽种的是派斯品种，混杂着一些马尔白克和佳美娜。

赤霞珠在该产区被广泛种植，但在产区西部有着少量的老藤佳丽酿，以无灌溉旱作方式种植，其价值日趋提升。直到最近，大多数的马乌莱都混合于大公司产的中央山谷大区葡萄酒中，但 Vigno 体系的成立标志着该产区高品质酒的开端。Vigno 并非一个法定的协会，该体系于 2010 年建立，旨在让志愿加入的酒庄展现其精品的老藤马乌莱佳丽酿。当中的酒庄成员大到安杜拉加（Undurraga）和干露酒庄这样的集团，小至 Gillmore 和 Meli 这样的庄园。

此外，米格尔·托里斯在马乌莱产区西边一个以板岩为主的区域 Empredado 种植了许多黑皮诺，这些酒的首发年份彰显了很大的潜力。这个来自加泰罗尼亚的家族在智利还成为大胆用派斯品种酿造创新型起泡酒的先锋。

智利南部

在这个称为苏尔（Sur，西班牙语 Sur 是南部的意思）的南部地区，有依塔塔、比奥比奥（Bío Bío）和马耶科（Malleco）三个子产区，因为海岸山脉的屏障效果较小，气候比马乌莱更冷也更潮湿。在较新的葡萄园中开始种植雷司令、琼瑶浆、长相思、霞多丽和黑皮诺这些品种。较老的葡萄园仍然以种植派斯和麝香品种（特别是在依塔塔子产区）为主。依塔塔是智利首个在海岸地区种植葡萄的产区，当年西班牙殖民者来此不久就开始种植。即使到今天，在离太平洋 16 千米的 Guarilihue，还能看到藤蔓遍布的葡萄园，种植着生机勃勃的老藤麝香葡萄，这些葡萄被新一代智利酿酒师所追捧。

来自马耶科产区 Viña Aquitania 酒庄的 Sol de Sol 霞多丽是该地区第一款品质被国际认可的葡萄酒，进而鼓舞了其他酒庄往智利葡萄酒地图的更南部探寻。如今，许多酒庄前往南部开拓葡萄园，其中当然包括米格尔·托里斯。比如在寒冷而潮湿的奥索尔诺（Osorno）产区，距离圣地亚哥 980 千米之远，如今天然森林、湖泊和群山之中已经存在一些小型葡萄园。该地区的葡萄酒包括黑皮诺，以及由长相思和雷司令酿造的无泡和起泡酒，它们不同于很多其他智利酒的风格。

Montes 酒庄在南部两个地区试验种植包括雷司令和黑皮诺在内的五个葡萄品种，一个是天然感十足的小岛 Mechuque，另一个是位于大陆南部巴塔哥尼亚高原中 Chile Chico 区域的当地葡萄种植试验站。智利的葡萄酒地图会越来越往南部延伸。

阿根廷 Argentina

△
优克谷圣卡洛斯（San Carlos）产区的一片整枝十分工整的葡萄园，这里是该省最南部，葡萄园会时常面临霜害。安第斯山脉上的积雪没那么厚，融雪是当地灌溉水的来源。

与智利相比，阿根廷耗费了更长时间才追赶上现代葡萄酒产区的节奏。阿根廷国内的葡萄酒市场很大，但这个巨大的市场仅仅满足于大部分来自意大利的那些标准过时的酒——白葡萄酒寡淡无味，红葡萄酒因在酒铺过度陈放而变成偏棕色，出售时采用稻草编织物裹着的意大利 fiaschi 风格的老派包装。因为地处偏远，当年酩悦香槟（Moët & Chandon）很轻松地将其在阿根廷产的起泡酒以“香槟”之名出售——酩悦可能觉得没人能意识到此香槟非彼香槟。然而到了 20 世纪 90 年代初，有人发觉阿根廷的马尔白克是这么美味多汁、产量丰富和成本低廉。从那以后，一切变得顺其自然。从对未来的期望、酒的品质和产区海拔高度几个方面来看，即便该国长期受政治和经济动荡的困扰，其葡萄酒产业也能发展得蒸蒸日上。

老旧的酒庄重新焕发生机，世界各地的投资者建造了崭新迷人的酒庄，而新的葡萄园开发于安第斯山脉海拔越来越高处。阿根廷人饮酒量开始减少，但倾向于果味更足的葡萄酒（尽管他们依然消耗 75% 的国产酒），而阿根廷那味道浓郁、酒体饱满的红葡萄酒，以及一些白葡萄酒已经被海外市场所熟知，阿根廷葡萄酒（尤其在北美市场）越来越受推崇。

高耸于安第斯山脉之上

充满活力、绿树成荫的门多萨是阿根廷的主要葡萄酒产区，距离智利首都圣地亚哥只有 50 分钟车程——距离非常近，因此在拥挤的航班上随处可见拎着手提包的旅客。坐在飞机上可以清晰地看见安第斯山脉海拔 6000 米处那遍布锯齿状岩冰的山脊。阿根廷和智利的葡萄酒中心位置如此近，但两者的自然条件大相径庭。虽然两者都身处低纬度地区，但智利产区拥有理想的生长条件是因为地理上的隔绝（夹在寒冷的安第斯山脉和冰冷的太平洋之间），阿根廷最有名的葡萄园通常处于干旱的半沙漠化地带，土壤十分贫瘠，但葡萄园因高海拔而成为这看似不毛之地中的绿洲。

阿根廷葡萄种植的特色是高海拔、夜间温度足够低，这些使得葡萄极具风味，使酿造红葡萄酒的葡萄果皮颜色深邃，在更为凉爽的地区，则出产清爽、芳香的白葡萄酒。山区的空气较为干燥，几乎没有病虫害，水源也相对充足，因此作物的收成比其他任何地方都要喜人，但目前大多阿根廷酒庄面临的挑战是如何重质量、轻产量。一些古老、传统的葡萄园铺设灌溉渠道，用安第斯山脉的冰雪融水来漫灌葡萄园。如今由于降雪越来越少，且许多葡萄园都在新的地区选址，因此用水方面越发受到严格限制，滴灌越来越普遍。诸如内格罗河（Río Negro）和胡胡伊（Jujuy）等葡萄酒产区附近的河流可提供足够的灌溉水。另外，巴塔哥尼亚南部和布宜诺斯艾利斯省新建的葡萄园因降雨充沛而无须担忧缺水的问题。一些最近在优克谷（Uco Valley）上部的局部区域建立的葡萄园区，如 Los Arboles、San Pablo 和 La Carrera，也可以进行无灌溉的旱地种植。和其他地方一样，水资源的供给已经成为决定葡萄酒业经济效益甚至是生存问题的关键因素。

新种植的一些品种，比如易受线虫侵害的霞多丽可能使用嫁接苗来抵抗病虫害。但是在阿根廷，根瘤蚜虫病的危害并不大，其原因可能是大水漫灌加上偏沙质的土壤让根瘤蚜虫不易存活。阿根廷的葡萄藤十分健康。

葡萄园建在海拔如此之高的地方，冬季十分寒冷，所以真正的威胁是霜冻。而在一些纬度和海拔都较低的产区，夏季天气过于炎热也阻碍精品酒的生产。如第 340 页的关键因素列表所示，阿根廷的年降水量可能很低（即使在出现厄尔尼诺现象的年份亦是如此），但是降水集中在生长季。一些地区，特别是占全国总种植量 70% 的门多萨产区，经常遭受局部冰雹的袭击，有时整整一年的收成都被毁坏了。于是在葡萄园能经常见到特制的防冰雹网罩，这对于抵御当地过于强烈的阳光照射也有帮助。名为 zonda 的干热西风，是葡萄园的另一威胁。

土壤大多为冲积土，并且较为年轻，高海拔地区的土壤中有很多大石块。近年来很多地方挖了土坑，便于在葡萄园里观光时能看到土层中的各类玄武岩、花岗岩、石灰岩和其他石灰质土壤类型。但是阿根廷那些最好的葡萄酒的风味并非来自地下，而是来自上面猛烈的阳光、干燥的空气和这些高海拔地区的温差。阿根廷葡萄园昼夜温差最大可以达到 20℃，胜过世界上任何地方。通常这是由于海拔高造成的，但在巴塔哥尼亚南部却是因为纬度高。

除了丘布特省（Chubut）巴塔哥尼亚最南部的或海拔最高的一些葡萄园，大部分地区葡萄都很容易成熟。阿根廷的高温可以从红葡萄酒中那柔顺的单宁和高酒精度中体现，然而也有一些精工细作的酒农通过管理树冠、精准灌溉和灵活使用防冰雹网罩来让葡萄成熟得慢一些。另外，分不同时段采摘葡萄可以让白葡萄酒的酒精度较为适中。加酸是过去的常规操作，但是最新的葡萄园区足够凉爽，所以葡萄含有天然的高酸度。

深色与浅色

阿根廷葡萄酒的海外声誉很大程度上建立在其国内种植最多的红葡萄品种马尔白克上，该品种于 1853 年与赤霞珠、黑皮诺等其他法国品种一同被引进。如今在阿根廷种植的马尔白克主要经过混合选种法来挑选培育。与该品种的老家法国西南部卡奥尔产区主要选育的品系相比，阿根廷

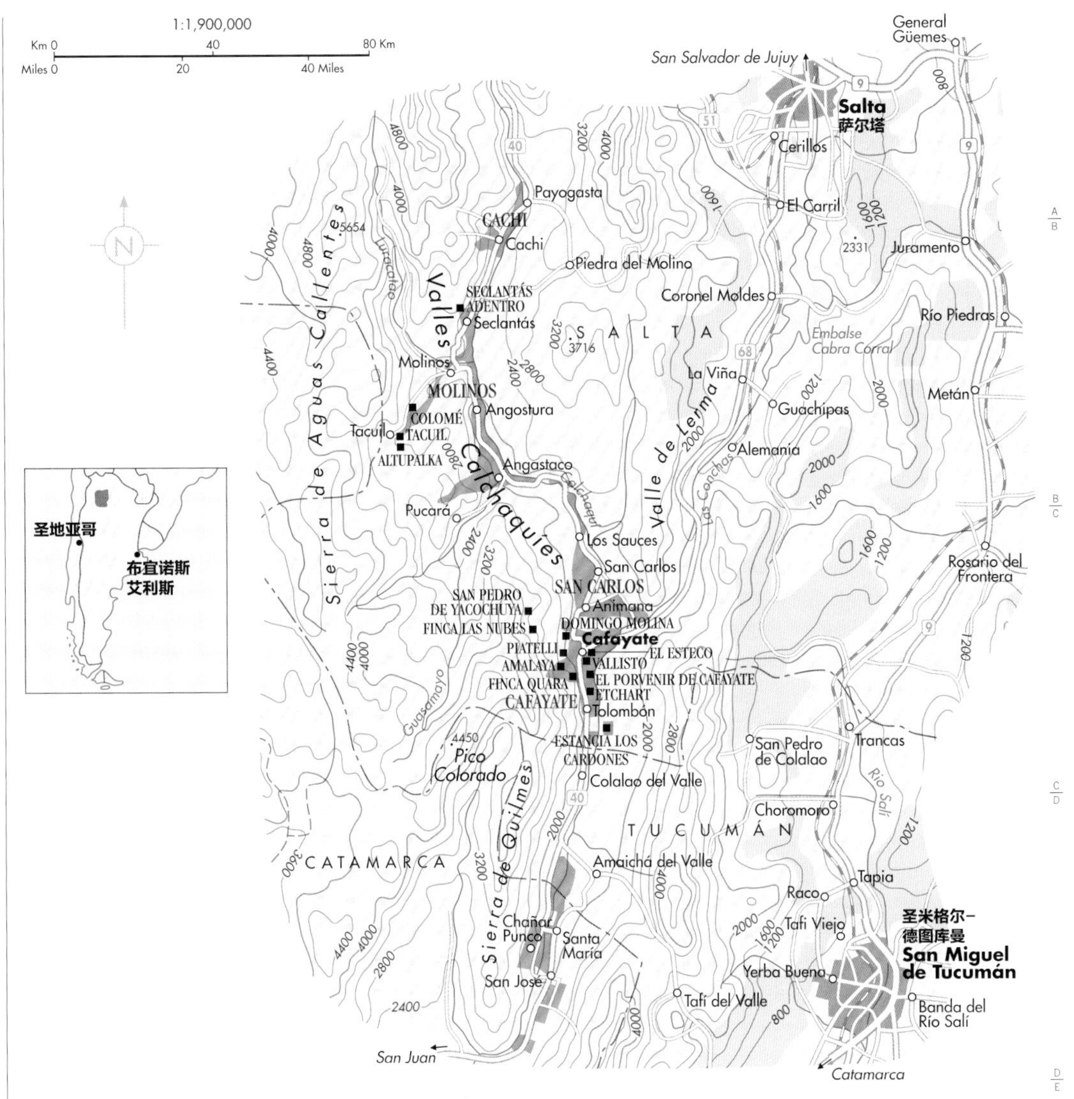

卡尔查基谷（CALCHAQUI）

这片萨尔塔省的谷地是种植并酿造阿根廷极具特色的白葡萄品种特浓情的世界中心，当然该地区也产优质的红葡萄酒。度假村卡法亚特吸引游客的特色之一便是当地的葡萄酒。

省界
MOLINOS 葡萄酒子产区（独立）
■ETCHART 知名酒庄
葡萄园
森林
2000 等高线间距400米

的马尔白克不仅尝起来不同，看上去也很不一样：在阿根廷种植的品系果串更小，果束更紧，果实更小。为保持其清爽度和浓缩度，马尔白克最好种植在比赤霞珠海拔更高的地区。

深色的伯纳达品种在美国加利福尼亚被叫作沙帮乐（Charbono），和意大利所谓的伯纳达没有亲缘关系，在阿根廷是潜力未被开发的葡萄品种。其他红葡萄品种按照种植面积降序排列，分别是赤霞珠、西拉、丹魄、梅洛、桑娇维塞、黑皮诺（最优质的产于巴塔哥尼亚和门多萨的最高海拔葡萄园区）、塔娜、品丽珠、小维多、安塞罗塔（Ancellota）、巴贝拉，以及克里奥亚奇卡（在智利名为派斯，在美国称为弥生）。另外还有少量的Cordisco（意大利的蒙特普尔恰诺）、艾格尼科、内比奥罗、歌海娜、科维纳、国产杜丽佳、慕合怀特，甚至还有特鲁索品种。越来越多的生产者在先锋酒庄Alta Vista和Achával Ferrer以及后来著名的Catena Zapata、Trapiche和Zuccardi酒庄的推动下，证明了马尔白克品种变化多样、风味鲜明并且能让风土条件尽现，尤其是出自最高海拔葡萄园的。有人甚至拿该品种与黑皮诺进行比较。

长久以来，克里奥拉格林塔（Criolla Grande）、克里奥亚奇卡、瑟蕾莎（Cereza）和佩德罗-希梅内斯（Pedro Giménez，即Ximénez）品种被大量种植并酿成最基础款的葡萄酒，但因质量平凡而颇受鄙视。但也有人正试图复兴佩德罗-希梅内斯的品质，就如同智利在探寻派斯（即克里奥亚奇卡）品种的新风潮。

阿根廷最具特色的白葡萄品种是特浓情。实际上有三个不同的葡萄品种的名称中含有特浓情一词。其中里奥哈特浓情（Torrontés Riojano）品种是最优质的，由克里奥亚奇卡和亚历山大麝香杂交而成，人们认为该品种起源于拉里奥哈省（La Rioja）。此品种在萨尔塔省海拔最高的葡萄园区，尤其在卡法亚特（Cafayate）产区能表现出最芬香的香气。另外一些广泛种植的白葡萄酒品种包括霞多丽（获得了相当的成功）、白诗南、麝香、灰皮诺，以及不断增加种植面积的长相思——这正反映了新葡萄园地处多么高海拔和凉爽的区域。令人感到意外的是维欧尼和赛美蓉（在当地读作Semijon）也开始崭露头角，在门多萨产区相对常见和标志性的白葡萄品种正处在复兴之中。

阿根廷北部和中部

阿根廷最北端的，也是全世界最高海拔的葡萄树由Claudio Zucchino种植，位于靠玻利维亚边境的胡胡伊省Chucalezna区那狭窄的Quebrada de Humahuaca山谷中，海拔为3329米。该地区大部分葡萄园海拔为2400—2700米，相对较低的处于海拔1600—2100米。葡萄园环绕在萨尔塔省的度假胜地卡法亚特周围，这里不但以特浓情闻名，还有酒体饱满、带胡椒味的赤霞珠，以及越来越多的塔娜。San Pedro de Yacochuya酒庄证明了此地区的品质来源于葡萄园的精心管理、老藤和低产。距离萨尔塔边界一步之遥的图库曼（Tucumán）也出产精品葡萄酒。在南部的卡塔马卡省（Catamarca），圣玛丽亚（Santa María）地区的查纳尔蓬科镇（Chañar Punco）生产一些备受尊崇的葡萄酒，但酒标上的产区会有些误导性地标注为Valles Calchaquíes。拉里奥哈省自然以里奥哈特浓情而著称，葡萄树常整枝于传统的pergolas高棚架上，很多酒都由奇莱西托（Chilecito）地区当地的合作社拉里奥哈娜（La Riojana）生产。干燥、多风，海拔更高的法马蒂纳（Famatina）山谷是该省最知名的葡萄酒产区，马尔白克、西拉和伯纳达是这里最重要的红葡萄品种。

产量上唯一可以和门多萨相较的省份就是**圣胡安**（San Juan），该产区位于门多萨的北部，整体而言海拔较低，因此更为炎热干燥（年均降水量不到100毫米）。阿根廷四分之一的酒产自这里，大部分选用的是亚历山大麝香葡萄，它是阿根廷最主要的麝香品种。西拉在当地也有种植，尽管这里的气候太过炎热，不太能反映品种本身的风味。其他一些有潜力的品种包括维欧尼、霞多丽、小维多和塔娜。和在门多萨一样，一些注重品质的酒庄会选择在更高海拔的Zonda、Calingasta和Pedernal谷种植葡萄，品种包括克里奥拉（Criolla）、伯纳达、马尔白克、西拉、塔娜、灰皮诺和维欧尼。

门多萨省是目前阿根廷最大的葡萄酒出产省份，拥有许多不同产区。门多萨中部长久以来

门多萨中部和优克谷

上千英亩的葡萄树现在多数在优克谷的上部地区茁壮成长，在此地图南半部的这些葡萄树是在近些年种植的。该谷地30 000公顷葡萄园中的22 000公顷（约是全国葡萄园总面积的15%）于1990年开始种植。

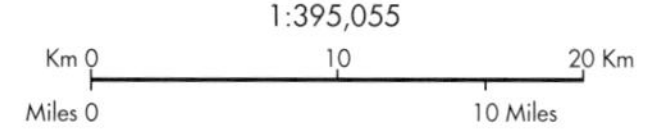

门多萨葡萄酒产区

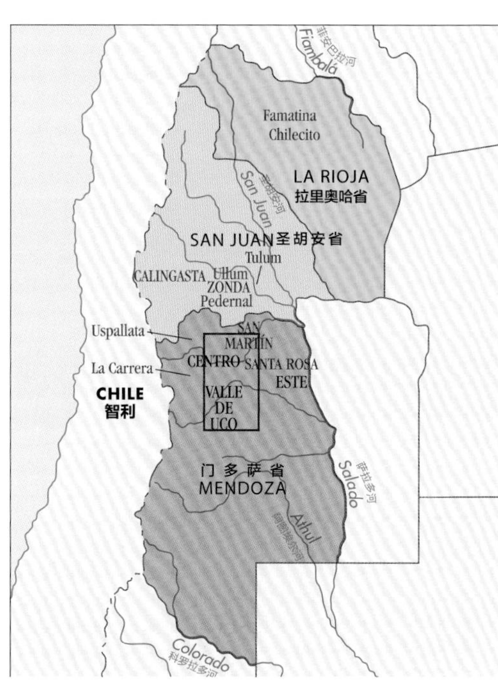

主要生产商
1 BENEGAS/KAIKEN
2 CHEVAL DES ANDES MATÍAS RICCITELLI
3 ACHÁVAL FERRER
4 LAGARDE
5 VIÑA ALICIA
6 MENDEL
7 LUIGI BOSCA
8 MOSQUITA MUERTA NAVARRO CORREAS
9 NORTON
10 MARCHIORI & BARRAUD SÉPTIMA
11 TERRAZAS DE LOS ANDES
12 MELIPAL
13 DOMINIO DEL PLATA

—·— 国界
—— 省界
CENTRO 绿洲
ZONDA 葡萄酒产区（独立）
Ullum 葡萄酒子产区（地区）

– – – 行政区边界
CENTRO 绿洲
TUPUNGATO 葡萄酒子产区（独立）
Agrelo 葡萄酒子产区（地区和分区）
■ TAPIZ 知名酒庄
葡萄园
1200 等高线间距400米
▼ 气象站（WS）

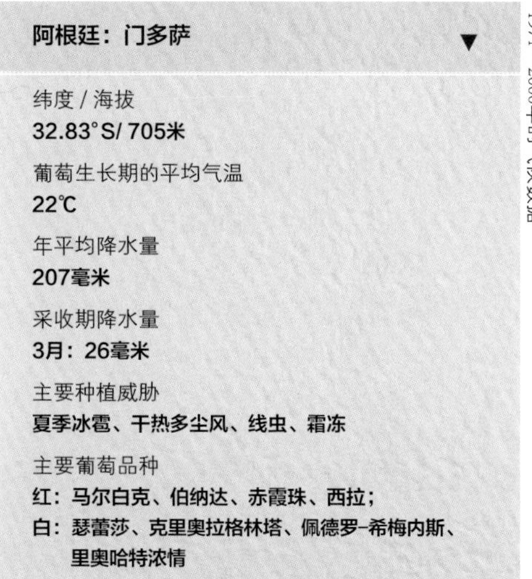

*1971—2000年的气候数据

△
顶部棚架式整形法在阿根廷叫作parral，即便在前些年这种方法被认为略微过时，但近些年越来越热的夏季让人们重新审视这种能够抵抗热浪的整枝方式。

酿造优质葡萄酒，阿根廷大部分知名酒庄都集中在此。在Luján de Cuyo区，城市西南道路两边都是葡萄园，以出产优质马尔白克而闻名。该地区中因马尔白克闻名的葡萄园子产区包括维斯塔巴（Vistalba）、普里奥（Perdriel）、阿格列罗（Agrelo）和康普塔斯（Las Compuertas），这些子产区土壤都很贫瘠。20世纪70年代到80年代，城市开发时，这里的葡萄藤都逃过了劫难，因此树龄都较大，从而保证了酒的质量。而在气候较温暖的迈普区（Maipú），赤霞珠和西拉的表现可能胜过马尔白克。

门多萨中部的气候比较适中（其中维斯塔巴和康普塔斯地区近乎凉爽），土壤为阿根廷不多见的砾石土（尤其在迈普），而门多萨其他地区由更多的冲积土、碎石土和沙质土组成。门多萨的东部和北部地区，葡萄园的海拔较低，安第斯山脉降温的影响最小，所以主要出产大量的餐酒。

门多萨城东南大约235千米处是圣拉斐尔（San Rafael），这里的葡萄园位于Diamante和阿图埃尔河（Atuel River）之间，海拔更低（在450—800米之间）。该产区种植着阿根廷面积最广的白诗南和苏维浓纳斯（在当地名为Tocai Friulano）品种，以及不少的马尔白克、赤霞珠、伯纳达、长相思和霞多丽。若没有太多冰雹影响，圣拉斐尔应该能出产更多的好酒。

门多萨最令葡萄酒爱好者感到兴奋的精品酒产地就是优克谷，优克不是一条河，而是哥伦布发现美洲大陆前一位酋长在当地开凿的一条灌溉河渠。目前这里有27 750公顷的葡萄园，是2000年种植面积的两倍以上，海拔在900—2000米。门多萨大部分海拔最高的葡萄园建立于此，土壤贫瘠、多石，并且以石灰岩为主，其中有三个子产区：北部的图蓬加托（Tupungato），中部的图努扬（Tunuyán），以及南部的圣卡洛斯。这里夜晚足够凉爽，使得葡萄拥有细腻的果味，酸度也够高，酿酒师有时甚至要通过苹果酸-乳酸发酵来柔化酸度。阿根廷的一些令人惊奇的精品霞多丽出自图蓬加托产区，一般种植在白垩土上。这里最重要的酿酒区域是Gualtallary和La Carrera，两地葡萄园的海拔都在2000米左右。

图努扬尽管不是优克谷的最高区域，但是有最险峻的地貌。在这里，安第斯山脉直接在葡萄园后方高耸。此处聚集着在阿根廷投资的顶级波尔多生产者们，包括米歇尔·罗兰、弗朗索瓦·卢顿、拥有马拉蒂克-拉格维尔酒庄的博尼家族、拥有里奥威·波菲酒庄的库维利家族、拥有克拉克酒庄的本杰明·德·罗斯柴尔德男爵、拥有Château Dassault的劳伦特·达索（Laurent Dassault），以及拥有Château La Violette的亨利·帕伦特（Henri Parent）。图努扬的主要葡萄酒生产区域是Los Arboles和圣保罗，这两个地区因足够潮湿而能够实施无灌溉的旱地种植，其他区域还包括Los Chacayes、Campo de los Andes、Vista Flores和Villa Seca。

圣卡洛斯有着该产区的一些最古老的葡萄园。这里比山谷北部区域更容易遭受到霜害，但是一些极为清爽的葡萄酒产自此处的产区，包括拉孔苏尔塔（La Consulta）、El Cepillo、Los Indios、Eugenio Bustos，以及Paraje Altamira，这是拉孔苏尔塔中的一个子产区，因图努扬河附近的冲积扇区域而被划分出来。

门多萨地区葡萄种植的潜力还在最大限度地挖掘中，但灌溉用水仍然是该产区的短板。然而有失必有得，这里强烈的光照不断促进植物的光合作用，葡萄中的酚类物质，包括颜色、风味和单宁都很容易成熟。无论酒龄多浅，阿根廷葡萄酒都不会显现出生涩的味道，门多萨红葡萄酒的口感总是如此丝滑。

布宜诺斯艾利斯省东部出现了一些新的葡萄酒产区，其中最有潜力的是Chapadmalal。黑皮诺、霞多丽、长相思、雷司令、琼瑶浆，特别是阿芭瑞诺能够在这里较为凉爽、潮湿和多风的条件下有良好表现。

巴塔哥尼亚

阿根廷南部巴塔哥尼亚地区的葡萄园位于内乌肯省（Neuquén）和内格罗河省。这里曾经是被大片灌溉的苹果园和梨园，有铁路通往海岸，如今的葡萄园别具特色。除了获益于比阿根廷其他地区更多的水源以外，巴塔哥尼亚的葡萄酒与门多萨的普通酒相比口感更强劲，更干，酒精度也不低。南极的影响降低了这里的温度，少量的雨和持续的风让葡萄藤不易受病虫害影响，也让葡萄果实较小。这里的酒风味活泼、个性鲜明，很具结构和特点。白葡萄酒、梅洛和黑皮诺是当地的特色，老藤黑皮诺葡萄酒具有无限潜力。和西施佳雅紧密关联的因奇萨·德拉·罗凯塔家族是该地区意大利投资者中最出名的。

在阿根廷丘布特省最南部的葡萄园，早期生产者成就了酒精度只有11%—12%度但酸度特别高的葡萄酒，如今这类风格很罕见。在丘布特省的南部Trevelin镇周围，一个季度中可能有20次甚至30次的霜害。好吃葡萄的巴塔哥尼亚mara野兔也是当地葡萄园的一大危害。

阿根廷始终处处让人称奇。

大洋洲 Oceania

非同寻常的黛伦堡酒庄或许是澳大利亚南部迈拉仑维尔最引人注目的地标。

澳大利亚 Australia

1788 年，新南威尔士州的首任管理者在悉尼港的农场湾（Farm Cove）种植了葡萄苗。“在如此适宜的气候中，”他写道，“种植的葡萄可以达到任何完美的程度。”他是对的，到 19 世纪末，澳大利亚已经向英国出口了大量的加强型阳光熟成葡萄酒，在英国，这些葡萄酒被当作“补品”出售，然而却经常受到歧视。

当时，大部分的葡萄酒是加强型葡萄酒，称为“波特”或“雪利酒”，几乎鲜有雄心勃勃的生产商酿造低酒精度的葡萄酒。不过，散布在维多利亚州、南澳大利亚州和新南威尔士州的小酒庄酿造的葡萄酒，因其独创的风格和惊人的陈年潜力而赢得了赞誉。

20 世纪 70 年代，澳大利亚葡萄酒行业出现了质的转变。加强酒风采不再，而餐酒崛起，欧洲市场的需求剧增。像禾富酒庄（Wolf Blass）这样的酒庄因酿造充满甜味、橡木味且浓厚的葡萄酒而获得金牌荣誉和赞美。而数量不断增长却很脆弱的小果农因亏损而很快被大酒庄收购。

20 世纪 90 年代到 21 世纪初期，澳大利亚葡萄酒的出口猛增，葡萄种植因此而狂热发展，有的甚至被减税优惠给误导，且新增的很大一部分葡萄园需要依靠默里-达令河（Murray-Darling River）的灌溉。随后，不可避免地出现了葡萄产量供过于求的情况，特别是国内市场的贴现及厄尔尼诺和拉尼娜（La Niña）造成的极端天气，使得澳大利亚葡萄酒行业雪上加霜。2007—2010 年，不少产区受干旱困扰，葡萄比往常都要提早几周采摘。从 2011 年开始，拉尼娜为澳大利亚东南部带来了史上最湿的葡萄生长季。与此同时，西澳大利亚州的葡萄园从 2006 年开始就保持稳定的年份，这彰显了澳大利亚是多么广袤无垠，要知道从珀斯到布里斯班的距离相当于从马德里到莫斯科的距离。

这个世界上最大的岛屿距离本国以外的消费者都非常遥远。本地消费者竭尽所能，人均饮酒量相比 1960 年增长了 5 倍以上，但在许多情况下还受到歧视。尽管如此，他们仅消耗了本国产出葡萄酒的 40%，因此，澳大利亚葡萄酒产业必须依靠出口才能生存。在澳大利亚国内市场，受到澳元强势的影响，进口葡萄酒竞争也是极为激烈，其进口额的三分之二来自新西兰。进入 21 世纪几年之后，新西兰著名的长相思葡萄酒供过于求，马尔堡的长相思如洪水般涌入澳大利亚，被称为“长相思雪崩”（Savalanche）。

就在同一时间，澳大利亚最重要的两个海外市场动荡不安。充满变数的美国市场认为，常以廉价、甜味为代表的所谓“怪物品牌”的澳大利亚葡萄酒已经过时了。几乎同时，少数统治英国大众市场的超市零售商认为，澳大利亚瓶装葡萄酒过于昂贵，转而进口价格低廉的散装葡萄酒并定制自有品牌。

中国市场拯救了澳大利亚葡萄酒。中国消费

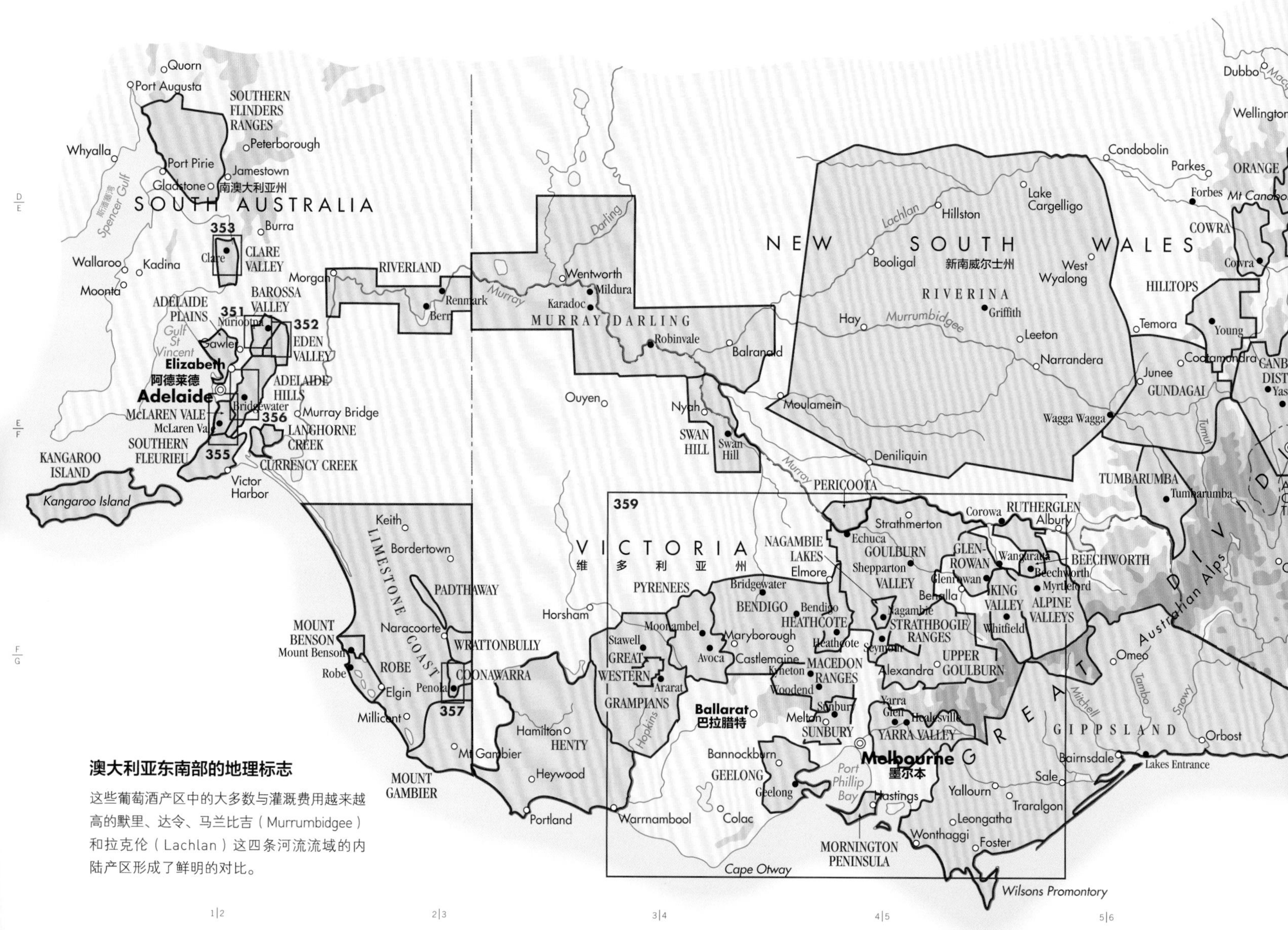

澳大利亚东南部的地理标志

这些葡萄酒产区中的大多数与灌溉费用越来越高的默里、达令、马兰比吉（Murrumbidgee）和拉克伦（Lachlan）这四条河流流域的内陆产区形成了鲜明的对比。

者对澳大利亚葡萄酒的热情，让澳大利亚的葡萄酒生产商乐观了起来。对中国出口的激增，使澳大利亚葡萄酒在中国市场的价值已经超过英国和美国市场的总和。在中国，仅有法国葡萄酒的市场占有率超过澳大利亚葡萄酒。与目前澳大利亚年轻人所喜欢的那种新鲜的、清淡的、轻酒体的葡萄酒截然不同，中国消费者喜爱浓郁的红葡萄酒，并且偏爱昂贵的包装。但令人高兴的是，澳大利亚葡萄酒两者都可以做到。

热、热、热

正如第 346 页的地表温度分布图所示，即使对于耐旱的葡萄树而言，澳大利亚的大部分地区还是太热（或）太干旱，所以大多数葡萄酒产区都分布在沿海地区，主要是最凉爽、人口最稠密的东南沿海地区，以及塔斯马尼亚州和西南地区。

要找气候凉爽的地方，有两种方法：一直往南走或者往山上走。整个大分水岭（The Great Dividing Range）都被葡萄酒产区包围。北面是**昆士兰州**葡萄酒产区，两个海拔较高而凉爽的产区（被认定为地理标识 GI），即格兰纳特贝尔（Granite Belt）和南博奈特（South Burnett）。格兰纳特贝尔产区的葡萄酒产量占昆士兰州总产量的三分之二，这里拥有澳大利亚最奇特的地貌，到处分布着花岗岩巨石。早在 2007 年，该产区就通过种植新葡萄品种向世人证明了这里与众不同的区域个性。

澳大利亚葡萄酒行业最明显的变化之一就是澳大利亚“非传统葡萄品种”的崛起。第一个获得商业成功的是灰皮诺葡萄酒，以维多利亚州的莫宁顿半岛为先锋代表，现在其产量甚至已经超过了澳大利亚经典的雷司令白葡萄酒，并在 2010 年澳大利亚年度非传统葡萄品种展中拔得头筹。灰皮诺占据澳大利亚葡萄种植总产量的 2.4%，仅次于霞多丽和越来越受欢迎的长相思。

即使澳大利亚严格的植物检疫一定程度减缓了葡萄种植的速度，但是非传统葡萄品种增长还是很快。截至 2015 年，澳大利亚种植丹魄的面积已经超过具有重要历史意义的马尔白克，而丹魄的面积与慕合怀特差不多。内比奥罗、巴贝拉、多姿桃、蒙特普尔恰诺和黑珍珠等都是种植面积排在前 20 位的红色葡萄品种，而阿内斯、菲亚诺、维蒙蒂诺、萨瓦涅和歌蕾拉（普洛赛克的葡萄品种）则是种植面积排前 20 位的白色葡萄品种（与意大利的渊源显而易见）。

就主要葡萄品种来说，西拉子仍是澳大利亚最具标志性的葡萄品种，几乎每三棵葡萄藤中就有一棵是西拉子。西拉子的品种风格也是千变万化，但总体趋势已经从那种由过度成熟的葡萄酿造的无比浓郁、重橡木味的葡萄酒，转变为更具风格、更多体现葡萄园特色的佳酿，而不是酒窖里的魔法。曾流行一时模仿罗蒂丘的西拉子与维欧尼的混合发酵酒款已经逐步减少，一些风格非常清新的酒像法国一样被标注上了西拉，而不是西拉子。如今，就连澳大利亚葡萄酒展会及赛事的规程也发生了变化，视十年前无法想象的葡萄酒风格为特色。

如果说西拉子得到了进化，那么霞多丽（澳大利亚的第二大葡萄品种）的风格更是发生了本质的转型。20 世纪 90 年代，最初售卖的澳大利亚霞多丽酒甜美而重橡木味。但是当敏锐的澳大利亚出口商发现他们的主要海外市场英国与美国已经疲倦于这种风格后，澳大利亚的酿酒师们就开始给他们的霞多丽葡萄酒严格“瘦身”。在 21 世纪初，他们经历了严格的“减肥瘦身”阶段，如今，澳大利亚的霞多丽酒十分开胃、口感平衡、酿造精良，并且与勃艮第白葡萄酒相比价格合理。

对于所有的葡萄品种以及不断增加的混酿，有一个真实的转变，就是摒弃酿酒过程中死板的技术，而更多讲究手工艺。酿酒师目前致力于表达地域特色，而不是技术。

葡萄酒工厂

众多出口的散装葡萄酒，事实上几乎占据澳大利亚葡萄酒总产量的 60%，来自澳大利亚广阔的内陆产区。这些产区产量从高到低的顺序依次为：南澳大利亚州的河地（Riverland）、新南威尔士州与维多利亚州交界的默里-达令以及新南威尔士州的滨海沿岸（Riverina）。当然滨海沿岸产区不只生产散装葡萄酒，Grifitth 就酿造一些不错的贵腐赛美蓉甜白葡萄酒。这些产区依靠着来自默里、达令以及马兰比吉河流的水的灌溉，如果没有这些灌溉，在水源枯竭时产区也将不复存在。一些红葡萄酒需要用来自凉爽产区的葡萄调配，如果再经历干旱的年份，沙漠中这些庞大的葡萄酒厂无疑将进一步萎缩（但是干旱年份的有利之处在于，能够促使生产者更规范地循环利用水资源）。

澳大利亚的葡萄园总面积从 2007 年的约 173 794 公顷减少到 2015 年（最近一次葡萄园普查）的约 135 000 公顷。葡萄价格暴跌，尤其是在内陆灌溉地区，但由于发现来自地中海的葡萄品种可以抵御炎热和干旱的气候，葡萄价格正在缓慢回升。

来自内陆河流产区的葡萄酒往往被标注上**澳大利亚东南部**这个官方的地理标志产区，除了西澳大利亚州之外的任何地方的葡萄混酿几乎都可以标此产区。在澳大利亚，产区之间的混酿也有一定历史了。作者曾品尝过的一些品质优异的“不同产区调配”的澳大利亚葡萄酒，这展现了澳大利亚独特的酿酒方法。这些酿酒师坚守传统，

国界
●Penola 知名葡萄酒镇
HUNTER 地理标志产区（GI）
海拔500—1000米的土地
海拔1000米以上的土地
351 此区放大图见所示页面

澳大利亚西部地图见第347页
塔斯马尼亚地图见第366页

1:5,300,000
Km 0 50 100 150 Km
Miles 0 50 100 Miles

却有些过时了，或许应该追求地理纯粹主义中的“风土”。

澳大利亚是第一个接纳在红葡萄酒和白葡萄酒的酒瓶上使用螺旋盖的葡萄酒主要生产国，当初也受到邻国新西兰的影响。葡萄酒出口商可为进口商提供传统木塞或螺旋盖两种选择，特别是向中国客户，但是绝大部分澳大利亚的葡萄酒酿造商以及各大主要的葡萄酒展会与挑战赛都完全接纳斯蒂芬（Stelvin）螺旋盖，并以斯蒂芬这个品牌名称指代螺旋盖技术。然而，一些新浪潮中的小生产商却以软木塞封瓶作为自己区别于大公司的标识。

石灰石海岸

本书接下来几个关于澳大利亚产区的篇章中，没有被细致描述，但相对比较重要的一个产区是南澳大利亚州的**石灰石海岸**（Limestone Coast）产区。这片重要的并受官方认定的产区包括库纳瓦拉（曾经十分出名，详见第357页），以及帕史维（Padthaway）和拉顿布里（Wrattonbully）；而本逊山（Mount Benson）、Robe和Mount Gambier产区要小一些，Bordertown正努力获得更多的关注与认可。

帕史维拥有丰富的石灰石土壤，是澳大利亚产区最偏远角的库纳瓦拉之后的石灰石土壤产区首选。与库纳瓦拉相比，该产区的土壤条件没有多大差异，但是就气候条件来说更温暖，目前主要为大公司垄断葡萄园，最佳的葡萄品种是霞多丽与西拉子。大部分的葡萄原料会被运往北部大公司的酒厂酿酒。

拉顿布里正好位于库纳瓦拉的北面，气候更凉爽，比帕史维更原始。该产区拥有红色土壤（terra rossa），乐于向世人证明它是个有趣的地方，尽管葡萄园面积只有库纳瓦拉的三分之一、帕史维的一半，但是多家知名的家族酒庄都在这里投资，包括Yalumba、Tapanappa、TerreàTerre和Pepper Tree。南部Mount Gambier周边几个混合农场的葡萄园显示，这里的气候太凉爽以至波尔多品种很难成熟，不过黑皮诺却显示出一定的潜力。

本逊山大部分是独立小酒庄，而Robe与南部产区极为相似，几乎是大型跨国公司富邑葡萄酒集团的天下。海岸边的葡萄园酿出的葡萄酒与强劲的库纳瓦拉葡萄酒相比果汁感更丰富、少些浓度。海风能给葡萄园降温，虽然葡萄可能会有咸味。至少地下水不含盐分（一些澳大利亚产区的共同问题），除了有时受一两次霜冻影响，产区总体前景被大家看好。

干旱地区的降水和气温（1981—2010）

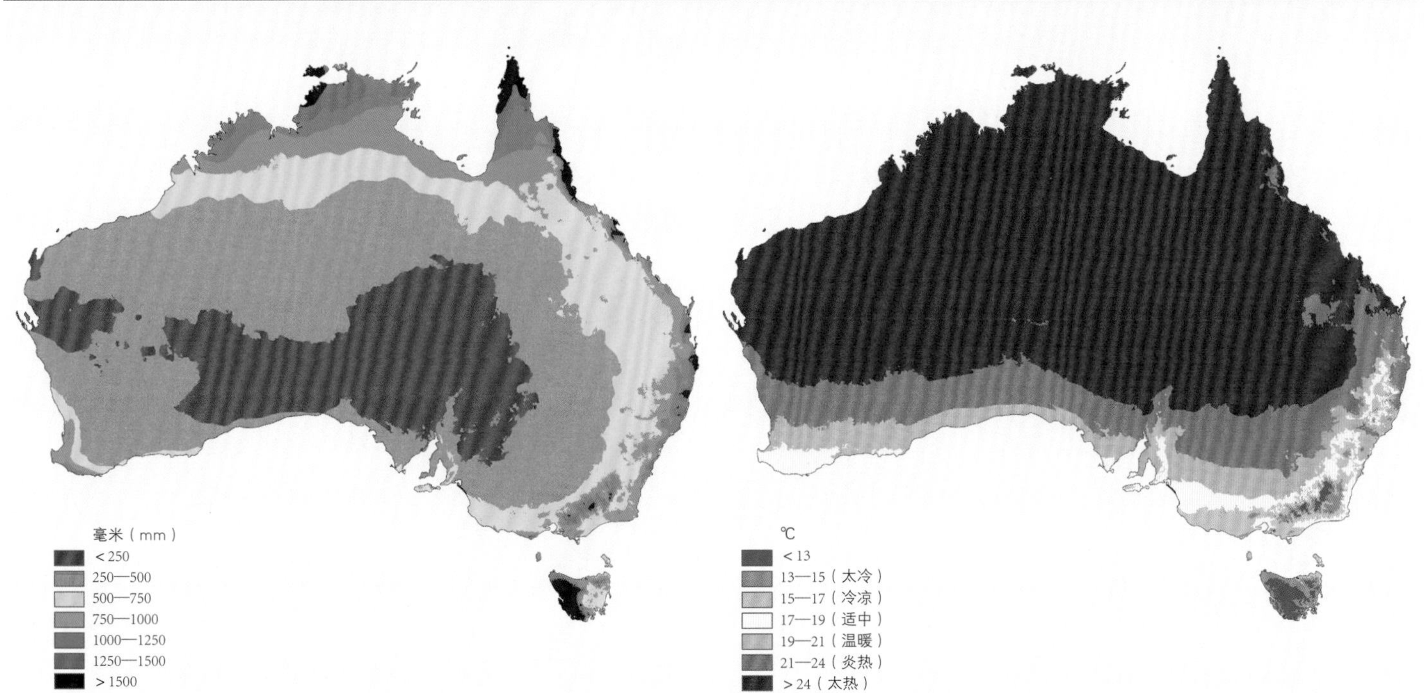

葡萄生长季节的平均气温

10月1日至4月30日的平均气温与葡萄的成熟潜力大致相关。葡萄种植的气温下限出现在塔斯马尼亚州、维多利亚州南部以及新南威尔士州东部的高海拔地区，这促使这些地区集中精力种植凉爽产区葡萄。气温上限大概在21℃，所以澳大利亚不少地方不适宜种植葡萄。

平均年降水量

澳大利亚的大部分降水都是降雨，特别是最北边的热带地区、东海岸和塔斯马尼亚州的西海岸都降水丰富，但是从整体而言，澳大利亚是缺水的。南澳大利亚州的地图上，葡萄种植区域往往是图中深绿色和黄色区域重合的部分，这些区域的年平均降水量至少为约500毫米，通常认为是不需为葡萄补充灌溉的最低降水量。

（数据来源：澳大利亚气象局）

西澳大利亚州
Western Australia

每个大洲从西到东、从左到右是本书的导览方式，因此我们先从西澳大利亚州开始。不是因为这是澳大利亚最重要的产区，这里的产量仅占全国总产量的5%，但是这里的葡萄酒品质极优，风格独特，酒体轻盈，又融合了成熟葡萄果实带来的美感，在澳大利亚实属罕见。玛格丽特河（Margaret River）是西澳大利亚州最重要的葡萄酒产区，本书第349页有详细介绍。

从珀斯到Albany

西澳大利亚州的葡萄酒生产开始于珀斯附近的天鹅谷，曾风靡澳大利亚的霍顿酒庄的“勃艮第白”葡萄酒就生产于此。但是从20世纪60年代开始，在一些美国加利福尼亚人的推动下，葡萄种植者们也在更南部的地区种植葡萄。

西澳大利亚州的最初殖民者开始酿造葡萄酒的时间，几乎和新南威尔士州差不多。首府珀斯往北顺河而上的**天鹅谷**（Swan Valley），早在1834年就有第一款年份葡萄酒。这里的夏季热气蒸腾，还有来自内陆的干热焚风，使气温可飙至38℃并长达数周之久，当地最早的酿酒者几十年以来认为酿造甜酒是他们的专长。他们拥有酿酒技术和创造力，先锋代表霍顿酒庄（Houghton）曾连着几年酿造出了被称为“勃艮第白”（现在称为“经典白”）的澳大利亚最畅销的干白——基于白诗南葡萄和大家熟悉的香气，而这些葡萄来自珀斯周边如火炉般的葡萄园。直到20世纪60年代大家才意识到，西澳大利亚州真正具有潜力、可以酿出好酒的地方是更南部的地区，那里气候更凉爽，广袤无人，南极洋流和西海岸的风很大程度上降低了当地气温。

继续向南

在**大南部**（Great Southern）产区，20世纪60年代首先被注意到的是巴克山（Mount Barker）子产区，后来此区逐渐往外扩大，现在是整个澳大利亚最凉爽、最湿润的地块之一，甚至在5月仍可见葡萄在葡萄藤上。Forest Hill酒庄和Plantagenet酒庄是该产区卓越的先锋。这里受到了一群小果农的影响，他们中的有些一直依赖于规模较大的合作酿酒厂，但是越来越多的正在建立自己独立的小酒庄，并种植越来越多样的葡萄品种。大南部地区是最早划分子产区的产区之一，从西到东排序依次是：法兰克兰河（Frankland River）、Denmark、巴克山、Albany和波龙加拉普（Porongurup）。

巴克山子产区（不要与阿德莱德山的Mount Barker混淆）最显著的实力是能酿造精致的雷司令、赤霞珠以及一些迷人的带着胡椒风味的西拉子酒。1965年建立的Forest Hill葡萄园最近重新恢复活力，为位于Denmark子产区的同名酒庄提供出色的葡萄原料，酿造的葡萄酒质量是西澳大利亚州葡萄酒历史上的巅峰之作之一。沿海的Denmark子产区更湿润又常常更温暖，这对于波尔多葡萄品种来说成熟度是一个挑战，但是该产区能让皮薄的西拉子保持健康状态，早熟的黑皮诺与霞多丽最为出彩。葡萄园广泛分布于这里，像Albany和巴克山产区一样，Denmark已成为澳大利亚人到酒庄品鉴及购买葡萄酒的热门目的地。

Albany子产区是大南部地区人口最集中的地方，是西澳大利亚州第一批欧洲移民登陆地。西拉子和黑皮诺在这里造诣不浅。深处更内陆海拔更高的波龙加拉普地区拥有花岗岩土壤，这里酿造的雷司令精致、紧致、带有特别的矿物味，而霞多丽与黑皮诺也越来越棒。

法兰克兰河子产区的迅猛发展期是20世纪90年代末，主要原因是当时的税收优惠。这个位于巴克山西面的内陆子产区，目前是大南部产区葡萄种植最集中的子产区（同时又拥有400公顷

△
露纹酒庄也许是西澳大利亚州最精致的酒庄，其“音乐会系列”葡萄酒吸引了伦敦爱乐乐团（London Philharmonic）、柏林国立歌剧院管弦乐团（Staatskapelle Berlin）、卡娜娃夫人（Dame Kiri Te Kanawa）、雷·查尔斯（Ray Charles）、戴安娜·罗斯（Diana Ross）和汤姆·琼斯（Tom Jones）等团体和个人的青睐。当然这里的葡萄酒本身也不差（见对页）。

的橄榄园），但这里酒庄不多。Ferngrove 是迄今最大的酒庄；Alkoomi 已经建立起了酿造长相思和橄榄油的声誉；法兰克兰庄园（Frankland Estate）的优势是单一园雷司令酒和 Olmo's Reward 波尔多混酿，Olmo's Reward 是为了纪念加利福尼亚的葡萄酒学教授哈罗德·奥尔莫（Harold Olmo），早在 20 世纪 50 年代，他第一个建议在这里种植葡萄。大约在 1970 年，Westfield 酒庄创建了 Justin 葡萄园，长期以来为高端混酿红葡萄酒杰克·曼（Jack Mann，以霍顿酒庄传奇酿酒师杰克·曼的名字命名）提供葡萄原料。葡萄种植学者约翰·格拉德斯通斯（John Gladstones）早在 20 年前就预测，这里温和、干燥、多样的气候非常适合酿造寒冷气候风格的西拉子葡萄酒。拉里·切鲁比诺（Larry Cherubino）在他的里弗斯代尔（Riversdale）酒庄种植了一些包括来自罗纳河谷北部的克隆品种，证明了学者的预言是正确的。

场为该州不少顶级酒提供高品质葡萄，德国人建立的 Bellarmine 出产不错的雷司令，而前露纹（Leeuwin）酒庄的原葡萄种植师 John Brocksopp 在 Lillian 酒庄用罗纳河谷的白葡萄实现了成功。

玛格丽特河产区在其西南部，古奥格拉菲（Geographe）葡萄酒产区，由两位医生彼得·普拉登博士［Dr. Peter Pratten，创办了开普山谷酒庄 (Capel Vale)］和巴里·基乐拜博士（Dr. Barry Killerby）在 20 世纪 70 年代创建。他们在南部班伯里（Bunbury）和巴瑟尔顿（Busselton）之间狭长的沿海区域（又名开普）种植葡萄。古奥格拉菲的气候与玛格丽特河类似，完全受印度洋的影响，但是土壤条件更加多样，有沙质的海岸平原（又俗称 Tuart 沙地），有冲积土壤，还有远离海岸的花岗岩丘陵地带。这里的葡萄酒产业发展有很大的热情，特别是内陆地区，如福歌森山谷（Ferguson Valley）、Donnybrook 及 Harvey 区域。很多葡萄品种都能够在这里生长。除了原有的传统特色霞多丽及波尔多品种之外，丹魄和其他伊比利亚葡萄也很有前途，尤其是在马扎（Mazza）地区。在福歌森山谷，一些意大利葡萄品种和罗讷河红色品种的混酿葡萄酒日益重要。**黑林谷**（Blackwood Valley）主要是位于古奥格拉菲和满吉姆之间景色优美的区域。进入 21 世纪以来，这个产区已取得显著进步，但其知名度的提升与邻近产区相比较为缓慢。

面向印度洋

绝大部分靠近印度洋海岸的葡萄园主要集中在松露的产区满吉姆（Manjimup，也被称为澳大利亚的松露之都）及潘伯顿（Pemberton）。满吉姆受南极洋流的降温影响相对要小，更具大陆性气候，土壤更多为花岗岩。虽然满吉姆有潜力酿造 Batista 黑皮诺葡萄酒，但潘伯顿似乎更胜一筹。一些酒庄如 Picardy 专注酿造勃艮第品种，并获得不俗的成绩，而潘伯顿的长相思也是西澳大利亚州最好的葡萄酒之一。Pemberley 农

▷
巴克山的吉伯特（Gilbert）是西澳大利亚州比较典型的酒庄。即使看上去比较简陋，但其所有者愿意打开酒庄的体验中心向广大游客展示这葡萄酒世界的美丽角落。

玛格丽特河 Margaret River

葡萄酒游客和冲浪者混杂在这片肥沃而海风习习的海岸。澳大利亚少有地方能像这里一样苍翠，也少有地方能有如此宏伟壮观的考里木与红柳桉树森林，其中有五彩鸟儿飞越，袋鼠蹦跳而过。玛格丽特河的冲浪运动享誉世界，海浪从西面涌起，拍打着礁石遍布的无尽海岸。第二次世界大战后，退伍军人定居在这片土地上，从20世纪60年代才开始种植葡萄。葡萄种植伊始，与经典的澳大利亚葡萄酒产区一样，先行者将这里打造成了葡萄酒的乐土。如今，这里有不少于90个葡萄酒体验中心供游客选择，以满足其探索葡萄酒奥秘的欲望。

玛格丽特河产区的第一批葡萄种植于1967年，而第一批葡萄酒是在20世纪70年代初由Vasse Felix酒庄酿造的，紧随其后的是Moss wood、Cullen酒庄，它们都是由医生建立的。很快，葡萄酒评论家关注到了该产区表现突出的高品质葡萄酒，特别是赤霞珠酒。Sandalford酒庄，这个霍顿酒庄在天鹅谷产区的竞争对手，迅速在玛格丽特河建立大片葡萄园。1972年来自美国加利福尼亚的罗伯特·蒙大维（Robert Mondavi）也对该产区产生浓厚兴趣，鼓励丹尼斯·霍根（Denis Horgan）建立起了雄心勃勃的露纹酒庄，很快以酿造油润风格的艺术系列霞多丽葡萄酒以及举办世界一流的户外音乐会而出名。

多变的土壤

如今，玛格丽特河产区已经有160多家酒庄，这里的土壤类型十分丰富，而其中排水性好、含有铁矿岩的砾石更是适合红葡萄品种的生长，种植出了该产区获奖最多、极为出色的红葡萄酒佳酿。这里春季风较大，会影响葡萄树开花而降低产量，特别是小粒的“Gingin”品系霞多丽容易出现果穗大小粒不均一（详见第31页）的情况。但同时，这也是玛格丽特河中心区域酿造的葡萄酒风味更集中浓郁的原因之一。夏季干燥而温暖，整个产区的东西宽度不足30千米，下午凉爽的海风可以调节这里的温度，葡萄通常在1月就能采摘。

赤霞珠主要集中在Willyabrup种植，贯穿整个玛格丽特河——从北部的Yallingup（受益于古奥格拉菲海湾的影响），一直延伸到南大洋海岸的奥古斯塔。在这里，受到的影响主要来自南极洲而不是印度洋。这里是经典的白葡萄酒产地，虽然Stella Bella、McHenry Hohnen以及其他一些酒庄证明，在玛格丽特河版图的南半部分，也能酿造优质的红葡萄酒。

玛格丽特河产区的名声建立在赤霞珠这个葡萄品种上，酒款通常具有成熟的单宁，并带有淡淡的海洋味道（牡蛎壳？）。就如同波尔多、意大利贝格瑞、纳帕索诺马以及石灰石沿岸（详见第346页）等其他西海岸产区一样，人们能利用这些地区的充足稳定的光照条件，酿造出一些令人满意的且值得陈年的世界级红葡萄酒。玛格丽特河的顶级赤霞珠酒，兼具细腻度及成熟度；不过大部分酒庄也会酿造波尔多式混酿葡萄酒，通常是赤霞珠及梅洛品种（Cullen酒庄是典型例子），而马尔白克和小维多也越来越多地作为混酿的调配品种被使用。

赤霞珠显然与该产区关系密切，但也没有阻碍西拉子的种植，尽管西拉子的重要性不那么显著，但这里的西拉子通常会有介于重磅的巴罗萨和具有白胡椒气息的罗讷河谷风格之间那种令人垂涎的中等成熟度。霞多丽在这里也是出类拔萃，通常被描述为带有西柚皮的气息。许多同样优秀的霞多丽葡萄酒生产商加入了先驱露纹酒庄的行列，其中最值得注意的有：Cape Mentelle、Cullen、Flametree、Fraser Gallop、Pierro、Vasse Felix、Voyager Estate和Xanadu。与此同时，产区因为当地非常活泼、充满热带水果风味的长相思和赛美蓉的混酿白葡萄酒在澳大利亚，乃至世界建立了较高声望。如同其他产区一样，多样的葡萄品种正在玛格丽特河产区迅速种植并发展。

珀斯

玛格丽特河

奥尔巴尼

Wilyabrup 非官方葡萄酒子产区

■ CULLEN 知名酒庄

葡萄园

—100— 等高线间距50米

▼ 气象站（WS）

1:350,000

Km 0 5 10 Km

Miles 0 5 Miles

威利亚布鲁普（Wilyabrup）集中了许多著名的葡萄酒品牌，在这里游客可以徜徉于不同酒庄之间。这是玛格丽特河中第一个获得官方认证的子产区。

玛格丽特河：玛格丽特河 ▼

纬度 / 海拔
33.53° S/109米

葡萄生长期的平均气温
19.0℃

年平均降水量
759毫米

采收期降水量
3月：21毫米

主要种植威胁
风、鸟类

主要葡萄品种
红：赤霞珠、西拉子；
白：长相思、霞多丽、赛美蓉

南澳大利亚州：巴罗萨谷 South Australia: Barossa Valley

南澳大利亚州对澳大利亚的意义就如同加利福尼亚州对美国的意义——葡萄酒之都。南澳大利亚的葡萄压榨量超过整个澳大利亚总量的一半，同时也是澳大利亚最重要的各大葡萄及葡萄酒研究机构的所在地。

南澳大利亚的首府阿德莱德市被葡萄园包围。往东北驱车 55 千米的地方就是布满葡萄园的“南澳大利亚的纳帕谷”——巴罗萨谷。这里是由来自西里西亚（现在属于波兰，当地人讲德语）人建立的，直到今天巴罗萨谷中的很多地方还是日耳曼风格的，包括社区风格、刻苦努力工作的精神以及香肠和雷司令的味道。

巴罗萨是澳大利亚最大的优质葡萄酒大区，顺着北帕拉河（North Para River）而上，周边近 30 平方千米遍布葡萄园，然后往东蔓延至下一个产区伊顿谷（Eden Valley），地势从海拔 230 米的 Lyndoch 镇一直爬升到东边巴罗萨山脉的 550 米。整个巴罗萨大区涵盖了这两个相连的葡萄酒产区，所以如果酒标上只写“Barossa”，那么这支酒有可能是由伊顿谷和巴罗萨谷的葡萄混酿而成。

虽然巴罗萨的夜晚很凉爽（比迈拉仑维尔更凉爽），但这里的夏季炎热而干燥。然而该产区有着丰富的“遗产”——很好适应了当地气候、成熟的、根系很深、不需要灌溉的灌木葡萄藤，其中约有 80 公顷历史超过百年。因为南澳大利亚严格执行植物检疫政策，尚未受到根瘤蚜虫病的危害，所以大多数葡萄藤没有嫁接，而是将采自老藤种条繁育的自根苗种植于土壤。

这样的藤能够结出风味更加浓郁的果实，酿造出世界上最具辨识度的巴罗萨西拉子葡萄酒。浓郁饱满、有巧克力味道、辛辣而张扬，这些酒可以是老酒鬼的“长生不老药”，也可以具有现代理念：提早采摘来展现产区不同的风土特色。有些巴罗萨谷的酿酒师会添加单宁和酸，所以也反映出典型的巴罗萨谷西拉子风味，特别是酒龄浅时在口腔中是非常强劲的。与波尔多的酿酒师采用较长时间的后发酵浸皮过程来萃取颜色和单宁的手法不同，巴罗萨谷的红葡萄酒通常是在美国橡木桶里完成发酵，以获得重重的波本风格的甜度和柔顺度。即便如此，澳大利亚的酿酒师还是一贯地追求创新，他们也不断尝试混合使用美国桶和法国桶。混酿，不管是受到罗讷河谷还是伊比利亚的影响，都越来越受青睐。

大企业大业务

从绝对产量来看，巴罗萨的葡萄酒由一些国际大企业的子公司占主导地位，比如像富邑葡萄酒公司旗下拥有奔富［Penfolds，其旗舰酒款葛兰许（Grange）的原酒来自整个南澳大利亚］、禾富以及一系列其他品牌；法国茴香酒生产商保乐力加（Pernod Ricard）拥有奥兰多（Orlando，现在改为 Jacob's Creek，以 Rowland 平原附近的一条小溪命名）；最大的家族酒庄公司御兰堡，坐落于巴罗萨谷和伊顿谷边界的安格斯顿（Angaston）小镇。此外，还有无数规模大小不等的酒庄。从 20 世纪 80 年代末赤霞珠盛行之时，一手挽救了巴罗萨老藤西拉子声誉的彼德利蒙（Peter Lehmann）酒庄（现在与著名品牌 Yellow Tail 一样同属于滨海沿岸集团的 Value 品牌），到一群雄心勃勃热衷于开发该地区老藤的新潮酿酒师，而这些酿酒师也喜欢尝试不同的葡萄品种。Spinifex、Schwarz Wine Co 和 Massena 是自称为“巴罗萨工匠”组织的三个著名的成员，他们在塔奴丹镇（Tanunda）有一个品尝室。

巴罗萨谷还拥有老藤歌海娜（能酿造比西拉子酒精度更高的酒）和老藤慕合怀特（长期被称为 Mataro）。这两个品种与巴罗萨谷最多的西拉子一起混酿成 GSM，十分流行。这里的赛美蓉，有些是巴罗萨谷独有的、发生芽变的粉色果皮果实，能够酿造出让人惊艳的丰满白葡萄酒，在近些年来比霞多丽变得越来越常见。当赤霞珠种植在最理想的深灰棕色土壤上时，其所酿造出的葡萄酒也是光彩夺目的。而西拉子似乎更多取决于夏季气候，特别是种植在巴罗萨谷黏土和石灰石土壤的葡萄园。

最受追捧的一些西拉子基本产自巴罗萨谷的西北部和中部区域：Ebenezer、塔奴丹、Moppa、Kalimna、Greenock、Marananga 及 Stonewell，这些地区古老的西拉子旱作葡萄园能酿造出真正复杂的佳酿。但是，巴罗萨谷的这种葡萄园多为果农所拥有，而不是酿酒师，所以葡萄果实价格和品质之间总有着微妙的关系。大部分的老藤一直都是被同一个家族的几代人管理与维护的，且通

◁
“巴罗萨地形项目”很好地证明了该产区各小区域之间的土壤差异，我们可以肯定在不久的将来会正式将其认定为地理标志产区。

沙普酒庄（Seppeltsfiled）是由沙普（Seppelts）家族建立的，在1900年时是澳大利亚最大的酒庄，后来被建成巴罗萨谷主要的加度酒收藏之家，有很多珍贵的老酒。它也是世界上唯一一个每年都能发售100年老酒的酒庄，虽然数量极少。

巴罗萨谷：努里乌特帕（NURIOOTPA）

纬度/海拔
34.55° S/116米

葡萄生长期的平均气温
19.8℃

年平均降水量
484毫米

采收期降水量
3月：25毫米

主要种植威胁
干旱

主要葡萄品种
红：西拉子、赤霞珠、歌海娜；
白：霞多丽、赛美蓉

常被屏蔽在每周数千游客的视线之外。

生产者想发掘出产区地理特性，清晰表述当地历史、古迹，于是越来越多的产区、子产区、葡萄园，甚至果农的名字被标在酒标上。迟早有一天，巴罗萨葡萄与葡萄酒协会的“巴罗萨地形项目”将会促进这些具有显著特征的地方被认定为子产区，就像伊顿谷的上伊顿谷子产区一样（见后页）。由于巴罗萨谷各个角落葡萄酒纷繁复杂，所以这个子产区认定的情况尚未实现。

伊顿谷
Eden Valley

△
翰斯科家族在其著名的神恩山葡萄园中精心呵护的“祖父藤”之一，它们是在19世纪60年代从欧洲被带来的。

与毗邻的巴罗萨谷相比，伊顿谷海拔更高，风景更加秀丽，可以拍到更漂亮的照片。最高处的葡萄园海拔可达500米，与谷底相比分布零散，散布在岩石山坡、山间泥路、乡村农庄和一排排桉树之间。

从历史上来说，伊顿谷是巴罗萨谷往东的延伸。早在1847年，约瑟夫·吉伯特（Joseph Gilbert）船长就建立了普西河谷（Pewsey Vale）酒庄，目前该酒庄隶属位于安格斯顿区域的御兰堡家族酒庄，他们在伊顿谷雷司令的发展过程中起着极其重要的作用。

当近代对葡萄酒的需求从加强型的甜酒转向餐酒时，巴罗萨酿造出了最好的雷司令餐酒。西里西亚移民带着对葡萄的喜爱来到这里，果农也发现越往东边去海拔越高，所酿造的雷司令葡萄酒更加细腻爽口，果味也更加丰富。在20世纪60年代早期，Colin Gramp（其家族拥有奥兰多酒庄直至1971年）在一次德国的旅行中得到了启发与鼓舞，他在片岩山顶处建立了一小片葡萄园，这里陡峭到连一只羊都难以驻足，该葡萄园名为Steingarten，意为没有泥土的石头园，给澳大利亚的雷司令开辟了新篇章。现在这个葡萄园因为所产的Jacob's Creek Steingarten雷司令可以与Henschke's Julius、Peter Lehmann Wigan及Yalumba's Pewsey Vale雷司令相媲美而被人熟知。

伊顿谷的雷司令酒在最佳状态的时候具有芬芳花香，在酒龄浅时有时带着矿物气息。我们不可避免地会将伊顿谷雷司令和克莱尔谷雷司令做比较，与克莱尔谷雷司令一样，伊顿谷雷司令在瓶中短暂陈年之后也会展现出烘烤风味，但其酸度下降得很快，且呈现干花的气息，而克莱尔谷雷司令具有明显的酸橙味。

雷司令对伊顿谷来说也许很重要，但西拉子是该产区种植最广泛的葡萄品种。翰斯科（Henschke）家族就为澳大利亚顶级红葡萄酒建立了典范，他家的宝石山（Mount Edelstone）葡萄园建立在山上，葡萄藤来自酒庄于1860年种植的著名的神恩山（Hill of Grace）葡萄园。第一个单一园神恩山西拉子的年份是1958年，葡萄来自酒庄最古老（但地势平坦）的仅有8公顷的葡萄园。如今，它的价格也直逼南澳大利亚著名的顶级混酿葡萄酒奔富葛兰许。

新生一代Hobbs、Radford、Shobbrook、Torzi Matthews、Tin Shed及其他很多酒庄正在不断证明，这个高海拔的产区能够酿造出色的单一园葡萄酒，很多酒被简单地标为“巴罗萨”而不是巴罗萨谷，是伊顿谷的部分为其带来了活力。

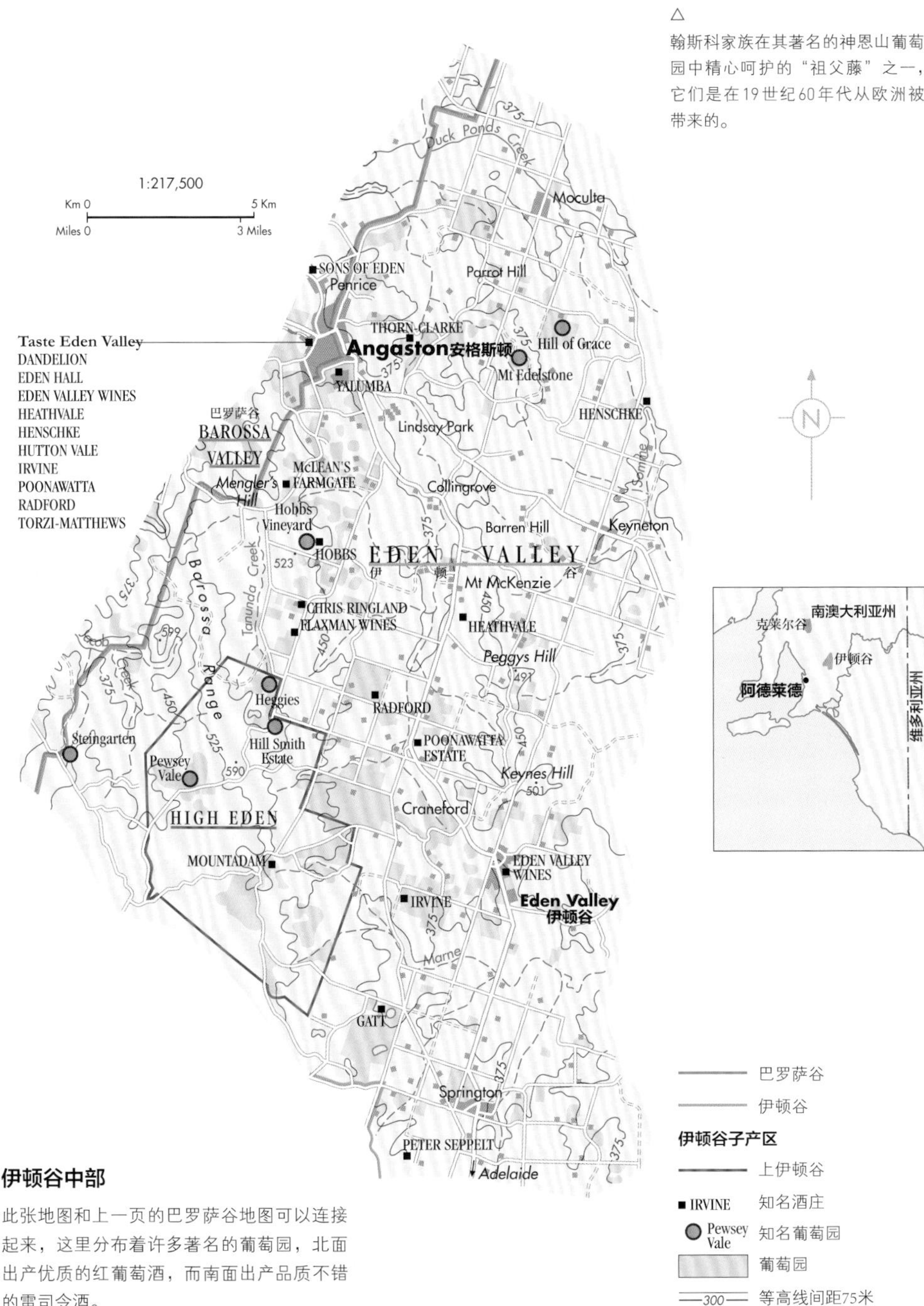

伊顿谷中部

此张地图和上一页的巴罗萨谷地图可以连接起来，这里分布着许多著名的葡萄园，北面出产优质的红葡萄酒，而南面出产品质不错的雷司令酒。

克莱尔谷 Clare Valley

风景如田园诗般秀丽的克莱尔谷产区，雷司令在此的意义比在伊顿谷还要深远。克莱尔位于巴罗萨的最北端，是个与世隔绝的山村，但拥有各类会酿造葡萄酒的人才。这里酿造出风格独特、有着世界一流水准的西拉子和赤霞珠酒，以及伟大典范的雷司令酒。

克莱尔谷由高原上多条南北走向、土壤类型各不相同的狭长山谷组成，研究克莱尔谷地质的“克莱尔谷岩石”项目揭示了这一点。沃特韦尔和奥本之间的南部中心地区，被誉为经典雷司令村，因石灰岩上的红土（见第 357 页）而出名，这里酿造的雷司令酒香气芬芳、酒体丰富。再往北几英里的波利山河流域（Polish Hill River），令人尊敬的杰弗里·格罗塞（Jeffrey Grosset）先生的著名的波利山（Polish Hill）葡萄园就在这里，葡萄藤在坚硬的板岩土壤中顽强地生长着，所酿造的葡萄酒风格更为严谨，生命力也更长。克莱尔谷北部的地势较开阔，从斯潘塞湾吹来的西风让这里气候温暖；而在沃特韦尔往南的南部区域则受到来自圣文森特湾更凉的海风影响。克莱尔谷的面积只有巴罗萨谷的三分之一，不过因其海拔更高，气候也更为极端。这里凉爽的夜晚有利于葡萄保持酸度，很多年份都不需要加酸调整，而其他地方都需要加酸。其他特别值得关注的葡萄园还有 Jim Barry 酒庄的 Florita 和 Petaluma 酒庄的 Hanlin Hill。

克莱尔谷位置偏远，这里的酒庄傲然独立，远离流行趋势，不受大公司的影响。仅有 Knappstein 和 Petaluma 酒庄、部分美誉（Accolade）葡萄酒公司以及富邑集团的 Leo Buring 与大公司有些关系，近年来这些大公司为了节约资金纷纷关掉克莱尔谷的葡萄酒厂，转到其他地方生产。

克莱尔谷是一个脚踏实地的务农之地，大部分酒庄的规模较小，相互间关系紧密形成一个非同寻常的团体。这是澳大利亚最先同意使用螺旋盖以保持雷司令钢铁般的纯度的葡萄酒产区。

经过几十家杰出的酒庄共同努力，比如格罗斯（Grosset）、凯利卡努（Kilikanoon）和 Jim Barry 酒庄，克莱尔谷雷司令被打造成为澳大利亚最独特的酒——紧实而干型，它在浅龄时有时会让人难以接受，常常潜藏着浓郁的酸橙风味；在瓶中陈放几年后就变得带有焙烤的成熟香味。这样的雷司令最适合用来搭配澳大利亚著名的无国界料理。近些年来，稍带甜感风格的雷司令酒也渐渐崭露锋芒，以讨好那些不喜欢太干型雷司令的消费者。

这里也酿造具有熟李子风味、出色的酸度与结构的红葡萄酒，由此引发了西拉子与赤霞珠究竟哪个才是克莱尔谷的最佳红葡萄品种的讨论。特别是针对 Jim Barry、凯利卡努、Taylors 以及 Tim Adams 酒庄酿造的口感柔顺的赤霞珠和西拉子。格罗斯酒庄香味浓郁的 Gaia 波尔多式混酿，来自产区里海拔最高（570 米）的葡萄园，比其他大多数葡萄酒更多一份优雅；而深受追捧的先驱酒庄 Wendouree 的红葡萄酒继续保持着领先优势，带有特殊的咀嚼感，可以说是无可替代的。

1:250,000

Km 0 5 10 Km
Miles 0 5 Miles

■GROSSET 知名酒庄
●Clos Clare 知名葡萄园
葡萄园
300 等高线间距75米

克莱尔谷北部和中部

从纬度来说，这个狭长的区域很难酿出让世界瞩目的雷司令酒，但它做到了。这要归功于海拔，因为葡萄园都坐落在海拔400—570米之处，同时来自西面和南面海湾的微风也有贡献。

▽
收获季节Pike's Polish山的清晨。在那些缺乏大量劳动力的葡萄园以及炎热的正午时段，机械设备就发挥了作用。

迈拉仑维尔及周边地区
McLaren Vale and Beyond

"山谷"（Vale）位于阿德莱德市南部郊区，已从半产业化的葡萄种植区转变为澳大利亚最精致红葡萄酒的产地。

风土 不同区域土壤差异很大并且分界很清楚，从靠近大海的平坦地带的黑色黏土、中间平缓的丘陵地带的黏质壤土和沙质壤土，到海拔最高处的沙质土都有。

气候 温暖而干燥，而且明显变得越来越干热，海风对调节气温能有所帮助。

主要葡萄品种 红：西拉子、赤霞珠。

以福雷里卢（Fleurieu）半岛而得名的福雷里卢大区，从阿德莱德西南延伸，穿过迈拉仑维尔及福雷里卢南部，直抵热门的度假胜地袋鼠岛。该区也往东延伸，包括兰好乐溪（Langhorne Creek）和金钱溪（Currency Creek）两个产区（见第 334 页地图）。有些最令人激动的葡萄酒就产自该产区边缘地带。波尔多的雅克·卢顿（Jacques Lurton）在这里开创了飞行酿酒模式，往返于**袋鼠岛**的各酒庄之间酿造葡萄酒。而在该区海拔最高的**南福雷里卢**的 Parawa，Petaluma 酒庄的创始人布赖恩·科罗瑟（Brian Croser）先生一直在酿造一些让人印象深刻的 Foggy Hill 黑皮诺。

不过截至目前，福雷里卢大区里最突出的、历史最悠久的葡萄酒产区则是迈拉仑维尔，该产区也是备受游客喜爱的旅游胜地，不幸的是阿德莱德市因城市的扩张而占据了该产区的部分土地。约翰·雷内尔（John Reynell）先生早在 1838 年便在澳大利亚南部 Stony Hill 酒庄（2009 年出售建房地产了）的葡萄园栽种下当地的第一批葡萄藤，如今 Reynella 品牌就是为纪念他而命名的，迈拉仑维尔至今依旧保留着许多非常老的葡萄藤，有些甚至超过百岁。Tintara 酒庄于 1876 年被托马斯·哈代（Thomas Hardy）酒庄收购，如今这里是哈代公司的历史悠久但装备非常现代化的展示性酒庄。哈代公司是澳大利亚最大的葡萄酒公司之一，属于美誉葡萄酒公司股份的一部分，酿酒的葡萄和葡萄醪都是从遥远的塔斯马尼亚运输来的。

变得越来越热

当地沿海区域气候条件对葡萄藤来说再好不过了，这里是 Sellicks 山与温和海洋之间的一条狭长地带。得益于那些温暖的夜晚和更加温暖的白天，这里葡萄酒中的单宁非常柔和。

在漫长而温暖的生长季节，靠近大海最大的好处是完全无霜害。这个地区的水源越来越匮乏，但大约 20% 的葡萄园无须人工灌溉也能长势良好。海洋能带来凉爽的影响，特别是午后的海风有助于葡萄酒保持适当的新鲜度，尽管这里昼夜温差不大。

在迈拉仑维尔北部 Blewitt Springs 周边地势更高的区域，厚厚的沙质土壤覆盖在黏土上，酿造出的歌海娜和西拉子葡萄酒精致、芬芳而带辛辣感。而在东边的 Kangarilla 昼夜温差变化较大，酿造出的西拉子葡萄酒要比一般迈拉仑维尔的更优雅。在迈拉仑维尔小镇之北，那些土壤层最薄的地方，葡萄产量低，风味却更加浓郁。位于该镇南部的 Willunga 区域，受海洋气候影响较少，葡萄成熟得也晚。

▽
深紫色黑珍珠葡萄汁从Kay Brothers酒庄那古老的Celestial & Coq筐式压榨机中流出，这台1912年制造的压榨机安装在压榨车间，1928年第一次使用。

很多地方的葡萄采收时间越来越提前，大体上来说，采收季节从2月份开始，一些经典的歌海娜和慕合怀特葡萄采收可能要持续到4月份。

迈拉仑维尔自古至今都被人们认定为红葡萄酒产区，尽管白葡萄品种菲亚诺和维蒙蒂诺在这里长势兴旺，却也只是和意大利品种一起做些试验来确定发展方向，意大利品种在炎热的气候条件下也能保持良好的酸度。霞多丽和长相思更适合生长在邻近、更加凉爽的阿德莱德山产区。

消费者对迈拉仑维尔口感顺滑、迷人的红葡萄酒颇具信心，包括老藤的西拉子、赤霞珠以及很快就流行起来的后起之秀歌海娜。Chapel Hill、d'Arenberg、Hugh Hamilton、Paxton、Samuel's Gorge、SC Pannel、Ulithorne、Wirra Wirra等 酒庄和Jackson家族的葡萄酒机构Yangarra Estate都用这些品种酿造出了品质优良的酒。同时，一段时间以前Coriole、Kangarilla Road和Primo Estate酒庄向大家证明了，桑娇维塞、内比奥罗及普里米蒂沃（也叫金芬黛）确实也在此地适应得不错。此外，伊比利亚葡萄品种也表现惊人，特别是Samuel's Gorge、Willunga 100和Gemtree Estate酒庄酿造的丹魄酒；而格鲁吉亚的萨别拉维和意大利的萨格兰蒂诺这两个葡萄品种，因其高酸度而具有特殊的价值。那些目光长远的酒商坚信，未来需要依靠这些已经经过证实能够非常好地适应地中海气候的葡萄品种，比如Stephen Pannell，这家坐落在Tinlins的葡萄酒庄为一些大公司提供大量的商业原酒，同时出产自己手工装瓶的成品葡萄酒。

现在，至少有80家酒庄坐落在迈拉仑维尔，但一部分果实供应给了其他产区的酒庄，甚至最远供到猎人谷的酒庄，被用来增加当地混酿酒体的厚重感。过去，澳大利亚产区之间葡萄混酿的情况比现在普遍多了，迈拉仑维尔曾被酿酒师们称作“澳大利亚葡萄酒的中坚”。迈拉仑维尔的西拉子拥有摩卡咖啡的香气和温暖的泥土气息，以及宜人的黑橄榄味和皮革香气。

柔和饱满多汁

兰好乐溪是南澳大利亚州葡萄酒产区最大的秘密武器，或许这个说法很容易引起争议。尽管这里的葡萄酒产量与迈拉仑维尔相当，但仅有不足五分之一的葡萄酒被标上了兰好乐溪产区的名字。这个地区大部分的葡萄酒被大公司收购并用于混酿，因为它们具有与生俱来的优势：西拉子柔和温顺，口感充盈；赤霞珠饱满多汁。起初，这块肥沃的冲积层土地在晚冬时依靠来自布雷默（Bremer）和安格斯（Angas）河流的水浇灌，这样的灌溉很不可靠，从而限制了葡萄园的发展。直至20世纪90年代初，从宽阔的默里河口的亚历山大湖引水灌溉的许可证颁发下来，兰好乐溪产区才得到迅猛的发展。

该产区比较老的葡萄藤生长在靠近河岸的区域，包括Brothers in Arms酒庄的Adams家族于1891年拥有的著名Metala葡萄园；还有Frank Potts在Bleasdale种植的葡萄园，为此当年他砍倒了布雷默河边许多巨大的赤桉树。那些新的雄心勃勃的葡萄园，比如安格斯，依靠高科技灌溉系统，在平地上建立了完整的沟渠网络。

所谓的“湖医生”（Lake Doctor），就是指午后由湖那边吹来的徐徐凉风，它减缓了葡萄的成熟速度，这里通常比迈拉仑维尔产区要晚两周采摘。

位于兰好乐溪正西面的金钱溪产区大部分地区是平缓的沙地，依靠亚历山大湖的湖水来灌溉。这里比兰好乐溪温暖一些，更具海洋性气候特点，这里分布的主要是一些规模很小、知名度也偏低的酒庄。奥地利Salomon家族在非官方的Finniss河子产区酿造一些精致的红葡萄酒。

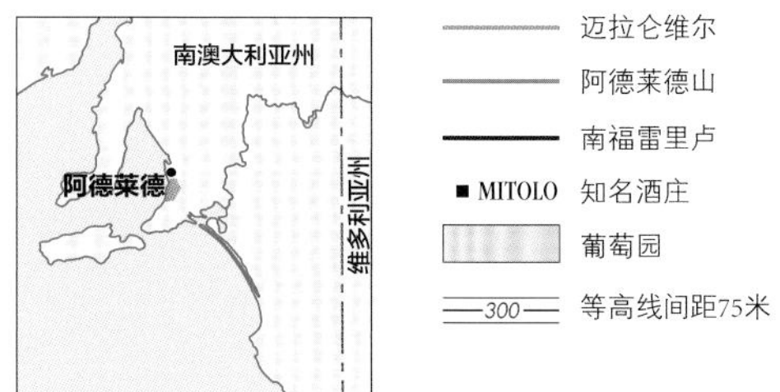

迈拉仑维尔

迈拉仑维尔的土壤类型和地貌具有多样性，葡萄酒品质与风格亦如此。该产区的酒庄齐心协力，通过“稀缺的土地”（Scarce Earth）项目来挖掘这些差异的价值，重点研究迈拉仑维尔的西拉子随地质变化的多样性。

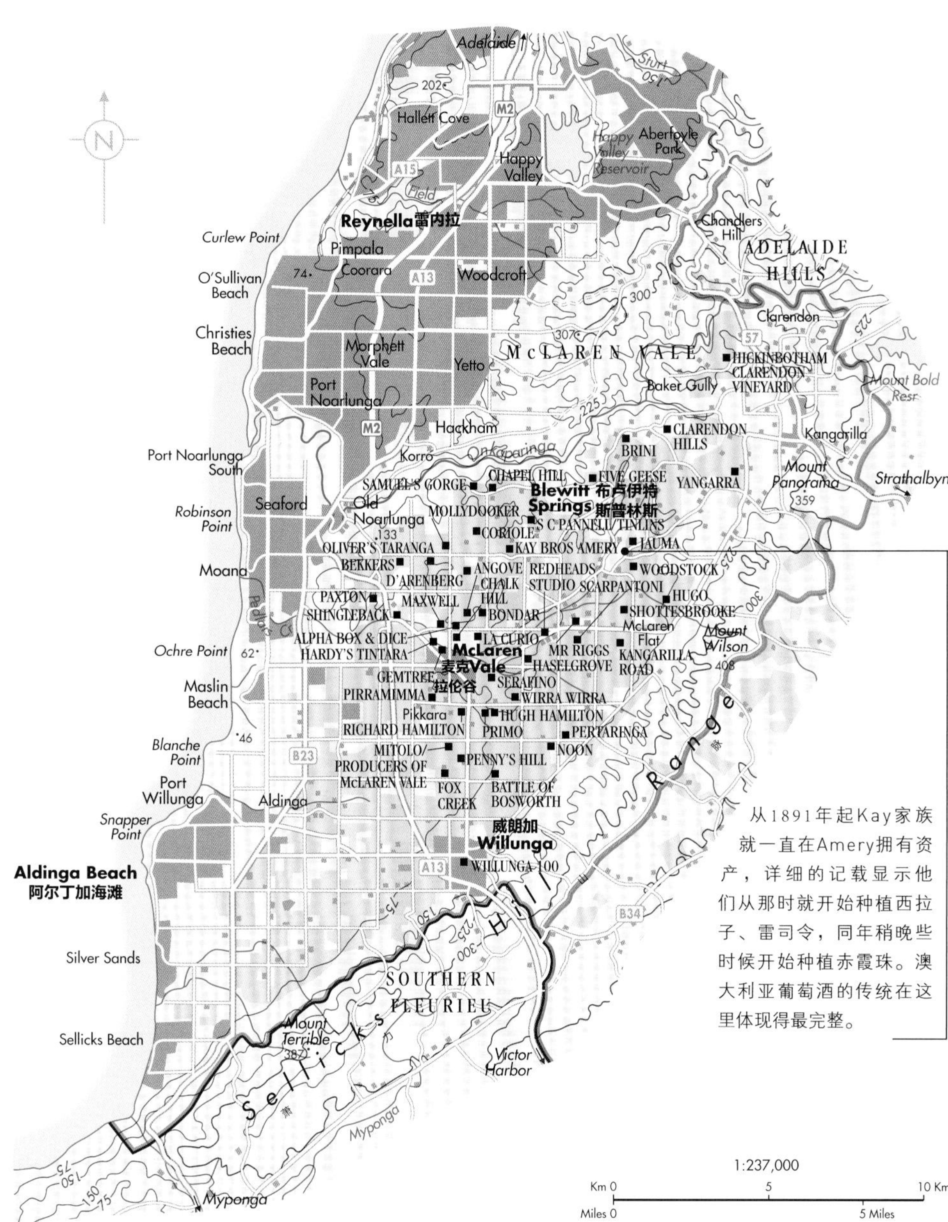

阿德莱德山 Adelaide Hills

当夏季来临，阿德莱德市会一天比一天热，但附近有个地方能让人感到凉爽，这就是位于城市东部的Lofty山。从西部飘来的云团聚集在青山之上。阿德莱德山脉的南端与迈拉仑维尔产区的东北部接壤，但两个产区风格截然不同，**阿德莱德山**是澳大利亚最活跃的葡萄酒产区之一，也是天然葡萄酒的酿造中心，特别是在花篮山（Basket Range）城镇周边。这里是澳大利亚第一个通过酿造品质稳定、带有新鲜柑橘类果香长相思而声名鹊起的产区，现今这也是该产区种植的主要葡萄品种，其次是霞多丽。除北部之外，海拔约400米等高线即该产区的分界线。海拔高于这里的区域，经常笼罩在灰蒙蒙的云雾中，甚至会有晚霜，即使在夏季晚上也会很寒冷。这个产区降水量相对较高，但主要集中在冬季。概括这个从东北到西南横跨了约80千米的阿德莱德山产区是很困难的。

20世纪70年代，Petaluma酒庄的创始人布赖恩·科罗瑟在Lofty山的皮卡迪利山谷（**Piccadilly Valley**）圈地打下了桩，这个地方气候凉爽，适合种植霞多丽葡萄，这种选择在当时的澳大利亚是很少见的。时至今日，这里已有90家左右的酒庄和更多的葡萄果农为大大小小的酒庄提供原料。

在阿德莱德山产区，黑皮诺是红葡萄品种中的佼佼者，不少酒庄，如Ashton Hills、格罗斯、翰斯科、Lucy Margaux、奔富和Shaw+Smith都酿造出了品质不错的黑皮诺葡萄酒。同时丹魄及一些意大利葡萄品种，特别是内比奥罗，也开始崭露头角，极具潜力。

Bird in Hand、Shaw + Smith、Sidewood和Tapanappa等酒庄出产的霞多丽酒可以让人感受到新鲜的油桃香味和精准的霞多丽香气，像翰斯科、Pike & Joyce和The Lane这些酒庄酿造的维欧尼和灰皮诺也同样具有非常精准的品种香味。在Hahndorf Hill酒庄的带动下，绿维特利纳也把它在澳大利亚的家安在了这个产区，已有30多家酒庄出产这个品种的酒。雷司令在此地也表现不俗。

Valley和伦斯伍德（Lenswood）这两个地方是至今为止唯一被官方认可的子产区。但是许多当地人认为，花篮、Birdwood、Charleston、Echunga、Hahndorf、Kuitpo、Macclesfield、巴克山、Paracombe及Woodside等地区表现也非常出色，具有鲜明的风格特征。未来可期。

阿德莱德山西南

本页地图上仅标注了阿德莱德山西南角地区的详细情况。北部Gumeracha周围的葡萄园也很温暖，赤霞珠能够充分成熟；一些具有罗讷河风格的西拉子出自Stirling东南的巴克山酒庄。

阿德莱德山：伦斯伍德 ▼

纬度/海拔
35.06°S/ 363米

葡萄生长期的平均气温
17.3℃

年平均降水量
717毫米

采收期降水量
4月：49毫米

主要种植威胁
结果不良、春季霜冻

主要葡萄品种
红：黑皮诺、西拉子；
白：长相思、霞多丽、灰皮诺、雷司令

库纳瓦拉 Coonawarra

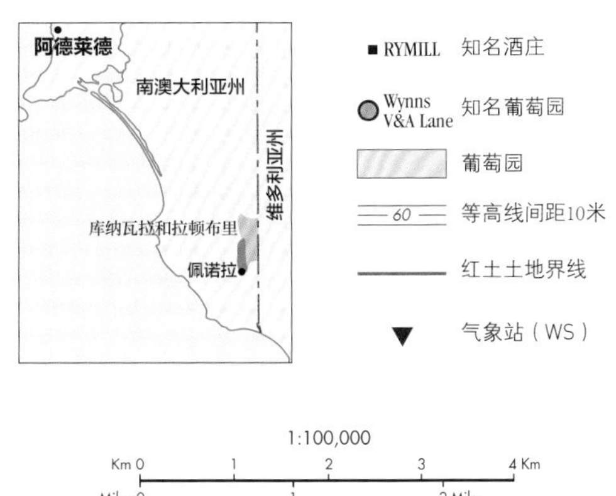

库纳瓦拉的故事很大程度上就是红色土壤的故事。事实上，依据土壤类型确定的产区边界一直饱受争议。早在19世纪60年代，早期的移民者就注意到了这块非常奇特的、距离阿德莱德市南面约400千米处的土地。它位于潘娜拉（Penola）村北面一个狭窄的长方形区域，长仅有约15千米，宽不足1.5千米，表层土壤明显呈红色，一捻即碎，再往下是排水性好的石灰岩土壤，石灰岩层下方即有纯净的地下水层。没有其他土壤结构比这更适合种植水果了。企业家约翰·里德（John Riddoch）在此创建了潘娜拉果园，到了1900年，这里被命名为库纳瓦拉，并酿造出了很多非常规类型的葡萄酒，大量使用了西拉子，酒体活泼、果香丰富、酒精度适中。事实上，当时这些酒已经有点像波尔多的风格了。

这个产区酿造的葡萄酒结构感与其他大部分产区极为不同，相当长的一段时间里只有少数人欣赏。到了20世纪60年代，随着餐酒盛行，这个产区葡萄酒的潜力才开始渐渐被认识到，葡萄酒产业里的大酒庄也开始涉足这里。酝思（Wynns）酒庄属于富邑葡萄酒集团，是目前为止当地最大的单一葡萄酒酿造厂。富邑集团还拥有奔富和利达民（Lindeman's）等酒庄，控制着当地近一半的葡萄园。因为这个原因，库纳瓦拉相当一部分葡萄原料被用来混酿，运往外地装瓶。而另一方面，像Balnaves、Bowen、Hollick、Katnook、Leconfield、Majella、Parker、Penley、Petaluma、Rymill及Zema这些酒庄更接近庄园模式。

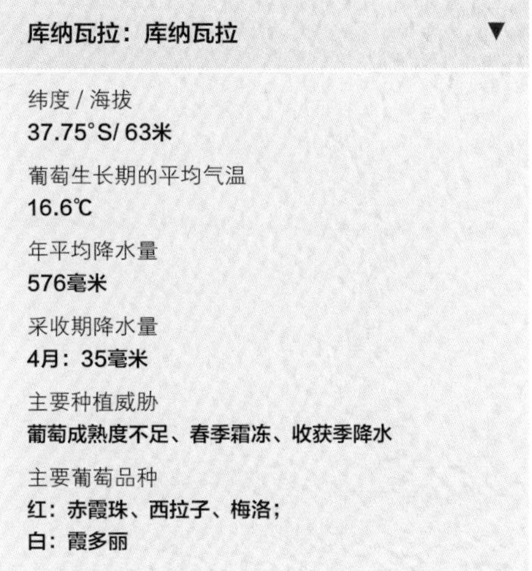

库纳瓦拉：库纳瓦拉 ▼

纬度／海拔
37.75°S/ 63米

葡萄生长期的平均气温
16.6℃

年平均降水量
576毫米

采收期降水量
4月：35毫米

主要种植威胁
葡萄成熟度不足、春季霜冻、收获季降水

主要葡萄品种
红：赤霞珠、西拉子、梅洛；
白：霞多丽

天作之合

西拉子曾是库纳瓦拉产区最原始的葡萄品种，但自从Mildara在20世纪60年代早期展示了该产区的条件更适合赤霞珠之后，库纳瓦拉赤霞珠便成为澳大利亚少数几个结合了品种和产地的检验标准之一。库纳瓦拉产区每10株葡萄藤就有6株是赤霞珠，因此产区的经济就会随着大环境里赤霞珠葡萄酒的受欢迎程度而时起时落。

库纳瓦拉的土壤并不是促成赤霞珠品种与产区之间天作之合的唯一因素。与澳大利亚南部其他产区相比，这里的位置更偏南且更凉爽，离海岸线只有约80千米，整个夏季都受到南极洋流及西风带的影响。春天可能有霜害，而采收时节可能会下雨，这与法国产区所面临的问题类似。其实，库纳瓦拉比波尔多还要凉爽，这里使用喷水灌溉系统来对抗霜冻。据说，在近年来的干旱季节，大部分酒庄也得不依靠这些灌溉系统来补充水分。只要信念坚定，这块红色土地的活力可以很好地被调控，而不像西边的黑色石灰土那么难以控制。

在20世纪90年代人们推崇赤霞珠的顶峰时期，库纳瓦拉的葡萄园数量倍增。该产区地理位置偏远而且人口稀少，这意味着很多葡萄藤的修剪工作，至少预修剪及采收需要依靠机器来完成。但近几年来，葡萄园的人工操作越来越普遍，而且经常是亚洲人团队，因此葡萄酒的质量也提高了。至少有22家葡萄酒体验中心大胆地把目标锁定在了南下而来的游客们身上。

◁
酝思是本产区最有名的葡萄酒庄园——本产区有18家葡萄酒庄园，比葡萄酒体验中心少4个。

△
位于凉爽的马其顿产区的Bindi酒庄擅长种植黑皮诺和霞多丽，采摘工戴的圆锥形帽子是如今澳大利亚葡萄园工人典型的装束，棚屋更像是澳大利亚过去的典型标志。

维多利亚州 Victoria

从许多方面来说，维多利亚州都是澳大利亚最有趣、最有活力也是最具多样性的一个生产葡萄酒的州。早在19世纪，这里就已经是最重要的澳大利亚葡萄酒产地。当时葡萄园面积相当于新南威尔士州与南澳大利亚州的总和。

19世纪50—60年代的淘金热，使澳大利亚的人口在10年内翻了一番，人口激增激发了最初的葡萄酒产业（如同美国加利福尼亚州），但是19世纪70年代根瘤蚜虫病袭来，对葡萄种植造成了致命的打击。如今，维多利亚州的葡萄酒产量不及南澳大利亚（那里没有根瘤蚜虫病）的一半，但酒庄数量几乎是其两倍——800个酒庄散布在20个产区，但大部分酒庄规模相对较小，其中大约有600家通过他们的体验中心直接对公众销售葡萄酒。

维多利亚州是澳大利亚大陆最小也是最凉爽的地区，却是葡萄种植条件最为多样的地方。范围涵盖了干旱的、完全依靠灌溉的米尔迪拉镇（Mildura）附近的默里-达令产区，一直到大陆最凉爽的葡萄酒产区。默里-达令产区横跨维多利亚州和新南威尔士州的边界，葡萄产量占据整个维多利亚州总产量的75%。

维多利亚州东北部

气候炎热的维多利亚州东北部是根瘤蚜虫病灾害后最重要的幸存者。**路斯格兰**（Rutherglen）和**Glenrowan**酒庄一直以来专注于加强型甜酒（见第360页图板），同时他们也酿造强大的红葡萄酒，使用的是路斯格兰的特色罗讷河品种杜瑞夫（Durif）。

在维多利亚州的这个角落还坐落着三个海拔更高、气候更凉爽的葡萄酒产区：**国王谷**（King Valley）、阿尔派谷（Alpine Valleys）以及比曲沃斯（Beechworth）。这里连接着大分水岭的雪场，是所有滑雪爱好者向往的地方。Milawa镇的家族酒庄Brown Brothers是国王谷最大的酒庄，酒庄的旗舰产品——由黑皮诺和霞多丽混酿的起泡酒Patricia，原料来自位于Whitlands海拔800米的葡萄园。Brown Brothers也是澳大利亚最早试验不同葡萄品种的酒庄之一。意大利品种已经成为这个产区的特色品种，这要归功于Pizzini家族起的带头作用。普洛赛克的先锋Dal Zotto酒庄和坐落在滨海沿岸的De Bortoli酒庄都与意大利有渊源。De Bortoli酒庄的Bella Riva葡萄酒原料来自国王谷的一块单一园。

很多酒庄也从阿尔派谷产区采购葡萄原料，这里的葡萄园海拔基本都在180—600米之间。这里也种植着不少意大利及其他葡萄品种。Gapsted是Victorian Alps葡萄酒公司的一个酒标，该公司是一个代加工酒厂，为不少产区外的酒庄酿造葡萄酒，其中一个原因是这个产区仍然受到根瘤蚜虫病的困扰。

在历史上著名的淘金之地、海拔较低的**比曲沃斯**产区，Giaconda酒庄酿造了一些知名的霞多丽酒，当然西拉子和黑皮诺也很有名气。Castagna酒庄的专长是澳大利亚流行的西拉子与维欧尼混酿和异国风味的意大利品种佳酿。Sorrenberg葡萄园种植着一些风味馥郁的品种，包括不同寻常的佳美，该葡萄园是澳大利亚第一批现代流派的葡萄园之一，仅占这个在19世纪初就开始种植葡萄的产区的很小一部分。产区特别值得一提的酒庄新秀们，包括由ex-Brown Bros的葡萄栽培专家Mark Walpole掌管的Fighting Gully Road、Domenica、Vignerons Schmölzer & Brown以及由霞多丽专家艾德里安·罗达（Adrian Rodda）掌管的A Rodda，艾德里安·罗达曾经在雅拉谷的Oakridge酒庄工作过。比曲沃斯产区显著的优势也吸引了猎人谷Brokenwood酒庄和工作在雅拉

著名的沙普酒窖有1.6千米长，是一个世纪以前由失业的金矿工人们挖掘出来的，但很遗憾的是这里已经被新的酒庄主废弃了，现在只剩下一个葡萄酒体验中心。

维多利亚州中部

仅仅看一眼这里的葡萄酒产区就会让人感觉到非常兴奋。如今这个州明显发生了很大变化，但仍拥有过去那些辉煌的葡萄酒酿造史。这个州曾经是澳大利亚葡萄酒的主导者，19世纪的淘金热潮起了部分作用。后来发生了根瘤蚜虫病的灾害……

谷 Jamsheed 酒庄的加里 · 米尔斯（Gary Mills）。

维多利亚州西部

与东北部的葡萄酒产区一样，曾经因为沙普酒庄酿造的“香槟”而闻名的西部地区也一直没有放弃努力。这个属于**格兰屏山**（Grampians）产区里的子产区，海拔约 335 米以上大分水岭的最西端，土壤富含石灰土。沙普与 Best's 两个酒庄就像是该产区的对比缩影，都有酿造辛辣味、耐储藏的西拉子的悠久历史。沙普酒庄已经被它的新主人富邑集团关闭了，因此那些曾经一直生长在这里的经典静止葡萄酒与起泡酒的原料西拉子，现在不得不在其他地方发酵。蓝脊山酒庄（Mount Langi Ghiran）酒庄那值得信赖的、带有胡椒香味的西拉子葡萄酒，毋庸置疑地向人们解释了为什么传统值得传承。

Pyrenees 产区位于格兰屏山的东部，是呈绵延起伏的丘陵地带。该产区没有那么凉爽（除了有些夜晚），代表性的葡萄酒是来自 Redbank 和 Dalwhinnie 酒庄的风格强健的红葡萄酒，它们也酿造一些精致的霞多丽酒。

Henty 产区是维多利亚州西部的第三大产区，位于最南边沿海的凉爽区域，经历几番艰苦建立起了该区葡萄酒的声誉。沙普酒庄是该产区的先锋，刚到这里时被称为 Drumborg 酒庄，它曾经好几次打算放弃该产区，直到气候的改变帮了忙，Henty 产区逐渐适合种植葡萄了。1975 年由一位牧场主建立的 Crawford River 酒庄再加上 Seppelt Drumborg 雷司令向世人证明了，这个产区能够酿造极为精致、窖藏潜力持久的雷司令酒。

再往北的地方气候温暖一些，Hamilton/Tarrington 周边约 100 千米的范围之内，聚集了一批精品酒庄，酿酒时偏好选用适合凉爽气候的西拉子。当然也有像 Tarrington 这样展示了在勃艮第品种上付出非凡努力的酒庄。

维多利亚州中部

在内陆，位于维多利亚州中部大区的**本迪戈**（Bendigo）产区气候更加温暖，20世纪70年代，Balgownie酒庄在这里推出了雍容华贵的红葡萄酒。在东部气候稍凉爽的**西斯寇特**(Heathcote)产区，Jasper Hill及其他一些酒庄产品展现了这里的风土特色，尤其是西斯寇特特有的寒武纪红色土壤。该产区以令人回味无穷、馥郁多汁的西拉子闻名。位于雅拉谷的Greenstone酒庄早已展示了，西斯寇特产区精选的托斯卡纳克隆品种桑娇维塞也能酿出非常好的佳酿。与此同时，大区南部早期建起的**高宝谷**（Goulbourn Valley）产区散布着Box Grove、Mitchelton和德宝（Tahbilk）这些知名酒庄，德宝酒庄曾经是这里唯一留存下来的酒庄。这里因出产高品质的佳酿而获得了子产区地位，被命名为Nagambie Lakes，但是有一点名不副实的是这个产区一直面临着缺水的问题。Mitchelton酒庄和德宝酒庄酿造罗讷河谷的品种(特别是玛珊)，德宝酒庄是个家族农场，历史悠久足以作为一座国家的里程碑。这里有1860年种植的西拉子，以及著名的世界最古老的玛珊葡萄藤。

令人难忘的**Strathbogie Ranges**酒庄酿造出了细腻紧致的雷司令酒，品质与Fowles酒庄和雅拉谷的Mac Forbes酒庄的雷司令酒一样好。产区有些葡萄园的海拔约600米，所以葡萄的酸度极高，香槟酒庄（Domaine Chandon）就在此地种植用于酿造起泡酒的黑皮诺和霞多丽。

菲利普港与吉普斯兰

菲利普港（Port Phillip）大区现今是美食之都墨尔本周围所有产区的统称。南部莫宁顿半岛与东部雅拉谷两个产区都分别有详细的介绍，早已开拓的山伯利（**Sunbury**）产区紧邻墨尔本机场北边平原，比其他两个产区更靠近市中心。这里长久以来的代表酒庄是克雷利（Craiglee），几十年来都以极干的西拉子葡萄酒而闻名，以品质稳定、可口且陈年潜力长而著称。

山伯利产区的北部、往本迪戈产区方向的**马其顿**产区（Macedon Ranges）是澳大利亚最寒冷的产区了，不是真的冷，而是接近葡萄种植所需温度条件的最低临界点。靠近Gisborne镇的Bindi酒庄以及Lancefield镇附近的Curly Flat酒庄费了很大心血，证明了这里适合酿造精致的霞多丽及黑皮诺葡萄酒。

黑皮诺也是维多利亚州新兴的沿海产区众多葡萄种植者的选择，尤其是在贫瘠而风大的葡萄酒村吉龙（**Geelong**），这里受海洋性气候影响很大。By Farr、Bannockburn、Lethbridge及Clyde Park这些位于摩洛堡河谷Geelong镇西北面的酒庄能使黑皮诺充分成熟。Bellarine Peninsula酒庄位于吉龙产区南面，受到海洋的影响比摩洛堡河谷还严重，当地也是石灰岩和玄武岩。Leura Park、Oakdene和Scotchmans Hill等酒庄是这个产区的佼佼者。另一家雄心勃勃的酒厂是位于墨尔本西部边缘的Shadowfax，它从吉龙和马其顿产区选购葡萄原料。

最后要说的是**吉普斯兰**（Gippsland），它幅员广阔，一直向东延伸至地图（见第344页）之外，是一个大区，也是一个产区，包括多种截然不同的环境，足以再划分几个子产区。据记载，最悠久的葡萄酒是Bass Phillip酒庄的黑皮诺酒，其葡萄园就位于Leongatha镇南部，而William (Bill) Downie则向世人证明吉普斯兰毫无疑问是黑皮诺的绝佳产区。

△
黄绿凤头鹦鹉站在蓝脊山酒庄早在1975年种植的葡萄藤上。这些鹦鹉可能威胁到成熟的雷司令葡萄。背景中的葡萄藤是葡萄园老藤赤霞珠，离开澳大利亚，雷司令和赤霞珠就不可能成为邻居了。

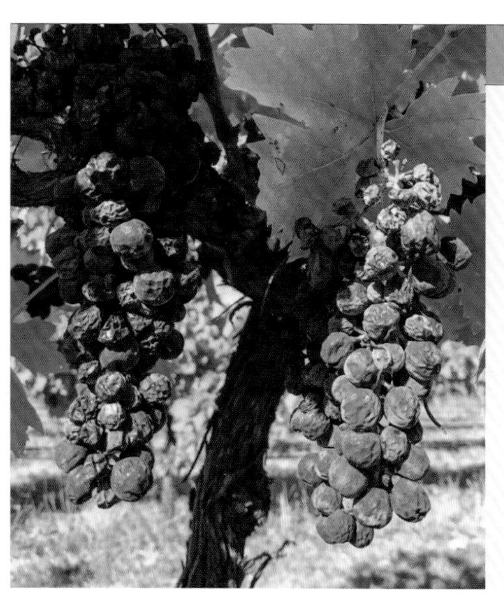

真正的浓稠

路斯格兰产区橡木桶陈年的葡萄酒，口感超乎预料地甜美、强劲，除了它的邻居格林罗旺（Glenrowan）产区酿造的酒外，其他任何地方再也找不到这种风格的酒了。再加上猎人谷的赛美蓉酒，它们是澳大利亚带给葡萄酒世界最具独创性的礼物，当然澳大利亚的葡萄酒爱好者们并不一定都欣赏它们。

这些著名的澳大利亚"浓稠"酒的秘密在于显著的昼夜温差和漫长而干燥的秋季，那超长的采收季节也起了很大作用。"浓稠"酒主要原料是在炽热阳光下晒成了深黑色的麝香葡萄。标有Topaque字样的"浓稠"酒是采用来自苏玳和贝尔热拉克产区的密斯卡岱葡萄酿制而成的。那些装在旧木桶里的酒在炎热的棚屋里陈年几年后，能变得如丝绸般丝滑丰腴，令人惊讶。路斯格兰麝香酒标上，"经典级"（Classic）意味着此酒陈酿了10年，"珍稀级"（Rare）意味着陈年超过20年，"高级"（Grand）一般在10—20年之间。有些生产商利用索雷拉系统，用酒龄较浅的酒添在老桶中（混合年份），也有生产商每年酿造当年新鲜的混酿酒。

这种葡萄酒装瓶后要尽快喝掉，喝前要稍微冷却一下，通过保持一定的新鲜度来抵消酒中糖的甜度，酒中所有的糖加起来能占到体积的四分之一。即使是那些甜度较低的酒款也特别适合搭配巧克力——如果不顾牙科医生反对的话。

莫宁顿半岛 Mornington Peninsula

每两年，莫宁顿半岛产区都要在墨尔本南部郁郁葱葱的山村举办国际黑皮诺节。由于显而易见的原因，不少勃艮第知名的酒庄都会被邀请。作为最大的黑皮诺葡萄园聚集产区，人们希望通过举办此类盛会给大家留下深刻印象。

很难想出世界上还有什么地方能像莫宁顿半岛这样成为黑皮诺迅速崛起的温床。它有着非常好的海洋性气候，几乎每时每刻都在吹着徐徐微风，或是来自西北部的菲利普湾（Port Phillip Bay），或是来自东南部的大洋上。但海风仅是温度的调和剂，却不会让葡萄酒里有海洋的味道。事实上，当地人说在这里决定葡萄成熟和采收日子的并不是葡萄园特定的海拔，而是它面对着哪个方向吹来的风。

莫宁顿半岛的夏季往往比较温和，1 月的气温会低于 20℃，比勃艮第的 7 月要凉爽得多，尽管偶尔也会有热浪灼伤脆弱的黑皮诺葡萄果皮。莫宁顿半岛也没能避免受全球气候变化的影响，如今采收季节一般在 3 月初，已经比过去提前了整整 4 周。有些当地人担心最终这个地区也会因气温升高而变得不适合种植勃艮第的红葡萄品种了。

自 1886 年起，莫宁顿半岛开始种植葡萄，到 1891 年，14 家葡萄果农被皇家委员会提议纳入果蔬行业。在 20 世纪 70 年代早期，这里的葡萄酒行业迈入了现代化阶段，先锋代表包括正脊（Main Ridge）、莫路德（Moorooduc）、Paringa 及 Stonier 等酒庄，Stonier 酒庄现在属于美誉葡萄酒集团。还有 Eldridge、Kooyong 和 Ten Minutes by Tractor 等老酒庄，也都全心致力于提高葡萄酒品质和产区推广。而且一直以来天才酒庄在这块土地上不断出现，如 Tom Carson 被高度认可的雅碧湖酒庄（Yabby Lake）和 Sam Coverdale 的普尔佩罗酒庄（Polperro）。

美食、艺术、佳酿

对澳大利亚来说有点儿不同寻常的是，这风景如画的莫宁顿半岛产区没有代加工葡萄酒厂，富有的墨尔本人在此建起了星罗棋布的豪宅和庄园。相反，在 200 多家葡萄种植户中大概有 60 多家一直跟随着勃艮第模式，踏踏实实地种着自己的葡萄，酿着自己的美酒。这里目前的实际状况是三分之二的酒庄所拥有的葡萄园面积不到 4 公顷，因此手工操作的程度非常高。因为距离墨尔本非常近，这个产区有 50 多家葡萄酒体验中心，正是因为墨尔本，很多酒庄还开了精品餐厅和（或）艺术画廊。最引人注目的 Pt Leo 雕塑公园，与雅拉谷杰出的艺术画廊塔拉沃拉（Tarra Warra）不相上下。大约有三分之一的莫宁顿半岛葡萄酒通过这些体验中心销售，出口很少。

莫宁顿的标志性葡萄品种

从 1996 年到 2008 年，葡萄园的种植面积翻了一倍。但是因为距离墨尔本太近，土地价格很高，制约了葡萄种植面积的进一步扩大。新一轮期望尝试酿造葡萄酒的人因此望而却步，莫宁顿只好专注于手工打造传统的葡萄品种。黑皮诺已经成为莫宁顿半岛产区标志性的葡萄品种，面积几乎占了产区葡萄园总面积的一半。霞多丽（有些非常精致）大约占产区葡萄园总面积的 25%；而产区流行的灰皮诺占到了 20%（在雅拉谷产区，黑皮诺葡萄园面积大概是莫宁顿半岛产区的 3 倍，尽管面积更大、价格更便宜，但雅拉谷黑皮诺仍然不占主导地位）。莫宁顿的土壤类型也相当多样，在 Red Hill 区域是红色火山岩，在 Tuerong 区域是黄色沉积土，在梅里克斯（Merricks）是棕色土壤，而在莫路德则沙质黏土。

黑皮诺的克隆 MV6 在澳大利亚十分普遍，它被认为是由詹姆斯 · 布什比（James Busby）于 19 世纪初从法国伏旧园带回来的，这个品种在莫宁顿半岛产区举足轻重，当然这里种植的各种比较新的勃艮第克隆品种也在日益增加。

莫宁顿半岛产区黑皮诺酒最显著的特征是清爽的酸度和纯净度。这里的葡萄酒很少会颜色特别浓郁或口感极为强烈，它们的色泽即使不在光下也很漂亮。不管是黑皮诺、灰皮诺（T' Gallant 第一个在澳大利亚种植该品种）还是霞多丽，结构都如水晶般非常完美，酒体恰如其分，是那种流行的葡萄酒类型。在 20 世纪末，莫宁顿半岛曾是那些喜欢把自己的手指沾满果汁的墨尔本人的"游乐场"，但随着葡萄藤越来越老成，人们的葡萄酒文化知识越来越丰富，这里葡萄酒的品质也显著提升。如今莫宁顿半岛成为澳大利亚最有价值的、手工酿造精品葡萄酒的产区之一。

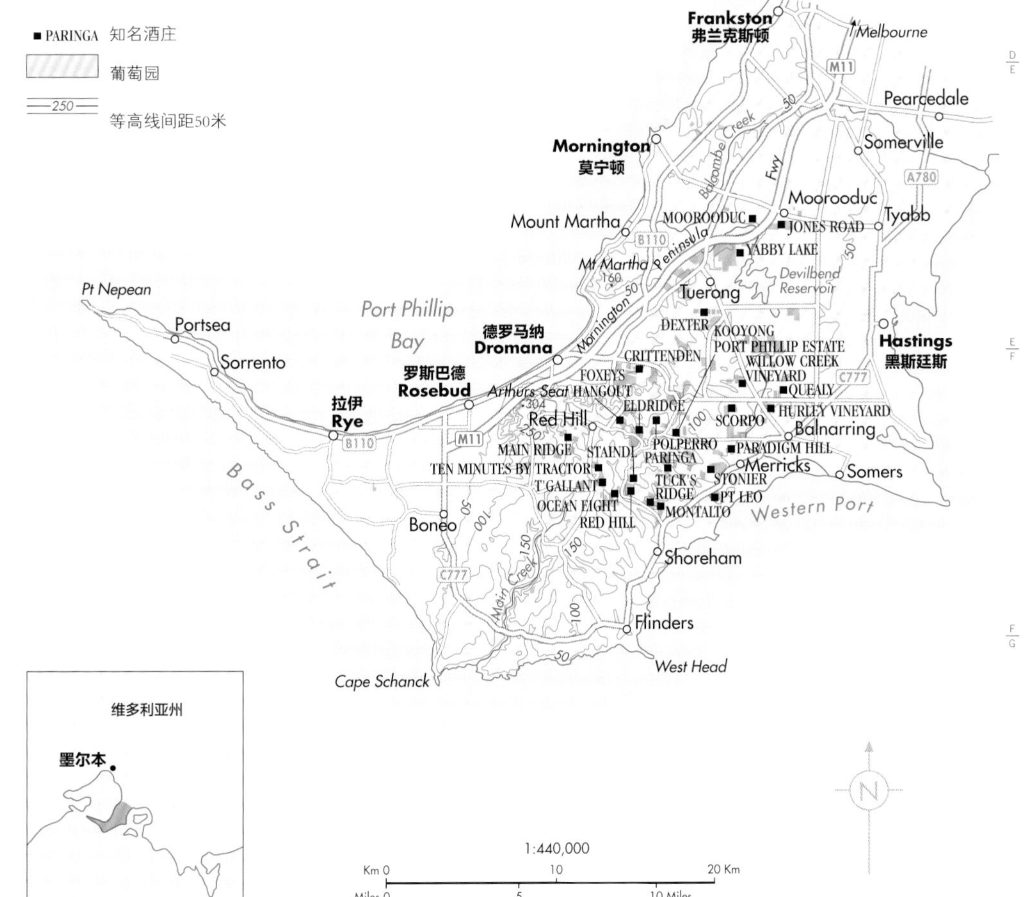

△

从墨尔本来的葡萄酒游客们从高处俯视雅拉谷潮湿而郁郁葱葱的独特风景。

雅拉谷 Yarra Valley

尝试对维多利亚最重要的优质葡萄酒产区进行概括的工作无果而终。有些葡萄园接近海平面，而其他的特别是那些新的葡萄园海拔在500米左右。这里沟壑纵横，山峦起伏，景色宜人，葡萄园遍布在雅拉谷各个方位。

风土 产区地形错综复杂但总体上都很贫瘠，北部是排水良好的灰色壤土夹杂着沙质土和黏质土；南部是深厚、肥沃的红色火山土，随地形和海拔变化而呈现差异。

气候 比勃艮第温暖，比波尔多和澳大利亚的整体凉爽，冬季潮湿，夏季干燥凉爽，昼夜温度变化幅度适中。

主要葡萄品种 红：黑皮诺、西拉子、赤霞珠；白：霞多丽、灰皮诺。

维多利亚的第一个葡萄园于1838年建在优伶酒庄（Yering Station，在对面地图上的中间位置）。旁边的雅伦堡（Yeringberg）曾经是牛羊牧场，从经营特色农庄开始，已经在de Pury家族中传承了5代，令其引以为荣的是150年的酿造史。但是在20世纪很长一段时间，根瘤蚜虫病和追求强化酒而不是餐酒的流行趋势使该区的葡萄种植和酿酒销声匿迹。

雅拉谷葡萄酒产业的重生可以追溯到20世纪60年代，当时有一群疯狂痴迷于葡萄酒的医生来到这里，比如雅拉优伶（Yarra Yering）酒庄的卡罗达斯（Drs Carrodus）、Mount Mary酒庄的Middleton，以及Seville Estate酒庄的McMahon，他们建起了完善的酒庄规范，尽管规模都很小。20世纪80年代，该产区因雅拉优伶酿造的佳酿而声名鹊起：柔顺丝滑、具有陈年潜力的波尔多式混酿，以及为了与酒庄自己的波尔多1号相区别而被通俗地命名为干红2号的紧致、持久的罗讷河谷式混酿。

在这之后，钻石谷（Diamond Valley）酒庄的大卫·兰斯（David Lance，他的葡萄园现在由他儿子詹姆斯管理，起名为PUNCH）、建立了Coldstream Hills酒庄（目前属于富邑葡萄酒集团）的葡萄酒作家詹姆斯·哈利迪（James Halliday），他们都一心想酿出澳大利亚首款高品质的黑皮诺葡萄酒。Coldstream Hills酒庄就在雅拉优伶酒庄隔壁，但超越了雅拉优伶酒庄，这里出产的优质勃艮第式的葡萄酒正是展示雅拉谷产区多样性的绝好样本。

勃艮第葡萄品种

黑皮诺明显是雅拉谷最具优势的品种之一，如今种植面积已占到产区总面积的三分之一。然而对此有争议的说法是该产区的霞多丽更出彩，霞多丽种植面积占到产区总面积的四分之一，引领了澳大利亚更加精致（有时又很朴素）的风格，这都得益于雅拉谷最南端地形起伏的Warbie朝南区域拥有自然凉爽的气候条件（B380 Warburton高速公路从东面通过Yarra Junction）。

那些坐落在高速公路边上的酒庄，如Lusatia Park酒庄，酿造出了极为张弛有度、耐储藏的长相思酒。这里的山坡顶部相当凉，尤其是在晚上。雅拉谷产区大部分地方晚上都能感受到凉爽，同时受到附近南部海洋的影响，昼夜温度变化不太大。

B360高速公路在雅拉谷谷底穿过希尔斯维尔（Healesville）地区，而雅拉谷大部分最古老的葡萄园则分布于高速公路两侧的灰色沙质和黏质土壤地带，夏季相对温暖一些，但这片区域有些地方更凉一些，尤其是海拔更高的地方。Yarra Glen和Dixons Creek附近也种植了葡萄，最冷的地方在雅拉谷上游Seville和Hoddles Creek南面附近。肥沃的红色火山岩土滋养了溪河沿岸那高耸入云的桉树，沿河形成了一排排蓝枝叶的天然围墙。

年均降水量比较高（参见下面图板上的关键数据），但主要集中在冬季和春季。这里壤土排水很快，夏季灌溉很关键。当然最近这次持续几年的干旱要比以往年份严重得多，雅拉谷受干旱的影响与澳大利亚的其他葡萄酒产区一样严重。2009 年 2 月，山谷中的灌木丛太干燥了，以致一场森林大火摧毁了整个山谷，那天被称为黑色星期六，葡萄园损失重大。澳大利亚的葡萄酒科学家们已经变成了研究烟雾污染对葡萄和葡萄酒影响的专家。

新的浪潮

雅拉谷产区就位于墨尔本东北方向的“家门口”，但这里的土地要比墨尔本南部的莫宁顿半岛便宜多了，因此它就成为那些年轻的酿酒师们放手一搏的地方了。新品种、陶罐、白葡萄浸皮、自然酒和不那么自然的葡萄酒，以及南半球的机敏灵活对各式各样欧洲文化的回应比比皆是。很多酒庄决心要酿造出特别能展现其葡萄园特点的酒，无论葡萄园是不是自己的。雅拉谷的西拉子，有时酒标上的名字是 Syrah，刚好赶上了澳大利亚新兴起的、热衷酿造凉爽产区西拉子（和赤霞珠一样，基本都种植在温暖的山谷底部）的潮流，并运用勃艮第的酿酒技术，一下就开启了它的新篇章。

雅拉谷产区有很多吸引人的地方，例如这里比澳大利亚很多葡萄酒产区都要凉爽一些，尽管有严重的根瘤蚜虫病，但实际上所有的大公司都来这里购买土地，其中家族酒庄 De Bortoli 就把雅拉谷作为展示才华的舞台而被大众所认识。当法国的酩悦酒庄下决心在澳大利亚建一个“复制版香槟”的起泡酒厂时，他们选择了雅拉谷，从此就有香桐酒庄。香桐酒庄也酿造静止葡萄酒，但主要是起泡酒，有几十款之多。然而随着夏季天气越来越热，越来越干燥，雅拉谷所产的果实在香桐的起泡酒中所占比例由 70% 降到了 36%。Strathbogie、马其顿产区、国王谷和阿尔派谷，特别是 Whitlands 高原，是这里比较凉爽的葡萄产地。雅拉谷产区采收开始时间也不稳定，最晚要到 2 月中旬。

雅拉谷西部

我们的地图上只展现出部分雅拉谷产区（参见定位地图），主要是大部分酒庄所在的西半部分。

由葡萄酒作家詹姆斯和苏珊娜·哈利迪（Suzanne Halliday）于1985年建成的Coldstream Hills酒庄将黑皮诺葡萄品种带到了雅拉谷产区。

雅拉谷：
希尔斯维尔 ▼

纬度 / 海拔
37.81°S/ 130米

葡萄生长期的平均气温
18.6℃

年平均降水量
603毫米

采收期降水量
3月：41毫米

主要种植威胁
根瘤蚜虫病、真菌病、开花期天气恶劣

新南威尔士州 New South Wales

澳大利亚葡萄酒的发源地新南威尔士州，作为葡萄酒工业优势产区的地位早就被南澳大利亚州所取代。但是，在悉尼以北约 160 千米处保留下来一处澳大利亚著名的产区，虽然该产区产量不到全国的 1%，这就是猎人谷产区。猎人谷产区葡萄园的面积已经比 20 世纪 80 年代的顶峰时期缩减了 30%，一些不太适合种植葡萄的地方已经转为能更快地带来经济效益的旅游娱乐场所。这里的葡萄园、葡萄相比较其他产区（如迈拉仑维尔产区）而言都便宜多了。

下猎人谷（Lower Hunter Valley）产区位于 Branxton 镇和以采矿业为主的 Cessnock 镇之间，这是一个因地理位置而成功而不是自然条件适合的典范。众所周知，猎人谷气候条件远远不是最理想的种植葡萄的地方。它属于亚热带气候，是澳大利亚最北部的传统葡萄酒产区。夏季相当炎热无处逃避，而秋季潮湿到令人烦恼。来自太平洋的强势东北风一定程度上缓和了极端的热浪，夏天经常性的多云也阻挡了太阳的直射而导致光照不足。猎人谷有超过三分之二的地方年降水量相对较高，达到约 750 毫米，而且降水集中在每年的前 4 个月，包括采摘季。很多酒农抱怨，这里的年份如法国一样不稳定。

在地图上，猎人谷产区涌现出那么多酒庄，不只是因为人们对葡萄酒的热爱，更多的是因为这里距离悉尼只有两个小时的车程，是酒庄旅客和投资者们向往的圣地。对于休闲的观光客来说，澳大利亚没有其他的葡萄酒产区能比得上这里。餐厅、民宿、高尔夫，当然还有葡萄酒体验中心都迅猛地发展起来了。

Brokenback Range 南麓的土壤让猎人谷有了良好的声誉。山脉东边附近有一片历经风霜的玄武岩地带，是古代火山活动的遗迹，这样的地质条件限制了葡萄藤的长势，并为葡萄带来了独特的矿物风味。地势较高的红色火山土地区［比如波尔高宾（Pokolbin）子产区］特别适合种植猎人谷经典红葡萄品种西拉子，源自于澳大利亚最早引进的古老葡萄藤。传统的白葡萄品种赛美蓉种植在地势低洼的冲积河床的白色沙土与壤土中，然而从产量上来说，猎人谷的霞多丽已经超过了赛美蓉。猎人谷的西拉子酒很少超过中度酒体，过去为了酿造加强酒体会加入来自南澳大利亚的强劲西拉子，但是现在不少酿酒师越来越热衷于展现猎人谷西拉子独一无二的“勃艮第”式风格：柔顺、具有泥土气息及辛辣味、余味悠长。好年份的猎人谷西拉子成熟相对较早并适合陈年，随着时间推移，变得越来越复杂且带有皮革气息——推崇尚那种散发着“汗味”（野生酵母污染的标志）的时代已经一去不复返了。

猎人谷赛美蓉是澳大利亚葡萄酒中的经典。葡萄往往在糖分比较低的时候采摘，发酵后早早装瓶，酒精含量约为 11%，不经过任何苹乳发酵等柔化处理。这种带有青草、柠檬气息，相对骨感朴素的酒，随着瓶中陈年时间增加，会有惊人的发展，颜色变得绿色偏金，带有烘烤、矿物气息，随之而来的风味层层展现，如今有人也在尝试略晚采收并且不额外添加酸等方法酿造适合早饮的酒。葡萄品种华帝露在猎人谷的历史也很悠久。

猎人谷是从法国进口的葡萄品种在澳大利亚的前沿阵地。20 世纪 70 年代早期，Murray Tyrrell 在猎人谷产区乃至整个澳大利亚现代葡萄酒产业的掌门人 Len Evans 的鼓舞下，采用 60 年代 Max Lake 酿造赤霞珠的理念，酿造出一款让同行们不能忽视的标志性酒——霞多丽 VAT47，首次上市了 1000 瓶（现在有 100 万瓶了吧）。赤霞珠在这里还从未达到过这样的程度。

霞多丽目前也是**上猎人谷**子产区的主要葡萄品种——有人可能说是唯一的品种。20 世纪 70 年代玫瑰山（Rosemount）酒庄将之种植在这里。这里位于地势较高的 Denman 和 Muswellbrook 区域西北约 60 千米处，降水量低，允许自由灌溉。Broke Fordwich 子产区位于上猎人谷子产区往西

▽
这张波尔高宾产区的鸟瞰图足以说明当地水源充足，波尔高宾是官方认可正式的猎人谷子产区，详细地标注在对页地图上，当地能看到各种葡萄酒和旅游项目。

驱车半小时处，近年来十分活跃，酿造具有独特风格的、种植在沙质冲积土上的赛美蓉。

猎人谷往西，大分水岭西面山坡、海拔约450米处的**满吉**（Mudgee）产区，从20世纪70年代起也开始崭露头角（见第344—345页新南威尔士州葡萄酒产区分布图）。其实满吉葡萄酒基本上和猎人谷的一样历史悠久，但在人们开始寻求更凉爽的产区之前，满吉一直默默无闻。馥郁、余味悠长的霞多丽和赤霞珠酒（特别是来自Huntingdon酒庄）是满吉产区传统的强项。雷司令（特别是来自Robert Stein酒庄）与西拉子酒也造诣不浅。Robert Oatley葡萄庄园，以已故游艇手、玫瑰山酒庄的创始人的名字命名，如今还拥有历史悠久的Craigmoor酒厂，是这里葡萄酒产业的主导力量。

新南威尔士州其他产区

新南威尔士州对新葡萄酒产区进行了持续而积极的探索，所有新产区都在更凉爽的区域，海拔也更高，零星散落在各地。最新的一个产区是**新英格兰**（New England），是澳大利亚海拔最高的产区，达到约1320米。

奥兰治（Orange）产区位于死火山卡诺伯拉斯山（Mount Canobolas）的山坡上，也是以海拔高度来划定界线，葡萄园分布在海拔600—1000米之间，与山脉起伏的中央山脉（Central Ranges）葡萄酒大区区别开来。在这样高度的环境里，适合种植的葡萄品种很多样，但奥兰治葡萄酒的共性就是纯净的自然酸度。雷司令、长相思和霞多丽在此蓬勃发展。在海拔更高处，有利的朝向、严密的葡萄树的树冠管理以及控制产量，成就了顶级红葡萄酒。

考兰（Cowra）产区有很长的酿造活泼、醇厚霞多丽酒的历史，葡萄园产量相当高而且地势较低，平均海拔只有约350米。稍微往南一点儿围绕着Young小镇的**希托普斯**（Hilltops）产区海拔比考兰产区稍高，但更新一些，和大多数相对鲜为人知的新南威尔士州其他产区一样，主要为产区之外的酒庄提供红葡萄品种以及霞多丽和灰皮诺等葡萄原料。考兰产区大约有6家小公司，目前为止最重要的是McWilliam家族的Barwang葡萄园和专注于意大利葡萄品种的Freeman葡萄园。

堪培拉地区（Canberra District）的葡萄园集中在澳大利亚首都堪培拉附近，这个产区令人非常惊讶，其一因为它有不少酒庄，其二因为大部分酒庄位于新南威尔士州，其三因为这些酒庄已经存在很久了。早在1971年，Clonakilla酒庄的John Kirk博士和Lake George酒庄的Edgar Riek博士，在此种下了第一株葡萄藤。前者的儿子Tim实际上是澳大利亚流行的西拉子和维欧尼混酿葡萄酒的先驱者，他遵循的是法国罗讷河谷罗蒂丘模式。海拔最高的葡萄园，比如Lark Hill，

猎人谷

地图上详细标注的猎人谷产区，包括那些核心酒庄和葡萄园，它们构成20世纪中叶澳大利亚葡萄酒文化中重要的一部分。

现在采用生物动力种植法耕作，这里气候不仅仅是凉爽，甚至可以说是寒冷（霜冻会袭来），但可以酿造出一些澳大利亚最精致的黑皮诺、雷司令，甚至还有绿维特利纳。

肖海尔海岸（Shoalhaven Coast）产区发展也相当快，虽然这里与麦格理港北部的**赫斯汀河**（Hastings River）一样受高湿度困扰。种一些杂交葡萄品种如红色的香宝馨是应对高湿度的一种方式。唐巴兰姆巴（**Tumbarumba**）是另一个极端凉爽的高海拔产区，该产区因为精制的霞多丽酒和起泡酒受到酿酒师的关注。越来越多酒标上标注着唐巴兰姆巴产区的白葡萄酒是在附近希托普斯和堪培拉地区的酒庄里装瓶的。

下猎人谷：CESSNOOK ▼

纬度 / 海拔
32.50° S/ 90米

葡萄生长期的平均气温
21.7 ℃

年平均降水量
678 毫米

采收期降水量
2月：87毫米

主要种植威胁
收获季降水、真菌病

主要葡萄品种
红：西拉子；
白：赛美蓉、霞多丽、华帝露

塔斯马尼亚 Tasmania

气候变化促使澳大利亚酿酒人向南部地区迁移。塔斯马尼亚，这个从墨尔本穿过巴斯海峡约420千米的小岛，理所当然地成了下一步发展的首选地。高纬度的优势（与新西兰的南岛一样）让很多澳大利亚大陆的酿酒师羡慕不已。哈代酒庄的顶级气泡酒 Arras 的葡萄原料就来自塔斯马尼亚。御兰堡酒庄的 Jansz 也是如此，并且收购了令人敬仰的 Dalrymple 葡萄园。维多利亚州拥有 Taltarni 酒庄的 Goelet 公司，如今立足于塔斯马尼亚发展它们的 Clover Hill 葡萄酒。

岛上也打造出一些极为精湛的静止葡萄酒。Shaw + Smith 收购了知名的 Tolpuddle 葡萄园，这是它首次尝试在阿德莱德山以外的区域发展葡萄酒产业。它的黑皮诺尤其展示了葡萄园良好的规划和种植技术。维多利亚州的 Brown Bros 酒庄做出了最大胆的决定，酒庄全部搬到塔斯马尼亚：他们在岛上收购了塔玛山酒庄（Tamar Ridge）、Pirie 及 Devil's Corner 三个酒庄，如今成为岛上最大的葡萄酒酿造商，消费者被那些具有非同寻常的新鲜气息和十分平衡的高品质黑皮诺酒深深吸引。Brown Bros 酒庄最大的竞争对手是由佛兰德斯人拥有、出产 Pipers Brook 及 Ninth Island 酒的 Kreglinger 酒庄。

严酷的局限性

一直到2017年，塔斯马尼亚岛的葡萄园数量为230家，但面积仅为2000公顷，发展主要受限于紧张的灌溉水资源，即使塔斯马尼亚的西海岸是澳大利亚最湿润的地区之一，遍布雨林。霍巴特（塔斯马尼亚州首府）与南澳大利亚的阿德莱德并称为澳大利亚最干燥的州首府城市。到目前为止，葡萄园局限在岛东部的三分之一，分布在风格各不相同的几个非官方产区（所有葡萄酒都简单标注为塔斯马尼亚）。位于岛东北部、受到保护的塔玛谷（**Tamar Valley**）和林木茂盛、比较潮湿并且葡萄熟成也很晚的 **Pipers River** 这两个产区，被公认为全澳大利亚最适合的凉爽气候葡萄酒产区。产区借助河流帮助调节气温，山谷的山坡又阻挡了霜冻的危害。位于东南沿海的几个产区主要受到山脉保护，实际上山脉之间没有土地，也几乎不受南极洋流的影响。环绕菲瑟涅（Freycinet）区域天然而成的圆形凹地，似乎是先天的葡萄种植地，在夏季不太炎热的年份能够产出极为优质的黑皮诺葡萄。

甚至在 **Huon Valley**，这个澳大利亚最南端的葡萄酒产区，也酿造出一些充分成熟、获奖无数的佳品。首府霍巴特北部的 **Derwent Valley** 和东北部的煤河（**Coal River**）地区非常干燥，它们处于惠灵顿山脉背风面降水量较少的地区，如今至少可以通过煤河获得充足的灌溉用水。这些地方最好的葡萄酒是霞多丽、黑皮诺和雷司令酒（从干到很甜的类型），当然良好地管理那些精心挑选的地块，也能获得使赤霞珠成熟的热量，行业先锋 Moorilla Estate 拥有的知名 Domaine A 酒庄证明了这一点。

此风不良

塔斯马尼亚地区变得越来越重要，是那些澳大利亚的大公司梦寐以求的地方。哈代酒庄顶级艾琳哈代（Eileen Hardy）葡萄酒所使用的所有黑皮诺和许多霞多丽都来自塔斯马尼亚地区；奔富酒庄最顶级的霞多丽 Yattarna 中使用塔斯马尼亚地区的葡萄占比也在稳步提高。塔斯马尼亚岛一直以来是起泡酒的基酒供应地，这个历史地位说明了黑皮诺、霞多丽是这里最重要的葡萄品种，它们分别占了葡萄总种植面积的44%和23%。

沿着海岸的风很自然地限制了塔斯马尼亚这些从肥沃的灌木丛林里开垦出来的葡萄园的产量。防护网在有些地方还是有必要的，能保护面向大海种植的葡萄藤上的叶子。葡萄生长会像每个酿造者所期望的那样缓慢，葡萄果实的风味也相应会更加浓郁。

塔玛谷是岛上最重要的葡萄酒产区，出产量大约占塔斯马尼亚葡萄酒总产量的40%。

塔斯马尼亚：朗塞斯顿（LAUNCESTON）▼

纬度/海拔
41.54°S/166米

葡萄生长期的平均气温
14.4℃

年平均降水量
620毫米

采收期降水量
4月：47毫米

主要种植威胁
灰霉病、落果

主要葡萄品种
红：黑皮诺；
白：霞多丽、长相思、灰皮诺、雷司令

新西兰
New Zealand

很少有哪个葡萄酒酿造国如新西兰这般形象鲜明。“鲜明”这个词贴切地描述了新西兰的葡萄酒，纯净的风味和丰满的酸度特征使它很难与其他国家混淆。新西兰不仅是世界上最偏远的国度之一（从其最近的邻国澳大利亚飞过去也要3小时），也是葡萄酒王国里相对较新的一员。新西兰国土面积很小，葡萄酒产量仅占全世界总产量的1%，但它却是重要的葡萄酒出口国，接近90%的葡萄酒销往海外，因此本书也为它留出一定的篇幅。但凡品尝过新西兰葡萄酒的人，甚至澳大利亚人，都会疯狂爱上它那种异常强烈、直接的风味。

本书的第1版（1971年出版）几乎没有提及新西兰。那时新西兰的葡萄园还很少，大部分葡萄品种也都是杂交的。1973年，现代葡萄酒的实力派产地马尔堡（Marlborough）最先种植了葡萄藤，至1980年，马尔堡的葡萄园面积已经达到800公顷，新西兰全国的葡萄园面积达到5600公顷。

从20世纪90年代起，似乎但凡有几公顷土地的人都在尝试种植葡萄。到2018年，新西兰葡萄园面积已经达到38 000公顷。

但是，2008年的葡萄大丰收惊动了整个产业，现代葡萄酒行业第一次出现严重产能过剩的情况，无数的葡萄留在葡萄藤上未被采摘。尽管利润诱人，但经事实证明，小型葡萄园还是很难盈利，葡萄种植者的数量也从2008年的1060个下降到2018年的700个左右。与此同时，酿酒厂的数量却稳步增长，到2018年已有697家，很多酿酒厂也都拥有自己的葡萄园。规模经济效益使得协作酿酒成为一门大生意，不少种植者拥有自己的酒标，却没有自家的酿酒厂。

在新西兰葡萄酒形成实在而果味丰富的风格之前，这个国家一直都在和自然问题抗争。150年前，这个狭长的国度仍被热带雨林覆盖。土壤中营养物质太丰富，葡萄藤和其他作物一样枝繁叶茂、生长过度，丰沛的雨水更是让这种情况雪上加霜，西部和北岛尤其如此。于是，葡萄种植集中在两岛的东海岸，在南岛，南阿尔卑斯山（Southern Alps）的雨影区利于葡萄藤的种植。20世纪80年代，葡萄栽培家理查德·斯马特博士（Dr. Richard Smart）将树冠管理技术引进新西兰，从此，新西兰葡萄酒的独特风格便开始在国际舞台上闪耀。

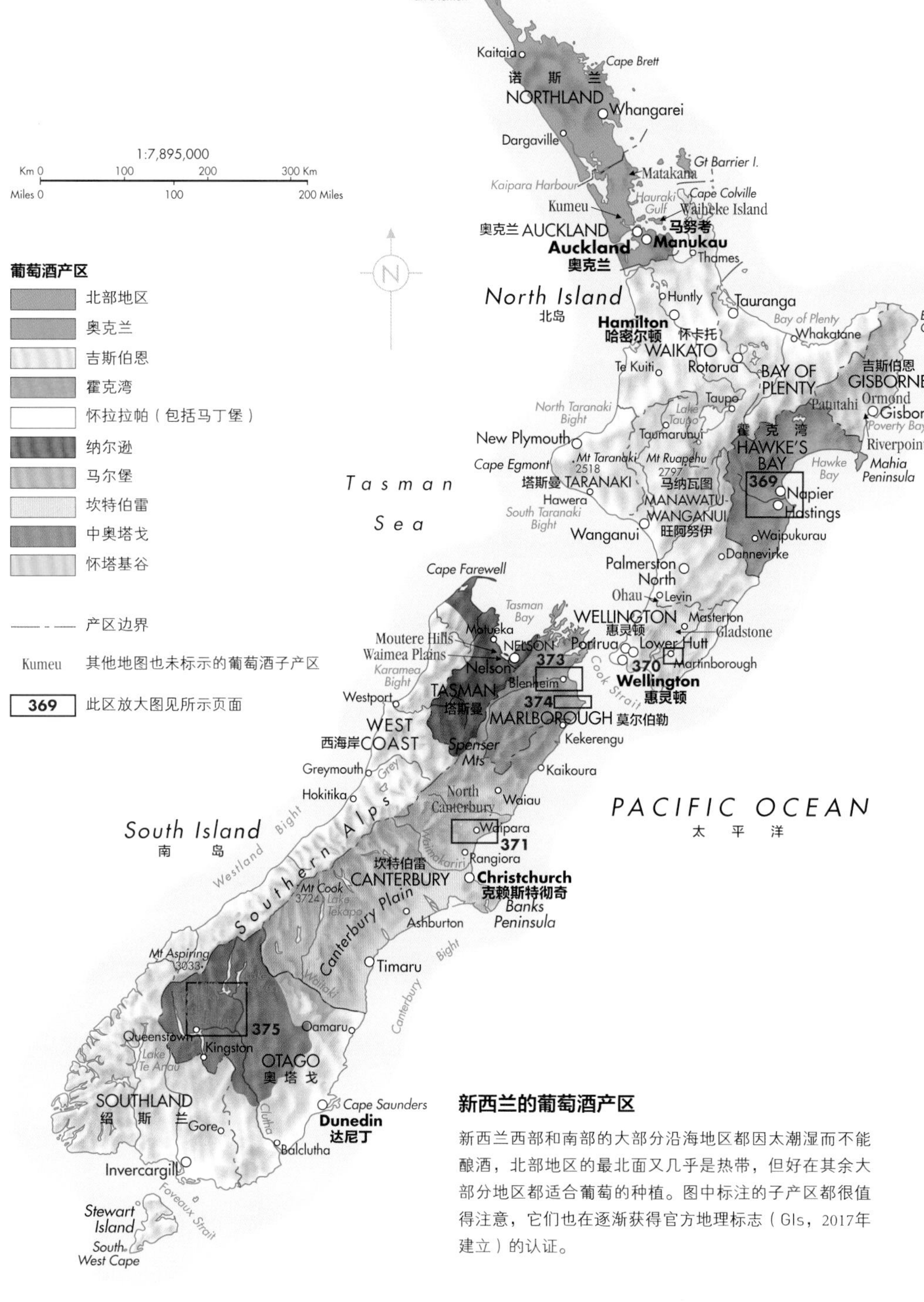

新西兰的葡萄酒产区

新西兰西部和南部的大部分沿海地区都因太潮湿而不能酿酒，北部地区的最北面又几乎是热带，但好在其余大部分地区都适合葡萄的种植。图中标注的子产区都很值得注意，它们也在逐渐获得官方地理标志（GIs，2017年建立）的认证。

新西兰的名片

是长相思葡萄酒让世界注意到了新西兰。毕竟，凉爽的气候是活泼风格的葡萄酒的必需条件。南岛北端凉爽、阳光明媚、多风的条件，似乎就是为敏感的长相思而设计的。马尔堡长相思作为早期代表，在20世纪80年代就像一个打开了风味版的潘多拉盒子，没人能忽视它的存在，最重要的是，它无法被复制。如今，长相思是新西兰最重要的葡萄品种，占全国葡萄园总面积的60%，新西兰因此也比其他国家更加依赖单一品种的酿造（见下一页图表）。

原因显而易见，长相思无须桶陈，可以提早装船运输。在2018年新西兰繁荣的葡萄酒出口市场上，长相思竟占据了86%的出口量。在大多出口市场上，新西兰的葡萄酒也是单瓶售价最高的国家之一。

长相思，尤其是马尔堡的长相思备受追捧，新西兰的葡萄酒产业就像它的风景一般，吸引了一众外国投资人的关注。第一个重要的投资公司是法资跨国企业保乐力加，于2005年收购了新西兰最大的酒厂，即现在的布兰卡特酒庄（Brancott Estate）。

所有的投资者都押注在长相思上，但新西兰黑皮诺的吸金能力也越发显现出来。同样得益于凉爽的气候，黑皮诺是新西兰另一项辉煌的成绩。如同长相思在白葡萄品种中76%的占比，黑皮诺在红葡萄品种中的占比也高达72%。4个主要的皮诺产区马尔堡、马丁堡、中奥塔戈（Central Otago）、坎特伯雷（Canterbury），风格各成一体，但整体上新西兰的黑皮诺和当地的长相思一样容易讨人喜欢。

在其他红葡萄品种中，相较于有晚熟“缺陷”的赤霞珠，梅洛受到越来越多种植者的青睐。作为霍克湾（Hawke's Bay）的特色，赤霞珠的种植量已经被西拉（2018年种植面积为435公顷）赶超。

白葡萄品种中，新西兰凉爽的气候和明媚的阳光孕育出世界一流的霞多丽，但长相思对种植者来说更加有利可图，霞多丽的总面积也因此不断在缩减。同时，有效利用不过桶工艺（低成本酿造）的灰皮诺也迎头赶上。可以酿造干型和甜型酒的雷司令，也可出品十分细腻的酒款。

在海湾地区，隔离措施无法完全去除病虫害疾病，但大部分葡萄藤都已经嫁接在抗根瘤蚜虫病的砧木上。

可持续发展是新西兰的当下潮流，但获得官方认证的条件相对比较宽松。

北岛

新西兰葡萄酒的发展走过了很长一段路，之前当地人称之为“游荡的劣酒”（Dally plonk），意指20世纪初，达尔马提亚移民者离开遥远北方的贝壳杉森林［位于新西兰北部达加维尔镇（Dargaville）——编者注］到**奥克兰**（Auckland）附近种植葡萄，在多雨的亚热带气候影响下，他们仍旧坚持不懈。一些知名的葡萄酒家族都拥有克罗地亚语名字，库妙河酒庄（Kumeu River）的Brajkoviches最为显赫，他们酿造的霞多丽酒可以与最好的勃艮第白葡萄酒媲美。如在澳大利亚猎人谷，云层遮盖缓和了过度阳光照射的影响，再加上午后的海风，给予了葡萄稳定的成熟条件。尽管东面的怀希基岛（Waiheke Island）可免受部分陆地雨水的影响，但收获季的雨水和霉菌问题仍然令人头疼。很早以前，石脊酒庄（Stonyridge）就显示出该岛种植并酿造波尔多品种的潜力，不过，西拉的表现似乎更为出彩。在亚热带北部，**北部地区**（Northland）的种植者在干燥年份能够酿造出令人印象深刻的西拉、灰皮诺和霞多丽酒。

北岛东海岸的**吉斯伯恩**（Gisborne）酒庄数量相对较少，曾经的酒厂纷争之地如今被遗弃。标志性品种霞多丽品质不错，但也不如南部更凉爽产区的长相思与灰皮诺受宠。这里比霍克湾更温暖潮湿，秋季尤其如此。当地易受气旋侵袭，相对肥沃的壤土上几乎只种植白葡萄品种，而且通常比霍克湾和马尔堡早采摘2—3周。

奥豪（Ohau）是西海岸一个新兴的葡萄酒子产区，位于惠灵顿北部，酿造脆爽有力的长相思与灰皮诺酒。

南岛

跨过众所周知狂风肆虐的库克海峡，便是南岛。马尔堡西面的纳尔逊（Nelson）产区，葡萄园面积与北岛的怀拉拉帕(Wairarapa)一样大（见第370页），但这里降水量更多，也很少受大企业影响。葡萄园集中分布在塔斯曼湾（Tasman Bay）的西南海岸，坐拥蒙特雷丘陵（Moutere Hills）的砾石黏土和怀梅阿平原（Waimea Plains）的多石冲积土，受海洋影响也更大。作为一个全能产区，这里不仅出产新鲜而带有草本气息的长相思酒、强劲浓郁的霞多丽和黑皮诺酒，芳香型白葡萄酒也享誉海外，特别是雷司令和越发受欢迎的灰皮诺酒。

新西兰葡萄品种的增减情况

1990年，新西兰最普遍的葡萄品种是米勒-图高，现在已经基本消失（2018年仅有2公顷，包含在“其他葡萄品种”类别中）。如今新西兰的葡萄品种已经大为不同，长相思种植最多，占据完全的主导地位。黑皮诺和灰皮诺也呈上升趋势。葡萄藤的总种植面积增长8倍左右。

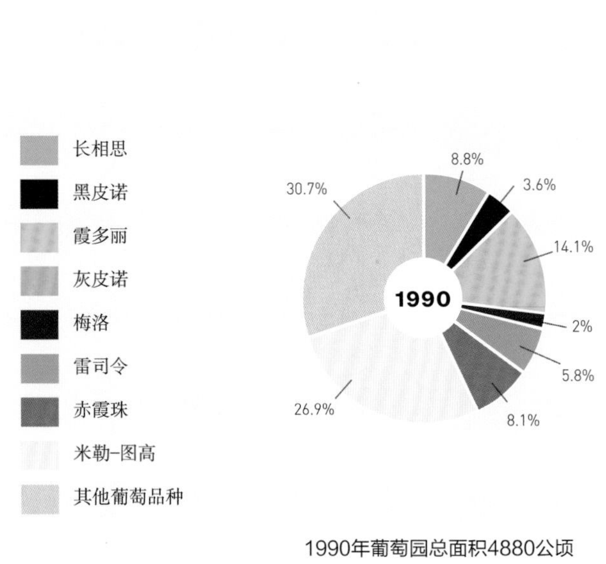

1990年葡萄园总面积4880公顷

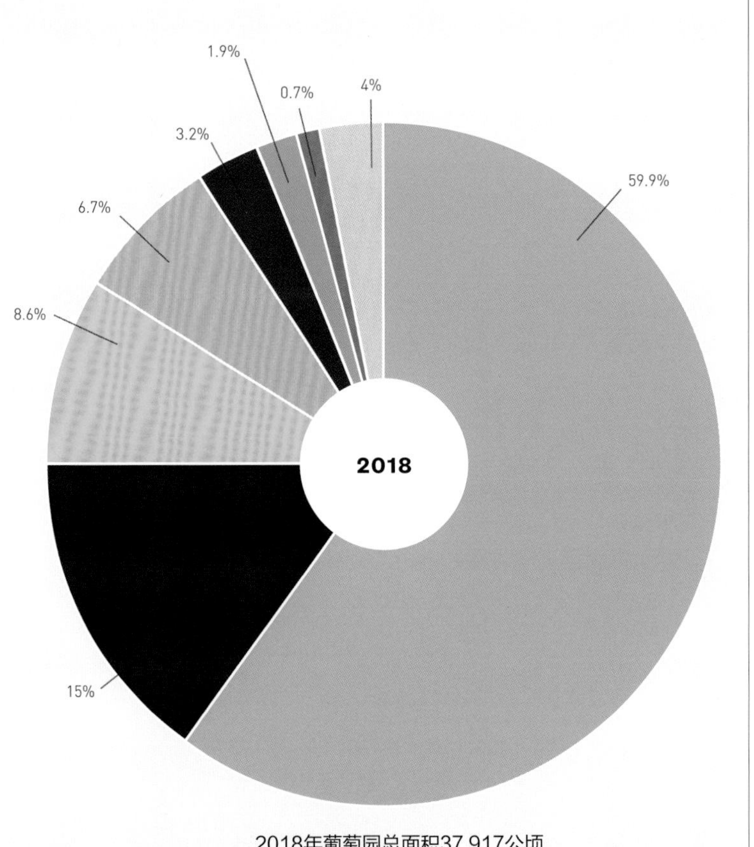

2018年葡萄园总面积37 917公顷

霍克湾 Hawke's Bay

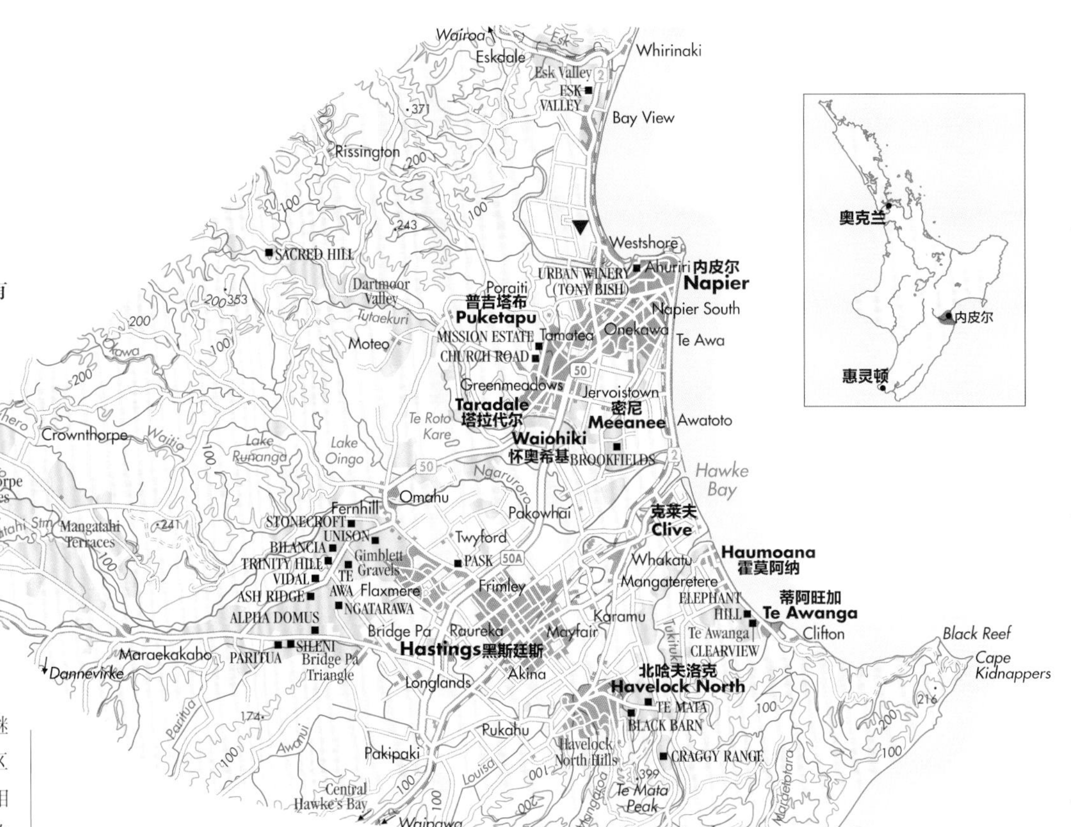

霍克湾周边地区

临海的内皮尔（Napier）气象站与那些远离海边的知名葡萄园相比，气候可能会更温和些，这一点在吉布利特砾石区主要子产区上体现得尤为明显。

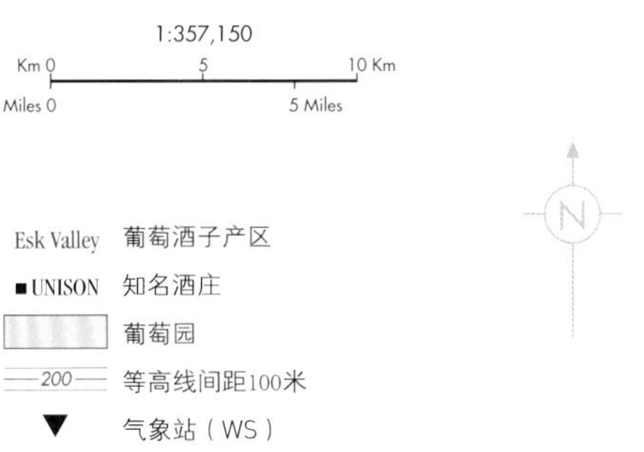

在新西兰的葡萄酒词典里，霍克湾是一个有历史意义的产区。早在19世纪中叶，圣母传教士就在此种植葡萄。直到20世纪40年代，当地人汤姆·麦克唐纳（Tom McDonald）酿造的赤霞珠才引来了澳大利亚Mc William's酒庄的关注，霍克湾一跃发展成为如今新西兰的第二大葡萄酒产区。麦克唐纳的1949年赤霞珠混酿是新西兰第一批优质红葡萄酒。20世纪70年代，整个国家开始进行真正意义上的种植，霍克湾的种植面积也因此得以扩大。虽说霞多丽长久以来一直都是霍克湾的主导品种，这种情况也将继续下去，但霍克湾却是凭借红葡萄酒与其他产区区别开来，成为新西兰的模范。1998年，气候相当炎热干燥，羊甚至都被运往西部山区更绿的牧场，可想而知当年葡萄的成熟度，连赤霞珠也完全熟透了。这一年的葡萄酿出的酒口感柔顺，单宁紧致，未来可期。随后的年份再次显示出霍克湾波尔多式混酿的实力，人们对品种构成进行了改进，酒的熟成速度可能会快一些，但质量足以与波尔多相提并论，性价比极高。

霍克湾坐落在北岛东部沿海，海岸宽阔，人们早就注意到当地的海洋性气候受到了鲁阿希尼（Ruahine）和卡韦卡（Kaweka）山脉西风带的影响，因此降水量相对较少，温度较高（虽然比波尔多低），这种组合成就了整个国家最利于葡萄生长的环境之一。至于地表下的情况，则耗费了更多的研究时间。

最贫瘠的土壤，最成熟的葡萄

鸟瞰霍克湾，土壤呈多样化分布，丰富的冲积土和贫瘠的沙砾土从山脉一直延伸到海边。沙土、壤土和砾石的锁水能力完全不同。在某个饱和点上，有的葡萄园能够抽芽生长，而另一片葡萄园如果不灌溉可能就会枯萎。显而易见，最成熟的葡萄往往来自最贫瘠的土壤，这样的条件能够限制葡萄藤的生长，控制每株葡萄藤的灌水量。最贫瘠的土壤位于黑斯廷斯镇（Hastings）西北部，与那鲁罗罗河（Ngaruroro River）旧河道（1870年大洪水后改道）并行的吉布利特（Gimblett）公路区域，深厚而温暖的鹅卵石，覆盖面积达800公顷。20世纪90年代末，葡萄种植区吉布利特砾石区在此扎根，好记的名字还兼具了地理标志性。这里最后四分之三的土地被购买后，几乎全都用于水培，着实疯狂。

还有其他一些适合红葡萄品种成熟的区域：吉布利特南边的布里奇帕三角洲（Bridge Pa Triangle），气候也稍微凉爽些；北哈夫洛克（Havelock North）的石灰岩山丘也有一些地块，比如早年间德迈酒庄（Te Mata）的葡萄园；Haumoana和Te Awanga之间狭长的鹅卵石海岸带，气候凉爽，葡萄成熟晚。

和世界其他地方一样，20世纪80年代的新西兰也苦恼于当时过度的赤霞珠热潮，其实即使在最温暖的吉布利特砾石区（Gimblett Gravels），赤霞珠也很难完全成熟。而早熟的梅洛更加可靠，它也是目前霍克湾种植最广泛的红葡萄品种，种植量是赤霞珠的五倍有余。很多赤霞珠葡萄藤现在也嫁接上了西拉，全国四分之三的西拉都种植在霍克湾贫瘠的土壤里，大部分年份的成熟情况也令人满意。早熟的马尔白克虽说水果风味不足，但在当地长势喜人，主要用于混酿。至于长相思热潮，温暖的霍克湾甚至也在所难免。

当然，不同年份间可能会存在很大的差异。当地的气旋也是恶名昭著，会给葡萄园造成极大的破坏。

霍克湾：纳皮尔市 ▼

纬度／海拔
39.50°S/ 2米

葡萄生长期的平均气温
17.2℃

年平均降水量
786毫米

采收期降水量
3月：67毫米

主要种植威胁
秋季降水、夏季气旋、真菌疾病

主要葡萄品种
红：梅洛、西拉、黑皮诺、赤霞珠；
白：霞多丽、长相思

怀拉拉帕
Wairarapa

北岛最有潜力的黑皮诺产区，以及新西兰第一个以黑皮诺闻名的产区，正是怀拉拉帕。它包含三个子产区：马丁堡（Martinborough）、格拉德斯通（Gladstone）和马斯特顿（Masterton）。小镇马丁堡位于南部，可谓是怀拉拉帕的葡萄酒之都，亦是美食与美酒中心，格拉德斯通和马斯特顿则位于产区北部，地图中未显示。

整个产区和首都的关系密切，从惠灵顿往东北方向驱车一小时，穿过山区便到达北岛东部的雨影区怀拉拉帕。这里的气温非常低，连 Dry River 酒庄的创立者，科学家尼尔·麦卡勒姆博士（D 的 Neil McCallum）也都讽刺地说道："从热度的总和来讲，我们非常像是在爱丁堡。"西部的山脉使马丁堡拥有了整个北岛最为干燥的秋季，60 多家酒庄也得以酿造出最生动的勃艮第式黑皮诺。作为怀拉拉帕的主要品种，这里的黑皮诺可以像勃艮第一样，或是强而有力的李子风味，或是现在更多见的干型清瘦风格，同时带有泥土气息。

勃艮第的同行也将葡萄酒事业拓展到怀拉拉帕，继续延续种植者酿酒的传统。拿库克海峡对面的马尔堡举例来说，这里的产量要低得多，每公顷的平均产量只有 2 吨。马丁堡的土壤薄且贫瘠，覆盖在排水性好的深部砾石、泥沙和黏土上。凉爽的春季葡萄藤常常遭受霜冻的威胁，随后的开花期又有强劲的盛行西风带肆虐这片多风之地。不过，好在这里有漫长的生长季和新西兰最佳的昼夜温差，没日没夜地补救了当地的葡萄。

不少领军酒庄都是在 20 世纪 80 年代初期建立的，如 Ata Rangi、马丁堡酒庄（Martinborough Vineyard）及 Dry River。成熟的葡萄藤给他们带来不少好处，其中很多都是当地的特色品种亚伯（Abel），由黑皮诺克隆而来。新西兰的新宠灰皮诺作为另一个出色的克隆品种，于 19 世纪 80 年代由霍克湾的 Mission 酒庄引进，而马丁堡产区也在这个品种上展现出自己的实力。长相思则是怀拉拉帕的第二大葡萄品种。在新西兰高度觉醒的黑皮诺葡萄酒的世界里，马丁堡与中奥塔戈的竞争相当激烈，两者还会交替举办重要的国际性黑皮诺庆典。

马丁堡

从惠灵顿出发，越过山脉，马丁堡的葡萄园和酒庄密集分布在山丘东部的背风处，大多数年份都有相对凉爽、干燥的生长季，利于黑皮诺的成长。

奥克兰
惠灵顿
马丁伯勒

Masterton
BORTHWICK
MATAHIWI
JOHNER
URLAR
GLADSTONE VINEYARD
Featherston
Ruamahanga
NGA WAKA
PALLISER
MARTINBOROUGH VINEYARD
MARGRAIN
SCHUBERT
TIROHANA ESTATE
KUSUDA
LUNA
ATA RANGI
POPPIES
Martinborough
马丁伯勒
DEVOTUS
DRY RIVER
TE KAIRANGA
Pirinoa
Kahutara
Te Maire
Pahautea
Tablelands
Whangaehu
Pukio
Dyerville
CONEY
Kellys
ESCARPMENT VINEYARD
JULICHER
Te Muna Terraces
Huangarua
Te Ahitaitai
Ngarara
Wellington
Dry
474
379

1:180,000
Km 0 2 4 6 Km
Miles 0 2 4 Miles

■ ATA RANGI 知名酒庄
葡萄园
500 等高线间距100米

▷
图中整齐的黑皮诺和长相思葡萄园位于知名的特穆纳梯田（Te Muna Terraces），为霍克湾的Craggy Range酒庄所拥有。

◁ 怀帕拉的冬天可能会非常寒冷，以毛利护身符和肥沃的名字命名的蒂基（Tiki）酒庄很好地证实了这一点。现在，新西兰有相当一部分葡萄园是毛利人所有的。

坎特伯雷 Canterbury

坎特伯雷是新西兰南岛最大城市克赖斯特彻奇（Christchurch）所在地区的统称。作为该国的葡萄酒产区之一，它所走的路线与新西兰大部分产区不同，这里出产的黑皮诺和霞多丽带有非常浓重的勃艮第风格。

早在19世纪中叶，班克斯半岛就开始种植葡萄，但真正的商业葡萄酒酿造到100年后才真正兴起。整个产区气候凉爽，以至不能使波尔多红葡萄品种成熟。夏季干燥而漫长，有相对恒定的风，有时干热的西北风来临，会严重毁坏葡萄园，而有时从南方吹来的凉爽的风，就很有利于葡萄生长。

风在一定范围内可使葡萄藤健康生长。在9月下旬至11月上旬这段时间，霜冻是主要的威胁，这里的葡萄果实往往相对较小。因为缺水，所以用自流井的水灌溉是必不可少的灌溉方式。

克赖斯特彻奇周围和南部的大平原因为毫无遮挡而风力强劲，总体来说，平原地带的土壤是砾石覆盖着淤泥，有时覆盖着一层薄薄的土。克赖斯特彻奇往北大约一个小时的车程就可以到达**怀帕拉**（Waipara）产区，这里的地形起伏较大，蒂维厄特山（Teviotdale Hills）海拔不高，却能有效地阻挡来自东面的风。

当然，位于西部的南阿尔卑斯山也提供了一定的庇护。怀帕拉地区的土壤是含有砾石和石灰岩的石灰质土壤。克赖斯特彻奇的一位医生伊万·唐纳森（Ivan Donaldson）创立了这个产区的先驱酒庄飞马湾（Pegasus Bay），该酒庄因为酿造卓越细腻的雷司令酒而声名远扬，这里的雷司令酒是出色的干型酒，也很甜美，不乏结构。近年来，一些大公司利用当地价格较为低廉的土地种植了大量的长相思，长相思一跃成为这里种植最广泛的品种。它们的计划是将怀帕拉出产的成本更低的长相思葡萄混入马尔堡长相思，因为马尔堡允许加入不多于15%的另一个产区的葡萄，从而降低整个马尔堡长相思酒的价格。

开花季节时的霜冻和寒冷气候会导致产量的减少，就像发芽较早的霞多丽一样产量降低。而黑皮诺则几乎是这里唯一种植的红葡萄品种，约占葡萄园总种植面积的三分之一。怀帕拉出产的黑皮诺酒品质相差极大，有令人失望的草药味葡萄酒，也有极为优质且具有勃艮第风格的葡萄酒。最好的那些酒款极其细腻优雅。

酒庄主要集中在安伯利（Amberley）往北的主要道路两旁，但这里的酒庄却并不那么密集，大多数葡萄园在地势上非常孤立。较为干燥的气候和持续的风使得在这里用有机方式栽种葡萄相对容易。

新西兰最重要的两家酒庄都位于**北坎特伯雷**（North Canterbury）怀帕拉产区以西的威卡通道（Wika Pass）上，即1997年建立的Bell Hill酒庄和2000年建立的Pyramid Valley酒庄，它们找到了很好的石灰岩地块。因此我们可以在酒庄最好的红白葡萄酒中发现与勃艮第的一丝关联。

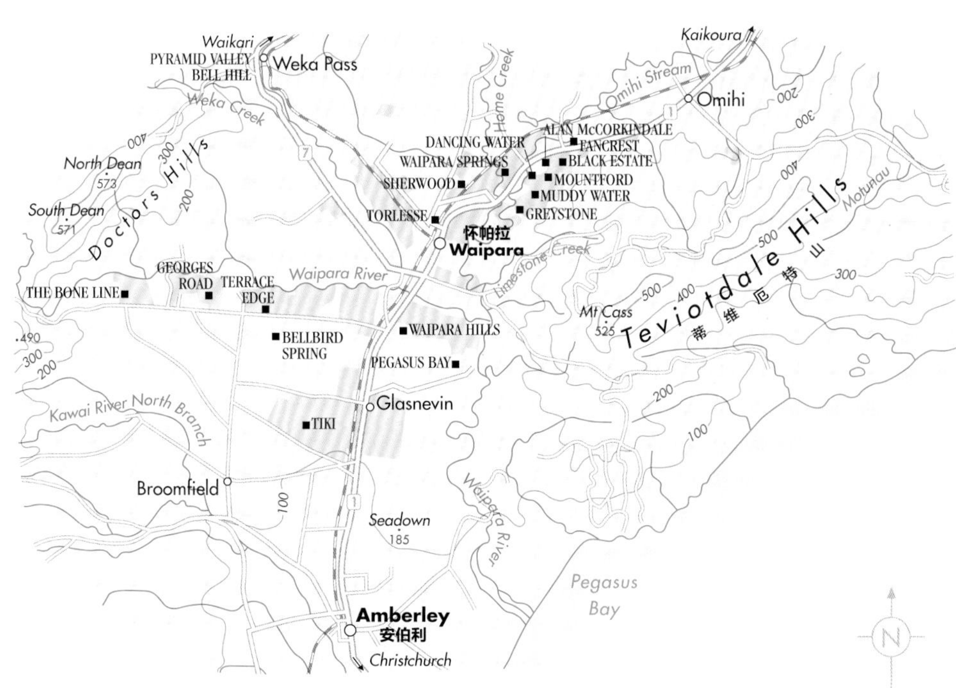

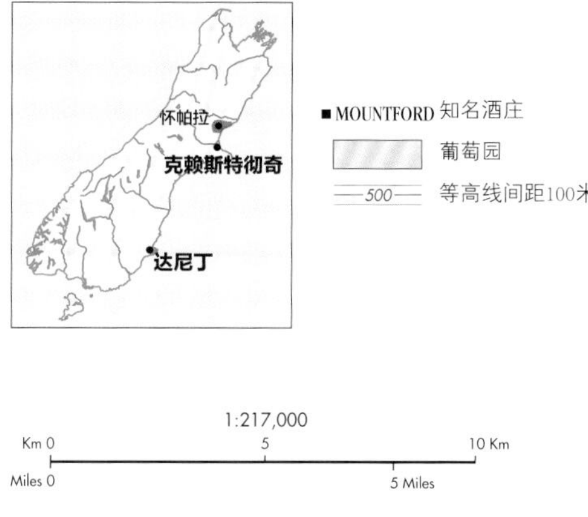

怀帕拉

怀帕拉有坎特伯雷最集中的酒庄和葡萄园，它位于受到地震损害的克赖斯特彻奇以北的北坎特伯雷。从其位置来看，尤其是自2011年地震切断了通往凯库拉（Kaikoura）海岸的道路以来，酒窖自己的品酒室的销售显得尤为重要。而从布莱尼姆（Blenheim）到坎特伯雷的另一条道路分支就从怀帕拉开始。

马尔堡 Marlborough

近年来，在马尔堡种植葡萄的狂热程度远远超过了所有其他新西兰葡萄酒产区，也让马尔堡成为新西兰葡萄酒的象征。整个国家几乎70%的葡萄园都位于这个非常特殊的却并不太大的区域里。马尔堡的葡萄产量几乎占到了整个新西兰产量的80%，而这里85%以上的葡萄园都种植着长相思。

这是一个相当了不起的成就，历史上除了一位早期移民于1873年左右在Meadowbank Farm［今天的爱丝菲酒庄（Auntsfield Estate）所在地］种植了葡萄藤以外，一直到1973年，新西兰主要的葡萄酒商之一布兰卡特（Brancott，当时称为蒙大拿酒庄）才种植了第一个200公顷的商业化葡萄园。

起初这里由于缺乏灌溉导致了一些问题，但在1975年，第一个长相思葡萄园在此建立。到1979年，蒙大拿酒庄的马尔堡长相思干白葡萄酒有了第一次罐装，该产区有着不容忽视的特殊的浓郁酒体。这是一种令人振奋却又易于理解的风格，具有非凡的潜力，从而迅速引起了广泛关注，尤其是来自西澳大利亚Cape Mentelle酒庄的大卫·霍南（David Hohnen）的注意。

1985年，他创立了云雾之湾（Cloudy Bay）酒庄，其名字和令人回味的标签、烟熏而几乎令人窒息的浓郁风味让这个酒庄从此成为一个传奇。

到了2018年，马尔堡的葡萄种植面积超过26 000公顷，是世纪之交时种植面积的5倍（没错，整整5倍），而且预计还将不断扩大种植面积。种植者和生产商的数量比5年前的最高峰值略有下降，到2018年分别为510家和141家。但是，这些生产商中有很大一部分葡萄酒是由该地区最繁忙的几家酒庄生产的。

是什么让马尔堡如此与众不同？

宽阔而平坦的**瓦劳谷**（Wairau Valley）仍然如磁石般吸引着投资者。这些投资者们，尤其是那些来自亚洲的葡萄酒进口商，极其渴望自己的供应链牢固而且采购成本低廉，特别是那些喜欢自己尝试酿酒的人。从某种程度上说，马尔堡白葡萄酒有其独有的魅力：采用了一种多产的葡萄品种，拥有享誉全球的声望，不需要昂贵的橡木桶

马尔堡的四种土壤类型

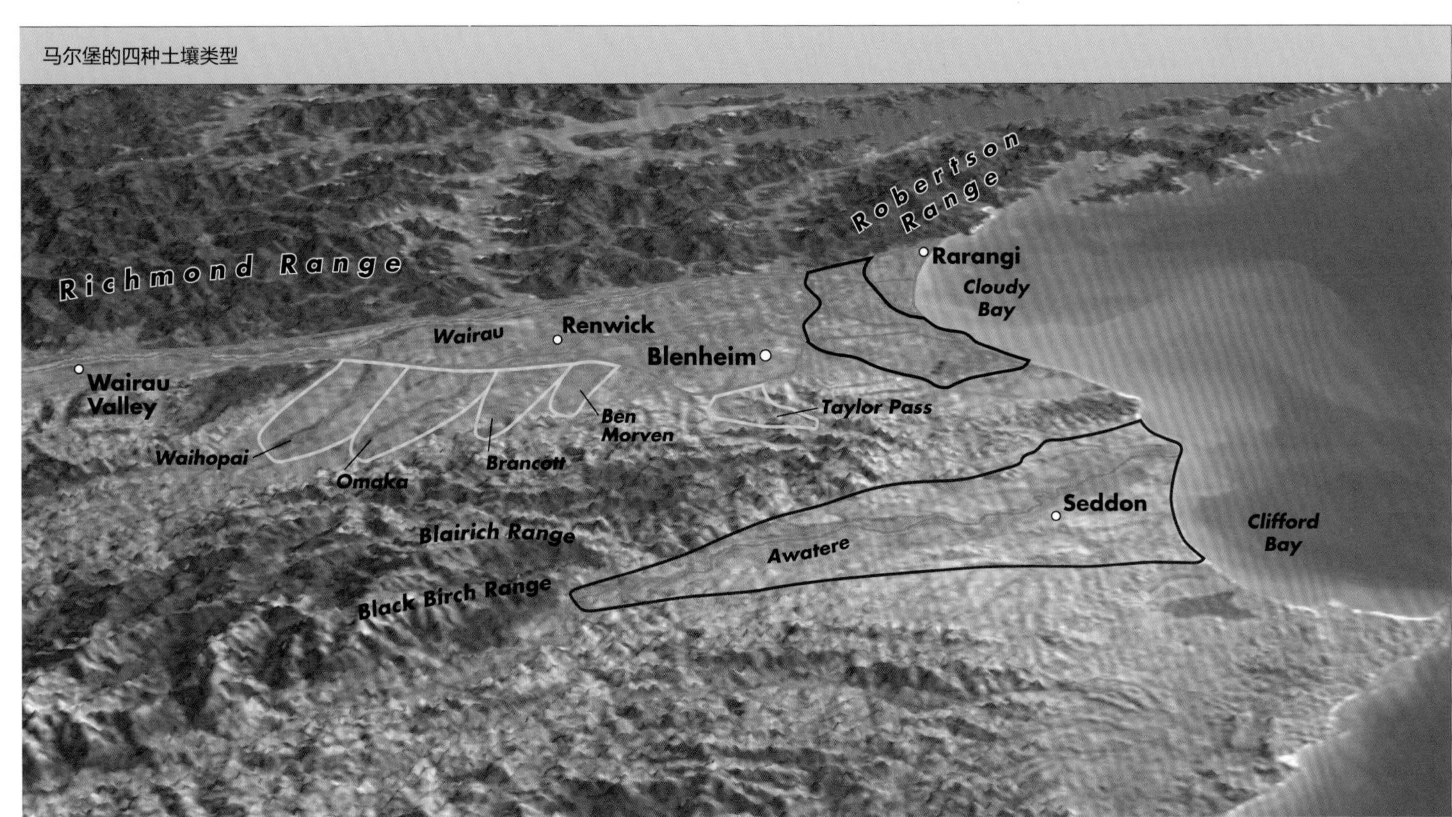

- 沿海瓦劳粉沙土壤
- 内陆瓦劳土壤
- 南部山谷黏土
- 阿瓦蒂里土

马尔堡拥有世界上最年轻的，并且有近90种不同类型的土壤。这张独特的地图是在当地葡萄酒专家和土壤科学家的协助下编制的，显示了与马尔堡产区有关的四个主要土壤类别，但可能要过很长一段时间，世界上马尔堡长相思的爱好者们才能品尝出它们之间的区别。如果你对照这张地图的话，单一园酿造的出现可以提供更为明确的线索。

沿海瓦劳粉沙土壤

包括下瓦劳谷（Lower Wairau）和Dillons Point子产区。富含盐和矿物质的粉质和沙质壤土，主要种植长势旺盛的长相思葡萄藤。

内陆瓦劳土壤

包括上瓦劳河和较多碎石的拉朗伊（Rarangi）子产区拥有浅粉质和沙质壤土。长相思在这里是最常见的葡萄品种，尽管其他一些白葡萄品种也生长在不太有活力的地方。

南部山谷黏土

包括怀霍派（Waihopai）、奥马卡（Omaka）、布兰卡特、本莫文（Ben Morven）和泰勒帕斯（Taylor Pass）等子产区。表层土壤较浅，但强度较低的黏土有益于黑皮诺和霞多丽的种植。怀霍派有一些冲积粉尘土壤，但活力比瓦劳低。黑皮诺在这个南部海拔偏高地区的黏土里能酿出富有花香、丰富和柔顺的葡萄酒。

阿瓦蒂里土

与北部的瓦劳谷和南部山谷相比，阿瓦蒂里谷（Awatere Valley）的土壤复杂得多。从浅层到中深层是粉质壤土，在较高的阶地上有沙、砾石和黏土，适合种植各种不同的葡萄品种。

数据来源：PlanetObserver

马尔堡：布莱尼姆 ▼

纬度 / 海拔
41.50°S/ 35米

葡萄生长期的平均气温
15.4℃

年平均降水量
711毫米

采收期降水量
4月：53毫米

主要种植威胁
秋雨

主要葡萄品种
白：长相思、灰皮诺；红：黑皮诺

WAIRAU VALLEY 葡萄酒产区
Rapaura 葡萄酒子产区
■ CLOUDY BAY 知名酒庄
葡萄园
500 等高线间距100米
▼ 气象站（WS）

布莱尼姆曾经是一个冷冷清清的耕作农场社区，如今得益于闻名世界的马尔堡的长相思而成了一个旅游景点。

瓦劳谷

布莱尼姆这个曾经安静的小镇经历了如同过山车般的起落：从满山羊群到遍地葡萄藤，再到获得了葡萄产区的称号仅仅用了30年光景。毋庸置疑，其潜力很大，但也并非无限。葡萄种植的细节和一直在转变的种植区域对于葡萄酒的质量有很大影响。

陈酿，以及可以在葡萄采收当年就开始装瓶销售。

大型公司不断努力朝着瓦劳谷以西的方向扩张葡萄园，那里的土地要比核心的下瓦劳谷便宜得多。虽然来自海上的西风可以在某种程度上对晚上的霜冻起到一定的缓解作用，但是靠近相对内陆的位置必须采取一定的防霜措施，尤其是靠近瓦劳镇中心的地方。有些葡萄园地理位置太过于偏西，以至葡萄每年都不能很好地成熟，并且山谷中的供水也较稀缺。

漫长的白天、寒冷的夜晚、灿烂的阳光以及在好年份干燥的秋季，使马尔堡成为独特的葡萄酒产区。 在这样相对较低的温度下（请参见上面的图片），多雨的秋季可能是非常不利的，例如2017年。但是幸好这里的葡萄通常总能在藤上缓慢地成熟并达到足够高的糖分，而寒冷的夜晚也不会让葡萄失去太多新西兰葡萄酒特有的酸度。

昼夜温度变化最明显的是靠近南部地区稍干燥、凉爽和多风的阿瓦蒂里谷（见本页地图）。该地区的先锋代表是1986年建立的Vavasour酒庄，近年来扩展迅速，这要归功于灌溉的实施和充满激情的葡萄种植者，特别是叶兰兹酒庄（Yealands Estate），他们使阿瓦蒂里谷近年来得到了极大的发展。 如果将阿瓦蒂里谷本身视为一个独立产区而不是作为马尔堡的一部分，它将成为新西兰的第二大产区，仅次于瓦劳谷，排在霍克湾之前。

阿瓦蒂里谷的葡萄藤出芽期和收获期都比瓦劳谷要晚一些，但是夏天既长又热，温暖的气候足以让大部分白葡萄品种成熟，特别是长相思、雷司令、霞多丽和灰皮诺，当然还有黑皮诺。

葡萄藤也已经在怀玛谷（Waima Valley）和**阿瓦蒂里谷**以南的Kekerengu地区被种植成功。但是，对马尔堡产区来说最明显的差距可能是土壤的变化（参见上一页）。

6号和63号公路（东西方向穿过瓦劳谷）以北，除了伍德伯恩（Woodbourne）周围的少数地方，这里的土壤比南部的土壤要年轻得多。某些地方的地下水位可能很高，因为位于曾经的河床而排水极佳的葡萄园是在这些年轻的石质土壤上能找到的最好的葡萄园。

成熟的葡萄藤能发展出很深的根系，而年轻的葡萄藤需要灌溉才能度过干燥的夏季。在63号公路以南的**南部山谷**（Southern Valleys），地势最低、较旧的土壤排水不畅无法酿成优质的葡萄酒，但在布兰卡特、奥马卡和怀霍派地区却有一些非常不错的葡萄园。

然而，在裸露的南部山谷边缘，排水良好、海拔较高的葡萄园更有可能在干燥的土壤中结出更好的果实。

脱颖而出

较大的长相思酿造商通常会将在不同土壤、不同微气候条件下熟成的葡萄混酿在一起，以区分其出品的不同，避免过于单调的风格。有控制地使用法国橡木桶和乳酸发酵会起到比较好的作用。

然而，酒标上明确标注子产区的单一园长相思酒越来越多了，那些手工采摘、控制产量、木桶发酵、自然酵母且酒泥陈酿的葡萄酒也以一种雄心勃勃的姿态出现了，正如经典的勃艮第白葡萄酒一样。

2018年，该地区36个最受尊敬的酿酒厂启动了法定马尔堡产区计划，最初主要是因为长相

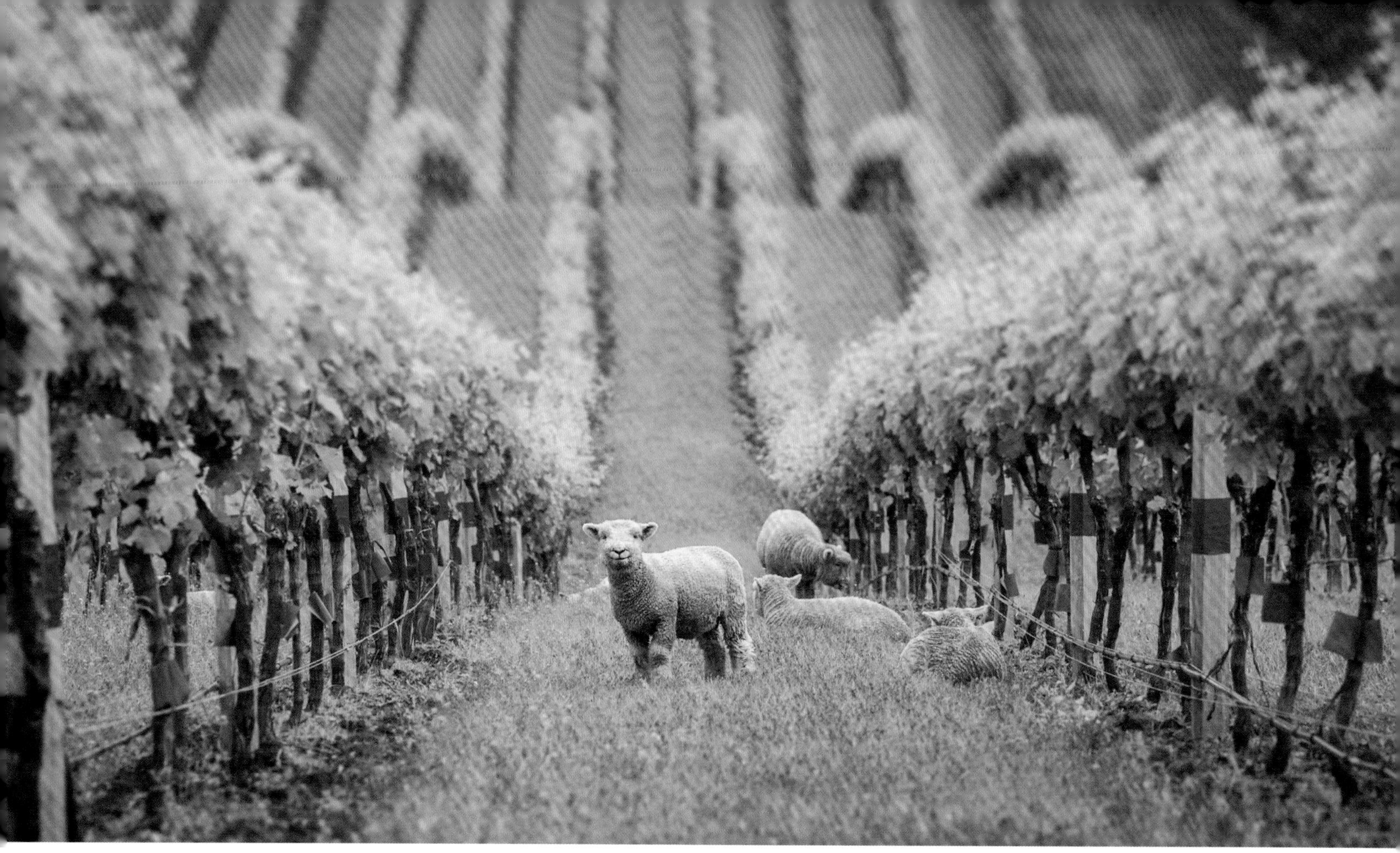

△
羊毛除草机？位于阿瓦蒂里谷的叶兰兹酒庄在其葡萄园里放羊，可以让农作物的生长得到保障，这也是葡萄酒业对可持续发展的一种承诺。

思。这是欧洲以外的第一个运用类似欧洲法定产区管理系统的实例。

马尔堡当然也种植其他葡萄品种。其中最重要的白葡萄品种是灰皮诺和雷司令，其中也包括Framingham酒庄出产的一些有趣的晚摘品种。不过，从数量上讲，黑皮诺显得更为重要，随着葡萄藤年龄的增长，马尔堡最好的黑皮诺在复杂性方面也有了很大的提高。像长相思一样，黑皮诺也越来越带有某些风土特性。

AWATERE VALLEY 葡萄酒产区
Seaview 葡萄酒子产区
■ VAVASOUR 知名酒庄
葡萄园
500 等高线间距100米

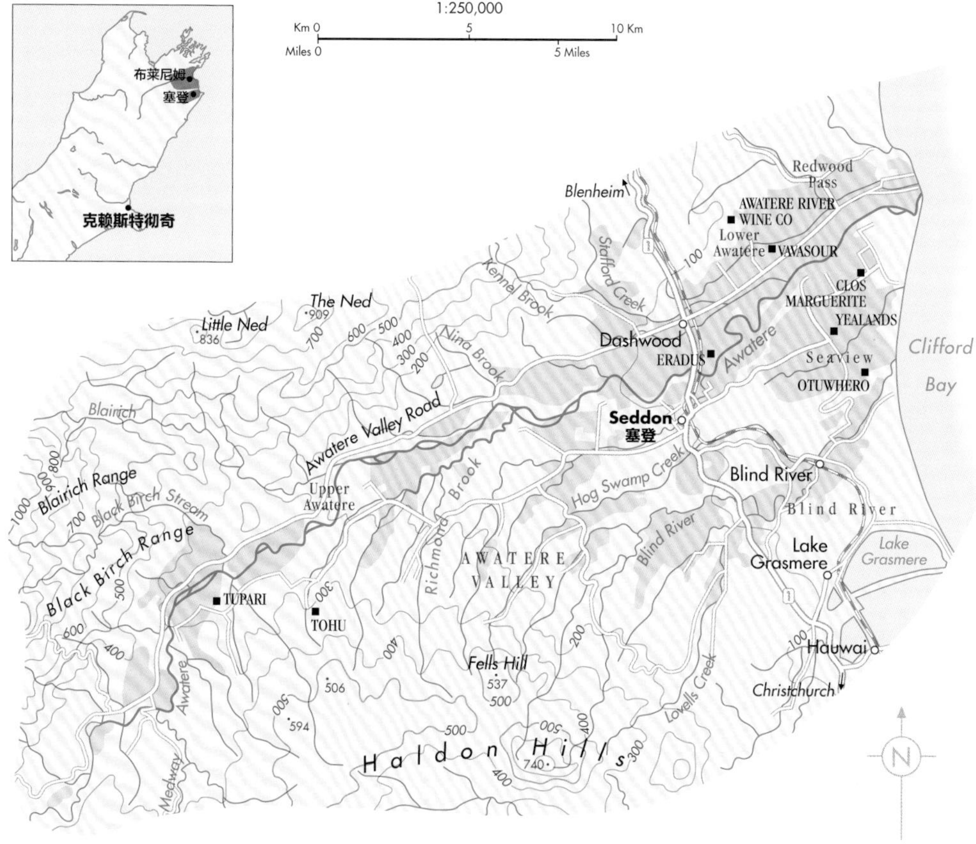

阿瓦蒂里谷

位于瓦劳谷以南20千米的阿瓦蒂里谷更寒冷，比马尔堡收成要晚2—3个星期，上阿瓦蒂里谷要更迟一些，尽管它们的萌芽期大致相同。

中奥塔戈 Central Otago

昆斯敦（Queenstown）可以说是新西兰的旅游圣地，一年四季风景如画，这里的滑雪场名动天下，称冠整个南半球。许多外国人，尤其是亚洲人和美国人已开始在这里投资，其中相当一部分人是因为被昆斯敦与世隔绝的幽静所吸引，所以私人飞机在昆斯敦机场非常常见。而这里的葡萄酒当然也非常吸引人。

风土　主要为冰川形成的梯田，排水良好的黄土和砾石土质，通常分布在风化的片岩上，石灰和黏土的含量各不相同。斜坡是一种常见的地形。

气候　半干旱气候与新西兰其他地区不同，属于极端大陆性气候，光照十分充足，但夏季相对较短。

主要葡萄品种　红：黑皮诺；白：灰皮诺。

1997 年，**中奥塔戈**只有 14 个葡萄酒商和不到 200 公顷的葡萄园。到 2018 年，官方数据显示已注册的葡萄园数量为 211 个，占地约 1904 公顷。其中五分之四的葡萄品种是黑皮诺，大多数葡萄藤都相对年轻，果实由协作酒厂酿造。

中奥塔戈几乎全年都有霜冻的威胁，在吉布斯顿（Gibbston）等较凉爽的地区即使是早熟的黑皮诺有时也很难在冬天来临之前就达到成熟。另一方面，夏天的阳光极强，令人目眩，但凉爽的夜晚却可以提高葡萄的酸度以达到很高的质量。这里可以产出浓郁出众的水果风味葡萄酒，而如此成熟的葡萄却能保持酒精含量低于 14%，这是相对罕见的。

如同马尔堡长相思酒，中奥塔戈的黑皮诺酒可能不是世界上顶级的葡萄酒，但瓶装后就很讨人喜欢。该地区的夏季和初秋十分干燥，就连极易被真菌感染的黑皮诺都很少遭受侵袭，尽管土壤的持水能力非常有限，但灌溉水源并不短缺。

流金岁月

中奥塔戈的最南端和最具大陆性气候的子产区是亚历山德拉（Alexandra），由于没有任何大水域来缓和气温，导致这里的夏天很热，冬天极冷。这里的葡萄种植历史可以追溯到 19 世纪 60 年代的新西兰淘金岁月，再次复兴则要到 1973 年。

这里西北部的吉布斯顿子产区由于位于东西走向的狭窄山谷中，所以会更加凉爽，而且日照时间也更短。这里的葡萄藤都种植在壮观的卡瓦劳峡谷（Kawarau Gorge）朝北的山坡上，恰好这也是世界上第一个商业化蹦极的地方。

在一个有着较长生长季节的年份中，这里的葡萄酒可以拥有无与伦比的复杂口感。中奥塔戈地区几乎 70% 的葡萄园都位于克伦威尔盆地（Cromwell Basin），该地区的气候受 Dunstan 湖的影响而更为温和，包括班诺克本、洛伯恩（Lowburn）、比萨和本迪戈子产区。

峡谷与克伦威尔盆地交会处的班诺克本是种植最密集的子产区之一。像许多优质产区一样，这曾经是黄金开采地区。再往北的本迪戈也相对温暖，这里的葡萄园开发正热火朝天地进行，但是这里的酒窖零售店似乎多过酒庄。在较温暖的湖西岸洛伯恩以及朝北一直延伸到山脚的坡地比萨也具有巨大潜力。

最北的子产区是瓦纳卡（Wanaka），是 20 世纪 80 年代最先被开发的地方之一。里彭（Rippon）酒庄（现采用生物动力种植法）的葡萄园恰好坐落在湖边，这样的地理位置有效缓解了霜冻。整齐的葡萄藤、蔚蓝的湖水、金黄的秋叶和远处的雪山构成了美丽的风景照。

北奥塔戈

北奥塔戈（North Otago）如今已经形成了自己的葡萄酒产区——**怀塔基山谷**（Waitaki Valley），这里主要是中部不多见的石灰岩土壤，这一点非常符合勃艮第风格，而同样需要面对的是每一年的霜冻、开花期间的寒风等问题，当然年轻的葡萄藤也需要多加注意。到目前为止，这里只有 13 个种植者，仅种植了约 55 公顷葡萄园，其中一些种植者来自中部，主要种植黑皮诺和灰皮诺，以及一些雷司令和霞多丽。

南非 South Africa

赫曼努斯是开普南岸的重要城镇，这里以观赏鲸鱼和葡萄酒品鉴等旅游项目而出名。

南非
South Africa

世界最美葡萄园竞赛的总决赛名单一定会包括葡萄牙的杜罗河谷、德国的摩泽尔、希腊的岛屿，以及南非的开普（Cape）地区。在西蒙山（Simonsberg）地区那一大片绿色的葡萄园海洋中，坐落着荷兰风格的白色三角墙式房舍。在蔚蓝天空的映衬下，花岗岩的蓝色阴影与日光相互交错。这幅画面让人无法抗拒，时间仿佛在此凝固——在本书中，南非的美妙景观看似亘古不变，掩盖着地壳结构的变化。

实际上在过去的25年里，南非的酿酒人、葡萄园、酒窖、葡萄酒版图以及葡萄酒都发生了翻天覆地的变化。

事实上，南非比其纬度应有的气候凉爽，葡萄藤在这里茁壮生长。开普地区受益于来自南极寒冷的本格拉寒流（Benguela Current）影响，寒流为大西洋沿海地区降温。这里的降水通常集中在冬季，但降水的位置和形式要视开普地区变化极大的地貌而定。盛行的冬季西风缓和了此地气候。越往南部、西部以及海边就越凉爽，降水量也更适宜，尤其在近些年，这些雨水对于如此干旱的地区是十分宝贵的。在山脉两侧，降水量都不小，像是Drakenstein、Hottentots Holland以及Langeberg等山脉都是如此，然而就在距此几千米之内，年降水量却有可能骤降至200毫米。群峰也让著名的Cape Doctor（一种强劲的东南风）形成“隧道效应”，风力更显强劲，虽然有助于减少腐烂及霜霉病，但也可能毁坏葡萄幼株。

古老的土壤

开普地区拥有全世界葡萄酒产区中最古老的地质，主要成分是花岗岩的古老土壤，以及桌山（Table Mountain）的砂岩或页岩，都会天然地降低葡萄产量。同时这类土壤也滋养了这个世界上最缤纷多样的花卉王国，“生物多样性”成为南非葡萄酒产业的宗旨。这促使葡萄酒生产者尽量维持园区内的天然植物种类并发展各自的特点，从而吸引更多的生态观光客。在南非，若要向有关单位登记“单一葡萄园”的命名，那葡萄园的面积就不得超过6公顷并且该园只能种植单一葡萄品种，这些单一葡萄园名于2005年首次出现在酒标上。

由于缺少像澳大利亚内陆那样可以使用机器大量耕种的葡萄酒产区，南非酒业无法支撑价格战，必须挖掘其他更具价值的吸引力。如今南非的葡萄收成中80%被酿成葡萄酒，其余的葡萄则被制成浓缩葡萄汁（南非是世界上主要的生产国）或蒸馏成烈酒。

在20世纪的大部分时间里，南非的葡萄酒产业都掌握在令人窒息的旧政权手里，而如今的结构则与当时截然不同，虽然合作社和昔日一样仍然十分重要，全国约80%的葡萄由合作社来处理。

1994年，南非的种族隔离政策与隔离主义被废除，新一代的年轻酿酒师迫不及待地周游世界，以无尽的好奇心吸取新技术及新想法。一股在较凉爽地区建立试验性葡萄园的风潮开始兴起。同样重要的是，一些老产区也被重新评估潜力，其中最值得一提的要数黑地（Swartland，见第381页）和更北部的奥勒芬兹河（Olifants River）。

也有不少的新投资涌进了开普的葡萄酒产业，但似乎不太盈利，尤其是近些年的干旱加重了此问题——葡萄园的总面积持续缩小。官方数据显示，2016年葡萄园总面积下降至95 775公顷，取而代之的作物是小麦和柑橘类水果。在特别干旱的地区，葡萄园被荒废。

酒庄总数一直维持在570家左右，但是在开普地区获得土地拥有权是很复杂且困难的，所以很多所有权不稳定的生产者选择共享土地资源。

大区、地区和小区

1973年，葡萄酒原产地（Wine of Origin，简称WO）计划率先将南非葡萄酒产地分成了大区（region）、地区（district）和最小的地理范围小区（ward），如今随着对更凉爽和海拔更高地区的探寻，新的产地名还在增加中。但是众多酒庄用分散在各处的葡萄来酿酒，时常生产大范围区域的混酿酒，所以**沿海产区**（Coastal WO，大西洋海岸的南部内陆地区）以及范围更模糊的**西开普**（Western Cape）法定产区（涵盖了几乎所有的开普葡萄酒产地）在酒标上（特别在出口市场上）是常见的产区名。

另一个被重新发现的地区是紧邻黑地东边的（Tulbagh），该区被Winterhoek山脉三面环抱。这里的土壤、向阳面以及海拔变化都非常大，而且日夜温差相当大，早晨可能特别凉爽，这是因为山脉形成的罗马剧场式地形会让夜晚潜进的冷风滞留下来。

再往北走，弗雷登达尔镇（Vredendal）拥有近5000公顷葡萄藤的Namaqua证明了虽然这里的纬度较低，葡萄酒的品质却未必差。许多人认为南非白葡萄酒是物超所值的最佳选择，主要指的是清爽的白诗南及鸽笼白葡萄酒，这些酒款产自**奥勒芬兹河**大区，特别在Lutzville和Citrusdal这两个地区，一些老藤相当有潜力。波湾（Bamboes Bay）是位于西部海岸的一个小区，这里纬度低，竟能出乎意料地出产细腻的长相思。在奥勒芬兹河东边的独立塞德堡（Cederberg）小区，高海拔是其优势，该区也是最近扩展的最有意思的产区之一：葡萄园位于Sutherland-Karoo地区，在地图未覆盖的更北边。这些新的葡萄园坐落在**北开普**（Northern Cape）而非西开普省，是南非海拔最高、最具大陆性气候特征的葡萄园。同样在地图之外，处于北部的下奥兰治（Lower Orange）产区，夏天尤其炎热，葡萄园主要依赖奥兰治河（Orange River）的灌溉。这里的重要工作是对葡萄藤进行整枝，以免葡萄被无情的烈日伤害。

小卡罗产区位于东部广大的干燥内陆地带，夏季气温非常高，当地特产的加强酒需要靠灌溉才能成功出产，这里的特产还有一些餐酒级红酒以及鸵鸟（肉和羽毛都有用处）。麝香以及杜罗河谷的葡萄品种如红巴罗卡（Tinta Barocca，在葡萄牙直接称作Barroca）、国产杜丽佳及Souzão都可在此生长。葡萄牙的波特酒厂商早已留意此地的发展，视其为可敬的对手，尤其是这里的卡利茨多普（Calitzdorp）地区酿出的酒款常常能在南非的加强酒分类竞赛项目中斩获奖项。

老葡萄藤

KWV集团曾经垄断整个南非的葡萄酒生产，该集团遗留的有益财产之一是葡萄园登记簿，含有葡萄品种、种植日期、精确的种植区域等细节信息。

狂热的葡萄种植学家Rosa Kruger利用上述登记簿，付出大量努力将老藤的种植者和开普地区有志向的年轻酿酒师联合在一起，特别以黑地和偏北部地区为中心，于2017年组建了老藤项目（Old Vine Project）。目前的项目成果包括超过2500公顷的老藤葡萄树，树龄均在35岁以上，其中至少三分之一的树产出的葡萄有足够潜力酿成优质酒，其中很大一部分是西部海岸的白诗南。10片开普葡萄园的平均树龄超过100岁。该项目就是为保护这些老藤遗产而设立的。

一片葡萄园一旦被上述项目认可，所出产的葡萄酒便可在酒标上附上“老藤”（Old Vines）的印章，上面注有葡萄树被种下的年份，目前来说，这是比欧洲各地严格很多的系统，因为在欧洲酒标上的“老藤”一词并无法定约束。以下为各地的老藤术语：vieilles vignes（法国）、alte Reben（德国）、vecchie vigne（意大利）、viñas viejas（西班牙）、vinyas vellas（西班牙加泰罗尼亚）或者vinhas velhas（葡萄牙）。

坐落在布里厄河谷（Breede River Valley）大区里的伍斯特（Worcester）和布瑞德克鲁夫（Breedekloof）地区虽然距有助于降温的大西洋更近一些，但是全区炎热、干燥，依旧需要灌溉才能产酒。这里葡萄酒的产量比开普附近的任何产区都要多，超过全国总产量的四分之一。这里生产的许多葡萄大多被制成白兰地，不过同时也酿制品质不错的商业化红葡萄酒与白葡萄酒。

朝着印度洋的南方走，在布里厄河谷产区下游方向的是罗贝尔森（Robertson）产区，这里以出产优质的合作社葡萄酒闻名，并拥有一两家优质酒庄园。此区有充足的石灰岩土质以支持可持续耕作，出产品质优异的白葡萄酒，尤其那些多汁的霞多丽酒是开普最优质的气泡酒和混酿酒的组合。罗贝尔森产区的红葡萄酒也名声渐长。此区降水量一直很低，夏季炎热，不过这里东南走向的山谷能引进来自印度洋的海风，从而降温。

开普地区的葡萄

直到20世纪末，南非最重要的葡萄品种是白诗南（常被称作Steen），新的风潮几乎都是被红葡萄品种引领的，但那些老藤的白诗南被重新审视。白诗南目前依然是种植量最大的品种，即使每5株葡萄树中仅有一株为白诗南。种植量第二大的品种亦为白葡萄品种鸽笼白，用于酿葡萄酒和生产白兰地。但在葡萄酒标上，更常见的还是长相思和霞多丽，在开普较凉爽的葡萄园中，这两个品种都能生产优质葡萄酒。

西拉品种在南非既拼写为Shiraz，也越来越多地被称作Syrah，该品种已经取代了赤霞珠成为种植量最大的红葡萄品种。法国南部朗格多克的品种神索曾一度被大批量种植，其品质也被重新认知。如今，开普的葡萄种植者的口号是多样性，在干燥、炎热的气候中追寻可持续性——于是更多的地中海品种在此被种植。带有辛香料味的皮诺塔吉（Pinotage）是南非独有的品种，由黑皮诺及神索这两个品种杂交而成，可以酿成类似博若莱风格的酒款，口感扎实、饱满浓郁但不失清爽感。南非的红葡萄酒生产一直以来都深受卷叶病之害，这种病害会使葡萄不能完全成熟。南非目前最大的挑战之一，就是必须确保对苗木严格的检验检疫，保证新的植株健康无病害。

但毫无疑问，南非最大的变革还在于整个社会层面。要让长期把持葡萄酒产业的少数人更公平合理地与其他人分享所有权和管理权，这并不容易。虽然一路走来跌跌撞撞，不过酒瓶上道德印章的引入（一些主要南非葡萄酒进口商，尤其是北欧国家的垄断进口公司推动了此印章的使用）起了一定的作用。一些人希望最终占南非人口比例更高的黑人能成为葡萄酒的主要购买者。增进黑人劳动力计划、合资企业、更高的工资、更多住所，以及“社会水平提升”都在进行中，虽然人们的贡献有多有少。这样的情形下，急迫的心情完全在情理之中。

开普葡萄酒产区

只有在详细地图中没有显示的最重要的小区在这里呈现。

开普敦 Cape Town

康斯坦提亚葡萄酒小区

STEENBERG 知名酒庄

葡萄园

森林

500 等高线间距100米

国家公园边界

开普敦

康斯坦提亚

康士坦提亚的土壤经过了深度的风化，偏酸性，呈红棕色并含有较高的黏土成分，其中的例外是以沙土为主的Uitsig地区。在康士坦提亚最温暖以及海拔最低的地区，上述土壤上生长的葡萄最早成熟。

1:77,400

在桌山下，开普敦是几乎所有外来游客进入葡萄酒之乡的门户。2017 年，这里成为官方的葡萄酒地区（参考前一页地图）。此地聚集了不少酒庄和众多充满抱负的餐厅，其中最有名的酒庄包括 Dorrance 和 Savage。

在开普敦地区内，菲拉达尔菲（**Philadelphia**）是已被认证的四个小区之一，向北延伸至黑地，也是目前最不重要的小区。紧靠南边的得班山谷（**Durbanville**）小区基本上算是开普敦市的郊区，但也因此容易被低估，附近的大西洋带来凉爽的夜晚，造就了清爽的白葡萄酒以及风味鲜明的赤霞珠及梅洛葡萄酒。西部海岸那风力强劲的海湾周围，坐落着以 Ambeloui 起泡酒出名的豪特湾（**Hout Bay**）小区。

传奇甜酒

最知名且成就最高的葡萄酒小区是**康斯坦提亚**，这可是 18 世纪末和 19 世纪初全世界追捧的甜酒之名。从 1714 年起，当初这片广阔庄园的核心名为古特康斯坦提亚（Groot Constantia），破产之后在 19 世纪末变成了国有农场。在 20 世纪 80 年代，农场隔壁的克莱坦亚（Klein Constantia）酒庄种植小粒白麝香酿造名为 Vin de Constance 的甜酒，并使用独特的旧时代半升装酒瓶，由风干的葡萄（没有贵腐霉的影响）酿造该琼浆玉液，希望能模仿历史上那经典的康斯坦提亚甜酒。另一款类似的葡萄酒名为康斯坦提亚大帝（Grand Constance），如今在重建的古特康斯坦提亚庄园里酿造。

如今，康斯坦提亚是一个位于开普敦南部、风景秀丽的郊区，土地价格相当高昂。葡萄园面积十分有限，主要集中在康斯坦提亚堡（Constantiaberg）更陡峭的东、东南和东北面山坡上，康斯坦提亚堡是桌山东边的山尾。

不过这个开普敦的角落有着由山脉形成的罗马剧场式地形，开口直接朝向福尔斯湾（False Bay），酿制出了南非一些极具特色的干型葡萄酒。从海洋上吹来的东南风 Cape Doctor 持续为该地区降温。尽管海洋带来的湿度提高了出现霉菌病的风险，但是这股东南风起到了一定的缓解作用。

康士坦提亚 420 公顷的葡萄园中，如今主要种植长相思。该品种占整个地区葡萄藤的三分之一，赤霞珠、梅洛和霞多丽等葡萄的种植面积则远远落后。较凉爽的气候有助于保留葡萄内的吡嗪类物质，这也是长相思所带有的草类香气的来源。或许最具表现力的康斯坦提亚长相思来自克莱坦亚酒庄的单一葡萄园。赛美蓉在 19 世纪曾经是南非种植面积最广的葡萄品种，如今也会有非常出色的表现。Constantia Uitsig 酒庄酿造极佳的长相思以及赛美蓉。

虽然顶着破坏城镇发展的风险（偶尔还有附近多山自然保护区的具破坏性的狒狒），在 21 世纪早期康斯坦提亚地区还是创建了一些新酒庄，目前共 11 家，其中一些规模很小。

另外两家顶级长相思和赛美蓉的生产商位于康斯坦提亚小区边界的两侧，气候更加凉爽，风力更强。斯丁堡（Steenberg）现在已然成为度假胜地，水疗馆和高尔夫球场应有尽有，而其中的 Cape Point Vineyards 庄园以出产南非最细腻的白葡萄酒而闻名。

◁
海洋、群山和充足的水源。怪不得Chapman's Bay地区的Cape Point Vineyards庄园十分成功。

黑地
Swartland

在南非葡萄酒变幻的风景中，黑地是经历过最剧烈转变的地区。

气候 炎热、干燥，西边的大西洋海风为葡萄园降温。

风土 主要是花岗岩和页岩，表层有 Oakleaf、Tukulu 和 Klapmuts 土壤。

主要葡萄品种 白：白诗南、长相思；红：西拉、赤霞珠、皮诺塔吉。

多年来，来到开普的游客很少听到黑地这个名字，而在当地人的印象中，当地的葡萄只不过是供应酿酒合作社量产酒的原料。这里较大型的酒厂仍然生产着大批量酒，不过到了21世纪，在开普敦北部的这片狭长地带，一批有抱负的酿酒师出品了一些令人赞赏的葡萄酒。这片广阔的区域大部分都是起伏的小麦田，冬天绿意盎然，到了夏天则呈现出一派金光闪闪的景象。不过在某些重要地区，绿色的葡萄藤则映衬出赭色的土地，其中大部分是未经灌溉、灌木式的老藤白诗南，这些葡萄藤种植于20世纪60年代，以满足当时激增的对白葡萄酒的需求。当然这里也有红葡萄藤：大量的赤霞珠、品丽珠，以及一些品质惊人的西拉葡萄。老藤和无灌溉的旱地耕作已成为该地区的标志。

对黑地的重新评估开始于20世纪90年代末，当时费尔维尤（Fairview）的查尔斯·贝克（Charles Back）建立了 Spice Route 酒庄。其第一任酿酒师伊本·赛蒂（Eben Sadie）很快意识到该地区的潜力并于2000年推出了开创性的酒款 Columella（一款以西拉为主的混酿酒）。紧接着在2002年，以白诗南为主的酒款 Palladius 上市。这两款混酿酒都采用不同葡萄园的葡萄酿制而成，令其他酒庄争相效仿，西拉和白诗南也持续证明了其与黑地密不可分的关系，而皮诺塔吉、神索和歌海娜也在这里表现出不错的潜力。

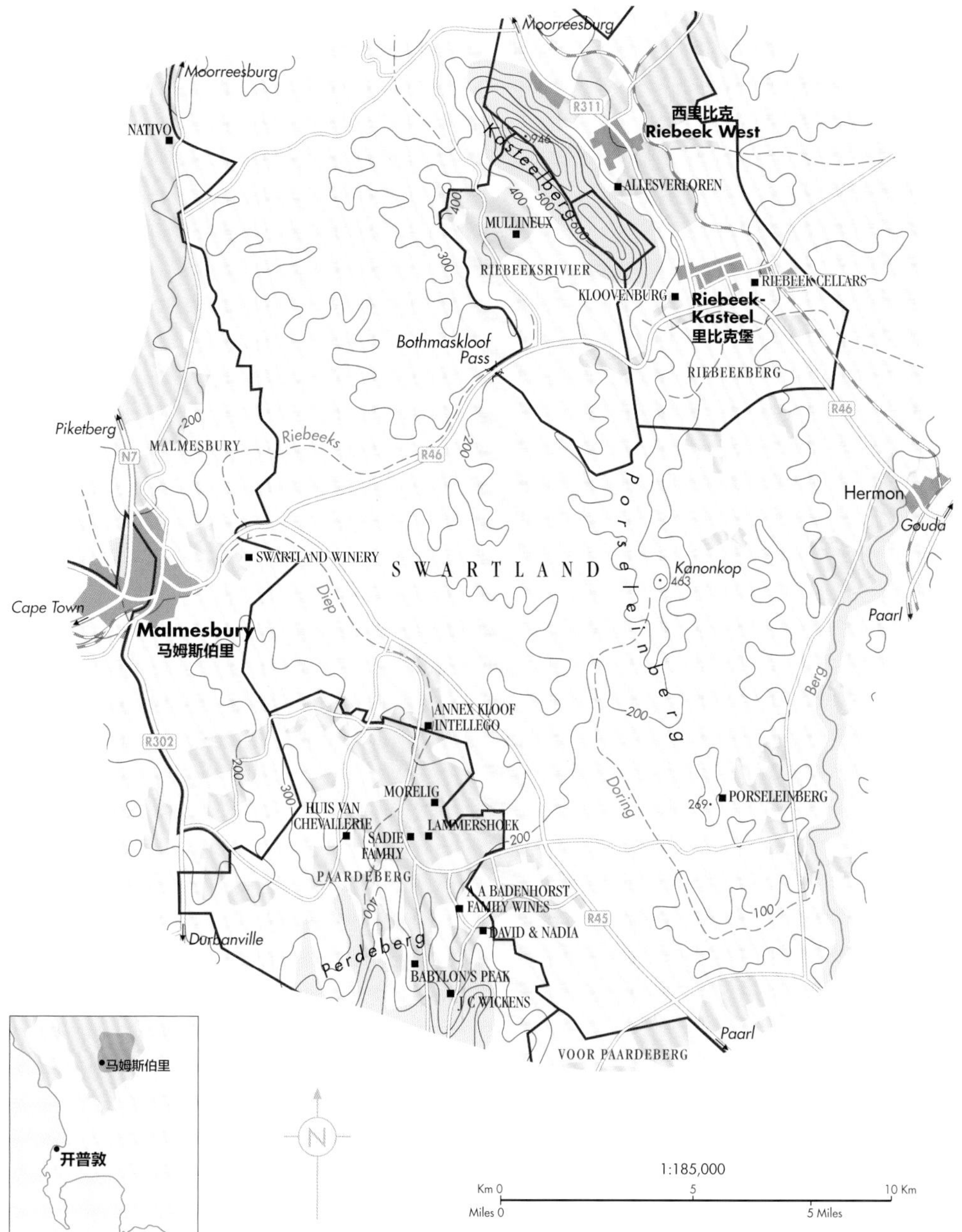

黑地的核心地带

从第379页的地图上我们可以看出本页地图所显示的只是黑地极小的一部分，如今，这里却聚集着新一批雄心勃勃的酿酒商。许多酒庄从更西北方的奥勒芬兹河内陆地区，特别是Citrusdal Mountain山区购买葡萄，Piekenierskloof酒庄在这里酿造精品歌海娜酒。

供求关系

起初，以花岗岩为主的 Perdeberg（南非荷兰语）山脉的山麓地区引起了关注，该地区比黑地其他区域受到更多凉爽的大西洋海风的影响。Voor Paardeberg（荷兰语）是 Perdeberg 的东部延伸段，严格说来是帕尔（Paarl）的一个小区。不过随着 Riebeek-Kasteel 镇附近以页岩和黏土为主的山脉不断地被开发，这个美丽的小镇已经成为非官方的葡萄酒之都。大本营位于弗兰谷（Franschhoek）产区的 Anthonji Rupert 酒庄的约翰·鲁珀特（Johann Rupert）在这里购买了葡萄园。位于弗兰谷地区的博肯（Boekenhoutskloof）酒庄建立了 Porseleinberg 酒庄，这家位于 Riebeek 山坡上的葡萄酒农场因其优质的西拉而闻名。与此同时，Riebeek-Kasteel 的马力诺家族葡萄酒庄园（Mullineux Family Wines）酿制的单一风土条件西拉酒（分别种植在花岗岩和片岩上）引起了一阵轰动。马力诺酒庄与鲁珀特的葡萄园和博肯酒庄的第二家黑地农场 Goldmine 处在同一片山坡上。

许多黑地的年轻酿酒师都被卷入“自然酒”的风潮中，并组建了黑地独立生产者联盟（Swartland Independent Producers），制定和法国 AOC 法定产区类似的规定，并有其专门的印章。若想让一款酒有资格使用该印章，则其必须在黑地酿造，这条规定就已能排除一些大型酒庄。开普地区，特别是黑地的许多资金不充裕的生产者会共享地产资源，有些可能连一株葡萄树的所有权都没有。葡萄种植总是被世代稳居于当地的南非荷兰人（Afrikaans）控制，许多年轻酿酒师必须依赖、攀附关系而获得酿酒葡萄的资源。

达岭（Darling）葡萄酒地区在此地图未显示出的更西南处，是黑地之中的孤立区块。其小区 Groenekloof 受到来自大西洋的凉爽海风的影响，因清透的长相思而成名。

斯泰伦博斯地区
The Stellenbosch Area

历史上，南非葡萄酒的生产集中在下一页地图显示的区域中，即斯泰伦博斯——其中心是由田园风光所包围、遍布林荫的大学城，白色的开普荷兰式（Cape Dutch）风格的山墙建筑是开普地区最常见的景象。

重要的 Nietvoorbij 农业研究中心设立于此，这个城镇也是南非的葡萄酒学院所在地，如今这所学院聚集了各种不同背景的学生，包括最没有特权的学生。

开普地区几乎所有最知名的葡萄酒庄园都在**斯泰伦博斯**地区，这里还有着很多最精美的葡萄酒和大部分的外来投资项目。眼界比父母一辈开阔很多的新一代生产者们立志要保护该地区的名声，生产各种类型的优质红葡萄酒，以及十分清爽，有时颇具陈年潜力的长相思、霞多丽和白诗南酒。但上一辈的“遗产”依旧光彩照人，比如历史上著名的庄园美蕾（Meerlust）在第八代人迈伯勒（Myburgh）手中，于 1980 年酿造了以赤霞珠为主的传奇品牌酒 Rubicon；另外还有 Vergelegen 酒庄，曾是开普地区第二位总督 Willem Adriaan van der Stel 的官邸，位于靠海的西萨默塞特（Somerset West）区域，如今是归英美资源集团所有的酒庄景点。

斯泰伦博斯的土壤多样，西部谷底（过去以种植白诗南为主）以轻的沙土为主，山坡上土质更重，东部的 Simonsberg 山、斯泰伦博斯山、Drakenstein 山和弗兰谷山脚下充满风化的花岗岩（后面两座山其实位于弗兰谷地区，而非斯泰伦博斯）。从后一页地图上繁多的等高线可看出这里风土的多样性。在离海洋较远的北部，气温偏高，但是总体气候很适合酿酒葡萄生长。这里的降水量适中，并集中于冬季，夏季只比波尔多稍温暖一些。

曾经风靡一时的白诗南早已被赤霞珠、西拉、梅洛和长相思所替代。无论是红葡萄酒还是白葡萄酒，混酿酒一直在本区扮演着重要的角色，其中极具特色的开普混酿酒（Cape blends）一般含有 30% 的皮诺塔吉。长久以来，Kanonkop 酒庄被视为斯泰伦博斯地区的明星，但如今无数的新酒庄同样闪耀，其中最有成就的包括靠钻石发家的 Delaire Graff 酒庄（庄园内有一家豪华酒店和餐厅），还有 DeMorgenzon 酒庄，以及使用生物动力种植法生产的 Reyneke 酒庄。Glenelly 是 May-Eliane de Lencquesaing 退休后创办的事业，她是前碧尚女爵酒庄负责人。

七个秘密小区

斯泰伦博斯的葡萄园历史悠久且形式多样，所以人们可以认真研究葡萄园中土壤和气候的细微变化，并以此在沿海大区中的这片斯泰伦博斯地区再细分出七个小区。第一个获得正式认可的小区是西蒙山-斯泰伦博斯（Simonsberg-Stellenbosch），涵盖了西蒙山南边坡段较为凉爽、排水较好的所有区块［1980 年划定葡萄园线时，目前大受欢迎的泰勒玛（Thelema）酒庄还不是葡萄酒农场，因此未包括在内］。红客沙谷（Jonkershoek Valley）产区位于斯泰伦博斯镇东边的山区内，规模虽小，但成名已久，而位于斯泰伦博斯镇另一边的则是同样迷你的 Papegaaiberg 产区，是附近生机盎然且具有自然屏障的德文谷（Devon Valley）的缓冲地带。北边还有一片地势十分平坦、面积很大的波特拉里（Bottelary）的新兴小区，名字源自西南角的山丘。西边的班胡克（Banghoek）和普克拉达山（Polkadraai Hills）是完成产区拼图的最后两个小区。目前，这些小区名字在酒标上很罕见。斯泰伦博斯这个名字在生产者的眼中更简单明了，更容易营销（这和纳帕谷及其子产区的情况很类似）。

整体而言，最好的酒款产自南边、开口朝向福尔斯湾并受惠于海风影响的庄园，或者来自那些高海拔的产区，这些地方可以使葡萄缓慢熟成。巍峨的 Helderberg 山脉矗立在西萨默塞特镇东北方，对当地葡萄酒来说相当重要，在山脉西坡有许多经营得有声有色的酒庄。英国人拥有的 Waterkloof 酒庄位于山脉的东南山脚，俯瞰西萨默塞特镇，景色十分壮观，庄园内既有采用生物动力种植法的葡萄园，也有十分高档的餐厅。

过去的葡萄酒中心

帕尔地区远离福尔斯湾的降温影响，已经不能算是开普葡萄酒世界中的焦点，这里以生产加强酒为主的时代已然过去，但此处是曾经最强大的 KWV 集团和尼德堡（Nederburg）酒庄的总部所在地，后者以其每年的葡萄酒拍卖而出名。Fairview、Glen Carlou、Rupert & Rothschild 等酒庄酿出了品质优异的餐酒。Vilafonté 是一家雄心勃勃的美国酒厂，位于斯泰伦博斯，但也在帕尔种植葡萄。

东边的弗兰谷（地图上只绘出部分）如今已经成为独立的葡萄酒产区。该区曾经由胡格诺派教徒（Huguenots）所辟垦，从当地一些法国地

◁
为了让游客开心，1000 多只印度跑鸭（它们是葡萄园害虫的天敌）每天都在斯泰伦博斯的 Vergenoegd Löw 葡萄园中游走，该葡萄园归德国人所有。

名仍可看出法国对其的影响。这是片景色秀丽之地，三面环山，出色的酒店和餐馆吸引了大量游客，有几家著名的顶级酒庄，包括生产传统法（Méthode Cap Classique）气泡酒的翘楚 Le Lude 和 Colmant。长久以来，博肯酒庄一直是弗兰谷最杰出的酒庄之一，它拥有该地区一些最老的葡萄藤。如今该酒庄在黑地和天地山谷（Hemel-en-Arde）地区开了连锁店。由印度投资的 Leeu Passant 是重要的葡萄酒和招待公司，黑地的马力诺酒庄负责承担酿酒技术方面的咨询业务。

惠灵顿地区的日夜温差比近海地区更大，这里由成分不一的冲积土梯田地形构成，一直延伸到黑地那起伏的谷物田地，在 Hawequa 山脉的山麓地带，还有几处美得令人屏息的园区。

斯泰伦博斯、弗兰谷和帕尔

斯泰伦博斯和弗兰谷几乎所有的葡萄酒县在地图上都有标示，不过帕尔产区的范围涵盖了此地图更往北的地区，比如Voor Paardeberg小区，甚至一路向西北方延伸，直至黑地地图的南端。

斯泰伦博斯：NIETVOORBIJ ▼

纬度 / 海拔
33.9°S/ 146米

葡萄生长期的平均气温
19.7℃

年平均降水量
736毫米

采收期降水量
3月：29毫米

主要种植威胁
卷叶病

主要葡萄品种
红：赤霞珠、西拉、梅洛、皮诺塔吉；
白：长相思、白诗南、霞多丽

开普南海岸
Cape South Coast

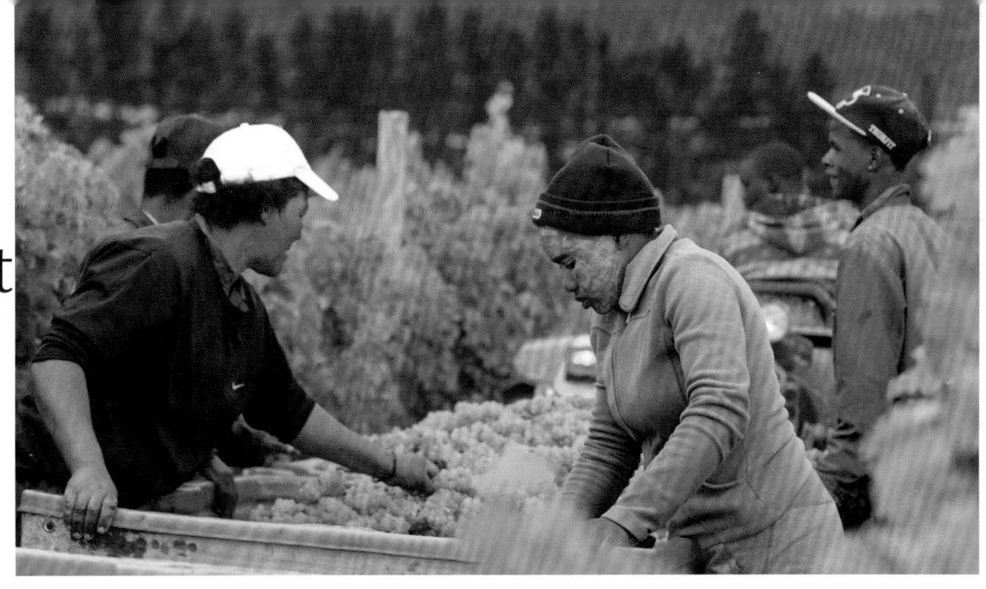

凉爽的气候吸引了来自世界各地的众多酿酒师。这里是南非的南端，会受到寒流影响，该地区遍布葡萄树的景象不足为奇。

1975 年，一位已经退休的广告人蒂姆·汉密尔顿·卢梭（Tim Hamilton Russell）在观鲸小镇赫曼努斯（Hermanus）的天地山谷开始尝试种植黑皮诺。如今，**沃克湾**（Walker Bay）地区已有十几家酒庄，分布在六个小区中，三个最重要的小区名中含有天地山谷一词。紧随汉密尔顿·卢梭步伐的是天地山谷中的 Bouchard-Finlayson 和 Newton Johnson 酒庄。该地区芳香馥郁、风味平衡的葡萄酒以及南部海岸的临近地区（见第 379 页）为开普葡萄酒版图添上了浓墨重彩的一笔。

大西洋为天地山谷降温，不过该区仍让人感觉偏远且荒芜。其气候比内陆地区更具有大陆性气候特征，地图上标出的一些本地区北部的葡萄园常会遭遇冬季降雪。在天地山谷中，地图显示的区域夏季最炎热，冬季最寒冷。虽然平均年降水量达到了 750 毫米，但人工灌溉在一些内陆地区是不可或缺的，特别是在风化的页岩和砂岩土壤地块。幸运的是，该地区拥有足够的黏土，适合种植勃艮第的品种，而且可以无灌溉种植。该地区是勃艮第品种的先锋，黑皮诺的种植比例是开普地区最高的，出色的霞多丽亦有种植，此外，消费者青睐的品种长相思也越来越受葡萄酒农欢迎。

这里和斯泰伦博斯中间的西北处，过去的苹果种植区埃尔金（**Elgin**）自 20 世纪 80 年代起就开始试验种植葡萄藤，不过直至世纪之交，也只有唯一的一家酒庄 Paul Cluver。Andrew Gunn 的 Iona Elgin 长相思酒于 2001 年首发，掀起了一股投资浪潮。历史悠久的种植户 Oak Valley 如今成了成熟的酒庄，许多苹果农也开始种植葡萄藤，尽管其中有些人还是回归盈利更多的果园种植。Tokara 和 Thelema 这样的酒庄将其种植在埃尔金的葡萄运至斯泰伦博斯的酒厂内进行酿制，而其他的外来者在这里建立了自己的酒窖。

葡萄园的海拔高达 200—420 米，并且得益于大西洋上盛行的海风，2 月的平均气温低于 20℃。这里是开普采收葡萄最晚的地区之一。年降水量可高达 1000 毫米，活力较弱的页岩和砂岩土壤有助于防止霉菌病。高酸度的白葡萄酒，尤其是那些清透爽脆的霞多丽是埃尔金的特色，不过这里也酿制一些精致的黑皮诺，而 Richard Kershaw 展示了埃尔金西拉可以多么的成功与精细。

其他看好此地的人，不顾整个非洲大陆最南端的厄加勒斯角（Cape Agulhas）腹地 Elim 镇东边吹来的咸风，在开普最靠南的葡萄园种植葡萄藤。虽然清爽的长相思是 Elim 的原始名片，不过开普其他流行的品种，比如西拉，在这里也有不错的潜力。

△
这些在 Iona 酒庄采收葡萄的人穿得很厚，显示出埃尔金地区的高海拔、多风的葡萄园有多么寒冷——埃尔金是南非最凉爽的葡萄酒产区之一。

从埃尔金到沃克湾

充满活力的沃克湾地区被分成六个小区，其中三个在这里的地图上显示。

亚洲 Asia

不久前，亚洲还被视为与葡萄酒世界无关的大陆，而今已经成为葡萄酒世界未来的关键。中国（将在下文谈到细节，在本书的每一版更新时都会增加很多内容）不仅成为一个重要的葡萄酒生产国，还被全世界葡萄酒生产者视为巨大的、不容忽视的葡萄酒市场。葡萄酒消费也在亚洲其他大部分地区快速增长，并成为一种文化象征和受西方影响的基本标识，这让生产者们深受鼓舞。

日本（详细内容请参阅后文）是第一个发展葡萄酒文化的亚洲国家，也拥有一些颇具历史的葡萄园与葡萄酒。时至今日，葡萄酒不仅仅只在一些中亚国家生产，尽管这些国家拥有悠久的种植葡萄和酿酒（传统的更像糖浆，现在已改进）的历史，也出现在一些普遍认为不太可能酿造葡萄酒的国家和地区，如印度、泰国、越南、印度尼西亚（巴厘岛）、缅甸，以及韩国。在柬埔寨（靠近马德望）、斯里兰卡、不丹、尼泊尔等地也有些农场拥有葡萄园，在这些国家和地区形成了葡萄酒产业的雏形。在自然条件下，这里的葡萄树每年可以多次收获淡而无味的果实，然而在多数情况下，通过人工干预的方式，利用严格的修剪、疏枝、浇水或者控水技术，以及使用一些化学物质、激素等，可以在控制产量的同时优化葡萄的品质。

一个棘手的国内市场

印度正在崛起，日益西化、繁荣的中产阶级催生了当地的葡萄酒业。和其他大部分亚洲国家不同，印度的葡萄酒行业几乎完全依赖本地种植的葡萄。生产商要应对各地不同而烦琐的监督管理及财务制度，以及在热带气候环境下的运输和储存问题。从2005年起，印度开始对进口葡萄酒课以重税，此举鼓舞了当地的葡萄酒生产者。据统计，截至2018年，印度的葡萄酒生产商已有56家（尽管其中有一些仅仅把葡萄卖给其他酒厂）。然而不是所有的邦都有完善的法规，自2001年起，马哈拉施特拉邦（Maharashtra）和卡纳塔克邦（Karnataka）都积极地采取措施激励本地葡萄酒生产者。马哈拉施特拉邦很大一部分酒庄在海拔较高的圣城纳西克（Nashik）周围，高海拔弥补了其低纬度的劣势。

对于富有阶层、年轻人，特别是那些受过西方教育的印度人来说，葡萄酒已经成了他们的一个重要的兴趣爱好。比如雷杰夫·萨马特（Rajeev Samant），20世纪90年代中期从美国硅谷回到印度，由于受到了加州葡萄酒氛围的熏陶，回国之后他酿出了具有果味、清新而芳香的干白葡萄酒，最为显著的是苏拉（Sula）长相思。苏拉的首个年份为2000年，年产量为5000箱，而到了2017年，年产量激增至1000万瓶，是全国葡萄酒产量的一半。萨马特称他的纳西克酒庄是地球上唯一一个让如此多的人首次品尝葡萄酒的地方。

Grover家族辉煌成功的葡萄酒事业更加悠久，酒庄建在卡纳塔克邦班加罗尔上面的南帝山（Nandi Hills），公司和纳西克山谷的Vallée de Vin合并后命名为Grover Zampa酒庄，现在属于一个雄心勃勃的外部投资者。另外一个让人印象深刻的印度葡萄酒庄，是坐落在普纳的、深受意大利风格影响的Fratelli，桑娇维塞与赤霞珠混酿的Sette是这里的旗舰产品。

酒庄的葡萄藤从来没有经历过休眠期，但是通过每年两次（夏季雨季之前的初剪和9月份的精细修剪）的精心培育，葡萄藤能在一年的3月或4月收获一次。同时水坝是这里必需的灌溉设施。

次大陆以外地区

在**缅甸**的掸邦，旅游业和高海拔促成了两个大的葡萄酒产区，那里都种植着国际化的葡萄品种。缅甸葡萄庄园起始于20世纪90年代，受法国风格影响的Red Mountain Estate建于2003年。

泰国的葡萄酒产业历史比较悠久，规模比较庞大，但相比印度还是小了很多。这里有8家葡萄酒厂，主要针对的目标人群是外来游客，而并非本地消费者。泰国的葡萄酒历史可以追溯到20世纪60年代，那时曼谷以西的Chao Praya Delta开始种植鲜食葡萄。如今，葡萄酒庄主要集中在位于曼谷东北部的考艾（khao yai）地区，海拔高度大约为550米，主要种植着国际葡萄品种。最大的生产商是Siam酿酒厂，坐落在泰国海湾西南部内陆的旅游胜地华欣，拥有几片葡萄园和酿酒中心，可供游客参观，位于赤道以北仅10度。银湖葡萄酒庄（Silverlake Winery）坐落在海湾著名的旅游胜地芭堤雅（Pattaya）附近。这里的葡萄酒酿得非常认真，兢兢业业的酒农们每隔12个月才收获一次葡萄，而当地其他农作物都是2年可以收获5次。来自3个地区的6家酒厂组成的泰国葡萄酒协会（Thai Wine Association），必须团结一致与国内某些提倡禁酒的力量进行抗争。在亚洲其他国家，通常用进口葡萄酒或葡萄汁弥补本国种植葡萄的不足，而泰国葡萄酒协会规定：在葡萄酒中，如果进口葡萄酒或葡萄汁的比例占到10%以上，则必须在酒标上标明“非泰国出产”——欢迎来到严谨的葡萄酒新领地。

在**印度尼西亚**的巴厘岛这个南纬8度的地方，种植着超过100公顷的葡萄，主要是酿酒葡萄品种，采用藤架种植的方式来抵御潮湿，这里典型的模式是每3个月收获一次。Hatten是当地葡萄酒产业的开拓者，目前管理了5家葡萄酒庄，其中3家除了酿造当地种植的葡萄外还用进口的葡萄酿造葡萄酒。

在**韩国**南部的60家规模很小的葡萄庄园，经常用于加工葡萄以外的水果。由于冬季寒冷，种植的品种主要是日本杂交麝香贝利A（Bailey A）和早熟坎贝尔（Campbell Early）。

▷
印度西部，纳西克的苏拉酒，世界上最外向的酿酒厂之一，像鲜艳的纱丽带来的视觉感受，不可小觑。

◁
位于长野县、海拔700米的美露香酒庄的Kikyogahara葡萄园，采用棚架式的方式栽种梅洛，在寒冷的冬天盖上稻草，以防止霜冻。

日本
Japan

众所周知，日本人的味蕾很挑剔，而且没有任何一个国家能像日本那样，侍酒师协会的会员达到几千人之众。

日本风情万种的清酒风靡了全球，并成为一种时尚潮流，而日本的葡萄酒酿造技术也日渐精湛。但纵观日本整个国家，大自然赋予了它众多宝藏和优美的景色，葡萄酒却是个例外。本州是日本最大的一个岛，虽然它的纬度和地中海地区很接近，但气候却完全不同，更像美国东部和中国北部（位于同样的纬度）。日本地处亚欧大陆和太平洋之间——世界上最广阔的大陆和海洋，它也经受着特有的极端气候影响。冬季，寒风从西伯利亚刮过来；春夏，太平洋和日本海的季风又会带来滂沱大雨。而在葡萄藤最需要阳光的时候，台风却又不期而至。6月和7月的整个生长季多雨，葡萄藤不得不顽强地和如此潮湿的环境做斗争，而后7月和10月之间，又有台风登陆。

这个台风时常光顾的国家土地坚硬、山脉众多，而且几乎三分之二的山脉都很陡峭，只有依靠森林来防止酸性的火山岩土壤被大雨冲入汹涌的河道内。平原的土壤来自山上的冲积土，排水性差，种植大米非常不错，但不适合葡萄藤。适合耕种（也用于种植茶叶和其他作物）的坡地弥足珍贵，因而被寄予很高的回报期望。

因此，1300年以来日本的葡萄酒发展一直踌躇不前，并不令人感到意外。据精确的历史记载，公元8世纪时奈良已种植了一些葡萄，被佛教僧人传播到全国各地——当然当时不是为了酿酒。

现代意义上的葡萄酒工业起始于1874年：这要比亚洲其他国家早了许多年。19世纪70年代，开明的日本政府派遣研究人员前往欧洲学习并带回了葡萄品种。日本国内最大的葡萄酒厂——美露香和三得利，它们的历史分别可以追溯到1877年和1909年，但仍远不及有着同样悠久历史的山梨县的酒庄。山梨县才是最举足轻重的葡萄酒生产地区。

1:10,700,000

Km 0 100 200 300 Km

Miles 0 100 200 Miles

■ TSUNO WINE 知名酒庄

海拔100米以上的地区

大野县知名酒庄

CH MERCIAN (MARIKO)	OBUSE WINERY
HAYASHI	ST COUSAIR
IZUTSU	SUNTORY (SHIOJIRI)
KIDO	VILLA D'EST
MANNS (KOMORO)	

日本葡萄酒生产商

日本有上千个岛屿坐落在26°N—46°N，因此当地葡萄生长的环境差异巨大，日本大部分葡萄园都集中在中部地区，这里最大的考验是夏季的潮湿和霉菌疾病。

非同寻常的葡萄品种

日本鲜食葡萄的地位很重要，种植最广泛的品种几乎都是日本的巨峰（Kyoho），其次是美国杂交品种特拉华。巨峰的种植面积占到葡萄种植总面积的31%左右，用于酿造葡萄酒的品种有甲州（Koshu），然后是麝香贝利A，其次是尼亚加拉（Niagara），占总体的43%。

麝香贝利A是日本的一个杂交品种，可以酿造出得体的红葡萄酒，但最具特色并且能让人联想到日本的，则是具有粉红色果皮的甲州葡萄。这个非常神秘的酿酒葡萄品种已经在日本种植了几个世纪。甲州原本是食用葡萄，在日本种植条件下它也适合作为酿酒葡萄，果皮很厚能够抵御潮湿，可以酿出平衡而优雅的白葡萄酒，进或不进橡木桶、甜型或干型均可。每一个成功的甲州酒农，都对这个品种的特性有深入了解，并能熟练地酿造出不错的酒，但通常在酿造过程中免不了要加糖。

葡萄种植逐渐交给了合同种植户，尽管葡萄园都很小，但都被一丝不苟地按国际标准精心管理着，因此葡萄的价格很高。酒商们自己拥有的葡萄园仅仅占到日本总面积的13%。

如今的日本葡萄酒市场面对的是味蕾非常挑剔并且专业知识丰富的消费者，市场份额基本上被美露香、三得利（收购了许多酒庄，最知名的是波尔多的列级庄朗日）、札幌（Sapporo）、朝日（Asahi）和阿尔卑斯葡萄酒（Alps Wine）所占据，这5家企业生产的葡萄酒产量之和占到了日本葡萄酒总量的85%。

在日本销售的、被称为“国产化”葡萄酒是指在日本完成装瓶的酒款，它们长期依靠从南美

山梨县

山梨县是日本葡萄酒产业的摇篮。它所在的位置便利，与许多大城市很接近，但人口密度相当高——所以许多酒庄规模很小，拥挤在盆地之中。

被白雪覆盖的富士山坐落在甲府盆地。

进口的散装酒和葡萄浓缩汁，然而日本本土葡萄的比例要求已经越来越高了，2018 年达到 25%。

日本人对葡萄酒酿造的兴趣空前高涨，2018 年已建成了 303 家酒庄，当然不可否认，它们大多规模很小。目前日本境内 47 个县市中有 45 个在酿造葡萄酒。其中最重要的产区自然是在那些降水量最低的地方，不仅有山梨县，还包括长野县、北海道和山形县。

历史重心

日本的葡萄酒业始于**山梨县**甲府盆地周围的山区，这里可以看见秀美的富士山，到首都的交通也很便利。山梨县拥有 81 家葡萄酒厂，一直保持着日本葡萄酒酿造中心的位置，很多家酒庄历史悠久。山梨县的全年平均气温是全日本最高的，因此葡萄藤发芽、开花和收获也最早。但**长野县**开始追上来了，这里和山梨县一样阳光充沛，年日照时数达 2200 小时，并且受季风影响比较小，能酿造出全日本最好的葡萄酒，当地人以拥有 35 家葡萄酒厂为荣。这里的盐尻市非常凉爽，地势高，海拔约 700 米，出产的梅洛酒非常有名。长野北部，知名的酒庄有位于奇库马河两岸的北辰（Hokushin），它酿造的霞多丽享有盛誉。长野的这两个地区都在酿造芳香的梅洛酒。上田市周边的高地已成功地种植了西拉和品丽珠。在**新潟县**沙土地上大量种植的阿芭瑞诺曾在日本引起了轰动。

近年来，日本最凉爽、最靠北部且很少受到雨季和台风侵袭的北海道，或许因为全球变暖的缘故，出现了很多葡萄酒厂，数量和长野县一样多，尽管当地年日照时数很难超过 1500 小时。早期这里采用标志性的克尔娜葡萄酿酒，然而这里的黑皮诺吸引了勃艮第 Etienne de Montille 的投资兴趣。**山形县**也位于日本北部，酿出的梅洛和霞多丽酒颇具潜力。日本南部的**九州**则以优雅的霞多丽和用早熟的坎贝尔酿造的、清爽甜美的桃红葡萄酒而闻名。

日本政府采取措施，大力支持国产葡萄酒品质提升和出口贸易。葡萄酒法正在按众望所归的方向修正，日本葡萄酒的繁荣将举世瞩目。

日本：甲府 ▼

纬度 / 海拔
35.67°N/ 281米

葡萄生长期的平均气温
20.7℃

年平均降水量
1136毫米

采收期降水量
9月：183毫米

主要种植威胁
雨水、夏季台风、真菌感染

主要葡萄品种
白：甲州、特拉华、霞多丽；
红：麝香贝利A、巨峰、梅洛

中国
China

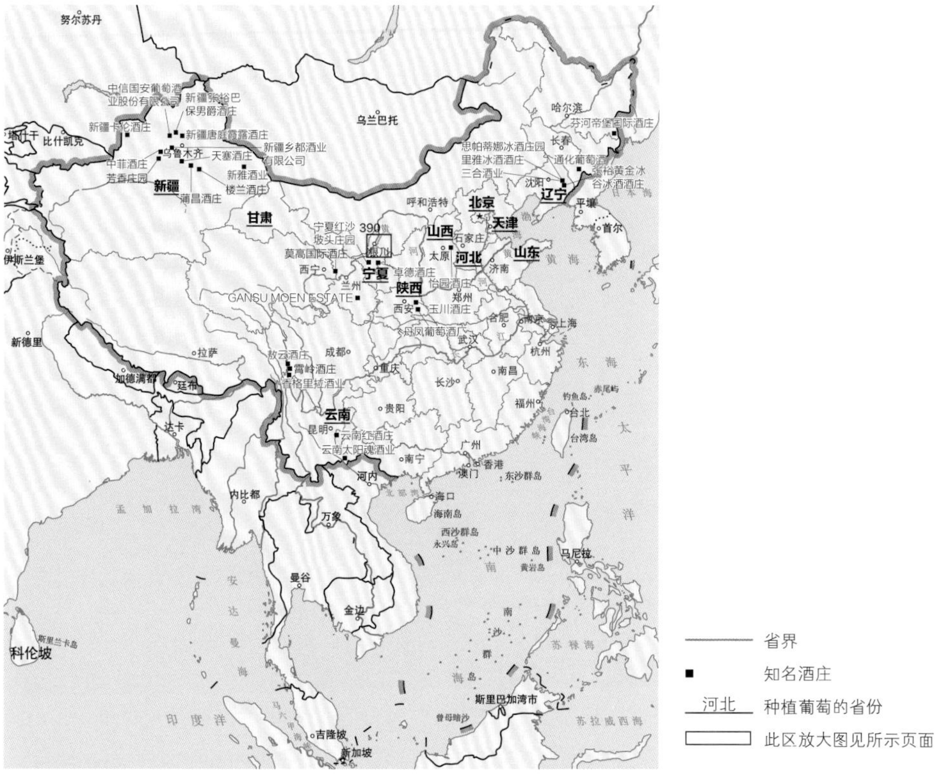

在日新月异的葡萄酒世界，没有任何一个国家能像中国这样发展迅猛。20 世纪 80 年代，中国几乎没人了解葡萄酒，但现今，数量可观的中国葡萄酒消费者将中国推至世界第五大葡萄酒消费国。

2006—2016 年，中国葡萄种植面积迅速扩大，葡萄园面积增加了一倍以上，超过了 847 000 公顷，仅次于西班牙。然而，据估计，大约 90% 的葡萄用于鲜食或被加工成了葡萄干。

在中国的酒类消费群体中，包括城市里新兴的中产阶层，饮用葡萄酒已经成为生活方式国际化的表现之一。在 21 世纪初期，中国人均葡萄酒消费量仅 1.4 升 / 年，之后葡萄酒消费量几乎每年以 10% 的速度增长。上海和北京成为比纽约和伦敦更受葡萄酒出口商青睐的地方。第一批怀着希望来到中国的葡萄酒出口商是法国波尔多人。在刚进入 21 世纪时，红色波尔多酒，或打着红色波尔多名义的葡萄酒（当时假酒盛行），把控着中国的葡萄酒市场。但是今天的中国葡萄酒品饮者已经掌握了非常专业的知识和技能（到处是葡萄酒培训课），对勃艮第的热情逐渐取代了对波尔多的。通过自由贸易协定，澳大利亚和智利的酒款也占据了中国葡萄酒市场的一部分。

在实行资本管制前，很多中国企业到波尔多投资小酒庄（目前超过 100 个）。中国为波尔多大学葡萄酒专业输送的学生人数仅次于法国。中国人同时也是澳大利亚葡萄酒产业最主要的投资者。

追溯渊源

至少在公元 2 世纪的时候，中国西部的种植者就已经尝试种植葡萄了，可以确定当时他们已经开始生产并饮用葡萄酒了。欧洲的葡萄品种在 19 世纪末被引进中国东部，但直到 20 世纪末，真正用葡萄酿成的葡萄酒才渐渐融入中国的都市社交领域。

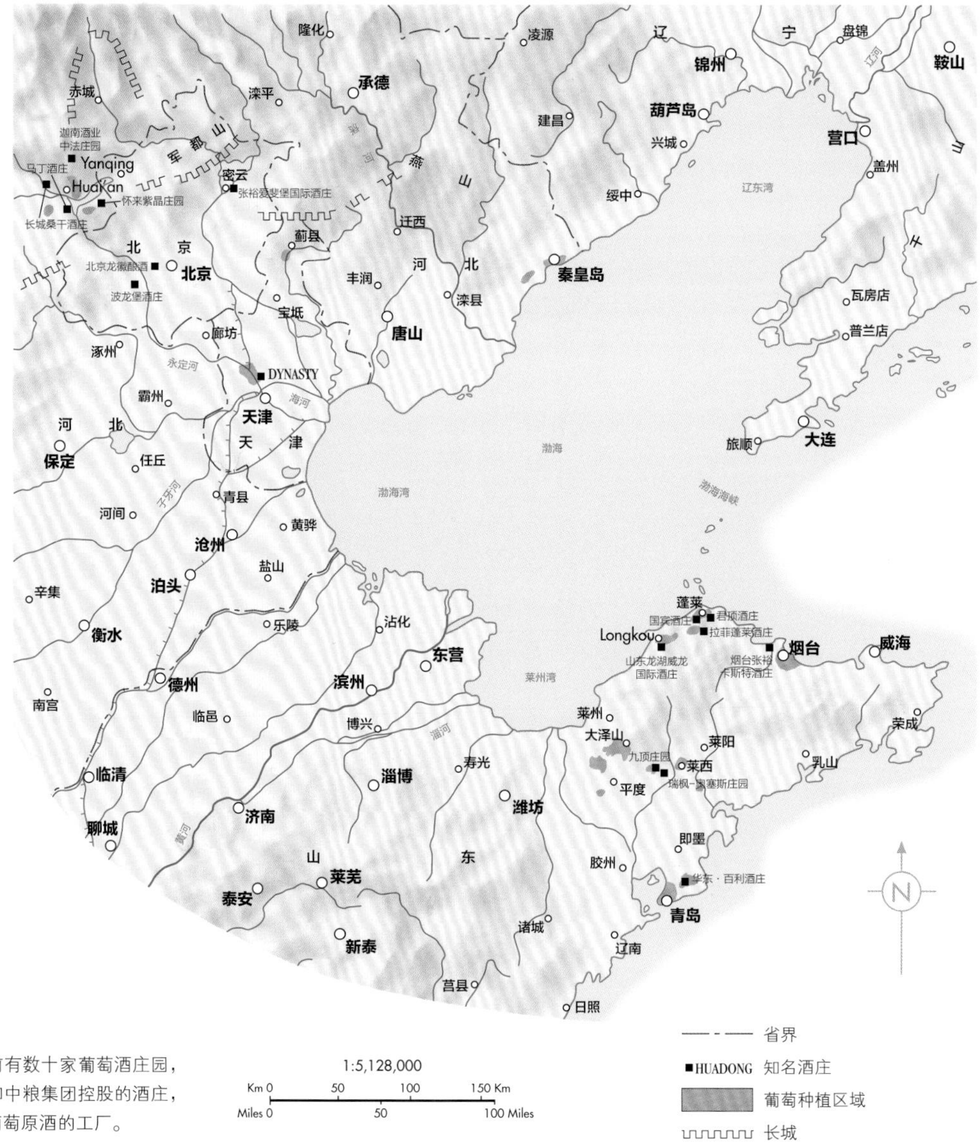

—— 省界
■ 知名酒庄
河北 种植葡萄的省份
▭ 此区放大图见所示页面

河北和山东

中国现代葡萄酒起源地。目前有数十家葡萄酒庄园，其中包括像张裕等行业巨头和中粮集团控股的酒庄，以及烟台周边大量加工进口葡萄原酒的工厂。

1:5,128,000
Km 0 50 100 150 Km
Miles 0 50 100 Miles

—·— 省界
■HUADONG 知名酒庄
葡萄种植区域
长城

△
张裕摩塞尔十五世酒庄，是一座典型的矗立在雄心勃勃的中国酒庄群中的奢华建筑。合作方摩塞尔是奥地利的酿酒师伦兹·摩塞尔（Lenz Moser）。

中国政府积极鼓励民众饮用葡萄酒（“葡萄酒”与“酒”不同，后者指其他含酒精的饮品），其中一个原因是想尽量减少对谷物的进口。根据国际葡萄与葡萄酒组织（OIV）最新数据，进入21世纪以来，中国已经成为世界排名第六的葡萄酒生产国，2016年共生产11.4亿升葡萄酒。然而在中国，很难获得准确的统计数据，众所周知，一些中国葡萄酒厂会用进口葡萄酒、葡萄果汁、葡萄浓缩汁和那些甚至与葡萄毫无关系的液体来提高产量。时过境迁，越来越多的消费者懂得了什么是真正的葡萄酒。那种为了迎合大众口味而把苏打水加入精品葡萄酒中混合饮用的时代已经一去不复返了。

21世纪的最初几年，很难从标着“中国葡萄酒”的产品中找到真正的好酒。波尔多红酒在中国代表流行时尚，酒厂只需给消费者提供与波尔多红酒相似的复制品即可，以至他们没有努力的动力（因为语言和文化的原因，普通中国消费者非常热衷静止红葡萄酒，起泡酒在中国销量很低）。近年来，葡萄酒成为商业往来活动中很受欢迎的礼品，这激励了很多生产厂商把更多的精力和财力放在了外包装上，而不是葡萄酒的品质上。

早期受波尔多影响，葡萄园中赤霞珠的面积占据着主导地位，并且新种植的葡萄园仍然如此，排在其后的是梅洛和蛇龙珠（即佳美娜）。早期生产的葡萄酒，常常原料不够成熟并且用桶过度。然而在2010年前后，一些经过精心酿制、真正意义上完全由中国种植的葡萄酿造的葡萄酒横空出世，并且逐步发展壮大。马瑟兰，由赤霞珠和歌海娜杂交的现代品种，酿造出的酒款有着值得关注的品质。酿酒葡萄品种的种类进一步扩大，比如适合酿造甜酒的厚果皮小满胜也被引进。作为鲜食的龙眼葡萄，被一些生产者用来酿造清淡的、不重要的白葡萄酒。意大利雷司令（贵人香）和霞多丽也被广泛种植。

极端的天气条件

中国地域辽阔，拥有不同的土质、纬度和海拔，然而气候才是问题所在。中国内陆苦于极端的大陆性气候条件，在每个秋季必须煞费苦心地将葡萄藤埋土，以保证它们不会被冬天致命的寒冷气温冻死。这不仅增加了生产成本，还会因为操作不当而致使部分葡萄藤死去。在当前情况下这些费用还是能够承受的，随着中国人口持续从乡村迁移到城市，这个耗费人力的埋土操作需要由机械来完成。葡萄藤出土过早，芽眼成芽量就会降低。在中国很多产区，这些11月份用于埋藤及至次年4月又被挖走的土壤，往往酸度很低。在大部分沿海地区，特别是在南方和中部沿海地区，经历干燥的冬季和春季后，每年7月到8月初（葡萄成熟季节）进入雨季。受海洋影响，山东省冬季不需要埋藤，土壤排水性好，向南的山坡上，建造了中国现代史上第一代酒厂和葡萄园。

中国几百家酒厂中，有大约四分之一坐落于此，但夏季霉菌病害是这里最棘手的问题。这里每公顷葡萄园平均葡萄酒产量能达到13 500升，比内陆干旱产区产量高很多。张裕是这里的先行者，早在1892年建厂，至今依然在行业内保持着举足轻重的地位，现在还雄心勃勃地开发葡萄酒旅游项目。2009年拉菲酒庄庄主决定在中国建设一个高水准葡萄酒厂，令行业人士们颇为吃惊的是，他们在山东蓬莱一座山丘上选址，此后，环绕着该酒厂在周围建设了其他企业，吸引着爱好葡萄酒的游客们。2019年，拉菲酒庄以赤霞珠为主的第一款葡萄酒问世了。

更加深入内陆的**河北省**，是仅次于**山东省**的第二大葡萄酒产区（尽管很难追溯装在瓶子里的所有东西的来源）。它占据着靠近北京的地理优势，位于游客们去往长城的线路上。这里的降水量比山东少但比宁夏多。葡萄藤拥有相对长的生长季，但冬天仍然需要埋藤保护。一些雄心勃勃的葡萄酒庄园都聚集在河北的怀来县。

在更远一些的中国**东北**地区（满洲里），被证实适合酿造冰酒，品种主要有威代尔、雷司令，以及部分深色的本地杂交品种山葡萄以及北冰红。

1997年，香港的投资人在山西创建了怡园酒庄，到2004年的时候，怡园酒庄在太谷县的黄土地上酿造出一些中国最出色的葡萄酒，包括一款起泡酒和中国第一款艾格尼科。这里是季风能够到达的内陆地区，但通常气温温和。与很多同行一样，怡园酒庄也开始探索更加往西的其他省份产区。

甘肃的河西走廊有着最古老传统的葡萄酒文化，吸引了国外投资者。来自希腊的Mihalis Boutaris在天水市建设了曦谷摩恩庄园，酿造出了给人印象深刻的黑皮诺。莫高酒庄是这个产区最大的酒庄，早期它是药物制造商，后来扩大经营范围发展了葡萄酒业务，出产的产品品质不一。甘肃的土壤相对黏重，而相邻的**陕西**由于缺乏劳动力和热量，葡萄酒发展的势头受限。

宁夏回族自治区，紧邻山西、陕西和甘肃，是最具葡萄酒智慧的省份。宁夏当地政府下定决心要将这块坐落于海拔约1000米、黄河岸边朝东的新开垦的砾石土地，变成中国最重要的葡萄酒产区。由于年平均降水量仅250—300毫米，而且夏末秋初降水量更小，因此抽取河水灌溉变得十分重要。每年秋季葡萄都需要进行埋枝（参见第18页）。葡萄园和葡萄酒厂散布在贺兰山山脚下最好的黄河冲积平原上。

保乐力加和酩悦轩尼诗集团（夏桐起泡酒厂）最先被吸引过来扎根至此，另外中粮和张裕这两个神通广大、以山东为基地的行业巨头，在宁夏的分支机构也已经逐渐变成当地的重要酒厂。规模相对较小的特别是银色高地、迦南美地、贺兰晴雪都酿造出了中国最好的波尔多混酿类型的红葡萄酒。

狂野西部

极度干旱的**新疆维吾尔自治区**位于中国的西北部，这里有独特的灌溉系统，巧妙地利用了来自雪山上的融雪。然而有些时候会因为生长季节太短，葡萄无法完全成熟，而且这里的葡萄园与大多数消费者相距千里之遥。

天山山脉把广阔的新疆产区分为南北两块，吐鲁番-哈密盆地在其东部。每年的降水量仅为70—80毫米，昼夜温差非常大。

当年酩悦轩尼诗集团派遣澳大利亚葡萄酒顾问托尼·乔丹博士（Dr. Tony Jordan）博士，来中国寻找最完美的酿造葡萄酒的地方，经过4年的深入研究，他最终选定了云南靠近西藏边界处的几个小山村，坐落在澜沧江和金沙江流域的山谷上面（海拔几乎到了3000米），很久以前法国的传教士曾在此种植过葡萄。这里冬天气候温暖，葡萄藤不需要掩埋，而且季风也很难到达这么遥远的内陆。酿造出的敖云葡萄酒价格不菲，也印证了托尼的选择。其他葡萄酒生产商也跟随他的指引来到这里。

宁夏北部地区

宁夏政府积极鼓励国内外葡萄酒商来投资这块位于贺兰山和黄河之间、渗水性极佳的坡地。牧民从不适宜居住的宁夏南部移民到这里，作为葡萄园劳力的补充，政府为他们修建了住所。

自从2002年中国台湾解禁了酒精垄断后，当地葡萄酒产业开始发展，主要在台湾西部种植了日本杂交黑皇后和金麝香这两个葡萄品种，用于酿造甜葡萄酒。

总的来说，自20世纪70年代中国人喝啤酒和烈酒以来，很多事都发生了翻天覆地的变化。2008年，香港成为亚洲精品葡萄酒中心，不仅仅是那些富有的内地人来此购买葡萄酒，大量的世界精品葡萄酒的涌入，也使香港成为独一无二的世界精品葡萄酒交流和交易中心。

宁夏：银川 ▼

纬度 / 海拔
38.28°N/ 1111米

葡萄生长期的平均气温
17.7℃

年平均降水量
183毫米

采收期降水量
10月：24.5毫米

主要种植威胁
干旱、冬季冻害

主要葡萄品种
红：赤霞珠、梅洛、蛇龙珠（佳美娜）、马瑟兰；
白：意大利雷司令、霞多丽

索引 index

粗黑体页码表示主要的篇章内容，斜体页码表示图片说明。

2HA 263

A, Dom 366
Aalto 195
Aargau 251
Abacela 294
Abadal 200
Abadía de Poblet 200
Abadía Retuerta 195
Abboccato (definition) 155
Abouriou grape 114
Abrau Durso winery 277
Abtsberg 227
Abymes 152
Accolade Wines 353, 354, 361
Achaia Clauss 283
Achaval Ferrer 339
Achs, Paul 261
Ackerman's cellars *119*
Aconcagua 335–336
Ackerman *119*
Adams, Tim 353
Adams family 355
Adanti 181
Adega (definition) 207
Adelaida 320
Adelaide 22
Adelaide Hills 355, **356**
Adeneuer family 226
Adjara 279
Aegean 285
Aeolian Islands 184, 185
Aeris 185
Aes Ambelis 284
Ag Shireyi grape 277
Ageing wine **38–39**, *43*, in barrels 36, *36*, *187*
Agiorgitiko grape 281, 283
Aglianico del Vulture 183
Aglianico del Vulture Superiore 183
Aglianico grape 39; Argentina 339; China 390; Italy 155, 182, 183
Agrelo 341
Aguascalientes 327
Ahr **226**, *226*
Aïdani grape *280*
Aiguilhe, Ch d' 106
Aile d'Argent 95
Airén grape 17, 20, 189
Alary family 136
Alaverdi 278
Alba 158
Alban 321
Albana di Romagna 165
Albania 267
Albany 347
Albarei, Condes de 193
Albariño grape: Argentina 341; Japan 387; North America 290, 294, 318; Spain 192, 193, 209; Uruguay 332
Albarola grape 157
Alberello (definition) 155
Albesani 161
Albillo Real grape 189
Albino Rocca vineyard 161
Aldinger 245
Aleatico grape 149
Aleksandrouli grape 279
Alella 200
Alenquer 215
Alentejo 37, 207, **218–219**
Alexander grape 289
Alexander Mountain Estate 306
Alexander Valley 306
Alexandra 375
Alfrocheiro grape 189, 191
Algarve 208
Algeria 48
Alibaba 100
Alicante 190
Alicante Bouschet grape: Italy 175; Portugal 207, 213, 218, 219; Spain 192
Aligoté grape: Crimea 277; DNA analysis 14; France 55, 56, 68; Romania 272, 273; Russia 277; Ukraine 276
Alión 194
Alira 273
Alkoomi 348
Allemand, Thiérry 128
Allende 198
Alliance Vinum 180
Allier 123
Alma Rosa 322
Almansa 190
Almaviva 336
Almeida, João Nicolau de 212
Almijara 203
Alois 182
Aloxe-Corton 63
Alpha Estate 280, *282*
Alpine Valleys 358, 363
Alps Wine 387
Alsace **124–127**
Alta Langa 158
Alta Mora estate 184
Alta Vista 339
Altare, Elio 157, 163
Alte Reben (definition) 13
Altenahr 227
Altenberg (Bergheim) 127
Altenberg de Bergbieten 125
Altenburger, Markus 261
Altesse grape 152
Alto Adige 47, 155, **166–167**
Alto Piemonte 156
Alupka 276
Alvarinho grape 207, 209, 219
Alvear 205
Alzinger, Leo 256
Amabile (definition) 155
Amarante 209
Amarone 155, 169
Amarzém (definition) 207
Amayna 336
Amboise 120
American Canyon 312
American Viticultural Area see AVA
Amerighi, Stefano 172
Amery 355
Amigne grape 250, 252
Amindeo 280, *282*
Ampélia, Ch 106
Ampuis 130
Ampuis, Ch d' 130
Amsfelder 267
Amtliche Prüfungsnummer (AP Nr) (definition) 225
Anatolia 285
Ancient Lakes 299, 300
Anama Concept 284
Ancellota grape 339
Andalucía 19, **203–205**
Anderson Valley 304
Andika Ridge 323
Angas Vineyard 355
Angélus, Ch 106, 110
Angerhof-Tschida 260
Angludet, Ch d' 98
Anguera, Joan d' 200
Anguix 195
Anheuser family 235
Aniane 142
Añina 204
Anjou 116, **118**
Anjou Blanc 118
Anjou Rouge 118
Anjou-Villages 118
Anjou-Villages-Brissac 118
Annata (definition) 155
Año (definition) 191
Anselmi 168
Ansgar Clüsserath 230
Ansonica grape 185
Antão Vaz grape 218, 219
Antica 312
Antinori 174, 176, 180, 181, 186, 272, 312
Antinori, Lodovico 174, 175
Antinori, Piero 174
Antoniolo 156
Antoniotti 156
Antonopoulos 283
Ao Yun 390
AOC (Appellation d'Origine Contrôlée): France 40, 41, 52; Switzerland 251
AOP (Appellation d'Origine Protegée) 40, 52
AP Nr see Amtliche Prüfungsnummer
Apalta 336
Apalta, Clos *337*
Apkhazeti 279
Apotheke vineyard 230
Appassimento (definition) 155
Appellation d'Origine Contrôlée see AOC
Appellation d'Origine Protegée see AOP
Appellations **40**
Appellation Marlborough Wine scheme 40, 374
Appenheim 239
Applegate Valley 294
Apremont 152
Aragonês grape 15, 208, 215, 218, 219
Araujo 312
Arbanats 100
Arbin 152
Arbizzano *168*
Arbois 150, 151
Archambeau, Ch d' 100
Arcins 96
Arcins, Ch d' 96
Areni Noir grape 277
Argentina 330, **338–341**; climate 21, 28; vineyards 48; wine production 49
Argiolas 186
Argyrides 284
Arinto dos Açores 207
Arinto grape 207, 208, 209, 215, 218, 219
Arínzano 197
Arione 163
Arizona 326
Arkansas 290
Arlanza 189
Arlot, Clos de l' 64
Armagnac 115
Armailhac, Ch d' 93
Armand, Comte 62
Armenia 277
Arnauld, Ch 96
Arneis grape 156, 158, 345
Arousana 193
ARPEPE 156
Arras 366
Arribes 189
Arroyo Grande Valley 321
Arroyo Seco 316
Arruda 215
Arrufiac grape 115
Arsac 98
Artadi 190, 197
Artémis Domaines 131
Artesa de Segre 200
Artuke 199
Arvine grape 250, 252
Asahi 387
Ashton Hills 356
Asia **385–390**
Asili vineyard 160, 161
Asolo Prosecco 164
Asprókambos 283
Assmannshäuser Spätburgunder 236
Assyrtiko grape *280*, 282, 283
Aster 195
Asti 158
Astiano 158
Aszú, Tokaji 264
Ata Rangi 370
Atacama Desert 335
Atatürk, Kemal 285
Atauta 195
Athens 280, 281
Athiri grape *280*, 282
Atlas Peak 312
Attica 280, 281, 282
Attmann, Stephan 242
Au Bon Climat 322
Auckland 368
Aufricht 245
Augusta 290
Auntsfield Estate 372
Auslese (definition) 225
Ausone, Ch 25, 110, 112
Australia **344–366**; climate 22, 23, 28, 346; irrigation 20, 23; New South Wales **364–365**; phylloxera 27; screw caps 37; South Australia 27, **350–357**; Tasmania **366**; terroir 31; Victoria 19, 27, **358–363**; vineyard land prices 47; vineyards 48; Western Australia **347–349**; wine production 49
Austria **254–261**; Burgenland **260–261**; Kremstal and Kamptal **258–259**; phylloxera 27; vineyards 48; Wachau **256–257**; wine production 49
Auxerrois grape 14, 16, 227, 245
Auxey-Duresses 61
AVA (American Viticultural Area) 40, 290
Avelino Vegas 196
Avensan 96
Avesso grape 209
Avgoustiatis grape 282
Avignon 135
Avignonesi 180
Avila 196
Avincis 273
Avize 81, 82
Awatere Valley 372, 373, 374
AXA 92, 104, 265
Axarquía 203
Aÿ 82
Ayl 228
Ayze 152
Azal grape 209
Azay-le-Rideau 120
Azerbaijan 277
Azienda agricola (definition) 155
Azores 207, *207*, 221
Azores Wine Company *207*

BA see Beerenauslese
Baal, Dom de 286
Babcock winery 322
Băbească Neagră grape 272, 276
Babić grape 271
Baboso Negro grape 191
Bacalhôa Vinhos 215
Bacau 273
Bacchus grape 224, 246, 249, 292
Bacharach 225
Back, Charles 381
Baco Noir grape 289, 291
Bad Dürkheim *222*, 243
Bad Kreuznach 235
Bad Krozingen-Schlatt 245
Badacsony 263
Baden 224, 225, **244–245**
Baden, Markgraf von 245
Badia a Coltibuono *178*
Badische Bergstrasse 245
Badischer Winzerkeller 244
Baettig, Francisco 336
Baga Friends 216
Baga grape 207, 216
Baglio Biesina vineyard 184
Bagnoli Friularo 165
Bagrina grape 267
Baião 209
Bairrada 39, 207, **216**, 217
Baix-Penedès 200
Baixo Corgo 211, 212
Baja California 327
Baja Montaña 197
Bakator grape 262
Balatonboglár 263
Balatonfüred-Csopak 263
Balbaina 204
Balgownie 360
Bali 385
Balkans, Western **267**
Ballard County 322
Balmes Dauphinoises 152
Balnaves 357
Baltes, Benedikt 247
Bamboes Bay 378
Banat 273
Bandol 16, **148**
Banfi 179
Banghoek 382
Bannockburn (Australia) 360
Bannockburn (New Zealand) 375
Banyuls 144
Baracco, Nino 185
Baranja 270
Barbaresco 39, 47, 158, *160*, **160–161**
Barbaresco, Produttori del 161
Barbera d'Alba 158
Barbera d'Asti 158
Barbera del Monferrato 158
Barbera grape: Argentina 339; Australia 345; Italy 156, 158, 160; North America 322
Barberani estate 181
Barbier, René 200, 202
Barboursville 323
Barca Velha 211
Bardolino 164
Baret, Ch 102
Barge 130
Barge, Gilles 130
Bargylus, Dom de 286
Barkan 287
Barolo 158, 160, **162–163**, 179; ageing 39; serving 45; value 47
Barone di Villagrande 185
Baroque grape 114
Barossa Grounds project *350*, 351
Barossa Valley *25*, 47, **350–351**
Barquín, Jesús 204
Barranco Oscuro 204
Barraud, Julien 70
Barrels 10, 35, 36, *36*, *187*
Barreyres, Ch 96
Barrua 186
Barruol, Louis 324
Barry, Jim 353
Barsac 86, **104–105**
Barton, Anthony 94
Barton, Lilian 96
Barwang 365
Basilicata 183
Basket Range 356
Bass 98
Bass Phillips 360
Bassermann-Jordan, von 242
Bastardo grape 192, 213, 221
Bastia 149
Basto 209
Batailley, Ch 93
Bâtard-Montrachet 60
Batista 348
Batroun 286
BattenfeldSpanier 239
Baverstock, David 218
Bayanshira grape 277
Bayonne 114
Béarn 114
Beau-Séjour Bécot, Ch 106
Beau-Site, Ch 90
Beaucastel, Ch de 134, 138, 320
Beaujolais 54, 55, **72–75**; ageing 38; Crus 74–75; serving 44; vineyard prices 47
Beaujolais-Villages 72, 73
Beaulieu Vineyard 310, 314
Beaume 132
Beaumes-de-Venise 136
Beaumont, Ch 96
Beaune 62
Beauregard, Ch de 70
Beblenheim 126
Bechtheim 239
Becker, Friedrich 242
Beckstoffer 313
Beckstoffer, Andy 314
Beechworth 358
Beerenauslese (BA) (definition) 225
Bégadan 88
Bekaa Valley 286
Beibinghong grape 390
Beira Interior 208
Bel Orme Tronquoy de Lalande, Ch 91
Belá, Ch 266
Bela Krajina 269
Belair, Ch 110
Bélair-Monange, Ch 110
Belgrave, Ch 94
Bell Hill 371
Bell Mountain 326
Bella Riva 358
Bellarine Peninsula 360
Bellarmine 348
Belle 133
Belle Dame 122
Belle-Vue, Ch 286
Bellei, Francesco 164
Bellet *146*
Belluard, Dom 152
Belvedere 275
Belvedere estate (Italy) 174
Ben Zaken, Eli 287
Benanti family 184, 185
Bendigo (Australia) 360
Bendigo (New Zealand) 375
Benedictines 10, 57, 102
Bennett Valley 308
Bentomiz 203
Bentrock vineyard *319*, 321
Benziger 308, *308*
Bercher 244
Bereich Bernkastel 230
Bergerac 113
Beringer 320
Berliquet, Ch 110
Berlucchi family 164
Bermejuela grape 191
Bernard family 102
Bernhart 242
Bernkastel **322–323**
Bernkasteler Ring 224
Berrouet, Jean-Claude 108
Berrouet, Olivier 108
Bertani 169
Bertrand-Bergé, Dom 140
Bessa Valley 275
Bessards 132, 133
Bessas 132
Best's 359
Betsek 265
Beulwitz, von 227
Bévy 58
Beychevelle 94
Beychevelle, Ch 94, *94*
Beyer 126
Bèze, Clos de 66, 67
Béziers 141
Bianco (definition) 155
Bianco di Custoza 164
Biancu Gentile grape 149
Biblia Chora 280
Bical grape 207, 216
Bichot 55
Biel 251
Bien Nacido 321
Bienvenues 60
Bierzo 191, 192
Bikavér 263
Billon 130
Bindi *358*, 360
Bingen 240
Binissalem 191
Bío Bío 337
Biodynamic viticulture 29, *29*, 30, 308, *308*
Biondi Santi 179
Bird in Hand 356
Birkweiler 241
Birkweiler Mandelberg 242
Birdwood 356
Bisamberg 254
Biserno estate 175
Bittuni grape 287
Bizeljčan 269
Bizeljsko Sremič 269
Bizkaiko Txakolina 189
Black Muscat grape 267
Black Queen grape 385
Black Sea **276–277**
Black Sea region (Turkey) 285
Black Tsimlyansky grape see Tsimlyansky Cherny grape
Blackwood Valley 348
Blagny 60
Blaignan 88
Blanc (definition) 52
Blanc de blancs (definition) 80
Blanc de Lynch-Bages 95
Blanc de Morgex et de la Salle 156
Blanc de noirs (definition) 80
Blanchot 78
Blanck, Paul 127
Blanco (definition) 191
Blanco Nieva 196
Blandy's 221
Blanquette 141
Blass, Wolf 344
Blaterle grape 167
Blatina grape 267, 270
Blatnice 266
Blauburgunder grape 251
Blauer Wildbacher grape 255
Blaufränkisch grape: Austria 254, 260, 261, 262, 266; Czechia 266; Slovakia 266; Slovenia 269
Blaye 86
Blaye Côtes de Bordeaux 100
Bleasdale 355
Blenheim 373
Blomidan Estate 291
Blot, Jacky 121
Blue Mountain vineyard *24*
Boal grape 191, 210, 220, 221
Bobal grape 17, 189, 190
Boca 156
Bock, József 262
Bockenau 234
Bocksbeutel 246, *247*
Bodega (definition) 191
Bodega Garzón *28*, 332
Bodega Pirineos 190
Bodegas Atalaya 191
Bodegas Fontana 191
Bodegas Frontonio 190
Bodegas Gomara 203
Bodegas Habla 191
Bodegas Lalanne 190
Bodegas Málaga Virgen 203
Bodegas Monje *190*
Bodegas Tradición 204
Bodren 270
Bodrogkeresztúr 265
Boekenhoutskloof 381, 383
Boğazkere grape 285
Bogdanuša grape 271
Bohemia 266
Böhlig 243
Boissenot, Eric 96, 323
Boisset 55
Boisset, Jean-Charles 308
Bolgheri 174
Bolivia 330
Bolla 174
Bollinger 80, 83
Bolzano 167
Bombino grape 182
Bonarda grape (Argentina) 339, 340, 341
Bonarda grape (Italy) 156
Bondola grape 251
Bonneau de Martray 314
Bonnefonds 130
Bonnes Mares 65, 66
Bonnet, Ch 100
Bonnezeaux 118
Bonnie family 102, 341
Bonny Doon 316
Boordy Vineyards 289
Bopparder Hamm 227
Borba 218
Bordeaux **84–112**, 388; ageing 38, 39; Cité du Vin *87*; climate 19, 22, 86; Cru Artisan 88; Cru Bourgeois 88; history of winemaking 10, 11, 14; left bank 84, 106; Quai des Chartrons *102*; quality and price 46, 86–87; right bank 84, **106–107**; terroir 25, 86; vineyard land prices 47; yields 29
Bordeaux Supérieur 84, 100
Bordertown 346
Borie, Bruno 93, 94
Borie, François-Xavier 93
Borovitza 275
Borraçal grape 192
Borsao 189
Boscarelli 180
Bosco grape 157
Bosnia 267
Botrytis (noble rot) 12, 27; Austria 260; France 104, 118, 121, 125; Germany 225, 228, 236, 238, 240; Hungary 264; Italy 181; Romania 272; Slovakia 266; Slovenia 269
Bottelary 382
Boüard, Hubert de 110
Bouchard-Finlayson 384
Bouchard Père et Fils 55, 62
Bourboulenc grape 136, 138, 140, 142, 146, 148
Bourg, Clos du 121
Bougros 78
Bourges 117
Bourgeois, Henri 123
Bourgogne 55, 58
Bourgogne Aligoté 55
Bourgogne Blanc 69
Bourgogne Chitry 77
Bourgogne-Côte Chalonnaise 68
Bourgogne Côte d'Auxerre 77
Bourgogne Côte d'Or 55
Bourgogne Coulanges-la-Vineuse 77
Bourgogne Epineuil 77
Bourgogne Passetoutgrains 55
Bourgogne Tonnerre 77
Bourgueil **120**
Bournac, Ch 88
Bouscaut, Ch 102
Bousse d'Or 61
Boutari 280
Boutair, Mihalis 390
Boutenac 140
Bouvier grape 269
Bouygues, Martin and Olivier 90, 119
Bouzeron 68
Bouzy 82
Bovale Grande grape 186
Bovale Sardo grape 186
Bowen 357
Box Grove 360
Boyd-Cantenac, Ch 98
Brač *270*
Brachetto d'Acqui 158
Brachetto grape 158
Brajkovich family 368
Bramaterra 156
Brana *114*
Branaire-Ducru, Ch 94
Branas Grand Poujeaux, Ch 96
Branco (definition) 207
Brancott 372, 373
Brancott Estate 368
Brand 127
Brandborg vineyard *294*
Brane-Cantenac, Ch 98, 327
Branne 100
Branon, Ch 102
Brassfield 304
Braucol grape 114
Braune Kupp vineyard 228
Braunstein, Birgit 261
Brazil 20, 48, 49, 330, **331**

Brda 171, 268
Breede River Valley 379
Breedekloof 379
Breganze 164
Breisach 244
Breisgau 244, 245
Bremm 233
Brennan 326
Bressy, Jérôme 136
Bret Brothers 70
Breuer 236
Breuer, Georg 236, 237
Brézème 129
Brianna grape 289
Bricco Boschis 162
Bridge, Benjamin 291
Bridge Pa Triangle 369
Bridlewood winery 321
Brindisi 183
British Columbia 291, **292**
Brochon 66
Brocksopp, John 348
Broke Fordwich 365
Brokenwood 359
Brotherhood Winery 325
Brothers in Arms 355
Brouilly 75
Brovia 162
Brown, Ch 102
Brown Brothers 358, 366
Brown Muscat grape 17
Bruce, David 316
Bruderberg 227
Brudersberg vineyard 239
Bruderschaft vineyard 230
Bruñal grape 189
Brunate vineyard 162
Bründlmayer 258
Bründelmayer, Willi 258
Brunello di Montalcino 16, 39, 44, **179**
Bruno Rocca vineyard 161
Brunori 172
Brusset family 136
Brustianu grape 149
Brut (definition) 80
Brut nature (definition) 80
Brutler, Edgar 273
Bryant 312
Buçaco 217
Bucelas 215
Budafok 263
Budai Zöld grape 262
Bué 122
Buena Vista 308
Buenos Aires 341
Bugey 150, **152**
Buhl, von 225, 242, 243
Bulgaria 48, 49, **274–275**
Bull's Blood 262
Bullas 191
Bündner Herrschaft 251
Burg Layen 234
Burgaud, Bernard 130
Burgenland **260–261**, 266
Bürgerspital estate 246
Burges 132
Burggarten 226
Burgundy **54–79**; ageing 39, *43*; climate 22; history of winemaking 11; prices 47; terroir 25; vineyard land prices 47; yields 29
Burgweg 243
Buring, Leo 353
Bürklin-Wolf 242, 243, *243*
Burlotto, Comm GB 162
Burma *see* Myanmar/Burma
Busby 361
Busch, Clemens *30*, 227, 233
Bussay family 263
Bussia vineyard 162
Bustos, Eugenio 341
Busuioacă de Bohotin grape 272
Buxy 68
Buzet 114
By 88
Byron 321

Ca' dei Frati 164
Ca' del Bosco 164
Ca' Lojera 164
Cabardès 141
Cabassaou 148
Cabernet d'Anjou 118
Cabernet Franc grape: Argentina 339; Bulgaria 275; characteristics **16**; Cyprus 284; Czechia 266; DNA analysis 14; France 84, 86, 108, 110, 113, 114, 116, 117, 118, 119, 123, 141; Hungary 262; Italy 164, 167, 170, 171, 175; Japan 387; North America 292, 293, 290, 300, 309, 312, 314, 323, 324, 325; Uruguay 332
Cabernet Gernischt grape 389, 390
Cabernet Moravia grape 266
Cabernet Sauvignon grape: ageing 38, 39, *43*; Argentina 338, 339, 340, 341; Australia 22, 39, 347, 347, 349, 350, 351, 353, 354, 355, 356, 357, 362, 365, 366; Austria 261; Brazil 331; Bulgaria 274, 275; characteristics **14**; Chile 333, 335, 337; China 389, 390; Crimea 277; Cyprus 284; DNA analysis 14; France 84, 86, 92, 100, 104, 108, 110, 113, 114, 118, 141, 146, 147; Germany 224, 241, 243; Greece 280; harvesting 32; Hungary 262; India 385; Israel 287; Italy 154, 161, 164, 165, 167, 170, 172, 174, 176; Lebanon 286; Moldova 276; New Zealand 368, 369; North America 39, 292, 298, 300, 304, 305, 306, 308, 310, 311, 312, 313, 314, 315, 316, 318, 319, 320, 323, 324, 326, 327; Portugal 208, 219; Romania 272, 273; Russia 277; Serbia 267; serving temperature 44; Slovenia 268; South Africa 379, 380, 381, 382; Spain 190, 191, 197, 198, 200, 201; Ukraine 276; Uruguay 332
Cabrières 143
Cáceres, Marqués de 198
Cachapoal 336
Cadillac 100
Cadillac Côtes de Bordeaux 86, 100, 101
Cádiz 204
Caduceus 326
Cafayate 339
Cahors 113
Caiarossa 175
Caillerets 61
Caillou Blanc 95
Caíño Tinto grape 192
Cairanne 136
Cal Batllet 202
Calabrese, Giuseppe 183
Calabria 183
Caladoc grape 215
Calamin 252, 253
Calatayud 189
Calchaqui Valley 339
Calera 317
California 289, **301–322**; Central Coast 303, 317, **319–322**; Central Valley 302, **318**; Southern 326; climate 19, 28, 312; irrigation 20, 28; phylloxera 27; Pierce's Disease 27; sun protection 23; terroir 24, 29; wine characteristics **39**; wine trade 11
Calistoga 311, 312, 313
Calitzdorp 379
Callaghan winery 326
Callet grape 191
Calmont 233
Calon Ségur, Ch 90
Caluso Passito 158
Calvi 149
Cambria 321
Camensac, Ch 94
Campanha 331
Campania 182
Campbell Early grape 385, 387
Campi Flegri 182
Campo de Borja 189
Campo de los Andes 341
Campo Eliseo 196
Campogrande 157, 165
Campolargo 216
Campos de Cima da Serra 331
Canada 22, **291–293**
Canaiolo Nero grape 176
Canary Islands 191
Canberra District 365
Canelones 332
Cannan, Christopher 200
Cannonau di Sardegna 186
Cannonau grape 15, 186
Cannubi vineyard 155, 162
Canon, Ch 110
Canon-Fronsac 106
Canon-la-Gaffelière, Ch 106
Canopy management 23, 29
Cantelys, Ch 102
Cantemerle, Ch 98
Cantenac 98
Cantenac-Brown, Ch 98
Canterbury 368, **371**
Cantina (definition) 155
Cantina della Volta 164
Cantina di Castello 168
Cantina Terlano 167
Cantina sociale/cooperative (definition) 155
Cap de Faugères, Ch 106
Capbern, Ch 90
Cape Agulhas 384
Cape Mentelle 349, 372
Cape Point Vineyards 380, *380*
Cape South Coast **384**
Cape Town **380**
Capel Vale 348
Capitel Foscarino 169
Caprai, Marco 181
Capri 182
Capuchina 203
Capucins, Clos des 127
Carabuñeira grape 192
Caramany 144
Carastelec Winery 273
Carbonnieux, Ch 102
Carcaghjolu grape 149
Carcaghjolu Biancu grape 149
Carcavelos 215
Carema 156
Carignan/Cariñena grape 17; Chile 337; Cyprus 284; France 140, 142, 143, 144, 146, 147; Israel 287; Italy 186; Lebanon 286; Spain 186, 189, 198, 200, 202
Carignano del Sulcis 186
Carinyena grape 202
Carmel 287
Carmenère grape 14; Chile 334, 336, 337; China 389, 390; Italy 170
Carmignano 176
CARMIM 218
Carminoir grape 250
Carneros 302, **308–309**, 310
Carneros, Dom 309
Carnuntum 254, 258
Carolinas (North and South) 290
Caronne Ste-Gemme, Ch 96
Carras, Ch 280
Carrascal 204
Carricante grape 184, 185
Carrodus, Dr 362
Carruades 92
Carso 171
Carson, Tom 361
Carthusians 202
Cartizze 164
Casa Castillo 190
Casa da Passarella 217
Casa de Vinuri Cotnari 272
Casa Lapostolle *337*
Casa Madero 327
Casa Magoni 327
Casa Marin 336
Casa Real 336
Casa Valduga 331
Casa vinicola (definition) 155
Casablanca Valley 28, 336
Casavecchia di Pontelatone 182
Casavecchia grape 182
Case, Jean 323
Case, Steve 323
Case Basse 179
Cassis 147
Castagna 358
Castel, Dom du 287
Castel del Monte 183
Castel family 96
Castelão grape 208, 215, 218
Castell d'Encús 200
Castell estate 247
Castilla, Camilo 197
Castilla, Fernando de 204
Castilla y León 188, 189, 195
Castellina 178
Castello della Sala estate 181
Castello di Neive 161
Castello di Verduno 162
Castelnuova Berardenga 178
Castéra, Ch 88
Castiglione Falletto 162
Castillon Côtes de Bordeaux 100, 106, 107
Castra Rubra 275
Castres-Gironde 100
Castro, Alvaro 216, 217
Cataloñia *see* Catalunya
Catalunya **200–201**
Catamarca 339
Catarratto grape 1784, 185
Catawba grape 289
Catena Zapata 339
Cathiard family 102
Caucasus **277–279**
Cava (definition) 191, 200
Cavallotto 162
Cave (definition) 52, 207
Cave de Genève 253
Cave de Ruoms 134
Cave de Tain 133
Cave Geisse 331
Cavour, Camillo Benso, Count of 160, 162–163
Caymus 317
Cayuga Lake 324
Cayuse 294
Cazes family 92
Cazetiers 66
Cederberg 378
Celeste 195
Celestial & Coq *354*
Cellar Tracker 43
Celler de Capçanes 200
Cenicero 198
Cencibel grape 15, 191
Central Coast (California) 303, 317, **319–322**
Central Otago 368, **375**
Central Valley (California) 302, **318**
Central Valley (Chile) 333, 334, 336
Cephalonia 282
Cerasuolo d'Abruzzo 172
Cerasuolo di Vittoria 184
Cerceal grape 216
Cerequio vineyard 162
Ceretto *158*, 161
Cereza grape 339, 340
Cérons 100
Cérons, Ch de 100
Certan Giraud, Ch 108
Cesanese grape 155, 172
Cessnock 365
Cetto, LA 327
Chablais 252
Chablis 54, **77–79**; ageing 39; frost protection 18, *19*, 28, *78*
Chacolí de Guetaria 189
Chacolí de Vizcaya 189
Chalk Hill 305
Chalone 317
Chambert-Marbuzet, Ch
Chambertin 57, 66
Chambéry 152
Chambolle 65
Chambolle-Musigny 58, 65, 66
Chambourcin grape 289, 365
Champ de Cour 74
Champagne 22, 40, 47, **80–83**; ageing 38; history of wine production 11; serving 45; storing 39
Champans 61
Champlain Valley of New York 325
Champoux 300
Chandon, Dom 360, 363
Chañar Punco 339
Chanel 110
Chânes 69
Changyu 388, 389, 390
Changyu Moser XV, Ch *389*
Channing Daughters 324
Chanson (Burgundy) 55, 62
Chanson (Rhône) 131
Chantegrive, Ch de 100
Chapadmalal 341
Chapel Down 249
Chapel Hill (Australia) 355
Chapel Hill (Hungary) 263
Chapelle 66
Chapelle des Bois 74
Chapîtres, Clos du 66
Chapoutier 128, 130, 132, 133
Chappellet, Donn 312
Charbono grape 339
Chardonnay 69
Chardonnay del Salento 183
Chardonnay grape *76*; ageing 38, 39, *43*; Argentina 338, 341; Australia 22, 345, 346, 347, 348, 349, 351, 355, 356, 357, 358, 360, 361, 362, 364, 365, 366; Austria 254, 255, 260; Brazil 331; Bulgaria 275; Canada 291, 292, 293; characteristics **15**, 28; Chile 335, 336, 337; China 389, 390; Croatia 270; Czechia 266; DNA analysis 14; England 249; France 55, 56, 57, 59, 60, 68, 69, 70, 72, 73, 77, 80, 82, 116, 119, 129, 141, 143, 150, 151, 152; Germany 225, 239, 241, 242, 243, 244, 245; Hungary 262, 263; Israel 287; Italy 154, 156, 158, 166, 167, 169, 171, 172, 181; Japan 387; Lebanon 286; Moldova 276; New Zealand 368, 371, 373, 375; North America 294, 296, 297, 298, 304, 305, 306, 308, 309, 310, 311, 312, 314, 316, 317, 318, 319, 320, 321, 322, 323, 324, 325; Portugal 208, 219; Romania 273; Russia *277*; Serbia 267; Slovenia 268, 269; South Africa 379, 380, 382, 384; Spain 191, 197, 199, 200, 201; Switzerland 251, 252, 253; Uruguay 332; wine production 32
Charleston 356
Charlottesville 323
Charmes 66
Charmolüe family 90
Chase Cellars 313
Chassagne 58, 60
Chassagne-Montrachet 58, 59
Chasse-Spleen, Ch 96
Chasselas 69
Chasselas grape: France 122, 124, 152; Germany 245; Switzerland 250, 251, 252
Chassin 36
Chat Sauvage 236
Château (definition) 52
Château-Chalon 150
Château-Grillet 131
Châteaumeillant 123
Châteauneuf-du-Pape 23, 25, 39, 40, **138–139**
Chatham 323
Chatonnet, Pascal 106
Chautagne 152
Chavanay 128, 131
Chave, Gérard 133
Chave, Jean-Louis 128, 133
Chave, Yann 133
Chavignol 122, 123
Chehalem Mountains 296
Chénas 74
Chêne Marchand 122
Chênes, Clos des 61
Chenin Blanc grape 17; ageing 38, 39; Argentina 339, 341; Australia 347; France 116, 117, 118, 119, 121; North America 318; South Africa 378, 379, 381, 382
Chenonceaux 120
Chenôve 67
Cherubino, Larry 348
Chéry 131
Cheval Blanc, Ch *2–3*, 100, 109, 110, 112
Chevalier, Dom de 102, 105
Chevalier-Montrachet 58, 60
Chevalières 58
Cheverny 116
Chianti 16, 176, 186
Chianti Classico 40, 47, **176–178**
Chianti Classico Gran Selezione 176
Chianti Classico Riserva 39, 176
Chianti Colli Aretini 176
Chianti Colli Fiorentini 176
Chianti Colli Senesi 176
Chianti Colline Pisane 176
Chianti Montalbano 176
Chianti Rufina 176
Chiaretto (definition) 155
Chiaretto 164
Chiavennasca 156
Chidaine, François 121
Chignin 152
Chignin-Bergeron 152
Chihuahua 327
Chile 19, 48, 49, 330, **333–337**
Chile Chico 337
Chiles Valley 312
Chiletico 339
Chimbarongo 336
China 10, 48, 49, 345, **388–390**
Chinon 16, **120**
Chiroubles 74
Chivite 197
Chorey 63
Christoffel, Jos, Jr 232
Chrysalis 323
Chubut 338, 341
Chucalezna 339
Chusclan 134
Cigales 189
Cigliuti vineyard 161
Ciliegiolo grape 181
Cima Corgo 211, 212
Cims de Porrera 202
Cincinnati 289
Cinque Terre 157
Cinsault/Cinsaut grape: characteristics **38**; France 134, 138, 142, 144, 146, 147, 148; Lebanon 286; North America 326; South Africa 379, 381
Cinti 330
Ciolli, Damiano 172
Cirò 183
Cissac 91
Cistercians 10, *11*, 57, 65, 237, 252, 253
Cité du Vin, Bordeaux *87*
Citran, Ch 96
Citronny Magaracha grape 277
Citrusdal 378
Civrac-en-Médoc 88
Clairette Blanche grape 138
Clairette de Die Tradition 128
Clairette du Languedoc 143
Clairette grape: France 128, 134, 136, 140, 142, 146, 147, 148, 201; Lebanon 286
Clairette Rose grape 138
Clapes 128
Clare Valley 352, **353**
Clare Valley Rocks project 353
Claret *see* Bordeaux
Clarete (definition) 191
Clarke, Ch 95, 96, 199, 341
Clarksburg 318
Classic (definition) 225
Classico (definition) 155
Clauzet, Ch 90
Clear Lake 304
Clendenen, Jim 322
Clendenen Family 322
Clerc Milon, Ch 93
Clessé 69
Climate and wine 18–21
Climate change 18, **22–23**
Climats 54
Climens, Ch 104
Clinet, Ch 108
Clinton Vineyards 325
Clisson 116
Clonakilla 365
Cloudy Bay 372
Clover Hill 366
Clusel-Roch 130
Cluver, Paul 384
Clyde Bridge 360
CM (coopérative de manipulation) (definition) 80
Coahuila 327
Coal River 366
Coastal (South Africa) 378
Coastal Plain (Israel) 287
Códax, Martin 193
Códega de Larinho grape 207, 213
Códega grape 210
Codorníu 200
Coffele 168
COFCO 388, 390
Cogno, Elvio 159
Colares 215
Colchagua 336
Cold-hardy hybrids 22, 289
Coldstream Hills 362, 363
Colet 200
Colgin 312
Colgin Herb Lamb 313
Colheita (definition) 207
Colle/colli (definition) 155
Colle Stefano 172
Colli Astiani 158
Colli Berici 164
Colli Bolognesi 165
Colli Euganei 164
Colli Euganei Fior d'Arancio 164
Colli Orientali del Friuli 170, 171
Colli Piacentini 156
Colline del Crati 183
Colline Novaresi 156
Collines Rhodaniennes 128
Collio Bianco 171
Collio Goriziano 170, 171
Collio/Brda *170*
Collioure 145
Colmant 383
Colmar 127
Colombard grape 115, 378, 379
Colombier 131
Colombier, Dom du 133
Colonia 332
Colorado 326
Colorino grape 176
Columbia Crest 299
Columbia Gorge 294
Columbia Valley 294, 299
Columella 381
Combe de Savoie 152
Combier, Dom 133
Commandaria 284
Commaraines, Clos de la 62
Completer grape 250, 251
Conca d'Oro 178
Conca de Barberá 200
Conca del Riu Anoia 200, *201*
Concha y Toro 335, 336, 337
Concord grape 14, 289, 298, 324
Condado do Tea 193
Condoleo 183
Condrieu 38, 128, **131**
Conegliano Valdobbiadene *153*, 164, *164*
Confrériedes Chevaliers du Tastevin 65
Conn Creek 314
Conn Valley 312
Consorzio (definition) 155
Constantia 11, 380
Constantia Uitsig 380
Constellation 320, 325
Conterno, Giacomo 156, 162, 163
Conti, Luc de 113
Contino 198
Continuum 312
Contrà Soarda 164
Contucci 180
Convito di Romagna 165
Coombsville 310
Coonawarra 346, **357**
Coopérative de manipulation (CM) (definition) 80
Copè, Nanni 182
Copertino 183
Coppola, Francis Ford 314
Corbières 140
Corcelette 75
Corcova 273
Cordeillan-Bages, Ch 92
Cordisco grape 339
Corella 197
Coriole 355
Corison 313
Cork oak 37, *37*
Cork taint 37, 38
Corks, stoppering wine bottles 11, 37, *37*, 38, 45
Corkscrews 11, 45, *45*
Cornalin grape 250, 252
Cornas 128, *128*
Cornelissen, Franc 185
Cornifesto grape 213
Coroanei Segarcea, Dom 273
Corsica **149**
Corte Sant'Alda 169
Cortès, Hernán 327
Cortes de Cima 219
Cortese grape 156, 158, 304
Corton 57, 58, 62, 63, 64
Corton-Charlemagne 57, 63
Cortona 172
Corvina grape 164, 168, 169, 339
Corvinone grape 169
Corvus 285
Cos d'Estournel, Ch 88, 90, *90*
Cos Labory, Ch 90
Cosecha (definition) 191
Costa d'Amalfi 182
Costa Graia 172
Costa Russi 161
Costa Toscana 175
Coste della Sesia 156
Costers del Segre 200
Costières de Nîmes 135
Côt grape 14, 16, 113, 120, 141
Cotat, François 123
Côte Blonde 130
Côte Bonnette 131
Côte Bouguerots 78
Côte Brune 130
Côte Chalonnaise 54, **68**
Côte Châtillon 131
Côte d'Or 15, 25, 26, 39, 47, 54, **56–58**
Côte de Beaune 54, 57, 58; Central **60–61**; Northern **62–63**; Southern **59**
Côte de Brouilly 75
Côte de Dijon 66
Côte de Nuits 11, 54, 57, 58; Northern **66–67**; Southern **64–65**
Côte de Nuits-Villages 64, 66
Côte de Sézanne 82
Côte des Bar 80, 81
Côte des Blancs 80, 82
Côte du Py 74
Côte Roannaise 73
Côte-Rôtie 39, 128, *130*, **130–131**
Coteau du Vernon 131
Coteaux Bourguignons 55
Coteaux Champenois 82
Coteaux d'Aix-en-Provence

147
Coteaux de (definition) 52
Coteaux de l'Aubance 118
Coteaux du Cap Corse 149
Coteaux du Giennois 123
Coteaux du Layon 118
Coteaux du Loir 116
Coteaux du Tricastin 134
Coteaux du Vendômois 116
Coteaux du Verdon 147
Coteaux Varois 147
Côtes Catalanes 145
Côtes d'Auvergne 73
Côtes d'Avanos 285
Côtes de (definition) 52
Côtes de Barr 124
Côtes de Bordeaux 100
Côtes de Gascogne 115
Côtes de Provence 146
Côtes des Duras 113
Côtes du Forez 73
Côtes du Jura 150
Côtes du Marmandais 114
Côtes du Rhône 128, 129, 134, 136
Côtes du Rhône-Villages 134, 136, 137
Côtes du Roussillon 144
Côtes du Roussillon-Villages 144
Côtes du Vivarais 134
Côtes St-Emilion 110
Cotești 272
Cotnari 272
Coturri 308
Couchey 67
Coufran, Ch 91
Couhins-Lurton, Ch 102
Coulée de Serrant 118
Counoise grape 138, 147
Couquèques 88
Cour-Cheverny 116
Courbis 128
Courbis brothers 128
Courcel 62
Courselle 100
Coursodon 128
Courthézon 139
Coutet, Ch 104
Coversdale, Sam 361
Cowra 365
Crabitey, Ch 100
Craggy Range *370*
Craig, Robert 312
Craiglee 360
Craigmoor 365
Crama Bauer 273
Crama Oprișor 273
Cramant 82
Cramele Recaș 273
Crâmpoșie Selecționată grape 272, 273
Crane, Dr, vineyard 313
Cras 65
Crawford River 359
Crémade, Ch 146
Crémant de Bourgogne 68
Crémant de Die 128
Crémant de Limoux 141
Crémant de Loire 119
Crémant de Savoie 152
Crémant du Jura 151
Cremisan 287
Créon 100
Crépy 152
Crete 282
Crianza (definition) 191
Crimea 276
Criolla Chica grape 289, 334, 339
Criolla Grande grape 339, 340
Crișana 273
Crljenak Kaštelanski grape 271
Croatia 27, **270–271**
Croatian Uplands 270
Croatina grape 156
Croizet-Bages, Ch 93
Croser, Brian 354, 356
Crozes-Hermitage 25, 133
CRS 294
Cru (definition) 52
Cru classé (definition) 52
Crusius, Dr Peter 234, 235
Cruzeau, Ch de 102
Csongrád 262
Csopak Kodex 263
Cualtacciu grape 149
Cuilleron, Yves 131
Cullen 349
Cuomo, Marisa 182
Curicó 334, 336, 337
Curly Flat 360
Currency Creek 355
Cussac 96
Cusiné, Tomàs 200
Cusumano 184
Cuvée (definition) 80
Cuvelier family 341
Cviček 269
CVNE 195
Cyprus **284**
Czechia **266**
D'Acosta, Hugo 327
D'Arenberg 355
D'Arenberg Cube winery *342–343*
Dabouki grape 287
DAC (Districtus Austriae Controllatus) 254
Dafni grape 282
Dagestan 277
Dagueneau, Didier 123
Dal Forno 169
Dal Zotto 358
Dalla Valle 314
Dalat, Ch 385
Dalmatia 270, 271
Dalrymple 366
Dalwhinnie 359
Dames de la Charité 62
Damianitza 275
Damoy, Pierre, Dom *67*
Danube Terraces 273
Dão 39, 207, **216–217**
Dardagny 253
Darling 381
Darnaud, Emmanuel 133
Dassault, Ch 341
Dassault, Laurent 341
Dauphiné-Rondillon, Ch 100
Dautel 245
Dautenpflänzer vineyard 235
Dauzac, Ch 98
Davayé 69
Davino 272
Davis, UC 316
De Bartoli 185
De Bortoli 358, 363
De Grazia, Marc 185
De Martino 335
Dealu Mare 272
Debina grape 280
Debine grape 267
Debit grape 270
Decanting wine 45
Dei 180
Deidesheim 242, 243
Deinhard, Dr, estate 242
Deiss, Marcel 127
Delaire Graff 382
Delas 128, 130, 133
Delaware grape 289, 386, 387
Delicato Family Vineyards 317
Delon family 94
Demi-sec (definition) 80
DeMorgenzon 382
Demptos 36
Denbies *248*
Denicé *72*
Denmark 347
Denominação de Origem Controlada *see* DOC
Denominación de Origen *see* DO
Denominación de Origen Calificada *see* DOC
Denominación de Origen Pago *see* DO Pago
Denominações de Origem Protegidas *see* DOP
Denominazione di Origine Controllata *see* DOC
Denominazione di Origine Controllata e Garantita *see* DOCG
Denumire de Origine Controlată *see* DOC
Derenoncourt, Stéphane 106, 110, 285
Dereszla, Ch 265
Dernauer Pfarrwingert 226
Derwent Valley 366
Designated Viticultural Areas *see* DVAs
Desmirail, Ch 98
Despagnes family 100
Deutsch Schützen-Eisenberg 261
Deutsche Weinstrasse 240
Deutscher Prädikatswein (definition) 225
Deutscher Qualitätswein (definition) 40, 225
Deutscher Sekt 225
Deutscher Wein (definition) 225
Deutschschweiz 251
Deutzerhof 226
Devil's Corner 366
Děvín grape 266
Dézaley 252, 253
Di Majo Norante 183
Diageo 317
Diam (agglomerate) closures 37, *37*
Diamond Creek Vineyard 312
Diamond Mountain District 312
Diamond Valley 362
Diano d'Alba 158, 162
Diel, Armin 234
Diel, Caroline 235
Diel, Schlossgut 235
Dijon 55
Dillon family 110
Dimiat (Dimyat) grape 267, 275
Dinastia de Vivanco 199
Dingač 271
Diolinoir grape 250
Diren 285
Dirmstein 243
Dirupi 156
Diseases of vines **27**, 29, 30
Dišeči Traminec grape 269
Disznókő 265
Districtus Austriae Contollatus *see* DAC
Dittelsheim 239
Dixon's Creek 363
DO (Denominación de Origen) 40, 191
DO Pago (Denominación de Origen Pago) 191
Dobrogea Hills 273
DOC: Italy (Denominazione di Origine Controllata) 40, 154, 155; Portugal (Denominação de Origem Controlada) 40, 207, 208; Romania (Denumire de Origine Controlată) 272
DOCa (Denominación de Origen Calificada) 191
Doce (definition) 207
DOCG (Denominazione di Origine Controllata e Garantita) 154, 155
Doctor vineyard 232, 233
Dogliani 158
Doisy-Daëne, Ch 104
Doisy-Dubroca, Ch 104
Dolce (definition) 155
Dolcetto grape 38; Australia 345; Italy 156, 158, 160, 162
Dôle 252
Dolenjska 269
Dolomitici, I 167
Dom Pérignon 82
Domaine (definition) 52
Domdechaney 237
Domdechant Werner 237
Domecq 327
Domenica 358
Domina grape 246
Dominus 312, 314
Domus Aurea 336
Don Valley 277
Dona Maria 219
Donabaum, Johann 256
Donaldson, Ivan 371
Donát, Szent 263
Donatsch 251
Dongbei 390
Donnas 156
Donnerskirchen 261
Dönnhof *235*
Dönnhof, Helmut 234
Dönnhof, Hermann, estate 234
Donnici 183
Donnybrook 348
Doosberg 237
DOP (Denominações de Origem Protegidas) 207, 208
Dopff 126
Dordogne 113
Dornfelder grape 38, 223, 224, 234, 238, 241, 246
Dorrance 380
Dorsheim 235
Dostoiny grape 277
Douro 207, 208, 210, 213, 214
Douro Superior 212
Douro Valley 40, *40*, 47, **210–214**
Dourthe 94
Doux (definition) 80
Downie, William 360
Drăgășani 272
Dráma 280
Draper, Paul 316
Dreissigacker, Jochen 239
Dresden 225
Drew 304
Dried grape wines 169, 180, *204*, 284, *284*
Drouhin 62
Drouhin, Joseph 55
Drumborg 359
Dry Creek Valley 306
Dry River 370
Dubourdieu family 104
Duché d'Uzès 135
Duclaux 130
Ducs, Clos des 61
Duckhorn 304, 317
Ducru-Beaucaillou, Ch 93, 94
Duemani 175
Duero Valley 189
Duhart-Milon, Ch 93
Dukagjini 267
Dulce (definition) 191
Dunaj grape 266
Dundee Hills 296
Dunn 312
Durand, Eric and Joël 128
Durantou, Denis 106
Duras grape 114
Durbach 244
Durbanville 380
Durell Vineyard 308
Durfort-Vivens, Ch 98
Duriense 208, 210
Durif grape 358
Dürnstein 256
Dutruch Grand-Poujeaux, Ch 96
Dutton 305
DVAs (Designated Viticultural Areas) 293
Dworkin, Marc 275
Early Mountain Vineyards 323
East Malling 249
Ebenthal 254
Ebert, Christian 228
Ebner-Ebernauer 254
Echevronne 58
Echézeaux 64
Echunga 356
Eden Valley 350, **352**
Edetària 200
Edna Valley 321
Edna Valley Vineyard 321
Edwards, Luis Felipe 336
Efringen-Kirchen 245
Eger 262
Egri 262
Eguisheim 126, 127
Egypt 10, 48
Ehlers 313
Ehrhardt, Carl 236
Eichberg 127
Eifel, Franz-Josef 230
Einzellagen 224
Eisacktal *see* Valle Isarco
Eisele Vineyard 312
Eisenberg 254, 256, 261
Eiswein (definition) 225
Eitelsbach 227
El Cepillo 341
El Dorado 318
El Esteco 339
El Hierro 191
El Milagro vineyard *20*
El Puerto 204
El Sequé 190
Elazığ 285
Elbling grape 227, 250
Eldridge 361
Elegante grape 149
Eleva 169
Elgin 384, *384*
Elim 379, 384
Elkton Oregon 294, *294*
Ellis, Neil 381
Ellwanger, Bernhard and Jürgen 245
Eloro 184
Elqui Valley 335
Embotellado (de origen) (definition) 191
Emidio Pepe 172
Emir grape 285
Empedrado 337
Empordà 201
Emrich-Schönleber 235
Encruzado grape 207, 217
Enderle & Moll 245
Endingen 244
Enfer d'Arvier 156
Engarrafado (na origem) (definition) 207
Engelstein 225
England 22, 27, **249**
Enkircher Ellergrub 233
Ente, Arnaud *36*
Entraygues Le Fel 114
Entre-Deux-Mers 84, 86, **100–101**
Entrefaux, Dom des 133
Envinate 191
Eola Amity Hills 296
Epanomí 280
Epenots (Epeneaux) 62
Epesses 253
Epfig 124
Epirus 280
Equipo Navazos 204
Erasmus, Clos 202
Erbach 237
Erbaluce di Caluso 158
Erden 232
Erdőbénye 265
Erelia 275
Ermitage 252
Eroica 300
Errázuriz family 335–336
Erste Lagen (definition) 225
Erzeugerabfüllung (definition) 225
Esaro 183
Esca 27, *27*
Escherndorf 246
Esclans, Ch d' 146
Escurac, Ch d' 88
Esgana Cão grape 221
Espectacle vineyard 200
Espumoso (definition) 191
Est!Est!!Est!!! 181
Estaing 114
Estremadura *see* Lisboa
Etna 184–185
Etna Bianco Superiore 185
Etyek-Buda 263
Eutypa dieback 27, *27*
Evans, Len 364
Evora 218, 219
Ex-Voto 133
Exopto 199
Extra (definition) 80
Extra brut (definition) 80
Extremadura 191
Eyrie Vineyard 296, 297
Ezerjó grape 262, 263
Fairview 381, 382
Faiveley 55, 68
Falanghina grape 182, 183
Falerio 172
Falesco 181
Falset 200
Famantina Valley 339
Fanagoria 277
Fara 156
Fargues, Ch de 104
Faro 185
Farr 360
Farrell, Gary 305
Farroupilha 331
Fattoria (definition) 155
Faugères 142
Faustino 195
Favorita grape 158, 186
Fay 156
Fay vineyard *315*
Fayolle 133
Féchy 253
Feiler-Artinger 261
Feinherb (definition) 225
Feldmarschall 167
Fellbacher Lämmler 245
Felsenberg 235
Felseneck vineyard 234, 235
Fendant grape 252
Fer Servadou grape 113, 114
Ferd, Max 231, 232
Ferguson Valley 348
Fermentation 12, 33–35, 36
Fernández, Alejandro 194
Fernão Pires grape 208, 215, 216
Ferngrove 348
Ferrando 156
Ferrari 166
Ferrari, Nicola 169
Ferraton 133
Ferrer, Gloria 309
Ferret, J-A 70
Ferrière, Ch 98
Ferrocinto 183
Fetească Albă grape 272, 273
Fetească Neagră grape 272, 273
Fetească Regală grape 272, 273
Fetzer 304
Feuerlay 225
Feuersbrunn 254
Fèvre, William 78
Fiano di Avellino 182, 183
Fiano grape 155, 182, 183, 345, 354
Fiddletown 318
Fieuzal, Ch de 102
Figari 149
Figeac, Ch 109, 110, 112
Fighting Gully Road 358
Figula, Mihály 263
Filippi 168
Filtration 35
Finca Dofí 202
Finca Sandoval 190
Findling grape 253
Finger Lakes 19, 324–325
Finkenauer, Carl 235
Finniss River 355
Fiorenzo Nada vineyard 161
Firenze 176
Fita, Maria 140
Fitero 197
Fitou 140
Fixin 66
Flagey 64
Flametree 349
Flaviac 129
Fleurie 74
Florida 290
Floridène, Clos 100
Florita 353
Flörsheim-Dahlsheim 238, 239
Flowers 307
Foggy Hill 354
Folle Blanche grape 117
Folle Noire grape *146*
Fondillón 190
Fondrèche 134
Fonréaud, Ch 95, 96
Fonsalette, Ch de 134
Fonseca, José Maria da 215
Fontanafredda 162
Fontodi estate *155*
Foradori, Elisabetta 166
Forest Hill 347
Forge project 324
Formentera 191
Forrester, Joseph James *40*, 211
Forst 243
Fort Ross-Seaview 306
Fortia, Ch 138
Foster, Norman 98
Foti, Salvo 184, 185
Foucault family 119
Fourcas-Borie, Ch 96
Fourcas Dupré, Ch 95, 96
Fourcas Hosten, Ch 95, 96
Fourchaume 78
Foxen 321
Fowles 360
Framingham 374
Franc Mayne, Ch 112
France **50–152**; Alsace **124–127**; Bandol **148**; Bordeaux **84–112**; Burgundy **54–79**; Champagne **80–83**; climate 22; Corsica **149**; Jura, Savoie, and Bugey **150–152**; Languedoc **140–143**; Loire Valley **116–123**; oak trees 36; phylloxera 27; Provence **146–147**; Rhône **128–139**; Roussillon **144–145**; Southwest **113–115**; vineyard land prices 47; vineyards 48; wine labels 52, 80; wine production 10, 49
France, Ch de 102
Franchetti, Andrea 185
Francia 162
Franciacorta 164
Franciscans 289, 308, 326
François Frères 36
Francs Côtes de Bordeaux 100, 106
Frâncușă grape 272
Frangy 152
Frank, Dr Konstantin 324
Frank & Frei 246
Franken 224, **246–247**
Frankland Estate 348
Frankland River 347–348
Frankovka grape 266
Franschhoek Valley 381, 382–383
Franzen 233
Frappato grape 184
Frascati 172
Fraser Gallop 349
Fraser Valley 292
Fratelli 385
Fratelli Alessandria 162
Fredericksburg 326
Freeman 365
Freestone winery 305
Freiburger grape 251
Freinsheim 243
Freisa grape 158
Freisamer grape 251
Freixenet 195, 200
Frescobaldi 174
Freundestück vineyard 243
Freyburg 225
Fricke, Eva 236
Fritsch, Karl 254
Frittmann Testvérek 262
Friulano grape 164, 170, 171, 268, 325
Friuli 155, **170–171**, 268
Friuli Isonzo 171
Frizzante (definition) 155
Frog's Leap 314
Fronsac 106, 112
Fronteira 331
Frontenac grape 289
Frontenac Gris grape 289
Fronton 114
Frost protection 18, *19*, 28, 30, *78*
Fuées 65
Fuella grape *146*
Frühburgunder grape 226, 247
Frühlingsplätzchen 234, 235
Fuissé 70
Fumé Blanc 314
Fumin grape 156
Funchal 221
Fünf Freunde 241
Furmint grape: Austria 261; Croatia 270; Hungary 262, 263, 264, 265; Slovenia 269; Ukraine 276
Furore 182
Fürst, Rudolf 247
Gaglioppo grape 155, 182, 183
Gai-Kodzor 277
Gaia 282
Gaillac 114
Gaillard, Ch 75
Gaiole vineyard 178
Gaisböhl 242
Gaja 174, 175
Gaja, Angelo 160, 161, 185
Gaja, Gaia 161
Gál, Tibor 263
Galego Dourado grape 215
Galets 138, *138*
Gallety, Dom 134
Gallo 305, 307, 308, 321
Gamaret grape 250, 253
Gamay grape: Australia 358; characteristics **38**; DNA analysis 14; France 55, 56, 66, 69, 72, 73, 74, 114, 116, 120, 123, 152; North America 293; Serbia 267; Switzerland 252, 253
Gambellara 164
Gamza grape 275
Gangloff 130
Gangloff, Yves 131
Gäns 233
Gansu 390
Gantenbein 251
Gapsted 358
Gara Ikeni grape 277
Garamvári estate 263
Garamvári, Vencel 263
Garanoir grape 250
García, Mariano 195
Garda 164
Garganega grape 164, 168, 169
Gärkammer 226
Garnacha (Tinta) grape *see* Grenache (Noir)/ Garnacha (Tinta) grape
Garnacha Blanca grape *see* Grenache Blanc/ Garnacha Blanca grape
Garnacha Tintorera grape 191
Garnaxta grape 202
Garon 130
Garrafeira (definition) 207
Garrigues 200
Garrus 146
Garrut grape 200
Gasqueton, Denise 90
Gattinara 156
Gau-Algesheim 238
Gauby 145
Gaul 243
Gavi 158
Gazin Roquencourt, Ch 102
Geelong 360
Geisenheim 237
Gemischter Satz 254
Gemtree Estate 355
Generation Pfalz 241
Geneva 250, 251, **253**
Geographe 348
Geographical Indications *see* GIs
Georgia 10, 48, 49, **278–279**, 290
Geraci, Salvatore 185
Gere, Attila 262
Gergana grape 275
Gérin, Jean-Michel 130
German Switzerland 251
Germany **222–247**; Ahr **226**; Baden and Württemberg **244–245**; climate 19, 22; Franken **246–247**; Middle Mosel (Mittelmosel) **230–233**; Mosel **227**; Nahe **234–235**; Pfalz **241–243**; phylloxera 27; Rheingau **236–237**; Rheinhessen 47, **238–240**; Saar **228–229**; vineyard land prices 47; vineyards 48; wine labels 225; wine production 49
Gerovassiliou 280
Gerümpel vineyard 243
Gesellmann, Albert 261
Getariako Txakolina 189
Gevrey 58
Gevrey-Chambertin 57, 58, 66
Gewurztraminer/ Gewürztraminer grape: Argentina 341; Chile 335,

337; France 124, 125, 127; Germany 242; Italy 167; North America 292, 300, 304, 316, 322; Slovenia 269; Switzerland 251
Geyerhof 258
Geyserville vineyard 306
Géza, Balla 273
Ghemme 156
GI (Geographical Indication) 40, 345
Giaconda 358
Giacosa, Bruno 161
Gialdi 251
Gibbston 375
Gigondas 136
Gil Family 189
Gilbert, Capt Joseph 352
Gilbert Wines *348*
Gilette, Ch 104
Gilles, Guillaume 128
Gillmore 337
Gimblett Gravels 25, 369
Gimnó 283
Ginestra vineyard 162
Ginkgo Winery *299*
Gini 168
Gioia del Colle 183
Gippsland 360
Girò grape 186
Gisborne 368
Giscours, Ch 98
Giuseppe Cortese vineyard 161
Givry 68
Gladstone 370
Gladstones, John 348
Glen Carlou 382
Glenelly 382
Glenrowan 358, 360
Glera grape 164, 345
Global Wines 216
Gloria, Ch 94
Glorian, Daphne 202
Glun 128
Gobelsburg 258
Godello grape 192, 207
Goelet Wine Estates 366
Golan Heights 287
Golan Heights winery 287
Goldberg vineyard 258
Golden Mile Bench 292
Golden Muscat grape 385
Goldeneye winery 304
Goldert 127
Goldmine 381
Golitsyn, Leo, Prince 276
Gols 260, 261
Gondorf 233
Gonon 128
González Byass 327
Gordo Blanco grape 17
Gorges 116
Göttlesbrunn 254
Gouais Blanc grape 14, 252
Goulburn Valley 360
Gouménissa 280
Gourt de Mautens 136
Gouttes d'Or 60
Gouveio grape 207, 213
Graach 232
Gracciano della Seta 180
Grace Valley 313
Grace Vineyard 390
Graci, Alberto 185
Graciano grape 146, 186, 197, 198, 203
Gradi (alcool) (definition) 155
Graf Neipperg 245
Grafting 11, 13, 23, 27, 28
Graham's 213
Graham's Stone Terraces vineyard *213*
Grahm, Randall 316
Graillot 133
Graillot, Alain 133
Grainhübel 242
Gramenon, Dom 134
Gramp, Colin 352
Grampians 359
Gran Canaria 191
Gran Reserva 191
Grand Corbin-Despagne 106
Grand Cru (definition) 52, 58
Grand Enclos 94
Grand Enclos du Château du Cérons 100
Grand Mayne, Ch 112
Grand Poujeaux 96
Grand Pré, Dom de 291
Grand-Puy-Ducasse, Ch 93
Grand-Puy-Lacoste, Ch 93
Grand Valley 326
Grands Echézeaux 64
Grange de Pères 142
Granite Belt 345
Granja-Amareleja 218
Grans-Fassian 230
Grans Muralles 200, 201
Grape *12*, 13; climate 18–19, 22, 28; cold-hardy hybrids 22, 280; dried 169, 180, *204*, 284, *284*; harvesting 30, 31, 32, *130*, *164*, *226*, *305*, *341*, *353*, *384*; juice 12; ripeness 30; skin 12; smoke taint 23; sorting *174*; varieties **14–17**
Grasă grape 272
Grašac grape 267
Graševina grape 17, 270
Gratallops 202
Graubünden 251
Grauburgunder grape 223, 224, 225, 227, 238, 241, 242, 244, 245
Grave del Friuli 171
Graves 84, 87, **100–101**
Graves Supérieures 100
Gravner 155, 171
Gravner, Josko 170, *170*, 268
Great Southern 347
Great Western 359
Grechetto (Bianco) grape 180, 181
Greco di Bianco 183
Greco di Tufo 182, 183
Greco grape 155, 183
Gredos 191
Greece **280–283**; history of wine production 10; Peloponnese **283**; phylloxera 27; vineyards 48; wine production 49
Green Hungarian grape 318
Green Valley 305
Greenstone 360
Gréfieux 132
Grenache (Noir)/Garnacha (Tinta) grape: Argentina 339; Australia 350, 351, 354, 355; characteristics **15**; Corsica 149; France 136, 138, 140, 141, 142, 145, 147, 148; Israel 287; Italy 164; Lebanon 286; North America 322; South Africa 381; Spain 186, 189, *189*, 190, 191, 197, 198, 200, 202
Grenache Blanc/Garnacha Blanca grape: characteristics **15**; France 134, 135, 136, 138, 140, 142, 144, 145, 146, 147; Israel 287; North America 326; Spain 199, 200
Grenache Gris grape 15, 144, 145
Grenouilles 78
Grès de Montpellier 143
Gresivaudan 152
Gressier-Grand-Poujeaux, Ch 96
Gresy, Marchesi di 161
Greve 178
Greysac, Ch 88
Grézillac *21*, 100
Grgich, Mike 271
Grgich Hills 271
Griesel & Compagnie 225
Griffith 345
Grignan-les-Adhémar 134
Grignolino grape 158
Grillo grape 184, 185
Grimentz 252
Gringet grape 152
Griñon, Marqués de 191
Grinzane Cavour 162
Griotte 66
Gripa 128
Grisons 251
Grk grape 271
Groenekloof 381
Groot Constantia 380
Gros Mansen grape 113, 114
Gros Plant Nantais grape 117
Gross 255
Gross, Alois 255
Grosse Lagen 225
Grosses Gewächs (definition) 224, 225
Grosset 356
Grosset, Jeffrey 353
Grosshöflein 261
Grosskarlbach 243
Grosslagen 224
Grover family 385
Grover Zampa Vineyard 385
Gruali 185
Gruaud Larose, Ch 94
Gruber family 254
Gruet Winery 326
Grumello 156
Grüner Veltliner grape: Australia 356, 365; Austria 254, 256, 258, 259; Czechia 266; North America 290; Slovakia 266
Grünhaus, Maximin 227
Grünstadt 243
Guadalupe Valley 327
Guado al Tasso 174
Gual grape 191
Gualtallary 341
Guanajuato 327
Guarilihue 337
Guaspari 331
Guden Birtok 263
Guebwiller 127
Guérard, Michel 115
Guiraud, Ch 104
Guffens-Heynen 70
Guigal 128, 130, 131, 133
Guigal, Marcel 130
Gulf Islands 292
Gunderloch 238, 240
Gunn, Andrew 384
Guoignière 132
Guria 279
Gussek 225
Gut Hermannsberg estate 234, 235
Gutedel grape 245
Gutsabfüllung (definition) 225
Gutsweine (definition) 225, 238
Gutturnio 156
Gutzler 239
Gwäss grape 252

Haag, Fritz 231
Haag, Thomas 232
Haak 326
Haart, Julian 231
Haart, Reinhold 231
Haas, Franz 167
Hahn 225
Hahndorf Hill 356
Haidle 245
Hail damage 20, *21*
Hain 231
Hainfelder Letten 242
Haisma, Mark 129
Hajós-Baja 262
Halbtrocken (definition) 225
Halenberg 234, 235
Halliday, James and Suzanne 362, 363
Hamdani grape 287
Hames Valley 317
Hamilton, Hugh 355
Hamilton Russell, Tim 384
Hamptons 324
Handley 304
Hanlin Hill 353
Hanzell 308
Happy Canyon of Santa Barbara 321, 322
Haras de Pirque 336
Haraszthy, Agoston 308
Hardy, Thomas 354
Hardys 354, 366
Harkamp 255
Harlan 314
Haro 198
Harriague grape 332
Hárslevelű grape 262, 263, 264, 265
Harvesting 31, 32, *130*, *164*, *229*, *305*, *341*, *353*, *384*; green 30
Harvey 348
Hastings River 365
Hatschbourg 127
Hatten 385
Hattenheim 237
Hatzidakis, Haridimos 282
Hauner, Carlo, sr 185
Hauserer, Clos 127
Haut-Bages Libéral, Ch 93
Haut-Bailly, Ch 102
Haut-Batailley, Ch 93
Haut-Bergey, Ch 102
Haut-Brion, Ch 11, 22, 84, 86, 102, 103, 110
Haut-Brion Blanc, Ch 102
Haut-Chaigneau, Ch 106
Haut-Condissas, Ch 88
Haut-Marbuzet, Ch 90
Haut-Médoc 88, 96, 99
Hayt-Peyraguey, Clos 104
Hautes-Côtes 56, 57
Hawk & Horse 304
Hawke's Bay 368, **369**
Hayne Vineyard 313
Healdsburg 306
Healesville 363
Heart & Hands 324
Heathcote 360
Hebei 388, 390
Heerkretz vineyard 238
Heger, Dr 244
Heida grape 250, 252
Heiligenstein vineyard 258
Heimann 262
Heinrich, Gernot 261
Heitz, Joe 314
Helan Qingxue 390
Helenenkloster vineyard 232
Hemel-en-Aarde 383, 384
Hengst 127
Henkell 200
Henschke 352, *352*, 356
Henty 359
Heppingen 226
Herdade (definition) 207
Herdade do Esporão 218
Herdade do Mouchaõ 219
Herdade do Rocim 218
Herdade Outeiros Altos *218*
Hermanus *376–377*
Hermitage 39, 128, *132*, **132–133**
Hermann, Dr 232
Hermannsberg vineyard 235
Hermannshöhle 235
Herrenberg (Mosel) 227
Herrenberg (Pfalz) 243
Herzegovina 267
Hess Collection 312
Hessische Bergstrasse 223, 225, 244
Hessische Staatsweingüter Assmannshausen 236
Heurigen 254
Heydenreich vineyard 242
Heyl zu Herrnsheim 238
Heymann-Löwenstein 227, 233
Hill of Grace vineyard 352, *352*
HillCrest Vineyard 294
Hillick & Hobbs 324
Hilltops 365
Himbertscha grape 252
Hipping vineyard 239, 240
Hirsch 307
Hirsch, Johannes 258
Hirsch, Weingut 258
Hirsch Vineyards *305*
Hirtzberger 256
Historic Vineyard Society 303
Hobbs 352
Hobbs, Paul 308, 324
Hochar, Serge 286
Hochheim 236, 237
Hoddles Creek 363
Hofgut Falkenstein 228
Höflein 254
Hofstätter 167
Hohen-Sülzen 239
Hohenmorgen 242
Hohnen, David 372
Hokkaidō 387
Hokushin 387
Höllberg vineyard 238
Hölle 237
Hollick 357
Homburger Kallmuth 247
Hondarribi grape 189
Hong Kong 390
Horgan, Denis 349
Horse Heaven Hills 300
Horton Vineyards 323
Hosanna, Ch 108
Hospices de Beaune 62, *63*
Houghton 347
Hout Bay 380
Hövel, von 228
Howell Mountain 312
Hua Hin 385
Huber, Bernhard 244
Huber, Markus 254
Huber, Julian 244
Hudson 309
Hudson River Region 324, 325
Huet 121
Hugel 126, *126*
Humagne Blanc grape 250, 252
Humagne Rouge grape 250, 252
Humbrecht 126
Humidity 21
Hunawihr 127
Hungary 48, 49, **262–265**
Hunter Valley 364
Huntington Estate 365
Huon Valley 366
Hvar 271
Hyde 309

Ibiza 191
Ica 330
Icewine/Eiswein 12; China 390; Germany 223, 232; North America 291, *291*, 292, 293, 324; Slovakia 266; Slovenia 269
Idaho 294
Igler, Hans 261
IGT (Indicazione Geografica Tipica) 154, 155
IGP: Canada (Indication Géographique Protégée) 291; France (Indication Géographic Protégée) 52; Italy (Indicazione Geografica Protetta) 154, 155; Portugal (Indicaçao Geográfica Protegida) 207, 208; Spain (Indicación Geográfica Protegida) 191
IKON 263
Ilbesheimer Kalmit 241
Ile de Beauté 149
Ilia 283
Illats 100
Ilok 270
Imbottigliata (all'origine) (definition) 155
Imereti 279
Inama 168
Incisa della Rocchetta family 341
India 48, 385
Indicaçao Geográfica Protegida/Indicación Geográfica Protegida/ Indicazione Geografica Protetta/Indication Géographique Protégée *see* IGP
Indicações de Procedência *see* IPs
Indicazione Geografica Tipica *see* IGT
Indonesia 385
Inferno 156
Inglenook 310, 314
Innere Leiste 246
Institut des Sciences de la Vigne et du Vin 103
Intipalka 330
Inzolia grape 185
Iona 384
Iphofen 247
IPs (Indicações de Procedência) 331
Iran 48
Irancy 77
Iron Horse 305
Irouléguy 114, *114*
Irrigation 20, *20*, 23
Irsai Olivér grape 262
Isabella/Isabel grape 276, 289, 331
Ischia 182
Islas Canarias 191
Israel **287**
Issan, Ch d' 98
Istria 270–271
Italian Riesling/Riesling Italico grape 17, 171, 270, 389, 390
Italy **153–186**; Central **172–181**; climate 25; history of winemaking 11; Northeast **164–171**; Northwest **156–163**; phylloxera 25, 27; Sardinia **186**; Sicily **184–185**; Southern **182–133**; terroir 31; vineyard land prices 47; vineyards 48; wine labels 155; wine production 10, 49
Itasca grape 289
Itata 334, 337
Ivancie Winery 326
IXSIR 286

Jaboulet 130, 132, 133
Jaboulet Aîné, Paul 98, 133
Jackass Hill 305
Jackson Family Wines 321, 355
Jacob's Creek 350, 352
Jacquère grape 151, 152
Jadot 62
Jadot, Louis 55
Jaen grape 217
Jamdali grape 287
Jamet 130
Jamsheed 359
Jansz 366
Japan **386–387**
Jarel 203
Jásdi, István 263
Jasmin 130
Jasnières 116
Jasper Hill 360
Jebsal, Clos 127
Jefferson, Thomas 59, 289, 323
Jensen, Josh 317
Jerez 47, 204
Jerez de la Frontera 204, 205
Jesuitengarten vineyard 243
Jidvei 273
Joanin Bécot, Ch 106
Joching 256
Johannisberg 252
Johnson, Hugh 265
Jones, Dom 140
Jones, Dr Gregory 21
Jongieux 152
Jonkershoek Valley 382
Jordan, Dr Tony 390
Jordan family 242
Jost, Toni 225
Joven 191
Juanicó 332
Judean Hills 287
Juffer vineyard 231
Juffer-Sonnenuhr vineyard 231
Juhfark grape 262, 263
Jujuy 338, 339
Jul-Plantaže 267
Jülg 242
Juliénas 74
Juliusspital estate 246
Jullien, André 132, 133
Jumilla 190
Junge Schweiz – Neue Winzer 251
Jura **150–151**
Jurançon 39, 114
Juris 261
Jurtschitsch, Alwin 258
Jus, Clos 68
Justin vineyard 348

Kabinett (definition) 225
Kadarka grape 262, 263
Kaiserstuhl 244, 245
Kakheti 278, 279
Kalecik Karasi grape 285
Kalkofen 242
Kallmet grape 267
Kallstadt 243
Kamen 308
Kammerberg vineyard 242
Kamptal 254, **258–259**
Kanaan 390
Kangarilla 354
Kangarilla Road 355
Kangaroo Island 354
Kanonkop 382
Kanzem 228
Karabunar 275
Karnataka 385
Karpatská Perla 266
Karseras winey *284*
Karthäuserhof 227
Kartli 278–279
Kartlis Deda monument *279*
Kaštela 271
Katarzyna estate 275
Katnook 357
Katogi Averoff 280
Kauffmann, Mathieu 242
Kavaklidere 285
Kavála 280
Kay Brothers *354*
Kay family 355
Kayra 285
Kefraya, Ch 286
Kekerengu 373
Kékfrankos grape 262, 263
Kéknyelű grape 262, 263
Kekoporto grape 262
Keller 238, 239
Keller, Fritz 244
Keller, Hedwig 238
Keller, Klaus Peter 238, 239, 240
Kerner grape: Germany 224, 228, 238; Italy 167; Japan 387; Switzerland 253
Kerschbaum 261
Kershaw, Richard 384
Kesseler, August 236
Kesselstatt, Reichsgraf von 227, 232

KEY FACTS PANELS
21; Argentina 340; Australia: Barossa Valley 351, Coonwarra 357, Healesville 363, Launceston 366, Lenswood 356, Lower Hunter 365, Margaret River 349; Austria 259; Bulgaria 274; Canada: Okanagan Valley 292; Niagara Peninsula 293; Chile 334; China 390; Crimea 277; England 249; France: Alsace 127, Bordeaux 84, Burgundy 55, Champagne 82, Languedoc 141, Loire 117, Rhône 128, 135, Roussillon 145; Germany: Baden 245, Rheingau 237; Greece 281; Hungary 265; Italy: Alto Adige 167, Friuli-Venezia Giulia 171, Northwest 157, Southern 183, Tuscany 176, Umbria 181, Verona 168; Japan 387; New Zealand: Blenheim 373, Napier 369; Portugal: Alentejo 219, Douro 211, Lisboa 215, Madeira 221; Romania 273; South Africa 383; Spain: Catalunya 200, Jerez 205, Logrono 198, Rías Baixas 193, Ribera del Duero 195; Switzerland 252; USA: Central Coast 320, Lodi 318, Mendocino 304, Napa Valley 311, Northern Sonoma 306, Sonoma Valley 309, Virginia 323, Washington 299, Willamette Valley 297
Khao Yai 385
Khikhvi grape 278
Khindogni grape 277
Khoury, Ch 286
Kiedrich 237
Kientzheim 126, 127
Kieselberg 242
Kikyogahara vineyard *386*
Kilikanoon 353
Killerby, Dr Barry 348
Kincsem vineyard 264
Kindenheim 243
King Valley 358, 363
Király 265
Királyleányka grape 262
Kirchenstück (Rheingau) 237
Kirchenstück (Pfalz) 243
Kirk, Dr John 365
Kirk, Tim 365
Kirschgarten 243
Kirsten 230
Kirwan, Ch 98
Kisi grape 278
Kistler 308
Kitterlé 127
Klein Constantia 380
Klein Karoo 19, 378
Kloster am Spitz 261
Kloster Eberbach 10, *11*, 237
Klosterneuburg 254
Klüsserath 230
Knappstein 353
Knebel 233
Knewitz 239
Knights Valley 306
Knipser brothers 243
Knoll, Emerich 256
Knoll, Ludwig *8*, 246
Koch, Bernhard 242
Koehler-Ruprecht 243
Kofu 387
Kollwentz, Andi 261
Kolonics 263
König, Robert 236
Konyári, János 263
Konz-Niedermennig 228
Kootenays 292
Kooyong 361
Kopfensteiner 261
Korčula 271
Korea 385
Koshu grape 386, 387
Kosovo 267
Kourtakis 280
Koútsi 283
Kovács Nimród 263
Kővágo 265
Kővidinka grape 262
Kracher, Alois 260
Kracher, Gerhard 260
Kraichgau 245
Kranz, Boris 241
Kras 268
Krasnostop grape 277
Kratošija grape 267, 271
Kräuterberg 226
Kravák vineyard 266
Kreglinger Wine Estates 366
Kreinbacher 263
Krems 259
Kremstal 254, **258–259**
Kreuzberg family 226
Kriechel, Peter 226
Krone, Weingut 236
Kronke, Stan *319*
Kronos vineyard 313
Krug 82, 83
Krug, Charles 313
Kruger, Rosa 378
Kruger-Rumpf estate 235
Krutzler, Erich 256
Krutzler, Hermann and Reinhold 260
Krutzler family 261
Ksara, Ch 286
Kuban 276
Kuban Vino 277
Kuentz-Bas 126
Kühling-Gillot 240
Kühn, Peter Jakob 237

Kuhn, Philipp 243
Kuitpo 356
Kujundžuša grape 270
Kunde 308
Kunság 262
Künstler 237
Kutjevo 270
Kvarner 270, 271
Kydonitsa grape 283
Kyoho grape 386, 387
Kyperounda 284
Kyūshū 387

L'A, Dom de 106
L'Acadie Blanc grape 291
L'Acadie Vineyards 291
L'Anglore, Dom 137
L'Arrossée, Ch 110
L'Aurage 106
L'Ecole No 41 300
L'Eglise, Clos 108
L'Eglise-Clinet, Ch 106, 108
L'Ermita 202
L'Ermite 133
L'Etoile 150
L'Evangile, Ch 108
L'Hermite 132, 133
L'Hêtre 106
L'Horizon, Dom de 145
L'Obac, Clos de 202
L'Orpailleur *291*
La Bégude, Dom de 148
La Boudriotte 59
La Braccesca 180
La Cappuccina 168
La Cardonne, Ch 88
La Carrera 338, 341
La Chapelle 132
La Chapelle-Heulin 116
La Chenade, Ch 106, 108
La Clape 140
La Closerie du Grand-Poujeaux, Ch 96
La Comme 59
La Conseillante, Ch 108
La Consulta 341
La Côte 253
La Doriane 131
La Escuelita 327
La Fleur de Boüard, Ch 106
La Fleur de Gay, Ch 108
La Fleur-Pétrus, Ch 108
La Geria vineyard *24*
La Gomera 191
La Grande Côte 122
La Grande Rue 64, 65
La Haye, Ch 90
La Horra 195
La Lagune, Ch 98, 99
La Landonne 130
La Livinière 140
La Louvière, Ch 102
La Madeleine, Clos 110
La Madone 74
La Mancha 191
La Marca di San Michele 172
La Méjanelle 143
La Mission Haut-Brion, Ch 102, 103
La Mission Haut-Brion Blanc, Ch 102
La Mondotte, Ch 110
La Morra 162
La Mouline 130, 131
La Moussière 122
La Palma 191
La Perrière 66
La Pineta 175
La Poussie 122
La Rivière, Ch de 106
La Rame, Ch 100
La Rioja 339
La Rioja Alta 195
La Riojana 339
La Roche Vineuse 70
La Rochelle 74
La Rochepot 58
La Roilette 74
La Romanée 64
La Romanée-Conti 64
La Sergue 106
La Tâche 64, 65
La Tour Blanche, Ch 104
La Tour Carnet, Ch 94
La Tour de By, Ch 88
La Tour de Mons, Ch 96
La Tour Haut-Brion, Ch 102
La Turque 130
La Viallières 131
La Violette, Ch 108, 341
Labégorce, Ch 98
Labégorce-Zédé 98
Laccento 158
LacertA 272
Lackner-Tinnacher 255
LaCrescent grape 289
Lacryma Christi 182
Ladoix 63
Ladoucette, de 123
Laetitia 321
Lafaurie-Peyraguey, Ch 104
Lafite, Ch 86, 90, 92, 390
Lafleur, Ch 108
Lafnetscha grape 252
Lafon 69
Lafon, Dominique 69
Lafon-Rochet, Ch 90
LaFou 200
Lagenwein 239
Lagorthi grape 283
Lagrange, Ch 94, 95, 387
Lagrein grape 155, 167
Lagrein-Dunkel 167
Lagrein-Kretzer 167
Laible, Andreas 244, 245
Lake, Max 364
Lake Chelan 294, 299
Lake County **304**
Lake Erie 324
Lake Erie North Shore 293
Lake George 365
Lake Mendocino 302
Lalande-Borie, Ch 94
Lalande-de-Pomerol 106, 108, 109
Lamarque, Ch de 96
Lambrays, Clos des 66
Lambrusco 158, 164
Lambrusco grape 38, 164
Lance, David 362
Lance, James 362
Landiras 100
Landmark Vineyard 308
Landwein (definition) 225
Lanessan, Ch 96
Langenlois 258, 259
Langhe 158, 160, 162
Langhe Nebbiolo 158, 161
Langhorne Creek 355
Langoa Barton, Ch 94
Languna Ridge 305
Lantignié *72*
Lanzarote *24*, 191
Laposa, Bence 263
Lapostolle 336
Larcis Ducasse, Ch 110
Lark Hill 365
Larnaka 284
Larose-Trintaudon, Ch 94
Larrivet Haut-Brion, Ch 102
Las Compuertas 341
Lascombes, Ch 98
Laški Rizling grape 269, 270
Latour, Ch 86, 90, 92, *92*, 93, 106, 131, 312
Latour, Louis 55, 62, 68, 129, 147
Latour à Pomerol, Ch 108
Latour-de-France 144
Latour-Martillac, Ch 102
Latricières 66
Lauds 132
Laudun 134
Lauer, Florian 228
Lauer, Peter 228
Laulan Ducos, Ch 88
Laumersheim 243
Launceston 366
Laure-Minervois 140
Laurel Glen 308
Laurent-Perrier 80
Laurentiuslay 230
Lavaut St-Jacques 66
Lavaux 253
Laville Haut-Brion, Ch 102
Lazaridi, Costa and Nico 280
Lazio 172
Le Boscq, Ch 90
Le Cailleret 60
Le Carquelin 74
Le Clos 74
Le Clos du Roi 63
Le Corton 63
Le Crock, Ch 90
Le Cul de Beaujeu 122
Le Gallais estate 228
Le Huet-Lieu 121
Le Lude 383
Le Méal 132, 133
Le Mesnil 82
Le Mont 121
Le Montrachet 59
Le Pallet 116
Le Pape, Ch 102
Le Petit Mouton 92
Le Pin 106, 108
Le Pouyalet 93
Le Pupille estate 175
Le Reverdy 133
Le Richebourg 58, 64
Le Roy, Baron 40, 138
Le Soula 145
Le Strette 159
Le Thil, Ch 102
Leányka grape 262, 276
Lebanon 10, **286**
Lechința 273
Lechkhumi 279
Leconfield 357
Lede, Cliff 315
Leeu Passant 383
Leeuwen, Cornelis van 87, 112
Leeuwin Estate *348*, 349
Lefkada grape 284
Lefkadia 277
Lefkosia 284
Leflaive 69
Leflaive, Anne-Claude 69
Légli, Géza 263
Légli, Ottó 263
Lehmann, Peter 350, 352
Leinhöhle 242
Leithaberg 254, 260, 261
Leitz 236
Leiwen 230
Lemberger grape 245
Lemesos 284
Lemnos 282
Lemps 128
Len de l'El grape 114
Lenchen 237
Lencquesaing, May-Eliane de 382
Lenswood 356
Léognan 102
León, Jean 200
Leonetti 300
Léoville Barton, Ch 94, 96
Léoville Las Cases, Ch 88, 94
Léoville Poyferré, Ch 94, 341
Leroy, Dom 64
Les Amoureuses 58, 65
Les Aspres 144
Les Baux-de-Provence 147
Les Bressandes 63
Les Bromes 291
Les Bruyères, Dom 133
Les Capitans 74
Les Carmes Haut-Brion, Ch 102
Les Charmes (Chambolles-Musigny) 60, 65
Les Charmes (Morgon) 75
Les Charmes Godard, Ch 106
Les Clos 78
Les Colombettes 60
Les Cornuds 136
Les Criots 60
Les Cruzelles, Ch 106, 108
Les Eyguets 131
Les Folatières 60
Les Forts de Latour 92, 93
Les Garants 74
Les Gaudichots 64, 65
Les Genevrières 60
Les Grandes Places 131
Les Grands Chênes, Ch 88
Les Grands Cras 75
Les Gravières 59, 62
Les Gréchons 63
Les Gréffieux 132
Les Hauts de Julien 136
Les Hervelets 66
Les Joyeuses 63
Les Monts Damnés 122
Les Moriers 74
Les Mouilles 74
Les Ormes de Pez, Ch 90
Les Ormes Sorbet, Ch 88
Les Perrières 60
Les Pervenches 291
Les Pierres vineyard 308
Les Pucelles 60
Les Quatre Vents 74
Les Renardes 63
Les Rocoules 133
Les Romains 122
Les Rugiens 62
Les St-Georges 64
Les Thorins 74
Les Vaucrins 64
Les Vérillats 74
Lespault-Martillac, Ch 102
Lesquerde 144
Lessona 156
Lestages, Ch 96
Lethbridge 360
Lett, David 296, 297
Leura Park 360
Levet 130
Lexia grape 17
Leyda Valley 336
Leynes 69, 72
Libourne 106
Librandi 183
Library Vineyard 313, *313*
Licantén 337
Lichine, Alexis 98
Lichine, Sacha 146
Lichtenberger-González 261
Licorna Winehouse 272
Licoroso Baga 216
Liefrauenstift-Kirchenstück vineyard 239
Liebfraumilch 224, 238, 239
Lieser 232
Liguria 157
Likya 285
Liliac 273
Lilian Ladouys, Ch 90
Lillian Estate 348
Lillooet 292
Lima (Peru) 330
Lima (Portugal) 209
Limarí 335
Limestone Coast 346
Limnio grape 280
Limniona grape 280
Limoux 140
Lindeman's 357
Lindquist Family 322
Linsenbusch 243
Liquoroso (definition) 155
Lirac 136
Lisboa **215**
Lisbon 215
Lises, Dom des 133
Lison 164
Lison-Pramaggiore 164, 171
Listán Blanco grape 191
Listán Negro grape 191
Listrac 95, 96, 97
Livermore Valley 316
Ljutomer-Ormož 268
Lladoner Pelut grape 144
Llano Estacado winery 326
Lo Abarca 336
Loacker 170
Loché 69
Lockwood 317
Lodi **318**
Loewen, Carl 230
Logrono 198
Lohr, J 320
Loimer 258
Loimer, Fred 258
Loire Valley **116–123**
Loisium Hotel, Langenlois *258*
Lombardy 156
Long Island 19, 324
Long-yan grape 389
Longworth, Nicholas 289
Loosen, (Dr) Erni 232, 300
López de Heredia bodega *187*, 199
Lorch 236
Loreto Aprutino 172
Los Alamos 322
Los Arboles 338, 341
Los Carneros *see* Carneros
Los Chacayes 341
Los Indios 341
Los Lingues 336
Los Olivos District 322
Loubens, Ch 100
Loudenne, Ch 88
Louie, Clos 106
Loupiac 100
Loupiac-Gaudiet, Ch 100
Loureira Blanca grape 193
Loureiro/Loureira grape 192, 209
Lourenço, Luis 217
Lowburn 375
Lower Hunter 364
Lower Orange 378
Lubentiushof 233
Luberon 134
Lugana grape 164
Lugny 69
Luka 263
Lump vineyard 246
Lunelles, Clos 106
Lunes, Clos des 105
Lungarotti, Dr Giorgio 181
Lupier, Dom 197
Lur-Saluces family 104
Lurton, André 102
Lurton, Bérénice 104
Lurton, François 196, 341
Lurton, Henri 327
Lurton, Jacques 354
Lurton, Pierre 100
Lurton, Sophie 102
Lurton family 98, 100
Lusatia Park 362
Lussac 106
Lutomer 268, 269
Lutzville 378
Luxembourg 53, 227
LVMH 66, 104, 196, 312, 390
Lynch-Bages, Ch 90, 92, 93
Lynch-Moussas, Ch 93
Lyrarakis 282

MA (marque d'acheteur) (definition) 80
Mac Forbes 360
Macabeo/Maccabeu grape 17; France 140, 144; Spain 189, 198, 199, 200
Macán 198, 199
McCallum, Dr Neil 370
Macclesfield 356
McCloud, Jennifer 323
McDonald, Tom 369
MacDonald family 314
Macedon Ranges 360, 363
Macedonia 280
Macharnudo 204
McHenry Hohnen 349
McKinley Springs 298
McLaren Vale **354–355**
McMahon, Dr 362
McMinnville 296, 297
Mâcon 69
Mâcon-Prissé 69
Mâcon-Villages 69
Mâconnais 54, **69**
Maculan, Fausto 164
Macvin du Jura 151
McWilliam's 365, 369
Mád *40*, 265
Madeira 11, 19, 39, 207, *220*, **220–221**
Madeira, António 216
Madeirense 221
Madeleine Angevine grape 294
Madeleine Royale grape 250
Madiran 39, 114, 115
Madrasa grape 277
Maduro (definition) 207
Magarach 276
Magdelaine, Ch 110
Magliocco Canino grape 183
Magliocco Dolce grape 182, 183
Magny-lès-Villers 58
Magoni, Camilo 327
Magrez, Bernard 102
Maharashtra 385
Maier, Ilse 258
Mailberg 254
Main Ridge 361
Maindreieck 246
Mainviereck 247
Maipo 25, 334, 336
Maipú 341
Majella 357
Málaga 11, 203
Malagousia grape 280, 283
Malartic-Lagravière, Ch 102, 341
Malat 258
Malatinszky 262
Malbec grape: ageing 39; Argentina 39, 338–339, 340, 341; Australia 345, 349; characteristics **16**; Chile 335, 337; DNA analysis 14; France 92, 113, 120, 141; New Zealand 369; North America 300
Malconsorts 64
Maldonado 332
Malepère 141
Malescasse, Ch 96
Malescot St-Exupéry, Ch 98
Malleco 337
Mallorca 191
Malmsey 283
Malolactic conversion 35
Malterdingen 244
Malvasia Bianca grape 180
Malvasia Branca de São Jorge grape 221
Malvasia de Colares grape 215
Malvasia delle Lipari 184, 185, 271
Malvasia di Bosa 186
Malvasia di Casorzo d'Asti 158
Malvasia Fina grape 210, 221
Malvasia grape: Croatia 271; Greece 283; Italy 155, 157, 176, 271; North America 326; Portugal 213, 220; Spain 198
Malvasia Istriana grape 171
Malvasia Nera grape 182, 183
Malvasia Preta grape 213
Malvasia Riojana grape 199
Malvaxia Paxxito 323
Malvazija Dubrovacka grape 271
Malvazija Istarska grape 268, 270
Malvoisie 252
Malvoisie grape 156, 186
Malvoisie de Corse grape 149
Malvoisie du Roussillon grape 144
Mamertino 185
Mammolo grape 149
Manchuela 190
Mancy *82*
Mandelpfad 243
Mandelstein 225
Mandement 253
Mandilaria grape 282
Manduria 183
Manetti family *155*
Manilva 203
Manjimup 348
Mann, Albert 127
Mann, Jack 348
Manou, Clos 88
Manresa 201
Manso de Velasco 337
Mantinia 283
Manto Negro grape 191
Maori *371*
Maramureș 273
Maranges 58
Maraština grape 270, 271
Maratheftiko grape 284
Marathon du Médoc 92, *96*
Marcassin 307
Marche 172
Marchigüe (Marchihue) 336
Marcillac 114
Marcobrunn 237
Maréchal Foch grape 22, 291, 292
Maréchale, Clos de la 64
Maremma **174–175**
Maremma Toscana 174
Marestel vineyard 152
Marey-lès-Fussey 58
Margalit 287
Margaret River **349**
Margaux 88, 92, 96, 97, **98–99**; soils 25, 86, 87
Margaux, Ch 95, 98
Margaux, Lucy 356
Maria Gomes grape 216
Maribor 268, 269
Marie Brizard 275
Marienburg vineyard *30*
Marienthal 226
Marignan 152
Marimar Estate 305
Marin 152
Marino 172
Marjosse, Ch 100
Markgräflerland 245
Markowitsch, Gerhard 254
Marlborough 367, 368, 370, **372–374**; climate 22; vineyard land prices 47
Marmajuelo grape 191
Marque d'acheteur (MA) (definition) 80
Marquette grape 289
Marquis d'Alesme, Ch 98, *98*
Marquis de Terme, Ch 98
Marsala 11, 185
Marsannay 67
Marsanne grape: Australia 360; France 128, 129, 131, 133, 134, 136, 140, 142, 144; Israel 287; Switzerland 252
Marselan grape 215, 389, 390, 332
Marsyas, Ch 286
Martha's Vineyard 314
Martial 132
Martillac 102
Martinborough 368, 370
Martinborough Vineyard 370
Martinelli 305
Martinenga vineyard 160
Martini, Louis 308
Maryan 275
Maryland 290
Marzemino grape 155, 166
Mas Amiel 144
Mas de Daumas Gassac 142
Mas Dox 202
Mas La Plana 200
Mas Martinet 202
Mascarello 162
Masi 169
Massandra winery 276, *276*
Massaya 286
Massena 350
Masterton 370
Mastroberardino, Antonio 182
Matanzas Creek 308
Mataro grape 16, 345, 350
Matassa 145
Matetic 336
Mátra 262, 263
Matras, Ch 110
Maucaillou, Ch 96
Mauer 254
Maule 334, 336, 337
Maule, Angiolino 164
Maurer Berg 254
Mauro 195, 196
Maury 144
Maushöhle 242
Mautern 257
Mauves 128
Mauvesin Barton, Ch 96
Mauzac grape 114, 141
Mavro grape 284, *284*
Mavro Kalavritino grape 283
Mavrodaphne grape 283
Mavrostifo grape 283
Mavrotragno grape 280
Mavrud grape 275
Maxime Herkunft Rheinhessen 238
Mayschosser 226
Mayschosser Winzerverein 231
226
Mazeyres, Ch *29*
Mazis 66
Mazon 167
Mazoyères 66
Mazuelo grape 17, 186, 198
Mazza grape 348
Mazzilli, Ruggero 155
Meadowbank Farm 372
Méal 132
Mechuque 337
Medimurje 270
Mediterranean 285
Médoc 25, 84, 87; Central **96–97**; Northern **88–89**; Southern **98–99**
Meerlust 382
Meersburg-Stetten 245
Megyer vineyard 264
Meissen 227
Meleyi grape 277
Melgaço 209
Meli 337
Mellot, Alphonse 123
Mělník 266
Melnik 55 grape 275, *275*
Meloisey 58
Melon de Bourgogne grape 14, 116, 117
Melsheimer, Thorsten 227, 233
Menada, Dom 275
Mencía grape 192, 217
Mendocino **304**
Mendoza 22, 338, 339, 340, 341
Mendoza, Abel 198, 199
Mendoza, Enrique 190
Mendrisio 251
Menetou-Salon 123
Ménétréol-sous-Sancerre 122, 123
Menti, Giovanni 164
Méntrida 189, 191
Mentzelopoulos family 95, 98
Mer Soleil Chardonnay vineyard 317
Merawi grape 287
Mercian, Ch 386, *386*, 387
Mercurey 68
Merenzao grape 192
Meridian winery 320
Merignac 84
Merkin Vineyards 326
Merlaut family 94, 96
Merlin, Olivier 70
Merlot Bianco 251
Merlot grape: ageing 39; Argentina 339, 341; Australia 349, 357; Austria 261; Brazil 331; Bulgaria 274, 275; characteristics **14**; Chile 333, 334; China 389, 390; Croatia 271; France 84, 86, 96, 98, 108, 110, 113, 141; Germany 224; Greece 280; harvesting 32; Hungary 262; Italy 155, 161, 164, 167, 168, 170, 171, 172, 174, 176, 180; Japan *386*, 387; Moldova 276; New Zealand 368, 369; North America 292, 293, 298, 300, 304, 305, 308, 309, 310, 311, 312, 315, 319, 323, 324; Portugal 208; Romania 272, 273; Russia 277; Slovenia 268; South Africa 380, 382; Spain 190, 191, 197; Switzerland 251, 253; Ukraine 276; Uruguay 332
Meroni 169
Merricks 361
Mertesdorf 227
Merwah grape 286
Meskheti 279
Mesland 120
Message in a Bottle 238
Messinía 283
Metala vineyard 355
Méthode classique/méthode traditionelle (definition) 52
Metliška črnina 269
Metodo classico/metodo tradizionale (definition) 155
Metohija 267
Métsovo 280
Meursault 57, 58, 60, 61
Meursault-Blagny 60
Mexico 48, **327**
Meyer-Näkel 226
Meyney, Ch 90
Mézes Fehér grape 262
Mézes Mály 265
Mezőzombor 265
Michael, Peter 306
Michelsberg (Mittelmosel) 231

Michelsberg (Pfalz) 243
Michigan 200
Micro-oxygenation 36
Middle Mosel (Mittelmosel) 227, **230–233**
Middleton, Dr 362
Miesbauer, Fritz 258
Mikulovsko 266
Milawa 358
Mildara 357
Mildew 27, 29
Millbrook 325
Millésime 52
Mills, Gary 359
Milmanda 200
Milo 185
Minerality 26
Minervois 140
Minervois-La Livinière 140
Miniş 273
Minustellu grape 149
Minutolo grape 183
Miolo Wine Group 331, *331*
Miroglio, Edoardo 275
Mis (en bouteille) au château/domaine/à la propriété (definition) 52
Misket Chevren grape *see* Red Misket grape
Misket grape 285
Misket Sandanski grape 275
Misket Varnenski grape 275
Misket Vrachanski grape 275
Mission grape 289, 321, 334, 339
Mission San Francisco de Solano 308
Mission winery 370
Missouri 290
Mitchelton 360
Mitjavile, François 106
Mitjavile, Louis 106
Mittelbach family 256
Mittelburgenland 254, 260, 261
Mittelhaardt 241, 242–243
Mittelheim 237
Mittelrhein 224, 225
M.O.B. 217
Moccagatta vineyard 161
Modra Frankinja grape 269
Modré-Hory 266
Modrý Portugal grape 266
Moët & Chandon 338, 363
Mogador, Clos 202
Mogao 390
Moldova 48, 49, 276
Moldovan Hills 272
Molette grape 152
Molina 337
Molinara grape 169
Molino Real 203
Molise 183
Molitor, Markus 227, 228, 232
Monastrell grape 16, 190, 200
Monbazillac 113
Monção 209
Mönchberg 226
Mondavi 320
Mondavi, Robert 310, 314, 349
Mondéjar 191
Mondeuse grape 151, 152
Monemvasia grape 282, 283
Monemvasia-Malvasia 283
Monemvasia Winery 283
Monferrato 158
Monferrato Casalese 158
Monforte d'Alba 162
Monica grape 186
Monier-Perréol 128
Monopoles 54
Monprivato vineyard 162
Monsordo-Bernardina estate *158*
Mont, Ch du 100
Mont de Milieu 78
Mont Granier *153*
Mont-sur-Rolle 253
Mont Tauch 140
Mont Ventoux *134*
Montagne (Bordeaux) 106
Montagne de Reims 80, 82
Montagny 68
Montalbera 158
Montalcino 47, **179**
Montana 372
Monte Bello vineyard 316, 317
Monte da Ravasqueira 219
Monte dall'Ora 169
Monte dei Ragni 169
Monte Rosso vineyard 308
Monte Santoccio 169
Monte Xanic 327
Montecucco 174
Montecucco Sangiovese 174
Montée de Tonnerre 78, 79
Montefalco Sagrantino 181
Montelena, Ch 312
Montenegro 267
Montepulciano 16, **180**
Montepulciano d'Abruzzo 172
Montepulciano d'Abruzzo Colline Teramane 172
Montepulciano grape 172, 183, 331, 339, 345
Monteregio di Massa Marittima 174
Monterey 316, 317
Monterrei 192
Montes (Chile) 336, 337
Montes (Spain) 203
Montescudaio 175
Montevideo 332
Montez, Stéphane 128
Montgueux 81
Monthelie 61
Monticello 323
Montilla-Moriles 204, *204*, 205
Montille, de 62
Montille, Etienne de 387
Montlandrie, Ch 106
Montlouis **121**
Montpeyroux 143
Montrachet 58, 60
Montravel 113
Montrose, Ch 90, 91, 119
Monts Luisants 66
Montsant 200, 202
Monvigliero vineyard 162
Monzernheim 239
Monzingen 234, 235
Moon Mountain 308
Moorabool Valley 360
Moorilla Estate 366
Moorooduc 361
Moosbrugger, Michael 258
Moquegua 330
Mór 262, 263
Mora, Fernando 190
Morava grape 267
Moravia 266
Moravia Agria grape 190
Moravian Muscat grape 266
Mörbisch 261
Moreira, Jorge 217
Morelli Lane 305
Morellino di Scansano 16, 175
Morescone grape 149
Moreto grape 219
Morey 66
Morey-St-Denis 66
Morgeot 59
Morges 253
Morgon 74
Moric 260, 261
Morillon grape 255
Moristel grape 190
Mornington Peninsula 22, **361**
Morocco 48
Morokanella grape 284
Morrastel grape 198
Morrisette, Ch 323
Morscheid 227
Morstein 239
Mosbacher, Georg 243
Moscadello di Montalcino 179
Moscatel de Alejandría 339
Moscatel de Grano Menudo grape 197
Moscatel de Setúbal 215
Moscatel grape 17; Brazil 331; Chile 335, 337; Portugal 213; Spain 203, 204, 205
Moscatel Roxo grape 215
Moscato Bianco grape 17, 156, 185
Moscato d'Asti 158
Moscato di Noto 185
Moscato di Pantelleria 185
Moscata di Siracusa 185
Moscato Giallo grape 164
Moscato grape 158, 160
Moschofilero grape 283
Mosel 24, 224, **227**
Moseltor 227
Moser, Lenz *389*
Moser, Sepp 258
Moss Wood 349
Most 266
Mouches, Clos des 62
Moueix, Christian 108, 314
Moueix, Edouard 108
Moueix, Jean-François 108
Moueix, Jean-Pierre 106, 108
Moulin-à-Vent 74
Moulin Riche, Ch 94
Moulis-en-Médoc 96, 97
Mount Barker (SA) 356
Mount Barker (WA) 347
Mount Benson 346
Mount Edelstone 352
Mount Eden 316
Mount Etna *see* Etna
Mount Gambier 346
Mount Harlan 317
Mount Hood *296*
Mount Langi Ghiran 359, *359*
Mount Mary 362
Mount Vedeer 312
Moura 218
Mourvèdre grape: Argentina 339; Australia 345, 350, 354; characteristics **16**; France 134, 136, 138, 140, 142, 144, 145, 146, 147, 148; Israel 287; North America 300, 326; Spain 190
Mouton-Cadet 92
Mouton Rothschild, Ch 92, 95
Mtsvane Kakhuri grape 278
Mudgee 365
Muhr-van der Niepoort 254
Mujuretuli grape 279
Mülheim 232
Müllen, Martin 232
Müller, Egon 228, 229, 266
Müller, Matthias 225
Müller-Thurgau grape: characteristics **14**; Czechia 266; England 249; Germany 223, 224, 227, 228, 238, 241, 244, 245, 246; Italy 167; Luxembourg 53, 227; New Zealand 368; North America 294; Switzerland 250
Mullineux Family Wines 381, 383
Mundingen 245
Munson, Thomas V 326
Münster-Sarmsheim 234, 235
Muntenia 272
Muré 126, 127
Muret 132
Murfatlar 273
Murray Darling 345
Murten 251
Musar, Ch 286
Muscadelle grape 95, 104, 113, 360
Muscadet *43*, 116
Muscadet Côteaux de la Loire 116
Muscadet Côtes de Grandlieu 116
Muscadine grape 290
Muscardin grape 138
Muscat Bailey A grape 385, 386, 387
Muscat (Blanc à Petits Grains) grape: Albania 267; Argentina 339; Australia 360; characteristics **17**; Corsica 149; France 124, 127, 128, 136, 142; Greece 282, 283; Hungary 264; Romania 272, 273; Slovenia 268, 269; South Africa 379, 380; Spain 197; Turkey 285
Muscat Bouschet grape 266
Muscat de Rivesaltes 144
Muscat de St-Jean de Minervois 140
Muscat of Alexandria grape 17, 185, 215, 286, 330
Muscat of Hamburg grape 332
Muscat Ottonel grape 260, 266, 272, 274, 275
Musella 169
Musigny 58, 65
Muskateller grape 260
Must 33
Mustiguillo 190
Mustoasă de Măderat grape 272
Muthenthaler, Martin 256
Myanmar/Burma 385
Myanmar Vineyards 385
Myburgh 382

Nachbil 273
Naches Heights 300
Nackenheim 240
Nagambie Lakes 360
Nagano 387
Nahe 224, **234–235**
Nahe Staatsweingut 235
Namaqua 378
Nancagua 336
Nantes 117
Nantoux 58
Náoussa 280, 281
Napa 304
Napa Carneros 309
Napa Valley 302, 309, **310–312**; climate 22; terroir 25, 29; vineyard land prices 47
Napier 369
Narince grape 285
Narvaux 60
Nascetta 158
Nascetta grape 159
Nasco grape 186
Nashik 385
Naumburg 225
Navarra **197**
Navarro Vineyards 304
Néac 106
Nebbiolo d'Alba 158
Nebbiolo grape: Argentina 339; Australia 345, 355, 356; Bulgaria 275; Germany 225; Italy 156, 158, 160, 162, 163; North America 304, 322, 323, 327
Nederburg 382
Negev desert 287
Négociant (definition) 52
Négociant-manipulant (NM) (definition) 80
Negotinska Krajina 267
Négrette grape 114
Negroamaro grape 155, 182, 183
Negru de Drăgăşani 272, 273
Negru de Purcari 276
Negru Virtos grape 272
Neiss 243
Neive 160
Nelles family 226
Nelson 368
Neméa 283
Neoplanta grape 267
Nerello Cappuccio grape 184, 185
Nerello Mascalese grape 155, 184, 185
Nero d'Avola grape 155, 184, 345, *354*
Nero di Troia grape 182, 183
Nervi 156
Neszmély 263
Neuburger grape 254, 260
Neuchâtel 251
Neumagen-Dhron 230
Neuquén 341
Neusiedlersee 260, 261
Neusiedlersee 254
Neustadt 241
New England (Australia) 365
New Jersey 290
New Mexico 326
New South Wales **364–365**
New York 289, **324–325**
New Zealand 344, **367–375**; Canterbury **371**; Central Otago **375**; climate 19; Hawke's Bay **369**; Marlborough **372–374**; phylloxera 29; screw caps 37; soils 27, 29; vineyard land prices 47; vineyards 48; Wairarapa **370** wine production 49
Newton Johnson 384
Neyret-Gachet family 131
Niagara Escarpment 325
Niagara grape 386
Niagara Peninsula 293
Nice *146*
Niederberg-Helden vineyard 232, *232*
Niederfell 233
Niederhausen 235
Niederhäuser Hermannshöhle 235
Niederösterreich 254
Nielluccio grape 149
Niepoort, Dirk 213, 214, 216, 217
Niero, Rémi and Robert 131
Nierstein 239, 240
Niersteiner Gutes Domtal 224, 238, 240
Nietvoorbij 383
Niewodniczanski, Roman 227, 228
Nigl 258
Niigata 387
Nikolaihof 257, 258
Ningxia *18*, 390
Nino Negri 156
Ninth Island 366
Nittnaus, Hans and Anita 260, 261
Nizza 158
NM (négociant-manipulant) (definition) 80
Noble rot *see* botrytis
Nocera grape 185
Non-vintage (NV) (definition) 80
Norheimer Dellchen 235
Norte 203
North America **288–327**; California **301–322**; Canada **291–293**; Mexico **327**; New York **324–325**; Pacific Northwest **294–301**; Southwest States **326**; vineyard land prices 47; vineyards 48; Virginia **323**; wine production 49
North Canterbury 371
North Coast 302, 303
North Fork 324
North Macedonia 267
North Otago 375
Northern Cape 378
Northern Sonoma **305–307**
Northland 368
Norton grape 289, 290, 323
Nosiola grape 155, 166
Nova Scotia 291
Novac grape 272, *272*, 273
Novartis 195
Novello 159
Novy Svet estate 276
Nozet, Ch de 123
Nuits 64
Nuits-St-Georges 64
Numanthia 196
Nuragus grape 186
Nuriootpa 351
Nussberg 254
Nusserhof 167
NV (non-vintage) (definition) 80
Nyetimber 249
Nyulászó 265

O Rosal 193
Oak **36**; barrels 10, 35, 36, *36*, *187*; cork oak 37, *37*, *206*
Oak Knoll District 310, 312
Oak Valley 384
Oakdene 360
Oakridge 358
Oakville 312, **314**
Obeideh grape 286
Oberemmel 228
Oberhausen 234
Oberhäuser Brücke vineyard 235, *235*
Oberloiben 256
Obermosel 227
Oberrotweil 244
Oberstockstall 254
Obsidian Ridge 304
Occhio di Pernice 180
Occhipinti 184
Ochoa 197
Oeil de Perdrix 251
Oestrich 237
Offida 172
Ogier, Stéphane 130
Ohau 368
Ohio 290
Ohligsberg 231
Oidium 220
Oisly 120
Ojai 326
Ojeda, Eduardo 204
Okanagan Falls 292
Okanagan Valley *24*, 291
Öküzgözu grape 285
Olaszliszka 265
Olaszrizling grape 262, 263
Olazabal, Francisco 217
Old Block Cabernet *360*
Old Hill Vineyard 308
Old Vine Project 378
Olifants River 378
Olivier, Ch 102
Olmo, Harold 348
Olmo's Reward 348
Oltenia 272
Oltrepò Pavese 156
Omaka 373
Ondenc grape 114
Ontario 19, 28, 291, **293**
Oporto 214, *214*
Oppenheim 240
Orange 365
Orange wine 33, 266, 268, 275, 278
Orbelia *275*
Ordóñez, Jorge 203
Ordóñez family 190, 196
Ordonnac 88
Oregon 27, 294, 295, 296–297
Oremus 264
Organic viticulture 29, 30
Orlando 350, 352
Orléans 116, 123
Orléans-Cléry 116, 123
Ornellaia estate 174, *174*
Ortega grape 292
Ortenau 245
Ortswein 225
Ortsweine (definition) 225, 238
Orvieto 181
Orvieto Classico Secco 181
Orvieto Superiore 181
Oseleta grape 169
O'Shaughnessy 312
Osorno 337
Osoyoos 292
Ossian 196
Ostertag, Dom 124
Ostrožović 266
Othegraven 228
Ott, Bernhard 254
OTW (Österreichischen Traditionsweingüter) 258
Ovada 158
Ovid 312
Oxidation 32, 33, 34, 36, 38

Paarl 382, 383
Pacherenc du Vic-Bilh 115
Pacific Northwest **294–301**
Paco & Lola 193
Paddeu 186
Padthaway 346
Pafos 284
Pagani Ranch 308
Pagos del Rey 195
Paien grape 250, 252
País grape 289, 334, 335, 337, 339
Paiva 209
Pajorè 160
Pajzos vineyard 264
Palacios, Alvaro 192, 202
Palacios, Descendientes de J 192
Palacios, Rafael 192
Pálava grape 266
Palette 146
Palhete (definition) 207
Palladius 381
Pallagrello grape 182
Pallars 200
Palmela 215
Palmer, Ch 98
Palomino Fino grape 191, 192, 204, 205
Paltrinieri 164
Pamid grape 274, 275
Pannell, SC 355
Pannobile group 260
Panquehue 336
Pansa Blanca grape 201
Panzano 178
Papazkarasi grape 285
Pape Clément, Ch 102
Papegaaiberg 382
Papes, Clos des 138
Paracombe 356
Paraje Altamira 341
Paralelo 327
Parawa 354
Parducci 304
Paredones 336
Parellada grape 200
Parent, Henri 341
Paringa 361
Paris, Vincent 128
Parker 357
Páros 282
Parparoussis 283
Parra, Pedro 25, *25*, 333
Parraleta grape 190
Parrina 175
Pasas de Málaga 203
Pasler, Franz 261
Pasler, Michael 261
Paso Robles 319, 320, 321
Passerina grape 172
Passito (definition) 155
Passopisciaro 185
Pastrana, Carles 202
Patache d'Aux, Ch 88
Patagonia 338, 341
Pato, Filipa 216
Pato, Luís 216
Pátra 283
Patras 281
Patrimonio 149
Pauillac 47, 88, **92–93**, 97
Pauillac de Château Latour 93
Paveil de Luze, Ch 96
Pavelka 266
Pavie, Ch 106, 110
Pavillon Blanc du Château Margaux 95, 98
Pavlidis 280
Pawis 225
Paxton 355
Pays d'Oc 140, 143
Pays Nantais 116
PDOs (Protected Designations of Origin) 40
Pécharmant 113
Pechstein vineyard 243
Pecorino grape 155, 172
Pécs 262
Pedernă grape 209
Pedesclaux, Ch 93
Pedro Ximénez/Giménez grape *204*, 205, 339, 340
Pegasus Bay 371
Pelaverga grape 158
Péléat 132
Pelee Island 293
Peloponnese **283**
Pemberley Farms 348
Pemberton 348
Peñafiel *194*
Pendore project 285
Penedès 200
Penfolds 350, 352, 356, 357, 366
Penglai 390
Peninsula de Setúbal **215**
Penley 357
Pennsylvania 290
Penola Fruit Colony 357
Pepper Tree 346
Perelada 197
Pérez, José Luis 202
Pérez, Raúl 192
Pérez, Ricardo 192
Pérez Barquero 205
Perinet 202
Pernand-Vergelesses 63
Pernod Ricard 350, 367, 390
Perpignan 145
Perret, André 128
Perricone grape 155
Perrières 58
Perrin family 134, 136, 320
Perrodo family 98
Persan grape 151, 152
Perse, Gérard 106
Peru 48, 330
Perugia 181
Pesquera 194
Perdriel 341
Perwolff 261
Pesquié 134
Pessac-Léognan 84, 86, **102–103**
Pests of vines **27**, 30, *30*, *360*, *382*
Petaluma 353, 354, 356, 357
Petaluma Gap 305
Petit Bocq, Ch 90
Petit Chablis 77, 78
Petit Courbu grape 113, 114, 115
Petit Manseng grape 113, 114, 323, 389
Petit Rouge grape 156
Petit Verdot grape: Argentina 339; Australia 349; North America 300, 323; Portugal 219; Spain 191; Uruguay 332
Petite Arvine grape 156, 250, 252
Petite Sirah grape 287, 304, 310
Petrányi 263
Petrus 25, 87, 108, 109
Pettenthal vineyard 239, 240
Pettinella 172
Pewsey Vale vineyard 352
Pez, Ch de 90
Pézenas 143
Pfaffenberg vineyard 258
Pfalz 224, **241–243**
Pfeffingen estate 243
Pfneiszl 263
Pfülben 246
PGIs (Protected Geographical Indications) 40
Pheasant Ridge winery 326
Phélan Ségur, Ch 90
Phelps, Joseph 305
Philadelphia (South Africa) 380
Philippi, Bernd 243
Philo 304
Phoenicians 10
Photosynthesis 28
Phylloxera 11, 27, 330; Australia 358, 363; Croatia 270; France 114, 150, 151, 198; Italy 156; North America 289, 297, 310, 323, 326; Peru 330; Portugal 211, 220; Slovakia 266; Spain 189, 192; Switzerland 251; Turkey 285
Piave 164
Piave Malanotte 165
Pibarnon, Ch de 148
Pic St-Loup 143
Picapoll grape 201
Picardan grape 138
Picardy 348
Piccadilly Valley 356
Pichler, FX 256
Pichler, Rudi 256
Pichler-Krutzler 256
Pichon Baron, Ch 92
Pichon-Lalande, Ch 90, 92, 382
Pico *207*
Picolit 171

Picpoul de Pinet 142
Picpoul grape 140, 142
Picpoul Noire grape 138
Picque Caillou, Ch 102
Picutener grape 156
Piedirosso grape 182
Piemonte 156, **158–159**
Pierce's Disease 27, *27*, 289, 326
Pieropan 168
Pierres Dorées 72
Pierro 349
Piesport **230–231**
Piesporter Goldtröpfchen *230*, 230–231
Pietroasa 272
Pievalta 172
Pigato grape 157, 186
Piglio 172
Pignoletto grape 165
Pignolo grape 170
Pike & Joyce 356
Pinard, Vincent 123
Pinault, François 131
Pinault family 66
Pineau d'Aunis 116
Pinenc grape 114
Pinela grape 268
Pingus, Dom de 195
Pinhao 211
Pinot Blanc/Bianco grape: Austria 254, 260, 261; France 124; Germany 223, 224, 225, 227, 238, 241, 244, 245; Italy 156, 158, 166, 167, 169, 170, 171; Luxembourg 53; North America 290, 322; Serbia 267; Slovenia 268; Switzerland 251
Pinot Gris/Grigio grape: Argentina 339; Australia 345, 356, 356, 361, 362, 365, 366; characteristics **16**; France 120, 123, 124, 125, 127; Germany 223, 224, 225, 227, 238, 241, 242, 244, 245; Hungary 262, 263; Italy 158, 165, 166, 167, 168, 170, 171; Luxembourg 53; New Zealand 368, 369, 370, 373, 374, 375; North America 290, 292, 296, 297, 298, 300, 322; Romania 272, 273; Serbia 267; Slovenia 268, 269; Switzerland 251, 252, 253
Pinot Meunier grape 15, 80, 82, 120, 249
Pinot Noir/Nero grape: ageing 39; Argentina 338, 339, 341; Australia 22, 346, 347, 354, 356, 358, 360, 361, 362, 365, 366; Austria 261; Brazil 331; Bulgaria 275; characteristics **15**, 28, 38; Chile 335, 336, 337; China 390; Czechia 266; DNA analysis 14; England 249; France 55, 56, 57, 64, 67, 68, 69, 77, 80, 82, 117, 120, 122, 123, 124, 125, 141, 150, 152; Germany 223, 224, 225, 226, 227, 230, 234, 235, 236, 237, 238, 239, 241, 242, 243, 244, 245, 246, 247; history of winemaking 11; Hungary 263; Italy 156, 158, 166, 167; Japan 387; Luxembourg 53; New Zealand 368, 370, 371, 373, 374, 375; North America 291, 292, 293, 294, 296, 297, 300, 304, 305, 306, 308, 309, 316, 317, 319, 320, 321, 322; Portugal 219; Romania 272, 273; Serbia 267; serving temperature 44; Slovenia 268, 269; South Africa 384; Spain 200, 203; Switzerland 251, 252, 253; Ukraine 276
Pinotage grape 379, 381, 382
Pintas 213
Pintes grape 262
Pinto Bandeira 331
Pipers Brook 366
Pipers River 366
Piquepoul grape *see* Picpoul grape
Pirie 366
Pisa (NZ) 375
Pisano, Gabriel 332
Pittersberg vineyard 235
Pizzini family 358
Pla de Bages 201
Pla i Llevant 191
Plaimont 115
Plan de Dieu 137
Planeta 185
Plant Robert grape 253
Plantagenet 347
Plavac Mali grape 271
Plettenberg, Reichsgraf von 235
Ploussard grape 150
Plovdiv 274
Plyto grape 282
Pochon, Dom 133
Podensac 100
Podere (definition) 155
Podravje 268, 269
Pt Leo 361
Pojega estate 169
Pokolbin 364, *364*
Pol Roger 82
Polish Hill vineyard 353, *353*
Poliziano 180
Polkadraai Hills 382
Pollino 183
Polperro 361
Polz 255
Pombal, Marquis de 40
Pomerol 84, 106, **108–109**; church *108*; climate 86; soils 25, 87
Pommard 58, 62
Pommard grape 297
Ponce 190
Poncié 74
Pontac 90
Pontet-Canet, Ch 92, 93
Pope Valley 312
Porongurup 347
Porseleinberg 381
Port **210–213**; ageing 38, 39; history 11; lodges 214; styles 214
Port Phillip 360
Portalegre 218, 219
Portets 100
Porto Carros, Dom 280
Porto Santo 220, 221
Porto-Vecchio 149
Portugal **206–221**; Alentejo **218–219**; Bairrada and Dão **216–217**; climate 20; cork oak 37, *206*, 208; Douro Valley **210–214**; Lisboa and Peninsula de Setúbal **216**; Madeira **220–221**; phylloxera 27; vineyard land prices 47; vineyards 48; Vinho Verde **209**; wine labels 207; wine production 49
Portugal Ramos, João 218
Portugieser grape: Czechia 266; Germany 223, 224, 238, 241; Hungary 262; Slovakia 266
Porusot 60
Posavje 268, 269
Pošip 271
Postup 271
Potensac, Ch 88
Potter Valley 304
Potts, Frank 355
Pouget, Ch 98
Pouilly 70
Pouilly-Fuissé **70–71**
Pouilly-Fumé *122*, **122–123**
Pouilly-Loché 69
Pouilly-sur-Loire 116, 122, *122*
Pouilly-Vinzelles 69
Poujeaux, Ch 96
Poulsard grape 150, 151
Povardarie 267
Poysdorf 254
Prà 168, 169
Prachtraube grape 266
Prädikatswein (definition) 225
Praesidium 172
Prager 256
Prairie Star grape 289
Prälat 232
Prats family 90
Pratten, Dr Peter 348
Preignac 104
Prekmurje 269
Prellenkirchen 254
Prémeaux 64
Premier Cru (definition) 52, 58
Premières Côtes de Bordeaux 86, 100, 101
Prestige de Loire 119
Preston Vineyards 306
Preuillac, Ch 88
Preuses 78
Price, Bill 308
Pride Mountain 312
Prieler 261
Prieto Picudo grape 189
Prieuré-Lichine, Ch 98
Primitivo grape 17; Australia 355; Italy 155, 182, 183, 271
Primo Estate 355
Primorska 170, 268–269
Prince Edward County 293
Prince Ştirbey vineyard *272*
Priorat 17, 188, 191, 192, **202**; soils 25, *26*
Prissé 69
Pritchard Hill 312
Probus grape 267
Procanico grape 181
Prohibition 289, 303
Prokupac grape 267
Promara grape 284
Promontory 314
Propriétaire-récoltant (definition) 52
Prosecco *153*, 164, *164*
Prosecco Superiore 164
Prosser 299, 300
Protected Designations of Origin *see* PDOs
Protected Geographical Indications *see* PGIs
Protos *194*
Provence **146–147**
Provins 252
Prugnolo Gentile grape 16, 180
Prüm, JJ *232*
Pruning vines and vigour 13, *13*, 30, *61*
Psari 283
Ptuj 268
Puech-Haut, Ch *143*
Puente Alto 336
Puget Sound 294
Puglia 183
Puidoux 253
Puisseguin 106
Pujols-sur-Ciron 100
Pules grape 267
Puligny-Montrachet *54*, 60
PUNCH 362
Pune 385
Pünderich 227, 233
Pupillin 150
Purbach 261
Purcari winery 276
Pury, de 362
Pušipel grape 270
Puy Arnaud, Clos 106
Puyaubert, Tom 199
Puygueraud, Ch 106
Pyramid Valley 371
Pyrenees 359

Qualitätswein 40, 225
Quarts de Chaume 118
Quebec 291
Querétano 327
Quincy 123
Quinta (definition) 207
Quinta da Fonte Souto 219
Quinta da Gaivosa 213
Quinta da Lomba 217
Quinta da Muradella 192
Quinta da Pellada 217
Quinta das Bágeiras 216
Quinta das Maias 217
Quinta de Baixo 216
Quinta de Cabriz 216
Quinta de Chocapalha 215
Quinta de Saes 217
Quinta de Vargellas 213
Quinta do Aral vineyard *216*
Quinta do Centro 219
Quinta do Corujão 217
Quinta do Crasto 212
Quinta do Monte d'Oiro 215
Quinta do Noval 213, 214
Quinta do Vesuvio 211, 212
Quinta dos Carvalhais 216
Quinta dos Roques 217
Quinta dos Malvedos 213, *213*
Quintarelli, Giuseppe 169
Quintessa 314
Quintus, Ch 110
Quirion, Yvan *19*
Qvevri 278, *278*

Rabajà vineyard 160
Rabigato grape 207, 210, 213
Raboso grape 164, 165
Racha 279
Racking 35, 36
Radebeul 227
Radford 352
Radgona 268, 269
Rädling 242
Radoux 36
Rafanelli, A 306
Rahoul, Ch 100
Raimat estate 200
Rainfall 20
Rainoldi 156
Rákóczi family 264
Ramandolo 170
Ramisco grape 215
Ramos Pinto Rosas, José 212
Rancagua 336
Rancho Sisquoc 321
Randersacker 246
Rangen vineyard 125, 127
Ranina grape 269
Ranna Melnishka Loza grape 275
Rapel 336
Rappu 149
Rapsáni 280
Rară Neagră grape 276
Raspail-Ay, Dom 136
Ráspi 263
Rasteau 136
Ratinho grape 215
Rátka 265
Rattlesnake Hills 300
Ratzenberger 225
Raucoule 132, 133
Rauenthal 237
Raumland 225
Räuschling grape 250, 251
Rauzan-Gassies, Ch 98
Rauzan-Ségla, Ch 98, 110
Raventós family 200
Raventós i Blanc *201*
Ravines 324
Ray, Martin 316
Rayas, Ch 134, 138, 139
Raymond-Lafond, Ch 104
RC (récoltant-coopérateur) (definition) 80
RdV 323
Rebholz 242
Rebholz, Hansjörg 241
Rebula grape 268
Recanati 287
Rechbächel vineyard 243
Recher Herrenberg 226
Rechnitz 261
Recioto (definition) 155
Recioto della Valpolicella 169
Recioto di Soave 169
Récoltant (definition) 52
Récoltant-coopérateur (RC) (definition) 80
Récoltant-manipulant (RM) (definition) 80
Récolte (definition) 52
Red Hill 361
Red Hill Douglas County 294
Red Misket grape 274, 275
Red Mountain 299, 300
Red Newt 324
Red Willow Vineyard 300
Red wine: ageing 36, 38, 39; making 12, 33, 34–35; serving temperature 44, 45; tasting 42, 43
Redondo 218
Redwood Valley 304
Refosco grape 151, 170, 171, 268, 271
Refošk grape 271
Regent grape 224, 250
Regnery, F-J 230
Regnié 75
Reguengos 218
Reguinga, Rui 219
Reh, Carl 273
Reichensteiner grape 249
Reichsgraf von Kesselstatt 227
Reichsgraf von Plettenberg 235
Reignac, Ch de 100
Reihburg Blaufränkisch 261
Reil 227, 233
Reims 82
Reiterpfad 243
Remelluri 198
Remizières, Dom des 133
Rengo 336
Renski Rizling grape 269
Requinoa 336
Reserva (definition) 191
Réserve (definition) 80
Retamal, Marcelo 335
Retsina 282
Reuilly 123
Reus 200
Reybier, Michel 90
Reynaud, Alain 110
Reyneke 382
Reynell, John 354
Reynella 354
Reynolds family 219
Rèze grape 250, 252
Rheinfront 238, 239–240
Rheingau *224*, **236–237**
Rheinhessen 47, 224, **238–240**
Rheinhessen Five 238
Rhodes 282
Rhône: history of winemaking 10; Northern **128–133**; Southern **134–139**; mistral 21
Rhône Rangers 321
Rhys Vineyards 185, 316, *316*
Rías Baixas **193**
Ribbon Ridge 296
Ribeira Sacra 192
Ribeiro 192
Ribera Alta 197
Ribera Baja 197
Ribera del Duero 39, **194–195**
Ribera del Guadiana 191
Ribolla Gialla grape 155, 171, 268
Ricasole, Barone 176
Ricaud, Ch de 100
Richard Dinner Vineyard 308
Richaud, Marcel 136
Richeaume, Dom 147
Richebourg vineyard ownership 58
Richelieu, Ch 106
Richter 231, 232
Riddoch, John 357
Ridge Vineyards 316
Riebeek-Kasteel 381
Riedel 45
Riedenwein 255
Riek, Dr Edgar 365
Rieslaner grape 246
Riesling grape, ageing 38, 39, *43*; Argentina 341; Australia 345, 347, 348, 352, 353, 355, 356, 359, 360, 365, 366; Austria 254, 256, 258, 259; characteristics **16**, 28, *30*; Chile 335, 337; Croatia 270; Czechia 266; France 124, 125, 126, 127; Germany 223, 224, 225, 226, 227, 228, 230, 232, 234, 236, 237, 238, 239, 240, 241, 242, 243, 245, 246; history of winemaking 11; Hungary 263; Italy 167; New Zealand 368, 371, 373, 374, 375; North America 290, 292, 293, 296, 297, 298, 300, 304, 312, 316, 322, 324, 326; Portugal 208; Serbia 267; Slovakia 266; Slovenia 268, 269; Switzerland 250; Ukraine 276; wine production 32
Riesling Italico grape *see* Italian Riesling grape
Rieussec, Ch 104
Rings 243
Río Negro 338, 341
Rioja 39, 47, 188, 191, **198–199**
Rioja Alavesa 198
Rioja Alta 198
Rioja Baja 198
Rioja Oriental 198
Ripaille 152
Ripasso della Valpolicella 169
Ripoll, Marc 202
Rippon 375
Riquewihr *126*, 127
Riscal, Marqués de 196, *196*
Riserva (definition) 155
Rishon LeZion 287
Ritsch vineyard 230
Rivaner grape 53, 227
Rivera 332
Riverina 345
Riverland 345
Riversdale estate 348
Rivesaltes 140, 144
Rivière, Olivier 199
Rizzardi, Guerrieri 169
Rizzi vineyard 161
Rkatsiteli grape 17; Bulgaria 274, 275; Crimea 277; Georgia 278; Russia 277; Ukraine 276
RM (récoltant-manipulant) (definition) 80
Robe 346
Robert Oatley Vineyard 365
Robert, Stéphane 128
Robert-Denogent 70
Robertson 379
Robertson, Norrel 189
Robin, Gilles 133
Robola grape 282
Roc des Anges 145
Roca, AT 200
Roca, Bernardo *20*
Rocche dell'Annunziata 162
Rocchetta, Incisa della, Marchese 174
Roche, Clos de la 66
Roche aux Moines 118
Rochegrès 74
Rochemorin, Ch de 102
Rochioli 305
Rocks District of Milton-Freewater, The 294
Rocky Knob 323
Rodda, Adrian 358
Rödelsee 247
Rodríguez, Telmo 196, 203
Roederer 304
Roederer, Louis 90, 92
Roederer Cristal 82
Rodern 124
Roditis grape 281, 283
Roero 158
Rogue Valley 294
Rollan de By, Ch 88
Rolland, Dany 196
Rolland, Michel 110, 196, 275, 341
Rolle grape 134, 142, 146, 147, 186
Romanée-Conti, Dom de la 26, 43, 64, 65, *65*
Romanée-St-Vivant 64
Romania 48, 48, **272–273**
Romans, ancient 10, *10*
Romé grape 203
Römerhof estate 261
Romorantin grape 116
Roncagliette 160
Ronchi di Cialla 170
Ronda 203
Rondinella grape 169
Rondo grape 22, 249
Roquette, José 218
Ros, Elian de 114
Rosa, Rene de 309
Rosacker 127
Rosado (definition) 191, 207
Rosalia 254, 261
Rosato (definition) 155
Rosch, Josef 230
Röschitz 254
Rosé (definition) 52
Rosé d'Anjou 118
Rosé de Loire 118
Rosemont 323
Rosemount 364, 365
Rosenthal 226
Rosi, Eugenio 166
Rosiers, Dom de 130
Rossese grape 147, 156
Rossesse di Dolceacqua 157
Rosso (definition) 155
Rosso, Giovanni 184
Rosso Conero 172
Rosso di Montalcino 179
Rosso di Montefalco 181
Rosso di Montepulciano 180
Rosso Piceno 172, *172*
Rostaing 130
Rostaing, René 130
Rotenberg 272
Roter Hang 240, *240*
Roter Traminer grape 266
Roter Veltliner grape 254, 266
Rothenberg vineyard *240*
Rothschild, Benjamin de, Baron 199, 341
Rothschild, Edmond de, Baron 96, 287
Rothschild family 93, 104, 108
Röttgen 233
Roudnice 266
Rouge (definition) 52
Rouge du Pays grape 250, 252
Rougeard, Clos 119
Rougier family 146
Roupeiro grape 210, 218, 219
Roussanne grape: France 128, 129, 131, 133, 135, 136, 138, 140, 142, 144, 152; Israel 287; North America 326
Rousseau, Armand, Dom 66
Roussette de Bugey 152
Roussette de Savoie 152
Roussette grape 152
Roussillon **144–145**
Roy, Clos du 67
Royal Tokaji 265
Rubin grape 275
Ruchè di Castagnole di Monferrato 158
Ruchè grape 158
Ruchottes 66
Ruck, Johann 247
Rüdesheim 236
Rueda **196**
Rufete grape 189
Ruffino 174
Rugiens 58, 62
Rully 68
Rumelia 275
Rumeni Muscat grape 269
Rumeni Plavec grape 269
Rumpf, Stefan 234, 235
Runk vineyard *170*
Rupert, Anthonij 381
Rupert, Johann 381
Rupert & Rothschild 382
Ruppertsberg 242
Russia 48, 49, 276–277
Russian River Valley 305
Rust 260, 261, *261*
Ruster Ausbruch 261
Rutherford 312, **314**
Rutherglen 358, 360
Ruwer 227
Rymill 357
Ryzlink Rýnský grape 266
Ryzlink Vlašský grape 266

Saade brothers 286
Saahs, Christine 258
Saale-Unstrut 224–225
Saar **228–229**
Saarburg 228
Saarburger Rausch vineyard 228, 229
Sabar 263
Sabathi, Hannes 255
Sablet 137
Sachsen 224–25
Sacramento Delta **318**
Sadie, Eben 381
Saeculum Cellars 326
Saffredi 175
Sagrantino grape 181, 355
Saillon 253
St-Amour 74
St. Andrea 263
St Antony 240
St-Aubin 56
St-Bris 77
St Catharines 293
St-Chinian 140
St-Chinian-Berlou 140
St-Chinian-Roquebrun 140
St-Christol 143
St-Christoly-Médoc 88
St-Cosmé, Ch de 136
St-Cyr-en-Bourg 119
St-Denis, Clos 66
St-Drézéry 143
St-Emilion 84, 106, 107, **110–112**; climate 85, 86; terroirs 25, 86, 112
St-Estèphe 88, **90–91**
St-Fiacre 116
St-Gayan 136
St George grape *see* Agiorgitiko grape
St-Georges 106
St-Georges d'Orques 143
St-Germain-d'Esteuil 88
St-Gotthard Massif 250, *250*
St Helena 302, 311, 312, **313**
St-Jacques, Clos 58, 66
St-Jacques, Dom *19*
St-Jean, Clos 59
St-Jean-de-Muzols 128
St-Joseph 128, 130, 131
St-Julien 88, 93, **94–95**
St-Lambert 93
St-Landelin, Clos 127
St-Laurent 94
St-Loubès 100
St-Mont 115
St-Nicolas-de-Bourgueil 119
St Nikolaus 237
St Paul vineyard 242
St-Péray 128
St-Pierre, Ch 94
St-Pierre-de-Mons 100
St-Pourçain 123
St-Quentin-de-Baron 100
St-Romain 61
St-Satur 122
St-Saturnin 143
St-Seurin-de-Cadourne 88, 90
St Thomas, Ch 286
St-Urbain, Clos 127
St Urbans-Hof 230, 231
St-Vérand 69
St-Yzans-de-Médoc 88
Ste-Croix-du-Mont 100
Ste-Foy Côtes de Bordeaux 100
Ste-Hune, Clos 127
Ste. Michelle, Ch 299
Ste. Michelle Wine Estates 300
Ste-Victoire 147
Saintsbury 309
Saintsbury, Prof. George 132
Salchetto 180
Salice Salentino 183
Salina 185
Salinas Valley 21, 316
Salomon family 355
Salomon-Undhof 258
Salon 82
Salta 24, 339
Salto 332
Salton 331
Salvagnin 253
Salwey 244
Samaipata 330
Samant, Rajeev 385
Sâmburești *273*
Samegrelo 279
Sämling 88 grape 260

Sámos 282
Sampedro, David 199
Samsò grape 200
Samtskhe-Javakheti *see* Meskheti
Samuel's Gorge 355
San Antonio Valley 336
San Bernabe 317
San Carlos *338*, 341
San Cristóbal, Conde de 195
San Diego 289
San Fernando 336
San Gregorio 189
San Guido estate 174
San Joaquin Valley *see* Central Valley (California)
San José 332
San Juan 339
San Juan Bautista 316
San Leonardo 166
San Lorenzo *see* Casa Madero
San Luis Obispo 319, 321
San Luis Potosí 327
San Martín 197
San Michele 166
San Pablo 338, 341
San Pedro de Yacochuya 339
San Pedro winery 337
San Rafael 341
San Severo 183
San Vicente 198
San Vito di Luzzi 183
Sancerre 47, 116, **121–122**
Sand-Reckoner 326
Sandalford 349
Sandidge family 294
Sanford, Richard 322
Sanford & Benedict Vineyard 321, 322
Sangiacomo 309
Sangiovese di Romagna 165
Sangiovese grape: Argentina 339; Australia 355, 360; Brazil 331; characteristics **16**; Corsica 149; India 385; Italy 164, 172, 174, 175, 176, 179, 180, 181, 183; North America 300, 318
Sankt Laurent grape 254, 261, 266
Sanlúcar de Barrameda 203, 204
Sant'Angelo in Colle 179
Sant'Angelo Scalo 179
Sant'Antimo 179
Sant Sadurní d'Anoia 200
Santa Barbara 47, 319, 321
Santa Barbara County 322
Santa Carolina 336
Santa Cruz de Artazu 197
Santa Cruz Mountains 316
Santa Duc, Dom 136
Santa Lucia Highlands 316
Santa María (Argentina) 339
Santa María (Spain) 204
Santa Maria Valley 316, 320, 321
Santa Quinteria 191
Santa Rita 336
Sta. Rita Hills *319*, 321, 322
Santa Sarah Privat 275
Santa Ynez Valley 321, 322
Santadi 186
Santenay 59
Santi, Clemente 179
Santiago Queirolo 330
Santo Stefano vineyard 161
Santo Tomás 327
Santorini *280*, 282
São Miguel 218
Saperavi grape: Australia 355; Georgia 39, 278, 279; Moldova 276; Romania *272*; Russia 277
Sapporo 387
Saransot-Dupré, Ch 95
Şarbă grape 272
Sardinia **186**
Sardón de Duero 195
Sárfehér grape 262
Sárga Muskotály grape 17, 264, 265
Sárospatak 264
Sartène 149
Sassella 156
Sassicaia 174, 341
Satigny 253
Sattlerhof 255
Sattui, V 313
Sauer, Rainer 246
Sauer, Horst 246
Saumagen 243
Saumur **119**
Saumur Brut 119
Saumur-Champigny 119
Saumur Puy-Notre-Dame 119
Sauska 262
Saussignac 113
Sauternes 84, 86, 87, **104–105**, ageing 38, 39
Sauvignon Blanc grape: Argentina 339, 341; Australia 345, 348, 349, 355, 356, 362, 365, 366; Austria 255; Brazil 331; Bulgaria 275; characteristics **15**; Chile 334, 335, 336, 337; Croatia 270; Czechia 266; DNA analysis 14; France 77, 84, 95, 102, 113, 114, 116, 117, 120, 122, 123; Germany 239, 243; Hungary 262; India 385; Israel 287; Italy 167, 170, 171, 172; Japan 387; Lebanon 286; Moldova 276; New Zealand 367, 368, 370, 371, 372, 373, 374; North America 298, 300, 304, 305, 306, 308, 310, 314, 318, 322; Portugal 208, 219; Romania 272, 273; Russia 277; Slovenia 268, 269; South Africa 379, 380, 381, 382; sun damage 23; Spain 191, 196, 199; Switzerland 253; Turkey 285; Ukraine 276; Uruguay 332; wine production 32
Sauvignon Gris grape 95, 335
Sauvignon Vert grape 170, 334
Sauvignonasse grape 170, 268, 334, 341
Savage 380
Savagnin grape 150, 151, 252, 345
Savatiano grape 281, 282
Savennières 118
Savigny 63
Savoie 150, *151*, **151–152**
Scacciadiavoli 181
Scarce Earth project 355
Schaefer, Willi 232
Schäfer-Fröhlich estate 234, 235
Schaffhausen 251
Scharlachberg 240
Scharzhof 228
Scharzhofberg vineyard 228, 229
Schätzel 240
Scheid 317
Scheurebe grape 224, 239, 243, 253, 260
Schiava grape 167, 245
Schiefer, Uwe 260, 261
Schilcher 255
Schioppettino grape 170
Schloss Gobelsburg 258
Schloss Johannisberg 237
Schloss Lieser 231, 232, *232*
Schloss Neuweier 245
Schloss Proschwitz 225
Schloss Saarstein 228
Schloss Salem 245
Schloss Schönborn *237*
Schloss Vaux 225
Schloss Vollrads 237
Schloss Wackerbarth 225
Schlossberg 127
Schlossgut Diel 235
Schlumberger 127
Schmelz, Johann 256
Schmitt's Kinder estate 246
Schnaitmann, Rainer 245
Schneider, Jakob, estate 234
Schneider family 244
Schoenenbourg vineyard 124, *126*
Schoffit 125
Schönberger 261
Schönborn, von, family *237*
Schönleber, Werner 234
Schröck, Heidi 261
Schubert, von, family 227
Schumacher, Paul 226
Schwarz, Hans-Günter 241
Schwarz, Martin 225
Schwarz Wine Co 350
Schwarzes Kreuz 243
Schweigen 241, 242
Sciaccarellu grape 149
Sciacchetrà 157
Scotchmans Hill 360
Screaming Eagle 314
Screw caps 37, *37*, 237, 346
Seara Nova grape 215
Seattle 295, 298
Sebastopol Hills 305
Sebestyén 262
Sec (definition) 80
Secco (definition) 155
Seco (definition) 191, 207
Sedella 203
Sedilesu 186
Sediment 38
Seduša grape 267
Seeger estate 245
Seewein 245
Seguin, Dr Gérard 25, 87
Seguin-Moreau 36
Ségur, Marquis de 90
Séguret 136
Sekt 225, 258
Sekthaus Raumland 239
Sekthaus Solter 225
Selbach, Johannes 324
Selbach-Oster 232
Sélection de Grains Nobles 125
Sella & Mosca 186
Selosse, Anselme 81
Selvapiana estate 176
Semidano grape 186
Semillon/Sémillon grape: ageing 39; Argentina 339; Australia 345, 349, 350, 351, 364, 365; characteristics **17**; France 84, 95, 100, 102, 104, 113, 146; Lebanon 286; North America 300; South Africa 380
Seneca Lake 324, 325
Seppelt 359
Seppelt family 351
Seppeltsfield 351
Serbia 267
Sercial grape 220, 221
Sérilhan, Ch 90
Serina grape 267
Sermann 226
Serôdio Borges, Jorge 217
Serra, Junípero 289
Serra do Sudeste 331
Serra Gaúcha 331
Serracavallo 183
Serralunga d'Alba 162
Serrig 228
Servagnin grape 253
SERVE 272
Serving wine **44–45**
Sette 385
Setúbal 215
Seuil, Ch du 100
Seven Hills vineyard 300
Sevilen 285
Seville (Australia) 363
Seville Estate 362
Sèvres et Maine 116
Seyssel 152
Seyssuel 129
Seyval Blanc grape 249, 289, 291, 324
Sfurzat 155, 156
Shaanxi 390
Shadowfax 360
Shafer 315
Shandong 388, 389
Shanxi 390
Shavkapito grape 278
Shaw + Smith 356, 366
Shaw Vineyard 308
Shenandoah Valley (California) 318
Shenandoah Valley (Virginia) 323
Sherry 39, **203–205**; styles 203
Shesh i Bardhë grape 267
Shesh i Zi grape 267
Shiluh winery 285
Shiorij 387
Shiraz grape *see* Syrah grape
Shiroka Melnishka Loza grape 275
Shirvanshahy grape 277
Shoalhaven Coast 365
Shobbrook 352
Shomron Hills 287
Shuswap 292
Siam Winery 385
Siaurac, Ch 106
Sibirkovy grape 277
Sichel family 98
Sicilia 154, 184
Sicily 23, **184–185**
Sideritis grape 283
Sidewood 356
Sidónia de Sousa 216
Siebeldingen 241
Siefersheim 238, 239
Siegerrebe grape 292, 294
Sierra de Gredos 188, 189, *189*
Sierra de la Demanda 198
Sierra de Salamanca 189
Sierra Foothills **318**
Sierras de Málaga 203
Sigalas 282
Silk Road Group 279
Silvaner/Sylvaner grape: France 124, 125; Germany 223, 224, 238, 239, 246; Italy 167; Switzerland 252
Silver Heights 390
Silverlake Winery 385
Simferopol 277
Similkameen Valley 292
Simone, Ch 146
Simonsberg-Stellenbosch 382
Sine Qua Non 322, 326
Sinskey, Robert 315
Sion 252
Šipon grape 269
Siran, Ch 98
Siria grape 210
Sisseck, Peter 195
Sivi Pinot grape 269
Sizzano 156
Slavonia and the Danube 270
Slovácko 266
Slovakia **266**
Slovenia 170, 171, **268–269**
Slovenska Istra 268
SLV vineyard *315*
Smart, Dr Richard 367
Smederevka grape 267, 275
Smith Haut Lafitte, Ch 102
Smith Woodhouse 214
Snake River Valley 294
Snipes Mountain 300
Snoqualmie 299
Soave 155, 164, 168
Soave Classico 168
Soave Colli Scaglieri 168
Soave Superiore 168
Sociando-Mallet, Ch 91
SODAP 284
Sogrape 216, 219
Soil **25–26**; fertility 25, 26, 29; profiling 25, *25*
Sol de Sol 337
Solaia 176
Solaris grape 22, 249, 250
Solchiata 185
Soldera, Gianfranco 179
Solís, Félix 191, 195
Solitude, Dom de la 102
Solutré, rock of 70, *71*
Solutré-Pouilly 70
Somerset West 382
Somló 262, 263
Somlói Apátsági Pince 263
Somlói Vándor 263
Sommer, Leo 261
Sommières 143
Somontano 190
Sonnenberg (Ahr) 226
Sonnenberg (Alsace) 242
Sonoita 326
Sonoma 302, 309; Northern Sonoma **305–307**; Southern Sonoma **308–309**
Sonoma Coast 47, 306, 307
Sonoma-Cutrer 308
Sonoma Mountain 308
Sonoma Valley 308
Sopron 262, 263
Sorbara 164
Sorì San Lorenzo 161
Sorì Tildìn 161
Sorrel, Marc 133
Sorrenberg 358
Sottimano vineyard 161
Sours, Ch de 100
Sous Frétille 63
Sousão grape 209, 210, 212
Sousón grape 192
Soussans 96
South Africa **376–384**; Cape South Coast **384**; Cape Town **380**; irrigation 20; Stellenbosch Area, The **382–383**; Swartland **381**; terroir 31; vineyard land prices 47; vineyards 48; wine production 49
South America **328–341**, 387; Argentina **338–341**; Brazil **331**; Chile **333–337**; Uruguay **332**
South Australia 27, **350–357**
South Eastern Australia 346
South Fork 324
South Islands 293
South of the Bay **316–317**
Southern Fleurieu 354
Southern Oregon 294, 295
Southern Sonoma **308–309**
Southern Valleys (New Zealand) 373
Southwest States (USA) **326**
Souzão 379
Spain **187–205**; Andalucía **203–205**; Catalunya **200–201**; climate 20, 25, 190; Navarra **197**; Northwest Spain **192**; phylloxera 27; Priorat **202**; Rías Baixas **193**; Ribera del Duero **194–195**; Rioja **198–199**; Toro and Rueda **196**; vineyard land prices 47; vineyards 48; wine production 49; wine labels 191; wine trade 11
Spanier, Oliver 239
Sparkling wine: ageing 38; making 12, 32, 33; opening 45; serving temperature 44; storing 39
Spätburgunder grape 223, 224, 225, 226, 227, 230, 234, 235, 236, 237, 238, 239, 241, 242, 243, 244, 245, 246, 247
Spätlese (definition) 225
Spay 225
Spice Route estate 381
Spiegelberg 263
Spielberg 243
Spiess 243
Spinifex 350
Spitz 256
Spitzerberg 254
Sporen 127
Spottswoode 313
Spourtiko grape 284
Spreitzer brothers 237
Spring Mountain District 312
Spumante (definition) 155
Squinzano 183
Staatliche Hofkeller (Würzburg) 246, *247*
Stadt Krems winery 258
Staglieno, Paolo Francesco 163
Stagnari, H 332
Stags Leap 312, **315**
Stag's Leap Wine Cellars 315, *315*, 326
Štajerska Slovenija 269
Standing Stone 324
Stapleton-Springer 266
Stavropol 277
Steele 304
Steen grape 17, 379
Steenberg 380
Ştefăneşti 273
Steiermark 254, 255
Steigerwald 247
Stein, Robert 365
Stein, Weingut am 246
Stein vineyard 246, 247
Steinacker 243
Steinberg vineyard 10, 237
Steinbuckel 243
Steingarten 352
Steinklotz 125
Stel, Willem Adriaan van der 382
Stella Bella 349
Stellenbosch Area, The 47, **382–383**
Stéphan, Jean-Michel 130
Stetten 246
Stina *270*
Ştirbey family 273
Stixneusiedl 254
Stodden, Jean 226
Stone Castle winery 267
Stonestreet 306
Stonier 361
Stony Hill (USA) 312
Stony Hill vineyard (Australia) 354
Stonyridge 368
Stoppering wine **37**, corks 37, *37*; Diam (agglomerate) closures 37, *37*; screw caps 37, *37*, 237, 346; synthetic corks 37, *37*; Vinolok glass stoppers 37, *37*
Storing wine 39, *39*, *119*
Straw wine (vin de paille) 133, 151, 266
Strathbogie Ranges 360, 363
Stromberg vineyard 234
Studach 251
Styria 254, 255, 269
Suavia 168
Subotica 267
Südburgenland 261
Südoststeiermark 255
Südpfalz Connexion 241
Südsteiermark 255
Suduiraut, Ch 104
Suhareka Verari 267
Sula 385, *385*
Sulphites 33, 35
Sultaniye (Sultana) grape 285
Sulzfeld 247
Summerland 292
Sumoll grape 191
Sun protection 23
Sunbasket vineyard 313
Sunbury 360
Sunlight **19**
Suntory 94, 237, 386, 387
Super Tuscans 40, 176, 178
Supérieur (definition) 52
Superiore (definition) 155
Sutherland-Karoo 378
Sutter Home 313
Suvereto 174
Svatovavřinecké grape 266
Swan Valley 347
Swartland 378, **381**
Swiss Wine Promotion 250
Switzerland **250–253**; phylloxera 27; Valais, Vaud, and Geneva **252–253**
Sylvaner grape *see* Silvaner grape: Germany 223, 224, 238, 239, 246; Switzerland 252
Symington family 219
Synthetic corks 37, *37*
Syrah/Shiraz grape: ageing 39, *43*; Argentina 339, 340, 341; Australia 39, 345, 346, 347, 349, 350, 351, 352, 353, 354, 355, 356, 357, 358, 359, 360, 362, 363, 364, 365, 366; Brazil 331; Bulgaria 275; characteristics **15**; Chile 335, 336; Cyprus 284; DNA analysis 14; France 114, 128, 129, 131, 132, 134, 136, 138, 140, 141, 142, 143, 144, 145, 146, 147; Germany 224, 243; Greece 280; Israel 287; Italy 155, 161, 172, 180; Japan 387; New Zealand 368; North America 293, 294, 298, 300, 305, 306, 308, 309, 318, 321, 322, 326; Portugal 207, 208, 215, 218, 219; Romania 272, 273; serving temperature 44; South Africa 379, 381, 382, 384; Spain 191, 202; Switzerland 252
Syria 286
Szarvas 265
Szászi, Endre 263
Szegilong 265
Szekszárd 262
Szentesi, József 263
Szepsy, István 265
Szepsy Lackó Máté 264
Szt Tamás 265
Szeremley 263
Szürkebarát grape 262, 263
T'Gallant 361
T-Oinos 282
Tabalí 335
Tablas Creek 321
Tacama 330
Tachis, Giacomo 174, 175, 186
Tacna 330
Tahbilk 360
Tai Bianco grape 164, 170
Taigu 390
Taille Pieds 61
Tain l'Hermitage 132
Taittinger 82, 249
Taiwan 385
Tajikistan 48
Takler 262
Talbot, Ch 94, 95
Talha wine *see* Vinho de Talha
Talley 321
Tállya 265
Taltarni 359, 366
Tămâioasă Românească grape 272
Tamar Ridge 366
Tamar Valley 366
Tamellini 168
Tamjanika grape 267
Tannat grape 113, 114, 330, 332, 339
Tannins 12, 36, 38, 44
Tanunda 350
Tapada do Chaves 219
Tapanappa 346, 356
Taransaud 36
Tardieu, Michel 135
Tardieu-Laurent 133
Tarija 330
Târnave 273
Tarragona 200
Tarrington Vineyards 360
Tart, Clos de 66
Tartaric acid 23
Tasca d'Almerita 184
Tasmania **366**
Tasting wine **42–43**
Taurasi 182, 183
Tautavel 144
Tavannes, Clos de 59
Tavel 136, 137
Taylor's (Portugal) 213, 214
Taylors (Australia) 353
TBA *see* Trockenbeerenauslese
TCA (trichloroanisole) 37, 38, 42
Tchelistcheff, André 308, 313
Te Mata 369
Te Muna Terraces *370*
Tegernseerhof winery 256
Tejo 208
Telavi 278, *278*
Telish 275
Temecula Valley 326
Tement 255
Temjanika grape 267
Temperature: climate **18–19**, 28; fermentation 34; harvesting 31; soil 25; serving wine 44; storing wine 39
Tempier, Dom 148
Tempranillo grape: Argentina 339; Australia 345, 348, 355, 356; characteristics **15**; North America 294, 300, 326; Spain 189, 191, 192, 194, 195, 196, 197, 198, 200
Ten Minutes by Tractor 361
Tenerife 191
Tenimenti Luigi d'Alessandro 172
Tenuta (definition) 155
Teran grape 268, 271
Terézia 265
Teroldego grape 155, 166
Teroldego Rotaliano 166
Terra Alta 200
Terrano grape 171
Terrantez do Pico 207
Terrantez grape 221
Terras Madeirenses 221
Terrassenmosel 227, 233
Terrasses du Larzac 143
Terratico di Bibbona 175
Terre à Terre 346
Terre del Principe 182
Terre del Volturno 182
Terre di Chieti 172
Terre di Cosenza 183
Terre Nere 185
Terrenus Vinha de Serra vineyard 219
Terret Noir grape 138
Terroir **24**, 26
Terroir al Límit 202
Tertre, Ch du 98
Terte Daugay, Ch 110
Tertre Roteboeuf 106, 110, 111
Teschke, Michael 238
Tessons 58
Tetramythos 283
Teufelskeller vineyard 246
Texas 326
Texas Hill Country 326
Thai Wine Association 385
Thailand 385
Thalabert, Dom de 133
Thalassitis 282
Thann 127
The Lane 356
Thelema estate 382, 384
Thermenregion 254
Thienpont, Jacques 108
Thienpont family 106
Thieuley, Ch 100
Thompson Valley 292
Thörnich 230
Thornhill family 304
Thrace-Marmara 285
Three Lakes 251
Thummerer 263
Thunevin, Jean-Luc 110
Thurgau 250, 251
Tianshui 390
Tiberio 172
Tibouren grape 146, 147
Ticino 250, 251
Tidal Bay 291
Tiefenbrunner 167
Tierra de León 189
Tierra Estella 197
Tiffán, Ede 262
Tignanello 176
Tiki *371*
Tikveš 267
Tillets 60
Tin Shed 352
Tinajas 189
Tinaktorogos 283
Tinella 158
Tinlins winery 355
Tinon, Samuel 265
Tinos 282
Tinta Barocca/Barroca grape 210, 212, 379
Tinta Cão grape 212
Tinta de Toro grape 196
Tinta del País grape 194, 195

Tinta Miúda grape 198
Tinta Negra grape 220, 221
Tinta Roriz grape 15, 207, 210, 212, 217
Tintara 354
Tintilla de Rota grape 203
Tinto (definition) 191, 207
Tinto del País grape 15
Tinto Fino grape 15, 194, 195
Tirecul La Gravières, Ch 113
Tisa 267
Tix, Dom du 134
To Kalon vineyard 310, 314
Tocai Friulano grape 341
Tokaj 262, **264–265**, 266; ageing 38, 39; styles of 264
Tokaj-Hegyalja 264
Tokaj Macik 266
Tokaji 11, 40, *40*, 264
Tokara 384
Tolcsva 264
Tolna 262
Tolpuddle vineyard 366
Topaque 360
Torbato grape 186
Torgiano 181
Torino 157
Tornai 263
Toro **196**
Toro Albalá 205
Torres 195
Torres, Miguel 200, 337
Torres family 200, 201
Torres Vedras 215
Torrette 156
Torrontés grape 192, 332, 339
Torrontés Riojano grape 339, 340
Torzi Matthews 352
Toscana 154, 178
Tour de Marbuzet, Ch 90
Tour de Mirambeau, Ch 100
Tour des Gendres, Ch 113
Tour du Haut-Moulin, Ch 96
Tour Haut-Caussan, Ch 88
Touraine 120
Touraine Noble Joué 120
Tourbat grape 144, 186
Tourelles, Dom des 286
Touriga Franca grape 207, 210, 212, 219
Touriga Nacional grape: Argentina 339; Portugal 192, 207, 208, 210, 212, 215, 217, 218, 219; South Africa 379
Tournon 128
Tours 117, 120
Toutoundji, Stéphane 110
Traben-Trarbuch 233
Trabucchi 169
Traisen 234
Traisental 254, 258
Traiser Bastei 235
Trajadura grape 209
Tramin (Termeno) 167
Traminac grape 270
Traminer Aromatico grape 171
Traminer grape: Bulgaria 275; Czechia 266; France 150; Italy 167; Slovenia 268; Switzerland 251
Tramini grape 263
Transylvanian Plateau 273
Trapiche 339
Trapl, Johannes 254
Trás-os-Montes 208
Travaglini 156
Treasury Wine Estates 320, 346, 350, 353, 357, 362
Trebbiano d'Abruzzo 172, 181
Trebbiano di Romagna 165
Trebbiano di Soave grape 169
Trebbiano (Toscano) grape 17; Italy 16, 172, 176, 180, 181, 183; Uruguay 332
Trebbiano Spoletino grape 181
Trefethen Vineyards 312
Treiso 160
Treixadura grape 192, 193, 209
Treloar, Dom 145
Trentino 155, **166–167**
Trento 166
Trepat grape 200
Treppchen vineyard 232
Trévallon, Dom de 147
Trevelin 341
Tribidrag grape 271
Trichloroanisole *see* TCA
Triebaumer, Ernst 261
Trimbach 126, 127
Trincadeira grape 208, 218, 219
Trinchero 313
Trittenheim 230
Trocken (definition) 225
Trockenbeerenauslese (TBA) (definition) 225
Trois Lacs *see* Three Lakes
Trollinger grape 245
Tronquoy-Lalande, Ch 90
Trotanoy, Ch 108
Trousseau grape 150, 339
Trousseau Noir grape 318
Truchard 309
Truffles 162, *162*
Trump, Donald 323
Trunk diseases 27, *27*
Tsaoussi grape 282
Tselepos 283
Tsiakkas 284
Tsimlyansky Cherny grape 277
Tsinandali 278, 279
Tsitska grape 279
Tsolikouri grape 279
Tucumán 339
Tudela 195
Tudelilla 198
Tuerong 361
Tulbagh 378
Tumbarumba 365
Tuniberg 244
Tunnel, Dom de 128
Tunuyán 341
Tupungato *328–329*, 341
Turckheim 126, 127
Turkey 27, 48, **285**
Turley, Larry *313*, 318
Tursan 114, 115
Tuscany 174–180
Twardowski, Daniel 230
Two Rock Vineyard 305
Tyrrell, Murray 364

Uchizy 69
Uclés 191
Uco Valley 340, 341
Udine 171
Ugni Blanc grape 17, 115, 146, 148
Uhlen 233
Ukiah 304
Ukraine 48, 276
Ulithorne 355
Ull de Llebre grape 15
Ullage 36
Ulysses 314
Umani Ronchi 172
Umathum 261
Umbria 154, **181**
Umpqua Valley 294
Undurraga 337
Ungeheuer vineyard 243
Ungstein 243
Unico 194
Unterhaardt 243
Unterloiben 256
Upland vineyard *288*
Upper Galilee 287
Upper Hudson 325
Upper Hunter 364
Úrágya 265
Urla 285
Uruguay 330, **332**
Urzig 232
USA *see* North America
Utiel-Requena 190
Uva Rara grape 158
Uzbekistan 48

Vaccarèse grape 138
Vacheron, Dom 123
Vacqueyras 136
Val d'Orcia 179
Val di Cornia 174
Val do Salnés 193
Valais 250, 251, **252**, *253*
Valandraud, Ch 110
Valbuena 194
Valdejalón 188, 190
Valdeorras 192
Valdepeñas 191
Valdepusa, Dom de 191
Valdipiata 180
Valdizarbe 197
Valdubón 195
Vale do São Francisco 331
Vale dos Vinhedos 331
Valençay 116
Valence 128
Valencia 190
Valentini, Eduardo 172
Valerio, Emilio 197
Valette, Thierry 106
Valeyrac 88
Valgella 156
Váli, Péter 263
Vall del Riucorb 200
Valladolid 195
Vallana 156
Valle d'Aosta 156
Valle dei Laghi 166
Valle Grande 330
Valle Isarco (Eisacktal) 167
Valle Venosta (Vinschgau) 167
Vallée de Vin 385
Vallée Noble 124
Vallet 116
Valmoissine, Dom de 147
Valmur 78
Valpantena 169
Valpiedra 198
Valpolicella 164, 169
Valpolicella Classico 169
Vapolicella Superiore 169
Valréas 134
Valtellina 156
Valtellina Superiore 156
Van Duzer Corridor 296
Van Volxem 227, 228
Vancouver Island 292
Vaquer 145
Vargas, Marqués de 195
Varoilles 66
Vaselo, Petro 273
Vasilikon 284
Vasse Felix 349
Vat 47 364
Vatelot, Yves 100
Vathypetro 281
Vaud 250, 251, **252–253**
Vaudésir 78
Vaulorent 79
Vavasour 373
VC (Vino de Calidad con Indicación Geográfica) 191
VCC *see* Vieux Château Certan
VDN *see* Vins Doux Naturels
VDP (Verband Deutscher Prädikatsweingüter) 224, 225, 238
Vecchie vignes (definition) 13
Vega Sicilia 194, 195, 196, 199, 264
Velich, Roland 260
Velké Žernoseky 266
Velkopavlovicko 266
Veltliner grape 167
Veltlínské Zelené grape 266
Vendimia (definition) 191
Vendemmia (definition) 155
Vendemmia tardiva (definition) 155
Veneto 168
Ventoux 134
Verband Deutscher Prädikatsweingüter *see* VDP
Verbicaro 183
Verdejo grape 196, *196*, 199
Verdelho 207
Verdelho grape 219, 220, 221, 364, 365
Verdicchio 155
Verdicchio dei Castelli di Jesi 172
Verdicchio di Matelica 172
Verdicchio grape 164, 169, 172
Verdignan, Ch 91
Verdiso grape 164
Verduno 158, 162
Verduzzo grape 164, 170, 171
Vergenoegd Löw *382*
Vermentino di Gallura 186
Vermentino di Sardegna 186
Vermentino grape: Australia 345, 354; France 134, 140, 142, 144; Italy 155, 156, 157, 158, 172, 178, 186; North America 323
Vermentinu grape 149
Vernaccia di Oristano 186
Vernaccia di San Gimignano 176
Vernatsch grape 167
Vernay, Georges 131
Verona **168–169**
Verroilles 58
Vertheuil 91
Vertou 116
Verzenay 82
Verzy 82
Vespaiola grape 164
Vesper Vineyards 326
Vespolina grape 156
Vestini Campagnano grape 182
Vesztergombi 262
Vétroz 252
Veyder-Malberg, Peter 256
Veyry, Ch 106
Vi de Finca 201
Vi de Vila 191
Viader, Delia 312
Victoria 19, 27, **358–363**
Victorian Alps Wine Company 358
Vida 262
Vidal-Fleury 130
Vidal grape 289, 291, 293, 325, 390
Vidiano grape 282
Vidigueira 218
Vie di Romans 171
Vieille Ferme 134
Vieilles vignes (definition) 13, 52
Vienna 258
Vier Jahreszeiten 243
Vietnam 385
Vietti 159, 162
Vieux Château Certan (VCC) 106, 108
Vieux Cussac 96
Vieux Robin, Ch 88
Vigna/vigneto (definition) 155
Vigna San Giuseppe vineyard 162
Vignaiolo (definition) 155
Vigne à Farinet vineyard 253
Vigne de l'Enfant Jésus 62
Vigneri, I 184
Vigneron (definition) 52
Vignerons Schmölzer & Brown 358
Vignes, Jean-Louis 289
Vigneti delle Dolomiti 166
Vigneto La Rocca 169
Vigno 337
Vignobles du Centre 123
Vignobles Caron 291
Vignoles grape 289, 324
Vigo 193
Viile Metamorfosis 272
Vijariego Negro grape 191
Vila Nova de Gaia 211, *214*
Vilafonté 382
Villa Bucci 172
Villa Sandahl 263
Villa Seca 341
Villa Tolnay 263
Villa Vinèa 273
Villages (definition) 52
Villaine, A and P, Dom 68
Villány 262
Villars-Fontaine 58
Villegeorge, Ch 96
Villero vineyard 162
Vin (definition) 52
Vin cu Indicaţie Geografică 272
Vin de Constance 380
Vin de France (definition) 52
Vin de paille 133, 151
Vin de Pays de l'Atlantique 84
Vin de Savoie 151
Vin du Glacier 252
Vin Jaune 150
Vin Santo 178, 180
Viña Aquitania 337
Viña Falernia 335
Viña Leyda 336
Viña Maycas del Limarí 335
Viña Tondonia 199
Viña Zorzal 197
Vinarte 272
Viñas viejas (definition) 13
Vine Hill Ranch 314
Vinea Wachau 256
Viñedo Chadwick 336
Viñedos de Alcohuaz 335
Vines **13**; canopy management 23, 29; climate 18–19, 22, 28; cold-hardy hybrids 22, 289; frost protection 18, *19*, 28, 30, *78*; grafting 11, 13, 23, 27, 28; growing season 30–31, *31*; hail damage 20, *21*; harvesting 30, 31, 32, *130*, *164*, *229*, *305*, *341*, *353*, *384*; irrigation 20, *20*, 23; pests and diseases of **27**, *27*, 29, 30, 30, *360*, *382*; planting density 29; pruning of 13, *13*, 30, *61*; soils 25–26; varieties **14–17**; vigour of 29, 30; water stress 25; wildfires and smoke taint 23, *23*; winter protection 18, *18*, *19*, 30, 291, 390; yields 29
Vineyard 29 313
Vineyards: annual management **30–31**; creation of **28–29**; land prices 47
Vinha (definition) 207
Vinhão grape 192, 209
Vinhas velhas (definition) 13, 207
Vinho de Portugal 207
Vinho de Talha 218, *218*
Vinho Regional *see* VR
Vinho Regional Alentejano 218
Vinho Verde 207, **209**
Vino (definition) 155, 191
Vino d'Italia (Vino da Tavola) 154, 155
Vino de Calidad con Indicación Geográfica *see* VC
Vino de España 191
Vino de la Tierra de Castilla y León 189, 196
Vino de la Tierra de Extremadura 191
Vino de Puebla 191
Vino generoso (definition) 191
Vino Nichta 266
Vino Nobile di Montepulciano 180
Vino Nobile di Montepulciano Riserva 180
Vino Santo 166
Vinolok glass stoppers 37, *37*
Vinos de Calidad 188
Vinos de la Tierra 188
Vinos de Madrid 189, 191
Vinos de Pago 188
Vinovation 238
Vins de Corse 149
Vins Doux Naturels (VDN) 15, 136, 140, 142, **144**, 149
Vinsanto 282
Vinschgau *see* Valle Venosta
Vinsobre 136
Vintage (definition) 80
Vintaghju grape 149
Vintners Quality Alliance *see* VQA
Vinya dels Fòssils *201*
Vinyas vellas (definition) 13
Viognier grape: Argentina 339; Australia 345, 356, 358, 365; Bulgaria 275; characteristics **38**; Chile 335; France 128, 129, 131, 136, 142, 147; Israel 287; Lebanon 286; North America 290, 321, 322, 323, 326; Portugal 208, 219; Uruguay 332
Vion 128
Viosinho grape 207, 213
Vipava Valley 268
Viré 69
Viré-Clessé 69
Virginia 289, **323**
Vis 271
Visan 134
Vişinescu, Aurelia 272
Vista Flores 341
Vistalba 341
Vital grape 215
Viticoltore (definition) 155
Viticulteur (definition) 52
Vitis amurensis 390
Vitis labrusca 14, 289
Vitis vinifera 289; varieties 14–17
Viura grape 17, 189, 198, 199
ViVino 43
Vlassides 284
Vlosh grape 267
Voegtlinshofen 127
Voerzio, Roberto 163
Vollenweider, Daniel 232
Volnay 61
Volnay-Santenots 61
Voor Paardeberg 383
Vorbourg vineyard 127
Vorontsov, Mikhail, Count 276
Vosne 58
Vosne-Romanée 64
Vougeot 57, 65
Vougeot, Clos de 10, 54, 57, 58, 65, 361
Vouillamoz, José 253
Vouni Panayia 284
Vouvray 17, **121**
Voyager Estate 349
VQA (Vintners Quality Alliance) 291
VR (Vinho Regional) 207, 208
Vranac grape 267
Vugava grape 271
Vulkanland Steiermark 255
Vully 251
Vylyan 262

Wachau **256–257**
Wachau, Dom 256
Wachenheim 243
Wachtberg vineyard 258
Wachter-Wiesler 260, 261
Wachtstetter 245
Wädenswil grape 297
Wagner, Philip 289
Wagner-Stempel 238
Wagner-Stempel, Daniel 239
Wagram 254, 258
Wahluke Slope 300
Waihopai 373
Waima (Ure) Valley 373
Waipara 371
Wairarapa **370**
Wairau Valley 372–373
Waitaki Valley 375
Wales **249**
Walker Bay 384
Walla Walla Valley 294, 299, 300
Walpole, Mark 358
Walporzheim 226
Wanaka 375
Wardy, Dom 286
Warre 214
Washington 19, 294, 295, **298–301**, *301*
Wassmer, Fritz 245
Wassmer, Martin 245
Water **20–21**, 28
Waterkloof 382
Weather 20–21
Weedenborn 239
Wegeler 236
Wehlen 228, 232
Wehrheim, Dr 242
Wehrheim, Karl-Heinz 241
Weil, Robert 237
Weil, Wilhelm 237
Weilberg 243
Wein vom Roten Hang 240
Weinbach, Dom 127
Weingart 225
Weingut (definition) 225
Weinkellerei (definition) 225
Weinviertel 254, 258
Weis, Nik 230
Weiser-Künstler 233
Weissburgunder grape: Austria 260; Germany 223, 224, 225, 227, 238, 241, 244, 245
Weissenkirchen 256, *257*
Wellington 383
Welschriesling grape 17; Austria 254, 255, 260, 261; Croatia 270; Czechia 266; Hungary 262; Italy 171; Romania *272*, 273; Serbia 267; Slovakia 266; Slovenia 269; Ukraine 276
Weltner, Paul 247
Wendouree 353
Weninger 261
Weninger, Franz 263
Wente family 316
Wenzel, Michael 261
West Elks 326
Western Australia **347–349**
Western Cape 378
Westfield estate 348
Westhalten 126, 127
Westhofen 239
Weststeiermark 255
Whispering Angel 146
White wine: ageing 36, 38, 39; decanting 45; making 12, 32–33, 35, 36; serving temperature 44; tasting 42, 43
Wiemer, Hermann J 324
Wien 254
Wiener Gemischter Satz 254
Wildfires and smoke taint 23, *23*
Wildhurst 304
Willamette Valley 47, 294, *296*, **296–297**
Willcox 326
Williams Selyem 305
Willunga 354
Willunga 100 355
Wiltingen 228
Wilyabrup 349
Wind effects 21
Windsbuhl, Clos 127
Wine Art 280
Wine bottles 11, 37, 38; Bocksbeutel 247, *247*; opening of 45
Wine Ghetto 322
Wine glasses 45, *269*
Wine labels **41**
Wine prices **46–47**
Wine production 48–49
Wine trade 11
Winechanges 241
Winemaking *8*, **32–35**; history of **10–11**
Winery Lake vineyard 309
Winiarski, Warren 315, 326
Winkler index 302
Winning, von, estate 242
Winningen 227, 233
Winter, Stefan 239
Winter protection 18, *18*, *19*, 30, 291, 390
Wintzenheim 127
Winzergenossenschaft/Winzerverein (definition) 225
Wirra Wirra 355
Wirsching, Hans 247
Wisselbrunnen 237
Wittmann 239
Wittmann, Philipp 239
Wohlmuth 255
Wolf 232
Wolf Blass 350
Wolfshöhle vineyard *224*, 225
Wonnegau 238, 239
Woodside 356
Woodward Canyon 300
Worcester 379
Worms 239
Wösendorf 256
Wrattonbully 346
Württemberg **245**
Würzburg 246, *246*
Wynns 357, *357*

Xanadu 349
Xarel-lo grape 200, 201
Xigu Moen 390
Xinjiang 390
Xinomavro grape 280
Xynisteri grape 284, *284*

Yabby Lake 361
Yakima Valley 300
Yalovo 275
Yalumba 346, 350, 352, 366
Yamagata 387
Yamanashi 387
Yamhill-Carlton District 296
Yangarra Estate 355
Yarden 287
Yarra Glen 363
Yarra Valley 27, 360, 361, *362*, **362–363**
Yarra Yering 362
Yatir 287
Yattarna 366
Yealands Estate 373, *374*
Yeasts 33–34
Yecla 191
Yellow Muscat grape 17, 269
Yellow Tail 350
Yering Station 362
Yeringberg 362
Yerro, Alonso del 195
Yinchuan 390
Yinnoudi grape 284
Yorkville Highlands 304
Yountville 312
Yquem, Ch d' *50–51*, 100, 104, 105, 316
Yunnan 390

Zacatecas 327
Začinak grape 267
Zagorje 270
Zala 263
Zambartas 284
Žametovka grape 269
Zante 282
Zehnthof Luckert 247
Zelen grape 268
Zell 233
Zelt 243
Zeltingen 232
Zema 357
Zerbina 165
Zero dosage (definition) 80
Zibbibo grape 185
Zick, Johannes *246*
Ziereisen, Hanspeter 245
Zilavka grape 267
Zilliken *228*
Zilliken, Dorothee 228
Zilliken, Hans-Joachim (Hanno) 228
Zillinger, Herbert 254
Zimmerling 225
Zind-Humbrecht 125, 127
Zinfandel grape: ageing 39; Albania 267; Australia 355; characteristics **17**; Croatia 271; North America 294, 304, 305, 306, 308, 310, 311, 313, 318, 319, 320; Uruguay 332
Zinquest 271
Zitsa 280
Žlahtina grape 271
Zlatarica grape 270
Znojemsko 266
Zöbing 258
Zonin 174, 323
Zoning 24
Zorah estate 277
Zotzenberg 125
Zuccardi 339
Zucchino, Claudio 339
Zuger family 98
Zurich 251
Zweigelt grape 38; Austria 254, 259, 260, 261; Czechia 266; Hungary 262

地名索引 Gazetteer

此地名索引包括酒庄、葡萄园、庄园、一般产酒地区，以及其他出现在本书地图中的地名。波尔多地区所有冠以chateaux这个词的酒庄（酒厂）都集中放在C字母排序下，而所有冠以quinta（庄园）的酒庄或葡萄园则集中放在Q字母排序下，至于其他地区的酿酒厂、酒庄、葡萄园则分别依其名称，以英文字母顺序排列。若有同名情况，则可参照以斜体表示的国家或地区。若有别名则以括号方式置于正式名称之后，如Praha（Prague）等。地图上出现的酿酒商（酒厂）名也列入本索引。页码后面的字母、数字混合，表示地图页的参照系统。

3 Drops 347 G4
4.0 Cellars 326 C5
10R (Toaru) 386 A6
60 Ouvrées, Clos des 61 F3
98 Wines 387 B4
1000-Eimerberg 256 D6

A to Z 297 C4
Aaldering 383 D2
Aalto 195 C3
Aarau 251 A4
Aargau 251 A4
Abacela 295 F2
Abadia de Poblet 201 E2
Abadía Retuerta 195 C2
Abaújszántó 265 D1
Abbaye de Morgeot 59 F5
Abbaye de Valmagne 142 F4
Abbaye Notre Dame de Lérins 147 C5
Abeja 300 B5
Abel Mendoza Monge 199 F4
Abona 191 G2
Abotia, Dom 114 G6
Abrau Durso 277 B3
Abreu 313 F4
Absheron 277 C6
Absterde 239 B3
Abtsberg 233 E4 F4
Abtsfronhof 242 C2
Abymes 151 C5
Acacia 309 E4 311 G5
Acaibo 307 C5
Accendo 313 G5
Achaia Clauss 283 E2
Achával Ferrer 340 B2
Achkarren 244 E3 245 D2
Achleiten 257 B2
Acireale 185 D6
Aconcagua 334 E2 333 D5
Acústic 202 E4
Adamclisi 273 D5
Adanti 181 E6
Adega Cooperativa de Colares 215 C1
Adega Cooperativa de Monção 209 G2
Adega Cooperativa de Palmela 215 E5
Adega do Moucho 192 G1
Adega José de Sousa 219 F5
Adega Mae 215 B4
Adega Mayor 219 D6
Adelaida 320 B1
Adelaide 344 E1 356 B3
Adelaide Hills 344 E2 355 C5 356 C4 C5
Adelaide Plains 344 E1
Adelina 353 C2
Adelsheim 297 C3
Adina 365 C5
Adjara 277 C4
Adobe Guadalupe 327 E4
Adobe Road 307 G6
Adolfo Lona 331 F4
Adrano 185 C3
Adyar 286 F4
Aegean 285 F3
Aeris 185 B5
Aetna Springs 311 A3
Affenberg 239 D3 D4
Afianes 281 D5
Afip 388 D4
Afips Valley 277 B4
Afton Mountain 323 F3
Agel, Ch d' 141 B3
Agenais 53 F2
Aglianico del Taburno 182 A2 183 A3
Aglianico del Vulture 182 B3 B4
Agrelo 340 C2
Agricola Punica 186 D5
Agritiusberg 229 B4
Agro de Bazan 193 B3
Agrolaguna 271 A1
Agustí Torelló 201 E4
Agyag 265 E1
Ahlgren 317 C2
Ahr 223 E2
Aidarinis 281 A3
Aietta, l' 179 B5
Aigle 253 F1 F2
Aigle, Dom de l' 140 E6
Aigrefeuille-sur-Maine 116 C3 117 G3
Aigrots, les 62 C3
Aiguelière, Dom l' 142 D3
Aires Hautes, Dom des 141 B2
Airfield Estates 298 F5
Aiud 274 B3
Aivalis 283 F6
Aix-en-Provence 140 B6
Ajaccio 149 F3
Ajdovščina 268 E3
Ajimu Budoushu Koubou 386 D3
Akarua 375 D5
Akhasheni 279 E1
Akhmeta Wine House 279 E3
Alabama 290 C4
Alain Cailbourdin 123 B5
Alain Chabanon, Dom 142 D3
Alain Roy-Thevenin, Dom 68 G4
Alan McCorkindale 371 E3
Alari, Dom de Clos d' 147 C3
Alaska 290 D1
Alaverdi Monastery 279 E3
Alba Iulia 273 C2 C3
Alba 157 F3 159 E3 161 F2
Albamar 193 C3
Alban 320 C2
Albany 347 G4
Albarella 163 D3
Albert Sounit 68 A6
Albesani 161 B3
Albet y Noya 201 E4
Albuquerque 326 B4
Albury 359 A6 344 F5
Alcamo 184 E3
Alder Ridge Vineyard 298 G5
Aleanna-el Enemigo 340 B3 C3
Aleatico di Gradoli 181 F3
Alella 188 D6
Alella Vinícola 201 E6
Alemany i Corrio 201 F4
Alenquer 208 D4 215 B5
Alentejano 208 E5 219 F4 F5
Alentejo 208 D5 E5 219 F5 F6
Alexander Mountain Estate Vineyard 307 B5
Alexander Valley 307 B4 304 F4
Alexander Valley Vineyards 307 C5
Alexandra 375 E6
Alexandra Bridge 347 F1
Alexandra Estate 274 E4
Alexeli Vineyard & Winery 297 D4
Alf 227 B5
Alfaro 199 C6
Alfred Eames Cellars 326 A4
Algarrobo 204 B6
Algarve 208 F4
Alghero 186 B4
Algueira 192 G3
Alheit 383 F6
Aliança 217 B2
Alicante 188 F5
Alice Bonaccorsi 185 A4
Alíon 195 C3
Alira 273 E5
Alkoomi 247 G3
All Saints 359 A6
Allan Scott 373 B2
Allée Bleue 383 C4
Allegracore 185 A4
Allegrets, Dom les 113 E4
Allesverloren 381 A5
Allinda 363 C4
Allots, aux 64 F6
Alma 4 340 B4
Alma Rosa 321 C4
Almansa 188 E4
Almaviva 334 C4
Almenkerk 384 E3
Almocaden 205 B5 B6
Alois 182 A2
Alonso del Yerro 195 B3
Aloxe-Corton 55 D5 D6 57 C3
Alpamanta 340 C2
Alpha Box & Dice 355 D4
Alpha Domus 369 C4
Alpha Estate 281 A2
Alpha Omega 314 E4
Alphonse Mellot 123 B4
Alpilles 53 F5
Alpine Valleys 344 F5 359 B6
Alps 387 B4
Alquier, Dom 142 E2
Alsheim 238 F4
Alta Alella 201 E6
Alta Langa 157 F4
Alta Mesa 318 C2
Alta Vista 340 B2
Altair 334 C6
Altanza 199 B2
Altärchen 231 F2 G3
Alte Badstube am Doktorberg 233 F4
Alte Burg 245 B5 B6
Alte Lay 226 F3
Alte Point 257 B5 259 E1
Altea Illotto 186 D5
Altenbamberg 234 F3
Altenberg de Bergbieten 125 A4
Altenberg de Bergheim 127 C5 D5
Altenberg de Wolxheim 125 A5
Altenberg, *Leithaberg* 260 E3 F3 G3
Altenberg, *Neusiedlersee* 260 E5
Altenberg, *Saar* 229 A4 A5 B2 B5 C5
Altenburg, *Alsace* 127 B3
Altenburg, *Kremstal* 257 B5
Altenburg, *Pfalz* 242 E2
Altenweg 256 E6
Alter Berg 260 E3
Altes Weingebirge 261 C5 C6
Altesino 179 A5
Alto 383 F3
Alto Adige 165 C2
Alto Adige Valle Isarco 165 B3
Alto Adige Valle Venosta 165 B2 C2
Alto de la Ballena 332 G4
Alto Mora 185 A5
Altocedro 340 F1
Altos Las Hormigas 340 C3
Altupalka 339 B4
Alturas Vineyard, las 317 F4
Alupka 277 B2
Alushta 277 B3
Alvarez y Diez 196 G4
Álvaro Palacios 202 C4
Alximia 327 F4
Alysian 307 D5
Alzey 238 F3
Amadieu, Dom des 137 B4
Amador Foothill 318 B5
Amalaya 339 C4
Amandaie, Clos de l' 142 E4
Amani 383 E1
Amapola Creek 309 C3
Amaro Winery 326 B4
Amaurice Cellars 300 B5
Amavi Cellars 300 B4
Amayna 334 E4
Ambeloui 379 F1 F2
Amboise 117 B1
Ambonnay 83 D5
Ambonnay, Clos d' 83 D5
Ambrosia 340 D1
Amelia Park 347 C6
Americana 325 C5
Amézola de La Mora 199 B1
Ameztia, Dom 114 G5
Amigas Vineyard, las 309 E5 311 G5
Amindeo 281 B2
Amirault, Y 120 C2
Amisfield 375 D3
Amity 297 D3
Amizetta 311 C4
Ammerschwihr 125 D4 127 B2
Amoureuses, les 65 F4
Amouriers, Dom des 137 E4
Ampeloeis 281 A4
Ampelos 320 F2
Amphorae 287 D4
Amtgarten 233 G1
Anadia 208 B4 217 C2
Anaferas 205 E5
Anakena 334 C6
Anakota Verite 307 C6
Anam Cara 297 C4
Anapa 277 B3
Anastasia Fragou 281 D6
Ancenis 116 B3
Ancienne Cure, Dom de l' 113 E6
Ancient Lakes 295 A5 B5 290 B5
Ancre Hill 249 F3
Andau 255 C6
Andeluna Cellars 340 D1
Anderson Valley 304 D2
Anderson's Conn Valley 311 B3 B4
Andlau 125 C4
André Bonhomme, Dom 69 C5
André et Michel Quenard 152 C4
Andrew Murray 321 B5
Andrew Will 295 A3
Angaston 351 C5 352 D4
Angel Lorenzo Cachazo, Martivilli 196 G6
Angel's Estate 274 E4
Angelo, d 182 B3
Anglès, Ch d' 141 C5
Angles, les 61 F5
Anglore, Dom l' 136 G6
Angove 355 D4
Anguix 195 B3
Anhel, Clos de l' 141 D2
Anhialos 281 B3
Añina 205 C4
Anjou-Villages-Brissac 118 B3
Ankara 285 F4
Annaberg 242 A1
Anne Amie 297 D3
Anne Gros & Jean-Paul Tollot, Dom 141 B3
Annex Kloof 381 C4
Ansonica Costa dell'Argentario 173 D2
Antadze 279 F3
Antech 140 D6
Anthonij Rupert 383 D4 D5
Anthony Road 325 B4 C4
Antica 311 D6
Antica Tenuta del Nanfro 184 G5
Antichi Poderi Jerzu 186 C6
Antigua Bodega 332 G3
Antinori 177 D3
Antioche 285 G5
Antiyal 334 C4
Antonin Rodet 68 B5
Antonio Caggiano 183 A5
António Madeira 217 C5
Antonio Más 340 D2
Antoniolo 156 F3
Antonius-Brunnen 229 E1 F1
Antoniusberg 229 G3
Antonopoulos 283 E2
Antucura 340 F1 F2
Anura 383 C3
Ao Yun 388 B4
Apalta 335 D1 333 E5
Apetlon 255 C5
Apkhazeti 277 B4
Apotheke 231 F3 G3
Appenheim 238 D2
Applegate Valley 295 G2
Apremont 152 C5
Apsley Gorge Vineyard 366 E3
Aqueria, Ch d' 136 G6
Aquitania 334 C3
Arabako Txakolina 188 C3
Aranda de Duero 195 C4
Aranyos 265 G4
Ararat 344 G3 359 C1
Arbin 152 C5
Arbois 151 D4
Arbois, Fruitiere Vinicole d' 151 D5
Arboleda 334 E2
Arboleda, la 340 D2
Arborina 163 C4
Arcadia 285 E3
Arcangeli 384 E5
Archangel 375 B5
Archées Kleones 283 E4
Archery Summit 297 D3
Arcuria 185 A5
Ardillats, les 73 C4
Ardoisières, Dom 152 C5
Arenberg, d' 355 D4
Aresti 335 D2
Arezzo 173 B4
Argentiera 175 C4
Argentina 330 D4
Argiano 179 D4
Argillat, l' 61 A2
Argillats, aux 64 F6
Argillats, les 64 E6
Argillières, les, *Gevrey-Chambertin* 65 F4
Argillières, les, *Nuits-St-Georges* 64 F2
Argiolas 186 D5
Árgos 281 D3 283 F4
Argyle 297 D3
Argyros 281 E5
Arhánes 281 F4
Arhéa 283 E4
Arianna Occhipinti 184 G5
Arinzano 188 E5
Arione 163 F5
Arizona 290 C2
Arizona Stronghold 326 B3
Arjolle, Dom de l' 142 F2
Arkansas 290 C4
Arlanza 188 C3
Arlay, Ch d' 151 E4
Arlewood 349 G5
Arlot, Clos de l' 64 F1
Arman Franc 271 A1
Armida 307 D5
Armusèries, les 121 B2
Arnaldo Caprai 181 E6 F6
Arnedo 199 C4
Arnulfo 163 E3
Aroma, Ch 388 A3
Aromes, dom des 390 B3
Aromo, El 335 E3
Árpádhegy 265 F1
Arretxea, Dom 114 G5 G6
Arribes 188 D2
Arrowood 309 C2
Arroyo Grande Valley 320 D2
Arroyo Seco 317 G4
Arruda 208 D4 215 C4 C5
Arsos 284 C5
Artadi 199 F6
Artazu (Artadi) 197 A4 A5
Artemis Karamolegos 281 E5
Artemíssio 283 F3
Artesa 309 D4 311 F5
Artesana 332 G3
Artigas 330 E5 332 E3
Artisans of Barossa 351 C4
Artuke 199 G5
Arvelets, les, *Pommard* 61 E6 62 B1
Arvelets, les, *Gevrey-Chambertin* 67 B2
Arzuaga Navarro 195 C1
Asara 383 E2
Aschaffenburg 247 B1
Ascoli Piceno 173 E5
Asenovgrad 274 E3
Asenovgrad (Assenovgrad) 274 E3
Ash Ridge 369 C4
Ashbourne 384 G5
Ashbrook Estate 349 E5
Ashes & Diamonds 311 E5 F5
Ashton Hills 356 C4
Asili 161 C2
Asolo Prosecco 165 D3 D4
Asprókambos 283 E3
Assisi 173 D4 181 E6
Astella 292 G5
Áster 195 B3
Asti 157 E3
Astley 249 F3
Astrales 195 B3
Astrolabe 373 B2
Asunción 330 D5
At Roca 201 E4
Ata Rangi 370 C4 B4
Ataíde da Costa Martins Semedo 217 C2
Atalánti 281 C3
Atalaya 205 B1
Atamisque 340 D1
Ataraxia 384 F6
Atascadero 320 B1 B2
Atelier de Beau Paysage, l' 387 A4
Ateni 277 C5
Athées, aux 64 G6
Athets, les 65 G5
Athina 281 D3
Atibaia 286 E4
Atlantique 53 E2
Atlas Peak 311 D5 D6
Atsushi Suzuki, Dom 386 A5
Attis Bodegas 193 C3
Atwater 325 C5
Atzberg 256 D6
Au Bon Climat 320 D3
Auberdière, l' 121 B3
Aubues, les 60 G3
Aubuis, les 120 F3
Aubuisières, Dom des 121 B3
Auckland 367 B5
Audebert & Fils 120 D2
Audignac, Clos d' 61 F4
Audrey Wilkinson 365 D4
Auersthal 255 B5
Auf der Heide 233 B5
Auf der Wiltinger Kupp 229 A3
Auleithen 256 D6
Aulerde 239 B3 B4
Auntsfield 373 C2
Aupilhac, Dom d' 142 D3
Aurelia Vișinescu 273 C4 C5
Aurora 286 D4
Aurum 375 D5
Ausseil, Dom de l' 145 D3
Aussières, Dom d' 141 C4
Aussy, les 61 F4
Austin 326 C6
Auxey-Duresses 55 D5 61 D1
Avancia 192 G4
Avantis 281 C3
Avaux, Clos des 62 C3
Avaux, les 62 C3
Avenay 83 D4
Avenir, l' 383 D2
Aventure, l' 320 B1
Avignonesi 180 A6
Avincis 273 D3
Avize 83 F3
Avoca 344 G4
Avoines, aux 67 C3
Avondale 383 B4 B5
Avontuur 383 F2
Awatere River Wine Co. 374 E5
Awatere Valley 374 F4
Awatere, Lower 374 E5
Axe Hill 379 F5
Axpoint 256 D6
Aÿ 83 D3
Aydie, Ch d' 115 F2
Ayrés 188 E5
Ayze 152 A6
Azalea Springs 311 B2
Azay-le-Rideau 116 B6
Azé 69 C4
Azərbaycan (Azerbaijan) 277 C5 C6
Azucca e Azucco 386 D5
Azul y Granza 197 B6

B Vinters 383 E1
Babadag 273 D5
Babcock 321 B3
Babillères, les 65 F5
Bablut, Dom de 118 B5
Babylon's Peak 381 D4
Babylonstoren 383 C3
Bacalhôa Vinhos, Alentejo 219 E5
Bacalhôa Vinhos, Setúbal 215 E4 E5
Bacchus, Ch 390 C3
Bachen, Ch de 115 E1
Bačka 267 E5
Backsberg 383 C3
Bad Bergzabern 241 E3
Bad Dürkheim 241 B4 243 C1
Bad Kreuznach 234 E3
Bad Krozing 244 E3
Bad Münster am Stein 235 F6
Bad Münster-Ebernburg 234 F3
Bad Neuenahr 223 E2 226 F4 F5
Bad Sobernheim 234 F2
Bad Vöslau 255 C4
Badacsony 263 C2
Badacsonytomaj 263 C2
Badagoni 279 E3
Baden, *Austria* 255 C4 C5
Baden, *Germany* 223 F2 G3
Badenhorst Family Wines, A A 381 D4 D5
Badia a Coltibuono 177 E5
Badische Bergstrasse 244 B5
Badoz, Dom 151 E5
Bagatelle, Clos 141 B4
Bagdad Hills 366 F2
Baglio Hopps 184 F2
Bagnol, Dom du 146 D6
Bagnoli Friularo 165 E4
Bahlingen 245 B4
Baigorri 199 F5
Baiken 237 E3 F3
Baileyana 320 C2
Baileys 359 B5
Baillat, Dom 141 D2
Bainbridge Island 295 A3
Bairrada 208 B4 217 C1
Baixada Finca Dofí, la 202 D4
Baixo Corgo 211 E4 212 D5
Bakhchysarai 277 B2
Baki (Baku) 277 C6
Balaton-felvidék 263 B2 C2
Balatonboglár 263 C2
Balatonfüred 263 C2
Balatonfüred-Csopak 263 B2 C2
Balbaina Alta 205 D4
Balbaina Baja 205 D3
Balboa 300 B4
Balcon de l'Hermitage, le 133 A4 A5
Bald Hills 375 D5
Baldacci 315 B2
Balgownie 359 B3
Balla Geza 273 C1 C2
Ballarat 344 G4 359 C3
Ballard Canyon 320 E3 F3 321 B4 C4
Balnaves 357 D6
Bamboes Bay 379 C1
Banat, *Romania* 273 C2
Banat, *Serbia* 267 E5
Banc, le 60 D1
Bancroft Ranch Vineyard 311 B4
Bandkräftn 260 F3
Banghoek 383 D4
Bannockburn, *Australia* 359 D3
Bannockburn, *New Zealand* 375 D5
Bányász 265 E2
Bányihegy 265 C6
Baraques 66 C5 C6
Barbabecchi 185 A5
Barbadillo 204 A6
Barbanau, Ch 146 D6
Barbara Fores 200 G5
Barbare 285 F3
Barbaresco 157 F3 159 D3 161 C2
Barbeito 221 C3
Barbera d'Alba 157 E3
Barbera d'Asti 159 D4 D5
Barbera del Monferrato 157 E4
Barberani 181 F4
Barbières, les 61 E3
Barboursville 323 F4
Barcelona 188 D6 201 E5
Bardarina 163 E5
Bardolino 165 E2 168 E5
Bardolino Classico 165 E2 168 F5
Barel 285 F3
Bargetto 317 D2 D3
Barguins, les 121 B3
Bargylus, Dom De 286 D4
Bari 182 A5
Baricci 179 B5
Barka, Ch 286 E6
Barkan 287 E4
Barletta 182 A4
Barnard Griffin 299 E1
Barnett 311 B2
Barolo 157 F3 159 E2 E3 163 D2
Baron Balboa 388 A4
Barón Balch'e 327 D4
Barón de Ley 199 B3
Baron Widmann 167 F5
Baronarques, Dom de 140 D6
Barone di Villagrande, *Aeolian Islands* 184 D5
Barone di Villagrande, *Sicily* 185 B5 C5
Baronne, Ch la 141 C2
Barossa Valley 344 E2 351 C3 352 D3 D4
Barossa Valley Estate 351 B3
Barottes, les 65 F5
Barr 125 B4
Barra 304 D3
Barraco 184 F2
Barrancas 340 C2
Barratt Wines 356 C4
Barraud, Dom 70 B3
Barre Dessus, la 61 F2
Barre, Clos de la 61 F2
Barre, en la 61 F2
Barre, la, *Volnay* 61 F4
Barre, la, *Vouvray* 121 B3 C5
Barres, es 67 C3
Barres, les 63 D6
Barrières, aux 65 F1
Barroche, Dom la 139 E3
Barros, Artur de & Sousa 221 D3
Barroubio, Dom de 141 B3
Barsac 85 E4 105 A3
Barta 265 F2
Bártfai 265 E2
Bartho Eksteen 384 G5
Bartholomew Park 309 D3
Bartinney 383 D4
Bartoli, de 184 F2
Barton 384 E5
Barwick Estate 349 D5
Bas Chenevery 66 C2
Bas de Combe, au 65 F1
Bas de Gamay à l'Est, le 60 E3
Bas de Monin, le 60 D2
Bas de Poillange, au 60 B6
Bas des Duresses 61 E2
Bas des Saussilles, le 62 B2
Bas des Teurons, le 62 C4
Bas Doix, les 65 F4
Bas Liards, les 63 B1

Bas Marconnets 63 C1
Bas-Valais 253 F1
Bas, Ch 146 B5
Basarin 161 D3
Basel 251 A3
Baselbiet 251 A3
Basket Range 356 C4
Bass Phillip 359 D5
Basses Chenevières, les 67 C1 C2
Basses Mourottes 63 C5
Basses Vergelesses 63 B2
Basses Vergelesses, les 63 B3
Bassgeige 245 C2 C3
Basté, Clos 115 F2
Bastei 235 F5
Bastianich 171 B3
Bastide Blanche, Dom la 148 D4
Bastide du Claux 135 E5
Bâtard Montrachet 60 G3
Batič 268 E2
Batista 347 F2
Batroun 286 G1
Batroun Mountains 286 D4
Battaudes, les 59 G5
Batterieberg 233 C6
Battle of Bosworth 355 D5 E5
Baud Père et Fils, Dom 151 F4
Baudana 163 C4
Baudare, Ch 115 E5
Baudes, les 65 F6 66 C1
Baudines, les 59 E5 F5
Baudry-Dutour 120 F5
Baule 117 A3
Baulet, Clos 66 C2
Baumard, Dom des 118 B2
Baume, Dom de la 142 F3
Bay of Fires 366 D2
Beamsville Bench 293 F3
Béates, Dom des 146 B5
Beatty Ranch Vineyard 311 A3
Beau Constantia 380 A4 B4 B5
Beau Père, Clos du 109 D2
Beau Puy 120 C2
Beaucastel, Ch de 139 A4
Beauder, Clos 61 E6 F6
Beaujeu, 73 C4
Beaulieu 314 E4
Beaulieu-sur-Layon 116 B4 118 C3
Beaulieu, Ch de 115 C2
Beaume 133 C4
Beaumes-de-Venise 135 C3 137 D5
Beaumont 384 E5
Beaumont Cellars 298 B5
Beaumont-sur-Vesle 83 B6
Beaumonts, les 63 D2
Beaune 55 D5 56 E5 62 E4
Beauregard 59 F4
Beauregard, Ch de 70 C4
Beauregards, les 79 G2
Beaurenard, Dom de 139 F3
Beaurepaire 59 E3
Beauroy 79 D2 D3
Beauvais 120 C3
Beaux Bruns, aux 65 F5
Beaux Fougets, les 62 D2
Beaux Frères 297 C3
Beaux Monts Bas, les 65 F3
Beaux Monts Hauts Rougeots 65 E3
Beaux Monts Hauts, les 65 E3 F3
Beblenheim 125 D4 127 C3
Bechtheim 238 F4
Beck, Ch de 134 F6
Becker Vineyards 326 C5
Becketts, A' 249 G3
Beckmen 321 C5
Beckstoffer To Kalon 314 F4
Beckstoffer Vineyard 304 F5
Beckstoffer Vineyard Georges III 314 E4
Bedell 324 E2
Bedford 320 E3
Bedrock Vineyard 309 C2
Bee, Dom of the 145 D2 D3
Beechworth 344 F5 F6 359 B6
Begnins 252 E4
Begude, Dom 140 D6
Bégude, Dom de la 148 C3
Béguines, les 83 A2
Behrens Family 311 C2 C3
Beijing 388 A5
Beijing Bolongbao 388 E3
Bein 383 E1
Beira Atlântico 208 C4
Beira Interior 208 B5 C5
Beirut (Beyrouth) 286 F3
Bekaa Valley 286 G1
Bekecs 265 G1
Bekilli 285 F3
Bekkers 355 D4
Bel-Air, *Gevrey-Chambertin* 66 B4
Bel-Air, *Vouvray* 121 B3
Belfield 384 D3
Belford 365 B5
Belhurst 325 B4
Bélingard, Ch 113 E5
Bélissand 62 D3
Bell Hill 371 E2
Bell Mountain 326 B5
Bella 307 B4 C4
Bella Oaks Vineyard 314 E3
Bellaria Alta 175 A5
Bellarmine 347 F2
Bellbird Spring 371 F2
Belle Croix 64 F4 F5
Belle Dame 123 C4
Belle-Vue, Ch 286 F4
Bellefon 59 F3
Bellegarde, Dom 115 G1
Belles Pierres, Dom des 142 E5
Bellet, Ch de 147 A6
Bellevue la Forêt, Ch 115 E5
Bellevue, Ch de 74 D4
Bellevue, Dom le Clos de 143 D1
Bellingham 383 D6
Bellmunt del Priorat 202 D4
Belluard, Dom 152 A6
Bellvale 359 D5
Bellwether 357 A5
Belmont 366 F2
Belondrade 196 F5
Bélouve (Dom Bunan), Dom 148 D4
Belz 242 E2
Bemberg Estate 340 D1
Ben Morven 373 C3
Benanti 185 C5
Benches at Wallula Gap, The 299 G1
Bendigo, *Australia* 344 F4 359 B3
Bendigo, *New Zealand* 375 C6
Benegas 340 B2
Benessere 313 E4
Benguela Cove 384 F4
Benito Dusi Vineyard 320 B2
Benito Ferrara 183 A4
Benjamin Romeo 199 F4
Benmore Valley 304 E4
Benn 239 B3
Bennett Lane 311 A1
Bennett Valley 309 B1
Bennwihr 125 D4 127 C3
Benoites, les 59 G5
Benovia 307 E5
Benton City 290 F6 G1
Benton Lane 295 E2
Benvenuti 271 A1
Benziger 309 C2
Beograd 267 F5
Beograd (Belgrade) 267 E5
Bérangeraie, Dom de la 115 C4
Berdiot 79 D5
Béres 265 E3
Berg Kaisersteinfels 236 F1
Berg Roseneck 236 F2
Berg Rottland 236 F2 G2
Berg Schlossberg 236 F1
Berg 226 F5
Bergbildstock 237 F4
Bergeisa 163 D3
Bergera-Pezzole 163 E2
Bergerac 113 E5
Bergères les-Vertus 83 G3
Bergerie, Dom de la 118 E3
Bergerie, la 60 G2
Bergevin Lane 300 B4
Bergheim 125 D4 127 D5
Bergholtz 125 F3 126 A1
Bergholtz-Zel 126 A2
Bergkelder 383 D2
Bergkirche 240 D5
Bergschlösschen 229 E1
Bergschmallister 260 E3
Bergstrom 297 C3
Bergweingarten 260 E2
Beringer 313 F4
Beringer Vineyards 307 C6
Berlou Co-op 141 A4
Bermersheim 238 G3 239 B2 B3
Bern 251 B3
Bernadot 161 E2
Bernard Baudry 120 F5
Bernardins, Dom des 137 D5
Bernardus 317 F3
Berne, le 180 C4
Bernkastel-Kues 227 C5 233 F4
Bernot, Clos 60 G1
Berri 344 E2
Berrio, The 379 G3
Berry's Bridge 359 B2
Berthet-Bondet, Dom 151 F4
Berthet, Clos 63 B4
Berthoumieu, Dom 115 F2
Bertins, les 61 F5
Bertrand-Bergé, Dom 141 F3
Bertranoux, Dom des 113 E6
Beryslav 277 A2
Berzé-la-Ville 69 E3
Berzé-le-Châtel 69 D3
Bessa Valley 274 E3
Bessards, les 133 C5
Best's 359 C2
Bethany 351 C4
Bethel Heights 297 E3
Betsek 265 F3
Bettelhaus 242 B3
Better Half Dom Menada 274 E4
Betz Family 295 A3
Beugnons 79 F2
Beuttes, les 60 G2
Bevan 309 B1
Bex 253 F2
Beyerskloof 383 D2
Beyssac, Dom de 115 C2
Bézannes 83 A3
Bèze, Clos de 66 B4 C4
Bianchello del Metauro 173 C5 C6
Bianco di Custoza 165 E2 168 G5
Bianco di Pitigliano 173 C3 D3
Bibayoff 327 E4
Bibich 271 C3
Biblia Chora 281 A4
Bichofpoint 259 F1
Bidaude, la 66 B2
Bidaudières, les 121 B4
Biddenden 249 G4 G5
Biebelsheim 238 E2
Bielersee 251 B2
Bien Nacido Vineyards 320 E3
Bienenberg 245 A5
Bienvenida de Vinos 196 F3
Bienvenues Bâtard Montrachet 60 G3
Bierzo 188 C2 192 F5
Bievaux 59 D3 E3
Biferno 173 G6 182 A3
Bigő 265 G3
Bila-Haut, Dom du 145 D3
Bilancia 369 C4
Bilbao 188 C3
Bildstock 240 F3 F4
Bilhorod-Dnistrovsky 270 A1
Billard 66 C6
Billigheim-Ingenheim 241 D4
Billsboro 325 B4
Billy-le-Grand 83 C6
Bimbadgen 365 C5
Bindi 359 C3
Bingen 234 D4 236 G1 238 D1
Bingham Family Vineyards 326 B5
Binissalem 188 G5
Binyamina 287 E5
Bío Bío 330 E4 333 F5 335 F5 F6
Biondi 185 C5
Biondi Santi 179 C5
Bird in Hand 356 C6
Bird on a Wire 363 C5
Birkweiler 241 D3
Bischofpoint 257 C5 C6 259 F1
Bischofsberg 236 F2
Bischofsgarten 242 D3 E3
Bisquertt 334 D6
Bisseuil 83 D4 D5
Bissy-la-Mâconnaise 69 B4 B5
Bitola 267 G5
Bizkaiko Txakolina 188 C4
Bjana 171 C5
Bjornstad 307 E6
Bk Wines 356 C4
Blaauwklippen 383 E3
Blacé 73 E5
Black Barn 369 C5
Black Estate 371 F3
Black Hills 292 G5
Black Mesa 326 A4 B4
Black Oystercatcher 379 G3
Black Ridge 375 E5
Black Sea 285 F5
Black Sea Gold 274 E5
Black Sheep 318 D4
Blackbird 311 D5
Blackbird Vineyard 311 E5
Blackjack 359 B3
Blackstone 309 B2
Blackwater 383 C2
Blackwood Valley 347 F2
Blagny, Hameau de 60 F4
Blagoevgrad 274 E2
Blaj 273 C3
Blanc, Clos 61 F6 62 C1
Blanc, le Clos 65 F4
Blancharde, la 63 C6
Blanchards, les 66 C2
Blanches Fleurs 62 C6
Blanches, ez 61 E4
Blanchisserie, la 62 C4 D4
Blanchot 79 E4
Blanchot Dessous 60 G2
Blanchot Dessus 60 G2
Blank Canvas 373 C3
Blanville, Dom 142 E3
Blatnicé 266 G3 G4
Blaye 85 C3 86 D4
Blažič 171 C5
Blenheim, *New Zealand* 367 C5 373 C3
Blenheim, *Virginia* 323 G4
Bléré 117 B2
Blienschwiller 125 C4
Blind River 374 F5
Bloemendal 379 F1
Bloomer Creek 325 C5
Blottières, les 120 C4
Bloy, Ch du 113 E4
Blücherpfad 239 C1 C2
Blue Pyrenees 359 C2
Bluebell 249 G4
Blume 226 G2
Boas Quintas 217 C3
Boca 156 F3 157 D4
Bockenau 234 E2
Bockenheim 241 A4
Bockfliess 255 B5
Bockstein 229 E3
Bodega Garzón 332 G4 G5
Bodega Oceánica José Ignacio 332 G5
Bodega Pierce 326 B3
Bodegas de Santo Tomás 327 G4
Bodegas Re 334 E3
Bodegas Riojanas 199 B1
Bodegas San Martín 197 B6
Bodenheim 238 D4
Bodensee 244 F4 F5
Bodrogkeresztúr 265 F3
Bodrogkisfalud 265 F3
Bodrogolaszi 265 D5
Boeger 318 B3
Boekenhoutskloof 383 E6
Bogács 263 B4 B5
Bogle 318 C1 C2
Boglyoska 265 C6
Böhlig 242 E2
Bohomáj 265 E2
Bohorca 204 B6
Bohotin 273 B5
Boiches, les 62 C5 D5
Boichot, en 59 F3
Boirettes, les 59 F5
Boiron, Dom du 115 D3
Bois d'Herbues, les 63 C6
Bois de Blagny, le 60 E5
Bois de Chassagne 59 F5
Bois de Toppes 63 C6
Bois des Mèges, Dom du 137 C4
Bois Gibault 123 C4 C5
Bois Roussot 63 C5
Bois-Rideau, le 121 B3
Bois, Clos du 307 B4 C4
Boissey 131 F2
Boisson, Dom 137 B4
Boivin, le 67 B4
Bokisch 318 D3
Boland 383 A4
Boldos, Ch Los 334 C6
Bolgheri 173 B2 175 B5 C5
Bolgheri Sassicaia 175 B4 B5
Bolhrad 277 A1
Bolivia 330 C4
Bollenberg 126 B2
Bolney 249 G4
Bologna 165 G3
Bolzano, Bozen 165 C3 167 C6
Bomboly 265 F2
Bon Climat, le 320 E3
Bon Courage 379 F3
Bonavita 184 E6
Boncie, le 177 F5
Bond 314 F4
Bondar 355 D4 D5
Bondues, les 60 G2
Bongran, Dom de la 69 C5
Bonheur, le 383 C3
Boniperti 156 G4
Bonneliere, Dom la 119 F4
Bonnes Mares, les 65 F6 66 C1
Bonnet, Dom 115 C2
Bonneville-et-St-Avit-de-Fumadières 113 E3
Bonnezeaux 116 B4 B5 118 D4 D5
Bönnigheim 244 C6
Bonny Doon Vineyard 317 D2
Bonny-sur-Loire 117 B5
Bons Feuvres, les 62 D2
Bonterra 304 E4
Bonvillars 251 B2
Bonyhád 263 C3
Bookcliff 326 A4
Bookwalter 299 E1 E2
Booth's Taminick Cellars 359 A5
Boplaas 379 F5
Borba 219 D5
Borden Ranch 318 C3
Bordenave, Dom 115 G1
Bordini 161 B3 B4
Bořetice 266 G3
Borges, HM 221 D3
Borgo del Tiglio 171 D4
Borgo San Daniele 171 D4
Borie de Maurel, Dom 141 B2
Borie la Vitarèle 141 A4
Borkút 265 F2
Bornard, Philippe 151 D5
Borniques, les 65 F4
Borovitza 274 C1
Borthwick 370 B6
Bortoli, de 363 B4 365 D5
Borzone 163 B4 B5
Boscarelli 180 C5
Boscareto 163 E4 E5
Bosché Vineyard 314 E3
Boschendal 383 D4
Boschetti 163 D3 E3
Boschkloof 383 E2
Bosco Eliceo 165 F3 F4 173 A5 A6
Bosenheim 234 E4
Bosinakis 283 F3
Boškinac 271 B2
Bosman 379 F2
Bosna i Hercegovina 267 F4
Bosquet des Papes 139 E3
Bossière, la 66 A1
Bossières 65 F2 G2
Boswell, Ch 313 E4
Bot River 379 G2 384 E4
Botalcura 335 E2
Botanica 383 D2
Botaveau 59 E2
Bothy 249 F4
Botromagno 182 B4
Bott 265 F3
Bottelary 383 D1
Bou 117 A4
Bouaye 116 C2
Boucauds, les 123 B3
Bouchaine 309 E5 311 G5
Bouchard Finlayson 384 F5
Boucharey 131 B4
Bouche, Clos 131 D3
Bouchère, la 61 E4
Bouchères, les 60 F6
Boucherottes, les 62 C2
Bouchon, J 335 E3
Bouchots, les 66 B2
Boudau, Dom 145 D4
Boudières, les 67 B1
Boudots, aux 65 F1
Boudreaux Cellars 295 A4
Boudrières, les 60 G4
Boudriotte, la 59 F5
Bougros 79 D3 D4
Bouissière, Dom de la 137 C5
Boulay, le 117 A1
Boulevard Naploéon 141 B2
Boulmeau 63 C3
Boulotte, la 63 C3
Boundary Breaks 325 C5
Bourdonnerie, la 131 D2
Bourg 85 C3 86 D4
Bourg, Le Clos du 121 B3
Bourgeots, les 63 C1
Bourges 117 C4
Bourgneuf-en-Retz 116 C2
Bourgogne Chitry 77 C4
Bourgogne Côtes d'Auxerre 77 C3
Bourgogne Coulanges-la-Vineuse 77 C3
Bourgogne Épineuil 77 B6
Bourgogne Tonnerre 77 A6
Bourgueil 116 B6 120 D2 D3
Bourillon d'Orléans, Dom 121 B2
Boursan, Bois de 139 F3
Bouscassé, Ch 115 F2
Boushey Vineyard 298 E5
Bousse d'Or 61 F4
Bousselots, aux 64 F6
Bout du Monde, Dom du 145 D2
Boutari 281 A3 B2 E4 F4
Bouthières, aux 70 C4
Boutières, aux 63 C2
Boutières, les 63 C2 C3 D3
Boutoillottes, aux 67 C1
Boutonniers, les 61 E2
Bouvet-Ladubay 119 E3
Bouza 332 G3
Bouzeron 55 D5 68 A5
Bouzy 83 D5
Bowen Estate 357 D6
Box Grove 359 B4
Boxwood 323 D6
Braccesca, la 180 B4
Bracco Bosca 332 G3 G4
Brachetto d'Acqui 157 F3 F4 159 E5
Brain-sur-Allonnes 116 B6
Bramaterra 156 F2 157 D3
Brana, Dom 114 G6
Brancaia 177 F3
Brancott Estate 373 C2
Brancott Valley 373 C2
Brand 127 B1
Brand's Laira 357 B5
Brand's Laira Stentiford 357 B5 B6
Brandborg 295 F2
Brander 321 B5
Brandlin 311 B2
Brash Vineyard 349 D5
Brasil 330 C6
Brasília 330 D3
Brassfield 304 E5
Bratanov 274 E4
Bratenhofchen 233 F4
Bratislava 266 G3
Brau, Ch de 141 C1
Braune Kupp 229 B3
Brauneberg 231 B6 233 G1
Braunfels 229 C3
Bravo, J C 327 E4
Brazey, les 65 F6 66 C1
Brea 163 D5
Breaky Bottom 249 G4
Bream Creek 366 F3
Breaux 323 C6
Břeclav 266 G3
Breede River Valley 379 F3
Breedekloof 379 F2 F3
Breganze 165 D3
Breggo 304 E2
Bregovita Hrvatska 267 E4
Breisgau 244 E3
Breiter Rain 259 D3
Brelance 60 G4
Breleux, les 67 B4 B5
Bremm 227 B5
Brennan Vineyards 326 B5
Brescul, en 62 B2
Bress 359 B3
Bressan 171 E5
Bressandes, les 62 B5 63 C4
Bressia 340 C2
Bret Brothers 70 E5
Brèterins, les 61 D2
Bretzenheim 234 E4
Breuil, Ch du 118 C2
Brewer Clifton 320 F2
Brézé 116 C5 119 G5
Brézé, Ch de 119 G4
Bri, le 383 D6
Brian Carter Cellars 295 A3
Briar Ridge 365 D5
Bric Micca 161 D4
Bricco San Pietro 163 F3
Bricco Ambrogio 163 B3
Bricco Boschis 163 C4
Bricco de Neive 161 D5
Bricco de Treiso 161 E2
Bricco delle Viole 163 D2
Bricco Manescotto 163 B3 B4
Bricco Manzoni 163 C3
Bricco Rocche 163 D4
Bricco San Biagio 163 B3
Briccolina 163 E4 E5
Brick House 297 C3
Bride Valley 249 G3
Bridge Pa Triangle 369 C4
Bridgeview 295 G2
Bridgewater, *South Australia* 344 E2 356 D4
Bridgewater, *Victoria* 344 F4
Bridlewood Estate 321 B5 C5
Brie 271 D5
Brightwell 249 F3 F4
Brin, Dom de 115 D6
Brindisi 182 B6
Brini 355 C5
Briones 199 G4
Briquottes, les 63 C6
Brisas Vineyard, las 309 E4
Brisbane 345 A3
Brissac, Ch de 118 B5
British Columbia 290 A1
Brittan 297 D2
Brno 266 F3
Broadley 295 E2
Broke Fordwich 345 D1 E1
Brokenwood 365 D4
Bronco Wine Company 303 C4
Brook Farm 249 F5
Brookfields 369 B5
Brookland Valley 349 E5
Brooks 297 D3
Brosse, la 131 A4
Brouillards, les 61 F5
Brouilly 55 F5 73 D5 74 F4 G4 75 F4 G4
Brown Bros 359 B6
Brown Brothers 366 E3
Brown Estate 311 C6
Bru-Baché, Dom 115 G1
Bruck 256 D5
Bruck an der Leitha 255 C5 C6
Brückchen 240 F4
Brücke 235 G3
Brudersberg 240 D4
Bruderschaft 230 E6 231 E1 E2
Bruderthal 125 A5
Brûlées, aux, *Fixin* 67 B2
Brûlées, aux, *Vosne-Romanée* 65 F2
Brûlées, les 64 F4 G4
Brûlés, les 70 D4
Brunate 163 C2
Brunelle, la 66 C5
Brunelli le Chiuse di Sotto 179 B5
Brunello di Montalcino 173 C3 179 C4
Brunettes et Planchots, les 63 C3
Brunn 255 C5
Brunnenhäuschen 239 B3
Brunnfeld 259 E2 E3
Brunngraben 259 F3
Brunnleiten 259 F3
Bruno Duchêne, Dom 145 F6
Brusset, Dom 137 B4
Brussonnes, les 59 F5
Brutocao 304 E2 E3
Bruyères, les 63 D4
Bryant Family 311 C5
Bucelas 208 D4 215 C4
Buchental 256 D6
Buchheim 245 D4
Buckel Family 326 A4
București 273 D4
Budapest 263 B3
Büdesheim 238 D1
Budoushu 387 B5
Budureasca 273 D5
Bué 123 C3
Buehler 311 C4
Buena Vista 309 D3
Buenos Aires 330 E3
Buffa 184 F2
Bühl, *Austria* 260 E4
Bühl, *Germany* 244 C4 D4
Buhl Memorial Vineyard 326 B3
Bühlertal 244 D4
Buis, les 63 C6
Buisson 63 D6
Buisson Certaut, le 60 G6
Buitenverwachting 380 B5
Bükk 263 A5
Buland, en 70 B3
Bullas 188 F4
Buller 359 A6
Bündner Herrschaft 251 B5
Bunnell Family Cellar 298 F5
Bura-Mrgudić 271 D4 D5
Burg Layen 234 D3
Burgas 274 E5
Burgberg, *Ahr* 226 G1 G2
Burgberg, *Mosel* 233 C3 E6
Burge Family 351 D2
Bürgel 239 C2
Burgess 311 B3
Burggarten, *Ahr* 226 E5 F5 G2
Burggarten, *Wachau* 257 B6 259 E1
Burglay 231 C4 233 B5
Burgozone, Ch 274 C2
Bürgstadt 247 C2
Burgstall 257 C4 C5
Burgweg 243 F1
Burgy 69 B5 C5
Burja 268 F3
Burkheim 244 E3 245 C1 C2
Burklee Hill Vineyards 326 B5
Burn Cottage 375 D5
Burrweiler 241 D4
Bursinel 252 E4
Burweg 239 E4
Buschenberg 257 B2
Bussaco Palace Hotel 217 C2
Bussia 163 D3 E3
Bussia Soprana 163 D3
Bussia Sottana 163 D3
Bussière, la 65 F6 66 C1
Bussières 69 E3
Bussières, les 65 F6 66 C1
Busslay 233 C2
But de Mont 131 B3 B4
Buttafuoco 157 E5
Butte, Dom de la 120 C2
Butte, la 63 D5 D6
Butteaux 79 F2 F3
Buttes, les 61 F5
Buttonwood Farm 321 C5
Buty Wines 300 B5
Buxy 68 F5
Büyülübağ 285 F3
Buzău 273 C4 C5
By Farr 359 D3
Byala 274 D5
Bybline, Ch 286 E4
Byington 317 C2
Byron 320 E3
Bzenec 266 G3

Ca'Marcanda 175 B5
Cabasse, Dom de 137 B5
Cabeza Gorda 205 A2
Cabezudo 205 B1
Cabidos, Ch de 115 F1
Cabotte, Dom la 135 B2
Cabrière 383 D6
Cabrières 142 E3
Cabrières, Ch 139 C3
Cabrol, Dom 140 B6
Čačakkraljevo 267 F5
Cacc'e Mmitte di Lucera 182 A3
Cáceres, Marqués de

199 B1 B2
Cachapoal 334 D6 333 F5
Cachin 192 G3
Cadaretta 300 B5
Cade 311 B3
Cadillac 85 E4 101 E2
Cádiz 188 F2
Caduceus Cellars 326 B3
Cady, Dom 118 C1
Caelum 340 C2
Cafayate 339 C5
Cagliari 186 D5
Cagueloup, Dom du 148 D3
Caille, la 131 C3
Caillée, en la 67 B3
Cailleret-Dessus 61 F3
Cailleret, en 59 F6 60 F1 61 F4
Cailleret, le 60 F3
Caillerie, la 121 B2
Cailles, les 64 F3
Caillettes, les 63 D3
Caillou, Clos du 137 E2 139 C4
Cailloux, les, *Sorgues* 137 G2
Cailloux, les, *Châteauneuf-du-Pape* 139 E3
Cain 311 C2
Cair 281 E6
Cairanne 135 B3 137 B3
Cakebread 314 E4
Çal 285 G3
Calabretta, *Sicily* 185 A4
Calabretta, *Calabria* 182 D5
Caladroy, Ch de 145 D3
Calahorra 199 B4 B5 197 C4
Calamin 252 D6
Calatayud 188 D4
Calças a Tanha 210 F1 F2
Calcinaie, le 177 E1
Caldaro 165 C3
Calderara Sottana 185 A4
Caledonia 359 D5
Calera 317 E4
Calera Vineyards 317 E4
California 290 C1
California Shenandoah Valley 318 B3 C3 B5
Calina 335 E3
Calingasta 340 D5
Calissanne, Ch 146 B4
Calisse, Ch la 147 B2
Calistoga 311 A1 311 D3
Caliterra 334 D6
Calitzdorp 379 F5
Callaghan Vineyards 326 B3
Callaway 326 B2
Calle-Juella 205 A1
Calmael & Joseph 141 C1
Calouère 66 B2
Calvet Thunevin, Dom 145 D2
Calyptra 334 C5
Calzadilla 188 E5
Câmara de Lobos 221 D2
Cambas 283 F3
Camberley 383 D4
Cambria 320 E3
Camden 345 E1
Camel Valley 249 G1
Cameron 297 D3
Camilo Castillo 197 C4 C5
Camin Larredya 115 G1
Caminade, Ch la 115 C5
Camindos Cruzados 217 B4
Çamlibag 285 F3
Camou, Ch 327 D5
Campanha 330 E6
Campbells 359 A6
Campi di Fonterenza 179 D5
Campi Flegrei 182 B2
Campo alla Sughera 175 B5
Campo de Borja 188 D4
Campo de la Guardia 188 E5
Campo de los Andes 340 F1
Campo di Sasso 175 A5
Campo Eliseo 196 G5
Campolargo 217 B2
Campos de Cima da Serra 330 D6
Campotinto 332 F1
Campuget, de 135 E1
Can Ràfols dels Caus 201 E4
Canaan Estate 388 D3
Çanakkale 285 F3
Canalicchio di Sopra 179 B5
Canavese 157 D3 E3
Canberra 345 F1
Canberra District 344 E6
Candido 182 B6
Cané 209 F5
Canet Valette 141 A4
Cañete 330 B3
Caney 387 B4
Canière, la 60 G1
Cannellino di Frascati 173 F3 F4
Canneto 180 C3
Cannonau di Sardegna Classico 186 C5 C6
Cannubi 163 D3
Cannubi Boschis 163 D3
Cannubi Muscatel 163 D2 D3
Cannubi San Lorenzo 163 D2
Cannubi Valletta 163 D3
Canoe Ridge Gramercy Cellars 300 B4
Canoe Ridge Vineyard 298 G5
Canorgue, Ch la 135 E4
Canova, *Barbaresco* 161 C5
Canova, *Barolo* 163 B5
Cantanhede 208 C4 217 C1 C2
Cantele 182 B6
Canterayne Cave Co-op 93 C2
Cantina del Barone 183 B5
Cantina del Notaio 182 B4
Cantina del Taburno 182 B3
Cantina Gallura 186 A5
Cantina la Vis 166 B5 167 G4
Cantina San Donaci 182 B6
Cantina Santadi 186 D5
Cantina Soc. San Michele Appiano 167 D5
Cantina Sociale Colterenzio 167 D6
Cantina Sociale Girlan 167 D6
Cantina Sociale Terlano 167 C5
Cantina Termeno Hofstätter 167 E5
Cantine Astroni 182 B2
Cantine dell'Angelo 183 A5
Capafons-Ossó, 202 D5
Capaia 379 F2
Capalot 163 B2
Capanna 179 B5
Caparzo 179 B5
Cape Agulhas 379 G3
Cape Bernier 366 F3
Cape Mentelle 349 F6
Cape Point 379 G1 G2
Cape South Coast 379 G4 G5
Cape Town 379 F2
Capel Vale 347 E2
Capercaillie 365 D5
Capichera 186 A5
Capion, Dom 142 D4
Capmartin, Dom 115 F2
Capofaro 184 D5
Cappelli Ranch 318 B6
Capri 182 B2
Caprock 326 B5
Capucins, Clos des 127 B2
Caradeux, en 63 B3 B4
Caraguilhes, Ch 141 D2
Caramany 145 D2
Carastelec Winery 273 B2
Carbunup 349 D6
Carcavelos 208 D3 215 D3 D4
Cardeuse, la 59 F5
Cardinal Point 323 F3 G3
Cardinale 314 F5
Cardinham Estate 353 C1
Carelle-sous la Chapelle 61 F4
Carelles Dessous 61 F4
Carema 157 D3
Cargasacchi 320 F2
Carignano del Sulcis 186 E4 E5
Carinae 340 B3
Cariñena 188 D4
Carinus 383 D2
Carlen, Ch 388 A3
Carlton Studio 297 C3
Carmel 287 D5
Carmel Valley 317 F3
Carmelo Rodero 195 B3
Carmen 334 C4
Carmen Stevens 383 E1
Carmignano 173 A3
Carmim 219 F5
Carmody McKnight 320 A1
Carneros Lake Vineyard 309 E4 311 G5
Carnuntum 255 G5
Caro 340 B2 B3
Carol Shelton 307 E6
Carougeot 66 C5
Carquefou 116 B3
Carraia, Az. Vin la 181 F4
Carran, en 61 B1
Carrascal 204 C6 205 B6
Carrau 332 G3
Carré Rougeaud, le 66 C6
Carrera, la 340 D5
Carrés, les 67 C1
Carrick 375 D5
Carrières, les, *Ladoix* 63 C5
Carrières, les, *Chambolle-Musigny* 65 F5
Carso 165 D6
Carta Vieja 335 E3
Carter Cellars 311 A1
Cartuxa 213 E4
Cary Potet, Ch de 68 F5 G5
Cas Batllet 202 C4
Casa Bianchi 340 E1
Casa Colonial 335 F4
Casa d'Ambra 182 B2
Casa da Ínsua 217 B5
Casa da Passarela 217 C5
Casa de Mouraz 217 B3
Casa de Piedra 327 F4
Casa de Saima 217 B2
Casa de Santar 217 B4
Casa de Uco 340 E1
Casa de Vinuri Cotnari 273 B4
Casa del Blanco 188 E5
Casa do Capitão Mor 209 G2
Casa Donoso 335 E3
Casa Emma 177 E3
Casa Gran del Siurana 202 D4 D6
Casa Lapostolle 334 D6
Casa Larga 325 A4 B4
Casa Magoni 327 E5
Casa Maguila 196 F2
Casa Marín 334 E3
Casa Nuestra 313 E4
Casa Patronales 335 D3
Casa Perini 331 F5
Casa Relvas 219 E5
Casa Rivas 334 D4
Casa Rondeña 326 B4
Casa Santos Lima 215 B4
Casa Silva 334 D6
Casa Valduga 331 F4
Casablanca 334 E3 333 D5
Casal de Armán 192 G2
Casal de Loivos 210 E5
Casal Sta Maria 215 D3
Casaloste 177 D4
Casalte, le 180 C4
Casanuova delle Cerbaie 179 B5
Casanuova di Neri 179 B6
Casar de Burbia 192 F4
Casarena 340 C2
Casas del Bosque 334 E3
Casavecchia di Pontelatone 182 A2
Cascadais, Ch 141 D2
Cascavel, Dom de 135 D4
Case Basse 179 C4
Case Nere 163 D2
Casey Flat Ranch 303 B3
Casot 161 E2
Casot des Mailloles 145 F6
Cassan, Dom de 137 C5
Casse-Têtes, les 61 F1
Cassereau, le 121 A4
Cassière, la 59 E2 E3
Častá 266 G4
Casta de Vinos 327 E4
Castagna 359 A6
Castagnoli 177 E3
Castel del Monte 182 A4
Castel del Monte Nero di Troia Riserva 182 A5
Castel Noarna 166 E4
Castel Sallegg 167 D5
Castel, dom du 287 F5
Castelberg 245 D2
Castelgiocondo 179 C4
Castell 247 C5
Castell' in Villa 177 G5
Castellada, la 171 D6
Casteller 165 D3
Castellero 163 D3
Castelli 347 G3 G4
Castelli Romani 173 F3
Castellinuzza e Piuca 177 D4
Castello Banfi 179 D4
Castello d'Albola 177 E4
Castello dei Rampolla 177 E4
Castello della Panerettta 177 E3
Castello della Sala 181 F4
Castello di Ama 177 F4
Castello di Borghese 324 E1
Castello di Brolio 177 F5
Castello di Conti 156 F3
Castello di Fonterutoli 177 F4
Castello di Nipozzano 177 A6
Castello di Querceto 177 D4
Castello di Volpaia 177 E4
Castello Monaci 182 B6
Castello Vicchiomaggio 177 D4
Castelmaure Co-op 141 E3
Castelo de Medina 196 G5
Castéra, Dom 115 F1
Castets, les 60 D2
Castiglione Falletto 163 C3 C4
Castigno, Ch 141 B2
Castilla 188 E4
Castilla y León 188 C3
Castillo de Monjardin 197 B4
Castillo Viejo 332 G3
Castle Rock 347 F4
Castoro Cellars 320 B2
Castra Rubra 274 E4
Castrillo de la Vega 195 C4
Castro Ventosa 192 F4
Cataldo, A Vita 182 D5
Catamarca 330 D4
Catena Zapata 340 C2
Cathedral Ridge 295 C3
Catherine & Pierre Breton 120 C3 C4
Catherine Marshall 383 F3
Cattunar 271 A1
Cauhapé, Dom 115 G1
Caujolle-Gazet, Dom 142 C3
Căuseni 277 A1 A2
Causse Marines, Dom de 115 D5
Cautin 333 G5
Cavaliere 185 C3
Cavalli 383 E3
Cavas Sol y Barro 327 E4
Cavas Valmar 327 G4
Cave Anne de Joyeuse 140 D6
Cave B Estate 298 B5
Cave Co-op Bellevue 89 F4
Cave Co-op, Les Vieux Colombiers 89 E3
Cave d'Occi 386 C5
Cave de Fleurie 74 C5
Cave de l'Ormarine 142 F3
Cave de l'Étoile 145 F6
Cave de Monbazillac 113 E5
Cave de Roquebrun 141 A4
Cave des Vignerons de Buxy 68 G4
Cave du Razès 140 D5
Cave du Sieur d'Arques 140 D6
Cave Jean-Louis Lafage 145 D3
Cave Koroum 286 G4
Cave la Malepère 140 C6
Cave Spring 293 F4
Cave, la 61 E1
Caveau Bugiste 152 B4
Caves Jean Bourdy 151 E4
Caves Messias 217 C2
Caves Primavera 217 B2
Caves São João 217 B2
Caymus 314 E4
Cayron, Dom du 137 C5
Cayuga Lake 325 B5
Cayuse 300 B5
Cazaban, Dom de 141 C1
Cazal-Viel, Ch 141 A4
Cazeneuve, Ch de 142 C5
Cazenove, Dom de 145 E4
Cazes, Dom 145 D4
Cazetiers, les 66 B5
Ceàgo Vinegarden 304 E5
Cèbène, Dom de 142 E2
Čechy, Bohemia 266 E2 F2
Cedar Creek 292 F5
Cedar Mountain 317 A3
Cedarville 318 B6
Cederberg 379 D2 D3
Cèdre, Ch du 115 C4
Cèdres dom des 286 E6
Ceja 309 D5 311 G5
Celeiros 210 C5
Celilo Vineyard 295 C4
Celldömölk 263 B2
Celler de Capçanes 202 E4
Celler de l'Encastell 202 C5
Celler Escoda-Sanahuja 201 E2
Cellers Can Blau 202 E3
Cellier des Cray 152 C5
Cellier des Templiers 145 F6
Cellier du Mas Montel 142 C6
Cenan, en 70 E5
Cent Vignes, les 62 C5
Centeilles, Clos 141 B2
Centopassi 184 E3
Central Anatolia 285 F4 G4
Central Coast 303 E4 317 A3
Central Coast Wine Services 320 E3
Central Hawke's Bay 369 C4
Centro 340 B2 D5
Cerasuolo d'Abruzzo 173 F5 G5
Cerasuolo di Vittoria 184 G4 G5
Ceratti 163 D5
Cerbaiola 179 C5
Cerbaiona 179 C6
Cercié 73 D5 74 F4
Cercueils, les 66 C4
Cerdon 152 A4
Cerequio 163 D2
Čerhov 266 G6
Cérons 85 E4
Cerretta 163 C5
Cerro de Santiago 205 C5
Cerro Pelado 205 B1 C1
Cervaljevo 267 F5
Cerveteri 173 E3
Cérvoles 201 E1
Cesanese del Piglio 173 F4 182 A1
Cesanese di Affile 173 F4
Cesanese di Olevano Romano 173 F4
Cesseras, Ch de 141 B3
Cessnock 345 D2 365 D4
Cévennes 53 F4
Chabiots, les 65 F4
Chablais 251 C2 253 F2
Chabœufs, les 64 F4
Chacewater 304 E5
Chaffots, les 65 F5 66 B2
Chagnots, Clos des 63 D5
Chagnots, les 63 D5
Chaignots, aux 64 F6
Chailles 117 B2
Chaillots, les 63 C4 C5
Chailloux, aux 70 C4
Chain of Ponds 356 A5
Chaînes Carteaux 64 F3
Chainey, le 59 D2
Chaintré 55 F5 69 G4 70 F5
Chalandins, les 65 G3
Chaliots, les 64 F4 G4
Chalk Hill, *Australia* 355 D4
Chalk Hill, *California* 307 D5
Chalmers Vineyard 359 B4
Chalone 317 F5
Chalone Vineyard 317 F5
Chalonnes-sur-Loire 116 B4
Chalumeaux, les 60 F4
Chaman 340 F2
Chambers Rosewood 359 A6
Chambertin 66 B3 C3
Chambertin Clos de Bèze 66 B4
Chambolle-Musigny 55 C6 65 F5 65 E4
Chambrates 123 B3 B4
Chambres, les 60 G2
Chamery 83 B3
Chamfort, Dom 137 C5
Chamirey, de 68 C5
Chamisal 320 C2
Chamlija 285 E3
Chamonix 383 D6
Chamoson 253 G2
Champ 66 B6
Champ Canet 60 F4
Champ Croyen 60 G4
Champ d'Orphée, le 115 D6
Champ Derrière 60 G2
Champ Divin 151 G4
Champ Gain 60 F4
Champ Roux, en 70 C4
Champ Salomon, au 67 B3
Champ Tirant 60 D1
Champagne de Savigny 62 C6
Champagne Haut, la 67 B5 C5
Champalou, Dom 121 B3
Champans, en 61 F4
Champeaux 66 B6
Champerrier du Bas 66 C6
Champerrier du Dessus 66 B5
Champforey 67 C4
Champigny 116 C5 119 F5
Champillon 83 D3
Champin, le 131 A4
Champlain Valley of New York 324 E4
Champlots, les 60 E3
Champonnet 66 B5
Champoux Vineyard 298 G5
Champs Chardons, aux 63 C2
Champs Chenys 66 C3
Champs Claude, les 59 G4 G5
Champs d'Or, les 388 A3
Champs de Cris, les 123 C4 C5
Champs de Morjot 59 G5
Champs de Vosger 67 C1 C2
Champs des Ares 67 C2
Champs des Charmes, les 67 C1
Champs des Pruniers, aux 63 C2
Champs Fulliot, les 61 F3
Champs Gain, les 59 F6 60 G1
Champs Goudins 65 G2
Champs Jendreau 59 F6
Champs Pennebaut 67 B2
Champs Perdrix 67 B2
Champs Perdrix, aux, *Nuits-St-Georges* 64 F6
Champs Perdrix, aux, *Vosne-Romanée* 65 F2
Champs Perriers, les 66 C6
Champs Pimont 62 C3
Champs Pimonts 62 C4
Champs Rammés, les 63 D5
Champs Ronds, les 61 E3
Champs Tions, les 67 C1
Champs Traversins, les 65 F3
Champs, en 66 B6
Champs, es 60 D3
Champtoceaux 116 B3
Champy, en 67 B4
Chanceleiros 210 F4
Chandon 340 C2 C3
Chandon, Dom 390 C3
Chânes 69 G4 70 F4 F5 73 B6
Changyu 388 D4
Changyu Golden Icewine Valley 388 A6
Changyu-Castel, Ch 388 F5
Changyu, Ch, *Xinjiang* 388 A4
Changyu, Ch, *Ningxia* 390 B4
Chanière, la 61 E6 62 B2
Chaniot, au 60 F4
Chanlin 61 E5
Chanlins-Bas, les 61 E5
Chanlins-Hauts, les 61 E5
Chânmoris 387 B5
Channing Daughters 324 F2
Chanson 131 E2
Chante Cigale, Dom 139 E3
Chante-Perdrix, Dom 139 G4
Chanzy, Dom 68 A5
Chapadmalal 330 E5
Chapel Down 249 G5
Chapel Hill 355 C4 C5
Chapel, Dom 74 D3
Chapelle l'Enclos 115 F2
Chapelle l'Enclos, la 115 F2
Chapelle-Chambertin 66 C3
Chapelle-de-Guinchay, la 73 B6
Chapelle-sur-Erdre, la 116 B2
Chapelot 79 E5
Chapître, Clos du 66 B5 67 B1
Chapitre, le 121 C4 C5
Chaponnières, les 61 F5
Chapoutier, M 359 B4
Chappellet 311 C5
Charbonnière, Dom de la 139 E3 E4
Charbonnières, les 64 F2
Chard Farm 375 D4
Chardannes, les 65 F5
Chardonnay 69 B6
Chardonne 253 E1
Chardonnereux, les 62 D3
Chareau, Clos 59 F4
Charentais 53 E2
Charentay 73 D5 74 G4
Charlemagne, en 63 B4
Charlemagne, le 63 B4
Charles B Mitchell Vineyards 318 B6
Charles Cimicky 351 D3
Charles Fox 384 E4
Charles Heintz 307 E4
Charles Joguet 120 G5
Charles Krug 313 F4
Charles Melton 351 D4
Charlottesville 323 F4
Charme 210 E5
Charme aux Prêtres, la 67 B4
Charmes Dessous, les 59 E1 E2
Charmes Dessus, les, 59 D1
Charmes-Chambertin 66 C3
Charmes-Dessous, les, 60 G5
Charmes-Dessus, les, 60 G5
Charmes, aux 66 C2
Charmes, Ch des 293 F5
Charmes, les, *Gevrey-Chambertin* 65 F5
Charmes, les, *Meursault* 60 G5
Charmois, le 60 F2
Charmois, les 64 F5
Charmots, les 62 C1
Charmotte, la 64 F6
Charmotte, la Petite 64 F6
Charnay-lès-Mâcon 69 F4
Charnières, les 63 B2
Charon, le 67 C3
Charreux 66 C5
Charrières, les, *Chassagne-Montrachet* 60 G2
Charrières, les, *Morey-St-Denis* 66 C2
Charron, en 59 D3
Charter Oak 313 F5
Charvin, Dom 137 E1
Chassagne 59 F6 60 F2
Chassagne du Clos St-Jean 60 F1
Chassagne-Montrachet 55 D5 59 F5 60 G1
Chasselas 69 G3 70 D3
Chasselas, Ch de 70 D3
Châtains 79 F3
Château-Chalon 151 E4
Château-Grillet 129 A2 131 D2
Châteaumeillant 53 D3
Châteauneuf-du-Pape 135 C2 137 F2 139 E3

CHATEAUX OF BORDEAUX

Agassac, d' 99 G6
Aiguilhe, d' 107 C5
Ampélai 107 D4
Andron Blanquet 91 F4
Aney 97 C5
Angélus 111 E2 105 E2
Angludet, d' 99 D3
Annereaux, des 106 B6 109 A2
Anthonic 97 F3
Archambeau, d' 101 F1
Arche, d' 105 F2
Arcins, d' 97 F5
Ardennes, d' 100 F6
Argadens 101 E4
Armailhac, d' 93 B5
Armajan-des-Ormes, d' 105 C4
Arnauld 97 F5
Ausone 111 E4 105 E3
Balestard 101 A2
Balestard la Tonnelle 111 D5
Barbe Blanche, de 107 B3
Barde-Haut 107 D2 111 E5
Bardins 103 D5
Baret 103 C4
Barrabaque 106 C4
Barreyres 97 E6
Bastienne, la 107 C2
Bastor Lamontagne 105 D3
Batailley 93 E4
Baudac 101 B1
Beau-Séjour Bécot 111 E3
Beau-Site 91 D4
Beau-Site Haut-Vignoble 91 D4
Beaumont 97 D4
Beauregard 109 E4
Beauregard-Ducour, de 101 C3
Beauséjour Héritiers Duffau-Lagarrosse 111 E3
Bégadanet 89 C3
Bel Air 91 E5
Bel Orme Tronquoy de Lalande 91 C4
Bel-Air 107 A3 C4
Bel-Air, de 109 B3
Bel-Air Marquis-d'Aligre 99 B1
Bélair-Monange 111 F3
Belgrave 95 F3
Belle-Vue 99 E5
Bellefont-Belcier 111 F5
Bellegrave, *Pauillac* 93 E5
Bellegrave, *Pomerol* 109 D2
Belles Graves 109 C5
Bellevue, *Northern Médoc* 89 A2
Bellevue, *St-Émilion* 111 E2
Bellevue, de 107 B3
Bellevue de Tayac 97 G5
Bellevue Mondotte 111 F5
Berliquet 111 E3
Bernadotte 93 C3 D3
Bertineau St-Vincent 107 B1
Beychevelle 95 G5 97 A4
Biac 100 C6
Bienfaisance, la 107 D2
Biston-Brillette 97 G3
Blaignan 89 E4
Blanzac 107 E4
Bon Pasteur, le 109 D6 111 A1
Bonalgue 109 E2
Bonneau 107 C3
Bonnet 101 B3
Boscq, le 91 D4
Bouillerot, Dom de 101 E5
Bourdieu-Vertheuil, le 91 F2
Bourdieu, le 89 B2
Bourgelat, Clos 101 E1
Bourgueneuf, de 109 D3
Bournac 89 D3
Bouscaut 103 E5
Boyd-Cantenac 99 C4
Branaire-Ducru 95 F5 97 A4
Branas Grand Poujeaux 97 F4
Brande, la 107 E5
Brane-Cantenac 99 C3
Branon 103 F3
Brehat 107 E3
Breuil, du 91 G3
Bridane, la 95 E5
Brillette 97 G3
Brondelle 101 G2
Broustet 105 B3
Brown 103 D3
Cabanne, la 109 D4
Cadet-Bon 111 D4
Caillou 105 B2
Calon 107 B2
Calon-Ségur 91 D5
Cambon la Pelouse 99 E5
Camensac 95 F3
Canon 111 E3
Canon-la-Gaffelière 111 F3
Cantegril 105 B2
Cantegrive 107 C5
Cantelys 103 G4
Cantemerle 99 E5
Cantenac-Brown 99 C2
Cantin 107 D3
Cap de Faugères 107 E4
Cap-de-Mourlin 111 C4
Capbern Gasqueton 91 D5
Carbonnieux 103 E4
Cardonne, la 89 E3
Carles, de 106 B4
Carmes Haut-Brion, les 103 A2
Caronne-Ste-Gemme 97 B2
Carsin 101 D1
Carteau Côtes Daugay 111 F2
Cassagne-Haut-Canon 106 C4
Castelot, le 107 E1
Castéra 89 F3
Cause, du 107 D2
Cérons, de 101 E1
Certan de May 109 D5
Chambert-Marbuzet 91 F5
Chambrun, de 107 C1
Chandellière, la 89 D3

Chantegrive, de 101 D1
Chantelys 89 E2
Chantgrive 107 E2
Charmail 91 C4
Chasse-Spleen 97 F4
Chatelet, le 111 E3
Chauvin 111 C2
Cherchy Commarque 105 G1
Cheval Blanc 111 B1 109 E5 112 D2
Cissac 91 G2
Citran 97 G4
Clare, la 89 B3
Clarière Laithwaite, la 107 E4
Clarke 97 F3
Clauzet 91 F4
Clemence, la 109 F4
Clerc Milon 93 B5
Climens 105 C2
Clinet 109 D4
Closerie du Grand-Poujeaux, la 97 F4
Clotte-Cazalis, la 105 B3
Clotte, la 111 E4
Commanderie, la, *Pomerol* 109 F3
Commanderie, la, *St-Émilion* 111 B2
Commanderie, la, *St-Estèphe* 91 F4
Conseillante, la 109 E5 110 B6
Corbin 107 C2 111 B2
Corbin Michotte 111 B2
Cordeillan-Bages 93 E5
Cos d'Estournel 91 G5 93 A5
Cos Labory 91 G5 93 A4
Côte de Baleau 111 D3
Côte Montpezat 107 E4
Coucy 107 C3
Coufran 91 B4
Couhins 103 E5
Couhins-Lurton 103 E4
Courlat, du 107 B3
Couspaude, la 111 E4
Coustolle 106 B4
Coutelin-Merville 91 F3
Coutet 105 B3
Crabitan-Bellevue 101 E2
Crabitey 100 D6
Crock, le 91 F5
Croix de Labrie 107 D3
Croix St-André, la 107 B1
Croix St-Georges, la 109 E4
Croix Taillefer, la 109 F3
Croix-Beauséjour, la 107 C2
Croix-de-Gay, la 109 D5
Croix-du-Casse, la 109 F3
Croix, la 109 E4
Croizet-Bages 93 D5
Croque Michotte 111 A1 109 E6
Cros, du 101 E2
Cruzeau 106 D5
Cruzeau, de 100 D4
Cruzelles, les 109 B4
Dalem 106 B4
Dassault 111 C5
Dauphiné Rondillon 101 E2
Dauphine, de la 106 C4
Dauzac 99 D5
Desmirail 99 C4
Destieux 107 E3
Deyrem-Valentin 99 A2
Doisy-Daëne 105 B2
Doisy-Védrines 105 C3
Domeyne 91 D5
Dominique, la 111 B1 109 E5
Doyenné, le 100 C5
Ducru-Beaucaillou 95 G5
Dudon 105 B3
Duhart-Milon Rothschild 93 B4 91 G4
Durand-Laplagne 107 C4
Durfort-Vivens 99 B3
Dutruch Grand-Poujeaux 97 F4
Eglise-Clinet, l' 109 D4
Enclos, l' 109 C2 C3
Escurac, d' 89 D2
Evangile, l' 109 E5 111 A1
Faizeau 107 B2
Fargues, de 105 F4
Faugères 107 E4
Faurie de Souchard 111 D5
Fayau 101 E2
Ferran 103 G6
Ferrand 109 F3
Ferrand-Lartigue 107 E1
Ferrand, de 107 E3
Ferrande 100 D6
Ferrière 99 B3
Feytit-Clinet 109 D4
Fieuzal, de 103 G3
Figeac 111 C1
Filhot 105 G2
Fleur de Boüard, la 107 B1
Fleur de Jaugue, la 106 C6
Fleur Morange, la 107 E3
Fleur-Cardinale 107 D3
Fleur-Pétrus 1, la 109 D5
Fleur-Pétrus 2, la 109 D5
Fleur-Pétrus 3, la 109 E4
Fleur, la 111 C5
Floridène, Clos 101 F1
Fombrauge 107 D3
Fonbadet 93 E5
Fongaban 107 C4
Fonplégade 111 F3
Fonréaud 97 G1
Fonroque 111 D3
Fontenil 106 B4
Fontenille, de 101 B1
Fontis 89 E3
Fougères, des 100 D4
Fourcas Dupré 97 E2
Fourcas Hosten 97 F2
Fourcas-Borie 97 F2
Fourcas-Loubaney 97 E2
Franc Mayne 111 D2
Franc-Maillet 111 A2 109 D6
France, de 103 G2
Freynelle, la 101 B3
Gaby, du 106 C4
Gaffelière, la 111 F3
Gaillard 107 E2
Garde, la 103 G6
Garraud 107 D1
Gaudet 111 E4
Gaudin 93 E5
Gay, le 109 D5
Gazin 109 D6
Gazin Rocquencourt 103 F2
Gilette 105 C4
Girolate 101 B3
Gironville, de 99 F5
Giscours 99 D4
Glana, du 95 F5
Gloria 95 F5
Gombaude-Guillot 109 D4
Gorce, la 89 D4
Grand Barrail Lamarzelle Figeac 111 C1
Grand Corbin 111 B3
Grand Enclos du Château de Cérons 101 E1
Grand Mayne 111 D2
Grand Ormeau 109 B5
Grand Renouil 106 C4
Grand Verdus, le 100 B6
Grand-Bos, du 100 D5
Grand Corbin-Despagne 111 B2
Grand-Mouëys 101 C1
Grand-Pontet 111 D3
Grand-Puy-Ducasse 93 D6
Grand-Puy-Lacoste 93 D4
Grandes Murailles 111 E3
Grandes Vignes, des 105 C4
Grandis 91 C4
Grands Chênes, les 89 C5
Grange-Neuve, de 109 D3
Gravas 105 B2
Grave à Pomerol, la 109 C4
Grave Figeac, la 109 E5 110 B6
Grave, la 106 C4
Gravet 107 E1
Grenière, de la 107 A3
Gressier-Grand-Poujeaux 97 F4
Greysac 89 B4
Grillon 105 C3
Grivière 89 E3
Gruaud Larose 95 G4 97 A4
Gueyrosse 106 D6
Guibot-le-Fourvieille 107 B4
Guillot Clauzel 109 D3
Guiraud 105 F2
Guiteronde du Hayot 105 B2
Gurgue, la 99 B3
Hanteillan 91 F3
Haura 101 E1
Haut Rian 101 D1
Haut-Bages Libéral 93 E5
Haut-Bages Monpelou 93 D4
Haut-Bailly 103 F4
Haut-Batailley 93 F4 87 E3
Haut-Beauséjour 91 E5
Haut-Bergeron 105 D3
Haut-Bergey 103 F2
Haut-Bernat 107 C4
Haut-Breton-Larigaudière 99 A1 97 G6
Haut-Brion 103 A2
Haut-Chaigneau 107 B1
Haut-Claverie 105 G4
Haut-Condissas 89 B3
Haut-Lagrange 103 G4
Haut-Madrac 93 E3
Haut-Maillet 111 A2 109 D6
Haut-Marbuzet 91 F5
Haut-Nouchet 103 G5
Haut-Sarpe 107 D2
Haut-Segottes 111 C2
Haut-Selve 100 D5
Haut-Tropchaud 109 D4
Hauts-Conseillants, les 107 C1
Haux, de 101 C1
Haye, la 91 F4
Hosanna 109 D5
Hospital, de l' 100 D6
Hourtin-Ducasse 93 D3
Issan, d' 99 B3
Jacques-Blanc 107 E3
Jean Faure 111 B1
Jean Gué 109 A4
Jean Voisin 111 B3
Jean-Blanc 107 F3
Jean, Clos 101 E2
Joanin Bécot 107 C5
Juge, du 101 E2
Justices, les 105 C4
Kirwan 99 C3
Labégorce 99 B2
Laborde 106 B6
Lafaurie-Peyraguey 105 E2
Laffitte-Carcasset 91 E4
Lafite Rothschild 93 A5 91 G5
Lafleur 109 D5
Lafleur du Roy, la 109 E4
Lafleur-Gazin 109 D5
Lafon-Rochet 91 G4 93 A4
Lafon 105 E3
Lagrange, *Pomerol* 109 D4
Lagrange, *St Julien* 95 F3
Lagune, la 99 F5
Lalande-Borie 95 F5
Lamarque, de 97 D5
Lamothe 105 G2
Lamothe de Haux 101 C1
Lamothe Guignard 105 G2
Lamothe-Bergeron 97 C5
Lamothe-Cissac 91 G2
Lamothe-Vicent 101 C1
Lamourette 105 E1
Landereau, de 101 B1
Lanessan 97 B3 95 G4
Langlade 107 C3
Langoa Barton 95 F5
Laniote 111 D3
Larcis Ducasse 111 F5
Larmande 111 C4
Laroque 107 D3
Larose-Trintaudon 95 E3
Laroze 111 D2
Larrivaux 91 G3
Larrivet Haut-Brion 103 F4
Lascombes 99 B2
Lassègue 111 F6
Latour 93 F6 95 D5
Latour à Pomerol 109 D4
Latour-Martillac 103 G6
Laujac 89 C1
Laurets, des 107 C4
Laussac 107 E4
Laville 105 C3
Lebosq 89 C5
Léhoul 101 F3
Léoville Barton 95 F5
Léoville las Cases 95 E4
Léoville-Poyferré 95 E5
Lescours 107 E1
Lespult Martillac 103 G5
Lestage-Simon 91 B4
Lestage, *Médoc* 97 F2
Lestage, *Montagne-St-Émilion* 107 D3
Lestruelle 89 E6
Lezongars 101 D1
Lieujan 93 D2
Lilian Ladouys 91 F4
Liot 105 C2
Lisse, de 107 E3
Liversan 93 C2
Livran 89 G3
Loubens 101 F2
Loudenne 89 E6 91 A4
Loupiac-Gaudiet 101 E2
Lousteauneuf 89 B2
Louvière, la 103 E4
Lucas 107 B3
Lucia 107 E2
Lunelles, Clos 107 E4
Lussac 107 B3
Lusseau 107 E1
Lynch-Bages 93 D5
Lynch-Moussas 93 E3
Lyonnat 107 B4
Macquin-St-Georges 107 C2
Magence 101 F3
Magneau 100 D4
Maison Blanche 107 C2
Malangin 107 D4
Malartic-Lagravière 103 F3
Malescasse 97 E5
Malescot-St-Exupéry 99 B3
Malle, de 105 D4
Malleret, de 99 G4
Malromé 101 E3
Mangot 107 E4
Marbuzet, de 91 F5
Margaux 99 B3
Marjosse 101 A3
Marojallia 99 E2
Marquis d'Alesme 99 B3
Marquis de Terme 99 B2
Marsac Séguineau 99 A2
Martinens 99 C2
Martinet 106 D6
Marzelle, la 111 C1
Maucaillou 97 E4
Maucamps 99 E6
Mauras 105 E2
Maurens 107 E3
Mayne-Blanc 107 A3
Mayne-Vieil 106 A4
Mayne, du 105 D3
Mayne, du, Barsac 105 B3
Mayne, le 107 C4
Mazeris 106 C4
Mazeyres 109 D2
Mémoires 101 F2
Ménota 105 B3
Meyney 91 E5
Meynieu, le 91 E2
Mille Roses 99 E4
Mission Haut-Brion, la 103 A3
Monbadon, de 107 C5
Monbousquet 107 E1
Monbrison 99 E2
Mongravey 99 E2
Mont, du 101 E2
Montaiguillon 107 C2
Montlandrie 107 E4
Montrose 91 F5
Montviel 109 D3
Morin 91 D4
Moulin de la Rose 95 F5 97 A4
Moulin du Cadet 111 C3
Moulin Haut-Laroque 106 B4
Moulin Pey-Labrie 106 C4
Moulin Riche 95 E3
Moulin Rouge, du 97 C4
Moulin St-Georges 111 F4
Moulin-à-Vent 97 G1
Moulinet 109 C3
Moulins de Calon 107 C2
Mouton Rothschild 93 B5
Musset 107 C3
Myrat 105 B2
Nairac 105 A3
Nardique la Gravière 101 B1
Négrit 107 C2
Nénin 109 E4
Noble, Dom du 101 E2
Olivier 103 E3
Ormes de Pez, les 91 E4
Ormes Sorbet, les 89 D4
Palmer 99 B3
Paloumey 99 F5
Pape Clément 103 A1
Pape, le 103 F4
Papeterie, la 107 C1
Paradis, du 107 F2
Patache d'Aux 89 C3
Paveil de Luze 97 G5
Pavie 105 F3 111 F4
Pavie Macquin 111 E4
Pavie-Décesse 111 F4
Pavillon 101 E2
Pavillon Blanc 99 C1
Péby Faugères 107 E4
Pedesclaux 93 B5
Peillon-Claverie 105 G4
Pernaud 105 C3
Perron 106 B6 109 A4
Perruchon 107 B4
Petit Bocq 91 E4
Petit Faurie de Soutard 111 D4
Petit Gravet 107 E1
Petit Village 109 E4
Peyrabon 93 C2
Peyre-Lebade 97 F3
Peyredon-Lagravette 97 E3
Peyrou 107 E4
Peyroutas 107 F2
Pez, de 91 E4
Phélan Ségur 91 E5
Piada 105 B3
Pibran 93 C5
Picard 91 E5
Pichon Baron 93 E5 95 D4
Pichon Longueville Comtesse de Lalande 93 E5 95 D4
Pick Laborde, du 105 D3
Picque Caillou 103 A1
Pierre 1er 110 C6
Pin Beausoleil, le 101 A4
Piot 105 B3
Pipeau 107 E2
Pitray, de 107 D5
Plagnotte-Bellevue, la 107 D2
Plain Point 106 B4
Plaisance, *Entre-Deux-Mers* 101 C1
Plaisance, *Montagne-St-Émilion* 107 C1
Plince 109 E3
Pointe, la 109 E3
Pomys 91 F4
Pontac-Lynch 99 B3
Pontac-Monplaisir 103 D5
Pontet-Canet 93 C5
Pontoise-Cabarrus 91 C4
Portets 100 D6
Potensac 89 E4
Pouget 99 C4
Poujeaux 97 E4
Poumey 103 D3
Poupille 107 E4
Pressac, de 107 E3
Preuillac 89 F2
Prieuré-Lichine 99 C3
Prieuré, le 111 E4
Prost 105 A3
Puy Bardens 100 C5
Puy Castéra 91 G3
Puy Guilhem 106 B5
Puy, le 107 D3
Quinault l'Enclos 106 D5
Quintus 111 F2
Rabaud-Promis 105 E2
Rahoul 100 D6
Ramage la Batisse 93 B2
Rame, la 101 F2
Raux, du 97 C5
Rauzan-Gassies 99 B3
Rauzan-Ségla 99 C3
Raymond-Lafon 105 E3
Rayne Vigneau, de 105 E2
Respide Médeville 101 F2
Rétout, du 97 D5
Rêve d'Or 109 C3
Reverdi 97 D2
Reynon 101 D1
Reysson 91 E2
Ricaud, de 101 E2
Richelieu 106 C4
Rieussec 105 F4
Rigaud 107 C3
Ripeau 111 B2
Rivière, de la 106 B3
Roc de Boissac, du 107 C4
Rochebelle 111 F5
Rochemorin, de 103 G5
Rocher-Corbin 107 B2
Rol Valentin 111 C3
Rollan de By 89 B4
Rolland, de 105 B4
Romer 105 E4
Romer du Hayot 105 E4
Roquefort 101 B4
Roques, de 107 B4
Roques, les 101 E2
Roudier 107 C2
Rouet 106 B3
Rougerie 101 B2
Rouget 109 C4
Roumieu 105 C2
Roumieu-Lacoste 105 C2
Rousselle, la 106 B4
Roylland 111 E2
Rozier 107 E2
Ruat Petit-Poujeaux 97 G2
Sales, de 109 B2
Sansonnet 111 E5
Saransot-Dupré 97 F2
Sarpe, Clos de 111 E5
Seguin 100 B6
Semeillan-Mazeau 97 F2
Sérilhan 91 E3
Serre, la 111 E4
Seuil, du 101 E1
Siaurac 107 B1
Sigalas-Rabaud 105 E2
Simon 105 B3
Sipian 89 B2
Siran 99 C5
Smith Haut Lafitte 103 F5
Sociando-Mallet 91 C5
Soleil 107 C3
Soudars 91 B4
Sours, de 101 A2
Soutard 111 D4
St-Amand 105 B4
St-André Corbin 107 C3
St-Estèphe 91 F4
St-Georges 107 C2
St-Georges Côte Pavie 111 F4
St-Marc 105 A3
St-Paul 91 C4
St-Pierre 95 F5 97 A4
St-Robert 101 F1
Ste-Gemme 97 B4
Ste-Marie 101 C2
Suau, *Barsac* 105 B3
Suau, *Entre-Deux-Mers* 101 E1
Suduiraut 105 E3
Tailhas, du 110 C5 109 F4
Taillefer 109 F3
Talbot 95 E4
Tayac 97 G5
Temple, le 89 B2
Tertre Roteboeuf 111 F6
Tertre, du 99 E2
Teynac 95 F4
Teyssier, *Puisseguin-St-Émilion* 107 C3
Teyssier, *St-Émilion* 107 F2
Thieuley 101 B1
Thil, le 103 E4
Tire Pé 101 F4
Toumalin 106 C4
Toumilon 101 F3
Tour Blanche 89 D5
Tour Blanche, la 105 F2
Tour Carnet, la 95 F2
Tour de By, la 89 B4
Tour de Grenet 107 B3
Tour de Mirambeau 101 B3
Tour de Mons, la 97 G6
Tour de Ségur, la 107 B3
Tour des Termes 91 D4
Tour du Haut-Moulin 97 D4
Tour du Moulin 106 B4
Tour du Pin, la 109 F5 110 B6
Tour Figeac, la 109 F4 110 C6
Tour Haut-Caussan 89 E3
Tour Musset 107 C3
Tour St-Bonnet, la 89 C4
Tour St-Fort 91 E3
Tour St-Joseph 91 G2
Tour-du-Roc 97 F5
Tour-Prignac, la 89 E2
Tournefeuille 107 C1 109 C5
Tours, des 107 C3
Toutigeac 101 B2
Trapaud 107 E3
Tressac, de 106 C3
Trimoulet 111 C5
Trois Croix, les 106 B4
Tronquoy-Lalande 91 E5
Troplong Mondot 111 F5
Trotanoy 109 D4
Trottevieille 111 E5
Tuquet, le 100 D5
Turcaud 101 B2
Val d'Or, du 107 F1
Valandraud 107 D3
Verdignan 91 B4
Vernous 89 F2
Veyrac 107 D3
Veyry 107 E5
Viaud, de 109 B3
Vieille Cure, la 106 B4
Vieux Château Certan 109 E5
Vieux Château Champs de Mars 107 C5
Vieux Château Gaubert 100 D6
Vieux Château Landon 89 D3
Vieux Château St-André 107 C2
Vieux Maillet 111 A2 109 D6
Vieux Robin 89 C3
Villars 106 B4
Villegeorge, de 97 G5
Villemaurine 111 E4
Violette, la 109 D4
Vrai-Canon-Bouché 106 C4
Vrai-Canon-Boyer 106 C4
Vray Croix de Gay 109 D5
Yon-Figeac 111 D2
Yquem, d' 105 F3

Chatelots, les 66 C2
Chatenière, la 60 E3
Chateraise Belle-Foret 387 B4
Châtillon en Diois 53 E5
Chatter Creek 295 A3
Chatzigeorgiou Limnos 281 B4
Chatzivaritis 281 A3
Chaume de Talvat 79 G2
Chaume-Arnaud, Dom 135 B3
Chaumées, les 60 F2
Chaumes de Narvaux, les 60 F6
Chaumes des Casse-Têtes 61 F1
Chaumes des Narvaux 60 F6
Chaumes des Perrières, les 60 F5
Chaumes et la Voierosse, les 63 C3
Chaumes, les, *Beaune* 63 C3
Chaumes, les, *Chassagne-Montrachet* 59 F5 F6 60 G1
Chaumes, les, *Meursault* 60 F5 F6
Chaumes, les, *Vosne-Romanée* 65 F2
Chautagne 152 B4
Chazelles, Dom des 69 C5
Chazière 66 B5
Cheffes 116 A4 A5
Chehalem 297 C4
Chelti 279 E4
Chemillé 116 C4
Cheminots, aux 67 C2
Chemins d'Orient, les 113 E6
Chemins de Bassac, Dom des 142 F2
Chenailla, en 67 B2
Chénas 55 F5 73 B5 74 B5 75 B5
Chêne Bleu 135 B3
Chêne Marchand 123 C3
Chêne Vert 120 F4
Chênes, Clos des 61 F3 F4
Chênes, Dom des 145 C4
Chênes, les 60 G1
Chenevery, les 66 C2
Chenevières, les 67 C2
Chenevottes, les 60 F2
Cheng Cheng 390 B3
Chenonceaux 117 B2
Cherasco 163 B1
Cherbaudes 66 C4
Cherchi 186 B4
Chéreau Carré 111 F3
Chéry 131 C3
Cheseaux, aux 66 C2
Chestnut Grove 347 F2
Chétillons, les 83 F4
Cheusots, aux 67 B1
Chevagny-les-Chevrières 69 E4
Cheval des Andes 340 B2
Chevalerie, Dom de la 120 C4
Chevalier Métrat, Dom 74 E4
Chevalier Montrachet 60 F3
Chevalier, Dom de 103 G2
Chevalières, les 61 F1
Chevret, en 61 F3
Chevrette 120 C2
Chevrières, les 70 F5
Chevrot, en 61 A2
Chezots, es 67 B5
Chianti 173 B3 181 E3
Chianti Classico 173 B3 177 E4
Chianti Colli Aretini 173 B4 177 E5
Chianti Colli Fiorentini 173 A4 177 B3
Chianti Colli Senesi 173 B3 C3 177 G4 179 C3
Chianti Colline Pisane 173 A3 B3
Chianti Montalbano 173 A3
Chianti Montespertoli 173 B3 177 D2
Chianti Rufina 173 B4 177 A5
Chien 320 F2
Chignard, Dom 74 C5
Chignin 152 C5
Chigny-les-Roses 83 B4
Chile 330 D4
Chilènes, les 62 C5 C6
Chiles Valley 311 B5
Chimney Rock 315 C3
Chincha 330 B3
Chinois 388 D3
Chinon 116 C6 120 F4
Chinook 298 F6
Chiripada, la 326 B4
Chiroubles 55 F5 73 C5 74 C4 75 C4
Chirpan 274 E3 E4
Chişinău 277 A1
Chitose Winery (Grace) 386 A5
Chiveau, en 61 E6
Chivite, Family Estates, J 197 A4
Chlumčany 266 E1 E2
Choapa 330 E4 333 C5
Chocalán 334 D4
Chofflet-Valdenaire, Dom 68 D5
Chorey-lès-Beaune 63 D2
Chouacheux, les 62 C3
Chouillet, aux 64 F6
Chouilly 83 E3
Chouinard 317 A2
Chozas Carrascal 188 E5
Chris Ringland 352 E4
Chrismont 359 B6
Christchurch 367 D5
Christine Woods 304 E2
Christophe Pacalet, 74 E4
Christopher, J 297 C4
Chrysalis 323 D6
Church and State Wines 292 G5
Church Road 369 B4
Churchview 349 D6
Chusclan 135 C2
Ciacci Piccolomini 179 D5
Ciarliana, la 180 C4
Ciel du Cheval Vineyard 298 G2
Cielo, el 327 E4
Ciffre, Ch de 141 A5
Cigales 188 D3
Cigalus, Dom de 141 C3
Cilento 182 C3
Cillar de Silos 195 B4
Cima Corgo 211 E5 212 D5
Cimarossa 311 A3
Cimarron Vineyard 326 B3
Cims de Porrera 202 C5
Cinciole, le 177 D4
Cinnebar 317 C2
Cinque Terre 157 G5
Cirò 182 C5
Ciro Picariello 183 B4
Cirus 188 E5
Citadelle, Dom de la 135 E4
Cité de Carcassonne 53 G3
Citernes, les 63 C3
Citic Guoan Wine Niya 388 A3
Citrusdal Mountain 379 A2
Citrusdal Valley 379 D2
Ciudad Real Valdepeñas 188 E3
Ciumai 277 A1
Clai 271 A1
Claiborne & Churchill 320 C2 D2
Clairault 349 D5
Clairette de Die 53 E5
Clare 344 E2 353 C1
Clare Valley 344 E2
Clarendon Hills 355 C5
Clarendon Vineyard 355 C5 C6
Clark Estate 373 B3
Clarksburg 318 C1
Clavel, Dom 142 D5
Clavoillon 60 G4

Claymore 353 E2
Clear Lake 304 E5
Clearlake 304 E5
Clearview 369 C5
Clémenfert 67 B2
Clements Hills 318 D3
Clémongeot, en 67 B3
Cléray (Sauvion), Ch du 117 F4
Clessé 55 E5 69 D5
Cliff Lede 315 A1
Climat du Val 61 D2
Cline Cellars 309 E3
Clisson 116 C3 117 G3
Clocher, Clos du 109 D4
Clomée, en 67 C1
Cloof 379 F2
Clos Clare 353 E2
Clos De Cana 286 F4
Clos des Cazaux, Dom le 137 D4
Clos des Fées, Dom du 145 C4
Clos Du Phoenix 286 E4
Clos du Roy, le 123 B3
Clos du Soleil 292 G5
Clos Salomon, Dom de 68 D5
Clos, le 67 B2
Clos, le, *Pouilly-Fuissé* 70 D4
Clos, le, *Vouvray* 121 B4
Clos, les, *Chablis* 79 E4
Clos, les, *Chambolle-Musigny* 65 E5
Clos, les, *Fixin* 67 B2
Closeau, au 66 C4
Closeaux, les 61 E1
Closel, Dom du 118 B2
Clot de l'Origine 145 D3
Clot de l'Oum, Dom du 145 D3
Clotilde et René 119 F4
Clou d'Orge, le 63 C6
Clou des Chênes, le 61 E3
Clou, le 63 C6
Cloudburst 349 E5
Clouds 383 D3
Clouds Vuurberg 383 D4
Cloudy Bay 373 B2
Clous Dessous, les 61 F1
Clous Dessus, les 60 E6
Clous, aux 63 A1
Clous, le 61 D1
Clous, les 61 D3
Clover Hill 366 D2
Cloverdale 304 F4 307 A3
Clyde Park 359 D3
Co-op Agrícola de Granja-Amareleja 219 F6
Coal River 366 F2
Coastal Region 379 E2
Coastlands Vineyard 307 F3 F4
Coates & Seely 249 G3 G4
Cobaw Ridge 359 C3
Cobb Wines 307 F4
Cocarde, la 67 B2
Coco Farm & Winery 386 C5
Codana 163 C3
Codorníu 201 E4
Codru 277 A1
Coelo Vineyard, de 307 F4
Cofco Ch. Sungod 388 D3
Cohn, BR 309 C2
Coimbra 208 C4 217 D2
Cointes, Ch des 140 C6
Col d'Orcia 179 D4
Col Solare 298 G2
Colares 208 D3 215 C3
Colchagua 334 E6 333 E5
Coldstream Hills 363 D4 D5
Cole 161 C3
Cole Ranch 304 E3
Colet 201 E3
Colgin 311 C5
Colinas de São Lourenço 217 C2
Collareto 163 E4
Collemattone 179 D5
Colli Albani 173 F3
Colli Altotiberini 181 D4 D5
Colli Amerini 173 D4 181 G5
Colli Berici 165 E3
Colli Bolognesi 165 G3 173 A4
Colli Bolognesi Classico Pignoletto 165 G2
Colli del Trasimeno 173 C4 181 E4
Colli di Lapio 183 B6
Colli di Luni 157 G5 G6
Colli di Parma 157 F6 165 F1 G1
Colli Euganei 165 E3
Colli Euganei Fior d'Arancio 165 E3 F3
Colli Lanuvini 173 F3
Colli Maceratesi 173 D5 D6
Colli Martani 173 D4 181 F5
Colli Orientali del Friuli 171 C4
Colli Orientali del Friuli Picolit 171 B4
Colli Perugini 173 D4 181 E4 E5
Colli Pesaresi 173 C5 C6
Colli Piacentini 157 F5 F6
Colli Senesi 177 F2
Colli Tortonesi 157 F4
Collina Torinese 159 A2 B2
Colline Japon 386 D4
Colline Lucchesi 173 A3
Colline Novaresi 156 F3 157 D4
Collines Rhodaniennes 53 E5
Collines Vineyard, les 300 B5
Collins Vineyard 313 F4
Collio Goriziano o Collio 165 D6 171 D5
Cölln 234 G3
Collonge, Dom de la 70 D4
Colmant 383 D6
Colombaio di Cencio 177 F5
Colombard, le 131 B4
Colombera 163 D4
Colombera & Garella 156 G1
Colombette, Dom la 141 B5
Colombier, *Dordogne* 113 E6
Colombier, *St-Joseph* 131 D2
Colombière, la 65 G2
Colomé 339 B4
Colón 330 E5
Colonia Caroya 330 E4
Colorado 290 B2
Colpetrone 181 E5
Columbia 295 A3
Columbia Crest 298 G6
Columbia Gorge 295 C3
Columbia Valley 295 A5 298 D4 F2 299 F2 300 B3
Combards, les 59 F6 60 F1
Combe au Moine 66 B6
Combe Bazin 61 B1
Combe Brûlée 65 E2
Combe d'Orveaux, la 65 E3 F3 F4
Combe Danay, la 61 D3
Combe de Lavaut 66 A4
Combe du Dessus 66 B5
Combe du Pr, la 67 B5
Combe Pévenelle, la 67 B3
Combe Roy, en 67 B2
Combe, la 63 C6
Combereau, en 67 B3
Combes au Sud, les 60 F2 F3
Combes Dessous, les 61 F5
Combes Dessus, les 61 F5
Combes du Bas 66 C5
Combes, les, *Beaune* 63 C3
Combes, les, *Marsannay* 67 A5
Combes, les, *Meursault* 61 F5
Combettes, les 60 G4
Combotte, la 61 E5
Combottes, aux 65 F5 66 C3
Combottes, les 63 D5 65 F5 67 B4
Commandaria 284 C3
Commanderie de Peyrassol 147 C2 C3
Commaraine, Clos de la 61 F6 62 C1
Comme Dessus 59 E4
Comme, la 59 F4
Commes, les 60 F2
Communes, aux 65 G2
Comoutos 281 D2
Comrat 277 A1
Comté Tolosan 53 G2
Comtés Rhodaniens 53 E5
Conca 163 C3
Conca de Barberà 188 D5 201 E2
Concannon 317 A3
Concha y Toro 334 C4
Conciliis, de 182 C3
Concis du Champs, le 60 G1
Condado de Haza 195 B4
Condado de Huelva 188 F2
Condamine Bertrand, Ch la 142 F3
Condamine l'Evêque, Dom la 142 F3
Conde de San Cristóbal 195 C3
Condemennes, les 65 F5
Condom-Perceval, Ch 113 F5
Condor's Bend 373 B2
Condrieu 129 A2 131 C3
Conegliano Valdobbiadene Prosecco 165 D4
Conero 173 C6
Coney 370 C4
Conn Creek 314 D4
Connardises, ez 63 B2
Conne-de-Labarde 113 E6
Connecticut 290 B5
Cono Sur 335 D1
Conrad Fürst & Söhne 269 F3
Constant 311 B2
Constantia 379 G1 G2 380 A5
Constantia Glen 380 B5
Constantia Uitsig 380 C5
Consulta, La 340 F1 F2
Conte de Floris, Dom le 142 F3
Contea di Sclafani 184 F4
Conthey 253 F3
Conti 347 C2
Conti Zecca 182 B6
Contini 186 C4
Contino 199 B2
Continuum 311 C5
Contrade di Taurasi 183 A5
Contres 117 B2
Contrie, la 120 D2
Contucci 180 C4
Coombsville 303 C2 311 F6
Coonawarra 344 G3 357 B5 B6
Cooper 318 B5
Cooper Garrod 317 B2
Cooper Mountain 297 C4
Cooperative Winery of Nemea 283 F6
Copain 307 D5
Copertino 182 C5 C6
Copiapó 330 D4 333 A6
Corazon del Sol 340 E1
Corbeaux, les 66 B4
Corbins, les 61 F2
Corcaron, au 67 B3
Corcoran 323 C6
Corcova Roy & Dâmboviceanu 273 D2
Cordier Père et Fils, Dom 70 D5
Cordón del Plata 340 E2
Cori 173 F4
Coriole 355 C4
Corison 313 G5
Corley Family 311 E5
Corliss Estate 300 A4 A5
Cormontreuil 83 A4
Cornas 129 D2
Cornières, les 59 E2
Corona del Valle 327 F4
Coronica 271 A1
Corowa 344 F5 359 A5
Corporation Kindzmarauli 279 E4
Corse 149 E4
Corse-Calvi 149 E3
Corse-Coteaux du Cap Corse 149 D4
Corse-Figari 149 G4
Corse-Porto-Vecchio 149 F4
Corse-Sartène 149 F3
Corse 149 D4
Corsin, Dom 70 B4
Cortes de Cima 219 F4 F5
Cortese dell'alto Monferrato 157 F4
Corton, le 63 C4
Cortona 173 C4
Cortons, les 60 E3 F3
Corvé Basse, la 63 D6
Corvée, la 63 D6
Corvées, aux, *Gevrey-Chambertin* 66 C5
Corvées, aux, *Nuits-St-Georges* 64 F2
Corvus 285 F3
Corzano e Paterno 177 D2 D3
Cos 184 G5
Cosentino 314 G4 G5
Cosenza 182 D4
Cosne-Cours-sur-Loire 117 B5
Cosse-Maisonneuve, Dom 115 C4
Costa d'Amalfi 182 B2
Costa di Monforte, le 163 F4
Costa di Rosé 163 D3
Costa Lazaridi, Dom 281 A4
Costa Russi 161 D2
Costanti 179 C5
Coste Chaude, Dom de 135 B3
Coste della Sesia 156 G2 157 D3
Coste Moynier, Dom de la 143 D1
Coste, le 163 D2 D3
Costers del Segre 188 C5 D5 201 E1
Costières de Pomerols, les 142 F3
Coston, Dom 142 D4
Cosumnes River 318 C2
Čotar 268 F2
Côte Blonde 131 B4
Côte Bonnette 131 C3
Côte Brune 131 B4
Côte Chatillon 131 C3
Côte de Bréchain 79 D5 E5
Côte de Brouilly 55 F5 73 D5 74 F4 75 F4
Côte de Brouilly 73 D5 74 F4
Côte de Cuissy 79 G2
Côte de Fontenay 79 D4 D5
Côte de Jouan 79 G2
Côte de Léchet 79 E2 E3
Côte de Savant 79 D1
Côte de Sézanne 81 E2
Côte de Vaubarousse 79 D5
Côte des Bar 81 G4
Côte des Blancs 81 D2 D3
Côte des Prés Girots 79 E6
Cote di Franze 182 D5
Côte Roannaise 53 D4
Côte Rôtie 66 B2
Côte Rozier 131 B5
Côte Vermeille 53 G4
Côte-Rôtie 129 A2 131 B3 B4
Côte, Dom de la 320 F2
Côte, la, *Rhône* 131 E2
Côte, la, *Switzerland* 251 C2 252 D4
Côte, la 321 C3
Coteau de Noiré 120 F4
Coteau de Vincy 252 E4 E5
Coteau des Bois, le 64 F5
Coteaux d'Ensérune 53 G4
Coteaux de Béziers 53 G4
Coteaux De Botrys 286 D4 E4
Coteaux de Coiffy 53 C5
Coteaux de Die 53 E5 F5
Coteaux de Glanes 53 F3
Coteaux de l'Ardèche 53 F4 F5
Coteaux de l'Aubance 118 B3
Coteaux de l'Auxois 53 C4
Coteaux de Narbonne 53 G4
Coteaux de Peyriac 53 G4
Coteaux de Pierrevert 53 F5
Coteaux de Semons 131 C3
Coteaux de Tannay 53 C4
Coteaux des Baronnies 53 F5 F6
Coteaux des Travers, Dom des 137 B5
Coteaux du Cher et de l'Arnon 53 D3
Coteaux du Layon 118 D3
Coteaux Du Liban 286 F5
Côteaux du Morin 81 E2 E3
Coteaux du Pic, les 142 C5
Coteaux du Pont du Gard 53 F5
Cotelleraie, Dom de la 120 C2
Côtes Catalanes 53 G4
Côtes d'Auvergne 53 E3 E4
Côtes d'Avanos 285 F5
Côtes de Gascogne 53 G2
Côtes de la Charité 53 C4 D4
Côtes de la Roche, Dom les 73 B5
Côtes de Meliton 281 B4
Côtes de Meuse 53 B5
Côtes de Millau 53 F4
Côtes de Thau 53 G4
Côtes de Thongue 53 G4
Côtes de Toul 53 B5
Côtes du Forez 53 E4
Côtes du Jura 151 D6-G3
Côtes du Rhône 129 A2-F2
Côtes du Tarn 53 F3
Côtes du Vivarais 53 F4 F5
Côtes-de-l'Orbe 251 B2
Côtes, Clos les 113 E6
Cotești 273 C4
Cotnari 273 B4
Cotnari, Sc 273 B4
Coto de Gomariz 192 G2
Coto de Rioja, El 199 B2
Coton, en 67 B1
Cottà 161 C3
Cottanera 185 A4 A5
Coturri 309 B1
Coucherias, aux 62 C4
Coudoulet de Beaucastel 137 E2
Cougar Crest 300 B4
Coujan, Ch 141 A5
Coulaine, Ch de 120 F3
Coulée de Serrant 118 A2
Coulommes-la-Montagne 83 A2
Couly-Dutheil 120 F4
Coume del Mas 145 F6
Coupe Roses, Ch 141 B3
Cour-Cheverny 117 B2
Courac, Ch 135 C1
Courbissac, Dom de 141 B2
Court Garden 249 G4
Court-les-Mûts, Ch 113 E4
Courtelongs 70 B3
Courts, les sous 61 E3
Cousiño-Macul 334 C3
Coutale, Clos la 115 C4
Coutière, la 63 D5
Couvent des Jacobins 111 E4
Couvent Rouge 286 E6
Covelo 303 A2
Cowaramup 349 E6
Cowhorn Vineyard 295 G2
Cowra 344 E6
Coyeux, Dom les 137 D5
Crabtree Watervale 353 D1 D2
Craggy Range 369 C5
Craiglee 359 C4
Craigow 366 F2
Craipillot 66 B5
Crais de Chêne, les 67 B2
Crais, les, *Auxey-Duresses* 61 C1
Crais, les, *Fixin* 67 C1
Crais, les, *Gevrey-Chambertin* 66 C5 D5
Crais, les, *Marsannay* 67 B3 B5
Crais, les, *Santenay* 59 E2
Crama Averești 273 B5
Crama Basilescu 273 C4
Crama Bauer 273 D3
Crama Ceptura 273 C4
Crama Girboiu 273 C5
Crama Oprișor 273 D2 D3
Cramant 83 E3
Cramele Recaș 273 C2
Crampilh, Dom du 115 F2
Crane Family 311 F5
Crapousuets, les 63 C3
Cras, aux, *Beaune* 62 C4
Cras, aux, *Nuits-St-Georges* 65 F1
Cras, les, *Beaune* 63 D3
Cras, les, *Gevrey-Chambertin* 65 F5
Cras, les, *Marsannay* 67 B3
Cras, les, *Meursault* 61 F3
Crâs, les, *Nuits-St-Georges* 65 F4
Cras, les, *Pommard* 61 F5
Craven 383 E2
Crawford River 359 D1
Crays, les, *Meursault* 61 E2
Crays, les, *Pouilly-Fuissé* 70 A3
Creation 384 F6
Crechelins, en 67 C1
Crèches-sur-Saône 69 G4
Credaro 349 D5
Creed 351 D2
Creek Shores 293 F4
Crema, la 307 C5
Crémade, Ch 146 C6
Cremaschi Furlotti 335 E3
Crémat, Ch de 147 A6
Cremisan 287 F5
Créole 67 B1
Créot, en 60 D3
Créot, le 66 B6
Crépy 152 A6
Crètevent 67 C1
Crets, ez 60 G2
Creux Baissants, les 65 E4
Creux Banots, les 67 B4
Creux de Borgey 61 C1
Creux de la Net 63 B3
Creux de Tillet 61 D2
Creysse 113 E6
Cricova 277 A1
Criots, les 60 G2 61 F3
Crișana 273 B2
Cristia, Dom de 137 E3
Cristom 297 E3
Crittenden 361 F5
Crnogorski Basen 267 G5
Crnogorski Sjever 267 F5
Crnogorsko Primorje 267 G4
Croce di Febo 180 D3
Croisettes, les 66 B6
Croisille, Ch les 115 C4
Croix Blanche, la 67 C1
Croix Blanche, la, *Beaune* 62 C1
Croix Blanche, la, *Nuits-St-George* 64 G6 65 G1
Croix des Pins, Ch la 135 C4
Croix Mouton, la 106 B3
Croix Neuve, la 61 A2
Croix Noires, les 61 F5
Croix Pardon, la 70 C5
Croix Planet, la 61 G5
Croix Rameau, la 65 F2
Croix Rouge, la 131 D3
Croix Rouges, aux 64 G6
Croix Sorine 59 D3
Croix St Roch, Dom la 143 D1
Croix Viollette, la 67 B1
Croix-Belle, Dom la 142 F2
Croix, aux 65 F5
Croix, la 133 C5
Cromin, le 61 F2
Cromwell 375 D5
Cromwell Basin 375 C5
Crooked Vine 317 A3
Cros Martin 61 G4
Cros Parantoux 65 F2
Crotots, les 60 F6
Crots, les 64 F4
Crottes, ez 59 F5
Croux, les 70 A2
Crownthorpe Terraces 369 B2 B3
Crozes-Hermitage 129 D2
Crozes, des 141 C2
Cru Barréjats 105 B2
Cruet 152 C5
Cruots ou Vignes Blanches, les 65 F3
Crush Pad 292 F5
Cruz de Piedra 340 B3
Cruzille 69 B5
Crystallum 384 E5
Csáford 263 C2
Császár 263 B3
Cserfás 265 G3
Csongrád 263 C4
Csopak 263 C2
Cuesta Blanca 204 B6
Cuis 83 E3
Cul de Beaujeu, le 123 B3
Cullen 349 E5
Culmina 292 G5
Cupano 179 D3
Cupertinum 182 B6
Curicó 335 E1 333 E5
Curio, la 355 D4 D5
Curlewis 359 D3
Curly Flat 359 C4
Currà 161 C3
Currency Creek 344 F2
Curtefranca 157 D6 165 E1
Curtet, Dom 152 B5
Cusumano 184 E3
Cuvaison Estate 311 B2
Cuvelier Los Andes 340 E1
CVNE 199 F3
Cziróka 265 D4
D'Ora, Clos 141 B2
Dachsberg 236 F5
Dady, Clos 105 D3
Dafnés 281 F4
Dagestan 277 C6
Dahlenheim 125 A5
Dal Zotto 359 B6
Dalamaras 281 B3
Dalla Cia 383 E3
Dalla Vale 314 E5
Dallas 326 B6
Dalmacija 267 F4 271 D3
Dalmatinska Zagora 271 C4 C5
Dalrymple 366 D2
Dalton 287 D5
Dalwhinnie 359 B2
Damaudes, les 65 F2
Dambach-la-Ville 125 C4
Damiani 325 C5
Damianitza 274 F2
Damien Laureau 118 A2
Damijan 171 C4
Damodes, les 65 F1
Dan Feng 388 B4
Dancing Water 371 F2 F3
Danczka 265 F2
Dandelion 351 C6 352 D3
Danebury 249 G3
Danguerrins, les 65 F4
Daniel Dugois, Dom 151 D5 D6
Danieli 279 D3
Danjou-Banessy, Dom 145 D4
Danube Terraces 273 D5
Danubian Plain 274 D2
Danzay, Ch de 120 F3
Dão 208 B5 217 B5
Dardagny 252 F3 G3
Dardi 163 E3
Dario Princic 171 D6
Darioush 311 E5
Dark Star 320 B1
Darling 379 F2
Darling Cellars 379 F1 F2
Darms Lane 311 E5
Dartmoor Valley 369 B4
Daterra Viticultores 192 G3
Daubhaus 226 F4
Daubhaus Paterhof 240 G4 G5
Davayé 69 F4 70 B4
Davenay, de 68 F4
Davenport 249 G3
David & Nadia 381 D4 D5
David Bruce 317 C2
David Franz 351 C4
David Hill 297 C3
David Hook 365 B4 B5
Davies, J 311 B2
Davino 273 C4
Davis Bynum 307 D5
Daylong 390 B4
Deák-Barát 265 G3
Dealu Mare 273 D4
Deaver 318 B5
Decantos Vinícola 327 D4
Dechant 259 B3
Décima 192 G3
Decugnano dei Barbi 181 F4
Deep Woods 349 D5
Deffends, Dom du 147 C1
Degrassi 271 A1
Dehesa de Los Canónigos 195 C3
Dehesa del Carrizal 188 E5
Dehesa la Granja 196 G3
Dehlinger 307 E5
Dei 180 C4
Deidesheim 241 C4 242 G3
Del Rio 295 G2
Delaire 383 D4
Delamere 366 D2
Delaney Vineyards 326 B5
Delaplane 323 D5
Delatite 359 B5
Delaware 290 B5
Delheim 383 D3
DeLille 295 A3
Dellchen 235 F4
delle Venezie 165 C4
DeLoach 307 E5
Demencia 192 F4
Demoiselles, les 60 F3
Demorgenzon 383 E1
Denbies 249 G4
Denicé 73 E5
Denisottes, les 123 B3
Denizli 285 G3
Denman 345 D1
Dent de Chien 60 F2 F3
Dentelle, Dom la 152 A4
Depeyre, Dom 145 D4
Derbent 277 C6
Dérée, en 66 B6
Dereskos 283 G2
Dereszla, Ch 265 F3
Dernau 226 F2
DeRose 317 E4
Derrière chez Edouard 60 D2
Derrière la Grange 65 F5
Derrière la Tour 60 D3
Derrière le Four, *Chambolle-Musigny* 65 F5
Derrière le Four, *Meursault* 61 D2
Derrière le Four, *Vosne-Romanée* 65 F2
Derrière les Crais 59 E2
Derrière les Gamay 60 B6
Derwent Estate 366 F2
Derwent Valley 366 F2
Desert Wind 298 F6
Dessewffy 265 G4
Dessous les Mues 60 G2
Dessus de Marconnets 62 B6
Dessus de Monchenevoy 63 A2
Dettori 186 B4 B5
Deutsch Schützen 255 E5
Deutschkreutz 255 D5 262 B5
Deutschlandsberg 255 F3
Deux Clés, Dom des 141 D3
Deux Roches, Dom des 70 B5
Devant, Clos 60 G2
Devèze, Dom de la 143 D1
Deviation Road 356 D4
Devil's Corner 366 E3
Devil's Lair 349 G6
Devon Valley 383 D2
Devotus 370 C4
Dewaal 383 E1
Dexter 361 E5
Dézaley 252 D6
Dhron 231 E3
Di Arie, CG 318 B5
Diablo Grande 303 D3
Diamandes 340 E1
Diamond 387 B5
Diamond Creek 311 B1 B2
Diamond Mountain District 311 B1
Diamond T 317 F3
Diano d'Alba 163 C4
Didier & Denis Berthollier 152 C5
Didier Dagueneau, Dom 123 C5
Didiers, les 64 F3
Diemersdal 379 F2
Diemersfontein 379 F2
Diénay, en 67 B3
Dienheim 238 E4
Dierberg 321 B4
Dieu Donné 383 D6
Dieux, Dom des 384 F6
Digiorgio Family 357 B5
Dillons Point 373 C3
Diminio 283 E4
Dinastía Vivanco 199 G4
Diochon, Dom 74 C5
Diognières, les 133 C5
Dioterie, Clos de la 120 G5
Diren 285 F5
Dirmstein 241 B4 243 E3
Disa 163 D4
Distell 383 E2
Disznókő 265 F2 F3
Dittelsheim 238 F3
Dittelsheim-Hessloch 239 A3
Dizy 83 D3
Dobogó 265 G4
Dobrich 274 C5
Dobrogea Hills 273 D5
Doctor 233 F4
Dog Point 373 C2
Dogliani 157 F3 159 F2 F3
Doktorgarten 245 D2
Dokus 265 C6
Dolcetto d'Alba 159 E3
Dolcetto d'Asti 159 D5 E5
Dolcetto di Diano d'Alba 159 E3
Dolcetto di Ovada 157 F4
Dolfo 171 D5
Dolní Kounice 266 F3
Doluca 285 F3
Dom Boyar 274 E4
Dom De Baal 286 F5
Dom Des Tourelles 286 F5
Dom Skaff 286 F4
Dom Wardy 286 F5

Domain Day 351 E3
Domaine A 366 F2 F3
Domaine Carneros 309 D4 311 G5
Domaine Chandon, *California* 311 E4
Domaine Chandon, *Yarra Valley* 363 C4
Domaine Delporte 123 B3
Domaine Des Princes 286 F4
Domaine Drouhin 297 D3
Domaine Eden 317 C2
Domaine Serene 297 C3
Domaines & Vineyards 347 G2
Domberg 234 G6
Dombeya 383 F3
Domecq 327 D5
Domeniile Franco-Române 273 D5
Domeniile Ostrov 273 E5
Domeniile Tohani 273 C4 C5
Domeniul Catleya 273 D2
Domeniul Coroanei Segarcea 273 D3
Domherr 231 C3
Domingo Molina 339 C5
Dominio de Gormaz 195 C6
Dominio de Tares 192 F5
Dominio de Valdepusa 188 E5
Dominio del Bendito 196 E2
Dominio do Bibei 192 G3
Dominique Cornin, Dom 70 F5
Dominique Portet 363 C5
Domino del Plata 340 C2
Dominode, la 63 B1
Dominus 311 D4
Domkapitel 260 G4
Domlay 226 F3 G3
Domoszló 263 B4
Domprobst 233 E4
Domus Aurea 334 C4
Don Valley 277 A4
Doña Marcelina Vineyard 321 B3
Dona Maria Vinhos 219 E5
Dona Paterna 209 F5
Doña Paula 340 D1
Donat Family 320 B1
Donauboden 257 C1
Donauleiten 257 C4 C5
Donnafugata 184 F2
Donnatella Cinelli Colombini 179 B5
Donnerskirchen 255 C5
Donum Estate 309 E4
Doosberg 236 F6
Dorado, El 318 B3 B5
Dorgo Disznókő 265 F3
Dormilona 349 D5
Dorn-Durkheim 238 F3
Dornier 383 E3
Dorrance 379 F1 F2
Dorsheim 234 D4
Dos Cabezas Wineworks 326 B3
Dos d'âne, le 61 A2
Dos Rios 303 A1
Dou Bernès, Dom 115 F2
Double L Vineyard 317 F4
Doué-la-Fontaine 116 C5
Dougos 281 B3
Douloufakis 281 F4
Dourakis 281 F4
Dournie, Ch la 141 B4
Douro 208 B4 B5 211 E4 E6 212 D4 D5
Douro Superior 211 E6 212 D5 D6
Downing Estate 359 B4
Dr Konstantin Frank 325 C4
Dr Stephens 313 F5
Drachenstein 236 F2
Drăgăşani 273 D3
Dragomir 274 E3
Dragon Clan 273 D4
Dragon Seal 388 D3
Dráma 281 A4
Drayton's Family 365 D5
Dresden, *Germany* 223 D5
Dresden, *USA* 325 C4
Dressoles, les 61 G3
Drew 304 E2
Driehoek 379 D2
Drift, The 379 G3
Driopi 283 F6
Drumsara 375 E6
Dry Creek Valley 307 C3
Dry Creek Vineyard 307 C4
Dry River 370 C5
Dryad, Ch 388 B4
Drylands 373 B3
DSG (David Sampedro Gil) 198 B6
Dubois 121 B4
Dubreuil, Clos 107 D3
Duca di Salaparuta 184 E3
Duché d'Uzès 53 F4 F5
Duchman Family 326 C6
Duck Walk 324 F2
Duckhorn 313 E4
Ducs, Clos des 61 E4 E5
Due Palme 182 B6
Due Terre, le 171 C4
Dukagjini/Metohija 267 F5
Dukes 347 F4
Dumol 307 D5
Dunajska Streda 266 G4
Duncan Peak 304 E3
Dunedin 367 E4
Dunham Cellars 300 A5 B5
Dunn 311 A3
Dunnigan Hills 303 B3
Dupasquier, Dom 152 B4
Duras 113 F4
Durbach 244 D4
Durban, Dom de 137 D5
Durbanville 379 F2
Durbanville Hills 379 F2
Durell Vineyard 309 D2
Duresses, les 61 D2 E2
Duriense 208 B5
Durigutti Winemakers 340 B1 B2
Durney 317 F3
Dürnstein 255 B3 257 B4
Durots, les 61 G3
Dürrau 261 C4
Durtal 116 A5
Duseigneur, Dom 139 E2
Dusted Valley 300 B4
Dutch Henry 311 B3
Dutoitskloof 379 F3
Dutschke 351 E2
Dutton Estate 307 E5
Dutton Goldfield 307 E5
Duxoup 307 B4
Dve Mogili 274 C4
Dveripax 269 E2
Dyer 311 B2
Dynasty 388 E4

Eagle Foothills 295 F6
Eagle Peak 304 C3
Eagles' Nest 380 B5
Early Mountain 323 E4
East Azov Coast 277 A4
East Coast 366 E2 E3
Eastern Anatolia 285 F5 F6
Eastern Peake 359 C3
Ebenthal 255 B5
Eberle 320 A2
Ebersberg 240 E3
Ebersheim 238 E3
Echaille 60 D2
Echalaia, les 67 B2
Échanges, aux 65 F5
Echards, ez 61 F4
Echeverria 335 D2
Echézeaux du Dessus 65 F3
Echézeaux, aux 66 C3
Echézeaux, les 65 E5
Echigo Winery 386 C5
Echo, Clos de l' 120 F4
Echuca 344 F4 359 A4
Eck 226 G1
Eckartsberg 245 E1
Eckberg, *Austria* 255 F3
Eckberg, *Germany* 245 C3
Ecole No 41, l' 300 B3
Economou 281 F5
Écu, à l' 62 B5
Écu, Dom de l' 117 F3
Ecueil 83 B3
Ecussaux, les 61 E2
Edel Wein 386 D6
Edelberg 233 B6
Edelgraben 260 E3
Edelgrund 260 F4
Edelmann 236 F5
Eden Hall 351 C5 352 D3
Eden Valley 344 E2 351 D4 352 E4
Eden Valley Wines 351 C6 352 D3 F5
Edenkoben 241 C4
Edesheim 241 C4
Edetària 200 G5
Edgebaston 383 D2
Edi Keber 171 D5
Edi Simčič 171 D5
Edirne 285 E3
Edle Weingärten 239 A3 A4
Edna Valley 320 C1 C2
Edna Valley Vineyard 320 C2
Eduardo Peña 192 G2
Edwards Wines 349 F5
Efringen-Kirchen 244 F3
Eger 263 B4
Eggenburg 255 A4
Égio 281 C3 283 E3
Eglise, Clos l' 109 D4
Eglise, Dom de l' 109 D4
Eguisheim 125 E4 126 C5
Ehlers Estate 313 E4
Ehrenfels 259 C1
Ehrenhausen 255 F4
Eichberg 126 B5
Eichert 245 B2
Eichhoffen 125 C4
Eichstetten 245 C4
Eidos 193 C4
Eikendal 383 F2
Eisele Vineyard 311 A2
Eisenberg 255 E5 G6
Eisenstadt 255 C5 260 F1
Eisner 260 E3
Eitelsbach 227 C4
Eivissa 188 G5
El Bolsón 330 F4
El Cepillo 340 F2
El Challao-Las Heras 340 B2
El Corchuelo 205 D5
El Hoyo 330 F4
El Viejo Almacén de Sauzal 335 F4
Elan 311 D6
Elazığ 285 G6
Elba 173 C1
Elba Aleatico Passito 173 C2
Elderton 351 B4
Eldorado Road 359 A6
Eldridge 361 F5
Elena Fucci 182 B4
Elena Walch 167 E5
Elephant Hill 369 C5
Elgin 379 G2 384 E4
Elgin Ridge 384 E3
Elgin Vintners 384 D3
Elian da Ros 115 C2
Elias Mora 196 F3
Elim 379 G3
Elisabetta Dolzocchio 166 E4
Elisenberg 233 G2
Elizabeth 304 D3
Elk Cove 297 C3
Elkhovo 274 E4 E5
Elkton Oregon 295 E2 F2
Elle, Ch d' 113 E6
Ellergrub 233 C6
Ellerstadt 241 B4
Elliston 317 A2
Elmalı 285 G3
Elmswood Estate 363 E5
Előhegy 265 D4 G3
Eloro 184 G6
Elqui 330 D4 333 B5 B6
Elsheim 238 E3
Elster 242 F2
Eltville am Rhein 236 D3 237 G3
Elyse 311 E4
Embrazées, les 59 F5
Emeringes 73 B5 74 B4
Emeritus 307 E5
Emevé 327 E4
Emiliana Orgánico 334 D6
Emilio Moro 195 C3
Emilio Rojo 192 G1
Emilio Valerio 197 B4
Eminades, Dom les 141 B4
Empordà-Costa Brava 188 C6
Encantada, la 321 C3
Enclos (Latour), l' 93 E6 95 D5
Encostas de Aire 208 C4
Encostas do Alqueva 219 F6
Endingen 244 E3 245 B3
Endrizzi 166 A5
Enfants, Dom des 145 D3
Engelberg 125 A5
Engelgrube 231 E2 F3
Engelmannsberg 237 F1
Engelsberg, *Baden* 245 B3 B4
Engelsberg, *Rheinfront* 240 B5
Engelsberg, *Rheinhessen* 239 D3 E3
Enkirch 227 C5 233 B6
Enochs Stomp Vineyard & Winery 326 B6
Enric Soler 201 E3 E4
Enseignères, les 60 G3
Enselberg 245 C2
Entraygues-Le Fel 53 F3 F4
Entre Arve et Lac 251 C2 252 F4
Entre Arve et Rhône 251 E1 252 G4
Entre Deux-Velles, les 67 B2
Entre-Deux-Mers 85 D3 101 B1 86 E4
Envy Estate 311 A1
Enz 317 E4
Eolis 274 F4
Eos 320 B2
Epaisse, l' 120 C2
Epanomí 281 B3
Epenotes, les 62 D2
Épernay 83 E3
Epesses 252 D6
Épineuil 55 A4
Épinottes, les 79 E3
Épiré, Ch d' 118 A2
Époinitures, les 66 C3
Eppelsheim 238 F3 239 B2
Eradus 374 E5
Erasmus, Clos 202 C4 C5
Erath 297 D3
Erbaluce di Caluso 157 E3
Erdőbénye 265 E3
Erdőhorváti 265 D4
Ergot, en 66 C4
Éric Forest, Dom 70 B3
Eric Morgat 118 B1
Ericanes 205 B1
Erice 184 E2
Erin Eyes 353 D2
Erles, Ch des 141 E3
Ermelinda Freitas 215 D6 E6
Ermita, l' 202 C4
Ernesto Catena Vineyards 340 E1 E2
Ernie Els 383 F3
Errázuriz 334 C2
Errel Ninot, Dom 68 A6
Erzetič 171 C5
Escaladei 202 B4
Escarpment Vineyard 370 C4 C5
Escausses, Dom d' 115 D6
Eschen Vineyard 318 B5
Escherndorf 247 C4
Esclans, Ch d' 147 C3
Escondido Valley 326 B5
Escorihuela Gascón 340 B2
Escourrou, Dom 140 C6
Esk Valley 369 A5
Espectacle 202 D4
Espinho 210 F4 F5
Essarts, les 59 F6 60 G1
Essenheim 238 D2
Essingen 241 D4
Est! Est!! Est!!! di Montefiascone 173 D3 181 G3 G4
Establecimiento Juanicó 332 G3
Estación de Oficios el Porvenir (La Escuelita) 327 E4
Estaing 53 F4
Estampa 334 D6
Estancia 317 F5
Estancia los Cardones 339 C5
Estancia Piedra 196 F2 F3
Estancia Uspallata 340 B1
Estanilles, Ch des 142 E1
Este 340 D5
Esteco, El 339 C5
Estefania 192 F5
Estella 197 A4
Esterlina 304 B2
Estournelles St-Jacques 66 A1
Estremoz 219 D5
Esu 186 D4
Esvres 117 B1
Étalles, les 67 B5 C4 C5
Etang des Colombes, Ch 141 C3
Etchart 339 C5
Etelois, aux 66 C4
Etna 184 F5 185 B5
Etoile, l', Clos de 67 C6
Etoile, l', *Jura* 151 F4
Etoile, l', *Vouvray* 121 B5
Etréchy 83 G3
Etude 309 D5 311 G5
Etxegaraya, Dom 114 G5 G6
Etyek 263 B3
Euchariusberg 229 A2 A5
Eugene 295 E2
Eugenio Bustos 340 F1
Eugenio Collavini 171 C4
Eugenio Rosi 166 D5
Euzière, Ch de 142 C6
Evan's Ranch 321 C4
Evans & Tate 349 E5
Evening Land 297 D3
Evergreen Vineyard 298 B5
Evesham Wood 297 E3
Evharis 281 D3
Evocelles, les 66 B6
Evois, les 120 C4
Évora 208 E5 219 E4
Evorilla 205 A2
Exeo 199 F4
Exopto 199 A2
Exton Park 249 G3
Eyguets, les 131 E2
Eyrie 297 D3
Eyssards, Ch des 113 E5

Fabas, Ch 141 C2
Faber 347 C2
Fabian 261 C6
Fabien Trosset 152 C5
Fable 379 F2
Fabre Montmayou 340 B2
Façonnières, les 66 C2
Fagé, Ch le 113 E5
Failla Wines Vineyard 307 D2
Fair Play 318 B4 B6
Fairendes, les 59 F5 F6
Fairhall 373 C2
Fairhaven 326 B6
Fairview 383 B3
Faiveley, Dom 68 C5
Fakra 286 E5
Falerio 173 D6
Falerno del Massico 182 B2
Falesco 181 G4
Făleşti 277 A1
Falkenberg 231 C3
Falkenstein 255 A5
Falkensteiner Hofberg 229 A3 A4
Falklay 233 B6
Fall Creek Vineyards 326 B5
Fallbach 244 C6
Falletto 163 E5
Famatina Chilecito 340 D5
Familia Deicas 332 G3
Familia Irurtia 332 F1
Familia Nin Ortiz 202 C5
Familia Torres 201 F3 202 C4
Famille Lieubeau 117 F2
Famines, les 61 G4
Fancrest 371 F3
Fannuchi 307 E5
Fantaxametocho 281 F4
Fanti, *Montalcino* 179 D5
Fanti, *Trentino* 166 B5 167 G4
Far Niente 314 F4
Fara 156 G4 157 D4
Faria, J & Filhos 219 D3
Fariña 196 E3
Faro 184 E6
Farr Rising 359 D3
Faset 161 C2
Fassati 180 B4
Fatalone 182 B5
Fattoi 179 C4
Fattoria dei Barbi 179 C5
Fattoria del Cerro 180 C5
Fattoria di Lamole 177 E4
Faubard, Clos 59 F3
Faubourg de Bouze 62 D4
Faucha 259 D1
Fausoni 161 C3
Favières, les 67 B3
Fawley 249 F4
Fay Vineyard 315 B2
Fazenda-Prádio 192 G2
Featherstone Estate 293 G4
Féchy 252 E5
Fedellos do Couto 192 G3
Feely, Ch 113 C5
Fèes, Clos Dom 145 D4
Feguine, Clos de la 62 C4
Fehring 255 F4
Félines-Jourdan, Dom de 142 F4
Félix Lorenzo Cachazo (Carrasviñas) 196 G5
Fels, *Austria* 255 B4
Fels, *Germany* 229 B1
Felsen 239 B1 B2
Felsen, in den 235 G1
Felsenberg 235 G2
Felseneck 235 F6
Felsenkopf 231 G2
Felsensteyer 235 F3
Felsina 177 G5
Felton Road 375 D5
Fenestra 317 A3
Fenhe, Ch 388 A6
Ferme Blanche, la 146 D6
Fermier 386 C5
Fermoy 349 E5
Fernando de Castilla 205 D6
Ferngrove 347 F3
Ferrandes 184 G2
Ferrari 166 C5
Ferrari-Carano 307 B4
Ferreiro, Do 193 C4
Ferrer Bobet 202 D5
Ferrer-Ribière, Dom 145 E4
Ferret, JA 70 D4
Ferrocinto 182 C4
Fertőszentmiklós 263 B2
Fesles, Ch de 118 E5
Fess Parker 321 B5
Fetzer 304 E4
Feudi di san Gregorio 183 B5
Feudo 185 A4
Feuerberg, *Baden* 245 C1 C2
Feuerberg, *Rheinhessen* 239 B1
Feueritt 243 F3
Feusselottes, les 65 F4
Fèves, les 62 C5
Fiano di Avellino 182 B3 183 B5
Fiasco 163 D3
Fichet, Dom 69 D4
Fichots, les 63 B3
Ficklin 303 D4
Fiddlehead 320 F2
Fiddletown 318 B6 C3 C4
Fidelitas 298 G2
Fiefs 53 D1
Fiegl 171 D6
Fielding Estates 293 F3
Fielding Hills 295 A5
Fiétres, les 63 C3
Fighting Gully Road 359 B6
Figueras, Clos 202 C4
Filigare, le 177 E3
Filipa Pato 217 C2
Fillaboa 193 D4 E4
Filliatreau, Dom 119 F4
Finca Allende 199 G4
Finca Decero 330 C2
Finca Élez 188 E5
Finca Flichman 340 C3
Finca la Carrodilla 327 E4
Finca La Celia 340 F1 F2
Finca Las Nubes 339 C4
Finca Quara 339 C5
Finca Sophenia 340 D1
Finca Suáres 340 F1
Finca Valpiedra 199 B2
Finca Viladellops 201 F4
Finca Viñoa 192 G2
Findling 240 D4
Fines Roches, Ch des 139 F4
Finger Lakes 325 B3
Finot, Dom 152 D5
Finottes, les 67 B5
Fiorita, la 179 C5
Firenze 173 B3 B4 171 B4
Firepeak Vineyard 320 C2
Firesteed 297 E3
Firestone 321 B5
Firriato 184 E2
First Creek 365 C5 D5
First Drop 351 B4
Fita Preta 219 E4
Five Geese 355 C5
Fixey 67 B2
Fixin 55 C6 67 B1
Flagstone 383 G3
Flam 287 F5
Flametree 349 D6
Flanagan Family 309 B1
Flat Rock Cellars 293 G4
Flaugergues, Ch de 142 E6
Flaxman Wines 352 E4
Flechas de Los Andes 340 E1
Fledge & Co. 379 F5
Fleur-de-Gay, la 109 D5
Fleurie 55 F5 73 C5 74 C5 75 C5
Fleurières, les 64 F4
Flomborn 238 F3 239 B1
Flonheim 238 F2
Flora Springs 313 G5
Florentino 188 E5
Florida, *Uruguay* 330 E5 E6
Florida, *USA* 290 D5
Florimont 127 B1 B2
Florio 184 F2
Florita 353 D2
Flörsheim-Dalsheim 238 G3 239 C2
Flowers 307 D1 D2
Focşani 273 C5
Fohrenberg 245 D2
Folatières, les 60 F4
Foley 321 B4
Folie, Dom de la 68 A6
Folie, la 121 A4
Follette, la 307 C4
Föllic 260 F1
Fondemens, les 67 C1
Fondis, les 120 D1
Fondrèche, Dom de 135 C4
Fongeant 131 A4 B4
Fonsalade, Ch 141 A4
Fonsalette, Ch de 135 B2
Fonseca Internacional Vinhos, J M da 215 E5
Font de Michelle, Dom 137 F3
Font du Broc, Ch 147 C3
Font du Loup, Ch de la 139 E5
Font-Sane, Dom 137 C5
Fontaine de Vosne, la 65 G1
Fontaine Sot 60 G2
Fontanafredda 163 C4
Fontanel, Dom 145 D3
Fontanile 163 D3
Fonteny 66 B4 B5
Fontevraud-l'Abbaye 116 C6
Fontodi 177 E4
Fontvert, Ch 135 E5
Fonty's Pool 347 F2
Foppiano 307 C5
Foradori 166 A5 167 F4 G4
Forbes 344 D6
Força Réal, Dom 145 E3
Forcine, la 120 D1
Forest Grove 295 C2 297 C3
Forest Hill 347 G3 G4
Forester Estate 349 D6
Forêts 79 F3
Forêts, les, *Ladoix* 63 D6
Forêts, les, *Nuits-St-Georges* 64 F3
Forêts, Sur les 63 D5 D6
Forge Cellars 325 C5
Forgeron 300 B5
Forges, Dom des 118 C1
Forges, les 61 E2
Foris 295 G2
Forjas del Salnés 193 C3
Forman 313 F5
Formentera 188 G5
Forrás 265 G3
Forrest Estate 373 B2
Forst 241 B4
Forst an der Weinstrasse 242 E3
Forstberg 226 F4
Försterlay 233 C3
Fort Ross 307 D2
Fort Ross-Seaview 307 C2 D2
Fort, Dom le 140 C5
Fortia, Ch 139 F3
Fortino 317 D3
Fortuna, La 335 D1 D2
Forty Hall 249 F4
Fossacolle 179 C4
Fossati 163 D2
Fosses, les 61 E2
Foster Lorca 340 C2 C3
Fouchères, les 65 F4
Fougeray, le 121 B4
Fougueyrolles 113 B4
Foujouin 121 B4
Foulot, en 59 D2
Foulot, le 62 D4
Foundry, The 383 F1
Founex 252 F4
Four Mile Creek 293 F5
Fourchaume 79 C3-D4
Fourches, aux 63 B2
Fourmente, Dom la 135 B3
Fourneaux, aux 63 B2 C2
Fourneaux, les, *Chablis* 79 D6
Fourneaux, les, *Santenay* 59 D2
Fournereaux, aux 61 E3
Fournier, O 195 C3
Fournières, les 63 C3
Foursight Londer 304 E3
Fourtet, Clos 111 E3
Foussottes, les 67 B2
Fowles 359 B4
Fox & Fox 249 G4
Fox Creek 355 D4 E4
Fox Fire Farms 326 A4
Fox Run 325 B4
Foxen 320 E3
Foxeys Hangout 361 F5
Frairie, la 70 C3
Framingham 373 B2
Francemont 59 F5
Francesca Castaldi 156 G4
Francesco Brigatti 156 F4
Francesco Poli 166 C4
Franche-Comté 53 C5 D5
Francia 163 E5
Franciacorta 157 D6 165 E1
Francis Ford Coppola Winery 307 C5
Franciscan 314 E4
Francisco Zarco 327 E5
Franck Peillot 152 B4
Franco Pacenti 179 B5
Franco, Dom 388 D3
François Chidaine 121 C5
François Cotat 123 B3
François Lumpp, Dom 68 D6
François Pinon 121 A4
François Raquillet, Dom 68 B5
Frandat, Ch de 115 D3
Frangy 152 A5
Frank Cornelissen 185 A5
Frank Family 311 B2
Frankon 223 E3
Frankenthal 236 F1
Frankland Estate 347 G3
Frankland River 347 F3
Frankstein 125 C4
Franschhoek 383 D6
Franschhoek Valley 379 F3 383 D5
Frantz Chagnoleau, Dom 69 E3
Franz Haas 167 E6
Frascati 173 F4
Fraser Gallop 349 E5
Fraser Valley 295 E5
Frauenberg 239 C3
Frauengärten 257 B3
Frauengrund 259 F2 F3
Frauenweingärten 257 B3 C3 C4
Frechau 259 D2
Frédéric Lornet 151 D5
Frederic Mabileau 120 D2
Fredericksburg 326 B5
Freedom Hill Vineyard 297 E2
Freeman 307 E5
Freemark Abbey 313 E4
Freestone 307 F4
Freestone Hill Vineyard 307 F4
Frégate, Dom de 148 E3
Freinsheim 241 B4
Freisa d'Asti 157 E3
Freisa di Chieri 157 E3
Freixenet 201 E4
Freixo de Espada à Cinta 212 F6
Frelonnerie, la 121 D3
Fremières, les 65 F5 66 C2
Fremiers, les 61 F5
Frémiets 61 F5
Fremont 303 C3 317 A2 A3
Frères Couillard 117 F3
Freudhofer 260 E4
Freundstück 242 E3 F2
Frey 304 C3
Freycinet 366 E3
Frick 307 B4
Frickenhausen 247 C4
Friedelsheim 241 B4
Friends Cellar 279 E4
Friesenheim 238 E3

Frionnes, les 60 D2 D3
Frisach 200 G5
Fritz 307 B4
Friuli Aquileia 165 D5
Friuli Colli Orientali 165 C5 C6
Friuli Grave 165 D5
Friuli Isonzo 165 D6 171 E4
Friuli Latisana 165 D5 E5
Friuli-Venezia Giulia 165 D5 171 D3 D4
Froehn 127 C4
Frog's Leap 314 D4 E4
Frogmore Creek 366 F2
Froichots, les 66 C2
Fromm 373 C2
Fronhof 242 C2
Fronsac 85 D4 106 C4 86 C5
Frühlingsplätzchen 235 F4 G5
Fryer's Cove 379 C1 D1
Fuchs 229 E2
Fuchsberg 236 G3
Fuchsloch 260 G4
Fuchsmantel 242 D2
Fuées, les 65 F5
Fuentecén 195 C3
Fuentespina 195 C4
Fuerteventura 191 F3
Fuissé 55 F5 69 G4 70 D4
Fuissé, Ch de 70 D4
Fujiclair 387 B4
Fukuyama Wine Kobo 386 D4
Fulcro 193 C3
Fuligni 179 B5
Fulkerson 325 C4
Fully 253 G2
Funchal 215 D3
Funky Chateau 386 C4
Furano Wine 386 A6
Furleigh 249 G3
Furstentum 127 B3
Fürstliches Prädium 260 F4
Futo 314 F4

Gabala 277 C6
Gabarinza 260 F5
Gabriele Rausse 323 G4
Gabriëlskloof 384 E5
Gadagne 135 D3
Gadais Père & Fils 117 F2
Gaelic Cemetry 353 C1
Gageac-et-Rouillac 113 E5
Gago (Telmo Rodríguez) 196 F3
Gaia 281 E5 283 F6
Gaia Principe 161 C3
Gainey 321 C5
Gaisberg 257 C1
Gaisberg, *Kamptal* 259 B5
Gaisberg, *Kremstal* 259 E1 F2 257 B5
Gaisböhl 242 G3
Gaispfad 233 D6
Gala Estate 366 E3
Galambos 265 F3
Galante 317 F3
Galantin, Dom le 148 E4
Galardi 182 A2
Galatina 182 C6
Galet des Papes, Dom du 139 E3 E4
Galgenberg 259 B5
Gali 285 F3
Galil Mountain 287 D5
Galippe, la 120 G6
Galiziberg 257 C5
Gallega Carrahola 205 D4 E4
Gallety, Dom 135 A1 A2
Gallina 161 B3
Gallo, E & J 303 C4
Gallo Two Rock Vineyard 307 F6
Galuches, les 120 D3
Gamache 298 F5
Gamaires, les 65 F6 66 C1
Gamay, sur 60 E3
Gambellara 165 E3 169 G4
Gambino 185 B5
Gamets, les 61 E2
Gamlitz 255 F3
Gamot, Clos de 115 C4
Gancia 163 C3
Ganevat, Dom 151 G3
Ganja-Gazakh 277 C5
Gansu 388 A4
Gansu Moen Estate 388 B4
Gapsted 359 B6
Garance, Dom de la 142 F3
Garbutti 163 D4
Garcinères, Ch de 147 D3
Garda 165 E2 168 E3 E5 G4 169 F2
Garda Classico 168 F3
Gardière, la 120 C1
Gardiés, Dom 145 D3
Gardine, Ch de la 139 D2
Gárdony 265 F1
Garenne ou sur la Garenne, la 60 F4
Garenne, Clos de la 60 F4
Garfield Estates 326 A4
Gargaliáni 283 G2
Gargiulo 314 E5
Gargouillot, en 61 G3
Gärkammer 226 F3
Garrigue, Dom la 137 D4
Gärtchen 231 C4
Gärtling 259 C1
Gary Farrell 307 D4
Garys' Vineyard 317 F4
Gasqui, Ch 147 C2
Gassan 386 B5
Gat, Clos de 287 F4 F5
Gatt 352 F4
Gattera 163 C3
Gattinara 156 G3 157 D4
Gau-Algesheim 238 D2
Gau-Odernheim 238 F3
Gauby, Dom 145 D3
Gaudichots ou la Tâche, les 65 F3
Gaudichots, les 65 F2
Gaudrelle, Ch 121 C1
Gaudrelle, la 121 B3
Gaujal 142 F3
Gauthey, le Clos 61 E3
Gavalas 281 E4
Gavelles, Ch des 146 B5
Gavi 157 F4
Gavoty, Dom 147 C2
Gayda, Dom 140 D5
Gaziantep 285 G5
Gebling 259 D2 D3
Gedersdorf 255 B4 259 C4
Geelong 344 G4 359 D3
Gehrn 237 E3
Geierslay 231 D4 D5
Geisberg 127 C5
Geisenheim 236 E2 G3 G4
Geisse 331 F4
Gelendzhik 277 B3
Gelveri 285 G4
Gemärk 260 F3
Gembrook Hill 363 E5
Gemtree 355 D4
Genaivrières, aux 65 G1
Genavrières, les 66 B2
Genet, Clos 59 E2
Genêt, en 62 C6
Geneva 325 B4
Genève 251 C1 252 F4
Genevrières Dessous, les 60 G5 G6
Genevrières Dessus, les 60 F6
Genevrières et le Suchot, les 63 C3
Gentilini 281 C2
Gentle Folk 356 B4 C4
Geoff Weaver 356 B5
Geographe 347 E2
Georgas 281 D6
Georges Duboeuf 74 C6
Georges Road 371 F2
Georgia 290 C5
Gerard Boulay 123 B3
Gérard Charvet, Dom 74 C6
Gérard Mouton, Dom 68 E5
Gérard Parize, Dom 68 D6
Gerbeaux, Dom des 70 C3
Gerla, la 179 B5
Germets, les 67 B2
Gerovassiliou 281 B3
Gerümpel 242 E2
Gestühl 245 B2
Getariako Txakolina 188 C4
Gevegelija-Valandovo 267 G6
Gevrey-Chambertin 55 C6 66 B5
Gewürzgärtle …
Geyersberg 239 A3 A4
Géza Lenkey 265 F2
Gfanger 261 C4
Ghemme 156 G3 G4 157 D4
Ghielmetti Vineyard 317 A3
Ghioroc 273 C2
Ghost Rock 366 D1
Giachini 163 C3
Giachino, Dom 152 C5
Giaconda 359 B6
Giacosa 161 E3
Giant Periwinkle 379 G3
Giant Steps 363 C5
Giarre 185 C6
Gibassier, les 67 C2
Gibbston 375 D4
Gibbston Valley 375 D4
Gibraltar Rock 347 G4
Gibson 351 B5
Giesen 373 B2
Gigondas 135 C3 137 C5
Gigotte, la 61 F4
Gilbert 347 G4
Gilbert Simon 286 E4
Gilles Berlioz 152 C5
Gillmore Estate 335 F3
Gimblett Gravels 369 C4
Giménez Méndez 332 G3
Gimmeldingen 241 C4
Ginestet 113 D5
Ginestra 163 E4
Gioia del Colle 182 B5
Giostra del Vino, la 340 B2
Giovanni Battista Columbu 186 B4
Giovanni Rosso 185 A5
Gippsland 344 G5 G6
Girardières, les 121 B4
Girolamo Dorigo 171 C3
Girolamo Russo 185 A5
Gisborne 367 B6
Giuaani 279 F4
Giuseppe Calabrese 182 C4
Givry 55 D5 68 D5
Gizeux 116 B6
Gladstone 367 C6
Gladstone Vineyard 370 B6
Glaetzer 351 C4
Glarus 251 B5
Glen Carlou 383 C3
Glen Ellen 309 B2 C2
Glen Manor 323 D5
Glenelly 383 D3
Glenguin 365 D4
Glenora 325 C4
Glénouze 116 C5
Glenrowan 344 F5 359 A5
Glenwood 383 D5
Gléon Montanié, Ch 141 D3
Glinavos 281 B2
Glock 240 E5
Gloeckelberg 127 C6
Gloggnitz 255 D4
Gloria Ferrer 309 E3
Gnekow 318 D2
Goaty Hill 366 D1 D2
Göcklingen 241 D3
Godeaux, les 63 B2
Godeval 192 G4
Godorf 227 A6
Goisses, Clos des 83 D4
Golan Heights 287 D5
Golan, Ch 287 D5
Goldatzel 236 F4 F5
Goldbächel 242 E2 E3
Goldberg, *Burgenland* 261 C6
Goldberg, *Danzern* 259 D1
Goldberg, *Kremstal* 259 C1
Goldberg, *Leithaberg* 260 E3 G3
Goldberg, *Neusiedlersee* 260 E5
Goldberg, *Rheingau* 236 F5
Goldberg, *Rheinhessen* 239 A3 B2 B4 C2 D4
Goldberg, *Saar* 229 C1
Goldbühel 259 F3
Golden Ball 359 A6
Golden Mike Bench 292 G5
Goldene Luft 240 D5
Goldeneye 304 E2
Goldert 126 B4
Goldgrube 233 B5
Goldkaul 226 G2
Goldschatz 233 G2 G3
Goldtröpfchen 231 C3 C4
Goldwingert 233 C2
Gollot, en 61 B1
Golop 265 E1
Gols 255 C6 260 E5
Gomera, la 191 F1
Gomi 387 A5
Gönnheim 241 B4
González Byass 205 D6
Goose Watch 325 B5
Goosecross Cellars 311 D5
Görbe-Baksó 265 G3
Gordon Estate 299 E2
Gordonne, Ch la 147 D2
Gorges de Narvaux, les 60 F6
Gori 277 C5
Goriška Brda 268 D4
Goriška Brda o Brda 171 C5
Gorizia 165 D6 171 D6
Gorman 295 A3
Gottardi 167 E5
Gottesacker 237 F4
Gottesfuss 229 B3
Göttlesbrunn 255 C5
Gottschelle 259 F1 F2
Götzenfels 235 F5
Goubert, Dom les 137 C5
Gouin, en 60 D3
Goujonne, la 59 G6 60 G1
Goulburn Valley 344 F5 359 A4
Goulots, les 66 B6
Goulotte, la 61 D3
Gouménissa 281 A3
Gourgazaud, Ch de 141 B2
Gourt de Mautens, Dom 137 B5
Gouttes d'Or, les 61 F1
Goyo García Viadero (Bodegas Valduero) 195 B4
Graach a.d. Mosel 233 E4
Graben 233 F4
Grabovac 271 C5
Gracciano della Seta 180 B4
Grace Family 313 F4
Grace Vineyard, *Ningxia* 390 C3
Grace Vineyard, *Shanxi* 388 A5
Grace Wine 387 B4
Graci 185 A5
Gracin (Suha Punta) 271 C3
Gradis'ciutta 171 D5
Grafenberg, *Mosel* 231 C3 D2
Gräfenberg, *Rheingau* 237 E2
Gratschatter Sonnenberg 233 G1
Graham Beck 379 F3
Grain d'Orient, Dom 145 D1
Grainhübel 242 F2 F3
Gralyn 349 E5
Gramenon, Dom 135 A3
Gramma 273 B5
Gramolere 163 E3 E4
Gramona 201 E4
Grampians 344 G3 359 C2
Grampians Estate 359 C2
Grampsas 281 D2
Gran Canaria 191 G2
Gran Clos 202 D4
Gran Feudo 197 D5
Grand Clos Rousseau 59 D2
Grand Crès, Dom du 141 C2
Grand Dragon 388 F5
Grand Enclos 95 E5
Grand Listrac 97 F2
Grand Mayne, Dom du 113 E4
Grand Mont 120 C3
Grand Nicolet, Dom 137 B5
Grand Tokaj 265 E4
Grand Valley 326 A4
Grande Borne, la 59 F4
Grande Cassagne, Ch 135 F1
Grande Côte, la 123 B3
Grande Maison, Ch la 113 E5
Grande Montagne, la 59 F6 60 F1
Grande Provence 383 D6
Grande Rue, la 65 F2
Grande Vignes, les 67 B3
Grande, la 386 D4
Grandes Bastes, les 121 A4 A5
Grandes Lolières, les 63 C5
Grandes Places, les 131 A5
Grandes Ruchottes 59 F5
Grandes Vignes, les 61 E1
Grandmaison, Dom de 103 E4
Grands Champs, les, *Puligny-Montrachet* 60 G4
Grands Champs, les, *Volnay* 61 F4
Grands Charrons, les 61 F1
Grands Clos, les 59 F5
Grands Devers, Dom des 135 A3
Grands Echézeaux, les 65 F3
Grands Epenots, les 62 C1
Grands Liards, aux 63 B2
Grands Murs, les 65 F5
Grands Picotins 63 C1 C2
Grands Poisots, les 61 F5
Grands Terres, les 59 G5
Grands Vignes, les 64 F2
Grands-Champs, les 61 E2
Grange de Quatre Sous, la 141 B2
Grange des Pères, Dom de la 142 D4
Grangehurst 383 F2
Grangeneuve, Dom de 135 A2
Granite Belt 345 B2
Granite Heights 323 E6
Granite Springs 318 B5
Granja-Amareleja 219 F5 F6
Grans Muralles 201 E1
Grant Burge 351 D3
Grape Republic 386 B5
Grapillon d'Or, Dom du 137 C5
Grassa, Dom 115 E2
Grasses Têtes, les 67 B3 B4
Grasshopper Rock 375 E6
Grassini Family 321 B6
Grasweg 127 C5
Gratallops 202 D4
Gratien & Meyer 119 E4
Grattamacco 175 B5
Graubünden 251 B5
Grauves 83 F3
Gravains, aux 63 B2
Grave, Ch la 141 C1
Graves 85 E3 86 E4 100 D5
Gravières, les 59 F4
Gravillas, Clos du 141 B3
Gravner 171 D6
Gray Monk 292 E5
Graz 255 E3
Graziano Family 304 E4
Great Southern 347 G3
Great Wall 388 D3 390 C4
Great Western 359 C1
Grécaux, Dom des 142 D4
Gréchons et Foutrières 63 C6
Gréchons, Sur les 63 C6
Gréchons, Bois de 63 C6
Greco di Bianco 182 E4
Greco di Tufo 182 B3 183 A4
Greek Wine Cellars 281 D6
Green & Red 311 B5
Green Valley 349 G6
Green Valley of Russian River Valley 307 E4
Greenock 351 B3
Greenock Creek 351 B3
Greenstone Vineyards 363 C3 C4
Greenwood Ridge 304 E4
Gréffieux, les 133 C4
Gregory Graham 304 F5
Grendel, de 379 F2
Grenouilles 79 D4
Greppone Mazzi 179 C5
Grés de Montpellier 142 D5 E4
Grès St-Paul 143 D1
Grèves, les 62 C5 63 C4
Grèves, sur les 62 C4
Grevilly 69 A5
Grey Ridge 375 E6
Grey Sands 366 D1 D2
Greystone 371 F3
Greyton 379 G3
Greywacke 373 C2
Grgich Hills 314 E4
Griffith 344 E5
Grgić 271 D5
Grignan-les-Adhémar 129 G2
Grignolino d'Asti 159 C4
Grignolino del Monferrato Casalese 157 E3 159 A3 A4
Grille, Ch de la 120 F4
Grille, la 120 F4
Grillenparz Hund 259 E1
Grinou, Ch 113 E5
Grinzane Cavour 163 B4 B5
Grinzing 255 B5
Griotte-Chambertin 66 C4
Gritschenberg 260 E4
Groenekloof 379 E1
Gróf Degenfeld 265 G3
Groot Constantia 380 B5
Groote Post 379 F1 F2
Gros des Vignes, le 133 B4
Gros Noré, Dom du 148 D4
Groseilles, les 65 F5
Gross 269 F3 G3
Grosser Hengelberg 231 E2
Grosser Herrgott 231 C5 D5
Grosset 353 E2
Grosset Gaia 353 D2
Grosset Polish Hill 353 C2
Grosset Watervale 353 D2
Grossheubach 247 C2
Grosshöflein 255 C5
Grosskarlbach 241 B4 243 G2
Groth 314 E5
Grub 259 A5
Gruenchers, les 65 F5 66 C2
Gruet 326 B4
Grünstadt 241 B4
Gruyaches, les 60 G5
Gualdo del Re 175 E5
Gualeguaychú 330 E5
Gualtallary 340 D1
Guardiola 185 A4 A5
Guastaferro 183 A5
Guatambu 331 G3
Gueberschwihr 125 E4 126 B4
Guebwiller 125 F3 126 A1
Guenoc Valley 304 F6
Guerchère 59 F5
Guérets, les 63 C3
Guerila 268 E3 F3
Guéripes, les 65 F2
Guès d'Amant, les 121 B2 B3
Guetottes 63 A1
Guettes, aux 63 A2
Gueulepines, les 66 C6
Guffens-Heynen, Dom 70 B2
Guglielmo 317 C3
Guido Marsella 183 B4
Guilhem, Ch 140 D6
Guilhémas, Dom 114 F6
Guillemot Michel, Dom 69 C5
Guillot-Broux, Dom 69 C5
Guímaro 192 G3
Guiot, Ch 135 F1
Guirouilh, Clos 115 G1
Gujoso 188 E5
Gulbanis 274 D4
Gulf Islands 292 C5
Gulfi 184 G5
Gülor 285 F3
Gumiel de Izán 195 B4
Gumiel de Mercado 195 B4
Gundagai 344 E6
Gundheim 238 G3 239 C3
Gundlach-Bundschu 309 D3
Gundog Estate 365 D4
Güney 285 F3
Guntersblum 238 F4
Güntersláy 231 C4 D4
Guntramsdorf 255 C5
Guri 277 C4
Gurjaani 277 C5 279 E1
Gurrida 185 A4
Gusbourne 249 G5
Gush Etzion 287 F5
Gutenberg 236 F5 G5
Gutenhölle 235 F3
Gutturnio 157 F5
Guy Drew 326 A4
Gyöngyös 263 B4
Gyopáros 265 D4

H Stagnari 332 G3
Haak Vineyards & Winery 326 C6
Haardt 241 C4
Hacienda Araucano 335 E1
Hacienda Monasterio 195 C3
Hackelsberg 260 E3 E4
Hadres 255 A4
Hafner 307 C5
Hagafen 311 E5
Hahn 317 F4
Hahndorf Hill 356 D5
Haideboden 260 F4
Haidsätz 260 F3
Haie Martel, la 120 G5
Hainburg 255 C6
Hajós 263 C3
Hajós-Baja 263 C3
Halbturn 255 C6
Halenberg 234 G5
Halewood 273 D4
Halfpenny Green 249 E3 F3
Hall 313 G5
Hallcrest 317 D2
Hallebühl 260 F4
Halter Ranch 320 B1
Hambach 241 C4
Hambledon 249 G4
Hameau de Blagny 60 F4
Hamelin Bay 347 F1
Hames Valley 303 E4
Hamilton Russell 384 G5
Hamptons, The 324 G3
Handley 304 D2
Hanging Rock 359 C4
Hanna 307 C5 E5
Hannay 384 D3
Hannersdorf 255 E5
Hans Herzog 373 B2
Hansenberg 236 F4
Hanzell 309 C3
Happs 349 D6
Happy Canyon of Santa Barbara 320 E3 321 B5
Haramo 387 B5
Haras de Pirque 334 C4
Hard Row to Hoe 295 A5
Hardtberg 226 F2 G2
Hardy's Tintara 355 D4
Harewood 347 G3
Harlaftis 281 C4 283 F6
Harlan 314 F4
Haro 188 C4 198 A6 199 F3
Harrison Hill Vineyard 298 E4
Harrow & Hope 249 F4
Harsovo 274 F2
Hart & Hunter 365 C4 C5
Hartberg 256 D6
Hartenberg 383 D2
Hartford Family 307 E4
Hartley Ostini Hitching Post 321 C4
Hartwell 315 C2
Harveys 205 D6
Harzenleiten 257 C1
Häschen 231 E2
Hase, Dom 386 C5
Hasel 259 A4 B6
Haselgrove 355 D5
Hasenberg & Steingruble 245 B2 B3
Hasenbiss 239 B4
Hasenlauf 239 B3
Hasensprung, *Rheingau* 236 F5 G4 G5
Hasensprung, *Rheinhessen* 239 A3 A4
Haskell 383 F3
Hassel 237 F1
Hastings River 345 D2
Hastings, *Australia* 359 D4 361 E6
Hastings, *New Zealand* 367 C5 369 C4
Hasznos 265 E2
Hatalos 265 F3
Hâtes, les 59 E3
Hato de la Carne 204 B6
Hatschbourg 126 B4 B5
Hattingley Valley 249 G3
Hattstatt 125 E4 126 B4
Hatzidakis 281 E5
Hatzimichalis 281 C3
Haugsdorf 255 A4
Hauner 184 D5
Hauserer, Clos 126 B6
Haussatz 260 F1
Haut Cousse, le 121 A4
Haut Lieu, le 121 B3
Haut-Lirou 142 D5
Haut-Pécharmant, Dom du 113 E5
Haut-Peyraguey, Clos 105 F2
Haut-Poitou 53 D2
Haut-Valais 253 E5
Haute Fèvrie, Dom 117 F3
Haute Perche, Dom de 118 A4
Haute Vallée de l'Aude 53 G3
Haute Vallée de l'Orb 53 G3
Haute-Combe, Clos de 74 A5
Hautes Cances, Dom les 137 B3 B4
Hautes Collines de la Côte d'Azur, Dom des 147 A5
Hautes Maizières 65 F3
Hautes Mouttotes 63 C5
Hautes-Côtes de Beaune 56 F2
Hautes-Côtes de Nuits 56 D4
Hautés, les 61 E1
Hauts Beaux Monts, les 65 E2
Hauts Brins, les 61 E3
Hauts Champs, les 120 C3
Hauts de Caillevel, les 113 E5
Hauts Doix, les 65 F4
Hauts Jarrons 63 B1
Hauts Marconnets, les 62 B6 C6
Hauts Poirets, les 64 F4
Hauts Pruliers, les 64 F4
Hauvette, Dom 146 A3
Havelock North Hills 369 C5
Hawaii 290 D2
Hawk & Horse 304 F6
Hay Shed Hill 349 E5
Hayashi 386 C5
Hayastan (Armenia) 277 C5
Hayes Family 351 C3 C4
Haywire 292 F5
Hazendal 383 D1
Hazlitt 1852 325 C5
HdV 311 F6
He Jin Zun 390 B3 B4
He Lan Qing Xue 390 B3
Healesville 344 G5 359 C5 363 C5
Heart & Hands 325 B5
Heart of the Desert 326 B4
Heathcote 344 F4 359 B4
Heathcote Estate 359 B4
Heathcote II 359 B4
Heathcote Winery 359 B4
Heathvale 351 D6 352 D3 D4
Hebei 388 A5
Hecker Pass 317 D3
Hecklingen 245 A5
Hedges Family Estate 298 G2
Hedong, Ch 390 A4
Hegarty Chamans 141 B2
Heggies 352 E4
Heide 261 C3
Heil 239 A3
Heilbronn 244 C6
Heiligen Häuschen, am 239 E4
Heiligenbaum 240 E4
Heiligenberg 237 E1 F1
Heiligenstein 259 B4
Heiligkreuz 239 A3 A4
Heimbach 245 A5
Heimberg 235 F1
Heimbourg 127 B1
Heimersheim 238 F2
Heissenstein 126 A1
Heitz Wine Cellars 313 G5
Helan Mountain 390 C3
Held 231 F1
Helenenkloster 233 G2
Heller Estate 317 F3
Helvécia 263 C4
Hemel-en-Aarde Ridge 384 F6
Hemel-en-Aarde Valley 384 F5
Hemera Estate 351 D3
Hendelberg 236 E6 237 E1
Hendry 311 F5
Hengst 126 B6
Henkenberg 245 C2
Henners 249 G4
Henri Bonneau, Dom 139 E3
Henri Bourgeois 123 B3
Henri et Paul Jacqueson, Dom 68 B6
Henri Lurton 327 E5
Henri Natter, Dom 123 D2
Henri, Clos 373 C1
Henriques & Henriques 221 D2
Henry Estate 295 F2
Henry of Pelham 293 G4
Henry, Dom 142 E5
Henschke 351 C6 352 D3 D5
Henschke Lenswood 356 B5
Hentley Farm 351 C3
Henty 344 G3 359 D1
Heppingen 226 F5
Heptures, les 61 D1
Herbauges, Dom des 117 F2
Herbues, aux, *Fixin* 67 B1
Herbues, aux, *Nuits-St-Georges* 64 G6
Herbues, les, *Chambolle-Musigny* 65 F6 G6 66 C1
Herbues, les, *Fixin* 67 B2
Herbues, les, *Marsannay* 67 C3
Herbuottes, les 66 C2
Hercegkút 265 D5
Herdade da Anta de Cima

219 D4
Herdade da Malhadhina Nova 219 G4
Herdade das Servas 219 D5
Herdade do Esporão 219 F5
Herdade do Mouchão 219 D4
Herdade do Peso 219 F5 F6
Herdade do Rocim 219 F4
Herdade dos Coelheiros 219 E4
Herdade dos Grous 219 G4
Herdade dos Outeiros Altos 219 D5
Herdade Monte da Cal 219 D5
Herder 292 G5
Herdinand 171 C5
Heritage, *Australia* 351 C4
Heritage, *Lebanon* 286 F5
Héritiers du Comte Lafon, Dom des 69 E3
Hermann J Wiemer 325 C4
Hermannsberg 235 G3
Hermannshöhle 235 G3
Hermanos Sastre 195 B4
Hermanus 379 G3 384 G5
Hermanuspietersfontein 384 G5
Hermeziu 273 B5
Hermitage 129 D2
Hermitage, Dom de l' 148 D5
Hermite, l' 133 B4
Herold 379 F6
Heron Hill 325 C4
Herrenberg 240 G5
Herrenberg, *Ahr* 226 G2
Herrenberg, *Baden* 245 A5
Herrenberg, *Bernkastel* 233 C2 C6
Herrenberg, *Pfalz* 242 B2
Herrenberg, *Piesport* 231 B4 B5 C4
Herrenberg, *Saar* 229 A4 B2 D3
Herrenberger 229 C1 D2
Herrenbuck 245 C3 C4
Herrengarten 240 F6 G6
Herrenmorgen 242 A1 B1
Herrenstück 245 C2 C3
Herrenweg 127 B1
Herrgottsacker 242 F2 243 E3 F3
Herrnbaumgarten 255 A5
Herrnsheim 238 G3 239 C4
Hervelets, les 67 B2
Herxheim 241 B4
Herzogenburg 255 B4
Hesketh/St John's Rd 351 B4
Hess Collection Winery 311 F4
Hessische Bergstrasse 223 E3
Hétszőlő 265 G4
Heuchelheim-Klingen 241 D3
Heudürr 257 A3
Hewitson 351 B4
Hewitt 314 E3
Hickinbotham 355 C5 C6
Hidden Bench 293 F3
Hidden Valley 383 F3
Hide, Dom 387 B3
Hierro, el 191 G1
High Constantia 380 B5
High Eden 352 F3 F4
High Valley 304 E5
Highbank 357 C5
Highfield Terravin 373 C2
Highlands Road 384 E3 E4
Hightower Cellars 298 G1
Hill Family 311 D5
Hill of Grace 352 D5
Hill Smith Estate 352 E4
Hillcrest 295 F2
Hilltops 344 E6
Hilmy Cellars 326 C6
Hilo Nrgro 327 E4
Himmelchen 226 F3
Himmelreich 233 D2 E3 F4
Himmelsthron 261 B4
Hinter der Burg 257 D2
Hinterburg 127 B2
Hinterkirch 236 E1
Hinterkirchen 257 B2
Hinterseiber 257 B2
Hintós 265 F2 F3
Hinzerling 298 F6
Hipping 240 D5
Hirakawa 386 A5
Hiroshima Miyoshi 386 D4
Hirsch Winery & Vineyards 307 D1
Hitomi 386 C4
Hlohovec 266 G4
Hobart 366 F2
Hobbs 352 E4
Hobbs & Hillick 325 C5
Hobbs Vineyard 352 E4
Hochäcker, *Burgenland* 261 C4
Hochäcker, *Kremstal* 259 C1
Hochbenn 242 B1 B2
Hochberg, *Baden* 235 B2
Hochberg, *Burgenland* 261 B4 C6
Hochberg, *Rheinhessen* 239 C4
Hochheim am Main 236 D4
Hochrain 256 D6
Hochrain 257 C1
Hochrain Höhlgraben 259 E2
Hochsatzen 259 C1
Hochstadt 241 D4
Hochstrasser 257 B4
Hoddles Creek 363 E5
Hofberg 231 D2 D3 E3
Hoferthal 257 D1
Höflein 255 C5
Hogue 298 F6
Hőgyész 263 C3
Hoheburg 242 G2 G3
Hohen-Sülzen 238 G3 239 D3
Hohenmorgen 242 F2
Hohenrain 237 F2
Hohenwarth 255 B4
Hoher Rain 259 F2
Höhereck 257 B4
Höhlgraben 259 F2
Hokkaido Wine 386 A5
Holden Manz 383 E6
Holdvölgy 265 F2
Höll 235 F6
Hölle, *Rheinfront* 240 E5
Hölle, *Rheingau* 236 F4
Hölle, *Saar* 229 B2
Höllenberg 236 E1 F1
Höllenbrand 239 B2
Hollerin 257 B4
Hollick 357 D6
Holloran 297 C4
Holly's Hill 318 B4
Hollywood & Vine 311 C3
Holm Oak 366 D2
Homburg 247 C3
Home Hill 366 F2 G2
Homme Mort, l' 79 C4
Homme, d, Dom le Faye 117 F3
Homme, l', *Hermitage* 133 B5 C5
Homme, l', *Loire* 117 A1
Homs, Dom d' 115 C4
Honeytree 365 C5 D5
Honig 314 E4
Honigberg 233 E1
Hop Kiln 307 D5
Hope Estate 365 D4
Hope Family 320 A2
Hóra 283 G2
Horacio Simões 215 E5
Hörecker 229 B2
Horitschon 255 D5 261 C4
Horizon, Dom de l' 145 D4
Horn 239 D2
Hornillo 205 A1
Horrweiler 238 E2
Horse Heaven Hills 295 C4 C5 298 G6 299 G1
Horton 323 F5
Hortus, Dom de l' 142 C5
Hosmer 325 C5
Hospitalet, Ch l' 141 C5
Hosszúhegy 265 D5
Hotter 261 B4
Houghton 347 F2
Houghton Wines 347 C2
Houillères, les 60 G3
Housui Winery 386 A6
Hout Bay 379 F1 F2
Howard Park 349 E5
Howard Vineyard 356 D5
Howell Mountain 311 A3
Hrvatska (Croatia) 267 E3 F3
Hrvatska Istra 271 B1
Hrvatsko Podunavlje 267 E4
Hrvatsko Primorje 271 A2 B2
Huadong 388 G5
Huailai Amethyst Manor 388 D3
Huasco 330 D4 333 B6
Hubacker 239 C2
Hubert Lapierre, Dom 74 D4
Hubertuslay 233 C3
Huchotte, la 63 D6
Hudson River Region 324 E4
Hudson Vineyard 309 D4 311 G5
Huelva 188 F2
Huerta del Rey 195 B5
Huet, Dom 121 B3
Hugh Hamilton 355 D5
Hughes-Beguet, Dom 151 D6
Hugo 355 D5
Hugues et Yves de Suremain, Dom 68 C5
Huguet de Can Feixes 201 E4
Hühnerberg 233 E6 F6
Huia 373 B2
Huis Van Chevallerie 381 C4
Hummelberg 245 A5
Hunawihr 125 D4 127 C4
Hungerbiene 239 B3
Hungerford Hill 365 D5
Hunt Country 325 C4
Hunter 345 D2
Hunter der Burg 257 B1 B2
Hunter's 373 B2
Hurbanovo 266 G4
Hureau, Ch du 119 E4
Hurigny 69 E5
Hurley Vineyard 361 F6
Husch 304 E2
Hush Heath 249 G4
Huşi 273 B5
Hussy 261 B3 B4
Hütte 229 B5 C5
Hutton Vale 351 C6 342 B5
Hyatt Vineyards 298 E4
Hyde Vineyard 309 D5 311 G5

I Clivi 171 C4
I Custodi 185 A5
I Fabbri 177 D4
I Vigneri 185 A4
Ialoveni 277 A1
Iaşi 273 B5
Ica 330 B3
Idaho 290 B2
Idylle, Dom de l' 152 C5
Igé 69 D3
Ignaz Niedrist 167 D6
Ihringen 244 E3 245 D2 D3
Il Borghetto 177 C3
Ilarria, Dom 114 G5 G6
Ilbesheim 241 D4
Île de Beauté 52 G5
Île des Vergelesses 63 B3
Île Margaux, Dom de l' 99 A4
Illinois 290 B4
Illmitz 255 C5 260 G4
Ilsley 315 A2 B2
Im Grossen Garten 243 G1
Imereti 277 C5
Imperial Horse 390 C3 C4
Impflingen 241 D4
Inclassable, l' 89 E3
Indiana 290 B4
Ingelheim 238 D2
Ingersheim 125 E4 127 C1
Inglenook 314 E4
Ingrandes 116 B4
Inkerman 277 B2
Inniskillin 293 F5
Însurăţei 273 D5
Intellego 381 C4
International Winery 388 A6
Intriga 334 C4
Inurrieta 197 B5
Inwood Estates 326 B6
Iona 384 E4
Ioppa 156 F3
Iowa 290 B4
Iphofen 247 C4
Irache 197 A4
Irancy 55 B3 77 C4
Iris Domain 286 F4
Irmãcs Basso 331 F4
Iron Horse 307 E4
Ironstone Vineyards 318 D4
Irpinia 182 B3 183 C5
Irvine 351 C6 352 D3 F4
Isaac, Ch 286 E6
Isabel Estate 373 C2
Isabelle Hasard, Alain et 68 B4
Ischia 182 B2
Isla de Menorca 188 G6
Ismael Arroyo 195 B4
Ismir 285 F3
Isola e Olena 177 E3
Isonzo del Friuli 171 E4
Issards, les 63 D6
Istanbul 285 F3
Istenhegy 265 F2
Istituto Agrario Prov. San Michele all'Adige 166 B5 167 G4
Istra I Kvarner 267 E3
István Balassa 265 G4
István Szepsy 265 F2
Itata 330 E4 333 F5 335 F5 F6
Iuliis, de 365 D4
Ivanhoe 365 D4
Iwanohara 386 C5
Ixsir 286 D4
Izéras 131 E1
Izmail 277 A1
Izsák 263 C4
Izutsu 386 C5

J 307 D5
Jabali, el 321 C4
Jachères, aux 65 G2
Jack Estate 357 B5
Jack Rabbit Hill Farm 326 A4
Jackass Hill Vineyard 307 E4
Jackson Estate 373 B2
Jackson-Triggs, *British Columbia* 292 G5
Jackson-Triggs, *Ontario* 293 F5
Jacob's Creek (Pernod Ricard) 351 D3
Jacobins, Clos des 111 D2
Jacques Dury 68 B5
Jacques et Nathalie Sumaize 70 A2
Jacques, Ch des 74 C6
Jacquines, les 65 G1
Jade Valley 388 B5
Jahant 318 D2
Jakončič 171 C5
Jale, Dom de 147 C3
Jalilabad (Cəlilabad) 277 C6
Jamesport 324 F1
Janasse, Dom de la 137 E3
Jané Ventura 201 F3
Jansz 366 D2
Januik 295 A3
Jardins de Babylone, les 115 G1
Jarolières, les 61 F5
Jarron, le 61 B1
Jasper Hill 359 B4
Jasson, Ch de 147 D2
Jau, Ch de 145 D4
Jaubertie, Ch de la 113 E5
Jauma 355 D5
Jaume, Dom 135 B3
Jaxon Keys 304 E3
Jean Daneel 379 G3
Jean Douillard 117 F2
Jean León 201 E4
Jean Manciat, Dom 69 F5
Jean Masson & Fils, Dom 152 C5
Jean Vachet, Dom 68 G4
Jean-Baptiste Senat, Dom 141 B2
Jean-Claude Brelière, Dom 68 A6
Jean-François Quenard 152 C5
Jean-Louis Denois, Dom 140 E6
Jean-Marc Burgaud, Dom 74 E4
Jean-Paul Brun, Dom 73 G5
Jean-Pierre Gaussen, Ch 148 D4
Jeanneret 353 D1
Jeanraude 131 D2 D3
Jebsal, Clos 127 B1
Jeff Runquist Wines 318 B5
Jefferson 323 F4
Jemrose 309 B1
Jenke 351 D3
Jenkyn Place 249 G4
Jerez de la Frontera 188 F2 205 D5
Jerez-Xérès-Sherry 188 F2
Jeriko 304 E3
Jermann 171 C4
Jerusalem 287 F5
Jessie's Grove 318 D2
Jessup Cellars 311 D5
Jesuitenberg 229 C2
Jesuitengarten, *Ahr* 226 G3
Jesuitengarten, *Pfalz* 242 E2
Jesuitengarten, *Rheingau* 236 G4 G5
Jesuitenhofgarten 243 E2 E3
Jeu, le Clos de 67 B3
Jeunelotte, la 60 F4
Jeunes Rois, les 66 B6
Jidvei 273 C3
Jilin 388 A6
Jim Barry 353 C1 357 E5
Jingalla 347 F4
Jo Rui, Dom 140 D6
Joan d'Anguera 202 E3
Joannes Protner 269 E2
João Portugal Ramos 219 D5 D6
Joaquin Rebolledo 192 G3
Jobiot, Dom 68 D5
Jochinger Berg 257 B1
Johan 297 E3
Johanneshof 373 A3
Johannisbrünnchen 233 F4
Johannserberg 256 E6
John Kosovich 347 C2
Johner 370 B6
Joie Farm 292 F5
Jois 255 C5
Jokic 271 A3
Joliet, Ch 115 E5
Jolivet, Clos du 120 C3 D3
Jolys, Ch 115 G1
Jonathan Didier Pabiot 123 C5
Jonc Blanc, Ch 113 E4
Jonchère, la 61 C1
Joncier, Dom du 136 G6
Joncuas, Clos du 137 C5
Jones of Washington 298 B5
Jones Road 361 E6
Jones, Dom 141 E2
Jongieux 152 B4
Jonkershoek Valley 383 E3
Jonquières, Ch de 142 D3
Jordan, *California* 307 C5
Jordan, *South Africa* 383 E1
Jorge Rosa Santos & Filhos 219 E5
José Maria da Fonseca Succs. 215 E4 E5
José Pariente 196 F5
Josef Chromy 366 E2
Josef Niedermayr 167 C6
Joseph Phelps 313 F5
Joseph Swan 307 E5
Josephshöfer 233 E3 E4
Jota, la 311 B4
Joubert-Tradauw 379 F4
Jouclary, Ch 141 C1
Jouènes, les 61 E2
Jouères, les 61 G4
Jougla, Dom des 141 A4
Jouise 66 C4 C5
Jourdan & Pichard 120 G5
Journaux, les 66 C6
Journey Wines 363 C5
Journey's End 383 G3
Journoblot, en 60 G2
Jouy-lès-Reims 83 A3
Jöy, Dom de 115 E2
Joyeuses, les 63 C5
Juchepie, Dom de 118 D3
Judean Hills 287 F5
Judge Rock 375 E6
Juffe 231 B6 233 F1
Juffer Sonnenuhr 231 B6 233 F1
Jujuy 330 D4
Julia Kemper 217 B5
Julicher 370 C4 C5
Julien Schaal 384 D4
Julien Sunier 73 C4
Juliénas 55 F5 73 B5 74 A5 75 A5
Jullié 73 B5 74 A4
Jumilla 188 E4
Jun, Ch 387 B4
Junding, Ch 388 F5
Jungenberg 260 E4
Jungfer 236 F5 F6 237 F1
Juniper Estate 349 E5
Jussy 252 F4
Justice, la 66 C6 D6
Justin, *Australia* 347 G3
Justin, *California* 320 A1
Justino's 221 D4
Jutruots, les 65 E5
Juvé y Camps 201 E4
Južni Banat 267 E5
Južnoslovenská 266 G4

K Vintners 300 B5
K1 by Geoff Hardy 356 E4
Ka, Ch 286 F5
Kaapzicht 383 D1
Kabaj 171 C5
Kaefferkopf 127 B2
Kaesler 351 B4
Kafels 235 F4
Käferberg 259 A3
Kaiken 340 B2
Kaiserberg 257 A3
Kaiserstuhl 244 E1
Kaituna 373 B2
Kajárpéc 263 B2
Kakheti 277 C5 279 F4
Kakhetian Traditional Winemaking 279 E4
Kakhuri Winery 279 E3
Kalbspflicht 237 F3
Kalecik 285 F4
Kalgan River 347 G4
Kalimna 351 B4
Kalkofen, *Pfalz* 242 A1 F2
Kalkofen, *Wachau* 256 D5
Kalleske 351 B4
Kallstadt 241 B4 242 A2
Kalpak, Ch 285 F3
Kammer 231 B6
Kamptal 255 G5 259 B3
Kanaan 390 B3
Kangarilla Road 355 D5
Kangaroo Island 344 F1
Kanonkop 383 C3
Kansas 290 C3
Kanu 383 D2
Kanzlerberg 127 C5
Kapcsandy Family 311 D5
Kapellchen 231 D4
Kapellenberg 243 F2 G2 G3
Karadoc 344 E3
Karam 286 G3
Karanika 281 B2
Kardenakhi 279 E1
Kardinalsberg 233 F3
Karipidis 281 B3
Káristos 281 D4
Karlovo 274 E3
Karlsberg 229 B5
Karlskopf 226 F4
Karlštejn 266 F2
Karnobat, Sis 274 E5
Karridale 349 G6
Karriview 347 G3
Kart 261 B5
Kartli 277 C5
Karydas 281 A1
Kasel 227 C4
Käsleberg 245 C2
Kassaváros 265 E1
Kastelberg 125 C4
Kastri 283 F3
Katarzyna 274 F4
Kathikas 284 B4
Kathryn Kennedy 317 B2 C2
Katnook Estate 357 C5
Katogi Averoff 281 B2
Katsaros 281 B3
Katsunuma Jyozo (Arugabranca) 387 B4
Kätzchen 231 B5
Katzenbuckel 239 C3
Katzenthal 125 E4 127 B1 B2
Kautz 318 D2
Kavaklidere 285 F3 F4 F5
Kay Brothers Amery 355 D5
Kayra 285 F3 G6
Kaysersberg 127 B3
Kechris 281 B3
Keeling-Schaefer Vineyard 326 B3
Keermont 383 F3
Keever 311 E4 E5
Kefallonia (Cephalonia) 281 C1
Kefraya, Ch 286 G4
Keith Tulloch 365 C4
Keller Estate 307 G6
Kellerberg 257 B4
Kellermeister 351 D3
Kellybrook 363 D3
Kelvedon Estate 366 E3 F3
Kemalpasa 285 F3
Kemmeter 325 B4
Ken Brown 321 C5
Ken Forrester 383 F2
Ken Wright Cellars 297 C3
Kendall-Jackson, *Lake* 304 E4
Kendall-Jackson, *Northern Sonoma* 307 D5
Kendell, N 325 C4
Kenneth Volk 320 E3
Kennewick 295 C5 299 F1
Kentucky 290 C4 C5
Kenwood 309 B2
Kérkira (Corfu) 281 B1
Kertz 235 G3
Kessler 126 A1
Kestrel 298 F5
Keswick 323 F4 F5
Keuka Spring 325 C4
Khareba Winery 279 E4
Khaskovo (Haskovo) 274 E3
Kherson 277 A2
Khoury, Ch 286 F5
Khvanchkara 277 C5
Kiáto 283 E4
Kicevo 267 G5
Kickelskopf 235 F5
Kidman 357 A5
Kido 386 C5
Kientzheim 125 D4 127 B3
Kiepersol Estates Vineyards & Winery 326 B6
Kies 351 D3
Kieselberg 242 F2
Kiesling 259 C1
Kikones 281 A4
Kilani 284 C5
Kilikanoon 353 D1
Kiliya 277 A1
Killerby 349 E5
Kilzberg 236 F4
Kincsem 265 E4
Kinderheim 241 A4
Kindzmarauli 279 D1
King Estate 295 E2
King Family 323 F4
King Ferry 325 C5
King Valley 344 F5 359 B6
Kingston 334 E3
Kintzheim 125 C4
Kiona Vineyards 298 G1
Kir-yanni 281 B1
Király 265 F3
Királyhegy 265 C5
Kiralyudvar 265 G3
Kirchberg de Barr 125 B4
Kirchberg de Ribeauvillé 127 C5
Kirchberg, *Austria* 255 B4
Kirchberg, *Baden* 245 C1 C2 C3 D4
Kirchberg, *Bernkastel* 233 G2
Kirchberg, *Rheinhessen* 239 B4
Kirchberg, *Saar* 229 B1
Kirchenpfad 237 F3
Kirchenstück, *Pfalz* 242 E2 E3
Kirchenstück, *Rheinhessen* 239 D3
Kirchheim 241 B4
Kirchlay 233 C4
Kirchplatte 240 D3 E3
Kirchspiel 239 B3
Kirchtürmchen 226 E4
Kirchweg 257 C1
Kirnberg 257 B3
Kirrihill Estates 353 C2
Kirrweiler 241 C4
Kirschgarten 243 F1 F2
Kirschheck 235 F4
Kiskőrös 263 C3 C4
Kiskunhalas 263 C4
Kissomlyó 263 B2
Kistelek 263 C4
Kistler 307 E5
Kisvin 387 B4
Kitterlé 126 A1
Kittmannsberg 259 B2 B3
Kitzeck im Sausal 255 F3
Kitzingen 247 C4
Kiyosumi Shirakawa Fujimaru 386 C5
Kizan 387 A5
Kizliar 277 B5
Kırıkkale 285 F4
Kırklareli 285 E3
Kırşehir 285 F4 F5
Klamm 235 G3
Klaus, *Rheingau* 236 F4 G4
Klaus, *Wachau* 257 B2
Klausenberg 239 B4
Kläuserweg 236 G4
Klein Constantia 380 B5
Klein Karoo 379 F4 F5
Klein River 379 G3
Kleine Zalze 383 E2
Klet Brda 171 C5
Klimenti 283 F3 F4
Klinec 171 C5
Klingenberg 247 C1 C2
Klingenmünster 241 D3
Klinker Brick 318 D2
Klipsun Vineyard 298 G1
Klöch 255 F4
Kloovenburg 381 B5
Kloppberg 239 A3
Klosterberg, *Bernkastel* 233 C5 D1 E1
Klosterberg, *Nahe* 235 F4
Klosterberg, *Rheingau* 236 F3 F6 237 E2
Klosterberg, *Rheinhessen* 239 B4
Klosterberg, *Saar* 229 B3 E2
Klostergarten, *Ahr* 226 F3
Klostergarten, *Piesport* 231 C5 F1 F2 G2
Klostergarten, *Rheinhessen* 240 D4
Klosterlay 236 F2 F3
Klosterneuburg 255 B5
Klostersatz 257 C4
Klosterweg 243 F3
Knapp 325 B5
Knappstein 353 C1
Knight Granite Hills 359 C4
Knights Bridge Vineyard 307 C6
Knights Valley 307 C6
Knjaževac 267 F5
Kobal 269 F3
Köbe 386 C4
Kobern 227 A6
Koblenz 227 A6
Kobleve 277 A2
Kobyli 266 F3
Kocabağ 285 G5
Kocani Vinica 267 G6
Kocher-Jagst-Tauber 244 B6
Kōfu 387 B4
Kogl Langen-Hadinger 259 F4
Kögl, *Austria* 259 D1
Kogl, *Slovenia* 269 F4
Kohfidisch 255 E5
Kokkalis 283 F1
Kokotou 281 D4
Koktebel 277 B3
Kollmitz 257 C1
Kollmütz 257 C1
Komárno 266 G4
Kompassus 217 C2
Kondo (Tap-Kop Farm) 386 A5
Köngernheim 238 E3
Kongsgaard 311 D6
Königsberg 233 C6 D6
Königsfels 235 G1
Königsstuhl 239 B2
Königswingert 242 D2
Konz 227 D3 229 A2
Koonara 357 F5
Kootenays 292 C6
Kooyong Port Phillip Estate 361 E5 E6
Kőporos 265 F1
Korakohóri 283 F1
Korb 244 C6
Korbel 307 D4
Kórinthos 283 E4
Korlat (Badel 1862) 271 C3
Korta Katarina 271 D4 D5
Kosovo 267 F5
Kosta Browne Chasseur 307 E5
Kotekhi 279 E1
Kotovsk 277 A2
Kötsag 265 G4
Koútsi 281 E4
Kővágó 265 F3
Köves 265 F1
Kövesd 265 G3
Köveshegy 265 C6
Koyle 334 D6
Kozlović 271 A1
Kräften 260 G3

Kraichgau 244 B5
Krajančić 271 D4
Kráľovský Chlmec 266 G6
Kramer 297 C3
Krans, de 379 F5
Kranzberg 240 D5
Kras 268 F2 D4
Krasnodar 277 B4
Krasochoria Lemesou 284 C3
Krasochoria Lemesou-Afames 284 C3
Krasochoria Lemesou-Laona 284 C3
Kratovo 267 G6
Kräuterberg 226 F3
Kräuterhaus 233 D5
Kreglinger 366 D2
Krems 255 B3 257 B6 259 E2
Kremsleithen 259 D1
Kremstal 255 F5 257 A4 259 D2
Kreutles 257 B4
Kreuz 240 G5
Kreuzberg, *Bernkastel* 233 E5
Kreuzberg, *Wachau* 257 B3
Kreuzblick 239 D3
Kreuzhaide 245 D3
Kreuzwingert 231 C3
Kriegsheim 239 D3
Krone 379 E2
Kronenberg 242 A2
Kronos Vineyard 313 G5
Krupina 266 G4
Krupp Brothers 311 D5
Krupp Vineyard 311 D5
Krym (Crimea) 277 B2 B3
Krymsk 277 B3
Krynychne 277 A1
Ksara, Ch 286 F5
Kserokambos 283 E4
Ktaljevski Vinogradi 271 B3 C3
Kuban 277 A4 B4
Kuhlman Cellars 326 C6
Kuleto 311 C5
Kumala 383 G3
Kumamoto Wine 386 D3
Kumanovo 267 G5 G6
Kumeu 367 A5
Kummersthal 257 B4
Kunde 309 B2
Kunság 263 C4
Küp Şarapçilik 285 G3
Kupfergrube 235 G3
Kupp 229 B3 D1 D2 E1 E2 G3
Kurdamir 277 C6
Kurzbürg 260 F5
Kusuda 370 B4
Kusunoki 386 C5
Kutná Hóra 266 F2
Kútpatka 265 D4
Kuzeyeağ 285 F4 F5
Kuzumaki Wine 386 B5
Kvareli 279 E1
KWV 383 B4
Kylemore 383 D4
Kyneton 344 G4 359 C3
Kyōto 386 C4
Kyperounda 284 B5

L'Aurage 107 D4
L'Hêtre 107 D5
l'A, Dom de 107 E4
l'Argilière, Clos de 67 C3
La Horra 195 B4
La Horra (Roda) 195 B4
La Mancha 188 E4
La Méjanelle 142 E6
La Paz 330 C4
La Rioja 340 D5 D6
LA Cetto 327 D6
LA Wines 285 G3
Laach 257 C5
Laacherberg 226 G1 G2
Laballe, Dom de 115 E2
Labastida 199 A1 F4
Labet, Dom 151 G4
Laborie 383 B4
Labranche-Laffont, Dom 115 F2
Lacerta 273 C4 C5
Lachance, Clos 317 C3
Lacrima di Morro d'Alba 173 C6
Lacus 199 C4
Ladbroke Grove 357 E5
Ladeira da Santa 217 C4
Ladeiras do Xil (Telmo Rodríguez) 192 G3
Ladera 311 B3
Ladoix-Serrigny 55 D6 63 D5
Ladoschn 257 C5
Ladoschn 259 E1
Ladoucette, de 123 C5
Laetitia 320 D2
Lafarge-Vial, Dom 74 C4
Lafayette Reneau, Ch 325 C5
Lafazanis 283 F6
Laffitte-Teston, Ch 115 F2
Laffont, Dom 115 F2
Lafite 93 B4 C4
Lafite's Penglai Estate, Ch 388 F5
Lafkiotis 283 F6
Lafões 208 B5
Lafond 321 C4
Lafond-Roc-Épine, Dom 136 G5
Lafou 200 G5
Lafran-Veyrolles, Dom 148 D4
Lagar de Bezana 334 C5
Lagar de Pintos 193 B4
Lagarde 340 B2
Lageder 167 F5
Lagier Meredith 311 E4
Lago di Corbara 173 D4
Lagoa 208 F4
Lagos 208 F4
Lagrezette, Ch 115 C4
Laguardia 199 A2 F6
Laguerre, Dom 145 D2
Laibach 383 C3
Laidiere, Dom la 148 E5
Laird, The 351 B3
Lake Chelan 295 A5
Lake Chelan Winery 295 A5
Lake Erie 324 E3 E4
Lake Erie North Shore 293 E1
Lakes Entrance 344 G6
Lakes Folly 365 D5
Lakewood 325 C4
Lalande-de-Pomerol 85 D4 109 A3
Lalikos 281 A4
Laliótis 283 E4
Lamartine, Ch 115 C4
Lambardi 179 B5
Lambert Bridge 307 C4
Lambertuslay 233 F1
Lamborn Family 311 A3
Lambots, les 61 E5
Lambrays, Clos des 66 B2
Lambrusco di Sorbara 165 F2
Lambrusco Grasparossa di Castelvetro 165 G2
Lambrusco Mantovano 165 F2
Lambrusco Salamino di Santa Croce 165 F2 F3
Lamé Delisle Boucard 120 C4
Lamezia 182 D4
Lamm 259 B4
Lammershoek 381 C4
Lamole la Villa 177 D4 E4
Lamont 347 C2
Lamonzie-St-Martin 113 E5
Lamoreaux Landing 325 C5
Lan 199 B2
Lan Soul 390 C4
Lancaster 307 C6
Lance's Vineyard 363 B3
Lancement 131 B4
Lancié 73 C5 74 D5
Lancyre, Ch de 142 C5
Landau 241 D4
Landau du Val 383 D6
Lande, Dom de la 120 C2
Lande, la 120 C2
Landmark 309 A2
Landonne, la 131 B5
Landron, Doms 117 F3
Landry, Clos 62 C3
Landskrone 226 F6
Landskroon 383 B3
Lane, The 356 D5
Langa de Duero 195 C5
Langeais 116 B6
Langeberg-Garcia 379 F5
Langenberg 237 E4
Langenlois 255 B4 259 B3
Langenlonsheim 234 D4
Langenmorgen 242 F2
Langenstück 237 E3 F3 F4
Langhe 157 F3 159 E3
Langhorne Creek 344 F2
Langlois-Château 119 E3
Langmeil 351 C4
Langtry 304 F6
Languedoc 142 E3 141 B4
Languettes, les 63 C4
LanKaran-Astara 277 D6
Lanny, Ch 390 B3 B4
Lantides 283 F6
Lantignié 73 C4
Lanzaga (Telmo Rodríguez) 199 A2
Lanzarote 191 F4
Lanzerac 383 E3
Laona Akama 284 B3
Lapa dos Gaivões 219 D6
Lapeyre, Clos 115 G1
Lapeyre, Dom 114 F6
Lapis 265 F3
Laporte, Dom 145 E4
Largillas 61 D1
Largillière, en 62 C1 C2
Larkmead 311 B2
Larnaka 284 C6
Larrets, les 66 C1
Larrey de Nampoillon, le 61 C1
Larrey, au 67 A3
Larry Cherubino 349 D5
Las Compuertas 340 B2
Las Vino 349 E5
Lascaux, Ch 142 C6
Lasenberg 245 C3
Lasseter Family 309 B2
Lastours, Ch de 141 D4
Latcham 318 G6
Latour-de-France 145 D3
Latourba 286 G4
Latte, en 67 A5
Latzói 283 F2
Laubenheim 234 D4
Laudamusberg 231 E2 F3
Laudun 135 C2 136 E5
Laughing Stock 292 F5
Laulan, Dom de 113 F4
Laulerie, Ch 113 D4
Laumersheim 241 B4 243 F2
Laura Hartwig 335 D1
Laurel Glen 309 B1
Laurens, Dom J 140 D6
Laurentiuslay 231 F2 G3
Lausanne 251 C2 252 D6
Lauzade, Dom de la 147 C3
Lauzeta, Dom la 141 A4
Lava Cap 318 B3
Lavaut St-Jacques 66 B5
Lavaux 251 C2 253 D1
Lavaux, en 67 B4
Lavières, aux 65 F1
Lavières, les, *Beaune* 63 B2
Lavières, les, *Meursault* 61 E1
Lavigne, Dom 119 F4
Laville Bertrou, Ch 141 B2
Lavilledieu 53 F2 F3
Lavrottes, les 65 F5
Lawson's Dry Hills 373 C3
Lay 233 F4
Lazy Creek 304 E2
Lazzarito 163 D5
le Casematte 184 E6
Le Pas de la Dame 140 C6
Le Pianelle 156 G2
Leabrook Estate 356 C4
Leamon, Ch 359 B3
Leaning Post 293 F2 F3
Leautier, en 67 C2
Lechința 273 D3
Lechkhumi 277 B4
Lechovice 266 G3
Leckerberg 239 A3
Leckzapfen 239 B4 B5
Leconfield 357 D5
Leda Viñas Viejas 195 C1
Ledogar, Dom 141 C3 D3
Ledson 309 A1
Leeuwin Estate 349 G5
Lefkosia (Nicosia) 284 B5 B6
Leflaive, Dom 69 E4
Legacy Peak, Ch 390 B3
Legaris 195 C3
Legé 116 C2
Legyesbénye 265 G1
Lehmgrube 260 G3
Lei Ren Shou 390 C3
Leibnitz 255 F3
Leimen 244 B5
Leinhöhle 242 F2
Leiterchen 231 G3
Leithaberg 255 F6 260 F3
Lekso's Marani 279 E3
Lembras 113 E6
Lemelson 297 C3
Lemesos (Limassol) 284 C5
Lenchen 236 F6 G6
Lengenfeld 255 B3 259 B2
Lenswood 356 C5
Lenton Brae 349 E5
Lenz 324 E2
Léognan 85 E3 103 F3
Léon Barral, Dom 142 E1
Leone de Castris 182 B6
Leonetti Cellar 300 B5
Léonine, Dom 145 F5
Leónti 283 E3
Leóntio 283 E2
Leopard's Leap 383 D5
Lerchenspeil 243 G3
Les Aurelles, Dom les 142 E3
Leskovac 267 F5
Lesquerde 145 D2
Lessini Durello 169 F3
Lessona 156 G1 157 D3
Lethbridge Wines 359 D3
Letrinoi 283 F2
Letten 242 E3
Letterlay 233 B5
Letzenberg 127 B1
Leura Park 359 D4
Leurey, au 64 F1
Leutschach 255 F3
Levantine Hill 363 D5
Levice 266 G4
Levrière, la 62 D1
Levrons, les 60 G4
Lewis Wines 326 C6
Lewis-Clark Valley 295 E6
Leyda 334 E4 333 D5
Leynes 69 G3 70 E4 73 B6
Leytron 253 G2
Li's Winery 390 B4
Liaoning 388 A5 A6
Liban, Muse du 286 E6
Libourne 85 D4 106 C5 109 F1
Librandi 182 D5
Library Vineyard 313 F4
Lichtensteinerin 257 B3
Licorna Winehouse 273 C4
Lieb Family 324 F1
Liebenberg, *Austria* 257 A3
Liebenberg, *Germany* 239 B4
Liebfrauenberg, *Mosel* 229 B1
Liebfrauenberg, *Rheinhessen* 239 A3
Liebfrauenstift Kirchenstück 239 D5
Lièvrières, les 63 C6
Ligas 281 A3
Ligist 255 F3
Ligné 116 B3
Lignes, les 120 E2
Ligré 120 G4
Likhni 277 B4
Likya 285 G3
Lilan, Ch 390 C3
Liliac 273 B3
Lillian 347 G2
Lillooet 292 C5
Lilydale Vineyards 363 E5
Lima 330 B3 D3
Limari 330 E4 333 C5
Limburg 245 A2
Lime Kiln Valley 317 E4
Limestone Coast 344 F2
Limmattal 251 A4
Límnos 281 B4 B5
Limozin, le 60 G6
Lincantén 333 E5 335 F1 F2
Lincoln Lakeshore 293 F4
Lincourt 321 C5
Lindberg 259 D1
Lindeman's Limestone Ridge 357 C5
Lindeman's St George 357 B5
Linden 323 D5
Línea, la 356 B3
Lingot-Martin 152 A4
Lingua Franca 297 D3
Linne Calodo 320 B1
Linsenbusch 242 G2 G3
Lipnița 273 E5
Liquière, Ch de la 142 E1
Lirac 136 F6
Lis Neris 171 D5
Lisboa 208 C3 C4 215 D4
Lise et Bertrand Jousset, 121 C5
Lisini 179 D5
Lisjak 268 F2
Lismore 379 F3
Lison 165 D5
Lison-Pramaggiore 165 D5
Liste, le 163 D2
Listrac-Médoc 85 C2 97 F2
Litoměřice 266 E2
Litoměřicko 266 E1 E2
Little's 365 C5
Littorai 307 F5
Livadia 277 B2 B3
Livermore Valley 317 A3
Livio Felluga 171 D4
Liya, dom de 388 A5 A6
Lizzano 182 B5
Ljubljana 267 E3
Llano Estacado 326 B5
Lloar, El 202 D3 D4
Lo Abarca 333 D5 334 E3 E4
Loächausses, les 65 F3
Loché 69 G4 65 D5 D6
Lockwood 317 G6
Locorotondo 182 B5
Lőcse 265 E3
Lodi 318 D2
Logodaj 274 E1
Logroño 188 C4 197 B4 199 B2
Lohr, J 317 B2 F4 320 A2
Loiben 255 B3
Loibenberg 257 B4
Loiserberg 259 A2
Lokoya 311 D3
Lolières, les Petits 63 C5
Lolol 335 E1
Loma Larga 334 E3
Lomas de Cauquenes 335 F4
Lombardes, les 60 G1
Lomita 327 F4
Lompoc 320 F2
London 249 F4
Long Gully Estate 363 C5
Long Island 324 G4
Long Meadow Ranch 311 C3 D3
Long Shadows 300 B4
Longecourts, les 64 F3
Longères, les 61 E3
Longeroies, Bas des 67 B5 C5
Longeroies, Dessus des 67 C5
Longoria 320 F2
Longridge 383 F3
Longview 356 E4
López 340 B3
López de Heredia 199 F3
Loroh 236 D1
Lorenzon, Dom 68 B5
Lori 277 C5
Loring 320 F2
Loron et Fils 73 B6
Loroux-Bottereau, le 116 B3
Los Angeles 303 G6 326 B2
Los Árboles 340 E1
Los Balagueses 188 E5
Los Carneros 309 E4 311 G5
Los Chacayes 340 E1
Los Cuadrados 205 C3
Los Indios 340 F1
Los Lingues 333 E5 334 C6
Los Olivos District 320 F4 321 C5
Los Tercios 205 E4
Los Toneles 340 B3
Los Vascos 334 E6
Losada 192 F4
Lost in a Forest 356 C4
Lost Lake 347 F2
Lost Oak 326 B6
Lotberg 245 D3
Lou Lan 388 A4
Loubès-Bernac 113 F4
Louie, Clos 107 D4
Louis M Martini 313 G5
Louis Magnin 152 C5
Louis-Antoine Luyt 335 F4
Louis-Claude Desvignes 74 D4
Louisana 290 C4
Louny 266 E1
Loupiac 85 E4 105 A4
Lourensford 383 F3
Lourinhã 208 D3
Louvetrie, Dom de la 117 F3
Louvois 83 C5
Lovedale 365 D5
Lovico 274 D3
Lowburn 375 D5
Lowburn Ferry 375 C5
Lower Galilee 287 D5
Lower Wairau 373 B3
Loxare 201 E4
Luc Lapeyre, Dom 141 B2
Lucas 340 E1 E2
Lucas, *California* 318 D2
Lucas, *New York* 325 C5
Lucca 173 A3
Lucca, de 332 G3
Luce della Vita 179 C4
Lucey, Ch 152 B5
Luchets, les 61 E1
Lucien Crochet, Dom 123 C3
Lucy Margaux Vineyards 356 B4 B5
Luddite 384 E5
Lude, le 383 D6
Ludes 83 B4
Ludovic Chanson 121 C5
Ludwigshafen 241 B5
Ludwigshöhe 238 E4
Lugana 165 E2 168 G3
Lugano 251 D5
Luginsland 242 E2 E3
Lugny 55 E5 69 B5
Luigi Bosca 340 B2 B3
Luigi Tecce 183 B6
Luins 252 E4
Luis Alegre 199 F6
Luis Anxo Rodríguez Vázquez 192 G1
Luis Cañas 199 G5
Luis Felipe Edwards 335 D1
Luis Pato 217 C2
Luiz Argenta 331 E5
Luján de Cuyo 340 B2
Luke Lambert 363 B3 C3
Lulham Court 249 F3
Lumière, Ch 387 B4
Luna Austral 340 F2
Luna Beberide 192 F4
Luna Rossa 326 B4
Luna, *Napa Valley* 311 E6
Luna, *New Zealand* 370 B5
Lunes, Clos des 105 F2
Lungarotti 181 E5
Lunlunta 340 B3
Lupier, Domaines 197 B5
Lupin, Dom 152 A5
Luraule,en 61 F1
Lurets, les 61 F4 G3 G4
Lusatia Park 363 E5
Lusco do Miño 193 D5
Lussac 85 D5 107 B3
Lustau 205 D6
Lusthausberg 259 F4
Lutry 252 D6
Lutzmannsburg 255 D5
Lutzville Valley 379 C2
Luzern 251 B4
LVK 274 D4
Lyaskovets 274 D4
Lykos 281 C4
Lynmar 307 E5
Lynsolence 107 F1
Lynx 383 C5
Lyrarakis 281 F5
Lys, les 79 E3
Lyubimets 274 E4

M Chapoutier 359 B4
M'Hudi 383 C2
M3 Vineyard 356 C5
Ma Mere Vineyard 320 E3
Maby, Dom 136 G6
Mac Forbes 363 D5
Macabrée, la 61 E1
Macán 199 F5
Macari 324 F1
Macchiole, le 175 B4
Macchione, Il 180 B4
Macedon Ranges 344 G4 359 C3
Macharnudo Alto 205 B5
Macherelles, les 60 F2
Macle, Dom 151 F4
MacMurray Ranch 307 D4
Macrostie 309 D3
Mád 265 F2
Madeira Vinters 221 D3
Madeira Wine Company 221 D3
Madeirense/Madeira 208 E3
Madeloc, Dom 145 F4
Madera 303 D4
Madirazza 271 D5
Madone, Dom de la 74 C5
Madonna Estate 309 D5 311 G5
Madrid 188 D3
Madroña 318 B4
Madura, Dom la 141 B4
Maffini 182 C3
Magdalenenkreuz 236 F5
Magia, la 179 C5
Magni Thibaut, Dom 105 G4
Magrez, Dom 147 C3
Magura 274 C1
Mahi 373 E2
Mahina 205 A2
Mahoney Ranch 309 D5 311 G5
Maïa, Clos 142 C3
Maikammer 241 C4
Mailberg 255 A4
Mailly-Champagne 83 B5
Maimará 330 D4 D5
Main Ridge 361 F5
Maindreieck 247 B4
Maine 290 A5 A6
Mainviereck 247 C1
Mainz 223 E2 238 D3
Maipo 334 D4 333 D5
Maipú 340 B3
Maison Angelot 152 B4
Maison Blanche 133 C5
Maison Brûlée 66 C2
Maison Pierre Overnoy 151 D5
Maison Rouge 131 B3 B4
Maissau 255 B4
Maizières Basses 65 F3
Majas, Dom de 145 D1
Majella 357 C6
Majo Norante, di 182 A3
Makhachkala 277 B6
Mal Carrées, les 65 F5
Maladière 131 D2 D3
Maladière, la 59 E3
Maladières, les, *Gevrey-Chambertin* 65 F5 G5
Maladières, les, *Nuits-St-Georges* 64 F4 G4
Málaga 188 F3
Málaga y Sierras de Málaga 188 F3
Malandrénio 283 F3 F4
Malconsorts, au dessus des 65 F2
Malconsorts, aux 65 F2
Malcuite, en la 67 B3
Malgas 379 G4
Malherbe, Ch 147 E3
Malibu-Newton Canyon 303 G5
Malivoire 293 F3
Malleco 330 F4 333 G5
Mallia 284 C5
Mallorca 188 G5
Malmesbury 379 F2 381 B3 C3
Malokarpatská 266 G3
Malpoiriers, les 61 G2
Maltroie, la 60 F1 G1
Malvasia de Bosa 186 C4
Malvasia delle Lipari 184 D5
Malverne, Clos 383 D2
Mambourg 127 B3
Mamertino di Milazzo o Mamertino 184 D5
Manavi 279 E1
Manavi, Kartli 277 C5
Manchester Ridge 304 E1
Manchuela 188 E4
Mandelberg 127 C3
Mandelbrunnen 239 B3 C3
Mandelgarten 242 D3
Mandelgraben, *Bernkastel* 233 G1
Mandelgraben, *Piesport* 231 B5 B6
Mandelpfad 243 E2
Mandènes,les 61 E4
Mandoon 347 C2
Mangatahi Terraces 369 C3
Manicle 152 B4
Manisa 285 F3
Manjimup 347 G3
Mannberg 237 F1
Mannersdorf an der March 255 B5 B6
Manns 387 B4
Manns (Komoro) 386 C5
Mannweiler 234 G3
Manou, Clos 89 C5
Manousakis 281 F4
Mantinia 281 D2 D3 283 F3
Mantoetta 163 B1
Manuel Formigo de la Fuente 192 G1
Manzanilla-Sanlúcar de Barrameda 188 F2
ManzWine 215 C3 C4
Maple Creek 304 E3
Maquis 334 D6
Mar de Pintos 193 B4
Maramureș 273 B2 B3
Marananga 351 B4
Maranges, les 55 D5
Maravenne, Ch 147 D2
Marbach 234 G6
Marcarini 161 D3
Marcassin Vineyard 307 D2
Marcbesa 185 A5
Marcé 120 C3
Marcel Richaud, Dom 137 B3 B4
Marcenasco 163 C3
Marchais, les 66 B5
Marchampt 73 D4
Marcharnudo Bajo 205 C5
Marchihue 334 E6
Marchiori & Barraud 340 C2
Marcillac 53 F3
Marckrain 127 C3
Marco Abella 202 C5
Marco Felluga 171 E5
Marconnets, les 62 C6
Marcorino 161 C4
Marcoux, Dom du 137 E2
Mardie 117 A4
Mareau, en 61 E6
Maréchale, Clos de la 64 F1
Maréchaude, la 70 B3
Maréchaudes, le Clos des 63 D5
Maréchaudes, les 63 D4 D5
Maremma Toscana 173 C2
Marenca-Rivette 163 D4 D5
Marestel 152 B4
Mareuil-sur-Aÿ 83 D4
Marfée, Dom de la 142 E5
Margalit 287 E5
Margan Family 365 B4 C4
Margaret River 347 F1 349 E5 E6
Margaux 85 C3 99 B3
Margerum Wine Company 321 C4
Margheria 163 D4
Margobrunn 237 G2
Margrain 370 B4
Marguerite, Clos 374 E6
Maria Fita, Dom 141 E3
Mariages, les 62 C5
Maribor 269 E2 267 E3
Marichal 332 G3
Marie, Clos 142 C5
Mariental 260 F2 F3
Marienthal, *Burgenland* 260 F2 F3
Marienthal, *Rheingau* 236 F3 F4
Mariflor 340 E1 F1
Marignan 152 A6
Marimar Estate 307 E4
Marin 152 A6
Maring 259 E3
Marino 173 F3
Marinot 60 D2
Mario Schiopetto 171 D5
Maris, Ch 141 B2
Marisa Cuomo 182 B3
Marisco 373 C2
Marjan Simčič 171 C5
Mark West 307 D5 E5
Markgräflerland 244 F3
Markham 313 F4
Marlenheim 125 A5
Marmara 285 F3
Marnées, les 63 C6
Marnes Blanches, Dom des 151 G3
Marof 269 E4
Marqués de Cáceres, 199 B1 B2
Marqués de Riscal 196 F5
Marquis 387 B4
Marquis de St-Estèphe Cave

Co-op 91 E4
Marroneto, Il 179 B5
Mars 387 B4
Marsain, le 60 B6
Marsala 184 F2
Marsannay 55 C6
Marston 311 C3
Marsyas, Ch 286 G4
Martha Clara 324 F1
Martha's Vineyard 314 F4
Marthal 259 D2
Martigny 253 G2
Martín Códax 193 B3
Martin Ray 307 E5
Martin Vineyard 388 D3
Martin's Lane 292 F5
Martinborough 367 C5 370 C4
Martinborough Vineyard 370 B4 B5
Martinelli 307 E5
Martinelli Vineyard 307 D2
Martinenga 161 C2
Martínez Bujanda 199 B2
Martínez de Salinas 335 F4
Martino, de 334 C4
Martinolles, Dom de 140 D6
Marusan 387 B5
Maryan 274 D4
Maryhill Winery 295 C4
Maryland 290 B5
Mas Alta 202 C4
Mas Amiel, Dom 145 D3
Mas Baux 145 E5
Mas Blanc, Dom du 145 F6
Mas Bruguière 142 C5
Mas Brunet 142 D4
Mas Cal Demoura 142 D3
Mas Candi 201 E4
Mas Carlot 135 E1
Mas Champart 141 B4
Mas Conscience 142 D4
Mas Crémat, Dom du 145 D4
Mas d'Aimé 142 F4
Mas d'Alezon 142 E2
Mas d'Auzières 142 D6
Mas d'En Gil 202 D4
Mas de Cynanque 141 B4
Mas de Daumas Gassac 142 D4
Mas de l'Écriture 142 D3
Mas de la Dame 146 A3
Mas de la Devèze 145 D3
Mas de la Séranne 142 D4
Mas de Libian 135 B1
Mas del Périé 115 C5
Mas des Bressades 135 E1
Mas des Brousses 142 D4
Mas des Chimères 142 D2
Mas des Dames 141 A5
Mas Doix 202 C5
Mas du Soleilla 141 C5
Mas Gabriel 142 F3
Mas Helios 286 F5
Mas Igneus 202 C4
Mas Jullien 142 D3
Mas Karolina 145 D2
Mas Laval 142 D4
Mas Martinet 202 D4 D5
Mas Mudigliza 145 D2
Mas Neuf, Ch 134 F6
Mas Rous, Dom du 145 F4
Mas St-Laurent 142 F4
Mas St-Louis 139 E3
Masburel, Ch 113 E4
Mascaró 201 E4
Mascota Vineards 340 B2 B3
Masi Tupungato 340 D2
Masos de Falset 202 D5
Massa, la 177 D4
Massachusetts 290 B5
Massamier la Mignarde, Ch 141 B2
Massandra 277 B2
Massara 163 A2
Massaya 286 E5 F5
Masseria li Veli 182 B6
Massif d'Uchaux 135 B2
Massif de St-Thierry 81 C2 C3
Masson-Blondelet, Dom 123 C5
Mastroberadino 183 B5
Mastrojanni 179 D6
Masures, les 59 F6 60 G1
Masut 304 D3
Masut da Rive 171 D4
Matahiwi 370 B6
Matakana 367 A5
Matanzas Creek 309 B1
Matarromera 195 C3
Matassa, Dom 145 D3
Matera 182 B4
Matervini 340 B2 C2
Matetic 334 E4
Mateus Nicolau de Almeida 212 F3
Matheisbildchen 233 F4
Matías Riccitelli 340 B2
Matošević 271 A1
Mátra 263 B4
Matrix 307 D4 D5
Matsa 281 D4
Matthews 295 A3
Maucoil, Ch 139 B2
Mauer 255 C5
Mäuerchen 236 F3
Maule 330 E4 333 E5 335 E4
Maurens 113 D5
Maures 53 G6
Maurice Protheau et Fils, Dom 68 B5
Maurigne, Ch la 113 E4
Mauritson 307 B3
Mauro 195 C1
Mauro Franchino 156 F3
Maurodós 196 E3
Mäushöhle 242 F2
Mautern 255 B3 257 C6 258 E1
Maxime Magnon, Dom 141 E3
Maxwell 355 D4
Mayacamas 311 E4
Mayer 363 D5
Mayo 309 B2
Maysara 297 D2
Mayschoss 226 G2
Mazerray, Clos de 61 F1
Mazière, la 66 C6 67 B2
Mazis-Chambertin 66 B4
Mazoyères-Chambertin 66 C3
Mazza 347 E2
Mazzocco 307 C4
McDowell Valley 304 E4
McGinley Vineyard 321 C6
McGregor 325 C4
McGuigan 365 D5
McHenry Hohnen 349 G6
McKinlay 297 D4
McKinley Springs Vineyard 298 G5
McLaren Vale 344 E1 F1 355 C5 356 E3
McLean's Farmgate 352 D4
Mcleish Estate 365 D5
McMinnville 295 D2 297 D3
McNab Ridge 304 E3
McPherson Cellars 326 B5
Meadowbank 366 F2
Méal, le 133 C4
Mealhada 208 B4 217 C2
Méchalot, en 67 C4
Meckenheim 241 C4
Meddersheim 234 F2
Medford 295 G2
Medgidia 273 E5
Medhurst 363 D4
Medi Valley 274 E1 E2
Medina del Campo 196 G5
Mediterra 281 F4 F5
Mediterranean 285 G4
Méditerranée 52 F5 53 F5
Médoc 85 B2 86 D3
Medot 171 C5
Mee Godard, Dom 74 E4
Meerea Park 365 C5
Meerlust 383 F1
Mega Spileo (Cavino) 283 D3
Meggyes 265 F1
Megyer 265 C5
Mehedinţi 273 D2 D3
Meigamma 186 D6
Meinert 383 D2
Meix au Maire, le 67 C1
Meix Bas, le 67 B1
Meix Bataille, le 61 E3
Meix Chavaux, les 61 E2
Meix de Mypont, le 61 E3
Meix de Ressie, les 61 E3
Meix des Duches 66 B5
Meix Foulot, Dom du 68 C5
Meix Fringuet 66 C6
Meix Gagnes, les 61 G1
Meix Garnier, le 61 E3
Meix Goudard, les 60 G2
Meix Pelletier 60 G4
Meix Rentier 66 C2
Meix Tavaux, le 61 F2
Meix Trouhant 67 B2
Meix-Bas 66 B3
Meix, Clos des 60 G3
Meix, les, *Beaune* 63 C3
Meix, les, *Meursault* 60 G3
Melbourne 344 G4 359 D4
Melegoldal 265 G3
Melen 285 F3
Meli 335 E3
Melin, sur 60 B6
Mélinots 79 F2 F3
Melipal 340 C2
Melissa 182 D5
Mělnicko 266 F2
Melnik, *Bulgaria* 274 F2
Mělník, *Czechia* 266 E2
Melville 321 B4
Menade 196 G5
Menashe Hills 287 E5
Mendel 340 B3
Mendocino 304 D3
Mendocino Ridge 304 E1
Mendoza 330 E4 331 B2 340 E5
Menetou-Salon 117 B4
Ménétrières, les 70 D4
Menfi 184 F2
Mengoba 192 F4
Méntrida 188 E3
Meopham Valley 249 G4
Mer Soleil 317 F3 F4
Merande, Ch de 152 C5
Mercer 298 F6
Mercian, Ch, *Katsunuma* 387 B4
Mercian, Ch, *Kikyogahara* 386 C5
Mercian, Ch, *Mariko* 386 C5
Mercouri 283 F1
Mercurey 55 D5 68 C5
Meriame 163 D4
Merkin Vineyards 326 B3
Meroi 171 C3
Merritt Island 318 C1
Merry Edwards 307 E5
Merryvale 313 F4
Mersea 249 F5
Mertesdorf 227 C4
Meruzzano 161 F2
Mesilla Valley 326 B4
Mesland 117 B2
Meslerie, la 121 A4
Mesneux, les 83 A3
Mesnil-sur-Oger, le 83 F3
Mesnil, Clos du 83 F4
Messas 117 A3
Messenikola 281 B2 C2
Messina Hof 326 B6 C5
Messini 283 G2
Messzelátó 265 F3
Mestervölgy 265 G3
Meszes-Major 265 E3
Metairie, la 113 E5
Météore, Dom du 142 E1
Methymnaeos 281 C5
Métrat, Dom 74 C5
Mettenheim 238 F4
Meung-sur-Loire 117 A3
Meursault 55 D5 61 F1
Mève 131 E2
Mévelle 66 B5
Meye, de 383 C2
Meyer Family, *California* 304 F3
Meyer Family, *Canada* 292 G5
Meyer, J H 379 E2
Mez, Clos de 74 C4
Mézes Mály 265 G3
Mezőzombor 265 G2
Miani 171 C3
Miaudoux, Ch les 113 E5
Michael Mondavi Family 309 D4 311 G5
Michael Shaps 323 G4
Michael-David 318 D2
Michaud 317 F5
Michel Briday, Dom 68 A6
Michel Gahier 151 D5
Michel Goubard, Dom 68 E5
Michel Juillot, Dom 68 B5
Michel Rey 70 B2
Michel Sarrazin et Fils, Dom 68 E5
Michel-Schlumberger 307 C4
Michel, Dom 69 C5
Michele Calò 182 C6
Michele Satta 175 C5
Michelmark 237 F2
Michelsberg 242 C2
Michigan 290 B4
Micot, Clos 61 F5
Midalidare 274 E3
Middelvlei 383 D2
Middle Rio Grande Valley 326 B4
Middleburg Virginia 323 D6
Midnight 320 B2
Midyat 285 G6
Mie Ikeni, Dom 387 A3
Miège 253 F4
Mignotte, la 62 C4
Miguel Torres 335 D2
Mikulov 266 G3
Mikulovsko 266 G3
Milagro Vineyards 326 B4
Milano 304 E3
Milbrandt Vineyards 298 F5
Mildura 344 E3
Mill Creek 307 C4
Millandes, les 66 C2
Millbrook 347 D2
Milletière, la 121 D4
Milly-Lamartine 69 E3
Milmanda (Torres) 201 E1
Miloš Frano 271 D5
Milotić 266 F3 G3
Miltenberg 247 C2
Milton 366 E3
Mimbres Valley 326 B4
Miner Family 314 E5
Minheim 231 D4
Minho 208 A4
Minière, Ch 120 D4
Miniş 273 B2
Minkov Bros 274 E5
Minnesota 290 B3
Miolo Wine Group 331 F4
Miraflores la Alta 204 B6 C6
Miraflores la Baja 204 C6
Mireille (Dom Ott), Clos 147 D2
Miroglio 274 E4
Miroirs, Dom des 151 G4
Misha's Vineyard 375 C4 C5
Mission Estate 369 B4
Mission Hill 292 E5
Mississippi 290 C4
Missouri 290 B4
Mistelbach 255 B5
Mistletoe 365 C4
Mitans, les 61 F5
Mitchell 353 D2
Mitchelton 359 B4
Mitolo 355 D4
Mitravelas 283 F6
Mittelbergheim 125 B4
Mittelburgenland 255 G5
Mittelhölle 236 F4
Mittelrhein 223 E2
Mittelwehr 125 D4 127 C3
Mittelwihr 127 C3
Mitterbierg 256 D6
Mitterweg 259 F3
Mlava 267 F5
Mlečnik 268 E1 E2
Mochamps, les 66 C2
Mocho Vineyard, el 317 A3
Modesto 303 C3
Modra 266 G3
Moenchberg 125 C4
Mogador, Clos 202 C4 D4
Mogao 388 B4
Mogor Badan 327 E5
Mogottes, les 67 B2
Mogyorósok 265 D3
Mohr-Fry Ranch Vineyard 318 D2
Mokelumne Glen 318 D2
Mokelumne River 318 D2
Moldava nad Bodvou 266 G5
Moldova 277 A1 273 B5
Moldovan Hills 273 B5
Molineuf 117 B2
Molino di Grace, Il 177 E4
Molinos 339 B4
Mollydooker 355 D4
Molsheim 125 A5
Mombies, les 65 F5 G5
Momento 384 E5
Mommessin 73 D5
Monaci 182 B6 C6
Monardière, Dom la 137 D4
Monasterio 327 D4
Monbazillac 113 B5
Monção 208 A4 209 F2
Mönchberg, *Ahr* 226 G2
Mönchberg, *Nahe* 235 F4
Monchenevoy, en 67 C5
Mönchhof 255 C6
Mönchhube 239 A3
Mönchspfad 236 F3 F4
Moncontour 121 B3
Mondavi To Kalon 314 F4
Mondéjar 188 D4
Mondillo 375 C6
Mondotte, la 111 F5
Mondschein 239 A3
Monemvasia 281 E3
Monemvasia-Malvasia 281 E3
Monestier 113 E5
Monestier la Tour, Ch 113 E5
Monferrato 157 E3
Monforte d'Alba 163 E4
Monin, Dom 152 B4
Monkshood Cellars 326 A4
Monniaux, Clos 67 C6
Monnow Valley 249 F3
Monok 265 F1
Monostorapáti 263 C2
Monplézy, Dom de 142 F3
Monprivato 163 D4
Monsanto 177 E3
Monsheim 238 G3 239 D2
Monsieur Nicolas 281 C3
Monsieur Noly, le Clos de 70 E5
Monstant 188 D5 200 F6
Mont Caume 53 G5 G6
Mont de Milieu 79 E5
Mont du Toit 379 F2
Mont Rochelle 383 D6
Mont Tauch Co-op 141 E2 E3
Mont-Chambord 117 B2
Mont-Olivet, Clos du 139 E2
Mont-Redon, Ch 139 C2
Mont-sur-Rolle 252 E5
Mont-Thabor, Ch 137 F3
Mont, Dom 386 A5
Mont, le 121 B3 B4
Montagne de Reims 81 D3
Montagne du Bourdon, la 61 D2
Montagne du Tillet, la 61 D2
Montagne-St-Émilion 111 A3
Montagne, *Beaune* 62 B2
Montagne, *Bordeaux* 85 D5 107 C2
Montagne, en la 67 B5
Montagnieu 152 B4
Montagny 55 E5 68 G4
Montahuc, Dom de 141 B3
Montaigne, Ch de 113 E3
Montalcino 179 B5
Montalto 361 F5
Montana 290 B2
Montanello 163 C4
Montanya, de la 307 D5
Montaribaldi 161 D2
Montbellet 69 B6
Montbourgeau, Dom de 151 F4
Montbré 83 B4
Montcalmès, Dom de 142 D4
Montceau, en 60 E3
Montdoyen, Ch 113 E5
Monte Bello Vineyard 317 B2
Monte Bernardi 177 E4
Monte da Ravasqueira 219 E4
Monte Rosso Vineyard 309 C3
Monte Serra 185 C5
Monte Xanic 327 D5
Montecarlo 173 A3
Montecastro 195 C3
Montecillo 199 B2
Montecucco 173 C3
Montecucco Sangiovese 173 C3
Montée de Tonnerre 79 E5
Montée Rouge 62 C3
Montefalco 181 E5
Montefalco Sagrantino 173 D4 181 F5 F6
Montefico 161 B3
Montelaguardia 185 A4
Montelena, Ch 311 A1 A2
Montels, Ch 115 D6
Monteneubel 233 B6
Montenidoli 177 C1
Montepulciano 180 C3
Montepulciano d'Abruzzo 173 F5 E6 F6
Montepulciano d'Abruzzo Colline Teramane 173 E6
Monteraponi 177 E4
Monteregio di Massa Marittima 173 C2 C3
Monterey 317 E3 E4
Monterminod 153 C5
Monterrei 188 C2
Montersino 161 F2
Montes 334 D6
Montescudaio 173 B2 B3
Montesecondo 177 C2
Montestefano 161 C2 C3
Montevertine 177 E5
Montevetrano 182 B3
Montevideo 330 D5 D6
Monteviejo 340 F1
Montevina 318 B5
Montfaucon, Ch de 137 E1
Montfrin, Ch de 135 C1
Montgilet, Dom de 118 A4
Montgras 334 E6
Montgueux 81 F3
Monthelie 55 D5 61 E3
Monthoux 152 B4
Monticello 323 F4
Montilla 188 F3
Montilla-Moriles 188 F3
Montinore 297 C3
Montirius 137 E4
Montlouis-sur-Loire 121 C4 D4
Montmain 131 A5
Montmains 79 F3
Montmelas-St-Sorlin 73 E4
Montmélian 152 C5
Montmirail, Ch de 137 D5
Montofoli 281 D4
Montpeyroux 142 D3 D4
Montrachet, le 60 G3
Montrésor 117 C2
Montreuil-Bellay 116 C5
Montreux 253 E1
Montrevenots, les 62 B2
Montrichard 117 B2
Montrubí 201 E3
Monts Damnés, les 123 B3
Monts Luisants 66 B2
Montsecano 334 E3
Montus, Ch 115 F2
Monvigliero 163 A2 A3
Monzernheim 238 F3 239 A3
Monzingen 234 F1 G5
Moon Mountain District Sonoma County 309 B3
Moonambel 344 F4
Moorilla 366 F2
Moorooduc 361 E5
Moosburgerin 259 C4
Moquegua 330 C4
Mór 263 B3
Moraga 326 B2
Mórahalom 263 C4
Morais, les 63 D4
Moraitico 281 D4
Moraitis 281 D4
Morales de Toro 196 E3
Morand, la 63 B4
Morandé 334 D6
Morava (Moravia) 266 F3
Moravská Nová Ves 266 G3
Mörbisch 255 C5
Mordorée, Dom de la 136 G6
Morein 79 D6
Morelig 381 C4
Morella 182 B5
Morelli Lane Vineyard 307 E4
Morellino di Scansano 173 C3
Morera de Montsant, la 202 B5
Mòreson 383 D5
Morey-St-Denis 55 C6 66 C2
Morgan 317 E3
Morgenhof 383 D3
Morgenster 383 G3
Morgeot 59 F5
Morges 252 D5
Morgon 55 F5 73 C5 74 E4 75 D4
Morichots, les 60 G1
Morin-Langaran, Dom 142 F4
Morlays, les 70 C4
Morningside 366 F2
Mornington 359 D4 361 E5
Mornington Peninsula 344 G4 359 E4
Morra, la 163 C1 C2
Morris 359 A6
Morstein 239 B3
Mortiès 142 C5 D5
Mosaic 307 B4
Mosby 321 C4
Moscadello di Montalcino 179 C4
Moscato d'Asti 159 E4 E5
Moscato di Pantelleria 184 G2
Moscato di Sorso-Sennori 186 A4 A5
Moscato di Trani 182 A4
Mosconi 163 F4
Mosel 223 E2
Moselle 52 B5
Moser XV 390 B4
Moshin 307 D4
Moslavina 267 E4
Mosny, Clos de 121 D5
Mosquita Muerta 340 C2
Moss Wood 349 E5
Mossé, Ch 145 E3
Most 266 E1
Mostar 267 F4
Mother Rock 379 E2
Motrot, en 66 B5
Motte, la 383 D6
Mouchère, Clos de la 60 G4
Mouches, Clos des, *Meursault* 61 F3
Mouches, Clos des, *Santenay* 59 F3
Mouches, le Clos des 62 C2
Mouchottes, les 60 G1
Mouille, la 67 B1 C1 C2
Moulin Caresse, Ch 113 E4
Moulin Cruottes Moyne, aux 63 B1
Moulin des Costes (Dom Bunan) 148 D4
Moulin Landin, au 61 F1
Moulin Moine, le 61 E2
Moulin-à-Vent 55 F5 73 B5 74 B5 75 C5 C6
Moulin-à-Vent, Ch du 74 B5
Moulin, Clos du 83 B4
Moulin, Dom du, *Gaillac* 115 D6
Moulin, Dom du, *Vinsobres* 135 B3
Mouline, la 131 B4
Moulinier, Dom 141 B4
Moulis-en-Médoc 85 C2 97 G3
Mount Aukum 318 B5
Mount Avoca 359 C2
Mount Barker 347 G4
Mount Barrow 347 G4
Mount Benson 344 F2 G2
Mount Carmel 287 D5
Mount Difficulty 375 D5
Mount Edelstone 352 D5
Mount Eden 317 C2
Mount Edward 375 D4
Mount Gambier 334 G2
Mount Harlan 317 E4
Mount Horrocks 353 E2
Mount Ida 359 B3
Mount Langi Ghiran 359 C2
Mount Mary 363 D3 D4
Mount Maude 375 B5
Mount Michael 375 D5
Mount Palomar 326 B2
Mount Pleasant 365 D5
Mount Riley 373 C3
Mount Trio 347 F4
Mount Veeder 309 C4 311 E4
Mount View 365 D5
Mount, The 249 G4
Mountadam 352 F3 F4
Mountford 371 F3
Moura, Douro 210 F4
Mourchon, Dom de 137 B5
Moure 192 F3
Mourgues du Grès, Ch 135 E1
Mourguy, Dom 114 G6
Mouro, do 219 G5
Mouscaillo, Dom 140 E6
Mousse, le Clos de la 62 C4
Moussière, la 123 C3
Moutere Hills 367 C4
Mouthes-le-Bihan, Dom 113 F4 F5
Moutier Amet 63 C1 B1
Moutonne, la 79 D4
Moutonnes, les 131 B4
Moutottes, les 63 C5
Mouzáki 283 G2
Movia 171 C5 D5
Mr Riggs 355 D5
Mt Liban 286 F4
Muddy Water 371 F3
Mudgee 345 D1
Muehlforst 127 C4
Muenchberg 125 C4
Muga 199 F3
Mugler 257 B3
Mühlberg, *Nahe* 235 F2 G1
Mühlberg, *Wachau* 256 E6
Mühlpoint 257 B5
Mukuzani 277 C5 279 E1
Mulató 265 D3
Mulderbosch 383 E2
Mullineux 381 A5
Mullineux & Leeu Family Wines 383 D6
Mumm Napa 314 E4 E5
Munari 359 B4
Muncagöta 161 C3
Münster-Sarmsheim 234 D4
Muntenia 273 D4
Murana 184 F2
Muratie 383 D3
Murcia 188 F4
Murdoch Hill 356 C5
Murées, les 60 F1
Mürefte 285 F3
Murets, les 133 C5
Murfatlar 273 E5
Murger de Monthelie, au 61 E2
Murgers des Dents de Chien, les 60 F3
Murgers, aux 65 F1
Murgo 185 C5
Muri-Gries 167 C6
Murietta's Well 317 A3
Muros de Melgaço 209 F4
Murray Darling 344 E3
Murrieta, Marqués de 199 B2 B3
Murrumbateman 345 E1
Musar, Ch 286 E4
Muscat du Cap Corse 143 D4
Musenhang 242 E2
Musigny 65 F4
Mussbach 241 C4
Muswellbrook 345 D1
Mut 285 G4
Mutigny 83 D4
Mvemve Raats 383 E1
Mykolaiv 277 A2
Mylonas 281 D4
Mylopotamos 281 B4
Myrtleford 344 F5 359 B6

Nabise 286 F4
Nachbil 273 A2
Naches Heights 295 B4 298 D2 D3
Naches Heights Vineyard 298 D3
Nackenheim 238 E4
Nagambie 344 F5
Nagambie Lakes 344 F4 359 B4
Nagano 386 C5
Nages, Ch de 134 E6
Naget, Bas de 63 C5
Naget, en 63 C5
Nagy-Somló 263 B2
Nagyszőlő 265 G4
Nahe 223 E2
Naia 196 F5
Nájera 199 B1
Najm, Dom 286 E4
Nakad, Ch 286 F5
Nakaizu Winery Hills 386 C5
Nakazawa 386 A5
Nakhichevan 277 D6
Nalle 307 C4
Nalys, Dom de 139 D4
Namaqua 379 C2
Nampoillon 61 C1
Nanclares y Prieto 193 C3
Nanni Cope 182 B2
Náoussa 281 B2 B3
Napa 303 C2 309 D5 311 F5
Napa Valley 309 E5 311 C4 E5 G5 313 E5
Napa Wine Company 314 F4
Napanook 311 D4
Napareuli 279 D1
Napier 367 C5 369 B5
Napoléon, Clos 67 B1
Napoli 182 0.02
Narbantons, les 63 B1 C1
Narbona 332 F1
Narrows Vineyard, The 304 D2

Narvaux-Dessus, les 60 F5 F6
Narveaux-Dessous, les 60 F6
Nastringues 113 E4
Nativo 381 A3
Naturaliste, Dom 349 D6
Nau Frères 120 D4
Naudin (Foreau), Dom du Clos 121 B3
Nautilus 373 B2
Nava de Roa 195 C3
Navarra 188 C4 197 B5
Navarre, Thierry 141 A4
Navarro 304 E2
Navarro Correas 340 C2
Nave Va, y la 340 F1 F2
Nazoires, les 65 F4 G4
Nea 195 C4
Neagles Rock 353 D1
Nebbiolo d'Alba 159 D3
Nebraska 290 B3
Neckenmarkt 255 D5 261 B4
Nederburg 383 A5
Neethlingshof 383 E2
Nefarious Cellars 295 A5
Negly, Ch de la 141 C5
Negotinska Krajina 267 F5 F6
Neil Ellis 383 D3
Neirane 163 A2
Neive 161 B4
Nekeas 197 A5
Nelson 367 C5
Neméa 281 D3 283 E3 F4
Nemeion Estate 283 F6
Nepenthe 356 C5
Neragora 274 E3
Nerleux, Dom de 119 F4
Nerthe, Ch la 139 F4
Nervi 156 G3
Nervo 161 E2
Neszmély 263 B3
Neuberg, *Kremstal* 259 E1
Neuberg, *Leithaberg* 260 E4
Neuberg, *Mittelburgenland* 261 C6
Neuberg, *Neusiedlersee* 260 F4
Neuberg, *Rheinhessen* 239 B4 B5
Neubergen 259 F3
Neubergern 259 F4
Neuchâtel 251 B2
Neuillé 116 B5
Neumagen 227 C4 231 E2 E3
Neuquén 330 F4
Neusiedl 255 C6
Neusiedlersee 255 F6 260 F4
Neustadt an der Weinstrasse 241 C4
Neuweier 244 C4
Nevada 290 B1
Nevşehir 285 F4 F5
New Bloom 274 E3
New England Australia 345 C2
New Hall 249 F4 F5
New Hampshire 290 B5
New Jersey 290 B5
New Mexico 290 C2
New Vineland 320 F2
New York 290 B5 324 E4
Newberg 297 D4
Newsom Vineyards 326 B5
Newton 311 C3
Newton Johnson 384 F6
Neyen 334 D6
Nga Waka 370 B4
Ngatarawa 369 C4
Ngeringa 356 D5
Niagara Escarpment 293 G4 324 E3 E4
Niagara Lakeshore 293 F5
Niagara Peninsula 293 E1
Niagara River 293 F5
Niagara-on-the-Lake 293 F5
Nichelini 311 C5
Nickel & Nickel 314 F4
Nico Lazaridi, Ch 281 A4
Nicolas Chemarin 73 D4
Nicolas Gaudry, Dom 123 C4
Nicolas Gonin, Dom 152 B4 C4
Nicolas Joly 118 A2
Nicolas Maillet, Dom 69 D3
Nicole Chanrion, Dom 74 F4
Nicoreşti 273 C5
Nicosia 185 C5
Niederberghelden 233 F2
Niederhausen 234 F3 235 G4
Niederkirchen 241 C4 242 F3
Niedermorschwihr 125 E4 127 B1 B2
Nierstein 238 E4 239 E4
Nieto Senetiner 340 B2
Nif Bağlari 285 F3
Niki Hills Village 386 A5
Nikos Gavalas 281 F4 F5
Nine Peaks, Ch 388 F5
Niner 320 B2
Ningxia 388 B3 B4
Ninth Island 366 D2
Niš 267 F5
Nišava 267 F6
Nitida 379 F2
Nitra 266 G4
Nitrianska 266 G4
Nittardi 177 E4
Nizas, Ch de 142 F3
Nizza 157 E4 159 D5
Nk'mip Cellars 292 G5
No 1 373 B2
Noblaie, Dom de la 120 G3
Noblaie, la 120 G3
Noblesse, Dom de la 148 D4
Noël Legrand 119 F4
Noëlles, Dom les Hautes 117 F2
Noirets, les 63 B4
Noirots, les 65 F5
Noizons, les 62 C2
Nonnenberg, *Bernkastel* 223 E3
Nonnenberg, *Rheingau* 237 E3
Nonnengarten, *Nahe* 235 F4
Nonnengarten, *Pfalz* 242 B2 C2
Nonnengarten, *Rheinhessen* 239 C3
Nonnenstück 242 E4 F3
Nonnenwingert 239 C4 D4
Noon 355 D5
Nora 386 B5
Nordheim 247 C4
Norheim 234 F3 235 G5
Nort-sur-Erdre 116 B3
Norte 32 327 D5
North Canterbury 367 D4 D5
North Carolina 290 C5
North Coast 303 B2 C2
North Dakota 290 A3
North Fork 324 G3
North West 366 D1
North Yuba 303 A3
Northern Sonoma 307 D3
Northstar Pepper Bridge 300 B4
Norton 340 C2
Nosroyes, les 60 G4
Noszvaj 263 B4 B5
Nothalten 125 C4
Noto 184 G6
Nottola 180 B4
Nouveau Monde, Dom du 141 C6
Nouvelles, Ch de 141 E2 E3
Nova Gorica 268 E1
Nova Scotia 290 A6
Nova Zagora 274 E4
Nové Bránice 266 F3
Nové Zámky 266 G4
Novello 163 E2
Novelty Hill 295 A3
Novi Pazar 274 C5
Novo Selo 274 C1
Novorossiysk 277 B3
Nový Šaldorf 266 G3
Novy Svit 277 B3
Noyer Bret 60 G3
Nudo 267 F4
Nuits-St-Georges 55 C6 64 G5
Numanthia 196 F2
Nuriootpa 344 E2 351 B4
Nussbaum 234 F2 F6
Nussbien 242 G2
Nussbrunnen 237 F1
Nusserhof 167 C5
Nussriegel 242 B2
Nusswingert 231 E2
Nuzun, Ch 285 F3
Nyetimber 249 G4
Nyon 252 E4
Nyúl 263 B2
Nyulászó 265 F2

O Casal 192 G4
O Luar do Sil 192 G4
O'Leary Walker 353 E2
Oak Knoll 297 C3
Oak Knoll District 311 F5
Oak Valley 384 D4
Oakdene 359 D3
Oakmont 309 A1
Oakridge 363 D4
Oakville 311 D4 314 F5
Oakville Ranch 314 E5
Oatley 249 G2
Ober-Flörsheim 238 G3 239 C1 C2
Oberberg 237 F4
Oberemmel 229 C4
Oberer Neckar 244 D5
Oberer Wald 260 F2 F3
Oberes Höhlchen 243 F1
Oberfeld 259 F2 F3
Oberhausen 234 F3
Oberhauser 257 C4
Oberloiben 257 C4
Obermarkersdorf 255 A4
Oberndorf 234 G3
Oberschaffhausen 245 D3
Oberstocksfall 255 B4
Óbidos 208 D4
Obrigheim 241 A4
Obsidian Ridge Vineyard 304 F5
Obuse Winery 386 C5
Occam's Razor 359 B4
Occidental Vineyard 307 F4
Occidental Wines 307 F4
Ocean Eight 361 F5
Ochoa 197 B5
Octavin, Dom de l' 151 D5
Odenas 73 D5 70 G3
Odernheim 234 F2
Odfjell 334 C4
Odilio Antoniotti 156 F2
Odinstal 242 E2
Odoardi 182 D4
Odobeşti 273 C4 C5
Oestrich 230 D2 F6
Ofenberg 259 B5
Offenberg 256 D5
Offida 173 D6
Offstein 238 G3 239 E3
Oger 83 F3
Ogereau, Dom 118 D2
Oggau 255 C5
Ohau 367 C5
Ohio 290 B5
Ohligsberg 231 D4
Ohrid 267 G5
Oinogenesis 281 A4
Oiry 83 E4
Oisly 117 B2
Ojai 326 B2
Ojo de Agua 340 C2
Okanagan Crush Pad 292 F5
Okanagan Falls 292 G5
Okanagan Valley 292 C5 295 E6
Oklahoma 290 C3
Oku-Izumo Vineyard 386 C3 C4
Okunota 387 B4
Okureshi 277 B4 B5
Okushiri 386 A5 B5
Olaszliszka 265 E4
Ölberg, *Baden* 245 B3
Ölberg, *Nierstein* 240 E4
Ölberg, *Pfalz* 242 G2
Old Hill Vineyard 309 C2
Oldenburg 383 D4
Olifants River 379 D2
Olifantsberg 379 F3
Olive Farm 347 C2
Olive, Clos de l' 120 F4
Olivedale 379 F4
Oliver's Taranga 355 D4
Olivet Lane 307 E5
Olivette, Dom de l' 148 D4
Olivier Merlin 69 E3 E4
Olivier Rivière 199 C5
Olivier, l' 121 C1
Olivier, l', En 67 B2
Ollauri 199 B1 G3
Ollier-Taillefer, Dom 142 E2
Ollieux Romanis, Ch 141 D3
Ollon 253 F2
Ollwiller 125 F3
Oltenia 273 D2
Oltina 273 E5
Oltrepò Pavese 157 E5 F5
Omaka Valley 373 C2
Omlás 265 E3
Omodhos 284 B5 C5
Onkelchen 235 F4
Ontario 290 A4
Ooermorschwihr 126 B4
Oppenheim 238 E4 240 F5
Opstal 379 F3
Optima 307 C5
Opus One 314 F4
Or et de Gueules, Ch d' 135 F1
Orange 344 D6
Oranje Tractor 347 G4
Oratoire Saint-Martin, Dom 137 B3 B4
Oratoire, Clos de l' 111 C5
Orbaneja 205 C4
Orbel 240 E4
Orbelia 274 F1 F2
Orbelus 274 F2
Orchis, Dom des 152 B5
Orcia 173 C3
Ordóñez 196 E3
Oregon 290 B1
Oremus 265 C6 D4
Orfeuilles, Dom d' 121 A5
Orfila 326 B2
Org de Rac 379 E2
Orient, l' 387 B4
Original Grandpere Vineyard 318 B5
Oristano 186 C4
Orleans Hill 318 B1
Ormanni 177 E3
Orme, en l' 62 B6 E6
Orme, les Clos de l' 65 F5
Ormeau, en l', *Meursault* 61 F4
Ormeau, en l', *Santenay* 59 G5 G6
Ormeaux, les 67 B1
Ormes, aux 65 G2 G3
Ormes, Clos des 66 C2
Ormond 367 B6
Ormož 269 F4
Ornato 163 E5
Ornellaia 175 B5
Orofino 292 G5
Ororno 333 G5
Orovela 279 E3
Orschwihr 125 F3 126 A2
Ortenau 244 D4
Ortenberg 244 D4
Orto Vins 202 D3
Orveaux, en 65 F3
Orvieto 173 D4 181 F4 G4
Orvieto Classico 173 D4 181 F4
Oryahovica (Oriachovitza) 274 E4
Ōsaka 386 C4
Osoyoos-Larose 292 G5
Osterberg, *Alsace* 127 C5
Osterberg, *Pfalz* 242 B3
Osterberg, *Unterhaardt* 243 G2
Osthofen 238 F4 239 B4
Ostrov 273 E5
Ostuni 182 B5
Otazu 188 E5
Otis Vineyard 298 E5
Ott, Dom 147 D2
Otuwhero 374 E6
Oumsiyat, Ch 286 F4
Oupia, Ch d' 141 B3
Ourense 188 C2 192 G2
Oustal de Cazes, l' 141 B2
Outrora 217 C2
Ouzeloy, les 67 B5
Ovce Pole 267 G5 G6
Ovello 161 B2
Overberg 379 G3 384 E6 F6
Overgaauw 383 E2
Ovid, *California* 311 C5
Ovid, *New York* 325 C5
Owen Roe 297 D4
Oxnard 303 G5
Ozenay 69 A6
Ozurgeti 277 C5

Paardeberg 381 D4
Paarl 379 F2 383 A4 C4
Pacina 177 G5
Paço dos Cunhas de Santar 217 B4
Paco García 199 B3
Paddeu Sedilesu 186 C5
Padelletti 179 B5
Padié, Dom 145 D3
Padihegy 265 F2
Padthaway 344 F3
Pafos 284 C3
Pagani Ranch 309 C2
Paganilla 205 B1 C1
Pago de Carraovejas 195 C3
Pago de Larrainzar 197 A4
Pago de los Capellanes 195 B3
Pagos del Rey 195 B3
Pahlmeyer 311 E6
Paiagallo 163 D2
Painted Rock 292 F5
Painted Wolf 383 B4
Paixar 192 F4
Pajè 161 C2
Pajorè 161 D2
Pajzos 265 D4
Pakhna 284 C5
Palacio 199 G6
Palácio da Brejoeira 209 G2
Palacio de Bornos 196 F5
Palacio de Canedo 192 F5
Palacio de la Vega 197 B4
Palacios Remondo 199 C5
Palacios, Descendientes de J 192 F4
Palari 184 E6
Palazzino, Il 177 F5
Palazzone 181 F4
Palazzone, Il 179 C5
Palermo 184 E3
Palliser 370 B4
Pallud, en 66 C5
Palma, la 191 F1
Palmela 208 D4 215 D5 D6
Palmer 324 F1
Palmina 320 F2
Palpa 330 B3
Palvié, Ch 115 E5 D5
Pamhagen 255 C6
Pampa, La 330 E4
Pamplona 188 C4 197 A5
Pamukkale 285 F3
Panayia 284 B4
Panciu 273 C4 C5
Pandolfi Price 335 F6
Panevino 186 C5
Panisse, Dom de 137 E3
Pannell, SC 355 D5
Pannonhalma 263 B2
Pantelleria 184 G2
Panzaun 259 B3 B4
Paolo Bea 181 F6
Paolo Cesconi 166 B5 167 G4
Papagiannakos 281 D6
Papaioannou & Palivos 283 F6
Papantonis 283 F4
Papapietro Perry 307 B4
Papari Valley 279 F4
Papegaaiberg 383 E2
Papes, Clos des 139 E3
Papolle, Dom de 115 E2
Paquiers, aux 59 E2
Paracombe 356 B4
Paradelinha 210 C5
Paradies 233 C4 C5
Paradiesgarten 242 G2
Paradigm 314 F4 G4
Paradigm Hill 361 F5 F6
Paradis, le 123 C3
Paradise IV 359 D3
Paradise Ridge 307 D6
Paradiso, Il 177 F1
Paraduxx 311 D5
Parafada 163 D4
Paraguay 330 D5
Paraiso 317 F4
Paraje Altamira 340 F1
Paralelo 327 D5 D6
Parc, Clos du 120 F3
Pardas 201 E4
Parducci 304 D3
Parente Garcia 192 G2
Parés Balta 201 E3
Pargny-lès-Reims 83 A2
Paride Iaretti 156 F3 G3
Paringa 361 F5
Paritua 369 C3 C4
Parker 357 D5
Paroisse Cave-Co-op, la 91 C4
Páros 281 D4
Parpalana 205 F6
Parparoussis 283 E2
Parrina 173 D2
Parterre, le, *Chassagne-Montrachet* 60 F1
Parterre, le, *Marsannay* 67 B3
Parva Farm 249 F3
Parxet 201 E6
Pas de Chat, les 65 F5
Pas de l'Escalette, Dom de 142 C2
Paşaeli 285 F3
Pasanau Germans 202 B5
Pascal & Nicolas Reverdy, Dom 123 B3
Pascal Jolivet 123 B3
Pascal Pauget 69 A5
Paschal Winery 295 G3
Paschingerin 259 C3
Paserene 383 D5
Pasji Rep 268 F3
Pask 369 C4
Paso del Sapo 330 F4
Paso Robles 320 B2
Pasquelles, les 60 F2
Pasquiers, les 61 G4
Passetemps 59 F3
Passionate Wine 340 C1
Passito di Pantelleria 184 G2
Passopisciaro 185 A5
Pastrana 205 C1
Paterberk 240 F5
Patergarten 127 B2
Pateranakis 281 F4
Paterno 180 C4
Paternoster 182 B4
Pato, Ch 365 D4
Patócs 265 E2
Pátra (Patras) 281 C2 283 E2
Patria 185 A5
Patricia Green Cellars 297 C3
Patricius 265 F3
Patrick of Coonawarra 357 D5
Patrimonio 143 D4
Patutahi 367 B6
Patz & Hall 309 D3
Pauillac 85 B2 91 G5 93 D5
Paul Blanc, Ch 135 E1
Paul Cluver 384 D4
Paul Hobbs 307 E5
Paul Janin et Fils, Dom 74 C6
Paul Mas, Dom 143 F3
Paul Meunier-Centernach, Dom 145 D2
Paul Osicka 359 B4
Paulands, les 63 C4 D4
Paules, les 62 D3
Paulett 353 D2
Paulilles, le Clos de 145 F6
Paulinsberg 231 B4 B5 C4
Paulinshofberger 231 B5 C4
Paulinslay 231 B5
Paulo Laureano 219 F4
Paumanok 324 F1
Paupillot, au 60 G4
Pavlidis 281 A4
Pavlikeni 274 D3
Pavlov 266 G3
Paxton 355 D4
Payne's Rise 363 E5
Pays Cathare, le 53 G3
Pays d'Oc 53 F4
Pays de Brive 53 E3
Paysandú 330 E5 332 E3
Pazardzhik 274 E2
Pazo de Barrantes 193 B4 C4
Pazo de Señorans 193 B4
Pcinja-Osogovo 267 G6
Peachy Canyon 320 B1
Pearl Morissette 293 F4
Pearmund 323 D6
Peay 307 C2
Pebblebed 249 G2
Pech Redon, Ch 141 C5
Pech-Céleyran, Ch 141 C4
Pech-Latt, Ch de 141 D2
Pech-Ménel 141 B4
Pech, Dom du 115 D3
Pechstein 242 E2
Peconic Bay 324 F2
Pécs 263 C3
Pécsi 265 E3 G3
Pécsvárad 263 C3
Pedernal 340 D5
Pedernales Cellars 326 C5
Pedra Cancela 217 B4
Pedro Parra y Familia 335 G6
Pedroncelli 307 B4
Pedrosa de Duero 195 B3
Peel 347 D2
Peel Estate 347 D2
Pegase, Clos 311 B2
Pegasus Bay 371 F2
Pegau, Dom du 139 D3
Peglidis Vineyard 353 D1 D2
Pegos Claros 215 D6
Peique 192 F5
Pèira, la 142 D3
Peirano 318 D2
Peju Province 314 E4
Pelagonija-Polog 267 G5
Pélaquié, Dom 135 C2
Péléat 133 C5
Pelee Island 293 E1
Pelendri 284 C5
Pélican, Dom du 151 D4
Pellegrini 324 F2
Pellegrino 184 F2
Peller Estates 293 F5
Pellerin, le 116 B2 C2
Pelles Dessus, les 61 F1
Pelles-Dessous, les 60 G6
Pelligrini Family 307 E5
Pellingen 259 C1
Peloux, aux 70 C4
Pelter 287 D6
Pemberley Farm 347 F2
Pemberton 347 G2
Pena das Donas 192 G2
Peñafiel 188 D3 195 C3
Peñaranda de Duero 195 C5
Pendits 265 E1
Pendore 285 F3
Penedès 188 D6 201 E4
Penfolds 351 B4
Penfolds Coonawarra Block 20 357 C5
Penfolds Magill Estate 356 B3
Penley Estate 357 B6
Penna Lane 353 D1
Pennautier, Ch de 140 C6
Penner-Ash 297 C3
Pennsylvania 290 B5
Penny's Hill 355 D4 D5
Penola 344 G2 357 D6
Pentâge 292 F5
Pentro di Isernia 173 G5 182 A2
Peos Estate 347 F2
Pepe Vineyard, Clos 321 B3
Pepper Bridge Vineyard 300 B4 B5
Pepper Tree 365 D5
Pepperilly 347 E2
Per Se 340 D1
Peral, El 340 D1
Perches, aux 67 C3
Perchots, les 61 F2
Perchtoldsdorf 255 C4 C5
Perclos, les 60 G2
Perdriel 340 C2
Perdrix, aux 64 F2
Perdus, les Clos 141 D4
Peregrine 375 D4
Pereira d'Oliveira 221 C3 D3
Perelada 201 F4
Perelli-Minetti, M 314 D4
Pérez Cruz 334 C4
Pérez Pascuas 195 B3
Pericoota 344 F4
Périère, la 60 B6
Périgord 53 E2
Perillo 183 B6
Perinet 202 C5
Pernand-Vergelesses 55 D5 D6 57 B3
Pérolles, les 59 E2 F2
Péronne 69 C5
Perréon, le 73 D4
Perrière Noblot, en la 64 F6
Perrière, la, *Gevrey-Chambertin* 66 C4 67 B1
Perrière, la, *Sancerre* 123 B3
Perrières Dessus, les 60 F5
Perrières, aux 60 F5
Perrières, Clos des 60 F5
Perrières, les, *Beaune* 62 B6 D2 63 C4
Perrières, les, *Meursault* 60 D2
Perrières, les, *Nuits-St-Georges* 64 F4
Perrières, les, *Pouilly-Fuissé* 70 D4
Perrières, les, *Puligny-Montrachet* 60 G4
Perroy 252 E5
Perry Creek 318 B6
Pertaringa 355 D5
Perth 347 C2
Perth Hills 347 D2
Perticaia, Az. Agr. 181 E5
Pertuisane, Dom 145 D2
Pertuisots 62 C3
Peru 330 B3
Perugia 173 C4 181 E5
Perushtitsa 274 E3
Pesaro 173 B6
Peshtera 274 E2
Peso da Régua 208 B5 210 F1
Pesquera 195 C3
Pesquera de Duero 195 C3
Pesquié, Ch 135 C4
Pessac 85 D3 103 A2
Petaluma 356 C6
Petaluma Evans Vineyard 357 A5
Petaluma Gap 303 C2 307 F5
Petaluma Hanlin Hill 353 C2
Peter Dipoli 167 E6
Peter Lehmann 351 C4
Peter Michael 307 C6
Peter Seppelt 352 G4
Petingeret 60 F2
Petit Batailley 93 E4 95 D4
Petit Chaumont, Dom du 143 E1
Petit Clos Rousseau 59 D1
Petit Malromé, Dom du 113 F4 F5
Petit Mont, le Clos du 121 B2
Petit Puits, le 67 B4
Petit Thouars, Ch Du 120 F1 F2
Petite Baigneuse, la 145 D3
Petite Chapelle 66 C4
Petite Combe, la 61 E6
Petite Gorge, la 131 F2
Petites Fairendes, les 59 F5
Petits Cazetiers 67 B5
Petits Charrons, les 61 F1
Petits Clos, les 59 F5
Petits Crais, aux 67 B2
Petits Crais, les 67 B1
Petits Epenots, les 62 C2
Petits Gamets, les 61 G4
Petits Godeaux 63 B2
Petits Grands Champs, les 60 G4
Petits Liards, aux 63 B1
Petits Monts, les 65 F2
Petits Musigny, les 65 F4
Petits Noizons, les 62 B1
Petits Nosroyes, les 60 G4
Petits Picotins, les 63 D1
Petits Poisots, les 61 G5
Petits Vercots, les 63 C3
Petits Vougeots, les 65 F4
Pető 265 D4
Petro Vaselo 273 C2
Petroio Lenzi 177 F4
Petrus 109 D5
Pettenthal 240 C5 D4
Peuillets, les 63 C1
Peutes Vignes, les 61 F3
Peux Bois 60 F3
Pévenelle, en 67 A3 B3
Pewsey Vale 352 F3
Peyrade, Ch de la 142 F5
Peyre-Rose, Dom 142 E4
Peyres-Roses., Dom 115 D5 D6
Pezá 281 F5
Pézenas 142 F3
Pézerolles, les 62 C2
Pezinok 266 G3
Pezzi-King 307 C4
Pfaffenberg, *Ahr* 226 F3
Pfaffenberg, *Rheingau* 237 F1 G1
Pfaffenberg, *Wachau* 257 B5 258 E6
Pfaffenheim 125 F4 126 B3 B4
Pfaffenhofen 244 C5
Pfaffenmütze 239 A2 A3
Pfaffenstein 235 G3
Pfalz 223 F2
Pfalzel 227 C4
Pfarrwingert 226 F2
Pfeddersheim 238 G3 239 D3 D4
Pfeifenberg 259 A1 A2
Pfeiffer 359 A6
Pfeningberg 259 C1
Pfersigberg 126 B5
Pfingstberg 126 A2
Pfingstweide 235 F4
Pheasant Ridge 326 B5
Pheasants Ridge 249 F4
Pheasant's Tears 279 F5
Phelps Creek 295 C4

Philadelphia 379 F1 F2
Philip Staley 307 D4
Philip Togni 311 B2
Philippe Alliet, Dom 120 G4
Philippe Balivet 152 A4
Philippe Delesvaux, Dom 118 C1
Philippe Grisard 152 C5
Pian delle Vigne 179 C4
Piane, le 156 F3
Pianpolvere 163 E3
Piatelli, *Calchaqui Valley* 339 C4
Piatelli, *Mendoza* 340 C2
Piaton, le 131 D2
Piaugier, Dom de 137 C5
Piave 165 D4
Piave Malanotte 165 D4
Pibarnon, Ch de 148 E4
Picardy 347 F2
Picasses, les 120 E3
Piccadilly Valley 356 C4
Piccinini, Dom 141 B2
Pichlpoint 257 C1 C2
Pickberry Vineyard 309 C2
Pièce Fitte, la 61 E3
Pièce Sous le Bois, la 60 F5
Pied d'Aloup 79 E5
Piedra Negra 340 E1
Piedrasassi 320 F2
Piekenierskloof 379 D2
Pieria Eratini 281 B3
Pierpaolo Pecorari 171 D5
Pierre Bise, Ch 118 C2
Pierre Cros, Dom 141 C1
Pierre Fil, Dom 141 B3
Pierre Luneau-Papin, Dom 117 F3
Pierre Usseglio & Fils, Dom 139 E3
Pierre Vessigaud 70 C4
Pierre Virant 66 B2
Pierre-Jacques Druet 120 C3
Pierreclos 69 E3
Pierres Plantées, Ch Dom des 134 F6
Pierres Vineyard, les 309 D2
Pierres, les 60 G2
Pierro 349 E5
Pierry 83 E3
Piesport 227 C4 231 C3 C4
Pietra Marina 185 A5
Pietracupa 183 B4
Pietradolce 185 A5
Pietroasa 273 D4
Pieve Santa Restituta 179 C4
Piggs Peake 365 C4
Pignier, Dom 151 F4
Pigoudet 147 B1
Pijanec 267 G5
Pike & Joyce 356 B5
Pikes 353 D2
Pillar Rock 315 B2
Pillsbury Wine Company 326 B3
Pimentiers, les 63 C1
Pimont, En 60 F2
Pimontins 131 B4
Pin, le, *Chinon* 120 E4
Pin, le, *Pomerol* 109 E4
Piña Cellars 314 E5
Pinada 93 F5 95 E4
Pince-Vin 66 C6
Pindar 324 E2
Pine Mountain-Cloverdale Peak 304 F4 307 A4
Pine Ridge 315 B2
Pineaux, les 120 F3
Pinelli 347 C2
Pineraie, Ch 115 C4
Pinhão 210 F5
Pinkafeld 255 E4
Pinnacles Vineyard 317 F4
Pins, les 120 C3
Pins, Ch les 145 D4
Pintia 196 F3
Pintom 340 F2
Pipers Brook 366 D2
Pipers River 366 D2
Pique-Sègue, Ch 113 D4
Piquemal, Dom 145 D4
Pirgos 283 F2
Pirie 366 D2 E2
Piro 171 D5
Piron, Dom 74 E4
Pirramimma 355 D4
Pisa Range Estate 375 C5
Pisa, *Italy* 173 A2
Pisa, *New Zealand* 375 C5
Pisano 332 G3
Pisoni Vineyard 317 F4
Pissa 283 F2
Pithon-Paillé Dom Belargus 118 D2
Pithon, Dom 145 D4
Pitois, Clos 59 F5
Pitsilia 284 C3
Pittacum 192 F5
Pitures Dessus 61 E5
Pizzato 331 F4
Pizzini 359 B6
Pizzorno 332 G3
Pla de Bages 188 D6
Pla i Llevant 188 G6
Place, la 67 B2
Places, les 60 G2
Plachen 260 G3
Plaisance, Ch 115 E5
Plaisir de Merle 383 C4
Plan de Dieu 135 C3 137 C3
Planalto Catarinense 330 D6
Planchots de la Champagne, les 63 C1 D1
Planchots du Nord, les 63 C1 D1
Plančić 271 D4
Planère, Ch 145 F4
Planeta, *Etna* 185 A4
Planeta, *Sicily* 184 F3
Plantagenet 347 F4
Plante du Gaie 60 G2
Plante Pitois 67 B4
Plantelle, la 67 B2
Plantes au Baron 64 F3
Plantes Momières, les 59 G5
Plantes, les 67 C2
Plantes, les, *Gevrey-Chambertin* 65 F5
Plantes, les, *Meursault* 61 E3
Plantigone ou Issart 66 B4
Plateaux, les 64 F5
Platerie, la 120 C3
Platière, la, *Pommard* 62 B1
Platière, la, *Santenay* 59 G5 G6 60 G1
Plešivica 267 E3
Plessys, les 70 F6
Pleven 274 D3
Plice, la 59 F4
Plovdiv 274 E3
Pluchots, les 61 F4
Plum Creek 326 A4
Plumpjack 314 E5
Plumpton College 249 G4
Plures, les 61 F3
Pluris 256 C6
Poboleda 202 B5
Pockstallern 256 E5 E6
Poderi ai Valloni 156 F3
Poderina, la 179 C6
Podersdorf 255 C5
Podgorica 267 F5
Podravje 267 E3 268 C1 C2
Poema 209 F5
Poggerino 177 E5
Poggette, le 181 G5
Poggio al Tesoro 175 A5
Poggio Antico 179 C5
Poggio di Sotto 179 D6
Poggio Scalette 177 D4
Poggione, Il 179 D4
Poggiopiano 177 C2
Poigen 257 D1
Poillange, en 60 B6
Point 257 B3
Pointes d'Angles 61 F5
Pointes de Tuvilains, les 62 D3
Pointes, aux 63 B1
Poirets St-Georges, les 64 F4
Poirier du Clos, le 60 G1
Poiset, le 67 B4
Poisets, les 64 F3
Poissenot 66 A5
Pojer & Sandri 166 A5 167 G4 G5
Pokolbin 345 D2 365 C4
Pokolbin Estate 365 D5
Pokuplje 267 E3 E4
Polešovice 266 F3 F4
Polish Hill 353 D2
Poliziano 180 B4
Polkadraai Hills 383 E1
Polkura 334 E6
Polperro 361 F5
Pomerol 85 D4 107 C6 109 D4
Pomino 173 B4 177 A6
Pommard 55 D5 61 F5 62 C1
Pommeraye, la 116 B4
Pommern 227 B5
Pommier Rougeot 67 B2
Pomorie 274 E5 E6
Pomport 113 E5
Poncié, Ch de 74 C5
Pondalowie 359 B3
Ponferrada 192 F5
Pont de Crozes 133 A4
Pontaix, les 133 A4
Ponte da Boga 192 G3
Pontevedra 188 C1 193 C4
Ponzi 297 C4
Poole's Rock 365 D5
Pooley 366 F2
Poonawatta 351 C6 352 E3
Poonawatta Estate 352 E4
Poplar Grove 292 F5
Popovo 274 D4
Poppies 370 C5
Pora 161 C2
Porlottes, les 65 E2
Porongurup 347 G4
Porrera 202 C5
Porroux, les 65 F6 66 C1
Porseleinberg 381 C5
Port Guyet 120 D1
Porta 334 C5
Portal del Alto 334 C4
Portal do Fidalgo 209 G3
Portal, Clos de 202 D3 D4
Portalegre 219 C5 C6
Porte Feuilles ou Murailles du Clos 65 G3
Porter Creek 307 D4
Portes Feuilles, les 67 B1
Portes, les 67 B4
Portimão 208 F4
Portland 295 C3 297 C4
Porto 208 B4 211 E4 212 D4
Porto Carras, Dom 281 B4
Porto Moniz 220 A6
Portteus 298 E4
Porusot Dessus, le 60 F6
Porusot, le 60 F6
Porusots Dessous, les 60 F6
Porvenir de Cafayate, El 339 C5
Porvenir, El 327 E4
Posavje 267 E3 268 D1
Pošip Čara, Pz 271 D4
Possible, Dom du 145 D2
Pot Bois 59 E6 60 F1
Potazzine, le 179 C5
Potets, les 59 E2
Potey, au 67 B2
Potey, le 67 B2
Pöttelsdorf 255 D5
Potter Valley 304 D4
Pouderoux, Dom 145 D2
Pougets, les 63 C4
Pouilly 55 F5 69 F4 70 C4
Pouilly-Fumé 123 B5
Pouilly-sur-Loire 117 B5 123 C5
Poujol, Dom du 142 D5
Poulaillères, les 65 F3
Poulettes, les 64 F4
Pourcieux, Ch de 147 C1
Poussie, la 123 C3
Poutures, les 61 F5
Pouvray 121 B4
Povardarie 267 G6
Poysdorf 255 A5
Pra-Vino 269 F4
Pradeaux, Ch 148 E3
Prado de Irache 188 E5
Praelatenberg 125 D4
Prager 313 G4 G5
Praha (Prague) 266 F2
Prälat 233 C2
Pranzegg 167 C5
Prapò 163 C5
Prarons-Dessus, les 59 F4
Pré à la Rate, le 60 B6
Pré de la Folie, le 65 G2
Pré de Manche, le 61 F2 F3
Preceptoire de Centarnach 145 D2
Preda 163 D3
Prejean 325 C4
Prellenkirchen 255 C6
Prés, aux 67 B1
Présidente, Dom de la 135 B3
Prespa 267 G5
Pressing Matters 366 F2
Pressoir, le 120 F5
Preston 307 B4
Pretty-Smith 320 A2
Preuses 79 D4
Prévaux, les 63 C1
Prévoles, les 62 D3
Prevostura, la 156 G1
Pride Mountain 311 C2
Prieur-Bas, Clos 66 C4
Prieur, Clos 66 C4
Prieuré Borde-Rouge, Ch 141 D2
Prieuré de Montézargues 136 G6
Prieuré des Mourgues, Ch du 141 A4
Prieuré Font Juvenal 141 C1
Prieuré St-Jean de Bébian 142 F3
Prigonrieux 113 E5
Prigorje-Bilogora 267 E4
Prilep 267 G5
Primeira Paixão 221 D3
Primitivo di Manduria 182 B5
Primitivo di Manduria Dolce Naturale 182 C5
Primo 355 D4 D5
Primorska 267 E3 268 D1
Primosic 171 D6
Prince Albert 359 D3
Prince Edward County 293 E1 E2
Prince Ştirbey 273 D3
Principal, El 334 C4
Principe Corsini 177 C3
Principe de Viana 197 D5
Priorat 188 D5 200 F6 202 C4
Prissé 69 F4 70 A4
Procès, les 64 F5
Prodom 285 G3
Producers of McLaren Vale 355 D4
Producteurs Plaimont 115 E2
Promontory 314 F4
Prophet's Rock 375 C6
Proprieta Sperino 156 G1
Prose, Dom de la 142 E5
Prosecco 165 C4
Prosser 290 F5
Protos, Ribera del Duero 195 C3
Protos, Rueda 196 F5
Prova, la 356 D4
Provenance 314 E3
Pruliers, les 64 F4 F5
Pruzilly 69 G3 73 B5 68 A5
Psågot 287 E5 F5
Pt Leo 361 F5
Ptuj 269 F3
Ptujska Klet 269 F3
Pucelles, les 60 G3
Pucer 271 A1
Puchang Vineyard 388 A4
Puech-Haut, Ch 142 D6
Puget Sound 295 B3 E5
Pugnane 163 D3
Puidoux 252 D6
Puig-Parahy, Dom 145 F4
Puisieulx 83 B5
Puisseguin 85 D5
Puits Merdreaux 60 G1
Puits, le 60 D2
Pujanza 199 G6
Puklavec Family Wines 269 F4
Pulchen 229 B2
Pulenta Estate 340 C2
Puligny-Montrachet 55 D5 60 F3
Pulkau 255 A4
Pulverbuck 245 C2 C3
Punch 363 B3
Pünderich 227 B5
Punt Road 363 D4
Pupillo 184 G6
Purbach 255 C5
Purcari 277 A2
Pusole 186 C6
Pusztamérges 263 C4
Puy Arnaud, Ch Clos 107 E5
Puy-Notre-Dame, le 116 C5
Puy-Servain, Ch 113 E4
Puyguilhem 113 F5
Puyméras 135 B4
Pyramid Valley 371 E2
Pyrenees 344 F3 F4 359 B2

Qanafar, Ch 286 G4
Qtas das Marias 217 C3 C4
Quady 303 D4
Quady North 295 G2
Quails' Gate 292 E5
Quartiers de Nuits, les 65 F3
Quartiers, les 63 B5
Quartomoro 186 C4
Quarts-de-Chaume 116 B4 118 B2
Quarts, Clos du Ch des 70 E5 F5
Quarts, Ch des 70 E5
Quarts, les 70 C3
Quartz Reef 375 D5
Quattro Mano 351 B4
Quebec 290 A5
Queenstown 367 E3 375 D3
Querciabella 177 D4
Quéron, Clos 120 G6
Queue de Hareng 67 B1
Queylus 293 G4
Quincié-en-Beaujolais 73 D5
Quincy 117 C4

QUINTAS
Abelheira, da 210 D6
Abibes, dos 217 C2
Aciprestes, dos 211 E1
Agua Alta, da 210 F4
Alameda, de 217 B4
Alcube, de 212 E5
Alegria, da 211 F2 F3
Alvaianas, de 209 F5
Alvito, do 210 E5
Amarela 210 E5
Arnozelo, do 211 G4 212 E1 F1
Assares, de 212 C3 D3
Ataide, do 212 D3
Bageiras, das 217 C2
Baguinha, da 209 G2
Baixo, de 217 C2
Bandeiras, das 212 E3
Barbusano, do 221 B1 B2
Bica, da 217 C5
Bispado, do 212 G4
Boa Vista, da 210 F4
Bom Retiro, do 210 F5
Bomfim (Low), do 210 F5 F6
Bons Ares, dos 212 G2
Bragão, do 210 D5
Cabana, da 210 F2
Cabeças do Reguengo 219 C5
Cabreira, da 212 F3
Cabriz (Dão Sul), de 217 C4
Cachão de Arnozelo 211 G4
Cachão, do 211 G2
Caedo, do 211 E1
Canada, da 212 D3
Canais, dos 211 F4
Canal, do 210 G1 G2
Canameira, da 212 G4 G5
Carrenho, do 212 F2
Carril, do 210 F3
Carvalhais, dos 217 B5
Carvalhas, das 210 F5
Castelinho, de 211 F2
Castelo Melhor, de 212 G3
Cavadinha (Warre), da 210 E5
Centro, do 219 C5
Chocapalha, de 215 B4
Côa, do 212 G3
Confradeiro, do 210 D4
Corujão, do 217 B5
Costa das Aguaneiras, da 210 F3
Costa de Baixo 210 F3
Costa, da 210 D5
Couquinho, do 212 D3
Couselo 193 E3
Cova da Barca, da 212 F6
Covelos, de 210 F2
Crasto, do 210 F3 F4
Cruzeiro, do 210 D5
Currais, dos 210 F5
Domouro 219 D5
Dona Matilde 210 G2
Eira Velha, da 210 E5
Eirvida 210 F1
Encontro, do 217 C2
Ervamoira, da 212 G3
Falorca, da 217 B4
Farfao, do 211 G6 212 E2
Fata, da 217 B4
Ferrad, da 210 G3
Ferradosa, da 211 F3
Ferre Feita, da 210 E5 E6
Fojo, do 210 D5
Fontainhas, das 211 G6 212 F2
Fonte Souto, da 219 C5
Fonte, da 210 D5
Foz de Arouce, de 217 D3
Foz de Temilobos, da 210 G2
Foz Torto, de 210 E5
Foz, da 210 E5 G2
Frades, dos 210 G2
Gricha, da 211 E1
Grifo, do 212 G6
Infantado, do 210 F4
Junco, do 210 E5
Lagar Novo, do 215 B5
Lagares, dos 210 D6
Lajes, das 210 F6
Leda, da 212 G4
Lemos, de 217 B4
Lomba, do 217 C5
Loubazim, do 211 F6 211 E2
Macedos, de 210 G6
Madalena, da 210 F6
Maias, das 217 C5
Malvedos (Graham), dos 211 E1
Manoella, da 210 D5
Marias, das 217 C4
Maritávora, de 212 F6
Marrocos, de 210 G1
Marvalhas, das 212 G4
Meco, do 212 F3 G3
Melgaço, de 209 F4
Merouco, do 211 E1
Mondego, do 217 C4
Monte d'Oiro, do 215 B5
Monte Xisto, do 212 F3
Morgadio de Calçada 210 E5
Murças (Esporão), dos 210 G2
Muros, dos 210 D6
Murta, da 215 C4
Nápoles, de 210 G3
Nespereira, da 217 B5
Netas, das 210 E5
Nova 210 F4
Nova do Roncão 210 E6
Noval, do 210 E5
Oliveirinha, da 210 F5
Orgal, do 212 F3
Panascal, do 210 G5
Pancas, de 215 B5
Passadouro, do 210 D5 D6
Pedra Escrita, da 212 F2
Pedra, da 209 G2 G3
Pego, do 210 G5
Pellada, da 217 C5
Perdigão, do 217 B4
Perdiz, da 210 F6
Peso, do 210 F1
Pessegueiro, do 210 E6
Piloto, do 215 E5
Pintas 210 E5 E6
Pinto, do 215 B4
Pisca, da 210 F4
Poça, da 210 F4
Poeira, do 210 E5
Portal, do 210 D5
Portela, da 210 G2
Porto, do 210 F5
Prelada, da 210 E2
Quartas, das 210 F1
Quatro Ventos, dos 211 G4 G5 212 F1 F2
Quetzal, do 219 F4
Regueiro, do 209 F4
Retiro Antigo, do 210 F5
Ribeira, da Sra da 211 F4 F5 212 E1
Ribeiro Santo, do 217 C4
Roeda (Croft), do 210 F6
Romaneira, da 210 E6
Romarigo, de 210 F1
Romeira, da 215 C4 C5
Roques, dos 217 B5
Roriz, de 211 E1
Rosa, de la 210 F5
Rosário, da Sra do 211 G2
S. Bento, de 210 D6
Saes, de 217 C5
Sagrado, do 210 F5
Sairrão 211 G2
San Martinho, de 211 E2
Sant'Ana, de 215 C4
Santa Eufémia, de 210 G1
Santiago, de 209 G1 G2
Santinho, do 211 G5
São José, de 210 E6
São Luiz 210 F4
Seixo, do 210 F5
Sequeira, da 212 F1
Sibio, do 210 E6 211 E1
Sidró, de 211 G2
Silval, do 210 D5 D6
Soalheiro, de 209 F4
Soito, do 217 B4
Sol, do 210 G2
Solar dos Lobos 219 E5
Sta Barbara, de 210 F1 211 E1 F1
Sto Antonio, de 210 D6
Tecedeiras, das 210 E6
Tedo, do 210 F3
Telhada, da 211 G6 212 E2
Touriga, da 212 F3
Tua, do 211 E2
Turquide, de 217 B4
Urtiga, da 210 F5
Urze, da 212 G4
Vacaria, da 210 F1
Vacariça, da 217 C2
Vale Coelho, do 211 G5 G6 212 E2
Vale da Mina 211 G5 212 E1
Vale da Raposa, do 210 E1
Vale das Taipas, do 212 F2 G2
Vale de Cavalos 212 F1 F2
Vale de Figueira, do 210 F5
Vale de Malhadas, do 211 G5 212 E2 F2
Vale Dona Maria 210 F6
Vale Meão, do 212 E3
Vallado, do 210 F1
Vargellas (Taylor), de 211 D4
Vasques de Carvalho 210 E5 F5
Vau, do 211 E1
Vegia, da 217 B5
Veiga Redonda, da 212 F5 G5
Veiga, da 212 G1
Velha 210 F1 G1
Ventozelo, de 210 F6
Verdelhas, das 212 G4
Vesuvio, do 211 G5 212 E1 E2
Vila Maior, de 212 E3
Vila Velha, da 211 E1
Vinhas de Areia, das 215 C3
Vista Alegre, da 210 F5
Zambujal, do 210 F2
Zambujeiro, do 219 E5
Zimbro, do 211 E1

Quintanilla de Onésimo 195 C2
Quintay 334 D3
Quintessa 314 D4
Quintodecimo 183 A6
Quivira 307 C4
Quixote 315 B2
Quoin Rock 383 D3
Qupé 320 E3

Raats 383 E1
Rabajà 161 C3
Rabasse Charavin, Dom 137 B4
Raboatun 205 C5
Rača 266 G3
Racha 277 B4 B5
Radford 351 C6 352 E3 E4
Radford Dale 383 F2
Radgonske Gorice 269 E3
Radikon 171 D6
Rafael Palacios 192 G4
Rafanelli, A 307 C4
Rager 261 C4
Ragnaie, le 179 C5
Ragot, Dom 68 F4
Raguenières, les 120 C3
Raiding 255 D5 261 C3 C4
Raidis Estate 357 E5
Raignots, aux 65 F2
Raissac, Ch de 141 B5
Raka 379 G3
Rakvice 266 G3
Rallo 184 F2
Ram's Gate 309 F3
Ramandolo 165 C5 C6
Ramaye, Dom de la 115 D5
Ramey 307 C5
Ramirana 334 D5
Ramón Bilbao 199 F3
Ramon do Casar 192 G2
Rampante 185 A5
Rancagua 334 C5
Ranché, en la 60 D3
Ranches, les 63 D6
Rancho Sisquoc 320 E3
Rancy, Dom de 145 D3
Randersacker 247 C4
Rangen 125 G3
Rangie, la 63 C6
Rány 265 E4
Rapaura 373 B3
Rapaura Springs 373 B3
Rapazzini 317 D4
Rapel 330 E4
Raphael 324 E2
Raphaël Bartucci 152 A4
Rapitalà 184 F3
Rappahannock 323 D5
Rapsáni 281 B3
Rarangi 373 A4
Raşcov 277 A1
Raspail-Ay, Dom 137 C5
Rasteau 135 B3 137 B4
Ratausses, les 63 D1
Rathfinny 249 G4
Rátka 265 F2
Ratosses, les 63 D2
Ratsch 255 F4
Ratte, Dom 151 D5
Rattlesnake Hills 295 B5 298 E4 E5
Raubern 257 C5
Raul 229 C4
Raúl Pérez Bodegas y Viñedos 192 G5
Raury, les 67 C2
Rausch 229 F1
Ravelles, les 60 E4
Ravenswood 309 C3 D3
Raventós i Blanc 201 E4
Ravera 163 E2
Ravera di Monforte 163 F4
Ravine Vineyards 293 F5
Ravines 325 C4
Raviolles, aux 64 G6 65 G1
Ravry, au 67 B3
Ray-Jane, Dom 148 E4
Rayas, Ch 139 D4
Raymond 314 D3
Raymond Usseglio & Fils, Dom 139 E3
Razac-de-Saussignac 113 E4
RDV 323 D5
Real Martin, Ch 147 C2
Real Sitio de Ventosilla 195 B4
Réas, aux 65 G1
Réas, le Clos des 65 F2 G2
Rebichets, les 60 F2
Rebouça 209 G1
Recanati 287 E5
Recaredo 201 E4
Recaş 273 C2
Réchaux, la 67 A1
Rechbächel 242 E2
Rechnitz 255 E5
Récilles, les 67 B4
Recioto di Soave 165 E3
Rectorie, Dom de la 145 F6
Red Edge 359 B3
Red Hill 361 F5
Red Hill Douglas County 295 F2
Red Hill Vineyard 295 F2
Red Hills 304 E5
Red Mountain 295 B5 298 F1 E6
Red Newt 325 C5
Red Rooster 292 F5
Red Tail Ridge 325 B4
Red Willow Vineyard 298 E3
Redcar 307 C5
Reddy Vineyards 326 B5
Redesdale Estate 359 B4
Redgate 349 G5
Redhawk 297 E3
Redhead 351 C5
Redheads Studio 355 D5
Redman 357 B5
Redondo 219 E5
Redrescut 63 B1
Redstone 293 F3
Redwood Valley 304 D3
Refène, la 61 F6 62 C1
Referts, les 60 G4
Reggiano 165 F2
Régnié 55 F5 73 C5 74 E3 75 E3
Régoa 192 G3
Reguengo de Melgaço 209 F5
Reguengos 219 F5
Reguengos de Monsaraz

208 E5 219 F5
Regusci 315 C3
Reicholzheim 247 C2 C3
Reifeng-Auzias, Ch 388 F5
Reil 227 B5
Reilly's 353 D2
Reims 53 B4 81 C3 83 A4
Reininger 300 B4
Reisenthal 259 C3
Reiterpfad 242 G2
Rejadorada 196 F3
Reland, le Clos 59 F6 60 G1
Réméjeanne, Dom la 135 C1
Remelluri 199 F4
Remeyerhof 239 D5
Remhoogte 383 D3
Remick Ridge 309 B2
Remilly, en 60 F3
Remírez de Ganuza 199 F5
Remstal-Stuttgart 244 C6
Renardat-Fâche 152 A4
Renardes, les 63 C5
Renardière, Dom de la 151 D5
Renato Keber 171 D5
René Bourgeon 68 D5
René, Clos 109 D2 D3
Renmark 344 E3
Renner 259 B4 B5
Renteria 311 E5
Renwick 373 C2
Renwood 318 B5
Reschke 357 A5
Reserva de Caliboro 335 E4
Réserve d'O, Dom de la 142 D3
Ressier, le Clos 70 E6 F6
Restless River 384 F5
Retz 255 A4
Retzlaff 317 A3
Retzstadt 247 B3
Reugne 61 E2
Reuilly 117 C4
Revana 313 F4
Revelette, Dom 146 B6
Reverie 311 B2
Reversées, les 62 D4
Rex Hill 297 C4
Reyne, Ch la 115 C4
Reyneke 383 E1
Reynolds Wine Growers 219 D6
Reysses, les 70 C4
Rhebokskloof 383 A4
Rheinberg, *Rheingau* 237 G4
Rheinberg, *Rheinhessen* 239 B4
Rheingarten 237 G1
Rheingau 223 E2
Rheinhell 237 G2
Rheinhessen 223 E2
Rheintal 251 A5
Rhode Island 290 B6
Rhodt 241 C4
Rhous-Tamiolakis 281 F4 F5
Rhys 317 C2
Rhythm Stick 353 D2
Riachi 286 F4
Rías Baixas 188 C1
Ribagnac 113 E5
Ribaudy, la 131 F1
Ribeauvillé 125 D4 127 C4
Ribeira Sacra 188 C2 192 G3
Ribeiro 188 C2 192 G2
Ribera d'Ebre 202 E3 E4
Ribera del Duero 188 D3
Ribera del Guadiana 188 E2
Ribera del Júcar 188 E4
Ribera del Lago 335 D3
Riberach, Dom 145 D3 E3
Ribonnet, Dom de 115 F5
Ricardelle, Ch 141 C4
Ricardo Santos 340 B3
Ricasoli 177 F5
Richard Dinner Vineyard 309 B1
Richard Hamilton 355 D4
Richard Kershaw 384 E4
Richard, Ch 113 E5
Richarde, en la 60 F3
Richaume, Dom 147 C1
Riche, le 371 E3
Richebourg, le 58 F4 65 F2
Richemone, la 65 F1
Richland 295 B5 299 E1
Richmond Grove 351 C4
Richou, Dom 118 B3
Rickety Bridge 383 D6
Rickety Gate 347 G3
Ridge 307 C5
Ridge Lytton Springs 307 C4
Ridge, *Northern Sonoma* 307 C4
Ridge, *Santa Cruz Mountains* 317 B2
Ridgeback 379 F2
Ridgeview 249 G4
Riebeek Cellars 381 B6
Riebeek West 379 F2 381 A5
Riebeek-Kasteel 381 B5
Riebeekberg 381 B5
Riebeeksrivier 381 B5
Riecine 177 E5
Riegel 245 B4
Riegelfeld 226 F4
Riegersburg 255 F4
Rijckaert, *Pouilly-Fuissé* 70 B5
Rijckaert, *Jura* 151 D6
Rijk's 379 E2
Rilly-la-Montagne 83 B4
Rimauresq, Dom de 147 D2
Rimavská Sobota 266 G5
Rimbert, Dom 141 A2
Rincon Vineyard 320 C2
Rinconada, la 321 C3 C4
Rio 283 D2
Rio Negro 330 F4
Rio Sordo 161 D2
Rioja 188 C4
Rioja Alta, la 199 F3
Rioja, La 330 D4
Rios-Lovell 317 A3
Riotte, la 66 C2
Riottes, les, *Beaune* 62 C1 D1
Riottes, les, *Meursault* 61 E3
Ripaille 152 A6
Ripi, le 170 D6
Rippon 375 B4 B5
Riquewihr 125 D4 127 B3
Riscal, Marqués de 199 G6
Risdall Ranch 297 B3
Ritchie Creek 311 B2
Ritchie Vineyard 307 E5
Ritsch 230 F6
Rittergarten 242 B2
Ritterpfad 229 C1 C2
Ritzling 257 B2
Rivadavia 340 C4
Rivassi 163 E2
Rivaton, Dom 145 D3
Rivaux, les 61 E3
Rivaz 252 E6
Rive Droite 251 C1 252 F3
River Junction 303 C3
River Road 307 D5
River Run 317 D3
Rivera, *Italy* 182 A4
Rivera, *Uruguay* 330 E5 332 E3
Riverhead 324 F1
Riverina 344 E5
Riverland 334 E2
Riverpoint 367 B6
Riversdale 366 F2
Rives-Blanques, Ch 140 D6
Riviera del Garda Bresciano 165 D2 168 E3
Riviera Ligure di Ponente 157 G4
Rivière, au dessus de la 65 G1
Rivolet 73 F2
Rizes 283 F3
Rizzi 161 E2
Roa de Duero 195 B4
Road 13 292 G5
Roaix 135 B3 137 B5
Roanoke 324 F1
Rob Dolan 363 D3
Robardelle 61 F4
Robe 334 G2
Robert Biale 311 E5
Robert Craig 311 A3
Robert Hall 320 B2
Robert Keenan 311 B2
Robert Mondavi 314 F4
Robert Mueller 307 C5
Robert Oatley 349 D5
Robert Plageoles et Fils 115 D5
Robert Sinskey 315 A2
Robert Young Estate 307 B5
Robert-Denogent, Dom 70 D4
Robertson 379 F3
Robertson Winery 379 F3
Robinvale 344 E3 E4
Robledo 309 D3
Robola Cooperative of Cephalonia 281 C2
Robyn Drayton 365 D4
Roc d'Anglade 143 C2
Roc des Anges 145 D3
Roc, Ch le 115 E5
Rocalière, Dom la 136 G6
Rocca di Castagnoli 177 F5
Rocca di Montegrossi 177 F5
Rocche del'Annunziata 163 C3
Rocche di Castiglione 163 D4
Rocchettevino 163 C2 C3
Rocfort 121 B5
Rochains, les 131 B5
Roche aux Moines, la 118 A2
Roche Redonne, Ch 148 D4
Roche Vineuse, la 69 E4
Roche, Clos de la 66 B2
Roche, sur la 70 A3
Rochefort-sur-Loire 116 B4 118 B2
Rochegude 135 B2
Rochelle, la, *Chinon* 120 F3
Rochelle, la, *California* 317 A3
Rochelles, Dom des 118 A5
Rochère, la 121 B5
Roches Neuves, Dom des 119 F4
Roches, les 121 B3
Rocheservière 116 C2
Rochester 325 A3
Rochette-St-Jean 120 F4
Rocheville, Dom de 119 F5
Rochford 363 C5
Rochioli, J 307 D5
Rochouard, Dom du 120 C3 D3
Rockburn 375 D5
Rockford 351 D4
Rockpile 303 B1 307 B2
Rocks District of Milton-Freewater, The 300 B4 B5
Rocoule 133 C5
Rocs, Dom Clos des 70 D5
Roda 199 F3
Rödchen 237 F4
Rodda, A 359 A6
Roddi 163 A4
Rödelsee 247 C4
Rodern 125 D4
Rodney Strong 307 D5
Ródos (Rhodes) 281 E6
Roederer 304 E2
Roero 157 F3 159 D3
Roger Lassarat, Dom 70 A2
Roger Sabon, Dom 139 E3
Roggeri 163 C3
Rognet-Corton, le 63 C5
Rogue Valley 295 G2
Rohrendorf 255 B4 259 D3
Roi, Clos du 62 C6
Roi, le Clos du 63 C4
Roichottes 63 A2
Rolet, Dom 151 D5
Rolf Binder 351 C4
Rolland Wines 340 E1
Roma 173 E4 F4
Romagna Albana 165 G3 173 A5
Romagna Pagadebit 165 G4 173 B5
Romagna Sangiovese 165 G3 173 A5
Romagna Trebbiano 165 G4 173 A5
Romagniens, les 61 E3
Romain, Ch 113 E5
Romains, les 123 C3 C4
Romanèche-Thorins 73 C6 74 C6
Romanée St-Vivant 65 F2
Romanée-Conti, la 65 F2
Romanée, la, *Gevrey-Chambertin* 66 A5
Romanée, la, *Nuits-St-Georges* 65 F2
Romanée, la, *Santenay* 59 F5
Romassan (Dom Ott), Ch 148 D4
Rombauer 313 E4
Rombone 161 D2
Romeo del Castello 185 A4
Römerhang 233 D3 D4
Römerstein-Martinhof 260 G4
Romney Park 356 C5
Roncaglie 161 D1
Roncagliette 161 D2
Roncé 120 G6
Roncée, Dom du 120 G6
Ronceret, le 61 F4
Ronchevrat 70 B2
Ronchi 161 C2
Ronchi di Cialla 171 B5
Roncière 64 F4
Roncières 79 F3
Ronco del Gelso 171 D4
Ronco del Gnemiz 171 C3
Roncus 171 D5
Rondières, les 60 B6
Rontets, Ch des 70 E5
Roque Sestière 141 C3
Roque-Peyre, Ch 113 E4
Roquemaure, la 59 F5
Roquète, Dom la 139 E3
Rorick Heritage Vineyard 318 D4
Rosa d'Oro 304 E5
Rosa, La, *Chile* 334 D6
Rosa, la, *Italy* 163 C4
Rosacker 127 B4
Rosalia 255 G6 260 G1
Rosazzo 165 D5
Röschitz 255 A4
Rose-Pauillac, la 93 C5
Roseburg 295 F2
Rosell Boher 340 B3
Rosella's Vineyard 317 F4
Rosemary's Vineyard 320 C2
Rosenberg, *Ahr* 226 F3
Rosenberg, *Bernkastel* 233 C4 E3 F3
Rosenberg, *Leithaberg* 260 E3
Rosenberg, *Nahe* 234 F5 235 G3
Rosenberg, *Neusiedlersee* 260 E4
Rosenberg, *Piesport* 231 D3 D4
Rosenberg, *Rheinfront* 240 C4
Rosenberg, *Saar* 229 B4 C3 C4
Rosengärtchen 231 F2 F3
Rosengarten, *Bernkastel* 233 D6
Rosengarten, *Rheingau* 236 G2
Rosengarten, *Rheinhessen* 239 A4 D2 D3
Rosenkranz 245 C2
Rosenlay 233 F2
Rosenthal 226 F3
Rosettes, les 120 G3
Rosily Vineyard 349 D6
Rossese di Dolceacqua 157 G3
Rossidi 274 E4
Rossiya (Russia) 277 A4
Rosso Conero 173 C6 D6
Rosso di Montalcino 179 C4
Rosso Piceno 173 D6
Rosso Piceno Superiore 173 E5
Rostov-na-Donu 277 A4
Rote Halde 245 B2
Rotenberg, *Germany* 239 D2
Rotenberg, *Romania* 273 C4
Rotenfels 235 E5 F5
Rotenfelser im Winkel 235 F6
Rotenstein 239 B3
Roterd 231 E3 E4
Rotfeld 234 G6
Rothenberg, *Rheinfront* 240 B5 C5
Rothenberg, *Rheingau* 236 G4 237 F3
Rothenberg, *Wachau* 257 B4
Rothenhof 257 B5
Rotier, Dom 115 E6
Rouanne, de 135 B3
Roubaud, Ch 134 F6
Roudnice nad Labem 266 E2
Rouet, Ch du 147 C3
Rouffach 125 F4 126 B3
Rouffignac-de-Sigoulès 113 E5
Rouge Garance, Dom 135 D1
Rouge Gorge, Clos du 145 D3
Rougeard, Clos 119 F4
Rougeots, les 61 F1
Rougeotte, la 61 F5
Rouges du Bas, les 65 F3
Rouges du Dessus, les 65 E3
Round Hill 314 D4
Round Pond 314 E4
Rouquette-sur-Mer, Ch 141 C5
Rousse Wine House 274 C4
Rousselle, la 60 G4
Rousset-les-Vignes 135 A3
Routas, Ch 147 C2
Rouvalis 283 E3
Rouvière (Dom Bunan), Ch la 148 D4
Rouvrettes, les 63 B1
Rovellats 201 E3
Rovellott 156 G3
Roxanich 271 A1
Roxheim 234 E3
Roxyann 295 G2
Roy, Clos du 67 C6
Roy, le Clos du 123 C3
Royal Tokaji Wine Co 265 F2
Royer, Clos 63 D5
Rozier 131 B5
Rozier, le 67 B2
Rubaiyat (Marufuji) 387 B4
Ruca Malén 340 C2
Rucahue 335 E3
Ruchè di Castagnole Monferrato 159 C4
Ruchots, les 65 F5 66 C1
Ruchottes du Bas 66 B4
Ruchottes du Dessus 66 B4
Rudd 314 E5
Rudera 383 E3
Rüdesheim 236 F2 G2
Rué 163 D2
Rue au Porc 61 F6
Rue aux Vaches, la 60 G4
Rue de Chaux 64 F4
Rue de Vergy 65 E6 66 B1
Rue de Vergy, en la 65 F6 66 B1
Rue Rousseau 60 G3
Rued Vineyard 307 E5
Rueda 188 E3 196 F5
Rufina 177 A6
Rugiens-Bas, les 61 F5
Rugiens-Hauts, les 61 E5
Ruispiri Biodynamic Vineyard 279 E3
Rully 55 D5 68 B5
Rumelia 274 E2 E3
Rupel 274 F2
Rupert & Rothschild 383 C4
Ruppertsberg 241 C4 242 G3
Rusack 321 C5
Ruse (Rousse) 274 C4
Russian Hill 307 D5
Russian River Valley 307 E5 E6
Russiz Superiore 171 D5
Rust 255 C5 260 G3
Rust en Vrede 383 E3
Rustenberg 383 D3
Rustridge 311 C5
Rutherford 311 C4 313 G5 G6 314 E4
Rutherford Hill 314 D4
Rutherglen 344 F5 359 A6
Rutherglen Estates 359 A6
Rutini 340 D1
Rymill 357 A5

Saale-Unstrut 223 D4
Saarburg 227 D3 229 F2
Saarfeilser-Marienberg 229 D2 D3
Sable de Camargue 53 G4
Sable Ridge 309 B1
Sablet 135 B3 137 C5
Sablonettes, Dom des 118 D3
Sablons, les 120 D2 D3
Sachsen 223 D5
Sackträger 240 G5
Sacramento 303 B3 318 C2
Sacred Hill 369 B4
Sacy 83 B3
Saddleback 314 E5
Sadie Family 381 D4
Sadova 273 D3
Sadoya 387 B4
Saeculum Cellars 326 B3
Saering 126 A1
Sagemoor Vineyard 299 E1
Šahy 266 G4
Saillon 253 G2
Saint Clair Family Estate 373 B3
Saints Hills 271 A1
Saintsbury 309 D5 311 G5
Saito Budoen 386 C6
Sakai (Burdup) 386 B5
Sakaori, Ch 387 B4
Salado Creek 303 D3
Salamandre 317 D3
Salcheto 180 C4
Salem 295 D2 297 E3
Salentein 340 E1
Salgesch 253 F4
Salice Salentino 182 C5 D5
Salicutti 179 C5
Salihli 285 F3
Salina, la 273 B3
Salinas 303 D3 317 E3
Salitage 347 G2
Salitis, Ch 141 C1
Salkhino 277 B4 C4
Salla Estate 274 D5
Salles-Arbuissonnas-en-Beaujolais 73 E5
Sally's Paddock 359 B2
Salnesur Palacio de Fefiñanes 193 B3
Salpetrière, la 120 C2 D2
Salt Lick Vineyard 326 C6
Salta 330 D4 339 A6 B5 332 E3
Salto 330 E5
Saltram 351 C5
Salvatore Molettieri 183 B6
Salvioni 179 B5
Salyan 277 C6
Salzberg 260 F4
Sam Miranda 359 B5
Sam Scott 356 D4
Sâmbureşti 273 D3
Samegrelo 277 B4
Sameirás 192 G2
Sámos 281 D5
Sampagny, en 67 B2
Samsara 320 F2
Samtredia 277 C4
Samuel Tinon 265 E4
Samuel's Gorge 355 C4
San Antonio 334 E4 333 D5
San Antonio de las Minas 327 F3 F4
San Antonio Valley 303 E3
San Bernabe 317 G5
San Bernabe Vineyard 317 G5
San Borondon 204 B6
San Carlos 339 C5
San Carlos 340 F2
San Colombano 157 E5
San Cristoforo 161 C3
San Esteban 334 C2 C3
San Esteban de Gormaz 195 C6
San Felice, *Italy* 177 F5
San Felipe, *Chile* 334 C2
San Fernando 334 D6
San Francesco 182 D5
San Francisco 303 C2
San Francisco Bay 303 C2 D3 317 A1
San Gimignano 173 B3 177 E1
San Giusto a Rentennana 177 G5
San Jose, *Argentina* 340 D1
San Jose, *California* 303 D3 317 B2
San Juan, *Argentina* 330 E4 340 D5
San Juan, *Spain* 205 D4
San Leonardo 166 G3
San Lorenzo di Verduno 163 A3
San Lorenzo, *Barolo* 163 D2
San Lorenzo, *Sicily* 185 A4
San Lucas 303 E4 317 G6
San Luis Obispo 320 C1 C2
San Martín 340 D5
San Miguel de Tucumán 339 D6
San Miguel del Huique 334 E6
San Pablo 340 D1
San Pedro 335 D2
San Pedro de Yacochuya 339 C4
San Polino 179 C6
San Rafael 330 E4
San Severo 182 A3
San Vicente de la Sonsierra 198 A6 199 F4
Sancerre 117 B5 123 B3
Sanctus 107 D3
Sanctus, Ch 286 D4
Sand-Reckoner 326 B3
Sandalford 347 C2 349 E5 E6
Sandberg 229 B2
Sandgrub 237 E2 F3
Sandgrube 259 D2
Sandhurst 249 G3
Sandidge, CR 295 A5
Sands and Other Favourable Lands in the South 273 D3 D4
Sanford 321 C4
Sanford & Benedict Vineyard 321 C4
Sang des Cailloux, Dom le 137 D4
Sangiacomo Vineyard 309 D3
Sanhe Wine 388 A5 A6
Sankt Cyriakusstift 239 C5
Sankt Georgenberg 239 C3 C4
Sankt Michaelsberg 245 B4
Sanlúcar de Barrameda 188 F2 204 A5
Sannio 182 A3 183 A4 A5
Sansonnière, Dom de la 118 E5
Sant'Antimo 179 C4
Sant Sadurní d'Anoia 201 E4
Santa Berta de Chanco 335 G4
Santa Carolina 334 C3
Santa Clara Valley 317 C3
Santa Cruz 317 D2
Santa Cruz Mountain 317 C2
Santa Cruz Mountains 317 B1
Santa Duc, Dom 137 C5
Santa Ema 334 C4
Santa Julia 340 B4
Santa Lucia 182 A4
Santa Lucia Highlands 317 F4 G4
Santa Maria 320 D3
Santa Maria Valley 320 E2
Santa Marta 192 G4
Santa Monica 334 C5
Santa Rita 334 C4
Santa Rosa, *Argentina* 340 D5
Santa Rosa, *California* 303 B2 307 E6
Santa Sarah 274 D5
Santa Venere 182 D5
Santa Ynez Valley 320 F3 321 C5
Santenay 55 D5 59 E2
Santenots Blancs, les 61 F3
Santenots Dessous, les 61 F3
Santenots du Milieu, les 61 F3
Santiago 330 E3 E4 333 D5 D6
Santo Spirito 185 A5
Santo Stefano (Barbaresco) 161 B3 163 E4
Santo Wines 281 E5
Santolin 363 D3
Santomas 271 A1
Santorini 281 E4
Saó del Costa 202 C4
São Domingos 217 C2
São João da Pesqueira 211 F2
Sapporo (Katsunuma) 387 B4
Sapporo (Okayama) 386 C4
Sapporo Fujino 386 A5
Saracen Estates 349 D5
Saracina 304 E3
Sarafin 285 F3
Sarah's Vineyard 317 D3
Sarajevo 267 F4
Sarata 277 A2
Sárazsadány 265 E5
Sarda-Malet, Dom 145 E4
Sardegna Semidano 186 D4
Sardón de Duero 195 C2
Sarica Niculiţel 273 C5 D5
Sarmassa 163 D2
Sarmiento 330 F4
Saronsberg 379 E2
Sárospatak 263 A5 265 D5
Sarria 197 A5
Sarrins, Ch des 147 C2 C3
Sasalja 265 E2
Sasbach 249 B2
Sassari 186 B4
Sassay, Ch de 120 G4
Satigny 252 F3
Sattui, V 313 G5
Sato 375 C5
Sátoraljaújhely 265 C6
Šatov 266 G3
Satsnakheli 279 E3 E4
Satz 260 E4 G3
Satzen 259 F2
Saucelito Canyon 320 C2
Saucours, les 63 A1 B1
Saules, aux 65 G2
Saulheim 238 E3
Sauloch 239 C3
Saumagen 242 A2
Saumaize-Michelin, Dom 70 A3
Saumur 116 B5 119 E4
Saumur-Champigny 119 F4
Saumur, Cave de 119 F4
Saunières, les 59 D2
Sauska Tokaj 265 G4
Saussignac 113 E5
Saussilles, les 62 C2
Saussois, en 61 D1
Saute aux Loups 120 G4
Sauternes 85 F4 105 G2 86 F4
Sauvageonne, Ch la 142 D3
Savage 379 F2
Savannah Channel 317 C2
Savarines, Dom des 115 C4
Savaterre 359 B6
Savennières 118 B1
Savigny 55 D5
Savigny-lès-Beaune 63 C1
Savuto 182 D4
Saxenburg 383 E1
Saxum 320 B1
Sazano 277 C5
Sbragia Family 307 B3
Scaggs Vineyard 311 E3
Scala Dei 202 B5
Scali 379 F2
Scanzo 157 D5
Scarabée, Dom le 145 F5
Scarborough 365 D4
Scarecrow 314 E4
Scarpantoni 355 D5
Sceaux, les 62 D4
Schaffhausen 251 A4
Schafleiten 260 E5
Scharffenberger 304 E2
Scharrachbergheim 125 A5
Scharzhofberg 229 C4
Schatzgarten 233 C5
Scheibental 257 D1
Scheid 317 G5
Scheidterberg 229 D1
Schenkenbichl 259 A3 B3
Schieferley 226 F2 F4
Schiefern 259 F4
Schiesslay 231 F1
Schistes, Dom des 145 D3
Schlangengraben 229 C2 D2
Schloss Hohenreschen 240 E3
Schloss Johannisberg 236 F4 F5
Schloss Reichartshausen 236 G6 237 G1
Schloss Saarfelser Schlossberg 229 G2 G3
Schloss Saarsteiner 229 G2
Schloss Schwabsburg 240 E3
Schloss Staufenberg 244 D4
Schloss Vollrads 236 F5
Schloss, *Oppenheim* 240 G5
Schloss, *Wonnegau* 239 B4 C4
Schlossberg, *Alsace* 127 B3
Schlossberg, *Baden* 245 A5 C1 D2
Schlossberg, *Bernkastel* 233 B6 D2 E2 E5 F2 G3 G4
Schlossberg, *Pfalz* 242 E2
Schlossberg, *Rheinfront* 240 F5
Schlossberg, *Rheingau* 236 F5 237 G2
Schlossberg, *Saar* 229 B3 C3 E2
Schlossberg, *Wachau* 257 B4 C5 259 F1
Schlossböckelheim 234 F3 235 G1 G2
Schlossgarten, *Baden* 245 C1
Schlossgarten, *Rheingau* 236 G3 G4
Schlossgarten, *Rheinhessen* 239 E3
Schmallister 260 E3
Schnable 259 D3

Schneckenberg 239 E3 E4
Schoden 229 D2
Schoenenbourg 127 B4 C4
Schön 256 D5
Schönberg 255 B4
Schönhell 236 F6
Schrader Cellars 311 B1 B2
Schramsberg 311 B2
Schreck 259 D1
Schreiberberg 257 B3
Schrötten, in 259 F4
Schubert 370 B4
Schubertslay 231 C3
Schuchmann 279 E3
Schug Carneros 309 E3
Schütt 257 C4
Schützen 255 C5
Schützenhaus 237 F1
Schützenhütte 240 F5 G5
Schwabsburg 238 E4 240 F3
Schwaigern 244 C6
Schwarzenstein 236 F4 F5
Schweigen 241 E3
Schweiger 311 B2
Schwyz 251 B4
Sciara Nuova 185 A4
Sclavos 281 C2
Scopetone 179 B5
Scorpo 361 F5
Scotchmans Hill 359 D3
Scott Base 375 D5
Scott Harvey Wines 318 C3
Scott Paul 297 D3
Screaming Eagle 314 E5
Ščurek 171 C5
Sea Horse 287 F5
Sea Smoke Vineyard 321 C3 C4
Seattle 295 A3 E5
Seaver Vineyards 311 B1 B2
Seavey 311 C4
Seaview Vineyard 307 D2
Sebastiani 309 D3
Sebastopol 307 E5
Sebes Apold 273 C3
Sécher 79 E3
Seclantas Adentro 339 B4
Secondine (Sori San Lorenzo) 161 C2
Sečovce 266 G6
Seddon 374 E5
Sedona 326 B3
Seeberg 259 A3
Segal 287 E4
Segarcea 273 D2 D3
Seghesio 307 C5
Ségriès, Ch de 136 F5
Séguret 135 B3 137 B5
Seiberberg 257 B1 B2
Seilgarten 239 B2 B3
Selçuk 285 G3
Selendi 285 F3
Sella 156 G1
Sella & Mosca 186 B4
Selle (Dom Ott), Ch de 147 C3
Selvapiana 177 A5
Semblançay 117 B1
Semeli 283 F6
Senator 273 C5
Sendiana 286 F4
Senec 266 G4
Seneca Lake 325 C5
Senmiao, Ch 390 B3 B4
Señorío de Arínzano 197 B4
Señorío de San Vicente 199 F4
Senpatina Ice Wine, Dom 388 A5 A6
Sentier du Clou, sur le 60 D2
Sentiers, les 65 F6 66 C1
Seppelt Great Western 359 C1
Seppeltsfield 351 B3 C3
Seps Estate 311 A1
Sept 286 E4
Séptima 340 C2
Sequoia Grove 314 E4
Sera 386 D4
Serafino 355 D5
Sered' 266 G4
Serédi 265 E4
Serena, la 179 C6
Seresin Estate 373 C2
Sergio Acuri 182 D5
Sermiers 83 B3
Serpens, les 61 F5
Serpentières, aux 63 A2
Serra 163 E5
Serra do Sudeste 330 E6
Serra Gaúcha 330 D6 331 E6
Serra, la 163 C2
Serraboella 161 C4
Serracapelli 161 A4
Serracavallo 182 D3
Serragrilli 161 B4
Serralunga d'Alba 163 D4 D5
Serrat 363 C4
Serres-Mazard, Dom 141 D2
Serres, Dom le Clos du 142 D3
Serve 273 C4
Servy, en 70 C3
Sesti 179 D4
Settesoli 184 F3
Setúbal 208 D4 215 E5
Setúbal, Peninsula de 208 E4
Setzberg 256 D6
Seurey, les 62 C4
Seuriat, le 63 D6
Sevastopol 277 B2
Seven Hills 300 B5
Seven Hills Vineyard 300 B4
Seven Springs Vineyard 297 D3
Sevenhill 353 D2
Severna Makedonija 267 G5
Sevilen 285 G3
Sevilla 188 F2
Seville Estate 363 E4
Seymour 344 G4 G5
Sforzato di Valtellina 157 C5
Shaanxi 388 B5
Shabo 277 A2
Shabran 277 C6
Shadowfax 359 D4
Shafer 315 B2
Shake Ridge Ranch 318 C3
Shalauri 279 E3
Shandong 388 B5
Shangri La 388 B4
Shannon 384 D3
Shannon Ridge 304 E5
Shanxi 388 B5
Shapotou, Ch 388 B4
Sharpham 249 G2
Shaughnessy, O' 311 A3
Shaw & Smith 356 D5
Shaw Vineyard 309 B2
Shawsgate 249 F5
Shea Vineyard 297 C3
Sheehan 326 B4
Sheldrake Point 325 C5
Shemakha (Samaxi) 277 C6
Shenandoah 318 B5
Shenandoah Valley 323 E4
Shepparton 344 F4 F5 359 A5
Sherwood 371 F2
Shiluh 285 G6
Shimane Winery 386 C3 C4
Shingleback 355 D4
Shinn 324 E1
Shinshu Takayama 386 C5
Shion 387 A4
Shirvan 277 C6
Shoalhaven Coast 345 E1
Shobbrook 351 C3
Short Hills Bench 293 G4
Shottesbrooke 355 D5
Shqipërisë (Albania) 267 G5
Shumen 274 D5
Shumi Tsinanadali Estate 279 E4
Shuswap 292 C5 C6
SHVO Vineyards 287 D5
Sidewood 356 C4 D4
Sidónio de Sousa 217 B2
Siduri 307 E6
Siebeldingen 241 D4
Siefersheim 238 F2
Siegel 335 D1
Siegelsberg 237 F2 G2
Siegendorf 255 C5
Siena 173 B3 177 G4
Sierra Cantabria 199 F4
Sierra de Salamanca 188 D2
Sierra de San Cristobal 205 E5 F5
Sierra Foothills 303 B4 C4 318 C3
Sierra Madre Vineyard 320 E3
Sierra Mar 317 F4
Sierra Vista 318 B4
Sierre 253 F4
Siete, Clos de los 340 E1
Sigalas 281 E5
Siglos 261 C6
Signac, Ch 135 C1
Signargues 135 D1 D2
Signorello 311 E5
Sigolsheim 125 D4 127 B2
Sijnn 379 G4
Siklós 263 D3
Silberberg, *Ahr* 226 F3
Silberberg, *Baden* 245 B4 C4
Silberberg, *Rheinhessen* 239 C2 D2
Silberbichl 257 C6 259 F1
Sileni 369 C4
Sillery 83 B5
Silva Daskalaki 281 F4
Silver Heights 390 B4
Silver Oak 314 F5
Silver Thread 325 C4 C5
Silverado 315 B2
Silvio Nardi 179 B4
Silwervis 379 F1 F2
Similkameen Valley 292 C5
295 E6
Simone, Ch 146 C6
Simonsberg-Paarl 383 C3 C4
Simonsberg-Stellenbosch 383 D3
Simonsig 383 D2
Simonsvlei 383 B3 C3
Simpsons 249 G5
Sinapius 366 D2
Sine Qua Non 326 B2
Singerriedel 256 C6
Singla, Dom 145 D5
Sinner 260 F2 F3
Sion 251 C3 253 F3
Sionnières, les 66 C1
Sir Lambert 379 D2
Siracusa 184 G6
Siria 273 B2
Siro Pacenti 179 B5
Široki Brijeg 267 F4
Sitia 281 F5
Sittella 347 C2
Sitzendorf 255 B4
Sivipa 215 E5
Six Sigma 304 F6
Sixtine, Ch 139 E3
Sizies, les 62 C3
Sizzano 156 G4 157 D4
Sjeverna Dalmacija 271 C2 C3
Skadarskog Jezera 267 G5
Skafidiá 283 F1
Skalica 266 G3
Škaulj 271 C3
Skillogalee 353 D1
Skinner 318 B5
Skopje 267 G5
Skouras 283 F4
Sky 311 E4
Slavonija 267 E4
Slavonija I Podunavlje 267 E4
Sleepy Hollow Vineyard 317 F3 F4
Sleight of Hand 300 B4
Sliven 274 D4
Slivermist 380 A4
Sloughhouse 318 C2 C3
Slovácko 266 F4
Slovenija 267 E3
Slovenska Istra 271 A2 268 D4
Slovenské Nové Mesto 266 G6
Smith-Madrone 311 B2
Smith's Vineyard 359 B6
Smithbrook 347 F2
Smolenice 266 G3
Snake River Valley 295 F6
Snipes Mountain 295 C5 298 E4 F4
Snoqualmie 298 F6
Snows Lake 304 F5
Snowy Peaks 326 A4
Soave 165 E3 169 G3
Soave Classico 165 E3 169 G4
Soave Colli Scaligeri 169 F4
Soberanes Vineyard 317 F4
Sobon 318 B5
Sofiya 274 E2
Sojourn Cellars 309 D3
Sokol Blosser 297 D3
Sol-Payré, Dom 145 F5
Solanes del Molar 202 D3
Solano County Green Valley 303 C3
Soleil (Asahi Youshu) 387 B4
Solis 317 D3
Solitude, Dom de la, *Bordeaux* 103 G5
Solitude, Dom de la, *Châteauneuf-du-Pape* 139 E4
Solms Delta 383 D4
Sologny 69 E3
Solon, Clos 66 C2
Solothurn 251 B3
Solutré-Pouilly 55 F5 69 F3 70 C3 C4
Somerset West 379 G2 383 G3
Somloire 116 C4
Somlóvásárhely 263 B2
Sommerach 247 C4
Sommerberg 127 B1
Sommerhalde 245 A5
Sommerwende 239 B2
Sommières 142 C6
Somontano 188 C5
Somoza 192 G3
Songe, en 66 B5
Sonnay 120 F5
Sonnenberg, *Ahr* 226 F4 F5
Sonnenberg, *Nahe* 234 F6 G6
Sonnenberg, *Rheingau* 237 F3 F4 G4
Sonnenberg, *Rheinhessen* 239 C3 D3
Sonnenberg, *Saar* 229 A4 C2 E3 F4 G5
Sonnenglanz 127 C3
Sonnenlay 233 C4 G1 G2
Sonnenschein 226 F4
Sonnensteig 261 B4
Sonnenuhr, *Bernkastel* 233 D2 E3 F1
Sonnenuhr, *Piesport* 231 F3
Sonnleiten 256 E6
Sonoita 326 B3
Sonoita Vineyards 326 B4
Sonoma 309 D3
Sonoma Coast 303 B1 307 C5 E2
Sonoma Mountain 309 C2
Sonoma Valley 309 B2 F3 311 D3
Sonoma-Cutrer 307 D5
Sons of Eden 351 B5 352 D4
Sooss 255 C4
Sopraceneri 251 C4 C5
Sopron 263 B2
Soquel 317 C2
Sorano 163 C4
Sorbé, Clos 66 C2
Sorbès, les 66 C1
Sordes, les 65 F5
Sorgentière, la 67 B1
Soriano 330 E5
Sorin, Dom 148 D3
Sorrenberg 359 A6
Soryu 387 B4
Soter 297 D3
Sotillo de La Ribera 195 B4
Sottocastello di Novello 163 F2
Sottoceneri 251 D5
Souch, Dom de 115 G1
Soucherie, Ch 118 C2
Souchons, Dom des 74 E4
Soufrandière, Dom de la 70 E5
Soufrandise, Dom de la 70 D4
Soula, Dom le 145 D2
Soulanes, Dom des 145 D3
Soultzmatt 125 F3 126 A3
Soumade, Dom la 137 B5
Soumah 363 D5
Soumard 123 C5
Source, Dom de la 147 A6
Sous Blagny 60 F5
Sous Frétille 63 B5
Sous la Roche 59 E3 E4
Sous la Velle 61 A1 B1 E2
Sous le Bois de Noël et Belles Filles 63 A4
Sous le Cellier 61 E3
Sous le Château 61 A1 B1
Sous le Courthil 60 F4
Sous le Dos d'Ane 60 F5
Sous le Puits 60 E4 F4
Sous Roche 61 B1 B2
Sous Roche Dumay 60 E3
South Bessarabia 277 A1 A2
South Burnett 345 A2
South Carolina 290 C5
South Coast 326 B2
South Coast Winery 326 B3
South Dakota 290 B3
South Hill 384 E3
Southbrook Vineyards 293 F5
Southeastern Anatolia 285 G5
Southern Fleurieu 344 F1 355 E4
Southern Flinders Ranges 344 D2
Southern Highlands 345 E1
Southern Oregon 295 G2
Southern Right 384 G5
Southern Valleys 373 C2
Souverain 307 B4
Sovana 173 D3
Spadafora 184 E3
Spangler 295 F2
Sparkling Pointe 324 E2
Speyer 241 C5
Sphera 287 F4 F5
Spice Route 379 F2
Spicewood Vineyards 326 C6
Spiegel, *Alsace* 126 A1
Spiegel, *Kamptal* 259 B4
Spiegel, *Kremstal* 259 D1
Spielberg 242 B1 B2
Spier 383 E2
Spiess 242 G2
Spioenkop 384 E3 E4
Spiropoulos 283 F3
Spitz 255 B3 256 D6
Spitzer Point 256 D5
Split 267 F4 271 C4
Spoleto 181 F6
Sporen 127 B3
Sportoletti 181 E6
Spottswoode 313 F4
Spring Mountain 311 C3
Spring Mountain District 311 C2 313 E3
Spring Valley 300 A5 B4
Springfield 379 F3
Springfontein 379 G2 G3
Sprinzenberg 259 F2
Spy Valley 373 C1
Squinzano 182 B6
Srbija (Serbia) 267 F5
Srednja i Južna Dalmacija 271 D3 D4
Srem 267 E5
St Amant 318 D2
St Anna 255 F4
St Charles Vineyard 317 C2
St Clair 326 B4
St Clement 313 F4
St Clement, Ch 286 G4
St Cousair 386 C5
St David's Bench 293 F5
St Francis 309 A1
St Gallen 251 A5
St Georgen 255 C5
St Hallett 351 D3
St Helena 311 C3 313 F5 314 D3
St Helena Bay 379 E1 E2
St Huberts 363 D4
St Jean, Ch 309 A2 B2
St Louis Ding, Ch 390 C3
St Margarethen 255 C5
St Mary's Vineyard 357 C5
St Matthias (Moorilla) 366 D2
St Nikolaus 236 F5 F6 G6
St Stefan 255 F3
St Supéry 314 E4
St Thomas, Ch 286 F5
St-Aignan 117 B2
St-Albert, Dom 147 D2
St-Amour 55 F5 69 G4 74 A6 73 B6 75 A5 A6
St-Andéol 135 A1
St-André de Figuière, Dom 147 D2
St-Andrieu, Dom 142 D3
St-Anne 93 F3 95 E3
St-Antonin, Dom 142 E1
St-Aubin 55 D5 60 D2
St-Baillon, Dom de 147 C2
St-Barthélémy-d'Anjou 116 B5
St-Brice 89 E5
St-Bris 55 B3
St-Christol 141 D6
St-Clément-de-la-Place 116 B4
St-Cosme, Ch de 137 C5
St-Cyrgues, Ch 135 F1
St-Denis, Clos, *Morey-St-Denis* 66 C2
St-Denis, Clos, *Vosne-Romanée* 65 F3
St-Désiré 62 C2
St-Didier-sur-Beaujeu 73 C4
St-Drézéry 141 D6
St-Émilion 85 D5 107 D2 109 F5 111 E3
St-Estèphe 85 B2 91 D5 93 A4
St-Estève de Néri, Ch 135 E5
St-Étienne-des-Ouillères 73 D5
St-Étienne-la-Varenne 73 D5
St-Florent-le-Vieil 116 B3
St-Gayan, Dom 137 C5
St-Gengoux-de-Scissé 69 C4
St-Georges 85 D5
St-Georges-d'Orques 141 E5
St-Georges-St-Émilion 111 B5
St-Georges-sur-Loire 116 B4
St-Georges, les 64 F3
St-Germain, Dom 152 C5
St-Gervais 135 C1
St-Guilhem-le-Désert 53 F4
St-Hilaire-St-Florent 116 B5
St-Hilaire, Clos 83 D4
St-Hippolyte, *Alsace* 125 D4 127 D6
St-Hippolyte, *Loire* 117 C2
St-Hune, Clos 127 B4
St-Imer, Clos 126 B4
St-Jacques 67 B3
St-Jacques d'Albas, Ch 141 C1
St-Jacques, aux 64 F6
St-Jacques, le Clos 66 B5
St-Jean-de-Braye 117 A3
St-Jean-de-Duras 113 F4 F5
St-Jean-de-la-Porte 152 C5
St-Jean, Clos 60 F2
St-Jean, Médoc 89 C2
St-Jean, Santenay 59 D2
St-Jeoire-Prieuré 152 C5
St-Joseph 129 A2 131 F1
St-Joseph, Clos 147 A5
St-Julien-Beychevelle 85 B2 95 E5
St-Julien, *Bordeaux* 95 E4 93 F4 97 A3
St-Julien, *Burgundy* 73 E5
St-Julien, Clos 111 E4
St-Juliens, aux 64 F6
St-Lager 73 D5 74 F4
St-Landelin, Clos 126 B2
St-Lannes, Dom de 115 E2
St-Laurent-des-Vignes 113 E5
St-Léonard 253 F3
St-Macaire 85 F4
St-Martin de la Garrigue, Ch 142 F3
St-Martin, Clos 111 E3
St-Maurice 135 B3
St-Maurice, Ch 135 C2
St-Nicolas-de-Bourgueil 116 B6 120 D2
St-Pantaléon-les-Vignes 135 A3
St-Paul 120 G4
St-Péray 129 E2
St-Philbert-de-Grand-Lieu 116 C2
St-Pierre-de-Clages 253 F3
St-Pourçain 53 D4
St-Préfert, Dom 139 E3
St-Roch, Ch 136 F6
St-Romain 61 A1
St-Saphorin 252 E6
St-Saturnin 141 D3
St-Sauveur 113 E6
St-Sebastien, Dom 145 F4
St-Sernin 113 F4
St-Sigismond 116 B4
St-Symphorien-d'Ancelles 73 C6
St-Urbain 67 C4
St-Vérand 67 G4 73 B6
St-Vincent, Clos 147 A6
Sta. Rita Hills 320 E3 321 C3
Stadecken 238 E3
Stadio 283 F3
Staete Landt 373 B2
Stag's Leap Wine Cellars 315 C2
Stagecoach Vineyard 311 D6
Staglin Family 314 F3 F4
Stags Leap District 311 E5 315 B2
Stags' Leap Winery 315 B2
Staiger, P&M 317 C2
Staindl 361 F5
Stainz 255 F3
Štajerska Slovenija 269 E3 G1 G2
Stambolovo 274 E4
Stammersdorf 255 B5
Standing Stone 325 C5
Stangl 259 A5
Stanlake Park 249 F4
Stanton & Killeen 359 A6
Star Lane 321 C6
Stara Zagora 274 E4
Starderi 161 A3
Stark-Condé 383 E3
Starkenburg 244 A5
Starý Plzenec 266 F1
State Guest, Ch 388 F5
Statella 185 A4
Stăuceni 277 A1
Stavropol 277 B4
Stawell 344 F3
Ste Michelle, Ch 295 A3
Ste Neige (Asahi) 387 B4
Ste-Agathe 131 C3
Ste-Andrée, Ch 286 E4
Ste-Anne, Ch 148 E5
Ste-Anne, Dom 135 C1
Ste-Cécile 135 B3
Ste-Croix-du-Mont 85 E4 105 B4
Ste-Eulalie, Ch 141 B2
Ste-Foy-la-Grande 85 D6 113 E4
Ste-Magdeleine, Clos 146 D6
Ste-Marie-la-Blanche 53 D4
Ste-Marie, Dom 141 C2
Ste-Maure-de-Touraine 117 C1
Ste-Rose, Dom 142 F2
Steele 304 E5
Steenberg 380 D5
Ştefan Vodă 277 A1
Ştefăneşti 273 D3 D4
Stefano Lubiana 366 F2
Stefanslay 231 C5
Steffensberg 233 B5 B6
Steig 239 C2 C3
Steiger 257 B3
Steigerdell 235 F6
Steigerwald 247 D4
Stein-Bockenheim 238 F2
Stein-Grubler 126 B6
Stein, *Kremstal* 255 B3 257 B6 259 E1
Stein, *Rheinhessen* 239 B4
Steinacker 242 A2 B2
Steinberg, *Nahe* 235 G3
Steinberg, *Pfalz* 242 C1 C2
Steinberg, *Rheingau* 237 F1
Steinberger 229 B2
Steinböhl 239 A3
Steinborz 256 D6
Steinbuck 245 C2
Steinbuckel 243 F2
Steinbühel 259 E2
Steiner 257 B5
Steiner Vineyard 309 B1
Steinert 126 B3
Steinertal 257 B5
Steinfelsen 245 D2
Steingarten 351 E4 352 E3
Steingrube, *Baden* 245 B1 B3 C4
Steingrube, *Rheinhessen* 239 B3
Steinhalde 245 B3
Steinhaus 259 B3
Steinkaul 226 F4
Steinklotz 125 A5
Steinleithn 259 E2
Steinmassel 259 A3 B3
Steinmorgen 237 F2 G2
Steinriegl 257 B1
Steinsatz 259 B4
Steinwand 257 C2
Steinwingert 235 G3
Stella Bella 349 F5 F6
Stella di Campalto 179 D6
Stellenbosch 379 F2 383 E3
Stellenbosch Hills 383 E2
Stellenrust 383 E2
Stellenzicht 383 E3
Steltzner 315 B2
Štemberger 268 F3
Stéphane Aladame, Dom 68 G4
Stephanus-Rosengärtchen 233 G4
Stephen Ross 320 C2
Sterling 311 B2
Stetten, *Baden* 244 D6
Stetten, *Franken* 247 B3
Steve Wiblin's 353 E3
Steven Kent 317 A3
Stevenot 318 D4
Steyer, *Nahe* 235 F4
Steyer, *Slovenia* 269 E3
Stiegelstal 256 D6
Stift 242 E3
Stiftsberg 226 F3
Stina 271 D4
Stirn 229 E2
Stixneusiedl 255 C5
Sto Isidro de Pegões 215 D6
Stockton 303 C3 318 D2
Stoller 297 D3
Stolpman 321 C5
Stone Cottage Cellars 326 A4
Stone House 326 B5
Stone Tree Vineyard 298 D5
Stonecroft 369 C4
Stonestreet 307 C5
Stoney Rise 366 D2
Stoney Vineyard 366 F2
Stonier 361 F5
Stony Brook 383 D6
Stony Hill 313 E3
Stony, Ch de 142 F5
Stori 279 E3
Storm 384 F6
Storrs 317 D2
Storybook Mountain 311 A1
Straden 255 F4
Strandveld 379 G3
Strass 255 B4 259 B5
Strathbogie Ranges 344 F5 359 B5
Stratus 293 F5
Strawberry Hill 249 F3
Strážnice 266 G3
Streda nad Bodrogom 266 G6
Stredoslovenská 266 G5
Streicker 349 D5
Strekov 266 G4
Strofilia 281 D4
Stroumpi 284 C4
Strumica-Radovis 267 G6
Stuhlmuller 307 C5
Štúrovo 266 G4
Stuttgart 223 F3 244 D5 D6
Subotica 267 E5
Suchot, en 67 B1
Suchots, les 65 F2 F3
Sucre 330 C4
Sudak 277 B3
Südsteiermark 255 G6
Suffrene, Dom la 148 D4
Suisun Valley 303 B3 C3
Sukhindol (Suhindol) 274 D3
Sulzfeld 247 C4
Šumadija 267 F5
Sumaridge 384 F5
Summa Vineyard 307 D3
Summerfield 359 B2
Summerhill Pyramid 292 F5
Summers 311 A1
Summit Lake 311 A3
Sunbury 344 G4 359 C4
Sungurlare 274 D5
Sunnyside 295 B5 299 E3
Suntory (Shiojiri), *Nagano* 386 C5
Suntory (Tomi No Oka), *Yamanashi* 387 B4
Sunyard Wine Co. 388 A4
Super Single 383 E1
Superin 257 B3 B4
Superuco 340 E1
Sur les Vris 63 C6
Sur Roches 61 E5
Susana Esteban 219 D4
Süssenberg 257 B4 C5 259 E1
Sutcliffe Vineyards 326 A4
Sutor 268 F3
Sutter Home 313 G5
Sutton Grange 359 B3
Suvereto 175 D5 D6
Suvla 285 F3
Suze-la-Rousse 135 B2
Svirče, Pz (Badel 1862) 271 D4
Sviri 277 C5
Svishtov 274 C3
Swan District 347 C2

Swan Hill 344 F4
Swan Valley 347 C2
Swanson 314 E4
Swartland 379 E2 381 C4
Swartland Winery 381 C4
Swedish Hill 325 B5
Swellendam 379 G4
Switchback Ridge 311 B3
Sycamore Vineyard 314 E3
Sydney 345 E1
Sylvie 66 C5 C6
Syncline 295 C4
Syunik 277 C5 C6
Szárhegy 265 D4
Szarvas 265 G3
Szegfű 265 D5
Szegi 265 F3
Szegilong 265 F4
Szekszárd 263 C3
Szentgyörgyvár 263 C2
Szentvér 265 E4
Szerelmi 265 G4
Szerencs 265 F1
Szilvölgy 265 G3
Szőlőhegy 265 F1
Szt Kereszt 265 G3
Szt Tamás 265 F2

T-oinos 281 D4
T'Gallant 361 F5
Tabatau, Dom du 141 B3
Tabeillion, en 67 B2
Tablas Creek 320 B1
Tabor 287 D5
Tâche, la 65 F2
Tacna 330 C4
Tacoronte-Acentejo 191 F2
Tacuil 339 B4
Taft Street 307 E4
Tahbilk 359 B4
Taille aux Loups, Dom de la 121 C5
Taille Pieds 61 F4
Tain-l'Hermitage 129 D2 133 C4
Tainai Ko-Gen Winery 386 C5
Tairove 277 A2
Taissy 83 A4
Takahata Winery 386 C5
Takahiko, Dom 386 A5
Takeda 386 C5
Takizawa 386 A5
Talbott Vineyards 317 F4
Talenti 179 D4
Talijancich 347 C2
Talley Vineyards 320 D2
Tállya 263 A5 265 E2
Talmettes, les 63 B2
Taltarni 359 B2
Taman Peninsula 277 B3
Tamar Ridge 366 D2 E2
Tamar Valley 366 E2
Tamarack 300 A5 B5
Tamba Wine 386 C4
Tamboerskloof 383 E3
Tamburlaine 365 D5
Tamisot 66 C5
Tandil 330 E5
Tang Ting 388 A4
Tangent 320 C2
Tannacker 245 B3
Tannenberg 260 E4
Tantalus Vineyards 292 F5
Tanunda, Ch 351 C4
Tapada do Chaves 219 C5
Tapada, A 192 G4
Tapanappa 356 C4
Tapiz 340 C2
Taquière, la 131 B4
Taranto 182 B5
Tarapacá 334 D4
Tarara 323 C6
Tarcal 265 G3
Tarczal, de 166 E4
Tardieu-Laurent 135 E5
Targé, Ch de 119 F5
Târnave 273 C3
Tarragona 188 D5 201 F2
Tarras Vineyards 375 C5
Tarrawarra 363 C4
Tarrington Estate 359 D1
Tarsus 195 B3
Tart, Clos de 65 F6 66 C1
Tartaras 131 A4
Tartegnin 252 D4
Tarutyne 277 A1
Tasca d'Almerita 184 F4
Tascante 185 A5
Tata 263 B3
Tatarbunary 277 A2
Tatler 365 C5
Tatschler 260 F1
Tatsis 281 A3
Taubenberg 237 F3
Taubenhaus 233 E5
Taupe, la 65 E4
Taupine, la 61 E3
Taurasi 182 B3 183 A5
Tauria 277 A2
Taurino 182 B5
Tautavel 145 D3
Tauxières 83 C4
Tavannes, Clos de 59 F4
Tavannes, les 62 C1 D1
Tavares de Pina 217 B5
Tavel 136 G6
Tavers 117 A3
Tavira 208 F5
Távora-Varosa 208 B5
Tavush 277 C5
Tawse Vinyards 293 F4
Taylors 353 E2
Tbilisi 277 C5
Tbilvino 279 E4
Te Awa 369 C4
Te Awanga 369 C5
Te Kairanga 370 C5
Te Mata 369 C5
Te Whare Ra 373 C2
Tech, Clos de la 317 B1
Teho 340 F2 F3
Tejo 208 D4 215 C5
Tekirdağ 285 F3
Telavi 277 C5 279 E3
Telavi Wine Cellar 279 E4
Teldeschi 307 C4
Teldeschi Vineyard 307 C4
Telečka 267 E5
Teleda/Orgo 279 E4
Teliani 279 E1
Teliani Valley 279 E3 E4
Tellières, les 67 C1
Temecula 326 B2
Tempier, Dom 148 D4
Tempus Alba 340 B3
Tempus Two 365 D5
Temriuk 277 B3
Ten Minutes by Tractor 361 F5
Tenerife 191 F2
Tennessee 290 C4
Tenterden 249 G5
Tenuta Angoris 171 D4
Tenuta Barone la Lumia 184 G4
Tenuta delle Terre Nere 185 A4
Tenuta di Biserno 175 A5
Tenuta di Fessina 185 A5
Tenuta di Sesta 179 D5
Tenuta di Trinoro 181 E3
Tenuta Guado al Tasso 175 B4
Teperberg 287 F4 F5
Teramo 173 E5
Tercic 171 D6
Terek Valley 277 B5
Terézia 265 G3
Terlingham 249 G5
Terlo 163 E2
Ternay 116 C5
Terni 173 E4 181 E5
Teroldego Rotaliano 165 C2
Terra Alta 188 D5 200 G5
Terra d'Alter 219 C5
Terra d'Oro 318 B5
Terra de Léon 188 C3
Terra Sancta 375 D5
Terra Tangra 274 E4
Terra Valentine 311 C2
Terrabianca 177 F4
Terrace Edge 371 F2
Terracura 379 F1 F2
Terramater 334 C4
Terranoble 335 E3
Terras da Aldeia 209 F5
Terras da Beira 208 B5 C5
Terras de Cister 208 B5
Terras do Avô 221 A1
Terras do Dão 208 B5
Terras Gauda 193 E4
Terras Madeirenses 208 E3
Terrasses de Gabrielle, les 141 B4
Terrasses, Clos 202 C4
Terratico di Bibbona 173 B2 175 A4 A5
Terrazas de Los Andes 340 C2
Terre a Terre 356 C4
Terre del Principe 182 A2 B2
Terre di Cosenza 182 C4 D4
Terre Inconnue, Dom 143 D1
Terre Joie 286 G4
Terre Mégère, Dom de 142 E4
Terre Rouge 318 B5
Terre Vieille, Ch 113 E6
Terrebrune, Dom de 148 F6
Terredora di Paola 183 A5
Terrerazo, el 188 E5
Terres Blanches, Dom 146 A4
Terres Blanches, les, *Meursault* 61 F1
Terres Blanches, les, *Nuits-St-Georges* 64 F2 F3
Terres de Noël 83 F4
Terres Falmet, Dom des 141 B4
Terroir al Limit 202 C5
Terror Creek 326 A4
Teso la Monja 196 F2
Tesson, le 61 F1
Testalonga 379 E2
Testarossa 317 C3
Teta, Dom 386 C4
Tête du Clos 59 F5
Têtière, la 60 G2
Tetovo 267 G5
Tetramythos 283 E3
Tetti 161 C3
Teudo di Mezzo 185 A5
Teufelsburg 245 B2
Teurons, les 62 C4 D4
Texas 290 C3
Texas Davis Mountains 326 C4
Texas High Plains 326 B5
Texas Hill Country 326 C5
Texoma 326 B6
TH Estate 320 B1
Thann 125 G3
The Bone Line 371 F1
The Wine Group 303 D4
Thelema 383 D4
Thénac 113 E5
Thénac, Ch 113 E5
Thenau 260 E3
Theodorakakos 281 D3
Theopetra 281 B2
Thermenregion 255 G5
Thesée 117 B2
Theulet, Ch 113 E5
Theulot Juillot, Dom 68 B5
Thézac-Perricard 53 F3
Thibault Liger-Belair 74 B5
Thierrière, la 121 B5
Thillardon, Dom 74 B5
Thíra (Santorini) 281 E4
Thirsty Owl 325 B5
Thirteenth Street 293 F4
Thirty Bench 293 F3
Thiva 281 C3
Thivin, Ch 74 F3
Thomas Fogarty 317 B1
Thomas George 307 D4 D5
Thomas Volney Munson Memorial Vineyard 326 B6
Thomas Wines 365 C4
Thompson Estate 349 E5
Thompson Valley 292 C5
Thomson, Dom 375 C5
Thorey, aux 64 F6
Thorn Clarke 352 D4
Thorne & Daughters 384 E5
Thornhaven 292 F5
Thou, Clos 115 G1
Thou, Ch le 141 B5
Thouarcé 116 B4 118 E4
Thousand Candles 363 D5
Thrace 285 F3
Thracian Lowlands 274 E3 F2
Three Choirs 249 F3
Three Palms Vineyard 311 B3
Three Rivers Winery 300 B4
Thunersee 251 B3
Thüngersheim 247 C3
Thurgau 251 A5
Thurnerberg 259 C1 D1
Thurston Wolfe 298 F5
Thurzó 265 G3
Thymiopoulos 281 B1
Tiago Cabaço 219 E5
Tianfu, Ch 390 C4
Tianjin 388 A5
Tiansai 388 A4
Tibaani 279 F1
Tiefenbrunner 167 E5
Tiefental 259 C3 C4
Tierhoek 379 D2
Tierra del Vino de Zamora 188 D2
Tiers 356 C4
Tiezzi 179 B5
Tiglat 260 G4
Tiki 371 F2
Tikves 267 G5
Tilcara 330 D4 D5
Tilia 268 E2
Tillets, les 60 F6
Tiltridge 249 F3
Tim Adams 353 C2
Tim Gramp 353 E2
Tim Smith 351 B4
Tin Shed 351 C4
Tinaquaic Vineyard 320 E3
Tinhorn Creek 292 G5
Tinlins 355 D5
Tintilia del Molise 182 A3
Tintilla Estate 365 C4
Tiranë 267 G5
Tiraspol 277 A2
Tirecul la Gravière, Ch 113 E5
Tiregand, Ch de 113 E6
Tirohana Estate 370 B5
Tisa 267 E5
Tishbi 287 E5
Tissot, Dom A & M 151 D5
Tissot, Dom Jean-Louis 151 D5
Titus 313 F5
Tix, Dom du 135 C4
Tizon 205 B4 B5
Toasc, Dom de 147 B6
Tobin James 320 B3
Tohu 374 F4
Toisières, Clos des 61 F3
Toisières, les 61 E3 F3
Tök 263 B3
Tokachi Wine 386 A6
Tokaj Kikelet 265 G3
Tokaj Nobilis 265 F3
Tokaj, *Hungary* 263 A5 265 G4
Tokaj, *Slovakia* 266 G6
Tokar Estate 363 D4
Tokara 383 D3
Tokat 285 F5
Tōkyō 386 C5
Tolcsva 265 D4
Tolna 263 C2
Tolosa 320 C2
Tolpuddle (Shaw + Smith) 366 F2
Tom Eddy 311 A1
Tomás Cuisiné 201 E1
Tomić 271 D4
Tomurcukbağ 285 F4 F5
Tonhwa 388 A6
Topiary 383 D5
Toplica 267 F5
Topoľčany 266 G4
Topons, les 64 F3
Toppe au Vert, la 63 D5
Toppe d'Avignon 63 C6 D6
Toppe Marteneau, la 63 C3
Toppes Coiffées, les 63 D6
Torbreck 351 B4
Tordesillas 196 F5
Toren, de 383 E1
Torgiano 173 D5 181 E5
Torgiano Rosso Riserva 173 D4 181 E5 E6
Torii Mor 297 D3
Torlesse 371 F2
Tormaresca (Antinori) 182 B4 B6
Toro 188 D3 196 F3
Torraccia del Piantavigna 156 G3
Torras et les Garennes 133 C5 C6
Torre de Oña 100 F6 G6
Torremilanos 195 C4
Torreón de Paredes 334 C6
Torres Alegre y Familia 327 D4
Torres Vedras 208 D4 215 B4
Torrevento 182 B4
Torriglione 163 C2
Torroja del Priorat 202 C4
Torrox 205 E6
Torzi-Matthews 351 C6 352 D3
Tour Boisée, Ch 141 C1
Tour de Grangemont, la 113 E6
Tour des Gendres, Ch 113 E6
Tour du Bon, Dom de la 148 D4
Tour du Ferré, la 117 F3
Tour du Pin Figeac, la 111 B6 109 E5
Tour Melas, la 281 C3
Tour Vieille, Dom la 145 F5
Tourettes (Verget du Sud), Ch des 135 E5
Tournant de Pouilly 70 C4
Tournelle, Dom de la 151 D5
Tourril, Ch 141 C3
Tours-sur-Marne 83 D5
Tours, Ch des 137 E4
Toussaints, les 62 C5
Tower Estate 365 D5
Traben 227 C5 233 D5 D6
Traben-Trarbach 233 D6
Tracy, Ch de 123 C4
Tradicion 205 D6
Trafford, de 383 F3
Trailside Vineyard 314 D4
Traisen 234 F3 235 F5
Traisental 255 G5
Traiskirchen 255 C5
Traismauer 255 B4
Tranche 300 B5
Transilvanian Plateau 273 B3 C3
Trapadis, Dom du 137 B5
Trapan 271 B1
Trapezio 340 C2
Trapiche 340 B3
Trarbach 227 C5 233 E6
Trás-os-Montes 208 A5 A6
Traslasierra 330 E4
Trasmontano 208 A5
Trauntal 256 E6
Travaglini 156 F3
Travers de chez Edouard, les 60 D2
Travers de Marinot, les 60 D2
Traversa 332 G3
Traversée, Dom la 142 D3
Travignoli 177 B6
Tre Stelle 161 D2
Treana 320 A2
Trebbiano d'Abruzzo 173 F4 F5 G6 182 A2
Trecastagni 185 D5
Treeton 349 E5
Trefethen Family 311 E5
Treiso 161 E2
Trélazé 116 B5
Treloar, Dom 145 E4
Tremblots, les 60 G3
Trenning 256 D4
Trentadue 307 C5
Trentino 165 D2
Trento 165 D2 166 C5
Trépail 83 C5
Treppchen, *Bernkastel* 233 C2
Treppchen, *Piesport* 231 D3 D4
Trerose 180 B6
Très Girard 66 C1
Tres Sabores 314 E4
Treuilles, les 67 B2
Treux, les 65 F3
Trévallon, Dom de 146 A3
Trevelin 330 F4
Trézin, le 60 F4
Tri Morava 267 F5
Triantafyllopoulos 281 D6
Tribouley, Dom J-L 145 D3
Tribourg 64 F5
Tricó 193 D4
Triennes, Dom de 147 C1
Trier 227 D3
Trifolerà 161 D2 D3
Trignon, Ch du 137 C5
Triguedina, Clos 115 C4
Trillol, Ch 141 F2
Trinchero Family Estates 313 E4
Trinité Estate 307 D5
Trinités, Dom des 142 E2
Trinity Hill 369 C4
Trinquevedel, Ch de 136 G6
Trio Infernal 202 C5
Tripoli 283 F3
Trisaetum 297 C3
Trittenheim 231 G2
Trius 293 F5
Trivento 340 B3
Trnava 266 G4
Troêsmes 79 D2
Trois Follots 61 E6
Troon 295 G2
Troteligotte, Clos 115 C4
Trottacker 127 C5
Trotzenberg 226 F3
Troupis 283 F3
Truchard Vineyards 309 D5 311 F5
Truffière, Dom la 142 C5
Truffière, la 60 F4
Truffle Hill 347 F2
Trum 257 C4
Trump 323 G4
Ts, Ch 386 C5
Tsantali 281 A1 A5 B3 B4
Tsarev Brod 274 D5
Tscharke 351 B4
Tselepos 283 F3
Tselepos/Canava Chryssou 281 E5
Tsillan Cellars 295 A5
Tsinandali 277 C5 279 D1
Tsiurupynsk 277 A2
Tsuno Wine 386 D3
Tua Rita 175 E5
Tualatin 297 B3
Tuck's Ridge 361 F5
Tudal 313 E4
Tudela 197 D5
Tudela de Duero 195 C1
Tuilerie, Ch de la 134 E6
Tularosa Winery 326 B4
Tulbagh 379 F2
Tulip 287 D5
Tulloch Wines 365 D4
Tulocay 311 F6
Tulum 340 D5
Tumbarumba 344 F6
Tumbaya 330 D4
Tuniberg 244 E3
Tunuyán 340 E2
Tupari 374 F3
Tupungato 340 D2
Turasan 285 G5
Turckheim 125 E4 127 B1
Türgovishte 274 D4
Turkey Flat 351 C4
Turley, *California Shenandoah Valley* 318 B5
Turley, *Paso Robles* 320 B2
Turley, *St. Helena* 313 E3
Turmberg 237 E2
Turnbull 314 F4
Turner 260 G3
Turner Pageot 142 E2 F2
Turner's Crossing 359 B3
Turque, la 131 B4
Tuvilains, les 62 C3 D3
Tuyaux, aux 64 G6
Tvishi 277 C5
Twenty Mile Bench 293 G4
Two Hands 351 C3 C4
Two Paddocks 375 E5
Two Rivers, *Australia* 365 B4
Two Rivers, *New Zealand* 373 C3
Two Sisters 293 F5
Twomey, *Napa Valley* 311 B2
Twomey, *Northern Sonoma* 307 D4 D5
Tyrrell's 365 D4
Tzora Vineyards 287 F4 F5
Übigberg 226 G1
Uby, Dom 115 E2
Uccelliera 179 D5
Uchizy 69 B6
Uclés 188 E4
Uelversheim 238 E4 F4
Ugarteche 340 C2 D2
Ukiah 304 D3
Ukraina (Ukraine) 277 A3
Ullum 340 D5
Ulysses 314 G4
Umami 286 G4
Umamu 349 F6
Umpqua Valley 295 F2
Umriss 260 F3
Umurbey 285 F3
Un Jour, Clos d' 115 C4
Undurraga 334 C4
Ungeheuer 242 E2
Ungerberg 260 E4
Ungsberg 233 E5 E6
Ungstein 241 B4 242 B2
Unison 369 C4
Unterberg 229 B2
Unterland 251 A4
Unterloiben 257 C4
Untertürkeim 244 D6
Unti 307 B4
Upland Estates 298 E4
Upper Galilee 287 D5
Upper Goulburn 344 G5 359 C5
Upper Hemel-en-Aarde Valley 384 E5
Upper Hudson 324 E4
Upper Hunter Valley 345 D1
Upper Reach 347 C2
Upper Wairau 373 C1
Upsallata 340 D5
Urágya Birsalmás 265 F2
Urban Winery (Tony Bish) 369 B5
Urbellt 229 B2
Urfé 53 E4
Ürgüp 285 F5
Urium 205 D6
Urla 285 F3
Urla Şarapçilik 285 F3
Urlar 370 B6
Üröm 263 B3
Uroulat, Clos 115 G1
Ursulinengarten 226 F4
Uruguay 330 E5
USCA 285 F3
Usher Tinkler 365 D4
Utah 290 B2
Utiel-Requena 188 E4
Uva Mira 383 F3
UWC Samos 281 C6

Vache, la 61 E6
Vacheron, Dom 123 B4
Vacqueyras 135 C3 137 E4
Vadiaperti 183 B4
Vadio 217 C2
Vaeni 281 A1
Vaillons 79 F3 E3
Vaison-la-Romaine 135 B3
Val Brun, Dom du 119 F5
Val d'Arbia 173 B3 C3
Val de Loire 53 D2
Val Delle Corti 177 E4
Val di Cornia 173 B2 175 D4 C5 F3
Val di Suga 179 B5
Val du Petit-Auxey, sur le 61 C1
Val Joanis, Ch 135 E5
Val Verde Winery 326 C5
Val, Clos du 315 C3
Val, la 193 E4
Valados de Melgaço 209 F4
Valais 253 F4 F5
Valais Central 253 F3
Valbuena de Duero 195 C2
Valcalepio 157 D5 D6
Valdadige 165 D2 168 E6
Valdamor Agnusdei 193 C4
Valdemar 199 A2
Valdeorras 188 C2 192 G4
Valdepeñas 188 E3
Valdesil 192 G4
Valdespino 205 D5
Valdhuber 269 E2
Valdicava 179 B5
Valdigal 196 F2 F3
Valdipiatta 180 C4
Valdivieso 335 D2
Valdubón 195 C4
Vale da Capucha 215 B4
Vale do São Francisco 330 D3
Vale dos Ares 209 G4
Vale dos Vinhedos 330 D6 331 E6
Valeirano 161 E2
Valencia 188 E5
Valenciso 199 G3
Valentines, Ch les 147 D2
Valette, Dom 70 E6
Valflaunès, Ch de 142 C5
Vall Llach 202 C5
Valladolid 188 D3 195 C1
Vallana 156 F3
Valle Central de Tarija 330 C4 C5
Valle d'Aosta 157 D2
Valle de Calamuchita 330 E4 E5
Valle de Cinti 330 C4
Valle de Güimar 191 F2
Valle de la Orotava 191 F2
Valle de Uco 330 E4 340 E2 F2 D5 E5
Valle dell'Acate 184 G5
Valle Medio 330 F4
Valle Roncati 156 G4
Valle Secreto 334 C6
Vallée de l'Ardre 81 C2 D2
Vallée de la Marne 81 D2
Vallée de Nouy, la 121 B3
Vallée du Paradis 53 G4
Vallée du Torgan 53 G4
Vallegrande 161 D3
Vallejo 303 C3 309 F6
Vallerots, les 64 F3
Valles Cruceños 330 C5
Vallet 116 C3 117 F3
Valley of the Moon 309 C2
Valley View 295 G2
Valli Ossolane 157 C4
Valli Vineyards 375 D4
Vallisto 339 C5
Vallone 182 B6
Valmiñor 193 E4
Valmoissine, Dom de 147 B2
Valmur 79 D4
Valozières, les 63 C4 D4
Valpolicella 165 E3 169 F3
Valpolicella Classico 165 E2 168 F6
Valpolicella Valpantena 165 E2 169 F2
Valréas 135 A3
Valsacro 199 B4
Valserrano 199 G5
Valtellina Rosso 157 C6 165 C1
Valtellina Superiore 157 C6 165 D1
Valtice 266 G3
Valul Lui Traian 277 A1
Vámosújfalu 265 E4
Van der Kamp Vineyard 309 B2
Van Duzer 297 E3
Van Loggerenberg 383 D2
Van Loveren 379 F3
Van Ruiten 318 D2
Van Wyk 380 A5
Vancouver 295 F5
Vancouver Island 292 C5 295 E5
Vannières, Ch 148 D3
Vantage 298 C5
Vaquer, Dom 145 F4
Vár 265 E2
Var Coteaux du Verdon 53 F6
Varades 116 B3
Varangée, en 67 B2 C2
Varangée, la 67 C2
Vargas, Marqués de 199 B2 B3
Várhegy 265 C6 E2 F3
Varière, Ch la 118 B5
Varna 274 D5
Varna Winery 274 D6
Varogne, la 133 B4 C4
Varoilles, les 66 A1 B1
Vasa 284 C5
Vassaltis 281 E5
Vasse Felix 349 E5
Vassiliou 281 D4
Vau de Vey 79 E1 E2
Vau Giraut 79 E1
Vau Ligneau 79 E1
Vau Ragons 79 E1 E2
Vaucoupin 79 F6
Vaucrains, les 64 F3
Vaud 252 D5
Vaudemanges 83 C6
Vaudésir 79 D4
Vaudieu, Ch de 139 D4
Vaufegé 121 B3
Vaugiraut 79 F4
Vauidenelles, les 67 B4
Vaulorent 79 D4
Vaumuriens-Bas, les 61 E5
Vaumuriens-Hauts, les 61 E5
Vaupulent 79 D3 D4
Vaut, en 61 E5

Vaux Dessus, les 59 E2
Vaux-en-Beaujolais 73 D4
Vauxrenard 73 B5
Vavasour 374 E5
Vayotz Dzor 277 C5
Vayres 85 D4
Vayssette, Dom 115 D5
Vaziani Company 279 E3 E4
Vazisubani 279 E1
Vecchie Terre di Montefili 177 D4
Veenwouden 383 A4
Vega Sauco 196 E3
Vega Sicilia 195 C2
Vel'ký Krtiš 266 G5
Vela de Estenas 188 E5
Veles 267 G5 G6
Velette, la 181 F4
Veliki Preslav 274 D5
Vélines 113 E4
Velké Bílovice 266 G3
Velké Pavlovice 266 G3
Velké Žernoseky 266 E2
Velkopavlovicko 266 F3
Vellé, au 66 B5
Velle, sur la 61 E3
Velletri 173 F4
Velm-Götzendorf 255 B5
Velo 366 E2
Velventós 281 A3
Velykodolynske 277 A2
Vena Cava 327 E4
Venâncio da Costa Lima 215 E5
Vendéens 53 D1
Venezia 165 E4
Venialbo 196 F2
Venica 171 C5
Venningen 241 C4
Ventana 317 F4
Ventenac, Ch 140 C6
Ventisquero 334 D5
Ventolera 334 E4
Venus la Universal 202 D4 D5
Ver Sacrum 340 B3
Veramar 323 C5
Veramonte 334 D3
Verchère, la 60 B6
Verchères, les 70 E5
Verchers-sur-Layon, les 116 C5
Vercots, les 63 C3
Verde, en la 67 B4
Verdicchio dei Castelli di Jesi 173 C5 C6
Verdicchio di Matelica 173 D6
Verduno 163 A2
Verduno Pelaverga 157 F3
Vergelegen 383 G3
Vergelesses, les 63 B3
Vergennes, les 63 C5
Vergenoegd 383 F1
Verger, Clos de 61 F6 62 C1
Vergers, les 60 F2
Verget 69 E3
Vergisson 55 F5 69 F3 70 B3
Veritas, Virginia 323 F3
Verlieux 131 E2
Vermarain à l'Est, Bas de 60 D3
Vermarain à l'Ouest, Bas de 60 D3
Vermentino di Gallura 186 A5
Vermont 290 A5 B5
Vernaccia di Oristano 186 C4
Vernaccia di San Gimignano 173 B3
Vernaccia di Serrapetrona 173 D6
Vernon 131 C3
Véroilles, les 65 E5
Verona 165 E2 169 G1 G2
Verónica Ortega 192 F5
Vérottes, les 62 D3
Verpelét 263 B4
Verrenberg 244 C6
Verroilles ou Richebourgs, les 58 E5 65 F2
Vers Cras 70 C4
Vers Pouilly 70 C4
Verseuil, en 61 F4
Vertical 33 286 F4
Vertou 116 C3 117 F2
Vertus 83 G3
Verus 269 F4
Verzé 55 F5 69 D4
Verzella 185 A5
Verzenay 83 B5
Verzy 83 B5
Vesele 277 A2
Vesper 326 B2
Vestini Campagnano 182 A2
Vesuvio 182 B2
Vétroz 253 F3
Vetus 196 F2
Vevey 253 E1
Via Romana 192 F2
Via Vinera Karabunar 274 E2 E3
Via Viticola 273 C5 C6
Via Wines 335 E2
Viader 311 B3
Viallière, la 131 A5
Viansa 309 E3 F3
Vicairies 123 B3 B4
Vicomté d'Aumelas 53 G4
Victor, Ch 286 F4
Victoria 330 E5
Victory Point 349 F6
Vidal 369 C4
Vide Bourse 60 G3
Vidigueira 219 F4
Vidin 274 C1
Vie di Romans 171 E4
Viedma 330 F4 F5
Vieille Julienne, Dom de la 137 E2
Viella, Ch de 115 F2
Viento 295 C4
Vierge, la 384 F5
Vieux Bonneau, la 107 C3
Vieux Donjon, le 139 E3
Vieux Lazaret, Dom du 139 E3
Vieux Pin, le 292 G5
Vieux Relais, Dom du 135 E1
Vieux Télégraphe, Dom du 139 E5
Vieux-Thann 125 G3
Vigna Rionda 163 E4 E5
Vignamaggio 177 D4
Vigne au Saint, la 63 C3
Vigne aux Loups 123 B3
Vigne Blanche 59 F5
Vigne Derrière 59 F6 60 F1
Vigne di Zamò, le 171 C4
Vigne Surrau 186 A6
Vigne, le 320 B2
Vigneau, Clos du 120 C1 C2
Vignelaure, Ch 147 B1
Vignerais, aux 70 B3
Vigneron, Lulu 151 E5
Vignerondes, aux 64 F6
Vignerons de Buzet, les 115 D2
Vignerons des Pierres Dorées 73 F4
Vignerons des Terres Secrètes 69 F4
Vignerons Landais Tursan-Chalosse 115 F1
Vignerons Schmölzer & Brown 359 B6
Vignes aux Grands, les 67 B1
Vignes Belles 66 C4
Vignes Blanches 67 B4
Vignes Blanches, les, *Meursault* 61 F3
Vignes Blanches, les, *Pouilly-Fuissé* 70 D4
Vignes de Patadis, les 152 A6
Vignes des Champs 70 D4
Vignes Dessus, aux 70 A2
Vignes du Mayne, Dom des 69 B5
Vignes Franches, les 62 C2 C3
Vignes Marie, les 67 B3 B4
Vignes Rondes, les 61 E3
Vigness Moingeon 60 D3
Vigneux 65 G2
Vignoble des Verdots 113 E6
Vignois 67 C1
Vignois, aux 67 B1
Vignolo 163 C3
Vignots, les 62 B1
Vignottes, les 64 F1
Vigo 193 D4
Vihiers 116 C4
Viile Metamorfosis 273 D4 D5
Vik 334 D6
Vila Nova de Foz Côa 212 F2 F3
Vilafonté 383 E3
Vilella Alta, la 202 C4
Vilella Baixa, la 202 C4
Villa le Corti 177 C3
Villa Bastías 340 D1 D2
Villa Bel Air 100 D5
Villa Cafaggio 177 D3
Villa Creek 320 B1
Villa d'Est 386 C5
Villa Diamante 183 B4 B5
Villa Dondona 142 D3
Villa Maria 373 C2
Villa Matilde 182 B2
Villa Melnik 274 F2
Villa Montefiori 327 E3 E4
Villa Oeiras 215 D3 D4
Villa Russiz 171 D5
Villa San Juliette 320 A1 A2
Villa Seca 340 E1
Villa Vinèa 273 B3
Villa Yambol 274 E4
Villa Yustina 274 E3
Villa, la 163 D2
Villabuena de Álava 199 A1 F5
Villacreces 195 C2
Villafranca del Bierzo 192 F4
Villafranca del Penedès 188 D5 195 F4
Village Bas, le 61 A1
Village Haut, le 61 A1
Village, au 61 F1 F2 F4 G1
Village, le, *Beaune* 63 A1 B4
Village, le, *Chambolle-Musigny* 65 E5 F5
Village, le, *Fixin* 67 B1
Village, le, *Marsannay* 67 B4 C4
Village, le, *Meursault* 60 D2
Village, le, *Morey-St-Denis* 66 C1 C2
Village, le, *Nuits-St-Georges* 65 E5 F4 G4
Village, le, *Puligny-Montrachet* 60 G3
Village, le, *Santenay* 59 E3
Village, *Gevrey-Chambertin* 66 B5 C5
Village, *Meursault* 61 F6 62 C1
Village, *Nuits-St-Georges* 65 F2 G2
Villaine, A et P de 68 A5
Villalobos 335 E1
Villány 263 D3
Villatte, la 120 D2
Ville-Dommange 83 A3
Villemajou, Dom de 141 D3
Villeneuve 139 B3
Villeneuve-de-Duras 113 E4
Villeneuve, Ch de 119 E5
Villeneuve, Vaud 253 E1
Villerambert-Julien, Ch 141 B1
Villero 163 D3
Villers Allerand 83 B4
Villers-aux-Nœuds 83 A3
Villers-Marmery 83 C6
Villesèche, Dom 135 C1
Villette 252 D6
Villié-Morgon 73 C5 74 D4
Villiera 383 C2
Vin des Allobroges 53 D5
Vin du Lac 295 A5
Viña 1924 de Angeles 340 B2
Viña Alicia 340 B2
Viña Casablanca 334 E3
Viña Cobos 340 C2
Viña de Frannes Quinta 327 D4
Viña Edén 332 G4
Viña Ijalba 199 B2
Viña Magaña 197 D5
Viña Mar 334 E3
Viña Mein 192 G2
Viña Nora 193 D5 E5
Viña Progreso 332 G3
Vina Robles 320 B2
Viña Salceda 199 G6
Viña Tondonia 199 F3
Viña Winery, la 326 B4
Viña Zorzal 197 C5
Vinakoper 271 A1
Vinakras 268 F3
Vinarte 273 C5 D2 D3
Viñas de Garza 327 E4
Viñas de Liceaga 327 F4
Vincent Carême, Dom 121 B4
Vincent Dureuil-Janthial, Dom 68 A6
Vincent Pinard, Dom 123 C3
Vinci, Dom 145 D3
Vincon Vrancea 273 C5
Vinden Estate 365 C4 C5
Vindinc Montecarrubo 184 G6
Vine Cliff 314 F6
Viñedo Chadwick 334 C4
Viñedo las Nubes 327 E4
Viñedos de Aldeabuena 199 C5
Viñedos de los Vientos 332 G4
Viñedos Lafarga 327 E5
Viñedos Puertas 335 D1
Vineland Estates 293 G4
Vinemount Ridge 293 G3
Vinero 285 F3
Vinex Preslav 274 D5
Vinex Slavyantzi 274 D5
Vineyard 29 313 F4
Vinha Paz 217 B4
Vinho Verde 208 A4
Vinicola del Priorat 202 C4
Vinicola Solar Fortun 327 D5
Vinisterra 327 F4
Vinkara 285 F4 F5
Vino Gaube 269 E3
Vino Kupljen 269 F4
Vino Lokal 351 C4
Vino Nobile di Montepulciano 173 C3
Vino Noceto 318 B5
Vinolus 285 F5
Vinos de la Luz Argentina 340 B4
Vinos de Madrid 188 D3
Vinos de Potrero 340 D1
Vinos del Sol 327 F4
Vinos Pijoan 327 E4
Vinos Piñol 200 G5
Vinos Sanz 196 G5
Vinos Shimul 327 D4
Vinos Xecue 327 F4
Vinroc 311 D6
Vins Auvigue 70 C3
Vins d'Amour, Clos des 145 D3
Vinsobres 135 B3
Vinyes d'en Gabriel 202 E3
Vinyes Domènech 202 E4 E5
Vinzel 252 E4
Vinzelles 55 F5 69 G4 70 E5
Violetta, la 347 G3 G4
Violettes, les 65 F3 G3
Vionne, la 67 B1
Vipava 1894 268 F3
Vipavska Dolina 268 D4 E2
171 E6
Viranel, Ch 141 A4
Viré 55 E5 69 C5
Viret, Dom 135 B3
Vireuils Dessous, les 61 E1
Vireux, les 61 E1
Virgile Joly, Dom 142 D3
Virgin Hills 359 C3
Virginia 290 C5
Virginia Wineworks 323 G4
Virieu-le-Grand 152 B4
Virondot, en 59 F6
Visan 135 B3
Visette 163 E3
Viseu 208 B5 217 B4
Visperterminen 253 F6
Vissoux, Dom du 73 F4
Vista Flores 340 F1 F2
Vista Verde 317 E5
Vistalba (Carlos Pulenta) 340 B2
Viticcio 177 D4
Vitkin 287 E4
Vitryat 81 E4
Vittoria 184 G4 G5
Vitusberg 237 F4 G4
Viu Manent 335 D1
Viúva Gomes 215 D3
Vivác 326 A4
VML 307 D5
Voegtlinshoffen 126 E4
Vogelberg 257 B3 B4
Vogelsang, *Burgenland* 260 G3
Vogelsang, *Rheingau* 236 F5
Vogelsang, *Saar* 229 G3
Vogelzang Vineyard 321 B6
Vogiatzis 281 A3
Voillenot Dessous 60 G2
Voillenots Dessus, les 60 G2
Voipreux 83 G4
Voitte 60 G4
Volkach 247 C4
Volker Eisele 311 C5
Volnay 55 D5 61 F5
Volvoreta 196 F2
Von Siebenthal 334 C2
Von Strasser 311 B1 B2
Vondeling 379 F2
Voor Paardeberg 379 F2 381 D5
Vorbourg 126 B3
Vorderberg 260 E3
Vorderseiber 257 B1
Vosgros 79 F4
Vosne-Romanée 55 C6 65 F2
Vosne, en 66 B6
Vougeot 55 C6 65 G4
Vougeot, Clos de 65 F3
Voulte-Gasparets, Ch la 141 D3
Vouni 284 C5
Vouni Panayia-Ampelitis 284 B3
Vourvoukelis 281 A4
Vouvray 117 B1 121 B3
Voyager Estate 349 G5
Voznesensk 277 A2
Vráble 266 G4
Vranje 267 F5
Vratsa 274 D2
Vrede en Lust 383 C4
Vredendal 379 C2
Vriesenhof 383 E3
Vrigny 83 A2
Vriniotis 281 C3
Vris, les 63 C6
Vulkanland Steiermark 255 G6
Východoslovenská 266 G6

Wachau 255 F5 257 B2 259 E1
Wachenheim 241 B4
Wachenheim an der Weinstrasse 242 D2
Wachtberg 259 D1
Wadih, Ch 286 E5
Wagga Wagga 344 E5
Wagner 325 C5
Wagram 255 G5
Wahlheim 238 F2
Wahluke Slope 295 B5 298 D5
Waiheke Island 367 A5 A6
Waihopai Valley 373 C1
Waimea Plains 367 C4
Waipara 367 D4 371 F2
Waipara Hills 371 F2 F3
Waipara Springs 371 F2 F3
Wairau River 373 B2
Wairau Valley 373 B3
Walkenberg 237 F4
Walker Bay 379 G3 384 F5
Walla Walla 295 C6 299 F4 300 B5
Walla Walla Valley 295 B6 C6 299 G3 300 B4
Walla Walla Vintners 300 B5
Wallcliffe 349 F5
Wallhausen 234 E3
Walls, The 300 B4
Walluf 232 F4 G4
Walsheim 241 D4
Walter Filiputti 171 C4
Wanaka 375 B5
Wangaratta 344 F5 359 A6
Wantirna Estate 359 D4
Warden Abbey 249 F4
Warrabilla 359 A5
Warramate 363 D5
Warramunda 363 C5
Warrenmang 359 B2
Warwick 383 C3
Washington 290 A1
Wasseros 237 E2 F2
Water Wheel 359 B3
Waterbrook 300 B3
Waterford 383 E3 F3
Waterkloof 383 G3
Watershed 349 F6
Waterton 366 D2
Wattle Creek 307 B4
Wattle Creek Vineyard 304 F3
Watzelsdorf 255 A4
Wechselberg 259 B3
Wechselberger Spiegel 259 A5
Wedgetail 359 C4 363 C3
Weiden 255 C6
Weilberg 242 B2
Weinert 340 B2 b3
Weingebirge, im 257 C5 259 E1
Weingut Abraham 167 D5
Weinheim 238 F2
Weinolsheim 238 E3
Weinsberg 244 C6
Weinsheim 239 E4 E5
Weinstadt 244 C6
Weinviertel 255 G5
Weinzierlberg 259 D2
Weisenheim 241 B4
Weisenstein 233 G3
Weisinger's 295 G3
Weissenkirchen 255 B3 257 B1 B2
Weitenberg 257 B2
Weitgasse 259 C3
Welcombe Hills 249 F3
Welgemeend 383 B3
Wellington, *California* 309 B2
Wellington, *New Zealand* 367 C5
Wellington, *South Africa* 379 F2 383 A5
Wendouree 353 C2
Wente 317 A3
West Cape Howe 347 G4
West Virginia 290 B5
Western Range 347 C2
Westhalten 126 F3 126 B3
Westhofen 238 F3 239 B4
Westover 317 A2
Westrey 297 D3
Weststeiermark 255 G6
Wesy Elks 326 A4
Wetshof, de 379 F3
Wettolsheim 125 E4 126 B6
Whaler 304 E4
Whistling Eagle 359 B4
White Heron 298 B5
White Hills 366 E2
White Salmon 295 C4
Whitehall Lane 313 G5 314 D3 E3
Whitehaven 373 B2
Whitewater Hill 326 A4
Whitfield 344 F5
Whitlands 359 B6
Wickens, J C 381 D4
Wicker 236 D4
Wickham 249 G3
Wiebelsberg 125 C4
Wieden 259 D1
Wieland 259 C4
Wien 255 C5
Wiener Gemischter 255 G5
Wiesbaden 223 E2 E3 236 D3 D4
Wiesenbronn 247 C5
Wignalls 347 G4
Wild Duck Creek 359 B4
Wild Earth 375 D5
Wild Goose 292 G5
Wild Hog Vineyards 307 D2
Wild Horse 320 B2
Wildehurst 379 E2
Wildekrans 384 E5
Wildhurst 304 E5
Wildsau 237 F4
Willakenzie Estate 297 C3
Willamette Valley 295 D2
Willamette Valley Vineyards 297 E3
Willcox 326 B4
Willespie 349 E5
William Chris Vineyards 326 C6
William Downie 359 D5
William Fèvre 334 C4
William Harrison 314 D4
Williams & Humbert 205 E5
Williams Selyem 307 D5
Willow Bridge 347 E2
Willow Creek Vineyard 361 F6
Willows, The 351 B5
Wills Domain 349 D5
Willunga 100 355 E4 E5
Wilridge Winery 298 D3
Wilson Creek 326 B2
Wilson Vineyard 318 C1
Wilson Vineyards, The 353 D2
Wiltingen 229 C3
Wilyabrup 349 E5
Windance 349 D5
Winden 255 C5
Windesheim 234 E3
Windsbuhl, Clos 127 B4
Windwalker 318 B5
Wine Art Estate 281 A4
Wine Hill Ranch 314 F5
Wine House Hunter Valley 365 D5
Wineck-Schlossberg 127 B2
Winery Lake Vineyard 309 D4 311 G5
Wines by KT 353 D1 D2
Wing Canyon 311 E4
Winiveria 279 E3
Winkel 236 D2 G5
Winklerberg 245 D2
Winningen 227 A6
Winows Estate 349 D5
Winter's Drift 384 D4
Winterthurer Weinland 251 A4
Wintzenheim 125 E4 126 B6
Winzenberg 125 C4
Wirra Wirra 355 D5
Wisconsin 290 B4
Wise 349 C5
Wisselbrunnen 237 F1
Wissett Wines 249 F5
Wiston 249 G4
Wither Hills 373 C3
Wolf Blass 351 B5
Wölffer 324 F2 F3
Wolfsbach 260 F2
Wolfsberg 259 F3
Wolfsgraben 259 B6
Wolkersdorf 255 B5
Wolxheim 125 A5
Woodbridge by Mondavi 318 D2
Woodend 344 G4
Woodlands 349 E5
Woodside 317 B1
Woodstock 355 D5
Woodward Canyon 300 B3
Woody Nook 349 E5
Wooing Tree 375 D5
Worcester 379 F3
Worms 238 G4 239 D5 241 A5
Wrattonbully 344 F3
Wroxeter 249 E3
Wuenheim 125 F3
Wülfen 237 F3
Württemberg 223 F3 G3
Württembergisch Unterland 244 C6
Würzburg 223 E3 247 C4
Würzgarten, *Bernkastel* 233 C1 C2 C5 D5
Würzgarten, *Rheingau* 236 E5 E6
Wyken 249 F5
Wylye Valley 249 G3
Wyndham Estate 365 B6
Wynns Coonawarra Estate 357 B5
Wynns V&A Lane 357 C5
Wyoming 290 B2

Xabregas 347 G4
Xanadu 349 F5
Xi Xia King 390 C3
Xia Lu 388 A4
Xiaoling 388 B4
Xin Jiang 388 A3
Xinjiang 388 A3
Xose Lois Sebio 192 G1

Yabby Lake 361 E6
Yakima 295 B4 298 D3
Yakima Valley 295 C4 298 E5 G2
Yaldara Estate (McGuigan) 351 D2
Yallingup 349 D5
Yalovo Winery 274 D4
Yalumba 351 C5 352 D4
Yalumba the Menzies 357 D5
Yamanashi 387 B4
Yamanashi Wine 387 B4
Yamantiev's 274 F4
Yamazaki 386 A5
Yambol (Iambol) 274 E4
Yamhill Valley 297 D2
Yangarra 355 C5
Yardstick 383 E2
Yarra Glen 344 G4 359 C4
Yarra Junction 363 E6
Yarra Valley 344 G4 359 C5
Yarra Yering 363 D5
Yarrabank 363 C4
Yass 344 E6
Yatir 287 F5
Ycoden-Daute-Isora 191 F2
Yealands 374 E6
Yearlstone 249 G2
Yecla 188 E4
Yedi Bilgeler 285 G3
Yeisk 277 A3
Yerevan 277 C5
Yering Station 363 C4
Yeringberg 363 C4
Yevpatoriya 277 B2
Yinchuan 388 B5 390 B4
Yokohama 386 C5
Yonder Hill 383 F2
York Creek 311 C2
York Mountain 320 B1
Yorkville Cellars 304 F3
Yorkville Highlands 304 F3
Young 344 E6
Youngs 318 B5
Yountville 311 E4 314 E5 315 B1
Ysios 199 F6
Yunnan 388 C4
Yunnan Red 388 C4
Yunnan Sun Spirit 388 C4
Yuquan, Ch 390 C3
Yvigne, Clos d' 113 E5
Yvorne 253 F1 F2

Zaca Mesa 321 B5
Zacharias 283 F6
Zafeirakis 281 B3
Zafferana Etnea 185 C5
Zagorje-Medimurje 267 E4
Zagreb 267 E4
Zagreus 274 E3
Zákinthos (Zante) 281 D2
Zala 263 C2
Zalakaros 263 C2
Žalhostice 266 E2
Zamora 188 D2 196 F1
Zampal, El 340 D2
Zanut 171 C5
Zanzl 257 B2
Zaranda 335 G6
Zarate 193 C4
Zarephath 347 F4
Zaum 257 C6 259 F1
Zayante 317 C2
ZD 314 E5
Zegaani, Ch 279 F4
Zehnmorgen 240 D5
Zelanos 274 D5
Zellenberg 125 D4
Zellerweg am Schwarzen Herrgott 239 C2
Zema Estate 357 C5
Zeni 167 G4
Zeppwingert 233 C6
Zevenwacht 383 D1
Zhihui Yuanshi 390 B3
Zhong Fei, Ch 388 A3
Ziersdorf 255 B4
Zina Hyde Cunningham 304 E3
Zinnkoepflé 126 A3
Zistel 259 E2
Zistersdorf 255 B5
Zitsa 281 B2
Zlatan Otok 271 D4
Zlaté Moravce 266 G4
Zlaten Rozhen 274 F2
Zlati Grič 269 F1 G1
Znojemsko 266 F2 G2
Znojmo 266 G3
Zöbing 255 B4 259 A4
Zoinos 281 B2
Zollturm 233 D6
Zoltán Demeter 265 G4
Zonda 340 D5
Zorgvliet 383 D4
Zornberg 256 D5
Zorzal 340 D1
Zotzenberg 125 B4
Zsadányi 265 D4
Zuani 171 D5
Zuccardi 340 F1
Zuckerberg 240 F5 F6
Zug 251 B4
Zürcher Weinland 251 A4
Zürich 251 A4
Zürichsee 251 A4 A5
Zwerithaler 257 A2

致谢 Acknowledgments

由衷感谢下列各界专家人士对本书的协助，若有缺漏之处敬请见谅。

Introduction *History* Dr Patrick E McGovern; *Key Facts Climate Data*, *Temperature and Sunlight, Water into Wine, The Changing Climate* Dr Gregory V Jones; *Beneath the Vines* Dr Rob Bramley; Professor Alex Maltman; Pedro Parra; Professor Robert White; *How Wine is Made* Matt Thomson; *The Bottom Line* Ines Salpico; Vinea Transaction; Sarah Phillips, Liv-ex; Farr Vinters; The Wine Society; Berry Bros & Rudd

France *Burgundy* Jasper Morris MW; *Côte d'Or geology* Professor Alex Maltman; *Northern Côte de Nuits map* Françoise Vannier, Emmanuel Chevigny, adama; *Beaujolais* Jasper Morris MW, Jean Bourjade, Inter Beaujolais; *Champagne* Peter Liem; *Bordeaux* James Lawther MW; Alessandro Masnaghetti; Cornelis van Leeuwen; *Southwest France* Paul Strang; *Loire* Jim Budd; *Alsace* Foulques Aulagnon, CIVA; *Rhône* John Livingstone-Learmonth; Michel Blanc; *Languedoc-Roussillon* Matthew Stubbs MW; *Provence* Elizabeth Gabay MW; *Corsica* Marcel Orford-Williams; *Jura, Savoie, Bugey* Wink Lorch

Italy Walter Speller; *Alto Piemonte* Cristiano Garella; *Etna* Patricia Toth; *Sardinia* Claudio Olla

Spain Ferran Centelles; *Andalucía* Jesús Barquín; Eduardo Ojeda; *Climate maps* Roberto Serrano-Notivoli, Santiago Beguería, Miguel Ángel Saz, Luis Alberto Longares, Martín de Luis, University of Zaragoza

Portugal Sarah Ahmed; Frederico Falcão; IVV; *Alentejo* Francisco Mateus, Maria Amélia Vaz Da Silva, CVRA; *Port and Madeira* Richard Mayson; *Douro* Paul Symington

Germany Michael Schmidt; VdP

England and Wales Stephen Skelton MW; Margaret Rand

Switzerland José Vouillamoz; Gabriel Tinguely; François Bernaschina

Austria Luzia Schrampf; Susanne Staggl, Osterreich Wein Marketing

Hungary Gabriella Mészáros

Czechia Klára Kollárová

Slovakia Edita Duráová

Serbia Caroline Gilby MW

North Macedonia Ivana Simjanovska

Albania Jonian Kokona

Kosovo Sami Kryeziu

Montenegro Vesna Maraš

Bosnia & Herzegovina Zeljko Garmaz

Croatia Professor Edi Maletić; Professor Ivan Pejić; Dr Goran Zdunić

Slovenia Robert Gorjak

Romania Caroline Gilby MW

Bulgaria Caroline Gilby MW

Moldova Caroline Gilby MW

Russia Volodymyr Pukish

Ukraine Volodymyr Pukish

Armenia Dr Nelli Hovhannisyan

Azerbaijan Mirza Musayev

Georgia Tina Kezeli; Dr Patrick E McGovern

Greece Konstantinos Lazarakis MW

Cyprus Caroline Gilby MW

Turkey Umay Çeviker

Lebanon Michael Karam

Israel Adam Montefiore

North America *USA* Doug Frost MW MS; *Canada* Rod Phillips; *Pacific Northwest, California, and Arizona* Elaine Chukan Brown; *New York* Kelli White; *Texas and New Mexico* James Tidwell; *Virginia* Dave McIntyre; *Mexico* Carlos Borboa

South America *Bolivia and Peru* Cees van Casteran; *Uruguay* Martín López; *Brazil* Eduardo Milan; Maurício Roloff, IBRAVIN; *Chile* Patricio Tapia; Joaquín Almarza; Maria Pia Merani; *Argentina* Andres Rosberg; *Mendoza* Edgardo Del Pópolo

Australia Huon Hooke

New Zealand Sophie Parker-Thomson; *New Zealand's grapes statistics* New Zealand Winegrowers*; Marlborough soil map* Richard Hunter; Marcus Pickens

South Africa Tim James

India Reva Singh

Asia Denis Gastin

Japan Ken Ohashi; Ryoko Fujimoto

China Young Shi; Fongyee Walker

图片 Photographs

出版社要感谢所有葡萄酒庄、酿酒商与其经纪人，以及众多摄影公司和摄影师友善提供图片与照片供本书使用。

2 Château Cheval Blanc. Photo Gerard Uferas; **7** photo Chris Terry; **8** Weingut am Stein. Photo Stefan Schütz; **10** Mondadori Portfolio/Electa/akg-images; **11** ImageBroker/Alamy Stock Photo; **13l** Wines of Bolivia; **13r** Freeprod/ Dreamstime.com; **13c** Quintanilla/Dreamstime.com; **18** Ningxia Wines; **19a** Domaine St Jacques, Canada; **19b** Thierry Gaudillière; **20** Amanda Barnes, South American Wine Guide; **21l & r** Gavin Quinney, gavinquinney.com; **23** US Army Photo/Alamy Stock Photo; **24a** All Canada Photos/Alamy Stock Photo; **24b** Underworld/Dreamstime.com; **25l** Barossa Grape & Wine Association; **25r** Pedro Parra y Familia. Photo Paul Krug; **26** Per Karlsson, BKWine **2**/Alamy Stock Photo; **27l** Wikipedia. Karl Bauer/CC BY **3.0** (https://creativecommons.org/licenses/by/3.0/at/deed.en); **27c** mazzo1982/iStock; **27r** Whiteway/iStock; **29** Jean-Bernard Nadeau/Cephas; **30a** Corison Winery; **30b** Ralf Kaiser, instagram.com/weinkaiser; **36** Jon Wyand; **37a** Pablo Blazquez Dominguez/Getty Images; **37b**, from left, Octopus Publishing Group x 2, Per Karlsson/BKWine 2/Alamy Stock Photo, Gregory Dubus/iStock, Octopus Publishing Group; www.vinolok.com; **39** Emmanuel Lattes/Alamy Stock Photo; **40b** www.bartapince.com; **40a** Symington Family Estates; **43a** Matt Martin; **43b** Octopus Publishing Group; **45al** Neydtstock/iStock, **45br** Vacu Vin, www.vacuvin.com, all others siscosoler/iStock; **50** Massimo Ripani/4Corners Images; **54**, **61**, **65** Jon Wyand; **63** Ricochet**69**/Dreamstime.com; **67** Malcolm Park/Alamy Stock Photo; **71** CW Images/Alamy Stock Photo; **72** Gaelfphoto/Alamy Stock Photo; **76** Joerg Lehmann/Stockfood; **78** Thierry Gaudillière; **82** Victor Pugatschew; **87** Photo Anaka/La Cité du Vin/XTU Architects; **88** Will Lyons, @Will_Lyons; **90** Daan Kloeg/Alamy Stock Photo; **92** Jon Wyand; **94** Georges Gobet/AFP/Getty Images; **95** Château Talbot; **96** Kate Williams; **98** Château Marquis d'Alesme. Photo Eloise Vene; **102** Archives Bordeaux Métropole, Bordeaux XL B 70; **104** Tim Graham/Getty Images; **108** Jerónimo Alba/Alamy Stock Photo; **114** Jacques Sierpinkski/Hemis/Alamy Stock Photo; **119** Per Karlsson, BKWine 2/Alamy Stock Photo; **122** Christian Guy/Hemis/Alamy Stock Photo; **126** Elmar Pogrzeba/Zoonar/Alamy Stock Photo; **128** Camille Moirenc/Hemis/Alamy Stock Photo; **129** Andy Christodolo/Cephas Picture Library; **130** Philippe Desmazes/AFP/Getty Images; **132** Pierre Witt/Hemis/Alamy Stock Photo; **134** Mick Rock/Cephas Picture Library; **138** © Fédération des Syndicats de Producteurs de Châteauneuf-du-Pape; **143** René Mattes/Hemis/Alamy Stock Photo; **144** Hilke Maunder/Alamy Stock Photo; **146** Joseph Sohm/Visions of America/Getty Images; **151** Xavier Fores - Joana Roncero/Alamy Stock Photo; **153** Arcangelo Piai/4Corners Images; **155** Azienda Agricola Fontodi; **158** Ceretto Wines; **160** javarman3/iStock; **162** age fotostock/Alamy Stock Photo; **164** Conegliano Valdobbiadene Prosecco Superiore DOCG. Photo Arcangelo Piai; **168** Alberto Zanoni/Alamy Stock Photo; **170** Azienda Agricola Gravner. Photo Alvise Barsanti; **172** Markus Gann/Zoonar GmbH/Alamy Stock Photo; **174** Ornellaia. Photo Paolo Woods; **178** Daniel Schoenen/Getty Images; **180** Shaiith/iStock; **187**, **189** age fotostock/Alamy Stock Photo; **190** Bodegas Monje; **194** Noradoa/Shutterstock; **196** Mick Rock/ Cephas Picture Library; **201** @raventosiblanc; **203** Consejo Regulador de los Vinos de Jerez; **204** age fotostock/Alamy Stock Photo; **206** M Seemuller/De Agostini/Getty Images; **207** Azores Wine Company; **213** Symington Family Estates; **214** Dimaberkut/Dreamstime.com; **216** Carole Anne Ferris/Alamy Stock Photo; **218** Comissão Vitivinícola Regional Alentejana (CVRA); **220** Merten Snijders/Getty Images; **222** Stadt Bad Dürkheim; **224** Verband Deutscher Prädikatsweingüter (VDP); **226** Rainer Unkel/age fotostock; **228** Ziliken VDP. Weingut Forstmeister Geltz Zilliken; **230** Hans-Peter Merten/Getty Images; **232** Holger Klaes/Klaes Images; **235** Verband Deutscher Prädikatsweingùter (VDP); **237** Pearl Bucknall/Alamy Stock Photo; **240** Kühling-Gillot; **243** Weingut Dr Bürklin Wolf; **246** Bildarchiv Monheim GmbH/Alamy Stock Photo; **247** UKraft/Alamy Stock Photo; **248** Helen Dixon/Alamy Stock Photo; **250** dvoevnore/iStock; **253** photo José Vouillamoz; **257** Stefan Rotter/Alamy Stock Photo; **258a** Malat.at; **258b** Loisium Wine & Spa Resorts | South Styria & Kamptal; **261** xeipe/iStock; **264** StockFood Ltd/Alamy Stock Photo; **269** Neil Watson; **270** xbrchx/iStock; **272** Agricola Stirbey; **275** Orbelia Winery. Photo Raya Chorbadzhiyska; **276** alexabelov/iStock; **278** Akhmeta Wine House. Photo Ann Imedashvili; **279** Ivan Nesterov/Alamy Stock Photo; **280** Tramont_ana/Shutterstock; **282** Alpha Estate; **284** Amir Makar/AFP/Getty Images; **288** Washington State Wine © Andrea Johnson Photography **289**; Vignoble Rivière du Chêne; **291** David Boily/AFP/Getty Images; **294** Janis Miglavs; **296** Leslie Brienza/iStock; **299** Richard Duval/DanitaDelimont/Alamy Stock Photo; **301** Washington State Wine © Andrea Johnson Photography; **305** Hirsch Vineyards; **308** Benziger; **310** © Robert Holmes; **313** Turley Wine Cellars; **315** Stag's Leap Wine Cellars; **316**l & r Technical Imagery Studios; **319** Sashi Moorman; **322** Eric Feinblatt; **329** Efrain Padro/Alamy Stock Photo; **331** ImageBroker/Alamy Stock Photo; **337** Matt Wilson; **338** Federico Garcia/Garcia Betancourt; **341** Wines of Argentina; **342** Robert Detttman/Straydog Photography; **348a** Leeuwin Estate; **348b** Gilbert Wines. Photo Lee Griffith; **350** Barossa Grape & Wine Association; **352** Henschke. Photo Dragan Radocaj; **353** Pikes Wines, Polish Hill, Clare Valley, SA/Photo John Krüger; **354** Kay Brothers, McLaren Vale. Photo Josh Beare; **357** Kevin Judd/Cephas; **358** Victor Pugatschew; **360a** Mount Langi Ghiran Vineyards; **360b** Nicholas Brown/All Saints Estate; **362** Global Ballooning Australia; **364** R. Ian Lloyd/Mauritius Images/Masterfile RM; **370** Craggy Range Vineyards. Photo Rich Brim; **371** Tikiwine & Vineyards, Waipara, North Canterbury; **374** Jim Tannock/Yealands Estate; **376** Hamilton Russell Vineyards; **378** Old Vine Project; **380** Mick Rock/Cephas Picture Library; **382** Vergenoegd Löw Wine Estate, Stellenbosch, South Africa; **384** Iona Wine Farm; **385** Sula Vineyards; **386** Julia Harding MW; **390** Janis Miglavs.

插画

Lisa Alderson/Advocate **12**, **15a**, **16** all excepting ar, **17** all excepting bl, **31**;
Fiona Bell Currie **14**, **15b & c**, **16ar**, **17bl**;
Jessie Ford **14–17** card design, **22**, **23**, **32–33**, **34–35**, **38**, **41**, **42**, **44**, **46**, **47**

封面

封面图片来源: maximmmmum/Shutterstock